就业技能实训标准教程系列

中文版 3ds Max 2011 标准教程

超值版

超值DVD视频教学

王成志　徐伟伟　李少勇　编著

中国铁道出版社
CHINA RAILWAY PUBLISHING HOUSE

内 容 简 介

本书根据使用 3ds Max 制作三维动画、模型和效果图的特点，并结合众多设计人员的制作经验编写而成。书中首先介绍了 3ds Max 2011 的基本操作，包括熟悉工作环境、变换对象操作和熟悉坐标系统等，接着详细讲解了创建基础三维模型、使用编辑修改器建模、二维图形建模、复合对象建模、网格建模、多边形建模、面片建模、NURBS 建模、使用材质编辑器、设置材质与贴图、使用灯光与摄影机、设置环境与效果、空间扭曲与粒子系统、渲染与输出场景、创建动画，以及高级动画技术等知识。

本书附赠光盘中提供书中实例源文件和所有素材文件，同时还提供实例制作的视频教学文件。

本书技术实用，讲解清晰，不仅可以作为三维动画制作和效果图制作初、中级读者的学习用书，而且还可以作为大中专院校相关专业及三维设计培训班的教材。

图书在版编目（CIP）数据

中文版 3ds Max 2011 标准教程 / 王成志，徐伟伟，李少勇编著．--北京：中国铁道出版社，2012.1
（就业技能实训标准教程系列）
ISBN 978-7-113-13608-6

Ⅰ.①中… Ⅱ.①王…②徐…③李… Ⅲ.①三维动画软件，3ds Max 2011－教材 Ⅳ.TP391.41

中国版本图书馆 CIP 数据核字（2011）第 227353 号

书　　名：中文版 3ds Max 2011 标准教程
作　　者：王成志　徐伟伟　李少勇　编著

责任编辑：于先军　　**读者热线电话：**010-63560056
特邀编辑：李新承
封面设计：付　巍　　**封面制作：**郑少云
责任印制：李　佳

出版发行：中国铁道出版社（北京市西城区右安门西街 8 号　邮政编码：100054）
印　　刷：北京新魏印刷厂
版　　次：2012 年 1 月第 1 版　2012 年 1 月第 1 次印刷
开　　本：787mm×1092mm　1/16　**印张：**28　**字数：**665 千
书　　号：ISBN 978-7-113-13608-6
定　　价：56.00 元（附赠 1DVD）

前言

3ds Max 是 Autodesk 公司出品的一款优秀的 3D 动画软件，是著名软件 3D Studio 的升级版本。3ds Max 是世界上应用最广泛的三维建模、动画和渲染软件，广泛应用于游戏开发、角色动画、电影电视视觉效果和设计行业等领域。

本书内容

本书以循序渐进的方式，全面介绍了 3ds Max 2011 中文版的基本操作和功能，详尽说明了各种工具的使用方法，全面解析了三维建模及三维动画的创建技巧。本书实例丰富，步骤清晰，且与实践结合非常密切。具体内容如下：

第 1 章介绍 3ds Max 2011 的应用范围、功能、基本概念。第 2 章介绍工作界面及部分常用工具的使用方法。第 3 章介绍如何使用【几何体】面板及【图形】面板中的工具进行基础建模。第 4 章介绍复合对象的创建与编辑。第 5 章介绍编辑修改器的使用和相关概念。第 6 章介绍面片建模。第 7 章介绍多边形建模。第 8 章介绍 NURBS 曲线、曲面的创建，以及对应的修改方法。第 9 章介绍材质编辑器中材质与贴图的设置及使用方法。第 10 章介绍灯光的用途和类型，以及灯光与摄影机的创建。第 11 章介绍渲染与特效。第 12 章介绍使用 3ds Max 2011 创建关键帧动画及使用动画按钮的方法。第 13 章介绍角色动画的制作。第 14 章介绍空间扭曲与粒子系统。第 15 章是综合实例，介绍综合运用 3ds Max 的建模、材质、渲染、动画等技术制作各种商业案例。

本书特色

- **内容全面**。几乎覆盖了 3ds Max 2011 中文版所有选项和命令。
- **语言通俗易懂，讲解清晰，前后呼应**。以最小的篇幅、最易读懂的语言来讲述每一项功能和每一个实例。
- **实例丰富，技术含量高，与实践紧密结合**。每一个实例都倾注了作者多年的实践经验，每一个功能都经过技术认证。
- **版面美观，图例清晰，针对性强**。每一个图例都经过作者精心策划和编辑。只要仔细阅读本书，就会从中学到很多知识和技巧。

本书约定

本书以 Windows XP 为操作平台来介绍，不涉及在苹果机上的使用方法，但基本功能和操作，苹果机与 PC 相同。为便于阅读理解，本书做如下约定：

- 本书中出现的中文菜单和命令将用“【 】”括起来，以区分其他中文信息。

- 用“+”号连接的两个或三个键，表示组合键，在操作时表示同时按下这两个或三个键。例如，Ctrl+V 是指在按下 Ctrl 键的同时，按下 V 字母键；Ctrl+Alt+F10 是指在按下 Ctrl 和 Alt 键的同时，按下功能键 F10。
- 在没有特殊指定时，单击、双击和拖动都是指用鼠标左键单击、双击和拖动；右击是指用鼠标右键单击。
- 在没有特殊指定时，3ds Max 就是指 3ds Max 2011 中文版。

关于光盘

本书附赠光盘中提供了书中实例源文件和所用到的素材文件，同时还提供实例制作的语音视频教学文件。

读者对象

本书可作为三维动画制作和效果图制作初、中级读者的学习用书，也可作为大中专院校相关专业及三维设计培训班的教材。

编　者

2011 年 12 月

目录

第 5 章 编辑修改器......................111

第 6 章 面片建模 145

第 1 章　3ds Max 2011 概述

3ds Max 2011 主要用于模型创建、纹理制作、动画制作和渲染解决方案等方面。本章将简单介绍 3ds Max 的应用、功能、基本概念，以及 3ds Max 的基本对象等内容。

本章重点

- 了解 3ds Max 2011 的应用范围
- 了解 3ds Max 2011 的基本概念

1.1　3ds Max 2011 的应用

3ds Max 的应用领域非常广泛，不论是刚刚接触 3ds Max 的新手，还是制作视觉效果的高手，在面对挑战性创作要求时，3ds Max 都给予了很大的技术支持。

1．应用于影视特效制作领域

3ds Max 2011 比其他专业三维软件拥有更多的建模、纹理制作、动画制作和渲染解决方案，3ds Max 2011 提供了高度创新而又灵活的工具，可以帮助产品设计师或动画技术指导者制作出电影中的特技效果。

2．应用于游戏开发领域

3ds Max 广泛应用于游戏的开发、创建和编辑，它具有易用性和工作动画的可配置性，为实现快速的工作方式提供了很大的灵活性，可以帮助设计师根据不同引擎和目标平台的要求进行个性化设置，从而加快工作流程。

3．应用于视觉效果图设计行业

3ds Max 2011 提供了高级的动画和渲染能力，能充分满足视觉计算专家的苛刻要求，并将最强的视觉效果引擎与完美的动画工具合二为一，能够胜任诸如制作机械装配动画、壮观辉煌的建筑效果图等多种任务的最高要求。

4．广告（企业动画）

用动画形式制作电视广告，是目前很受商家喜爱的一种商品促销手法，它的特点是画面生动、活泼，具有很强的视觉冲击力，不易引起观众的厌烦。

5．媒体、影视娱乐

近年来电视动画影集产量惊人，如各种公益动画片、教育动画片、电视动画片，以及用于商业用途的电影动画等，例如《冰河世纪》、《功夫熊猫》等，如图 1.1 所示。

图 1.1

6．建筑装饰

建筑的结构和装潢需要通过三维动画的设计进行展示，利用 3ds Max 绘制的效果更精确，更令人满意。

对于建筑物的内部结构，利用三维效果的表现形式可以一目了然，并且可以在施工前按照图纸将实际地形与三维建筑模型相结合，以观看竣工后的效果，如图 1.2 所示。

7．机械制作及工业设计

如今，CAD 辅助设计已经被广泛地应用在机械制造业中，另外，3ds Max 也逐渐成为产品造型设计中最为有效的技术手段之一，并且它还可以极大地拓展设计师的思维空间。同时在产品和工艺开发中，3ds Max 可以在生产线建立之前模拟其实际工作情况，检查实际的生产线运行情况，以免造成巨大损失。利用三维动画可以模拟观察模型的运行情况，如图 1.3 所示。

图 1.2

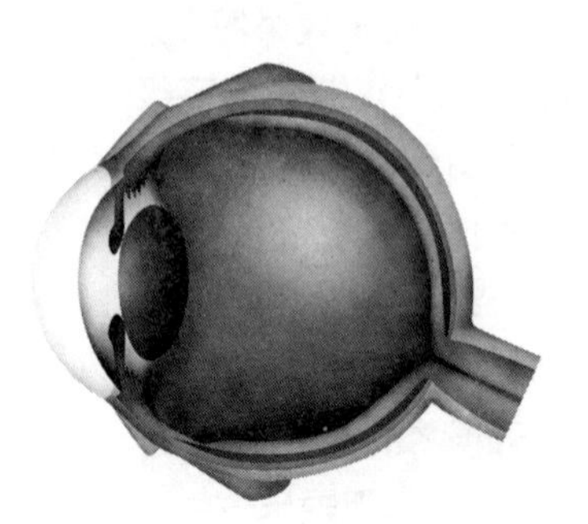

图 1.3

8．医疗卫生

三维动画可以形象地演示人体内部组织的细微结构和变化，如图 1.4 所示。为学术交流和教学演示带来了极大便利。另外，三维动画还可以将细微的手术放大到屏幕上，以便进行观察学习。

9．军事科技及教育

三维技术最早应用于飞行员的飞行模拟训练中，它除了可以模拟现实中飞行员所遇到的恶劣环境外，还可以模拟飞行员在空中的格斗，以及投弹训练、爆炸碎片轨迹研究等。

图 1.4

10．生物化学工程

生物化学领域较早地引入了三维技术，用于研究生物分子之间的结构组成。复杂的分子结构无法单纯地靠想象来研究，而三维模型可以给出精确的分子构成。分子的组合方式可以利用计算机进行计算，从而简化了大量的研究工作。

1.2 3ds Max 2011 的基本概念

熟悉 3D 制作的人都知道，与其他的 3D 程序相比，在建模、渲染和动画等诸多方面，3ds Max 2011 提供了全新的制作方法。通过使用该软件，可以轻松地制作出所见过的大部分对象，并把它们放入经过渲染的、类似真实的场景中，从而创造出美丽的三维世界。但是与学习其他软件一样，要想精通灵活地运用 3ds Max 2011，首先应该从基本概念入手。

1.2.1 3ds Max 2011 中的对象

在 3ds Max 中经常会用到“对象”这一术语。“对象”是一个含义广泛的概念，它不仅指在 3ds Max 中创建的几何物体，还包括场景中的摄影机、灯光，以及作用于几何体的编辑修改器等。在 3ds Max 中可以被选中并能进行编辑、修改等操作的物体都被称为对象。

1．参数化对象

3ds Max 2011 是一个面向对象设计的庞大程序，它所定义的大多数对象都可以视为参数化对象。参数化对象是指通过一组参数设置而并非通过对其形状的显示描述来定义的对象。对于参数化对象来说，通常可以通过修改参数来改变对象的形态，如图 1.5 所示。

2．次对象

次对象是相对于对象而言的，它类似于组成对象这个整体的各个部件。3ds Max 中的对象都是通过点、线、面等次对象组合而成的，而且还可以通过对这些次对象进行编辑操作来实现各种建模工作。因此在 3ds Max 中，次对象是一个非常重要的概念，对次对象进行操作是 3ds Max 中的一大特点。次对象的选择如图 1.6 所示。

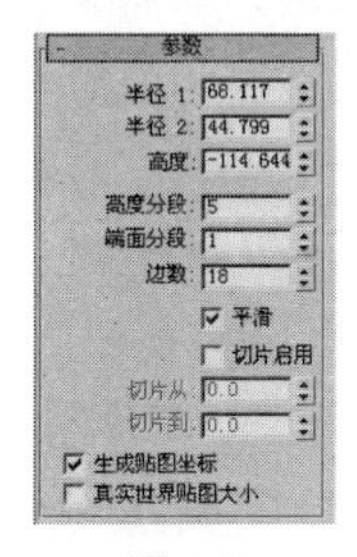

图 1.5

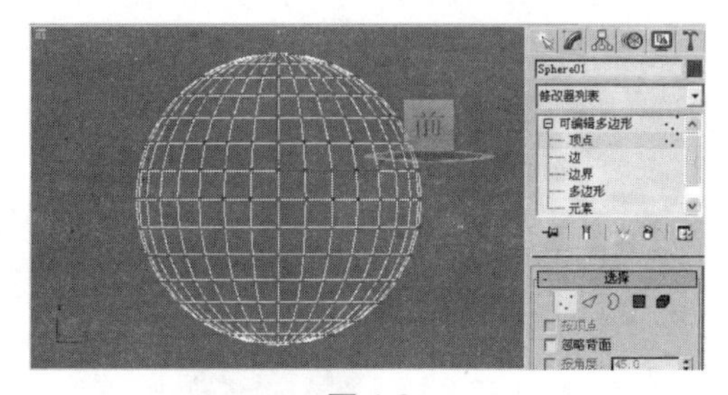

图 1.6

3．对象属性

3ds Max 中的所有对象都对应一定的属性，例如对象的名称、参数和次对象等，这些都是描述对象特征的重要信息。在 3ds Max 中，专门为显示对象的属性提供了【对象属性】对话框，如图 1.7 所示。

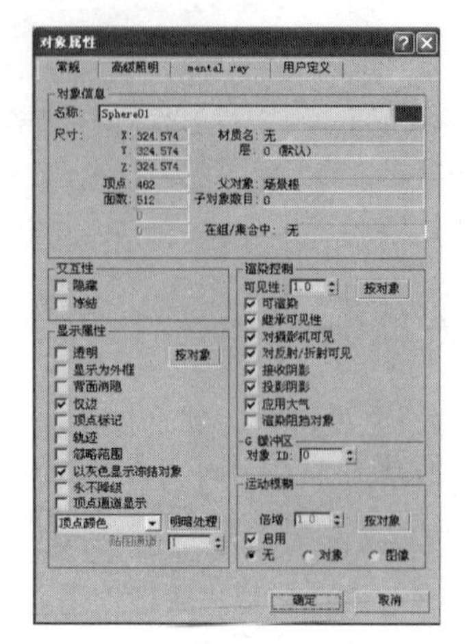

图 1.7

【对象属性】对话框具非常强大的功能，在其中不仅可以显示和重新设置对象的基本属性，而且还提供了用来控制对象渲染效果和动画效果的多个选项。

1.2.2　3ds Max 2011 中的材质与贴图

由 3ds Max 生成的对象最初只是单色的几何体，它们没有表面纹理，也没有颜色和亮度。在这种情况下，3ds Max 提供了用于处理对象表面的材质和贴图功能，利用它们可以使对象更加富有真实感。

材质是指定给对象表面的一组特殊数据，只有在渲染时它才能真正地表现出来。材质综合了对象表面的颜色、纹理、亮度和透明度等多个参数，只有为对象设置材质后，才能使其更接近现实生活中的对象。制作的对象是否具有最佳效果，很大程度上取决于材质的优劣。

用于材质的贴图实质上是一种以电子格式保存的图片，它既可以通过扫描产生，也可以通过其他的绘图软件产生。使用贴图类似于对选择的对象进行包装，可以选择周围世界中的一切图像作为贴图。把贴图用于已经设置好的材质上，只需很短的时间就可以得到完全真实的表现效果。贴图的出现大大增强了对象的表面处理能力，但是要注意，只有在给对象赋予了基本材质后，才能对其进行贴图处理，如图 1.8 所示。

图 1.8

1.2.3　3ds Max 2011 中的动画

动画的制作和现实生活中拍摄电影的过程在原理上是相同的，首先制作出许多分离的图像，这些图像显示的是对象在特定运动中的各种姿势及相应的周围环境，然后快速地播放这些图像，使其形成顺畅连贯的动作，这就是动画制作的基本原理，如图 1.9 所示。

图 1.9

1.3　习题

1、3ds Max 2011 的应用范围非常广泛，请列举 6 项。

2、简单介绍日常生活中所涉及的图像格式。

3、列举出启动 3ds Max 2011 的几种方法。

第 2 章　掌握工作环境及文件操作

启动 3ds Max 2011 软件后，可以看到该软件的操作界面复杂却又有条不紊，用户可以很容易地找到所需的命令。作为一个 3ds Max 的初级用户，首先应该熟悉软件的操作界面，然后才能对该软件运用自如，并能更方便、快捷、准确地进行操作。

本章主要讲解有关 3ds Max 工作环境中的各个区域，以及部分常用工具的使用方法，其中包括文件的打开与保存、物体的创建、对象的选择、物体的位移、组的使用、物体的复制，以及视图的控制及调整等内容。

本章重点

- 熟悉菜单栏与工具栏
- 掌握文件的打开与保存
- 学会移动、旋转和缩放物体
- 学会对象的成组、坐标和捕捉
- 熟悉阵列与对齐工具的使用

2.1　了解屏幕的布局

只有熟悉了 3ds Max 的布局，才能更熟练地进行操作，提高工作效率。本节将对 3ds Max 2011 的各项布局设置进行讲解。3ds Max 2011 的操作界面如图 2.1 所示。

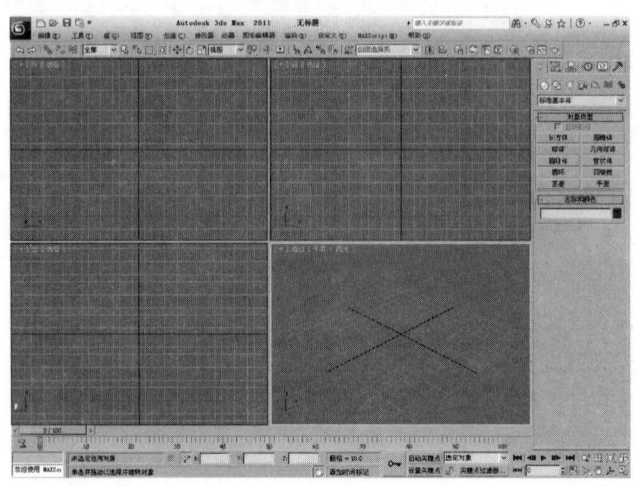

图 2.1

1．菜单栏

菜单栏位于 3ds Max 2011 界面的最上端，其排列与标准的 Windows 软件中的菜单栏有相似之处。其中包括应用程序、【编辑】、【工具】、【组】、【视图】、【创建】、【修改器】、【动画】、【图形编辑器】、【渲染】、【自定义】、MAXScript 和【帮助】等 13 个菜单，如图 2.2 所示。

图 2.2

> 提示：在打开的下拉菜单中，如果一个命令的后面有...标志，则表示选择该命令后会弹出相应的对话框；如果一个命令的后面有小箭头，则表示该命令包含子菜单。

下面对菜单栏中的各个菜单分别进行介绍。

- 应用程序：提供文件操作的基本命令，例如【打开】、【保存】等。
- 【编辑】：提供对物体进行编辑的基本工具，例如【撤销】、【重做】等。
- 【工具】：提供多种工具，与顶部的工具栏基本相同。
- 【组】：用于控制成组对象。
- 【视图】：用于控制视图及对象的显示情况。
- 【创建】：提供了与【创建】命令面板中相同的创建命令，同时也方便了操作。
- 【修改器】：用户可以直接通过菜单操作，对场景中的对象进行编辑修改，与【修改】命令面板的功能相同。
- 【动画】：用于控制场景元素的动画创建，可以使用户快速便捷地进行工作。
- 【图形编辑器】：用于动画的调整，以及使用图解视图管理场景中的对象。

- 【渲染】：用于控制渲染着色、视频合成和环境设置等。
- 【自定义】：为用户提供了多个自行定义的设置命令，以便使用户能够依照自己的喜好进行设置。
- MAXScript：为用户提供了编制脚本程序的各种命令。
- 【帮助】：提供了用户所需的使用参考，以及软件的版本信息等内容。

2. 工具栏

3ds Max 的工具栏位于菜单栏的下方，由若干个工具按钮组成。其中包括变动工具、着色工具等，还有一些是与菜单中的命令相对应的按钮，单击这些按钮可以直接打开某些控制窗口，例如材质编辑器、轨迹视图窗口等，如图 2.3 所示。

图 2.3

> **提示：**一般在 1024 × 768 分辨率下，工具栏中的按钮不能全部显示出来，将鼠标光标移至工具栏上，光标会变为“小手”形状，这时拖动工具栏可将其余的按钮显示出来。这些按钮的图标都很形象，将鼠标光标放在工具按钮上停留几秒后，会出现当前按钮的文字提示，有助于了解该按钮的用途。

在 3ds Max 中还有一些工具在工具栏中没有显示，它们会以浮动工具栏的形式显示。在菜单栏中选择【自定义】|【显示 UI】|【显示浮动工具栏】命令，可以打开【轴约束】、【层】和【捕捉】等浮动工具栏，如图 2.4 所示。

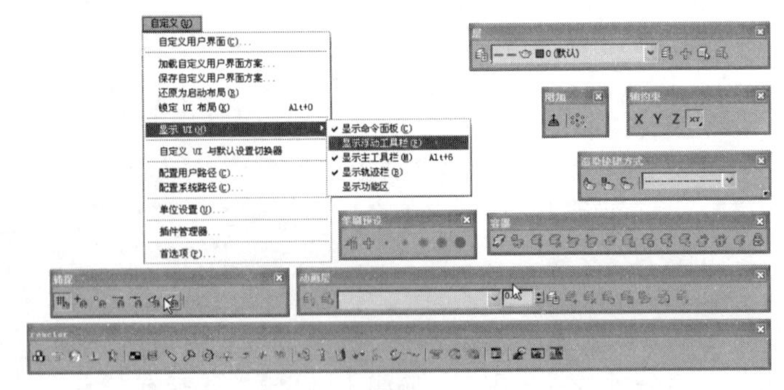

图 2.4

3. 动画时间控制区

动画时间控制区位于状态栏与视图控制区之间，还包括视图区下的时间滑块，它们用于对动画时间进行控制，如图 2.5 所示。通过动画时间控制区可以开启动画制作模式，随时对当前的动画场景设置关键帧，并且可以使完成的动画在处于激活状态的视图中进行实时播放。

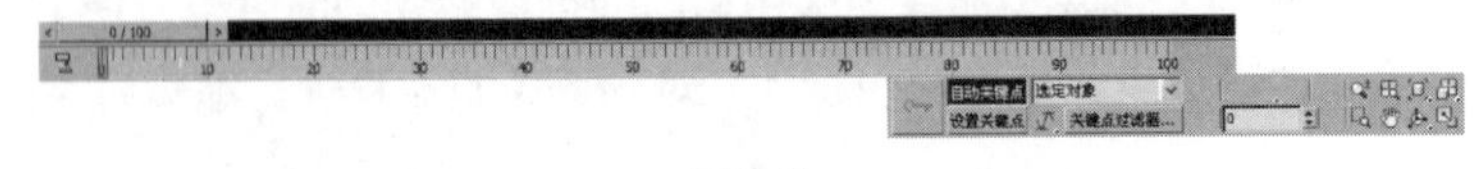

图 2.5

4. 命令面板

命令面板由【创建】、【修改】、【层次】、【运动】、【显示】和【工具】6 部分构成，这 6 个命令面板可以分别完成不同的工作。命令面板中包含大多数的造型和动画命令，可以进行丰富的参数设置。它们分别用于建立所有对象、修改加工对象、连接设置和反向运动设置、运动变化控制，以及显示控制和选择应用程序，如图 2.6 所示。

5．视图控制区

视图控制控制区在 3ds Max 的操作界面中占据主要部分，是进行三维创作的主要工作区域。一般分为【顶】视图、【前】视图、【左】视图和【透视】视图 4 个工作窗口，通过这 4 个工作窗口，可以从不同的角度观察所创建的各种造型。

> **提示：**视图的右上方有一个视口立方，可单击视口立方的任意定义区域，当然还可以通过拖动视口立方来设置自定义窗口。

6．状态栏与提示栏

状态行位于视图左下方和动画控制区之间，主要分为当前状态栏和提示信息栏两部分，显示当前状态及选择锁定方式，如图 2.7 所示。

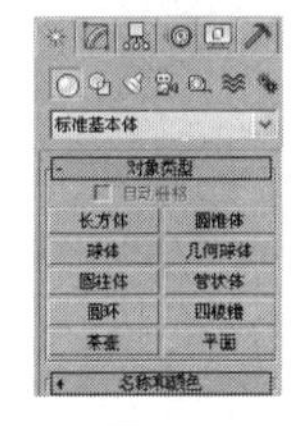

图 2.6

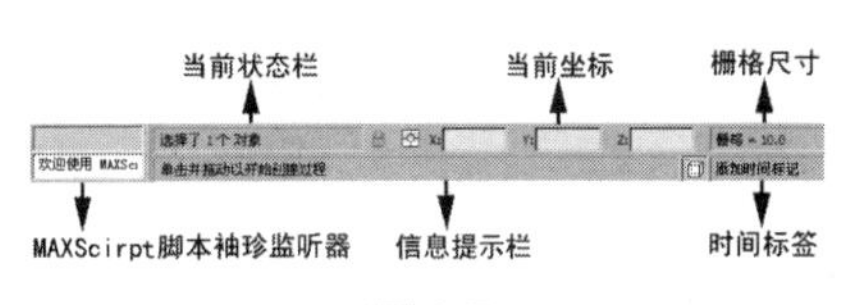

图 2.7

- 当前状态栏：显示当前选择对象的数目和类型。如果是同一类型的对象，它可以显示出对象的类别。图 2.7 所示为“选择了 1 个对象”，表示当前有一个物体被选择，如果场景中还有灯光等多个不同类型的对象被选择，则显示为“选择了 X 实体”（X 表示选择的对象个数）。
- 信息提示栏：针对当前选择的工具和程序，提示下一步的操作指导。图 2.7 所示的提示信息为“单击并拖动以开始创建过程”。
- 当前坐标：显示的是当前鼠标的世界坐标值或变换操作时的数值。当鼠标不进行操作，只在视图上移动时，它会显示当前的世界坐标值；如果使用变换工具，将根据工具及轴向的不同而显示不同的信息。例如，在使用移动工具时，依据当前的坐标系统显示位置的数值；在使用旋转工具时，显示当前活动轴上的旋转角度；在使用缩放工具时，显示当前缩放轴上的缩放比例。
- 栅格尺寸：显示当前栅格中一个方格的边长尺寸，它的值会随视图显示的缩放而变化。例如放大显示时，栅格尺寸会缩小，因为总的栅格数是不变的。
- MAXScirpt 脚本袖珍监听器：分为粉色和白色上下两个窗格。粉色窗格是宏记录窗格，用于显示最后记录的信息；白色窗格是脚本编写窗格，用于显示最后编写的脚本命令，3ds Max 会自动执行直接输入到白色窗格中的脚本语言。
- 时间标签：这是一个非常快捷的方式，可以通过文字符号指定特定的帧标记，使用户能够迅速跳转到想去的帧。未设定时它是个空白框，当单击或右击此处时，会弹出一个小菜单，包括【添加标记】和【编辑标记】两个命令。选择【添加标记】命令，弹出【添加时间标记】对话框，在其中可以将当前帧加入到标签中，如图 2.8 所示。

【添加时间标记】对话框中各选项的功能如下：

✧ 【时间】：显示标记要指定的当前帧。
✧ 【名称】：在此文本框中可以输入一个名称，它将与当前的帧号一起显示。
✧ 【相对于】：指定其他的标记，当前标记将保持与该标记的相对偏移。例如，在第 10 帧处指定一个时间标记，在第 30 帧处指定第二个标记，将第一个标记指定相对于到第二个标记。这样，如果第一个标记移至第 30 帧时，则第二个标记将自动移动到第 50 帧，以保持两标记之间为 20 帧。这个相对关系是一种单方面的偏移，系统不允许建立循环的从属关系，如果第二个标记的位置发生变化，则第一个标记不会受到影响。
✧ 【锁定时间】：选择此复选框，可将标签锁定到一个特殊的帧上。

若选择【编辑标记】命令，将弹出【编辑时间标记】对话框，其中的各选项与【添加时间标记】对话框中的选项基本相同，这里不再介绍。图 2.9 所示为【编辑时间标记】对话框。

7．视图控制区

视图控制区位于视图右下角，如图 2.10 所示。其中的控制按钮可以控制视图区中各个视图的显示状态，例如视图的缩放、旋转和移动等。另外，视图控制区中的各个按钮会因所用视图的不同而呈现不同状态，例如在摄影机视图、灯光视图中等。

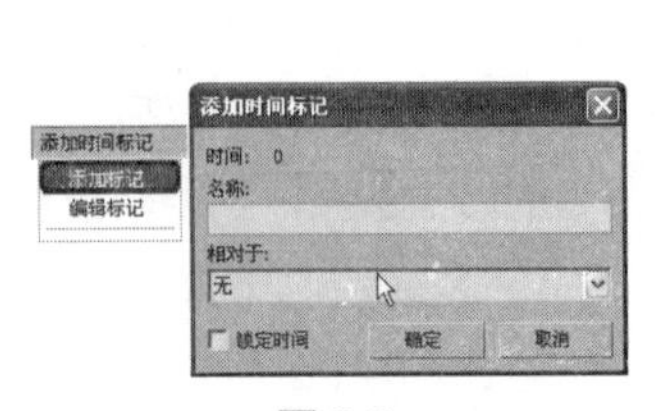

图 2.8

图 2.9

图 2.10

2.2　定制 3ds Max 2011 的界面

3ds Max 的界面组件可以重新排列，也可以动态调整视图窗口的大小。用户可以指定要显示的工具栏，并创建自己的键盘快捷键、自定义工具栏和四元菜单，也可以自定义用户界面中使用的颜色。

1．定制工具栏

选择【自定义】|【自定义用户界面】命令，弹出【自定义用户界面】对话框，可以在【工具栏】选项卡中编辑现有工具栏或创建自定义工具栏；可以在现有工具栏中添加、移除和编辑按钮，也可以删除整个工具栏；可以使用 3ds Max 的命令或脚本创建自定义工具栏。

01　在【自定义用户界面】对话框中选择【工具栏】选项卡，如图 2.11 所示，单击【新建】按钮，弹出【新建工具栏】对话框，如图 2.12 所示。

02　在【名称】文本框中输入名称，单击【确定】按钮，新建的工具栏将作为小浮动框出现。

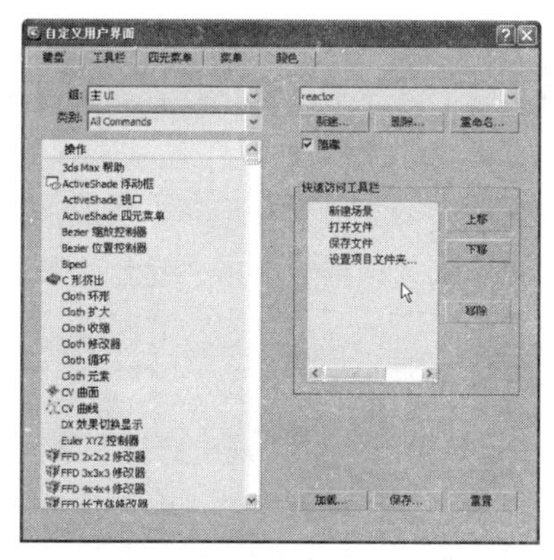

图 2.11

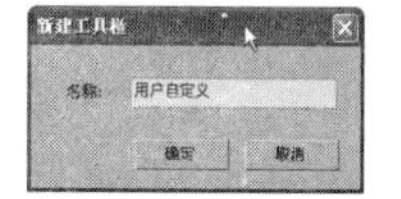

图 2.12

03　使用以下 3 种方法中的任意一种添加命令到工具栏中：

- 在【自定义用户界面】对话框的【操作】列表框中将命令拖动到工具栏中。如果动作具有指定的默认图标（显示在动作列表中命令的左侧），那么在工具栏上该图标会显示为按钮；如果命令没有指定图标，那么在工具栏上命令的名称会作为按钮出现。
- 要复制现有的按钮，使用 Ctrl+拖动操作，将任意工具栏上的按钮拖动到新建的工具栏中。
- 要移动现有的按钮，使用 Alt+拖动操作，将任意工具栏上的按钮拖到新建的工具栏中。

单击【自定义用户界面】对话框中的【重置】按钮，可以使设置还原为默认。

2．编辑命令面板内容的设置

单击【配置修改器集】按钮，弹出设置菜单，该菜单提供了用于管理和自定义应用修改器快捷键按钮的命令。

首先在【修改】命令面板中单击【配置修改器集】按钮，在弹出的菜单中选择【配置修改器集】命令，如图 2.13 所示，弹出【配置修改器集】对话框。选择常用的修改器，将其拖动至相应的按钮上，单击【确定】按钮，如图 2.14 所示。这样就方便了对模型的修改操作。

单击【配置修改器集】按钮，在弹出的菜单中选择【显示按钮】命令，将设置的修改器以按钮的方式显示在【修改】命令面板中，如图 2.15 所示。

图 2.13

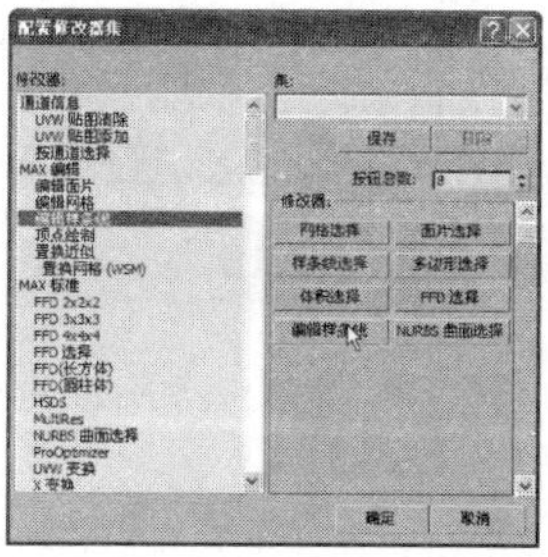

图 2.14

图 2.15

3．动画时间的设置

单击动画控制区右下角的【时间配置】按钮，弹出【时间配置】对话框，如图 2.16 所示。在该对话框中可以设置动画时间。

【帧速率】选项组用于设置在视图上播放动画时以何种速率计时进行。选择【播放】选项组中的【实时】复选框，系统就会根据帧速率来播放动画，如果达不到连续播放要求，就会在保证时间的前提下减帧播放，此时会有跳格的感觉。

4．改变视图的颜色

在菜单栏中选择【自定义】|【自定义用户界面】命令，在弹出的对话框中选择【颜色】选项卡，如图 2.17 所示。选择【视口背景】选项，单击【颜色】后的色块，在弹出的【颜色选择器】对话框中，设置颜色的 RGB 值，然后单击【确定】按钮，返回【自定义用户界面】对话框。最后单击【立即应用颜色】按钮，此时视图中的颜色就改变了，如图 2.18 所示。

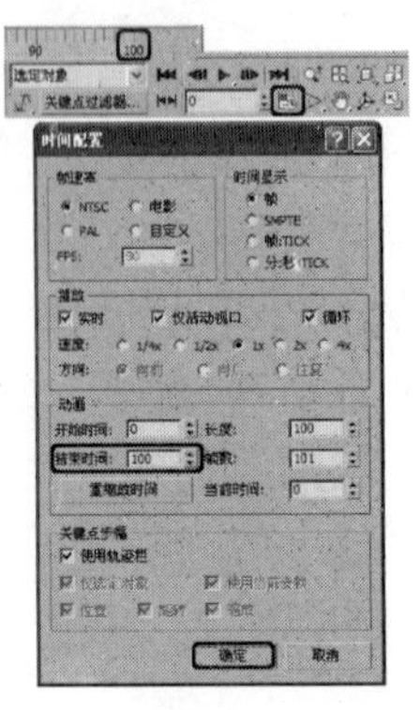

图 2.16

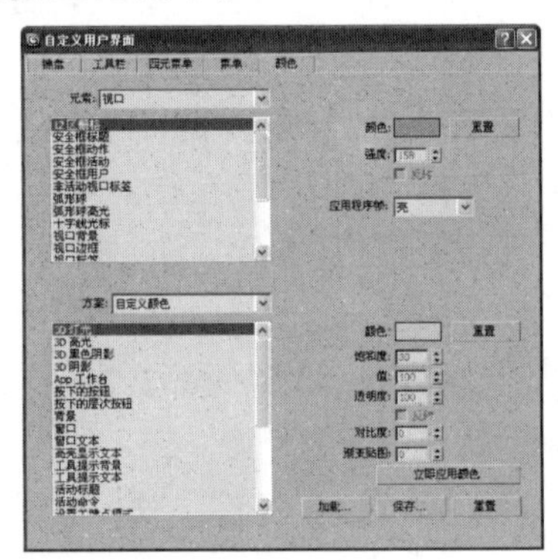

图 2.17

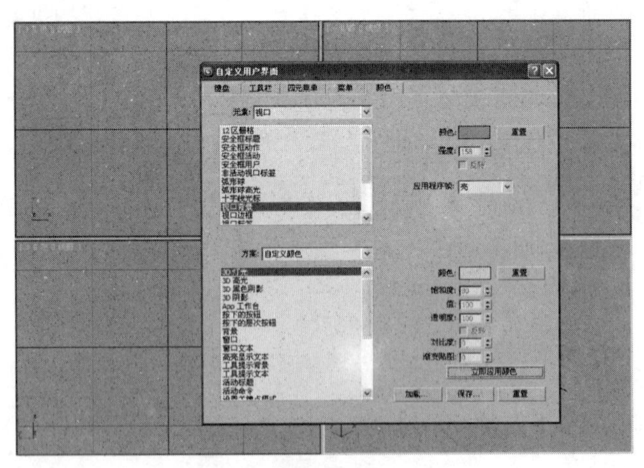

图 2.18

【颜色】选项卡中各个参数的含义如下：

- 【元素】：用于选择需要设置颜色的选项。
- 【方案】：允许选择自定义的颜色设置或者系统默认的颜色设置。选择系统默认的颜色设置后，下面的选项将不能够选择。

- 【颜色】：单击其后的色块，会弹出【颜色选择器】对话框，可以为当前的界面元素指定颜色。
- 【重置】：恢复当前界面元素的颜色为默认设置。
- 【强度】：设置可选颜色的亮度级别。
- 【反转】：将灰度值反转。
- 【饱和度】：设置颜色的饱和度。
- 【值】：设置图标颜色的明度。
- 【透明度】：设置激活和没激活的图标透明程度。
- 【立即应用颜色】：将当前的设置应用到视图中。
- 【加载】：调用已经保存的颜色设置。
- 【保存】：以.clr 格式保存当前颜色的设置。
- 【重置】：将当前选项卡中的全部设置恢复为默认设置。

5. 设置 3ds Max 的快捷键

在【自定义用户界面】对话框的【键盘】选项卡中，可以根据用户的使用习惯设置命令选项的快捷键，如图 2.19 所示。快捷键的设置有很大的灵活性，只要是这些命令位于不同的命令面板中，就可以针对多个命令设置同一快捷键。虽然一个快捷键可以对应多个命令，但每次只执行当前活动面板中相应的命令。只有在当前活动面板中没有该快捷键的设定时，在 3ds Max 才会自动在主用户界面中搜索该快捷键对应的命令。

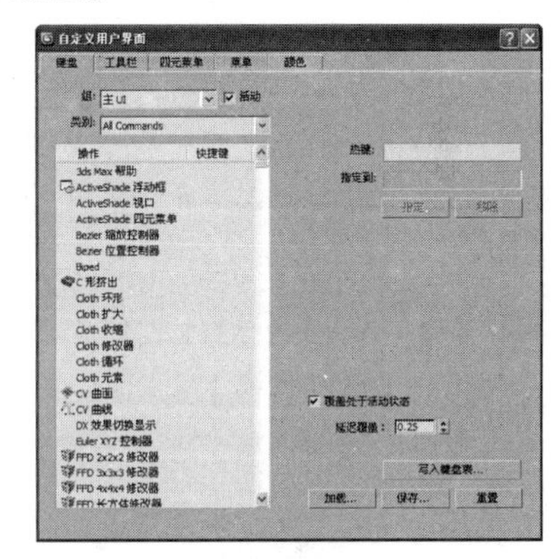

图 2.19

- 【组】：将 3ds Max 2011 包含的构成用户界面的全部元素划分成几大组，以树状结构显示。组中包括类别，类别下又有功能选项。选择一个组时，该组包含的类别及功能项目将同时显示在各自的窗口中。
- 【类别】：将组中选定的项目进一步分类。
- 【操作】：列出可执行快捷键的命令选项。
- 【热键】：为选择的命令设置快捷键。
- 【指定到】：将设置的快捷键指定给选择的命令。
- 【移除】：去除指定给命令的快捷键设定。
- 【写入键盘表】：将设置好的快捷键方案以.txt 格式进行保存。
- 【加载】：用于从一个.kbd 文件中导入自定义的快捷键设置。
- 【保存】：将当前的快捷键设置以.kbd 格式进行保存。
- 【重置】：恢复快捷键设置为默认的设置。

设置 3ds Max 快捷键的具体操作步骤如下：

01 在菜单栏中选择【自定义】|【自定义用户界面】命令，在弹出的对话框中选择【键盘】选项卡。

02 分别在【组】和【类别】下拉列表框中选择将要指定快捷键的功能。

03 在【操作】列表框中选择相应的命令。

04 在右侧的指定【热键】文本框中输入相应的快捷键。

05 单击【指定】按钮。

2.3 文件的打开与保存

如果要使用 3ds Max 创建模型，那么文件的打开与保存是最基础的、必须掌握的知识。在 3ds Max 中，可以打开场景文件（.max 格式）；对于自己制作的场景文件，也可将其保存为.max 格式的文件。

1. 打开文件

在菜单栏中选择应用程序 |【打开】命令，在弹出的对话框中选择相应的场景文件（.max 格式）即可。

> **注意：** 3ds Max 文件包含场景的全部信息，如果一个场景使用了当前 3ds Max 软件不具备的特殊模块，那么打开该文件时，这些信息将会丢失。

打开文件的具体操作步骤如下：

01 启动 3ds Max 2011 软件，在菜单栏中选择应用程序 |【打开】命令。

02 弹出【打开文件】对话框，如图 2.20 所示。

03 选择目标文件后，单击【打开】按钮，即可打开文件。

> **提示：** 如果要打开前几次编辑操作的文件，可以单击应用程序按钮，在弹出的菜单中的右侧有一个【最近使用的文档】列表，其中包含文件的文件名称、存储路径及格式等信息，如图 2.21 所示。直接选择其中的文件名称，即可打开相应的场景文件。

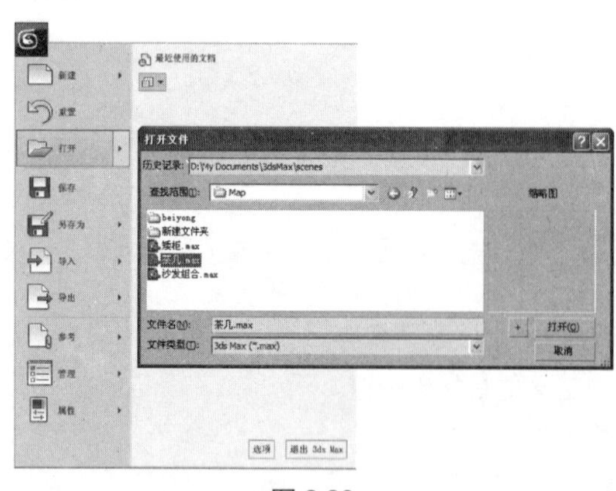

图 2.20

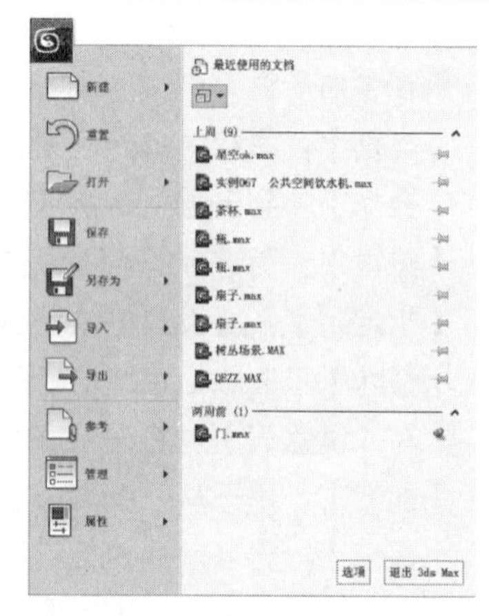

图 2.21

2. 保存文件

【保存】命令与【另存为】命令都用于对场景文件进行保存，但它们在使用和存储方式上略有不同。

若选择【保存】命令，则将当前场景进行快速保存，覆盖旧的同名文件，这种保存方法没有提示。如果是一个新建的场景文件，在第一次使用【保存】命令时，与使用【另存为】命令的效果相同，都会弹出【文件另存为】对话框，选择保存路径并对文件命名即可 。

> **提示：**当使用【保存】命令进行保存时，所有场景信息也将一并保存，例如视图划分设置、视图缩放比例，以及捕捉和栅格设置等。另外，通过【首选项设置】对话框，也可以设置自动备份保存功能。

在使用【另存为】命令对场景文件进行保存时，系统将以一个新的文件名称来存储当前场景，原来的场景文件不会改变，具体操作步骤如下：

01　选择应用程序 |【另存为】命令。

02　弹出【文件另存为】对话框，在【文件名】文本框中输入新的文件名称，并选择保存路径，如图 2.22 所示。

03　单击【保存】按钮，即可对当前场景文件进行保存。

> **提示：**在【文件另存为】对话框的右下方有一个 + 按钮，该按钮为递增按钮，如果直接单击 + 按钮，文件名会以 01、02、03…序号自动命名，递增进行存储。

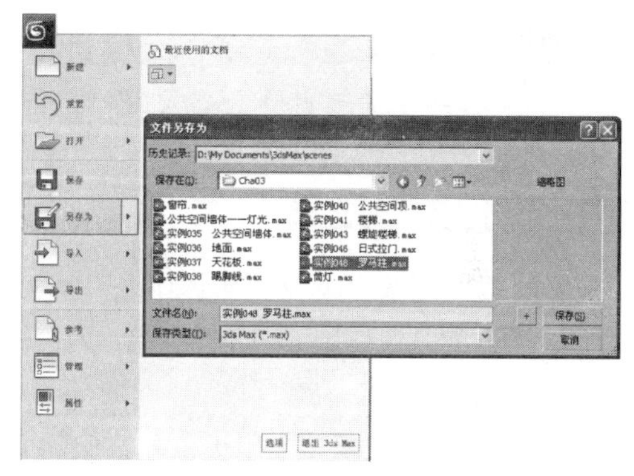

图 2.22

2.4　场景中物体的创建

在 3ds Max 2011 中创建一个简单的三维物体可以有多种方式。下面就以最常用的命令面板方式创建一个半径为 50 的茶壶对象。

01　在【顶】视图中单击，激活该视图。

02　选择【创建】 |【几何体】 |【标准基本体】|【茶壶】工具。

03　在【顶】视图中单击并拖动鼠标，拖动出茶壶模型，然后释放鼠标，即可完成茶壶的创建，效果如图 2.23 所示。

04　单击【修改】按钮，切换到【修改】命令面板，在【参数】卷展栏中将【半径】设置为 50，【分段】设置为 10，并选择【平滑】复选框，如图 2.24 所示。

3ds Max 提供了多种三维模型创建工具。对于基础模型，可以通过【创建】命令面板直接建立标准的几何体和几何图形，包括【几何体】、【图形】、【灯光】、【摄影机】、【辅助对象】、【空间扭曲】和【系统】等。对于复杂的几何体，可以通过放样造型、面片造型、曲面造型和粒子系统等特殊造型方法，以及利用【修改】命令面板对物体进行加工后完成创建。

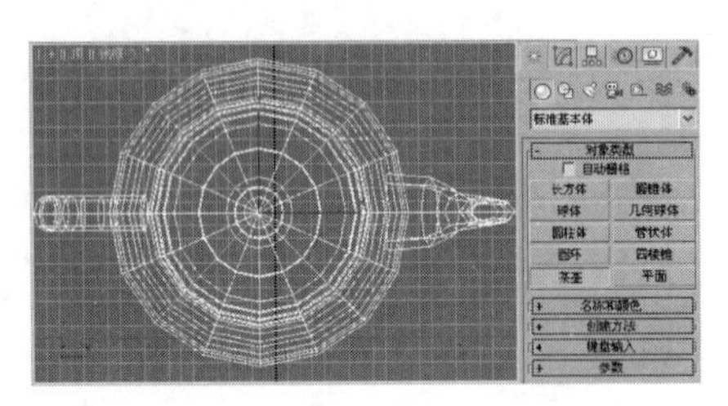

图 2.23

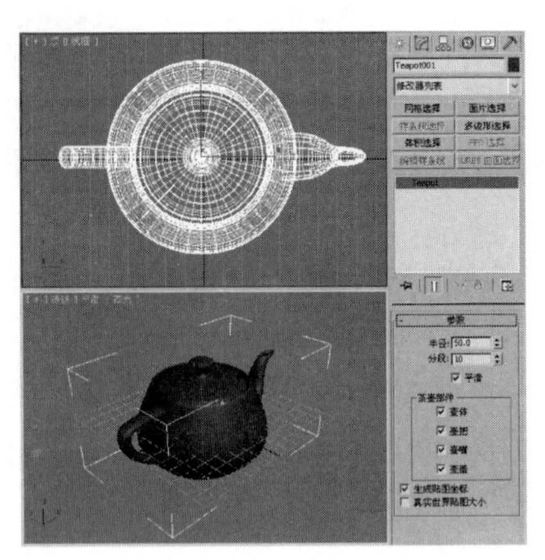

图 2.24

2.5 对象的选择

选择对象是 3ds Max 的基本操作。如果想对场景中的对象进行操作和编辑，首先就要选择该对象。为了应对在选择对象时出现的多种情况，方便用户操作，3ds Max 2011 提供了多种选择对象的方法。

1．单击选择

单击选择对象就是指先单击工具栏中的【选择对象】按钮，然后通过在视图中单击相应的物体来选择对象。一次单击只可以选择一个对象或一组对象。按住【Ctrl】键再单击物体就可以连续加入或减去多个对象。

01 在场景中创建圆柱体和圆环。

02 在工具栏中单击【选择对象】按钮。

03 将鼠标指针移至【前】视图中的圆环上，当指针变为十字形状后单击鼠标，圆环就会被选中，如图 2.25 所示。如果想再选择另外两个对象，可按住【Ctrl】键并使用【选择对象】工具依次选择需要选择的对象，这样需要选择的对象就同时被选中了，如图 2.26 所示。

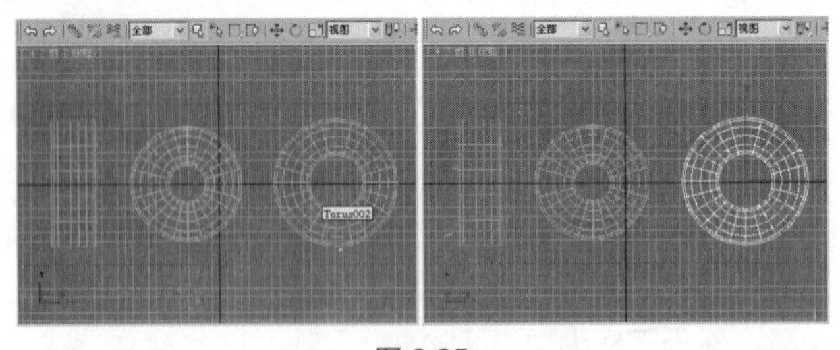

图 2.25

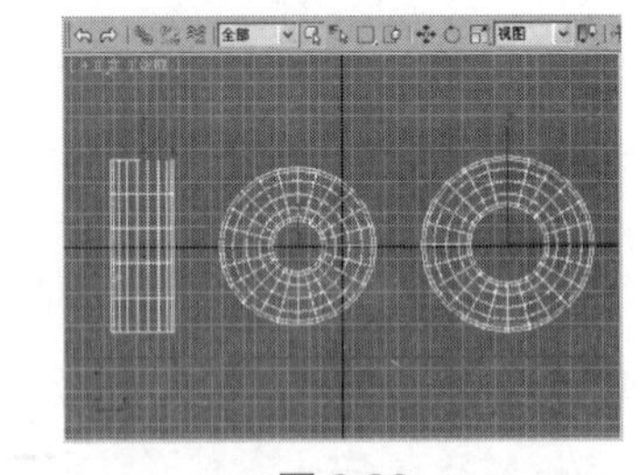

图 2.26

> **提示：** 被选中的物体，在以【线框】模式显示的视图中以白色框架显示；在以【平滑+高光】模式显示的视图中，周围将显示一个白色的框架。无论被选择对象是什么形状，这种白色的框架都以长方形的形式出现。

【按名称选择】工具是一个非常好用的工具，它可以快速、准确地选择对象。该工具可以通过选择对象名称来选择相应的对象，所以该工具要求对象的名称具有唯一性，通常用于复杂场景中对象的选择。

在工具栏中单击【按名称选择】按钮，或按【H】键，弹出【从场景选择】对话框。选择 Torus001 和 Torus002 选项，然后单击【确定】按钮，则 Torus001 和 Torus002 对象均被选中，如图 2.27 所示。

2．工具选择

用户可通过工具栏中的选择工具选择对象，选择工具包括单选工具和组合选择工具等。

- 单选工具：【选择对象】。
- 组合选择工具：【选择并移动】、【选择并旋转】、【选择并均匀缩放】、【选择并链接】和【断开当前选择链接】等。

3．区域选择

3ds Max 2011 中提供了 5 种区域选择工具：分别是【矩形选择区域】、【圆形选择区域】、【围栏选择区域】、【套索选择区域】和【绘制选择区域】。其中【围栏选择区域】可以创建不规则选区。使用【围栏选择区域】配合范围选择工具可以非常方便地将要选择的对象从复杂的场景中选取出来，如图 2.28 所示。

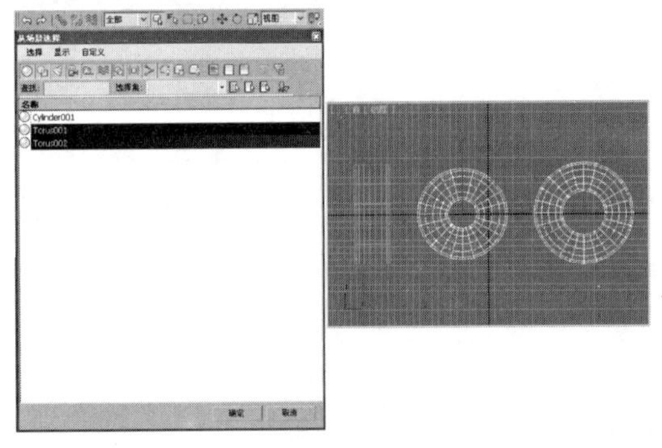

图 2.27

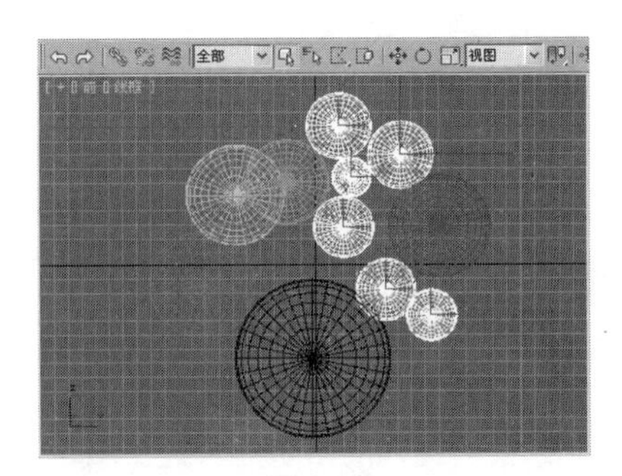

图 2.28

4．范围选择

范围选择有两种方式：一种是【窗口】范围选择方式，另一种是【交叉】范围选择方式。通过 3ds Max 状态栏中的按钮可以进行两种选择方式的切换。如果按钮处于激活状态，则选择场景中的对象时，只要选中对象的局部，这个对象就会被选择，如图 2.29 所示。如果按钮处于激活状态，则选择场景中的对象时，只有对象被全部框选，这个对象才能被选择，若仅是部分被框选，则不会被选择，如图 2.30 所示。

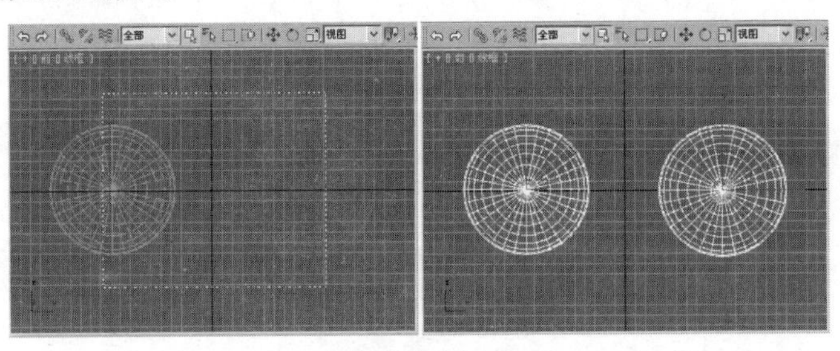

图 2.29

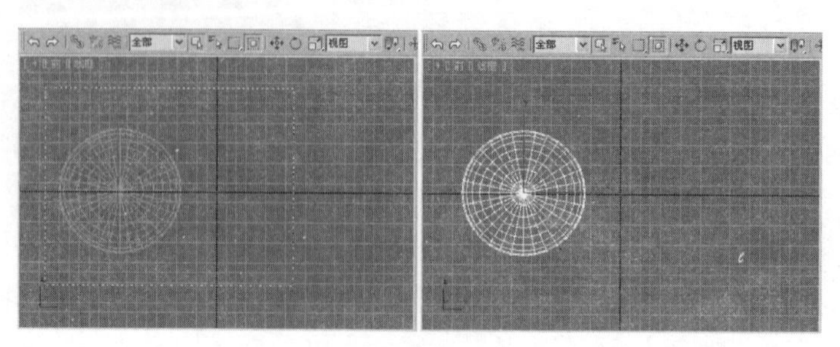

图 2.30

2.6 使用组

在 3ds Max 2011 中多次对众多对象进行同一编辑修改时，每一次都要一个个地选择这些对象，非常麻烦。下面为大家介绍一种方便、快捷的方法，即将多个对象编辑成组。

组，顾名思义就是由多个对象组成的集合。成组以后不会对原对象做任何修改，但对组的编辑会影响组中的每一个对象。成组以后，只要单击组内的任意一个对象，整个组都会被选择。如果想单独对组内的对象进行操作，必须先将组暂时打开。组存在的意义就是为了使用户可以同时对多个对象进行同样的操作。

1．组的建立

在场景中选择两个或两个以上的对象，在菜单栏中选择【组】|【成组】命令，在弹出的对话框中输入组的名称（默认组名为“组 001”，并自动按序递加），单击【确定】按钮即可，如图 2.31 所示。

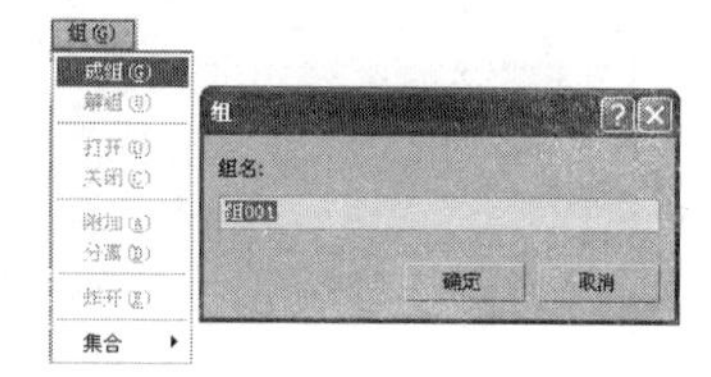

图 2.31

2．打开组

如果要对组内的单个对象进行编辑，则需要将组打开。每选择一次【组】|【打开】命令，只能打开一级群组。

选择【组】|【打开】命令，这时群组的外框会变成紫色，可以对其中的对象进行单独修改。移动其中的对象，则紫色边框会随着变动，表示该物体正处在该组的打开状态中。

3．关闭组

选择【组】|【关闭】命令，将暂时打开的组关闭，可返回到初始状态。

4．附加组

先选择一个将要加入的对象（或一个组），再选择【组】|【附加】命令，单击要加入的任何对象都可以把该对象加入到群组中。

5．取消组

选择【组】|【解组】命令，只将当前选择组的最上一级打散。

6．炸开组

选择【组】|【炸开】命令，将所选择组的所有层级一同打散，不再包含任何组。

7．分离组

选择【组】|【分离】命令，将组中的个别对象分离出组。

2.7　移动、旋转和缩放物体

在 3ds Max 中，对物体进行编辑和修改最常用到的就是物体的移动、旋转和缩放操作。移动、旋转和缩放物体有两种方式。

第一种是直接在主工具栏中选择相应的工具，如【选择并移动】、【选择并旋转】或【选择并均匀缩放】，然后在视图区中用鼠标进行拖动。也可在相应的工具按钮上右击，例如，右击【选择并旋转】按钮，弹出【旋转变换输入】对话框，在该对话框中可以直接输入数值以进行精确操作，如图 2.32 所示。

第二种是通过状态栏输入坐标值，这是一种方便、快捷的精确调整方法，如图 2.33 所示。

图中的按钮为绝对模式变换输入按钮，单击该按钮可以完成绝对坐标与相对坐标的转换，如图 2.34 所示。

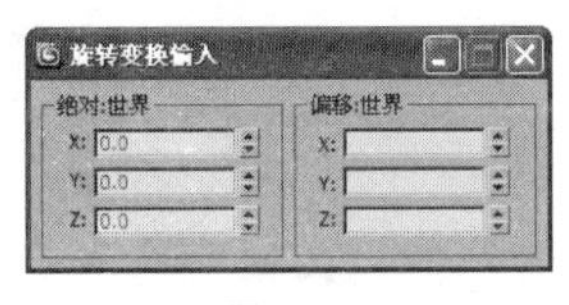

图 2.32

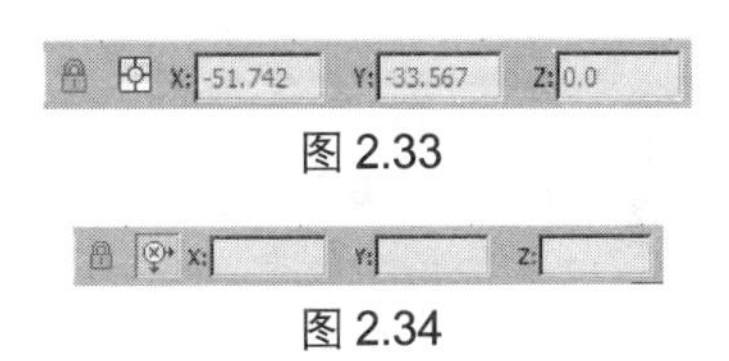

图 2.33

图 2.34

2.8　坐标系统

如果要灵活地对对象进行移动、旋转和缩放，就要正确地选择坐标系统。在 3ds Max 2011 中，提供了 9 种坐标系统可供选择，如图 2.35 所示。

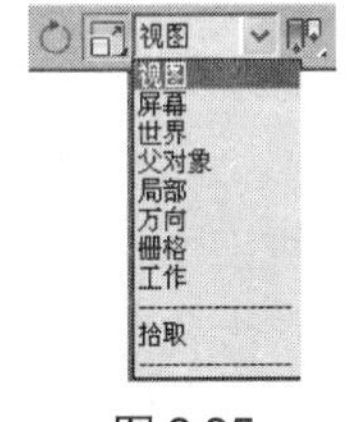

图 2.35

各坐标系统的功能说明如下：

- 【视图】坐标系统：这是默认的坐标系统，也是使用最普遍的坐标系统，实际上它是【世界】坐标系统与【屏幕】坐标系统的结合。在正视图中（例如顶、前、左视图等）使用屏幕坐标系统，在透视图中使用世界坐标系统。
- 【屏幕】坐标系统：在所有视图中都使用同样的坐标轴向，即 *X* 轴为水平方向，*Y* 轴为垂直方向，*Z* 轴为景深方向，这正是我们所习惯的坐标轴向，它把计算机屏幕作为 *X*、*Y* 轴向，计算机内部延伸作为 *Z* 轴向。
- 【世界】坐标系统：在 3ds Max 中从前方看，*X* 轴为水平方向，*Z* 轴为垂直方向，*Y* 轴为景深方向。这个坐标方向轴在任何视图中都固定不变，以它为坐标系统，可以使在任何视图中都有相同的操作效果。
- 【父对象】坐标系统：使用选择物体的父物体的自身坐标系统，这可以使子物体保持与父物体之间的依附关系，在父物体所在的轴向上发生改变。
- 【局部】坐标系统：使用物体自身的坐标轴作为坐标系统。物体自身轴向可以通过【层次】命令面板中【轴】|【仅影响轴】内的工具进行调节。

- 【万向】坐标系统：用于在视图中使用 Euler XYZ 控制器的物体交互式旋转。利用它，用户可以使 XYZ 轨迹与轴的方向形成一一对应关系。其他的坐标系统会保持正交关系，而且每一次旋转都会影响其他坐标轴的旋转，但万向坐标系统旋转模式则不会产生这种效果。
- 【栅格】坐标系统：以栅格物体的自身坐标轴作为坐标系统，栅格物体主要用来辅助制作。
- 【工作】坐标系统：使用工作轴坐标系。用户可以随时使用坐标系，无论工作轴处于活动状态与否。工作轴启用时，即为默认的坐标系。
- 【拾取】坐标系统：自己选择屏幕中的任意一个对象，以它自身的坐标系统作为当前坐标系统。这是一种非常有用的坐标系统，例如我们要想将一个球体沿一块倾斜的木板滑下，就可以拾取木板的坐标系统作为球体移动的坐标依据。

2.9 控制并调整视图

下面介绍使用视图控制区中的工具控制并调整视图的方法。

1．用视图控制工具按钮控制并调整视图

在屏幕右下角有 8 个图形按钮，它们是当前激活视图的控制工具，实施各种视图显示的变化。根据视图种类的不同，相应的控制工具也会有所不同，如图 2.36 所示。

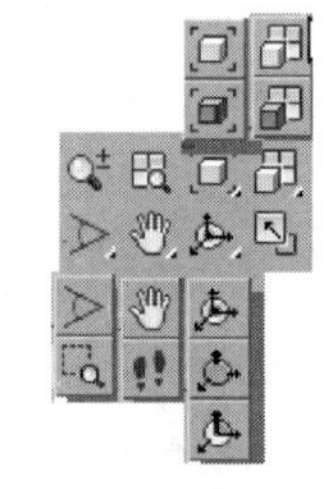

图 2.36

- 【缩放】按钮：在任意视图中单击并上下拖动可拉近或推远视景。
- 【缩放所有视图】按钮：单击该按钮后上下拖动，同时在其他所有标准视图内进行缩放显示。
- 【最大化显示】按钮：将所有物体以最大化的方式显示在当前激活视图中。
- 【最大化显示选定对象】按钮：将所选择的物体以最大化的方式显示在当前激活视图中。
- 【所有视图最大化显示】按钮：将所有视图以最大化的方式显示在全部标准视图中。
- 【所有视图最大化显示选定对象】按钮：将所选择的物体以最大化的方式显示在全部标准视图中。
- 【最大化视口切换】按钮：将当前激活视图切换为全屏显示，快捷键为 Alt+W。
- 【环绕】按钮：将视图中心用做旋转中心。如果对象靠近视口的边缘，它们可能会旋转出视图范围。
- 【选定的环绕】按钮：将当前选择的中心用做旋转中心。当视图围绕其中心旋转时，选定对象将保持在视口中的同一位置上。
- 【环绕子对象】按钮：将当前选定子对象的中心用做旋转中心。当视图围绕其中心旋转时，当前选择将保持在视口中的同一位置上。
- 【平移视图】按钮：单击该按钮后四处拖动，可以进行平移观察，配合【Ctrl】键可以加速平移，快捷键为 Ctrl+P。
- 【穿行导航】按钮：使用穿行导航，可通过按下包括箭头方向键在内的一组快捷键，在视口中移动，正如在众多视频游戏中的 3D 世界中进行导航一样。

- 【视野】按钮▷：调整视口中可见的场景数量和透视张角量。
- 【缩放区域】按钮：在视图中框取局部区域，将它放大显示，快捷键为 Ctrl+W。在【透视】视图中没有这个按钮，如果想使用它，可以先将【透视】视图切换为正视图，进行区域放大后再切换回【透视】视图。

2．视图的布局转换

在默认状态下，3ds Max 使用 3 个正交视图和一个【透视】视图来显示场景中的物体。

其实 3ds Max 共提供了 14 种视图配置方案，用户完全可以按照自己的需要来任意配置各个视图。操作步骤如下：选择【视图】|【视口配置】命令，或右击视图控制区，弹出【视口配置】对话框，选择【布局】选项卡，如图 2.37 所示。

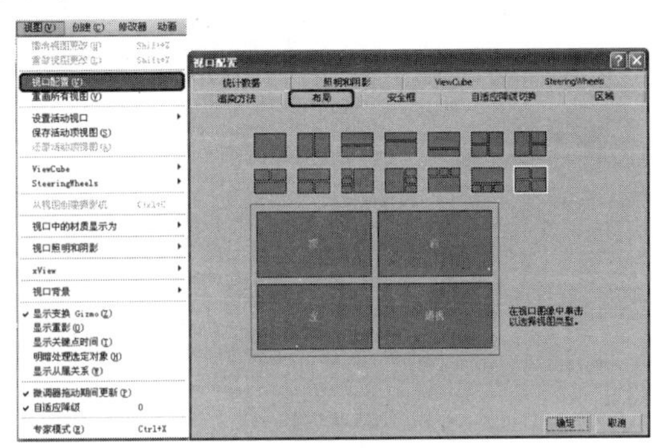

图 2.37

3ds Max 中的视图类型除默认的【顶】视图、【前】视图、【左】视图和【透视】视图外，还有【灯光】视图、【摄影机】视图及【后】视图等十多种视图类型并各有其快捷键，如图 2.38 所示。

3．视图显示模式的控制

在系统默认设置下，顶、前和左 3 个正交视图采用【线框】显示模式，【透视】视图则采用【平滑+高光】的显示模式。平滑模式显示效果逼真，但刷新速度慢，线框模式只能显示物体的线框轮廓，但刷新速度快，可以加快计算机的处理速度，特别是当处理大型、复杂的场景时，应尽量使用线框模式，只有当需要观看最终效果时，才将高光模式打开。

此外，3ds Max 2011 还提供了其他几种视图显示模式。右击视图左上端的视图名称，在弹出的菜单中提供了各种显示模式，如图 2.39 所示。

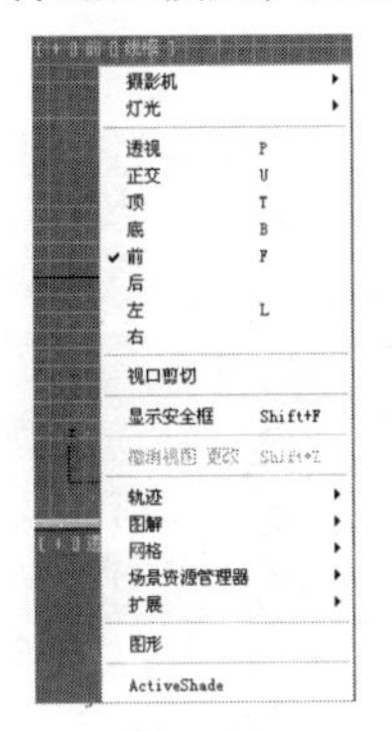

图 2.38

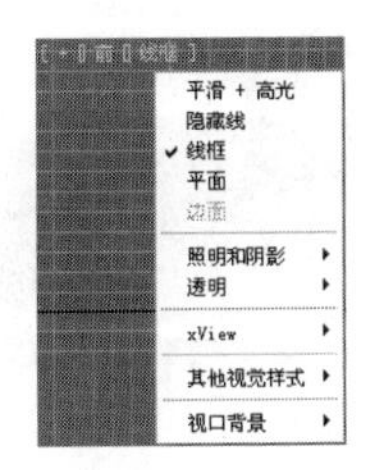

图 2.39

2.10　复制物体

在制作一些大型场景的过程中，有时会用到大量相同的物体，这就需要对一个物体进行复制。在 3ds Max 中复制物体的方法有多种，下面将分别进行讲解。

1．最基本的复制方法

选择所要复制的一个或多个物体，在菜单栏中选择【编辑】|【克隆】命令，弹出【克隆选项】对话框，选择对象的复制方式，如图 2.40 所示。

如果按住键盘上的【Shift】键，使用移动工具拖动物体也可对物体进行复制，但这种方法比【克隆】命令多一个【副本数】数值框，如图 2.41 所示。

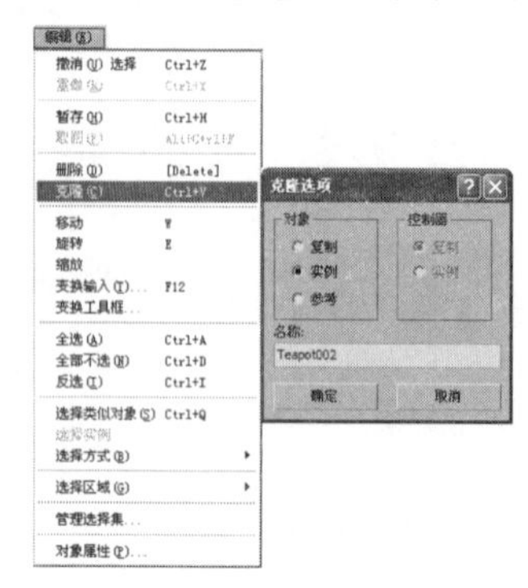

图 2.40

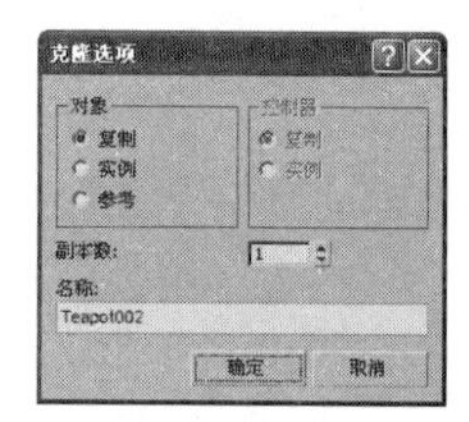

图 2.41

【克隆选项】对话框中各参数的功能说明如下：

- 【复制】：将当前对象在原位置复制一份，快捷键为 Ctrl+V。
- 【实例】：使复制物体与原物体相互关联，当改变一个物体时，另一个物体也会发生同样的改变。
- 【参考】：以原始物体为模板，产生单向的关联复制品。当改变原始物体时参考物体同时会发生改变，但改变参考物体时不会影响原始物体。
- 【副本数】：指定复制的个数并按照所指定的坐标轴向进行等距离复制。

2．镜像复制

使用镜像复制可以方便地制作出物体的反射效果。图 2.42 所示为使用镜像命令在一个对象的对面复制出了另一个对象。

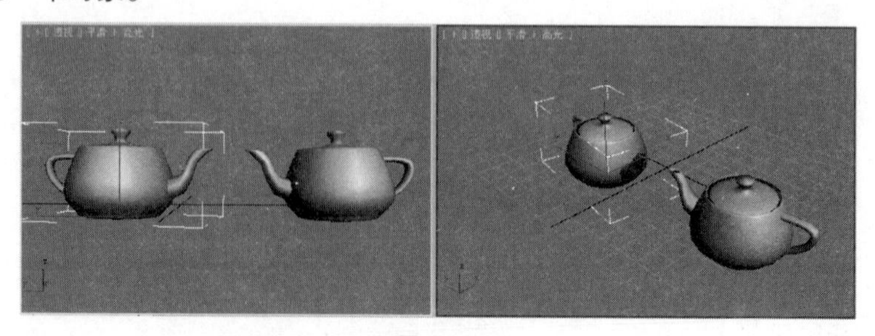

图 2.42

【镜像】工具可以移动一个或多个对象，使其沿着指定的坐标轴镜像到另一个方向，同时也可以产生具备多种特性的复制对象。选择要进行镜像复制的对象，选择【工具】|【镜像】命令，或者在工具栏中单击【镜像】按钮，弹出【镜像：世界坐标】对话框，如图 2.43 所示。

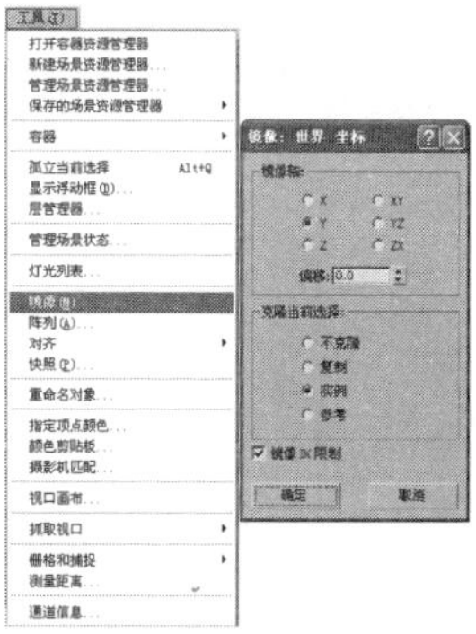

图 2.43

【镜像：世界坐标】对话框中各参数的功能说明如下：

- 【镜像轴】：提供了用于镜像的 6 种对称轴，每当进行选择时，视图中所选择的对象就会显示出镜像效果。
  - ✧ 【偏移】：指定镜像对象与原对象之间的距离，距离值是通过两个对象的轴心点来计算的。
- 【克隆当前选择】：确定是否复制，以及复制的方式。
  - ✧ 【不克隆】：只镜像对象，不进行复制。
  - ✧ 【复制】：复制一个新的镜像对象。
  - ✧ 【实例】：复制一个新的镜像对象，并指定为关联属性，这样在改变复制对象时将对原始对象也产生作用。
  - ✧ 【参考】：复制一个新的镜像对象，并指定为参考属性。
- 【镜像 IK 限制】：选择该复选框，可以连同几何体一起对 IK 约束进行镜像。IK 所使用的末端效应器不受镜像工具的影响，所以如果想要镜像完整的 IK 层级，需要先在【运动】命令面板下的【IK 控制参数】卷展栏中删除末端效应器，镜像完成之后再在相同的面板中建立新的末端效应器即可。

2.11　使用阵列工具

使用【阵列】工具可以大量有序地复制对象，它可以控制产生一维、二维或三维的阵列复制。图 2.44 所示为使用【阵列】工具制作的分子。

选择要进行阵列复制的对象，选择【工具】|【阵列】命令，弹出【阵列】对话框，如图 2.45 所示。

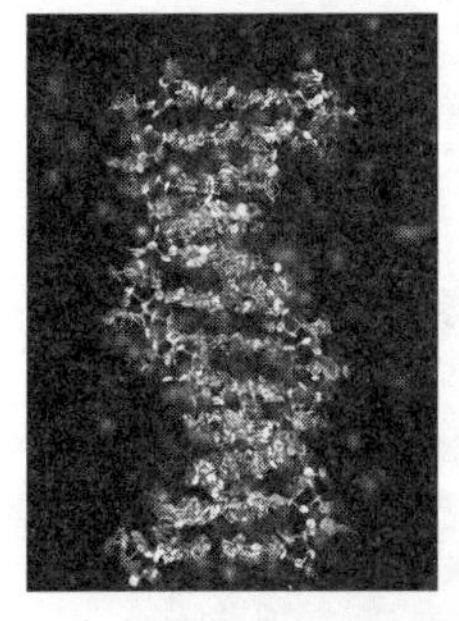

图 2.44

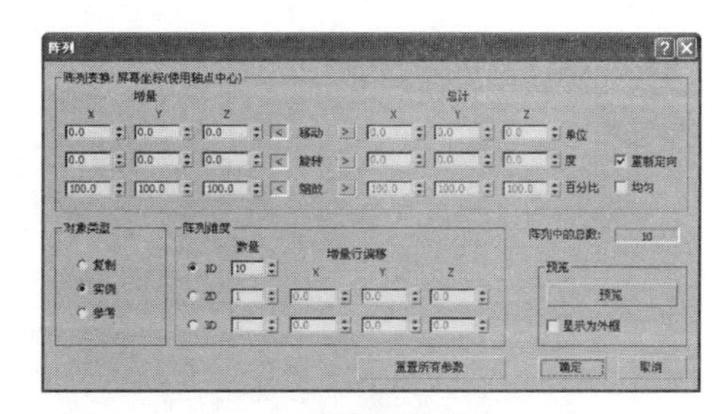

图 2.45

【阵列】对话框中各参数的功能如下：

- 【阵列变换】：用来设置在 1D 阵列中，3 种类型阵列的变量值，包括位置、角度和比例。左侧为【增量】计算方式，要求设置增值数量；右侧为【总计】计算方式，要求设置最后的总数量。如果想在 X 轴方向上创建间隔为 10 单位一行的对象，就可以在【增量】下面的【移动】前面的 X 文本框中输入 10。如果想在 X 轴方向上创建总长度为 10 单位的一行对象，那么就可以在【总计】下面的【移动】后面的 X 文本框中输入 10。

✧ 【移动】：分别设置 3 个轴向上的偏移值。

✧ 【旋转】：分别设置沿 3 个轴向旋转的角度值。

✧ 【缩放】：分别设置在 3 个轴向上缩放的百分比例。

✧ 【重新定向】：在以世界坐标轴旋转复制原对象时，同时也对新产生的对象沿其自身的坐标系统进行旋转定向，使其在旋转轨迹上总保持相同的角度，否则所有的复制对象都与原对象保持相同的方向。

✧ 【均匀】：选择该复选框后，在【增量】下的【缩放】文本框中，只有 X 轴允许输入参数，这样可以锁定对象的比例，使对象只发生体积变化，而不产生变形。

- 【对象类型】：设置产生的阵列复制对象的属性。

✧ 【复制】：标准复制属性。

✧ 【实例】：产生关联复制对象，与原对象息息相关。

✧ 【参考】：产生参考复制对象。

- 【阵列维度】：增加另外两个维度的阵列设置，这两个维度依次对前一个维度产生作用。

✧ 1D：设置第一次阵列产生的对象总数。

✧ 2D：设置第二次阵列产生的对象总数，右侧的 X、Y、Z 文本框用来设置新的偏移值。

✧ 3D：设置第三次阵列产生的对象总数，右侧的 X、Y、Z 文本框用来设置新的偏移值。

- 【阵列中的总数】：设置最后阵列结果产生的对象总数目，即 1D、2D、3D 3 个【数量】值的乘积。
- 【重置所有参数】：将所有参数还原为默认设置。

下面使用【阵列】工具制作一个如图 2.48 所示的分子效果。

01 在场景中创建两个球体和一个圆柱体，将其组合为如图 2.46 所示的形状，然后将该模型成组。

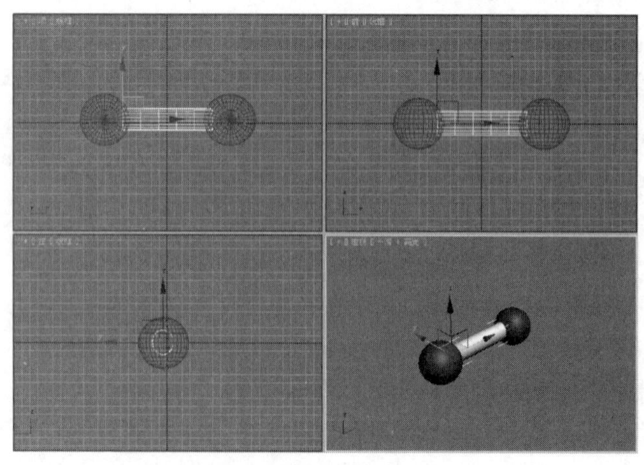

图 2.46

02 激活【顶】视图，在菜单栏中选择【工具】|【阵列】命令，在弹出的对话框中按照图 2.47 所示设置参数即可。

03 调整视图角度并渲染视图，效果如图 2.48 所示。

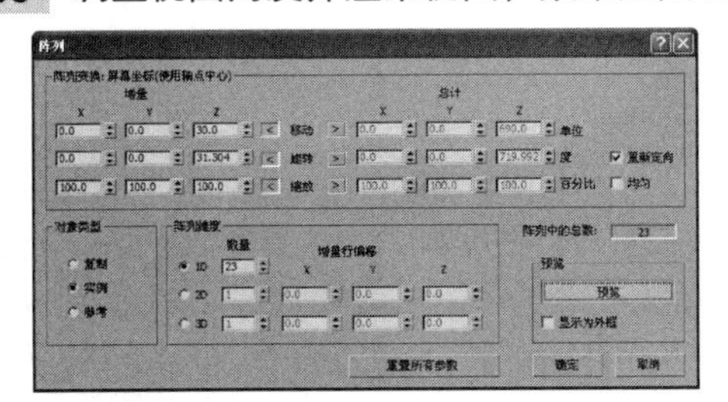

图 2.47

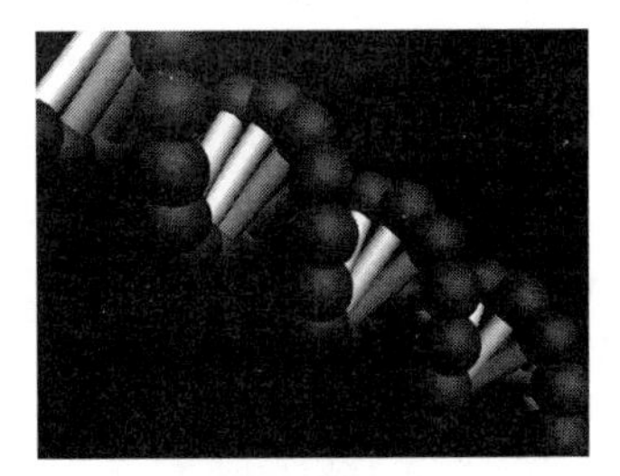

图 2.48

2.12　使用对齐工具

【对齐】工具就是通过移动操作使物体自动与其他对象对齐，所以它在物体之间并没有建立任何特殊关系。

在【顶】视图中创建一个球体和一个圆环，选择球体，在工具栏中单击【对齐】按钮，然后在视图中选择圆环对象，弹出【对齐当前选择】对话框，并使球体位于圆环的中间，参数设置如图 2.49 所示。

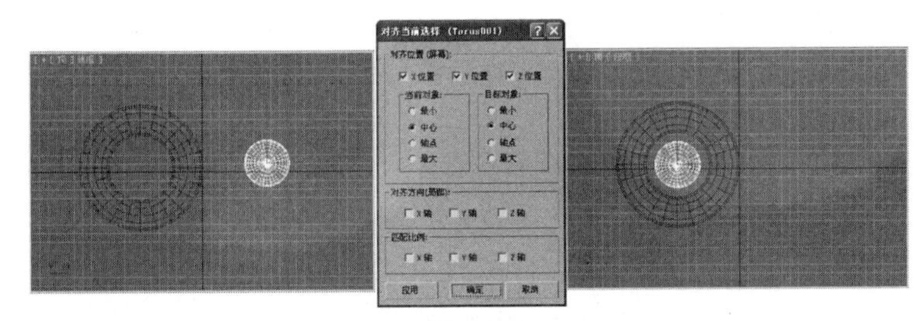

图 2.49

【对齐当前选择】对话框中各参数的功能说明如下：

- 【对齐位置】：根据当前的参考坐标系来确定对齐方式。
- 【X/Y/Z 位置】：特殊指定位置对齐依据的轴向，可以单方向对齐，也可以多方向对齐。
- 【当前对象】/【目标对象】：分别用于当前对象与目标对象对齐的设置。
  - ✧ 【最小】：以对象表面最靠近另一个对象选择点的方式进行对齐。
  - ✧ 【中心】：以对象中心点与另一个对象选择方式点的进行对齐。
  - ✧ 【轴心】：以对象重心点与另一个对象选择方式点的进行对齐。
  - ✧ 【最大】：以对象表面最远离另一个对象选择点的方式进行对齐。
- 【对齐方向（局部）】：特殊指定方向对齐依据的轴向，方向的对齐是根据对象自身坐标系完成的，3 个轴向可以任意选择。
- 【匹配比例】：将目标对象的缩放比例沿指定的坐标轴施加到当前对象上。如果目标对象已经进行了缩放修改，系统会记录缩放的比例，将比例值应用到当前对象上。

2.13　捕捉工具的使用和设置

3ds Max 为我们提供了更加精确地创建和放置对象的工具——捕捉工具。所谓捕捉，就是根据栅格和物体的特点放置光标的一种工具，使用捕捉可以精确地将光标放置到用户想要的地方。下面就来介绍 3ds Max 的各种捕捉工具。

1．捕捉与栅格设置

只要在工具栏中右击按钮中的任一个按钮，就可以弹出【栅格和捕捉设置】对话框，如图 2.50 所示。

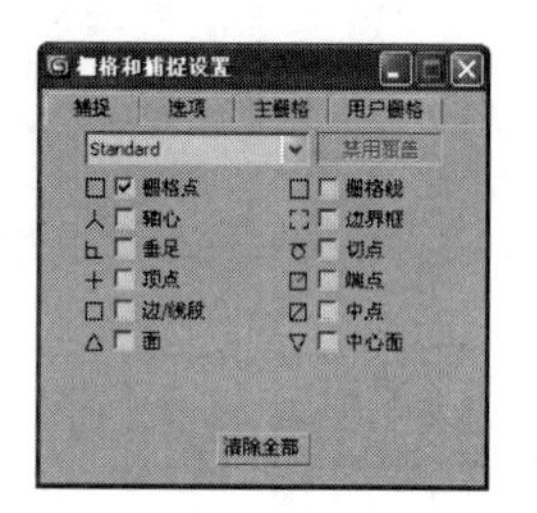

图 2.50

对于捕捉与栅格设置，可以在【捕捉】、【选项】、【主栅格】、【用户栅格】4 个选项卡中进行设置。

依据造型方式可将捕捉类型分成 Standard 标准类型和 NURBS 捕捉类型，其中各类型选项的功能说明如下：

- Standard（标准）类型如图 2.50 所示，可在创建、移动、旋转和缩放对象时提供附加控制。
  - ✧【栅格点】：捕捉栅格的交点。
  - ✧【轴心】：捕捉物体的轴心点。
  - ✧【垂足】：在视图中绘制曲线时，捕捉与上一次垂直的点。
  - ✧【顶点】：捕捉网格物体或可编辑网格物体的顶点。
  - ✧【边/线段】：捕捉物体边界上的点。
  - ✧【面】：捕捉某一面正面的点，背面无法进行捕捉。
  - ✧【栅格线】：捕捉栅格线上的点。
  - ✧【边界框】：捕捉物体边界框的 8 个角。
  - ✧【切点】：捕捉样条曲线上相切的点。
  - ✧【端点】：捕捉样条曲线或物体边界的端点。
  - ✧【中点】：捕捉样条曲线或物体边界的中点。
  - ✧【中心面】：捕捉三角面的中心。

NURBS 捕捉类型主要用于 NURBS 类型物体的捕捉。NURBS 是一种曲面建模系统，对于它的捕捉类型，主要在这里进行设置，如图 2.51 所示。

单击 Standard 选项右侧的下拉按钮，在弹出的下拉列表框中选择 NURBS 选项，进入 NURBS 捕捉面板。

- CV：捕捉 NURBS 曲线或曲面的 CV 次物体。
- 【曲线中心】：捕捉 NURBS 曲线的中心点。
- 【曲线切线】：捕捉 NURBS 曲线相切的切点。
- 【曲线端点】：捕捉 NURBS 曲线的端点。
- 【曲面法线】：捕捉 NURBS 曲面法线的点。
- 【点】：捕捉 NURBS 次物体的点。

- 【曲线法线】：捕捉 NURBS 曲线法线的点。
- 【曲线边】：捕捉 NURBS 曲线的边界。
- 【曲面中心】：捕捉 NURBS 曲面的中心点。
- 【曲面边】：捕捉 NURBS 曲面的边界。

【选项】选项卡用来设置捕捉的强度、范围等，如图 2.52 所示。【选项】选项卡中部分参数的功能说明如下：

- 【显示】：控制在捕捉时是否显示指示光标。
- 【大小】：设置捕捉光标的尺寸大小。
- 【捕捉半径】：设置捕捉光标的捕捉范围，值越大，越灵敏。
- 【角度】：用来设置旋转时递增的角度。
- 【百分比】：用来设置缩放时递增的百分比例。
- 【使用轴约束】：将选择的物体沿着指定的坐标轴向移动。

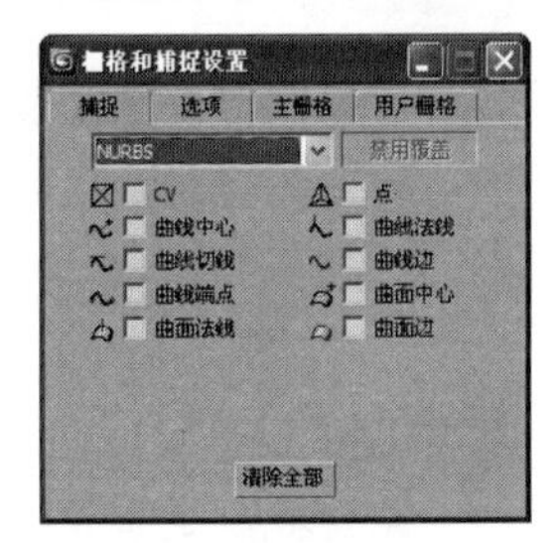

图 2.51

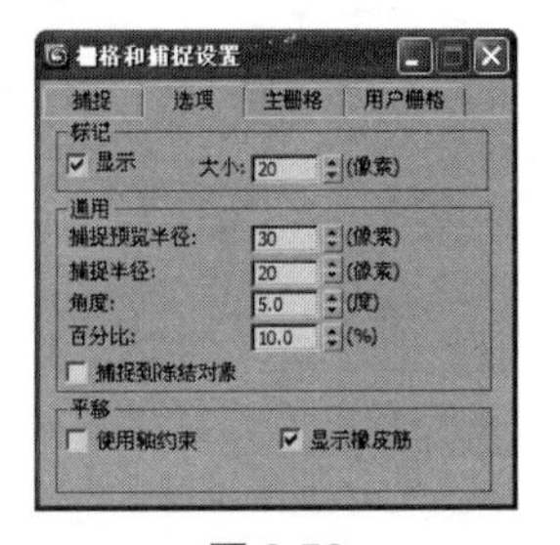

图 2.52

【主栅格】选项卡用来控制主栅格特性，如图 2.53 所示。【主栅格】选项卡参数中各参数的功能说明如下：

- 【栅格间距】：设置主栅格两根线之间的间距，以内部单位计算。
- 【每 N 条栅格线有一条主线】：用于设置每隔多少根栅格线出现一条加重线。这是针对正交视图设置的。
- 【透视视图栅格范围】：设置透视图的粗线格中所包含的细线格数量。
- 【禁止低于栅格间距的栅格细分】：选择该复选框后，在对视图进行放大或缩小时，栅格不会自动细分。取消选择该复选框，在对视图放大或缩小时栅格会自动细分。
- 【禁止透视视图栅格调整大小】：选择该复选框后，在对【透视】视图进行放大或缩小时，栅格数保持不变。取消选择该复选框，栅格会根据透视图的变化而变化。
- 【活动视口】：改变栅格设置时，仅对激活的视图进行更新。
- 【所有视口】：改变栅格设置时，所有视图都会更新栅格显示。

【用户栅格】选项卡用于控制用户创建的辅助栅格对象，如图 2.54 所示。【用户栅格】选项卡中各参数的功能说明如下：

- 【创建栅格时将其激活】：选择该复选框，可以在创建栅格物体的同时将其激活。
- 【世界空间】：设定物体创建时自动与世界空间坐标系统对齐。

● 【对象空间】：设定物体创建时自动与物体空间坐标系统对齐。

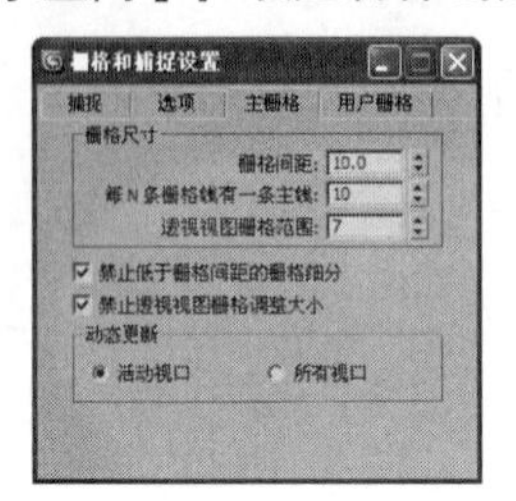

图 2.53

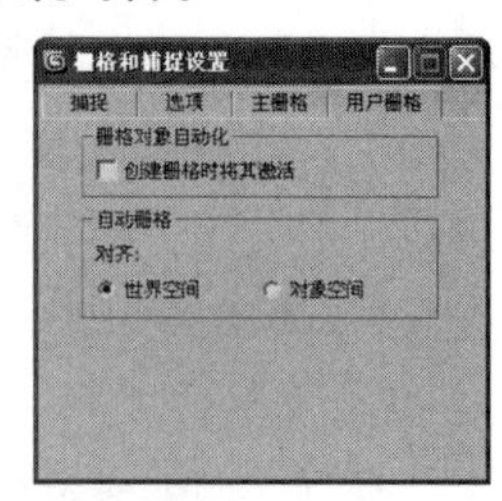

图 2.54

2．**空间捕捉**

3ds Max 为用户提供了 3 种空间捕捉的类型（2D、2.5D 和 3D），使用空间捕捉可以精确地创建和移动对象。当使用 2D 或 2.5D 捕捉创建对象时，只能捕捉到直接位于绘图平面上的节点和边。当用空间捕捉移动对象时，被移动的对象是移动到当前栅格上还是相对于初始位置按捕捉增量移动，就由捕捉方式来决定了。

例如，只选择【栅格点】复选框，捕捉移动对象时，对象将相对于初始位置按设置的捕捉增量移动；如果同时选择【栅格点】和【顶点】复选框，在移动对象时，对象将移动到当前栅格或者场景中对象的点上。

3．**角度捕捉**

角度捕捉主要用于精确地旋转物体和视图，可以在【栅格和捕捉设置】对话框中进行设置，其中【选项】选项卡中的【角度】参数用于设置旋转时递增的角度，系统默认值为 5 度。

在不打开角度捕捉的情况下，在视图中旋转物体时，系统会以 0.5 度作为旋转时递增的角度。而在大多数情况下，在视图中旋转物体时，系统旋转的度数为 30、45、60、90 或 180 度等整数，激活【角度捕捉】按钮，为精确旋转物体提供了方便。

4．**百分比捕捉**

在不激活【百分比捕捉】按钮的情况下，进行缩放或挤压物体时，将默认以 1%的比例进行变化。如果打开百分比捕捉，将以系统默认的 10%的比例进行变化。当然也可以在【栅格和捕捉设置】对话框中，利用【选项】选项卡中的【百分比】参数进行百分比捕捉设置。

2.14 渲染场景

3ds Max 的渲染场景可以分为两部分：初始化渲染和控制渲染内容，这两部分共同作用生成一幅图像。3ds Max 有几种方法来初始化渲染工作，可将图像绘制到屏幕上，还提供了几种通过渲染类型精确控制渲染内容的方法。

3ds Max 可以通过在菜单栏中选择【渲染】|【渲染】命令，开始渲染，或者单击与渲染相关的【渲染设置】按钮、【渲染帧窗口】按钮和【渲染产品】按钮。

● 【渲染设置】：单击该按钮，可以弹出【渲染设置】对话框，进行渲染参数的设置。
● 【渲染帧窗口】：单击该按钮或按【F9】键，可以按照上一次的渲染设置进行渲染，而不用考虑当前激活的是哪一个视图，这对于场景测试是一个非常方便的渲染方法。

- 【渲染产品】：单击该按钮，可以按照【渲染设置】对话框中设置好的参数对当前激活的视图进行渲染，执行起来比较方便。

2.15　上机练习

下面通过两个实例来巩固前面所学的基础知识。

1．**弧形楼梯**

下面介绍如何制作弧形楼梯效果，首先使用【线】工具绘制出楼梯踏步的截面，然后利用【挤出】工具生成楼梯。在制作过程中还应用了【复制】与【镜像】命令，完成的效果如图 2.55 所示。

图 2.55

01　选择【创建】|【图形】|【线】工具，在【前】视图中绘制线，并对线进行调整，然后将其命名为“楼梯”，如图 2.56 所示。

02　切换到【修改】面板，将当前选择集定义为【线段】，在场景中选择如图 2.57 所示的线段，在【几何体】卷展栏中将【拆分】设置为 20，单击【拆分】按钮，将线段进行拆分，如图 2.57 所示。

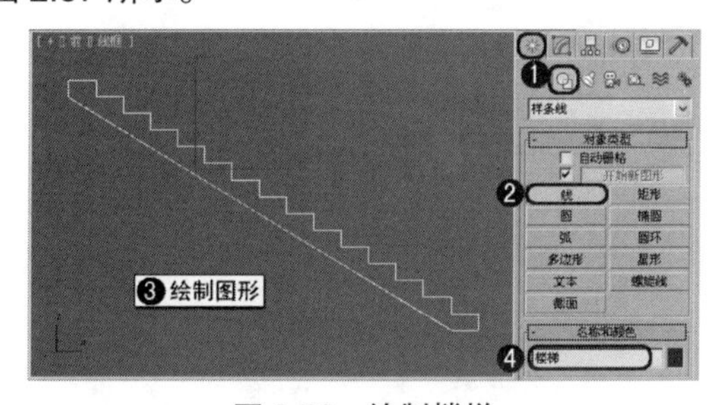

图 2.56　绘制楼梯

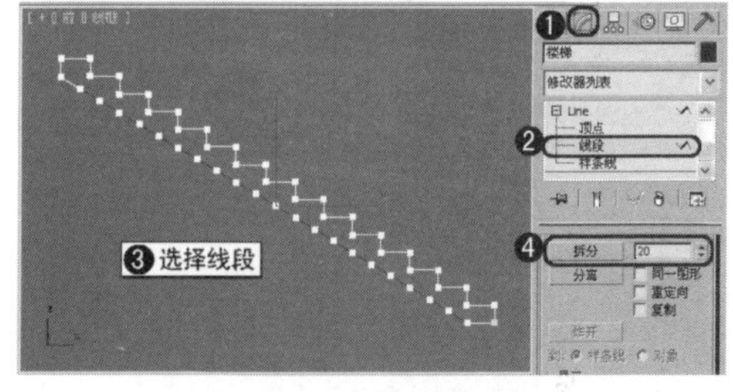

图 2.57　拆分线段

03　关闭当前选择集，在【修改器列表】下拉列表框中选择【挤出】修改器，在【参数】卷展栏中将【数量】设置为 160，如图 2.58 所示。

04　按【M】键打开【材质编辑器】窗口，选择一个新的材质样本球，将它设置为 Standard（标准材质），并将其命名为“楼梯”。在【Blinn 基本参数】卷展栏中将【环境光】和【漫反射】的 RGB 均设置为 0、77、235，将【自发光】选项组中的【颜色】设置为 30，将【反射高光】选项组中的【高光级别】和【光泽度】参数分别设置为 96 和 46，如图 2.59 所示。单击【将材质指定给选定对象】按钮，将材质指定给场景中的“楼梯”对象。

05　选择【创建】|【图形】|【线】工具，在【前】视图中绘制线段，在【渲染】卷展栏中选择【在渲染中启用】和【在视口中启用】复选框，将【厚度】设置为 4，然后将其命名为“支架 01”，如图 2.60 所示。

06　按【M】键打开【材质编辑器】对话框，选择一个新的材质样本球，将其命名为“支架”。在【明暗器基本参数】卷展栏中将阴影模式定义为【金属】；在【金属基本参数】卷展栏中将【环境光】的 RGB 都设置为 0，将【漫反射】的 RGB 都设置为 255，将【反射高光】选项组中的【高光

级别】和【光泽度】参数分别设置为 100 和 85；在【贴图】卷展栏中单击【反射】通道后的 None 按钮，在弹出的【材质/贴图浏览器】对话框中选择【位图】贴图，单击【确定】按钮，再在弹出的对话框中选择随书附带光盘中的 CDROM | Map | 金属.jpg 文件，然后单击【打开】按钮，进入漫反射层级通道。在【坐标】卷展栏中将【模糊偏移】设置为 0.09；在【位图参数】卷展栏的【裁减/放置】选项组中对贴图进行裁减；在【输出】卷展栏中将【输出量】设置为 1.2，如图 2.61 所示。单击【转到父对象】按钮，返回父级材质面板，单击【将材质指定给选定对象】按钮，将材质指定给场景中的“支架 01”对象。

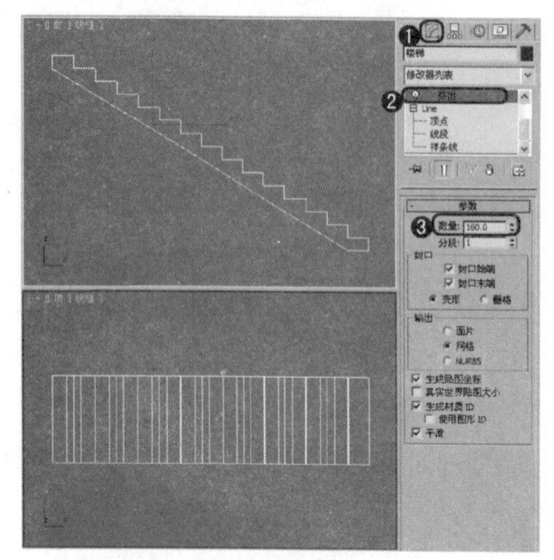

图 2.58

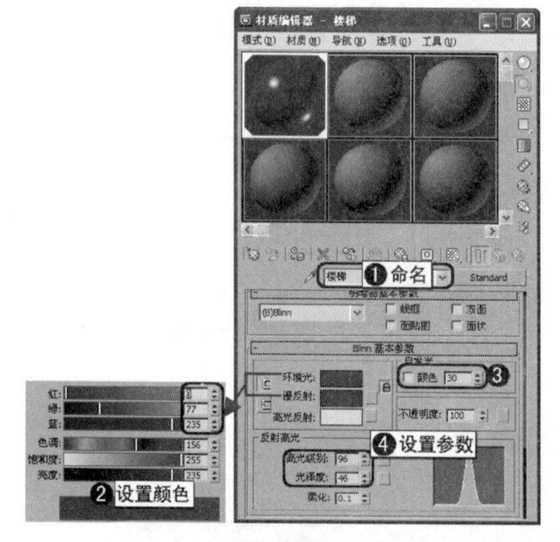

图 2.59

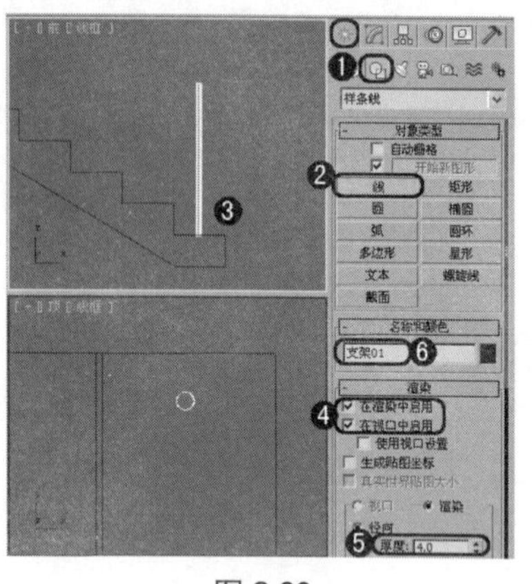

图 2.60

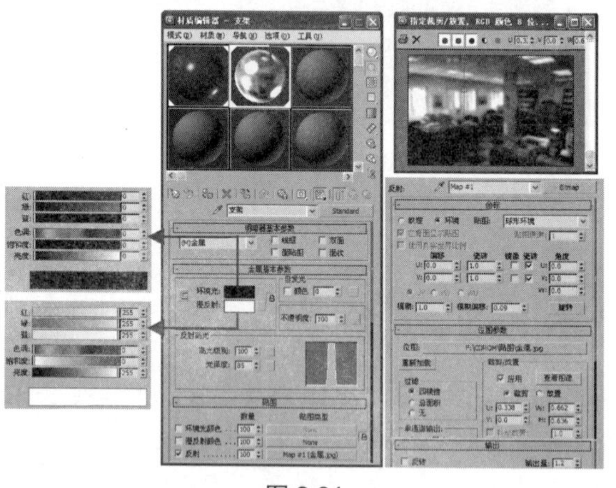

图 2.61

07 选择【创建】| 【图形】| 【线】工具，在【前】视图中“支架 01”的下方绘制线，在【渲染】卷展栏中将【厚度】设置为 6，并将其命名为“支架底 01”，如图 2.62 所示。

08 为“支架底 01”设置材质。按【M】键打开【材质编辑器】对话框，选择一个新的材质样本球，将其命名为“支架底”。在【Blinn 基本参数】卷展栏中将【环境光】和【漫反射】的 RGB 都设置为 47，将【反射高光】选项组中的【高光级别】设置为 71，如图 2.63 所示。单击【将材质指定给选定对象】按钮，将材质指定给场景中的“支架底 01”对象。

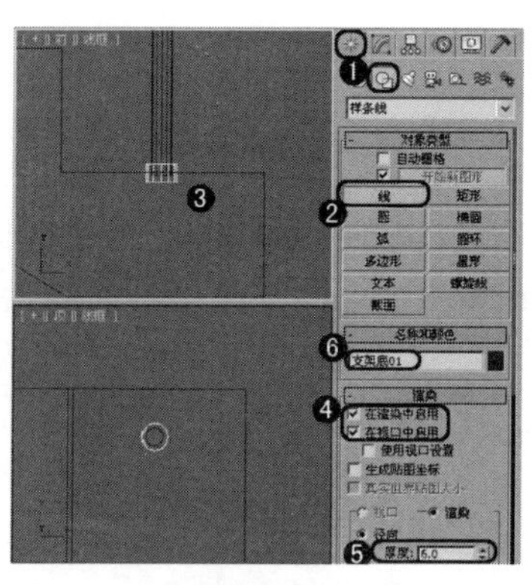

图 2.62

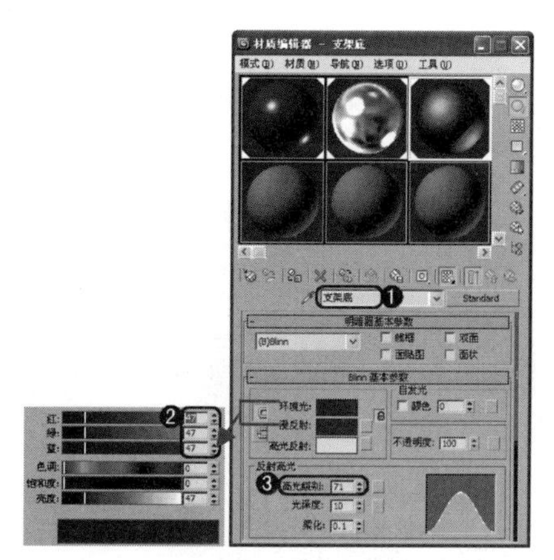

图 2.63

09　选择场景中的“支架 01”和“支架底 01”对象，在视图中对图形进行复制，并调整图形的位置，如图 2.64 所示。

10　选择【创建】|【图形】|【线】工具，在【前】视图中绘制线段，在【渲染】卷展栏中选择【在渲染中启用】和【在视口中启用】复选框，将【厚度】设置为 12，然后将其命名为“扶手 01”，如图 2.65 所示。

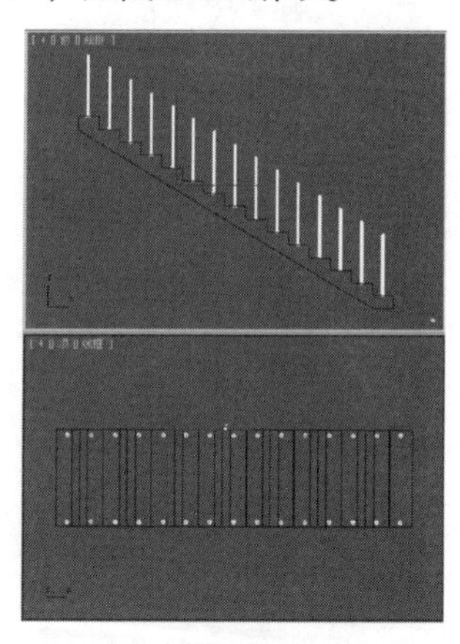

图 2.64

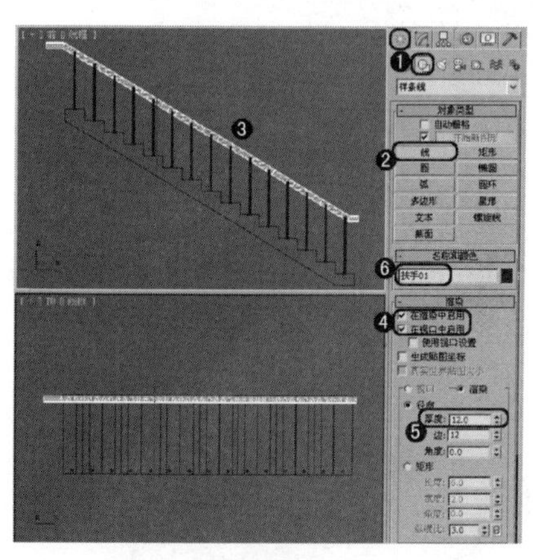

图 2.65

11　确定新创建的图形处于选择状态，切换到【修改】面板，将当前选择集定义为【线段】，在【前】视图中选择中间的线段，在【几何体】卷展栏中将【拆分】设置为 40，单击【拆分】按钮，将线段进行拆分，如图 2.66 所示。

12　确定“扶手 01”处于选择状态，激活【顶】视图，单击工具栏中的【镜像】按钮，在弹出的对话框中选择【镜像轴】选项组中的 Y 轴单选按钮，将【偏移】设置为-160，选择【实例】选项，单击【确定】按钮，如图 2.67 所示。

13　在场景中选择“楼梯”对象，切换到【修改】面板，添加【编辑多边形】修改器，在【编辑几何体】卷展栏中单击【附加】右侧的按钮，在弹出的对话框中选择所有的对象，单击【附加】按钮，在弹出的对话框中使用默认选项，然后单击【确定】按钮，如图 2.68 所示。

14 继续添加【弯曲】修改器，在【参数】卷展栏中将【弯曲】选项组中的【角度】设置为180，选择【弯曲轴】选项组中的X单选按钮，如图2.69所示。

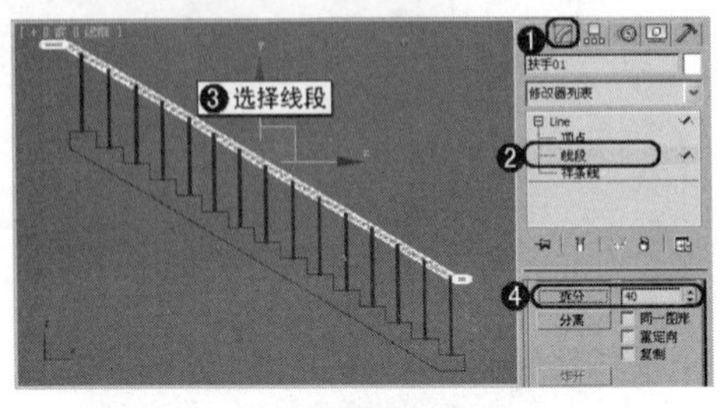

图 2.66

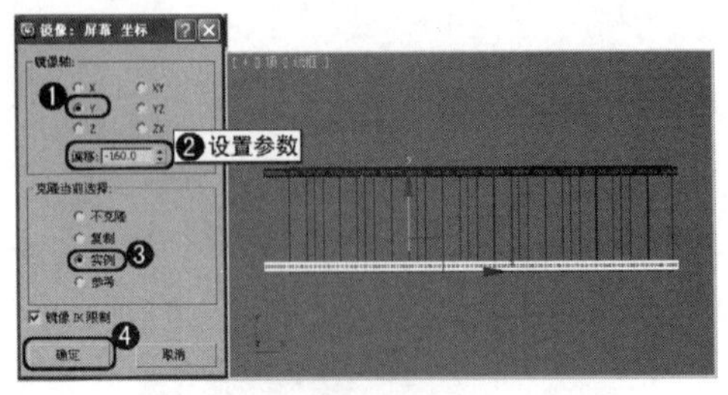

图 2.67

图 2.68

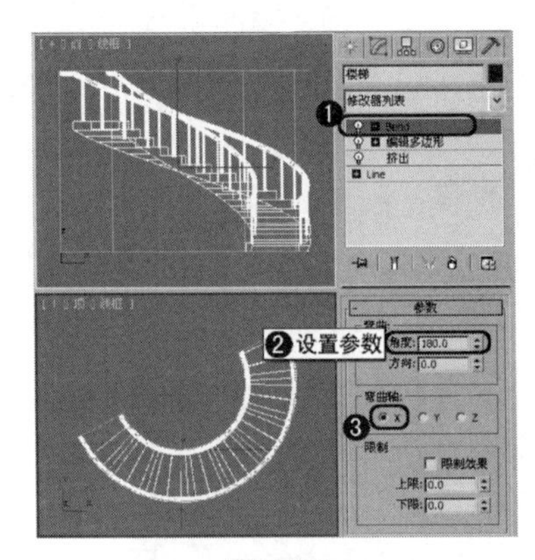

图 2.69

15 选择【创建】| 【几何体】| 【长方体】工具，在【顶】视图中创建长方体，在【参数】卷展栏中将【长度】、【宽度】和【高度】分别设置为1050、800和0，将其命名为“地面”，并将颜色块定义为白色，然后在场景中调整地面的位置，如图2.70所示。

16 选择【创建】| 【摄影机】| 【目标】工具，在【顶】视图中创建摄影机，在场景中调整摄影机的位置，如图2.71所示，并将【透视】视图转换为【摄影机】视图。

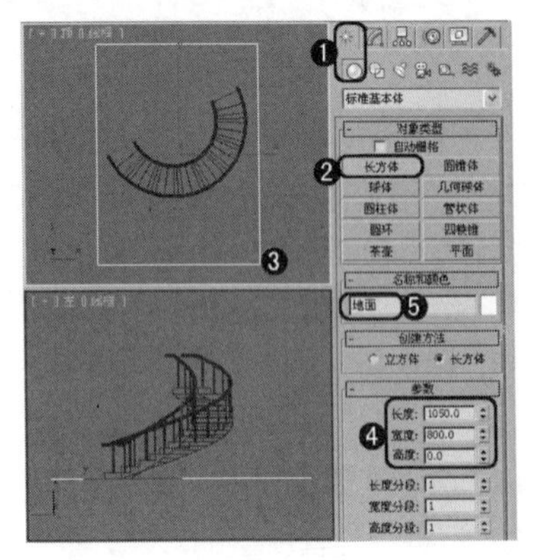

图 2.70

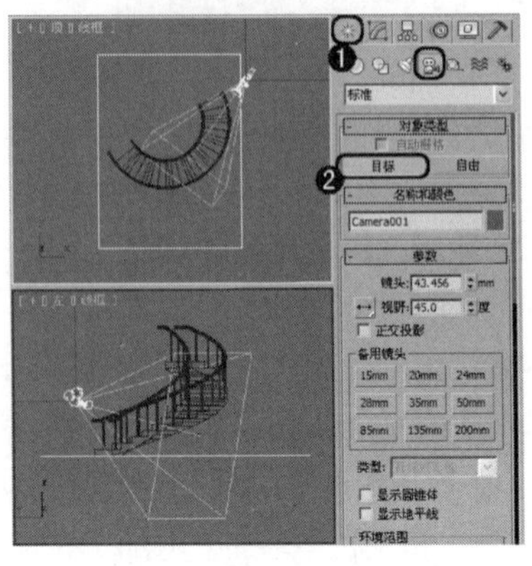

图 2.71

17 激活【摄影机】视图，按【Shift+F】组合键为视图添加安全框，按【F10】键，在弹出的对话框中设置输出大小，如图 2.72 所示。

18 选择【创建】｜【灯光】｜【天光】工具，在【顶】视图中创建天光，在【天光参数】卷展栏中将【倍增】设置为 1.2，如图 2.73 所示。

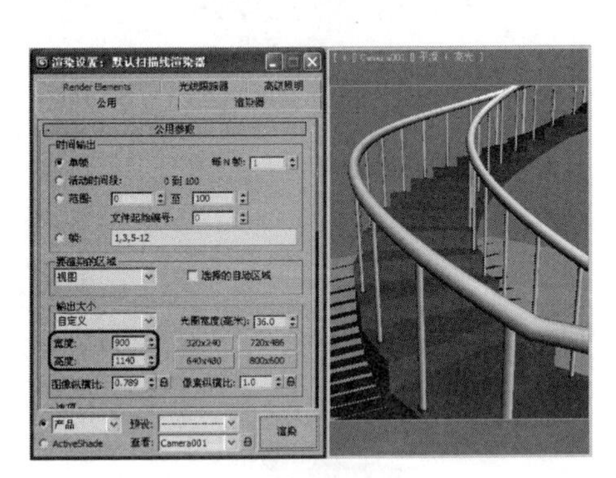

图 2.72

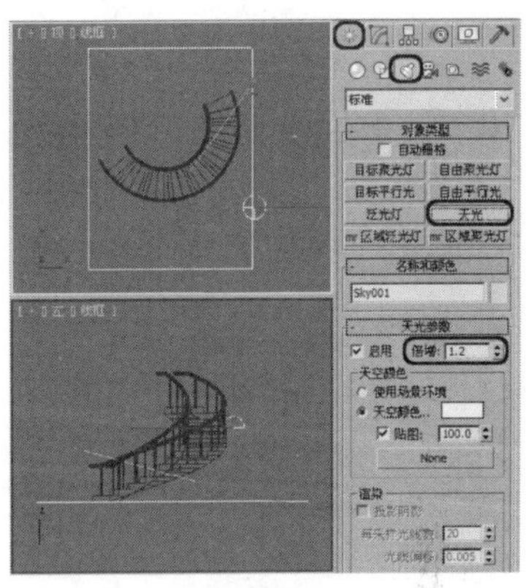

图 2.73

19 激活【摄影机】视图，按【F10】键，在弹出的对话框中选择【高级照明】选项卡，在【选择高级照明】卷展栏中选择照明插件为【光跟踪器】，将【光线/采样数】设置为 300，单击【渲染】按钮，如图 2.74 所示。

2. 栅栏

本例将利用【镜像】工具制作一个栅栏模型，模型的创建很简单，栅栏花主要是用【线】工具进行设置，通过选择【渲染】卷展栏下的【在渲染中启用】和【在视口中启用】复选框来体现栅栏花的厚度，再利用【镜像】工具进行多个复制，效果如图 2.75 所示。

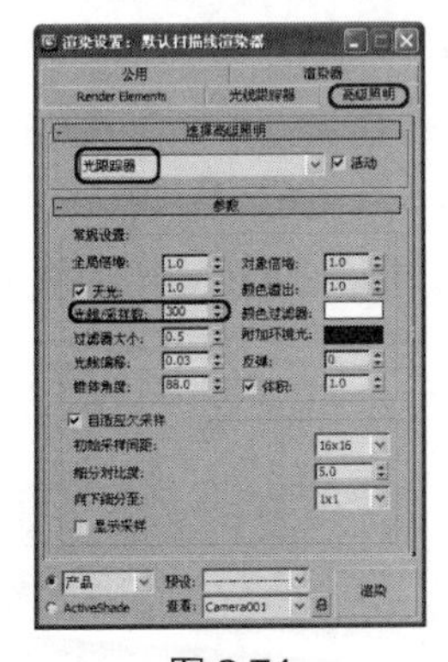

图 2.74

图 2.75

01 选择【创建】｜【几何体】｜【圆柱体】工具，在【顶】视图中创建圆柱体，并将其命名为“立杆”，设置其【半径】和【高度】分别为 2 和 150，如图 2.76 所示。

02 选择【创建】｜【图形】｜【线】工具，在【前】视图中创建一条线，切换到【修改】命令面板，在【渲染】卷展栏中将【厚度】设置为 3，然后分别选择【在渲染中启用】和【在视口中启用】两个复选框，如图 2.77 所示。

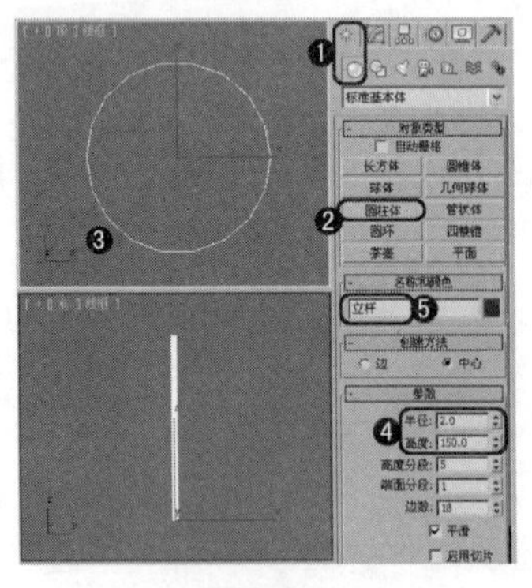

图 2.76

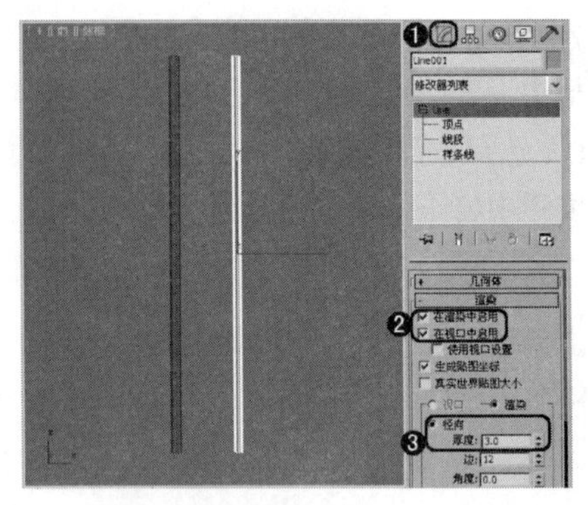

图 2.77

03 将【前】视图最大化，选择【创建】 |【图形】 |【线】工具，在【前】视图中绘制一条样条线，切换到【修改】命令面板 ，将当前选择集定义为【顶点】，在视图中调整它的形状，如图 2.78 所示。

04 在【渲染】卷展栏中将【厚度】设置为 1.5，然后分别选择【在渲染中启用】和【在视口中启用】两个复选框，如图 2.79 所示。

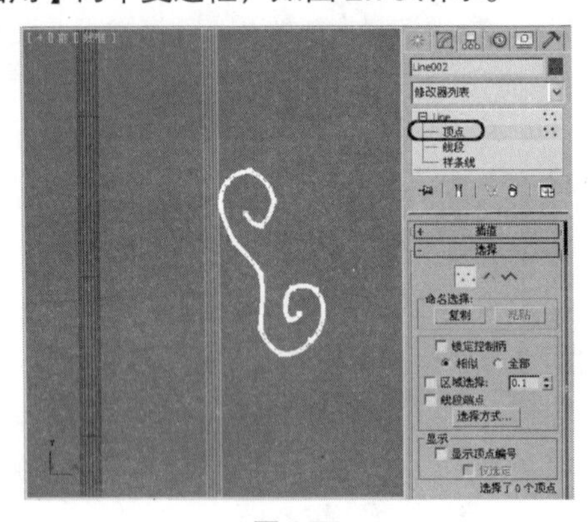

图 2.78

图 2.79

05 在工具栏中单击【镜像】按钮，对栅栏花进行镜像复制，在弹出的对话框中选择 Y 和【复制】两个单选按钮，将【偏移】设置为-32，然后单击【确定】按钮，如图 2.80 所示。选择两个栅栏花，沿 *X* 轴方向对它们进行镜像复制，如图 2.81 所示。

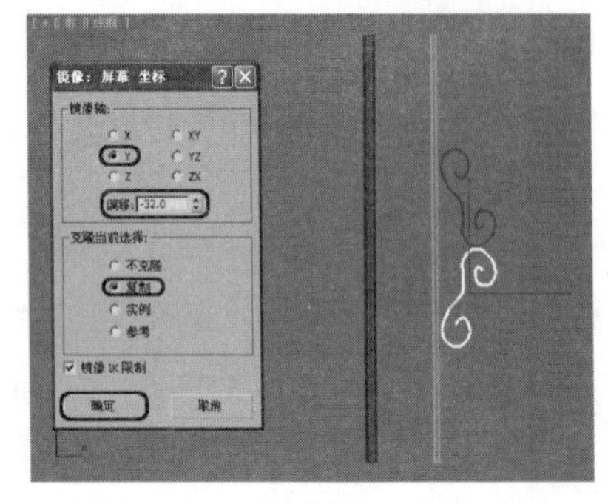

图 2.80

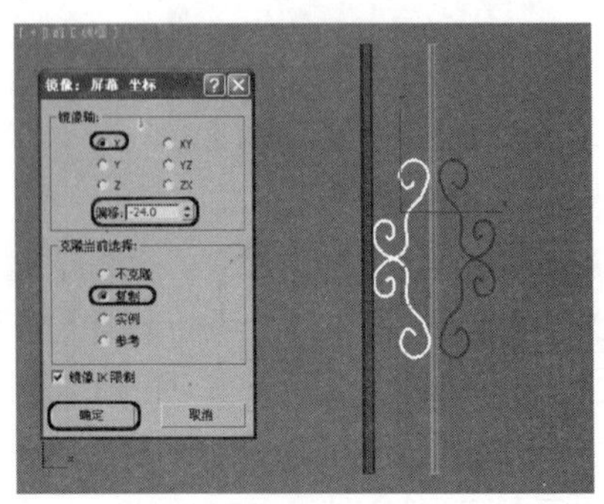

图 2.81

06 然后在【前】视图中将图像进行复制，得到的效果如图 2.82 所示。

07 选择【创建】| 【几何体】| 【球体】工具，在【前】视图中创建一个球体，将【半径】设置为 3，并在视图中对其进行镜像复制，效果如图 2.83 所示。

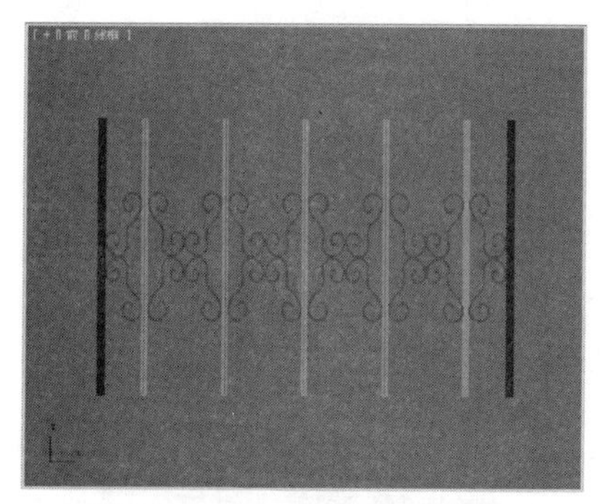

图 2.82

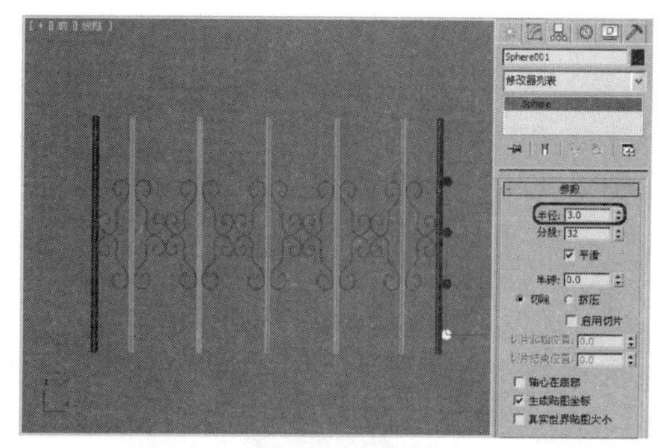

图 2.83

08 复制立杆对象，效果如图 2.84 所示。

09 再次对图形对象进行复制，并在场景中调整图形的位置，如图 2.85 所示。

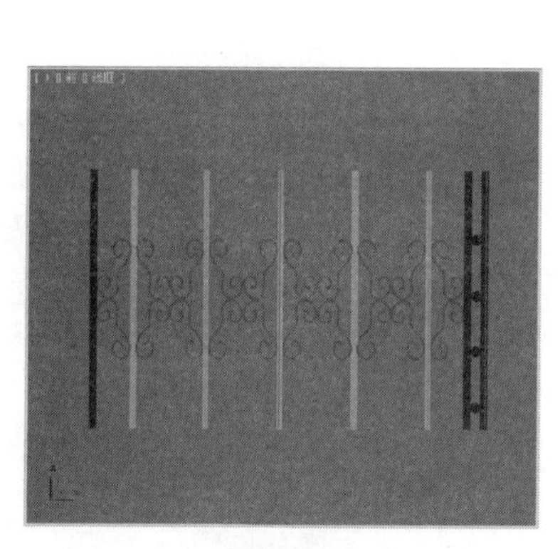

图 2.84

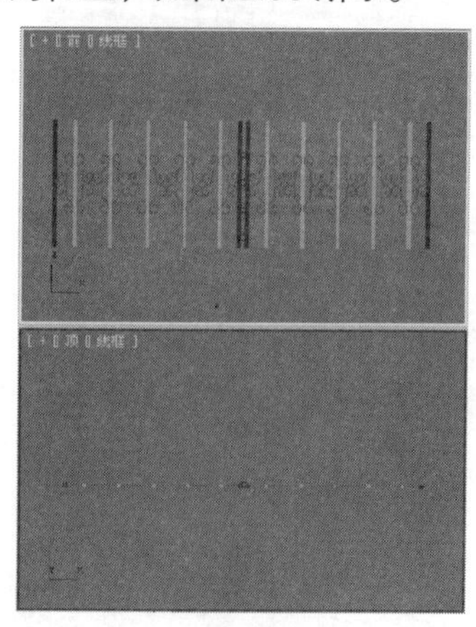

图 2.85

10 选择【创建】| 【几何体】| 【圆柱体】工具，在【左】视图中创建一个圆柱体，在【参数】卷展栏中将【半径】和【高度】分别设置为 2 和 481，然后将其命名为“立杆 004”，并在场景中对其位置进行调整，效果如图 2.86 所示。

11 选择【创建】| 【几何体】| 【长方体】工具，在【前】视图中创建一个长方体，在【参数】卷展栏中将【长度】、【宽度】和【高度】分别设置为 10、487 和 19，并将其命名为“底座”，如图 2.87 所示。

12 选择【创建】| 【几何体】| 【长方体】工具，在【顶】视图中创建一个长方体，在【参数】卷展栏中将【长度】、【宽度】和【高度】分别设置为 350、700 和 0，并将其命名为“地面”，如图 2.88 所示。

13 按【M】键打开【材质编辑器】窗口，选择一个新的材质样本球，将其命名为“底座”，在【明暗器基本参数】卷展栏下将类型定义为 Phong；在【Phong 基本参数】卷展栏中将【环境光】

的 RGB 值设置为 4、0、1；将【漫反射】的 RGB 值设置为 248、248、248；将【自发光】选项组中的【颜色】设置为 30。在【贴图】卷展栏中单击【漫反射颜色】通道后面的 None 按钮，在弹出的对话框中选择【位图】贴图，然后单击【确定】按钮，打开随书附带光盘中的 CDROM | Map | 毛面石 13.jpg，然后单击【打开】按钮，将【坐标】卷展栏下的【瓷砖】V 值设置为 3，单击【转到父对象】，回到主材质面板，将当前材质指定给场景中的“底座”对象，如图 2.89 所示。

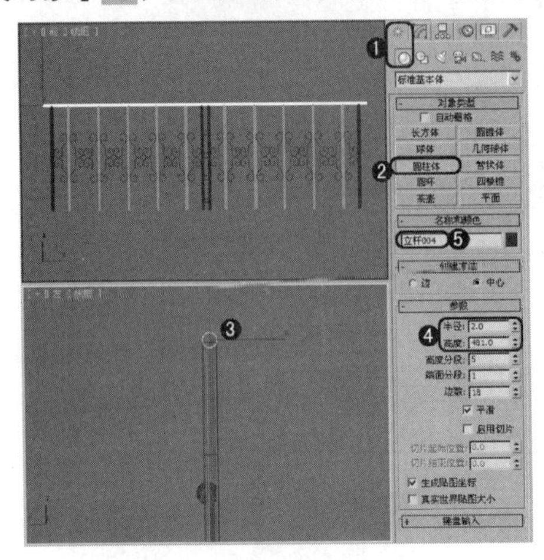

图 2.86

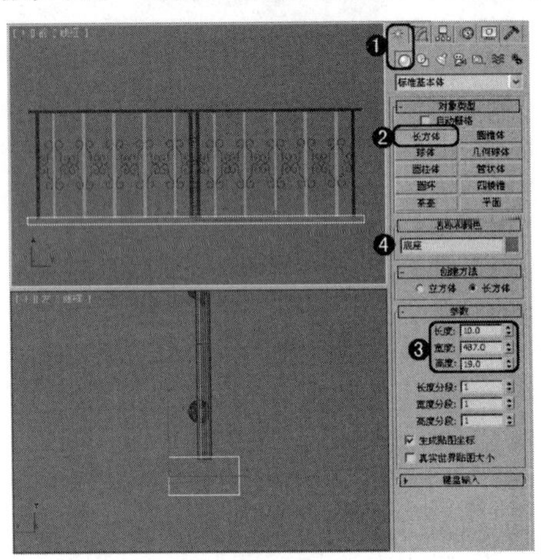

图 2.87

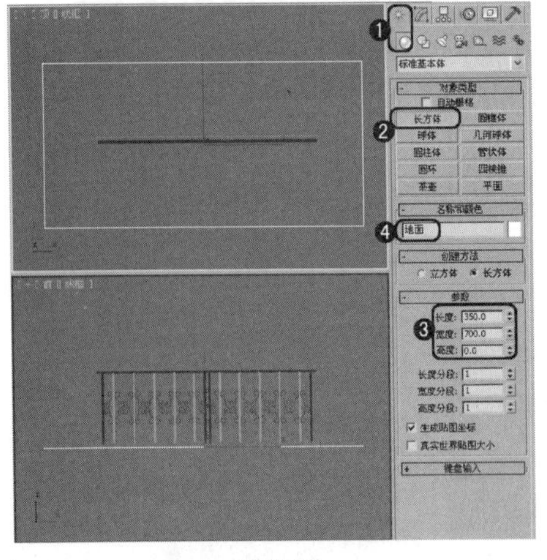

图 2.88

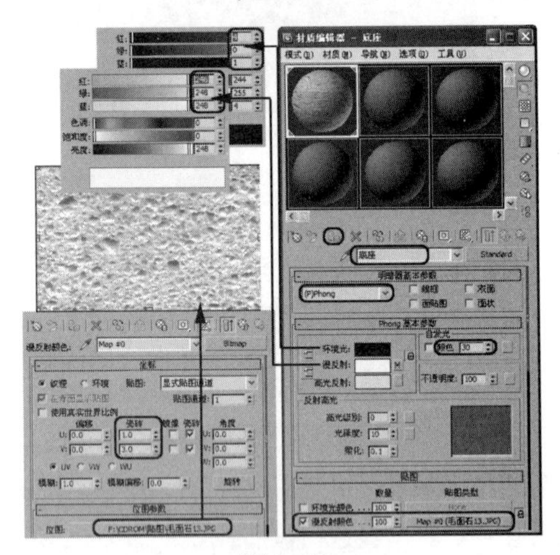

图 2.89

14 选择一个新的材质样本球，将其命名为“金属栅栏”，在【明暗器基本参数】卷展栏下将类型定义为【金属】，在【金属基本参数】卷展栏中将【环境光】的 RGB 值设置为 0、0、0；将【漫反射】的 RGB 值设置为 255、255、255，将【高光级别】和【光泽度】分别设置为 100 和 84，在【贴图】卷展栏中单击【反射】通道后的 None 按钮，在弹出的【材质/贴图浏览器】对话框中选择【位图】贴图，然后单击【确定】按钮，打开随书附带光盘中的 CDROM | Map |HOUSE.jpg，然后单击【打开】按钮，将【坐标】卷展栏下的【模糊偏移】设置为 0.096，最后将当前材质指定给场景中的所有“栅栏”对象，如图 2.90 所示。

15 选择【创建】｜【摄影机】｜【目标】工具，在【顶】视图中创建一架摄影机，对其位置进行调整，如图 2.91 所示。

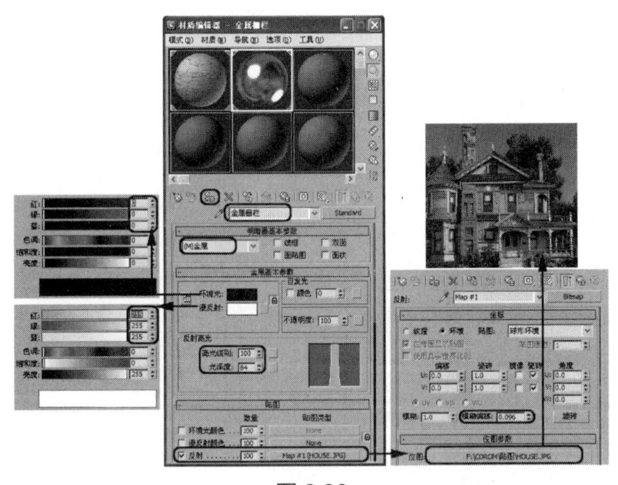

图 2.90

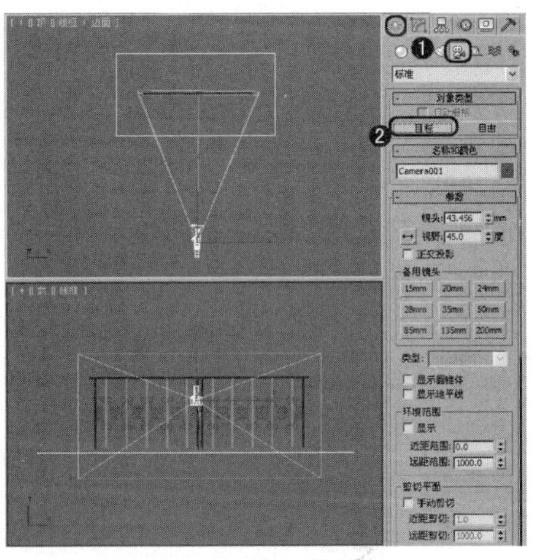

图 2.91

16 激活【透视】视图，按【C】键将其转换为【摄影机】视图，再按【Shift+F】组合键，为摄影机视图添加一个安全框，然后按【F10】键打开【渲染设置】对话框，在其中更改输出大小，如图 2.92 所示。

17 选择【创建】｜【灯光】｜【天光】工具，在【顶】视图中创建一盏天光，将【倍增】设置为 1.1，效果如图 2.93 所示。

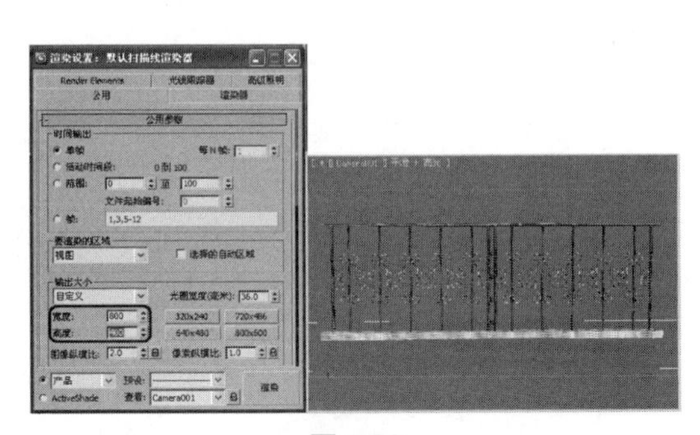

图 2.92

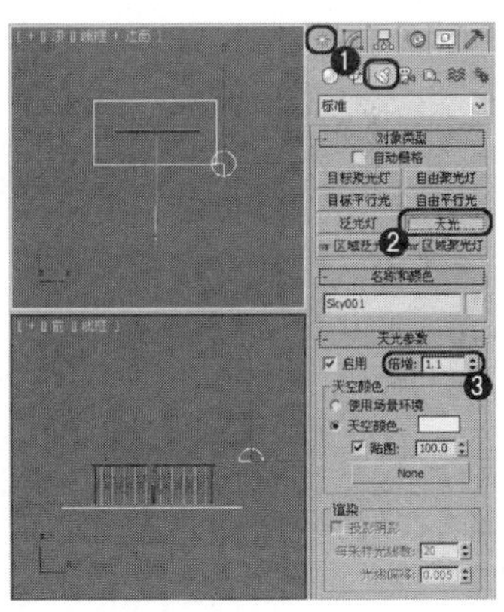

图 2.93

18 渲染完成后，对满意的效果及场景文件进行保存即可。

2.16　习题

一、填空题

1、视图区在 3ds Max 操作界面中占主要部分，是进行制作的主要工作区域，它又分为(　　　)视图、(　　　)视图、(　　　)视图和 (　　　)视图 4 个工作窗口。

2、如果要打开的文件是前几次编辑操作的文件，那么可以在（　　　）子菜单的右侧直接选择该文件。

3、选择（　　　）命令，将清除所有的数据，恢复到系统初始的状态，但选择该命令后，将清除上次操作中的（　　　）、（　　　）、（　　　）和（　　　）等。

4、在场景中选择两个以上的对象，可将其合为一体，选择（　　　）命令，在弹出的对话框中输入组的名称，单击【确定】按钮即可。

二、选择题

1、显示当前场景文件名称的是（　　）。

A、标题栏　　B、视图区　　C、菜单栏　　D、主工具栏

2、选择（　　）命令可以将场景中的视图和各项参数恢复到默认状态。

A、打开　　B、合并　　C、重置　　D、导出

3、3ds Max 不支持的导出文件是（　　）。

A、ASE　　B、IGS　　C、TIFF　　D、VW

三、简答题

1、保存文件有哪几种方法？有何区别？

2、什么是对象成组？

3、复制对象有哪几种方法？有何区别？

4、简述名称选择的方法。

5、如果想对制作的场景进行渲染，有哪几种方式？

四、操作题

1、将界面设置为黑色。

2、结合本章介绍的【阵列】工具制作一个吊扇效果。

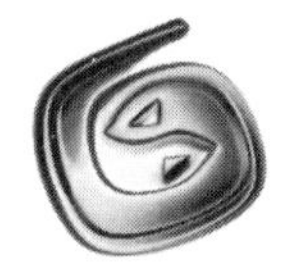

第 3 章　内置模型的创建与编辑

在三维动画的制作过程中，三维模型是最为重要的一部分。在三维动画设计领域要求制作者能够利用手中的工具制作出适合需要的高品质三维模型。三维模型可以使用【标准基本体】、【扩展基本体】等来创建，但很多复杂的三维模型都是通过 2D 样条线加工而成的。本章将介绍如何在 3ds Max 2011 中使用【几何体】和【图形】面板中的工具进行基础建模，使读者对基础建模有一个基本的了解，并掌握基础建模的方法，为深入学习 3ds Max 2011 打下扎实的基础。

本章重点

- 创建标准基本体
- 掌握样条线建模
- 编辑样条线修改器的使用

3.1　标准基本体

在【创建】命令面板中选择相应的工具，在任意视图中单击并拖动鼠标，即可创建出相应的标准基本体，这是学习 3ds Max 的基础。

使用【标准基本体】工具可以创建出如图 3.1 所示的模型。

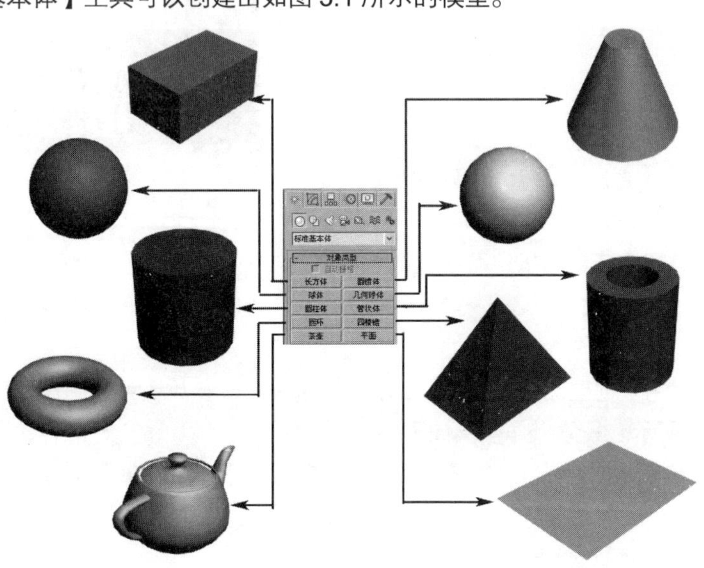

图 3.1

- 【长方体】：用于创建方体造型。
- 【球体】：用于创建球体造型。
- 【圆柱体】：用于创建圆柱体造型。
- 【圆环】：用于创建圆环造型。
- 【茶壶】：用于创建茶壶造型。
- 【圆锥体】：用于创建圆锥体造型。
- 【几何球体】：用于创建简单的几何形球体。
- 【管状体】：用于创建管状的对象造型。
- 【四棱锥】：用于创建金字塔形造型。
- 【平面】：用于创建无厚度的平面形状。

1．创建长方体

【长方体】工具可以用来制作正六面体或矩形，其中长、宽、高参数用于控制长方体的形状，如果只输入其中的两个数值，则产生矩形平面。片段的划分可以产生栅格长方体，多用于修改加工原物体，例如波浪平面、山脉地形等。具体操作步骤如下：

01 选择【创建】｜【几何体】｜【标准基本体】｜【长方体】工具，在【顶】视图中单击并拖动鼠标，创建出长方体的长和宽之后松开鼠标。

02 移动鼠标并观察其他 3 个视图，创建出长方体的高。

03 单击鼠标，完成制作。

> **提示：**配合【Ctrl】键可以创建正方形底面的立方体。在【创建方法】卷展栏中选择【立方体】单选按钮，可以直接创建正方体模型。

当完成对象的创建后，可以在命令面板中对其参数进行修改，如图 3.2 所示。

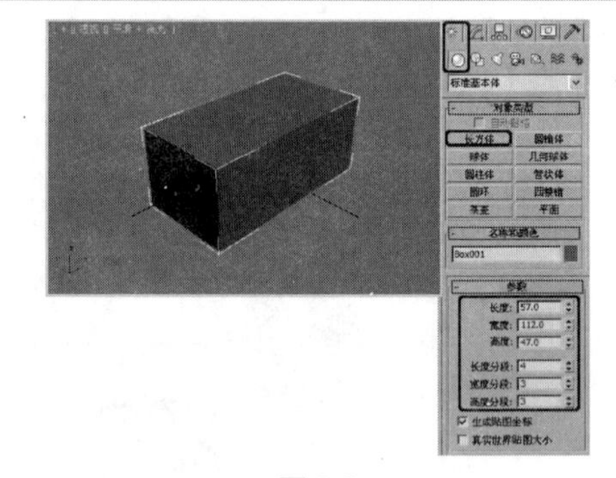

图 3.2

【参数】卷展栏中的各项参数功能如下：

- 【长度】/【宽度】/【高度】：确定 3 条边的长度。
- 【长度分段】/【宽度分段】/【高度分段】：控制长、宽、高 3 条边的片段划分数。
- 【生成贴图坐标】：自动指定贴图坐标。

2．创建球体

【球体】工具可以用来创建球体，如图 3.3 所示。通过修改参数还可以制作局部球体（包括半球体）效果，如图 3.4 所示。具体操作步骤如下：

01 选择【创建】｜【几何体】｜【标准基本体】｜【球体】工具，在视图中单击并拖动鼠标，创建球体。

02 释放鼠标，完成球体的创建。

03　修改参数以制作出不同的球体。

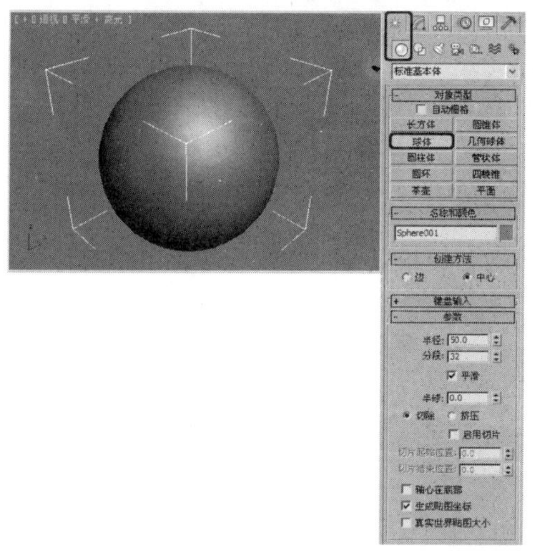

图 3.3

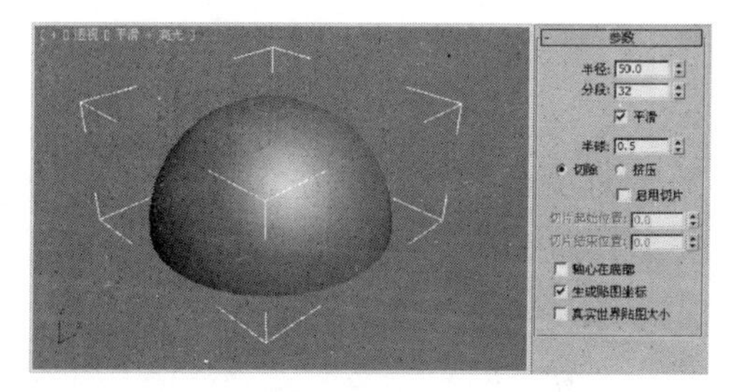

图 3.4

球体各项参数的功能说明如下：

- 【创建方法】卷展栏：包含球体对象的两种创建模式。
  - ✧【边】：当在视图中拖动创建球体时，鼠标光标移动的距离是球的直径。
  - ✧【中心】：以中心放射方式创建出球体模型（默认），鼠标移动的距离就是球体的半径。
- 【参数】卷展栏：包含创建球体对象的各种参数。
  - ✧【半径】：设置半径大小。
  - ✧【分段】：设置表面划分的段数，该值越高，表面越光滑，造型也越复杂。
  - ✧【平滑】：是否对球体表面进行自动光滑处理（默认为开启）。
  - ✧【半球】：该值的范围是 0～1，默认为 0，表示建立完整的球体；数值越大，球体被逐渐减去得越多；值为 0.5 时，制作出半球体，如图 3.4 所示。值为 1 时，则什么都没有了。
  - ✧【切除】/【挤压】：在进行半球参数调整时，这两个单选按钮用来确定球体被削除后，原来的网格划分数也随之削除或者仍保留挤入部分球体。
  - ✧【轴心在底部】：在建立球体时，默认方式为将球体重心设置在球体的正中央，选择此复选框会将重心设置在球体的底部；还可以在制作台球时把它们逐个准确地创建在桌面上。

3．创建圆柱体

选择【创建】 |【几何体】 |【标准基本体】|【圆柱体】工具，制作圆柱体，如图 3.5 所示。通过修改参数可以制作出棱柱体、局部圆柱等，如图 3.6 所示。具体操作步骤如下：

01　在视图中单击并拖动鼠标，拖出底面圆形，释放并移动鼠标确定柱体的高度。

02　单击鼠标进行确定，完成柱体的制作。

03　调整参数以改变柱体的类型。

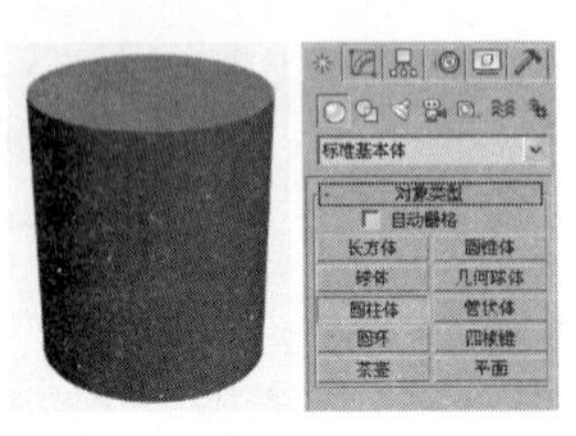

图 3.5

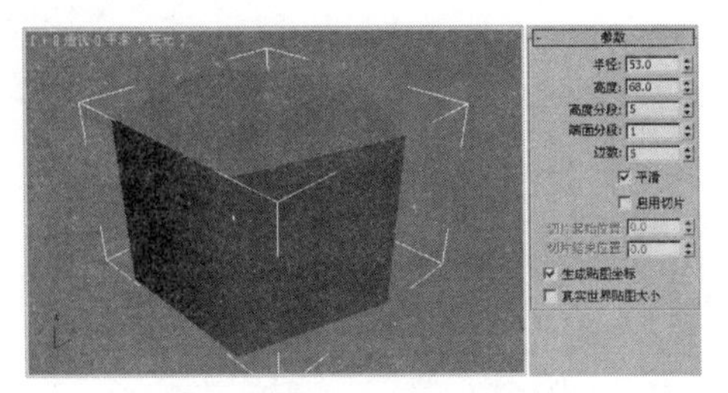

图 3.6

在【参数】卷展栏中，圆柱体的各项参数功能如下：

- 【半径】：底面和顶面的半径。
- 【高度】：确定柱体的高度。
- 【高度分段】：确定柱体在高度上的分段数。如果要弯曲柱体，利用高度分段数可以产生光滑的弯曲效果。
- 【端面分段】：确定在两端面上沿半径的片段划分数。
- 【边数】：确定圆周上的片段划分数（即棱柱的边数），如图 3.6 所示。边数越多，越光滑。
- 【平滑】：是否在创建柱体的同时进行表面自动光滑处理。若要创建圆柱体，则应启用该复选框；若要创建棱柱体，则应禁用该复选框。
- 【启用切片】：设置是否开启切片设置，选择此复选框，可以在下面的设置中调节柱体局部切片的大小。
- 【切片起始位置】/【切片结束位置】：控制沿柱体自身 Z 轴切片的度数。

4．创建圆环

【圆环】工具可以用来制作立体的圆环圈，截面为正多边形，通过对正多边形边数、平滑度和旋转等参数的控制来产生不同的圆环效果。修改切片参数可以制作局部的一段圆环，如图 3.7 所示。

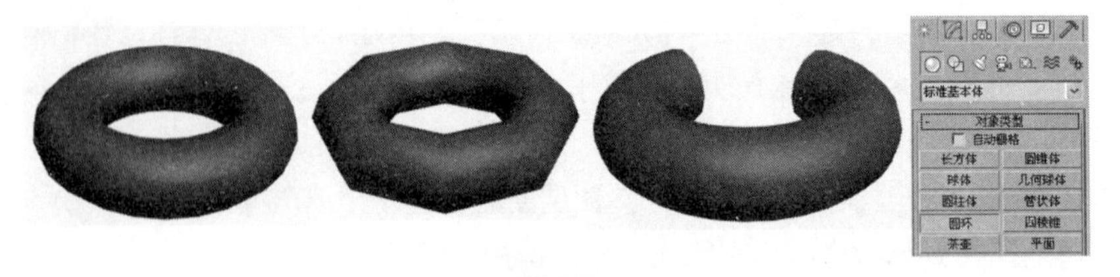

图 3.7

具体操作步骤如下：

01 选择【创建】｜【几何体】｜【标准基本体】｜【圆环】工具，在视图中单击并拖动鼠标，创建一级圆环。

02 释放并移动鼠标，创建二级圆环，单击鼠标，完成圆环的创作，如图 3.8 所示。

03 调整参数以控制形状。

圆环的【参数】卷展栏如图 3.9 所示。其各项参数的功能说明如下：

- 【半径 1】：设置圆环中心与截面正多边形的中心距离。
- 【半径 2】：设置截面正多边形的内径。

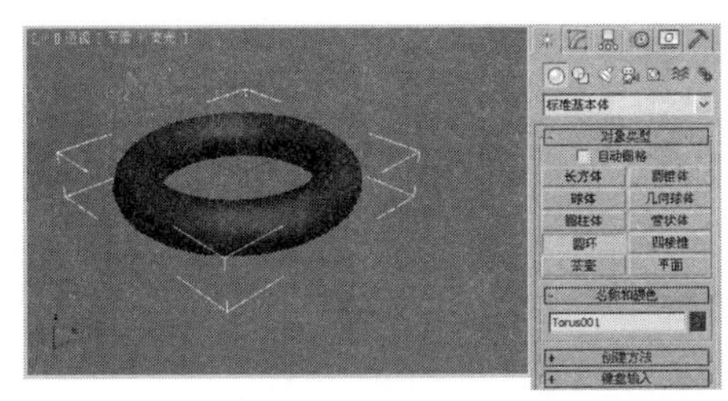

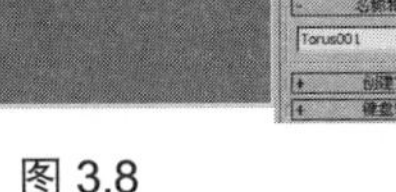

图 3.8

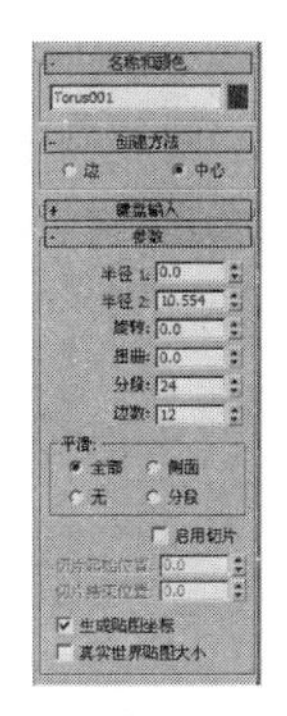

图 3.9

- 【旋转】：设置每一片段截面沿圆环轴旋转的角度，如果进行扭曲设置或以不光滑表面着色，就可以看到它的效果。
- 【扭曲】：设置每个截面扭曲的度数，以产生扭曲的表面。
- 【分段】：确定圆周上片段划分的数目，该值越大，得到的圆形越光滑。较少的分段值可以制作几何棱环，例如台球桌上的三角框。
- 【边数】：设置圆环截面的光滑度，边数越大，越光滑。
- 【平滑】：设置光滑属性。
  - ✧ 【全部】：对整个表面进行光滑处理。
  - ✧ 【侧面】：光滑相邻面的边界。
  - ✧ 【无】：不进行光滑处理。
  - ✧ 【分段】：光滑每个独立的片段。
- 【启用切片】：是否进行切片设置，选择该复选框，可以进行以下设置，制作局部的圆环：
- 【切片起始位置】/【切片结束位置】：分别设置切片两端切除的幅度。
- 【生成贴图坐标】：自动指定贴图坐标。
- 【真实世界贴图大小】：选择此复选框，贴图大小将由绝对尺寸决定，与对象的相对尺寸无关；若不选择此复选框，则贴图大小符合创建对象的尺寸。

5．创建茶壶

茶壶因为其复杂弯曲的表面，特别适合材质的测试，以及渲染效果的评比，可以说是计算机图形学中的经典模型。用【茶壶】工具可以创建一只标准的茶壶造型，或者是它的一部分（例如壶盖、壶嘴等），如图 3.10 所示。

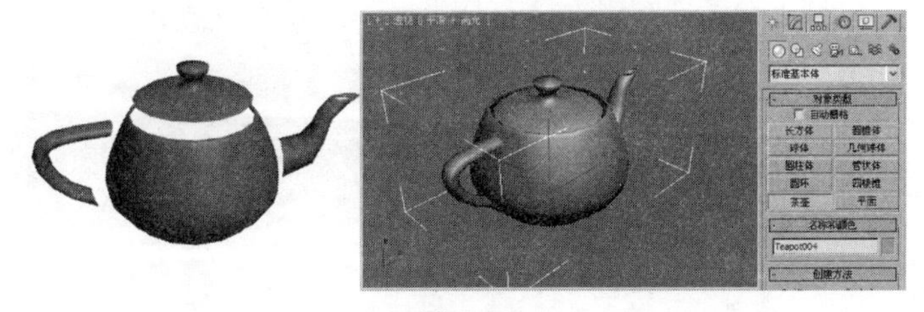

图 3.10

茶壶的【参数】卷展栏如图 3.11 所示。其各项参数的功能说明如下：

- 【半径】：确定茶壶的大小。
- 【分段】：确定茶壶表面的划分精度，该值越高，表面越细腻。
- 【平滑】：是否自动进行表面光滑。
- 【茶壶部件】：设置茶壶各部分的取舍，分为【壶体】、【壶把】、【壶嘴】和【壶盖】4部分，选择前面的复选框，则会显示相应的部件。

6．创建圆锥体

【圆锥体】工具可以用来制作圆锥、圆台、棱锥和棱台，以及创建它们的局部模型（其中包括圆柱体和棱柱体），如图 3.12 所示，这是一个制作能力比较强大的建模工具。

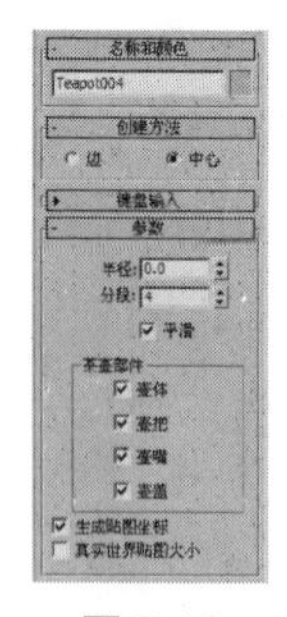

图 3.11

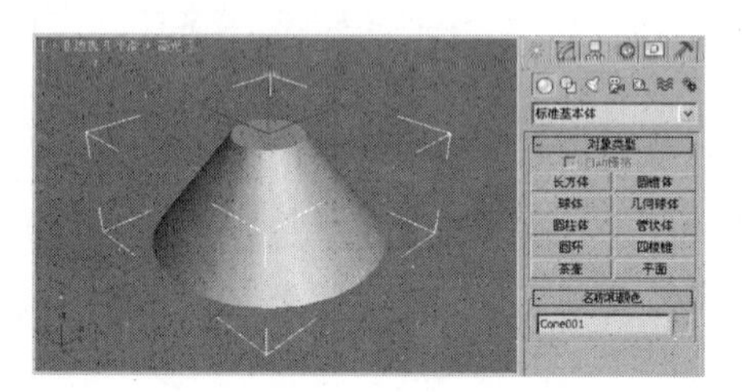

图 3.12

01 选择【创建】|【几何体】|【标准基本体】|【圆锥体】工具，在【顶】视图中单击并拖动鼠标，创建出圆锥体的一级半径。

02 释放并移动鼠标，创建圆锥体的高。

03 单击并向圆锥体的内侧或外侧移动鼠标，创建圆锥体的二级半径。

04 单击鼠标，完成圆锥体的创建，如图 3.13 所示。

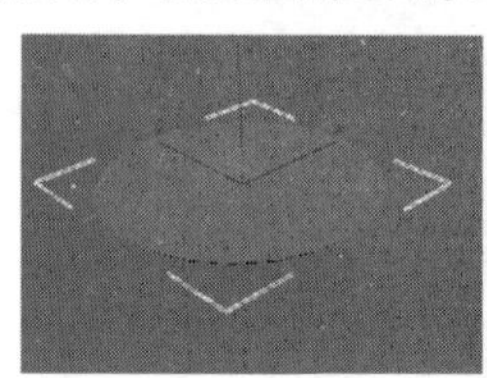
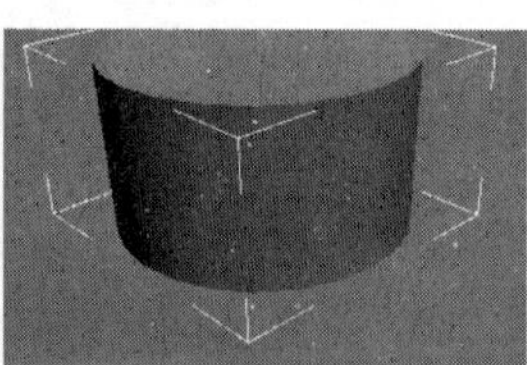
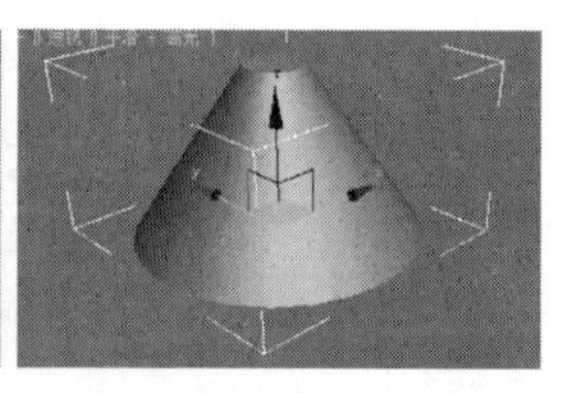

图 3.13

圆锥体的【参数】卷展栏如图 3.14 所示。各项参数的功能说明如下：

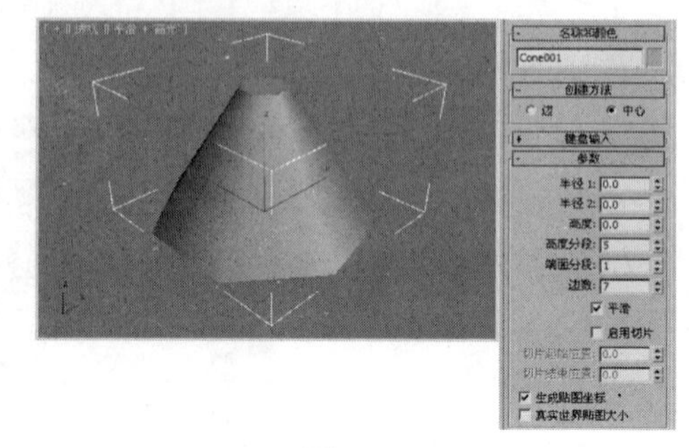

图 3.14

- 【半径 1】/【半径 2】：分别设置锥体两个端面（顶面和底面）的半径。如果两个值都不为 0，则产生圆台或棱台体；如果有一个值为 0，则产生锥体；如果两值相等，则产生柱体。
- 【高度】：确定锥体的高度。
- 【高度分段】：设置锥体高度的划分段数。
- 【端面分段】：设置两端平面沿半径辐射的片段划分数。

● 【边数】：设置端面圆周上的片段划分数。该值越高，锥体越光滑，对棱锥来说，边数决定它属于几棱锥，如图 3.14 所示。

● 【平滑】：是否进行表面光滑处理。启用该复选框，将产生圆锥或圆台；禁用该复选框，则产生棱锥或棱台。

● 【启用切片】：是否进行局部切片处理，制作不完整的锥体。

✧ 【切片起始位置】/【切片结束位置】：分别设置切片局部的起始和终止幅度。

7．创建几何球体

建立以三角面拼接成的球体或半球体，如图 3.15 所示。它不像球体那样可以控制切片局部的大小，几何球体的优点在于：在点面数一致的情况下，几何球体比球体更光滑；它是由三角面拼接而成的，在进行面的分离特技时（例如爆炸），可以分解成三角面、标准四面体或八面体等，无秩序且易混乱。

几何球体的【参数】卷展栏及【创建方法】卷展栏如图 3.16 所示。其各项参数的功能设置说明如下：

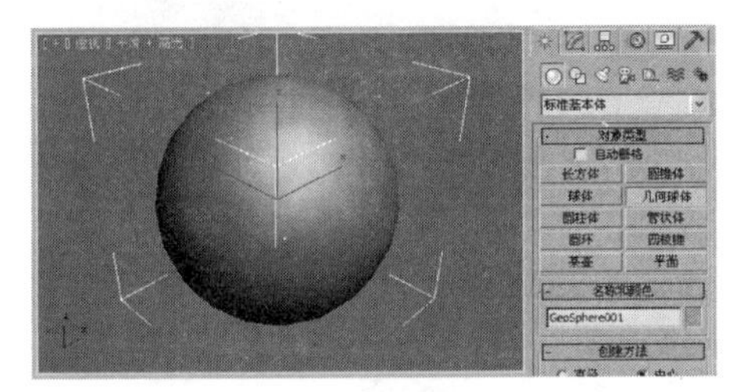

图 3.15

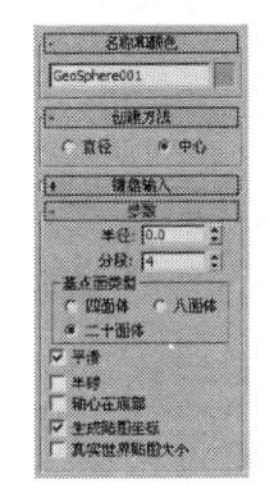

图 3.16

● 【创建方法】卷展栏的参数说明如下：

✧ 【直径】：当在视图中拖动创建几何球体时，鼠标移动的距离是球的直径。

✧ 【中心】：以中心放射方式拖出几何球体模型（默认），鼠标移动的距离是球体的半径。

● 【参数】卷展栏的参数说明如下：

✧ 【半径】：确定几何球体的半径大小。

✧ 【分段】：设置球体表面的划分复杂度，该值越大，三角面越多，球体也越光滑。

✧ 【基点面类型】：确定由哪种规则的多面体组合成球体，包括【四面体】、【八面体】和【二十面体】，如图 3.17 所示。

✧ 【平滑】：是否进行表面光滑处理。

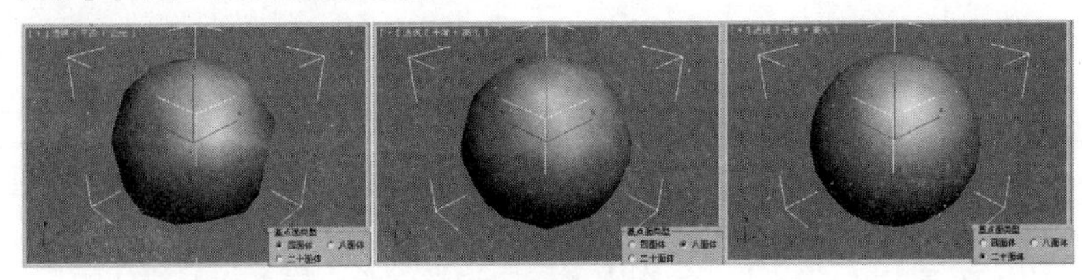

图 3.17

● 【半球】：是否制作半球体。

● 【轴心在底部】：设置球体的中心点位置在球体底部，该复选框对半球体不产生作用。

8．创建管状体

【管状体】用来创建各种空心管状物体，包括圆管、棱管和局部圆管，如图 3.18 所示。

01 选择【创建】|【几何体】|【标准基本体】|【管状体】工具，在视图中单击并拖动鼠标，拖动出一个圆形线圈。

02 释放并移动鼠标，确定圆环的大小。单击并移动鼠标，确定圆管的高度。

03 单击鼠标，完成圆管的制作。

管状体的【参数】卷展栏如图 3.19 所示。其各项参数的功能说明如下：

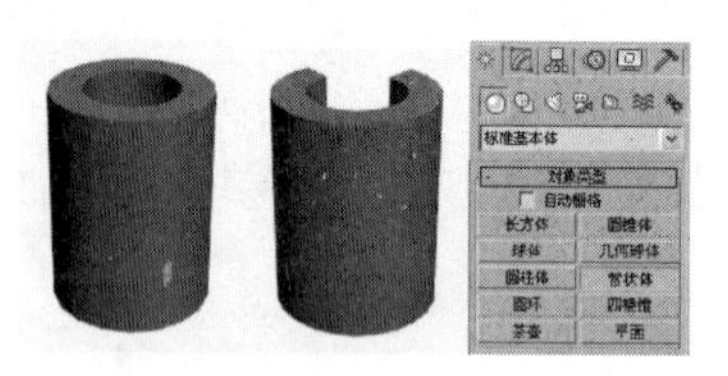

图 3.18

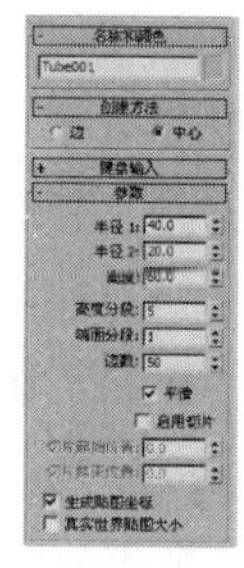

图 3.19

- 【半径 1】/【半径 2】：分别确定圆管的内径和外径大小。
- 【高度】：确定圆管的高度。
- 【高度分段】：确定圆管高度的片段划分数。
- 【端面分段】：确定上下底面沿半径轴的分段数目。
- 【边数】：设置圆周上边数的多少。该值越大，圆管越光滑；对圆管来说，边数值决定它是几棱管。
- 【平滑】：对圆管的表面进行光滑处理。
- 【启用切片】：是否进行局部圆管切片。
- 【切片起始位置】/【切片结束位置】：分别限制切片局部的幅度。

9．创建四棱锥

【四棱锥】工具可以用于创建类似于金字塔形状的四棱锥模型，如图 3.20 所示。

四棱锥的【参数】卷展栏如图 3.21 所示。其各项参数的功能说明如下：

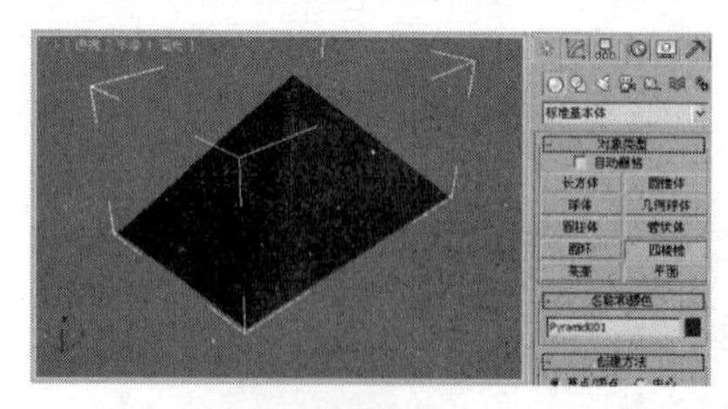

图 3.20

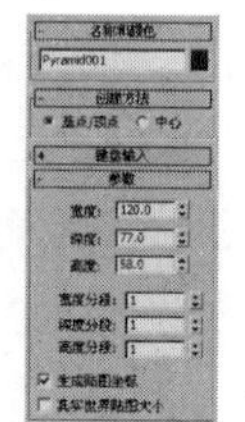

图 3.21

- 【宽度】/【深度】/【高度】：分别确定底面矩形的长、宽，以及锥体的高。
- 【宽度】/【深度】/【高度分段】：确定 3 个轴向片段的划分数。

提示：在制作底面矩形时，配合【Ctrl】键可以创建底面为正方体的四棱锥。

10．创建平面

【平面】工具用于创建平面，然后再通过编辑修改器制作出其他效果，例如制作崎岖的地形，如图 3.22 所示，它是利用【噪波】修改器，并设置相应的参数制作而成的。与使用【长方体】工具创建平面物体相比，【平面】工具更显得非常特殊与实用。首先，使用【平面】工具制作的对象没有厚度；其次，可以使用参数来控制平面在渲染时的大小，如果将【参数】卷展栏的【渲染倍增】选项组中的【缩放】设置为 2，那么在渲染时平面的长和宽将分别被放大了 2 倍输出。

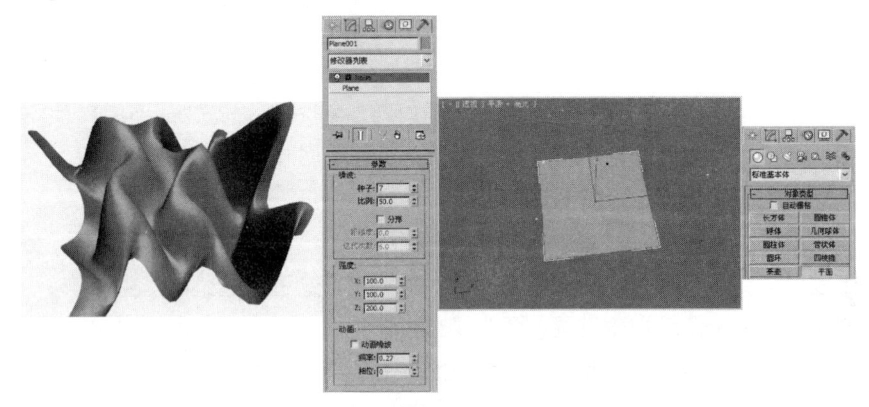

图 3.22

平面工具的【参数】卷展栏如图 3.23 所示。其各参数的功能说明如下：

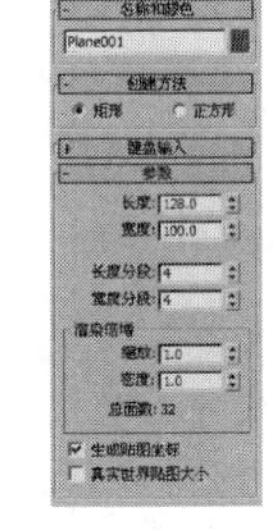

图 3.23

- 【创建方法】卷展栏的参数说明如下：
  - ✧ 【矩形】：以边界方式创建长方形平面对象。
  - ✧ 【正方形】：以中心放射方式拖出正方形的平面对象。
- 【参数】卷展栏的参数说明如下：
  - ✧ 【长度】/【宽度】：确定长和宽两个边缘的长度。
  - ✧ 【长度分段】/【宽度分段】：控制长和宽两个边上的片段划分数。
  - ✧ 【渲染倍增】：设置渲染效果的缩放值。
  - ✧ 【缩放】：当前平面在渲染过程中缩放的倍数。
  - ✧ 【密度】：设置平面对象在渲染过程中的精细程度的倍数，该值越大，平面将越精细。

3.2　3ds Max 2011 的样条线建模

二维图形的创建是通过【创建】 |【图形】 面板下的工具实现的，【图形】面板如图 3.24 所示。

大多数的曲线类型都有共同的设置参数，如图 3.25 所示。

各项通用参数的功能说明如下：

- 【渲染】卷展栏：用来设置曲线的可渲染属性。
  - ✧ 【在渲染中启用】：选择此复选框，可以在视图中显示渲染网格的厚度。

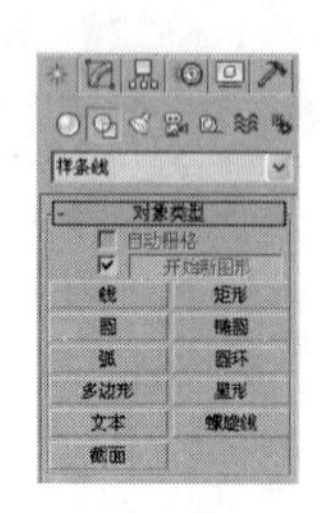

图 3.24

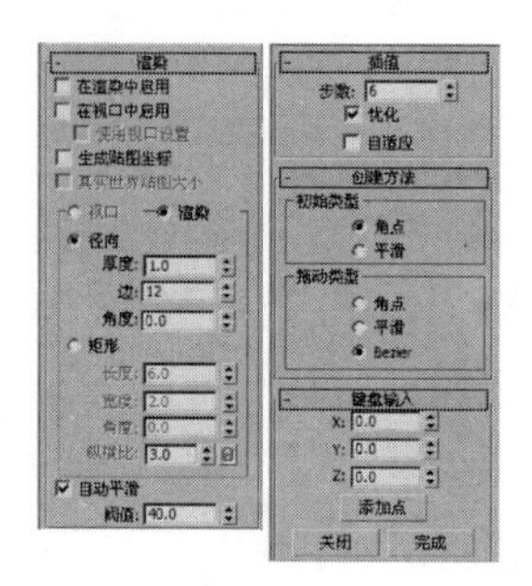

图 3.25

- ✧ 【在视口中启用】：可以与【在渲染中启用】复选框一起选择，它可以控制视口设置参数，在场景中显示网格（该复选框对渲染不产生影响）。
- ✧ 【使用视口设置】：控制图形按视图设置进行显示。
- ✧ 【生成贴图坐标】：对曲线指定贴图坐标。
- ✧ 【视口】：基于视图中的显示来调节参数（该复选框对渲染不产生影响）。当【在渲染中启用】和【使用视口设置】两个复选框同时被选择时，该单选按钮可以被选择。
- ✧ 【渲染】：基于渲染器来调节参数，当选择【渲染】单选按钮后，图形可以根据【厚度】参数值来渲染图形。
- ✧ 【厚度】：设置曲线渲染时的粗细大小。
- ✧ 【边】：控制被渲染的线条由多少个边的圆形作为截面。
- ✧ 【角度】：调节横截面的旋转角度。

- 【插值】卷展栏：用来设置曲线的光滑程度。
  - ✧ 【步数】：设置两个顶点之间有多少个直线片段构成曲线，该值越高，曲线越光滑。
  - ✧ 【优化】：自动检查曲线上多余的【步数】片段。
  - ✧ 【自适应】：自动设置【步数】参数，以产生光滑的曲线。对于直线来说，【步数】将设置为 0。
- 【键盘输入】卷展栏：使用键盘方式创建，只要输入所需要的坐标值、角度值和参数值即可，不同的工具会有不同的参数输入方式。

另外，除了【文本】、【截面】和【星形】工具之外，其他的创建工具都有一个【创建方法】卷展栏，该卷展栏中的参数需要在创建对象之前设置，这些参数一般用来确定是以边缘作为起点创建对象，还是以中心作为起点创建对象。只有【弧】工具的两种创建方式与其他对象有所不同，请参阅“3.2.3 创建弧”一节中的内容。

3.2.1 创建线

【线】工具可以绘制任何形状的封闭或开放曲线（包括直线），如图 3.26 所示。

01 选择【创建】 |【图形】 |【样条线】|【线】工具，在视图中单击确定线条的第一个节点。

02 将移动鼠标到想要结束线段的位置，单击以创建下一个节点，右击结束直线段的创建。

> **提示：** 在绘制线条时，若线条的终点与第一个节点重合，系统会提示是否关闭图形，单击【是】按钮，即可创建一个封闭的图形；如果单击【否】按钮，则继续创建线条。在创建线条时，按住并拖动鼠标，可以创建一条曲线。

在参数面板中，【线】工具拥有自己的参数设置，如图 3.27 所示，这些参数需要在创建线条之前进行设置。

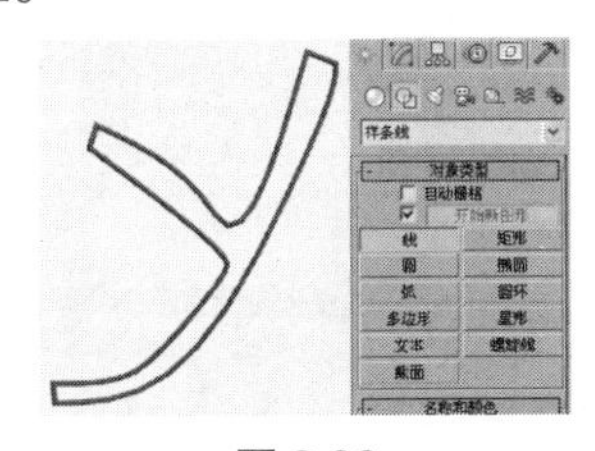

图 3.26

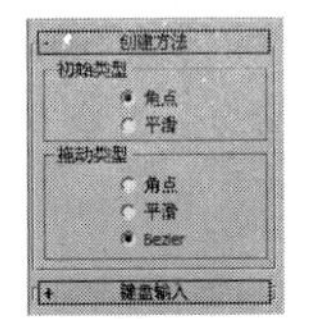

图 3.27

线的【创建方法】卷展栏中各参数的功能说明如下：

- 【初始类型】：设置单击鼠标后，拖动出的曲线类型。包括【角点】和【平滑】两种，可以绘制出直线和曲线。
- 【拖动类型】：设置按压并拖动鼠标时引出的曲线类型，包括【角点】、【平滑】和 Bezier 3 种，Bezier 曲线是最优秀的曲度调节方式，通过两个滑杆来调节曲线的弯曲。

3.2.2　创建圆

【圆】工具用来创建圆形，如图 3.28 所示。

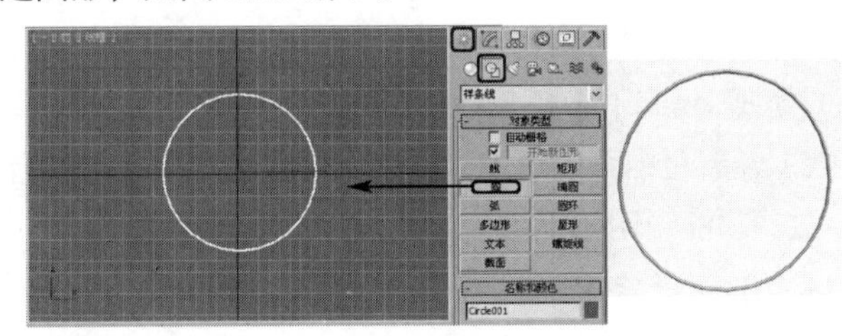

图 3.28

选择【创建】|【图形】|【线】工具，然后在场景中单击并拖动鼠标创建圆形。在【参数】卷展栏中只有一个半径参数可设置，如图 3.29 所示。

图 3.29

- 【半径】：设置圆形的半径大小。

3.2.3　创建弧

【弧】工具用来制作圆弧曲线和扇形，如图 3.30 所示。

01　选择【创建】|【图形】|【样条线】|【弧】工具，在视图中单击并拖动鼠标，绘制出一条直线。

02　到达一定的位置后松开鼠标，移动并单击鼠标即可确定圆弧的大小。

当完成对象的创建后，可以在命令面板中对其参数进行修改，如图 3.31 所示。

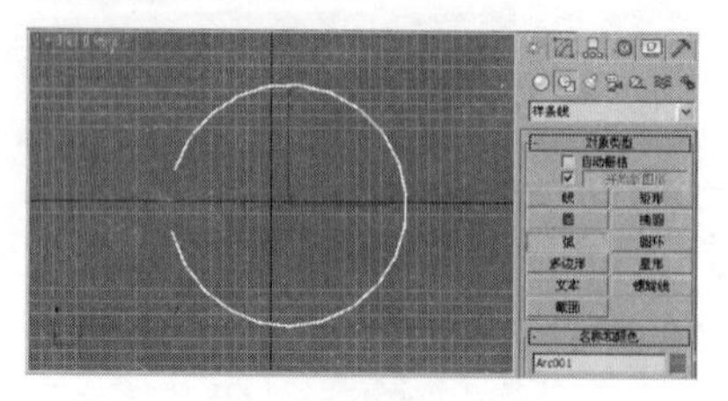

图 3.30

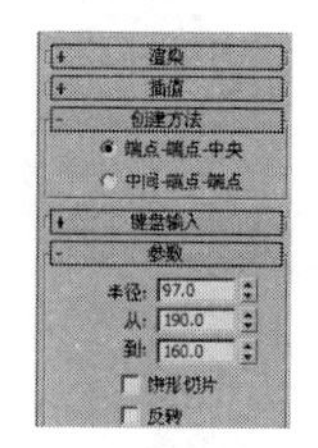

图 3.31

【弧】工具各参数的功能说明如下：

- 【创建方法】卷展栏的参数说明如下：
  - ✧【端点-端点-中央】：这种创建方式是先引出一条直线，以直线的两个端点作为弧的两个端点，然后移动鼠标，确定弧长。
  - ✧【中间-端点-端点】：这种创建方式是先引出一条直线，作为圆弧的半径，然后移动鼠标，确定弧长，这种创建方式对扇形的创建非常方便。
- 【参数】卷展栏的参数说明如下：
  - ✧【半径】：设置圆弧的半径大小。
  - ✧【从】/【到】：设置弧起点和终点的角度。
  - ✧【饼形切片】：选择此复选框，将创建封闭的扇形。
  - ✧【反转】：将弧线方向反转。

3.2.4 创建多边形

【多边形】工具可以制作任意边数的正多边形，还可以产生圆角多边形，如图 3.32 所示。

选择【创建】 |【图形】 |【样条线】|【多边形】工具，然后在视图中单击并拖动鼠标创建多边形。在【参数】卷展栏中可以对多边形的半径、边数等参数进行设置，其【参数】卷展栏如图 3.33 所示，各参数的功能说明如下：

- 【半径】：设置多边形的半径大小。
- 【内接】/【外接】：确定以外切圆半径还是以内切圆半径作为多边形的半径。
- 【边数】：设置多边形的边数。
- 【角半径】：制作带圆角的多边形，设置圆角的半径大小。
- 【圆形】：设置多边形为圆形。

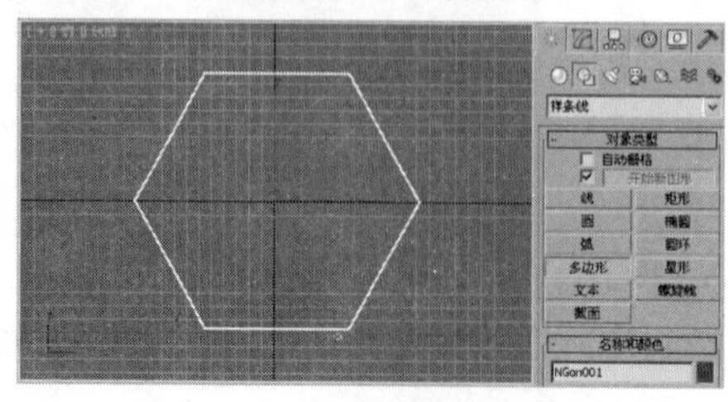

图 3.32

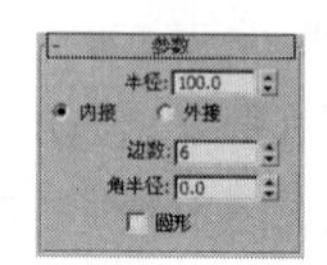

图 3.33

3.2.5 创建文本

【文本】工具可以直接产生文字图形，在中文 Windows 平台下可以直接产生各种字体的中文字形，字形的内容、大小和间距等都可以调整。在完成了动画制作后，仍可以修改文字的内容。

选择【创建】 |【图形】 |【文本】工具，然后在【参数】卷展栏的【文本】文本框中输入文本，在视图中单击即可创建文本图形，如图 3.34 所示。在【参数】卷展栏中可以对文本的字体、字号、间距，以及文本的内容进行修改，文本的【参数】卷展栏如图 3.35 所示，各参数的功能说明如下：

图 3.34

图 3.35

- 【大小】：设置文字的大小尺寸。
- 【字间距】：设置文字之间的间隔距离。
- 【行间距】：设置文字行与行之间的距离。
- 【文本】：用来输入文本文字。
- 【更新】：设置修改参数后，视图是否立刻进行更新显示。当遇到大量文字需要处理时，为了加快显示速度，可以选择【手动更新】复选框，自行指示更新视图。

3.2.6 创建截面

【截面】工具可以通过截取三维造型的截面而获得二维图形，如图 3.36 所示。使用此工具创建一个平面，可以对其进行移动、旋转和缩放，当它穿过一个三维造型时，会显示出截获的截面，在【截面参数】卷展栏中单击【创建图形】按钮，可以将这个截面制作成一个新的样条曲线。

下面制作一个截面图形，具体操作步骤如下：

01 打开随书附带光盘中的 CDROM | Scene | Cha03 | 装饰.max 场景文件。

02 选择【创建】 |【图形】 |【样条线】|【截面】工具，在【左】视图中单击并拖动鼠标，创建一个平面，如图 3.36 所示。

03 在【截面参数】卷展栏中单击【创建图形】按钮，创建一个模型的截面，如图 3.37 所示。

【截面参数】卷展栏如图 3.38 所示。

- 【创建图形】：单击该按钮，会弹出【命名截面图形】对话框，确定名称后，单击【确定】按钮，即可产生一个截面图形。如果此时没有截面，该按钮将不可用。
- 【移动截面时】：在移动截面的同时更新视图。
- 【选择截面时】：只有选择了截面，才进行视图更新。
- 【手动】：通过单击【更新截面】按钮，手动更新视图。
- 【无限】：截面所在的平面无界限地扩展，只要经过此截面的物体都被截取，与视图显示的截面尺寸无关。

- 【截面边界】：以截面所在的边界为限，凡是接触到它边界的造型都被截取，否则不会受到影响。
- 【禁用】：关闭截面的截取功能。

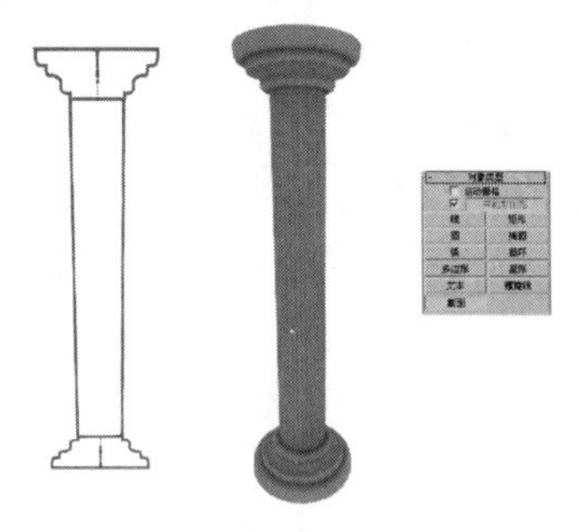

图 3.36

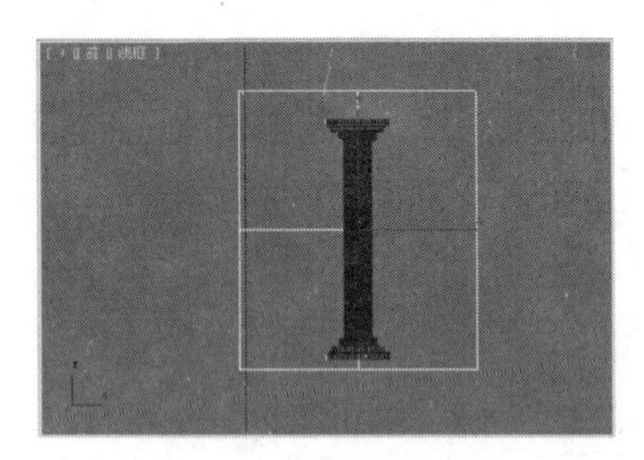

图 3.37

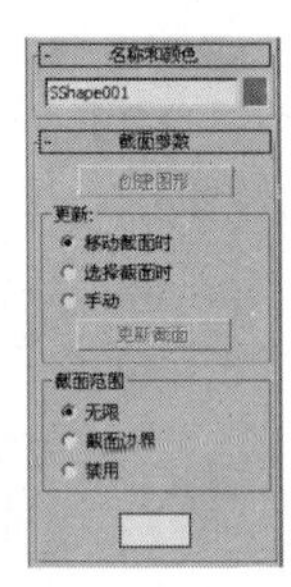

图 3.38

【截面大小】卷展栏如图 3.39 所示。

- 【长度】/【宽度】：设置截面平面的长宽尺寸。

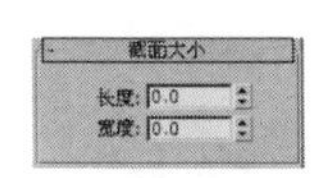

图 3.39

3.2.7 创建矩形

【矩形】工具是经常用到的一个工具，它可以用来创建矩形，如图 3.40 所示。

创建矩形与创建圆形的方法基本上一样，都是通过单击并拖动鼠标来创建的。在【参数】卷展栏中包含 3 个常用参数，如图 3.41 所示。

- 【长度】/【宽度】：设置矩形的长宽值。
- 【角半径】：设置矩形的四角是直角还是有弧度的圆角。

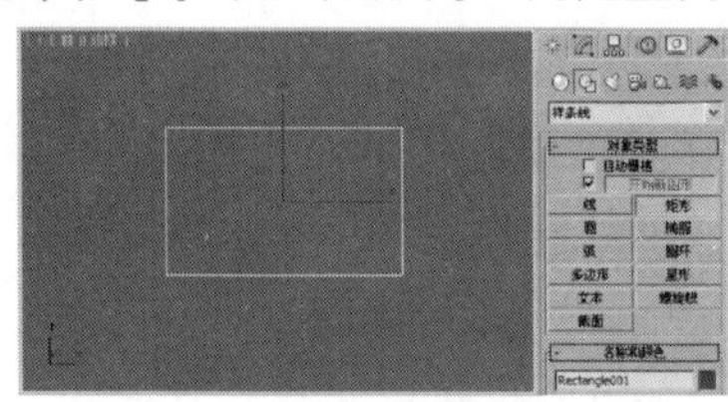

图 3.40

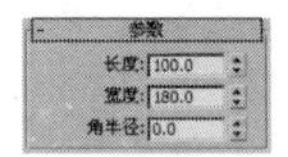

图 3.41

3.2.8 创建椭圆

【椭圆】工具可以用来绘制椭圆形，如图 3.42 所示。

同圆形的创建方法相同，只是【椭圆】工具使用【长度】和【宽度】两个参数来控制椭圆形的大小和形状，其【参数】卷展栏如图 3.43 所示。

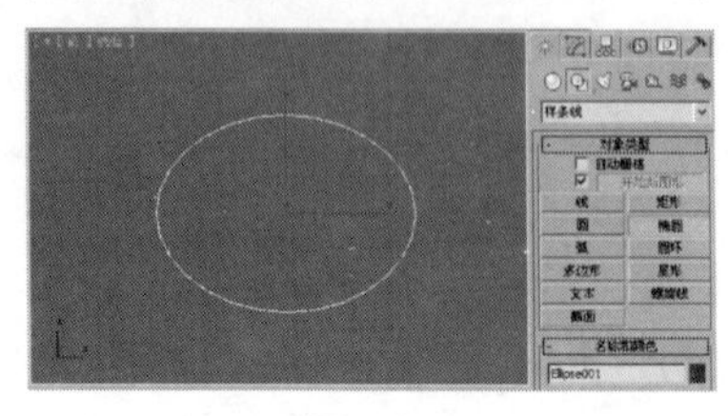

图 3.42

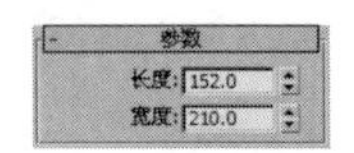

图 3.43

3.2.9　创建圆环

【圆环】工具可以用来制作同心的圆环，如图 3.44 所示。

圆环的的创建方法如下：

01　选择【创建】｜【图形】｜【样条线】｜【圆环】工具，在视图中单击并拖动鼠标，绘制出一个圆形。

02　松开并移动鼠标，向内或向外再拖动出一个圆形，单击鼠标完成圆环的创建。

在命令面板中，圆环有两个半径参数（半径 1 和半径 2），用于对两个圆形的半径进行设置，如图 3.45 所示。

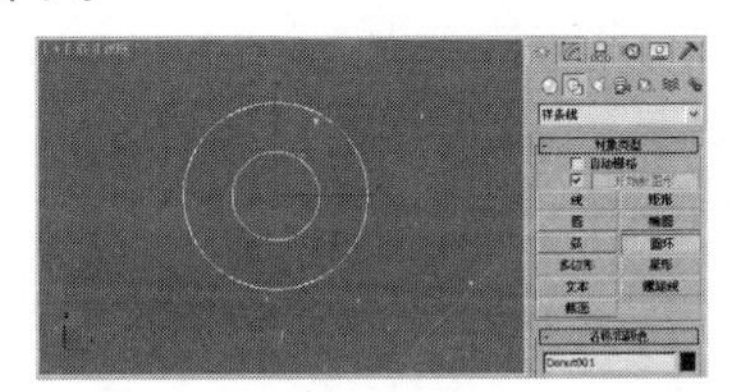

图 3.44

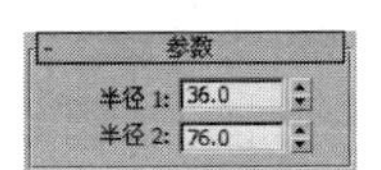

图 3.45

3.2.10　创建星形

利用【星形】工具可以创建多角星形，使尖角钝化为圆角，制作齿轮图案；尖角的方向可以扭曲，产生倒刺状矩齿；参数的变换可以产生许多奇特的图案，因为它是可以渲染的，所以即使交叉，也可以用做一些特殊的图案花纹，如图 3.46 所示。

星形的创建方法如下：

01　选择【创建】｜【图形】｜【样条线】｜【星形】工具，在视图中单击并拖动鼠标，拖动出一级半径。

02　松开并移动鼠标，拖动出二级半径，然后单击鼠标，完成星形的创建。

星形的【参数】卷展栏如图 3.47 所示。各参数的功能说明如下：

- 【半径 1】/【半径 2】：分别设置星形的内径和外径。
- 【点】：设置星形的尖角个数。
- 【扭曲】：设置尖角的扭曲度。
- 【圆角半径 1】/【圆角半径 2】：分别设置尖角的内、外倒角圆半径。

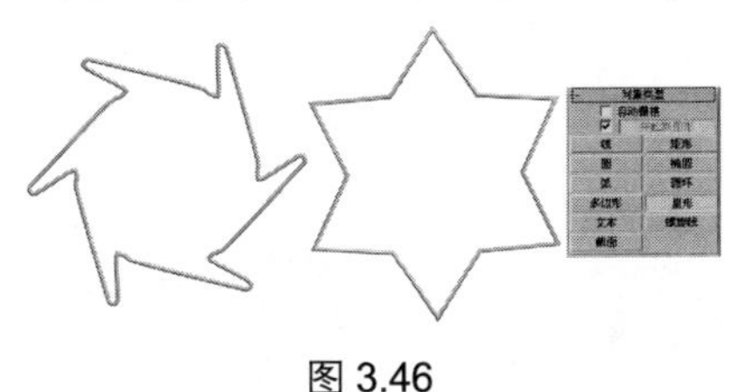

图 3.46

图 3.47

3.2.11　创建螺旋线

【螺旋线】工具用来制作平面或空间的螺旋线，常用于完成弹簧、线轴等造型，或用来制作运动路径，如图 3.48 所示。

螺旋线的创建方法如下：

01 选择【创建】 |【图形】 |【样条线】|【螺旋线】工具，在【顶】视图中单击并拖动鼠标，拖动出一级半径。

02 松开并移动鼠标，拖动出螺旋线的高度。

03 单击鼠标，确定螺旋线的高度，然后再移动鼠标，拖动出二级半径后单击鼠标，完成螺旋线的创建。

在【参数】卷展栏中可以设置螺旋线的两个半径、圈数等参数，其【参数】卷展栏如图 3.49 所示。各参数的功能说明如下：

- 【半径 1】/【半径 2】：设置螺旋线的内径和外径。
- 【高度】：设置螺旋线的高度，此值为 0 时，将创建一个平面螺旋线。
- 【圈数】：设置螺旋线旋转的圈数。
- 【偏移】：设置在螺旋高度上，螺旋圈数的偏向强度。
- 【顺时针】/【逆时针】：分别设置两种不同的旋转方向。

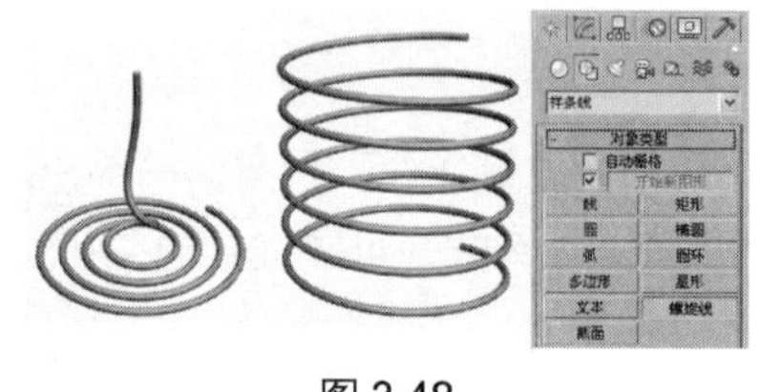

图 3.48

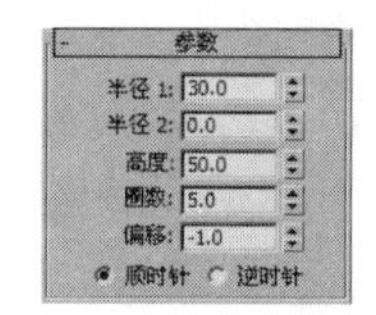

图 3.49

3.3 应用编辑样条线修改器

使用【图形】工具直接创建的二维图形不能直接生成三维物体，需要对它们进行编辑修改才可以转换为三维物体。在对二维图形进行编辑修改时，通常会使用【编辑样条线】修改器，它提供了对顶点、分段和样条线 3 个次级物体级别的编辑修改，如图 3.50 所示。

在对使用【线】工具创建的图形进行编辑修改时，不必为其指定【编辑样条线】修改器。因为它已经包含了顶点、分段和样条线 3 个次级物体级别的编辑修改等，与【编辑样条线】修改器的参数和命令相同。不同的是，它还保留了【渲染】、【插值】等基本参数的设置，如图 3.51 所示。

图 3.50

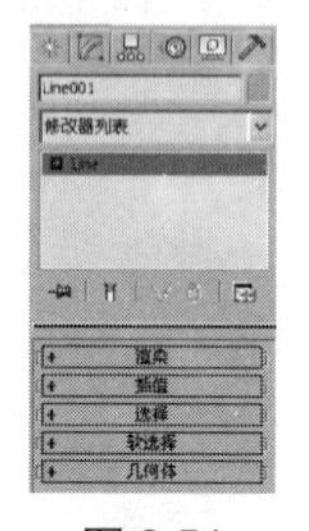

图 3.51

下面将分别对【编辑样条线】修改器的 3 个次物体级别的修改进行讲解。

3.3.1　修改【顶点】选择集

在对二维图形进行编辑修改时，最基本、最常用的就是对【顶点】选择集的修改。通常会对图形进行添加点、移动点、断开点和连接点等操作，以调整成所需的形状。

下面通过对椭圆指定【编辑样条线】修改器来学习【顶点】选择集的修改方法，以及常用的修改命令。

01 选择【创建】 |【图形】 |【样条线】|【椭圆】工具，在【前】视图中创建椭圆。

02 切换到【修改】命令面板，在【修改器列表】下拉列表框中选择【编辑样条线】修改器，在修改器堆栈中定义当前选择集为【顶点】。

03 在【几何体】卷展栏中单击【优化】按钮，然后在椭圆曲线的适当位置单击鼠标，为椭圆添加控制点，如图 3.52 所示。

04 设置完节点后单击【优化】按钮，或直接在视图中右击，关闭【优化】按钮。使用【选择并移动】工具在节点处右击，在弹出的菜单中选择相应的命令，然后对节点进行调整，如图 3.53 所示。

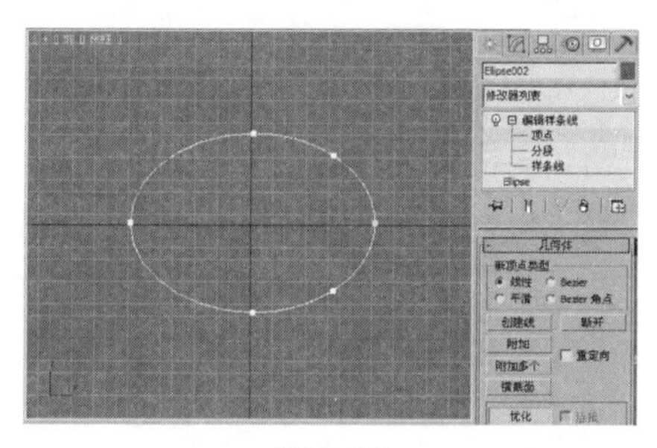

图 3.52

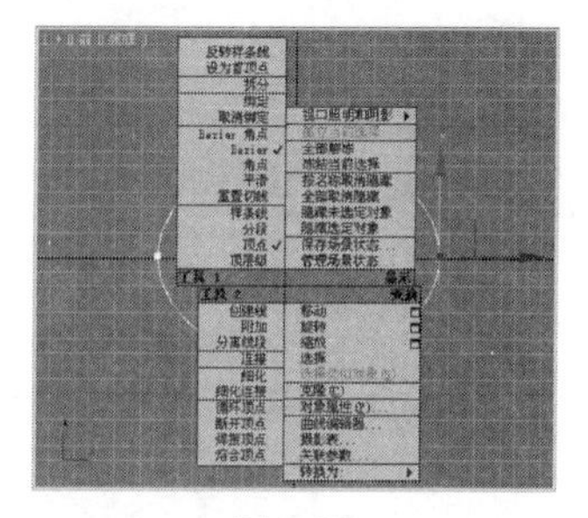

图 3.53

将节点设置为 Bezier 类型后，在节点上有两个控制手柄。当在选择的节点上右击时，在弹出的菜单中的【工具 1】选项组内可以看到点的 5 种类型：【Bezier 角点】、Bezier、【角点】、【平滑】和【重置切线】，如图 3.53 所示。其中被选择的类型即是当前选择点的类型。

- 【Bezier 角点】：这是一种比较常用的节点类型，通过对它的两个控制手柄进行调节，可以灵活地控制曲线的曲率。
- 【Bezier】：通过调整节点的控制手柄来改变曲线的曲率，以达到修改样条曲线的目的，它不如【Bezier 角点】调节起来灵活。
- 【角点】：使各点之间的【步数】按线性、均匀的方式分布，也就是直线连接。
- 【平滑】：该属性决定了经过该节点的曲线为平滑曲线。
- 【重置切线】：在可编辑样条线的【顶点】选择集中，可以使用标准方法选择一个和多个顶点并移动它们。如果顶点属于 Bezier 或【Bezier 角点】类型，还可以移动和旋转控制柄，从而影响在顶点连接的任何线段的形状。还可以使用切线复制或粘贴操作在顶点之间复制和粘贴控制柄，同样也可以使用【重置切线】命令重置控制柄或在不同类型之间切换。

> **提示：**在对一些二维图形进行编辑修改时，最好将一些直角处点的类型更改为【角点】，这将有助于提高模型的稳定性。

在对二维图形进行编辑修改时，除了【优化】按钮外，还有如下一些命令：

- 【连接】：连接两个断开的点。
- 【断开】：使闭合图形变为开放图形。通过【断开】按钮使顶点断开，先选择一个顶点，然后单击【断开】按钮，此时单击并移动该点，将会看到线条被断开。
- 【插入】：该功能与【优化】按钮相似，都是加点命令，只是【优化】按钮是在保持原图形不变的基础上增加顶点，而【插入】按钮是一边加点，一边改变原图形的形状。
- 【设为首顶点】：第一个顶点用来标明一个二维图形的起点，在放样设置中各个截面图形的第一个顶点决定【表皮】的形成方式，此功能就是使选择的点成为第一个顶点。
- 【焊接】：此功能可以将两个断点合并为一个顶点。
- 【删除】：删除顶点。

3.3.2 修改【分段】选择集

【分段】是连接两个节点之间的边线，当对线段进行变换操作时，就相当于在对两端的点进行变换操作。下面对【分段】选择集常用的命令按钮进行介绍。

- 【断开】：将选择的线段打断，类似点的打断。
- 【优化】：与【顶点】选择集中的【优化】按钮功能相同。
- 【拆分】：通过在选择的线段上添加点，将选择的线段分成若干条线段。在其后面的文本框中输入要加入节点的数值，然后单击该按钮，即可将选择的线段细分为若干条线段。
- 【分离】：将当前选择的段分离。

3.3.3 修改【样条线】选择集

【样条线】选择集是二维图形中另一个功能强大的次物体修改级别，相互连接的线段即为一条样条曲线。在样条线级别中，【轮廓】与【布尔】运算的设置最为常用，尤其是在制作建筑效果图时，更是如此。

01 首先，选择【创建】 | 【图形】 | 【线】工具，在场景中绘制墙体的截面图形，如图 3.54 所示。

02 将选择集定义为【样条线】，在场景中选择绘制的样条线。

03 在【几何体】卷展栏中单击【轮廓】按钮，在场景中按住鼠标并拖动出轮廓，如图 3.55 所示。

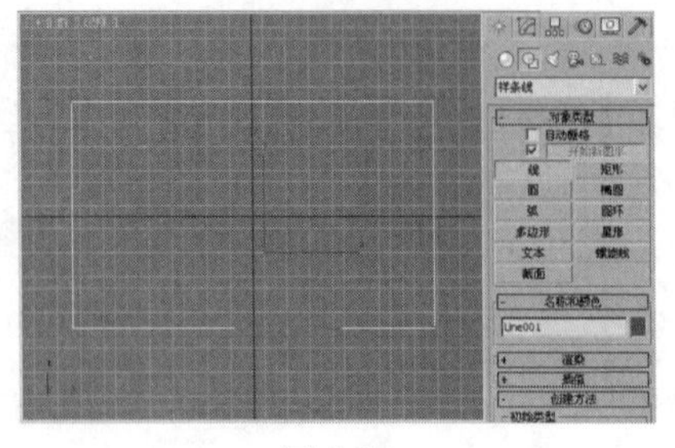

图 3.54

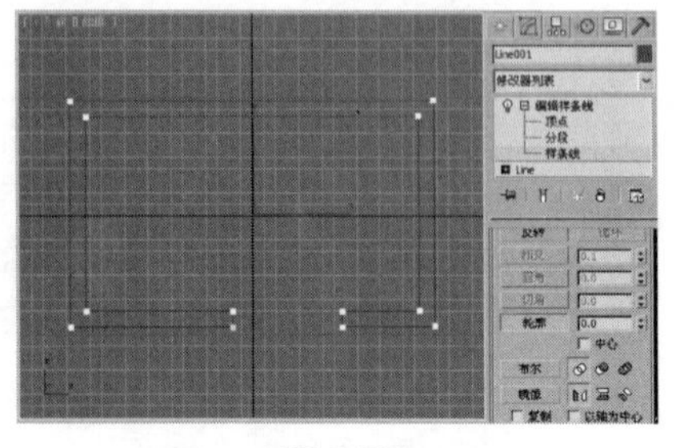

图 3.55

04 通常制作出样条线的截面后会为其添加【挤出】修改器，挤出截面的高度，这里就不详细介绍了。

3.4 上机练习

3.4.1 倒角文字

本例讲解倒角文字的制作过程，效果如图 3.56 所示。倒角文字的制作方法很简单，首先使用【文本】工具创建二维文字图形，然后为其指定【倒角】修改器，产生厚度和倒角效果。

图 3.56

01 启动 3ds Max 2011 软件，选择【创建】|【图形】|【样条线】|【文本】工具，在【参数】卷展栏的【文本】文本框中输入“海都制药”。将【字体】设置为“黑体”，将【大小】设置为 100，然后在【前】视图中单击鼠标创建文字，如图 3.57 所示。

02 切换到【修改】命令面板，在【修改器列表】下拉列表框中选择【倒角】修改器，在【倒角值】卷展栏中将【起始轮廓】设置为 2，将【级别 1】下的【高度】和【轮廓】分别设置为 3 和 2；选择【级别 2】复选框，将【高度】设置为 10，【轮廓】设置为 0；选择【级别 3】复选框，将【高度】设置为 3，【轮廓】设置为-3，如图 3.58 所示。

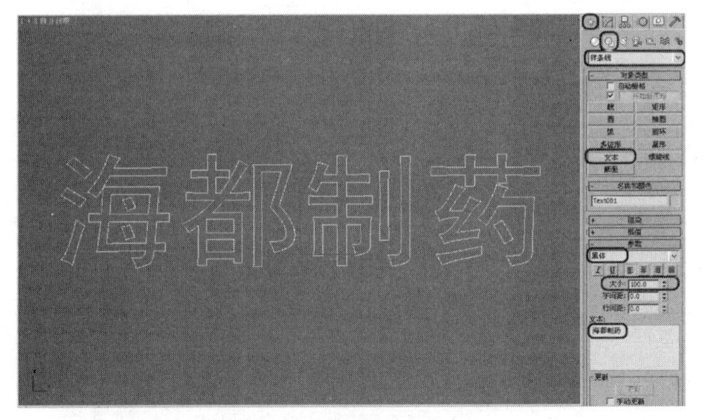

图 3.57

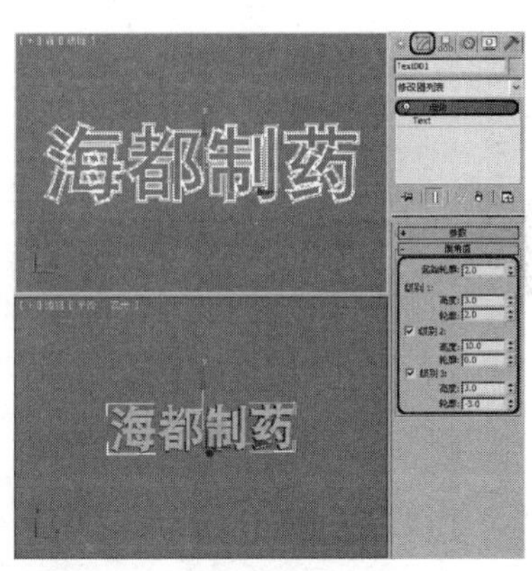

图 3.58

03 激活【前】视图，单击工具栏中的【渲染产品】按钮进行渲染，并保存文件。

3.4.2 衣架

本例将介绍使用样条线、几何体工具，并结合【挤出】及【编辑网格】修改器来制作衣架效果的过程，效果如图 3.59 所示。

01 启动 3ds Max 2011 软件，选择【创建】|【图形】|【矩形】工具，在【前】视图中创建一个【长度】为 7，【宽度】为 75，【角半径】为 1.3 的矩形，将其命名为“衣架-木横撑”，如图 3.60 所示。

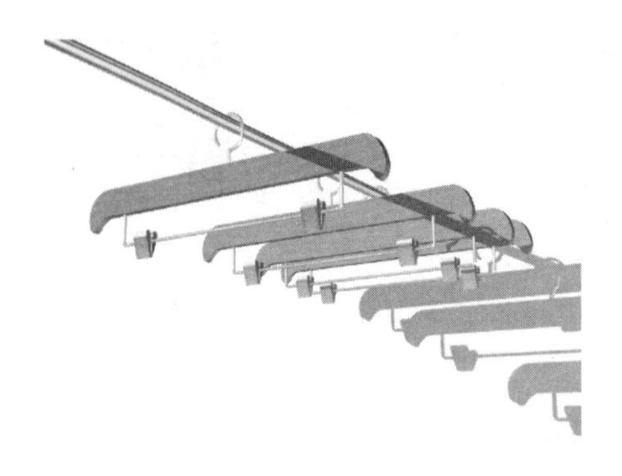

图 3.59

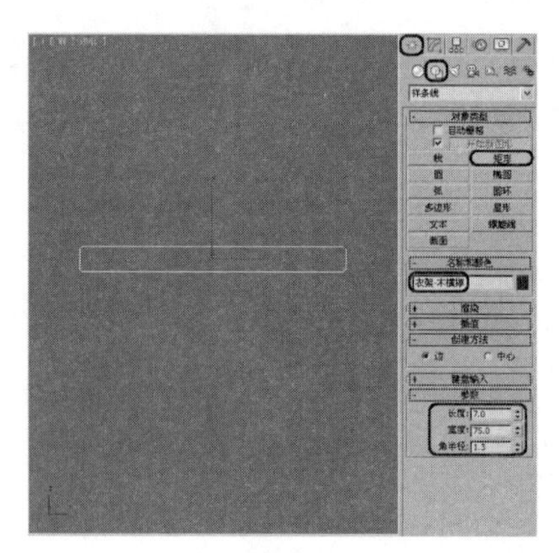

图 3.60

02 选择“衣架-木横撑”对象，切换到【修改】命令面板，在【修改器列表】下拉列表框中选择【编辑样条线】修改器，将当前选择集定义为【顶点】，在场景中调整矩形形状，关闭选择集。在【修改器列表】下拉列表框中选择【挤出】修改器，在【参数】卷展栏中设置【数量】为 2，如图 3.61 所示。

03 选择【创建】|【图形】|【样条线】|【线】工具，在【前】视图中创建线并命名为“衣架-挂钩”。在【渲染】卷展栏中选择【在渲染中启用】和【在视口中启用】复选框，设置【厚度】为 0.8。切换到【修改】命令面板，将当前选择集定义为【顶点】，在场景中调整样条线的形状，如图 3.62 所示。

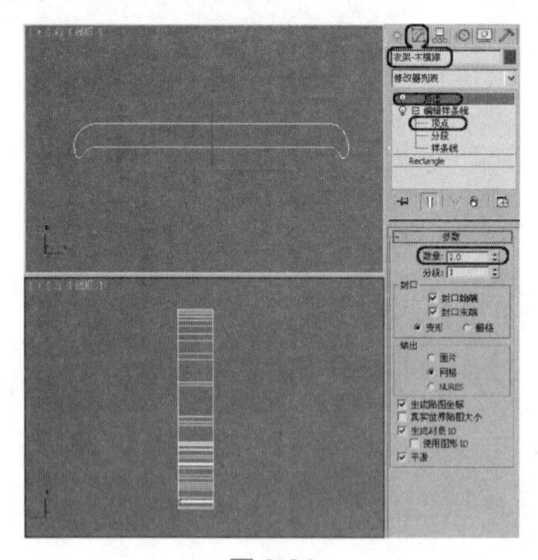

图 3.61

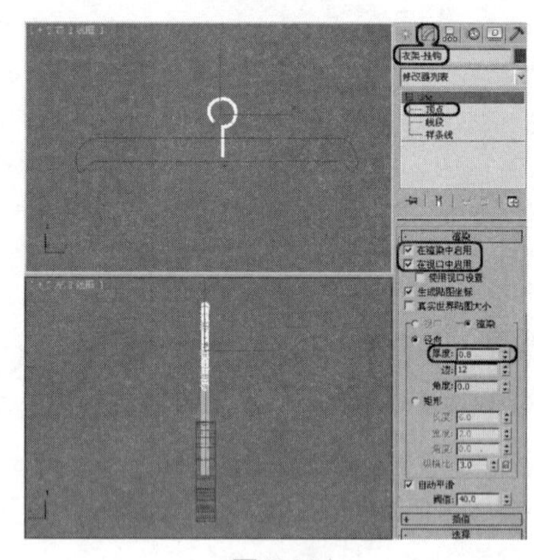

图 3.62

04 选择【创建】|【图形】|【样条线】|【矩形】工具，在【前】视图的相应位置创建矩形，并命名为“衣架-下支架”。在【参数】卷展栏中设置【长度】为 9，【宽度】为 65，【角半径】为 1。在【渲染】卷展栏中选择【在渲染中启用】和【在视口中启用】复选框，设置【厚度】为 0.8，如图 3.63 所示。

05 选择【创建】|【图形】|【样条线】|【线】工具，在【顶】视图中绘制闭合的样条线，并命名为“夹子”，如图 3.64 所示。

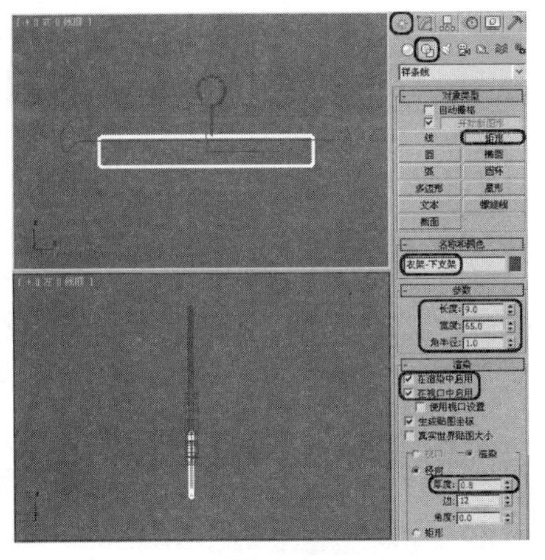

图 3.63

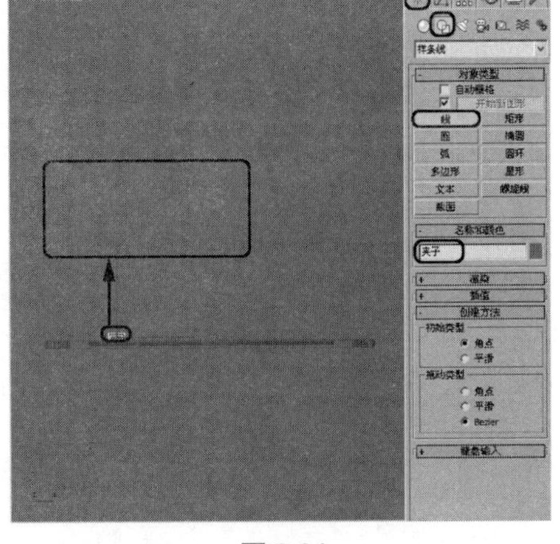

图 3.64

06 切换到【修改】命令面板，在【修改器列表】下拉列表框中选择【挤出】修改器，在【参数】卷展栏中设置【数量】为 4，【分段】为 5，如图 3.65 所示。

07 在【修改器列表】下拉列表框中选择【编辑网格】修改器，将当前选择集定义为【顶点】在【左】视图中调整顶点，如图 3.66 所示。

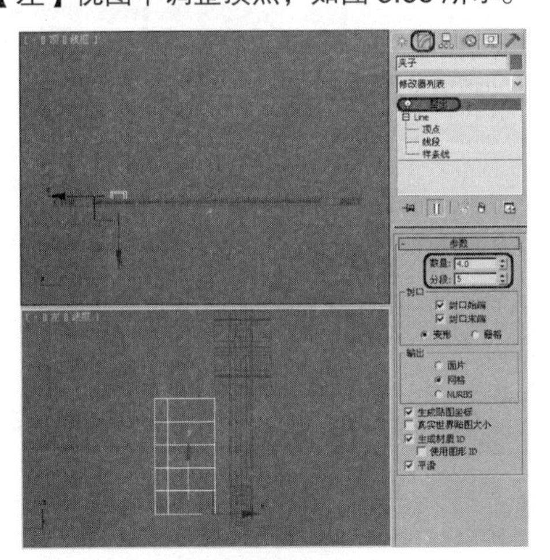

图 3.65

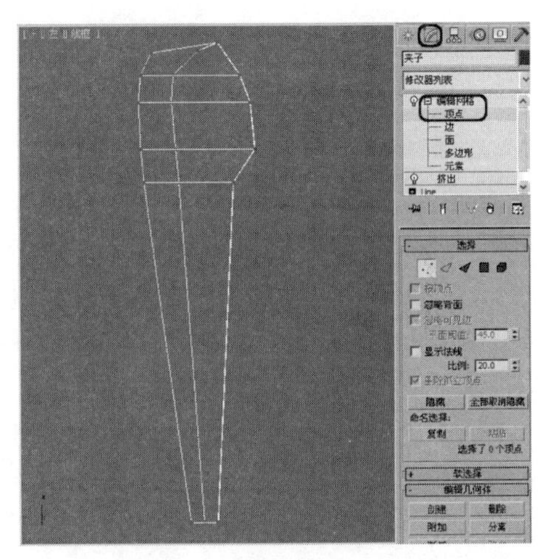

图 3.66

08 选择【创建】｜【图形】｜【样条线】｜【线】工具，在【左】视图中“夹子”对象的左轮廓处创建样条线。切换到【修改】命令面板，将当前选择集定义为【顶点】，在场景中调整样条线的形状。在【渲染】卷展栏中选择【在渲染中启用】和【在视口中启用】复选框，设置【厚度】为 0.07，如图 3.67 所示。

09 在该样条线的堆栈中右击，在弹出的菜单中选择【可编辑网格】命令，将其转换为可编辑网格，如图 3.68 所示。

10 在【顶】视图中选择 Line001 对象，使用【选择并移动】工具，在场景中按住【Shift】键沿 *X* 轴移动复制线，如图 3.69 所示。

11 选择“夹子”对象，选择【创建】｜【几何体】｜【复合对象】｜ProBoolean 工具，在【拾取布尔对象】卷展栏中单击【开始拾取】按钮，在【运算】选项组中选择【差集】单选按钮，在场景中拾取夹子上的直线，如图 3.70 所示。

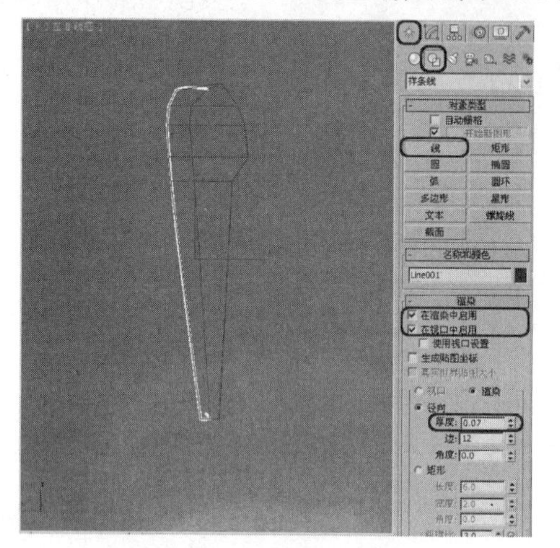

图 3.67

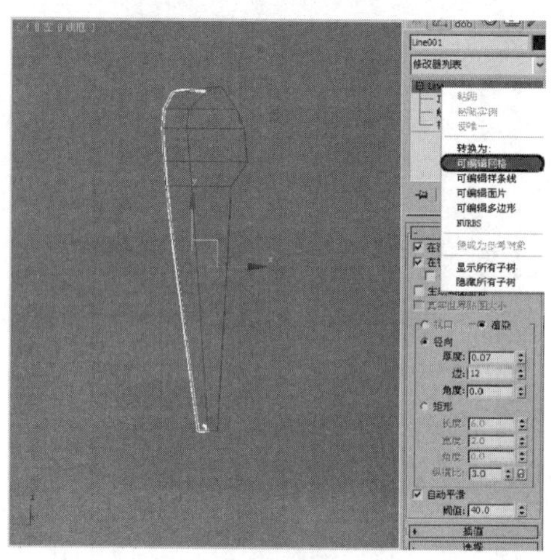

图 3.68

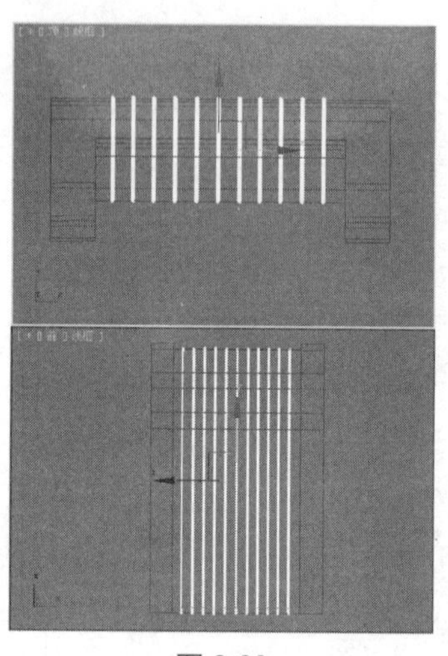

图 3.69

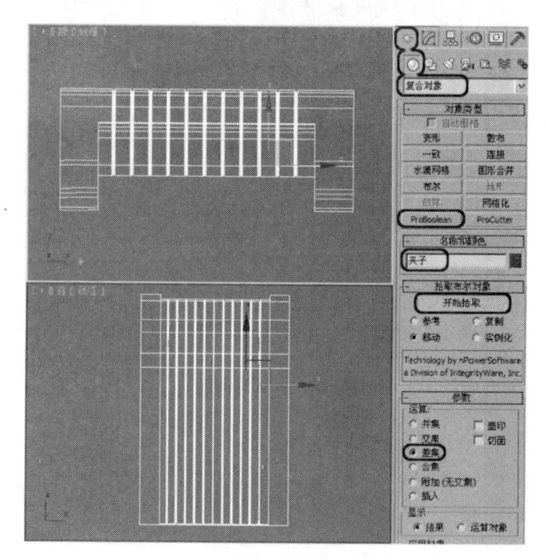

图 3.70

12 在工具栏中选择【选择并均匀缩放】工具，在场景中调整夹子的大小，合适即可，如图 3.71 所示。

13 在场景中选择【选择并旋转】工具，在场景中旋转“夹子”对象，如图 3.72 所示。

14 选择“夹子”对象，在工具栏中单击【镜像】按钮，在弹出的对话框中将【镜像轴】定义为 X。在【克隆当前选择】选项组中选择【复制】单选按钮，然后单击【确定】按钮，如图 3.73 所示。

15 调整夹子的位置和角度，如图 3.74 所示。

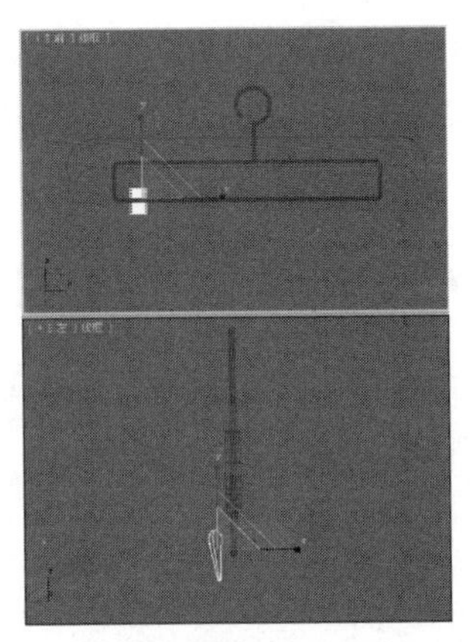

图 3.71

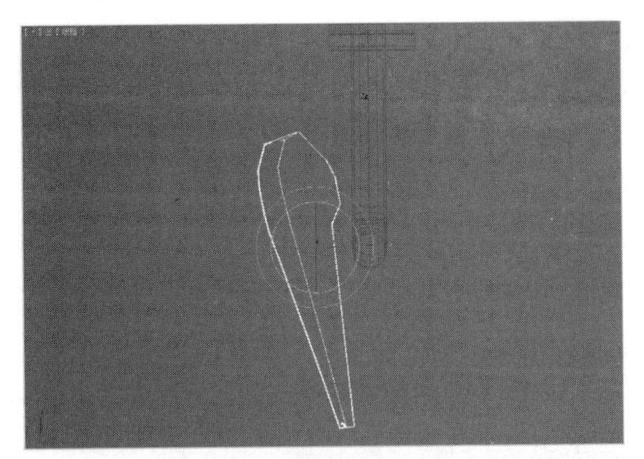

图 3.72

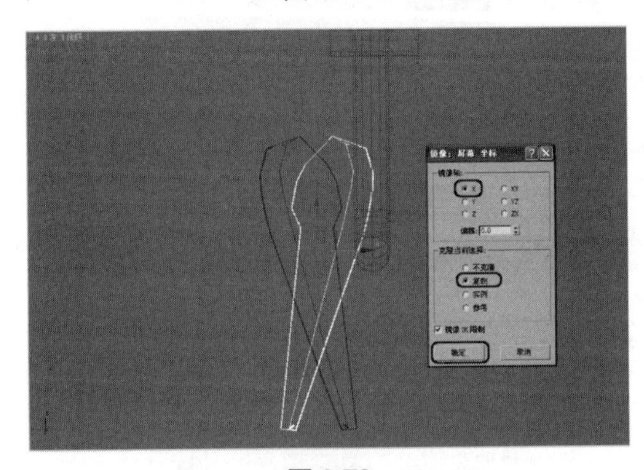

图 3.73

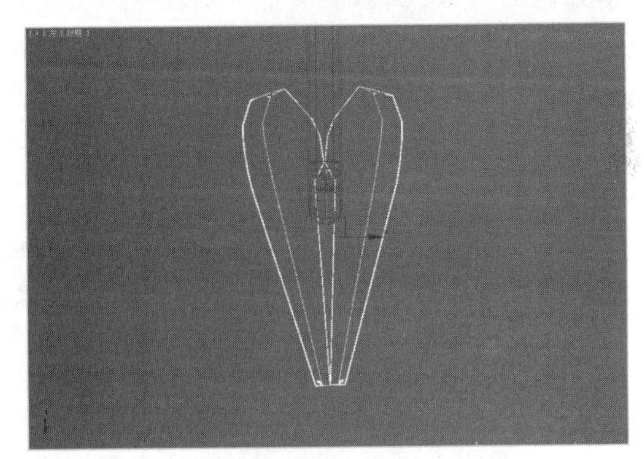

图 3.74

16　选择“夹子”对象，在【前】视图中按住【Shift】键，沿 *X* 轴移动复制夹子，松开鼠标后在弹出的对话框中选择【实例】单选按钮，单击【确定】按钮，如图 3.75 所示。

17　选择【创建】 |【几何体】 |【标准基本体】|【圆柱体】工具，在【前】视图中创建圆柱体，并命名为“圆柱支架”，在【参数】卷展栏中设置【半径】为 1.5,【高度】为 180,【高度分段】为 1，然后在场景中调整该圆柱体的位置，如图 3.76 所示。

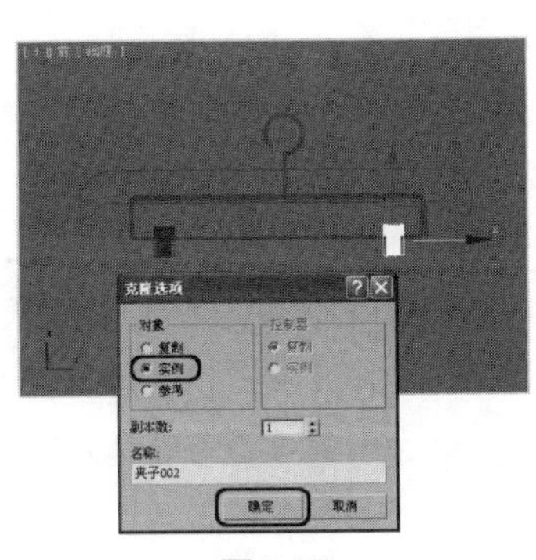

图 3.75

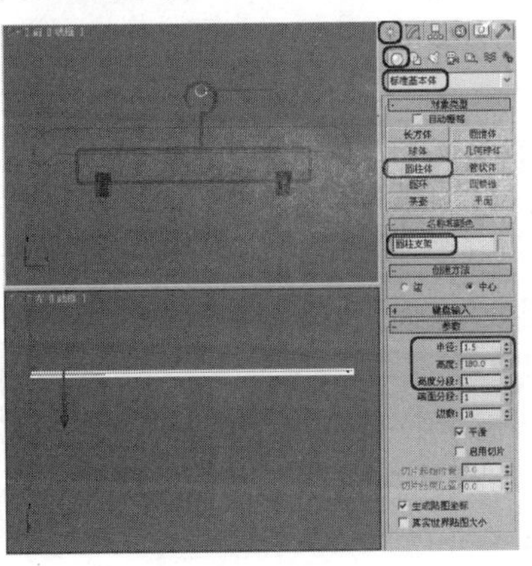

图 3.76

18 选择“衣架”模型，在【左】视图中按住【Shift】键，移动复制3个衣架，如图3.77所示。

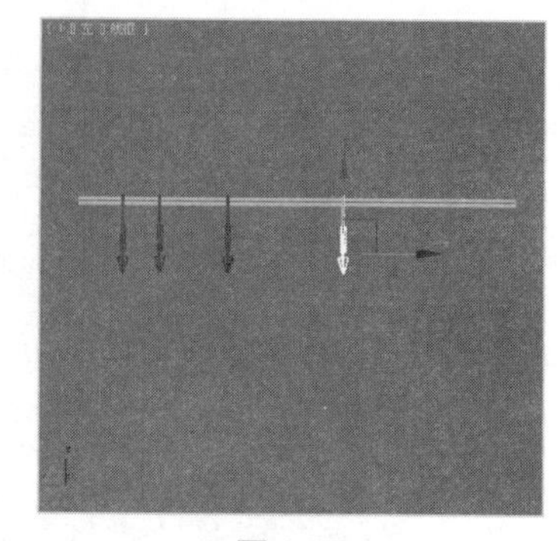

图3.77

19 在工具栏中单击【材质编辑器】按钮，打开【材质编辑器】窗口，选择第一个材质球并命名为“不锈钢”，然后设置材质如图3.78所示。在【明暗器基本参数】卷展栏中将阴影模式设置为【金属】；在【金属基本参数】卷展栏中将【环境光】的RGB值设置为0、0、0，将【漫反射】的RGB值设置为255、255、255，再将【反射高光】选项组中的【高光级别】和【光泽度】分别设置为100和80；展开【贴图】卷展栏，单击【反射】通道右侧的None按钮，在弹出的【材质/贴图浏览器】对话框中双击【位图】贴图，在弹出的对话框中选择随书附带光盘中的CDROM | Map | Gold04B.jpg文件，单击【打开】按钮，进入反射层级面板，在【坐标】卷展栏中将【模糊偏移】设置为0.086；单击【转到父对象】按钮，返回父对象层级面板。在场景中按【H】键，在弹出的对话框中选择所有的夹子、下支架、挂钩及圆柱支架，单击【确定】按钮。再单击【将材质指定给选定对象】按钮，为所选择的对象指定材质。

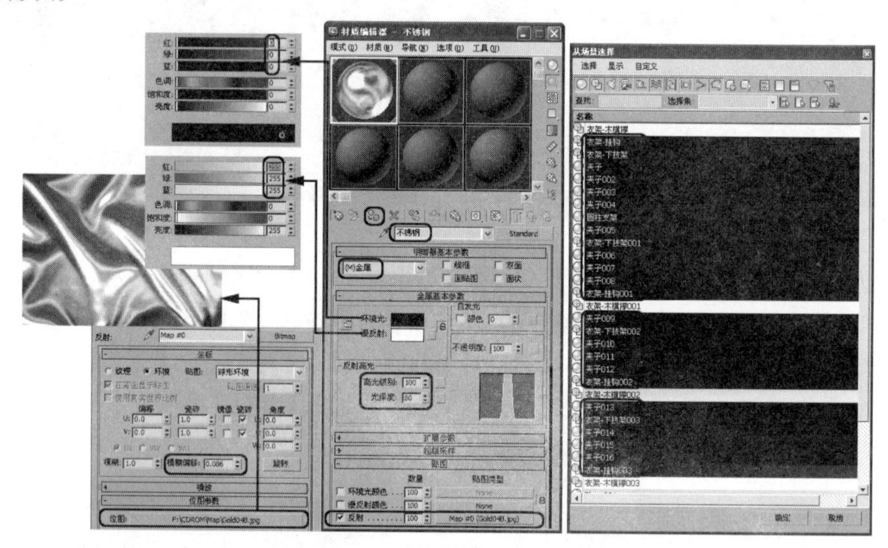

图3.78

20 选择第二个材质球，并将其命名为“木质”，然后设置材质如图3.79所示。在【Blinn基本参数】卷展栏中将【自发光】选项组中的【颜色】设为20；展开【贴图】卷展栏，单击【漫反射颜色】右侧的None按钮，在弹出的【材质/贴图浏览器】对话框中双击【位图】贴图，在弹出的对话框中选择随书附带光盘中的CDROM | Map | 木材-024.jpg文件，单击【打开】按钮；单击【转到父对象】按钮，返回父对象层级面板。在场景中按【H】键，在弹出的对话框中选择所有的木横撑，单击【确定】按钮，再单击【将材质指定给选定对象】按钮，为所选择的对象指定材质。

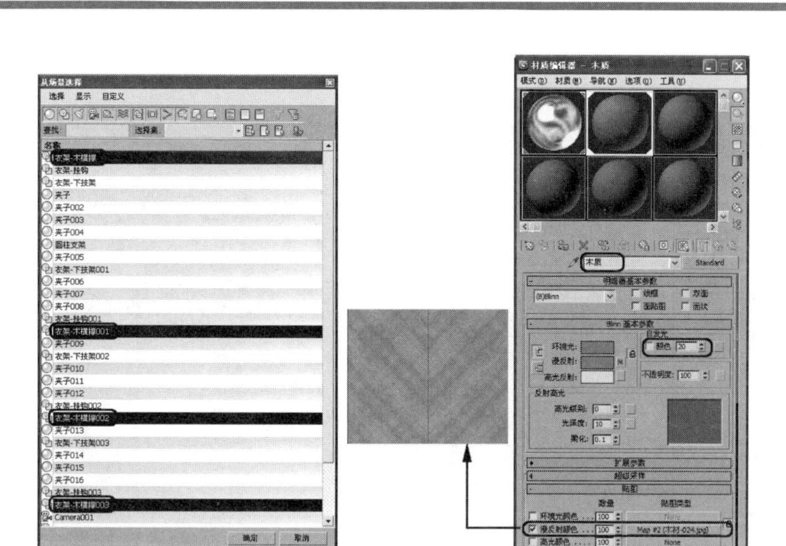

图 3.79

21 选择【创建】 |【几何体】 |【标准基本体】|【长方体】工具，在【前】视图中创建长方体，设置长方体的颜色为白色，在【参数】卷展栏中设置【长度】为 590，【宽度】为 680，【高度】为 0，并在场景中调整该长方体的位置，如图 3.80 所示。

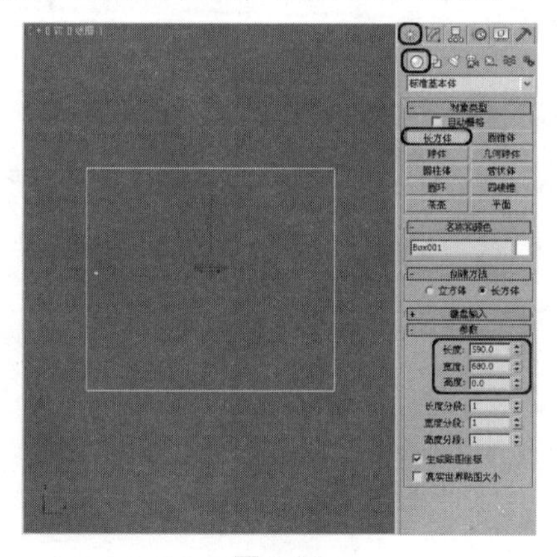

图 3.80

22 选择【创建】 |【摄影机】 |【目标】工具，在【顶】视图中创建摄影机，并在其他视图中调整摄影机的位置。激活【透视】视图，按【C】键，将其转换为 Camera001 视图，如图 3.81 所示。

23 选择【创建】 |【灯光】 |【标准】|【目标聚光灯】工具，在【顶】视图中创建目标聚光灯。切换到【修改】命令面板 ，在【常规参数】卷展栏中选择【启用】复选框，将【阴影】类型定义为【光线跟踪阴影】。在【聚光灯参数】卷展栏中设置【聚光区/光束】为 0.5，设置【衰减区/区域】为 100。在【阴影参数】卷展栏中设置【对象阴影】选项组中的【颜色】的 RGB 值为 23、28、33，设置【密度】为 0.8。设置完成后，在视图中调整灯光所在的位置，如图 3.82 所示。

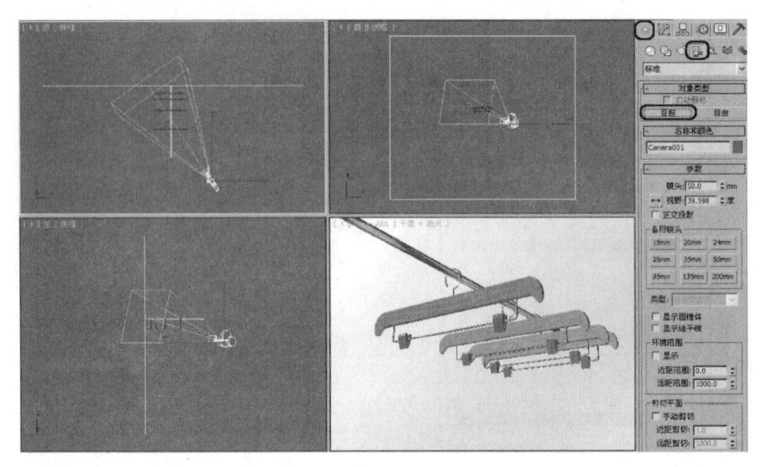

图 3.81

24 选择【创建】 |【灯光】 |【泛光灯】工具，在【顶】视图中创建泛光灯，并在其他视图中调整灯光的位置。切换到【修改】命令面板，在【强度/颜色/衰减】卷展栏中设置【倍增】为 0.2，如图 3.83 所示。

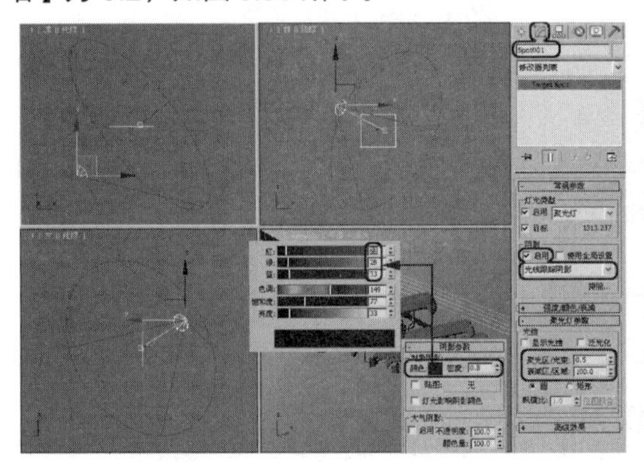

图 3.82

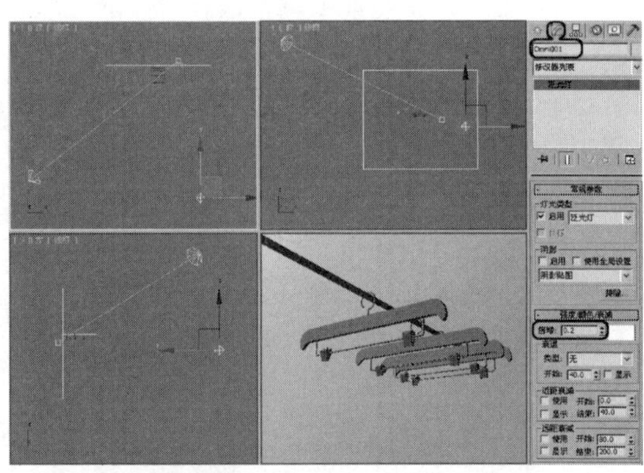

图 3.83

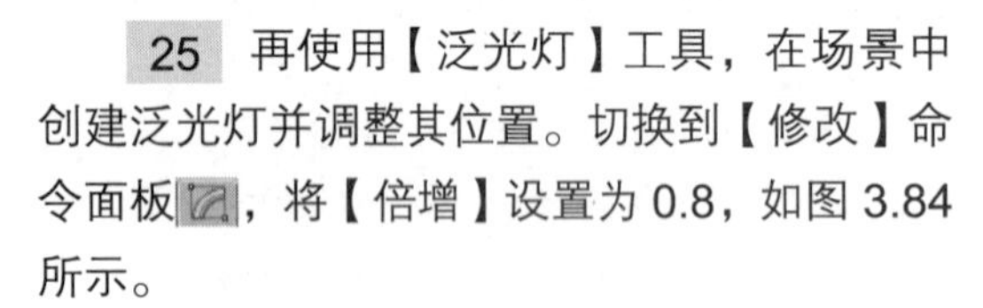

25 再使用【泛光灯】工具，在场景中创建泛光灯并调整其位置。切换到【修改】命令面板，将【倍增】设置为 0.8，如图 3.84 所示。

26 最后激活 Camera001 视图，单击工具栏中的【渲染产品】按钮进行渲染，最后保存场景文件即可。

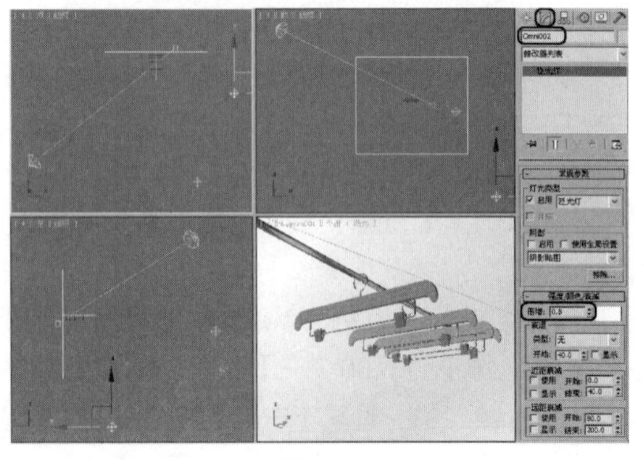

图 3.84

3.4.3　衣柜

本例介绍衣柜的制作方法，主要通过标准基本体和样条线的组合来实现。制作的衣柜效果如图 3.85 所示。

01　启动 3ds Max 2011 软件，选择【创建】|【几何体】|【标准基本体】|【长方体】工具，在【前】视图中创建一个长方体，设置其【长度】、【宽度】和【高度】分别为 270、175 和 3，并将其命名为“背板”，如图 3.86 所示。

图 3.85

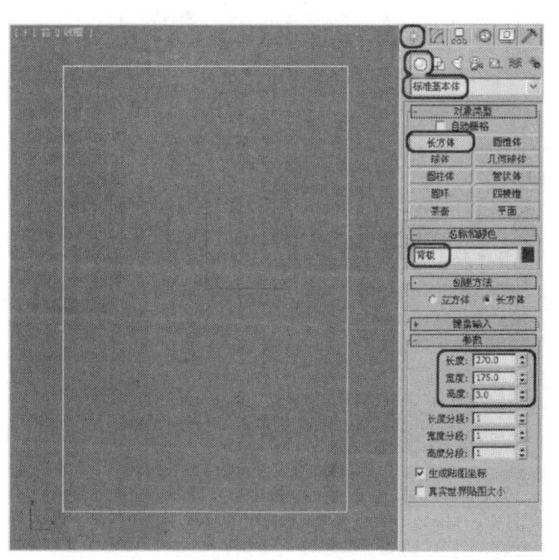

图 3.86

02　选择【创建】|【几何体】|【标准基本体】|【长方体】工具，在【左】视图中创建一个长方体，并设置其【长度】、【宽度】和【高度】分别为 270、60 和 3，将其命名为“侧板左”，并利用顶点捕捉工具将其与“背板”对象对齐，如图 3.87 所示。

03　确定“侧板左”对象处于选中状态，按【Ctrl+V】组合键，进行复制，在弹出的【克隆选项】对话框中选择【对象】选项组中的【复制】单选按钮，并将其命名，然后单击【确定】按钮。确定新复制的“侧板右”对象处于选择状态，利用顶点捕捉工具将其与“背板”对象对齐，如图 3.88 所示。

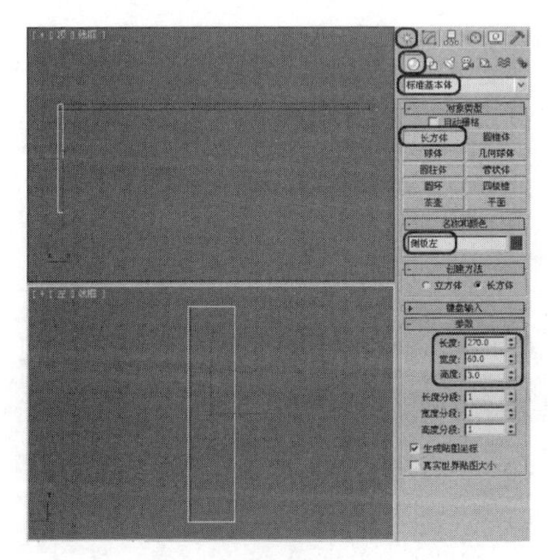

图 3.87

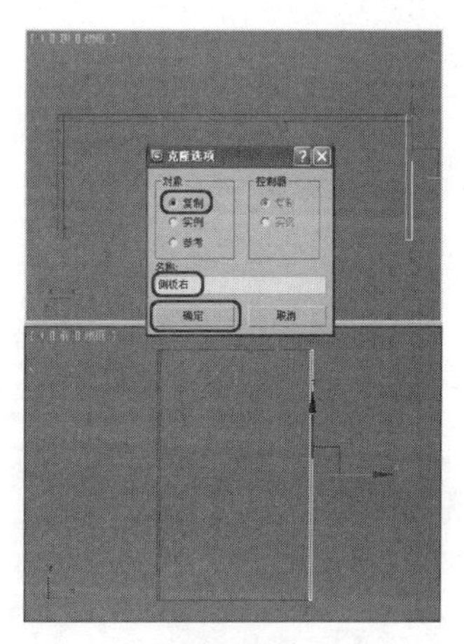

图 3.88

04 选择【创建】 | 【几何体】 | 【标准基本体】|【长方体】工具，在【顶】视图中创建一个长方体，将其【长度】、【宽度】和【高度】分别设置为63、180、3，将其命名为“顶板”，并调整其位置，如图3.89所示。

05 确定“顶板”对象处于选中状态，按【Ctrl+V】组合键，进行复制，在弹出的【克隆选项】对话框中选择【对象】选项组中的【复制】单选按钮，并将其命名，然后单击【确定】按钮。确定新复制的“底板”对象处于选择状态，并调整其位置，切换到【修改】命令面板，在【参数】卷展栏中将【长度】、【宽度】和【高度】分别为57、175和3，如图3.90所示。

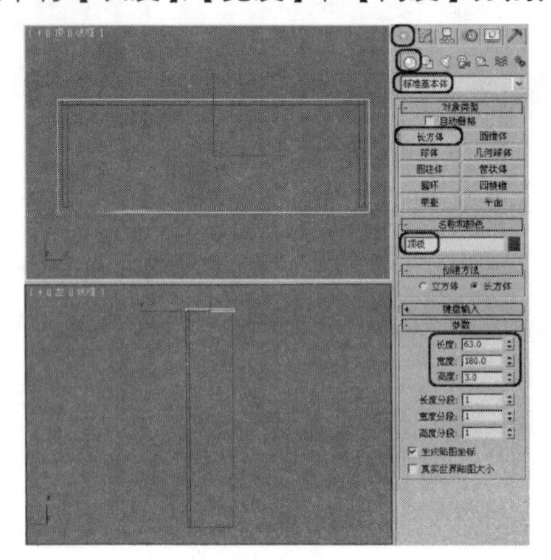

图3.89

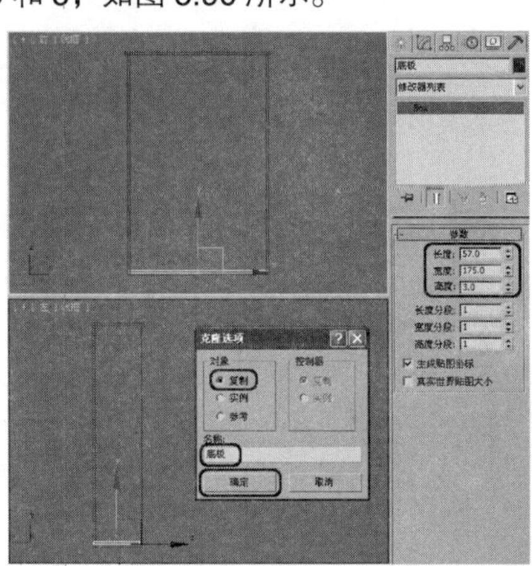

图3.90

06 在【前】视图中选择“侧板左”对象，并按【Ctrl+V】组合键，在弹出的【克隆选项】对话框中选择【对象】选项组中的【复制】单选按钮，并将其命名，单击【确定】按钮，调整新复制的“竖隔板”的位置，如图3.91所示。

07 选择【创建】 | 【几何体】 | 【标准基本体】|【长方体】工具，在【顶】视图中创建一个长方体，设置其【长度】、【宽度】和【高度】分别为54、54和3，将其命名为“夹层”，并在【前】视图中调整其位置，如图3.92所示。

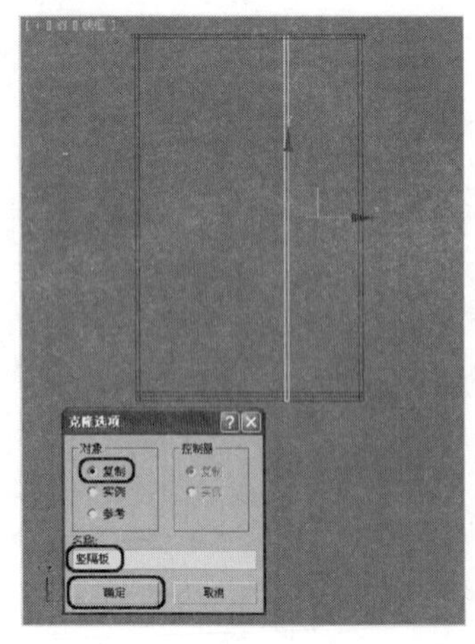

图3.91

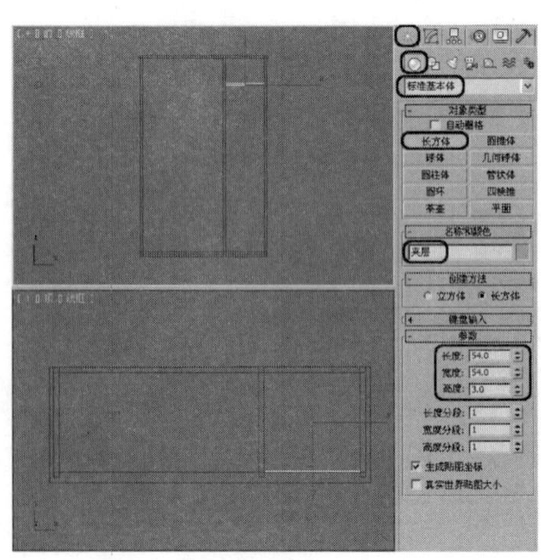

图3.92

08　激活【前】视图，确定“夹层”对象处于选中状态，按住【Shift】键，沿 Y 轴向下拖动，距离如图 3.93 上图所示，松开鼠标，在弹出的【克隆选项】对话框中选择【对象】选项组中的【复制】单选按钮，在【副本数】右侧的数值框中输入 3，单击【确定】按钮，完成后的效果如图 3.93 下部所示。

09　选择【创建】|【几何体】|【标准基本体】|【长方体】工具，在【前】视图中创建一个长方体，设置其【长度】、【宽度】和【高度】分别为 24、53 和 3，将其命名为“抽屉门”，并在【前】视图中调整其位置，如图 3.94 所示。

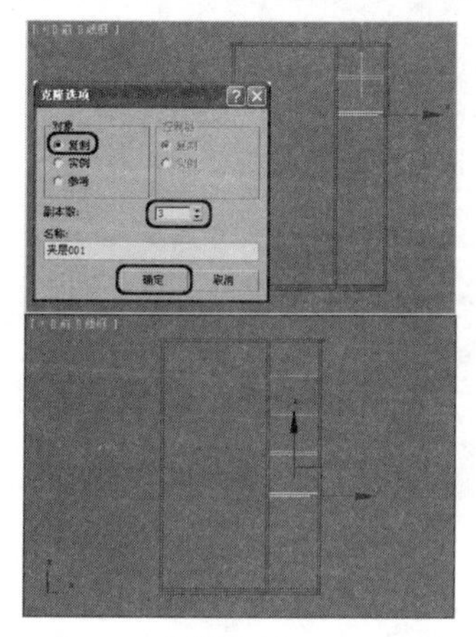

图 3.93

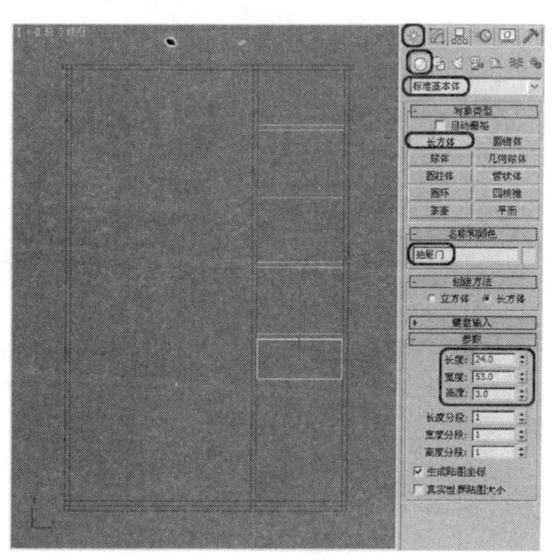

图 3.94

10　激活【前】视图，确定“抽屉门”对象处于选中状态，按住【Shift】键，沿 Y 轴向下拖动，距离如图 3.93 上图所示。松开鼠标，在弹出的【克隆选项】对话框中选择【对象】选项组中的【复制】选项，在【副本数】右侧的数值框中输入 3，单击【确定】按钮，如图 3.95 下部所示。

11　选择【创建】|【几何体】|【标准基本体】|【长方体】工具，在【前】视图中创建一个长方体，设置其【长度】、【宽度】和【高度】分别为 260、55 和 3，将其命名为“门”，并调整其位置，如图 3.96 所示。

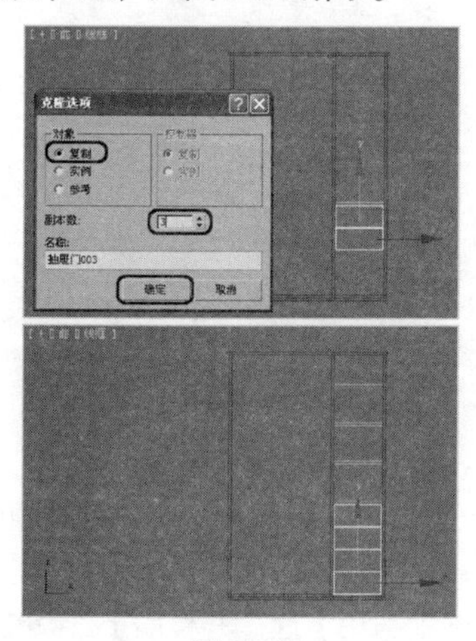

图 3.95

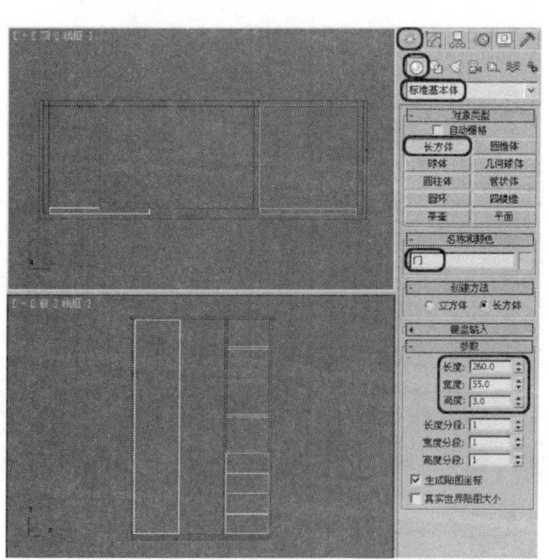

图 3.96

12 在【前】视图中选择“门”对象，并按【Ctrl+V】组合键，在弹出的【克隆选项】对话框中选择【对象】选项组中的【复制】单选按钮，单击【确定】按钮，调整新复制的“门 001” 对象的位置，如图 3.97 所示。

13 选择“门 001”对象，在【顶】视图中再复制出一个门，切换到【修改】命令面板，在【参数】卷展栏中将【长度】、【宽度】和【高度】分别为 162、53 和 3，并调整其位置，如图 3.98 所示。

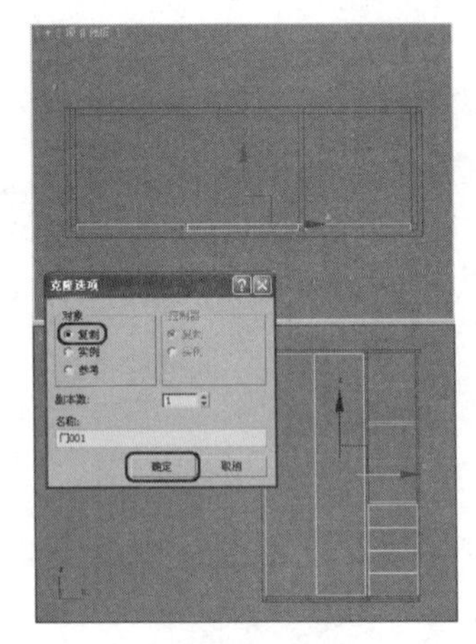
图 3.97

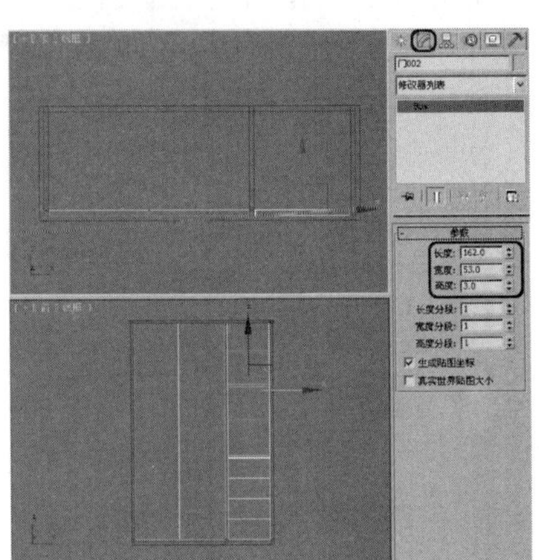
图 3.98

14 创建把手。选择【创建】|【图形】|【样条线】|【线】工具，在【左】视图中创建 3 条线，并调整其位置，如图 3.99 所示。

15 选择其中的一条线，切换到【修改】命令面板，在【渲染】卷展栏中选择【在渲染中启用】和【在视口中启用】复选框，并设置其【厚度】为 1.5，3 条线的完成效果如图 3.100 所示。

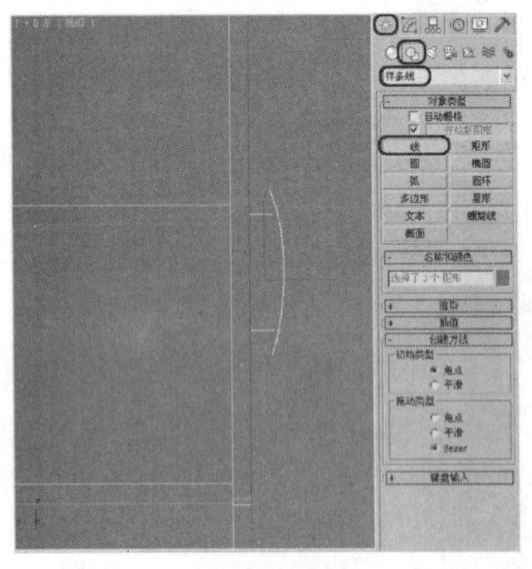
图 3.99

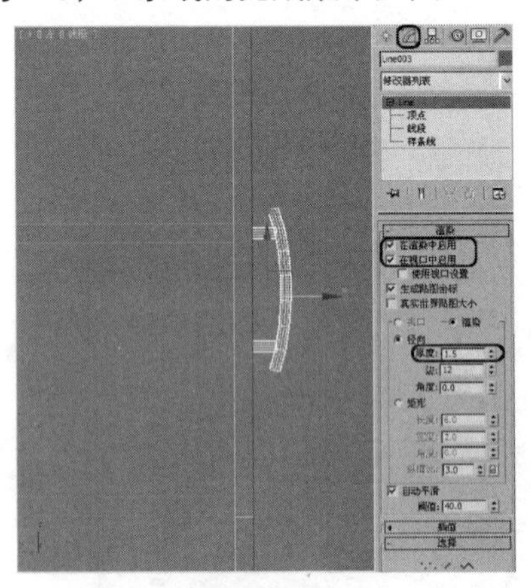
图 3.100

16 选择作为把手的 3 条线，在菜单栏中选择【组】|【成组】命令，在弹出的对话框中将其命名为“把手”，如图 3.101 所示。

17 选择“把手”对象，并对其进行复制，在【前】视图中利用【选择并移动】工具、【选择并旋转】工具和【选择并均匀缩放】工具进行调整，完成后的效果如图 3.102 所示。

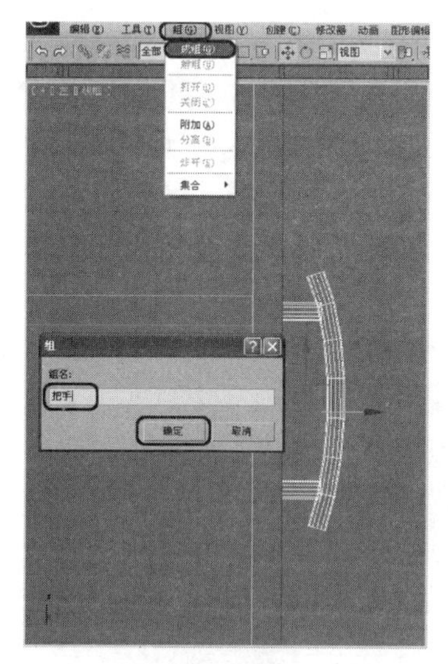

图 3.101

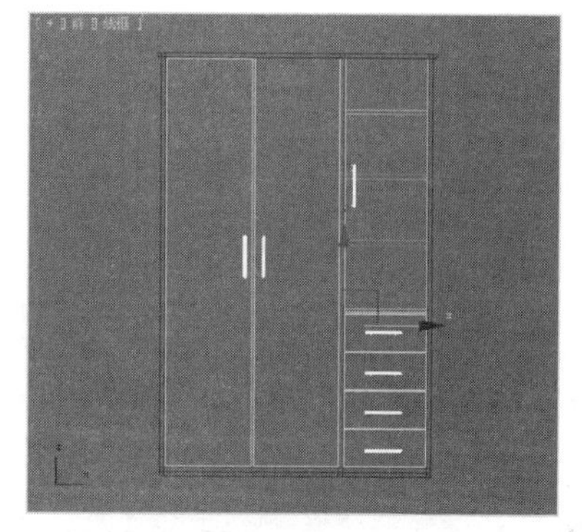

图 3.102

18 选择【创建】 |【图形】 |【样条线】|【线】工具，在【左】视图中创建一条样条线，并将其命名为“背景”。切换到【修改】命令面板，在【修改器列表】下拉列表框中选择【挤出】修改器，并在【参数】卷展栏中设置【数量】为 1300，如图 3.103 所示。

19 按【H】键，在弹出的【从场景中选择】对话框中选择背板、侧板左、侧板右、竖隔板、顶板、底板，以及所有的夹层、抽屉门和门对象，单击【确定】按钮。切换到【修改】命令面板，在【修改器列表】下拉列表框中选择【UVW 贴图】修改器，并在【参数】卷展栏中设置【贴图】为【长方体】,【长度】、【宽度】和【高度】分别为 100、50 和 270，如图 3.104 所示。

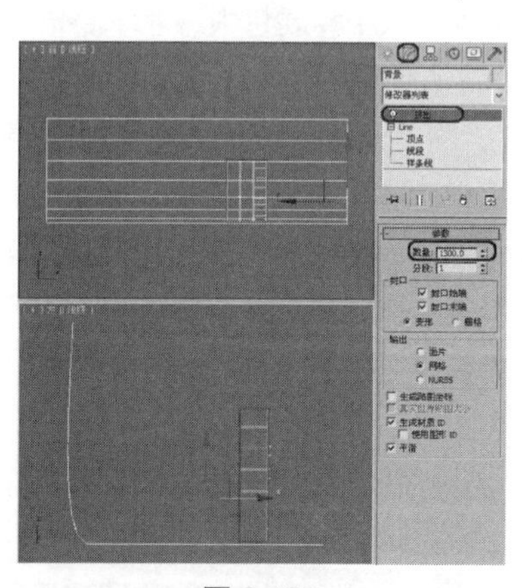

图 3.103

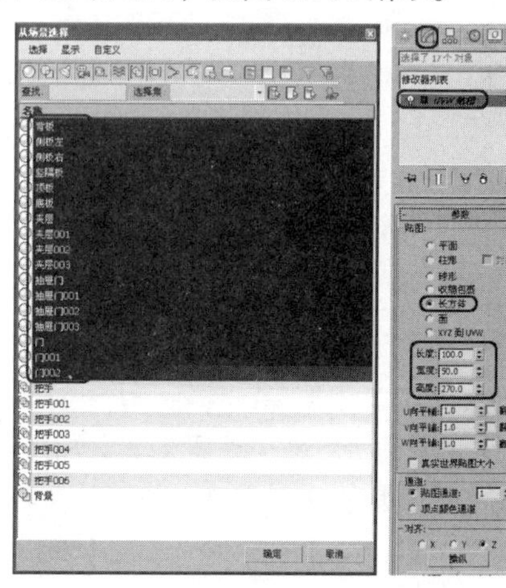

图 3.104

20 按【M】键，打开【材质编辑器】窗口，选择第一个材质球，并将其命名为“木质”，然后设置材质如图 3.105 所示。在【明暗器基本参数】卷展栏中将阴影模式设置为 Phong；在【Phong 基本参数】卷展栏中将【反射高光】选项组中的【高光级别】、【光泽度】和【柔化】分别设置为 28、20 和 0.4；展开【贴图】卷展栏，单击【漫反射颜色】右侧的 None 按钮，在弹出的【材质/

贴图浏览器】对话框中双击【位图】贴图，在弹出的对话框中选择随书附带光盘中的 CDROM | Map | 木材-006.jpg 文件，单击【打开】按钮，进入漫反射颜色层级面板，在【坐标】卷展栏中将【模糊偏移】设置为 0.06；单击【转到父对象】按钮，返回父对象层级面板。在场景中按【H】键，在弹出的对话框中选择背板、侧板左、侧板右、竖隔板、顶板、底板，以及所有的夹层、抽屉门和门对象，单击【确定】按钮，再单击【将材质指定给选定对象】按钮，为所选择的对象指定材质。

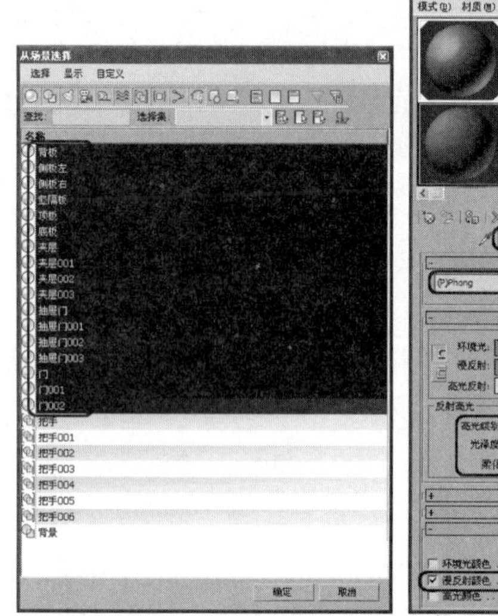

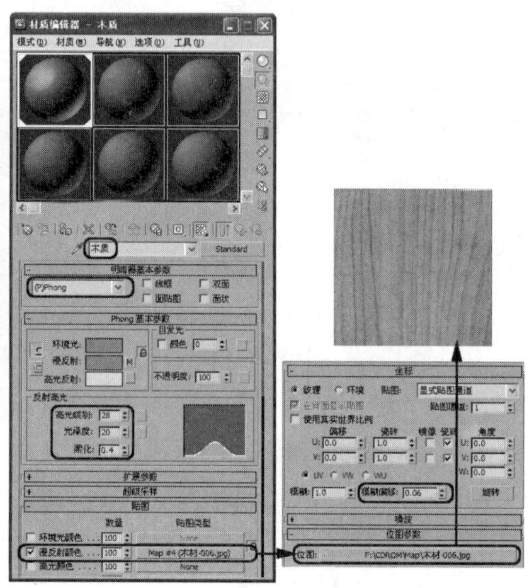

图 3.105

21 选择第二个材质球，并将其命名为“把手”，然后设置材质如图 3.106 所示。在【明暗器基本参数】卷展栏中将阴影模式设置为【金属】；在【金属基本参数】卷展栏中将【环境光】的 RGB 值设置为 0、0、0，将【漫反射】设置为 255、255、255，将【反射高光】选项组中的【高光级别】和【光泽度】分别设置为 100 和 80；展开【贴图】卷展栏，将【反射】设为 60，单击【反射】通道右侧的 None 按钮，在弹出的【材质/贴图浏览器】对话框中双击【位图】贴图，在弹出的对话框中选择随书附带光盘中的 CDROM | Map | 金属 034.jpg 文件，单击【打开】按钮，进入反射层级面板，在【坐标】卷展栏中将【模糊偏移】设置为 0.05；单击【转到父对象】按钮，返回父对象层级面板，在场景中按【H】键，在弹出的对话框中选择所有的把手，单击【确定】按钮，再单击【将材质指定给选定对象】按钮，为所选择的对象指定材质。

22 选择第 3 个材质球，并将其命名为“背景”，然后设置材质如图 3.107 所示。在【Blinn 基本参数】卷展栏中将【环境光】和【漫反射】的 RGB 值均设置为 255、255、255，选择【双面】复选框；在场景中选择“背景”对象，再单击【将材质指定给选定对象】按钮为所选择的对象指定材质。

23 选择【创建】|【摄影机】|【目标】工具，在【顶】视图中创建摄影机，在其他视图中调整摄影机的位置。激活【透视】视图，按【C】键，将其转换为 Camera001 视图，如图 3.108 所示。

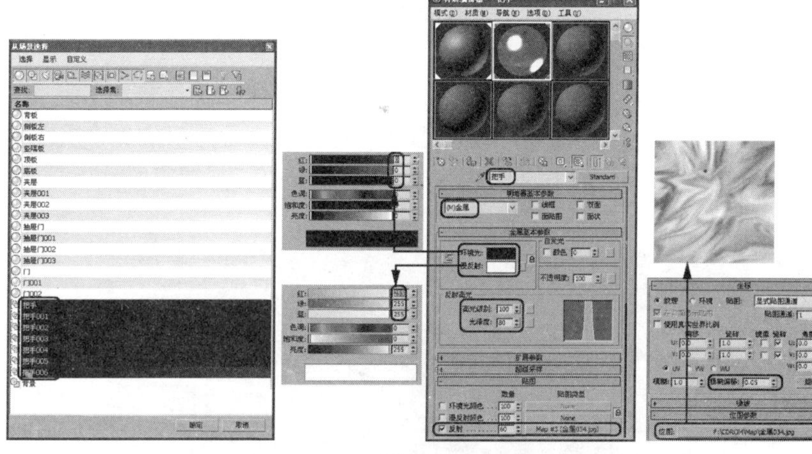

图 3.106

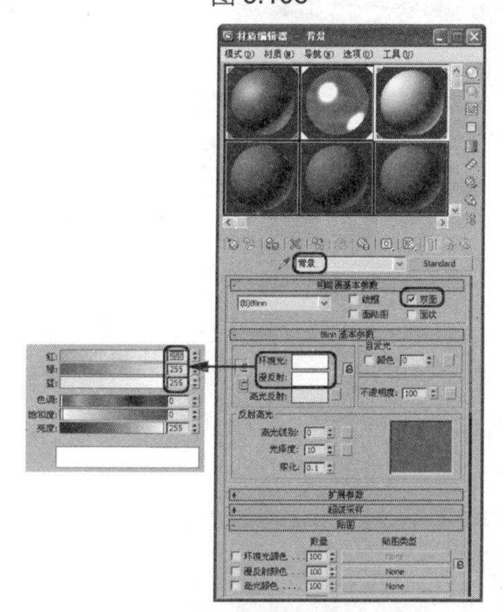

图 3.107

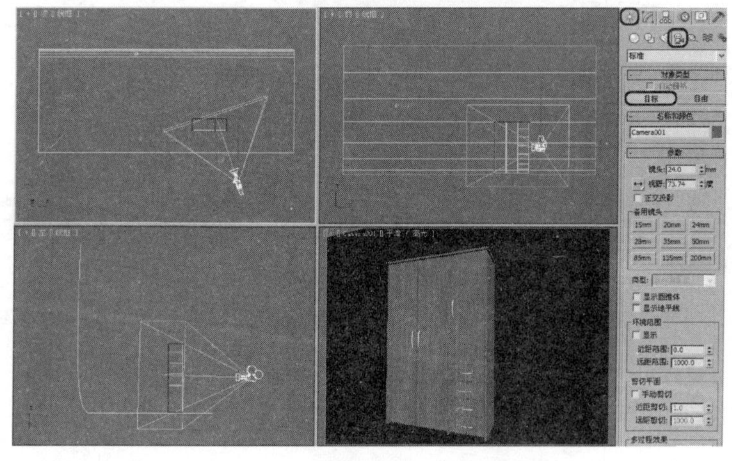

图 3.108

24 选择【创建】 |【灯光】 |【标准】|【目标聚光灯】工具，在【顶】视图中创建一盏聚光灯。切换到【修改】命令面板，在【常规参数】卷展栏中选择【启用】复选框，将【阴影】类型定义为【光线跟踪阴影】，在【强度/颜色/衰减】卷展栏中设置【倍增】为 1.2，在【聚光灯参数】卷展栏中设置【聚光区/光束】为 80，设置【衰减区/区域】为 82，在【阴影参数】卷展栏中设置【对象阴影】选项组中【颜色】的 RGB 值为 70、70、70，设置密度为 0.8，设置完成后在视图中调整灯光所在的位置，如图 3.109 所示。

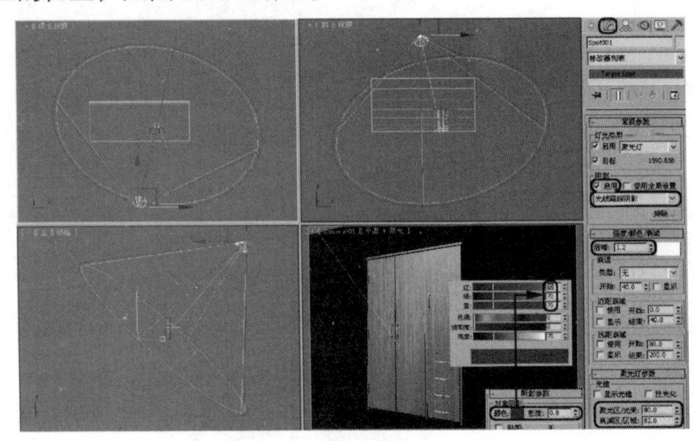

图 3.109

25 选择【创建】 |【灯光】 |【泛光灯】工具，在【顶】视图中创建泛光灯，并在其他视图中调整灯光的位置。切换到【修改】命令面板，单击【常规参数】卷展栏的【阴影】选项组中的【排除】按钮，在弹出的【排除/包含】对话框中，在左侧的列表框中只留下“侧板右”和“背景”选项，排除其他结构，单击【确定】按钮，如图 3.110 右图，在【强度/颜色/衰减】卷展栏中设置【倍增】为 0.6，如图 3.110 所示。

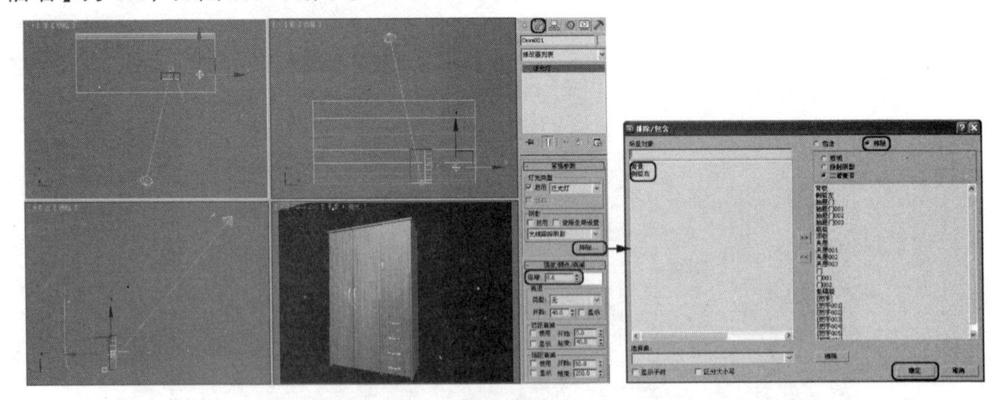

图 3.110

26 最后激活 Camera001 视图，单击工具栏中的【渲染产品】按钮进行渲染，最后保存场景文件。

3.4.4 公共空间酒柜

本例将制作一个公共空间内的酒柜模型，效果如图 3.111 所示。

01　选择【创建】｜【几何体】｜【长方体】工具，在【左】视图中创建长方体，在【参数】卷展栏中将【长度】、【宽度】和【高度】分别设置为 253mm、50mm 和 5mm，效果如图 3.112 所示。

图 3.111

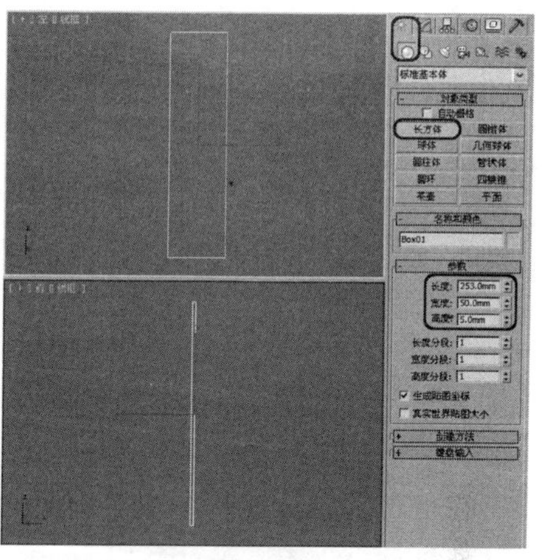

图 3.112

02　在【顶】视图中复制并移动长方体，效果如图 3.113 所示。

03　选择【创建】｜【几何体】｜【长方体】工具，在【顶】视图中创建长方体，在【参数】卷展栏中将【长度】、【宽度】和【高度】分别设置为 50mm、51mm 和 5mm，并调整所在位置，然后再复制出两个长方体，如图 3.114 所示。

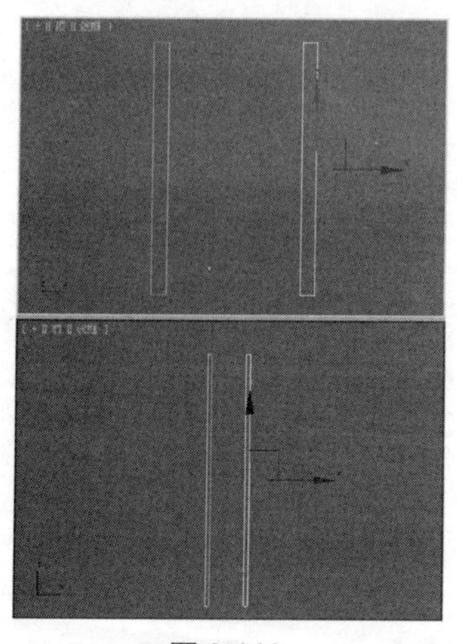

图 3.113

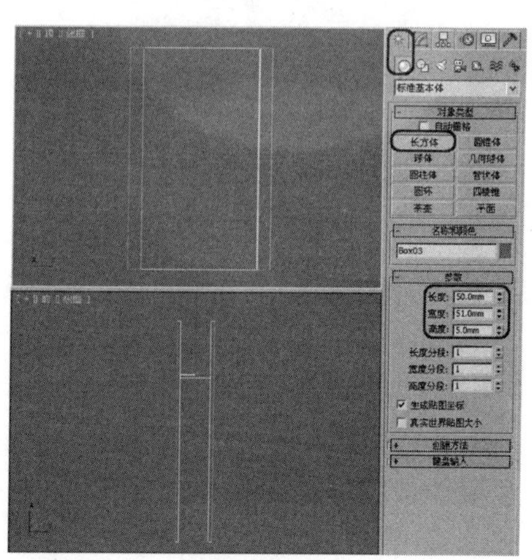

图 3.114

04　选择场景中侧面的 4 组长方体，然后对其进行复制，使用【选择并均匀缩放】工具，在视图中沿 *X* 轴调整物体的大小，如图 3.115 所示。

05　选择【创建】｜【几何体】｜【长方体】工具，在【顶】视图中创建长方体，在【参数】卷展栏中将【长度】、【宽度】和【高度】分别设置为 50mm、184mm 和 6mm，并调整其所在的位置，如图 3.116 所示。

06 在【前】视图中对创建的长方体进行复制，设置数量为 2，然后其调整其所在的位置，效果如图 3.117 所示。

07 选择【创建】|【几何体】|【长方体】工具，在【左】视图中创建长方体。切换到【修改】命令面板，在【参数】卷展栏中将【长度】、【宽度】和【高度】分别设置为 20.477mm、85.683mm 和 5mm，效果如图 3.118 所示。

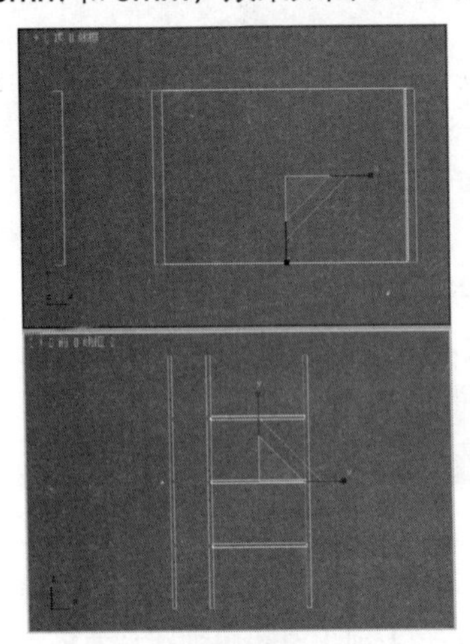

图 3.115

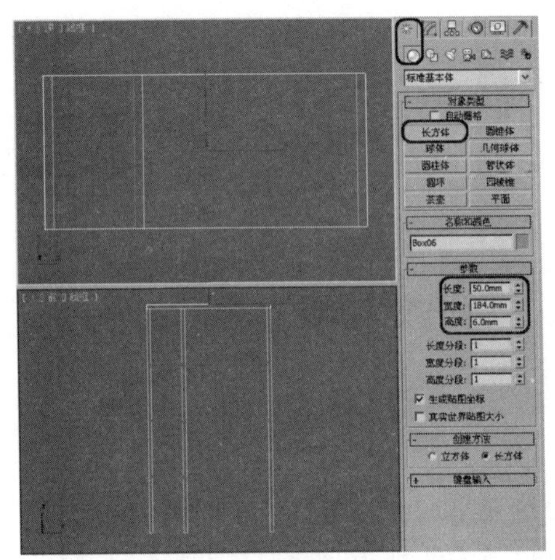

图 3.116

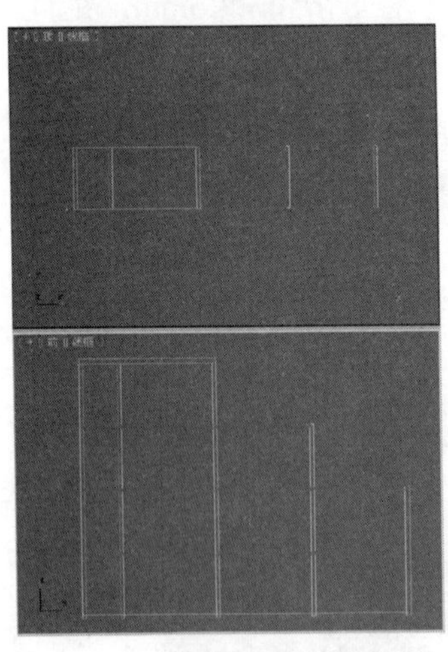

图 3.117

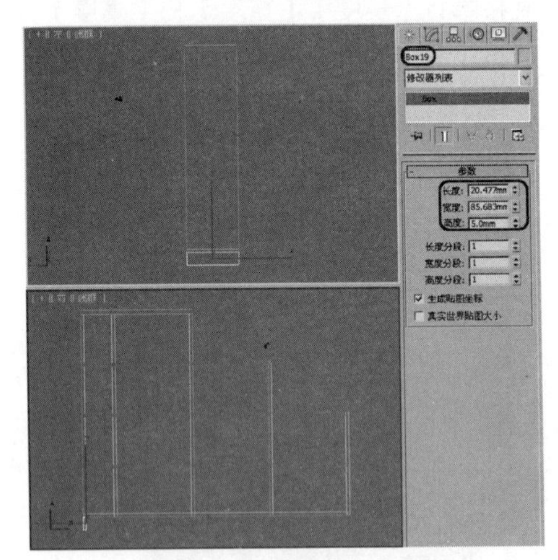

图 3.118

08 在【前】视图中对刚创建的长方体进行复制，并调整其所在位置，效果如图 3.119 所示。

09 选择【创建】|【几何体】|【长方体】工具，在【前】视图中创建长方体。切换到【修改】命令面板，在【参数】卷展栏中将【长度】、【宽度】和【高度】分别设置为 20.711mm、428.645mm 和-7mm，效果如图 3.120 所示。

10 选择【创建】|【几何体】|【长方体】工具，在【前】视图中创建长方体，在【参数】卷展栏中将【长度】、【宽度】分别设置为 328mm 和 46mm，效果如图 3.121 所示。

11 在视图中对创建的长方体进行复制，效果如图 3.122 所示。

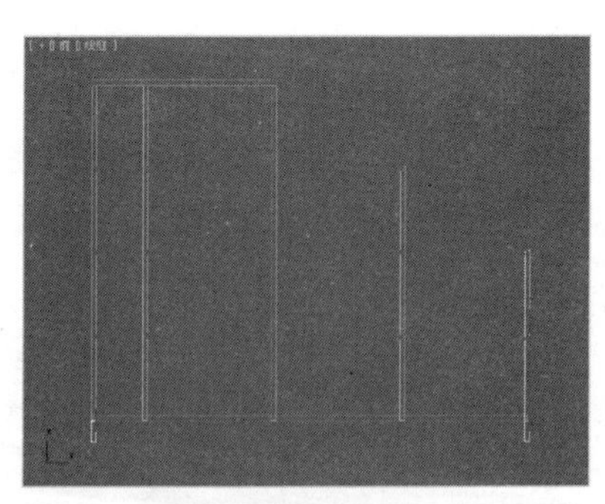

图 3.119

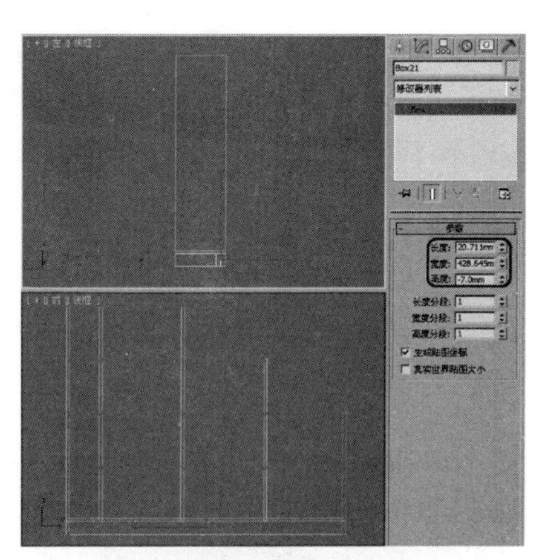

图 3.120

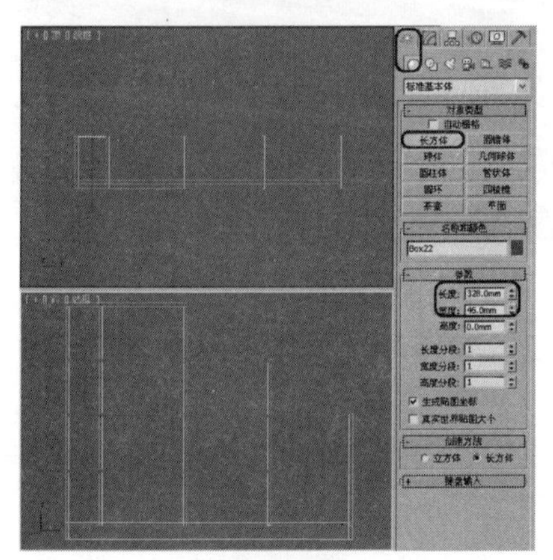

图 3.121

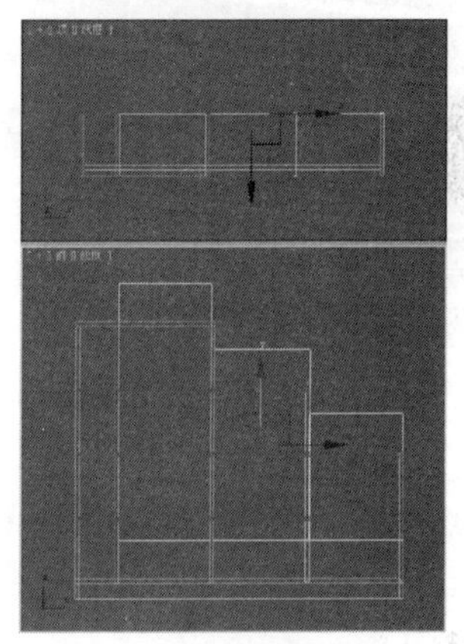

图 3.122

12 调整长方体位置，效果如图 3.123 所示。

13 选择【创建】 |【图形】 |【矩形】工具，在【左】视图中创建一个矩形，在【参数】卷展栏中将【长度】和【宽度】分别设置为 7mm 和 90mm，并在场景中调整其位置，效果如图 3.124 所示。

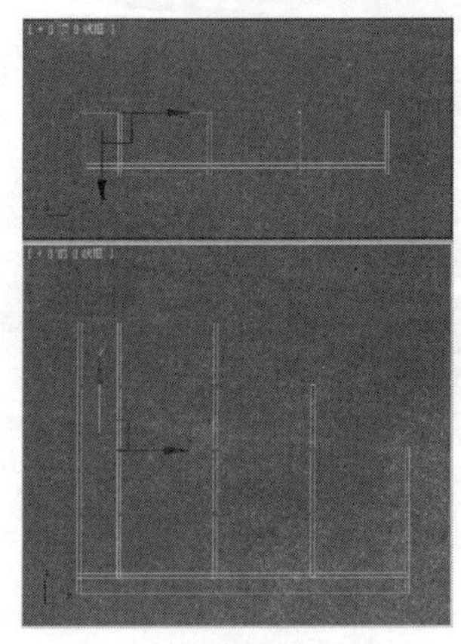

图 3.123

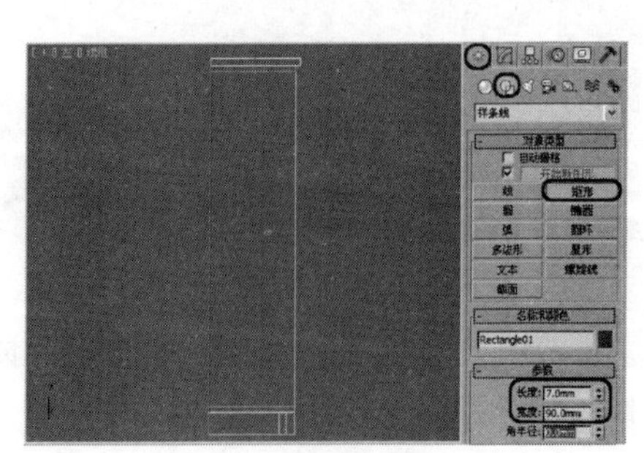

图 3.124

14 切换到【修改】命令面板，在【修改器列表】下拉列表框中选择【编辑样条线】修改器，并将当前选择集定义为【顶点】，在场景中对顶点进行调整，效果如图 3.125 所示。

15 在【修改器列表】下拉列表框中选择【挤出】修改器，在【参数】卷展栏中将【数量】设置为 190mm，效果如图 3.126 所示。

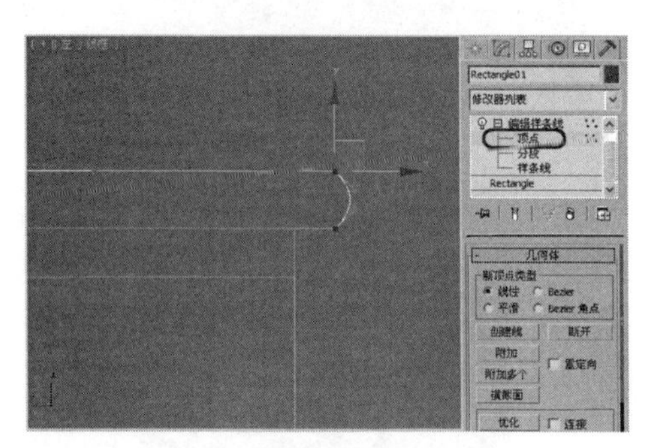

图 3.125

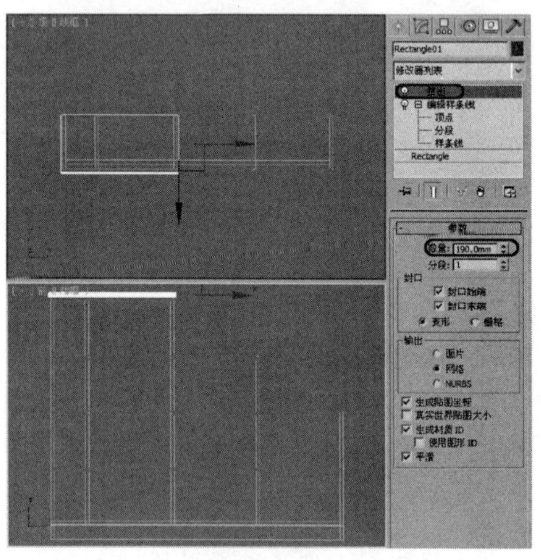

图 3.126

16 在【前】视图中对创建的物体进行移动复制，然后调整其所在的位置，效果如图 3.127 所示。

17 选择【创建】|【图形】|【矩形】工具，在【前】视图中创建一个矩形，在【参数】卷展栏中将【长度】和【宽度】分别设置为 2mm 和 74mm，并在场景中调整其位置，效果如图 3.128 所示。

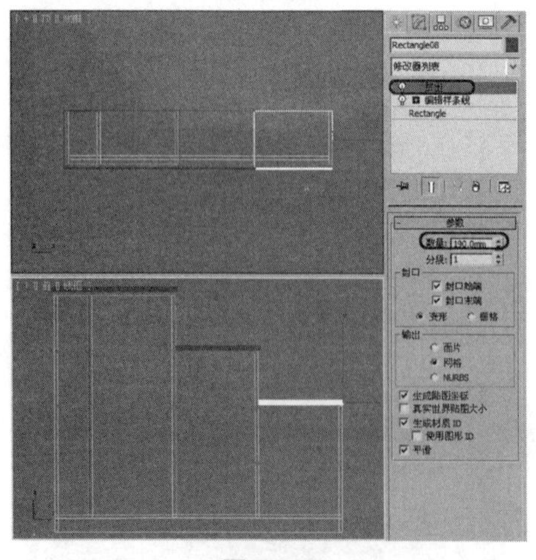

图 3.127

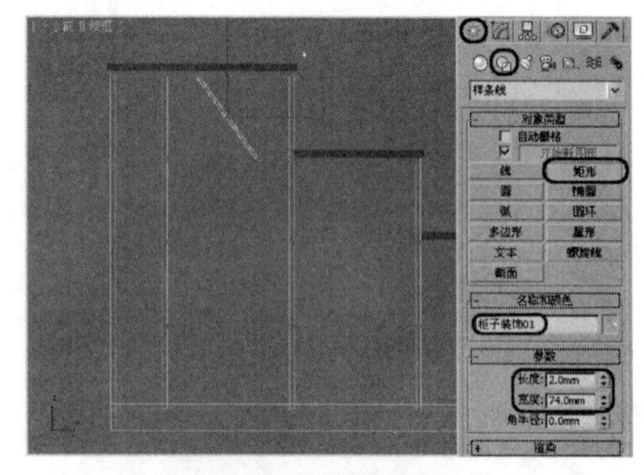

图 3.128

18 对创建的矩形进行移动复制，并调整其长短，利用【编辑样条线】修改器中的【顶点】选择集对其进行调整，如图 3.129 所示。

19 将场景中创建的 6 个矩形成组，并命名为“柜子装饰 01”，然后切换到【修改】命令面板中，在【修改器列表】下拉列表框中选择【挤出】修改器，在【参数】卷展栏中将【数量】设置为 23mm，并调整其位置，效果如图 3.130 所示。

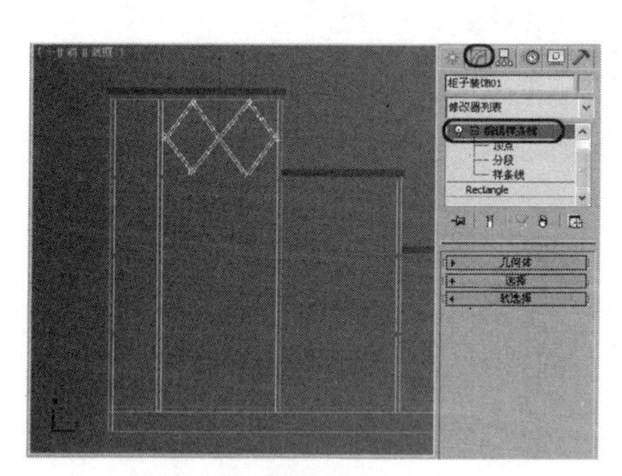

图 3.129

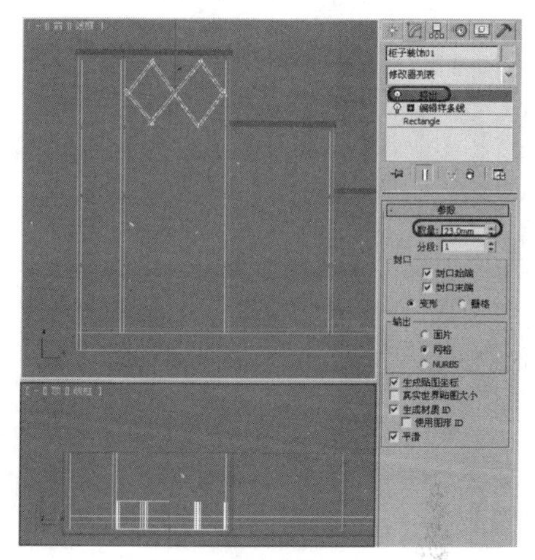

图 3.130

20 在场景中将“柜子装饰 01” 对象复制多个，效果如图 3.131 所示。

21 选择【创建】|【几何体】|【长方体】工具，在【前】视图中创建一个长方体，并将其命名为“抽屉面 01”。在【参数】卷展栏中将【长度】、【宽度】和【高度】分别设置为 78mm、123mm 和 1mm，效果如图 3.132 所示。

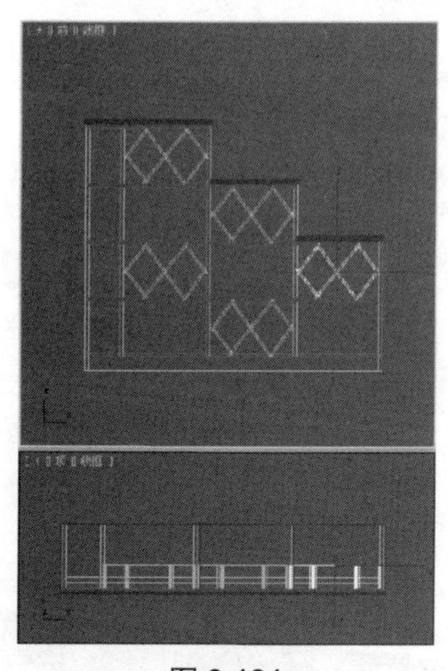

图 3.131

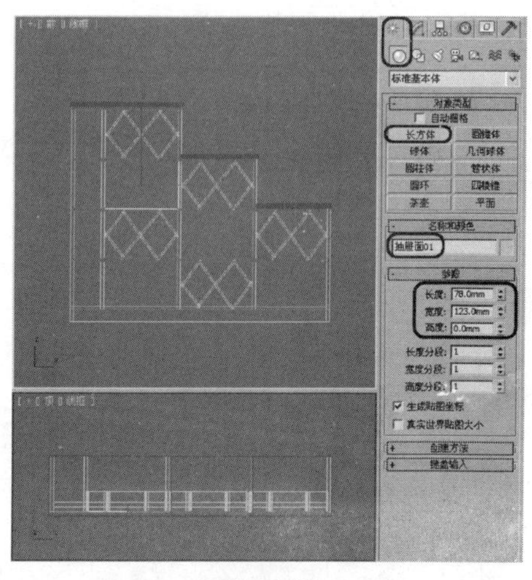

图 3.132

22 在【前】视图中，对创建的长方体进行移动复制，效果如图 3.133 所示。

23 选择【创建】|【几何体】|【球体】工具，在【前】视图中没有装饰花的面上创建球体，并将其命名为“抽屉拉手 04”，在【参数】卷展栏中将【半径】设置为 5mm，然后在视图中对模型进行复制，效果如图 3.134 所示。

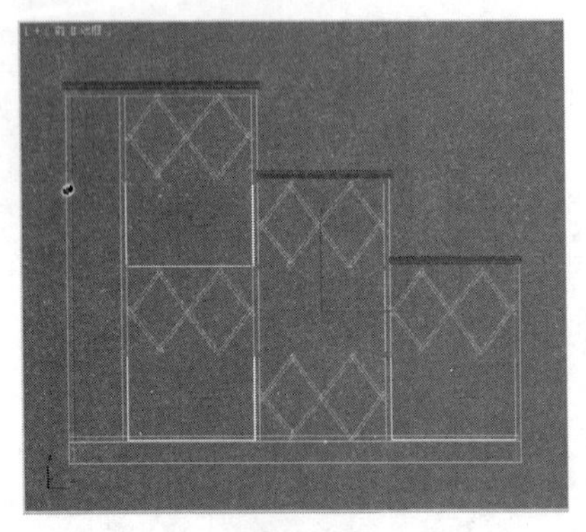

图 3.133

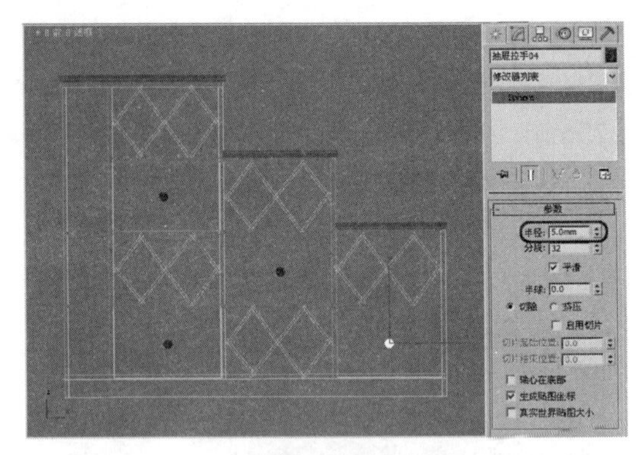

图 3.134

24 选择【创建】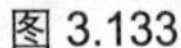|【几何体】|【长方体】工具，在【顶】视图中创建长方体，将其命名为“地面”。切换到【修改】命令面板，在【参数】卷展栏中将【长度】和【宽度】分别设置为 500mm 和 750mm，效果如图 3.135 所示。

25 按【M】键，打开【材质编辑器】窗口，选择一个新的材质球，并将其命名为“抽屉面”，将明暗器类型设置为 Phong，在【Phong 基本参数】卷展栏中，将【环境光】和【漫反射】的 RGB 值均设置为 204、185、56；将【自发光】选项组中的【颜色】设置为 10；将【反射高光】选项组中的【高光级别】和【光泽度】分别设置为 30 和 40，在【贴图】卷展栏中，单击【漫反射颜色】后的 None 按钮，为其指定本书附带光盘中的 CDROM | Map | C-a-003.jpg 位图文件。在位图参数面板中，设置【角度】下的 W 值为 61，返回主级面板，将当前材质指定给场景中所有的“抽屉面”对象，如图 3.136 所示。

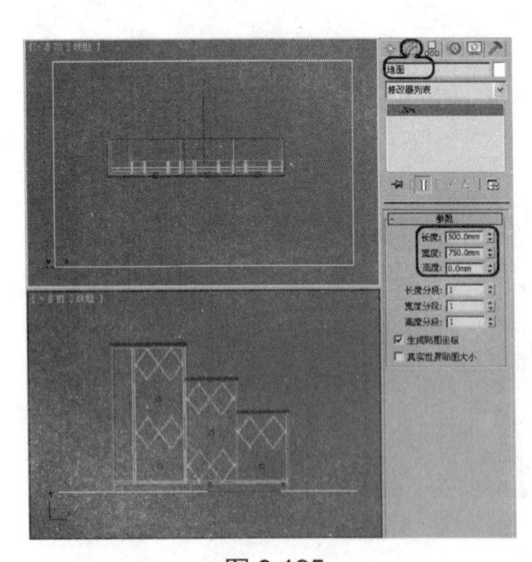

图 3.135

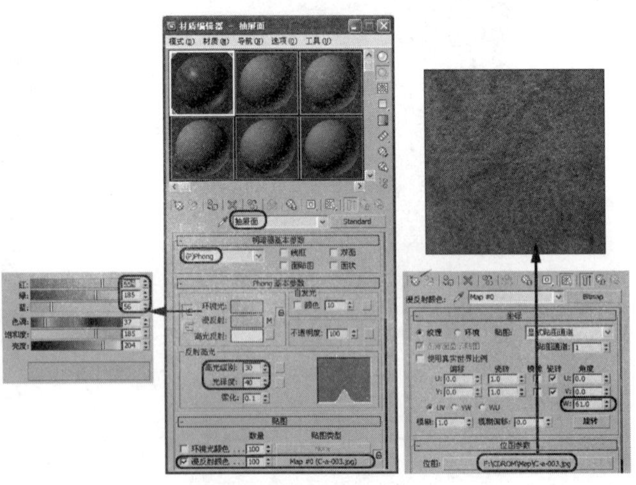

图 3.136

26 选择一个新的材质球，并将其命名为“柜体”，将明暗器类型设置为 Phong，在【Phong 基本参数】卷展栏中，将【环境光】和【漫反射】的 RGB 值均设置为 204、164、78；将【自发光】选项组中的【颜色】设置为 10；将【反射高光】选项组中的【高光级别】和【光泽度】分别设置为 30 和 40，在【贴图】卷展栏中单击【漫反射颜色】后的 None 按钮，为其指定本书附带光盘中的

CDROM｜Map｜TUTASH.jpg 位图文件。在位图参数面板中使用默认参数，返回主级面板，将当前材质制定给场景中所有的“柜体”对象，如图 3.137 所示。

27 选择一个新的材质球，将其命名为“柜子拉手”，将明暗器类型设置为【金属】，在【金属基本参数】卷展栏中将【环境光】的 RGB 值设置为 89、51、89，将【漫反射】的 RGB 值设置为 246、239、57，将【反射高光】选项组中的【高光级别】和【光泽度】分别设置为 100 和 57，将当前材质指定给场景中的“柜子拉手”对象，如图 3.138 所示。

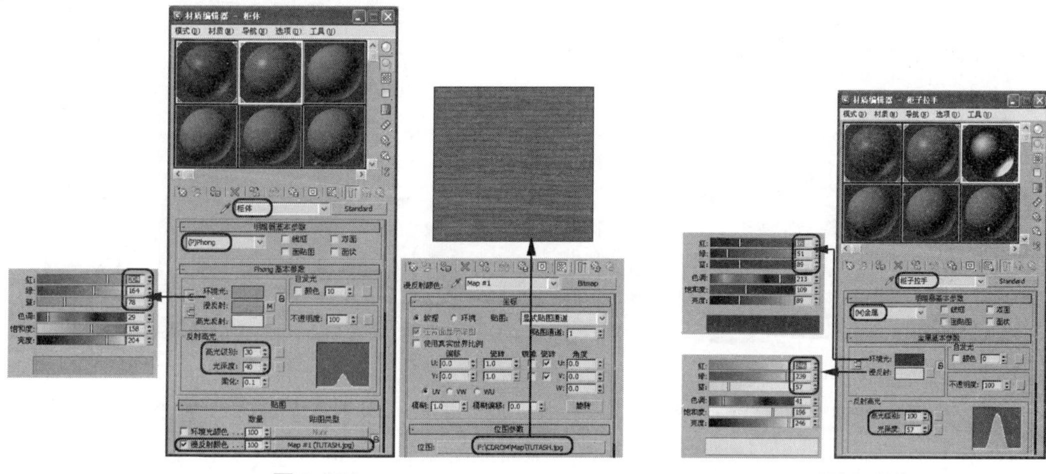

图 3.137　　图 3.138

28 将柜体后面的 4 个长方体单独选中，将它们成组并命名为“柜子背板”。然后切换到【修改】命令面板中，在【修改器列表】下拉列表框中选择【UVW 贴图】修改器，在【参数】卷展栏中将【贴图】类型定义为【长方体】，将【长度】、【宽度】和【高度】均设置为 100mm，效果如图 3.139 所示。

29 将柜体竖方向的木板全部选中，将它们成组并命名为“柜子侧板”。然后切换到【修改】命令面板中，在【修改器列表】下拉列表框中选择【UVW 贴图】修改器，在【参数】卷展栏中将【贴图】类型定义为【长方体】，将【长度】、【宽度】和【高度】均设置为 100mm，效果如图 3.140 所示。

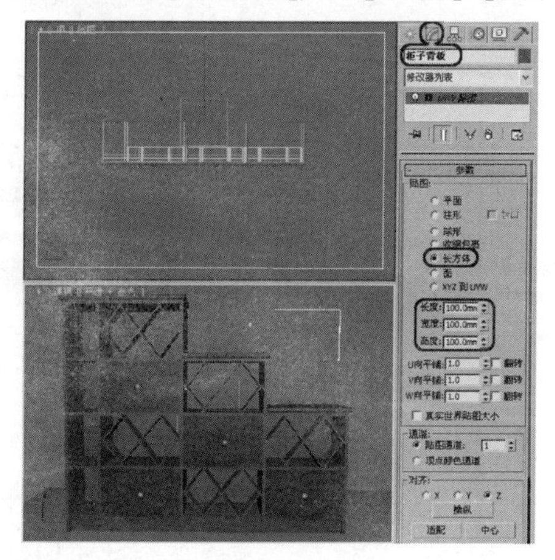

图 3.139

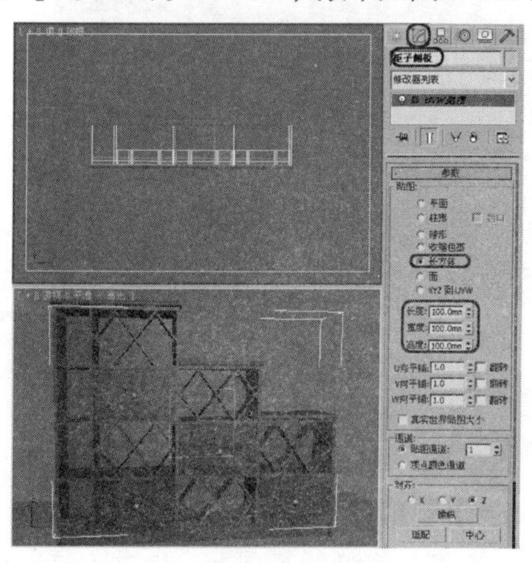

图 3.140

30 选择【创建】 |【摄影机】 |【目标】工具，在【顶】视图中创建一架摄影机，在【参数】卷展栏中将【镜头】设置为43.456，并在场景中调整其位置，效果如图3.141所示。

31 选择【创建】 |【灯光】 |【天光】工具，在【顶】视图中创建一盏天光，在【天光参数】卷展栏中将【倍增】设置为1.2，效果如图3.142所示。

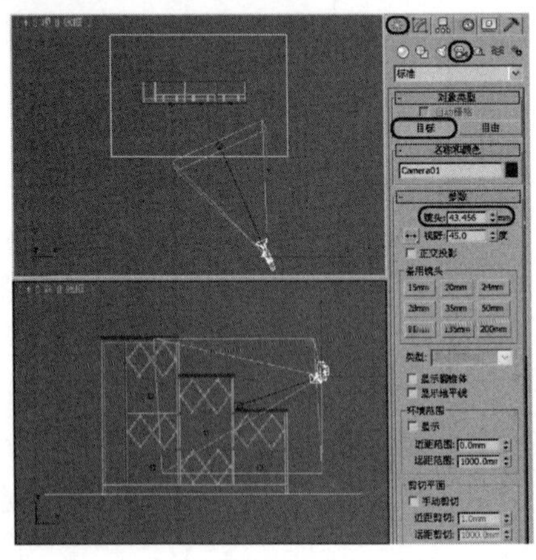

图 3.141

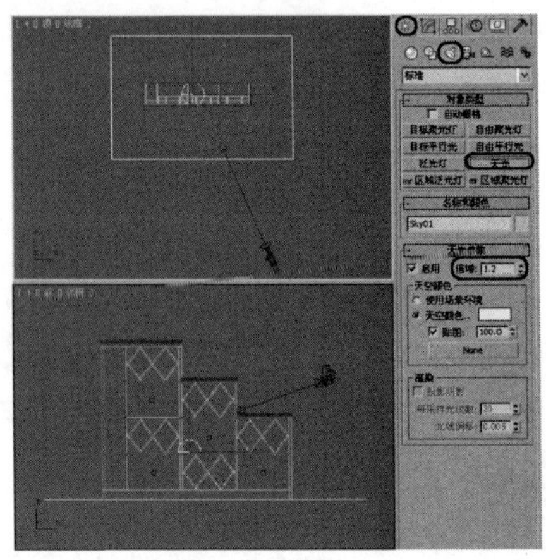

图 3.142

32 选择【创建】 |【灯光】 |【泛光灯】工具，在【前】视图中创建一盏泛光灯，在【常规参数】卷展栏中取消选择【阴影】选项组中的【启用】复选框，在【强度/颜色/衰减】卷展栏中将【倍增】设置为0.7，效果如图3.143所示。

33 切换到【修改】命令面板 ，在【常规参数】卷展栏中单击【排除】按钮，在弹出的【排除/包含】对话框中选择“地面”对象，将其排除灯光的照射，效果如图3.144所示。

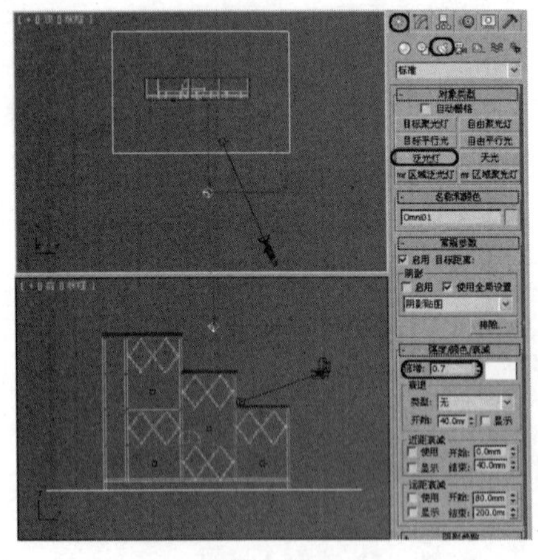

图 3.143

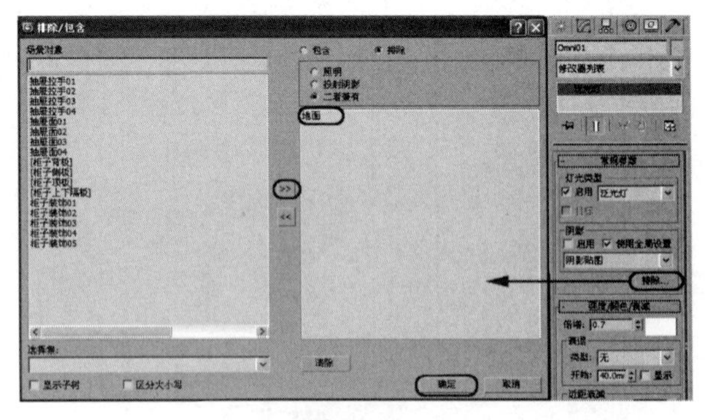

图 3.144

3.5 习题

一、填空题

1、在基本模型的基础上，通过（　　）、（　　）、（　　）和（　　）等方法可以组合成复杂的三维模型。

2、在【几何体】的次级分类项目里就有（　　　）、（　　　）、（　　　）、（　　　）、（　　　）、（　　　）、（　　　）、（　　　）、（　　　）、（　　　）、（　　　）10 种基本类型。

3、扩展基本体包括（　　　）、（　　　）和（　　　）等。

4、（　　　）修改集的修改频率往往是最高的。

5、（　　　）命令面板是其中最复杂的一个命令面板，其内容巨大，分支众多。

二、简答题

1、如何创建二维图形?

2、如何创建二维复合造型?

3、如何创建螺旋线?

4、如何通过线创建样条曲线?

5、如何将创建的文本转换为漂亮的字体?

第4章　复合对象的创建与编辑

3ds Max 2011 具有创建复合物体的功能，创建复合物体的基础是 3ds Max 2011 中的基本内置模型，但是可以将多个内置模型组合在一起，从而产生变换万千的模型。这里有两个最重要的工具——布尔运算工具和放样工具 ，它在 3ds Max 的早期版本中就已经存在，而且曾经是 3ds Max 的主要建模手段。直到今天，这两个建模工具才渐渐退出主要地位，但仍然是快速创建相对复杂物体的最好方法。

本章将针对复合对象中的【布尔】和【放样】两种建模方法进行详细介绍，并对本章中的基础内容进行实例讲解。

本章重点

- 掌握使用布尔建模的方法
- 掌握创建放样对象的方法
- 修改放样次对象

4.1　复合对象的类型

选择【创建】 |【几何体】 |【复合对象】工具，即可打开【复合对象】命令面板。

复合对象是指将两个以上的物体通过特定的合成方式结合为一个物体。对于合并的过程，不仅可以反复调节，还可以表现为动画方式，使一些高难度的造型和动画制作成为可能。【复合对象】命令面板如图 4.1 所示。

图 4.1

【复制对象】命令面板中的相关工具介绍如下：

- 【变形】：变形是一种与三维动画中的中间动画相类似的动画技术。【变形】对象可以合并两个或多个对象，方法是插补第一个对象的顶点，使其与另一个对象的顶点位置相符。
- 【散布】：散布是复合对象的一种形式，将所选的源对象散布为阵列，或散布到分布对象的表面。
- 【一致】：通过将某个对象（称为包裹器）的顶点投影至另一个对象（称为包裹对象）的表面创建而成。
- 【连接】：通过对象表面的“洞”连接两个或多个对象。
- 【水滴网格】：可以通过几何体或粒子创建一组球体，还可以将球体连接起来，就像这些球体是由柔软的液态物质构成的一样。

- 【图形合并】：创建包含网格对象，以及一个或多个图形的复合对象。这些图形嵌入在网格中（将更改边与面的模式），或从网格中消失。
- 【地形】：通过轮廓线数据生成地形对象。
- 【网格化】：以每帧为基准将程序对象转化为网格对象，这样可以应用【弯曲】或【UVW 贴图】修改器。它可用于任何类型的对象，但主要为使用粒子系统而设计。它对于复杂修改器堆栈的低空实例化对象同样有用。
- ProBoolean：布尔对象通过对两个或多个其他对象进行布尔运算而将它们组合起来。ProBoolean 将大量功能添加到传统的 3ds Max 布尔对象中，如每次使用不同的布尔运算，立即组合多个对象的功能。ProBoolean 还可以自动将布尔结果细分为四边形面，这有助于网格平滑和涡轮平滑。
- ProCutter：主要作用是分裂或细分体积。ProCutter 运算结果尤其适合在动态模拟中使用。

上面是针对每个工具的介绍，但是由于这些不会经常被用到，因此这里就不具体介绍了。在下面的章节中将对【布尔】和【放样】两个工具进行详细介绍。

4.2 使用布尔对象建模

【布尔】运算类似于传统的雕刻建模技术，因此布尔运算建模是许多建模者常用、也非常喜欢使用的技术。利用基本几何体，几乎可以快速、容易地创建出任何非有机体的对象。

在数学中，【布尔】意味着两个集合之间的比较；而在 3ds Max 中，【布尔】是两个几何体次对象集之间的比较。布尔运算是根据两个已有对象来定义一个新的对象的。

在 3ds Max 中，根据两个已经存在的对象创建一个布尔组合对象来完成布尔运算，两个存在的对象称为运算对象。进行布尔运算的具体操作步骤如下：

01 启动 3ds Max 2011 软件，在场景中创建一个球体和一个圆锥体，将它们放置在如图 4.2 所示的位置。

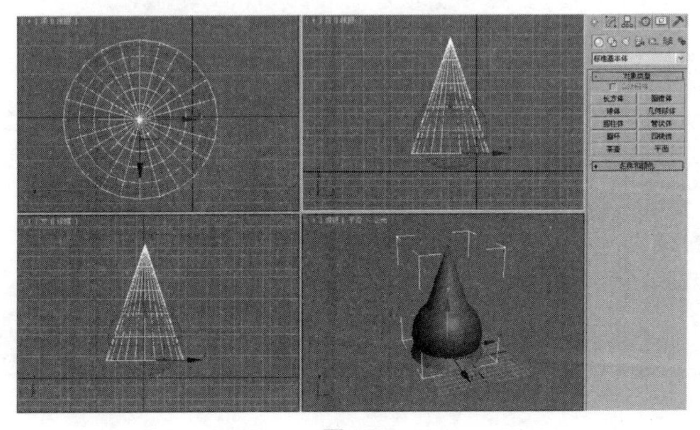

图 4.2

02 选择大的球体对象，选择【创建】|【几何体】|【复合对象】|【布尔】工具，即可进入布尔运算模式。然后在【拾取布尔】卷展栏中单击【拾取操作对象 B】按钮，再在【参数】卷展栏的【操作】选项组中选择一种运算方式，在场景中选择圆锥体对象，得到的结果如图 4.3 所示。

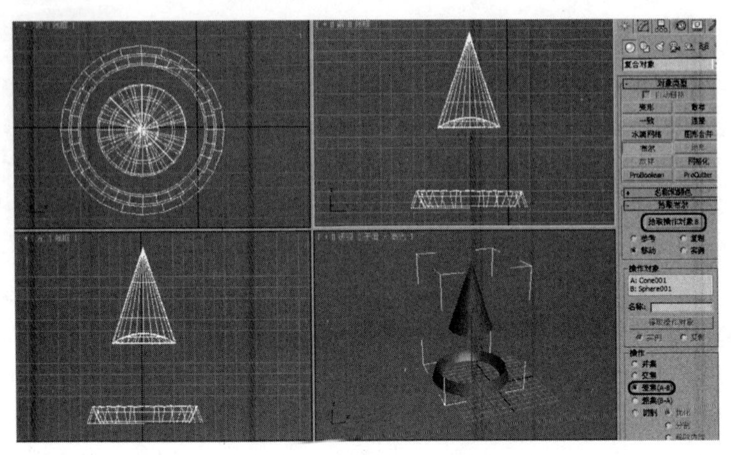

图 4.3

【布尔】运算是对两个以上的物体进行并集、差集、交集和切割 4 种运算，以得到新的物体形状。下面将通过上面创建的物体介绍这 4 种运算的作用。

4.2.1 并集运算

【并集】布尔运算用于将两个造型合并，相交的部分被删除，成为一个新物体。造型结构已发生变化，相对产生的造型复杂度较低。

01 确定两个对象没有被施加布尔运算，选择球体。

02 选择【创建】 |【几何体】 |【复合对象】|【布尔】工具，在【参数】卷展栏中选择【操作】选项组中的【并集】单选按钮，然后单击【拾取布尔】卷展栏中的【拾取操作对象 B】按钮，在场景中选择圆锥体对象，得到的效果如图 4.4 所示。

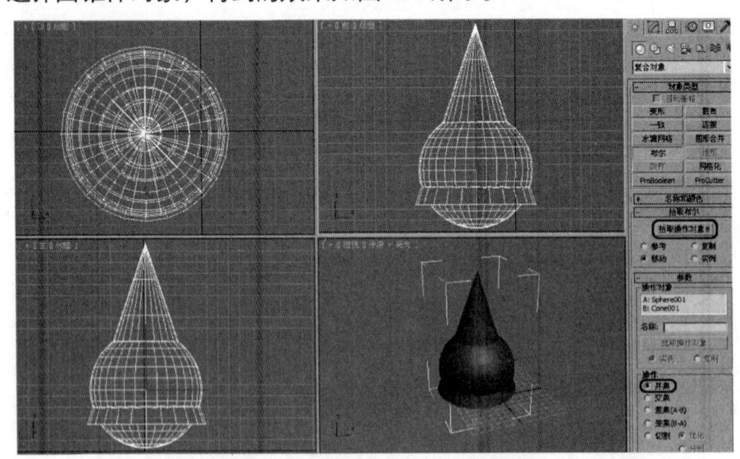

图 4.4

4.2.2 交集运算

【交集】布尔运算用于将两个造型相交的部分保留，不相交的部分删除。

01 确定两个对象没有被施加布尔运算，选择球体。

02 选择【创建】|【几何体】|【复合对象】|【布尔】命令，在【参数】卷展栏中选择【操作】选项组中的【交集】单选按钮，然后单击【拾取布尔】卷展栏中的【拾取操作对象 B】按钮，在场景中选择圆锥体对象，得到的效果如图 4.5 所示。

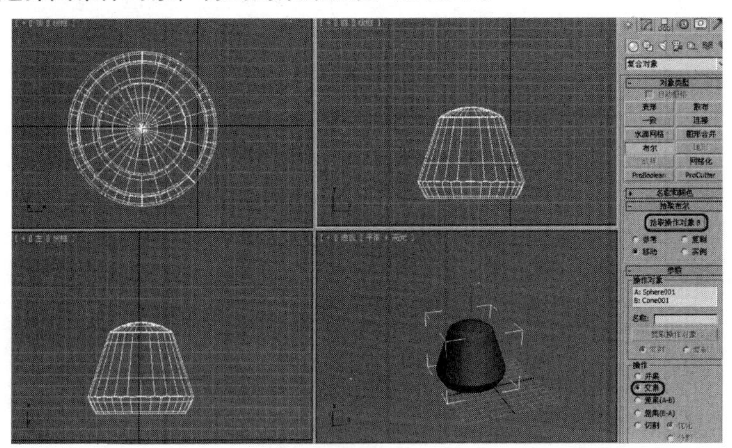

图 4.5

4.2.3　差集运算

【差集】布尔运算用于将两个造型进行相减处理，得到一种切割后的造型。这种方式对两个物体相减的顺序有要求，会得到两种不同的结果，其中【差集（A-B）】是默认的运算方式，如图 4.6 所示。利用【差集（A-B）】运算可以得到如图 4.6 所示的效果。

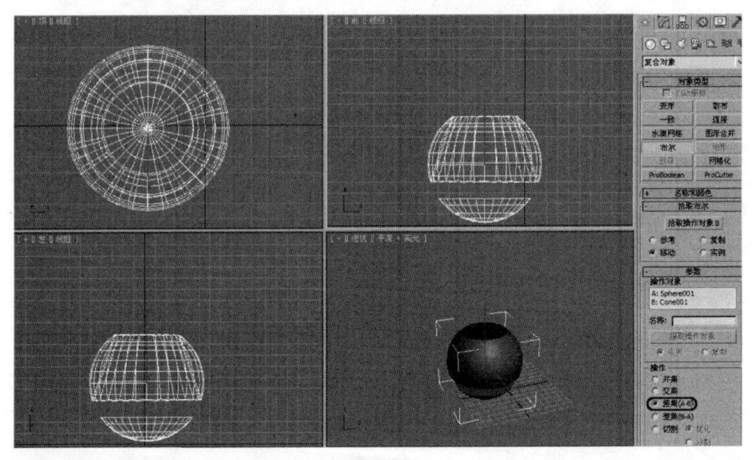

图 4.6

4.2.4　切割运算

【切割】布尔运算方式共有 4 种，包括【优化】、【分割】、【移除内部】和【移除外部】4 个单选按钮，如图 4.7 所示。

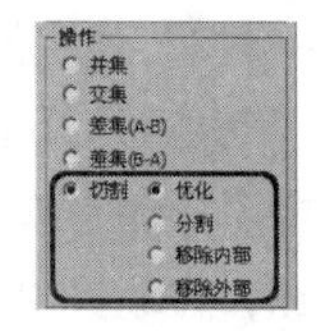

图 4.7

- 【优化】：在操作对象 B 与操作对象 A 面的相交之处，在操作对象 A 上添加新的顶点和边。3ds Max 将采用操作对象 B 相交区域内的面来优化操作对象 A 的结果几何体。由相交部分所切割的面被细分为新的面。可以使用此单选按钮来细化包含文本的长方体，以便为对象指定单独的材质 ID。
- 【分割】：类似于【细化】编辑修改器，不过此种切割将沿着操作对象 B 剪切操作对象 A 的边界，添加第二组顶点和边或两组顶点和边。此单选按钮作用于属于同一个网格的两个元素。可使用【分割】方式沿着另一个对象的边界将一个对象分为两个部分。
- 【移除内部】：删除位于操作对象 B 内部的操作对象 A 的所有面。此单选按钮可以修改和删除位于操作对象 B 相交区域内部的操作对象 A 的面。它类似于【差集】操作，不同的是 3ds Max 不添加来自操作对象 B 的面。可以使用【移除内部】单选按钮从几何体中删除特定区域。
- 【移除外部】：删除位于操作对象 B 外部的操作对象 A 的所有面。此单选按钮可以修改和删除位于操作对象 B 相交区域外部的操作对象 A 的面。它类似于【交集】操作，不同的是 3ds Max 不添加来自操作对象 B 的面。可以使用【移除外部】方式从几何体中删除特定区域。

4.2.5 布尔运算的其他参数

除了上面介绍的几种运算方式之外，在布尔运算中还有以下参数设置：

- 【名称和颜色】卷展栏：主要是对布尔运算后的物体进行命名及设置颜色。
- 【拾取布尔】卷展栏：选择操作对象 B 时，根据在【拾取布尔】卷展栏中为布尔对象所做的选择，如图 4.8 所示，操作对象 B 可以指定为参考、移动（对象本身）、复制或实例。应根据创建布尔对象之后希望如何使用场景中的几何体来进行选择。

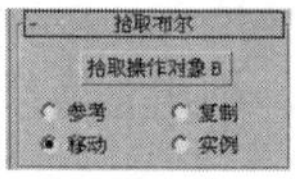

图 4.8

- 【拾取操作对象 B】：此按钮用于选择布尔运算中的第二个对象。
  - ✧ 【参考】：将原始物体的参考复制品作为运算物体 B，以后改变原始物体时，也会同时改变布尔物体中的运算物体 B，但改变运算物体 B 时，不会改变原始物体。
  - ✧ 【复制】：将原始物体复制一个作为运算物体 B，不破坏原始物体。
  - ✧ 【移动】：将原始物体直接作为运算物体 B，它本身将不存在。
  - ✧ 【实例】：将原始物体的关联复制品作为运算物体 B，以后对两者中的任何一个进行修改时都会影响另一个。
- 【参数】卷展栏：主要列出了进行布尔运算的对象名称、提取方式，以及进行布尔运算的方式，如图 4.9 所示。
  - ✧ 【操作对象】：显示当前操作对象的名称。
  - ✧ 【名称】：显示运算物体的名称，允许进行名称修改。
  - ✧ 【提取操作对象】：此按钮只有在【修改】命令面板中才有效，它将当前指定的运算物体重新提取到场景中，作为一个新的可用物体，包括【实例】和【复制】两种方式。这样，进入了布尔运算的物体仍可以被释放回场景中。

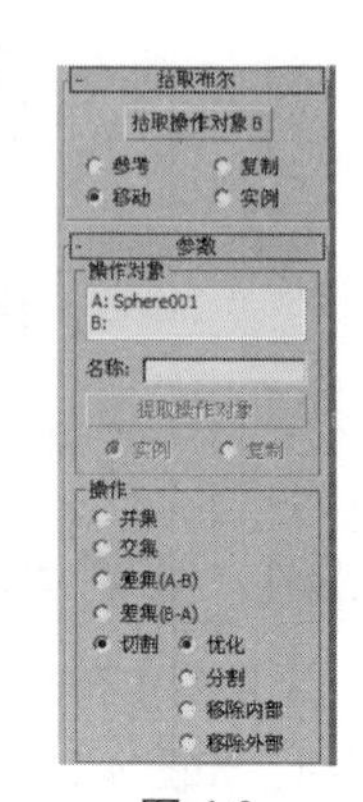

图 4.9

- 【显示/更新】卷展栏：这里控制的是显示效果，不影响布尔运算，如图 4.10 所示。
  - ✧ 【结果】：只显示最后的运算结果。
  - ✧ 【操作对象】：显示所有的运算物体。
  - ✧ 【结果+隐藏的操作对象】：在实体着色的视图内以线框方式显示出隐藏的运算物体，主要用于动态布尔运算的编辑操作，如图 4.11 所示。

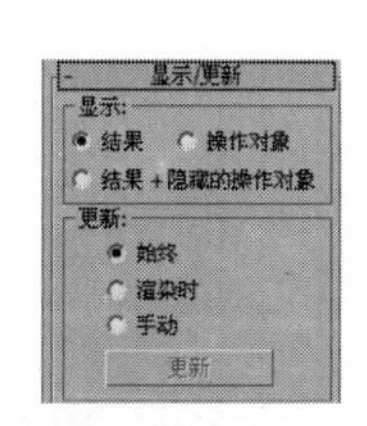

图 4.10

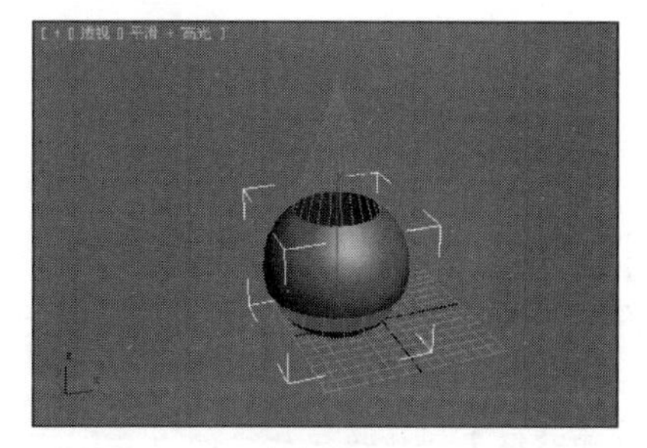
图 4.11

  - ✧ 【始终】：更改操作对象（包括实例化或引用的操作对象 B 的原始对象）时，立即更新布尔对象。
  - ✧ 【渲染时】：仅当渲染场景或单击【更新】按钮时才更新布尔对象。如果选择此单选按钮，则在视口中并不始终显示当前的几何体，但在必要时可以强制更新。
  - ✧ 【手动】：仅当单击【更新】按钮时才更新布尔对象。如果选择此单选按钮，则在视口和渲染输出中并不始终显示当前的几何体，但在必要时可以强制更新。
  - ✧ 【更新】：更新布尔对象。如果选择了【始终】单选按钮，则【更新】按钮不可用。

4.2.6　使用布尔运算的注意事项

经过布尔运算后的对象，其点面分布特别混乱，出错的几率也越来越高，这是由于经布尔运算后的对象会增加很多面片，而这些面是由若干个点相互连接而成的，这样，一个新增加的点就会与相邻的点连接，这种连接具有一定的随机性。随着布尔运算次数的增加，对象结构会变得越来越混乱，这就要求布尔运算的对象最好有多个分段数，这样可以大大减少布尔运算出错的几率。

经过布尔运算之后的对象，最好在编辑修改器堆栈中使用右键菜单中的【塌陷到】或者【塌陷全部】命令对布尔运算结果进行塌陷，尤其是在进行多次布尔运算时显得尤为重要。在进行布尔运算时，两个布尔运算的对象应该充分相交。

4.3　创建放样对象

【放样】运算同布尔运算一样，都属于合成对象的一种建模工具。放样的原理就是在一条指定的路径上排列截面，从而形成对象表面，如图 4.12 所示。

放样对象由两个因素组成，即放样路径和放样图形，选择【创建】 |【几何体】 |【复合对象】|【放样】工具，只有在场景中选择二维图形时，才可以被激活，如图 4.13 所示。

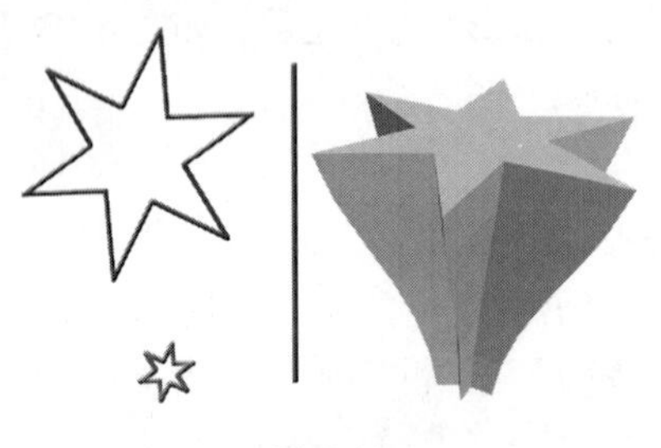

图 4.12

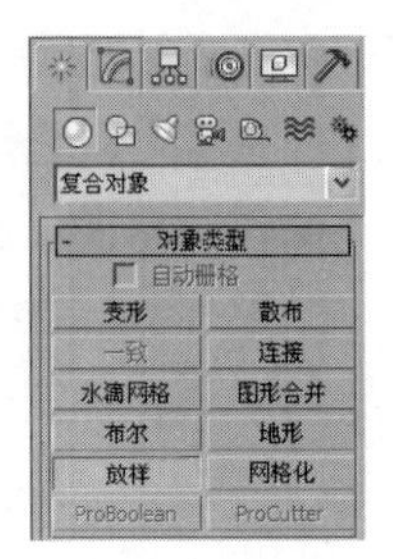

图 4.13

4.3.1 使用获取路径和获取图形按钮

【获取路径】和【获取图形】按钮位于【创建方法】卷展栏中，如图 4.14 所示。

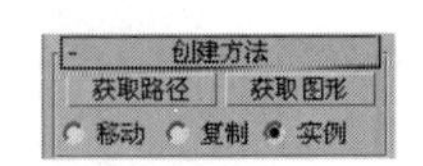

图 4.14

- 【获取路径】：将路径指定给选定图形或更改当前指定的路径。
- 【获取图形】：将图形指定给选定路径或更改当前指定的图形。
- 【移动】：选择的路径或截面不产生复制品，这意味着选择后的模型在场景中不独立存在，其他路径或截面无法再使用。
- 【复制】：选择后的路径或截面产生原模型的一个复制品。
- 【实例】：选择后的路径或截面产生原模型的一个关联复制品，关联复制品与原模型之间相关联，即对原模型修改时，关联复制品也会改变。

【获取路径】和【获取图形】按钮的使用方法基本相同，下面将使用【获取图形】按钮进行操作。

01 在场景中创建路径和截面图形，如图 4.15 所示。

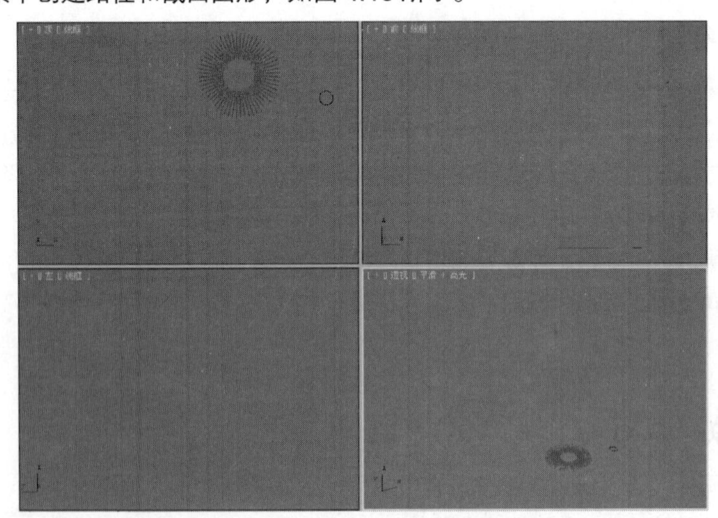

图 4.15

02 选择放样路径，选择【创建】|【几何体】|【复合对象】|【放样】工具，在【创建方法】卷展栏中单击【获取图形】按钮，此时鼠标会变为形状，然后在视图中选择放样图形，如图 4.16 所示。

03 在【路径参数】卷展栏中将【路径】设置为 100，然后再在【创建方法】卷展栏中单击【获取图形】按钮，在视图中选择另一个放样图形，如图 4.17 所示。此时在场景中会得到一个新的放样图形。

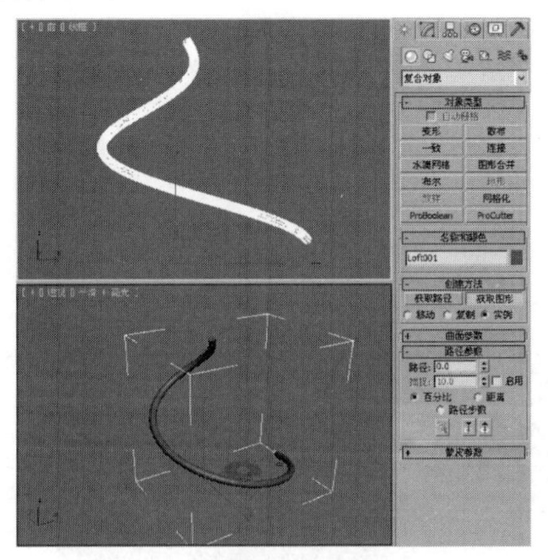

图 4.16

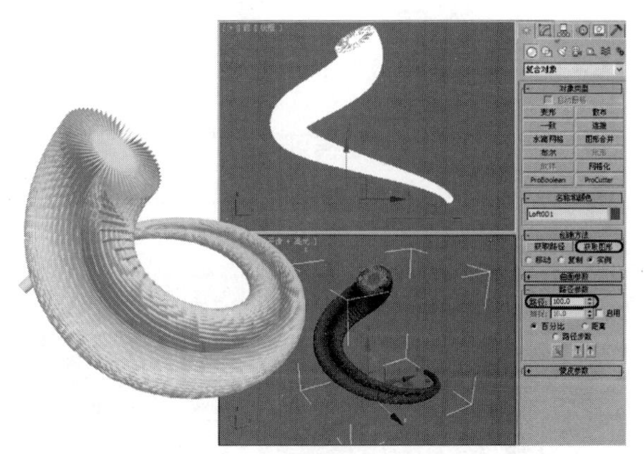

图 4.17

4.3.2 控制曲面参数

下面对【曲面参数】卷展栏进行介绍，如图 4.18 所示。

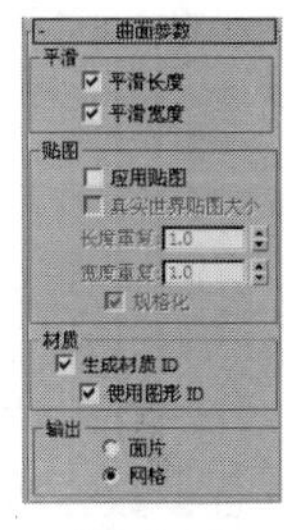

图 4.18

- 【平滑长度】：沿着路径的长度提供平滑曲面。当路径曲线或路径上的图形大小更改时，这类平滑非常有用，默认设置为启用。
- 【平滑宽度】：围绕横截面图形的边界提供平滑曲面。当图形更改顶点数或更改外形时，这类平滑非常有用，默认设置为启用。

取消选择【平滑长度】和【平滑宽度】复选框的前后对比效果如图 4.19 所示。

- 【应用贴图】：启用和禁用放样贴图坐标。必须启用【应用贴图】复选框其他选项才可用。
- 【真实世界贴图大小】：控制应用于该对象的纹理贴图材质所使用的缩放方法。
- 【长度重复】：设置沿着路径的长度重复贴图的次数。贴图的底部放置在路径的第一个顶点处。
- 【宽度重复】：设置围绕横截面图形的边界重复贴图的次数。贴图的左边缘将与每个图形的第一个顶点对齐。
- 【规格化】：决定沿着路径长度和图形宽度路径顶点间距如何影响贴图。启用该复选框后，将忽略顶点，沿着路径长度并围绕图形平均应用贴图坐标和重复值。如果禁用该复选框，则主要路径划分和图形顶点间距将影响贴图坐标间距，将按照路径划分间距或图形顶点间距成比例地应用贴图坐标和重复值。图 4.20 所示为取消选择【规格化】复选框前后的对比效果。
- 【生成材质 ID】：在放样期间生成材质 ID。
- 【使用图形 ID】：使用样条线材质 ID 来定义材质 ID 的选择。

> 提示：图形 ID 将从图形横截面继承而来，而不是从路径样条线继承。

图 4.19

图 4.20

● 【面片】：放样过程可以生成面片对象。

● 【网格】：放样过程可以生成网格对象。如图 4.21 所示，左侧为【面片】显示，右侧为【网格】显示。

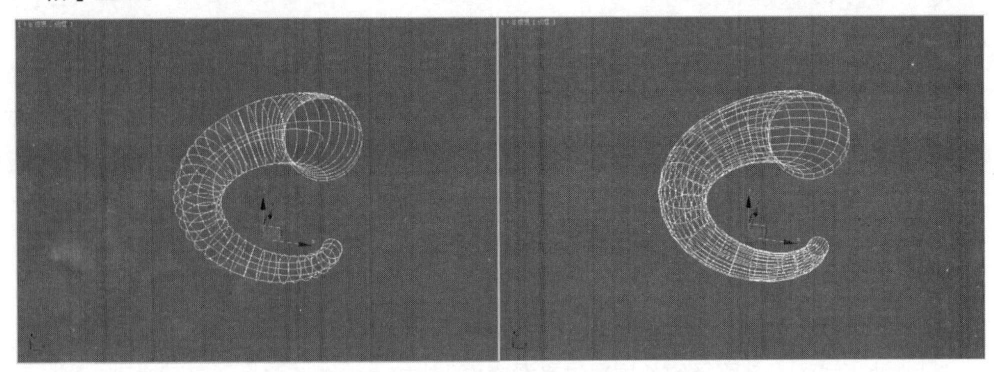

图 4.21

4.3.3 改变路径参数

【路径参数】卷展栏可以控制沿着放样对象路径在不同间隔期间的多个图形位置，如图 4.22 所示。各参数的功能说明如下：

● 【路径】：设置截面图形在路径上的位置。图 4.23 所示为在多个路径位置插入不同的图形。

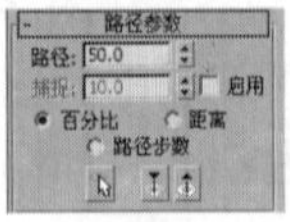

图 4.22

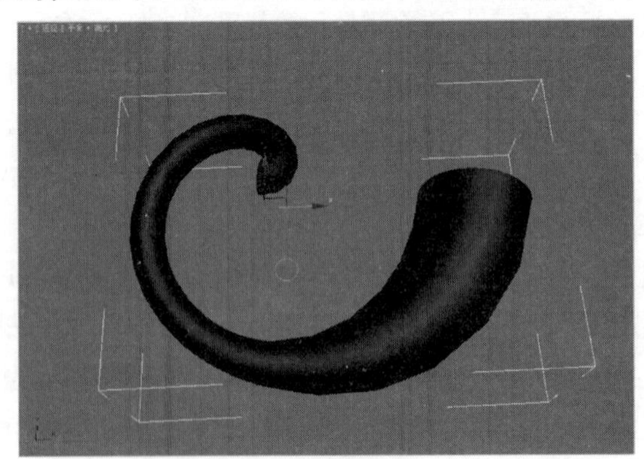

图 4.23

● 【捕捉】：用于设置沿着路径图形之间的恒定距离，该捕捉值依赖于所选择的测量方法。更改测量方法也会更改捕捉值，以保持捕捉间距不变。

- 【启用】：当选择【启用】复选框时，【捕捉】选项处于激活状态，默认设置为禁用状态。

> **提示：** 如果【捕捉】选项处于启用状态，该值将变为上一个捕捉的增量。该路径值依赖于所选择的测量方法，更改测量方法将导致路径值的改变。

- 【百分比】：将路径级别表示为路径总长度的百分比。
- 【距离】：将路径级别表示为路径第一个顶点的绝对距离。
- 【路径步数】：将图形置于路径步数和顶点上，而不是作为沿着路径的一个百分比或距离。
- 【拾取图形】按钮：用来选取截面，使该截面成为作用截面，以便选取截面或更新截面。
- 【上一个图形】按钮：转换到上一个截面图形。
- 【下一个图形】按钮：转换到下一个截面图形。

4.3.4　设置蒙皮参数

在【蒙皮参数】卷展栏中，可以调整放样对象网格的复杂性，还可以通过控制面数来优化网格，如图 4.24 所示。各参数的功能说明如下：

- 【封口】选项组：控制放样物体的两端是否封闭。如图 4.25 所示，放样后的两端没有封口。
  - ✧【封口始端】：控制路径的开始处是否封闭。
  - ✧【封口末端】：控制路径的终点处是否封闭。
  - ✧【变形】：按照创建变形目标所需的可预见、可重复的模式排列封口面。变形封口能产生细长的面，与采用栅格封口创建的面一样，这些面也不进行渲染或变形。
  - ✧【栅格】：在图形边界处修剪的矩形栅格中排列封口面。此方法将产生一个由大小均等的面构成的表面，这些面可以被其他修改器很容易地进行变形。
- 【选项】选项组：用来控制放样的基本参数。
  - ✧【图形步数】：设置截面图形顶点间的步幅数
  - ✧【路径步数】：设置路径图形顶点间的步幅数。当【路径步数】值为 1 时，如图 4.26（上）所示；当【路径步数】值为 50 时，如图 4.26（下）所示。

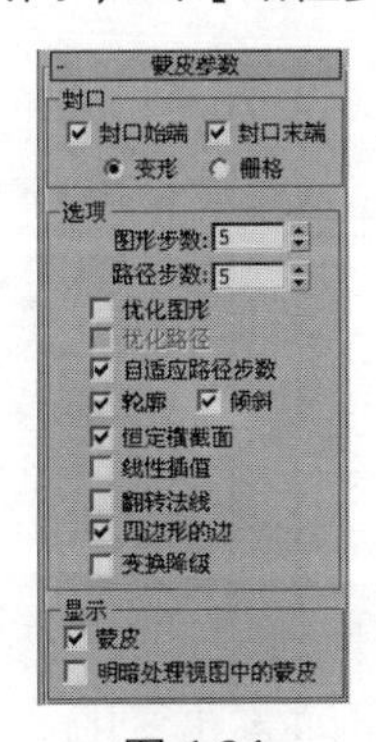

图 4.24

图 4.25

图 4.26

  - ✧【优化图形】：对图形表面进行优化处理，这样将会自动指定光滑的程度，而与步幅的数值无关。

✧ 【优化路径】：是否对路径进行优化处理，这样将会自动制定路径的平滑程度，默认为禁用状态，将准备用于变形的对象禁用。

✧ 【自适应路径步数】：如果启用该复选框，则分析放样并调整路径分段的数目，以生成最佳蒙皮。主分段将出现在路径顶点、图形位置和变形曲线顶点处。如果禁用该复选框，则主分段将沿路径只出现在路径顶点处，默认设置为启用。

✧ 【轮廓】：启用该复选框，截面图形在放样时会自动更正自身角度，以垂直路径得到正常的造型。否则它会保持初始角度不变，得到的造型会有缺陷。

✧ 【倾斜】：如果启用该复选框，截面图形在放样时会依据路径在 *Z* 轴上的角度改变而进行倾斜，使它总与切点保持垂直状态。

✧ 【恒定横截面】：如果启用该复选框，则在路径上角的位置缩放横截面，以保持路径宽度一致。如果禁用，则横截面保持其原来的局部尺寸，从而在路径上角的位置产生收缩。

✧ 【线性插值】：控制放样对象是否使用线性或曲线插值。

✧ 【翻转法线】：如果启用该复选框，则将法线翻转 180 度。可以使用此复选框来修正内部外翻的对象，默认设置为禁用状态。

✧ 【四边形的边】：如果启用该复选框，边数相同的截面之间将用四边形的面缝合，不相同的截面之间仍由三角形的面连接。

✧ 【变换降级】：如果启用该复选框，在对放样物体的图形或路径调整的过程中，不显示放样物体。

- 【显示】选项组：控制放样造型在视图中的显示情况。

✧ 【蒙皮】：如果启用该复选框，则使用任意着色层在所有视图中显示放样的蒙皮，并忽略【明暗处理视图中的蒙皮】设置。如果禁用该复选框，则只显示放样子对象，默认设置为启用。

✧ 【明暗处理视图中的蒙皮】：如果启用该复选框，则忽略【蒙皮】设置，在着色视图中显示放样的蒙皮。

4.3.5 变形窗口界面

放样对象之所以在三维建模中占有如此重要的地位，不仅仅在于它可以将二维图形转换为三维模型，更重要的是它还可以通过【修改】命令面板的【变形】卷展栏中的按钮进一步修改对象的轮廓，从而产生更为理想的模型。

下面将介绍【变形】卷展栏，其中包括【缩放】、【扭曲】、【倾斜】、【倒角】和【拟合】5 种变形方式，如图 4.27 所示。

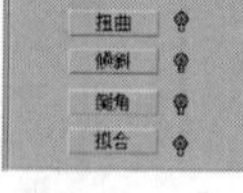

图 4.27

4.3.6 应用缩放变形

使用【缩放】变形，可以沿着放样对象的 *X* 轴和 *Y* 轴方向，使其剖面发生变化。

下面将利用【缩放】变形工具制作一个香蕉，具体操作步骤如下：

01 选择【创建】|【图形】|【多边形】工具，在【顶】视图中创建一个多边形，然后在【参数】卷展栏中设置合适的参数，如图 4.28 所示。

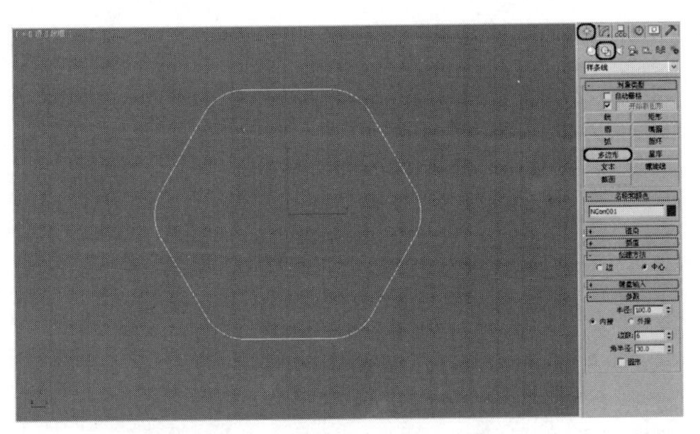

图 4.28

02 然后再使用【线】工具，在【前】视图中创建一条路径，如图 4.29 所示。可以切换到【修改】命令面板，将选择集定义为【顶点】，并在场景中调整路径的形状。

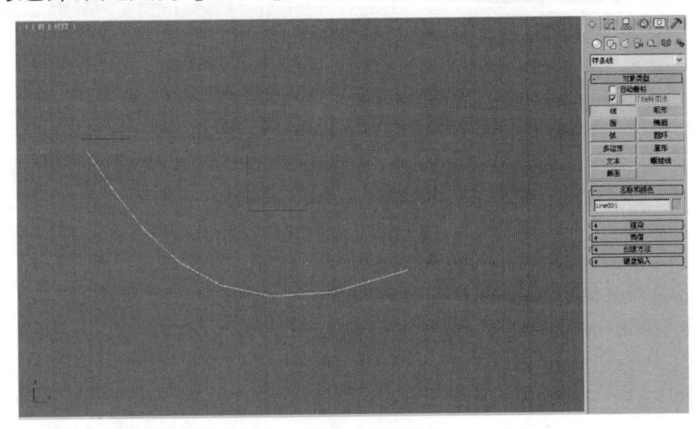

图 4.29

03 在场景中选择样条线，选择【创建】|【几何体】|【复合对象】|【放样】工具，在【创建方法】卷展栏中单击【获取图形】按钮，在视图中选择多边形，如图 4.30 所示。

04 在【蒙皮参数】卷展栏中设置【路径步数】为 20，如图 4.31 所示。

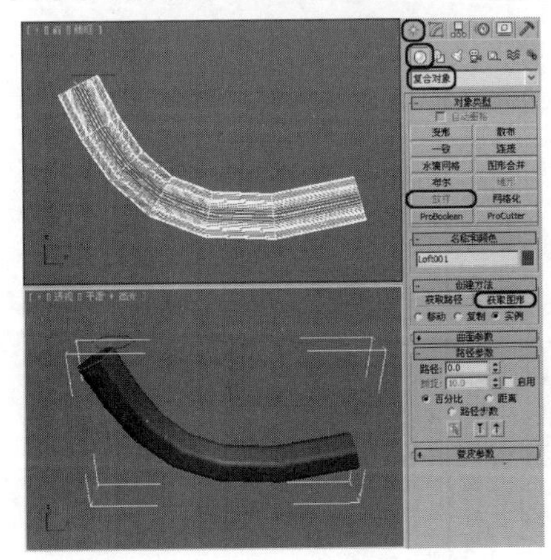

图 4.30

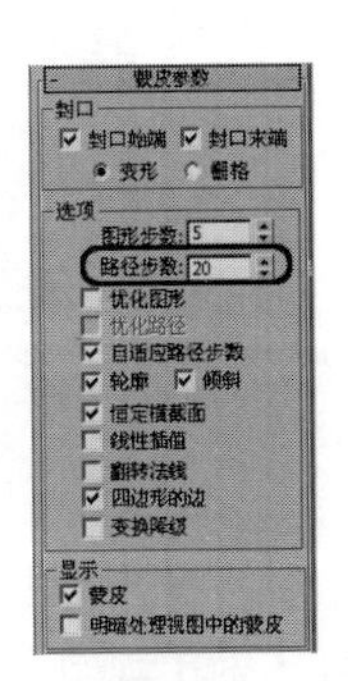

图 4.31

05 切换到【修改】命令面板，在【变形】卷展栏中单击【缩放】按钮，弹出【缩放变形】对话框。单击【插入角点】按钮，创建 3 个点并调整控制点的位置，然后调整线的形状，如图 4.32 所示。

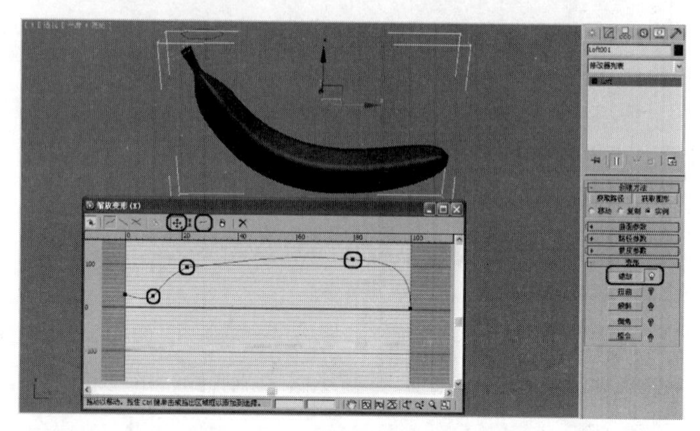

图 4.32

这样香蕉模型就制作完成了，可以为其设置材质、灯光和摄影机，这里就不详细介绍了。

> **提示**：在调整变形曲线的控制点时，可以以水平标尺和垂直标尺的刻度为标准进行调整，但这样不太精确。在【缩放变形】对话框底部的信息栏中有两个文本框，可以显示当前选择点（单个点）的水平和垂直位置，也可以通过在这两个文本框中输入数值来调整控制点的位置。

4.3.7 应用扭曲变形

【扭曲】变形用于控制截面图形相对于路径的旋转。【扭曲】变形的操作方法与【缩放】变形基本相同。

下面通过一个简单的放样对象来学习【扭曲】变形的操作，具体操作步骤如下：

01 选择【创建】|【图形】|【星形】工具，在【顶】视图中创建一个星形图形，参数合适即可，如图 4.33 所示。

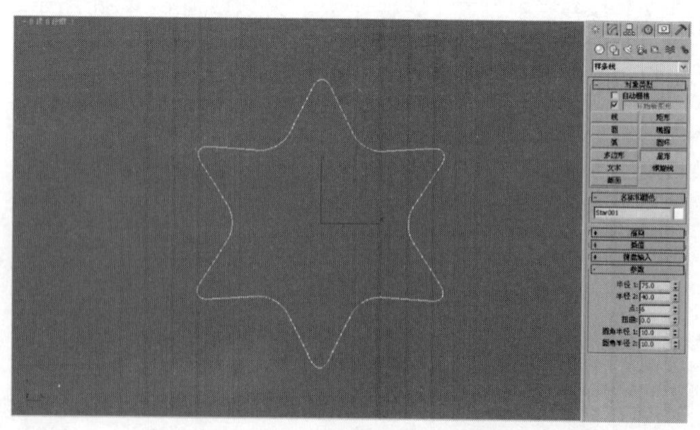

图 4.33

02 在【前】视图中创建一个放样路径，如图 4.34 所示。

图 4.34

03　在场景中选择放样路径，选择【创建】 |【几何体】 |【复合对象】|【放样】工具，在【创建方法】卷展栏中单击【获取图形】按钮，在视图中选择星形，如图 4.35 所示。

04　切换到【修改】命令面板，在【蒙皮参数】卷展栏中将【路径步数】设置为 50，如图 4.36 所示。

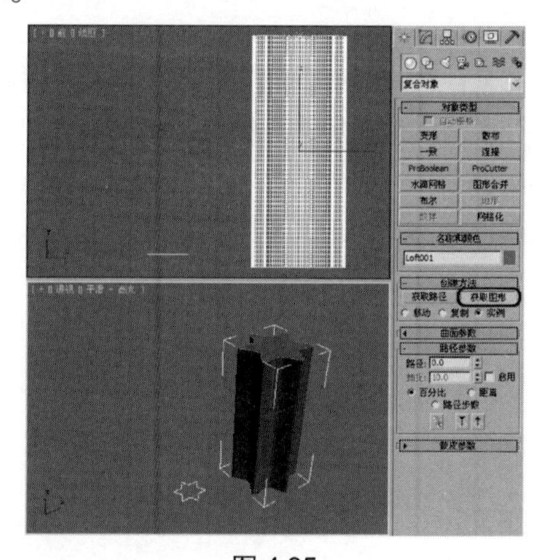

图 4.35

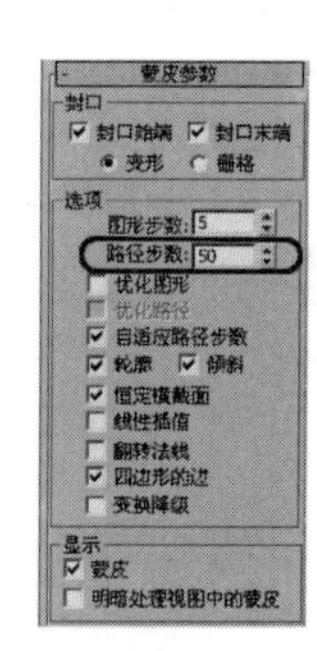

图 4.36

05　单击【变形】卷展栏中的【扭曲】按钮，弹出【扭曲变形】对话框，向上移动右侧的控制点，如图 4.37 所示。调整完成后的效果如图 4.38 所示。

提示： 在【扭曲变形】对话框中，垂直方向控制放样对象的旋转程度，水平方向控制旋转效果在路径上的应用范围。如果在【蒙皮参数】卷展栏中将【路径步数】设置得高一些，旋转对象的边缘就会更光滑。

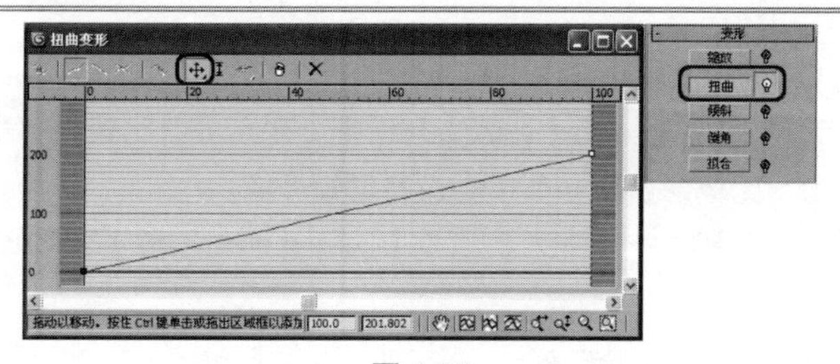

图 4.37

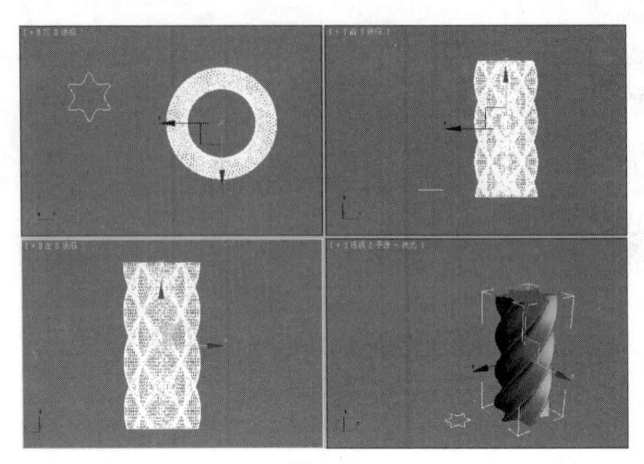

图 4.38

4.3.8　修改放样次对象

1．编辑放样路径

在编辑修改器堆栈中，可以看到【放样】对象包含【图形】和【路径】两个次对象选择集。选择【路径】选项，便可以进入到放样对象的路径次对象选择集进行编辑。

在【路径命令】卷展栏中，只有一个【输出】按钮，单击此按钮，弹出【输出到场景】对话框，可以将当前路径输出为一个独立或关联的新图形，以供其他造型使用，如图 4.39 所示。

2．编辑放样图形

在【修改】命令面板中，选择编辑修改器堆栈中的【图形】选项。在【图形命令】卷展栏中包括一些参数，如图 4.40 所示。

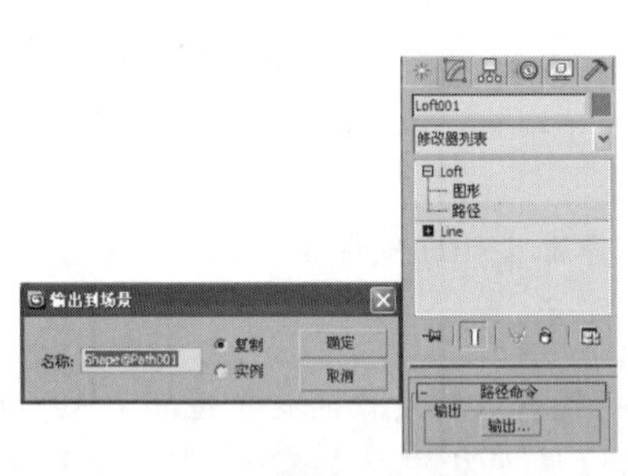

图 4.39

图 4.40

各参数的功能说明如下：

- 【路径级别】：调整图形在路径上的位置。
- 【比较】：单击该按钮，将弹出【比较】对话框，在此可以比较任何数量的横截面图形，该对话框在“4.3.9　比较形状”一节中会进行详细介绍。
- 【重置】：撤销使用【选择并旋转】或【选择并均匀缩放】工具执行的图形旋转和缩放操作。
- 【删除】：从放样对象中删除图形。

- 在【对齐】选项组中有 6 个按钮可针对路径对齐选定图形，从创建图形的视图中向下看图形，方向是沿着 X 轴从左到右，沿着 Y 轴从上到下的。可以针对位置将这些按钮组合使用。
  - ✧ 【居中】：基于图形的边界框，使图形在路径上居中。
  - ✧ 【默认】：将图形返回到初次放置在放样路径上的位置。
  - ✧ 【左】：将图形的左边缘与路径对齐。
  - ✧ 【右】：将图形的右边缘与路径对齐。
  - ✧ 【顶】：将图形的上边缘与路径对齐。
  - ✧ 【底】：将图形的下边缘与路径对齐。
- 【输出】：将图形作为独立的对象放置到场景中。

4.3.9　比较形状

【比较】对话框用于几个截面图形之间相互位置的比较，其中各个按钮的功能说明如下：

- 【拾取图形】按钮：用于选择要从选定放样对象中显示的图形。在该对话框的左上角单击【拾取图形】按钮，然后在视图中选择要显示的图形。第二次选择图形时，可以从显示中将其移除。
- 将鼠标光标放置在放样对象的形状上时，如果未选定形状，鼠标会呈形状（如果选择形状，则会将其添加到【比较】对话框中），如果已经选定了形状，鼠标则会呈形状。
- 选择图形后，【比较】对话框将显示第一个顶点，就像小的正方形一样，如图 4.41 所示。对于正确的放样，路径上所有图形的第一个顶点需要置于相同的位置。
- 【重置】按钮：从显示中移除所有图形。
- ：可以用来执行【最大化显示】、【平移】、【缩放】和【缩放区域】功能。

要将【比较】对话框中的顶点对齐，首先要在【比较】对话框中显示放样图形，然后再在工具栏中单击【选择并旋转】按钮，在【顶】视图中旋转对齐顶点，如图 4.42 所示。

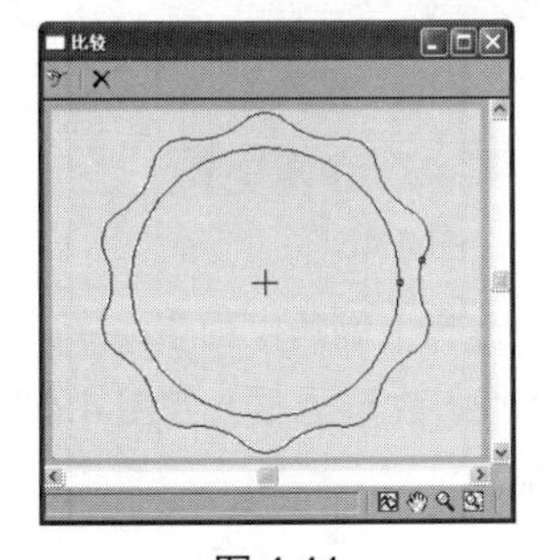

图 4.41

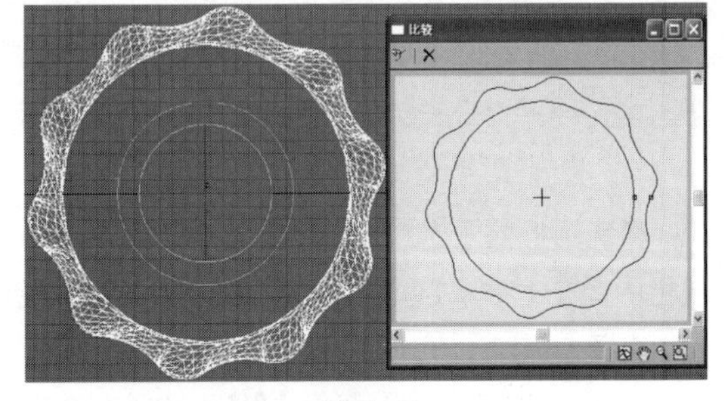

图 4.42

4.4　上机练习

4.4.1　画框

画框是室内墙面的重要装饰品，它可以填补墙面空白，均衡构图，使整个画面格局更加协调。

在现在设计中，大部分直接使用一幅画就可以了，但是在此为了学习新的命令，下面讲述一下画框的制作，主要使用【倒角剖面】修改器来完成，效果如图 4.43 所示。

01 启动 3ds Max 2011 软件，选择【创建】|【图形】|【矩形】工具，在【左】视图中创建矩形。在【参数】卷展栏中将【长度】和【宽度】分别设置为 20 和 35，并将其命名为“画框截面”，如图 4.44 所示。

图 4.43

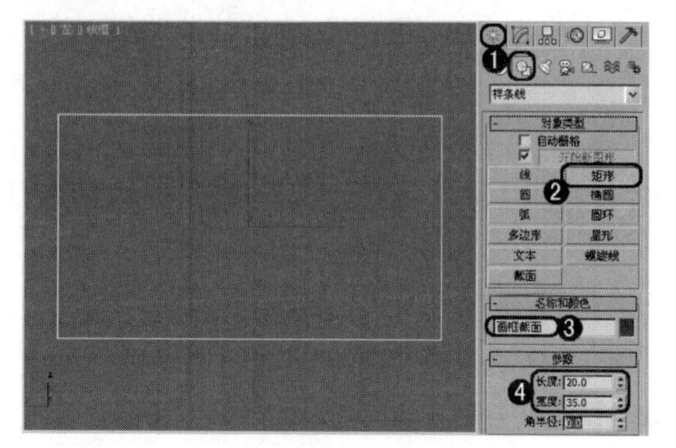

图 4.44

02 切换到【修改】命令面板，在【修改器列表】下拉列表框中选择【编辑样条线】修改器，将当前选择集定义为【顶点】，在场景中对其形状进行调整，如图 4.45 所示。

03 选择【创建】|【图形】|【矩形】按钮，在【前】视图中创建矩形。在【参数】卷展栏中将【长度】和【高度】分别设置为 500 和 500，并将其命名为“画框”，如图 4.46 所示。

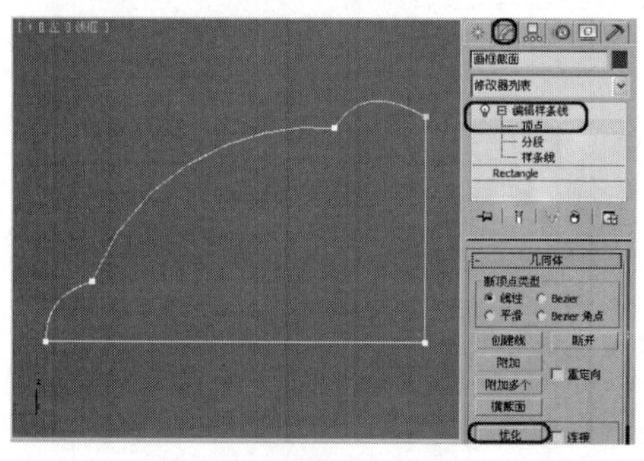

图 4.45

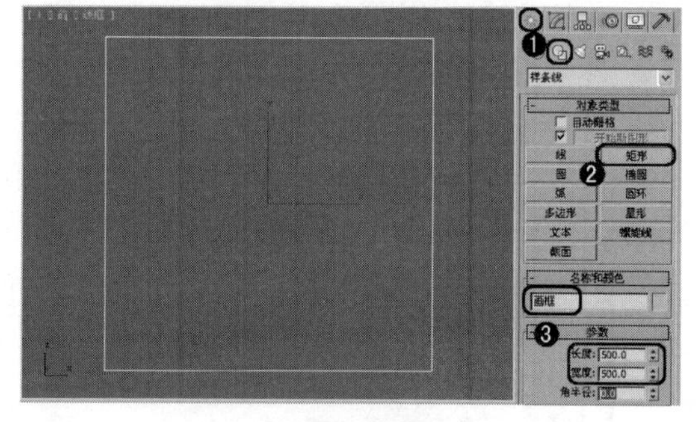

图 4.46

04 确认画框处于选中状态，在【修改器列表】下拉列表框中选择【倒角剖面】命令。在【参数】卷展栏中单击【拾取剖面】按钮，在【顶】视图拾取绘制的剖面线，生成画框，如图 4.47 所示。

05 选择【创建】|【几何体】|【平面】工具，在【前】视图中绘制一个平面。在【参数】卷展栏中将【长度】和【宽度】均设置为 430.502，并将其命名为“画”，如图 4.48 所示。

06 按【M】键，打开【材质编辑器】窗口，选择第一个材质样本球，将其命名为“画框”。在【贴图】卷展栏中将【漫反射颜色】后的【数量】设置为 80，然后单击后面的 None 按钮，在弹出的【材质/贴图浏览器】对话框中选择【位图】贴图，单击【确定】按钮，再在弹出的对话框中选择随书附带光盘中的 CDROM | Map | a11.jpg 文件，使用默认参数，将当前材质指定给场景中的“画框”对象，如图 4.49 所示。

07 选择一个新的材质样本球，并将其命名为“画”，在【贴图】卷展栏中单击【漫反射颜色】通道后的 None 按钮，在弹出的【材质/贴图浏览器】对话框中选择【位图】贴图，单击【确定】按钮，再在弹出的对话框中打开随书附带光盘中的 CDROM | Map | 009.jpg 文件，使用默认参数，将该材质指定给场景中的“画”对象，如图 4.50 所示。

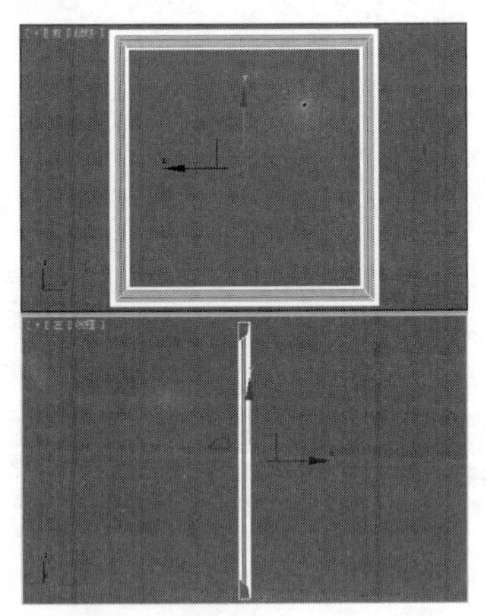

图 4.47

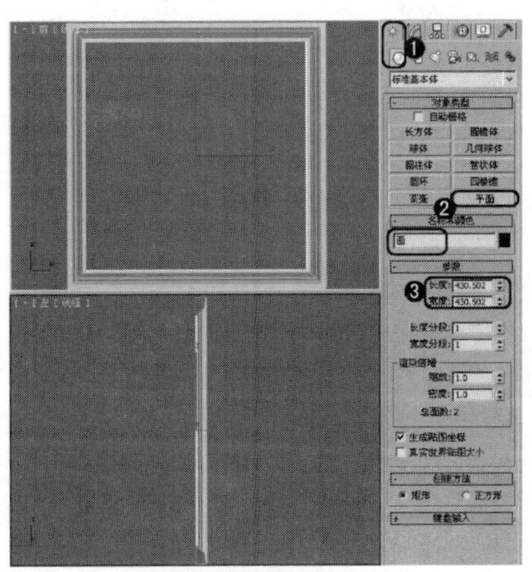

图 4.48

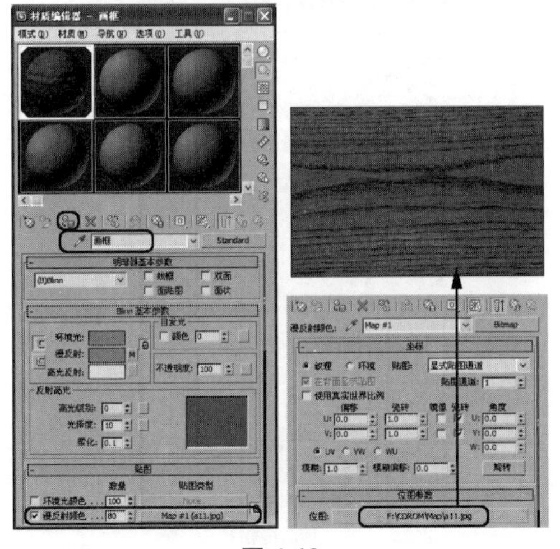

图 4.49

图 4.50

08 选择【创建】 | 【几何体】 | 【平面】工具，在【前】视图中绘制一个平面。在【参数】卷展栏中将【长度】和【宽度】分别设置为 1000 和 1200，并将其命名为“背板”，如图 4.51 所示。

09 选择【创建】 | 【摄影机】 | 【目标】工具，在【顶】视图中创建一架摄影机。在【参数】卷展栏中将【镜头】设置为 28，在场景中调整摄影机的位置，如图 4.52 所示，然后激活【透视】视图，按【C】键，将其转换为摄影机视图。

10 选择【创建】 | 【灯光】 | 【目标聚光灯】工具，在【顶】视图中创建一盏目标聚光灯。在【常规参数】卷展栏中选择【启用】复选框，将阴影类型设置为【光线跟踪阴影】，如

图 4.53 所示。

11 选择【创建】 | 【灯光】 | 【泛光灯】工具，在【顶】视图中创建一盏泛光灯。在【强度/颜色/衰减】卷展栏中将【倍增】设置为 0.3，如图 4.54 所示。

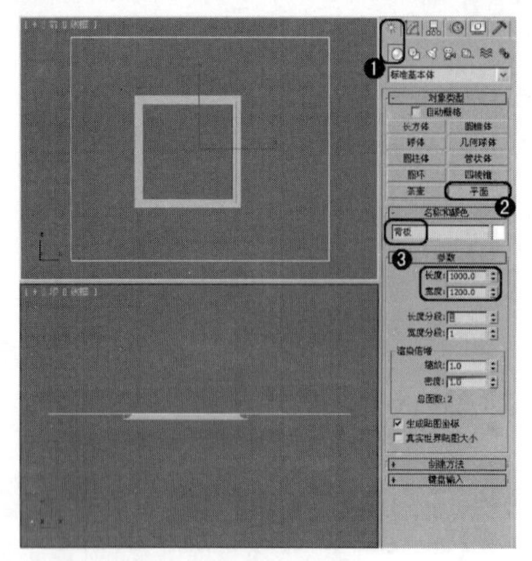

图 4.51

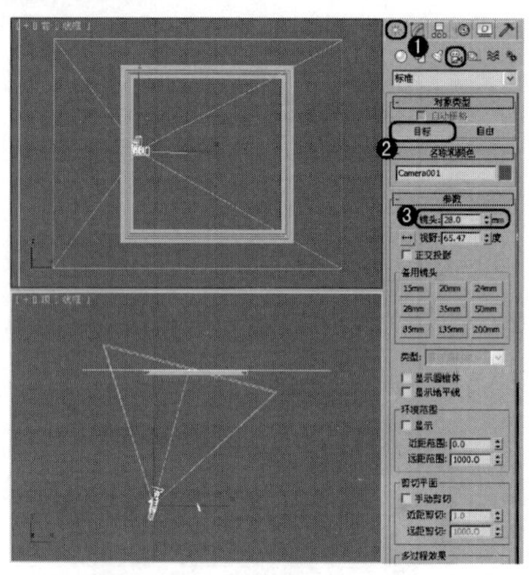

图 4.52

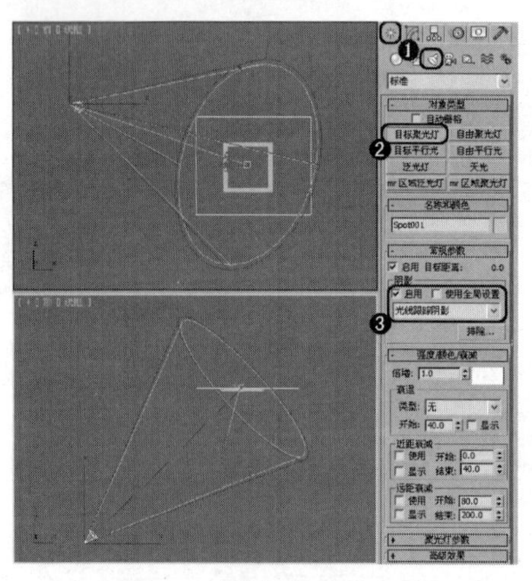

图 4.53

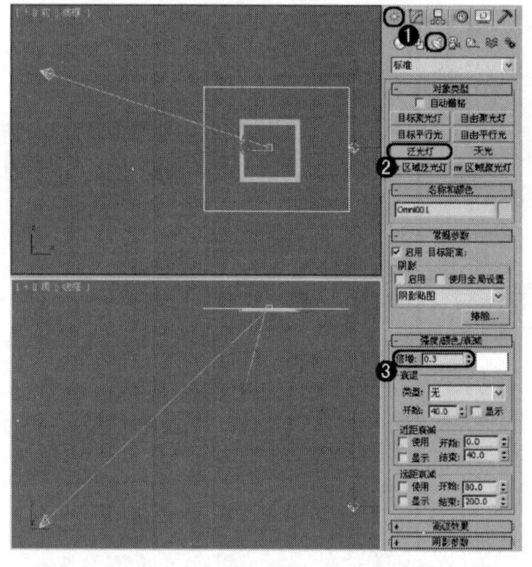

图 4.54

4.4.2 窗帘

本例将介绍一种非常实用的窗帘制作方法，其效果如图 4.55 所示。首先使用【线】工具绘制窗帘的截面图形和路径，再通过【放样】工具来产生窗帘造型，并通过【缩放】变形工具调整窗帘的形状，然后使用【长方体】工具制作窗幔，并通过【置换】修改器使它产生褶皱效果。

01 选择【创建】 | 【图形】 | 【线】工具，在【顶】视图中创建样条线，将其命名为“窗帘 01”，将当前选择集定义为【顶点】，并在场景中调整样条线的形状，作为放样截面图形，如图 4.56 所示。

图 4.55

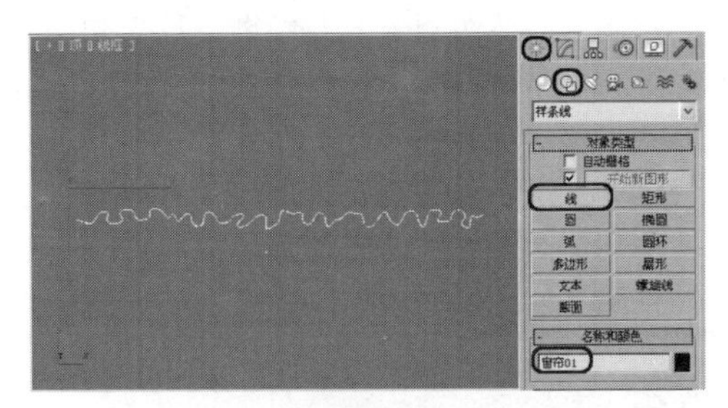

图 4.56

02　切换到【修改】命令面板，在【修改器列表】下拉列表框中选择【噪波】修改器，在【参数】卷展栏中将【噪波】选项组中的【种子】设置为 14，选择【分形】复选框，将【粗糙度】和【迭代次数】分别设置为 0.125 和 10。将【强度】选项组中的 Y 和 Z 值分别设置为 4 和 5，如图 4.57 所示。

03　选择【创建】|【图形】【线】按钮，在【前】视图中按照从上到下的顺序创建样条线，作为窗帘放样的路径，如图 4.58 所示。

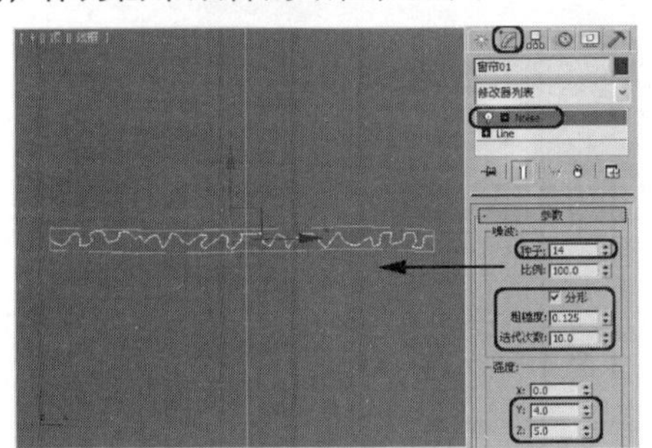

图 4.57

图 4.58

04　确认创建的样条线处于选中状态，选择【创建】|【几何体】|【复合对象】|【放样】工具，在【创建方法】卷展栏中单击【获取图形】按钮，然后选择场景中的“窗帘 01”对象，如图 4.59 所示。

05　切换到【修改】命令面板，将当前选择集定义为【图形】，选择放样对象的截面图形，在【图形命令】卷展栏中单击【对齐】选项组中的【左】按钮，将截面图形的左侧与路径对齐，如图 4.60 所示。

提示：放样建模中的常用术语包括型、路径、截面图形、变形曲线和第一个节点等。各项的具体介绍如下：

- 型：在放样建模中型包括两种，即路径和截面图形。路径型只能包括一个样条曲线，截面可以包括多个样条曲线，但沿同一路径放样的截面图形必须具有相同数目的样条曲线。
- 路径：用于指定截面图形排列的中心。
- 截面图形：在指定路径上排列连接产生表面的图形。

- 变形曲线：通过部分工具改变曲线来定义放样的基本形式。这些曲线允许对放样物体进行修改，从而调整型的比例、角度和大小。
- 第一个节点：创建放样对象时，拾取的第一个截面图形总是首先同路径和第一个节点对齐，然后从第一个节点到最后一个节点拉伸表皮创建对象的表面。如果第一个节点同其他节点不在同一条直线上，放样对象将产生奇怪的扭曲。因为在放样建模中，第一个拾取的截面图形总是与放样路径的第一个点对齐，所以在创建放样路径和截面图形时总是按照从右到左的顺序。

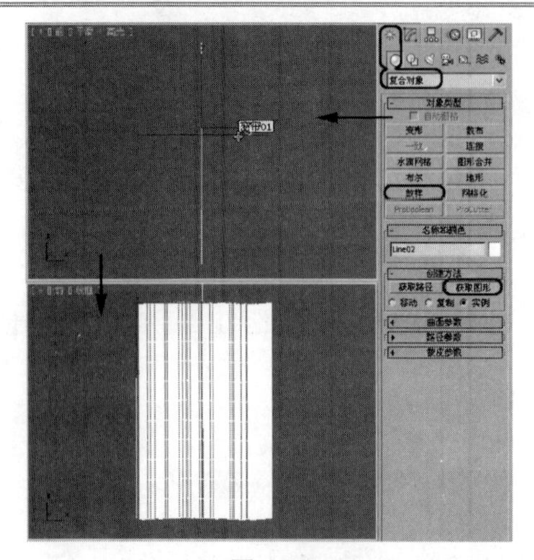

图 4.59

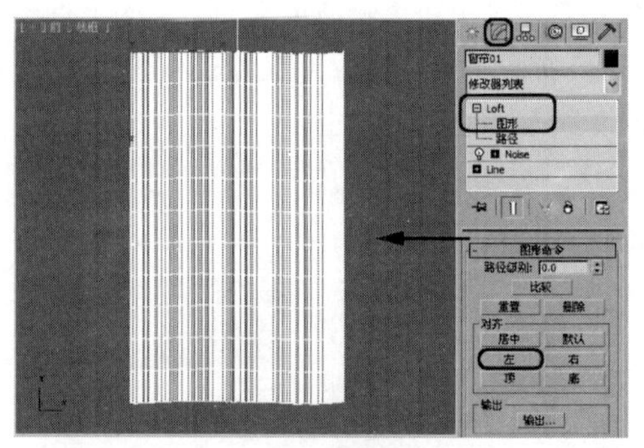

图 4.60

06 关闭【图形】选择集，在【变形】卷展栏中单击【缩放】按钮，在弹出的对话框中关闭【均衡】按钮，对 X 轴的曲线进行变形；单击【插入角点】按钮，在曲线的 60 位置处单击插入一个控制点。利用【选择并移动】工具将 3 个控制点同时选择，右击，在弹出的菜单中选择【Bezier-角点】命令，将左侧的控制点移动至垂直标尺 65 位置处，将中间的控制点移动至垂直标尺 23 位置处，将右侧的控制点移动至垂直标尺 28 位置处，然后选择中间的第二个控制点并右击，在弹出的菜单中选择【Bezier-角点】命令，并对其进行调整，如图 4.61 所示。

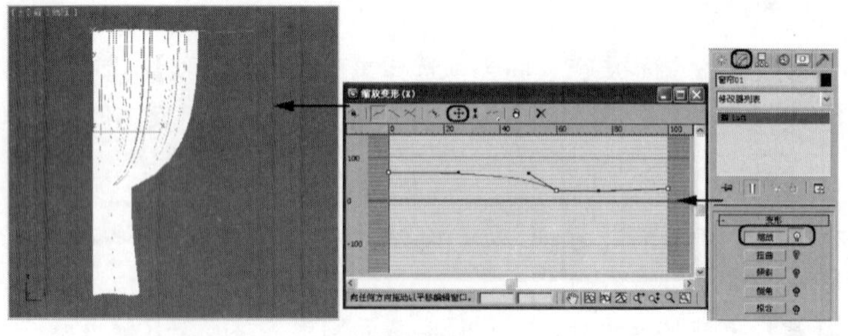

图 4.61

注意：使用【缩放】变形可以沿着放样对象的 X 轴和 Y 轴方向使其剖面发生变化。

07 选择【创建】|【图形】|【矩形】工具，在【顶】视图中创建一个矩形。在【参数】卷展栏中将【长度】、【宽度】和【角半径】值分别设置为 10、47.5 和 3，作为制作捆扎窗帘布

围栏的放样路径，如图 4.62 所示。

> 提示：在调整变形曲线的控制点时，可以以水平标尺和垂直标尺的刻度为标准进行调整，但这样不会太精确。

08 选择【创建】|【图形】【线】工具，在视图中绘制一个线条，作为放样截面。单击【修改】按钮，切换到【修改】命令面板，将当前选择集定义为【顶点】，将线条修改为如图 4.63 所示的形状。

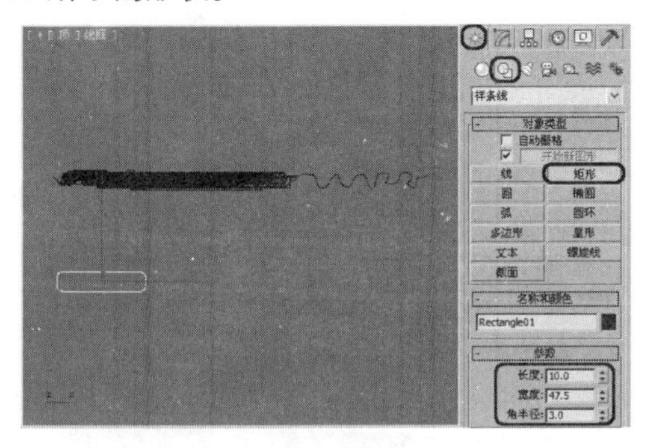

图 4.62

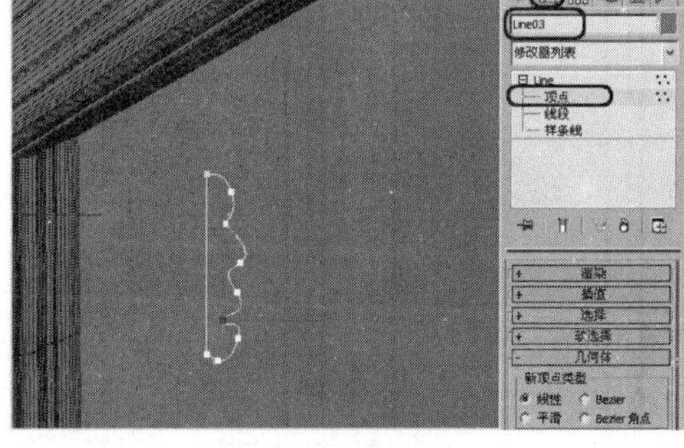

图 4.63

09 确定场景中作为路径的对象处于选中状态，选择【创建】|【几何体】|【复合对象】|【放样】工具，在【创建方法】卷展栏中单击【获取图形】按钮，然后在【前】视图中选择 Line03 对象，效果如图 4.64 所示。

10 切换到【修改】命令面板，将当前选择集定义为【图形】，在工具栏中单击【选择并旋转】按钮，并打开【角度捕捉切换】按钮，在【前】视图中对放样的截面进行旋转，如图 4.65 所示。

> 提示：在旋转物体前，按【A】键打开角度捕捉功能，可以进行整度数的捕捉，默认的捕捉度数为 5°。

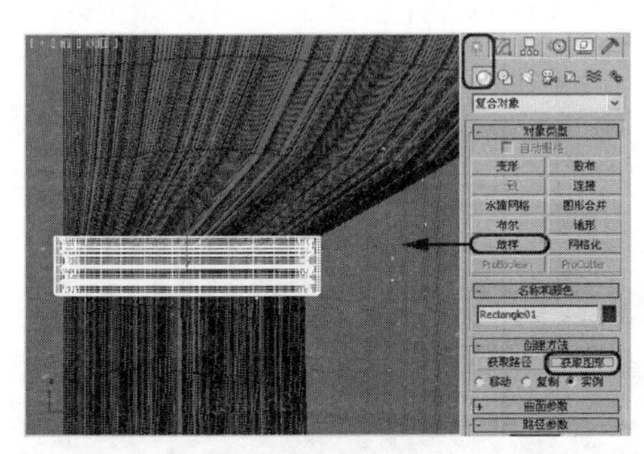

图 4.64

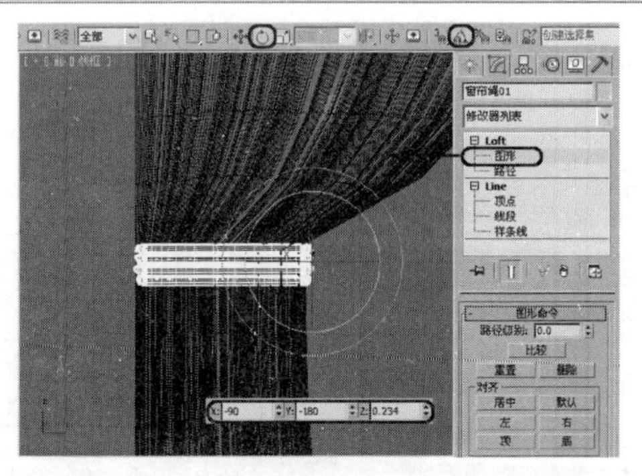

图 4.65

11 按【M】键，打开【材质编辑器】窗口，选择第一个材质样本球并将其命名为“窗帘 01”。在【Blinn 基本参数】卷展栏中将【自发光】选项组中的【不透明度】设置为 95，将【反射高光】选项组中的【高光级别】和【光泽度】分别设置为 10 和 25，在【贴图】卷展栏中单击【漫反射颜

色】通道后的 None 按钮，在弹出的【材质/贴图浏览器】对话框中选择【位图】贴图，打开随书附带光盘中的 CDROM | Map | 55635036.jpg 文件，使用默认参数，将该材质指定给视图中的“窗帘 01”对象，如图 4.66 所示。

12 确定场景中的“窗帘 01”对象处于选中状态，单击工具栏中的【镜像】按钮，弹出【镜像：局部坐标】对话框，在【镜像轴】选项组中选择 X 单选按钮，在【克隆当前选择】选项组中选择【复制】单选按钮，最后单击【确定】按钮，如图 4.67 所示。

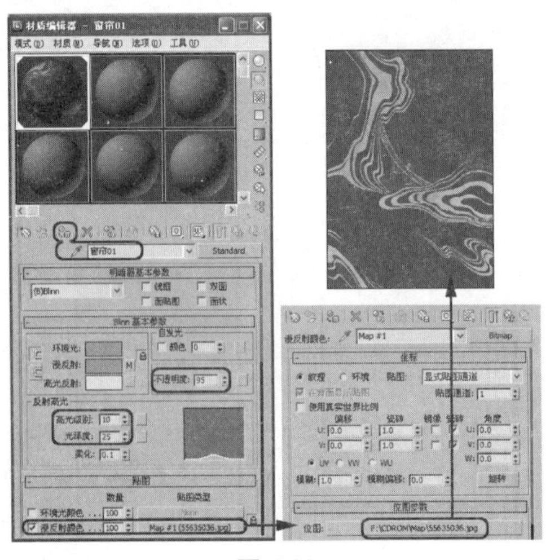

图 4.66

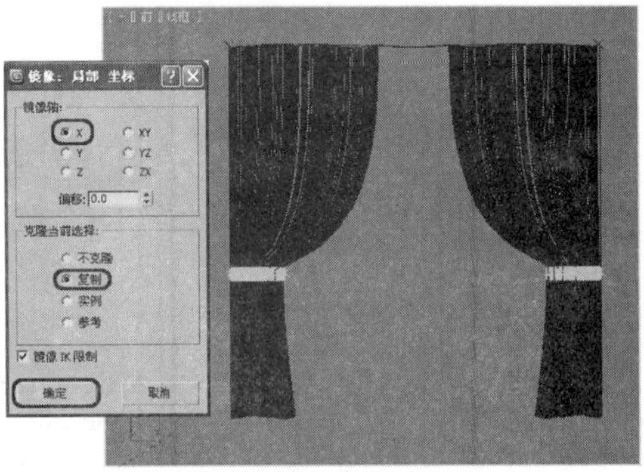

图 4.67

13 选择【创建】|【几何体】|【长方体】工具，在【前】视图中创建一个长方体，并将其命名为“窗幔”。在【参数】卷展栏中将【长度】和【宽度】设置为 70 和 325，将【长度分段】和【宽度分段】设置为 10 和 35，如图 4.68 所示。

14 切换到【修改】命令面板，在【修改器列表】下拉列表框中选择【置换】修改器，在【参数】卷展栏中将【置换】选项组中的【强度】设置为 15，在【图像】选项组中单击【位图】下的【无】按钮，在弹出的对话框中选择随书附带光盘中的 CDROM | Map | Sf-29.jpg 文件，单击【打开】按钮即可，如图 4.69 所示。

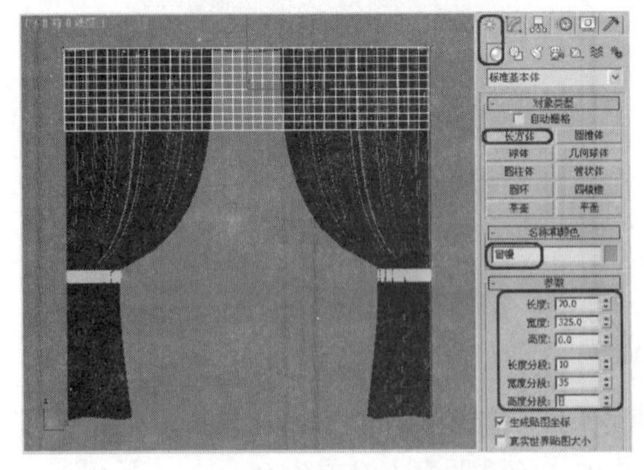

图 4.68

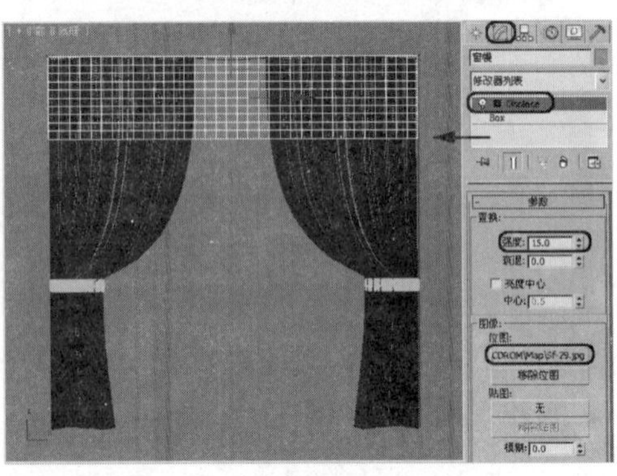

图 4.69

15 按【M】键，打开【材质编辑器】对话框，选择一个新的样本球，并将其命名为“窗幔”。在【Blinn 基本参数】卷展栏中将【自发光】选项组中的【不透明度】设置为 95，将【反射高光】选项组中的【高光级别】和【光泽度】分别设置为 10 和 25。在【贴图】卷展栏中单击【漫反射颜色】通道后面的 None 按钮，在弹出的【材质/贴图浏览器】对话框中选择【位图】贴图，打开随书附带光盘中的 CDROM｜Map｜55635036.jpg 文件，在位图参数面板中，将【坐标】卷展栏中【瓷砖】选项组中的 U 值设置为 4，返回父级面板。在【贴图】卷展栏中将【凹凸】后的【数量】设置为 100，然后单击后面的 None 按钮，在弹出的【材质/贴图浏览器】对话框中选择【位图】贴图，打开随书附带光盘中的 CDROM｜Map｜Sf-29.jpg 文件，在位图参数面板中，将【坐标】卷展栏中【瓷砖】选项组中的 U 值设置为 3，设置完成后将当前材质指定给场景中的“窗幔”对象，如图 4.70 所示。

提示：【凹凸】贴图是通过图像的明暗强度来影响材质表面的光滑程度，从而产生凹凸的表面效果的。白色图像产生凸起，黑色图像产生凹陷，中间色产生过渡。用【凹凸】贴图来模拟凹凸质感的优点是渲染速度很快，但是这种凹凸材质的凹凸部分不会产生阴影投影，在物体边界上也看不到真正的凹凸。如果要很清晰地表现凹凸物体，并且要表现出明显的投影效果，则应该使用【置换】贴图，利用图像的明暗度真实地改变物体造型。

16 选择【创建】｜【摄影机】｜【目标】工具，在【顶】视图中创建一架摄影机。在【参数】卷展栏中将【镜头】设置为 45，并调整所在位置，如图 4.71 所示，然后激活【透视】视图，按【C】键，将其转换为摄影机视图。

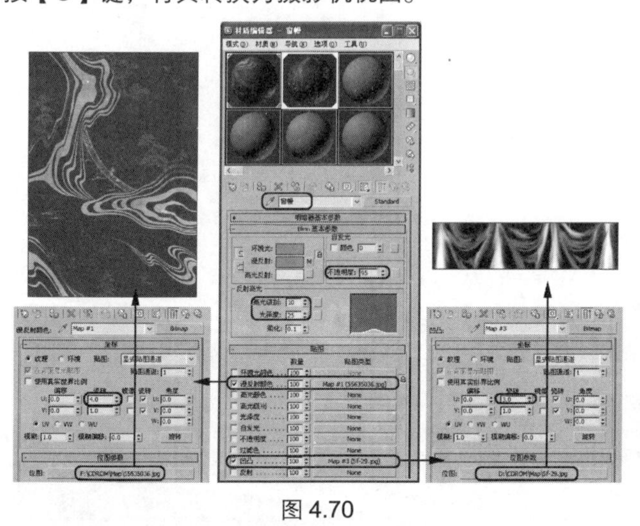

图 4.70

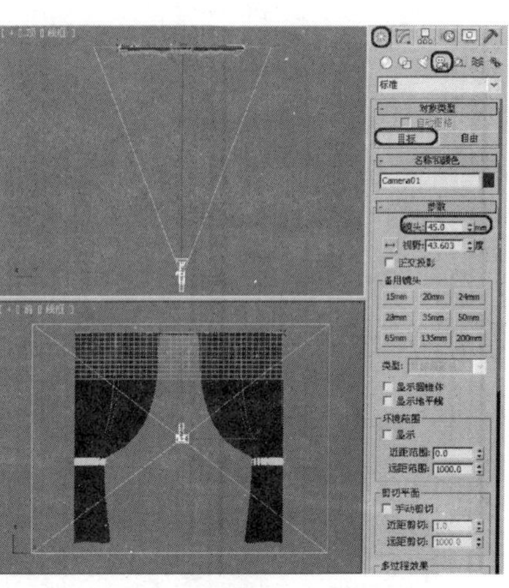

图 4.71

17 选择【创建】｜【灯光】｜【泛光灯】工具，在【顶】视图中创建一盏泛光灯，调整灯光的位置，如图 4.72 所示。

18 选择【创建】｜【灯光】｜【泛光灯】工具，在【顶】视图中创建一盏泛光灯，调整灯光的位置，在【强度/颜色/衰减】卷展栏中将【倍增】设置为 0.5，如图 4.73 所示。

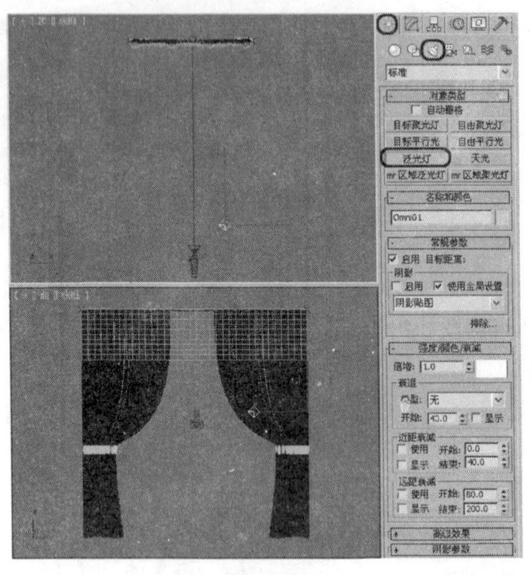

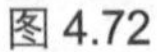

图 4.72

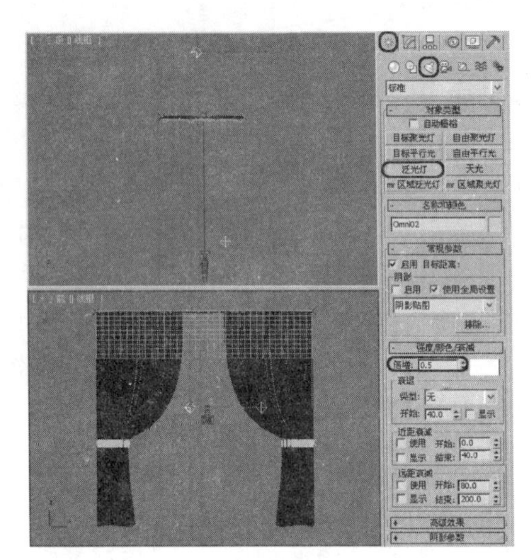

图 4.73

4.4.3 坐墩

本例介绍使用【布尔】工具制作坐墩的方法，坐墩的制作非常简单，墩身是利用【球体】和【圆柱体】进行【布尔运算】创建的，坐身可以直接利用【切角圆柱体】来创建，坐垫的制作是首先使用【线】工具绘制出坐垫的截面，然后再使用【车削】修改器进行旋转来完成造型，完成后的效果如图 4.74 所示。

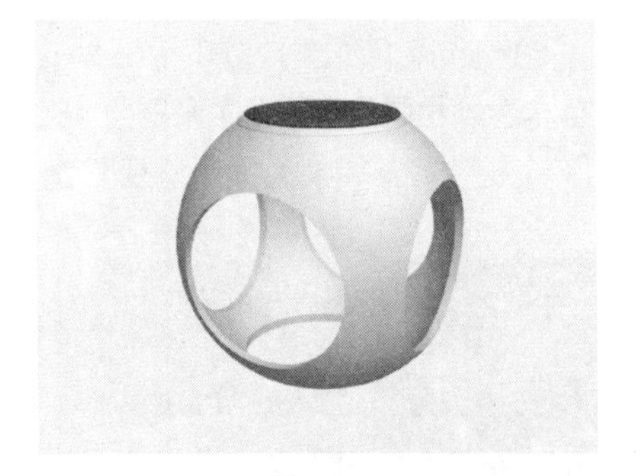

图 4.74

01 选择【创建】 | 【几何体】 | 【球体】工具，在【顶】视图中创建一个球体，并将其命名为“墩身”。在【参数】卷展栏中将【半径】和【分段】分别设置为 300 和 60，如图 4.75 所示。

02 选择【创建】 | 【几何体】 | 【圆柱体】工具，在【顶】视图中创建一个圆柱体，并将其命名为“圆柱”。在【参数】卷展栏中将【半径】和【高度】分别设置为 169 和 630，将【高度分段】和【边数】设置为 50 和 50，如图 4.76 所示。

> **提示：** 在创建“墩身”和“圆柱”时，要将各自的【分段】和【边数】设置得高一些，这样进行布尔运算之后，模型显得比较平滑。

03 确定“圆柱”对象处于选中状态，选择【创建】 | 【几何体】 | 【复合对象】 | 【布尔】工具，进入布尔运算模式。在【参数】卷展栏中选择【差集（B-A）】单选按钮后，单击【拾取操作对象 B】按钮，然后在视图中选择“墩身”对象进行布尔运算，如图 4.77 所示。

04 选择【创建】 | 【几何体】 | 【圆柱体】工具，在【左】视图中创建一个圆柱体，将其命名为“圆柱 2”，在【参数】卷展栏中将【半径】和【高度】分别设置为 169 和 630，将【高度分段】和【边数】设置为 50 和 50，如图 4.78 所示。

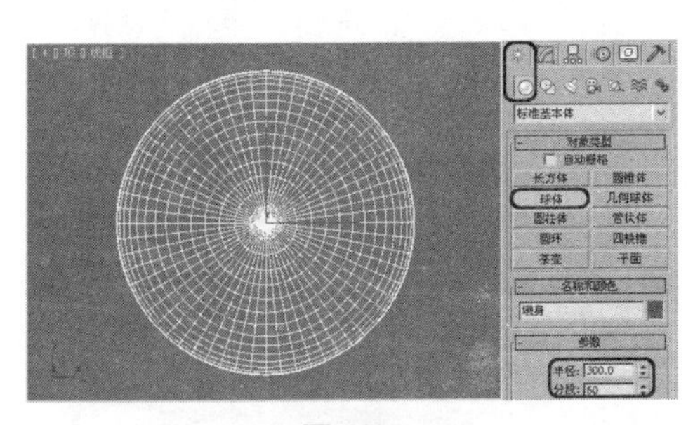

图 4.75

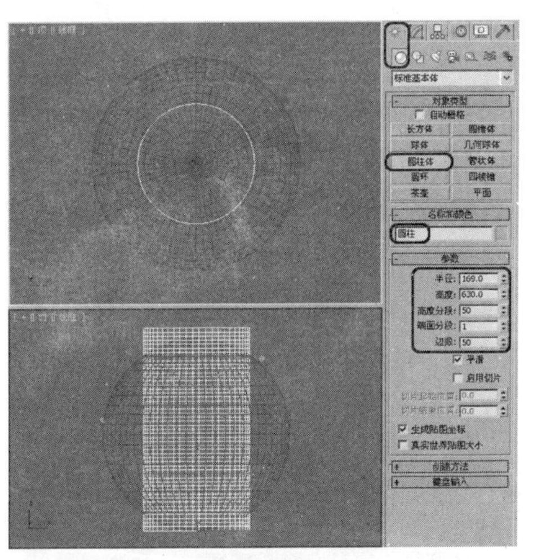

图 4.76

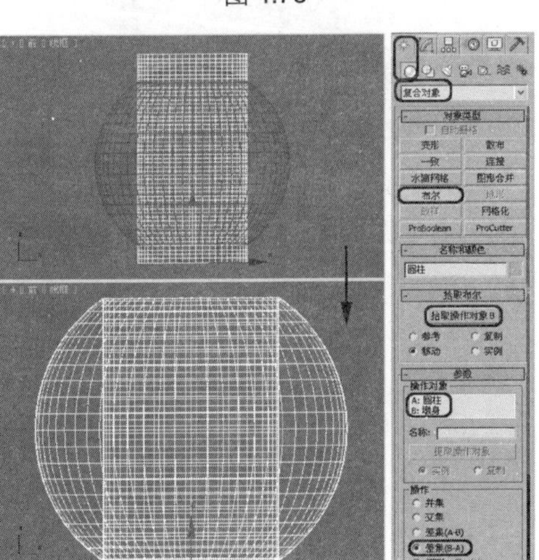

图 4.77

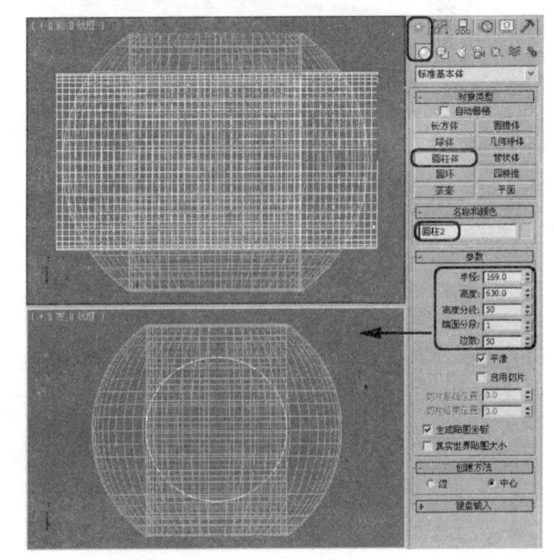

图 4.78

05 确定“圆柱 2”对象处于选中状态，选择【创建】｜【几何体】｜【复合对象】｜【布尔】工具，进入布尔运算模式。在【参数】卷展栏中选择【差集（B-A）】单选按钮后，单击【拾取操作对象 B】按钮，然后在视图中选择“圆柱”对象进行布尔运算，如图 4.79 所示。

06 选择【创建】｜【几何体】｜【圆柱体】工具，在【顶】视图中创建一个圆柱体，并将其命名为“圆柱 3”。在【参数】卷展栏中将【半径】和【高度】分别设置为 169 和 630，将【高度分段】和【边数】设置为 50 和 50，然后对“圆柱 2”进行布尔运算，如图 4.80 所示。

07 选择【创建】｜【几何体】｜【球体】工具，在【顶】视图中绘制一个球体，并将其命名为“内廓”，在【参数】卷展栏中将【半径】和【分段】分别设置为 285 和 60，如图 4.81 所示。

08 确认“内廓”对象处于选中状态，参照上面的制作方法，对“圆柱 3”进行布尔运算，得到的最终效果如图 4.82 所示。

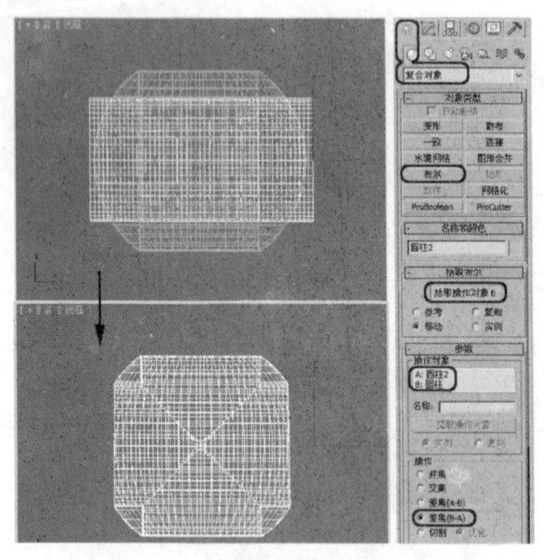

图 4.79

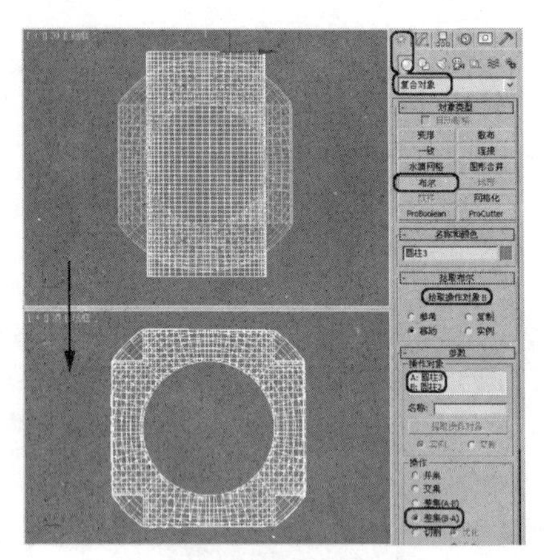

图 4.80

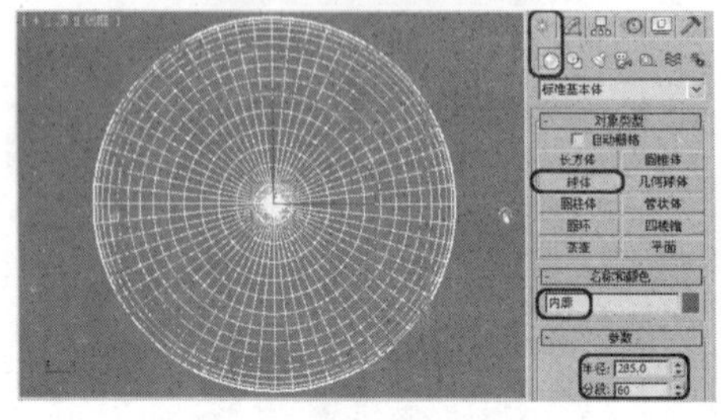

图 4.81

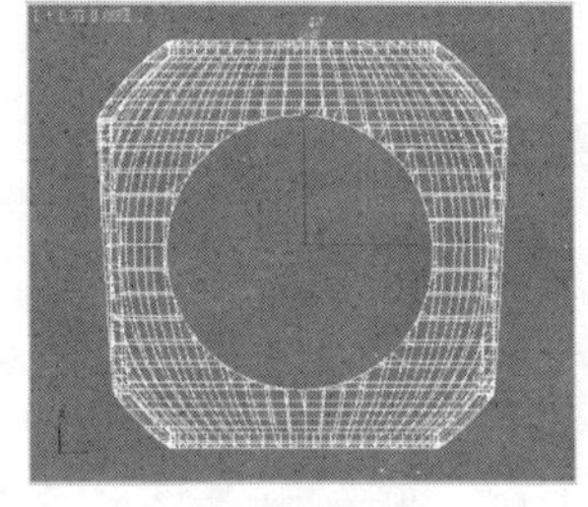

图 4.82

09 选择【创建】|【几何体】|【扩展基本体】|【切角圆柱体】工具，在【顶】视图中创建一个切角圆柱体，并将其命名为“坐身 02”。在【参数】卷展栏中将【半径】、【高度】和【圆角】值分别设置为 186、27 和 11，将【边数】设置为 50，如图 4.83 所示。

10 按【M】键，打开【材质编辑器】窗口，选择第一个材质样本球，并将其命名为“墩身”。在【明暗器基本参数】卷展栏中选择【面贴图】和【双面】复选框，在【Blinn 基本参数】卷展栏中将【环境光】和【漫反射】的 RGB 值均设置为 241、241、241，将【自发光】选项组中的【颜色】设置为 43，将该材质指定给场景中的“内廓”和“坐身 02”对象，如图 4.84 所示。

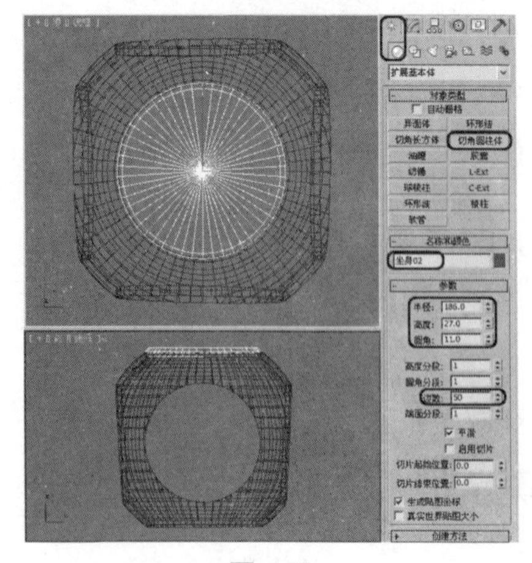

图 4.83

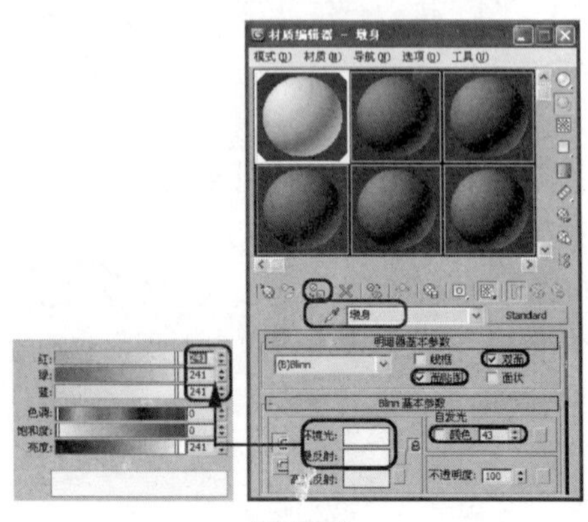

图 4.84

11　在【前】视图中绘制一个样条线，将它作为“坐垫”对象的截面图形，并将它命名为“坐垫”，然后切换到【修改】命令面板，将当前选择集定义为【顶点】，在场景中对顶点位置进行调整，如图 4.85 所示。

12　在【修改器列表】下拉列表框中选择【车削】修改器，在【参数】卷展栏中将【分段】设置为 50，在【方向】选项组中选择 Y 轴，并在【对齐】选项组中单击【最小】按钮，创建出“坐垫”造型，如图 4.86 所示。

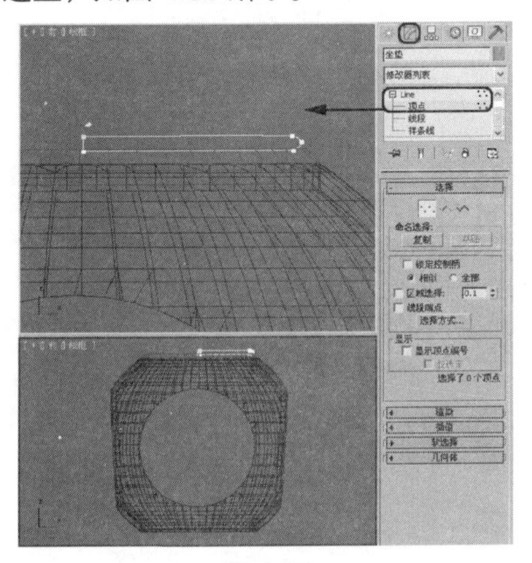

图 4.85

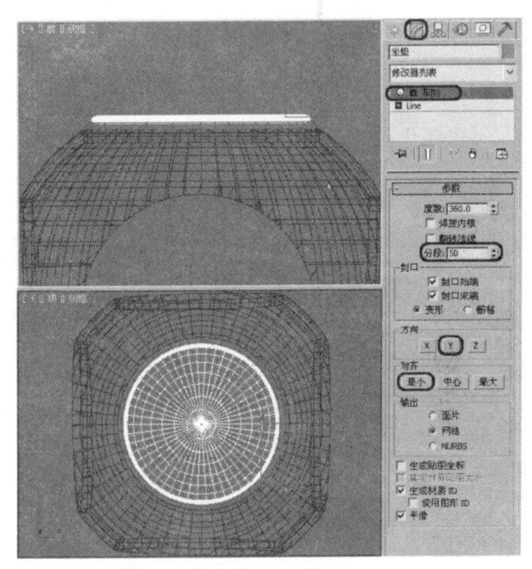

图 4.86

13　按【M】键，打开【材质编辑器】窗口，选择一个新的材质样本球，并将其命名为“坐垫”。在【Blinn 基本参数】卷展栏中将【环境光】和【漫反射】的 RGB 值设置为 248、7、47，将【反射高光】选项组中的【高光级别】和【光泽度】分别设置为 56 和 35，如图 4.87 所示。

14　选择【创建】|【摄影机】|【目标】工具，在【顶】视图中创建一架摄影机。在【参数】卷展栏中将【镜头】设置为 35，并在场景中调整其位置，如图 4.88 所示。激活【透视】视图，然后按【C】键，将其转换为摄影机视图。

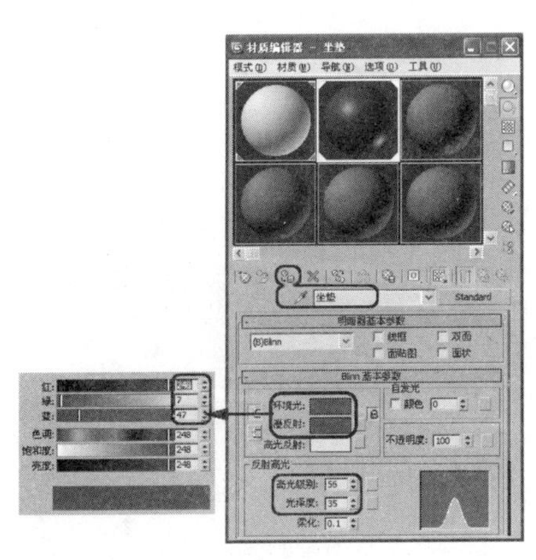

图 4.87

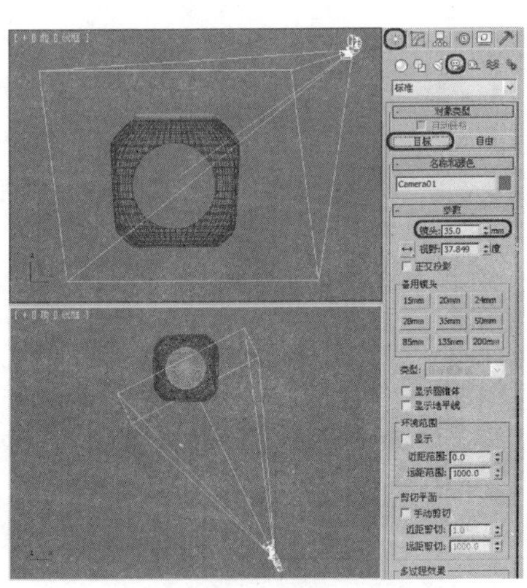

图 4.88

4.5 习题

一、简答题

1、简述使用布尔运算的注意事项。

2、在 3ds Max 中配置了几种标准基本体，具体包括哪些?

3、在 3ds Max 中配置了几种扩展基本体，具体包括哪些?

4、制作一个简单的室外建筑。

5、放样物体由哪两个因素组成? 放样物体的原理是什么?

二、操作题

创建两个实体，使用【布尔】复合对象工具对两个对象进行相加、相减和相交操作，使其产生不同的新物体。

第 5 章　编辑修改器

编辑修改器是 3ds Max 2011 的主要构成部分，在编辑修改器面板中可以修改所创建对象的参数，并为其施加修改器以得到更复杂的效果。

本章将对编辑修改器的使用和相关概念进行讲解，重点介绍常用编辑修改器的使用方法。

本章重点

- 熟悉编辑修改器的使用界面
- 了解编辑修改器的相关概念
- 掌握【车削】、【倒角】等编辑修改器的使用

5.1　编辑修改器的使用界面

在【创建】命令面板中可以创建几何体、图形、灯光、摄影机、辅助对象和空间扭曲等对象类型。它们在产生的同时，也创建了自己的参数，独自存在于三维场景中。如果要对它们的参数进行修改，需要用到编辑修改器。

5.1.1　初识编辑修改器

在 3ds Max 2011 用户界面的所有区域中，编辑修改器是功能最强大的，如图 5.1 所示。编辑修改器中包含了名称和颜色、修改器列表、修改器堆栈和通用修改区 4 部分。

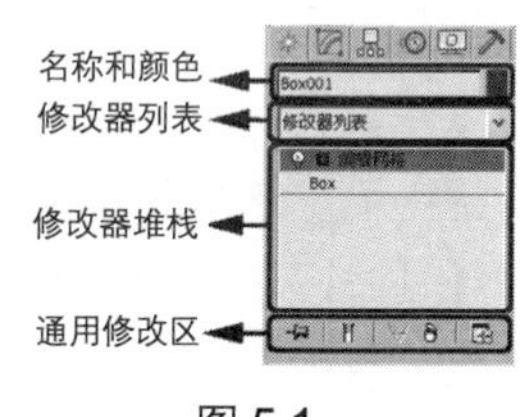

图 5.1

5.1.2　编辑修改器面板简介

接下来将对编辑修改器面板中的选项进行介绍。

- 名称和颜色：显示修改对象的名称和线框颜色，在名称框中可以更改对象的名称。在 3ds Max 中，允许同一场景中有重名的对象存在。单击颜色块，弹出【对象颜色】对话框，用于选择颜色，如图 5.2 所示。
- 修改器列表：在其下拉列表框中会列出各种修改器选项。

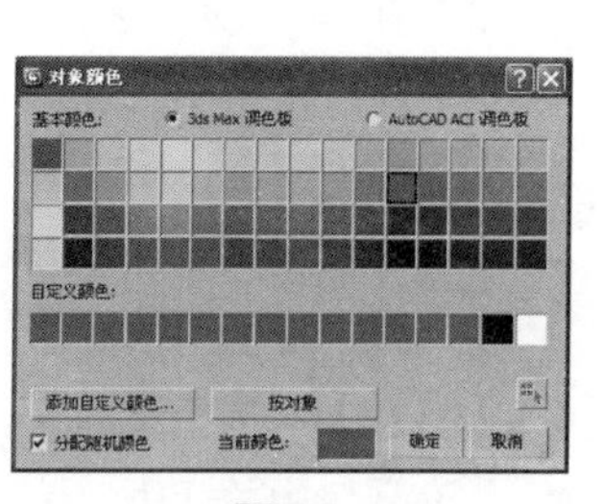

图 5.2

- 修改器堆栈：修改器堆栈位于名称和颜色字段下面。修改器堆栈（简称“堆栈”）包含项目的累积历史记录，其中包括所应用的创建参数和修改器。堆栈的底部是原始项目。对象的上面就是修改器，按照从下到上的顺序排列，即修改器应用于对象几何体的顺序，如图 5.3 所示。

通过上面对修改器面板的初步认识，可以大体了解修改器面板的组成。下面将对编辑修改器面板进行详细介绍。

在堆栈中右击，弹出一个快捷菜单，如图 5.4 所示。各个命令的功能介绍如下：

- 【重命名】：对选择的修改器重新命名。图 5.5 所示为对【UVW 贴图】修改器进行重新命名。按【Enter】键确认当前输入的名称；按【Esc】键，退出重命名操作。

图 5.3

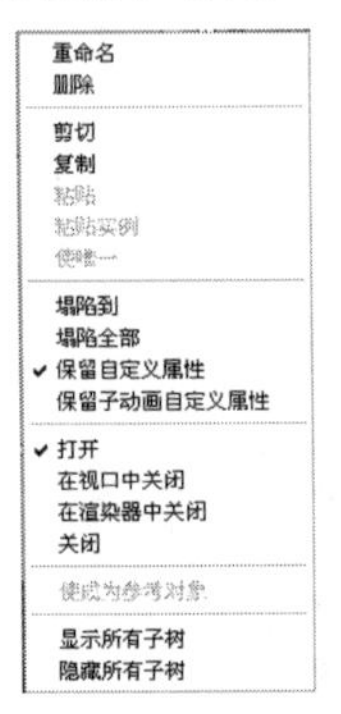

图 5.4

图 5.5

- 【删除】：删除所选择的修改器。
- 【剪切】：将对象当前选择的修改器从堆栈中删除，可以粘贴到其他的对象修改器堆栈中。
- 【复制】：复制选择的修改器。
- 【粘贴】：将修改器粘贴到堆栈中。修改器将显示在当前选定的对象或修改器上面。若修改器是世界空间修改器，将粘贴在堆栈的顶部。
- 【粘贴实例】：将修改器的实例粘贴到堆栈中。修改器实例将显示在当前选定的对象或修改器上面。若修改器实例是世界空间修改器，将粘贴在堆栈的顶部。
- 【使唯一】：将实例化修改器转化为副本，它对于当前对象是唯一的。除非右击的修改器是实例化的，否则此按钮处于不可用状态。
- 【塌陷到】：塌陷堆栈的一部分。除非选择堆栈中的一个或多个修改器，否则【塌陷到】命令不可用。对象塌陷后会失去这些修改器的记录，以后便不能再返回到这些修改器中进行调节。选择该命令后会弹出提示对话框，如图 5.6 所示。
- 【塌陷全部】：塌陷整个堆栈。
- 【保留自定义属性】：选择该命令后，当塌陷对象的修改器或将其转换为其他对象时，将会在堆栈中保留对象的自定义属性。
- 【打开】：选择该命令后，无论是视图显示还是渲染，当前的修改器效果都能显示出来。
- 【在视口中关闭】：选择该命令后，当前修改器在视口中不显示出来。
- 【在渲染器中关闭】：选择该命令后，当前修改器的效果在渲染时不显示出来。

- 【关闭】：选择该命令后，当前的修改命令效果无论是视图显示还是渲染，都不显示出来。
- 【使成为参考对象】：用于将实例对象转换为参考对象。对实例对象应用该命令后，会在对象的堆栈上方出现一个空的堆栈层。
- 【显示所有子树】：选择该命令后，将展开所有修改器的层级，使所有子级项目都被显示出来，如图 5.7 所示。如果要扩展单个修改器的子级，可以单击修改器名称左侧的加号图标。
- 【隐藏所有子树】：选择该命令后，将收起所有修改器的层级，如图 5.8 所示。如果只需隐藏单个对象的层级，可以单击修改器命令名称左侧的减号图标。

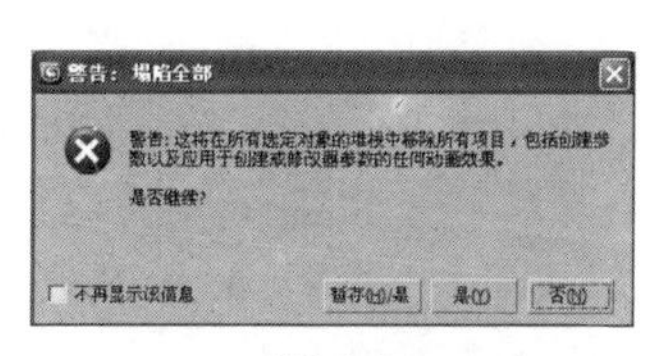

图 5.6

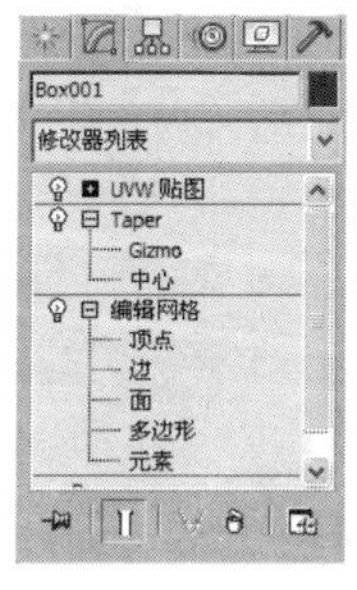

图 5.7

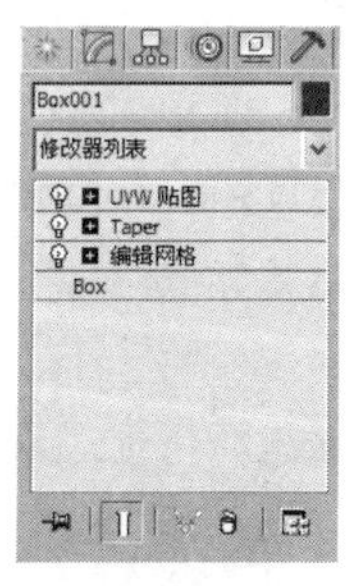

图 5.8

✧ 通用修改区：在通用修改区中提供了通用的修改操作工具，对所有修改工具均有效，起着辅助修改的作用。

✧ 【锁定堆栈】按钮：将修改堆栈锁定到当前对象上，即使在场景中选择了其他对象，命令面板仍会显示锁定的对象修改器。

✧ 【显示最终结果开/关切换】按钮：如果当前处在修改堆栈的中间或底层，视图中只会显示出当前所在层之前的修改结果，单击此按钮可以观察最后的修改结果。

✧ 【使唯一】按钮：当对一组选择对象施加修改器时，这个修改器会同时影响所有对象，以后在调节该修改器的参数时，都会对所有的对象同时进行影响，因为它们已经属于实例属性修改器的命令了。单击该按钮，可以将这种关联的修改各自独立，将共同的修改器独立分配给每个对象，使它们失去彼此的关联。

✧ 【从堆栈中移除修改器】按钮：将当前修改器从修改堆栈中删除。

✧ 【配置修改器集】按钮：单击该按钮，弹出下拉菜单可以重新对列出的修改工具进行设置。

a. 【配置修改器集】：选择该命令后，弹出【配置修改器集】对话框，使用该对话框可以为【修改】命令面板创建自定义修改器和按钮集。

b. 【显示按钮】：选择此命令后，可以在【修改器列表】下拉列表框中显示所有的编辑修改器的按钮。

c. 【显示列表中的所有集】：通常在 3ds Max 中，编辑修改器序列默认的设置为 3 种类型，即【选择修改器】、【世界空间修改器】和【对象空间修改器】。选择【显示列表中的所有集】命令可以将默认的编辑修改器中的编辑器按照功能的不同进行有效划分，使用户在设置操作中便于查找和选择。

5.2 编辑修改器的相关概念

本节将对编辑修改器中公用的相关属性进行介绍。

5.2.1 编辑修改器的公用属性

大多数的编辑修改器中都有相同的基本属性设置。在一个编辑修改器中除了包含基本的参数设置外，还包含次级的编辑修改对象，例如 Gizmo 和【中心】。

如图 5.9 所示，Gizmo 在视图中的显示是以线框的方式包围被选择的对象的，可以像处理其他对象一样处理 Gizmo。在 3ds Max 2011 中，Gizmo 被作为编辑修改器的重要辅助工具使用，通过移动、旋转和缩放 Gizmo，可以影响编辑修改器作用于对象的效果。

如图 5.10 所示，中心是作为场景中对象的三维几何中心出现的，同时它也是编辑修改器的作用中心。与 Gizmo 一样，中心也是编辑修改器使用的重要辅助工具，通过改变它的位置，也可以影响编辑修改器作用于对象的效果。

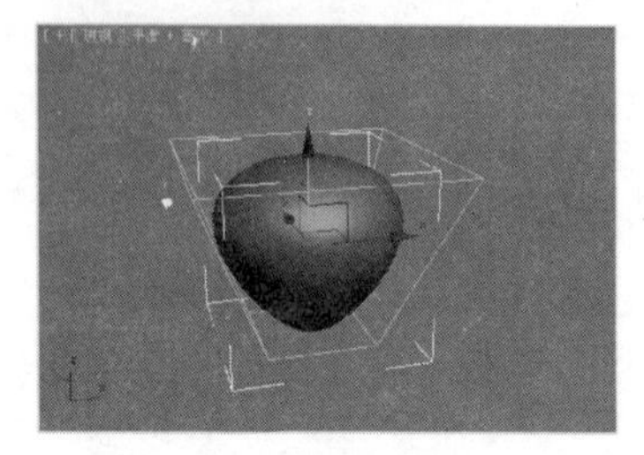

图 5.9

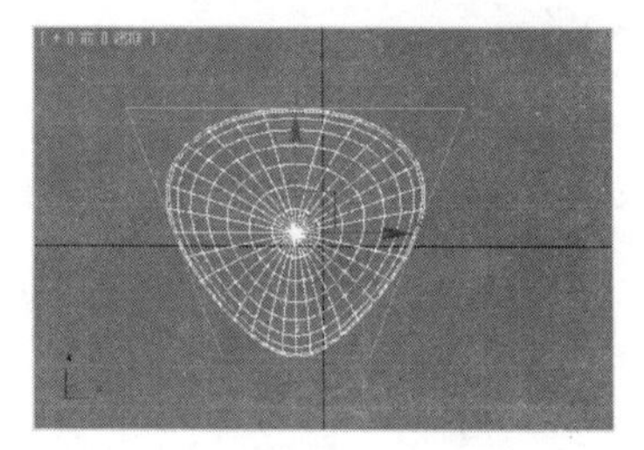

图 5.10

在编辑修改器堆栈中，单击编辑修改器左侧的"+"按钮，将修改器展开，就可以看到 Gizmo 和【中心】两个属性。

1．**移动 Gizmo 和中心**

移动编辑修改器中 Gizmo 和【中心】属性的区别分别如图 5.11 和图 5.12 所示。

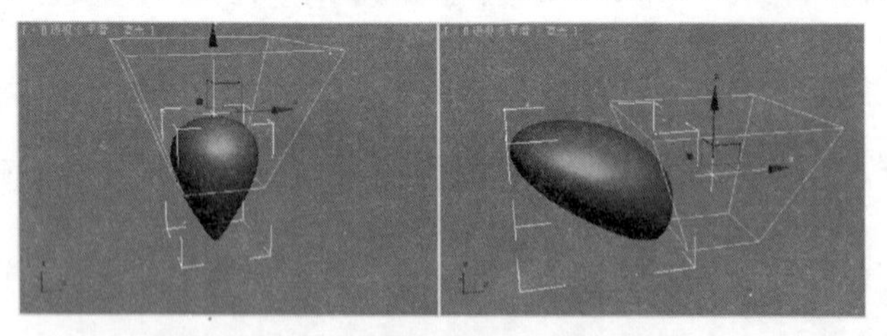

图 5.11

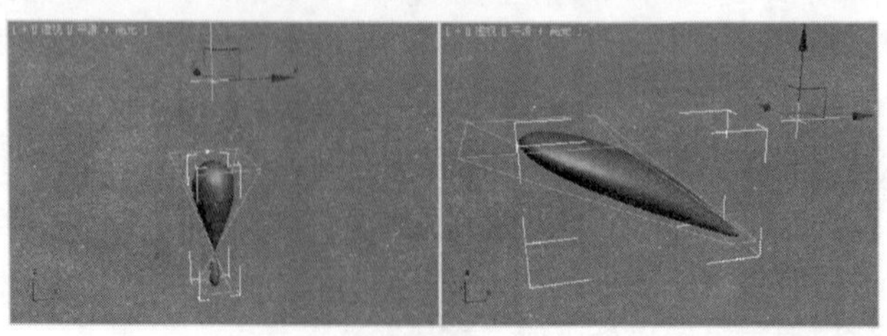

图 5.12

一般情况下，移动 Gizmo 和移动【中心】产生的效果是相同的，不同的是移动 Gizmo 将使其与所匹配的对象分离，这样可能使后面的编辑模型产生混乱；而移动【中心】只会改变【中心】的位置，不会对 Gizmo 的位置产生影响，Gizmo 依然作用在对象上。因此当选择移动 Gizmo 或【中心】属性来影响编辑修改器的效果时，一般选择移动【中心】。移动 Gizmo 通常是为了建立新的可视化参考。

2. 旋转 Gizmo

除了对 Gizmo 使用移动功能外，还可以对其使用旋转和缩放功能，而对【中心】只能使用移动功能。图 5.13 所示为对对象的 Gizmo 使用旋转功能后的效果，在旋转过程中，同样它的作用是提供一个可视化的参考。一般情况下，许多编辑修改器都有控制旋转效果的参数，最好使用这些参数来精确地控制旋转效果。而对一些没有方向参数的编辑修改器来说，用户的唯一选择就是旋转 Gizmo。

3. 缩放 Gizmo

缩放 Gizmo 可以产生放大或缩小编辑修改器的效果，如图 5.14 所示。一般情况下，执行均匀比例的缩放与增加编辑修改器的强度产生的效果相同。但是对 Gizmo 使用非均匀比例的缩放效果却是不同的，使用 Gizmo 进行缩放有很大的随意性。

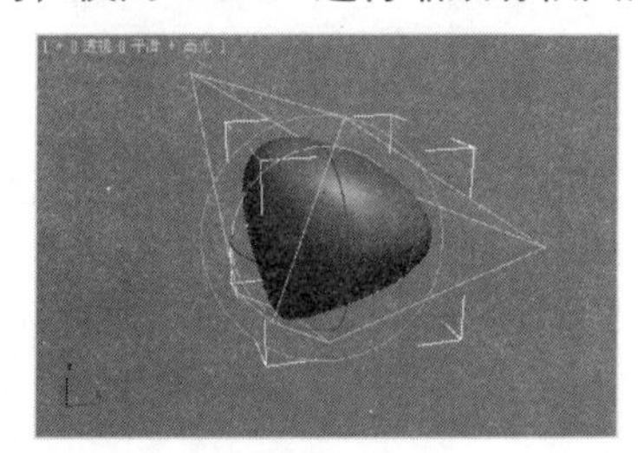

图 5.13

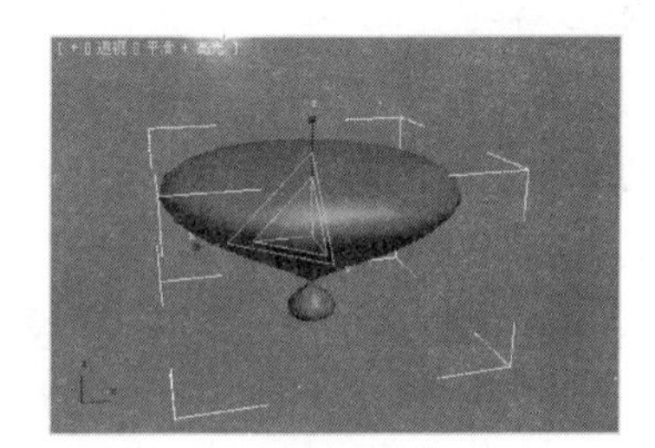

图 5.14

5.2.2　对象空间和世界空间

在 3ds Max 中，使用【对象空间】和【世界空间】两种坐标系统。【对象空间】是场景中每个对象的独立坐标系统，它可以定义对象的顶点位置、转换修改、贴图坐标和材质等。每个对象都有自身的中心和坐标系统，它们结合起来定义对象空间，可以通过对象轴心点的位置和方向进行改变。【世界空间】是定位场景中所有对象的全局坐标系统，是恒定不变的。在视图中观察主栅格，可以看到世界坐标系统，场景中所有的对象通过位置、旋转和缩放被放置在世界空间中。

5.2.3　对单个对象或对象的选择集使用编辑修改器

对于单个对象、对象的选择集或对象中的次对象选择集，也可以使用编辑修改器。除了影响拓朴结构的编辑修改器外，大部分编辑修改器都有一个图形代表。Gizmo 的中心在对象的轴心点上。Gizmo 并不直接影响编辑修改器的效果，而对 Gizmo 的中心位置进行移动、旋转、缩放操作，以及修改编辑修改器的参数都会影响编辑修改器的结果。

当编辑修改器应用于单个对象时，Gizmo 将与所选择的对象大小一样，而且包围着对象，Gizmo 的中心也在对象的轴心点上。

当编辑修改器应用于单个选择集时，编辑修改器通常将其 Gizmo 配置到选择集可能到达的范围，在选择集的几何中心定位 Gizmo 的中心，最后的效果就像是所有被选择的对象结合成了一个大的对象，而对这个对象则作用于同一个编辑修改器。

当编辑修改器应用于选择集时，使选择集的各个对象共享同一个关联编辑修改器。当选择一个被编辑修改的对象，调整共享的编辑修改器时，将同时影响所有其他对象的编辑修改器。如果想要实现只修改其中的一个对象而不影响其他对象时，单击编辑修改器面板中的【使唯一】按钮即可。

5.2.4 在次对象层次应用编辑修改器

当处理对象内的不连续实体部分或改变对象的某个局部区域时，就必须进行一些次对象的编辑修改工作。

网格通常是指网格对象，网格对象由三角形面组成，三角形面又定义了平坦或者弯曲的表面。顶点定义三维空间中的点，它是最基本的实体，顶点并不能定义几何体，它只能定义点在空间中的位置。顶点没有自己的表面或者属性，在渲染时也不能被看到。顶点的唯一作用就是用来创建面。

边界就是连接两个顶点并形成面的边框线，因此每个面都有 3 个边界，共享两个顶点的邻接面也就同时共享了一个边界。边界不需要直接创建，它是创建面的结果。边界被用来处理面，或者作为创建新面的基础。

多边形是结合在一起的共面集合，它组成面片、侧面和网格对象的末端。在 3ds Max 2011 中，多边形仅是选择的面，它们不是具有特定处理能力的实体。当选择并变换多边形时，实际上就是在选择并变换面的选择集。

元素在 3ds Max 2011 中是指不连续网格。当邻接的面包含有相同的顶点或边界时，将会被合并在一起，而且只要网格结合在一起，元素就会不断延伸。

网格对象包含一个或多个元素，可以认为是元素的集合。与元素不同的是，对象不需要是连续的网格，对象可以由各种独立的元素组成，并且它可以包含独立的顶点。

从上面可以总结出网格对象的几何层次顺序为顶点、面、边界、多边形、元素和对象。图 5.15 所示为次对象选择的两种状态，其中左边为选择面，右边为选择顶点。认识这些次对象后，就可以对对象使用编辑修改器了。首先要使用编辑修改器中的【选择修改器】来定义次对象选择集。【选择修改器】包括样条选择、网格选择、多边形选择、面片选择、体积选择、FFD 选择和 NURBS 表面选择等种类。在构成有效的次对象选择集方面，这些选择编辑修改器发挥了很大的作用。

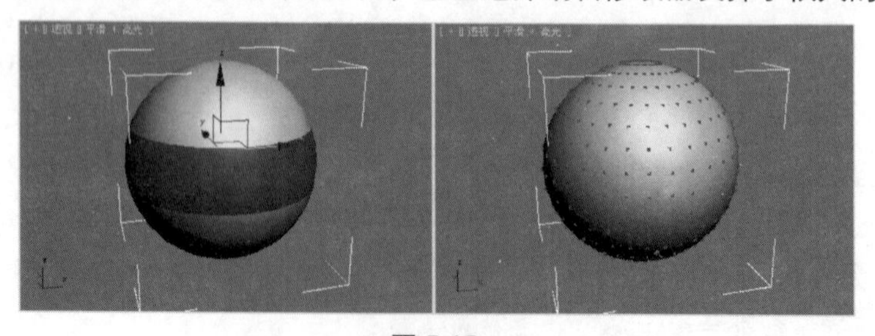

图 5.15

定义次对象选择集后，就可以在次对象层次中对它们使用各种编辑修改器了。最典型的几种编辑类的修改器为编辑样条线、编辑网格、编辑面片和编辑多边形。

5.2.5　塌陷堆栈

编辑修改器堆栈中的每一步都将占据内存，为了使被编辑修改的对象占用尽可能少的内存，可以塌陷堆栈。塌陷堆栈的操作步骤如下：

01　在编辑堆栈区域中右击。

02　在弹出的菜单中选择一个塌陷类型。

03　如果选择【塌陷到】命令，可以将当前选择的一个编辑修改器及其下面的编辑修改器塌陷；如果选择【塌陷全部】命令，可以将所有堆栈列表中的编辑修改器对象塌陷。

通常在建模已经完成，并且不再需要进行调整时执行塌陷堆栈操作，塌陷后的堆栈不能进行恢复，因此执行此操作时一定要慎重。

5.3　典型编辑修改器的使用

通过上面对修改器面板的介绍，相信读者对编辑修改器已经有了一定的认识，下面将对【修改器列表】下拉列表框中的常用修改器进行介绍。

5.3.1　车削编辑修改器

【车削】修改器可以通过旋转二维图形产生三维造型，如图 5.16 所示，或通过 NURBS 曲线来创建 3D 对象。

【车削】修改器的【参数】卷展栏，如图 5.17 所示。

在修改器堆栈中，将【车削】修改器展开，可以通过【轴】选项来调整车削，如图 5.18 所示。

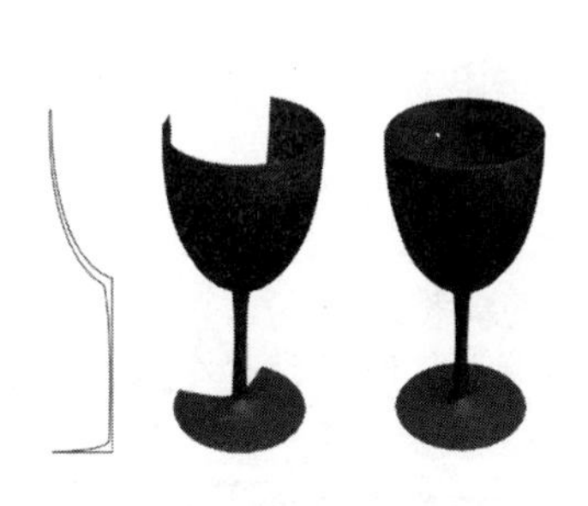

图 5.16

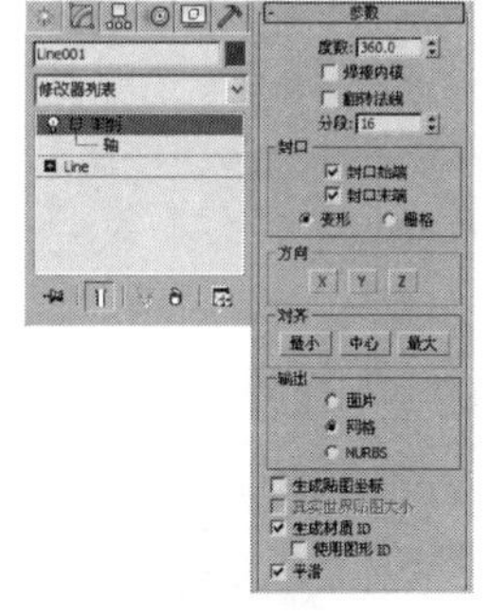

图 5.17

图 5.18

- 【轴】：在此子对象层级上，可以进行变换和设置绕轴旋转动画。

在【参数】卷展栏中，可以通过以下参数进行设置：

- 【度数】：设置旋转成型的角度，360 度为一个完整环形，小于 360 度为不完整的扇形。
- 【焊接内核】：通过将旋转轴中的顶点焊接来简化网格，如果要创建一个变形目标，则禁用此复选框。
- 【翻转法线】：将模型表面的法线方向反向。
- 【分段】：设置旋转圆周上的片段划分数，该值越高，模型越平滑。
- 【封口】选项组。

✧【封口始端】：将顶端加面覆盖。

✧【封口末端】：将底端加面覆盖。

✧【变形】：不进行面的精简计算，以便用于变形动画的制作。

✧【栅格】：进行面的精简计算，不能用于变形动画的动作。

- 【方向】选项组。

✧ X、Y、Z：分别设置不同的轴向。

- 【对齐】选项组。

✧【最小】：将曲线内边界与中心轴对齐。

✧【中心】：将曲线中心与中心轴对齐。

✧【最大】：将曲线外边界与中心轴对齐。

- 【输出】选项组。

✧【面片】：将放置成型的对象转化为面片模型。

✧【网格】：将旋转成型的对象转化为网格模型。

✧ NURBS：将放置成型的对象转化为 NURBS 曲面模型。

✧【生成贴图坐标】：将贴图坐标应用到车削对象中。当【度数】小于 360 并选择【生成贴图坐标】复选框时，将另外的贴图坐标应用到末端封口中，并在每一个封口上放置一个 1×1 的平铺图案。

✧【真实世界贴图大小】：控制应用于该对象的纹理贴图材质所使用的缩放方法。

✧【生成材质 ID】：为模型指定特殊的材质 ID，两端面指定为 ID1 和 ID2，侧面指定为 ID3。

✧【使用图形 ID】：旋转对象的材质 ID 号分配以封闭曲线继承的材质 ID 值决定。只有在对曲线指定材质 ID 后才可用。

✧【平滑】：选择该复选框后，自动平滑对象的表面，产生平滑过渡，否则会产生硬边。图 5.19 所示为启用与禁用【平滑】复选框的对比效果。

使用【车削】修改器的操作步骤如下：

01 在【前】视图中使用【线】工具绘制一条如图 5.20 所示的样条线。

图 5.19

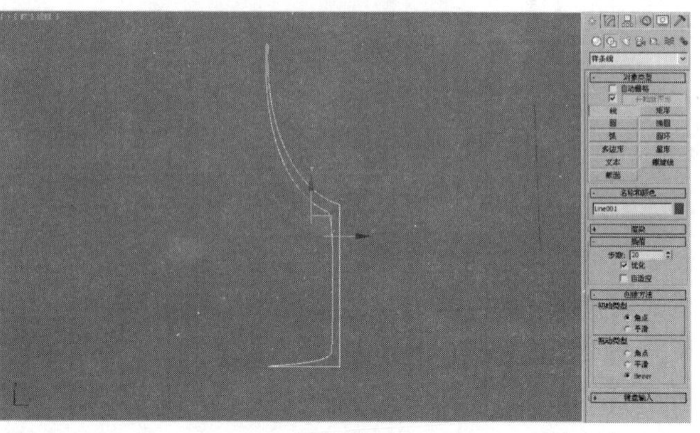

图 5.20

02 切换到【修改】命令面板，在【修改器列表】下拉列表框中选择【车削】修改器，如图 5.21 所示。

03 在【参数】卷展栏中单击【对齐】选项组中的【最大】按钮，然后设置【分段】为 16，如图 5.22 所示。

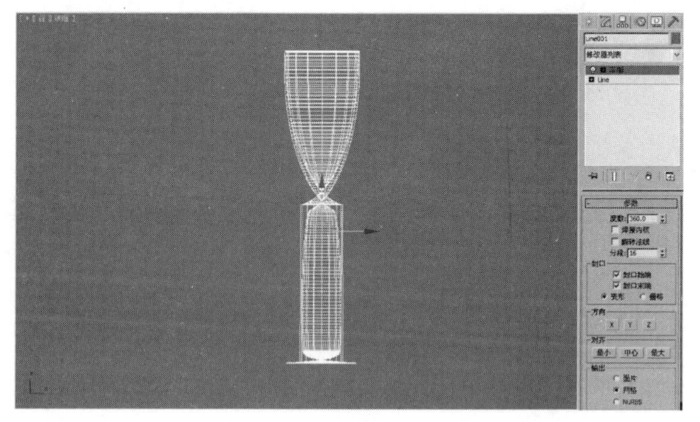

图 5.21

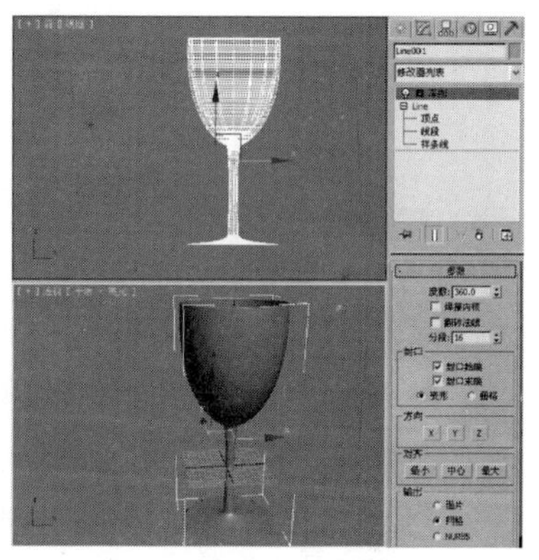

图 5.22

5.3.2　挤出编辑修改器

【挤出】修改器用于将二维的样条线图形增加厚度，挤出成三维实体，如图 5.23 所示。这是一个非常常用的建模方法，可以进行面片、网格对象和 NURBS 对象等模型的输出。

在【修改】命令面板中设置【挤出】修改器的【参数】卷展栏，如图 5.24 所示。

图 5.23

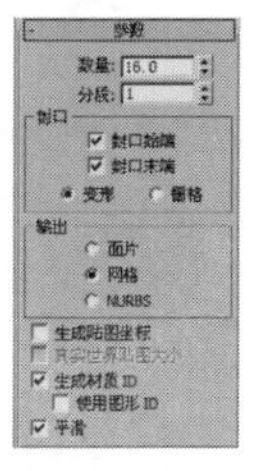

图 5.24

各参数的功能说明如下：

- 【数量】：设置挤出的深度。
- 【分段】：设置挤出厚度上的片段划分数。

下面的【封口】选项组、【输出】选项组等选项的设置与【车削】修改器的【参数】卷展栏中的设置相同，这里就不详细介绍了。

5.3.3　倒角编辑修改器

【倒角】修改器是指对二维图形进行挤出成形，并且在挤出的同时，在边界上加入直形或圆形的倒角，如图 5.25 所示，一般用来制作立体文字和标志。

在【倒角】修改器面板中包括【参数】和【倒角值】两个卷展栏，首先介绍【参数】卷展栏，如图 5.26 所示。

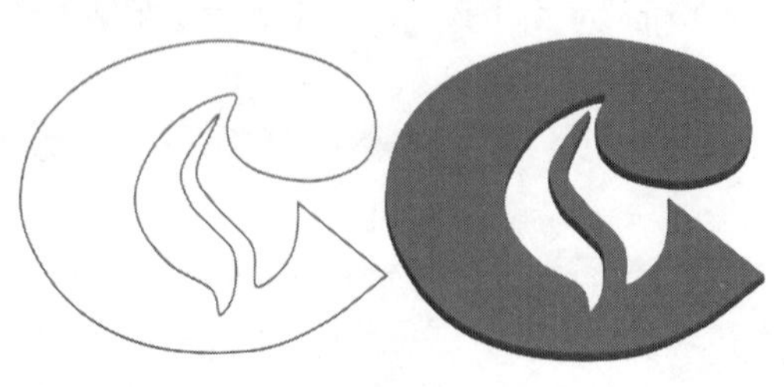

图 5.25

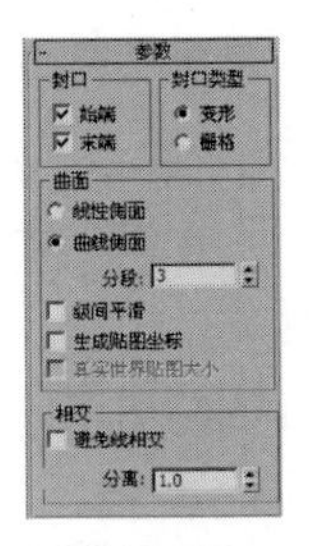

图 5.26

1.【参数】卷展栏

【封口】选项组与【封口类型】选项组中的选项与前面【车削】修改器中的含义相同，这里就不详细介绍了。

- 【曲面】选项组用于控制侧面的曲率、平滑度，以及指定贴图坐标。
  - ✧ 【线性侧面】：选择此单选按钮后，级别之间会沿着一条直线进行分段插值。
  - ✧ 【曲线侧面】：选择此单选按钮后，级别之间会沿着一条 Bezier 曲线进行分段插值。
  - ✧ 【分段】：设置倒角内部的片段划分数。选择【线性侧面】单选按钮，然后设置【分段】的值，如图 5.27 所示，上面的【分段】值为 1，下面的【分段】值为 3；选择【曲线侧面】单选按钮，然后设置【分段】的值，如图 5.28 所示，上面的【分段】的值为 1，下面的【分段】值为 3。多的片段划分主要用于弧形倒角，如图 5.29 所示，右侧为弧形倒角效果。

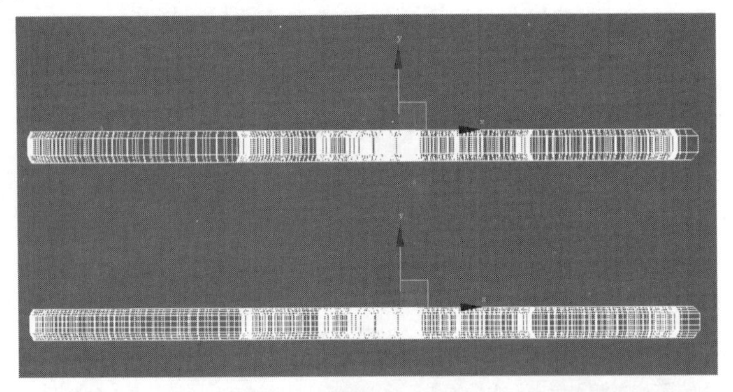

图 5.27

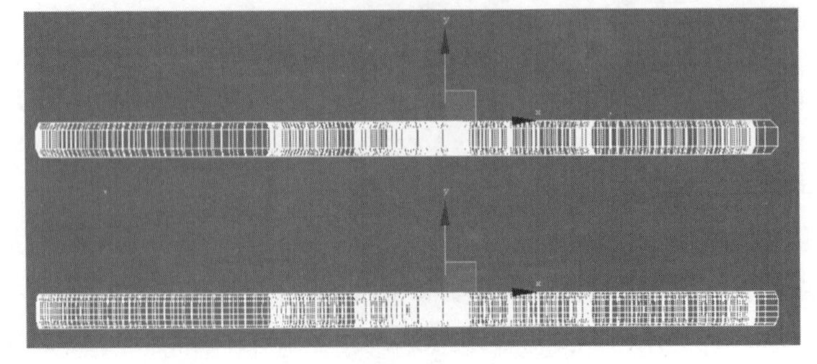

图 5.28

✧ 【级间平滑】：控制是否将平滑组应用于倒角对象侧面。封口会使用与侧面不同的平滑组。启用此复选框后，对侧面应用平滑，侧面显示为弧状；禁用此复选框后，不应用平滑，侧面显示为平面倒角。

✧ 【生成贴图坐标】：选择该复选框，将贴图坐标应用于倒角对象。

✧ 【真实世界贴图大小】：控制应用于该对象的纹理贴图材质所使用的缩放方法。

- 在制作倒角时，有时尖锐的折角会产生突出变形，【相交】选项组提供了处理这种问题的方法。

✧ 【避免线相交】：选择该复选框，可以防止尖锐折角产生的突出变形，如图 5.30 所示，左侧为突出现象，右侧为选择该复选框后的效果。

✧ 【分离】：设置两个边界线之间保持的距离间隔，以防止越界交叉。

> **提示：** 选择【避免线相交】复选框，会增加系统的运算时间，可能会等待很久，而且将来在改变其他倒角参数时也会变得迟钝，所以尽量避免使用这个功能。如果遇到线相交的情况，最好是返回曲线图形中手动进行修改，将转折过于尖锐的地方调节圆滑即可。

2.【倒角值】卷展栏

在【起始轮廓】选项组中包括级别 1、级别 2 和级别 3，它们分别用于设置 3 个级别的【高度】和【轮廓】，如图 5.31 所示。

图 5.29

图 5.30

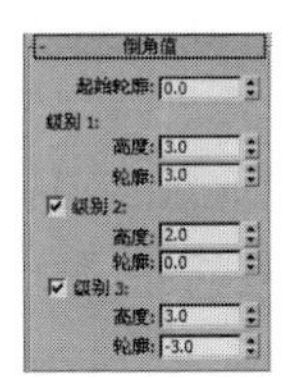

图 5.31

5.3.4 弯曲编辑修改器

【弯曲】修改器将对象进行弯曲处理，可以调节弯曲的角度和方向，如图 5.32 所示。

【弯曲】修改器面板如图 5.33 所示，各参数的简介如下：

- 【弯曲】选项组。

✧ 【角度】：用于设置弯曲的角度大小。

✧ 【方向】：用来调整弯曲方向的变化。

- 【弯曲轴】选项组。

X、Y、Z：指定要弯曲的轴。

- 【限制】选项组。

【限制效果】：对物体指定限制效果，影响区域将由下面的【上限】和【下限】值来确定。

✧ 【上限】：设置弯曲的上限，在此限度以上的区域将不会受到弯曲影响。

✧ 【下限】：设置弯曲的下限，在此限度与上限之间的区域都将受到弯曲影响。

除了这些基本的参数之外，【弯曲】修改器还包括两个次物体选择集，即 Gizmo（线框）和【中心】，如图 5.34 所示。对于 Gizmo，可以对其进行移动、旋转和缩放等变换操作，在进行这些操作时将影响弯曲的效果。

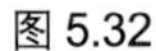

图 5.32

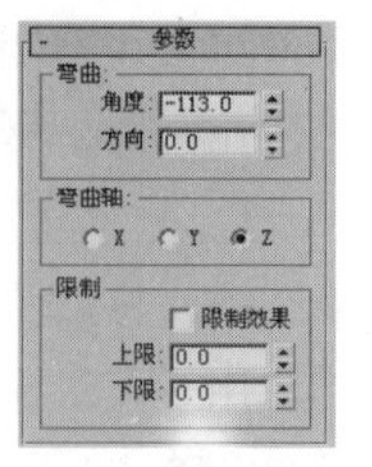

图 5.33

图 5.34

5.4 其他编辑修改器的使用

下面再为大家介绍一些其他经常用到的修改器。

5.4.1 波浪编辑修改器

【波浪】修改器可以在对象几何体上产生波浪效果，如图 5.35 所示。

图 5.35

使用【波浪】修改器的操作步骤如下：

01 选择需要施加【波浪】修改器的对象。

02 在【修改器列表】下拉列表框中选择【波浪】修改器，设置合适的参数，如图 5.36 所示。

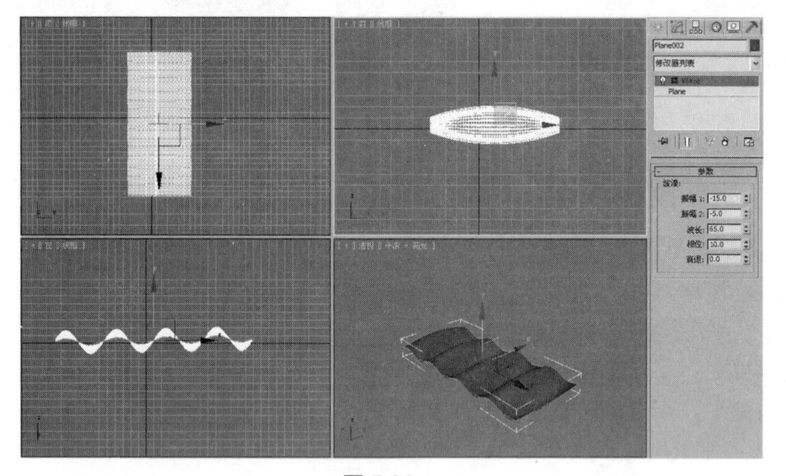

图 5.36

【波浪】修改器的参数选项简介如下：

- 【振幅 1】/【振幅 2】：【振幅 1】沿着 Gizmo 的 *Y* 轴产生正弦波，【振幅 2】沿着 *X* 轴产生波（两种情况下波峰和波谷的方向都一致）。若将值在正负之间切换，将反转波峰和波谷的位置。
- 【波长】：指定以当前单位表示的波峰之间的距离。
- 【相位】：在对象上变换波浪图案。正数表示在一个方向移动图案，负数表示在另一个方向移动图案。这种效果在制作动画时尤其明显。

● 【衰退】：限制从中心生成的波的效果。衰退值减少时，波离开中心的距离增加。衰退值增加时，波向中心位置聚集并压平，直到消失（完全衰退）。

5.4.2　融化编辑修改器

【融化】修改器使用户可以将实际融化效果应用到所有类型的对象上，包括可编辑面片和 NURBS 对象，同样也包括传递到堆栈的子对象选择。选项包括边的下沉、融化时的扩张，以及可自定义的物质集合，这些物质的范围包括从坚固的塑料表面到在其自身上塌陷的冻胶类型，如图 5.37 所示。

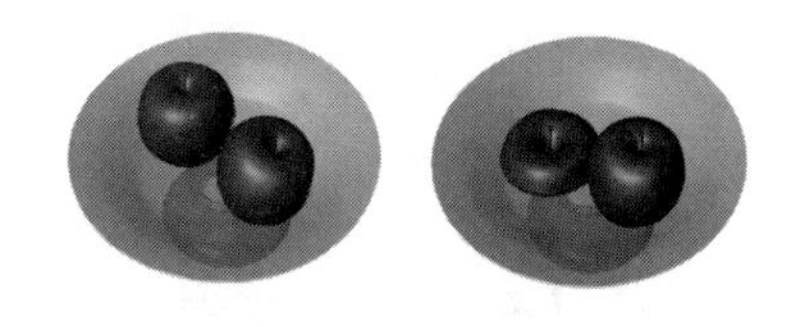

图 5.37

使用【融化】修改器的具体操作步骤如下：

01　打开随书附带光盘中的 CDROM | Scene | Cha05 | 融化模型.max 文件，在场景中选择“苹果”对象。

02　在【修改器列表】下拉列表框中选择【融化】修改器，在【参数】卷展栏中设置【数量】为 70，并选择【固态】选项组中的【塑料】单选按钮，如图 5.38 所示。

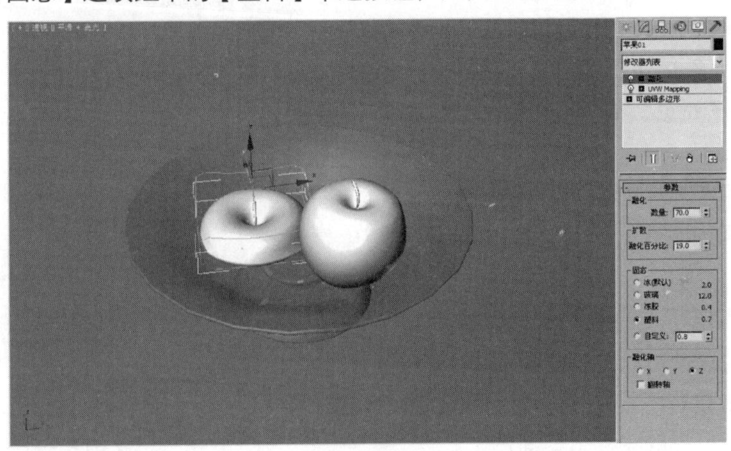

图 5.38

● 【融化】选项组。
    ✧ 【数量】：指定衰退程度，或者应用于 Gizmo 上的融化效果，从而影响对象。范围为 0.0 ~ 1000.0。
● 【扩散】选项组。
    ✧ 【融化百分比】：指定随着【数量】值的增加，多少对象和融化会扩展。该值基本上是沿着平面的凸起。
● 【固态】选项组：决定融化对象中心的相对高度。固态稍低的物质像冻胶，在融化时中心会下陷得较多。该组为物质的不同类型提供多个预设值，同时也包含【自定义】微调框，用于设置用户自己的固态。
    ✧ 【冰】：默认固态设置。
    ✧ 【玻璃】：使用高【固态】设置来模拟玻璃。

✧ 【冻胶】：产生在中心处显著的下垂效果。

✧ 【塑料】：相对的固体，但是在融化时其中心稍微下垂。

✧ 【自定义】：将固态设置为 0.2～30.0 间的任何值。

- 【融化轴】选项组。

  ✧ 【X/Y/Z】：选择会产生融化的轴（对象的局部轴）。请注意这里的轴是【融化】Gizmo 的局部轴，而与选择的实体无关。默认情况下，【融化】Gizmo 轴与对象的局部坐标一起排列，但是可以通过旋转 Gizmo 来更改它们。

  ✧ 【翻转轴】：通常，融化沿着给定的轴从正向朝着负向发生。启用【翻转轴】复选框来反转这一方向。

5.4.3 晶格编辑修改器

【晶格】修改器将图形的线段或边转化为圆柱形结构，并在顶点上产生可选的关节多面体。使用它可基于网格拓扑创建可渲染的几何体结构，或作为获得线框渲染效果的另一种方法，如图 5.39 所示。

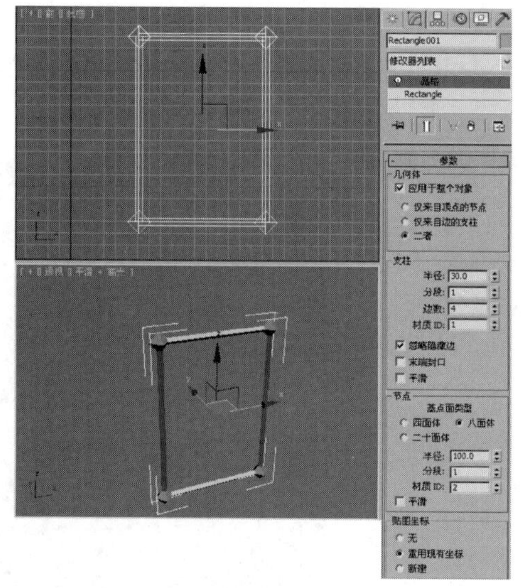

图 5.39

- 【几何体】选项组：指定是否使用整个对象或选择的子对象，并显示它们的结构和关节两个组件。

  ✧ 【应用于整个对象】：将【晶格】修改器应用到对象的所有边或线段上。默认设置为启用。

  ✧ 【仅来自顶点的节点】：仅显示由原始网格顶点产生的关节（多面体）。

  ✧ 【仅来自边的支柱】：仅显示由原始网格线段产生的支柱（多面体）。

  ✧ 【二者】：显示支柱和关节。

- 【支柱】选项组：提供影响几何体结构的控件。

  ✧ 【半径】：指定结构半径。

  ✧ 【分段】：指定沿结构的分段数目。当需要使用后续修改器对结构进行变形或扭曲时，增加此值。

  ✧ 【边数】：指定结构边界的边数目。

  ✧ 【材质 ID】：指定用于结构的材质 ID。使结构和关节具有不同的材质 ID，这会很容易地将它们指定给不同的材质。结构默认 ID 为 1。

  ✧ 【忽略隐藏边】：仅生成可视边的结构。禁用该复选框时，将生成所有边的结构，包括不可见边。默认设置为启用。

  ✧ 【末端封口】：将末端封口应用于结构。

  ✧ 【平滑】：将平滑应用于结构。

- 【节点】选项组：提供影响关节几何体的控件。
  - ✧【基点面类型】：指定用于关节的多面体类型。
  - ✧【四面体】：使用一个四面体。
  - ✧【八面体】：使用一个八面体。
  - ✧【二十面体】：使用一个二十面体。
  - ✧【半径】：设置关节的半径。
  - ✧【分段】：指定关节中的分段数目。分段越多，关节形状越像球形。
  - ✧【材质 ID】：指定用于结构的材质 ID。默认设置 ID 为 2。
  - ✧【平滑】：将平滑应用于关节。
- 【贴图坐标】选项组：用于确定指定给对象的贴图类型。
  - ✧【无】：不指定贴图。
  - ✧【重用现有坐标】：将当前贴图指定给对象。这可能是由“生成贴图坐标”在创建参数中或前一个指定贴图修改器指定的贴图。选择此单选按钮，每个关节将继承它所包围顶点的贴图。
  - ✧【新建】：将贴图用于“晶格”修改器。将圆柱形贴图应用于每个结构，圆形贴图应用于每个关节。

5.5　上机练习

5.5.1　休闲凳

本例学习一个户外休闲凳的制作方法。在制作休闲凳时，凳子的坐垫在进行弯曲时首先要考虑弯曲的方向，然后再进行弯曲，最终效果如图 5.40 所示。

01　选择【创建】｜【图形】｜【矩形】工具，在【顶】视图中创建一个【长度】、【宽度】和【角半径】分别为 21.5、10.0 和 1.7 的矩形，并将其命名为“凳架 01”。然后在【渲染】卷展栏中选择【在渲染中启用】和【在视口中启用】复选框，并将其【厚度】设置为 0.8，如图 5.41 所示。

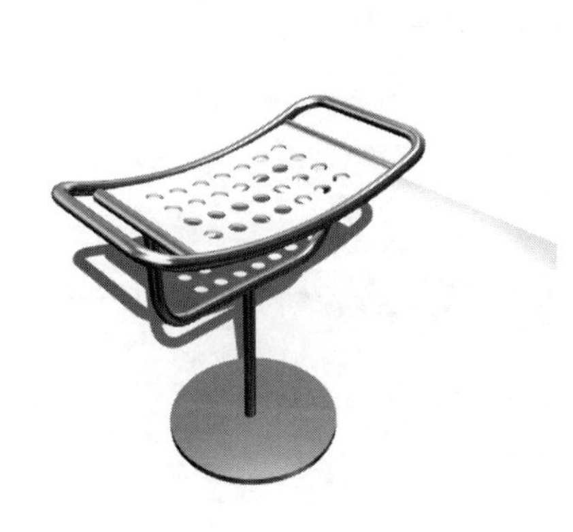

图 5.40

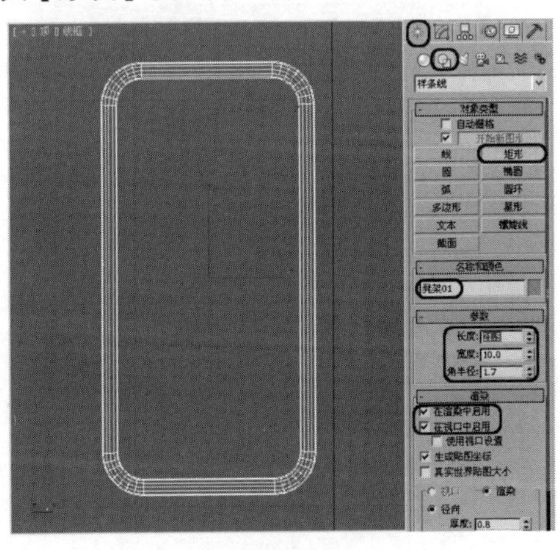

图 5.41

02 单击【修改】按钮，切换到【修改】命令面板，在【修改器列表】下拉列表框中选择【编辑样条线】修改器，将当前的选择集定义为【分段】，并将【几何体】卷展栏中的【拆分】设置为 4，如图 5.42 所示。

03 再在【修改器列表】下拉列表框中选择【弯曲】修改器，将【参数】卷展栏中的【角度】和【方向】分别设置为 45 和 90，并选择【弯曲轴】选项组中的 Y 单选按钮，如图 5.43 所示。

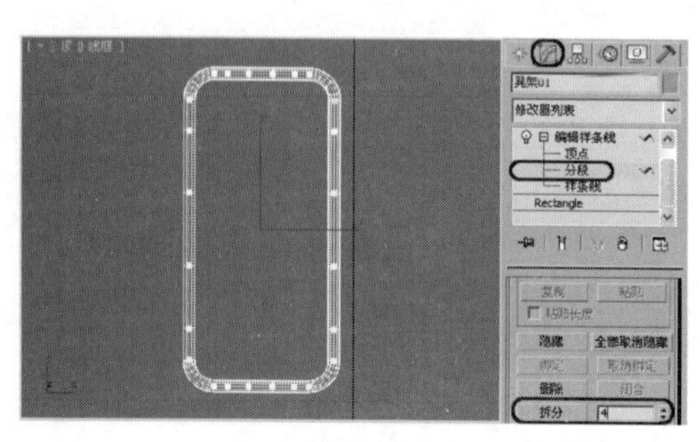

图 5.42

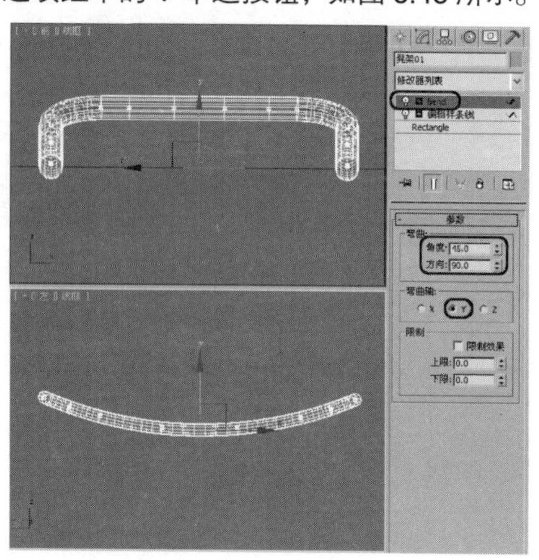

图 5.43

注意：在使用【弯曲】修改器之前，必须为弯曲的模型设置足够的【分段】数，如在对“凳架 01”进行弯曲时，必须将【分段】值设置得高一些，以便使弯曲之后的模型比较光滑。

04 选择【创建】|【图形】|【线】工具，在【顶】视图中绘制一条水平线段，如图 5.44 所示，并将其命名为“凳架 02”。然后在【渲染】卷展栏中选择【在渲染中启用】和【在视图中启用】复选框，并将其【厚度】设置为 0.8。

05 使用同样的方法，创建“凳架 03”对象，其效果如图 5.45 所示。

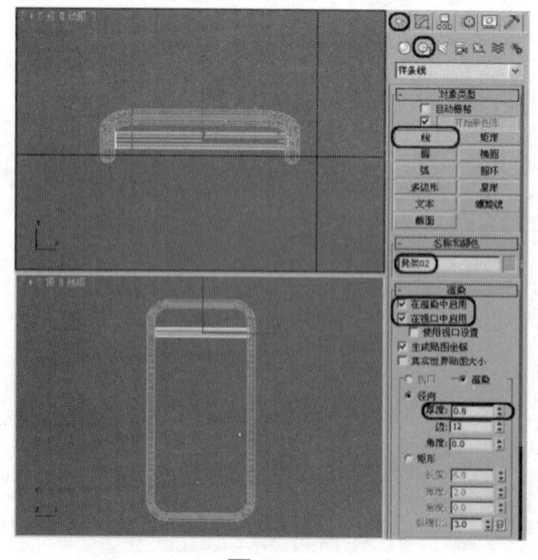

图 5.44

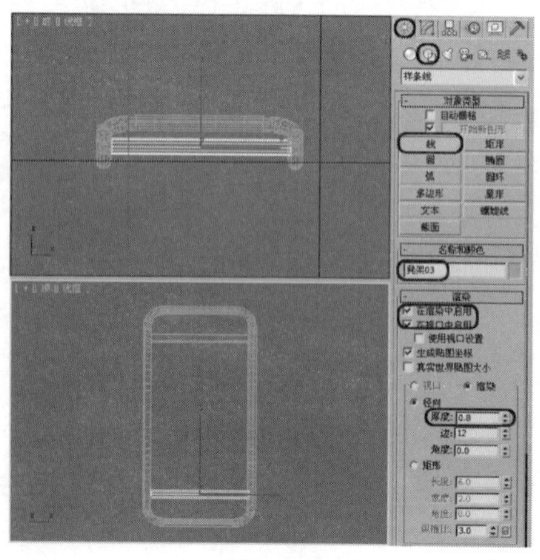

图 5.45

06 选择【创建】 |【图形】 |【矩形】工具，在【顶】视图中创建一个【长度】和【宽度】分别为 14 和 10 的矩形，并将其命名为“凳面”，如图 5.46 所示。

07 选择【创建】 |【图形】 |【圆】工具，在【顶】视图中创建一个【半径】为 0.5 的圆形，并将其命名为“圆孔”，如图 5.47 所示。

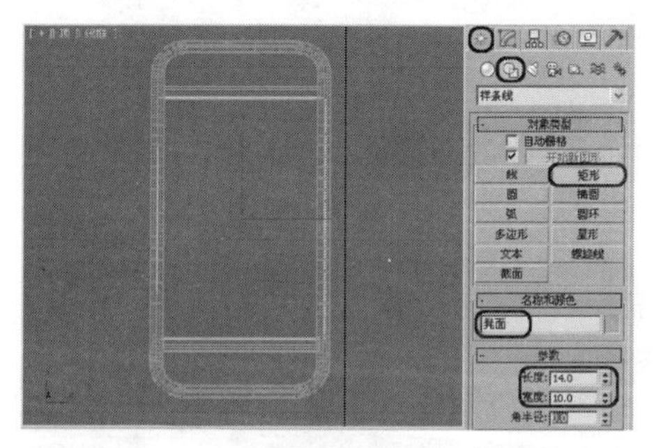

图 5.46

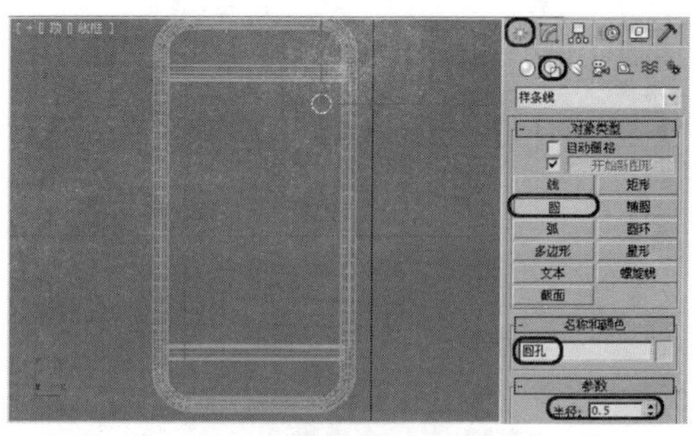

图 5.47

08 确定“圆孔”对象处于选中状态，在工具栏中单击【选择并移动】按钮 ，并按住【Shift】键，在【顶】视图中对“圆孔”对象进行复制，复制后的效果如图 5.48 所示。

09 在场景中选择“圆孔 01”～“圆孔 07”对象，使用同样的方法对其再次进行复制，结果如图 5.49 所示。

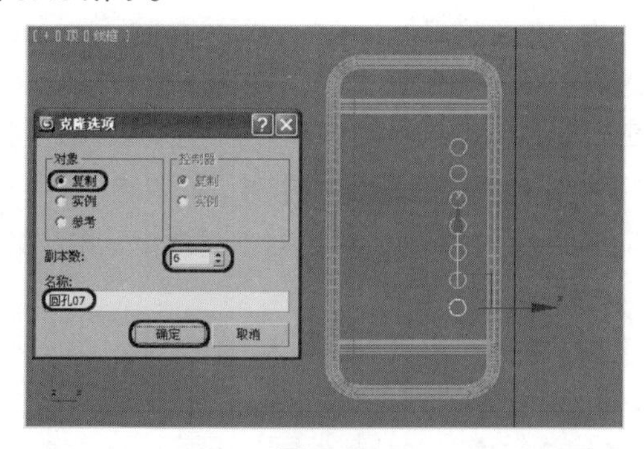

图 5.48

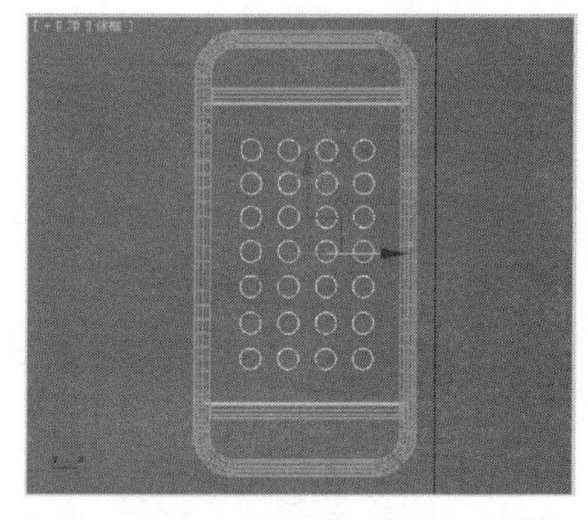

图 5.49

10 单击【修改】按钮 ，切换到【修改】命令面板，在【修改器列表】下拉列表框中选择【编辑样条线】修改器，将当前的选择集定义为【分段】。单击【几何体】卷展栏下的【拆分】按钮，并将【拆分】设置为 4，如图 5.50 所示。

11 关闭当前选择集，定义当前堆栈层为【编辑样条线】，然后单击【几何体】卷展栏下的【附加】按钮，在场景中选择“圆孔”对象，将场景中的“凳面”和“圆孔”附加在一起，如图 5.51 所示。

12 再在【修改器列表】下拉列表框中选择【挤出】修改器，将【参数】卷展栏下的【数量】设置为 0.2，如图 5.52 所示。

13 然后在【修改器列表】下拉列表框中选择【弯曲】修改器，在【参数】卷展栏下，将【弯曲】选项组中的【角度】和【方向】分别设置为 26 和 90，然后选择【弯曲轴】选项组中的 *Y* 单选按钮，如图 5.53 所示。

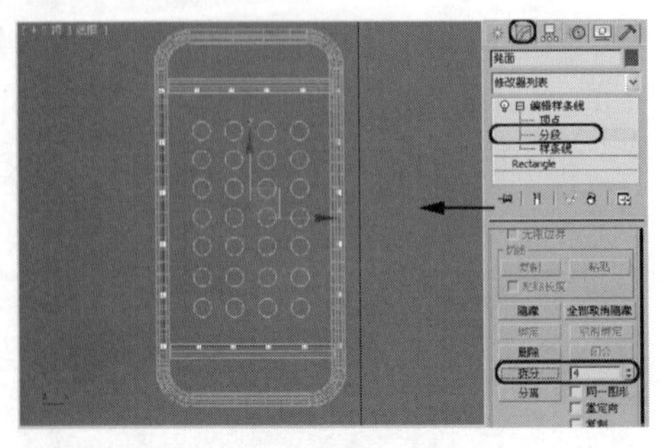
图 5.50

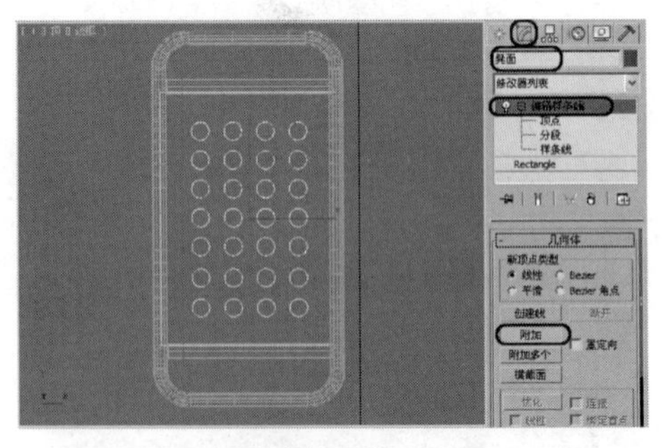
图 5.51

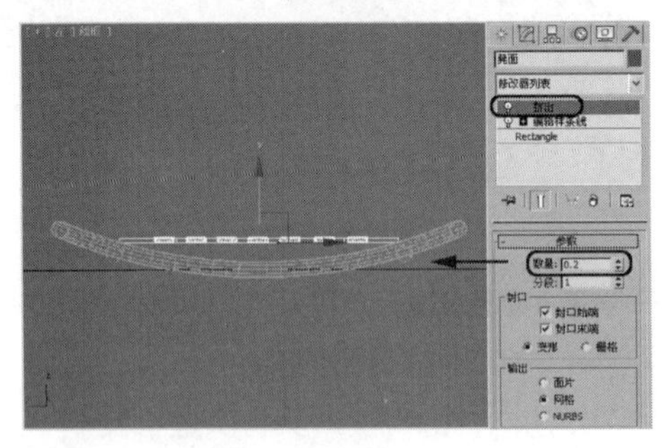
图 5.52

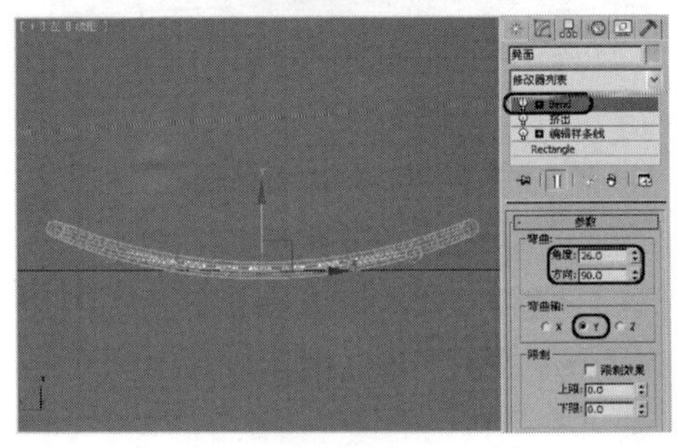
图 5.53

14 按【M】键，打开【材质编辑器】窗口，选择第一个材质样本球，并将其命名为“凳面”。在【Blinn 基本参数】卷展栏中将【环境光】和【漫反射】的 RGB 值设置为 253、247、237；将【自发光】选项组中的【颜色】设置为 30；将【反射高光】选项组中的【光泽度】设置为 0；在【贴图】卷展栏中单击【反射】通道后的 None 按钮，在弹出的【材质/贴图浏览器】对话框中选择【平面镜】贴图，在【平面镜参数】卷展栏中选择【应用于带 ID 的面】复选框，再将当前材质指定给场景中的“凳面”对象，如图 5.54 所示。

15 选择【创建】 |【图形】【线】工具，在【左】视图中绘制一个如图 5.55 所示的图形，并将其命名为“凳支架 01”，并选择【渲染】卷展栏中的【在渲染中启用】和【在视口中启用】复选框，然后将其【厚度】设置为 0.8，并在【前】视图中调整其位置，如图 5.55 所示。

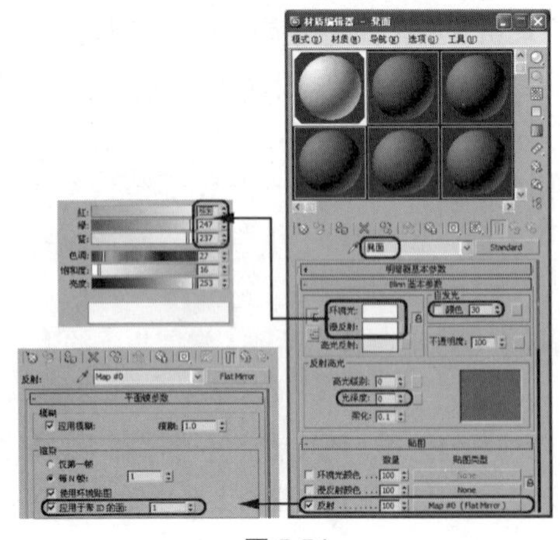
图 5.54

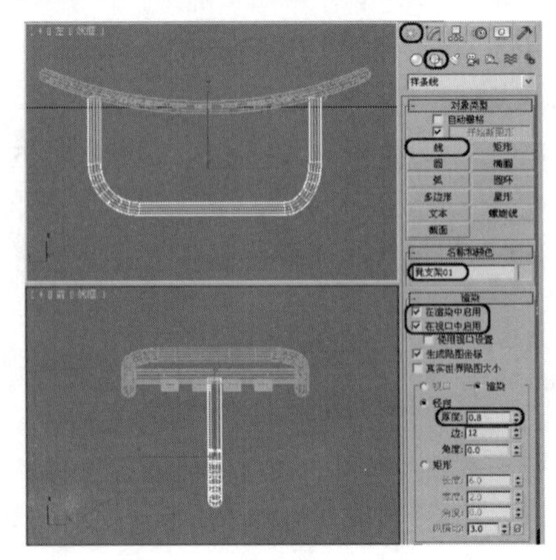
图 5.55

16 激活【左】视图，再选择【线】工具，在视图中创建一条垂直的线段，并将其命名为“凳支架 02”，然后选择【渲染】卷展栏中的【在渲染中启用】和【在视口中启用】复选框，并将其【厚度】设置为 0.8，如图 5.56 所示。

17 选择【创建】 |【几何体】 |【圆柱体】工具，在【顶】视图中创建一个【半径】和【高度】分别为 6 和 0.5 的圆柱体，将它命名为“凳底”，并在【前】视图中调整其位置，如图 5.57 所示。

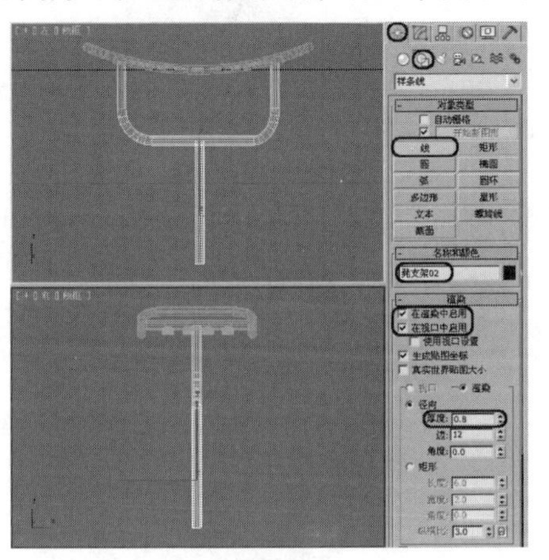

图 5.56

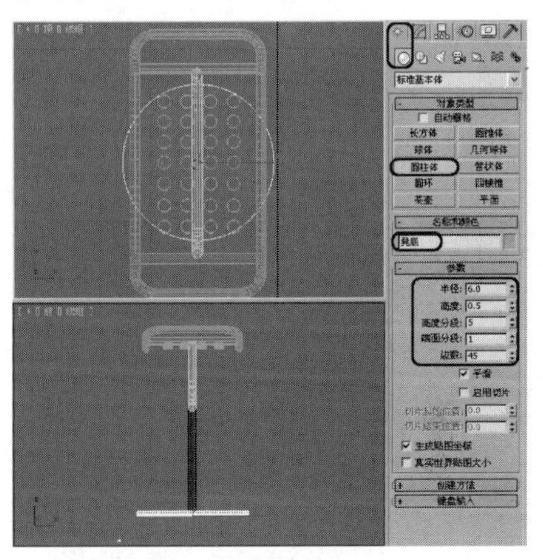

图 5.57

18 按【M】键，打开【材质编辑器】窗口，选择一个新的材质样本球，将其命名为“凳架”。将明暗器基本类型设置为【金属】，在【金属基本参数】卷展栏中将【环境光】的 RGB 值设置为 0、0、0，将【漫反射】的 RGB 值设置为 255、255、255；将【反射高光】选项组中的【高光级别】和【光泽度】分别设置为 100 和 80；在【贴图】卷展栏中单击【反射】通道后面的 None 按钮，在弹出的【材质/贴图浏览器】对话框中选择【位图】贴图，打开随书附带光盘中的 CDROM | Map | 金属.jpg 文件，使用默认参数，将该材质指定给场景中除“凳面”外所有对象，如图 5.58 所示。

19 选择【创建】 |【几何体】 |【长方体】工具，在【顶】视图中创建一个长方体，并将其命名为“地面”，在【参数】卷展栏中将【长度】和【宽度】分别设置为 60 和 59.4，如图 5.59 所示。

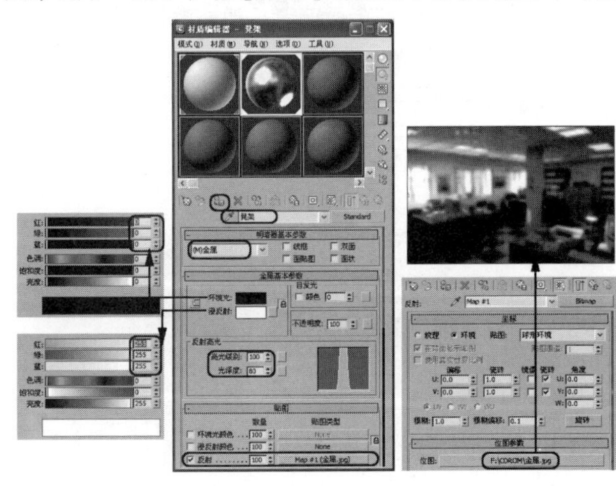

图 5.58

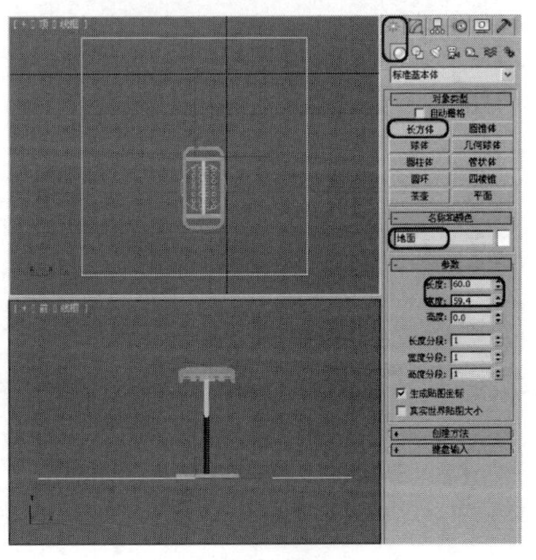

图 5.59

22 激活【顶】视图，选择【创建】 |【摄影机】 |【目标】工具，在【顶】视图中创建一架摄影机，并在【参数】卷展栏中将【镜头】设置为 43.456。激活【透视】视图，按【C】键，将其转换为摄影机视图，最后在其他视图中调整摄影机，如图 5.60 所示。

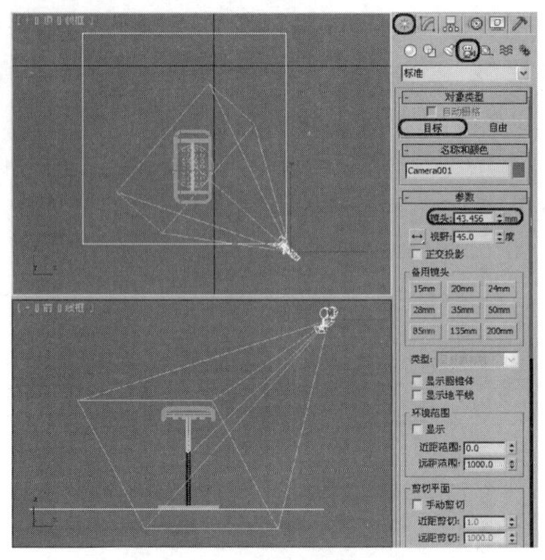

图 5.60

21 选择【创建】 |【灯光】 |【目标聚光灯】工具，在【顶】视图中创建一盏目标聚光灯。在【常规参数】卷展栏中选择【阴影】选项组中的【启用】复选框，在【聚光灯参数】卷展栏中将【聚光区/光束】和【衰减区/区域】分别设置为 0.5 和 65，如图 5.61 所示。

22 选择【创建】 |【灯光】 |【泛光灯】工具，在【顶】视图中创建一盏泛光灯，在【强度/颜色/衰减】卷展栏中将【倍增】设置为 0.5，如图 5.62 所示。

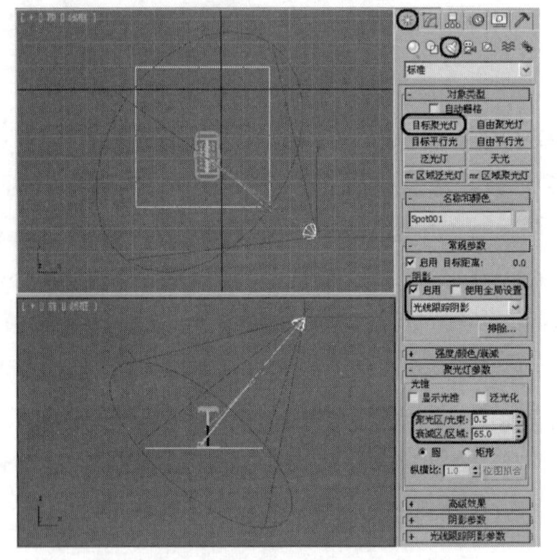

图 5.61

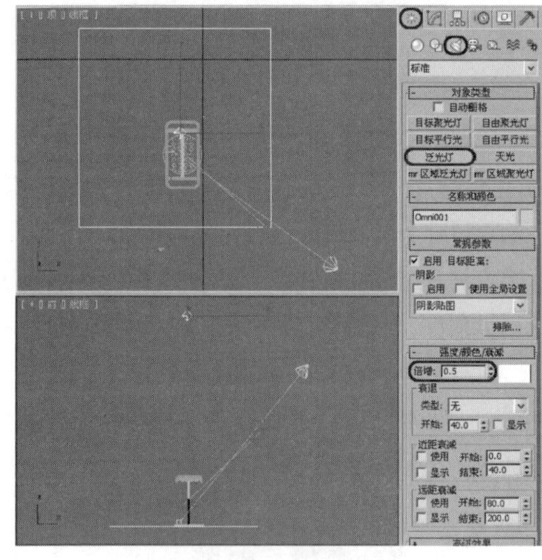

图 5.62

5.5.2 酒瓶

本例将通过对样条线施加【车削】修改器来制作酒瓶模型，其效果如图 5.63 所示。

图 5.63

01 选择【创建】 |【图形】 【线】工具，在【前】视图中绘制样条线，并将其命名为“瓶体”，如图 5.64 所示。

02 切换到【修改】命令面板，将当前选择集定义为【顶点】，并在视图中对“瓶体”的形状进行调整，效果如图 5.65 所示。

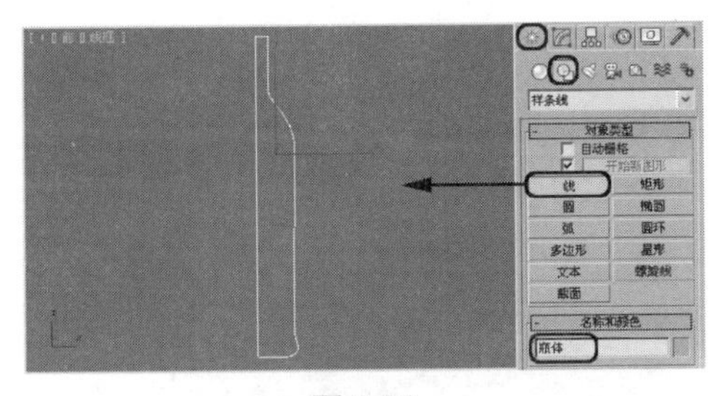

图 5.64

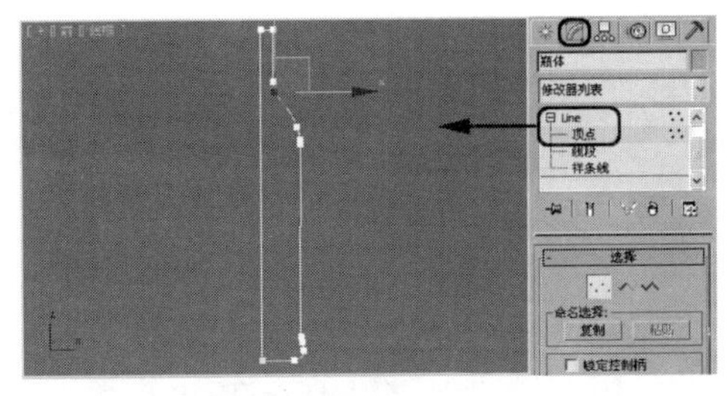

图 5.65

03 关闭当前选择集，在【修改器列表】下拉列表框中选择【车削】修改器，在【参数】卷展栏中将【分段】设置为 26，然后单击【对齐】选项组中的【最小】按钮，如图 5.66 所示。

04 选择【创建】 |【图形】【线】工具，在【前】视图中绘制样条线，并将其命名为“瓶盖”。切换到【修改】命令面板，将当前选择集定义为【顶点】，在【前】视图中对“瓶盖”的顶点进行调整，如图 5.67 所示。

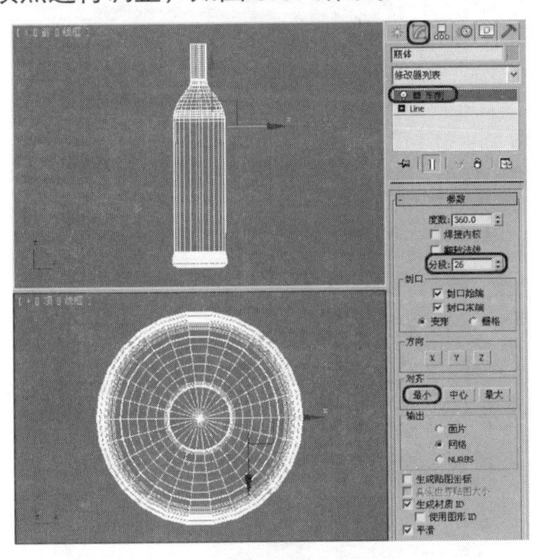

图 5.66

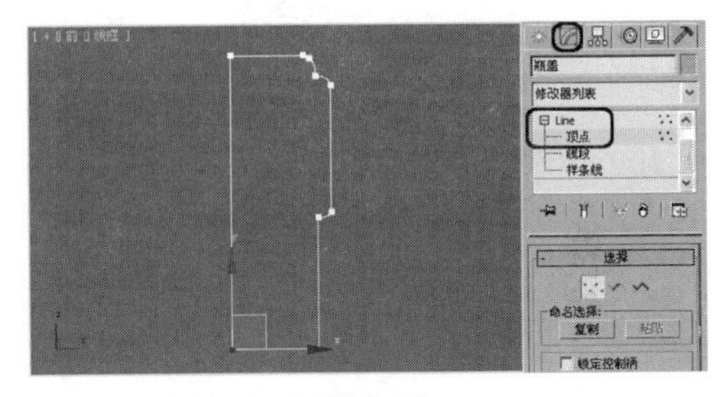

图 5.67

05 关闭当前选择集，在【修改器列表】下拉列表框中选择【车削】修改器，在【参数】卷展栏中将【分段】设置为 32，然后单击【对齐】选项组中的【最小】按钮，如图 5.68 所示。

06 选择【创建】 |【图形】【线】工具，在【前】视图中绘制样条线，并将其命名为“标签”，如图 5.69 所示。

07 切换到【修改】命令面板，将当前选择集定义为【样条线】。在【几何体】卷展栏中，将【轮廓】设置为 0.1，为“标签”对象施加一个轮廓，如图 5.70 所示。

08 关闭当前选择集，切换到【层次】命令面板，单击【轴】按钮，然后单击【调整轴】卷展栏中的【仅影响轴】按钮，如图 5.71 所示。

09 在工具栏中单击【对齐】按钮，在【顶】视图中选择“瓶体”对象，在弹出的【对齐当前选择 (瓶体)】对话框中将【对齐位置 (屏幕)】定义为“X 位置”、“Y 位置”和“Z 位置”，将【当前对象】定义为“中心”，将【目标对象】定义为“中心”，然后单击【应用】按钮和【确定】按钮，如图 5.72 所示。

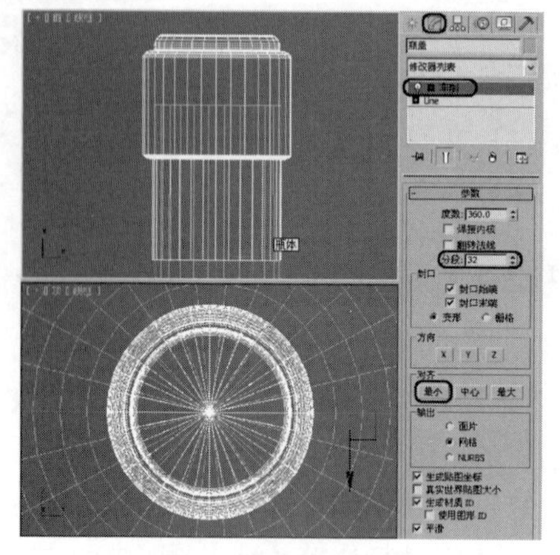

图 5.68

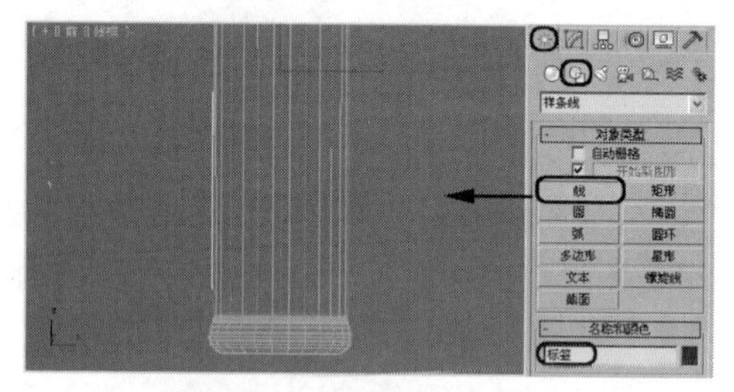

图 5.69

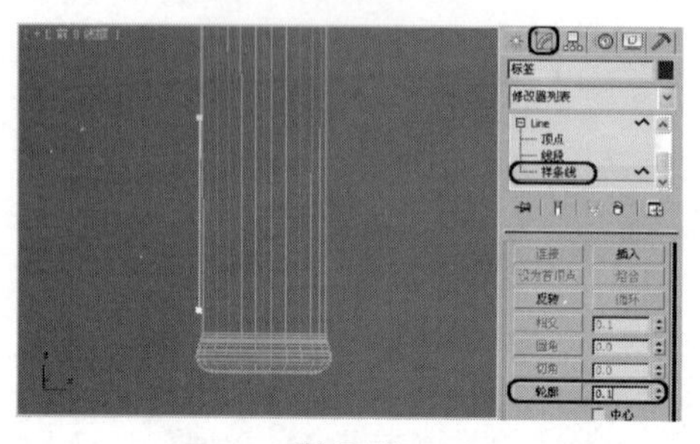

图 5.70

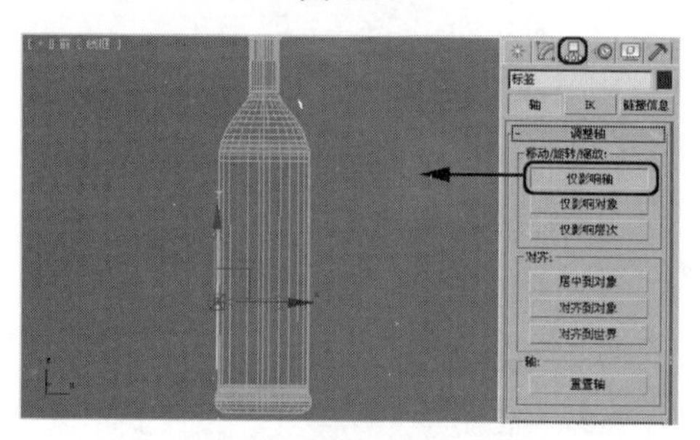

图 5.71

10 切换到【修改】命令面板，在【修改器列表】下拉列表框中选择【车削】修改器，在【参数】卷展栏中将【度数】设置为 150，将【分段】设置为 32，如图 5.73 所示。

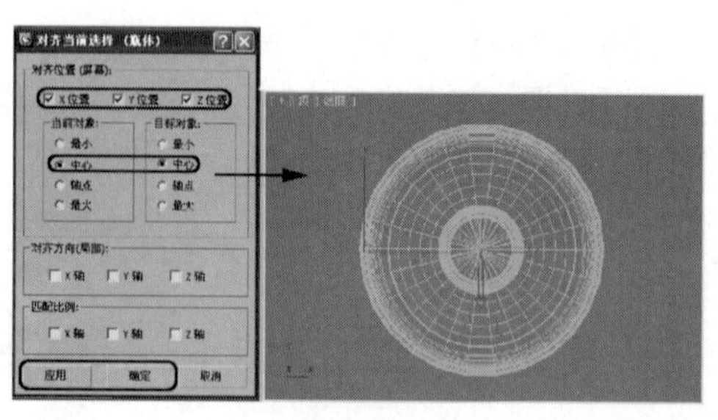

图 5.72

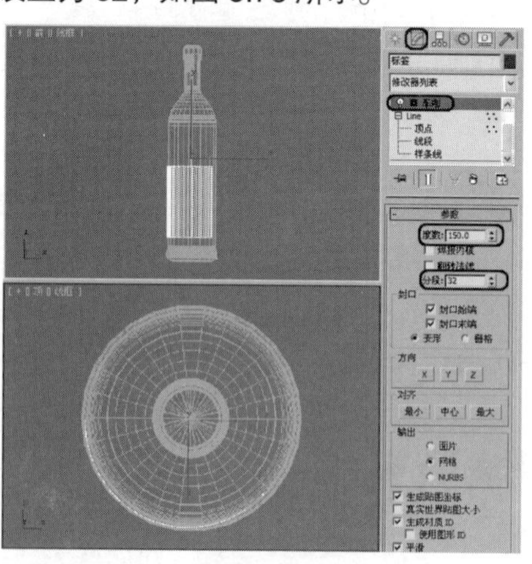

图 5.73

11 按【M】键，打开【材质编辑器】窗口，选择第一个材质样本球，并将其命名为“瓶体”，将明暗器类型定义为【半透明明暗器】，在【半透明基本参数】卷展栏中将【环境光】的 RGB 值设置为 0、0、0，将【漫反射】的 RGB 值设置为 50、0、0；将【自发光】选项组中的【颜色】设置为 30；将【反射高光】选项组中的【高光级别】和【光泽度】设置为 176 和 45；将【半透明】选项组中的【不透明度】设置为 95，将该材质指定给场景中的“瓶体”对象，如图 5.74 所示。

12　选择一个新的材质样本球，并将其命名为“标签”，在【Blinn 基本参数】卷展栏中将【自发光】选项组中的【颜色】设置为 60，将【反射高光】选项组中的【高光级别】设置为 5。在【贴图】卷展栏中单击【漫反射颜色】通道后的 None 按钮，在弹出的【材质贴图/浏览器】对话框中双击【位图】贴图，打开随书附带光盘中的 CDROM｜Map｜021.jpg 文件。进入位图参数设置面板，在【坐标】卷展栏中将【偏移】下的 V 值设置为 0.07，并将该材质指定给场景中的“标签”对象，如图 5.75 所示。

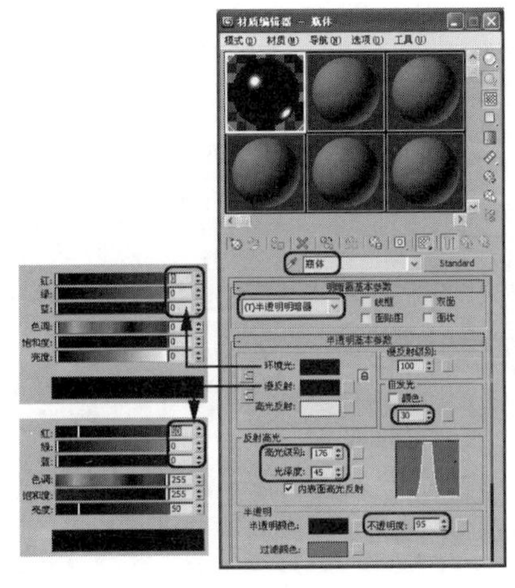

图 5.74

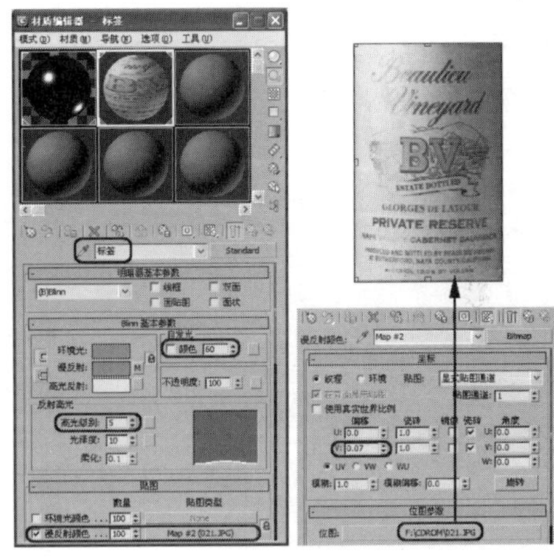

图 5.75

13　选择一个新的材质样本球，并将其命名为“瓶盖”，在【Blinn 基本参数】卷展栏中将【环境光】和【漫反射】的 RGB 值均设置为 210、24、24；将【反射高光】选项组中的【高光级别】和【光泽度】分别设置为 200 和 60，将该材质指定给场景中的“瓶盖”对象，如图 5.76 所示。

14　选择【创建】｜【几何体】｜【长方体】工具，在【顶】视图中创建一个长方体，并将其命名为“地板”。在【参数】卷展栏中将【长度】和【宽度】分别设置为 980 和 970，如图 5.77 所示。

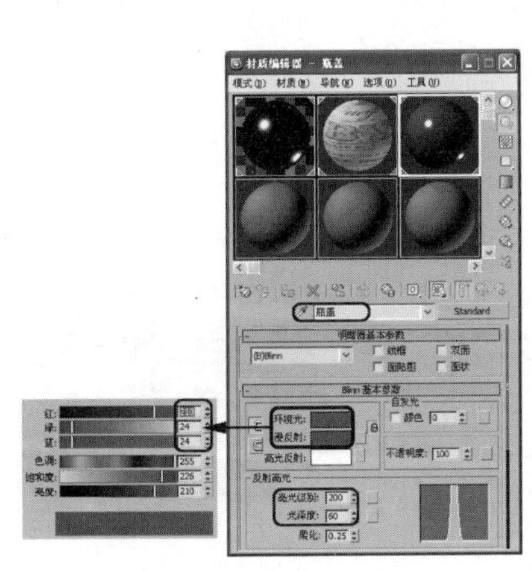

图 5.76

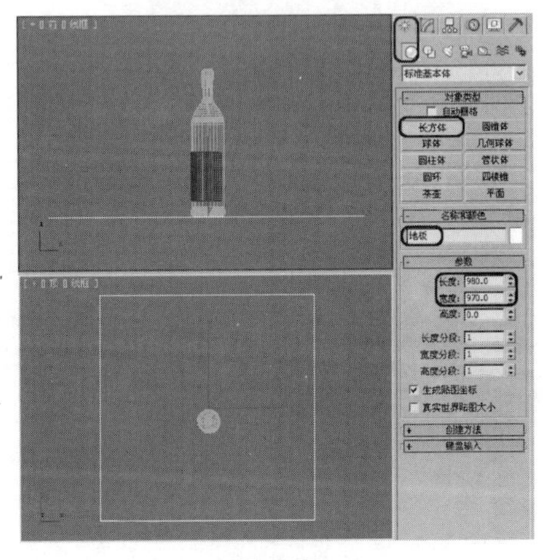

图 5.77

15 选择【创建】|【摄影机】|【目标】工具，在【顶】视图中创建一架摄影机。在【参数】卷展栏中将【镜头】设置为 28.971，然后在场景中对其位置进行调整，如图 5.78 所示。激活【透视】视图，按【C】键，将其转换为摄影机视图。

16 选择【创建】|【灯光】|【目标聚光灯】工具，在【顶】视图中创建一盏目标聚光灯，在【常规参数】卷展栏中选择【启用】复选框，将阴影类型定义为【光线跟踪阴影】；在【强度/颜色/衰减】卷展栏中将【倍增】设置为 0.68；在【聚光灯参数】卷展栏中将【聚光区/光束】和【衰减区/区域】分别设置为 20 和 90；在【阴影参数】卷展栏中将阴影颜色的 RGB 值设置为 38、38、38，如图 5.79 所示。

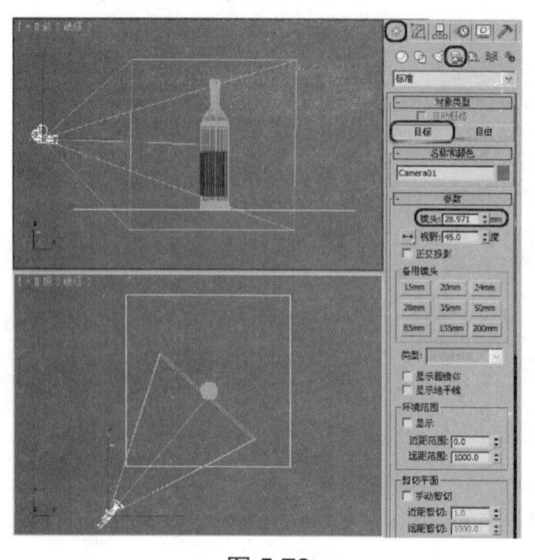

图 5.78

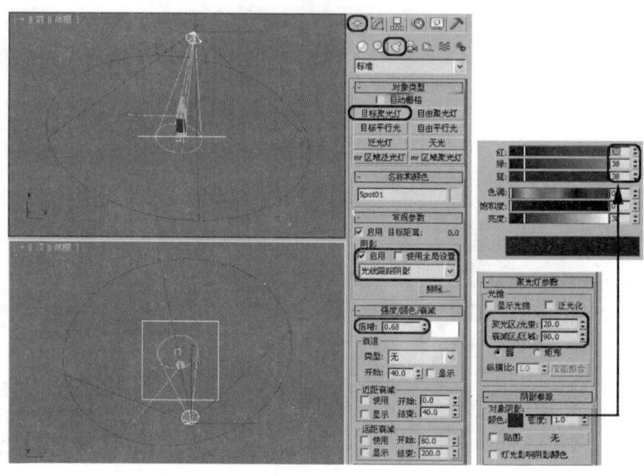

图 5.79

17 在【顶】视图中创建一盏泛光灯，并在场景中对其位置进行调整，如图 5.80 所示。

18 切换到【修改】命令面板，在【常规参数】卷展栏中单击【排除】按钮，在弹出的对话框中将“地板”对象排除灯光的照射。在【强度/颜色/衰减】卷展栏中将【倍增】设置为 0.5，在【阴影参数】卷展栏中将阴影颜色的 RGB 值设置为 61、61、61，如图 5.81 所示。

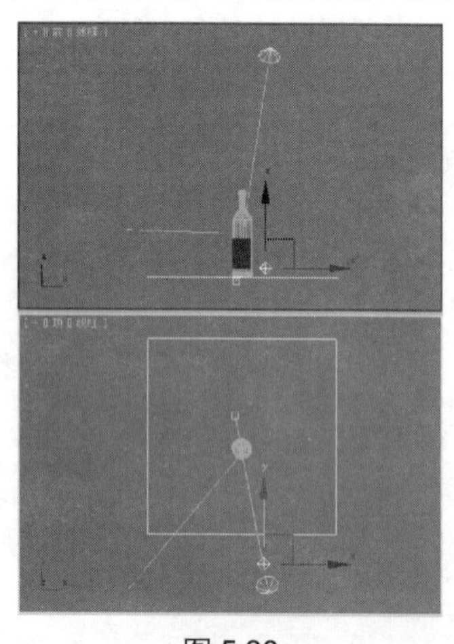

图 5.80

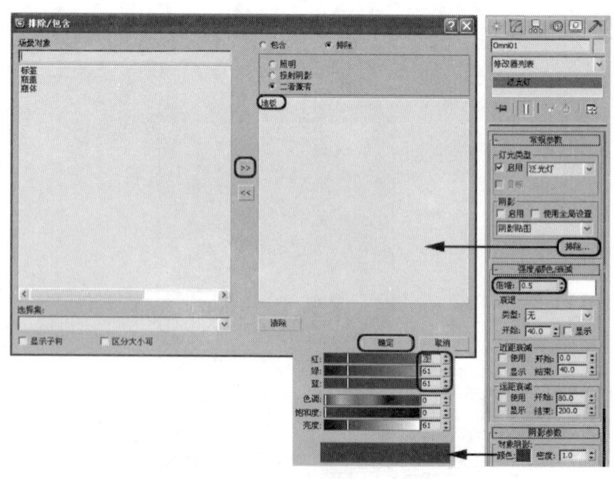

图 5.81

19 再在【顶】视图中创建一盏泛光灯，并在场景中对灯光的位置进行调整，如图 5.82 所示。

20 切换到【修改】命令面板，在【常规参数】卷展栏中单击【排除】按钮，在弹出的对话框中将“地板”和“瓶体”对象排除灯光的照射。在【强度/颜色/衰减】卷展栏中将【倍增】设置为 0.4，选择【近距衰减】选项组中的【显示】复选框，将【结束】设置为 60.9，在【阴影参数】卷展栏中将阴影颜色的 RGB 值设置为 179、179、179，如图 5.83 所示。

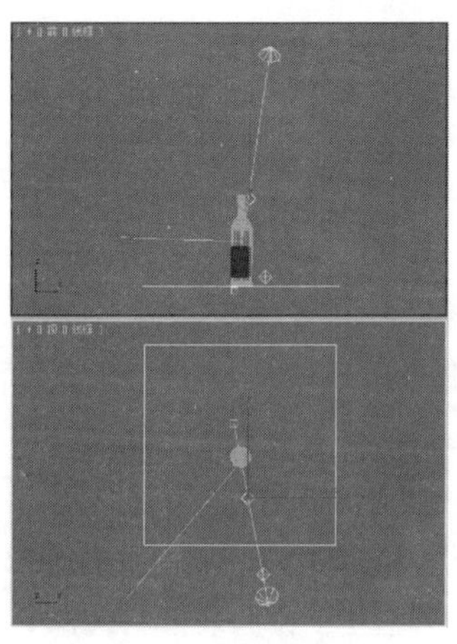

图 5.82

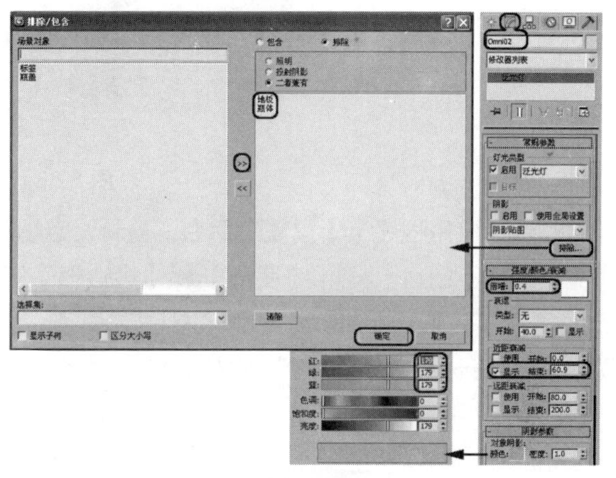

图 5.83

21 在【顶】视图中创建第三盏泛光灯，并在场景中对其位置进行调整，如图 5.84 所示。

22 切换到【修改】命令面板，在【常规参数】卷展栏中单击【排除】按钮，在弹出的对话框中将除“地板”对象以外的其他对象排除灯光的照射。在【强度/颜色/衰减】卷展栏中将【倍增】设置为 0.6，在【阴影参数】卷展栏中将阴影颜色的 RGB 值设置为 76、76、76，如图 5.85 所示。

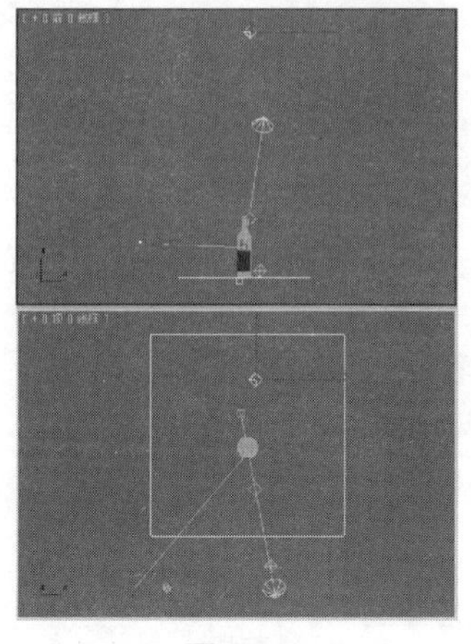

图 5.84

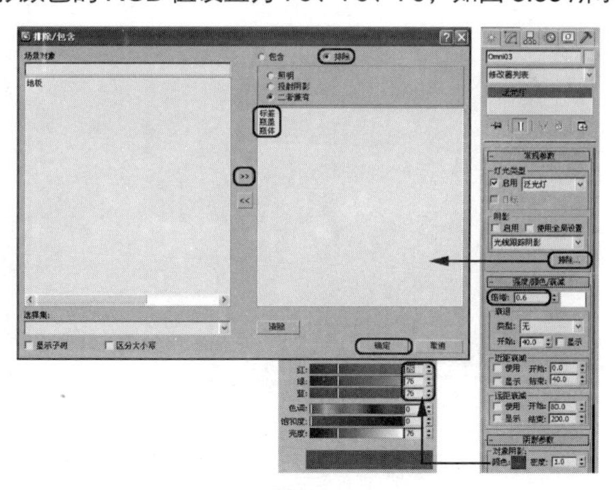

图 5.85

5.5.3 休闲花台座椅

休闲花台座椅的制作非常简单，座椅的围栏是由多边形进行倒角制作而成的；底面和草坪的制作是由多边形挤出而成的；外围木头的制作主要是由矩形复制并挤出的，然后再调整其轴心点的位置，并对其进行阵列，最终效果如图 5.86 所示。

图 5.86

01 选择应用程序|【重置】命令，重新设定场景。

02 选择【创建】|【图形】【多边形】工具，在【顶】视图中参照如图 5.87 所示的参数创建两个多边形，并将其命名为“围栏”。

03 在场景中选择“围栏”对象，单击【修改】按钮，切换到【修改】命令面板，在【修改器列表】下拉列表框中选择【编辑样条线】修改器。在【几何体】卷展栏中单击【附加】按钮，然后在场景中选择小多边形，将它们附加在一起。然后在【修改器列表】下拉列表框中选择【倒角】修改器，在【倒角值】卷展栏中将【级别 1】的【高度】设置为 35，选择【级别 2】复选框，将它下面的【高度】和【轮廓】分别设置为 1 和-0.2，如图 5.88 所示。

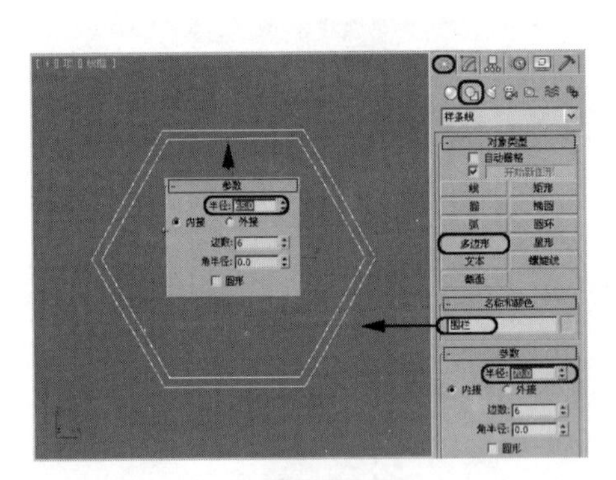

图 5.87

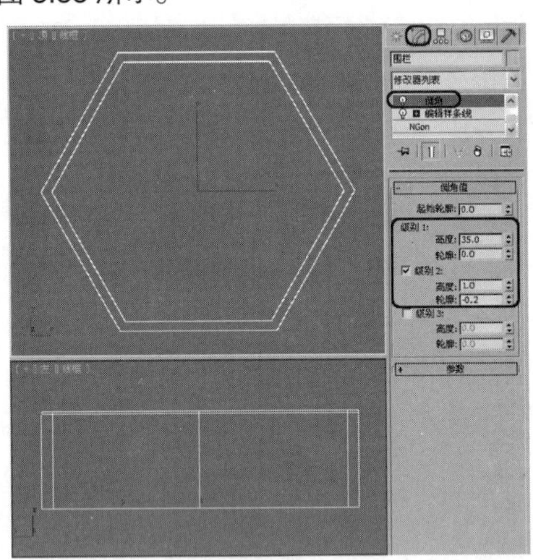

图 5.88

04 激活【顶】视图，选择【创建】|【图形】【多边形】工具，在视图中创建一个【半径】为 70，【边数】为 6 的多边形，并将其命名为“底面”，如图 5.89 所示。

05 单击【修改】按钮，切换到【修改】命令面板，在【修改器列表】下拉列表框中选择【挤出】修改器，在【参数】卷展栏中将【数量】设置为 1，如图 5.90 所示。

06 在场景中选择“围栏”对象，单击【修改】按钮，切换到【修改】命令面板，在【修改器列表】下拉列表框中选择【编辑网格】修改器。在【编辑几何体】卷展栏中单击【附加】按钮，然后在场景中选择“底面”对象，将它们附加在一起，如图 5.91 所示。

07 再在【修改器列表】下拉列表框中选择【UVW 贴图】修改器，在【参数】卷展栏中选择【长方体】贴图方式，使用默认参数，如图 5.92 所示。

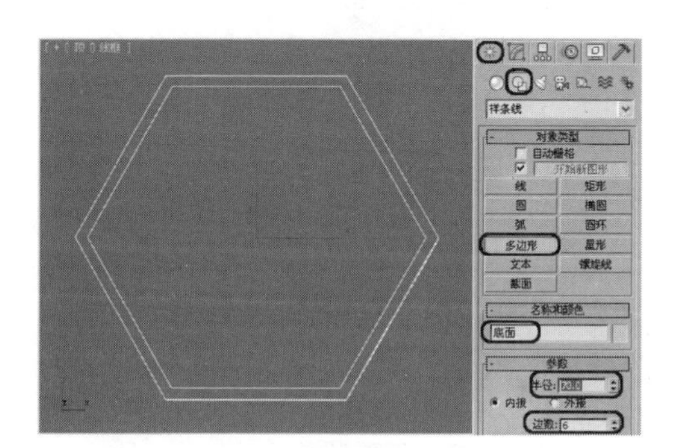

图 5.89

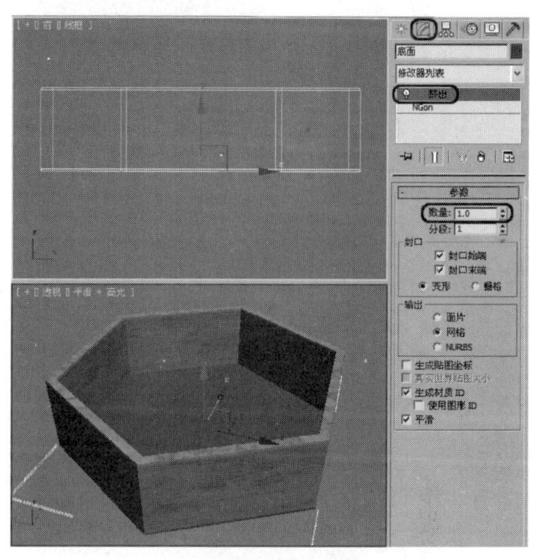

图 5.90

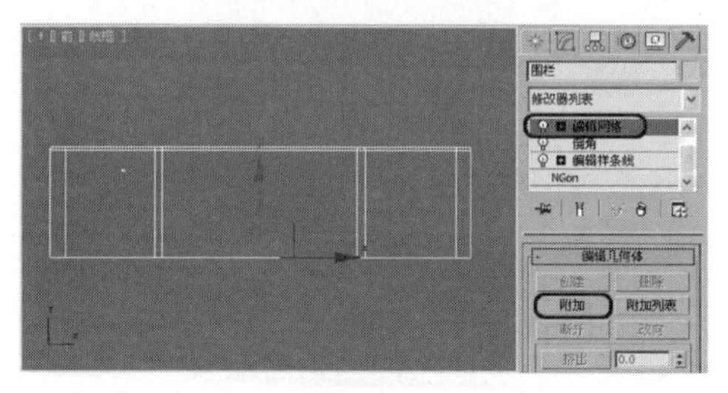

图 5.91

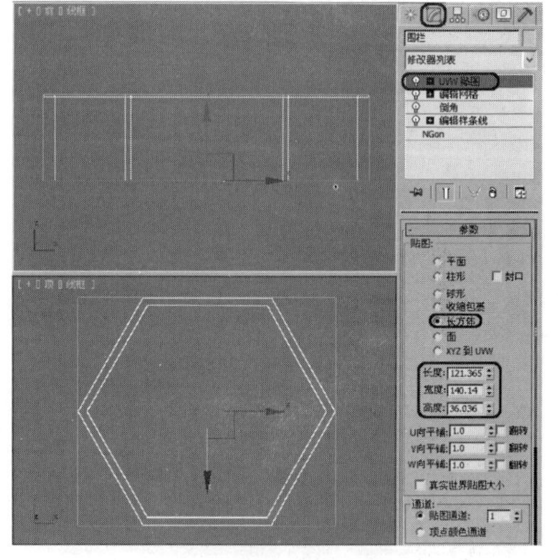

图 5.92

08 按【M】键，打开【材质编辑器】窗口，为“围栏”对象设置材质。选择第一个材质样本球，并将其命名为“木头”。展开【贴图】卷展栏，单击【漫反射颜色】通道后的 None 按钮，在弹出的【材质/贴图浏览器】对话框中选择【位图】贴图，然后单击【确定】按钮。再在弹出的对话框中选择随书附带光盘中的 CDROM | Map | A-d-160.jpg 文件，单击【打开】按钮将其打开，将该材质指定给场景中所有对象，如图 5.93 所示。

09 激活【顶】视图，选择【创建】 | 【图形】 【多边形】工具，在视图中创建一个【半径】和【边数】分别为 65 和 6 的多边形，并将其命名为“草坪”，如图 5.94 所示。

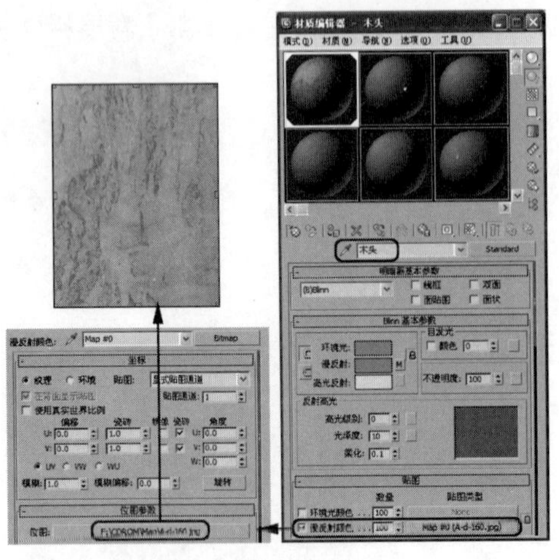

图 5.93

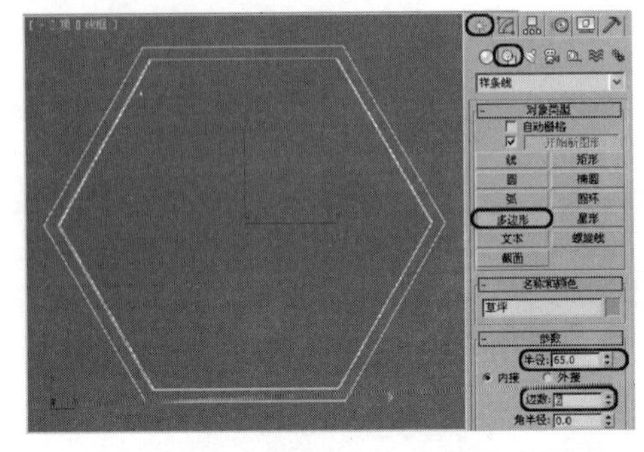

图 5.94

10 单击【修改】按钮，切换到【修改】命令面板，在【修改器列表】下拉列表框中选择【挤出】修改器，为草坪设置厚度，在【参数】卷展栏中将【数量】设置为 34.5，如图 5.95 所示。

11 在【修改器列表】下拉列表框中选择【UVW 贴图】修改器，在【参数】卷展栏中选择【平面】贴图方式，使用默认参数，如图 5.96 所示。

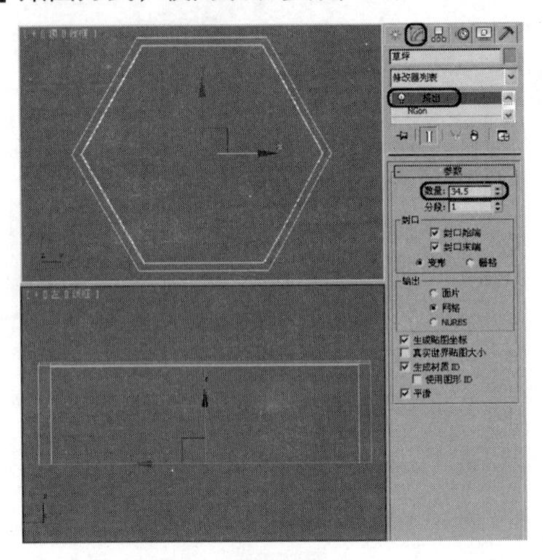

图 5.95

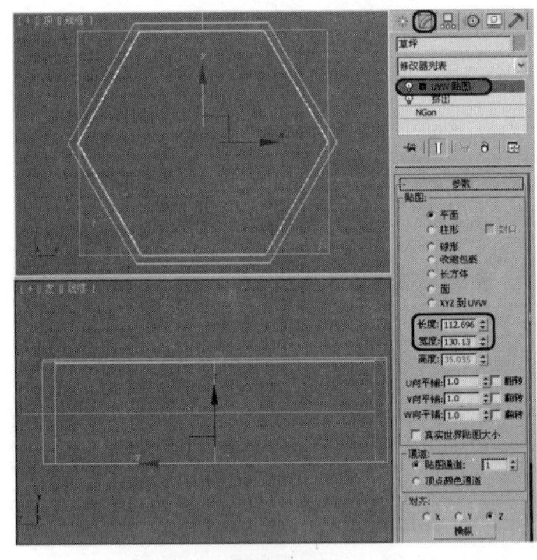

图 5.96

12 在场景中选择“草坪”对象，按【M】键，打开【材质编辑器】窗口，选择第二个材质样本球，并将其命名为“草坪”。在【明暗器基本参数】卷展栏中将阴影模式定义为 Blinn，在【Blinn 基本参数】卷展栏中将【环境光】和【漫反射】的 RGB 值设置为 0、199、14；将【自发光】选项组中的【颜色】设置为 100，将【不透明度】设置为 80；展开【贴图】卷展栏，单击【漫反射颜色】通道后的 None 按钮，在弹出的【材质/贴图浏览器】对话框中选择【位图】贴图，单击【确定】按钮，再在弹出的对话框中选择随书附带光盘中的 CDROM | Map | 040.jpg 文件，单击【打开】按钮将其打开。在【裁减/放置】区域中选择【应用】复选框，并单击【查看图像】按钮，在弹出的对话框中将当前贴图的有效区域设置为如图 5.97 所示的区域。最后将该材质指定给场景中所选择的对象。

13 激活【左】视图，选择【创建】|【图形】|【矩形】工具，在【左】视图中创建一个【长度】、【宽度】和【角半径】分别为 6、2.5 和 1 的矩形，并将其命名为“木头 01”，为其指定木头材质，如图 5.98 所示。

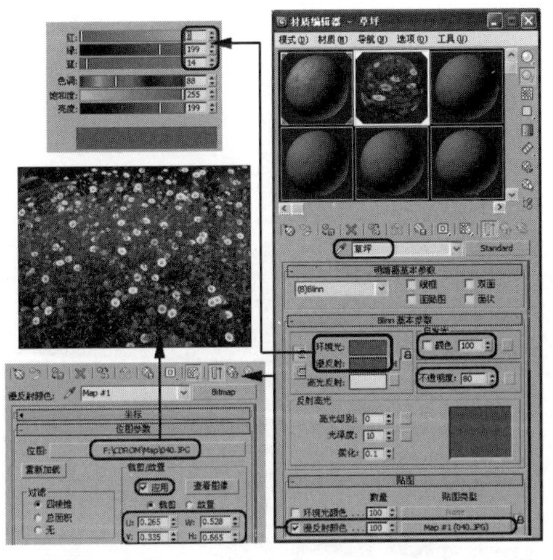

图 5.97

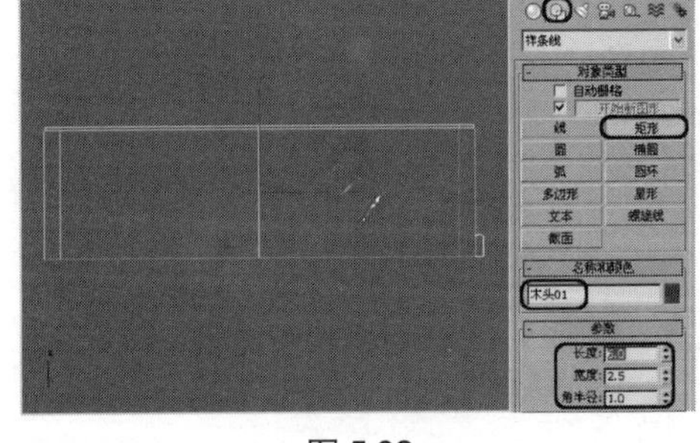

图 5.98

14 确认新创建的“木头 01”对象处于选中状态，单击【修改】按钮，切换到【修改】命令面板，在【修改器列表】下拉列表框中选择【挤出】修改器，为“木头 01”设置厚度。在【参数】卷展栏中将【数量】设置为 80，然后单击工具栏中的【选择并移动】按钮，按住【Shift】键，将其向上复制，复制后的效果如图 5.99 所示。

15 在场景中选择“木头 01”对象，在【修改器列表】下拉列表框中选择【编辑网格】修改器，然后在【编辑几何体】卷展栏中单击【附加】按钮，再在场景中选择新复制的对象，将它们附加在一起，如图 5.100 所示。

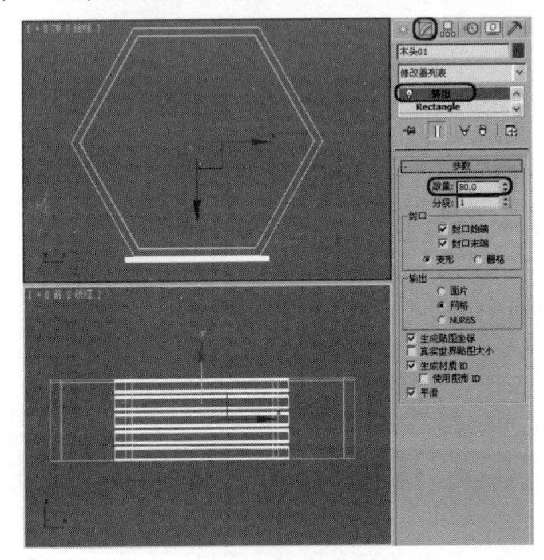

图 5.99

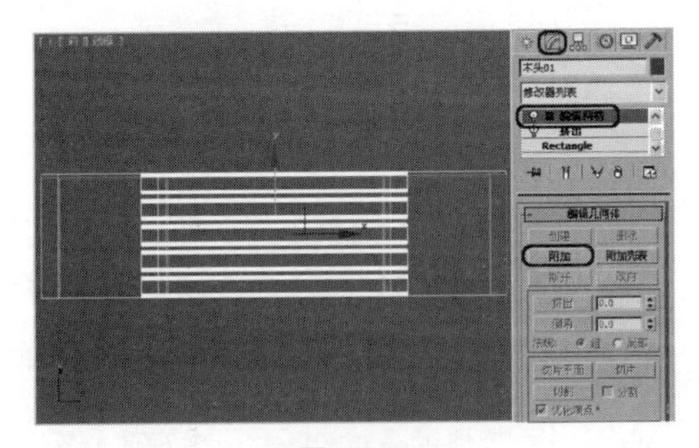

图 5.100

16 在【修改器列表】下拉列表框中选择【UVW 贴图】修改器，在【参数】卷展栏中选择【长方体】贴图方式，将【长度】、【宽度】和【高度】分别设置为 35、22 和 80.08，如图 5.101 所示。

17 单击【层次】按钮，切换到【层次】命令面板，单击【轴】按钮，在【调整轴】卷展栏中单击【仅影响轴】按钮。单击【对齐】选项组中的【居中到对象】按钮，然后单击【选择并移动】按钮，调整轴心点至“围栏”对象的中心位置处，如图 5.102 所示。调整完成后，再次单击【仅影响轴】按钮，使其恢复原状。

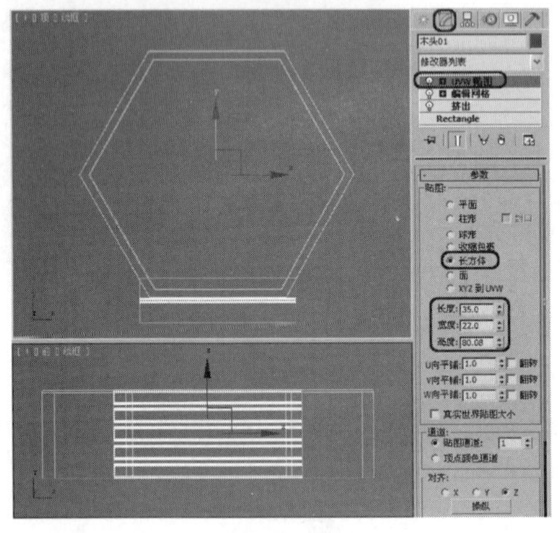

图 5.101

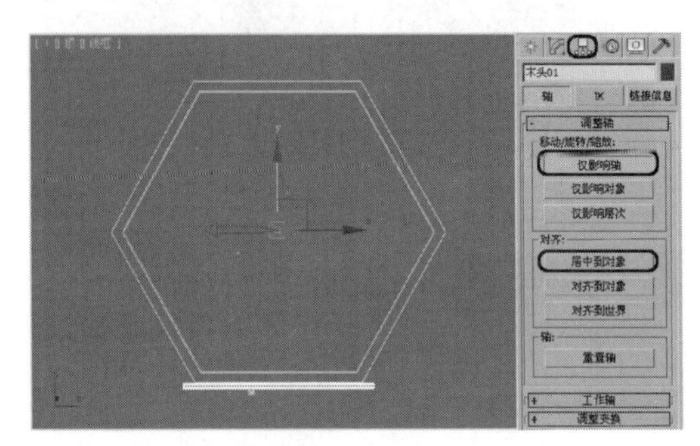

图 5.102

18 在主工具栏上右击，在弹出的菜单中选择【附加】命令，打开【附加】工具栏。单击【阵列】按钮，弹出【阵列】对话框，将【增量】选项组中【旋转】左侧的 Z 选项设置为 120，然后将【阵列维度】选项组中【数量】的 1D 设置为 3，最后单击【确定】按钮，进行阵列，如图 5.103 所示。

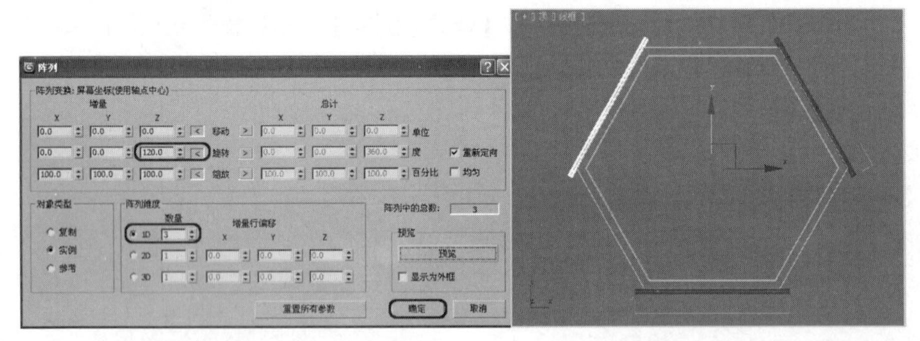

图 5.103

19 使用同样的方法制作“木头 04”、“木头 05”和“木头 06”对象，完成后的效果如图 5.104 所示。

20 选择【创建】|【图形】|【矩形】工具，在【左】视图中创建一个【长度】、【宽度】和【角半径】分别为 4、6.5 和 1 的矩形，并将其命名为“木头 07”，再为其指定木头材质，如图 5.105 所示。

21 单击【修改】按钮，切换到【修改】命令面板，在【修改器列表】下拉列表框中选择【挤出】修改器，为“木头 07”对象设置厚度。在【参数】卷展栏中将【数量】设置为 95，如图 5.106 所示。

22 在【修改器列表】下拉列表框中选择【编辑网格】修改器，定义当前选择集为【顶点】，然后在工具栏中单击【选择并移动】按钮，调整顶点的位置，调整后的效果如图 5.107 所示。

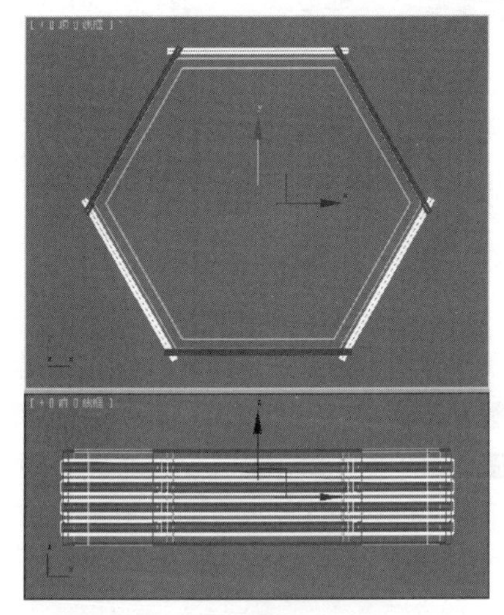

图 5.104

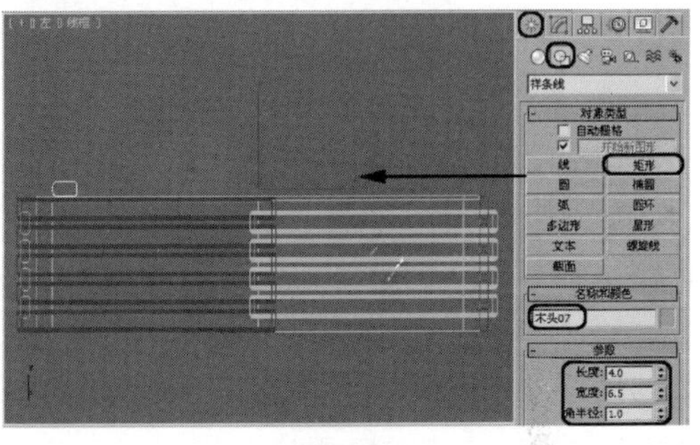

图 5.105

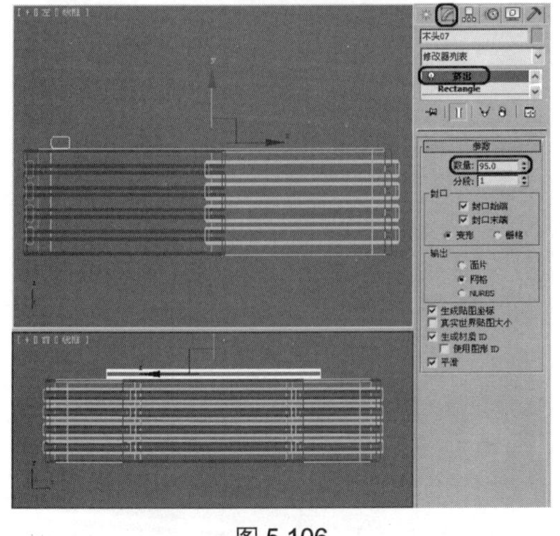

图 5.106

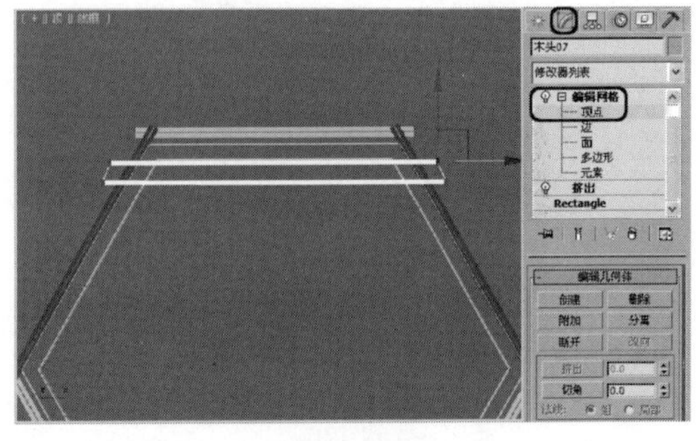

图 5.107

23 确认新创建的“木头 07”对象处于选中状态，单击工具栏中的【选择并移动】按钮，并按【Shift】键，对其进行复制。在弹出的【克隆选项】对话框中选择【对象】选项组中的【复制】单选按钮，将【副本数】设置为 2，然后单击【确定】按钮，如图 5.108 所示。

24 在场景中选择新复制的对象，并将其缩放至如图 5.109 所示的效果，并在工具栏中单击【选择并移动】按钮，将其调整至如图 5.109 所示的位置。然后在场景中选择“木头 07”对象，单击【修改】按钮，切换到【修改】命令面板，在【修改器列表】下拉列表框中选择【编辑网格】修改器，在【编辑几何体】卷展栏中单击【附加】按钮，选择修改后的对象，将它们附加在一起，如图 5.109 所示。

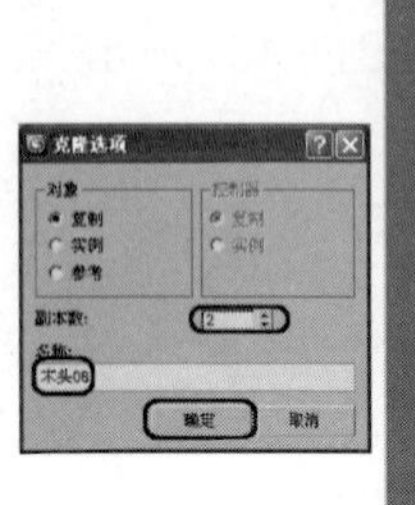
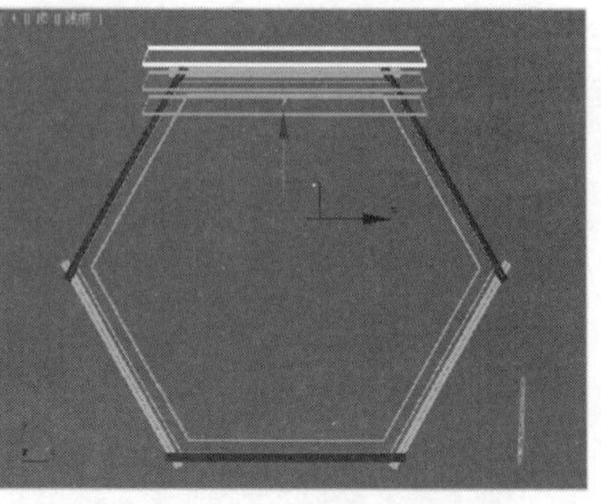

图 5.108

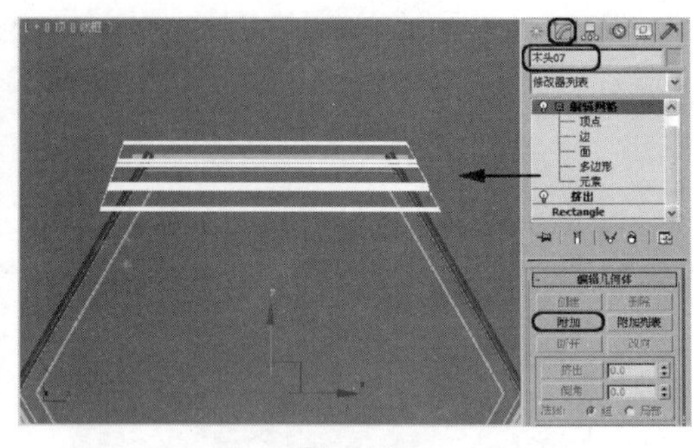

图 5.109

25 再在【修改器列表】下拉列表框中选择【UVW 贴图】修改器，在【参数】卷展栏中选择【长方体】贴图方式，将【长度】、【宽度】和【高度】分别设置为 29、22 和 95.095，如图 5.110 所示。

26 单击【层次】按钮，切换到【层次】命令面板，单击【轴】按钮，在【调整轴】卷展栏中单击【仅影响轴】按钮，单击【对齐】选项组中的【居中到对象】按钮，然后单击【选择并移动】按钮，调整轴心点至“围栏”对象的中心位置，如图 5.111 所示。调整完成后，再次单击【仅影响轴】按钮，使其恢复原状。

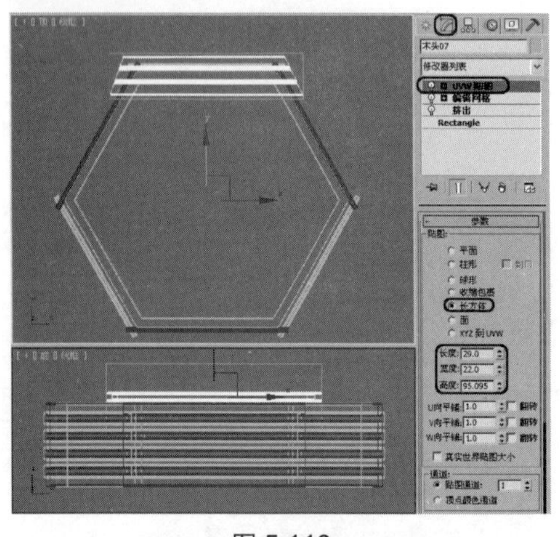

图 5.110

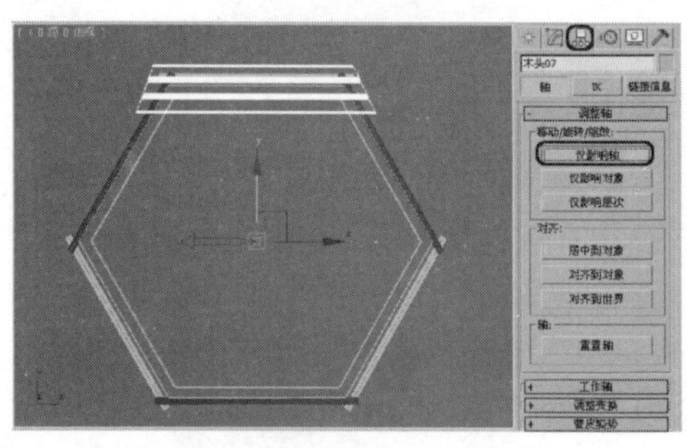

图 5.111

27 在【附加】工具栏中单击【阵列】按钮，弹出【阵列】对话框。将【增量】选项组中【旋转】左侧的 Z 选项设置为 120，然后将【阵列维度】选项组中【数量】的 1D 设置为 3，最后单击【确定】按钮，进行阵列，如图 5.112 所示。

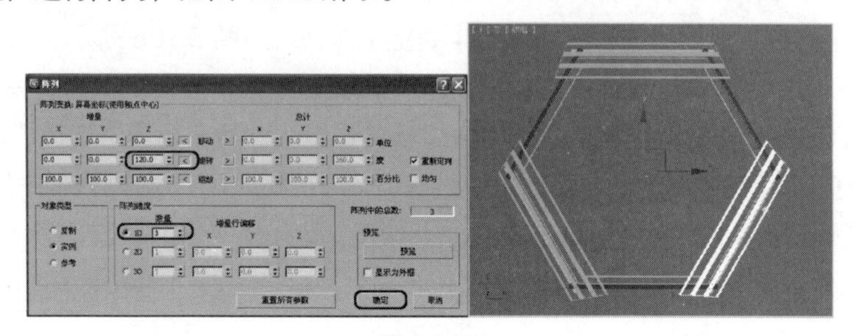

图 5.112

28 选择【创建】|【几何体】|【长方体】工具，在【顶】视图中创建一个长方体，并将其命名为“地面”，在【参数】卷展栏中将【长度】和【宽度】分别设置为 250 和 300，如图 5.113 所示。

29 选择【创建】|【摄影机】|【目标】工具，在【顶】视图中创建一架摄影机，在【参数】卷展栏中将【镜头】值设置为 33.333，并在其他视图中调整其位置，如图 5.114 所示。激活【透视】视图，按【C】键，将该视图转换为摄影机视图。

> **提示：** 为方便制作，按【Shift+C】组合键可以将摄影机隐藏，当需要显示摄影机时，再次按【Shift+C】组合键即可显示摄影机。

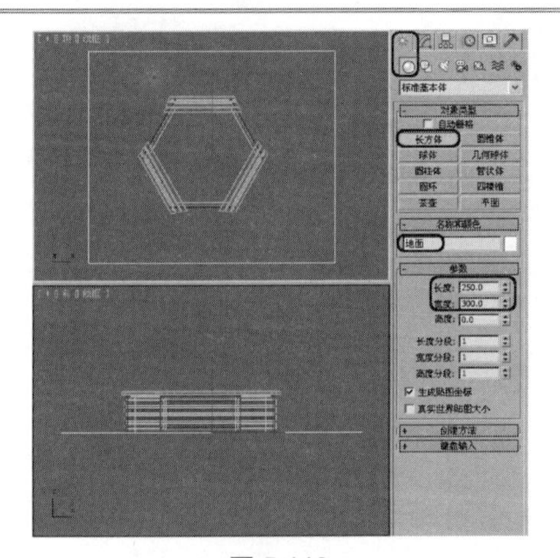

图 5.113

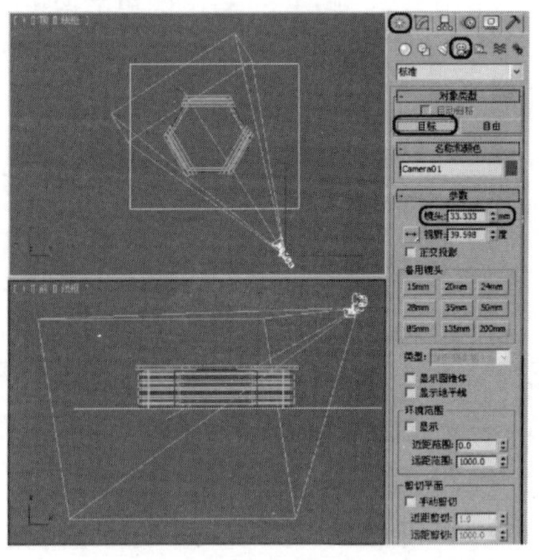

图 5.114

30 选择【创建】|【灯光】|【天光】工具，在【顶】视图中创建一盏天光，在【天光参数】卷展栏中将【倍增】设置为 1.2，如图 5.115 所示。

31 激活摄影机视图，在菜单栏中选择【渲染】|【渲染设置】命令，弹出【渲染设置】对话框。选择【高级照明】选项卡，设置类型为【光跟踪器】，其余采用默认的参数，然后单击【渲染】按钮，对摄影机视图进行渲染，如图 5.116 所示。

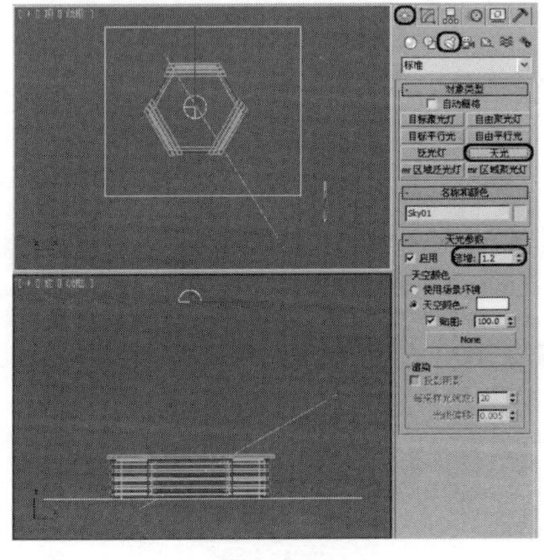

图 5.115

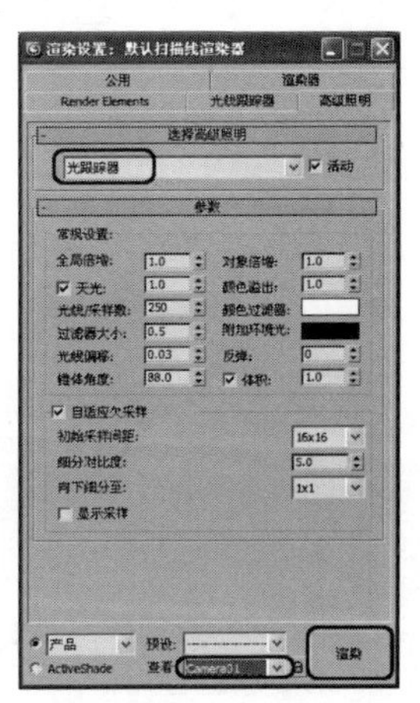

图 5.116

5.6 习题

一、填空题

1、【挤出】修改器使二维线形在垂直方向上（　　），从而生成三维实体。

2、【噪波】修改器常用来模拟（　　）、（　　）等。

3、【车削】修改器通过（　　）生成实体。

二、选择题

1、（　　）修改器沿路径拉伸，生成的实体边缘形状十分丰富。

A、挤出　B、倒角　C、倒角剖面　D、扭曲

2、在三维动画中，具有弹性表现力的人物或角色都是通过（　　）修改器来完成的。

A、车削　B、拉伸　C、弯曲　D、倒角

3、（　　）类似于传统的雕刻建模技术，因此布尔运算建模是许多建模者常用的技术，也是非常喜欢用的技术。

三、简答题

1、简述如何配置修改器集。

2、举例说明【弯曲】修改器可以模拟哪种类型的动画。

3、举例说明【噪波】修改器可以模拟哪些物体。

四、操作题

创建一个带棱角的实体，并使用【网格平滑】修改器将其进行平滑处理。

第 6 章　面片建模

前面章节中介绍的都是实体建模，而现实生活中有大量的物体是无法通过前面的建模方法来实现的，如人物、动物和衣服等，这些物体形状结构极为复杂，需要使用表面建模的方法来创建。本章将为大家介绍表面建模中面片建模的技巧与创建方法。

本章重点

- 面片建模的相关概念
- 使用面片建模修改器
- 面片对象的次对象模式
- 通过实例掌握面片建模

6.1　面片的相关概念

在 3ds Max 2011 中存在着两种类型的面片，它们分别是【四边形面片】和【三角形面片】，如图 6.1 所示。面片以平面对象开始，但通过使用【编辑面片】或【可编辑面片】修改器，都可以在三维曲面中进行修改。

图 6.1

6.1.1　四边形面片和三角形面片

1．**四边形面片**

【四边形面片】用于创建平面栅格。

【四边形面片】的创建方法很简单，下面将介绍一下创建四边形面片后的参数设置，如图 6.2 所示。

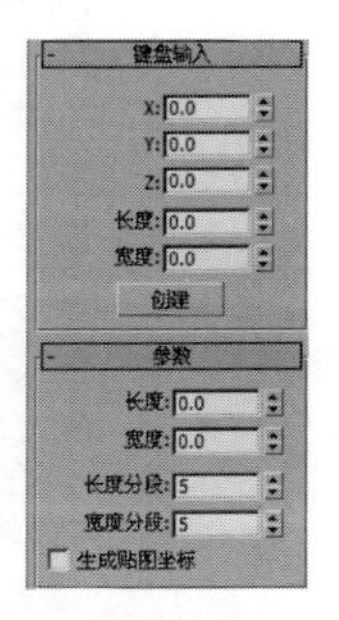

图 6.2

- 【键盘输入】卷展栏。
  - ✧ 【X】/【Y】/【Z】：设置面片的中心。
  - ✧ 【长度】：设置面片的长度。
  - ✧ 【宽度】：设置面片的宽度。

✧ 【创建】：基于 X、Y、Z、【长度】和【宽度】值来创建面片。

● 【参数】卷展栏。

✧ 【长度】/【宽度】：创建面片后设置当前面片的长度和宽度。

✧ 【长度分段】/【宽度分段】：分别设置长度和宽度上的分段数，默认值为 1。当增加该分段时，四边形面片的密度将急剧增加。一侧上两个分段的【四边形面片】包含 288 个面。最大分段值为 100，高的分段值会降低系统性能。

✧ 【生成贴图坐标】：创建贴图坐标，以便应用贴图材质。默认设置为禁用状态。

创建四边形面片的操作步骤如下：

01 选择【创建】 | 【几何体】 | 【面片栅格】 | 【四边形面片】工具。

02 在任意视图中拖动定义面片的长度和宽度。

2．三角形面片

【三角形面片】用于创建三角面的面片平面。

下面将介绍【三角形面片】的参数卷展栏，如图 6.3 所示。

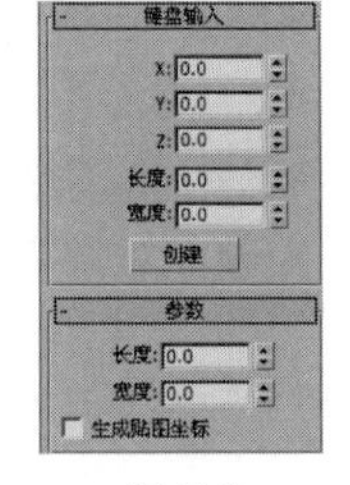

图 6.3

● 【键盘输入】卷展栏。

✧ 【X】/【Y】/【Z】：设置面片的中心。

✧ 【长度】/【宽度】：设置面片的长度和宽度。

✧ 【创建】：基于 X、Y、Z、【长度】和【宽度】值来创建面片。

● 【参数】卷展栏。

✧ 【长度】/【宽度】：设置当前已经创建面片的长度和宽度。

✧ 【生成贴图坐标】：创建贴图坐标，以便应用贴图材质。

6.1.2 创建面片的方法

除了使用标准的面片创建方法外，在 3ds Max 中还包括多种常用的创建面片的方法。

● 通过【车削】、【挤出】等修改器将二维线形图形生成三维模型，然后再将生成的三维模型输出为【面片】，如图 6.4 所示。

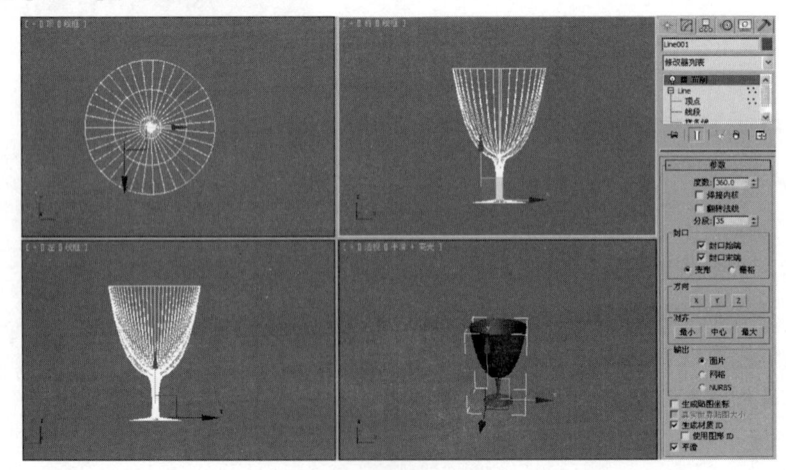

图 6.4

- 首先创建截面，再使用【曲面】修改器将连接的线生成面片，如图 6.5 所示，最后通过【编辑面片】修改器进行设置。

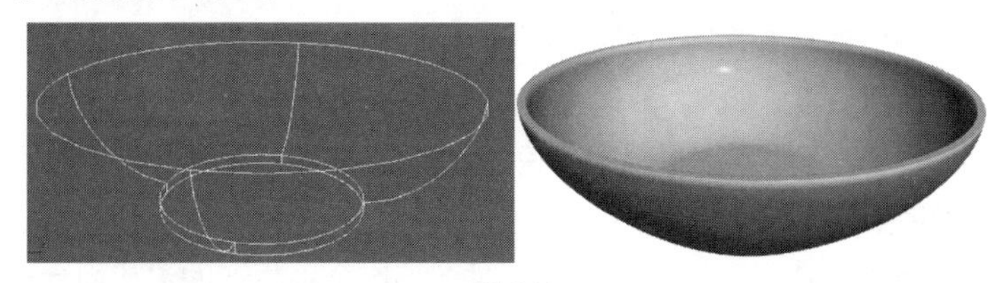

图 6.5

- 直接对创建的几何体使用【编辑面片】修改器，可以把网格对象转换为面片对象。

6.2　使用编辑面片编辑修改器

【编辑面片】修改器为选定对象的不同子对象层级提供了【顶点】、【边】、【面片】、【元素】和【控制柄】5 种编辑工具，如图 6.6 所示。【编辑面片】修改器匹配所有基础的【可编辑面片】对象的功能，但在【编辑面片】修改器中不能设置子对象动画的除外。

【编辑面片】修改器必须复制传递到其自身的几何体，此存储将导致文件尺寸变大。【编辑面片】修改器也可以建立拓扑依赖性，即如果先前的操作更改了发送给修改器的拓扑，那么拓扑依赖性将受到负面影响。

在【编辑面片】修改器中，【选择】和【软选择】卷展栏是顶点、边、面片、元素、控制柄中共同拥有的卷展栏。下面将主要介绍一下【选择】卷展栏，如图 6.7 所示。

图 6.6

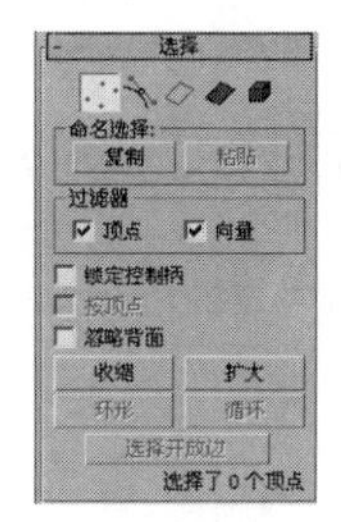

图 6.7

- 【顶点】按钮：用于选择面片对象中的顶点控制点及其向量控制柄。
- 【控制柄】按钮：用于选择与每个顶点有关的向量控制柄。
- 【边】按钮：选择面片对象的边界边。在该层级时，可以细分边，还可以向开放的边添加新的面片。
- 【面片】按钮：选择整个面片。在该层级时，可以分离或删除面片，还可以细分曲面。细分面片时，其曲面将会分裂成较小的面片。
- 【元素】按钮：选择和编辑整个元素。元素的面是连续的。
- 【命名选择】选项组：这些功能可以与命名的子对象选择集结合使用。
  - ✧ 【复制】：将当前次物体级命名的选择集合复制到剪贴板中。
  - ✧ 【粘贴】：将剪贴板中复制的选择集合指定到当前次物体中。

- 【过滤器】选项组：这两个复选框只能在【顶点】选择集下使用。使用这两个复选框，可以选择和变换顶点或向量（顶点上的控制柄）。
  - ✧ 【顶点】：启用该复选框时，可以选择和移动顶点。
  - ✧ 【向量】：启用该复选框时，可以选择和移动向量。
- 【锁定控制柄】：将一个顶点的所有控制手柄锁定，移动一个也会带动其他手柄移动。只有在【顶点】选择集选择的情况下才可用。
- 【按顶点】：启用该复选框，在选择一个点时，与这个点相连的边或面会一同被选择，只有在【控制柄】、【边】和【面片】选择集选择的情况下才可用。
- 【忽略背面】：控制次物体的选择范围。若取消选择该复选框，无论法线的方向如何，都可以选择所有的次物体，包括不被显示的部分。
- 【收缩】：通过取消选择最外部的了对象，缩小子物体的选择区域。只有在【控制柄】选择集选择的情况下不可用。
- 【扩大】：向所有可用方向外侧扩展选择区域。只有在【控制柄】选择集选择的情况下不可用。
- 【环形】：通过选择所有平行于选中边的边来扩展选择，只有在【边】选择集选择的情况下才可用。
- 【循环】：在与选择边相对齐的同时，尽可能远地扩展选择，只有在【边】选择集选择的情况下才可用。
- 【选择开放边】：选择只有一个面片使用的所有边，只有在【边】选择集选择的情况下才可用。

6.3 面片对象的次对象模式

下面将介绍【编辑面片】修改器中各个选择集的主要参数。

6.3.1 顶点

在编辑修改器堆栈中，将当前选择集定义为【顶点】，可进入到【顶点】选择集进行编辑。在【顶点】选择集中，可以使用主工具栏中的变换工具编辑选定的顶点，也可以变换切换手柄改变面片的形状。

面片的顶点包括【角点】和【共面】两种类型，【共面】类型可以保存顶点之间的光滑过渡，也可以对顶点进行调整；【角点】类型使顶点之间呈角点显示，这两种类型都需要在顶点处右击，在弹出的菜单中进行选择，如图 6.8 所示。

【几何体】卷展栏如图 6.9 所示。下面介绍一些相关参数。

- 【绑定】：用于在两个顶点数不同的面片之间创建无缝、无间距的连接。这两个面片必须属于同一个对象，因此，不需要先选择该顶点。单击【绑定】按钮，然后拖动一条基于边的顶点（不是角顶点）到要绑定的边的直线.
- 【取消绑定】：断开通过【绑定】连接到面片的顶点，选择该顶点，然后单击【取消绑定】按钮。

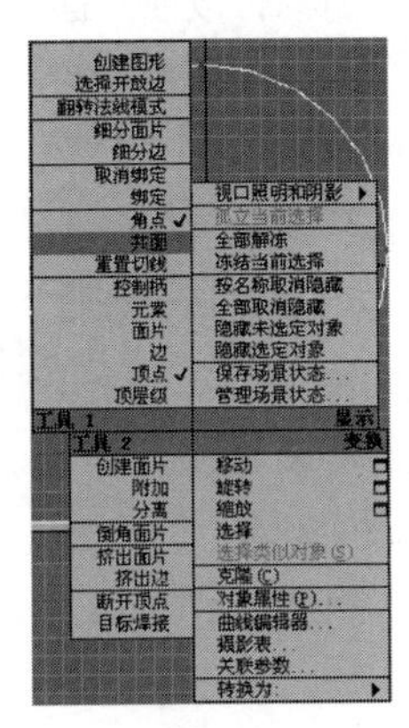

图 6.8

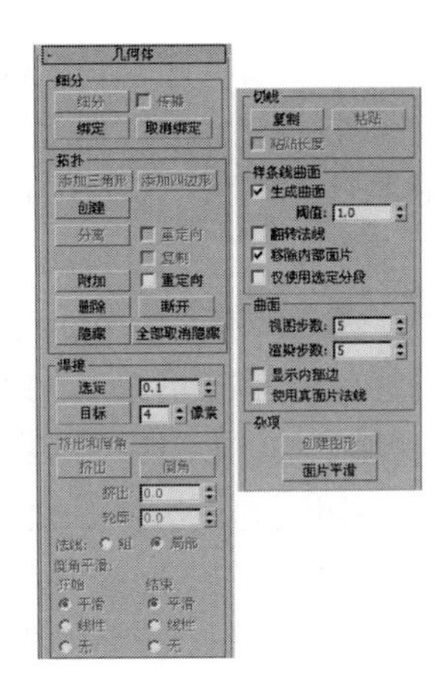

图 6.9

- 【创建】：在现有的几何体或自由空间创建点、三角形或四边形面片。三角形面片的创建可以在连续单击 3 次后右击结束。
- 【分离】：将当前选择的面片分离出当前物体，使它成为一个独立的新物体。
- 【重定向】：启用该复选框时，分离的面片将会复制到新的面片对象。
- 【附加】：用于将对象附加到当前选定的面片对象上。
- 【重定向】：启用该复选框时，重向附加元素，使每个面片的创建局部坐标系与选定面片的创建局部坐标系对齐。
- 【删除】：将当前选择的面片删除。在删除点或线的同时，也会将共享这些点或线的面片一同删除。
- 【断开】：将当前选择点断开，按下该按钮不会看到效果，如果移动断开的点，则会发现它们已经分离。
- 【隐藏】：将选择的面片隐藏，如果选择的是点或线，将隐藏点或线所在的面片。
- 【全部取消隐藏】：将所有隐藏的面片显示出来。
- 【选定】：确定可进行顶点焊接的区域面积，当顶点之间的距离小于此值时，它们就会焊接为一个点。
- 【目标】：在视图中将选择的点拖动到要焊接的顶点上，这样会自动焊接。
- 【复制】：将面片控制柄的变换设置复制到复制缓冲区。
- 【粘贴】：将方向信息从复制缓冲区域粘贴到顶点控制柄。
- 【粘贴长度】：如果启用该复选框，并按下【复制】按钮，则控制柄的长度也将被复制；如果启用该复选框，并按下【粘贴】按钮，则将复制最初复制的控制柄的长度及其方向；禁用该复选框时，只能复制和粘贴其方向。
- 【视图步数】：调节视图显示的精度，数值越大，精度越高，表面越光滑。
- 【渲染步数】：调节渲染的精度。
- 【显示内部边】：控制是否显示面片物体中央的横断表面。
- 【使用真面片法线】：决定该软件平滑面片之间边缘的方式。

● 【面片平滑】：在子对象层级调整所选子对象顶点的切线控制柄，以便对面片对象的曲面执行平滑操作。

如图 6.10 所示是【曲面属性】卷展栏。下面介绍其各个参数。

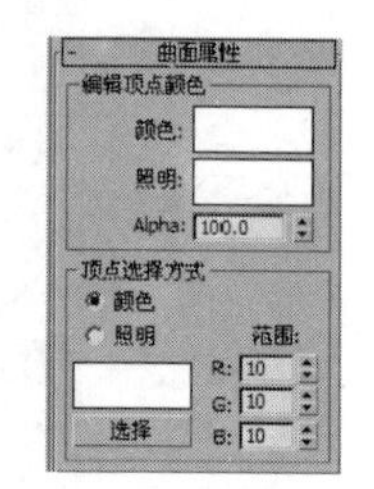

图 6.10

● 【编辑顶点颜色】选项组：使用这些选项，可以分配颜色、照明颜色（着色）和选定顶点的 Alpha（透明）值。
  ✧ 【颜色】：单击色块，可在弹出的对话框中更改选定顶点的颜色。
  ✧ 【照明】：单击色块，可在弹出的对话框中更改选定顶点的照明颜色。使用该选项，可以更改阴影颜色，而不会更改顶点颜色。
  ✧ Alpha：用于向选定的顶点分配 Alpha（透明）值。微调器中的值是百分比值，0 表示完全透明，100 表示完全不透明。
● 【顶点选择方式】选项组：【颜色】和【照明】两个单选按钮用于确定是否按照顶点颜色值或顶点照明值选择顶点。
  ✧ 颜色样例：单击色块，弹出【颜色选择器】对话框，可以指定要匹配的颜色。
  ✧ 【选择】：选择的所有顶点应该满足以下条件：这些顶点的颜色值或者照明值要么匹配色样，要么在 RGB 微调器指定的范围内。要满足哪个条件，取决于选择哪个单选按钮。
  ✧ 【范围】：指定颜色匹配的范围。顶点颜色的 RGB 值或照明值必须符合颜色样例的色样中指定的颜色，或介于【范围】微调器指定的最小值和最大值之间。默认设置为 10。

6.3.2 边

在【边】选择集下，在【几何体】卷展栏中常用到以下参数：

● 【细分】：使用该功能可以将选定的边次对象从中间分为两个单独的边。要使用【细分】按钮，首先要选择一个边次对象，然后再单击该按钮。
● 【传播】：选择该复选框，可以使边和相邻的面片也被细分。

具体操作步骤如下：

01 在场景中选择模型，并将选择集定义为【边】。

02 选择模型的边，如图 6.11 所示。

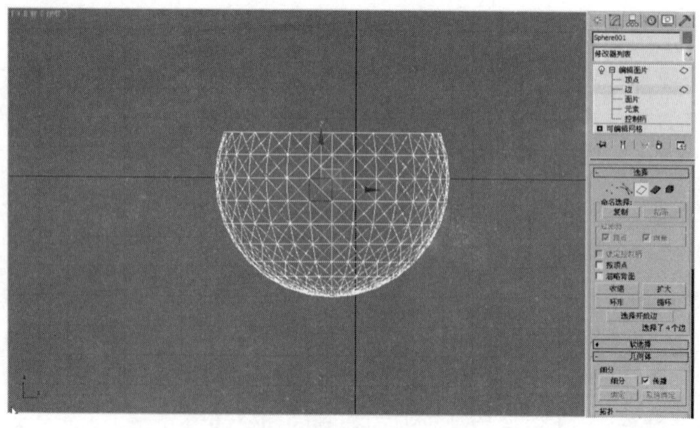

图 6.11

03 选择【传播】复选框，单击【细分】按钮，传播细分的效果如图 6.12 所示。

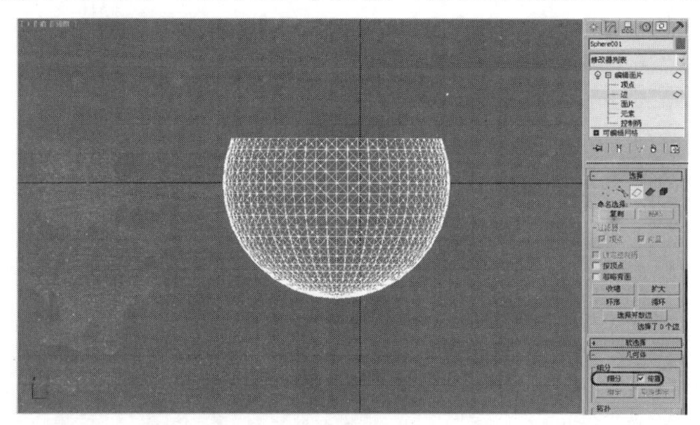

图 6.12

- 【添加三角形】/【添加四边形】：使用这两个按钮，可以在面片对象的开放式边上创建一个三角形或四边形面片。要创建三角形或四边形面片，首先要选择一条开放的边，然后单击这两个按钮就可以创建一个面片，图 6.13 所示为添加的三角形面片，图 6.14 所示为添加的四边形面片。

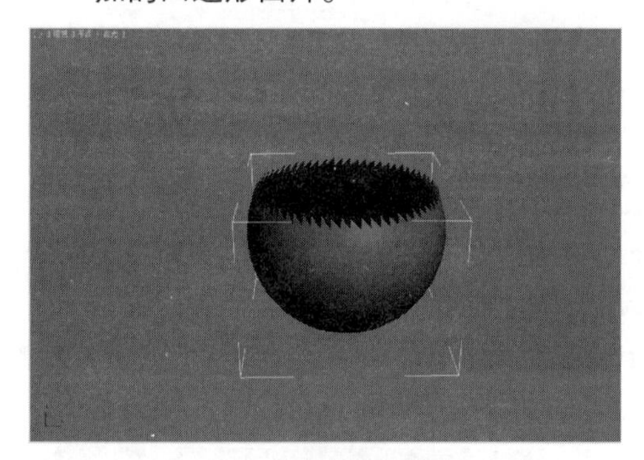

图 6.13

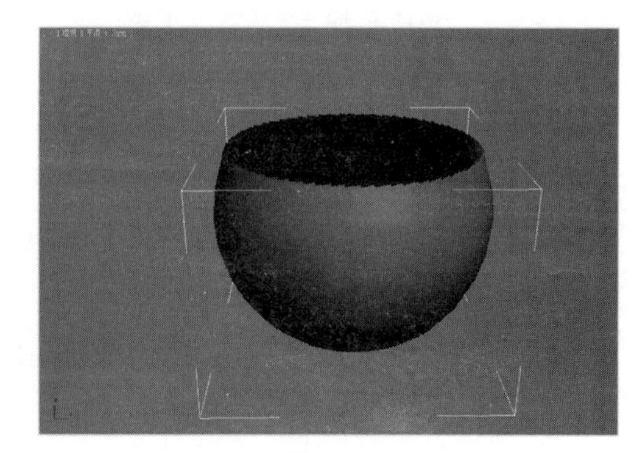

图 6.14

6.3.3　面片和元素

【面片】和【元素】这两个选择集的可编辑参数基本相同，除了前面介绍的公用选项外，还包括以下选项：

- 【分离】：使用【分离】功能可以将选定的面片从整个面片对象中分离出来。有两种分离属性可以选择，选择【重定向】复选框，使分离的次对象与当前活动面片的位置和方向对齐，选择【复制】复选框，将创建分离对象的副件。
- 【挤出】：单击该按钮，可以为一个面片增加厚度。要使用【挤出】按钮，需要进行如下操作：首先，选择想要进行编辑的面片，然后单击【挤出】按钮，并将鼠标移动到视图中的选定面上，拖动鼠标创建厚度，也可以直接在【挤出】数值框中输入数值。

6.4 上机练习

6.4.1 制作沙发靠垫

本例介绍沙发靠垫的制作方法，首先通过四边形面片创建一个方形面片，再通过【编辑面片】修改器进行修改，得到如图 6.15 所示的形状，然后再通过材质和摄影机进行表现。

01 选择【创建】 |【几何体】 |【面片栅格】|【四边形面片】工具，在【顶】视图中创建一个【长度】和【宽度】均为 200 的四边形面片。在【参数】卷展栏中设置【长度分段】和【宽度分段】均为 3，并将其命名为“靠垫”，如图 6.16 所示。

图 6.15

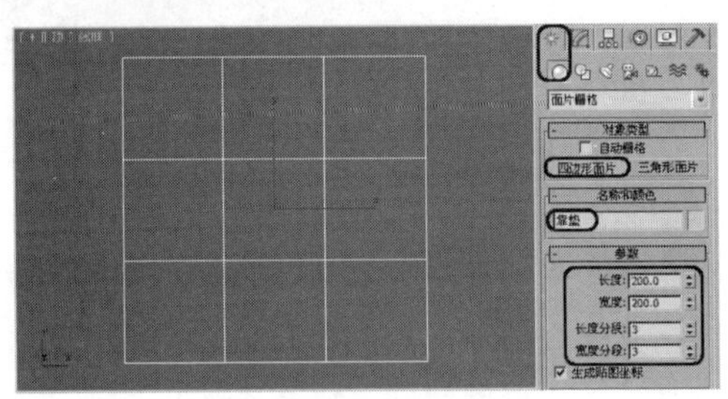

图 6.16

> 提示：面片建模是一种曲面造型技术。在 3ds Max 2011 中可以直接创建两种类型的面片物体：四边形面片和三角形面片。通过在【修改】命令面板中塌陷面片修改堆栈或在右键菜单中进行转换，可以将标准面片物体转换为可编辑面片物体。

02 切换到【修改】命令面板 ，在【修改器列表】下拉列表框中选择【编辑面片】修改器，将当前选择集定义为【顶点】，在各视图中对其顶点进行调整，效果如图 6.17 所示。

03 选择【创建】 |【几何体】 |【长方体】工具，在【顶】视图中创建一个长方体，并将其命名为“地板”。在【参数】卷展栏中将【长度】和【宽度】均设置为 500，如图 6.18 所示。

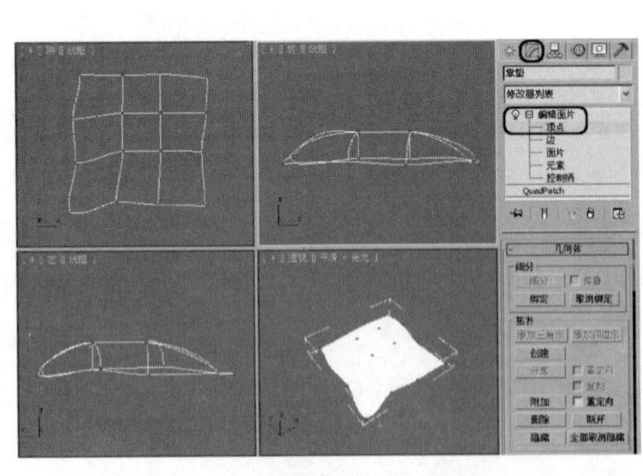

图 6.17

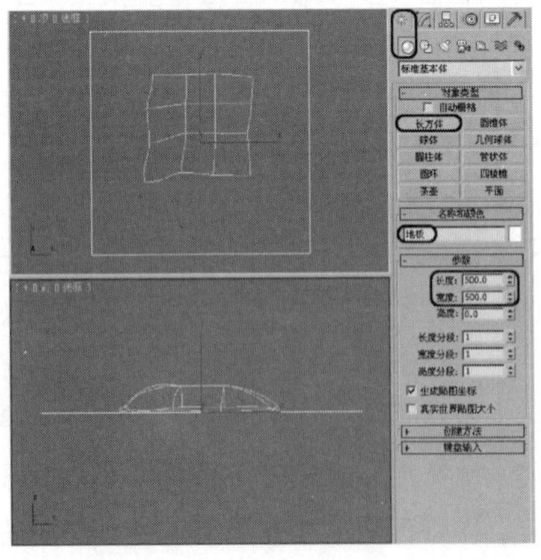

图 6.18

04 按【M】键，打开【材质编辑器】窗口，选择第一个材质样本球，并将其命名为“靠垫”。在【Blinn 基本参数】卷展栏中将【自发光】选项组中的【颜色】设置为 60，在【贴图】卷展栏中

单击【漫反射颜色】通道后面的 None 按钮，在弹出的【材质/贴图浏览器】对话框中选择【位图】贴图，打开随书附带光盘中的 CDROM | Map | 靠枕布.jpg 文件，使用默认参数，并将该材质指定给场景中的“靠垫”对象，如图 6.19 所示。

05　选择【创建】| 【摄影机】| 【目标】工具，在【顶】视图中创建一架摄影机。在【参数】卷展栏中将【镜头】设置为 43.456，并调整其所在的位置，如图 6.20 所示。激活【透视】视图，按【C】键，将其转换为摄影机视图。

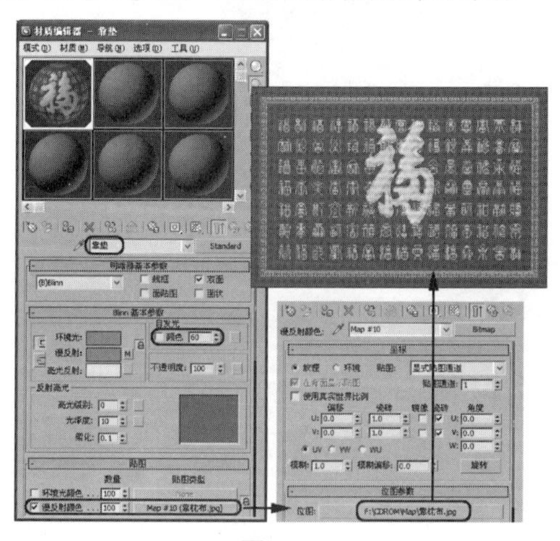

图 6.19

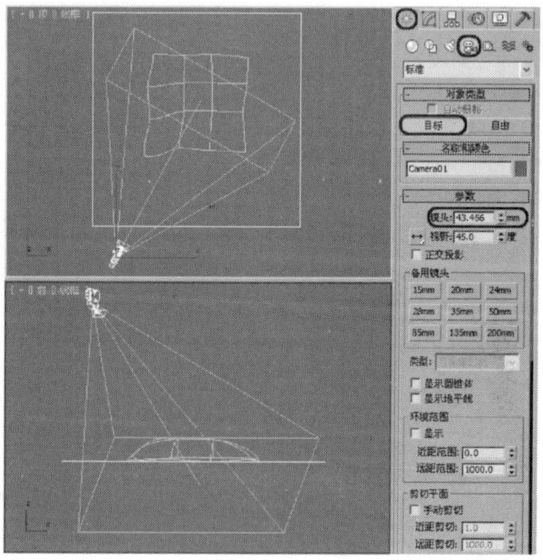

图 6.20

06　选择【创建】| 【灯光】| 【目标聚光灯】工具，在【顶】视图中创建一盏目标聚光灯。切换到【修改】命令面板，在【常规参数】卷展栏中选择【启用】复选框，将阴影模式定义为【光线跟踪阴影】，在【强度/颜色/衰减】卷展栏中将【倍增】设置为 1.05，在【聚光灯参数】卷展栏中将【聚光区/光束】和【衰减区/区域】分别设置为 60 和 62，如图 6.21 所示。

07　选择【创建】| 【灯光】| 【泛光灯】工具，在【顶】视图中创建一盏泛光灯，在场景中调整其位置，如图 6.22 所示。

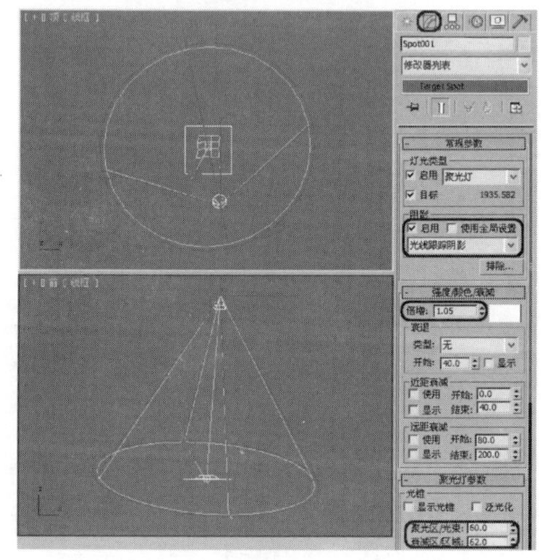

图 6.21

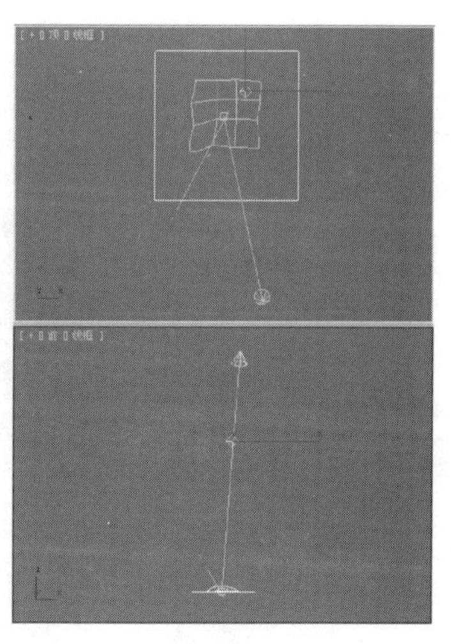

图 6.22

08 切换到【修改】命令面板，在【常规参数】卷展栏中单击【排除】按钮，在弹出的对话框中将“靠垫”对象排除灯光的照射，在【强度/颜色/衰减】卷展栏中将【倍增】设置为 0.5，如图 6.23 所示。

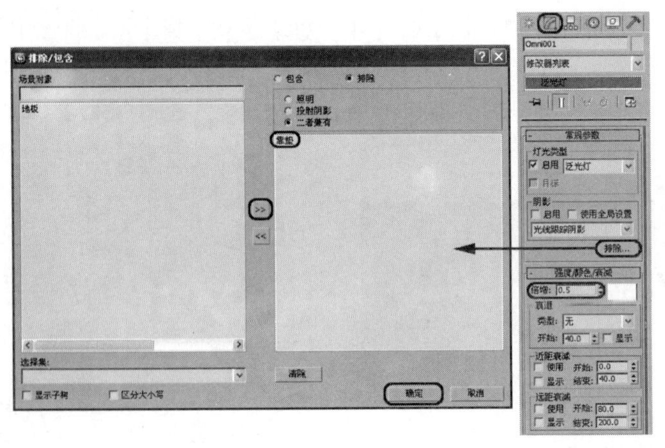

图 6.23

6.4.2 绘制金元宝

本例介绍金元宝模型的制作过程，首先使用样条线绘制金元宝的截面，再为其施加【曲面】修改器，即可完成模型的创建，完成后的效果如图 6.24 所示。

图 6.24

01 选择【创建】|【图形】|【椭圆】工具，在【顶】视图中创建椭圆，在【参数】卷展栏中设置【长度】为 150，【宽度】为 260，如图 6.25 所示。

02 在椭圆上右击，在弹出的菜单中选择【转换为】|【转换为可编辑样条线】命令，如图 6.26 所示。

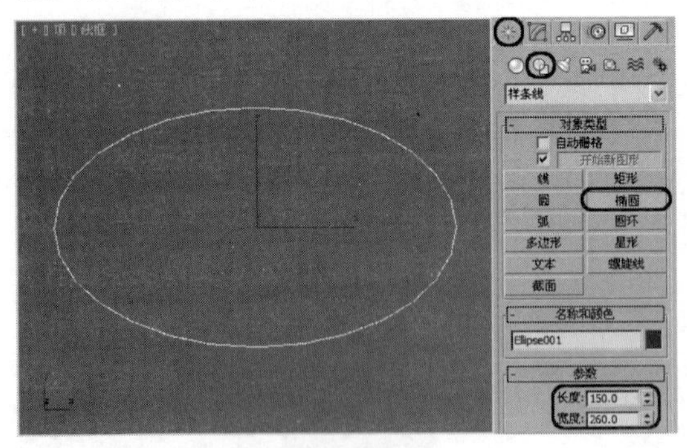

图 6.25

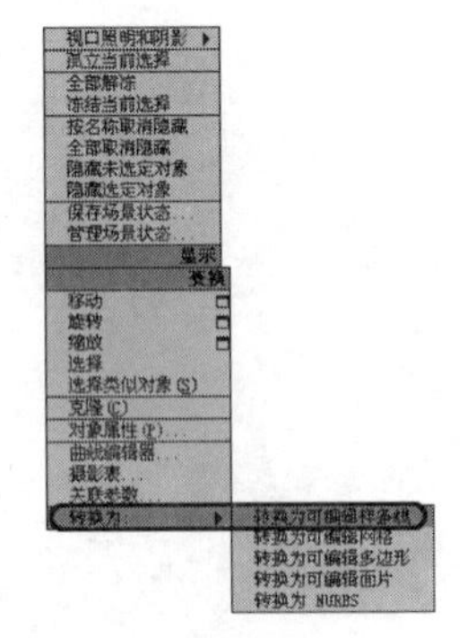

图 6.26

03 切换到【修改】命令面板，将当前选择集定义为【样条线】。在【几何体】卷展栏中选择【连接复制】选项组中的【连接】复选框，在【左】视图中按住【Shift】键沿 *Y* 轴向上移动复制样条线，如图 6.27 所示。

04 选择复制出的椭圆，取消选择【连接】复选框，在【软选择】卷展栏中选择【使用软选择】复选框，设置【衰减】为 0，在场景中调整椭圆的大小，如图 6.28 所示。

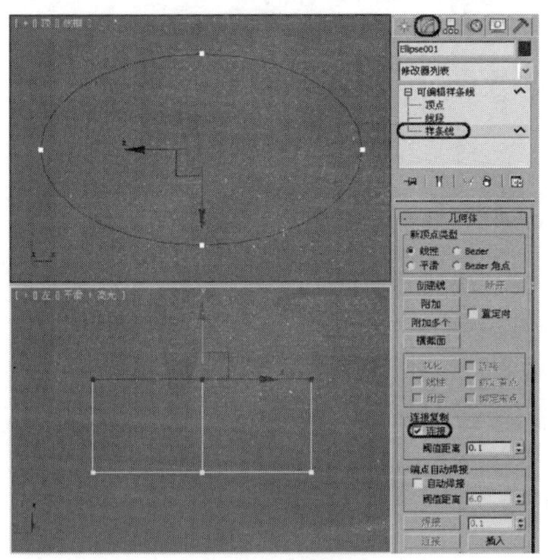
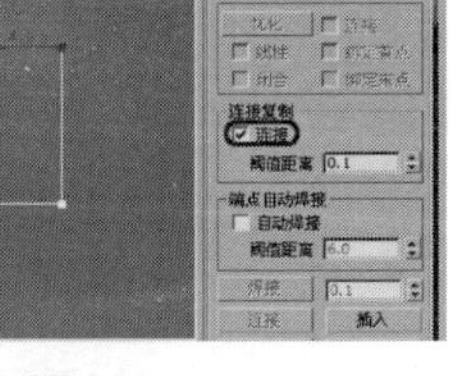

图 6.27

图 6.28

05 取消选择【使用软选择】复选框，选择【连接复制】选项组中的【连接】复选框，在场景中按住【Shift】键，缩放复制出一个椭圆，如图 6.29 所示。

06 选择【使用软选择】复选框，在场景中调整样条线为圆形，如图 6.30 所示。

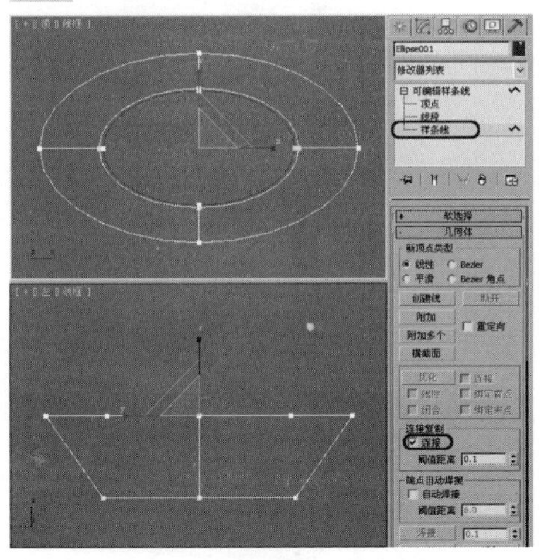

图 6.29

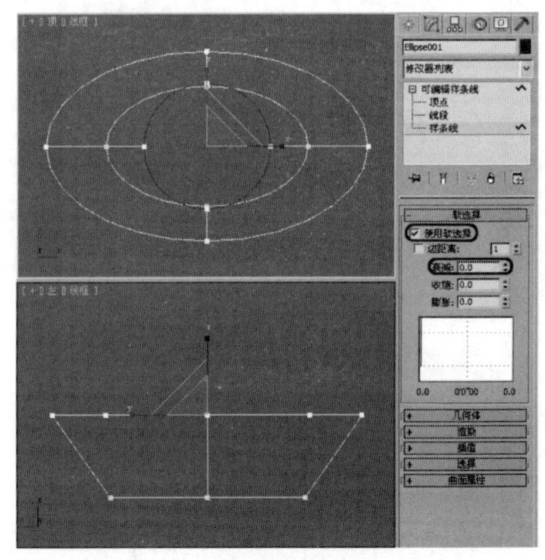

图 6.30

07 在场景中调整样条线的位置，如图 6.31 所示。

08 在工具栏中单击【捕捉开关】按钮，在【几何体】卷展栏中单击【创建线】按钮，在场景中为圆创建十字交叉的线，如图 6.32 所示。

09 将选择集定义为【顶点】，在【几何体】卷展栏中单击【相交】按钮，在场景中十字交叉的线段上单击，创建相交的顶点，如图 6.33 所示，然后关闭【相交】按钮。

10 在场景中选择创建相交的两个顶点并右击，在弹出的菜单中选择【平滑】命令，如图 6.34 所示。

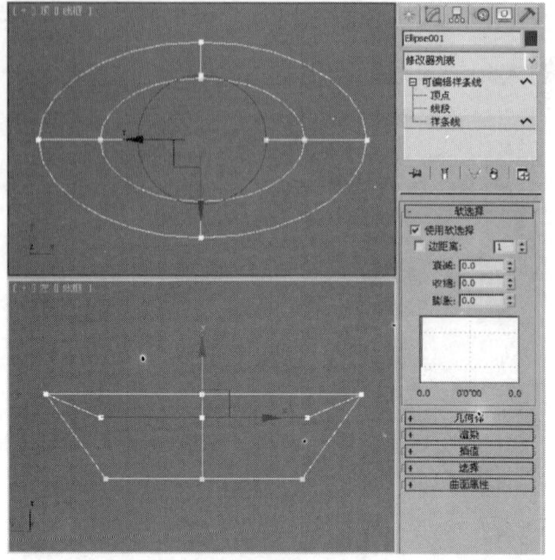

图 6.31

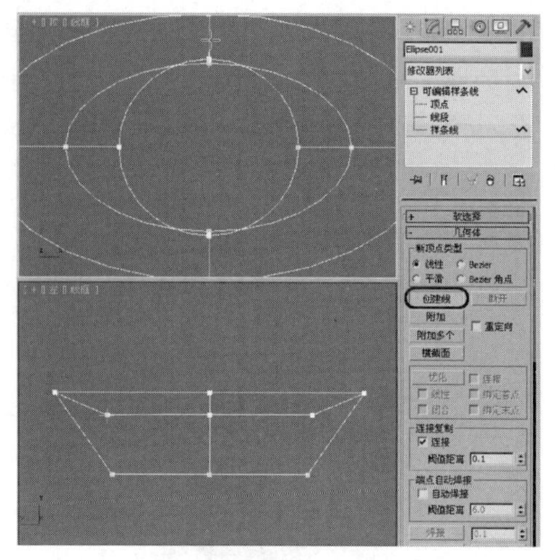

图 6.32

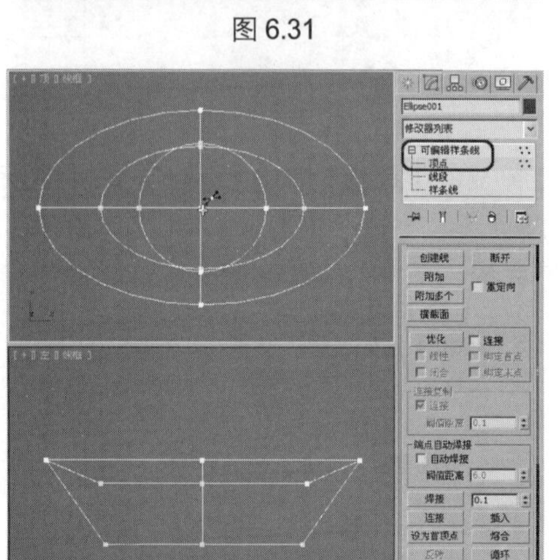

图 6.33

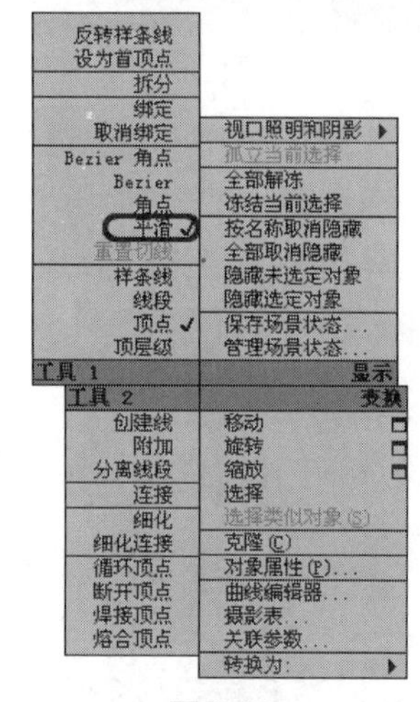

图 6.34

11 调整中间的两个顶点，将选择集定义为【样条线】，在场景中选择如图 6.35 所示的样条线。

12 将选择集定义为【顶点】，在【选择】卷展栏中单击【选择方式】按钮，在弹出的对话框中单击【样条线】按钮，选择如图 6.36 所示的顶点。

13 选择顶点后右击，在弹出的菜单中选择【平滑】命令，如图 6.37 所示。

14 关闭选择集，在【修改器列表】下拉列表框中选择【曲面】修改器，在【参数】卷展栏中设置【面片拓扑】选项组中的【步数】为 20，如图 6.38 所示。

15 将选择集定义为【顶点】，继续在场景中调整截面，如图 6.39 所示，直到满意为止。

16 在【修改器列表】下拉列表框中选择【UVW 贴图】修改器，在【参数】卷展栏中选择【长方体】单选按钮，在【对齐】选项组中选择 Z 单选按钮，单击【适配】按钮，如图 6.40 所示。

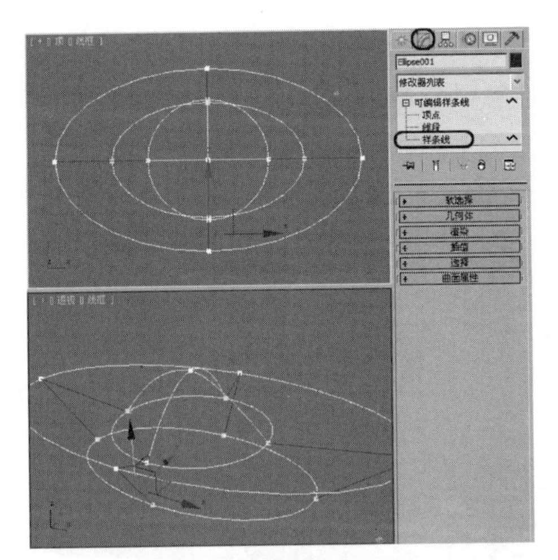

图 6.35

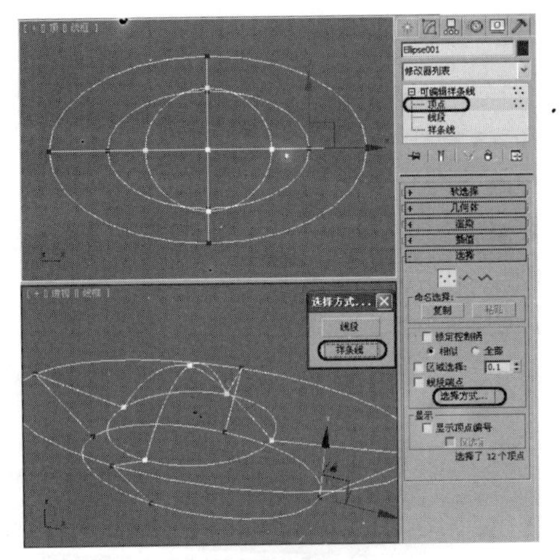

图 6.36

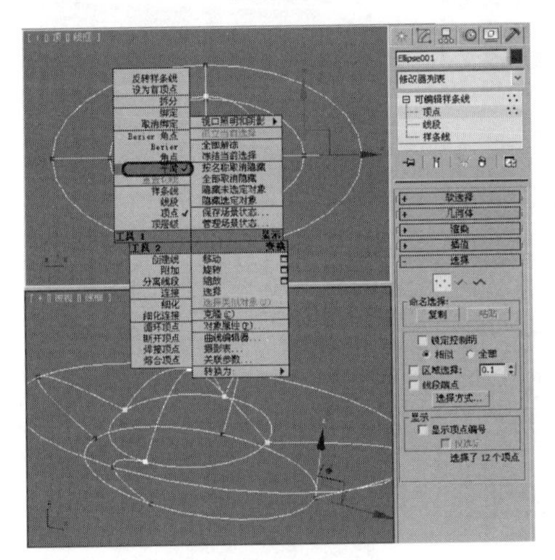

图 6.37

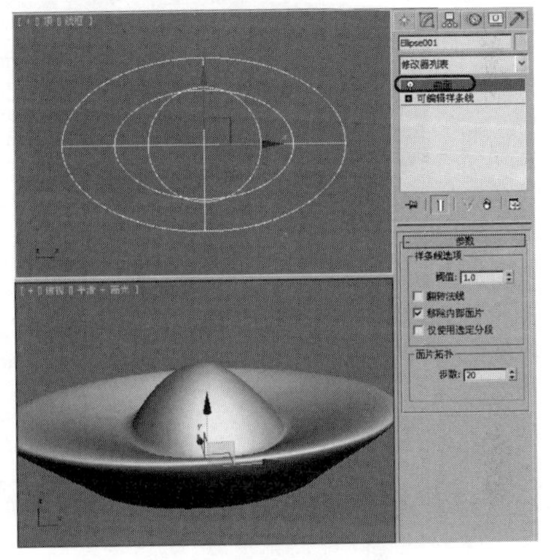

图 6.38

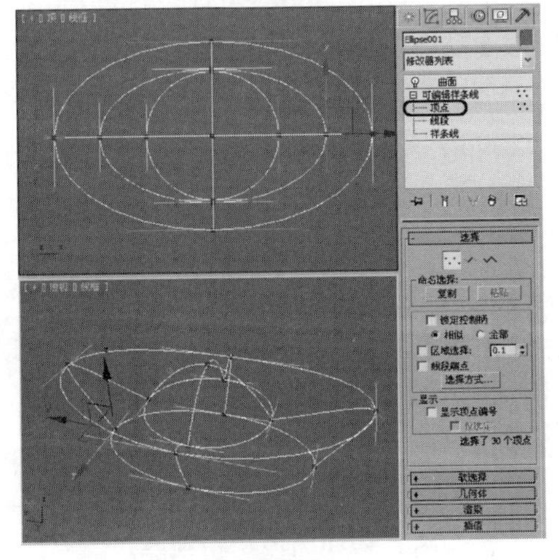

图 6.39

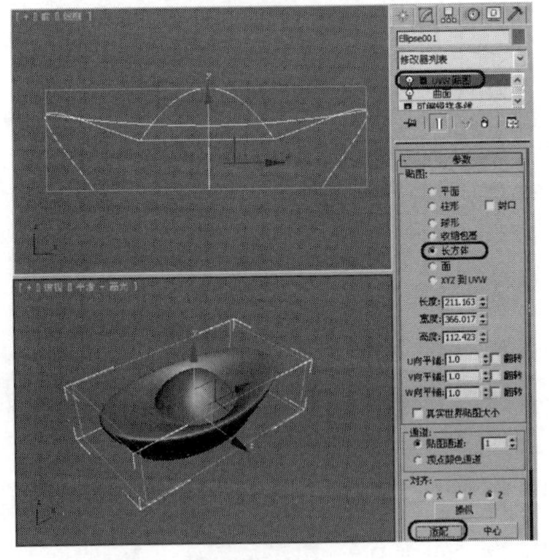

图 6.40

17 按【M】键，打开【材质编辑器】窗口，选择第一个材质样本球并将其命名为“黄金”，将明暗器类型定义为【金属】，在【金属基本参数】卷展栏中将【环境光】和【漫反射】颜色的 RGB 值设置为 245、176、12；将【自发光】选项组中的【颜色】设置为 10；将【反射高光】选项组中的【高光级别】和【光泽度】分别设置为 100 和 70；在【贴图】卷展栏中将【凹凸】后面的【数量】值设置为−8，然后单击 None 按钮，在弹出的【材质/贴图浏览器】对话框中选择【位图】贴图，打开随书附带光盘中的 CDROM｜Map｜huangjin.jpg 文件，进入位图参数面板，在【坐标】卷展栏中将【瓷砖】下的 U、V 值分别设置为 2 和 2；返回父级材质面板，在【贴图】卷展栏中单击【反射】通道后的 None 按钮，在弹出的【材质/贴图浏览器】对话框中选择【混合】贴图，如图 6.41 所示。

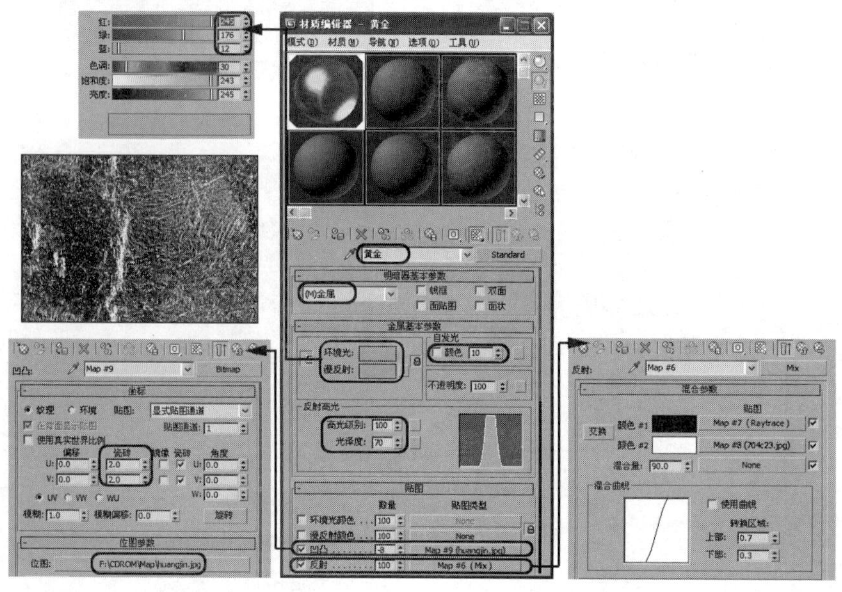

图 6.41

18 在【混合参数】卷展栏中将【混合量】设置为 90，单击【颜色 1】后面的 None 按钮，在弹出的【材质/贴图浏览器】对话框中选择【光线跟踪】贴图，使用默认参数，返回上级面板，然后单击【颜色 2】后面的 None 按钮，在弹出的【材质/贴图浏览器】对话框中选择【位图】贴图，打开随书附带光盘中的 CDROM｜Map｜704c23.jpg 文件，进入位图参数面板，在【坐标】卷展栏中将【模糊偏移】设置为 0.05；将该材质指定给场景中的“金元宝”对象，如图 6.42 所示。

19 选择【创建】｜【几何体】｜【长方体】工具，在【顶】视图中创建一个长方体，并将其命名为“地面”，切换到【修改】命令面板，在【参数】卷展栏中将【长度】和【宽度】值均设置为 800，并在场景中调整其位置，如图 6.43 所示。

20 选择【创建】｜【摄影机】｜【目标】工具，在【顶】视图中创建一架摄影机，切换到【修改】命令面板，在【参数】卷展栏中将【镜头】设置为 43.456，并在场景中调整其所在的位置，如图 6.44 所示。激活【透视】视图，按【C】键，将其转换为摄影机视图。

21 选择【创建】|【灯光】|【目标聚光灯】工具，在【顶】视图中创建一盏目标聚光灯。在【常规参数】卷展栏中选择【启用】复选框，将阴影模式定义为【光线跟踪阴影】；在【聚光灯参数】卷展栏中将【聚光区/光束】和【衰减区/区域】设置为 0.5 和 65；在场景中调整灯光的位置，如图 6.45 所示。

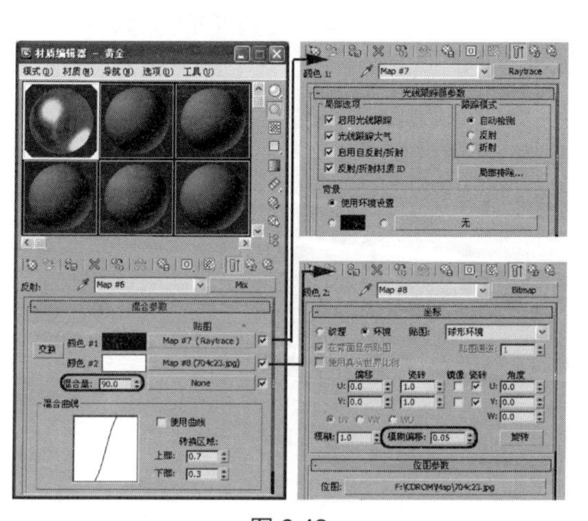

图 6.42

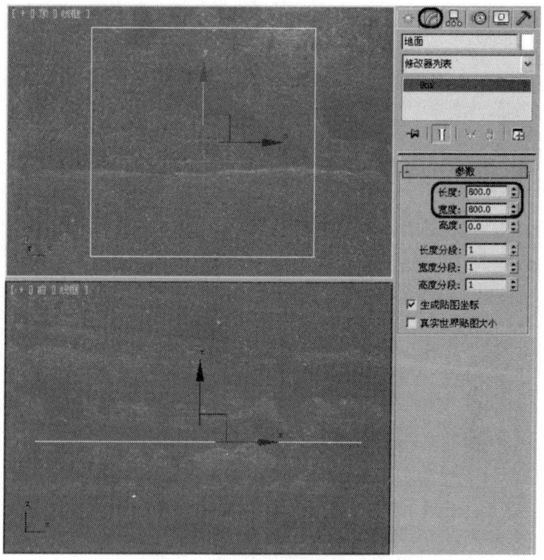

图 6.43

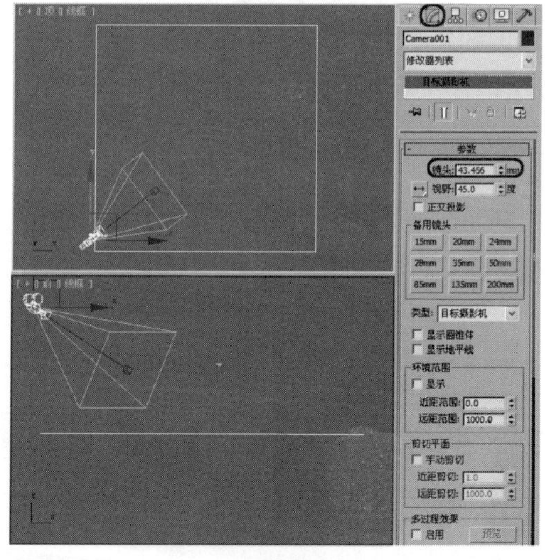

图 6.44

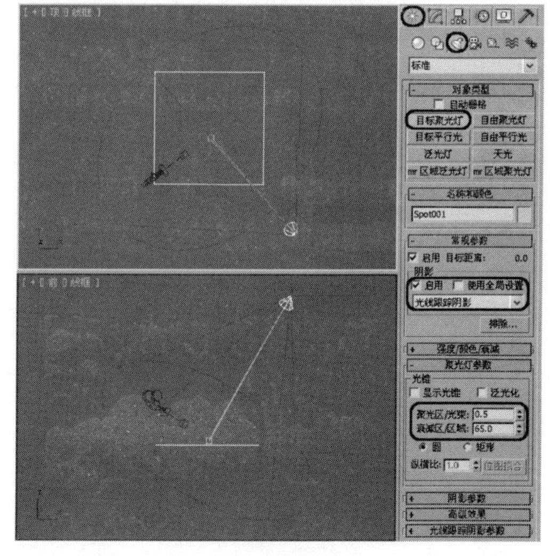

图 6.45

22 选择【创建】|【灯光】|【泛光灯】工具，在【顶】视图中创建一盏泛光灯，调整灯光的所在位置，切换到【修改】命令面板，在【强度/颜色/衰减】卷展栏中将【倍增】设置为 0.4，如图 6.46 所示。

23 单击【常规参数】卷展栏中的【排除】按钮，将“地面”对象包含灯光的照射，如图 6.47 所示。

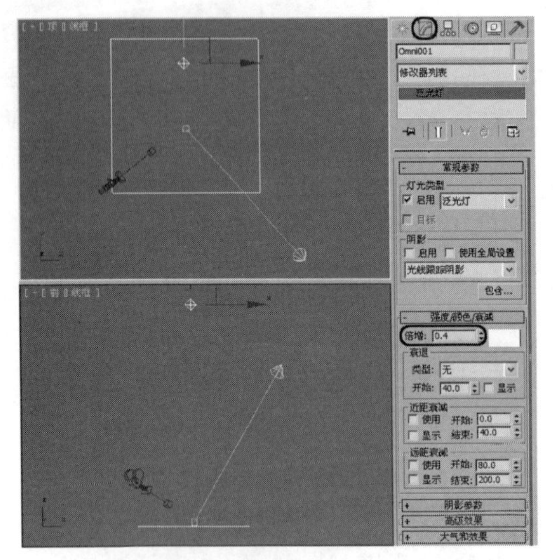

图 6.46

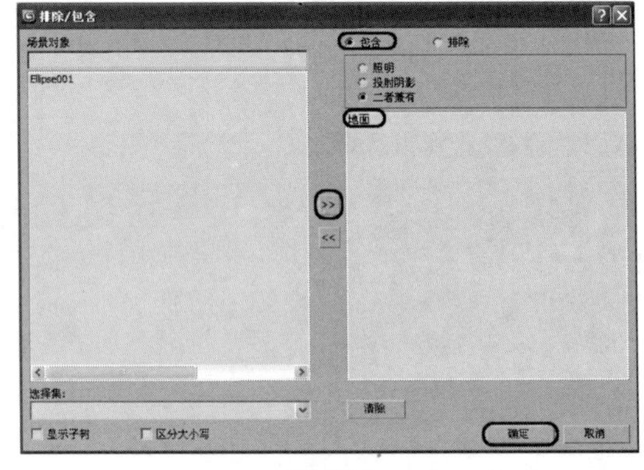

图 6.47

6.5 习题

一、填空题

1、当处于【顶点】层级时,【顶点】图标呈(　　　)。

2、【边】指的是面片对象上在两个(　　　)之间的部分。

3、【面】是通过(　　　)连续的 3 条或多条边的(　　　)。

二、简答题

1、简述面片建模与多边形建模的区别。

2、在什么情况下使用【编辑面片】修改器。

三、操作题

尝试使用面片制作一个曲面模型。

第 7 章　多边形建模

多边形建模历史悠久，是最早成为计算机上动画软件的唯一建模方式，为三维制作者们所熟悉，它的优点是直觉感强，比较适合制作规则物体。

本章重点

- 编辑多边形修改器的公用参数卷展栏
- 了解多边形建模的顶点编辑
- 了解多边形建模的边编辑
- 了解多边形建模的边界编辑
- 了解多边形建模的多边形和元素编辑
- 通过实例的制作了解多边形建模

多边形物体也是一种网格物体，它在功能和使用上几乎与【可编辑网格】相同，不同的是【可编辑网格】是由三角面构成的框架结构。在 3ds Max 中把一个对象转换为多边形对象的方法有以下几种：

方法一：通过右键菜单转换为可编辑多边形，其操作步骤如下：

01 在场景中选择要转换的物体。

02 右击，在弹出的菜单中选择【转换为】|【转换为可编辑多边形】命令，如图 7.1 所示。

03 完成多边形物体的转换。

方法二：选择要转换的对象，在【修改】命令面板的【修改器列表】下拉列表框中选择【编辑多边形】修改器，如图 7.2 所示。

方法三：在修改器堆栈中右击，在弹出的菜单中选择【可编辑多边形】命令，如图 7.3 所示。

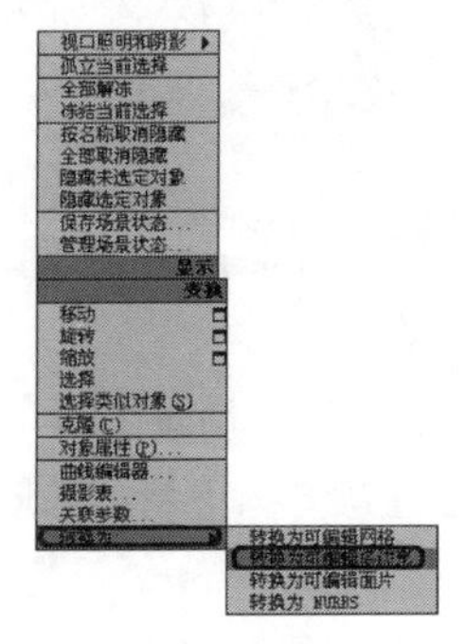

图 7.1

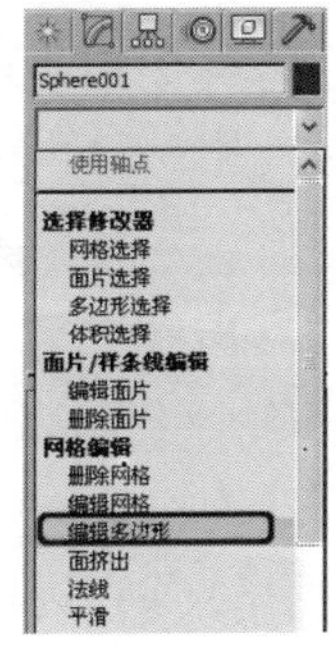

图 7.2

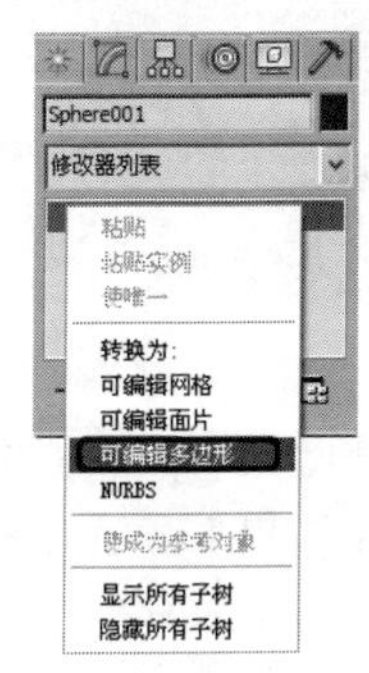

图 7.3

7.1 公用属性卷展栏

【可编辑多边形】与【可编辑网格】类似，进入可编辑多边形后，可以看到公用的卷展栏，如图 7.4 所示。在【选择】卷展栏中提供了进入各种选择集的按钮，同时也提供了便于选择集选择的各个选项。

图 7.4

与【可编辑网格】相比较，【可编辑多边形】添加了一些属于自身的选项，下面将分别对这些选项进行介绍：

- 【顶点】按钮：以顶点为最小单位进行选择。
- 【边】按钮：以边为最小单位进行选择。
- 【边界】按钮：用于选择开放的边。在该选择集下，非边界的边不能被选择；单击边界上的任意边时，整个边界线都会被选择。
- 【多边形】按钮：以四边形为最小单位进行选择。
- 【元素】按钮：以元素为最小单位进行选择。
- 【使用堆栈选择】：启用该复选框时，将自动使用在堆栈中向上传递的任何现有子对象进行选择，并禁止手动更改选择。
- 【按角度】：启用该复选框并选择某个多边形时，可以根据复选框右侧的角度值设置选择邻近的多边形。该值可以确定要选择的邻近多边形之间的最大角度。仅在【多边形】选择集下可用。例如，如果单击长方体的一个侧面，且角度值小于 90.0，则仅选择该侧面，因为所有侧面相互间都为 90 度角。但如果角度值为 90.0 或更大，将选择所有长方体的所有侧面。此功能可以加速选择组成多边形且相互呈相近角度的连续区域。通过单击任意角度值，可以选择共面的多边形。
- 【收缩】：单击该按钮，对当前选择集进行外围方向的收缩选择。
- 【扩大】：单击该按钮，对当前选择集进行外围方向的扩展选择。如图 7.5 所示，左图为选择的多边形，中图为单击【收缩】按钮后的效果，右图为单击【扩大】按钮后的效果。

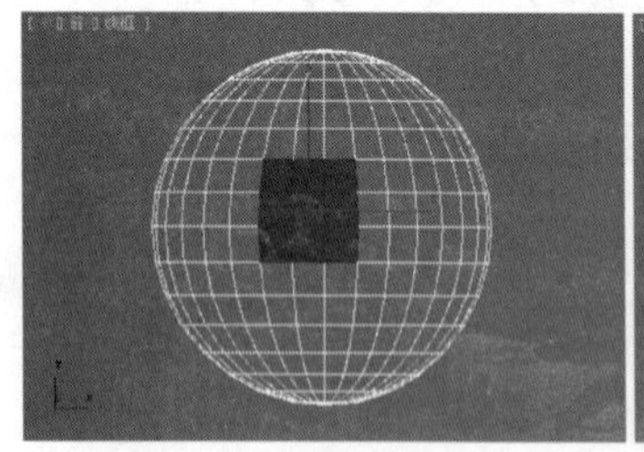
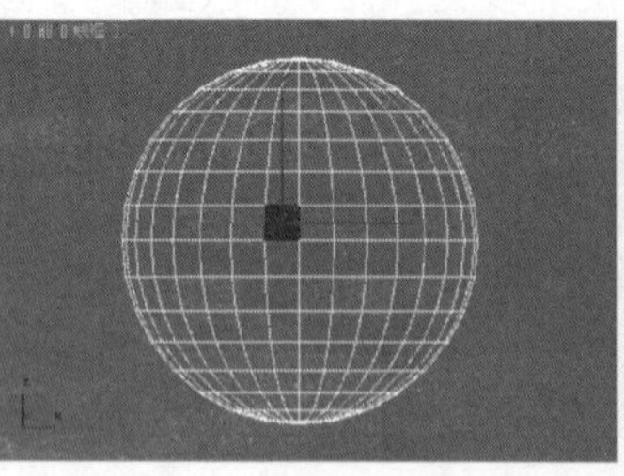
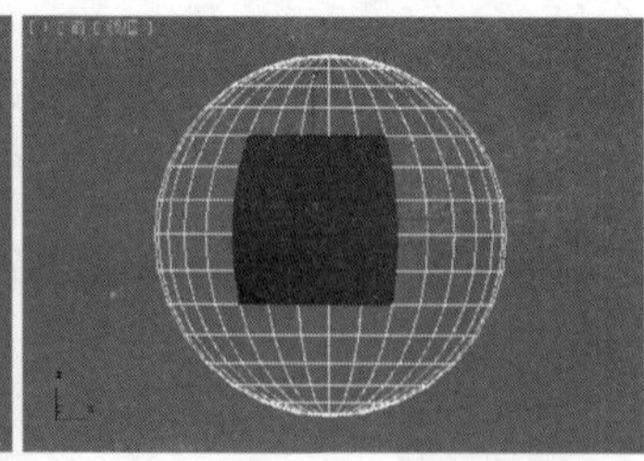

图 7.5

- 【环形】：按下该按钮，与当前选择边平行的边会被选择，这个命令只能用于【边】或【边界】选择集，如图 7.6 所示。【环形】右侧的按钮可以在任意方向上将边移动到相同环上的其他边，也就是说移动到相邻的平行边。

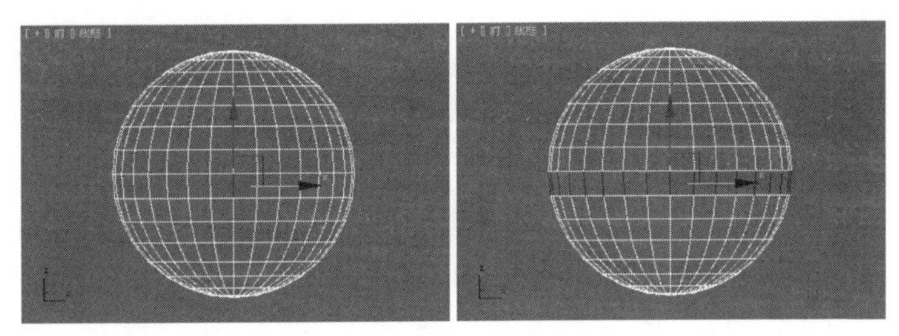

图 7.6

- 【循环】：在与选择的边对齐的方向尽可能远地扩展当前选择，如图 7.7 所示。这个命令只用于【边】或【边界】选择集，而且仅通过 4 点传播。【循环】按钮右侧的按钮可以在任意方向上将边移动到相同循环上的其他边，也就是说移动到相邻的对齐边。

只有将当前选择集定义为一种模式后，【软选择】卷展栏才可用，如图 7.8 所示。【软选择】卷展栏按照一定的衰减值将应用到选择集的移动、旋转和缩放等变换操作传递给周围的次对象。

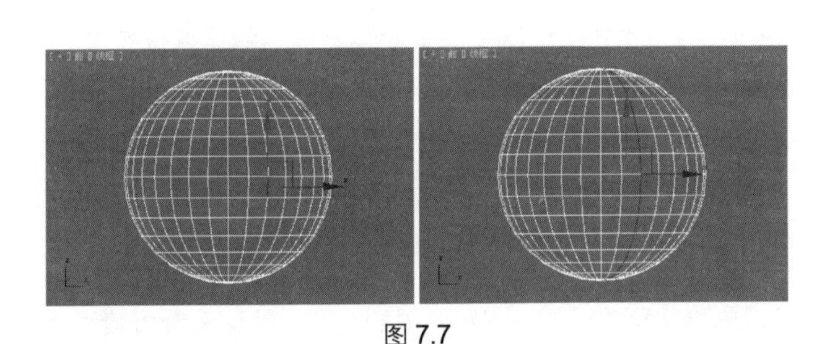

图 7.7

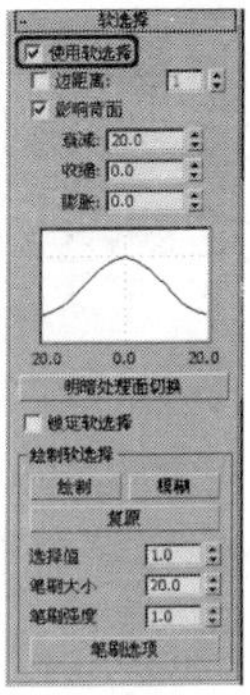

图 7.8

7.2　顶点编辑

对于多边形对象各种选择集的卷展栏主要包括【编辑顶点】和【编辑几何体】,【编辑顶点】卷展栏主要针对不同的选择集提供相应的编辑功能，因此在不同的选择集下，它表现为不同的卷展栏。

下面将对【顶点】卷展栏进行介绍，如图 7.9 所示。

- 【移除】：移除当前选择的顶点，与删除顶点不同，移除顶点不会破坏表面的完整性，移除的顶点周围的点会重新结合，如图 7.10 所示，且面不会被破坏，快捷键为【BackSpace】。

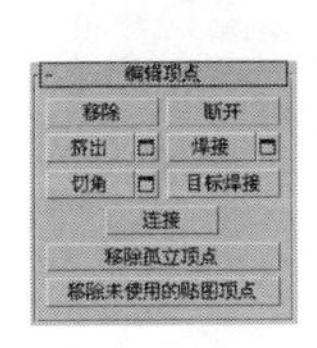

图 7.9

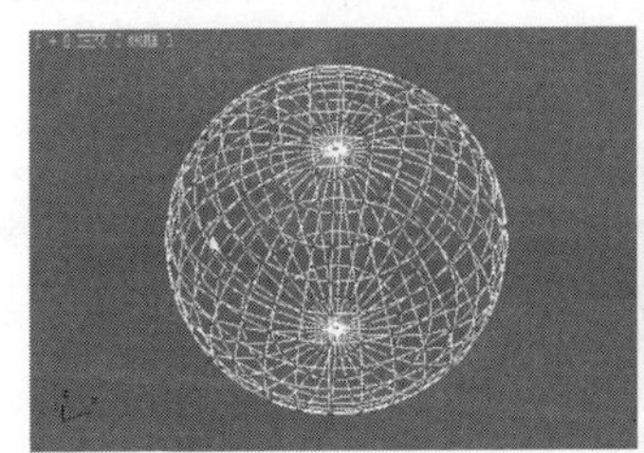

图 7.10

注意：按【Delete】键也可以删除点，不同的是，使用【Delete】键在删除选择点的同时会将点所在的面一同删除，模型的表面会产生破洞；使用【移除】按钮不会删除点所在的表面，但会导致模型的外形改变。

- 【断开】：单击该按钮，会在选择点的位置创建更多的顶点，选择点周围的表面不再共享同一顶点，每个多边形表面在此位置会拥有独立的顶点。只有将断开的顶点移动时才会看出分裂效果。
- 【挤出】：单击该按钮，可以在视图中通过手动方式对选择的点进行挤出操作。拖动鼠标时，选择点会沿着法线方向在挤出的同时创建出新的多边形面；单击该按钮右侧的【设置】按钮，会弹出【挤出顶点】对话框，在其中设置参数，得到如图 7.11 所示的效果。
  - ✧ 【高度】：设置挤出的高度。
  - ✧ 【宽度】：设置挤出的基面宽度。
- 【焊接】：用于顶点之间的焊接操作。在视图中选择需要焊接的顶点后，单击该按钮，在阈值范围内的顶点会焊接到一起，如果选择的点没有被焊接到一起，可以单击【设置】按钮，弹出【焊接顶点】对话框，如图 7.12 所示。
  - ✧ 【焊接阈值】：指定焊接顶点之间的最大距离，在此距离范围内的顶点将被焊接到一起。
  - ✧ 【顶点数】：【之前】用于显示执行焊接操作前模型的顶点数。【之后】用于显示执行焊接操作后模型的顶点数。
- 【切角】：单击该按钮，拖动选择点会进行切角处理，单击其右侧的【设置】按钮，弹出【切角】对话框，如图 7.13 所示。
  - ✧ 【顶点切角量】：用于设置切角的大小。
  - ✧ 【打开切角】：启用时，删除切角的区域，保留开放的空间。默认设置为禁用状态。
- 【目标焊接】：单击该按钮，在视图中将选择的点拖动到要焊接的顶点上，这样会自动进行焊接。
- 【连接】：用于创建新的边。
- 【移除孤立顶点】：单击该按钮，将删除所有孤立的点，无论是否选择该点。
- 【移除未使用的贴图顶点】：没用的贴图顶点可以显示在【UVW 贴图】修改器中，但不能用于贴图，所以单击该按钮可以将这些贴图点自动删除。

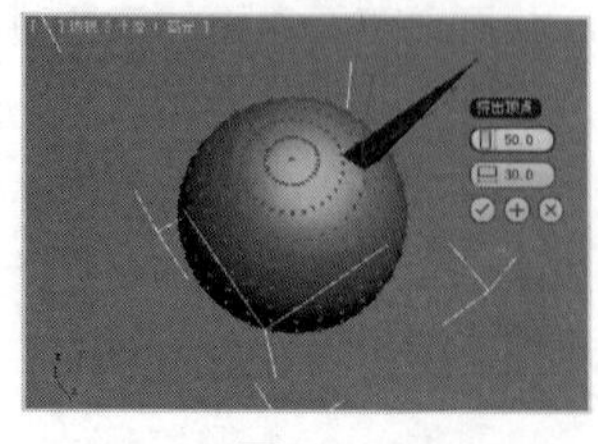
图 7.11

图 7.12

图 7.13

7.3 边编辑

多边形对象的边与网格对象边的含义是完全相同的，都是在两个点之间起连接作用，将当前选择集定义为【边】，接下来将介绍【编辑边】卷展栏，如图 7.14 所示。

- 【插入顶点】：用于手动细分可视的边。
- 【移除】：删除选定边并组合使用这些边的多边形。

> 提示：要删除关联的顶点，需按住【Ctrl】键的同时执行【移除】操作，可以通过鼠标，也可以通过【Backspace】键。

- 【分割】：沿选择边分离网格。该按钮的效果不能直接显示出来，只有在移动分割后的边时，才能看到效果。
- 【挤出】：直接在视图中操作时，可以手动挤出。在视图中选择边，单击该按钮，然后在视图中进行拖动。单击该按钮右侧的【设置】按钮，弹出【挤出边】对话框，如图 7.15 所示。
  - ✧ 【高度】：以场景为单位指定挤出的高度。
  - ✧ 【宽度】：以场景为单位指定挤出基面的宽度。
- 【焊接】：对边进行焊接。在视图中选择需要焊接的边后，单击该按钮，在阈值范围内的边会焊接到一起。如果选择边没有焊接到一起，可以单击该按钮右侧的【设置】按钮，弹出【焊接边】对话框，如图 7.16 所示，它与【焊接顶点】对话框中的设置相同。

图 7.14

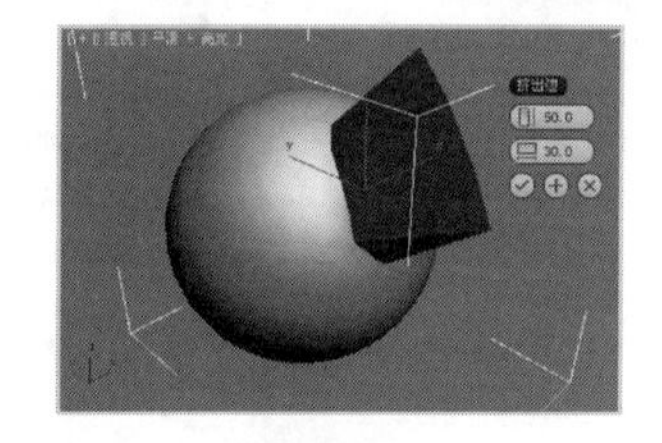

图 7.15

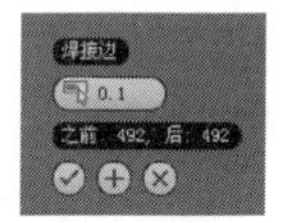

图 7.16

- 【切角】：单击该按钮，然后拖动活动对象中的边。要采用数字方式对顶点进行切角处理，可单击【设置】按钮，在弹出的对话框中更改【边切角量】的值，如图 7.17 所示。
- 【目标焊接】：用于选择边并将其焊接到目标边。将光标放在边上时，光标会变为 “+” 光标。单击并移动鼠标会出现一条虚线，虚线的一端是顶点，另一端是箭头光标。
- 【桥】：使用多边形的【桥】可以连接对象的边。【桥】只连接边界边，也就是只在一侧有多边形的边。单击其右侧的【设置】按钮，弹出【拾取边】对话框 ，如图 7.18 所示。
  - ✧ 【使用边选择】：如果存在一个或多个合格的选择对，那么选择该选项会立刻将它们连接。
  - ✧ 【拾取边 1】/【拾取边 2】：依次单击每个按钮，然后在视图中单击边界边。只有在桥接特定边模式下才可以使用该选项。
  - ✧ 【分段】：沿着桥边接的长度指定多边形的数目。
  - ✧ 【平滑】：指定列间的最大角度，在这些列间会产生平滑过渡。列是沿着桥的长度扩展一串多边形。
  - ✧ 【反转三角剖分】：当桥接两个选择边时，可以使用三角化桥接多边形的方法。
  - ✧ 【桥相邻】：指定可以桥接的相邻边之间的最小角度。

● 【连接】：单击其后的【设置】按钮□，弹出【连接边】对话框，如图 7.19 所示，使用当前的设置，在每对选定边之间创建新边。【连接】对于创建或细化边循环特别有用。

> 注意：只能连接同一多边形上的边。此外，连接不会让新的边交叉。

✧ 【分段】：每个相邻选择边之间的新边数。
✧ 【收缩】：新的连接边之间的相对空间。负值使边靠得更近，正值使边离得更远。默认值为 0。
✧ 【滑块】：新边的相对位置。默认值为 0。

● 【创建图形】：在选择一条或更多的边后，单击该按钮，将以选择的曲线为模板创建新的曲线，单击其后的【设置】按钮□，弹出【创建图形】对话框，如图 7.20 所示。
✧ 【图形名】：为新的曲线命名。
✧ 【平滑】：强制线段变成圆滑的曲线，但仍与顶点呈相切状态，无调节手柄。
✧ 【线性】：顶点之间以直线连接，拐角处无平滑过渡。
● 【编辑三角剖分】：用于修改绘制内边或对角线时多边形细分为三角形的方式。
● 【旋转】：用于通过单击对角线修改多边形细分为三角形的方式。

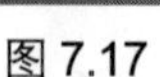
图 7.17

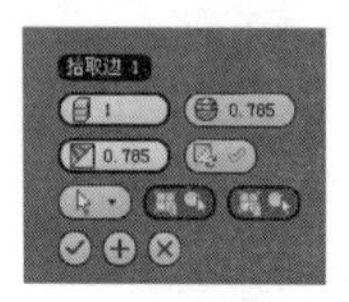
图 7.18

图 7.19

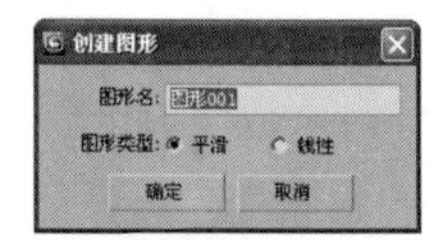

图 7.20

7.4 边界编辑

【边界】选择集是多边形对象上网格的线性部分，通常由多边形表面上的一系列边依次连接而成。边界是多边形对象特有的次对象属性，通过编辑边界可以大大提高建模的效率。在【编辑边界】卷展栏中提供了针对边界编辑的各种选项，如图 7.21 所示。

图 7.21

● 【挤出】：通过直接在视口中操作，对边界进行手动挤出处理。单击此按钮，然后垂直拖动任意边界，以便将其挤出。单击【挤出】右侧的【设置】按钮□，可以在弹出的对话框中进行设置。
● 【插入顶点】：通过顶点来分割边的一种方式，该按钮只对所选择的边界中的边有影响，对未选择的边界中的边没有影响。
● 【切角】：单击该按钮，然后拖动活动对象中的边界。单击该按钮右侧的【设置】按钮□，可以在弹出的【切角】对话框中进行设置。
● 【封口】：使用单个多边形封住整个边界环。
● 【桥】：使用多边形的【桥】连接对象的两个边界。

> 注意：在使用【桥】时，始终可以在边界对之间建立直线连接。要沿着某种轮廓建立桥连接，请在创建桥后，根据需要应用建模工具。例如，桥接两个边界，然后使用混合。

- 【连接】：在选定边界边对之间创建新边。这些边可以通过其中的点相连。

【创建图形】、【编辑三角剖分】和【旋转】按钮与【编辑边】卷展栏下的相应按钮含义相同，这里就不再介绍。

7.5　多边形和元素编辑

【多边形】选择集是通过曲面连接的 3 条或多条边的封闭序列。多边形提供了可渲染的可编辑多边形对象曲面。【元素】选择集与【多边形】选择集的区别就在于元素是多边形对象上所有的连续多边形面的集合，它是多边形的更高层，它可以对多边形面进行拉伸和倒角等编辑操作，是多边形建模中最重要，也是功能最强大的部分。

【多边形】选择集与【顶点】、【边】和【边界】选择集一样都有自身的卷展栏。【编辑多边形】卷展栏如图 7.22 所示。

- 【插入顶点】：用于手动细分多边形，即使处于【元素】选择集下，同样适用于多边形。
- 【挤出】：直接在视图中操作时，可以手动执行挤出操作。单击该按钮，然后垂直拖动任何多边形，以便将其挤出。单击其右侧的【设置】按钮▫，弹出【挤出多边形】对话框，如图 7.23 所示。
  - ✧ 【组】：沿着每一个连续的多边形组的平均法线执行挤出。如果挤出多个组，每个组将会沿着自身的平均法线方向移动。
  - ✧ 【局部法线】：沿着每个选择的多边形法线执行挤出。
  - ✧ 【按多边形】：独立挤出或倒角每个多边形。
  - ✧ 【高度】：以场景为单位指定挤出的高度，可以向外或向内挤出选定的多边形。
- 【轮廓】：用于增加或减小每组连续的选定多边形的外边。单击该按钮右侧的【设置】按钮▫，在弹出的【轮廓】对话框中可以进行设置，得到如图 7.24 所示的效果。

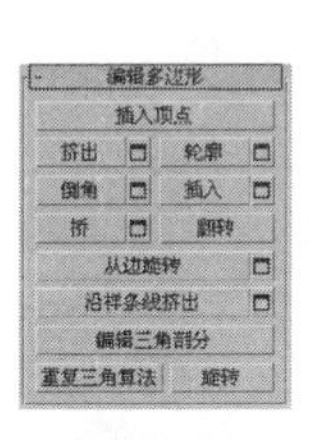

图 7.22

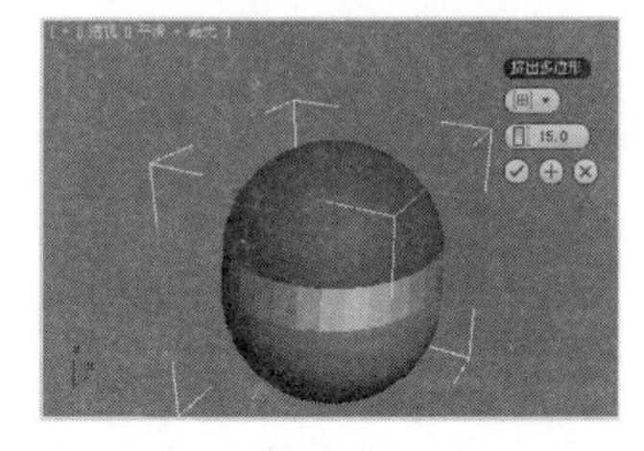

图 7.23

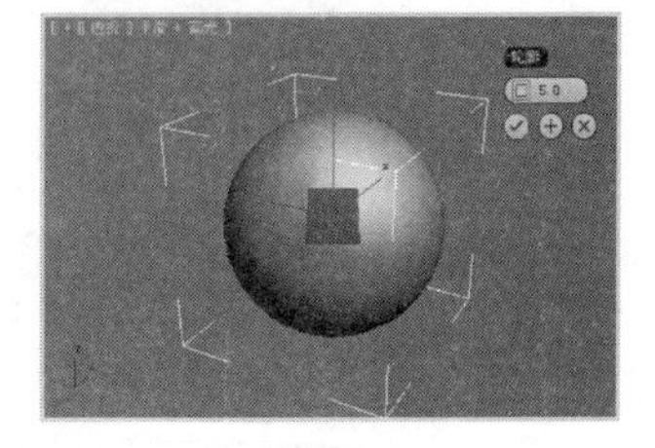

图 7.24

- 【倒角】：直接在视图中手动执行倒角操作，单击该按钮，然后垂直拖动任何多边形，以便将其挤出。释放鼠标，然后垂直移动鼠标以便设置挤出轮廓。单击该按钮右侧的▫按钮，弹出【倒角】对话框，可以对其进行设置，如图 7.25 所示。
  - ✧ 【组】：沿着每一个连续的多边形组的平均法线执行倒角。
  - ✧ 【局部法线】：沿着每一个选定的多边形法线执行倒角。
  - ✧ 【按多边形】：独立倒角每个多边形。
  - ✧ 【高度】：以场景为单位指定挤出的范围。可以向外或向内挤出选定的多边形，具体情况取决于该值是正值还是负值。

✧【轮廓】：使选定多边形的外边界变大或缩小，具体情况取决于该值是正值还是负值。

- 【插入】：执行没有高度的倒角操作。可以单击该按钮手动拖动，也可以单击该按钮右侧的【设置】按钮，在弹出的【插入】对话框中进行设置，如图 7.26 所示。

  ✧【组】：沿着多个连续的多边形进行插入。

  ✧【按多边形】：独立插入每个多边形。

  ✧【数量】：以场景为单位指定插入的数。

- 【桥】：使用多边形的【桥】连接对象上的两个多边形或选定多边形。单击该按钮右侧的【设置】按钮，弹出如图 7.27 所示对话框。

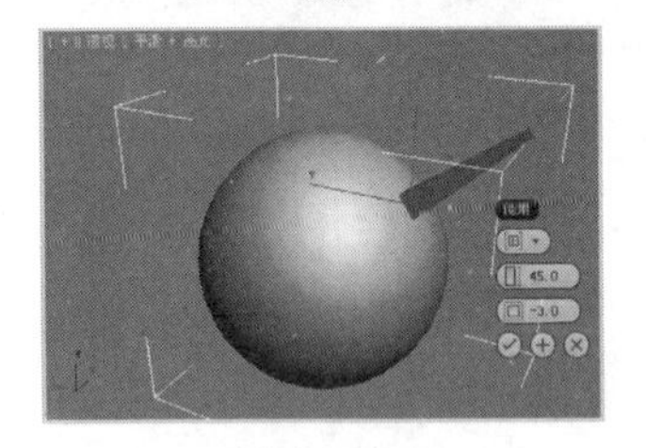

图 7.25

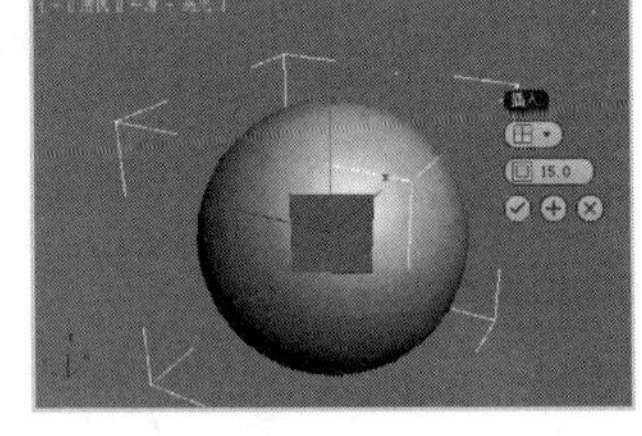

图 7.26

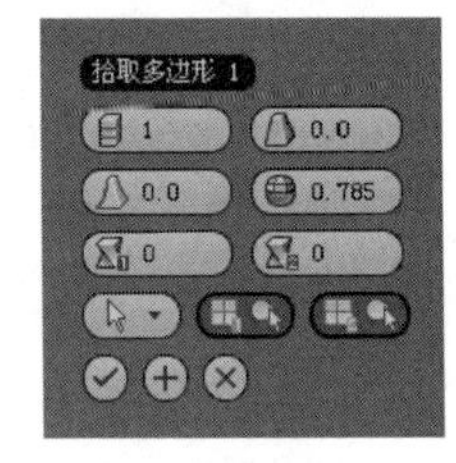

图 7.27

  ✧【使用多边形选择】：如果存在一个或多个合格的选择对，那么选择该选项会立刻将它们连接。如果不存在这样的选择对，那么在视口中选择任意对象将它们连接。

  ✧【拾取多边形 1】、【拾取多边形 2】：依次单击每个按钮，然后在视口中单击多边形或边界边。

  ✧【扭曲 1】/【扭曲 2】：旋转两个选择的边之间的连接顺序。通过这两个选项可以为【桥】的每个末端设置不同的扭曲量。

  ✧【分段】：沿着桥连接的长度指定多边形的数目。该设置也适合于手动桥接多边形。

  ✧【锥化】：设置桥宽度距离其中心变大或变小的程度。若为负值，则将桥中心锥化得更小；若为正值，则将其锥化得更大。

> 提示：使用【锥化】时，将【分段】值设置为大于 1。

  ✧【偏移】：决定最大锥化量的位置。

> 注意：要更改最大锥化的位置，请使用【偏移】设置。

  ✧【平滑】：决定列间的最大角度，在这些列间会产生平滑。列是沿着桥的长度扩展的一串多边形。

- 【翻转】：反转选定多边形的法线方向，从而使其面向自己。

- 【从边旋转】：直接在视口中手动执行旋转操作。选择多边形，并单击该按钮，然后沿着垂直方向拖动任何边，以便旋转选定多边形。如果鼠标光标在某条边上，将会更改为十字形状。单击该按钮右侧的【设置】按钮，弹出【转枢】对话框，如图 7.28 所示。

  ✧【角度】：沿着转枢旋转的数量值。可以向外或向内旋转选定的多边形，具体情况取决于该值是正值还是负值。

  ✧【分段】：将多边形数指定到每个细分的挤出侧中。此设置也可以用于手动旋转多边形。

✧ 【拾取转枢】：单击【拾取转枢】按钮，然后单击转枢的边。

- 【沿样条线挤出】：沿样条线挤出当前的选定内容。单击其右侧的【设置】按钮，弹出【拾取样条线】对话框，如图 7.29 所示。在视图中绘制一条曲线，选择球体的任意多边形，弹出【拾取样条线】对话框，单击【拾取样条线】按钮，然后在对话框中进行设置，得到如图 7.30 所示的模型。

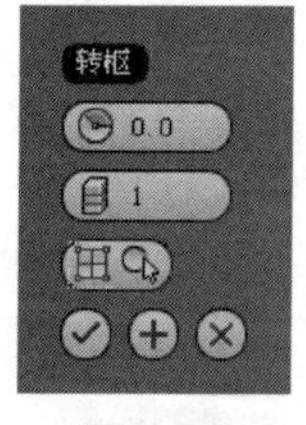

图 7.28

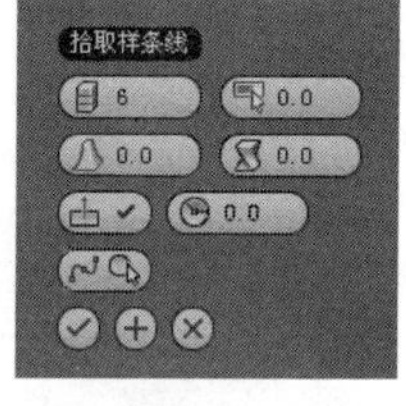

图 7.29

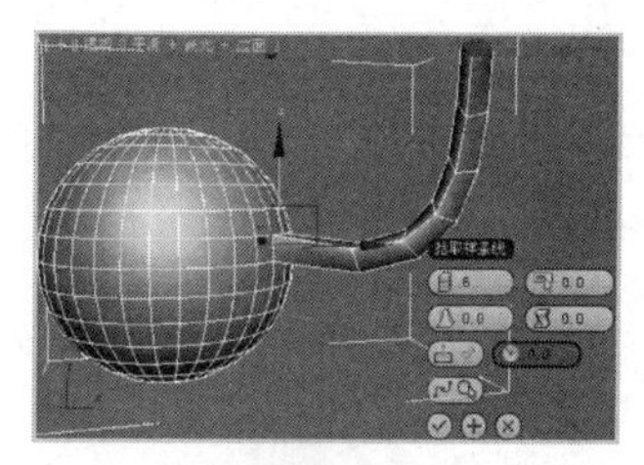
图 7.30

✧ 【拾取样条线】：单击此按钮，然后选择样条线，在视口中沿着该样条线挤出。然后，样条线对象名称将出现在按钮上。

✧ 【沿样条线挤出对齐】：将挤出多边形与面法线对齐。在多数情况下，面法线与挤出的多边形垂直。

✧ 【旋转】：设置挤出的旋转。仅当【沿样条线挤出对齐】处于启用状态时才可用。默认设置为 0。范围为–360～360。

✧ 【分段】：将多边形数指定到每个细分的挤出侧中。此设置也可应用于手动挤出的多边形。

✧ 【锥化量】：设置挤出沿着其长度变小或变大的范围。锥化挤出的负设置越小，锥化挤出的正设置就越大。

✧ 【锥化曲线】：设置继续进行的锥化率。低设置会产生渐变更大的锥化，而高设置会产生更突出的锥化。

✧ 【扭曲】：沿着挤出的长度应用扭曲。

- 【编辑三角剖分】：以通过绘制内边，修改多边形细分为三角形的方式。
- 【重复三角算法】：允许软件对当前选定的多边形执行最佳的三角剖分操作。
- 【旋转】：通过单击对角线，修改多边形细分为三角形的方式。

7.6 上机练习

7.6.1 吸顶灯

本例介绍吸顶灯的制作方法，该例的制作比较简单，“灯 01”是通过切角圆柱体来表现的，“灯罩 01”是由样条线车削制作而成的，完成后的效果如图 7.31 所示。

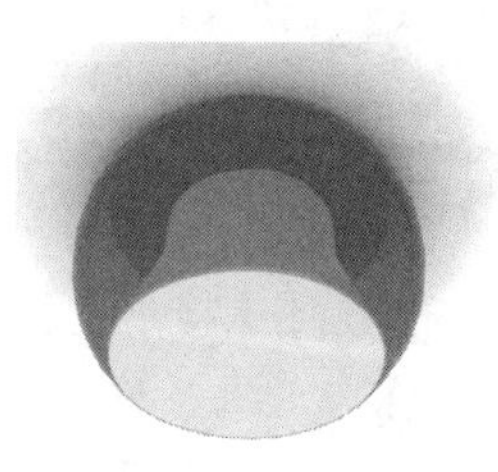
图 7.31

01 启动 3ds Max 2011 软件。选择【创建】｜【几何体】｜【扩展基本体】｜【切角圆柱体】工具，在【顶】视图中创建一个【半径】为 80.0，【高度】为 150.0，【圆角】为 2.0，【高度分段】为 2,【圆角分段】为 2,【边数】为 50，并将其命名为“灯 01”，如图 7.32 所示。

02 在场景中选择“灯 01”对象，单击【修改】按钮，切换到【修改】命令面板，在【修改器】下拉列表框中选择【编辑多边形】修改器。将当前选择集定义为【顶点】，在场景中缩放顶点，如图 7.33 所示。

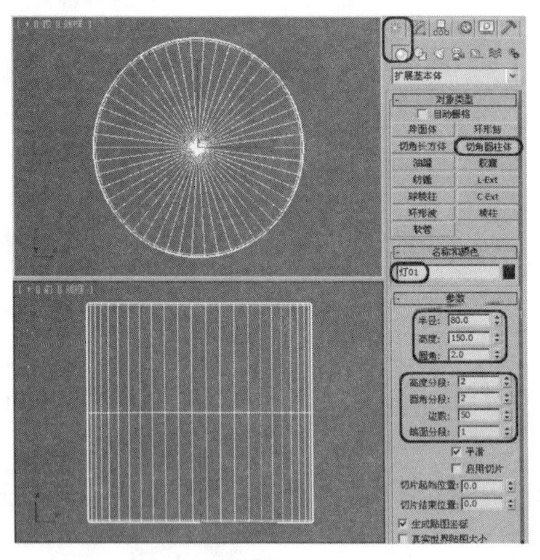

图 7.32

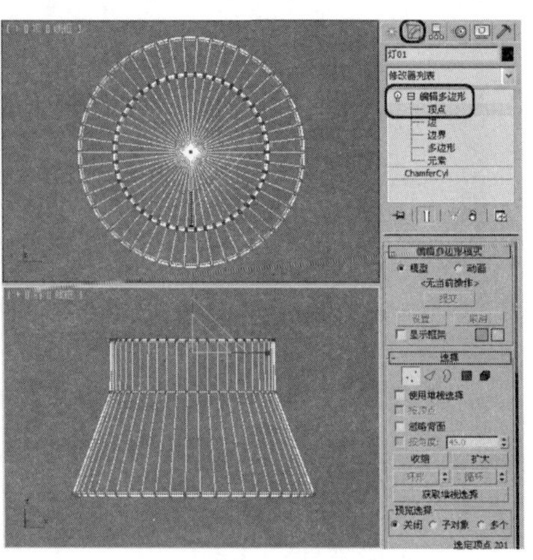

图 7.33

03 选择【创建】|【图形】|【弧】工具，在【前】视图中创建弧，并将其命名为“灯罩 01”。在【参数】卷展栏中设置【半径】为 136.0,【从】为 313.0,【到】为 30，如图 7.34 所示。

04 单击【修改】按钮，切换到【修改】命令面板，在【修改器列表】下拉列表框中选择【编辑样条线】修改器。将当前选择集定义为【样条线】，在【几何体】卷展栏中单击【轮廓】按钮，设置样条线的轮廓为 3，如图 7.35 所示，关闭【轮廓】按钮。

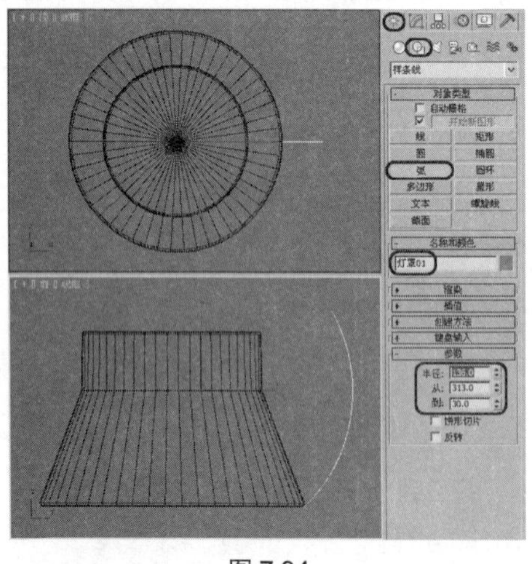

图 7.34

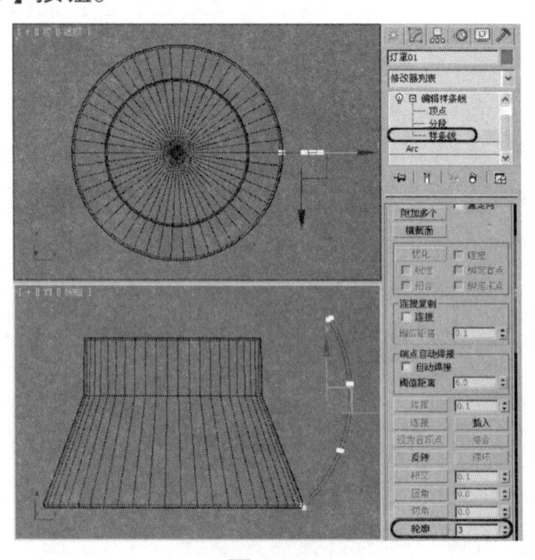

图 7.35

05 关闭【样条线】选择集，在【修改器列表】下拉列表框中选择【车削】修改器。在【参数】卷展栏中设置【分段】为 32，单击【方向】选项组中的 Y 按钮。将当前选择集定义为【轴】，在场景中调整轴，如图 7.36 所示。

06 在工具栏中单击【材质编辑器】按钮，在打开的【材质编辑器】窗口中选择一个新的材质样本球，并将其命名为“白色塑料”。在【Blinn 基本参数】卷展栏中设置【环境光】和【漫反射】的 RGB 值均为 255、255、255，设置【自发光】选项组中的【颜色】为 70。将该材质指定给场景中的“灯 01”对象，如图 7.37 所示。

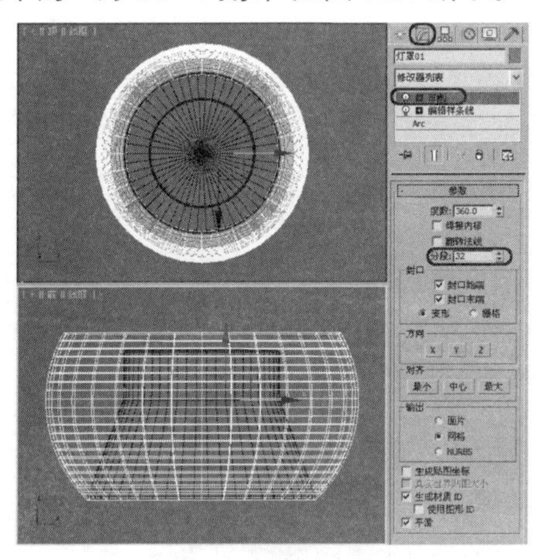

图 7.36

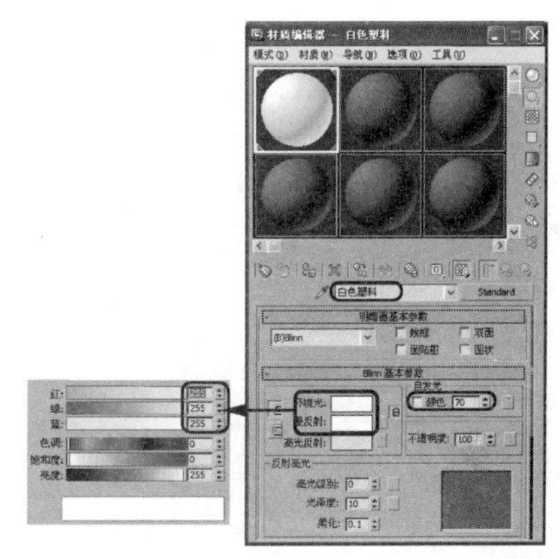

图 7.37

07 在【材质编辑器】窗口中选择一个新的材质样本球，并将其命名为“玻璃”。在【明暗器基本参数】卷展栏中将阴影模式定义为【各向异性】，选择【双面】复选框。在【Blinn 基本参数】卷展栏中设置【环境光】和【漫反射】的 RGB 均为 255、141、0，设置【自发光】选项组中的【颜色】为 70，设置【不透明度】为 60，然后设置【反射高光】选项组中的【高光级别】为 93，设置【光泽度】为 24，设置【各向异性】为 50。在【贴图】卷展栏中设置【折射】的【数量】为 30，单击其后的 None 按钮，在弹出的【材质/贴图浏览器】对话框中选择【光线跟踪】贴图，单击【确定】按钮，进入贴图层级面板，使用默认参数即可。将该材质指定给场景中的“灯罩 01”对象，如图 7.38 所示。

08 选择【创建】|【几何体】|【长方体】工具，在【顶】视图中创建一个长方体，并将其命名为“顶墙”。在【参数】卷展栏中将【长度】和【宽度】均设置为 800，如图 7.39 所示。

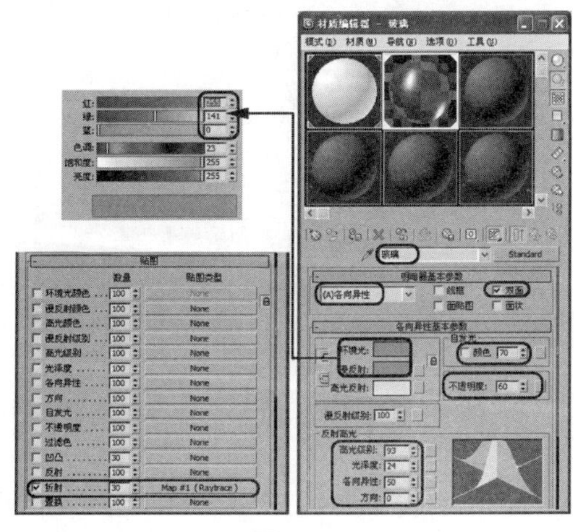

图 7.38

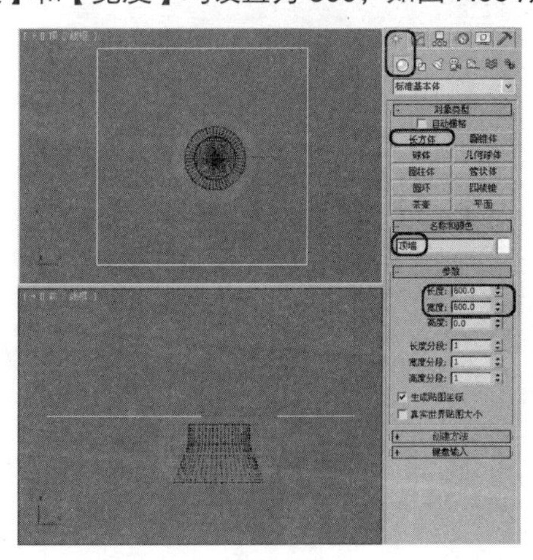

图 7.39

09 选择【创建】 |【摄影机】 |【目标】工具，在【顶】视图中创建一架摄影机。在【参数】卷展栏中将【镜头】设置为 43.456，在场景中调整所在的位置，如图 7.40 所示。激活【透视】视图，按【C】键，将其转换为摄影机视图。

10 选择【创建】 |【灯光】 |【天光】工具，在【顶】视图中创建一盏天光，在【天光参数】卷展栏中，将【倍增】设置为 0.8，如图 7.41 所示。

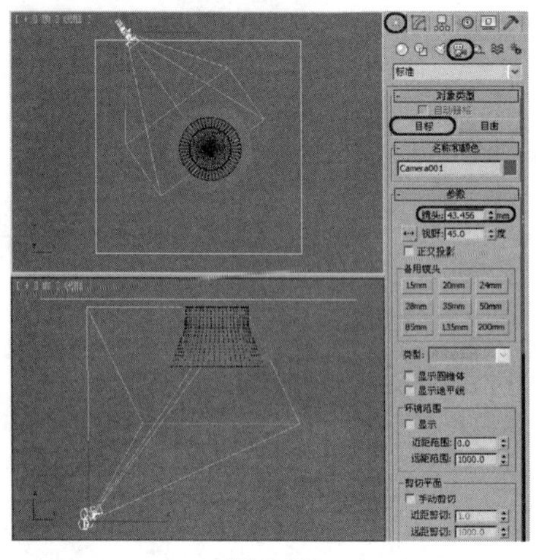

图 7.40

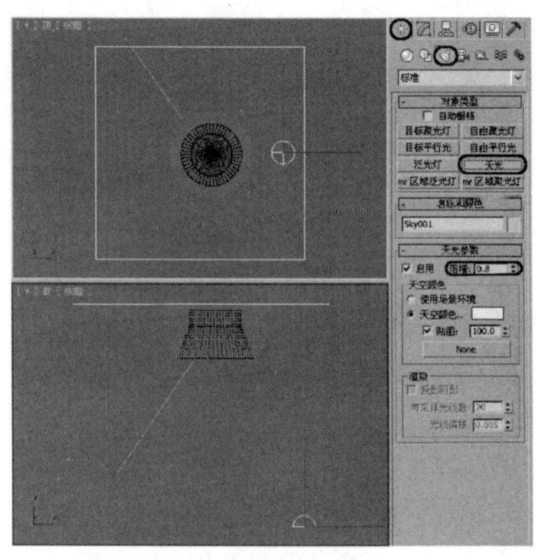

图 7.41

11 选择【创建】 |【灯光】 |【泛光灯】工具，在【顶】视图中创建一盏泛光灯。在【强度/颜色/衰减】卷展栏中将【倍增】设置为 0.3，如图 7.42 所示。

12 在【常规参数】卷展栏中单击【排除】按钮，在弹出的对话框中将“顶墙”对象包含灯光的照射，如图 7.43 所示。

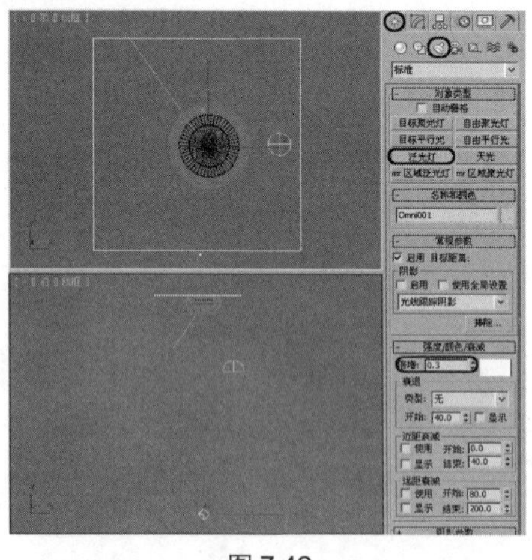

图 7.42

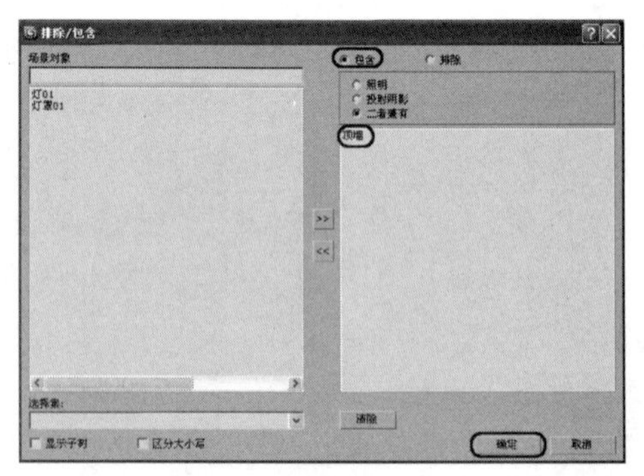

图 7.43

7.6.2 哑铃

哑铃是健身器材的一种，可以锻炼人的臂力，其制作方法也比较简单，主要是通过创建几何体，并为其施加【编辑网格】修改器，再在场景中调整顶点效果，然后使用样条线，并为样条线施加【车削】修改器制作出哑铃效果。通过对本例的学习，用户可以掌握【线】工具的应用，以及【挤出】、【车削】和【编辑网格】修改器的应用。最终效果如图 7.44 所示。

图 7.44

01 激活【左】视图，选择【创建】｜【几何体】｜【圆柱体】工具，在【左】视图中创建一个圆柱体，并在【名称和颜色】卷展栏中将其命名为“中心轴”。在【参数】卷展栏中将【半径】、【高度】和【高度分段】分别设置为 15、150 和 20，如图 7.45 所示。

02 确定“中心轴”对象处于选中状态，激活【前】视图，单击【修改】按钮，切换到【修改】命令面板，在【修改器列表】下拉列表框中选择【编辑网格】修改器，并将当前选择集定义为【顶点】，然后在工具栏中单击【选择并移动】按钮，调整“中心轴”两侧的顶点，再单击【选择并均匀缩放】按钮，在场景中缩放顶点，形成如图 7.46 所示的效果。

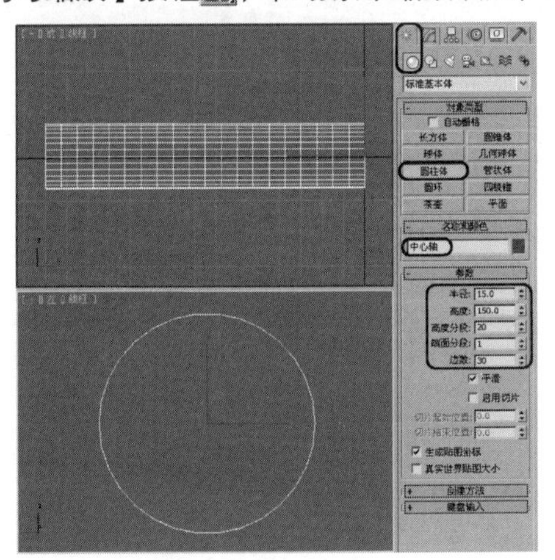

图 7.45

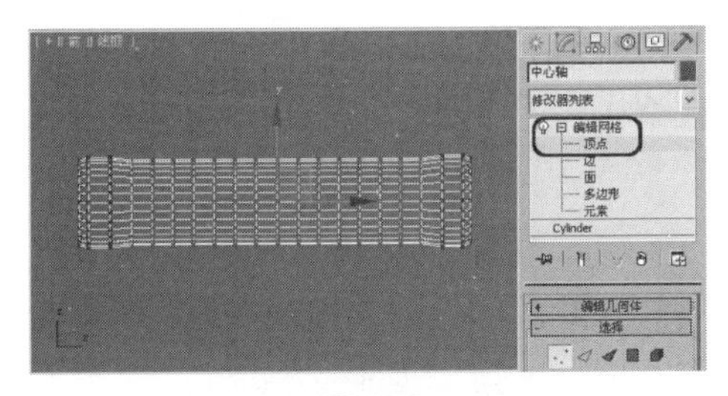

图 7.46

03 在场景中选择创建的“中心轴”对象，然后单击工具栏中的【材质编辑器】按钮，打开【材质编辑器】窗口，选择第一个材质样本球，并将其命名为“中心轴”。在【明暗器基本参数】卷展栏中将阴影模式定义为【金属】，在【金属基本参数】卷展栏中将【环境光】的 RGB 值设置为 0、0、0，将【漫反射】的 RGB 值设置为 255、255、255；在【反射高光】选项组中将【高光级别】和【光泽度】分别设置为 100 和 80；展开【贴图】卷展栏，单击【反射】通道后的 None 按钮，在弹出的【材质/贴图浏览器】对话框中选择【位图】贴图，单击【确定】按钮，再在弹出的对话框中选择随书附带光盘中的 CDROM｜Map｜Gold04B.jpg 文件，单击【打开】按钮，进入反射材质层级。在【坐标】卷展栏中将【模糊偏移】设置为 0.086，如图 7.47 所示。设置完成后，将该材质指定给场景中的“中心轴”对象。

04 激活【左】视图，选择【创建】｜【几何体】｜【管状体】工具，在【左】视图中创建一个管状体，在【名称和颜色】卷展栏中并将其命名为“轴外皮 01”。在【参数】卷展栏中将【半径 1】、【半径 2】、【高度】和【边数】分别设置为 20、15、8 和 45，然后在【前】视图中将其调整至如图 7.48 所示的位置。

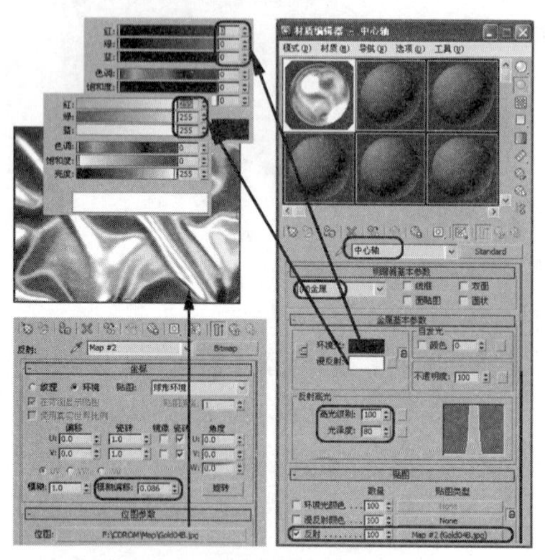

图 7.47

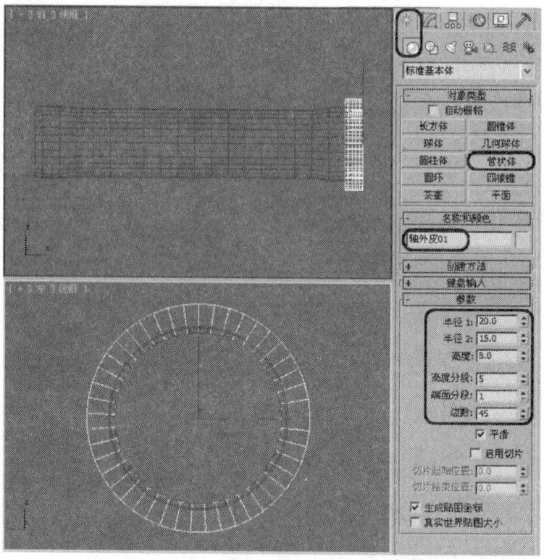

图 7.48

05 激活【前】视图，选择【创建】|【图形】|【线】工具，在【前】视图的 “中心轴”对象的左侧绘制一条闭合曲线，并将其命名为“哑铃握杆”，如图 7.49 所示。

06 在场景中确定“哑铃握杆”对象处于选中状态，单击【修改】按钮，切换到【修改】命令面板。在【修改器列表】下拉列表框中选择【车削】修改器。在【参数】卷展栏中将【分段】值设置为 45，单击【方向】选项组中的 *X* 按钮，然后单击【对齐】选项组中的【中心】按钮，车削出哑铃握杆的形状，如图 7.50 所示。

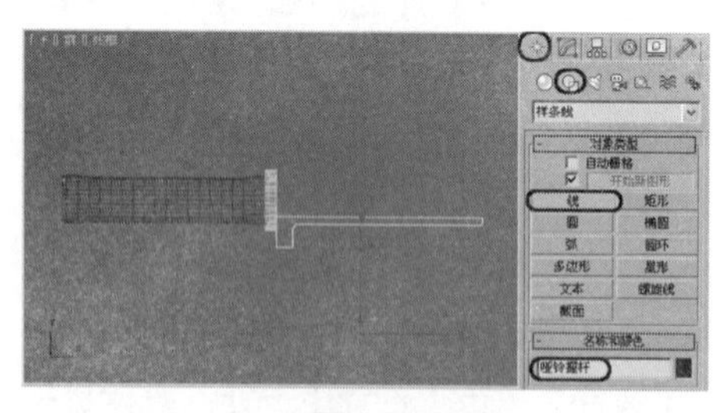

图 7.49

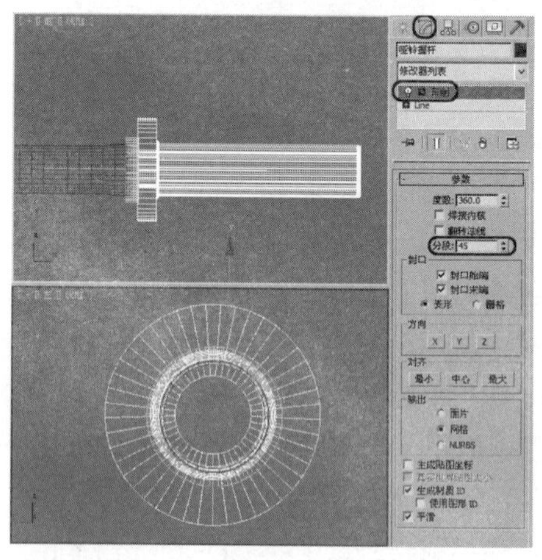

图 7.50

07 激活【左】视图，选择【创建】|【图形】|【螺旋线】工具，在【左】视图中创建一条螺旋线，在【名称和颜色】卷展栏中并将其命名为“条纹 01”。在【参数】卷展栏中将【半径 1】、【半径 2】、【高度】和【圈数】分别设置为 16、16、123 和 22；在【渲染】卷展栏中选择【在渲染中启用】和【在视口中启用】复选框，并将其【厚度】设置为 2，然后在【前】视图中调整其位置，如图 7.51 所示。

08 激活【左】视图，选择【创建】|【图形】|【星形】工具，在【左】视图中创建一个星形，在【名称和颜色】卷展栏中将其命名为“装饰环 01”。在【参数】卷展栏中将【半径 1】、【半径 2】、【点】、【圆角半径 1】和【圆角半径 2】的值分别设置为 42、23、6、6 和 3，如图 7.52 所示。

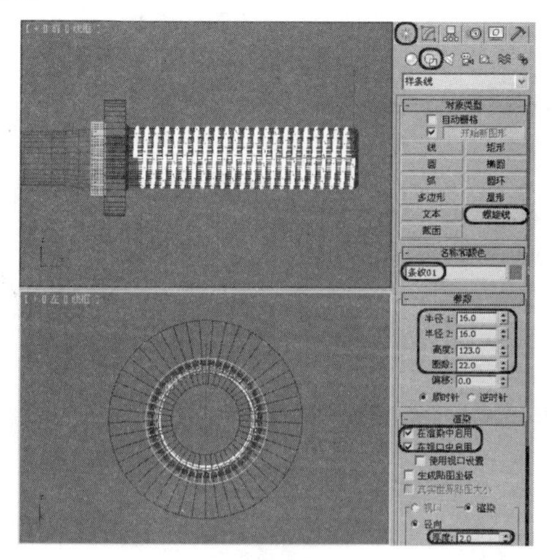
图 7.51

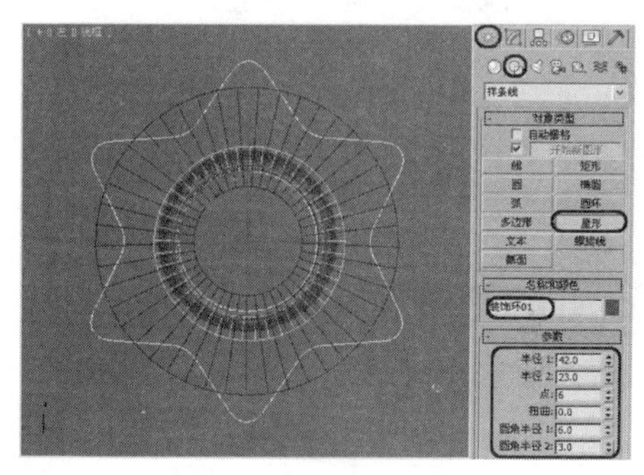
图 7.52

09 再在【左】视图中创建一个【半径】为 14.5 的圆形，也将其命名为“装饰环 01”，因为下面要将这两个图形进行附加，所以在前期可以共用一个名称。创建完成后在【左】视图中将其调整至中央位置，如图 7.53 所示。

10 在场景中确定新创建的“装饰环 01”对象处于选中状态，单击【修改】按钮，切换到【修改】命令面板，在【修改器列表】下拉列表框中选择【编辑样条线】修改器，在【几何体】卷展栏中单击【附加】按钮，在场景中选择外侧的“装饰环 01”对象，将它们进行附加，如图 7.54 所示。

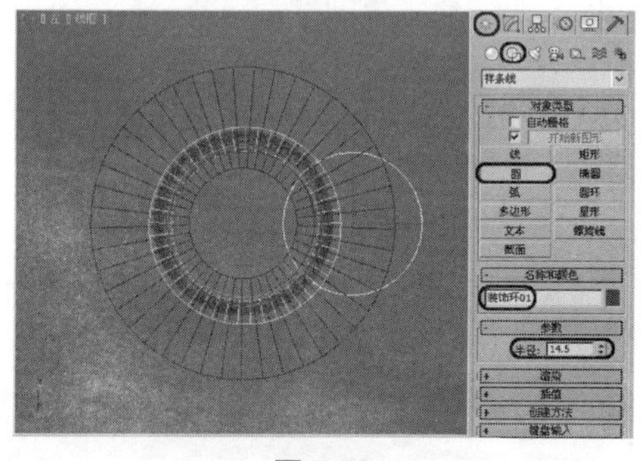
图 7.53

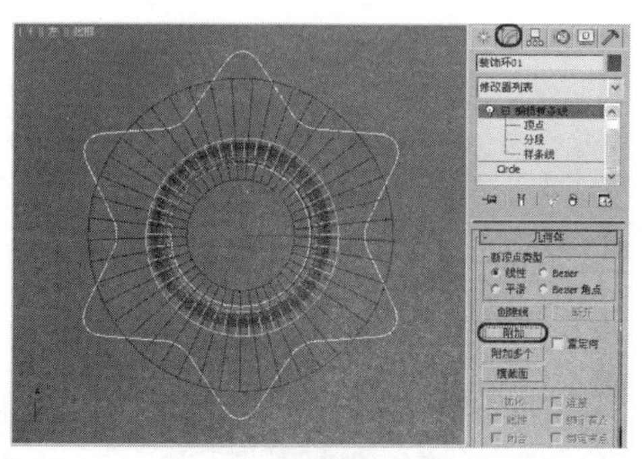
图 7.54

11 附加完成后，确定“装饰环 01”对象处于选中状态，再在【修改器列表】下拉列表框中选择【挤出】修改器，在【参数】卷展栏中将【数量】设置为 8，设置装饰环的厚度，如图 7.55 所示。

12 确定当前输入法为英文状态，按【H】键，在弹出的【从场景中选择】对话框中选择除“中心轴”之外的所有对象，单击【确定】按钮，然后在工具栏中单击【材质编辑器】按钮，在打开的【材质编辑器】窗口中选择第一个材质样本球，将“中心轴”材质指定给场景中选择的对象，如图 7.56 所示。

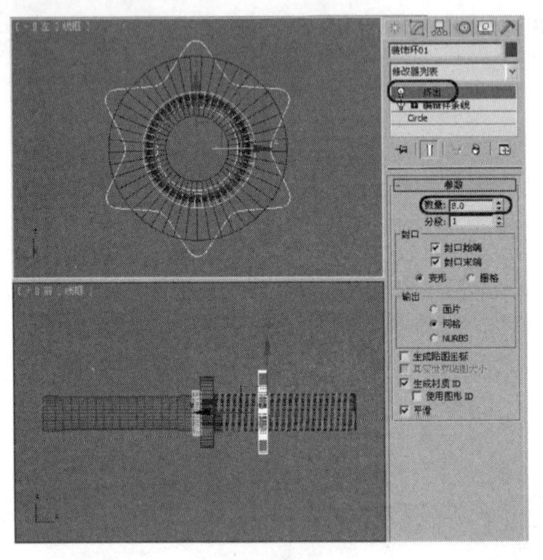

图 7.55

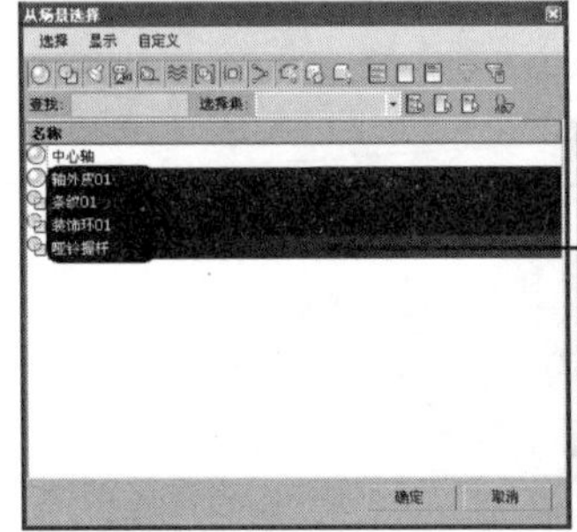

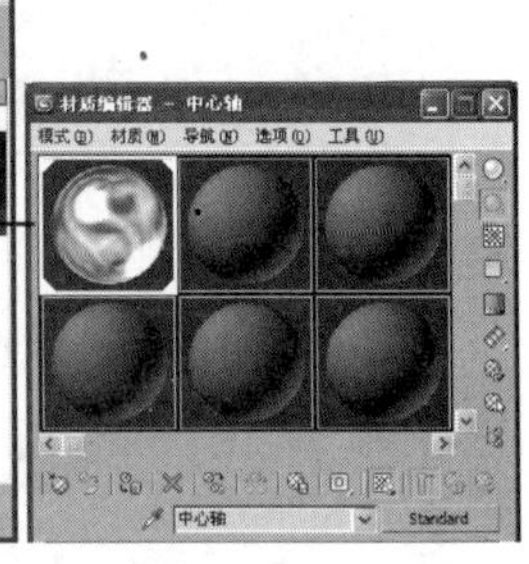

图 7.56

13 激活【前】视图，选择【创建】 |【图形】 |【线】工具，在【前】视图中绘制一条闭合曲线，并将其命名为“哑铃片”，如图 7.57 所示。

14 确定新创建的截面图形处于选中状态，然后单击【修改】按钮，切换到【修改】命令面板，在【修改器列表】下拉列表框中选择【车削】修改器，在【参数】卷展栏中将【分段】设置为 45，单击【方向】选项组中的 *X* 按钮，车削出哑铃片的形状。再将当前选择集定义为【轴】，在【前】视图中调整轴的位置，如图 7.58 所示。

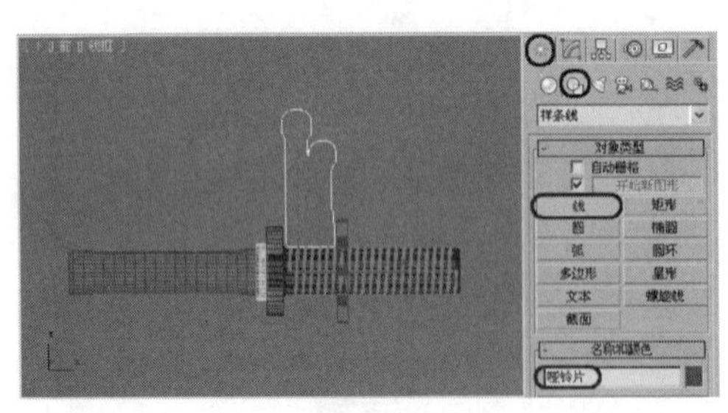

图 7.57

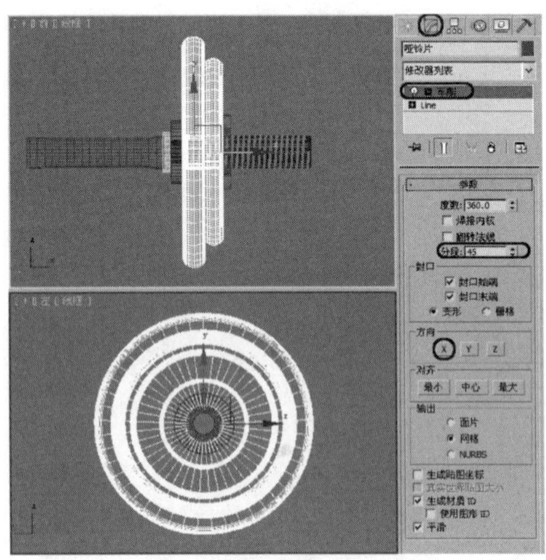

图 7.58

15 在场景中选择“哑铃片”对象，然后单击工具栏中的【材质编辑器】按钮，打开【材质编辑器】窗口，选择第二个材质样本球，并将其命名为“哑铃片”；在【明暗器基本参数】卷展栏中将阴影模式定义为【金属】。在【金属基本参数】卷展栏中将【环境光】的 RGB 值设置为 0、0、0，将【漫反射】的 RGB 值设置为 119、119、119；将【反射高光】选项组中的【高光级别】和【光泽度】分别设置为 100 和 80；展开【贴图】卷展栏，单击【反射】通道后的 None 按钮，在弹出的【材质/贴图浏览器】对话框中选择【位图】贴图，单击【确定】按钮。再在弹出的对话框中选择随书附带光盘中的 CDROM｜Map｜HOUSE.jpg 文件，单击【打开】按钮，如图 7.59 所示，进入反射通道面板，在【坐标】卷展栏中将【模糊偏移】设置为 0.086。设置完成后，单击【转到父对象】按钮，返回父级材质层级，最后单击【将材质指定给选定对象】按钮，将当前材质指定给场景中的“哑铃片”对象，如图 7.59 所示。

16 在场景中选择除“中心轴”之外的所有对象，再在菜单栏中选择【组】|【成组】命令，在弹出的【组】对话框中将【组名】设置为“右侧部件”，如图 7.60 所示。然后单击菜单栏中的【镜像】按钮，在弹出的对话框中选择【镜像轴】选项组中的 *X* 单选按钮，选择【克隆当前选择】选项组中的【复制】单选按钮，调整至合适位置，设置完成后单击【确定】按钮，如图 7.61 所示。

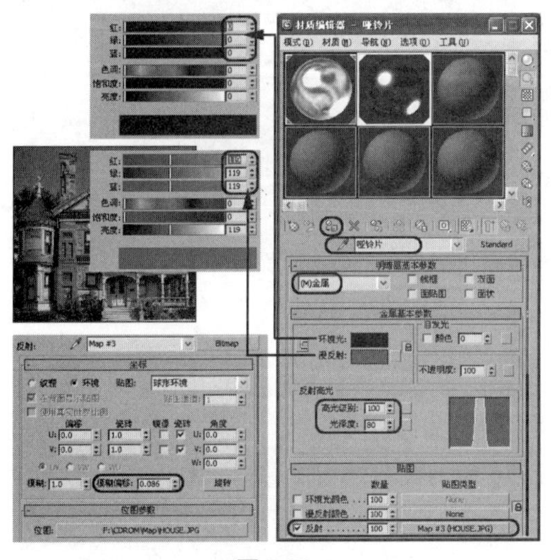

图 7.59

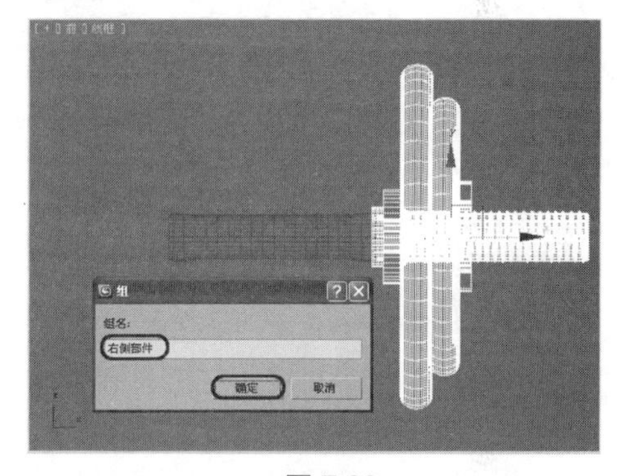

图 7.60

17 按【Ctrl+A】组合键，将场景中的对象全部选中，在菜单栏中选择【组】|【成组】命令，在弹出的【组】对话框中将【组名】设置为“哑铃 01”，最后单击【确定】按钮，如图 7.62 所示。

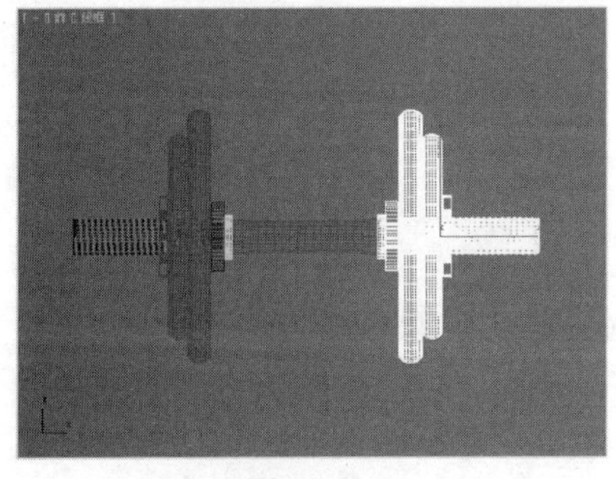

图 7.61

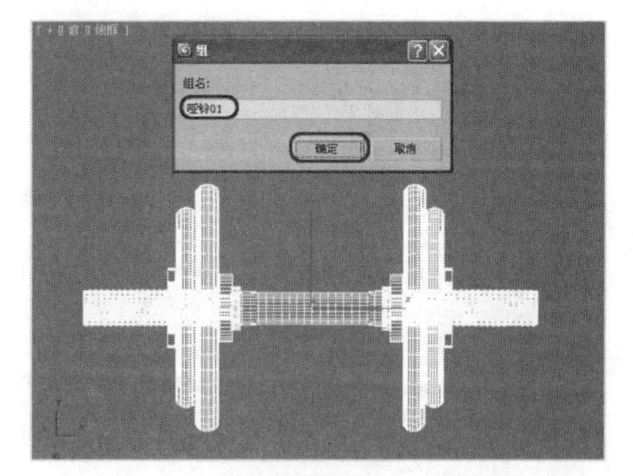

图 7.62

18 在场景中选择“哑铃 01”对象，在工具栏中选择【选择并旋转】按钮，并配合键盘上的【Shift】键，在【顶】视图中将其沿 *Z* 轴旋转复制，在弹出的对话框中选择【对象】选项组中的

【复制】单选按钮，使用默认的名称，然后单击【确定】按钮，旋转完成后将复制后的对象调整至如图 7.63 所示的位置。

19 激活【顶】视图，选择【创建】|【几何体】|【长方体】工具，在【顶】视图中创建一个【长度】、【宽度】和【高度】分别为 1000、1000 和 0 的长方体。在【名称和颜色】卷展栏中将其命名为“地面”，并将其后的颜色块定义为白色，然后在【左】视图中将其调整至“哑铃片”对象的下方，如图 7.64 所示。

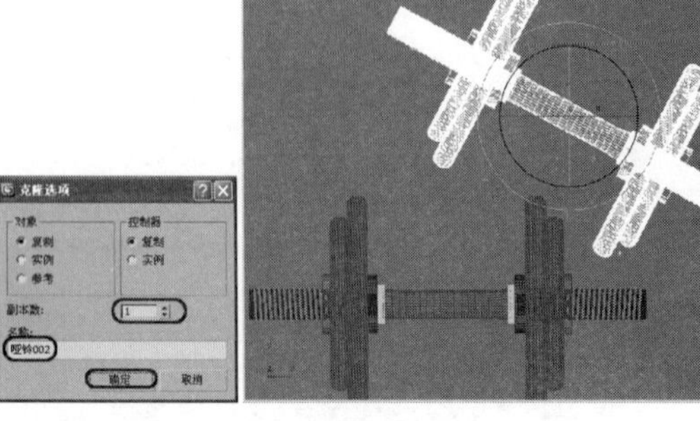
图 7.63

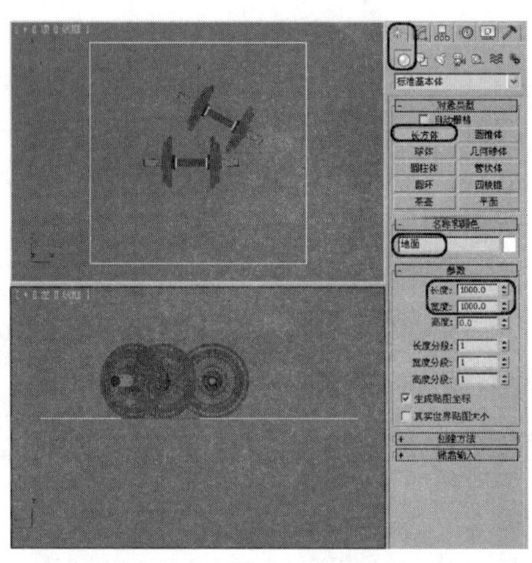
图 7.64

20 激活【顶】视图，选择【创建】|【摄影机】|【目标】工具，在【顶】视图中创建一架目标摄影机，在【参数】卷展栏中将【镜头】设置为 35，再在其他视图中调整摄影机的位置，如图 7.65 所示，然后再激活【透视】视图，并按【C】键将其转换为摄影机视图。

21 选择【创建】|【灯光】|【目标聚光灯】工具，在【顶】视图中创建一盏目标聚光灯作为主光源，在其他视图中调整灯光的位置。切换到【修改】命令面板，展开【常规参数】卷展栏，选择【阴影】选项组中的【启用】复选框，并将阴影模式定义为【光线跟踪阴影】。在【聚光灯参数】卷展栏中将【聚光区/光束】和【衰减区/区域】分别设置为 80 和 82，如图 7.66 所示。

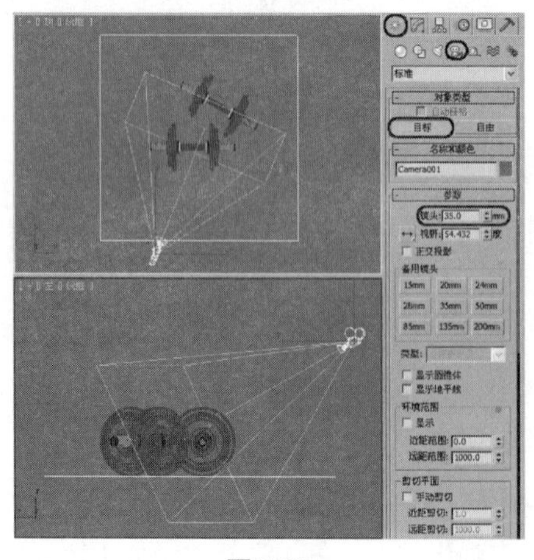
图 7.65

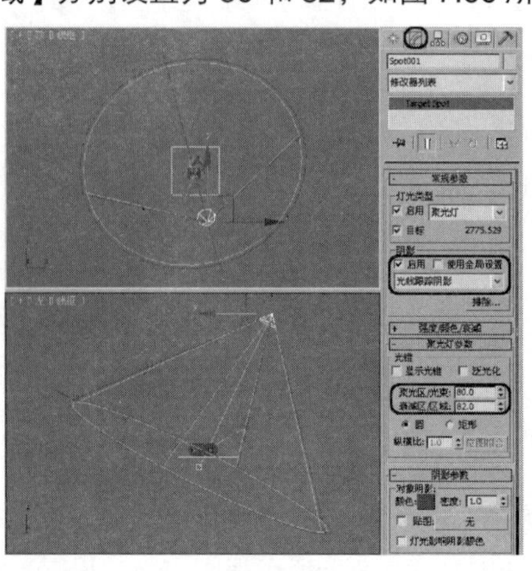
图 7.66

22 激活【顶】视图，选择【创建】 |【灯光】 |【泛光灯】工具，在【顶】视图中创建一盏泛光灯，然后在其他视图中调整灯光的位置，如图 7.67 所示。

23 切换到【修改】命令面板，在【常规参数】卷展栏中单击【排除】按钮，在弹出的对话框中将“地面”对象包含灯光的照射，如图 7.68 所示。

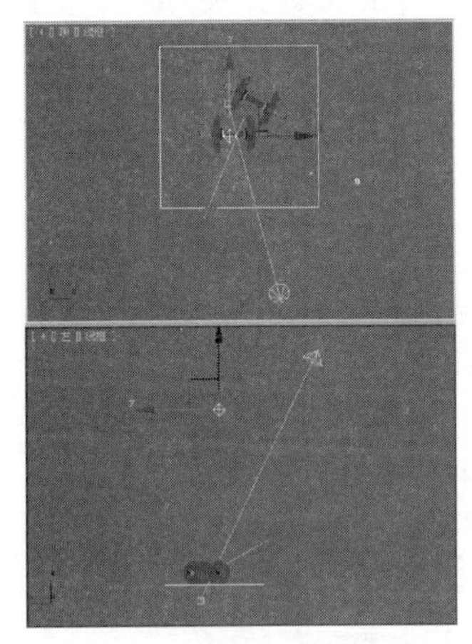

图 7.67

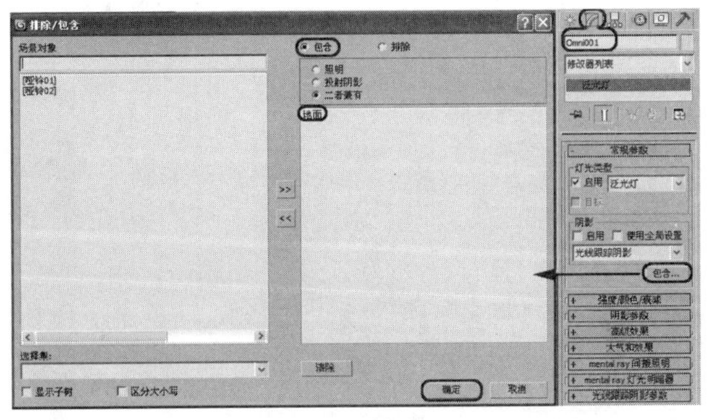

图 7.68

7.6.3　坐便器

本例将介绍使用可编辑网格制作坐便器的方法，完成后的效果如图 7.69 所示。本例主要通过对顶点和边进行编辑来制作坐便器模型，制作完成后再为其添加【网格平滑】修改器。

01 选择应用程序 |【重置】命令，重新设定场景。

02 选择【创建】 |【几何体】 |【长方体】工具，在【顶】视图中创建长方体模型。在【参数】卷展栏中将【长度】、【宽度】、【高度】、【长度分段】、【宽度分段】和【高度分段】分别设置为 180、102、145、6、4 和 5，并将其命名为“马桶”，如图 7.70 所示。

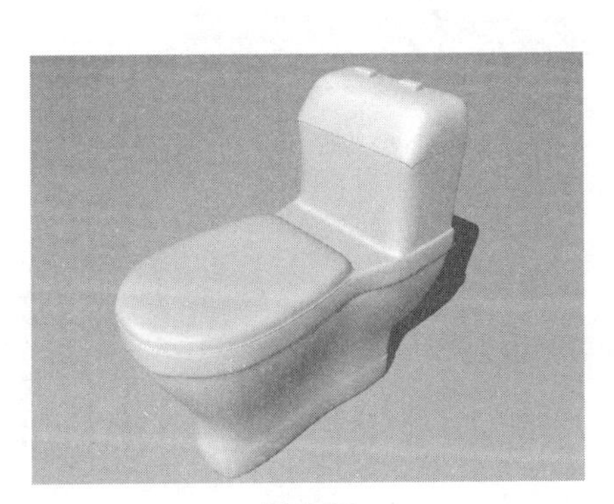

图 7.69

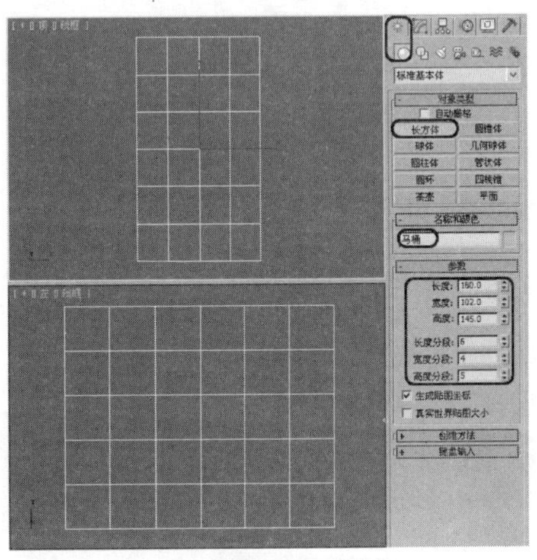

图 7.70

> **提示：** 在制作过程中为了方便观察，这里选择了【显示】命令面板中【显示属性】卷展栏下的【背面消隐】复选框。

03 单击【修改】按钮，切换到【修改】命令面板。在修改器堆栈处右击，在弹出的菜单中选择【可编辑网格】命令，将当前编辑模式塌陷为【可编辑网格】。定义选择集为【顶点】，使用【选择并均匀缩放】工具和【选择并移动】工具调整顶点，完成后的效果如图 7.71 所示。

04 继续使用【选择并均匀缩放】工具和【选择并移动】工具，在【前】视图和【左】视图中调整顶点，如图 7.72 所示。

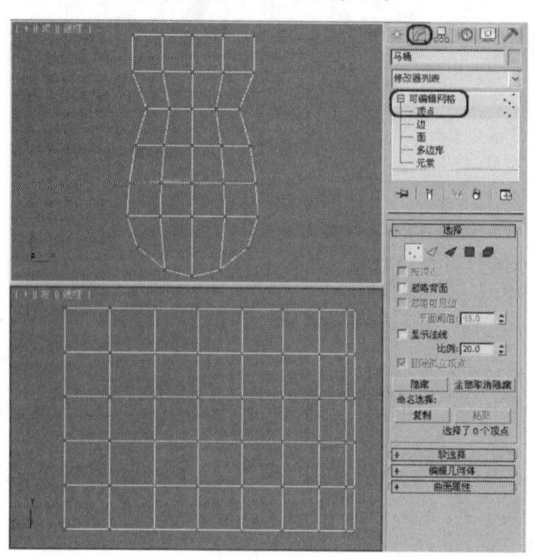

图 7.71

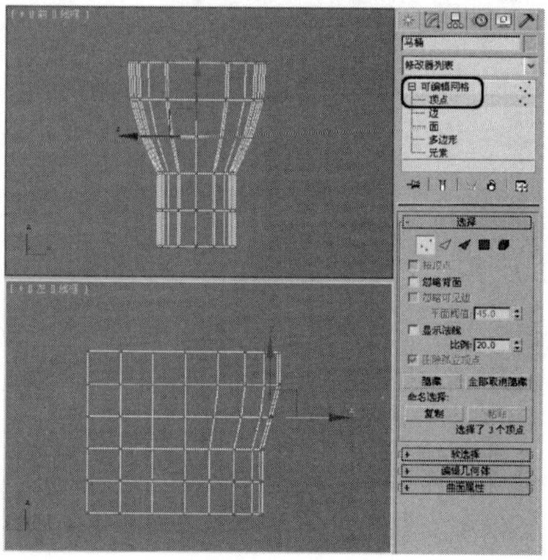

图 7.72

05 定义当前选择集为【边】，在【编辑几何体】卷展栏中单击【切片平面】按钮，在【前】视图中沿 Y 轴向上调整其位置，然后单击【切片】按钮，如图 7.73 所示。

06 添加完边后，关闭【切片平面】按钮，如图 7.74 所示。

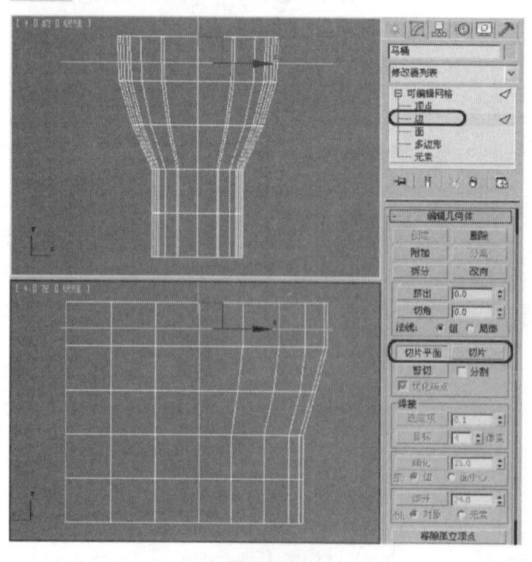

图 7.73

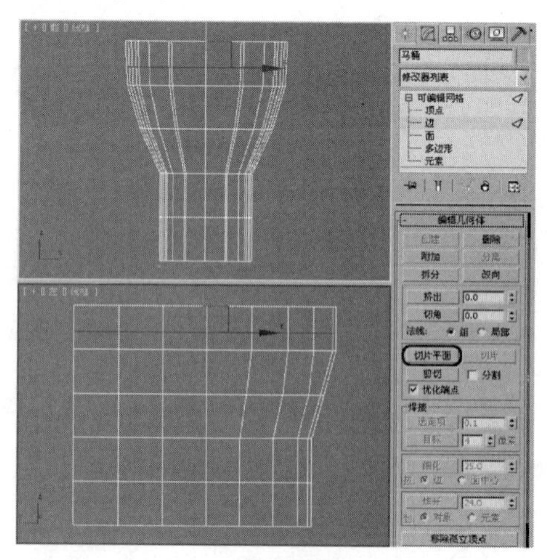

图 7.74

07 定义当前选择集为【多边形】，在【顶】视图中选择如图 7.75 所示的多边形。

08 在【编辑几何体】卷展栏中将【挤出】设置为 90，单击【挤出】按钮，将选择的多边形挤出，如图 7.76 所示。

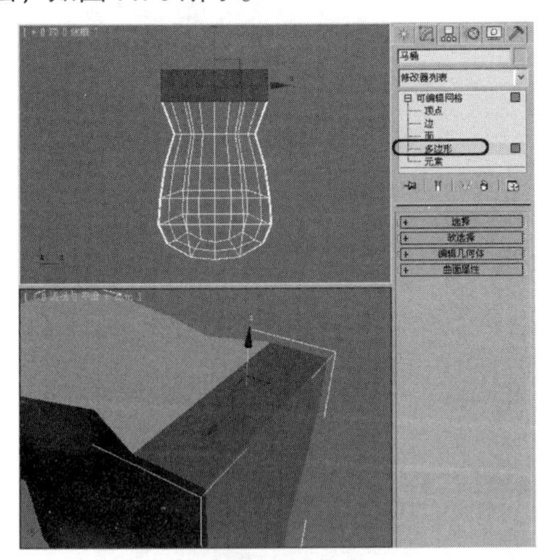

图 7.75

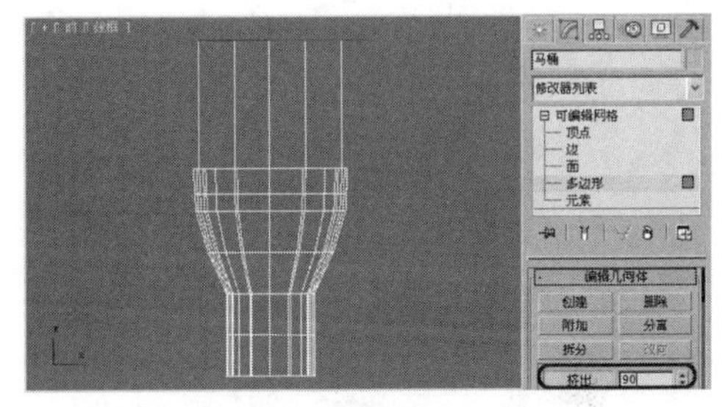

图 7.76

09 定义当前选择集为【多边形】，在【选择】卷展栏中选择【忽略背面】复选框，在【透视】视图中选择如图 7.77 所示的多边形。

10 在【编辑几何体】卷展栏中将【挤出】设置为 25，单击【挤出】按钮，将选择的多边形挤出，如图 7.78 所示。

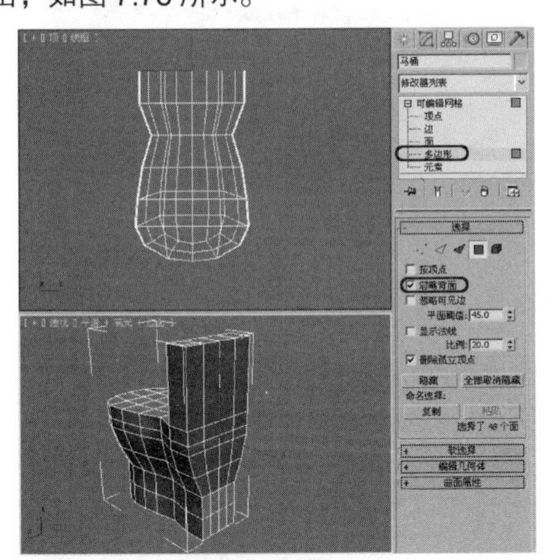

图 7.77

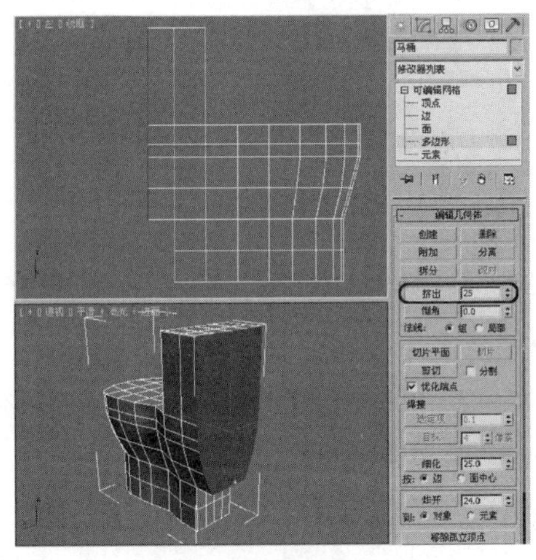

图 7.78

11 定义当前选择集为【顶点】，在【选择】卷展栏中取消选择【忽略背面】复选框，在【左】视图中调整顶点的位置，如图 7.79 所示。

12 定义当前选择集为【多边形】，在【左】视图中选择如图 7.80 所示的多边形。

13 在【编辑几何体】卷展栏中选择【局部】单选按钮，并将【挤出】设置为 3，如图 7.81 所示。

14 定义当前选择集为【多边形】，在【左】视图中选择如图 7.82 所示的多边形。

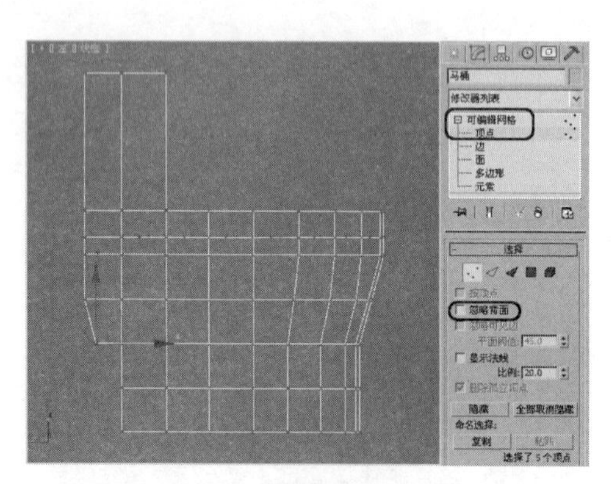

图 7.79

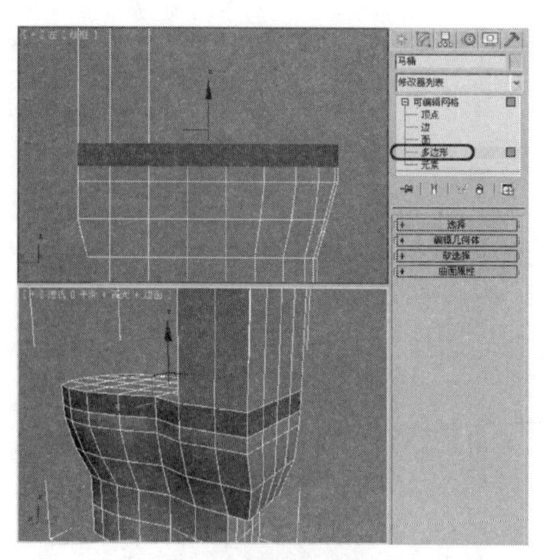

图 7.80

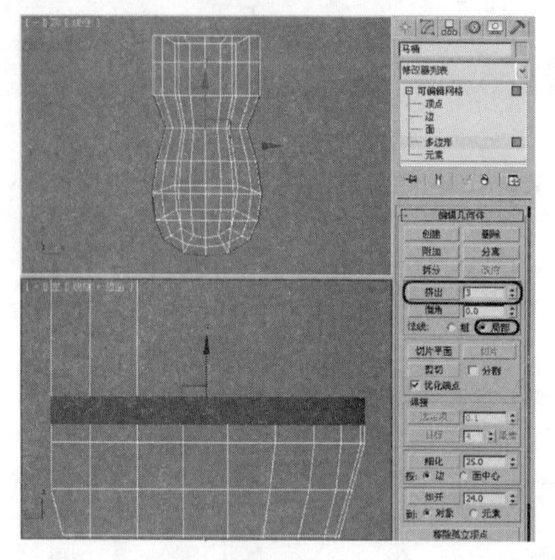

图 7.81

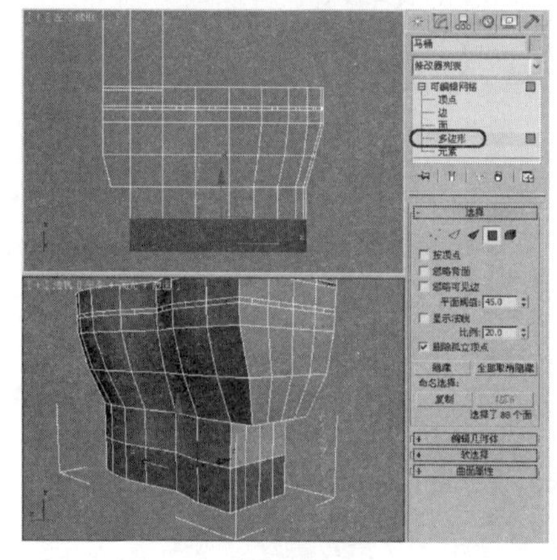

图 7.82

15 在【编辑几何体】卷展栏中将【挤出】设置为 1.6，将选择的多边形挤出，如图 7.83 所示。

16 定义当前选择集为【边】，在【选择】卷展栏中选择【忽略背面】复选框，在【透视】视图中选择如图 7.84 所示的边。

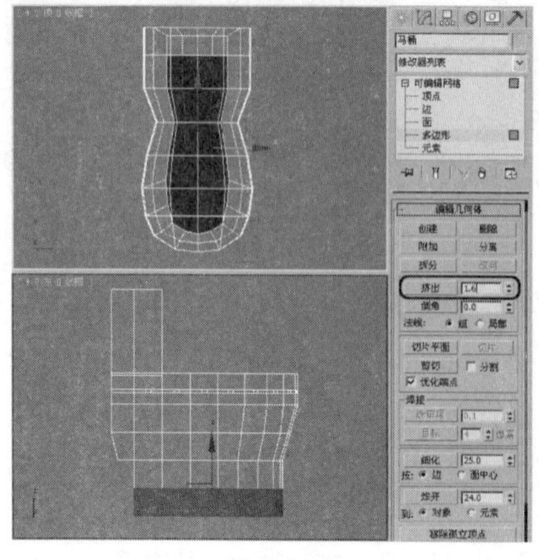

图 7.83

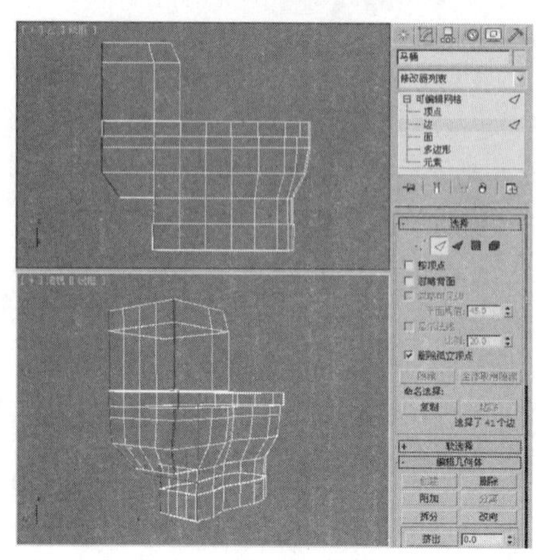

图 7.84

提示：按【F3】键可以将实体模式转换为线框模式。

17 在【编辑几何体】卷展栏中将【切角】设置为 1，如图 7.85 所示。

18 定义当前选择集为【边】，在如图 7.86 所示的位置添加边。

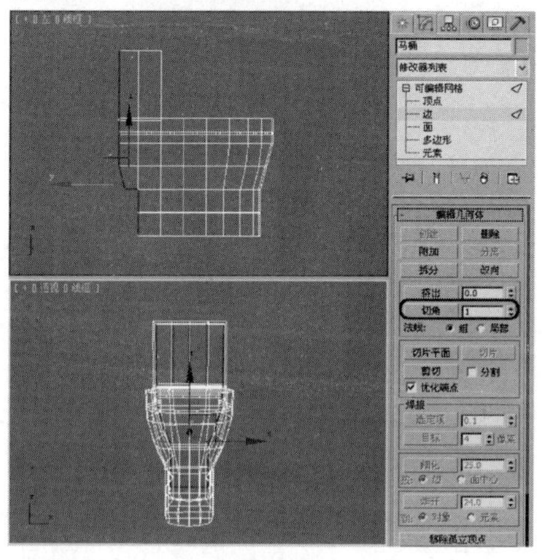

图 7.85

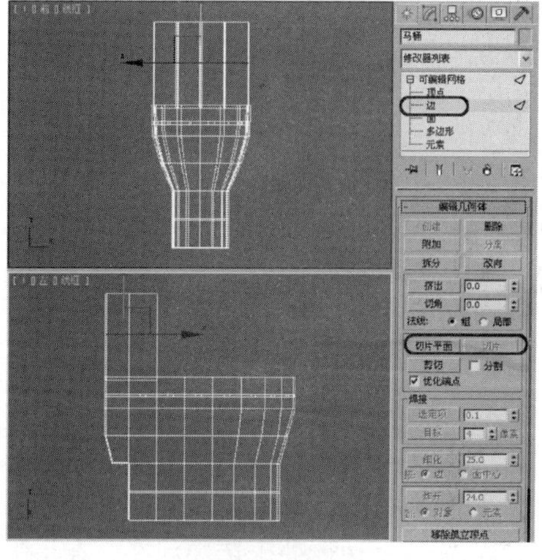

图 7.86

19 旋转【透视】视图，选择如图 7.87 所示的边。

20 在【编辑几何体】卷展栏中将【切角】设置为 1，关闭选择集。再为其添加【网格平滑】修改器，在【细分量】卷展栏中将【迭代次数】设置为 2，如图 7.88 所示。

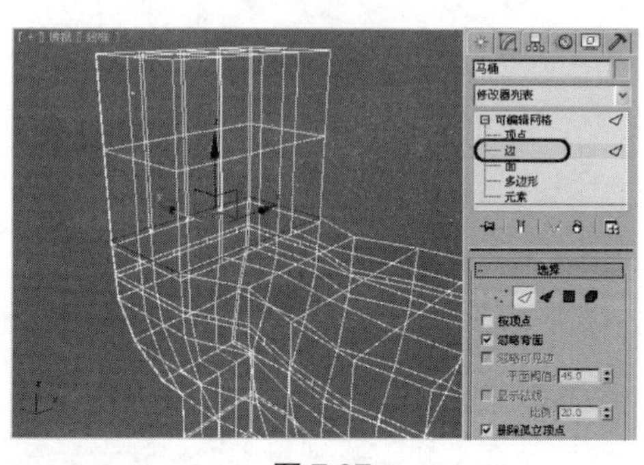

图 7.87

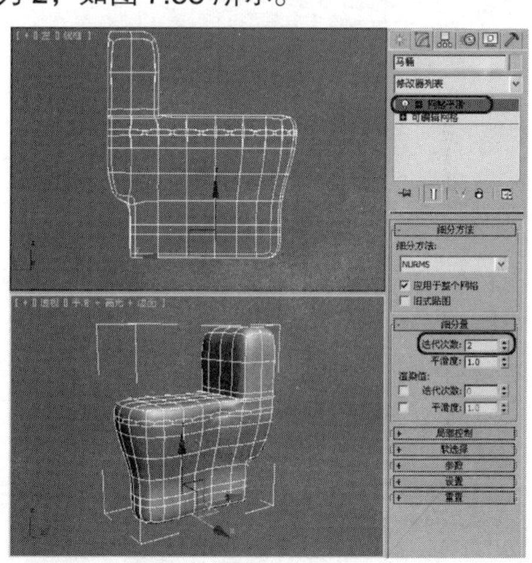

图 7.88

21 单击【网格平滑】修改器左侧的灯泡按钮，使其呈灰色显示，定义当前选择集为【多边形】，选择如图 7.89 所示的多边形。

22 确定多边形处于选中状态，在【编辑几何体】卷展栏中单击【分离】按钮，在弹出的对话框中将【分离为】设置为“马桶盖”，选择【作为克隆对象分离】复选框，然后单击【确定】按钮，如图 7.90 所示。

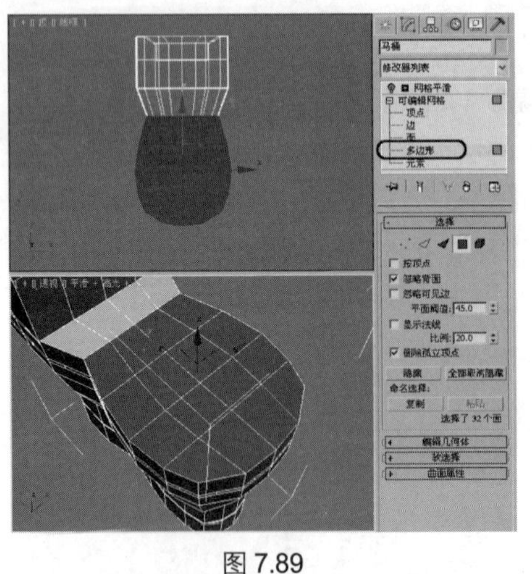
图 7.89

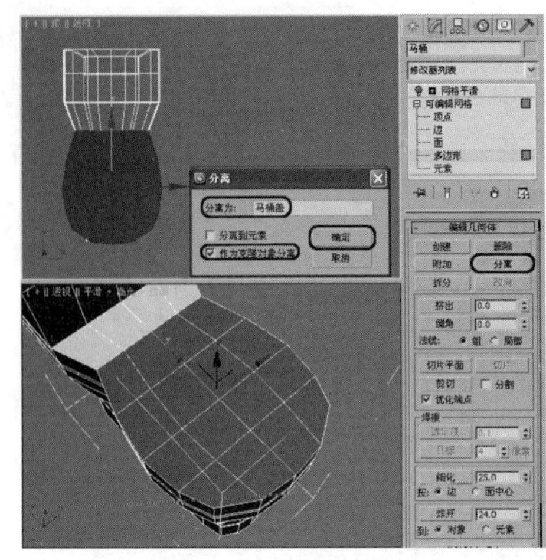
图 7.90

23 在场景中将“马桶”对象隐藏，选择“马桶盖”对象，定义当前选择集为【多边形】，选择如图 7.91 所示的多边形。

24 确定多边形处于选中状态，在【编辑几何体】卷展栏中将【倒角】设置为 2，如图 7.92 所示。

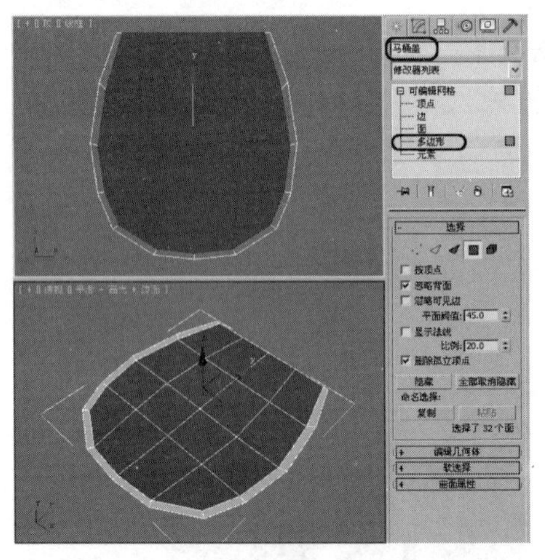
图 7.91

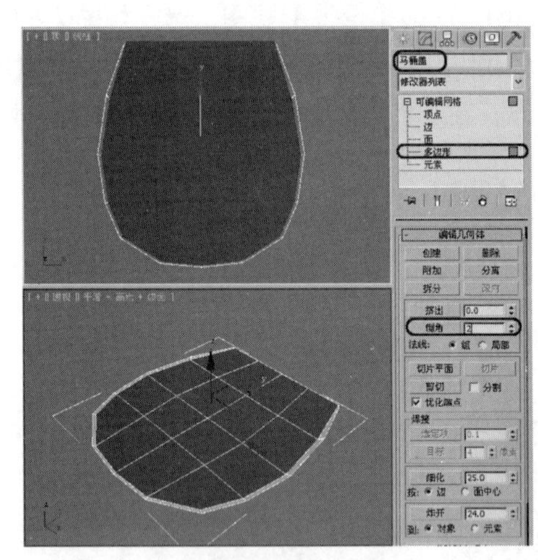
图 7.92

25 继续对选择的多边形进行设置，将【挤出】设置为 10，如图 7.93 所示。

26 取消“马桶”对象的隐藏，选择“马桶盖”对象，在【修改器列表】下拉列表框中选择【网格平滑】修改器，为“马桶盖”对象添加网格平滑效果，在【细分量】卷展栏中将【迭代次数】设置为 2，如图 7.94 所示。

27 在场景中选择“马桶”对象，定义当前选择集为【顶点】，取消选择【选择】卷展栏中的【忽略背面】复选框，在【左】视图中调整顶点，如图 7.95 所示。

28 定义当前选择集为【边】，选择如图 7.96 所示的边。

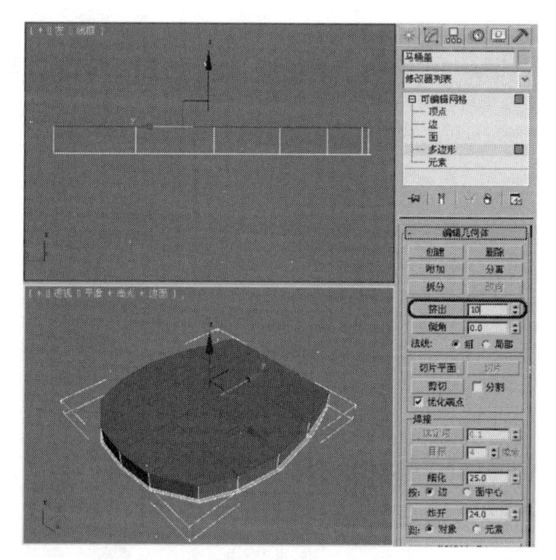

图 7.93

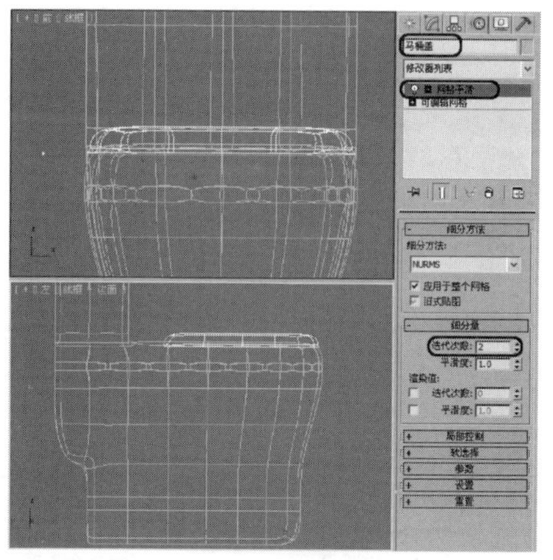

图 7.94

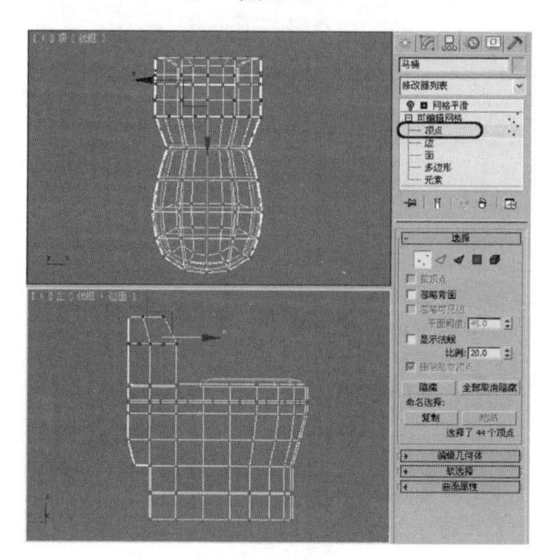

图 7.95

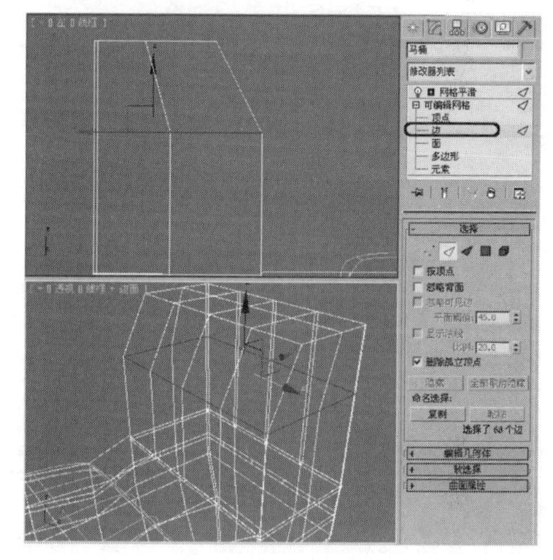

图 7.96

29 在【编辑几何体】卷展栏中将【切角】设置为 0.5，继续对边进行设置，将【编辑几何体】卷展栏中的【挤出】设置为 0.5，如图 7.97 所示。

30 选择如图 7.98 所示的边，在【前】视图中将其沿 *Y* 轴缩放，完成后的效果如图 7.98 所示，关闭选择集。在【修改器列表】下拉列表框中选择【网格平滑】修改器，并单击其左侧的灯泡按钮。

31 选择【创建】 |【几何体】 |【扩展基本体】|【切角长方体】工具，在【顶】视图中创建两个大小相同的切角长方体，在【参数】卷展栏中将【长度】、【宽度】、【高度】和【圆角】分别设置为 7、14、7 和 1，如图 7.99 所示。

32 按【M】键，打开【材质编辑器】窗口，选择一个材质样本球，并将其命名为“马桶”。在【Blinn 基本参数】卷展栏中将【环境光】、【漫反射】和【高光反射】的 RGB 值均设置为 255、255、255，将【自发光】选项组中的颜色设置为 30，将【反射高光】选项组中的【高光级别】和【光泽度】分别设置为 45 和 74，如图 7.100 所示，然后将材质指定给场景中的“马桶”对象。

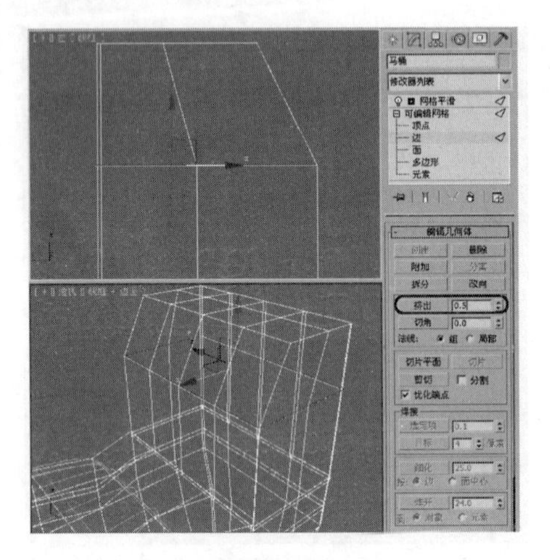

图 7.97

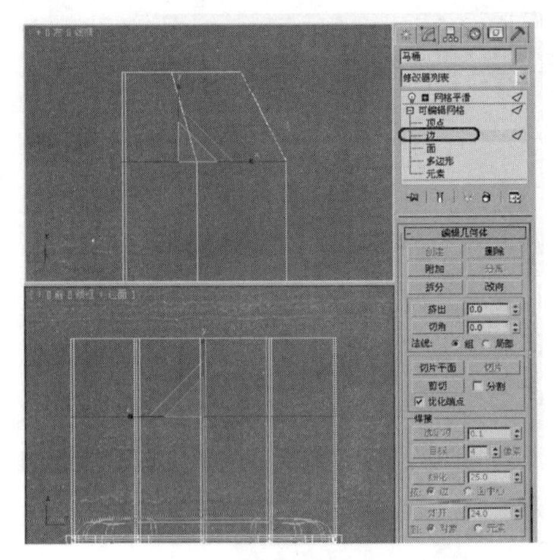

图 7.98

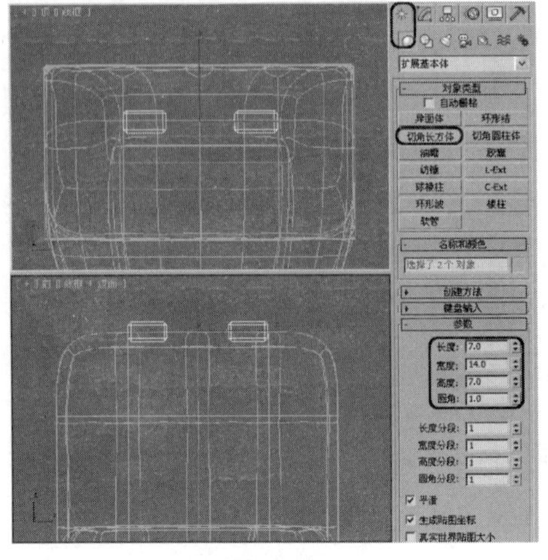

图 7.99

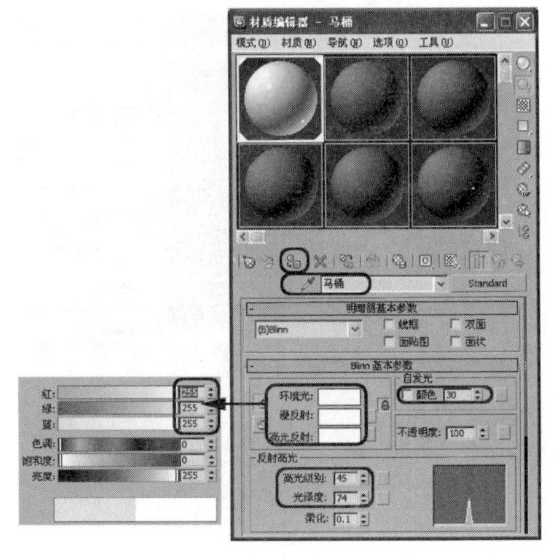

图 7.100

33 选择【创建】 |【几何体】 |【长方体】工具，在【顶】视图中创建长方体，在【参数】卷展栏中将【长度】、【宽度】和【高度】分别设置为 1600、1500 和 0，将【长度分段】、【宽度分段】和【高度分段】均设置为 1，并将其命名为“地面”，在【前】视图中将其调整至“马桶”对象的下方，如图 7.101 所示。

34 选择【创建】 |【摄影机】 |【目标】工具，在【顶】视图中创建一架摄影机并调整其位置，将【镜头】设置为 35，如图 7.102 所示。激活【透视】视图，按【C】键，将其转换为摄影机视图。

35 选择【创建】 |【灯光】 |【目标聚光灯】按钮，在【顶】视图中创建一盏目标聚光灯。在【常规参数】卷展栏中，选择【阴影】选项组中的【启用】复选框，并将其阴影模式设置为【光线跟踪阴影】；在【强度/颜色/衰减】卷展栏中将【倍增】设置为 0.6；在【聚光灯参数】卷展栏中将【聚光区/光束】和【衰减区/区域】分别设置为 0.5 和 80；在【阴影参数】卷展栏中将【密度】设置为 0.8，如图 7.103 所示。

36 选择【创建】 | 【灯光】 | 【天光】工具，在【顶】视图中创建一盏天光，在【天光参数】卷展栏中将【倍增】设置为 0.5，如图 7.104 所示。

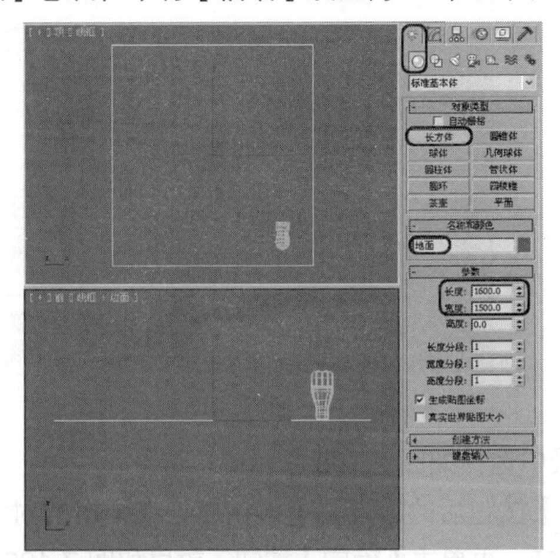
图 7.101

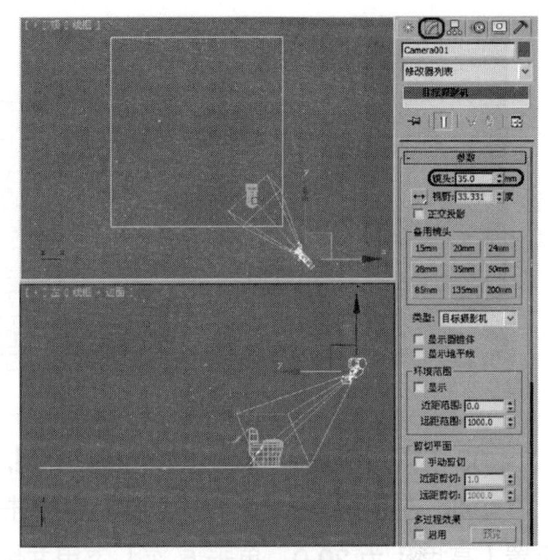
图 7.102

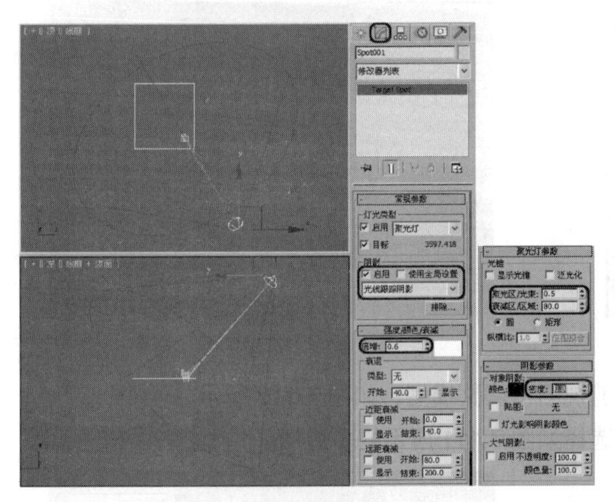
图 7.103

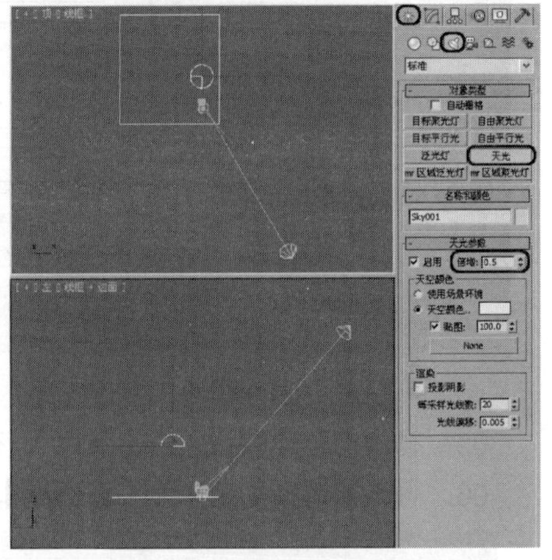
图 7.104

37 至此，坐便器效果就制作完成了，将完成后的场景保存即可。

7.6.4 装饰盘

本例介绍使用【编辑多边形】修改器制作装饰盘的方法，效果如图 7.105 所示。

图 7.105

01 选择【创建】 | 【几何体】 | 【长方体】工具，在【前】视图中创建一个【长度】为 500，【宽度】为 40，【高度】为 20，【长度分段】为 9 的长方体，如图 7.106 所示。

02 在场景中选择长方体对象并右击，在弹出的菜单中选择【转换为】|【转换为可编辑多边形】命令。单击【修改】

按钮，切换到【修改】命令面板，将当前选择集定义为【顶点】，调整图形的形状，如图 7.107 所示。

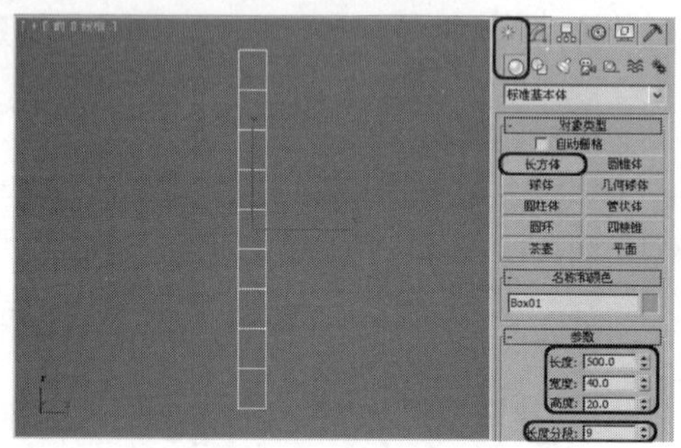

图 7.106

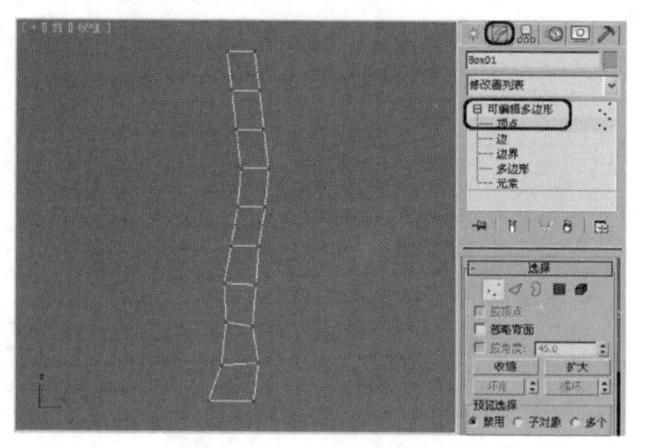

图 7.107

03 将当前选择集定义为【多边形】，在场景中选择如图 7.108 所示的多边形。

04 在【编辑多边形】卷展栏中单击【挤出】按钮后的【设置】按钮，在弹出的对话框中设置【高度】为 20.0，单击 5 次【应用并继续】按钮，再单击【确定】按钮，效果如图 7.109 所示。

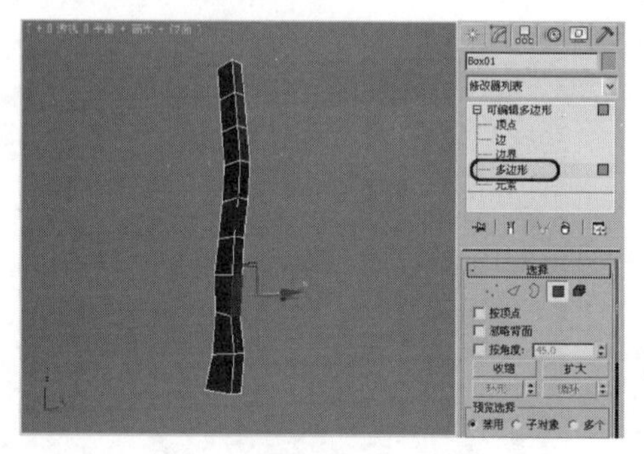

图 7.108

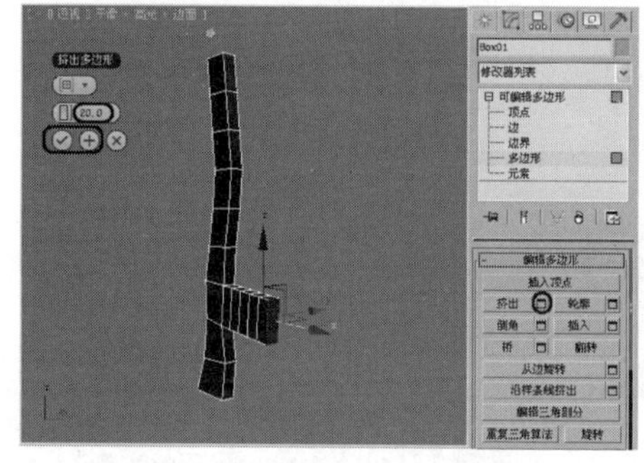

图 7.109

05 将当前选择集定义为【顶点】，在前视图中调整模型，如图 7.110 所示。

06 将当前选择集定义为【多边形】，选择如图 7.111 所示的多边形。

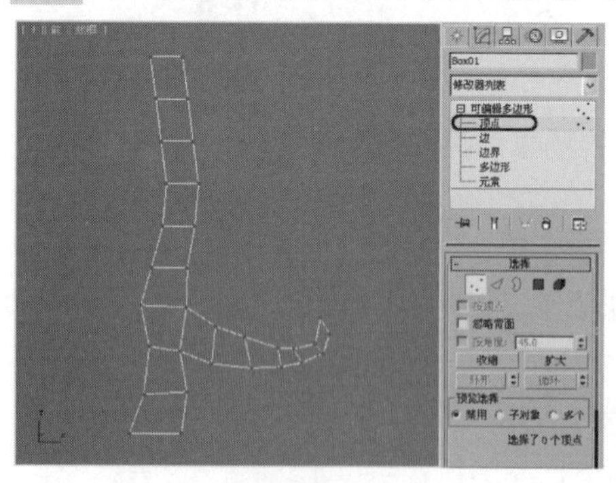

图 7.110

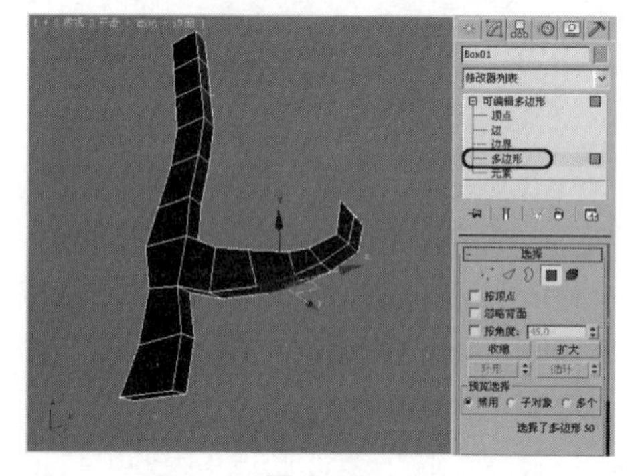

图 7.111

07 在【编辑多边形】卷展栏中单击【挤出】按钮后的【设置】按钮，在弹出的对话框中设置【高度】为 20.0，单击 2 次【应用并继续】按钮，再单击【确定】按钮，如图 7.112 所示。

08 将当前选择集定义为【顶点】，在场景中调整顶点，如图 7.113 所示。

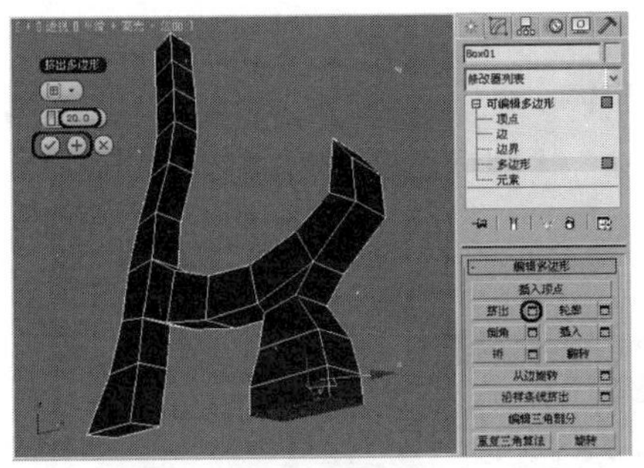
图 7.112

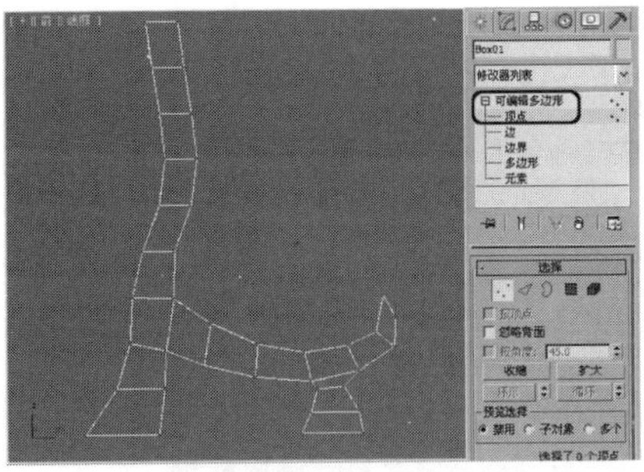

图 7.113

09 在【细分曲面】卷展栏中选择【使用 NURBS 细分】复选框，设置【迭代次数】为 2，如图 7.114 所示。

10 取消选择【使用 NURMS 细分】复选框，将当前选择集定义为【顶点】，在场景中调整顶点，使模型变宽，如图 7.115 所示。

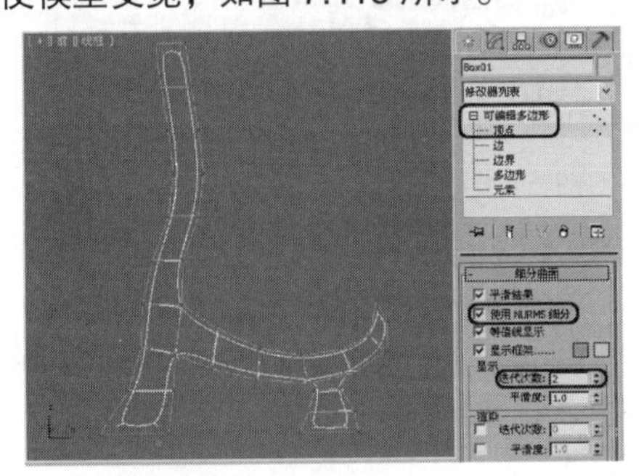
图 7.114

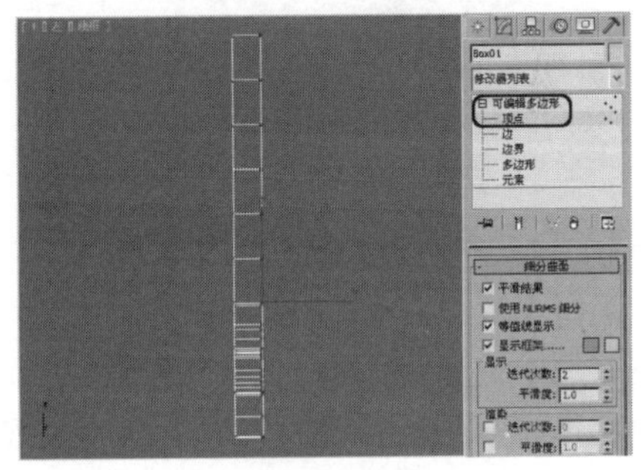
图 7.115

11 关闭【顶点】选择集，选择【使用 NURMS 细分】复选框，在场景中复制并调整模型，如图 7.116 所示。

12 选择【创建】 |【几何体】 |【圆柱体】工具，在场景中创建圆柱体，作为支架。切换到【修改】命令面板，在【参数】卷展栏中将【半径】和【高度】分别设置为 5 和 130，如图 7.117 所示。

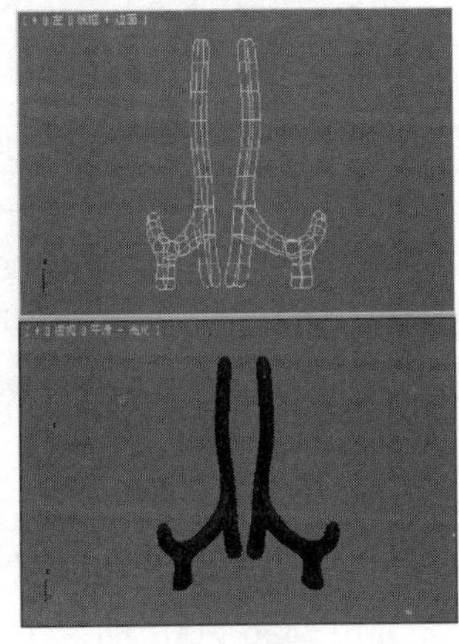
图 7.116

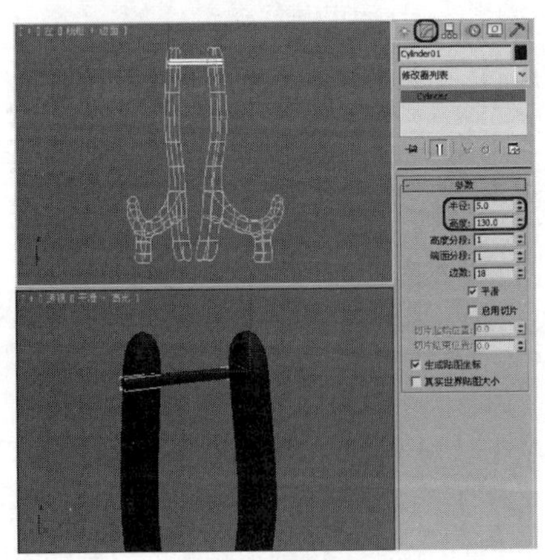
图 7.117

13 在场景中复制并调整圆柱体，如图 7.118 所示。

14 选择【创建】 |【几何体】 |【扩展基本体】|【切角圆柱体】工具，在【左】视图中创建一个【半径】为 260,【高度】为 12,【圆角】为 4,【圆角分段】为 3,【边数】为 40,【端面分段】为 20 的切角圆柱体，如图 7.119 所示。

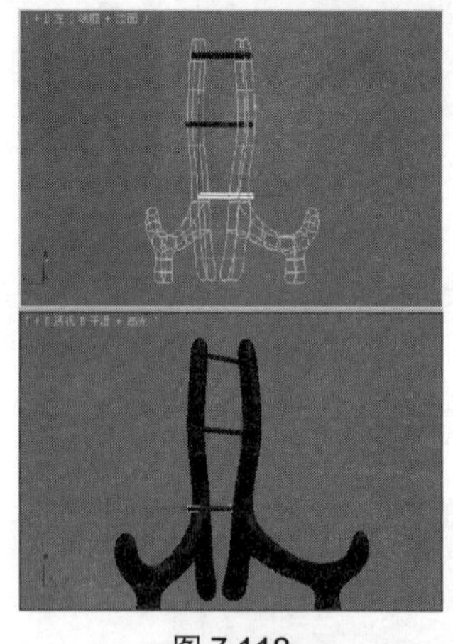

图 7.118

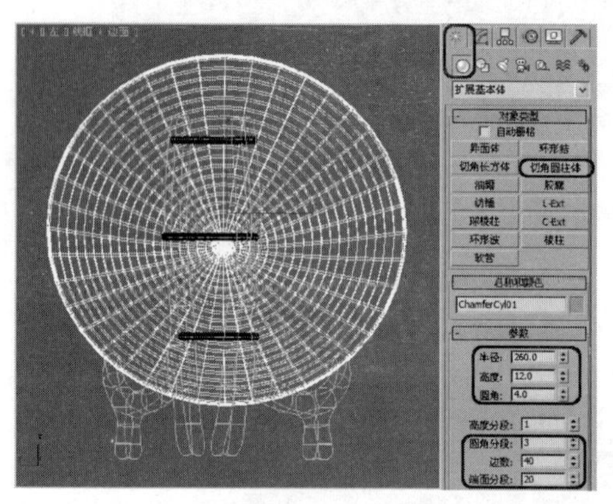

图 7.119

15 在场景中右击切角圆柱体，在弹出的菜单中选择【转换为】|【转换为可编辑多边形】命令。单击【修改】按钮，切换到【修改】命令面板，将当前选择集定义为【顶点】，在【软选择】卷展栏中选择【使用软选择】复选框，设置【衰减】为 500.0，在【左】视图中选择中间的顶点，并在【前】视图中调整模型，如图 7.120 所示。

16 调整模型后，关闭【顶点】选择集，然后取消选择【使用软选择】复选框，在场景中调整模型的位置，如图 7.121 所示。

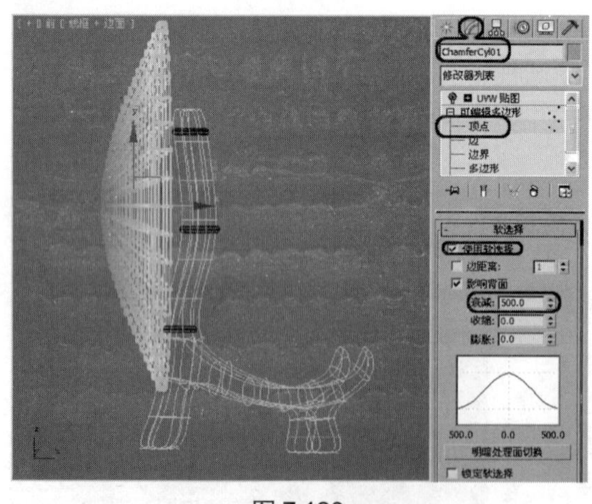

图 7.120

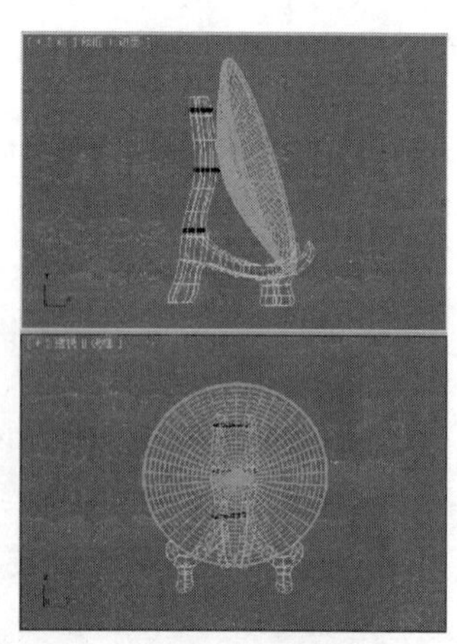

图 7.121

17 按【M】键，打开【材质编辑器】窗口，从中选择一个新的材质样本球，并将其命名为“装饰盘”。在【贴图】卷展栏中单击【漫反射颜色】通道后面的 None 按钮，在弹出的【材质/贴图浏览器】对话框中选择【位图】贴图，打开随书附带光盘中的 CDROM | Map | 007.tif 文件，再进入

贴图面板，使用默认参数，如图 7.122 所示。将材质指定给场景中作为装饰盘的切角圆柱体。

18 在场景中选择切角圆柱体，在【修改器列表】下拉列表框中选择【UVW 贴图】修改器，通过调整贴图的【长度】和【宽度】设置模型的贴图，如图 7.123 所示。

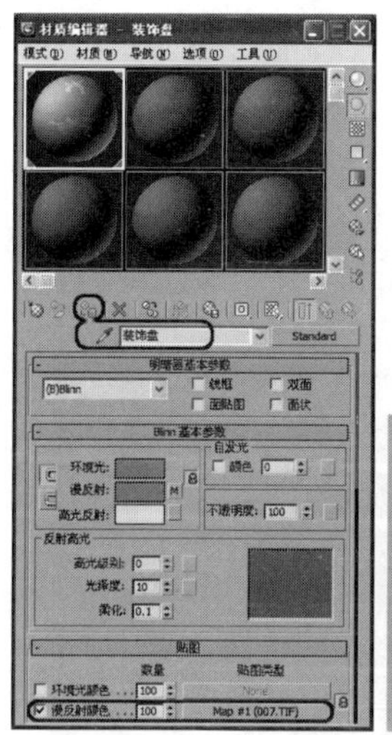

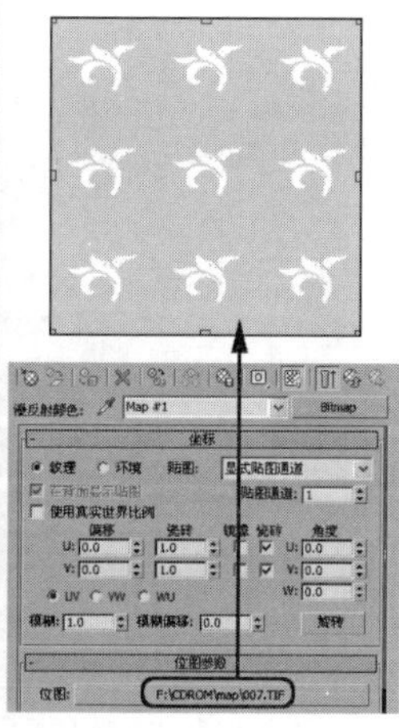

图 7.122

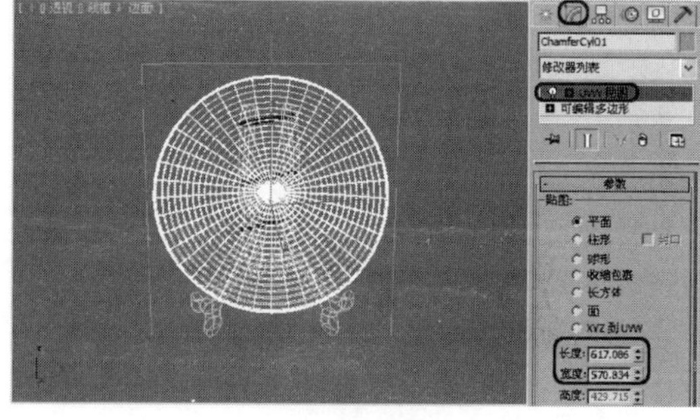

图 7.123

19 在【材质编辑器】窗口中选择一个新的材质样本球，并将其命名为“木”，在【Blinn 基本参数】卷展栏中设置【反射高光】选项组中的【高光级别】和【光泽度】参数分别为 37 和 42，在【贴图】卷展栏中单击【漫反射颜色】通道后面的【None】按钮，在弹出的【材质/贴图浏览器】对话框中选择【位图】贴图，打开随书附带光盘中的 CDROM｜Map｜010.jpg 文件，再进入贴图面板，参照图 7.124 所示进行设置。

20 选择【创建】 ｜【几何体】 ｜【长方体】工具，在【顶】视图中创建一个长方体，并将其命名为“地板”。在【参数】卷展栏中将【长度】、【宽度】和【高度】分别设置为 1040、1170 和−3，如图 7.125 所示。

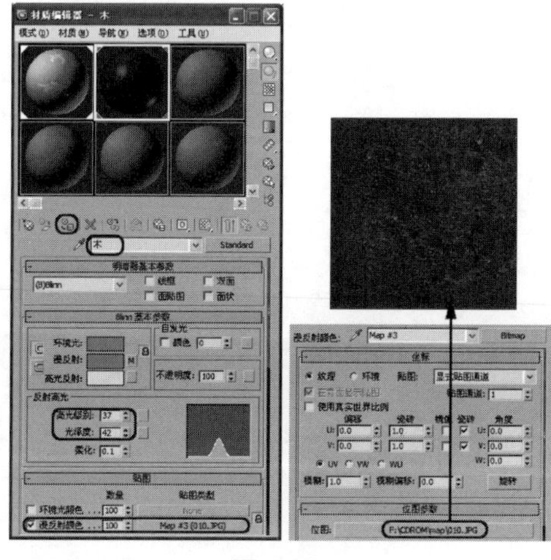

图 7.124

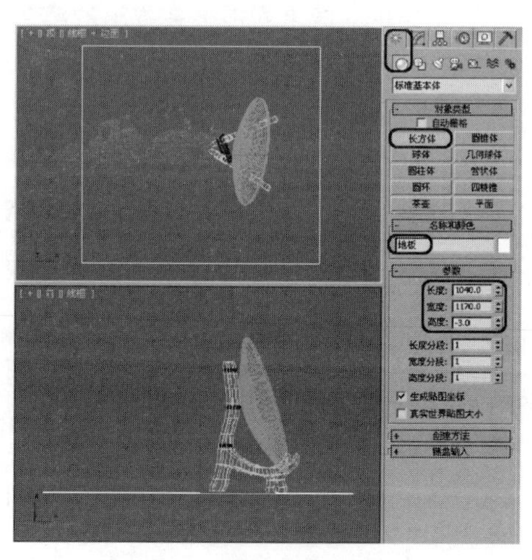

图 7.125

21 选择【创建】 |【灯光】 |【天光】工具，在【顶】视图中创建一盏天光，如图 7.126 所示。

22 选择【创建】 |【灯光】 |【泛光灯】工具，在【顶】视图中创建一盏泛光灯，在视图中调整其所在的位置，在【强度/颜色/衰减】卷展栏中将【倍增】设置为 0.3，如图 7.127 所示。

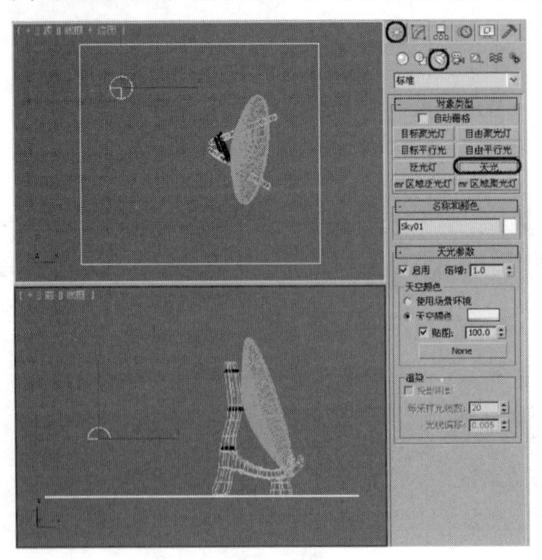

图 7.126

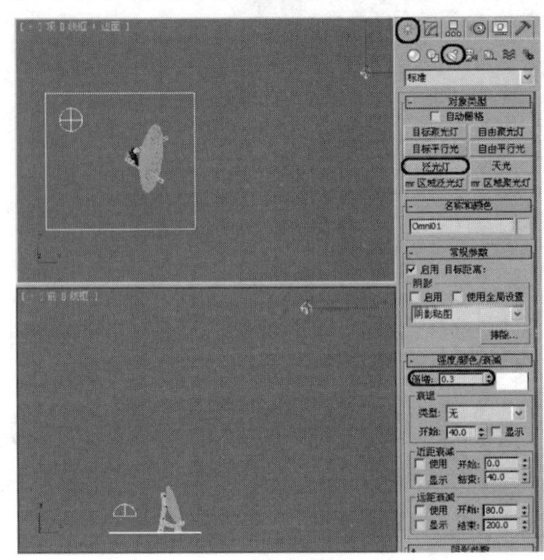

图 7.127

23 最后渲染模型并保存场景。

7.7 习题

一、填空题

1、3ds Max 中的所有网格对象都是由（　　）面组成。

2、使用（　　）可以将其他对象包含到当前正在编辑的可编辑网格物体中，使其成为可编辑网格的一部分。

3、在选定的对象上右击，在弹出的菜单中选择【转换为】|【转换为（　　）】命令，这样对象就被转换为可编辑网格物体。

二、简答题

1、编辑网格与编辑多边形的区别是什么？

2、【编辑网格】修改器的 5 种子物体层级分别是什么？

3、可编辑多边形的子物体层级是哪几个？

三、操作题

1、在 3ds Max 中创建两个对象，将其中一个对象转换为【可编辑网格】对象，然后将另一个对象附加进来。

2、将上面附加的对象再分离出来。

第 8 章　NURBS 建模

NURBS 意为非均匀有理 B 样条曲线，它可以无缝结合，所生成的模型非常光滑，适合用来进行高级模型。在 3ds Max 中，无论是 NURBS 曲线还是 NURBS 曲面，都分为两种，即 NURBS 点和 NURBS CV。

本章主要讲解的是 NURBS 曲线、曲面的创建及修改方法，特别是 NURBS 工具箱的使用，它在 3ds Max 的 NURBS 建模中是一个十分重要的工具，也是本章的重点。

本章重点

- NURBS 建模简介
- NURBS 曲面和曲线
- 介绍 NURBS 工具箱
- 如何创建、编辑曲线和曲面
- 通过实例的制作了解 NURBS 建模

8.1　NURBS 建模简介

3ds Max 2011 提供了 NURBS 曲面和曲线。NURBS 代表非均匀有理 B 样条线。NURBS 已成为设置和建模曲面的行业标准，它们尤其适合使用复杂的曲线建模曲面。NURBS 是常用的方式，这是因为它们很容易交互操纵，且创建它们的算法效率高，计算稳定性好。

也可以使用多边形网格或面片来建模曲面。与 NURBS 曲面相比较，网格和面片具有以下缺点：

- 使用多边形很难创建出复杂的弯曲曲面。
- 由于网格为面状效果，则面状出现在渲染对象的边上。必须有大量的小面来渲染平滑的弯曲面。

NURBS 建模的缺点在于它通常只适用于制作较为复杂的模型。如果模型比较简单，使用它反而要比其他的方法需要更多的拟合，另外它不适合用来创建带有尖锐拐角的模型。

NURBS 造型系统由点、曲线和曲面 3 种元素构成，曲线和曲面又分为标准和 CV 两种，创建它们既可以在【创建】命令面板中完成，也可以在一个 NURBS 造型内部完成。

> **注意：** 除了【标准基本体】之外，还可以将面片对象、放样合成体和扩展基本体中的【环形结】和【棱柱】直接转换为 NURBS。

8.2 NURBS 曲面和 NURBS 曲线

本节将对 NURBS 曲面和 NURBS 曲线进行介绍。

8.2.1 NURBS 曲面

选择【创建】 | 【几何体】 | 【NURBS 曲面】工具，在【NURBS 曲面】中包括【点曲面】和【CV 曲面】两种类型。

1. **【点曲面】工具**

【点曲面】是由矩形点的阵列构成的曲面，如图 8.1 所示，点的存在构成曲面，创建时可以修改它的长度、宽度，以及各边上的点。

创建点曲面后，可以在【创建参数】卷展栏中进行调整，如图 8.2 所示。

- 【长度】/【宽度】：用来设置曲面的长度和宽度。
- 【长度点数】：设置长度上点的数量。
- 【宽度点数】：设置宽度上点的数量。
- 【生成贴图坐标】：生成贴图坐标，以便可以将设置贴图的材质应用于曲面。
- 【翻转法线】：启用此复选框，可以反转曲面法线的方向。

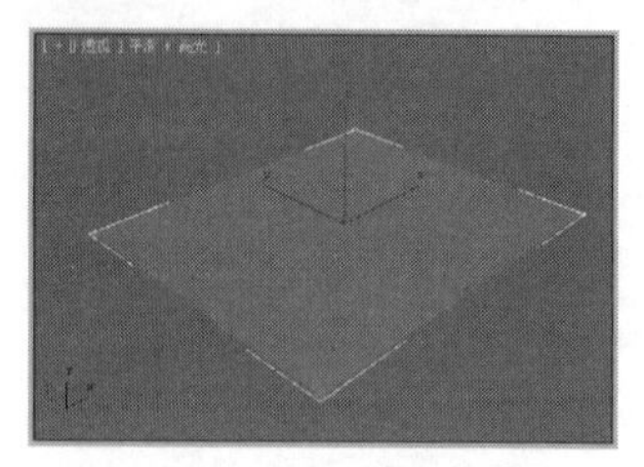

图 8.1

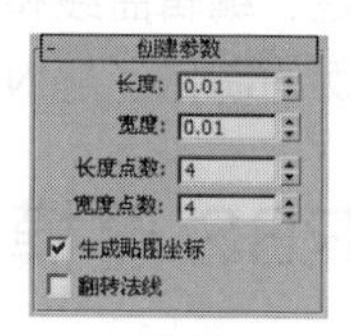

图 8.2

2. **【CV 曲面】工具**

【CV 曲面】是由可以控制的点组成的曲面，这些点不存在于曲面上，而是对曲面起控制作用，每一个控制点都有权重值可以调节，以改变曲面的技术，如图 8.3 所示。

创建点曲面后，可以在【创建参数】卷展栏中进行调整，如图 8.4 所示。

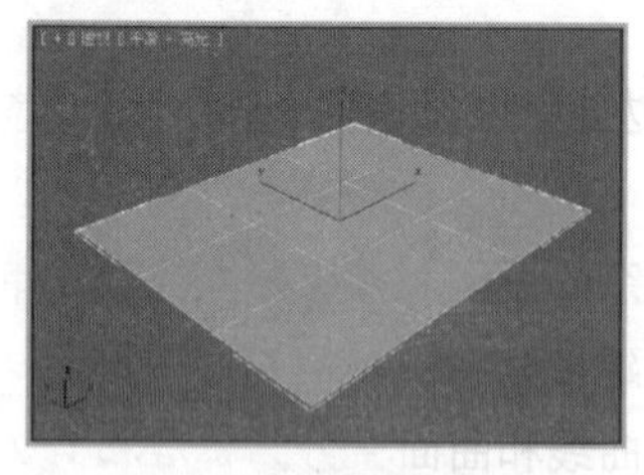

图 8.3

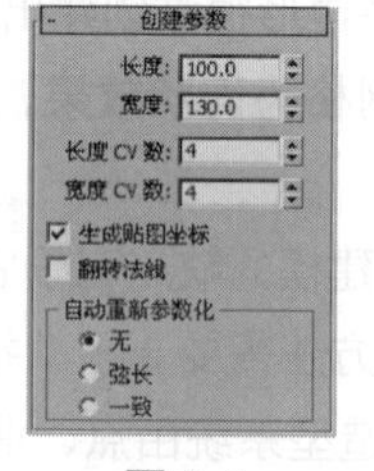

图 8.4

- 【长度】/【宽度】：分别控制 CV 曲面的长度和宽度。
- 【长度 CV 数】：曲面长度沿线的 CV 数。
- 【宽度 CV 数】：曲面宽度沿线的 CV 数。

- 【生成贴图坐标】：生成贴图坐标，以便可以将设置贴图的材质应用于曲面。
- 【翻转法线】：启用该复选框，可以反转曲面法线的方向。
- 【自动重新参数化】组。
    - ✧ 【无】：不重新参数化。
    - ✧ 【弦长】：选择要重新参数化的弦长算法。
    - ✧ 【一致】：均匀隔开各个结。

8.2.2　NURBS 曲线

选择【创建】|【图形】|【NURBS 曲线】工具，打开【NURBS 曲线】面板，如图 8.5 所示。其中包括【点曲线】和【CV 曲线】两种类型。

【点曲线】是由一系列点弯曲构成的曲线。

创建【点曲线】的操作步骤如下：

01 选择【创建】|【图形】|【NURBS 曲线】|【点曲线】工具。

02 在视口中单击并拖动可以创建第一个点和第一条曲线段，松开鼠标可以添加第二个点。通过单击每个后续的位置可以将新点添加到曲线。右击，可结束曲线的创建。

03 要添加一个新的 NURBS 曲线子对象，可禁用【开始新图形】复选框，然后重复上述步骤。

【创建点曲线】卷展栏如图 8.6 所示，创建的曲线如图 8.7 所示。

- 【插值】选项组。
    - ✧ 【步数】：设置两点之间的片点数目，该值越高，曲线越圆滑。
    - ✧ 【优化】：对两点之间的片段数进行优化处理，删除直线段上的片段划分。
    - ✧ 【自适应】：由系统自动指定片段数，以产生光滑的曲线。
- 【在所有视口中绘制】：启用该复选框，可以在所有的视图中绘制曲线。

【CV 曲线】的参数设置与【点曲线】完全相同，这里就不再做介绍，图 8.8 所示为创建的 CV 曲线。

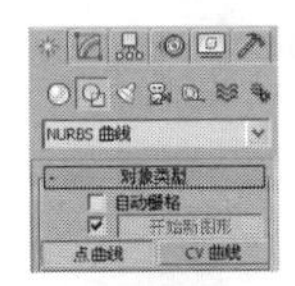

图 8.5

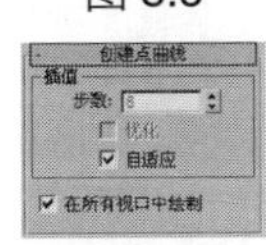

图 8.6

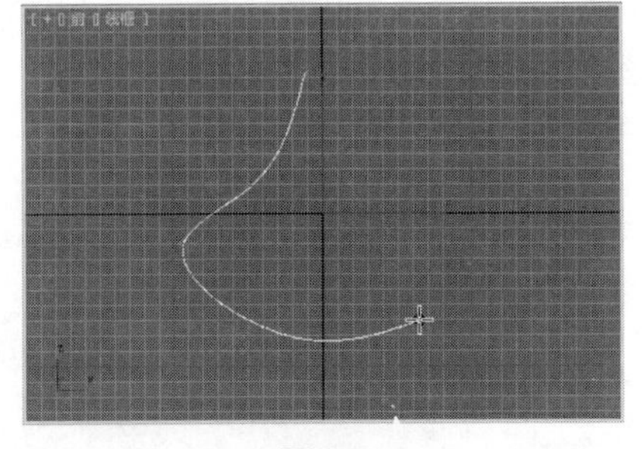

图 8.7

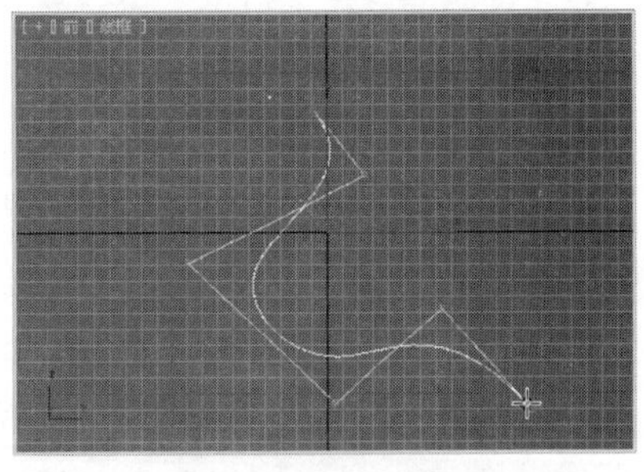

图 8.8

8.3　NURBS 对象工具面板

除了选择【创建】|【几何体】|【NURBS 曲面】或【创建】|【图形】|【NURBS

曲线】工具外，还可以通过以下几种方法创建 NURBS 模型：

通过快捷菜单将物体转换为 NURBS 模型，其操作步骤如下：

01 在视图中选择需要转换为 NUNRS 的物体。

02 右击，在弹出的菜单中选择【转换为】|【转换为 NURBS】命令，如图 8.9 所示。即可将该物体转换为 NURBS 模型，然后便可对其进行修改。

另一种方法是通过修改器堆栈将物体转换为 NURBS 模型，其操作步骤如下：

01 在场景中选择需要转换的物体。

02 切换到【修改】命令面板，在修改器堆栈中选择物体并右击，在弹出的菜单中选择 NURBS 命令，如图 8.10 所示，即可将该物体转换为 NURBS 模型。同样样条线也可以转换为 NURBS 模型。

创建 NURBS 对象后，在【修改】命令面板中可以通过如图 8.11 所示的卷展栏中的工具对其进行编辑。

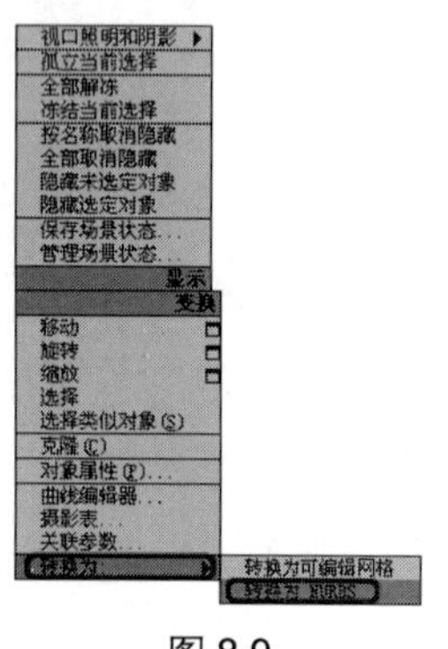

图 8.9

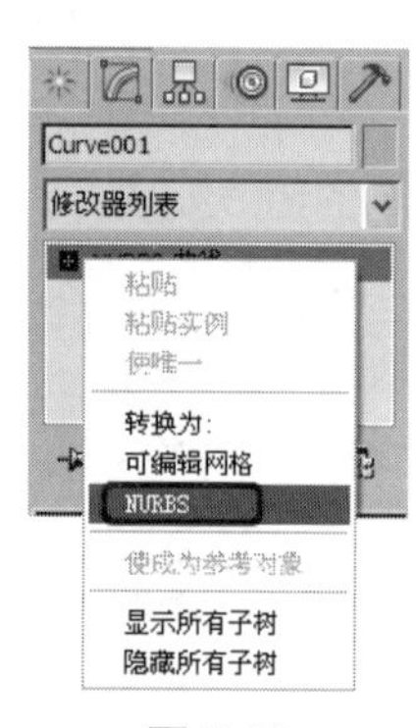

图 8.10

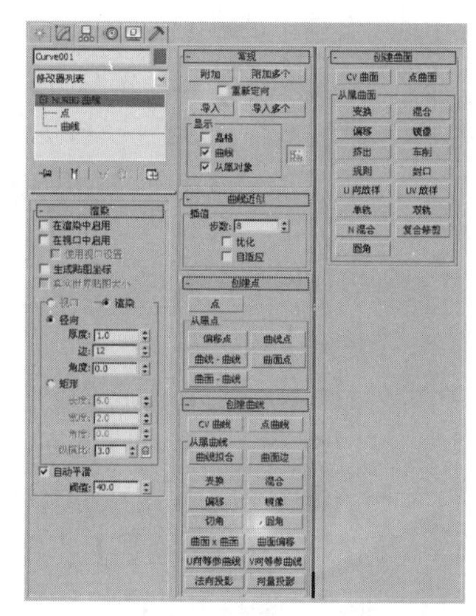

图 8.11

除了这些卷展栏工具外，3ds Max 还提供了大量的工具，在【常规】卷展栏中单击【NVRBS 创建工具箱】按钮，弹出 NURBS 工具箱，如图 8.12 所示工具。

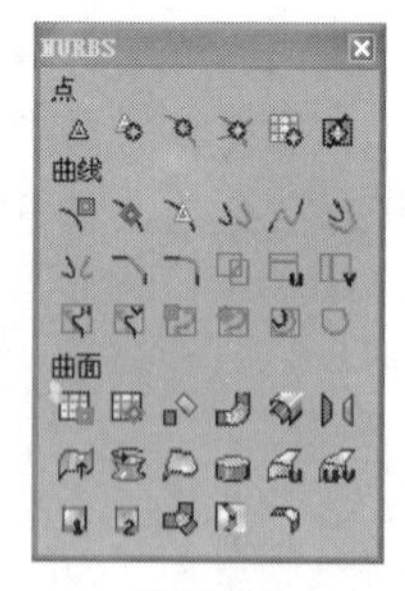

图 8.12

下面将对 NURBS 工具箱中的工具分别进行介绍。

1．点

- 【创建点】按钮：创建单独的点。
- 【创建偏移点】按钮：创建从属偏移点。
- 【创建曲线点】按钮：创建从属曲线点。
- 【创建曲线-曲线点】按钮：创建从属曲线-曲线相交点。
- 【创建曲面点】按钮：创建从属曲面点。
- 【创建曲面-曲线点】按钮：创建从属曲面-曲线相交点。

2．曲线

- 【创建 CV 曲线】按钮：创建一个独立 CV 曲线子对象。
- 【创建点曲线】按钮：创建一个独立点曲线子对象。
- 【创建拟合曲线】按钮：创建一个从属拟合曲线。
- 【创建变换曲线】按钮：创建一个从属变换曲线。
- 【创建混合曲线】按钮：创建一个从属混合曲线。
- 【创建偏移曲线】按钮：创建一个从属偏移曲线。
- 【创建镜像曲线】按钮：创建一个从属镜像曲线。
- 【创建切角曲线】按钮：创建一个从属切角曲线。
- 【创建圆角曲线】按钮：创建一个从属圆角曲线。
- 【创建曲面-曲面相交曲线】按钮：创建一个从属曲面-曲面相交曲线。
- 【创建 U 向等参曲线】按钮：创建一个从属 U 向等参曲线。
- 【创建 V 向等参曲线】按钮：创建一个从属 V 等参曲线。
- 【创建法向投影曲线】按钮：创建一个从属法向投射曲线。
- 【创建向量投影曲线】按钮：创建一个从属矢量投射曲线。
- 【创建曲面上的 CV 曲线】按钮：创建一个从属曲面上的 CV 曲线。
- 【创建曲面上的点曲线】按钮：创建一个从属曲面上的点曲线。
- 【创建曲面偏移曲线】按钮：创建一个从属曲面偏移曲线。
- 【创建曲面边曲线】按钮：创建一个从属曲面边曲线。

3．曲面

- 【创建 CV 曲面】按钮：创建独立的 CV 曲面子对象。
- 【创建点曲面】按钮：创建独立的点曲面子对象。
- 【创建变换曲面】按钮：创建从属变换曲面。
- 【创建混合曲面】按钮：创建从属混合曲面。
- 【创建偏移曲面】按钮：创建从属偏移曲面。
- 【创建镜像曲面】按钮：创建从属镜像曲面。
- 【创建挤出曲面】按钮：创建从属挤出曲面。
- 【创建车削曲面】按钮：创建从属车削曲面。
- 【创建规则曲面】按钮：创建从属规则曲面。
- 【创建封口曲面】按钮：创建从属封口曲面。
- 【创建 U 向放样曲面】按钮：创建从属 U 向放样曲面。
- 【创建 UV 放样曲面】按钮：创建从属 UV 向放样曲面。
- 【创建单轨扫描曲面】按钮：创建从属单轨扫描曲面。
- 【创建双轨扫描曲面】按钮：创建从属双轨扫描曲面。
- 【创建多边混合曲面】按钮：创建从属多边混合曲面。

- 【创建多重曲线修剪曲面】按钮：创建从属多重曲线修剪曲面。
- 【创建圆角曲面】按钮：创建从属圆角曲面。

8.4 创建和编辑曲线

曲线分为独立和非独立的点及 CV 曲线。使用命令面板或工具箱中的按钮可以创建 NURBS 曲线子对象，下面将介绍几种常用的曲线子对象。

- 【创建 CV 曲线】：在视图中单击并拖动鼠标创建第一个 CV 控制点和第一段曲线。松开鼠标可以增加第二个 CV 控制点，如图 8.13 所示，这样每单击一下鼠标就可以在曲线中添加一个 CV 控制点，最后右击完成创建。

在创建 CV 曲线时，可以按【BackSpace】键删除最后一个控制点。在创建时若最后一个点与第一个点重合，就会弹出【CV 曲线】对话框，会询问是否闭合曲线，如图 8.14 所示。

- 【创建拟合曲线】：单击该按钮，可以创建一个点曲线并按顺序通过所选择的所有顶点。这些点可以是先前创建的曲线或曲面的顶点，也可以是单独创建的顶点，但是它们不可以是 CV 控制顶点。创建拟合曲线时应按下对应的按钮，并且按照顺序依次选择顶点，然后按【BackSpace】键删除最后一个选择的顶点。
- 【创建混合曲线】：一条混合曲线可以将一条曲线的一端连接到另一条曲线上，然后根据两者的曲率在它们之间创建一条平滑曲线。可以用它来连接任何类型的曲线，包括 CV 曲线与点曲线、独立曲线和非独立曲线等，如图 8.15 所示。

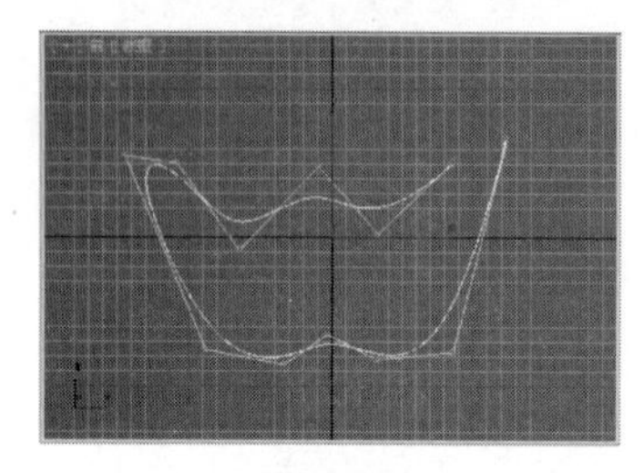
图 8.13

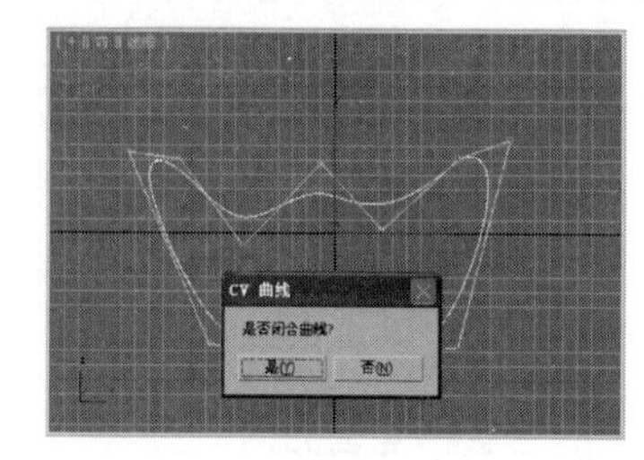

图 8.14

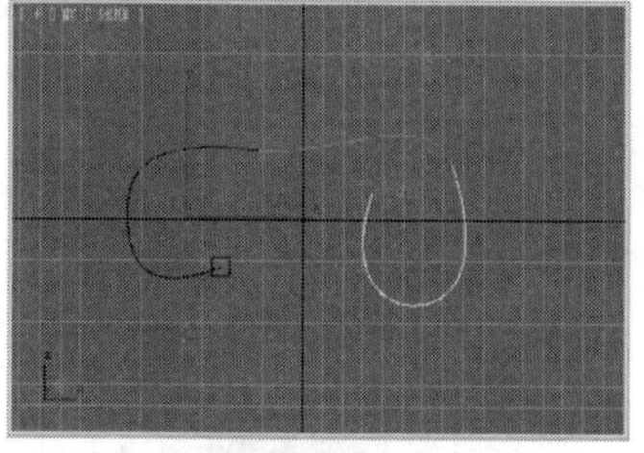
图 8.15

当鼠标在另一条独立的线上时会出现一个蓝色的小方框，然后单击鼠标会出现平滑的曲线。在【修改】命令面板中，【混合曲线】卷展栏如图 8.16 所示。

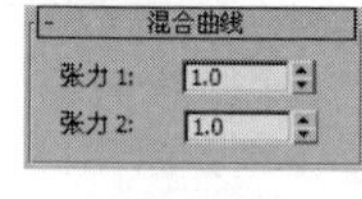

图 8.16

✧ 【张力 1】/【张力 2】：【张力 1】表示和第一条曲线间的张力；【张力 2】表示和第二条曲线间的张力。

- 【创建法向投影曲线】：一条法向投影曲线所有的顶点都位于一个曲面上。它以一条被投影的曲线为基础，然后根据曲面的法线方向计算得到相应的投影曲线。单击该按钮，首先选择想要投影的曲线，然后再选择需要投影到的曲面。

【法向投影曲线】卷展栏如图 8.17 所示。

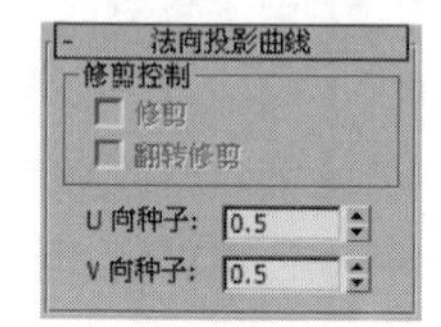

图 8.17

✧ 【修剪】：选择该复选框，则根据投影曲线修剪曲面；取消选择该复选框，表面则不修剪。

✧ 【翻转修剪】：选择该复选框，则在相反的方向上修剪表面。

✧ 【U 向种子】/【V 向种子】：该曲面上种子值的 UV 向位置。如果可以选择投影，则离种子点最近的投影是用于创建曲线的投影。

8.5　创建和编辑曲面

【曲面】子对象同样分为独立的和非独立的 CV 曲面。使用命令面板或工具箱中的按钮可以创建 NURBS 曲面子对象，下面将对几种常用的曲面子对象进行介绍：

- 【创建 CV 曲面】：CV 曲面是最基本的 UNRBS 曲面。单击该按钮，在任何视图中拖动鼠标即可创建一个 CV 曲面。
- 【创建混合曲面】：一个混合曲面可以将一个曲面连接到另一个曲面上，然后根据两者的曲率在它们之间创建一个平滑的曲面。除此之外，还可以用混合曲面和一条曲线，或者一个曲线和另一条曲线，如图 8.18 所示。

【混合曲面】卷展栏如图 8.19 所示。

- 【张力 1】/【张力 2】：它们的含义与混合曲线中的【张力 1】和【张力 2】类似。
- 【翻转末端 1】/【翻转末端 2】：用来创建混合曲面的两条法线方向，混合使用它所连接的两个曲面的法线方向作为混合曲面两端的法线方向。
- 【创建镜像曲面】：用于操作曲面的一个镜像对象。

单击【创建镜像曲面】按钮，选择要镜像的曲面，然后拖动鼠标确定镜像曲面与初始曲面的距离。在【镜像曲面】卷展栏中可以设置曲面镜像的镜像轴，【偏移】数值框用于设置镜像的曲面与原始曲面的位移，【翻转法线】复选框用于翻转镜像曲面的法线方向，如图 8.20 所示。

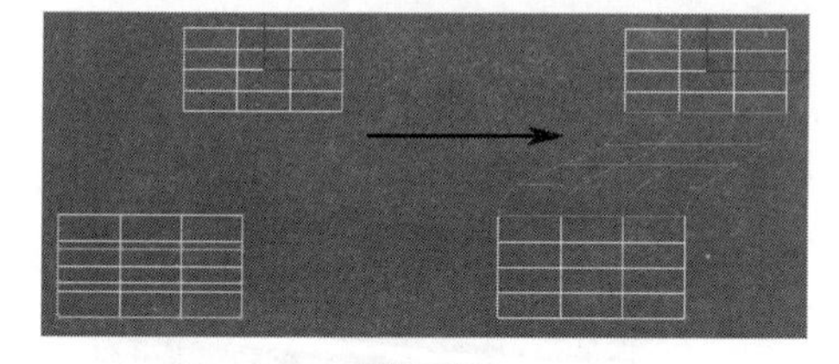

图 8.18

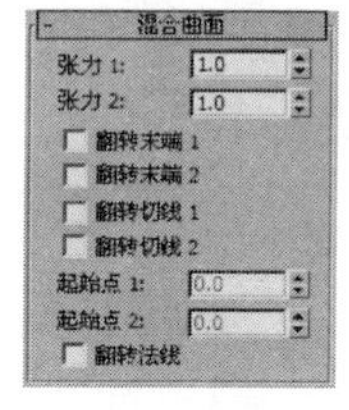

图 8.19

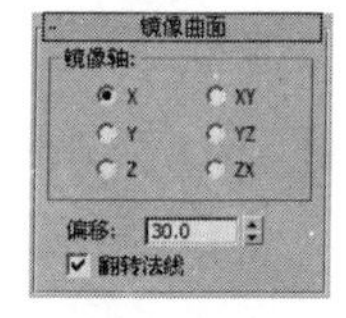

图 8.20

- 【创建 U 向放样曲面】：U 向放样曲面使用一系列的曲线子对象创建一个曲面，如图 8.21 所示。这些曲线在曲面中可以作为曲面在 *U* 轴方向上的等位线。当选择这样的曲线时，它将自动地附着到当前 NURBS 对象上。【U 向放样曲面】卷展栏如图 8.22 所示。
- 【U 向曲线】：列表框中显示了所单击的曲线名称，按单击顺序进行排列。单击需要选定的曲线的名称，将其选定。视口以蓝色显示选择的曲线。默认，第一条曲线被选择。
- 【曲线属性】选项组。

  ✧ 【反转】：在设置时，反转选择曲线的方向。

  ✧ 【起始点】：调整曲线起点的位置。

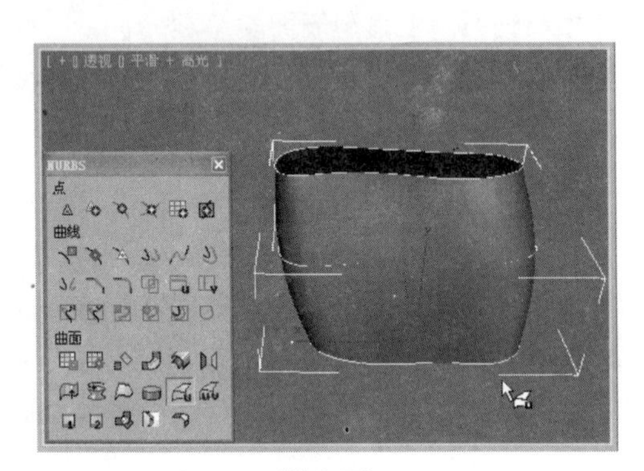

图 8.21

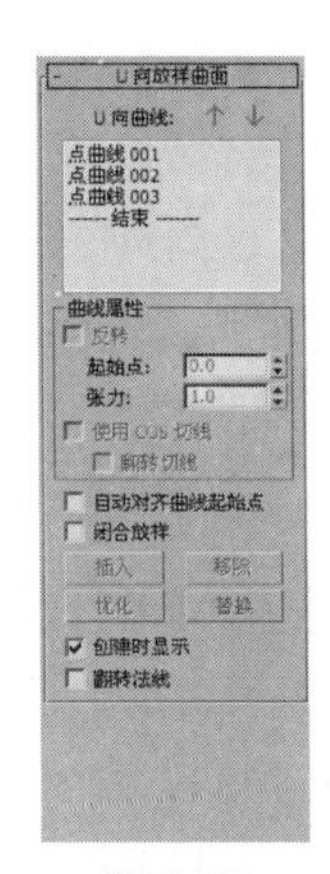

图 8.22

- ✧【张力】：调整放样的张力，此放样与曲线相交。
- ✧【使用 COS 切线】：如果曲线是曲面上的曲线，启用此复选框可以使 *U* 向放样使用曲面的切线。这会帮助用户将放样光滑地混合到曲面上。默认设置为禁用状态。
- ✧【翻转切线】：翻转曲线的切线方向。
- ✧【自动对齐曲线起始点】：默认为禁用。
- ✧【闭合放样】：默认为禁用。
- ✧【插入】：默认为禁用。
- ✧【移除】：从 U 放样曲面中移除一条曲线。选择列表中的曲线，然后单击【移除】按钮。
- ✧【优化】：默认为禁用。
- ✧【替换】：默认为禁用。
- ✧【创建时显示】：启用此复选框后，在创建 U 放样曲面时会显示它。禁用此复选框后，能够更快速地创建放样对象。默认设置为禁用状态。
- ✧【翻转法线】：翻转 *U* 法线的方向。

- 【创建 UV 向放样曲面】：一个 UV 放样曲面与 U 向放样曲面类似，但是 *V* 方向和 *U* 方向上各使用一组曲线。这样可以更好地控制 UV 放样曲面的形状，而且只需要相对比较少的曲线就能获得想要的结果，如图 8.23 所示。

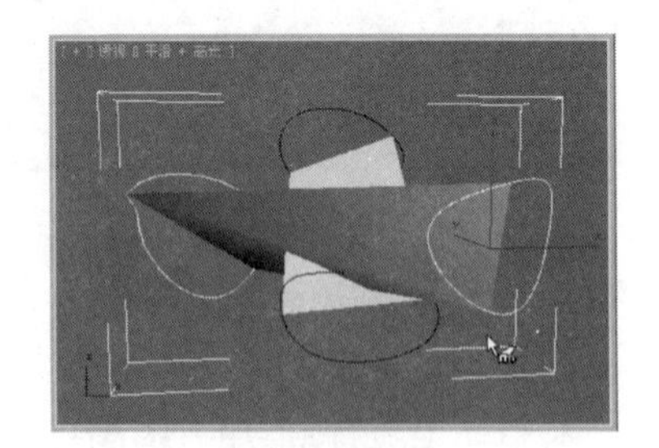

图 8.23

U 向放样曲面和 UV 放样曲面是 NURBS 建模中最常用的建模方法。

8.6 上机练习

本例将介绍棒球棒的制作方法，完成后的效果如图 8.24 所示。首先将创建的圆塌陷为 NURBS 模型，再使用【创建 U 向放样曲面】按钮将圆形连接，然

图 8.24

后塌陷为【可编辑网格】对象，最后设置棒球棒的 ID 号并为其指定【多维/子对象】材质。

01　选择【创建】｜【图形】｜【圆】工具，在【顶】视图中绘制一个圆，在【参数】卷展栏中将【半径】设置为 60，如图 8.25 所示。

02　在【前】视图中将新创建的圆形从上往下进行复制并调整它们的位置和大小，如图 8.26 所示。

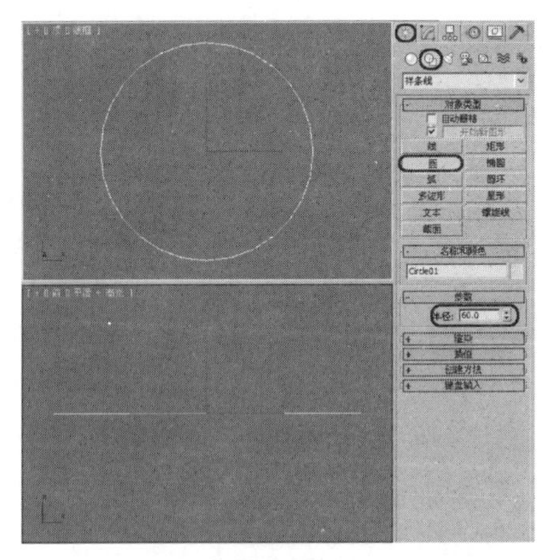

图 8..25

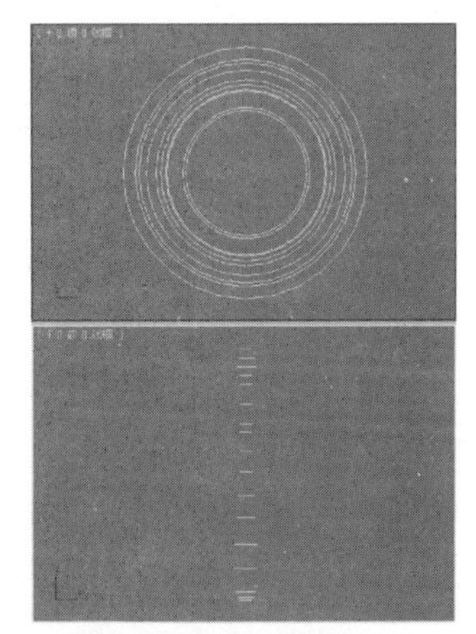

图 8.26

03　选择第一个圆并右击，在弹出的菜单中选择【转换为】｜【转换为 NURBS】命令，将其转换为 NURBS 对象，如图 8.27 所示。

04　在【常规】卷展栏中单击【附加多个】按钮，在弹出的对话框中选择全部对象，然后单击【附加】按钮，如图 8.28 所示。

05　打开 NURBS，单击【创建 U 向放样曲面】按钮，在【前】视图中从下向上进行连接，如图 8.29 所示。

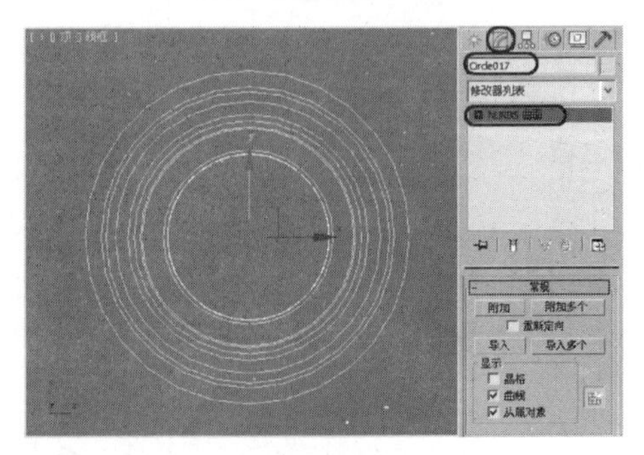

图 8.27

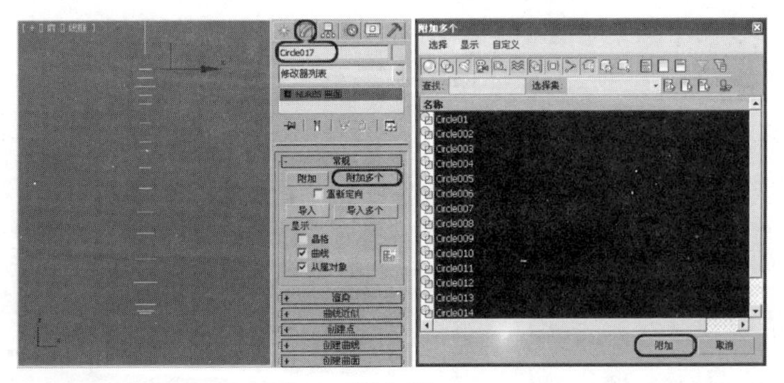

图 8.28

06　再单击【创建封口曲面】按钮，在【透视】视图中旋转模型选择两边的曲线，创建封盖曲面。在为下面的曲线创建封盖曲面时，需要选择【封口曲面】卷展栏中的【翻转法线】复选框，如图 8.30 所示。

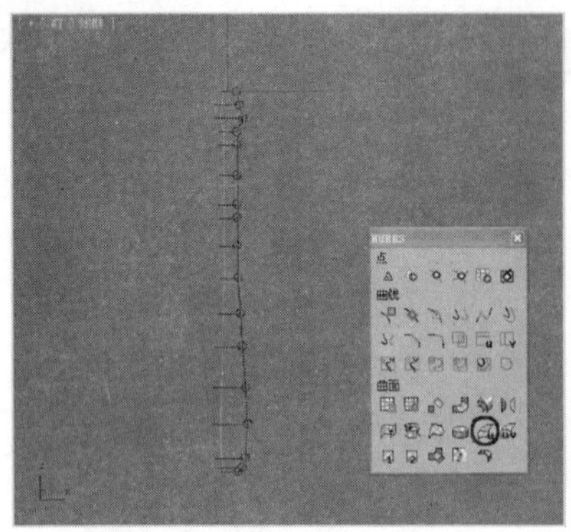

图 8.29

图 8.30

07 在【前】视图中选择物体并将其旋转，在【修改】命令面板中将其塌陷为【可编辑网格】对象，如图 8.31 所示。

08 将当前选择集定义为【多边形】，在【前】视图中选择如图 8.32 所示的多边形，在【曲面属性】卷展栏中将【设置 ID】设置为 1，按【Enter】键确定。

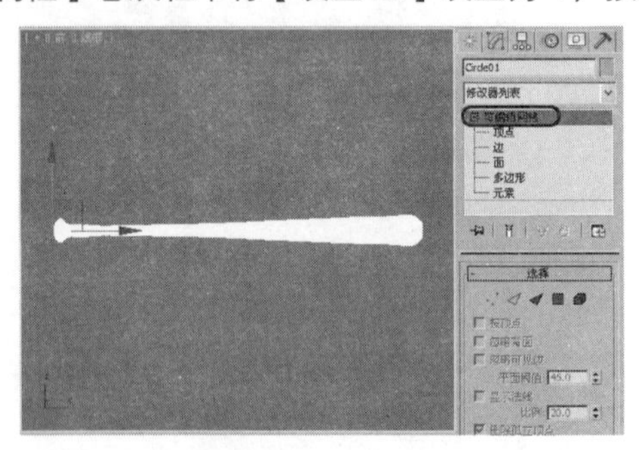

图 8.31

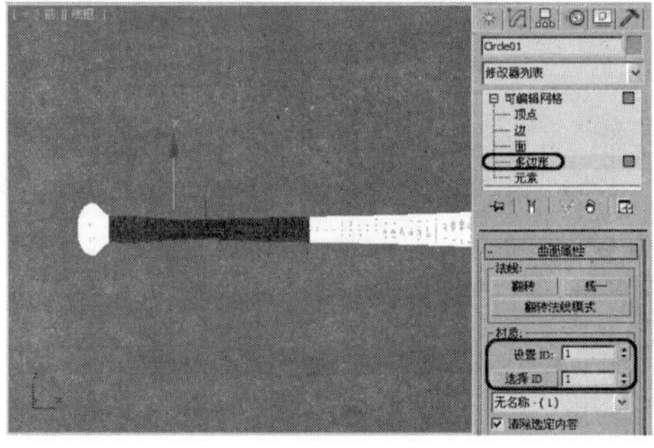

图 8.32

09 确定多边形处于选中状态，选择【编辑】|【反选】命令，将多边形反选，并将其 ID 号设置为 2，按【Enter】键确定，如图 8.33 所示。

10 定义选择集为【面】，在【前】视图中选择如图 8.34 所示的面，并使用【选择并均匀缩放】按钮对其进行缩放。

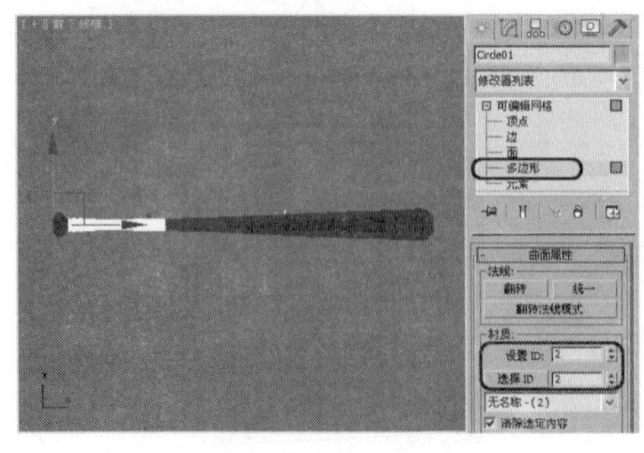

图 8.33

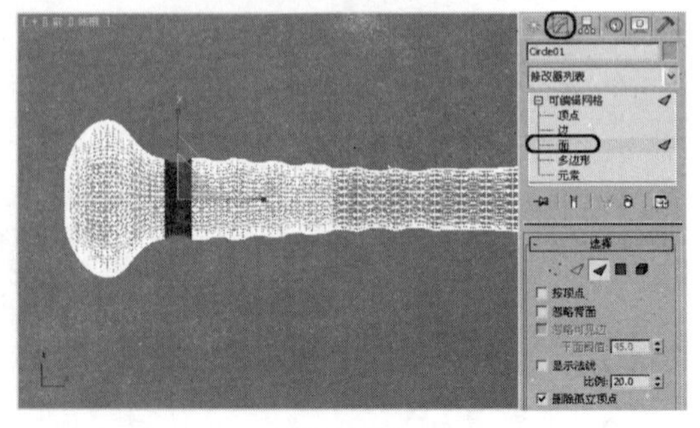

图 8.34

11 使用同样的方法缩放其他面，如图 8.35 所示。

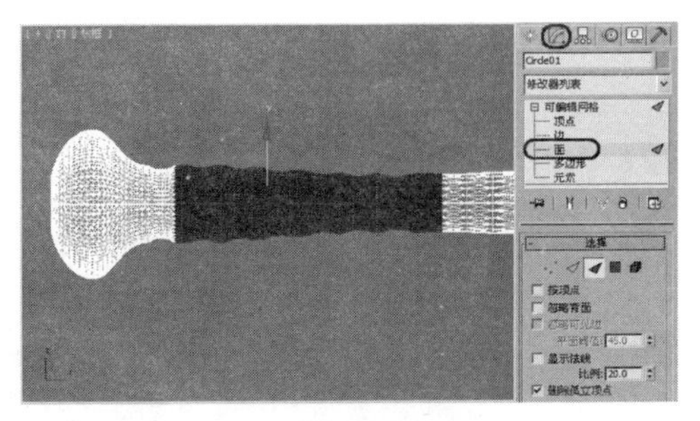

图 8.35

12 按【M】键，打开【材质编辑器】窗口，选择一个材质样本球并将其命名为“棒球棒”，将材质类型设置为【多维/子对象】材质。在【多维/子对象基本参数】卷展栏中单击【设置数量】按钮，在弹出的对话框中将【材质数量】设置为 2，然后单击第一个子材质的材质贴图按钮，进入子材质面板，在【Blinn 基本参数】卷展栏中将【环境光】、【漫反射】和【高光反射】的 RGB 值均设置为 255、255、255，将【自发光】选项组中的【颜色】设置为 20，将【反射高光】选项组中的【高光级别】和【光泽度】分别设置为 23 和 42。返回上级面板，进入子材质面板，将明暗器基本类型设置为【各向异性】，在【明暗器基本参数】卷展栏中选择【双面】复选框，在【各向异性基本参数】卷展栏中将【环境光】和【漫反射】的 RGB 值设置为 255、0、0，将【高光反射】的 RGB 值设置为 255、255、255，将【自发光】选项组中的【颜色】设置为 20，将【漫反射级别】设置为 119，将【反射高光】选项组中的【高光级别】、【光泽度】和【各向异性】分别设置为 96、58 和 86，将该材质指定给场景中的模型，如图 8.36 所示。

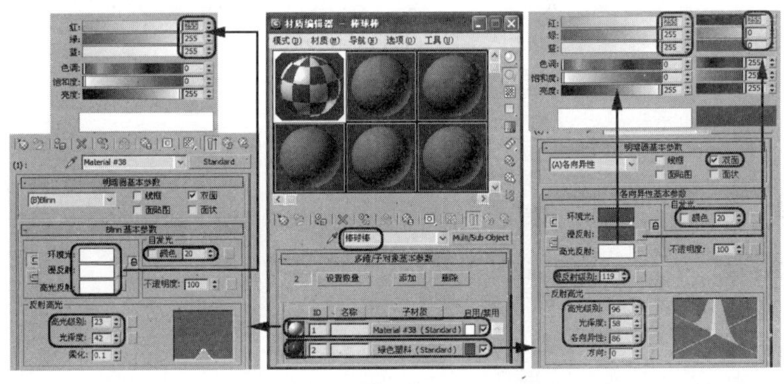

图 8.36

13 选择【创建】|【摄影机】|【目标】工具，在【顶】视图中创建一架摄影机，在【参数】卷展栏中将【镜头】设置为 24，如图 8.37 所示。然后激活【透视】视图，按【C】键将其转换为摄影机视图。

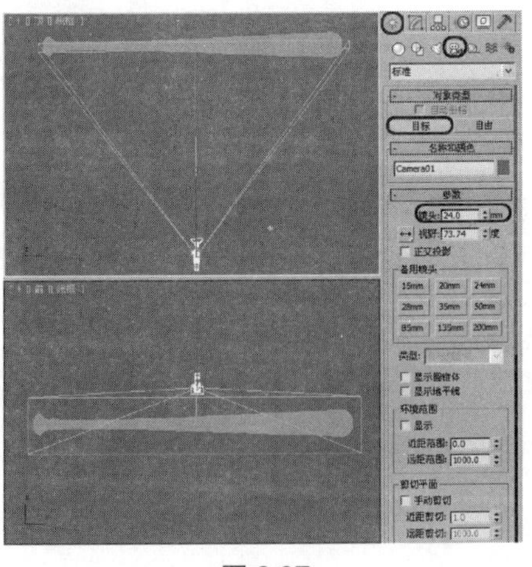

图 8.37

14 激活摄影机视图，按【Shift+F】组合键为其添加安全框，如图 8.38 所示。

15 按【F10】键，弹出【渲染设置】对话框，设置输出大小为 1200×200，然后单击【渲染】按钮，将完成的效果进行保存，如图 8.39 所示。

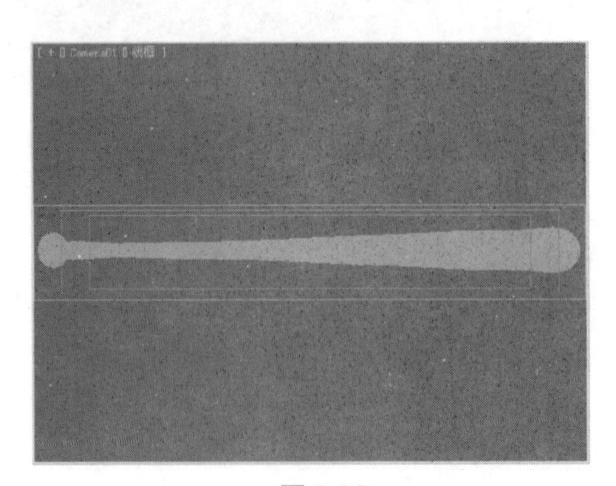

图 8.38

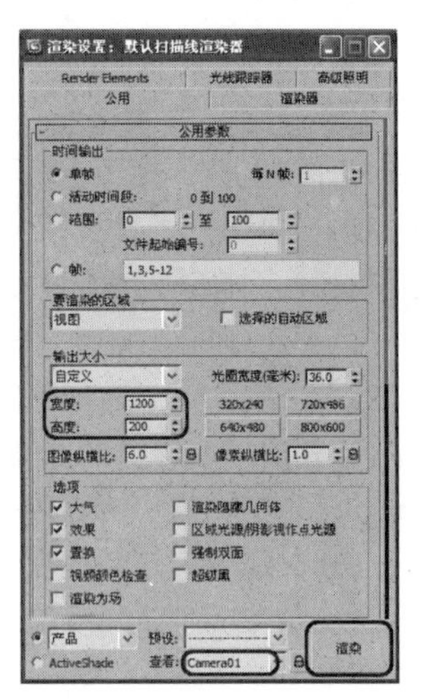

图 8.39

8.7 习题

一、填空题

1、NURBS 曲线包括（　　　）和（　　　）两种。

2、NURBS 又称为（　　　），它可以（　　　），所以生成的模型非常（　　　），适合用来进行（　　　）建模。

3、NURBS 建模系统特别适合于创建（　　　）、（　　　）或（　　　）等带有流线外形的模型。

4、进入【修改】命令面板，进入【曲线 CV】子层级，然后在视图中选择一个（　　　）或者（　　　）进行移动，从而达到修改曲线形状的目的。

二、选择题

1、在 NURBS 工具箱中包括（　　）部分。

A、1　　　B、3　　　C、4　　　D、5

2、（　　）工具会使复制出的 NURBS 曲面与原曲面仍为一个整体。

A、车削曲面　B、变换曲面　C、偏移曲面　D、挤出曲面

3、（　　）工具可以将 NURBS 曲线拉伸成为 NURBS 曲面。

A、车削曲面　B、变换曲面　C、偏移曲面　D、挤出曲面

三、简答题

1、NURBS 建模的优点有哪些?

2、NURBS 曲线包括哪两种?

3、如何打开 NURBS 工具箱，在此工具箱中包括几大类工具？分别是什么?

四、操作题

根据所学内容制作 NURBS 模型。

第 9 章　材质与贴图

完成建模后，需要为模型指定材质。本章将对材质进行系统地介绍和讲解，希望通过本章的学习，用户能够对材质和贴图有一个基本的认识，并能学会基本材质的设置。

本章重点

- 材质编辑器的使用
- 材质/贴图浏览器的使用
- 掌握标准材质的相关参数

9.1　材质概述

材质的制作是一个相对复杂的过程，3ds Max 为材质制作提供了大量的参数和选项，在具体介绍这些参数之前，首先需要对材质的制作有一个全面的认识。材质主要用于描述对象如何反射和传播光线，材质中的贴图主要用于模拟对象质地、提供纹理图案，以及制作反射和折射等效果（贴图还可以用于环境和灯光投影）。依靠各种类型的贴图，可以创作出千变万化的材质，例如在瓷瓶上贴上花纹就成了名贵的瓷器。高超的贴图技术是制作仿真材质的关键，也是决定最后渲染效果的关键。关于材质的调节和指定，3ds Max 提供了【材质编辑器】和【材质/贴图浏览器】两个工具。【材质编辑器】用于创建和调节材质，并最终将其指定到场景中，【材质/贴图浏览器】用于提供材质和贴图。

9.2　材质编辑器与材质/贴图浏览器

本节将分别对【材质编辑器】和【材质/贴图浏览器】进行介绍。

9.2.1　材质编辑器

从整体上看，【材质编辑器】窗口可以分为菜单栏、材质示例窗、工具按钮（又分为工具栏和工具列）和参数控制区 4 部分，如图 9.1 所示。

下面将分别对这 4 部分进行介绍。

1．菜单栏

菜单栏位于【材质编辑器】窗口的顶端，菜单栏命令与【材质编辑器】窗口中的图标按钮作用相同。

（1）【材质】菜单如图 9.2 所示。

- 获取材质：与【获取材质】按钮的功能相同。
- 从对象选取：与【从对象拾取材质】按钮的功能相同。

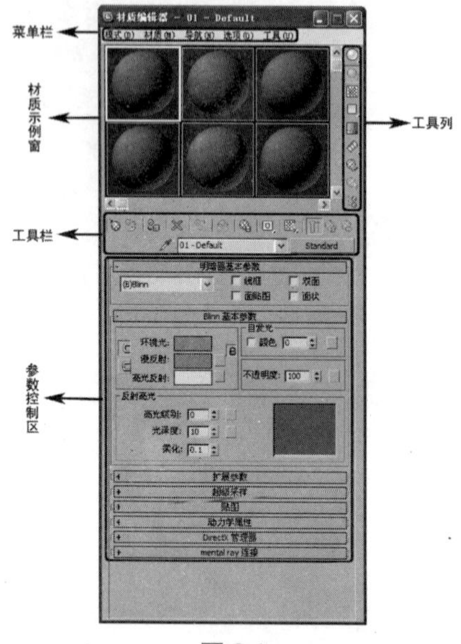

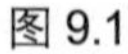
图 9.1

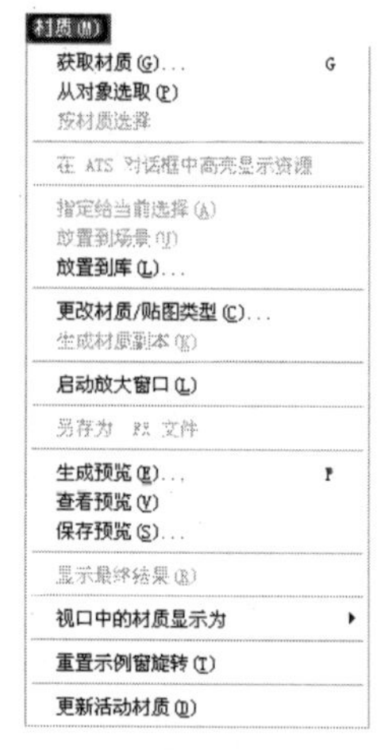

图 9.2

- 按材质选择：与【按材质选择】按钮的功能相同。
- 指定给当前选择：与【将材质指定给选定对象】按钮的功能相同。
- 放置到场景：与【将材质放入场景】按钮的功能相同。
- 放置到库：与【放入库】按钮的功能相同。
- 更改材质/贴图类型：用于改变当前材质或贴图的类型。
- 生成材质副本：与【生成材质副本】按钮的功能相同。
- 启动放大窗口：与右键菜单中的【放大】命令功能相同。
- 另存为.FX 文件：用于将活动材质另存为 FX 文件。
- 生成预览：与【生成预览】按钮的功能相同。
- 查看预览：与【查看预览】按钮的功能相同。
- 保存预览：与【保存预览】按钮的功能相同。
- 显示最终结果：与【显示最终结果】按钮的功能相同。
- 标准显示：为对象赋予贴图后，对象在【透视】视图中只显示漫反射的颜色。
- 有贴图的标准显示：为对象赋予贴图后，在透视图中会显示出为对象所设置的贴图。
- 硬件显示：为对象赋予贴图后，对象在【透视】视图中只以红线框显示。
- 重置示例窗旋转：恢复示例窗中示例球默认的角度方位，与右键菜单中的【重置旋转】命令功能相同。
- 更新活动材质：更新当前材质。

(2)【导航】菜单如图 9.3 所示。

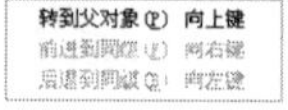

导航(N)
转到父对象(P) 向上键
前进到同级(F) 向右键
后退到同级(B) 向左键

图 9.3

- 转到父对象：与【转换到父对象】按钮的功能相同。
- 前进到同级：与【转到下一个同级项】按钮的功能相同。
- 后退到同级：与【转到下一个同级项】按钮的功能相反，返回前一个同级材质。

（3）【选项】菜单如图 9.4 所示。

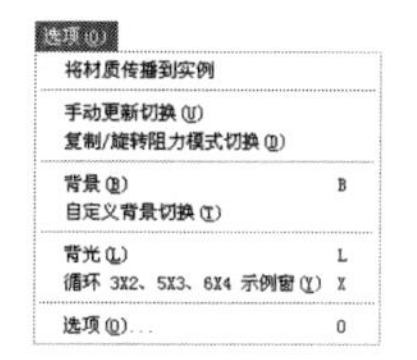

图 9.4

- 将材质传播到实例：选择该命令时，当前材质球中的材质将指定给场景中所有互相具有属性的对象，取消选择该命令时，当前材质球中的材质将只指定给选择的对象。
- 手动更新切换：与【材质编辑器选项】对话框中的【手动更新】复选框的功能相同。
- 复制/旋转阻力模式切换：相当于右键菜单中的【拖动/复制】命令或【拖动/旋转】命令。
- 背景：与【背景】按钮的功能相同。
- 自定义背景切换：设置是否显示自定义背景。
- 背光：与【背光】按钮的功能相同。
- 循环 3×2、5×3、6×4 示例窗：功能与右键菜单中的【3×2 示例窗】、【5×3 示例窗】和【6×4 示例窗】命令相似，可以在 3 种材质球示例窗模式间循环切换。
- 选项：与【选项】按钮的功能相同。

（4）【工具】菜单如图 9.5 所示。

图 9.5

- 渲染贴图：与右键菜单中的【渲染贴图】命令功能相同。
- 按材质选择对象：与【按材质选择】按钮的功能相同。
- 清理多维材质：对多维/子对象材质进行分析，显示场景中所有包含未分配任何材质 ID 的子材质，可以让用户选择删除任何未使用的子材质，然后合并多维子对象材质。
- 实例化重复的贴图：在整个场景中查找具有重复【位图】贴图的材质。如果场景中有不同的材质使用了相同的纹理贴图，那么创建实例将会减少在显卡上的重复加载，从而提高显示的性能。
- 重置材质编辑器窗口：用默认的材质类型替换材质编辑器中的所有材质。
- 精简材质编辑器窗口：将【材质编辑器】窗口中所有未使用的材质设置为默认类型，只保留场景中的材质，并将这些材质移动到材质编辑器的第一个示例窗中。
- 还原材质编辑器窗口：使用前两个命令时，3ds Max 将【材质编辑器】的当前状态保存在缓冲区中，使用此命令可以利用缓冲区的内容还原编辑器的状态。

2．材质示例窗

用来显示材质的调节效果，默认为 6 个示例球，当调节参数时，其效果会立刻反映到示例球上，用户可以根据示例球来判断材质的效果。示例窗中共有 24 个示例球，示例窗可以变小或变大。示例窗的内容不仅可以是球体，还可以是其他几何体，包括自定义的模型。示例窗的材质可以直接拖动到对象上进行指定。

在示例窗中，窗口都以黑色边框显示，如图 9.6 左所示。当前正在编辑的材质称为激活材质，它具有白色边框，如图 9.6 右所示。如果要对材质进行编辑，首先要在材质上单击，将其激活。

对于示例窗中的材质，有一种同步材质的概念，当一个材质指定给场景中的对象时，它便成了同步材质。特征是四角有三角形标记，如图 9.7 所示。如果对同步材质进行编辑操作，场景中的对象也会随之发生变化，不需要再进行重新指定。图 9.7 右所示表示使用该材质的对象在场景中被选择。

示例窗中的材质可以方便地执行拖动操作，从而进行各种复制和指定活动。将一个材质窗口拖动到另一个材质窗口之上，释放鼠标，即可将它复制到新的示例窗中。对于同步材质，复制后会产生一个新的材质，它已不属于同步材质，因为同一种材质只允许有一个同步材质出现在示例窗中。

材质和贴图的拖动是针对软件内部的全部操作而言的，拖动的对象可以是示例窗、贴图按钮或材质按钮等，它们分布在材质编辑器、灯光设置、环境编辑器、贴图置换命令面板，以及资源管理器中，相互之间都可以进行拖动操作。作为材质，还可以直接拖动到场景中的对象上，进行快速指定。

在激活的示例窗中右击，可以弹出一个快捷菜单，如图 9.8 所示。

图 9.6

图 9.7

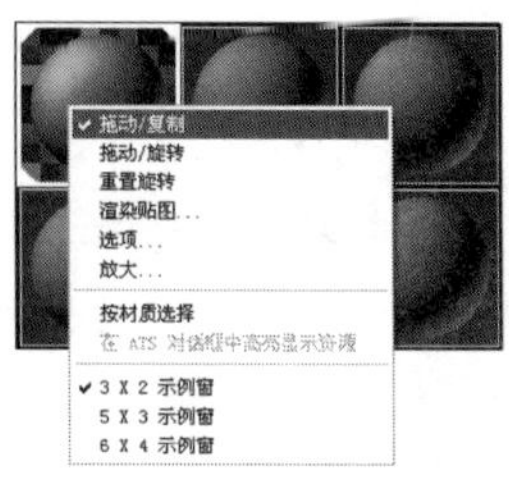

图 9.8

- 【拖动/复制】：这是默认的设置模式，支持示例窗中的拖动复制操作。
- 【拖动/旋转】：这是一个非常有用的工具，选择该命令后，在示例窗中拖动鼠标，可以转动示例球，便于观察其他角度的材质效果。在示例球内的旋转是在三维空间上进行的，而在示例球外的旋转则是垂直于视平面方向进行的，配合【Shift】可以在水平或垂直方向上锁定旋转。在具备三键鼠标和 Windows NT 以上级别操作系统的平台上，可以在【拖动/复制】模式下单击鼠标中键来执行旋转操作，不必进入菜单中选择。图 9.9 所示为旋转后的示例窗效果。
- 【重置旋转】：恢复示例窗中默认的角度方位。
- 【渲染贴图】：只对当前贴图层级的贴图进行渲染。如果是材质层级，那么该命令不被启用。当贴图渲染为静态或动态图像时，会弹出一个【渲染贴图】对话框，如图 9.10 所示。

图 9.9

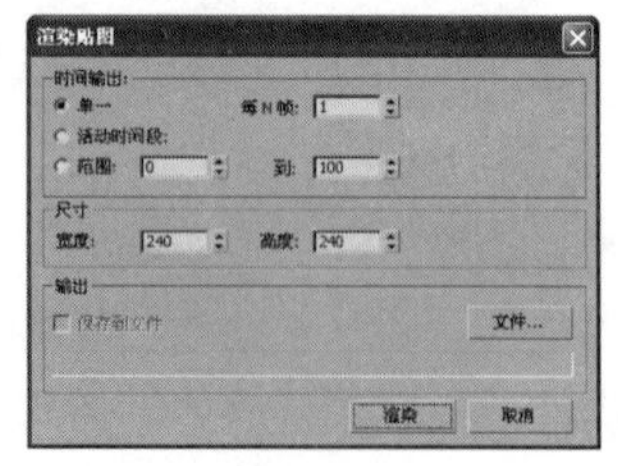

图 9.10

- 【选项】：选择该命令将弹出如图 9.11 所示的【材质编辑器选项】对话框，主要控制有关编辑器自身的属性。
- 【放大】：可以将当前材质以一个放大的示例窗显示，它将独立于【材质编辑器】窗口，以浮动框的形式存在，这有助于更清楚地观察材质效果，如图 9.12 所示。每一个材质只允许有一个放大窗口，最多可以同时打开 24 个放大窗口。通过拖动它的四角可以任意放大尺寸。这个命令同样可以通过在示例窗上双击鼠标来完成。

- 【3×2 示例窗、5×3 示例窗、6×4 示例窗】：用来设计示例窗中各示例小窗口的显示布局，材质示例窗中其实共有 24 的小窗，当以 6×4 方式显示时，它们可以完全显示出来，只是比较小；如果以 5×3 或 3×2 方式显示，可以使用手形拖动窗口，显示出隐藏在内部的其他示例窗。示例窗不同的显示方式如图 9.13 所示。

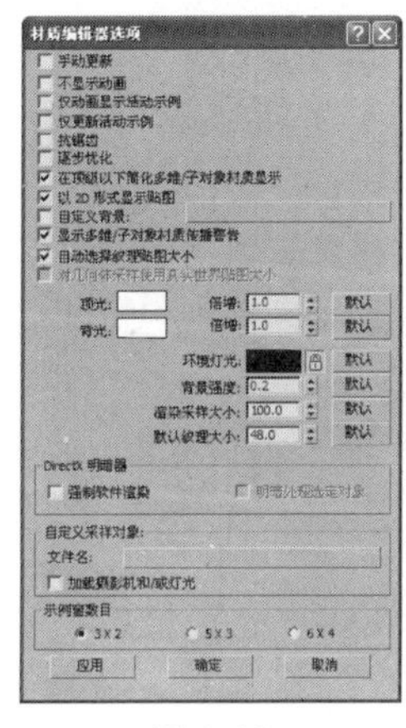

图 9.11

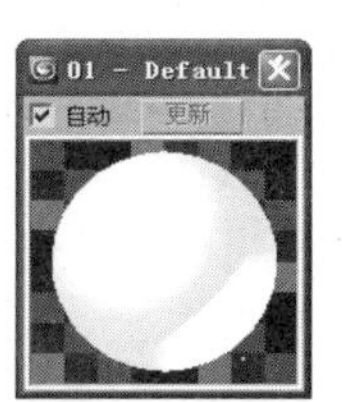

图 9.12

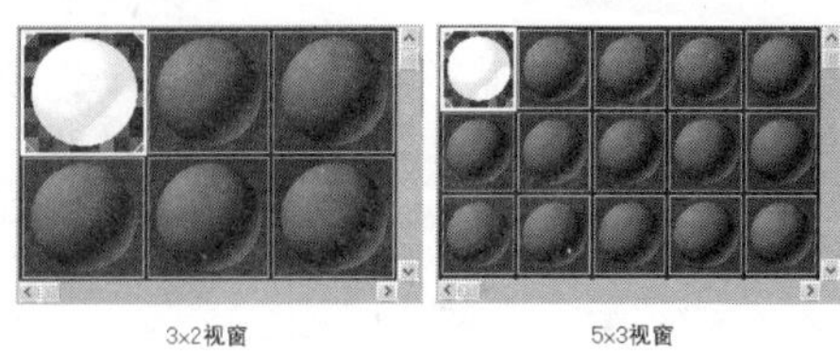

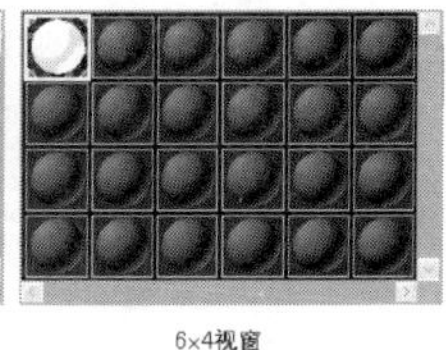

图 9.13

示例窗中的示例样本是可以更改的。系统提供了球体、柱体和立方体 3 种基本示例样本，对大多数材质来讲已经足够了。不过，在此处 3ds Max 做了一个开放性的设置，允许指定一个特殊的造型作为示例样本，可以参照下面的方法进行操作：

01　在场景中先制作一个简单的模型并为其设置灯光和摄影机，如图 9.14 所示，然后将该场景进行存储。

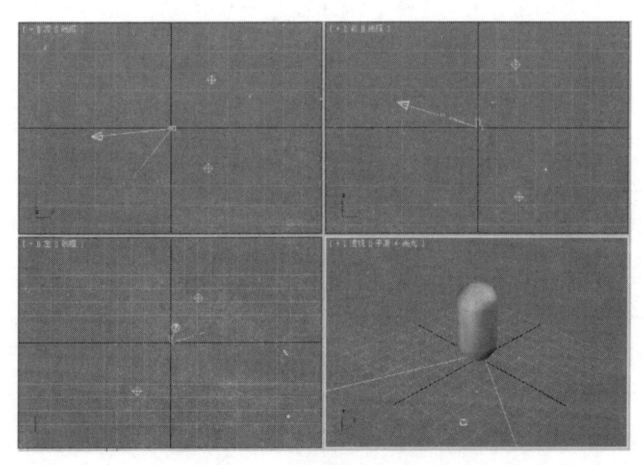

图 9.14

02　在【材质编辑器】窗口中单击【选项】按钮，弹出【材质编辑器选项】对话框，在【自定义采样对象】选项组中单击【文件名】后面的长条按钮，在弹出的对话框中选择前面保存的场景文件，单击【确定】按钮，如图 9.15 所示。

03 单击【采样类型】按钮中的按钮，结果当前示例窗中的样本就变成了指定的物体效果，如图 9.16 所示。

3．材质工具按钮

围绕示例窗有横、竖两排工具按钮，它们用来控制各种材质。工具栏上的按钮大多用于材质的指定、保存和层级跳跃；工具列上的按钮大多针对示例窗中的显示。

工具栏下面是材质的名称，材质的起名很重要，对于多层级的材质，此处可以快速地进入其他层级的材质中；右侧是一个【类型】按钮，单击该按钮可以打开【材质/贴图浏览器】对话框。工具栏如图 9.17 所示。

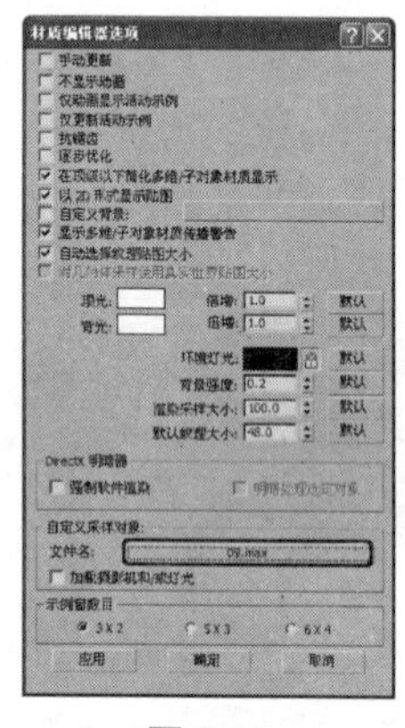

图 9.15

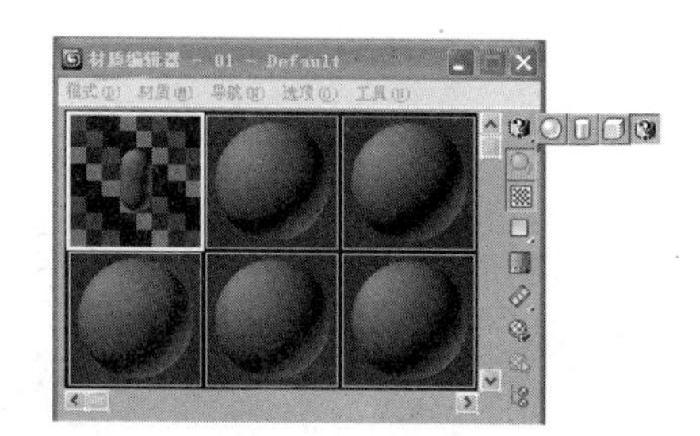

图 9.16

图 9.17

- 【获取材质】按钮：单击【获取材质】按钮，弹出【材质/贴图浏览器】对话框。可以进行材质和贴图的选择，也可以调出材质和贴图，从而进行编辑修改。对于【材质/贴图浏览器】对话框，可以在不同的地方将其打开，不过它们在使用上还有区别，单击【获取材质】按钮所打开的【材质/贴图浏览器】对话框是一个浮动性质的对话框，不影响场景的其他操作。
- 【将材质放入场景】按钮：在编辑完材质之后将它重新应用到场景中的对象上，允许使用这个按钮时有两个条件：①在场景中有对象的材质与当前编辑的材质同名；②当前材质不属于同步材质。

一般在初步完成材质的制作后会指定给对象，此时它变为同步材质，如果需要修改，且又不丢失目前的材质设置，这时可以拖动复制一个非同步重命名材质，对它进行编辑。确定后，单击【将材质放入场景】按钮，可以将它重新指定给对象，它本身也变成同步材质。

当单击【获取材质】按钮从场景中的对象获取材质时，如果示例窗中已有该材质，也要通过此按钮进行重新放置。

- 【将材质指定给选定对象】按钮：将当前激活示例窗中的材质指定给当前选择的对象，同时此材质会变为一个同步材质。贴图材质被指定后，如果对象还未进行贴图坐标的指定，在最后渲染时也会自动进行坐标指定；如果单击鼠标打开贴图显示的按钮，在视图中观看贴图效果，同时也会自动进行坐标指定；如果在场景中已有一个同名的材质存在，这时会弹出一个对话框，如图 9.18 所示。

✧ 【将其替换】：这样会以新的材质代替旧的同名材质。

✧ 【重命名该材质】：将当前材质更改为另一个名称，如果要重新指定名称，可以在【名称】文本框中输入。

- 【重置贴图/材质为默认设置】按钮：对当前示例窗的编辑项目进行重新设置，如果处在材质层级，将恢复为一种标准材质，即灰色轻微反光的不透明材质，全部贴图设置都将丢失；如果处在贴图层级，将恢复为最初始的贴图设置；如果当前材质为同步材质，将会弹出【重置材质/贴图参数】对话框，如图 9.19 所示。

在该对话框中选择【影响场景和编辑器示例窗中的材质/贴图】单选按钮，会连带影响场景中的对象，但仍保持为同步材质。选择【仅影响编辑器示例窗中的材质/贴图】单选按钮，只影响当前示例窗中的材质，使其变为非同步材质。

- 【生成材质副本】按钮：该按钮只对同步材质起作用。单击该按钮，会将当前同步材质复制成一个相同参数的非同步材质，并且名称相同，以便在编辑时不影响场景中的对象。
- 【使唯一】按钮：该按钮可以将贴图关联复制为一个独立的贴图，也可以将一个关联子材质转换为独立的子材质，并对子材质重新命名。通过单击【使唯一】按钮，可以避免在对【多维/子对象材质】中的顶级材质进行修改时，影响到与其相关联的子材质，起到保护子材质的作用。
- 【放入库】按钮：单击该按钮，会将当前材质保存到当前的材质库中，这个操作直接影响到磁盘，该材质会永久保留在材质库中，关机后也不会丢失。单击该按钮，会弹出【放置到库】对话框，在此可以确认材质的名称，如图 9.20 所示。

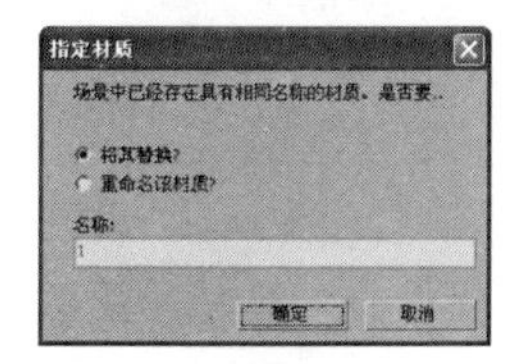

图 9.18

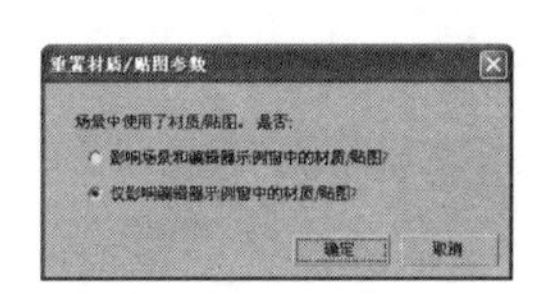

图 9.19

图 9.20

如果名称与当前材质库中的某个材质重名，则会弹出【材质编辑器】对话框，如图 9.21 所示。单击【是】按钮，系统会以新的材质覆盖原有材质，否则不进行保存操作。

图 9.21

- 【材质 ID 通道】按钮：通过材质的特效通道，可以在 Video Post 视频合成器和【效果】特效编辑器中为材质指定特殊效果。

例如要制作一个发光效果，可以让指定的对象发光，也可以让指定的材质发光。如果要让对象发光，则需要在对象的属性设置框中设置对象通道；如果要让材质发光，则需要通过单击【材质 ID 通道】按钮，指定材质特效通道。

单击【材质 ID 通道】按钮，会展开一个通道选项，这里有 15 个通道可供选择，选择好通道后，在 Video Post 视频合成器中加入发光过滤器，在发光过滤器的设置中通过设置【材质 ID】与【材质编辑器】窗口中相同的通道号码，即可对材质进行发光处理。

> 提示：在 Video Post 视频合成器中只识别材质 ID 号，所以如果两个不同材质指定了相同的材质特效通道，都会一同进行特技处理。由于这里有 15 个通道，表示一个场景中只允许有 15 个不同材质的不同发光效果，如果发光效果相同，不同的材质也可以设置为同一材质特效通道，以便 Video Post 视频合成器中的制作更为简单。0 通道表示不使用特效通道。

- 【在视口中显示标准贴图】按钮：在贴图材质的贴图层级中此按钮可用，单击该按钮，可以在场景中显示出材质的贴图效果，如果是同步材质，对贴图的各种设置调节也会同步影响场景中的对象，这样就可以很轻松地进行贴图材质的编辑工作，如图 9.22 所示。

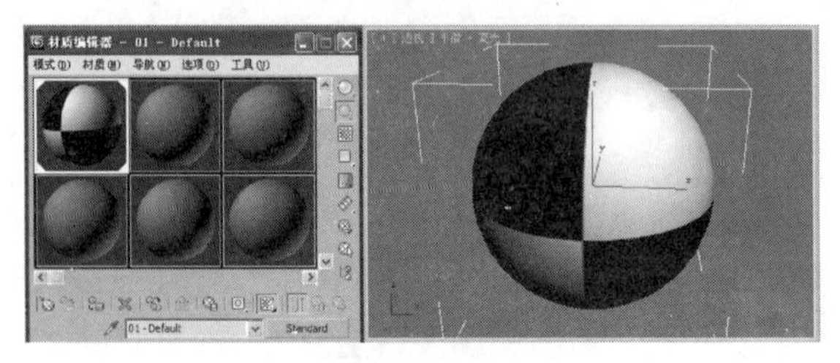

图 9.22

视图中能够显示三维程序式贴图和二维贴图，可以通过设置【材质编辑器选项】对话框中的【渲染采样大小】参数来改变样例球上的贴图显示比例。【粒子年龄】和【粒子运动模糊】贴图不能在视图中显示。

> 提示：虽然即时贴图显示对制作带来了便利，但也为系统增添了负担。如果场景中有很多对象存在，最好不要将太多的即时贴图显示，不然会降低显示速度。在菜单栏中选择【渲染】|【材质资源管理器】命令，弹出【材质管理器】对话框，在需要关闭贴图显示的材质右侧的【在视口中显示】列表框中选择【标准：无贴图】选项，即可将场景中显示的贴图关闭。

- 【显示最终结果】按钮：此按钮是针对多维材质或贴图材质等具有多个层级嵌套的材质作用的，在子层级中单击该按钮，将会显示出最终材质的效果（也就是顶级材质的效果），松开该按钮则显示当前层级的效果。

对于贴图材质，系统默认为按下状态，进入贴图层级后仍可看到最终的材质效果；对于多维材质，系统默认为松开状态。以便进入子级材质后，可以看到当前层级的材质效果，这有利于对每一个级别材质的调节。

- 【转换到父对象】钮：向上移动一个材质层级，只在复合材质的子级层级有效。
- 【转到下一个同级项】按钮：如果处在一个材质的子级材质中，并且并行有其他子级材质，此按钮有效，可以快速移动到另一个同级材质中。

例如，在一个多维子对象材质中，有两个子级对象材质层级，进入一个子级对象材质层级后，单击该按钮，即可跳入另一个子级对象材质层级中，对于多维贴图材质也适用。例如，同时有【漫反射】贴图和【凹凸】贴图的材质，在【漫反射】贴图层级中单击此按钮，可以直接进入【凹凸】贴图层级。

- 【从对象拾取材质】按钮：单击此按钮后，可以从场景中的某一对象上获取其所附的材质，这时鼠标箭头会变为一个吸管，在有材质的对象上单击，即可将材质选择到当前示例窗中，并且变为同步材质，这是一种从场景中选择材质的好方法。

- 【材质名称列表】01 - Default：在编辑器工具行下方正中央位置，是当前材质的名称输入框，作用是显示并修改当前材质或贴图的名称，在同一个场景中，不允许有同名材质存在。如果处于贴图层级，则只允许选择贴图类型。选择后该按钮会显示当前的材质或者贴图类型名称。对于多层级的材质，单击01 - Default右侧的下拉按钮，可以展开全部层级的名称列表，它们按照由高到低的层级顺序排列，通过选择可以很方便地进入任一层级。
- 【类型】：这是一个非常重要的按钮，默认情况下显示 Standard，表示当前的材质类型是标准类型。单击该按钮，弹出【材质/贴图浏览器】对话框，从中可以选择各种材质或贴图类型。如果当前处于材质层级，则只允许选择材质类型。

在【材质/贴图浏览器】对话框中如果选择了一个新的混合材质或贴图，会弹出一个对话框，如图 9.23 所示。

如果选择【丢弃旧材质】单选按钮，将会丢失当前材质的设置，产生一个全新的混合材质；如果选择【将旧材质保存为子材质】单选按钮，则会将当前材质保留，作为混合材质中的一个子级材质。

工具列中的按钮大多针对示例窗中的显示，如图 9.24 所示。

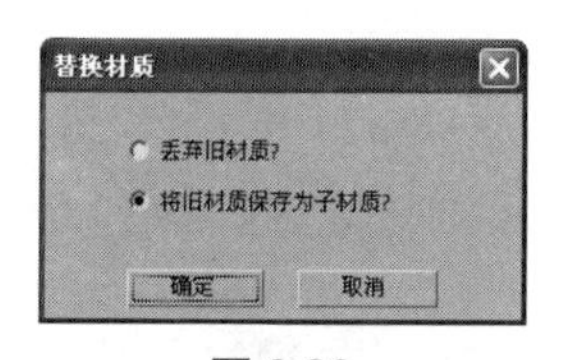

图 9.23

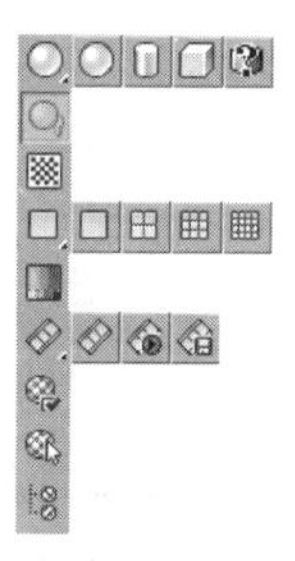

图 9.24

- 【采样类型】按钮：用于控制示例窗中样本的形态，包括球体、柱体、立方体和自定义形体。
- 【背光】按钮：为示例窗中的样本增加一个背光效果，有助于金属材质的调节。
- 【背景】按钮：为示例窗增加一个彩色方格背景，主要用于透明材质和不透明贴图效果的调节，选择菜单栏中的【选项】|【选项】命令，在弹出的【材质编辑器选项】对话框中选择【自定义背景】复选框，选择一个图像即可，如图 9.25 所示。如果没有正常显示背景，可以选择菜单栏中的【选项】|【背景】命令，效果如图 9.26 所示。
- 【采样 UV 平铺】按钮：用来测试贴图重复的效果，这只改变示例窗中的显示，并不对实际的贴图产生影响，其中包括几个重复级别，效果如图 9.27 所示。
- 【视频颜色检查】按钮：用于检查材质表面色彩是否超过视频限制，对于 NTSC 和 PAL 制视频，色彩饱和度有一定限制，如果超过这个限制，颜色转化后会变模糊，所以要尽量避免发生。不过单纯从材质避免还是不够的，因为最后渲染的效果还决定于场景中的灯光，通过渲染控制器中的视频颜色检查可以控制最后的渲染图像是否超过限制。比较安全的做法是将材质色彩的饱和度降低在 85%以下。

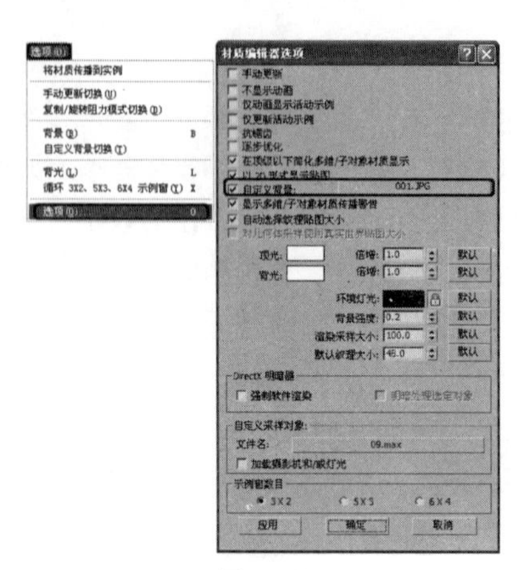

图 9.25

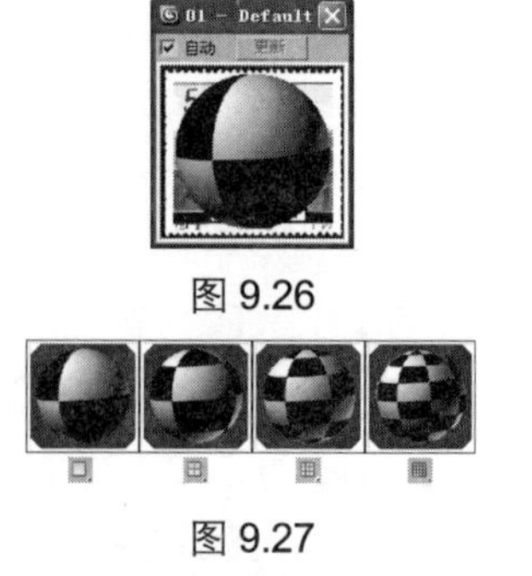

图 9.26

图 9.27

- 【生成预览】按钮：用于制作材质动画的预视效果，对于进行了动画设置的材质，可以使用它来实时观看动态效果，单击该按钮会弹出一个对话框，如图 9.28 所示。

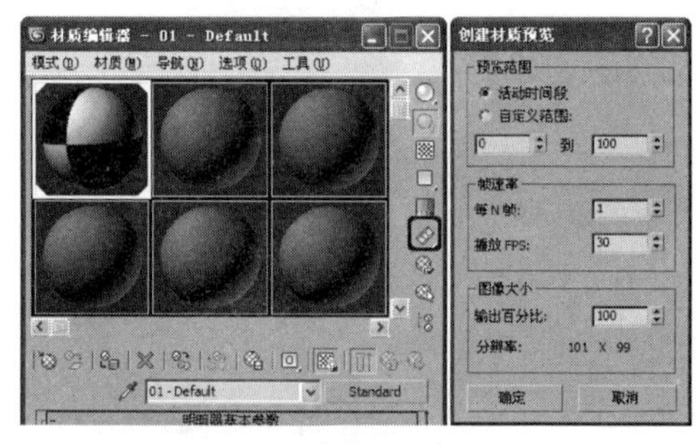

图 9.28

  ✧ 【预览范围】选项组：设置动画的渲染区段。预览范围又分为【活动时间段】和【自定义范围】两部分，选择【活动时间段】单选按钮，可以将当前场景的活动时间段作为动画渲染的区段；选择【自定义范围】单选按钮，可以通过下面的文本框指定动画的区域，确定从第几帧到第几帧。

  ✧ 【帧速率】选项组：设置渲染和播放的速度。在【帧速率】选项组中包含【每 N 帧】和【播放 FPS】两个选项。【每 N 帧】用于设置预览动画间隔几帧进行渲染；【播放 FPS】用于设置预视动画播放时的速率，N 制为 30 帧/秒，PAL 制为 25 帧/秒。

  ✧ 【图像大小】复选框：设置预视动画的渲染尺寸。在【输出百分比】文本框中可以通过输出百分比来调节动画的尺寸。

预览动画制作完成后，系统会自动调出多媒体播放器，进行动画播放。

- 【播放预览】按钮：启动多媒体播放器，播放预览动画。
- 【保存预览】按钮：将刚才完成的预示动画以.avi 格式进行保存。
- 【选项】按钮：单击该按钮，弹出【材质编辑器选项】对话框，与选择【选项】菜单栏中的【选项】命令弹出的对话框一样，如图 9.25 所示。
- 【按材质选择】按钮：这是一种通过当前材质选择对应对象的方法，可以将场景中全部附有该材质的对象一同选择（不包括隐藏和冻结的对象）。单击此按钮，激活对象选择对话框，全部附有该材质的对象名称都会高亮显示在这里，单击【选择】按钮即可将它们一同选择。
- 【材质/贴图导航器】按钮：单击该按钮，弹出一个可以提供材质、贴图层级或复合材质子材质关系快速导航的浮动对话框。用户可以通过在导航器中单击材质或贴图的名称快速实现材质层级操作，反过来，用户在【材质编辑器】窗口中的当前操作层级，也会反映在导航器中。在导航器中，当前所在的材质层级会以高亮度来显示。如果在导航器中单击一个层级，【材质编辑器】窗口中也会直接跳到该层级，这样就可以快速地进入每一层级中进行编辑操作了。用户可以直接从导航器中将材质或贴图拖动到材质球或界面的按钮上。

下面对【材质编辑器选项】对话框中的选项进行介绍。

- 【手动更新】：系统默认自动更新示例窗，每当进行一步调节操作，示例窗都会自动更新效果，同时场景中的对象也即时更新材质效果。如果选择该复选框，即取消了示例窗自动更新的功能。在调节完成后，只有单击该示例窗，才可以进行更新，不过场景中的对象仍然可以自动更新。
- 【不显示动画】：对于有动画贴图的材质，当在场景中播放动画或拖动时间滑块时，示例窗中的材质也会即时播放动画效果。如果为了提高显示速度，可以选择此复选框，这样在拖动或播放过程中，示例窗不会播放动画，只在停下来后直接切换到所在帧的效果。
- 【仅动画显示活动示例】：对于有动画贴图的材质，当在场景中播拖动画或拖动时间滑块时，只有当前激活的示例窗能够进行自动更新，可以很方便地在多个动画材质中观察其中一个材质的变化情况。当选择【不显示动画】复选框时，此复选框不起作用。
- 【仅更新活动示例】：只有当示例窗被激活时，它才会读取或更新贴图。当场景中存在大量贴图时，可以节省很多时间。
- 【抗锯齿】：对示例窗中的样本对象进行抗锯齿渲染处理，使边缘更为光滑，不过速度会变慢。
- 【逐步优化】：提供示例窗中更优秀的渲染结果。
- 【在顶级以下简化多维/子对象材质显示】：这是针对组合类材质而设置的，当材质具有多个层级时，每当进入一个子层级，示例窗都会以当前层级材质的效果来完全显示，只有返回到最顶级，才可以看到最后的组合材质效果，默认时它是开启的。如果将它关闭，示例窗中将永远显示最后的组合材质效果。
- 【以 2D 形式显示贴图】：启用该复选框时，二维贴图在示例窗中以平面方式显示；禁用该复选框时，二维贴图以普通材质方式显示。
- 【自定义背景】：可以通过右侧的按钮指定一个图像或动画作为示例窗的背景，注意此图像必须放置在 3ds Max 认可的贴图路径中。
- 【显示多维/子对象材质传播警告】：对实例化的 ADT 基于样式的对象应用多维/子对象材质时，将切换到警告对话框的显示。
- 【自动选择纹理贴图大小】：启用该复选框，将其设置为使用真实世界比例的材质时，可以确保贴图在示例球中正确显示；禁用该复选框，则能够启用几何体采样的使用真实大小。
- 【对几何体采样使用真实世界贴图大小】：该复选框允许手动选择使用的纹理坐标的样式，启用时则真实世界坐标用于示例窗显示；禁用时则必须要在贴图的【坐标】卷展栏中选择【使用真实世界比例】复选框，从而来观看预期的示例球。
- 【顶光】/【背光】：在示例窗中的样本对象受到两盏默认灯光的照射。一盏来自正前方，产生右上角的高光；另一盏来自斜后方，产生背光，这里用来调节这两盏灯光的色彩和强度；色块用来调节光的颜色；右侧的【倍增】数值框用来调节光强。单击【默认】按钮可以恢复为默认设置。

- 【环境灯光】：设置示例样本所受环境光的颜色。
- 【背景强度】：设置示例窗背景的强度，范围为 0~1，为 0 时，背景全黑；为 1 时，背景为纯白色；默认为一种深灰色。
- 【渲染采样大小】：将示例球的比例设置为任意大小，使它与其他对象或场景中带有纹理的对象相一致。
- 【默认纹理大小】：控制新创建的真实纹理的初始大小（高度与宽度）。
- 【DirectX 明暗器】选项组。
  - ✧ 【强制软件渲染】：启用此复选框后，会强制 DirectX 9 明暗器材质使用选择的软件来对视口中的样式进行渲染：禁用此复选框后，如果该材质的局部【强制软件渲染】切换没有启用，将使用“DirectX 9 明暗器”中指定的 FX 文件进行渲染。
  - ✧ 【明暗处理选定对象】：当选择【强制软件渲染】复选框时，也仅仅是对选择的对象使用 DirectX 9 明暗器材质明暗处理，除非选择【强制软件渲染】复选框，否则，切换不可用。默认设置为禁用状态。
- 【自定义采样对象】选项组。
  - ✧ 【文件名】：通过右侧的按钮自行指定一个.max 文件，以它的造型作为示例窗中的样本对象，并且允许使用它自身的摄影机和灯光。
  - ✧ 【加载摄影机和/或灯光】：启用此复选框，将使用自定义文件中的摄影机和灯光来指定给示例样本。
- 【示例窗数目】选项组：它提供 3 种示例窗划分的方案，也可以通过在示例窗上右击，在弹出的菜单中进行选择。
- 【应用】：单击此按钮，可以在不关闭选项设置框的情况下使修改后的设置发生作用，以便观察设置修改带来的影响。完成设置后，单击【确定】按钮退出设置框。

4. 参数控制区

在【材质编辑器】窗口下部是它的参数控制区，根据材质类型及贴图类型的不同，其内容也不同。一般的参数控制包括多个项目，它们分别放置在各自的卷展栏中，可以展开或收起卷展栏，如果超出了材质编辑器的长度可以通过手形进行上下滑动，与命令面板中的用法相同。

9.2.2 材质/贴图浏览器

下面将对【材质/贴图浏览器】对话框进行介绍。

1. 材质/贴图浏览器

【材质/贴图浏览器】对话框提供了全方位的材质和贴图浏览选择功能，它会根据当前的情况而变化，如果允许选择材质和贴图，会将两者都显示在列表窗中，否则仅显示材质或贴图，如图 9.29 所示。

【材质/贴图浏览器】对话框有以下几个功能区域：

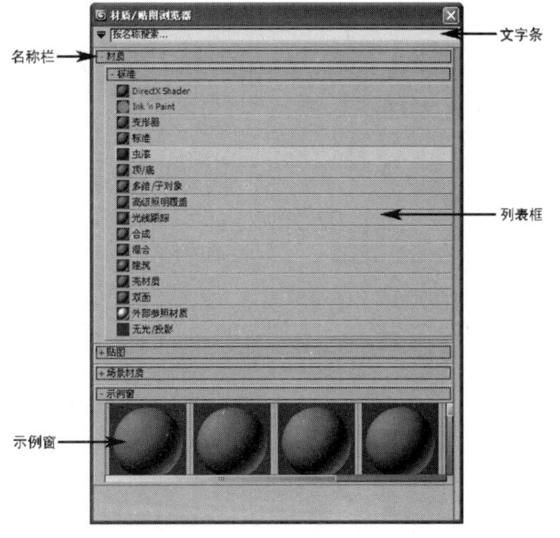

图 9.29

- 浏览并选择材质或贴图，双击选项后它会直接调入当前活动的示例窗中，也可以通过拖动复制操作将它们拖动到允许复制的地方。
- 编辑材质库用于制作并扩充自己的材质库。
- 具备材质/贴图导航功能，与【材质/贴图导航器】相同。
  - ✧【文字条】：在正上方有一个文本框，用于快速检索材质和贴图，例如在其中输入 RGB，按【Enter】键，则会列出以 RGB 开头的材质贴图。
  - ✧【名称栏】：文字条下方显示当前选择的材质或贴图的名称，子组内是其对应的类型。
  - ✧【示例窗】：最下方有一个示例窗，与【材质编辑器】窗口中的示例窗相同。每当选择一个材质或贴图后，它都会显示出效果，不过仅能以球体样本显示，它也支持拖动复制操作。
  - ✧【列表框】：中间最大的区域就是列表框，用于显示材质、贴图和场景材质。

2．列表显示方式

在名称栏上右击，在弹出的菜单中选择【将组（和子组）显示为】命令，在子菜单中提供了 5 种列表显示类型。

- 【小图标】：以小图标方式显示，并在小图标下显示其名称，当鼠标停留在材质或贴图之上时，也会显示它的名称。
- 【中等图标】：以中等图标方式显示，并在中等图标下显示其名称，当鼠标停留在材质或贴图之上时，也会显示它的名称。
- 【大图标】：以大图标方式显示，并在中等图标下显示其名称，当鼠标停留在材质或贴图之上时，也会显示它的名称。
- 【图标和文本】：在文字方式显示的基础上，增加了小的彩色图标，可以近似地观察材质或贴图的效果。
- 【文本】：以文字方式显示。

3．**【材质/贴图浏览器选项】按钮▼的应用**

- 在【材质/贴图浏览器】对话框的左上角有一个【材质/贴图浏览器选项】按钮▼，单击此按钮会弹出一个下拉菜单，下面将对此菜单中的命令进行详细介绍。
- 【新组】：可创建一个新组，在新组的名称栏上右击即可对新组进行设置。
- 【新材质库】：可创建一个新的材质库，在新材质库的名称栏上右击即可对新材质库进行设置。
- 【打开材质库】：从材质库中获取材质和贴图，允许调入.mat 或.max 格式的文件，.mat 是专用材质库文件；.max 是一个场景文件，它会将该场景中的全部材质调入。

- 【材质】：选择此命令时，可在列表框中显示出材质类别。
- 【贴图】：选择此命令时，可在列表框中显示出贴图类别。
- 【控制器】：默认为禁用。
- Autodesk Material Library：选择此命令时，可在列表框中显示出 Autodesk Material Library 类别。
- 【场景材质】：选择此命令后，可在列表框中显示出场景材质类别。
- 【示例窗】：选择此命令后，可在列表框中显示出示例窗口。
- 【显示不兼容】：选择此命令后，可在贴图的子组中显示其类别。
- 【显示空组】：选择此命令后，列表框中无任何变化。
- 【附加选项】：选择此命令后，会弹出一个子菜单，其中包含【重置材质/贴图浏览器】、【清除预览缩略图缓存】、【加载布局】和【保存布局为】命令，用户可针对自己的需要进行设置。

9.3 标准材质

【标准】材质是默认的通用材质，在现实生活中，对象的外观取决于它的反射光线，在 3ds Max 中，标准材质用来模拟对象表面的反射属性，在不使用贴图的情况下，标准材质为对象提供了单一均匀的表面颜色效果。

即使是“单一”颜色的表面，在光影、环境等影响下也会呈现出多种不同的反射结果。标准材质通过 4 种不同的颜色类型来模拟这种现象，它们是【环境光】、【漫反射】、【高光反射】和【过滤色】，不同的明暗器类型中颜色类型会有所变化。【漫反射】是对象表面在最佳照明条件下表现出的颜色，即通常所描述的对象本色；在适度的室内照明情况下，【环境光】的颜色可以选用深一些的【漫反射】颜色，但对于室外或者强烈照明情况下的室内场景，【环境光】的颜色应当指定为主光源颜色的补色；【高光反射】的颜色不外乎与主光源一致或是高纯度、低饱和度的漫反射颜色。

标准材质的参数卷展栏分为【明暗器基本参数】、【基本参数】、【扩展参数】、【超级采样】、【贴图】、【动力学属性】、【Directx 管理器】和【mental ray 连接】卷展栏，通过单击左侧的“+”或“-”号按钮，可以展开或收起对应的卷展栏，鼠标指针呈手形时可以进行上下滑动，右侧还有一个细的滑块可以进行面板的上下滑动，具体用法与【修改】命令面板相同。

9.3.1 【明暗器基本参数】卷展栏

明暗器有 8 种不同的明暗器类型，【明暗器基本参数】卷展栏如图 9.30 所示。

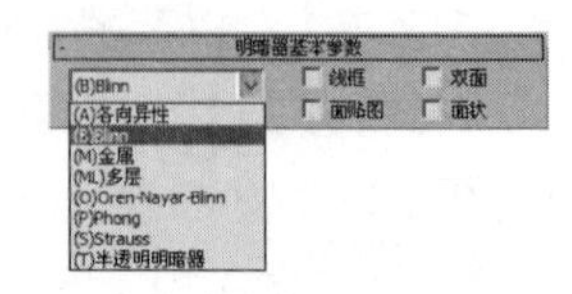

图 9.30

- 【线框】：以网格线框的方式来渲染对象，它只能表现出对象的线架结构，对于线框的粗细，可以通过【扩展参数】卷展栏中的【线框】选项组中来调节，【大小】值确定它的粗细，可以选择【像素】和【单位】两种单位。如果选择【像素】为单位，对象无论远近，线框的粗细都将保持一致；如果选择【单位】为单位，将以 3ds Max 内部的基本单元作为单位，会根据对象离镜头的远近而发生粗细变化。图 9.31 所示为线框渲染效果，如果需要更优质的线框，可以对对象使用结构线框修改器。

- 【双面】：将对象法线相反的一面也进行渲染，通常计算机为了简化计算，只渲染对象法线为正方向的表面（即可视的外表面），这对大多数对象都适用，但有些敞开面的对象，其内壁看不到任何材质效果，这时就必须启用双面设置。图 9.32 所示为两个没有顶盖的茶壶模型，左侧为未选择双面材质的渲染效果；右侧为选择了双面材质的渲染效果。

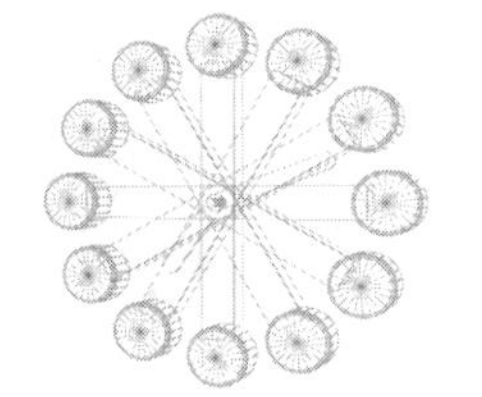

图 9.31

图 9.32

使用双面材质会使渲染变慢。最好的方法是对必须使用双面材质的对象使用双面材质，而不要在最后渲染时再启用【渲染设置】对话框中的【强制双面】渲染属性。

- 【面贴图】：将材质指定给造型的全部面，如果是含有贴图的材质，在没有指定贴图坐标的情况下，贴图会均匀地分布在对象的每一个表面上。
- 【面状】：将对象的每个表面以平面化进行渲染，不进行相邻面的组群平滑处理。

下面将分别介绍明暗器的 8 种类型。

1．各向异性

【各向异性】是通过调节两个垂直正交方向上可见高光尺寸之间的差额，来实现一种“重折光”的高光效果。这种渲染属性可以很好地表现毛发、玻璃和被擦拭过的金属等模型效果。它的基本参数大体上与 Blinn 相同，只在高光和漫反射部分有所不同，【各向异性基本参数】卷展栏如图 9.33 所示。

颜色控制用来设置材质表面不同区域的颜色，包括【环境光】、【漫反射】和【高光反射】，调节方法为单击区域右侧的色块，弹出【颜色选择器】对话框，从中进行颜色的选择，如图 9.34 所示。

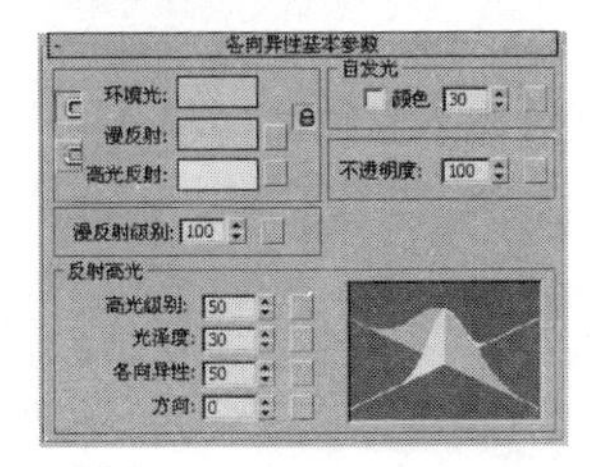

图 9.33

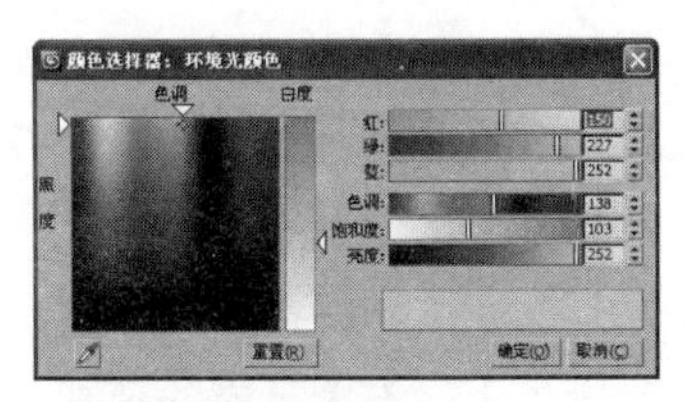

图 9.34

这个【颜色选择器】对话框属于浮动框性质，只要打开一次即可，如果选择另一个材质区域，它也会自动去影响新的区域色彩。在色彩调节的同时，在示例窗和场景中都会进行效果的即时更新显示。

在色块右侧有个小的空白按钮，单击它们可以直接进入该选项的贴图层级，为其指定相应的贴图，属于贴图设置的快捷操作。如果指定了贴图，小按钮上会显示 M 字样，以后单击它可以快速进入该贴图层级。如果该选项贴图目前是关闭状态，则显示小写的 m。

左侧有两个 锁定钮，用于锁定【环境光】、【漫反射】和【高光反射】3 种材质中的两种（或 3 种全部锁定），锁定的目的是使被锁定的两个区域颜色保持一致，调节一个时另一个也会随之变化，如图 9.35 所示。

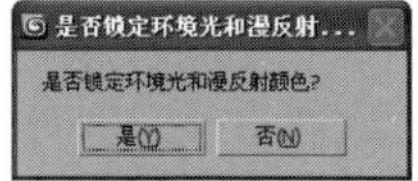

图 9.35

- 【环境光】：控制对象表面阴影区的颜色。
- 【漫反射】：控制对象表面过渡区的颜色。
- 【高光反射】：控制对象表面高光区的颜色。

如图 9.36 所示，这 3 个色彩分别对应对象表面的 3 个区域。通常我们所说的对象的颜色是指【漫反射】，它提供对象最主要的色彩，使对象在日光或人工光的照明下可视，【环境色】一般由灯光的光色决定，否则会依赖于【漫反射】。【高光反射】与【漫反射】相同，只是饱和度更强一些。

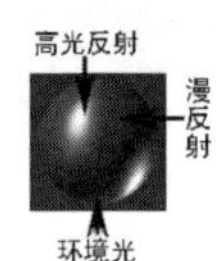

图 9.36

- 【自发光】：使材质具备自身发光效果，常用于制作灯泡、太阳等光源对象。100%的发光度使阴影色失效，对象在场景中不受到来自其他对象的投影影响，自身也不受灯光的影响，只表现出漫反射的纯色和一些反光，亮度值（HSV 颜色值）保持与场景灯光一致。在 3ds Max 中，自发光颜色可以直接显示在视图中。以前的版本可以在视图中显示自发光值，但不能显示其颜色。

指定自发光有两种方式。一种是选择【颜色】选项前面的复选框，使用带有颜色的自发光；另一种是禁用【颜色】复选框，使用可以调节数值的单一颜色的自发光，对数值的调节可以看作是对自发光颜色的灰度比例进行调节。

要在场景中表现可见的光源，通常是首先创建一个几何对象，将它和光源放在一起，然后为该对象指定自发光属性。如果希望创建透明的自发光效果，可以将自发光同 Translucent Shader 方式结合使用。

- 【不透明度】：设置材质的不透明度百分比值，默认值为 100，即不透明材质。降低该值，则透明度增加，值为 0 时变为完全透明材质。对于透明材质，还可以调节它的透明衰减，这需要在【扩展参数】卷展栏中进行调节。
- 【漫反射级别】：控制漫反射部分的亮度。增减该值可以在不影响高光部分的情况下增减漫反射部分的亮度，调节范围为 0～400，默认值为 100。
- 【反射高光】选项组。
- 【高光级别】：设置高光强度，默认值为 5。
- 【光泽度】：设置高光的范围。该值越高，高光范围越小。
- 【各向异性】：控制高光部分的各向异性和形状。值为 0 时，高光形状呈椭圆形；值为 100 时，高光变形为极窄条状。反光曲线示意图中的曲线用来表示【各向异性】的变化。
- 【方向】：用来改变高光部分的方向，范围是 0～9999。

2. Blinn

Blinn 高光点周围的光晕是旋转混合的，背光处的反光点形状为圆形，清晰可见，如增大柔化参数值，Blinn 的反光点将保持尖锐的形态。从色调上来看，Blinn 趋于冷色。【Blinn 基本参数】卷展栏如图 9.37 所示。

- 【柔化】：对高光区的反光做柔化处理，使它变得模糊、柔和。如果材质反光度值很低，反光强度值很高，这种尖锐的反光往往在背光处产生锐利的界线，增加【柔化】值可以很好地进行修饰。

相同的基本参数可参照【各向异性基本参数】卷展栏中的介绍。

3．金属

这是一种比较特殊的渲染方式，专用于金属材质的制作，可以提供金属所需的强烈反光。它取消了【高光反射】色彩的调节，反光点的色彩仅依据于【漫反射】色彩和灯光的色彩。

由于取消了【高光反射】色彩的调节，所以在高光部分的高光度和光泽度设置也与 Blinn 有所不同。【高光级别】仍控制高光区域的亮度，而【光泽度】部分变化的同时将影响高光区域的亮度和大小，【金属基本参数】卷展栏如图 9.38 所示。

相同的基本参数请参照前面的介绍。

4．多层

【多层】渲染属性与【各向异性】类型有相似之处，它的高光区域也属于【各向异性】类型，意味着从不同的角度产生不同的高光尺寸，当【各向异性】值为 0 时，它们是相同的，高光是圆形的，与 Blinn 和 Phong 相同；当【各向异性】值为 100 时，这种高光的各项异性达到最大程度的不同，在一个方向上高光非常尖锐，而另一个方向上光泽度可以单独控制。【多层基本参数】卷展栏如图 9.39 所示。

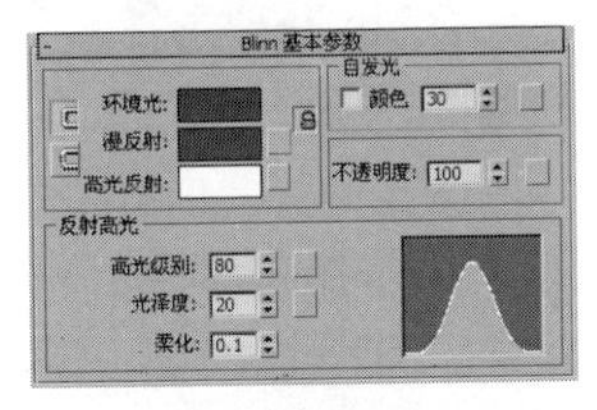

图 9.37

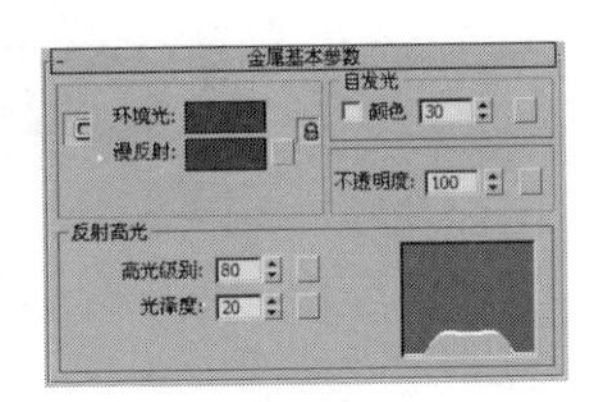

图 9.38

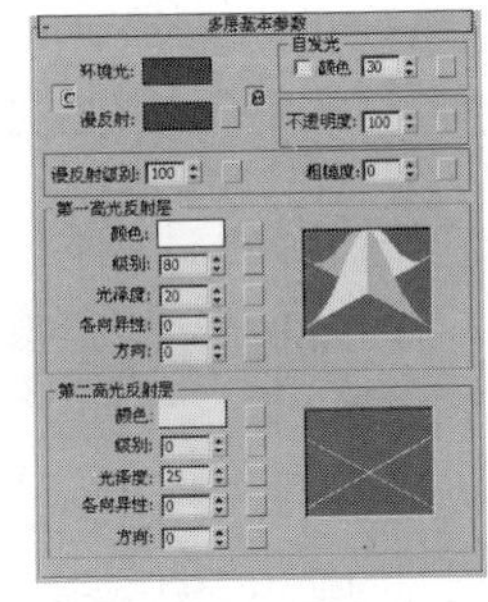

图 9.39

相同的基本参数请参照前面的介绍。

- 【粗糙度】：设置由漫反射部分向阴影色部分进行调和的快慢。提升该值时，表面的不光滑部分随之增加，材质也显得更暗、更平。值为 0 时，与 Blinn 渲染属性没有什么差别，默认值为 0。

5．Oren-Nayar-Blinn

Oren-Nayar-Blinn 渲染属性是 Blinn 的一个特殊变量形式。通过它附加的【漫反射级别】和【粗糙度】设置，可以实现物质材质的效果。这种渲染属性常用来表现织物、陶制品等不光滑粗糙对象的表面，【Oren-Nayar-Blinn 基本参数】卷展栏如图 9.40 所示。

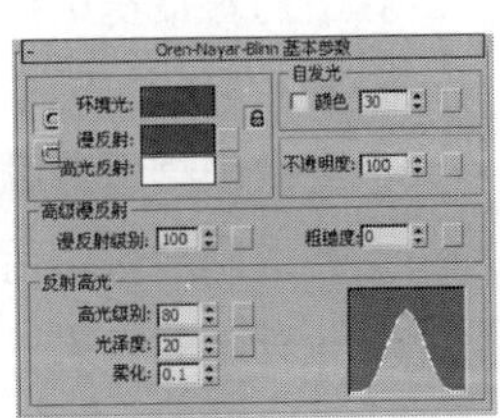

图 9.40

相同的基本参数请参照前面的介绍。

6．Phong

Phong 高光点周围的光晕是发散混合的，背光处 Phong 的反光点为梭形，影响周围的区域较大。如果增大【柔化】参数值，Phong 的反光点趋向于均匀柔和的反光，从色调上看，Phong 趋于暖色，将表现暖色柔和的材质，常用于塑性材质，可以精确地反映出凹凸、不透明、反光、高光和反射贴图效果。【Phong 基本参数】卷展栏如图 9.41 所示。

7．Strauss

Strauss 提供了一种金属感的表面效果，比【金属】渲染属性更简洁，参数更简单。【Strauss 基本参数】卷展栏如图 9.42 所示。

相同的基本参数请参照前面的介绍。

- 【颜色】：设置材质的颜色。相当于其他渲染属性中的漫反射颜色选项，而高光和阴影部分的颜色则由系统自动计算。
- 【金属度】：设置材质的金属表现程度。由于主要依靠高光表现金属程度，所以需要配合【光泽度】选项才能更好地发挥效果。

8．半透明明暗器

【半透明明暗器】与 Blinn 类似，最大的区别在于能够设置半透明的效果。光线可以穿透这些半透明效果的对象，并且在穿过对象内部时离散。通常【半透明明暗器】用来模拟薄对象，例如窗帘、电影银幕、霜或者毛玻璃等。【半透明基本参数】卷展栏如图 9.43 所示。

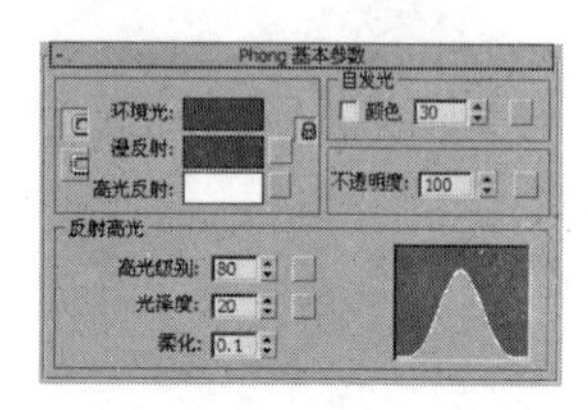

图 9.41

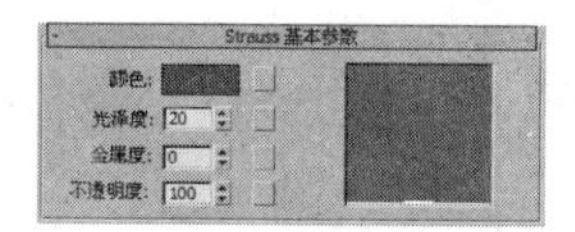

图 9.42

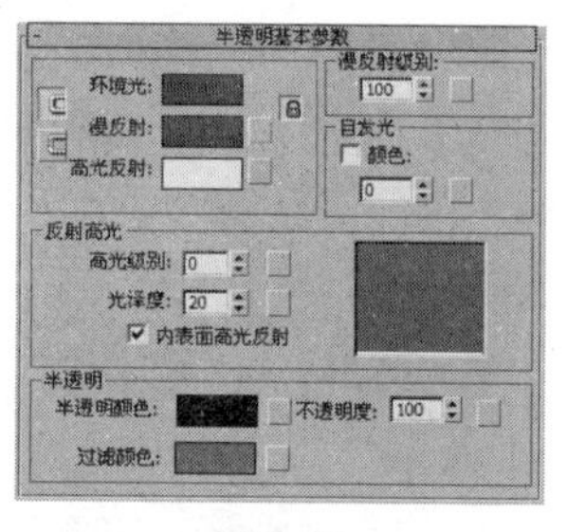

图 9.43

相同的基本参数请参照前面的介绍。

- 【半透明颜色】：半透明颜色是离散光线穿过对象时所呈现的颜色。设置的颜色可以不同于过滤颜色，两者互为倍增关系。单击色块，在弹出的对话框中可以选择颜色，右侧的灰色方块用于指定贴图。
- 【过滤颜色】：设置穿透材质的光线颜色。与【半透明颜色】互为倍增关系。单击色块，在弹出的对话框中可以选择颜色，右侧的灰色方块用于指定贴图。过滤颜色是指透过透明或半透明对象（如玻璃）后的颜色。过滤颜色配合体积光可以模拟例如彩光穿过毛玻璃后的效果，也可以根据过滤颜色为半透明对象产生的光线跟踪阴影配色。
- 【不透明度】：用百分比来表示材质的透明/不透明程度。当对象有一定厚度时，能够产生一些有趣的效果。

除了模拟薄对象之外，半透明明暗器还可以模拟实体对象次表面的离散，用于制作玉石、肥皂和蜡烛等半透明对象的材质效果。

9.3.2　【基本参数】卷展栏

基本参数主要用于指定对象贴图，设置材质的颜色、反光度和透明度等基本属性。选择不同的类型，【基本参数】卷展栏中就会显示出相应的控制参数，具体内容可参见前一节的内容。

9.3.3　【扩展参数】卷展栏

标准材质所有明暗器类型的扩展参数都相同，选项内容涉及透明度、反射和线框模式，还有标准透明材质真实程度的折射率设置。【扩展参数】卷展栏如图 9.44 所示。

1. **【高级透明】选项组**

控制透明材质的透明衰减设置。

- 【内】：由边缘向中心增加透明的程度，类似玻璃瓶的效果。
- 【外】：由中心向边缘增加透明的程度，类似云雾或烟雾的效果。
- 【数量】：指定衰减的程度。
- 【类型】：确定以哪种方式来产生透明效果。
- 【过滤】：计算经过透明对象背面颜色倍增的【过滤色】。单击色块，在弹出的对话框中可以改变过滤色；灰色方块用于指定贴图。

过滤或透射颜色是穿过例如玻璃等透明或半透明对象后的颜色，将过滤色与体积光配合使用可以产生光线穿过彩色玻璃的效果。过滤色的颜色能够影响透明对象所投射的【光线跟踪阴影】颜色。如图 9.45 所示，物体的过滤色设置为红色，在左侧的投影也显示为红色。

- 【相减】：根据背景色做递减色彩的处理。
- 【相加】：根据背景色做递增色彩的处理，常用做发光体。
- 【折射率】：设置带有折射贴图的透明材质的折射率，用来控制材质折射被传播光线的程度。当设置为 1（空气的折射率）时，看到的对象与在空气中（空气也有折射率，例如热空气对景象产生的气浪变形）一样不发生变形；当设置为 1.5（玻璃折射率）时，看到的对象会产生很大的变形；当折射率小于 1 时，对象会沿着它的边界反射。

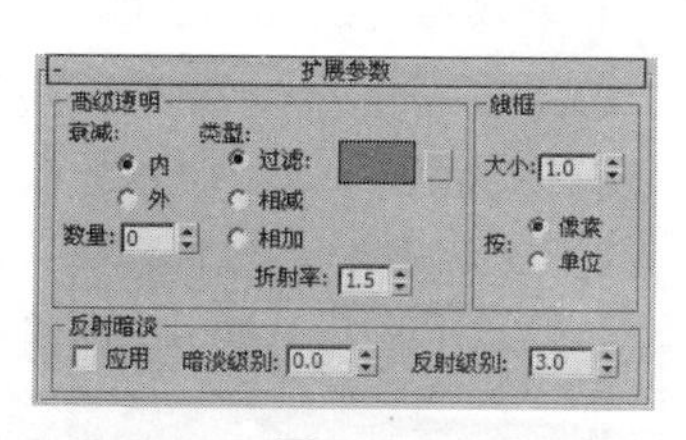

图 9.44

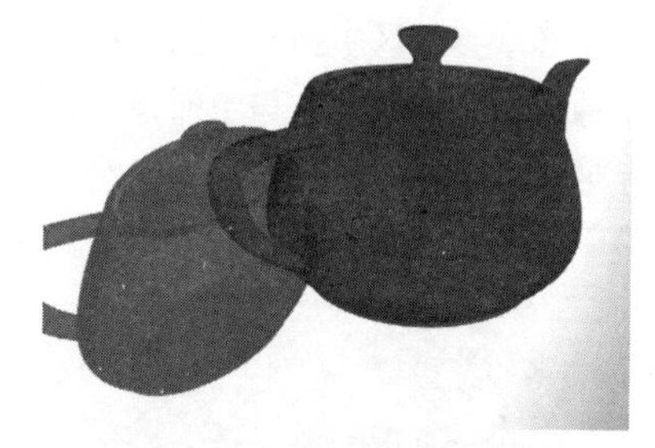

图 9.45

在真实的物理世界中，折射率是因为光线穿过透明材质和眼睛（或者摄影机）时速度不同而产生的，与对象的密度相关，折射率越高，对象的密度也就越大。

表 9.1 中是最常用的几种物质折射率。

表 9.1　常见物质折射率列表

材　质	折射率	材．质	折射率
真空	1	玻璃	1.5～1.7
空气	1.0003	钻石	2.419
水	1.333		

只需记住这几种常用的折射率即可，其实在三维动画软件中，不必严格地使用物理原则，只要能体现出正常的视觉效果即可。

2．【线框】选项组

在该选项组中可以设置线框的特性。

【大小】用于设置线框的粗细，有【像素】和【单位】两种单位可供选择，如果选择【像素】单选按钮，对象运动时与镜头距离的变化不会影响网格线的尺寸，否则会发生改变。

9.3.4　【贴图】卷展栏

【贴图】卷展栏包含每个贴图类型的按钮。单击该按钮，将弹出【材质/贴图浏览器】对话框，但现在只能选择贴图，这里提供了 30 多种贴图类型，都可以用在不同的贴图方式上。当选择一个贴图类型后，会自动进入其贴图设置层级中，以便进行相应的参数设置，单击【转换到父对象】按钮可以返回到贴图方式设置层级，这时该按钮上会出现贴图类型的名称。若左侧复选框被选择，表示当前该贴图方式处于活动状态；若左侧复选框未被选择，则表示关闭该贴图方式的影响。

【数量】文本框决定该贴图影响材质的数量，使用完全强度的百分比表示。例如，处在 100% 的漫反射贴图是完全不透光的，会遮住基础材质。为 50% 时，它为半透明，将显示基础材质（漫反射、环境光和其他无贴图的材质颜色）。【贴图】卷展栏如图 9.46 所示。

下面将对常用的【贴图】卷展栏进行介绍。

1．环境光颜色

为对象的阴影区指定位图或程序贴图，默认时它与【漫反射】贴图锁定，如果想对它进行单独贴图，先在基本参数区中弹出【漫反射】右侧的锁定按钮，解除它们之间的锁定。这种阴影色贴图一般不单独使用，默认时它与【漫反射颜色】贴图结合使用，以表现最佳的贴图纹理。需要注意的是，只有在环境光值设置高于默认的黑色时，阴影色贴图才可见。可以通过在菜单栏中选择【渲染】|【环境】命令，在弹出的【环境和效果】对话框中调节环境光的级别，如图 9.47 所示。

图 9.46

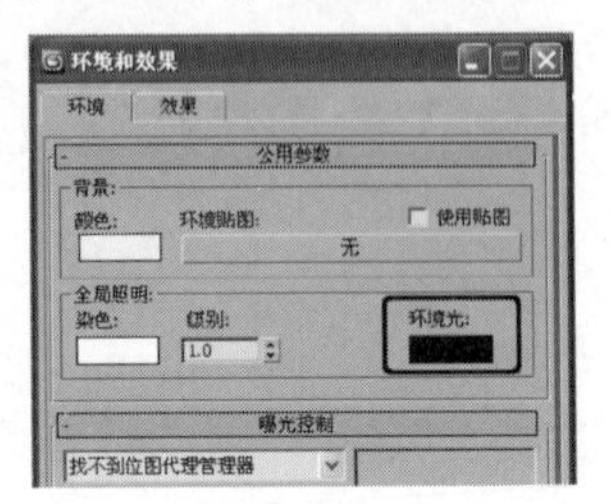

图 9.47

2．漫反射颜色

主要用于表现材质的纹理效果，当值为 100%时，会完全覆盖【漫反射】的颜色，这就好像在对象表面油漆绘画一样，例如为墙壁指定砖墙的纹理图案，就可以产生砖墙的效果。在制作过程中没有严格的要求必须将【漫反射颜色】贴图与【环境光颜色】贴图锁定在一起，通过对【漫反射颜色】贴图和【环境光颜色】贴图分别指定不同的贴图，可以制作出很多有趣的融合效果。但如果【漫反射】贴图用于模拟单一的表面，就需要将【漫反射颜色】贴图和【环境光颜色】贴图锁定在一起。

（1）漫反射级别

【漫反射级别】贴图参数只存在于【各向异性】、【多层】和 Oren-Nayar- Blinn 3 种明暗器方式下，如图 9.48 所示，主要通过位图或程序贴图来控制漫反射的亮度。贴图中白色像素对漫反射没有影响，黑色像素则将漫反射亮度降为 0，处于两者之间的颜色依此对漫反射亮度产生不同的变化。

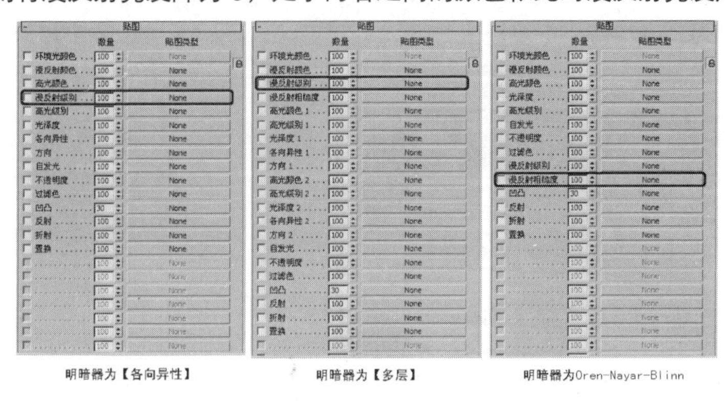
明暗器为【各向异性】　　明暗器为【多层】　　明暗器为Oren-Nayar-Blinn

图 9.48

（2）漫反射粗糙度

【漫反射粗糙度】贴图参数只存在于【多层】和 Oren-Nayar-Blinn 两种明暗器方式下，如图 9.49 所示，主要通过位图或程序贴图来控制漫反射的粗糙程度。贴图中白色像素增加粗糙程度，黑色像素则将粗糙程度降为 0，处于两者之间的颜色依此对漫反射粗糙程度产生不同的变化。

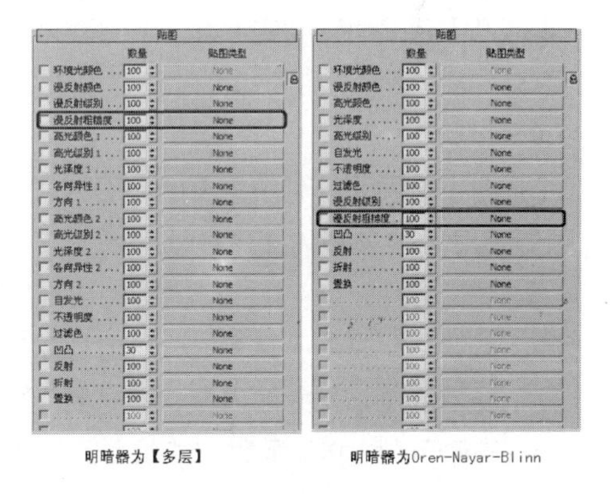
明暗器为【多层】　　明暗器为Oren-Nayar-Blinn

图 9.49

3．高光颜色

【高光颜色贴图】是在对象的高光处显示出贴图效果，它的其他效果与【漫反射颜色】贴图相同，仅显示在高光区中，对于【金属】材质，它会自动关闭，因为在金属的高光区不会出现图像。这是一种不常用的贴图方式，常用于一些非自然材质的表现，与【高光级别】或【光泽度】贴图不同的是，它只改变颜色，而不改变高光区的强度和面积。

4．不透明度

用户可以选择位图文件生成部分透明的对象。贴图的浅色（较高的值）区域渲染为不透明，深色区域渲染为透明，之间的值渲染为半透明，图 9.50 所示为【不透明度】贴图的效果。

将【不透明度】贴图的【数量】设置为 100，应用于所有贴图，明区域将完全透明。将【数量】设置为 0，相当于禁用贴图。中间的【数量】值与【基本参数】卷展栏中的【不透明度】值混合，贴图的透明区域将变得更加不透明。

反射高光应用于【不透明度】贴图的透明区域和不透明区域，用于创建玻璃效果。如果使透明区域看起来像孔洞，也可以设置高光度的贴图。

5. 凹凸

通过图像的明暗强度来影响材质表面的光滑程度，从而产生凹凸的表面效果，白色图像产生凸起，黑色图像产生凹陷，中间色产生过渡。这种模拟凹凸质感的优点是渲染速度很快，但这种凹凸材质的凹凸部分不会产生阴影投影，在对象边界上也看不到真正的凹凸，对于一般的砖墙和石板路面来说，它可以产生真实的效果，如图 9.51 所示。但是如果凹凸对象很清晰地靠近镜头，并且要表现出明显的投影效果，应该使用【置换】贴图，利用图像的明暗度可以真实地改变对象的造型，但需要花费大量的渲染时间。

图 9.50

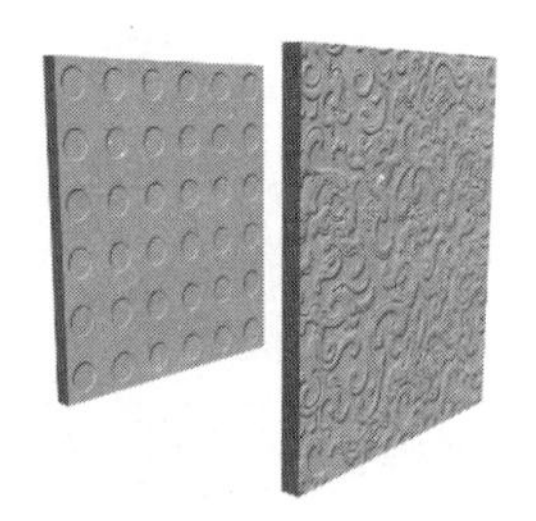

图 9.51

提示：在视口中不能预览【凹凸】贴图的效果，必须渲染场景才能看到凹凸效果。

【凹凸】贴图的强度值可以调节到 999，但是过高的强度会带来不正确的渲染效果，如果发现渲染后高光处有锯齿或者闪烁，应开启【超级采样】功能进行渲染。

6. 反射

【反射】贴图是一种很重要的贴图方式，要想制作出光洁亮丽的质感，必须要熟练掌握【反射】贴图的使用。在 3ds Max 中可以有以下 3 种不同的方式制作反射效果：

- 基础贴图反射：指定一张位图或程序贴图作为【反射】贴图。这种方式是最快的一种运算方式，但也是最不真实的一种方式。但对于模拟金属材质来说，尤其是片头中闪亮的金属字，虽然看不清反射的内容，但只要亮度够高就可以了，它最大的优点是渲染速度快。
- 自动反射：自动反射方式根本不使用贴图，它的工作原理是由对象的中央向周围观察，并将看到的部分贴到表面上。具体方式有两种，即【反射/折射】贴图方式和【光线跟踪】贴图方式。【反射/折射】贴图方式并不像【光线跟踪】贴图那样追踪反射光线，真实地计算反射效果，而是采用一种 6 面贴图方式模拟反射所射效果，在空间中产生 6 个不同方向的 90° 视图，再分别按不同的方向将 6 张视图投影到场景对象上，这是早期版本提供的功能。【光线跟踪】是模拟真实反射形成的贴图方式，计算结果最接近真实，也是最花费时间的一种方式。这是早在 3ds Max R2 版本时就已经引入的一种反射算法，效果真实，但渲染速度慢，目前一直在随版本更新进行速度优化和提升，不过比起其他第三方渲染器（例如 mental ray、Vray）的光线跟踪计算速度还是慢很多。

- 平面镜反射：使用【平面镜】反射贴图类型作为【反射】贴图。这是一种专门模拟镜面反射效果的贴图类型，就像现实中的镜子一样反射所面对的对象，属于早期版本提供的功能。因为在没有【光线跟踪】贴图和材质之前，【反射/折射】这种贴图方式无法对纯平面的模型进行反射计算，因此追加了【平面镜】反射贴图类型来弥补这个缺陷。

设置【反射】贴图时不用指定贴图坐标，因为它们锁定的是整个场景，而不是某个几何体。【反射】贴图不会随着对象的移动而变化，但如果视角发生了变化，贴图会像真实的反射情况那样发生变化。【反射】贴图在模拟真实环境的场景中的主要作用是为毫无反射的表面添加一点反射效果。贴图的强度值控制反射图像的清晰程度，值越高，反射也越强烈。默认的强度值与其他贴图设置一样为 100%。不过对于大多数材质表面，降低强度值通常能获得更为真实的效果。例如一张光滑的桌子表面，首先要体现出的是它的木质纹理，其次才是反射效果。一般【反射】贴图都伴随着【漫反射】贴图等纹理贴图使用，在【漫反射】贴图为 100%的同时轻微加一些反射效果，可以制作出非常真实的场景。

在【基本参数】中增加【光泽度】和【高光强度】可以使反射效果更真实。此外，【反射】贴图还受【漫反射】和【环境光】颜色值的影响，颜色越深，镜面效果越明显，即便在贴图强度为 100 时，【反射】贴图仍然受到漫反射、阴影色和高光色的影响。

对于 Phong 和 Blinn 渲染方式的材质，【高光反射】的颜色强度直接影响反射的强度，值越高，反射也越强，值为 0 时，反射会消失。对于【金属】渲染方式的材质，则是【漫反射】影响反射的颜色和强度，【漫反射】的颜色（包括漫【反射】贴图）能够倍增来自【反射】贴图的颜色，漫反射的颜色值（HSV 模式）控制着反射贴图的强度，颜色值为 255 时，【反射】贴图强度最大，颜色值为 0 时，【反射】贴图不可见。

7．折射

【折射】贴图用于模拟空气和水等介质的折射效果，使对象表面产生对周围景物的反映映像。但与【反射】贴图所不同的是，它所表现的是透过对象所看到的效果。【折射】贴图与【反射】贴图一样，锁定的是视角而不是对象，不需要指定贴图坐标，当对象移动或旋转时，【折射】贴图效果不会受到影响。具体的折射效果还受折射率的控制，在【扩展参数】卷展栏中，【折射率】参数控制材质折射透射光线的严重程度，值为 1 时，表示真空（空气）的折射率，不产生折射效果；大于 1 时，表示凸起的折射效果，多用于表现玻璃；小于 1 时，表示凹陷的折射效果，对象沿其边界进行反射（如水底的气泡效果）。默认设置为 1.5（标准的玻璃折射率）。不同参数的折射率效果如图 9.52 所示。

折射率为0.5　　折射率为1.0　　折射率为1.5

图 9.52

常见的折射率如表 9.2 所示（假设摄影机在空气或真空中）。

表 9.2　常见折射率

材质	IOR 值	材质	IOR 值
真空	1（精确）	玻璃	1.5～1.7
空气	1.0003	钻石	2.419
水	1.333		

在现实世界中，折射率的结果取决于光线穿过透明对象时的速度，以及眼睛或摄影机所处的媒介，影响关系最密切的是对象的密度，对象密度越大，折射率越高。在 3ds Max 中，可以通过贴图对对象的折射率进行控制，而受贴图控制的折射率值总是在 1（空气中的折射率）和设置的折射率值之间变化。例如，设置折射率的值为 3，并且使用黑白噪波贴图控制折射率，则对象渲染时的折射率会在 1～3 之间进行设置，高于空气的密度；而相同条件下，设置折射率的值为 0.5 时，对象渲染时的折射率会在 0.5～1 之间进行设置，类似于水下拍摄密度低于水的对象效果。

通常使用【反射/折射】贴图作为折射贴图，只能产生对场景或背景图像的折射表现，如果想反映对象之间的折射表现（如插在水杯中的吸管会发生弯折现象），应使用【光线跟踪】贴图方式或【薄壁折射】贴图方式。

【薄壁折射】贴图方式可以产生类似放大镜的折射效果。

9.4　上机练习

9.4.1　瓷器质感

通过观察生活中的瓷器外表，可以发现它们具有一定的反射效果，因此本例将介绍瓷器质感的制作方法，效果如图 9.53 所示。

图 9.53

01　打开随书附带光盘中的 CDROM | Scene | Cha09 | 瓷器质感.max 文件，如图 9.54 所示，该场景中是一个已经完成了的瓷器模型，但还没有为该模型赋予材质。

02　在场景中选择模型，按【M】键，打开【材质编辑器】窗口，选择一个新的材质样本球，将其命名为“瓷器”，在【Blinn 基本参数】卷展栏中将【环境光】、【漫反射】和【高光反射】的 RGB 值分别设置为 255、255、255，将【自发光】选项组中的【颜色】设置为 50，将【反射高光】选项组中的【高光级别】和【光泽度】分别设置为 30 和 22，将该材质指定给场景中的模型，如图 9.55 所示。

> **注意：**指定【自发光】有两种方式：一种是选择前面的复选框，使用带有颜色的自发光，另一种是禁用该复选框，使用可以调节数值的单一颜色的自发光，对数值的调节可以看做是对自发光颜色的灰度比例进行调节。

> **提示：**该例指定材质后的场景文件为随书附带光盘中的 CDROM | Scene | Cha09 | 瓷器质感 OK.max 文件，读者可以打开该场景文件进行参考。

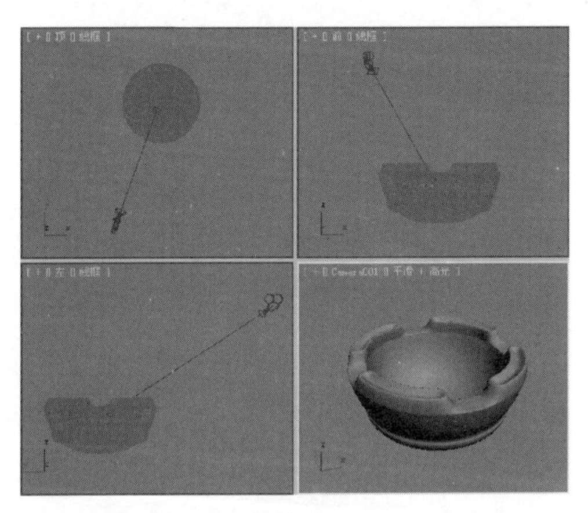

图 9.54

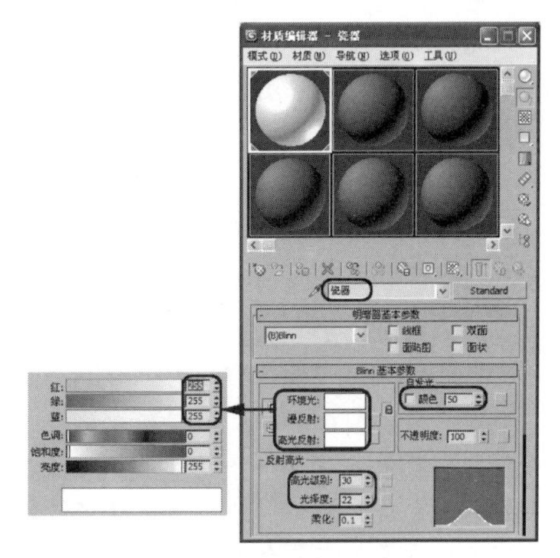

图 9.55

9.4.2　砖墙材质

在建筑效果图中，建筑外装饰材料的表现通常是通过贴图方式进行展现的，这就需要收集和整理日常生活中常用的贴图素材，以便在需要时在【材质编辑器】窗口中对建筑模型进行设置。由于篇幅所限，本实例只是简单地介绍砖墙贴图的设置，希望读者能够通过对本例的学习，制作出更加真实精美的效果图，本例最终效果如图 9.56 所示。

图 9.56

01　打开随书附带光盘中的 CDROM | Scene | Cha09 | 砖墙.max 文件，如图 9.57 所示，从图中可以看到墙体对象是一个灰色的墙体，没有任何的材质贴图。按【H】键，弹出【从场景选择】对话框，选择“墙体”对象，最后单击【确定】按钮，如图 9.58 所示。

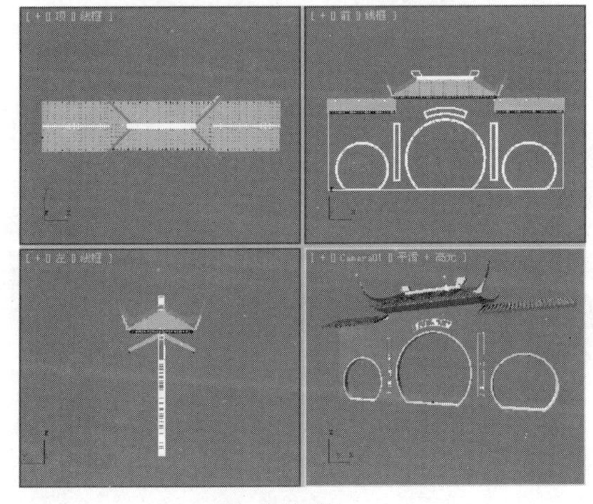

图 9.57

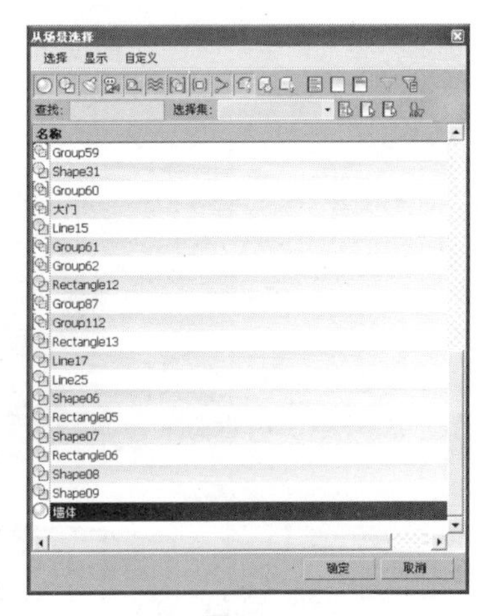

图 9.58

> **提示：** 在【从场景选择】对话框中关于当前场景元素名称的排列有一个规律，用户可以根据此规律对场景元素进行命名，如：
>
> ①在【从场景选择】对话框中，系统将会把以 0～9 的数字为前缀名称的对象元素排列在这个名称列表的前面部分。
>
> ②同样，在【从场景选择】对话框中系统也可以通过区分大小写将对象元素按顺序排列，通常大写字母要排列在小写字母的前面，而全部为小写拼写的字母则排列在最后。
>
> ③如果当前场景中有一个或数个成组的对象，那么在【从场景选择】对话框中系统同样也会按照几个成组对象名称的大小写顺序来进行排列，并且将其排列在列表的前面部分。
>
> ④将当前所创建的对象按照所在场景和位置的不同进行归类，诸如所有在当前场景中的对象在其名称前都一律加上“桌腿或桌面”；这样，当整个场景中的对象过多而无法使用鼠标在视口中直接选取时，可采用【从场景选择】对话框进行选择，而这样命名，会使用户在选择时更加方便于在某个类别中选择自己所要选择的对象。

02 在工具栏中单击【材质编辑器】按钮，打开【材质编辑器】窗口。选择一个新的材质样本球，并将当前材质命名为“墙体”。在【贴图】卷展栏中单击【漫反射颜色】通道后面的 None 按钮，弹出【材质/贴图浏览器】对话框，选择【位图】贴图，单击【确定】按钮，在弹出的对话框中选择随书附带光盘中的 CDROM｜Map｜BR027.jpg 文件，单击【打开】按钮，此时进入位图贴图层级。将【坐标】卷展栏中【瓷砖】下的 U、V 值分别设置为 22 和 10。单击【转到父对象】按钮，返回父材质层级，最后单击【将材质指定给选定对象】按钮，将材质指定给场景中的“墙体”对象，如图 9.59 所示。

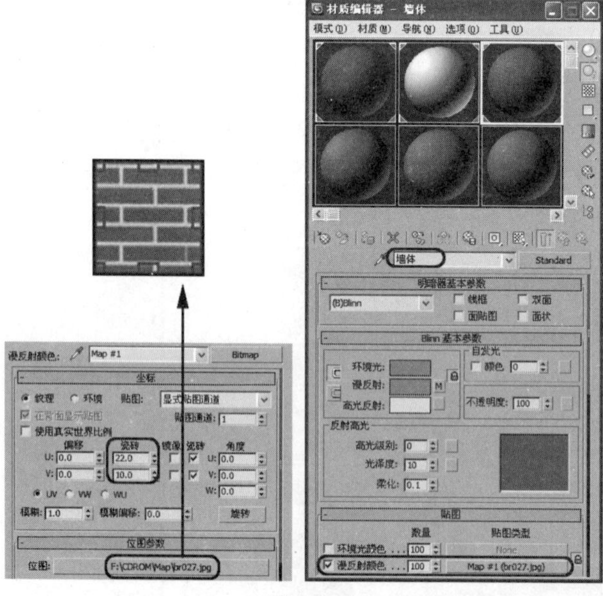

图 9.59

> **提示：** 该例指定材质后的场景文件为随书附带光盘中的 CDROM｜Scene｜Cha09｜砖墙 OK.max 文件，读者可以打开该场景文件进行参考。

9.4.3　木制水桶材质

木纹质感的应用比较广泛，但大多集中在室内效果图中，如木制餐具、室外栅栏、木制桌椅和木制水桶等，如图 9.60 所示。本实例将讲解如何才能逼真地表现出木纹质感。

图 9.60

01　打开随书附带光盘中的 CDROM | Scene | Cha09 | 木质水桶.max 文件，如图 9.61 所示，该场景是指定材质前的场景模型。

02　按【H】键，弹出【从场景选择】对话框，选择“桶底”和“桶身”对象，然后单击【确定】按钮，如图 9.62 所示。

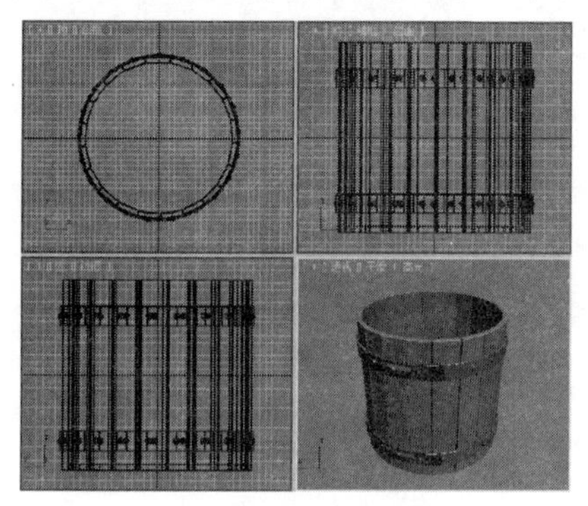

图 9.61

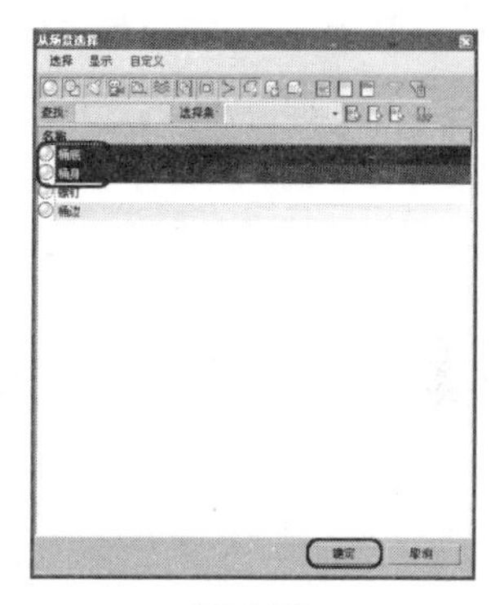

图 9.62

03　在工具栏中单击【材质编辑器】按钮，打开【材质编辑器】窗口，选择一个新的材质样本球，将其命名为“木质”，在【贴图】卷展栏中单击【漫反射颜色】通道后的 None 按钮，在弹出的对话框中选择【位图】贴图，打开随书附带光盘中的 CDROM | Map | 木材-005.jpg 文件，返回父级面板，将【凹凸】后面的【数量】设置为 200，单击后面的 None 按钮，在弹出的对话框中选择【位图】贴图，打开随书附带光盘中的 CDROM | Map | 木材-005 凹凸.jpg 文件，将该材质指定给场景中的选定对象，如图 9.63 所示。

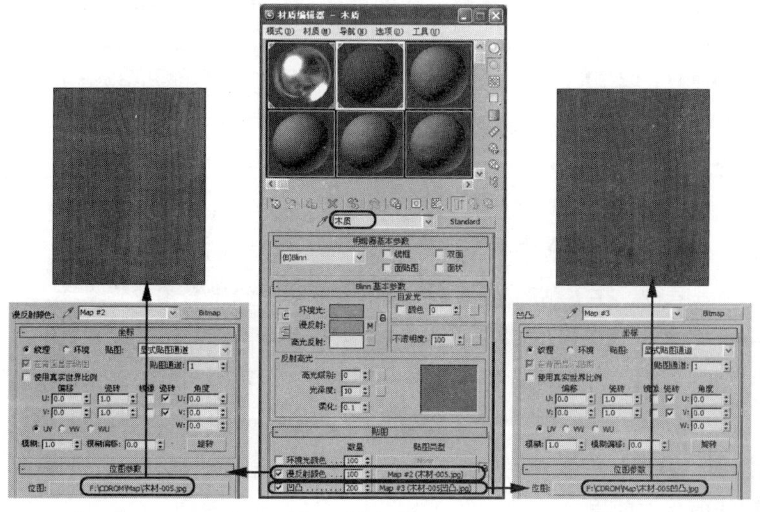

图 9.63

> **提示：** 该例指定材质后的场景文件为随书附带光盘中的 CDROM | Scene | Cha09 | 木质水桶 OK.max 文件，读者可以打开该场景文件进行参考。

9.4.4 大理石地面质感

大理石质感在室内效果图中较为常见，诸如公共空间中酒店大堂的地面、餐厅中的地面，以及家居效果图中的地面等采用的都是大理石。在本实例中将以一个室内效果图的大理石地面为例来讲解大理石质感的表现，如图 9.64 所示。

图 9.64

01 打开随书附带光盘中的 CDROM | Scene | Cha09 | 大理石地面.max 文件，如图 9.65 所示。按【H】键或单击工具栏中的【按名称选择】按钮，在弹出的【从场景选择对象】对话框中选择"地板"对象，然后单击【确定】按钮，如图 9.66 所示。

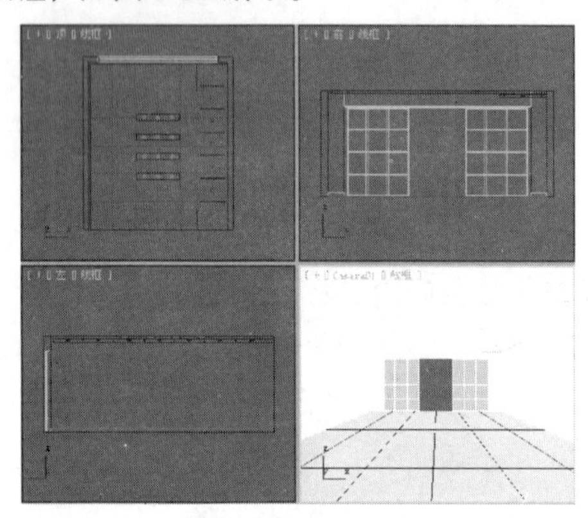

图 9.65

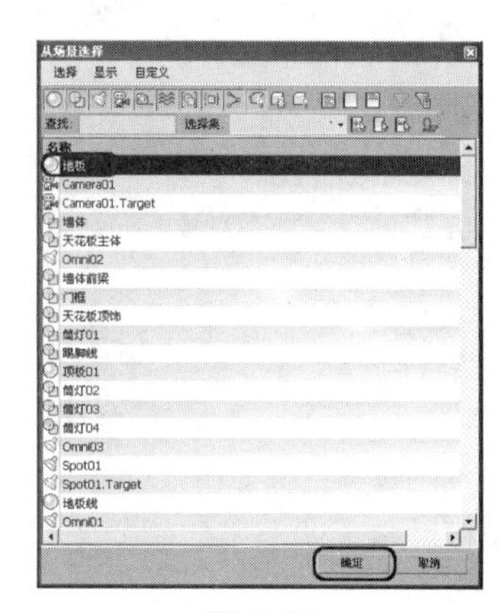

图 9.66

02 打开【材质编辑器】窗口，选择一个新的材质样本球，将其命名为"地面"，在【Blinn 基本参数】卷展栏中将【环境光】和【漫反射】的 RGB 值设置为 255、251、212。展开【贴图】卷展栏，将【漫反射颜色】的【数量】设置为 80，然后单击其后的 None 按钮，并在弹出的【材质/贴图浏览器】对话框中选择【位图】贴图，单击【确定】按钮。在弹出的对话框中选择随书附带光盘中的 CDROM | Map | B0000570.jpg 文件，然后单击【打开】按钮，打开位图文件，进入位图材质层级。在【位图参数】卷展栏中选择【裁减/放置】选项组中的【应用】复选框，并单击【查看图像】按钮，在弹出的【指定裁减/放置】对话框中按照图 9.67 所示进行设置。单击【转到父对象】按钮，返回父材质层级。在【贴图】卷展栏中将【反射】的【数量】设置为 20，并单击其后的 None 按钮，在弹出的【材质/贴图浏览器】对话框中选择【平面镜】贴图，并单击【确定】按钮。进入平面镜材质层级，在【平面镜参数】卷展栏中选择【应用于带 ID 的面】复选框。在【材质编辑器】窗口中单击【将材质指定给选定对象】按钮，将设置好的材质指定给当前选择物体。

03 激活摄影机视图，在菜单栏中选择【渲染】|【渲染】命令，对【摄像机】视图进行渲染，得到如图 9.64 所示的效果。

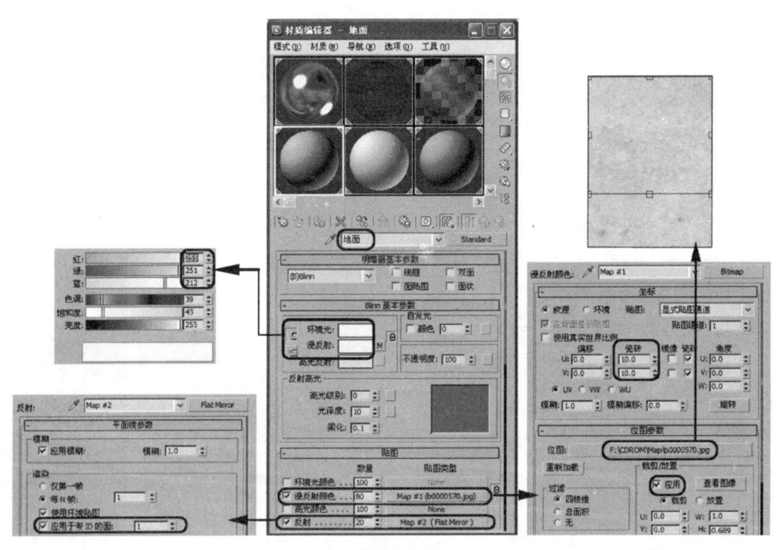

图 9.67

04　完成制作后，选择应用程序｜【保存】命令对文件进行保存。

> 提示：该例指定材质后的场景文件为随书附带光盘中的 CDROM｜Scene｜Cha09｜大理石地面 OK.max 文件，读者可以打开该场景文件进行参考。

9.4.5　金黄色金属材质

本例讲解一个金黄色金属构件材质的调试，最终效果如图 9.68 所示。

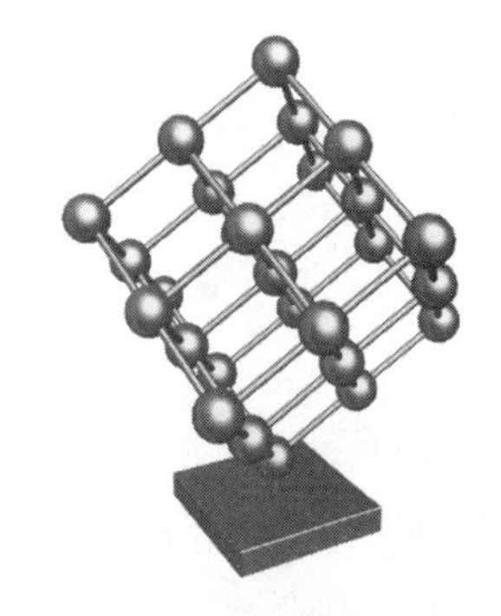

图 9.68

01　打开随书附带光盘中的 CDROM｜Scene｜Cha09｜金黄色金属材质.max 文件，如图 9.69 所示。

02　在工具栏中单击【材质编辑器】按钮，打开【材质编辑器】窗口，选择第一个材质样本球，将其命名为“金属”，将明暗器基本类型定义为【金属】，在【金属基本参数】卷展栏中将【环境光】的 RGB 值设置为 0、0、0；将【漫反射】的 RGB 值设置为 255、235、121；在【反射高光】选项组中将【高光级别】和【光泽度】分别设置为 80 和 65；在【贴图】卷展栏中将【反射】后面的【数量】设置为 50，然后单击其后的 None 按钮，在弹出的对话框中选择【位图】贴图，打开随书附带光盘中的 CDROM｜Map｜Gold05.jpg 文件；在【坐标】卷展栏中将【瓷砖】下的 U、V 值分别设置为 0.4 和 0.1，将该材质指定给场景中的金属物件，如图 9.70 所示。

03　激活摄影机视图，在菜单栏中选择【渲染】｜【渲染】命令，得到如图 9.68 所示的效果。

04　在完成制作后，选择应用程序｜【保存】命令对文件进行保存。

> 提示：该例指定材质后的场景文件为随书附带光盘中的 CDROM｜Scene｜Cha09｜金黄色金属材质 OK.max 文件，读者可以打开该场景文件进行参考。

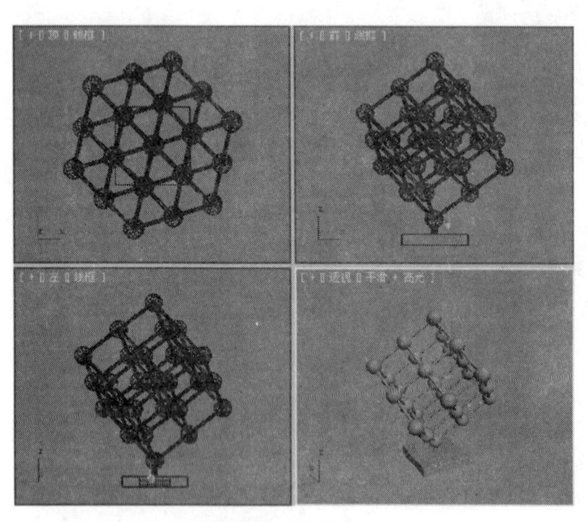
图 9.69

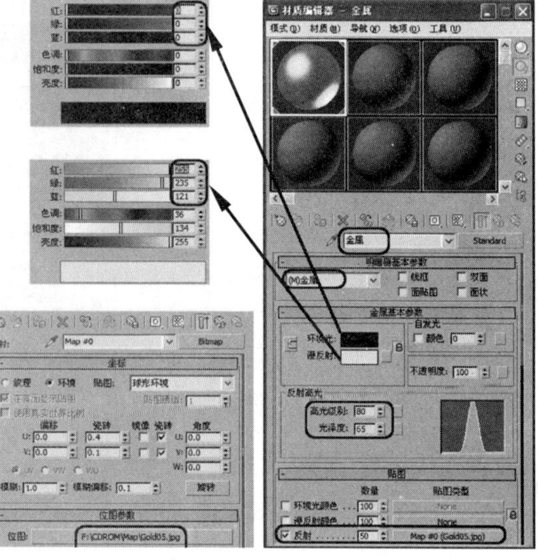
图 9.70

9.4.6 不锈钢质感

在日常工作及生活中，不锈钢质感也随处可见，如在吃饭时常用的勺子、切水果时用的刀子等，在本节中将介绍通过改变材质参数来制作不锈钢日常金属的制作方法，如图 9.71 所示。

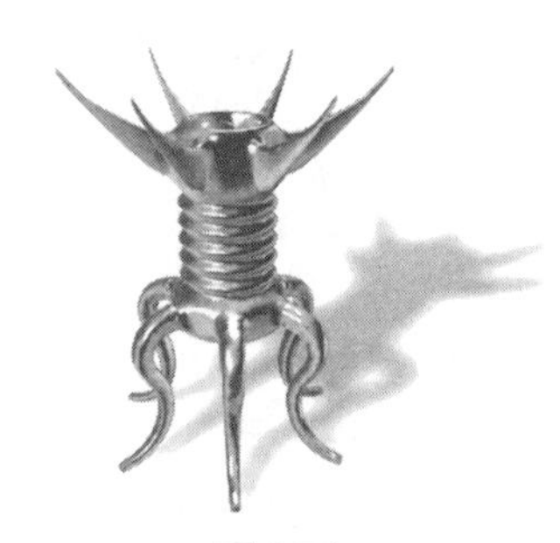
图 9.71

01 打开随书附带光盘中的 CDROM | Scene | Cha09 | 不锈钢质感.max 文件，如图 9.72 所示，按【H】键，在弹出的【从场景选择】对话框中选择“金属物件”对象，然后单击【确定】按钮，如图 9.73 所示。

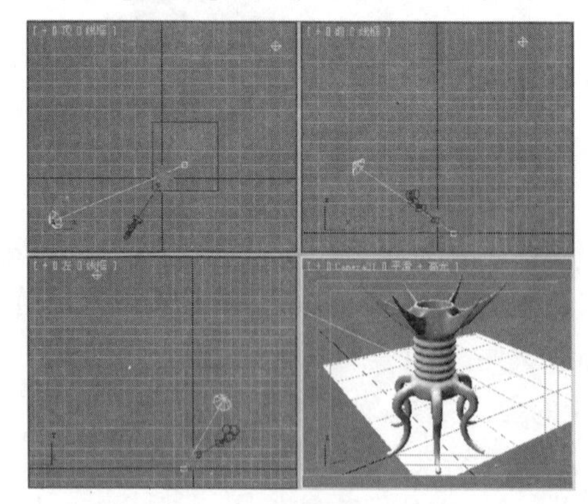
图 9.72

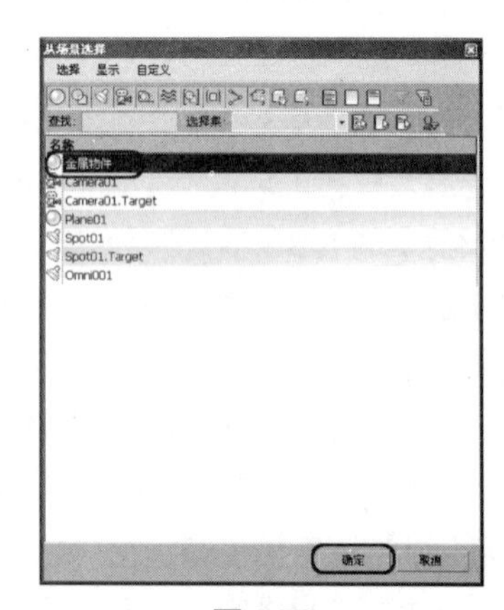

图 9.73

02 在工具栏中单击【材质编辑器】按钮，打开【材质编辑器】窗口。激活第一个材质样本球，并将其命名“不锈钢”，在【明暗器基本参数】卷展栏中将阴影模式定义为【金属】。在【金

属基本参数】卷展栏中将【环境光】的 RGB 值设置为 0、0、0，将【漫反射】的 RGB 值设置为 255、255、255。将【反射高光】选项组中的【高光级别】和【光泽度】分别设置为 100 和 86。展开【贴图】卷展栏，将【反射】后面的【数量】设置为 8，单击【反射】通道后的 None 按钮，在弹出的【材质/贴图浏览器】对话框中选择【光线跟踪】贴图，单击【确定】按钮，单击【背景】选项组中的贴图按钮，再在弹出的对话框中打开随书附带光盘中的 CDROM | Map | Gold04B.JPG 文件，单击【打开】按钮，打开位图文件。进入位图贴图层级，并在【坐标】卷展栏中将【瓷砖】下的 U、V 值分别设置为 0.4 和 0.1。返回主级面板，在【贴图】卷展栏中将【折射】后的【数量】设置为 80，然后单击后面的 None 按钮，打开随书附带光盘中的 CDROM | Map | Gold04B.jpg 文件，将【瓷砖】下的 U、V 值分别设置为 0.6 和 0.5，将该材质指定给场景中的选择对象，如图 9.74 所示。

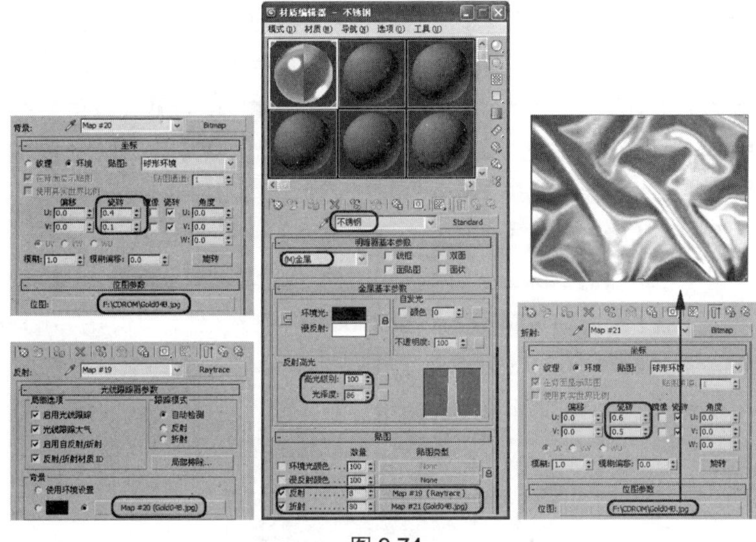

图 9.74

提示：该例指定材质后的场景文件为随书附带光盘中的 CDROM | Scene | Cha09 | 不锈钢质感 OK.max 文件，读者可以打开该场景文件进行参考。

9.4.7 砂砾金属质感

本例将介绍一个砂砾金属质感材质的设置方法，其最终效果如图 9.75 所示。

图 9.75

01 打开随书附带光盘中的 CDROM | Scene | Cha09 | 砂砾金属质感.max 文件，如图 9.76 所示。按【H】键，在弹出的【从场景选择】对话框中选择“灯帽”、“装饰球”、“把手”、“把手装饰”、“弯头”和“灯底座”对象，然后单击【确定】按钮，如图 9.77 所示。

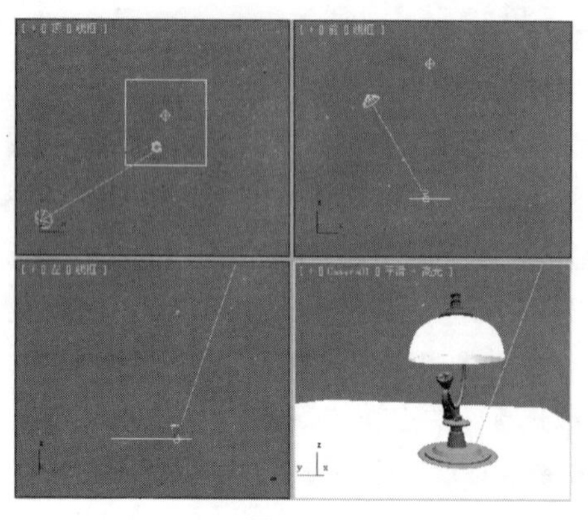

图 9.76

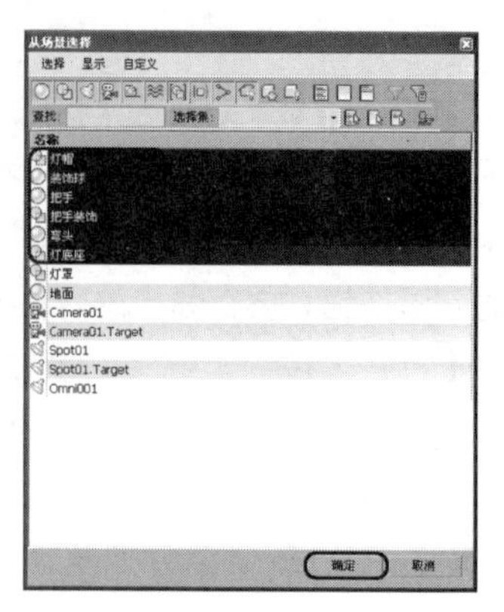

图 9.77

02 在工具栏中单击【材质编辑器】按钮，打开【材质编辑器】窗口。激活第一个材质样本球，并将其命名“砂砾金属”，在【明暗器基本参数】卷展栏中将阴影模式定义为【金属】。在【金属基本参数】卷展栏中将【环境光】的 RGB 值设置为 0、0、0，将【漫反射】的 RGB 值设置为 255、205、0，将【反射高光】选项组中的【高光级别】和【光泽度】分别设置为 100 和 70。在【贴图】卷展栏中，将【凹凸】后的【数量】设置为 50，然后单击其后的 None 按钮，在弹出的对话框中选择【噪波】贴图，在【噪波参数】卷展栏中将【大小】设置为 5，返回上级面板，在【贴图】卷展栏中单击【反射】通道后的 None 按钮，在弹出的对话框中选择【位图】贴图，再在弹出的对话框中打开随书附带光盘中的 CDROM｜Map｜Gold04B.JPG 文件，单击【打开】按钮，在【坐标】卷展栏中将【模糊偏移】设置为 0.09，设置完成后单击【将材质指定给选定对象】按钮，将当前材质指定给场景中选择的对象，如图 9.78 所示。

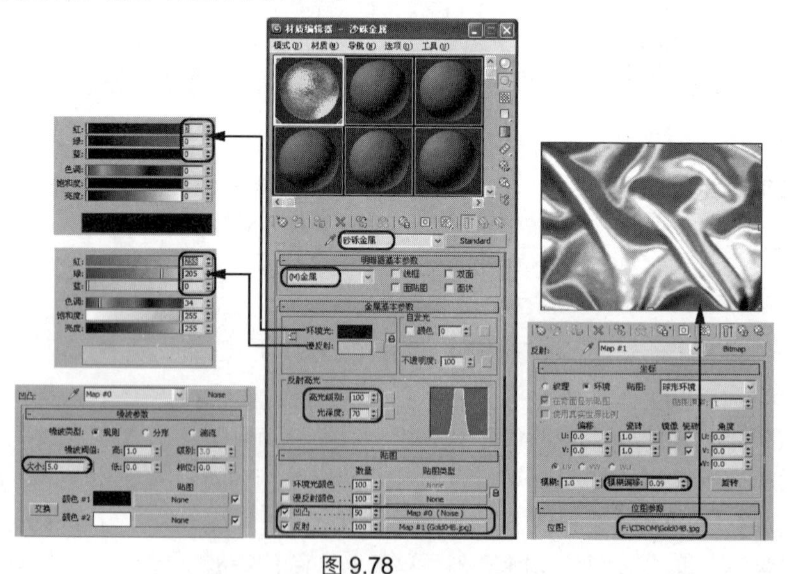

图 9.78

提示：该例指定材质后的场景文件为随书附带光盘中的 CDROM｜Scene｜Cha09｜砂砾金属质感 OK.max 文件，读者可以打开该场景文件进行参考。

9.4.8 镂空效果的调试

本例将介绍镂空材质的制作方法，其效果如图 9.79 所示。首先通过为【不透明】通道添加【渐变坡度】贴图来表现镂空效果，再通过【反射】贴图通道来设置镂空的质感。在设置【不透明度】通道后的渐变参数时，需要将渐变类型设置【径向】，然后调整色标的位置并设置它的颜色。

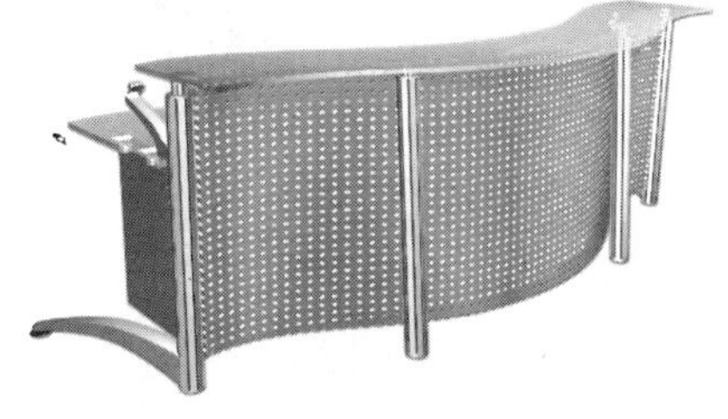

图 9.79

01 打开随书附带光盘中的 CDROM｜Scene｜Cha09｜镂空效果.max 文件，如图 9.80 所示。按【H】键，在弹出的【从场景选择】对话框中选择“前台”对象，然后单击【确定】按钮，如图 9.81 所示。

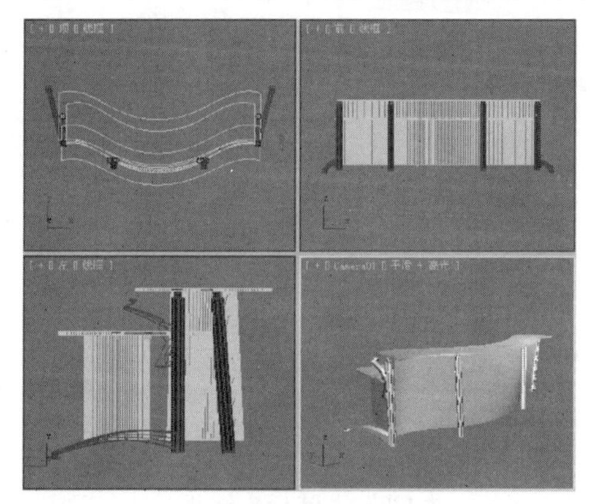

图 9.80

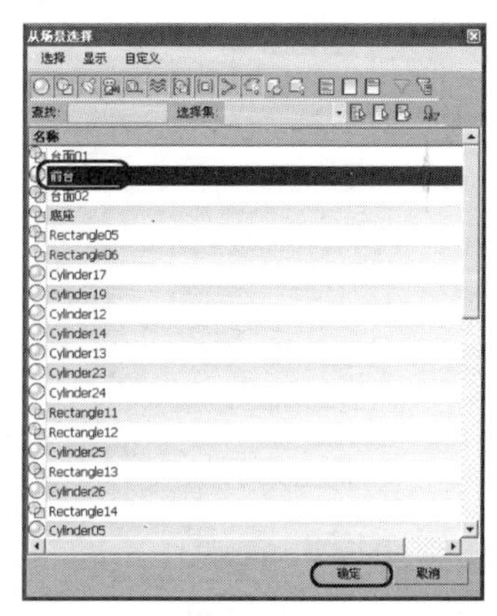

图 9.81

02 在工具栏中单击【材质编辑器】按钮，打开【材质编辑器】窗口。选择一个新的材质样本球，并将其命名“前台”，在【明暗器基本参数】卷展栏中将阴影模式定义为【金属】。在【金属基本参数】卷展栏中将【环境光】的 RGB 值设置为 0、0、0，将【漫反射】的 RGB 值设置为 255、255、255。将【反射高光】选项组中的【高光级别】和【光泽度】分别设置为 80 和 100。展开【贴图】卷展栏，单击【不透明度】贴图通道后的 None 按钮，在弹出的【材质/贴图浏览器】对话框中选择【渐变坡度】贴图，单击【确定】按钮。进入渐变坡度材质层级，在【坐标】卷展栏中将【瓷砖】下的 U、V 值分别设置为 70 和 30；展开【渐变坡度参数】卷展栏，将【渐变类型】定义为【径向】，并将其颜色轴上中间色标的 RGB 值设置为 255、255、255，然后将其位置移动至 39 处。展开【贴图】卷展栏，单击【反射】通道后的 None 按钮，在弹出的【材质/贴图浏览器】对话框中选择【位图】贴图，单击【确定】按钮。再在弹出的对话框中打开随书附带光盘中的 CDROM｜Map｜HOUSE.jpg 文件，单击【打开】按钮，打开位图文件。进入位图贴图层级，并在【坐标】卷展栏中将【模糊偏移】设置为 0.2。单击【转到父对象】按钮，返回父材质层级，单击【将材质指定给选定对象】按钮，将当前材质指定给场景中选择的对象，如图 9.82 所示。

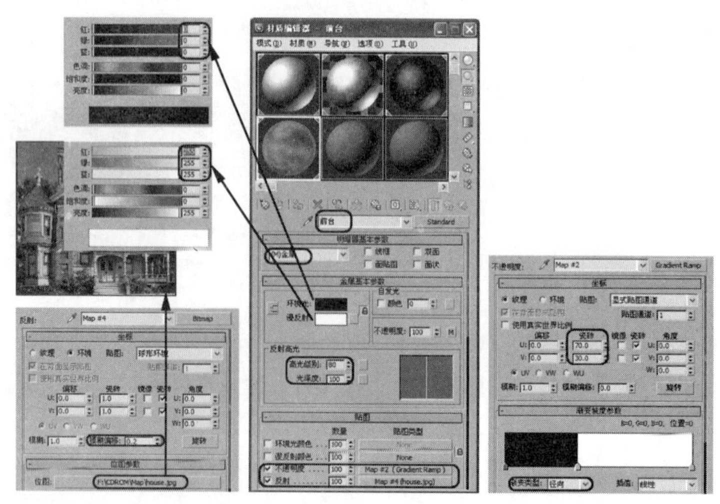

图 9.82

03　激活摄影机视图，在菜单栏中选择【渲染】|【渲染】命令，对摄影机视图进行渲染，即可得到一个很逼真的效果。

04　完成制作后，选择应用程序 |【保存】命令对文件进行保存。

> **提示：** 该例指定材质后的场景文件为随书附带光盘中的 CDROM | Scene | Cha09 | 镂空效果 OK.max 文件，读者可以打开该场景文件进行参考。

9.4.9　丝网质感的表现

本例将介绍丝网材质的制作方法，其效果如图 9.83 所示。本例首先使用【线框】来表现丝网的效果，然后再通过【自发光】颜色设置丝网的质感。

01　打开随书附带光盘中的 CDROM | Scene | Cha09 | 丝网质感.max 场景文件，如图 9.84 所示。

图 9.83

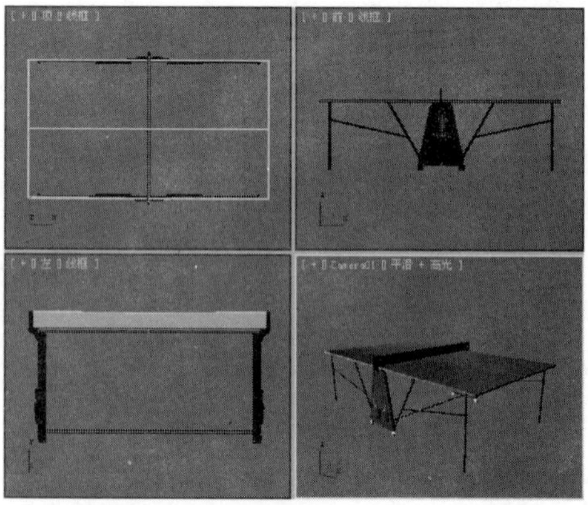

图 9.84

02　按【H】键，在弹出的【从场景选择】对话框中选择“丝网”对象，然后单击【确定】按钮，如图 9.85 所示。

03 在工具栏中单击【材质编辑器】按钮，打开【材质编辑器】窗口。选择第一个材质样本球，并将其命名“丝网”，在【明暗器基本参数】卷展栏中将阴影模式定义为 Blinn，并选择【线框】复选框。在【Blinn 基本参数】卷展栏中将【环境光】和【漫反射】的 RGB 值均设置为 255、255、255。将【自发光】区域下【颜色】设置为 100，如图 9.86 所示。

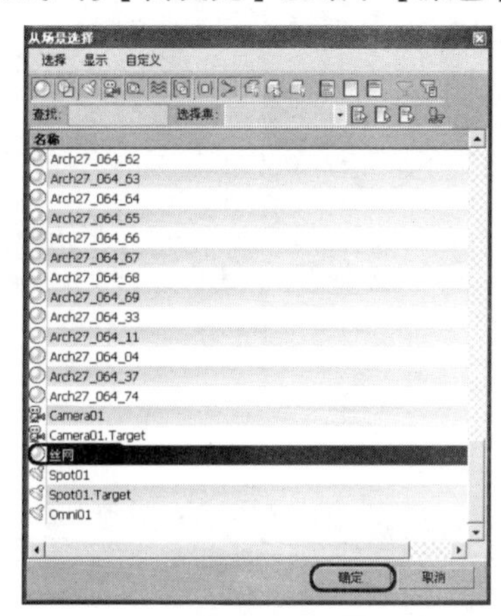

图 9.85

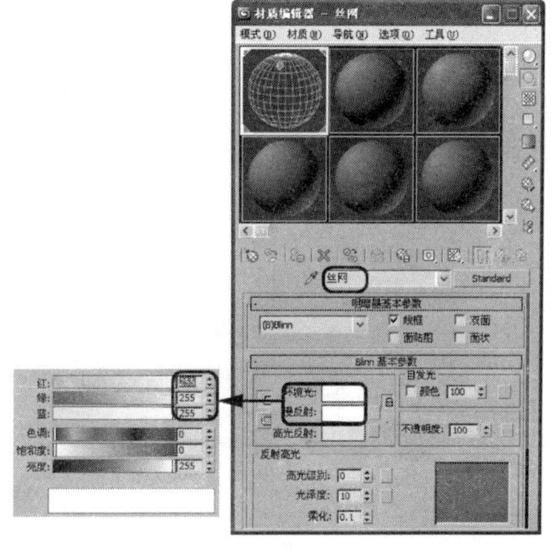

图 9.86

提示：该例指定材质后的场景文件为随书附带光盘中的 CDROM | Scene | Cha09 | 丝网质感 OK.max 文件，读者可以打开该场景文件进行参考。

9.4.10 室内装饰玻璃的表现

本例将介绍玻璃的制作方法，其效果如图 9.87 所示。玻璃的制作与其他材质的制作相比较，是很简单的，但往往效果与真实的玻璃质感相比有很大的出入，原因是什么呢？其实并不是只调整【材质编辑器】窗口中的透明度就等于完成了制作，要模拟真实的玻璃质感，需要各种细节上的把握和调节。在本例中，将通过多维次物体材质及【平面镜】贴图来制作真实的玻璃效果。在为“玻璃”对象指定 ID 材质前，首先为“玻璃”对象设置 ID 面，在选择多边形上下两个面时，不容易将两个面同时选择，此时，应首先在【顶】视图中选择顶部多边形的面，然后将其旋转，再选择底部多边形的面；在设置材质时，注意【材质编辑器】窗口中【不透明度】的参数值。

01 打开随书附带光盘中的 CDROM | Scene | Cha09 | 室内玻璃的表现.max 文件，如图 9.88 所示。按【H】键，在弹出的【从场景选择】对话框中选择“茶几玻璃”对象，然后单击【确定】按钮，如图 9.89 所示。

02 确认“茶几玻璃”对象处于选中状态，单击【修改】按钮，切换到【修改】命令面板，在【可编辑网格】修改器中定义当前选择集为【多边形】，在【顶】视图中选择“茶几玻璃”对象的上下两个面，在【曲面属性】卷展栏中将它们的材质 ID 号设置为 1，如图 9.90 所示。

提示：在选择多边形上下两个面时，不容易将两个面同时选择，因此，应首先在【顶】视图中选择上面的多边形，然后再将【顶】视图转换为【底】视图，在【底】视图中选择下面的多边形。

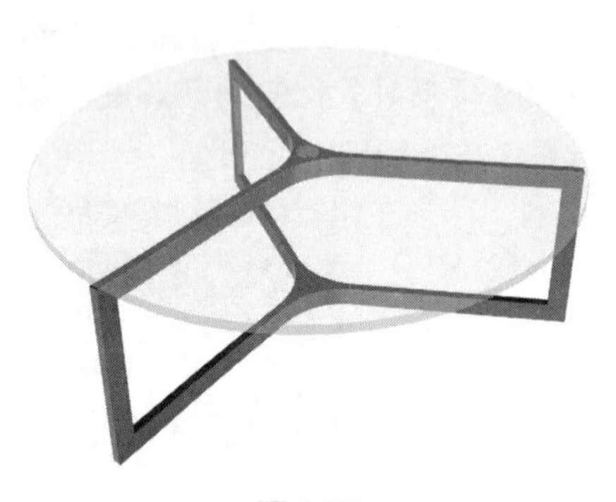

图 9.87

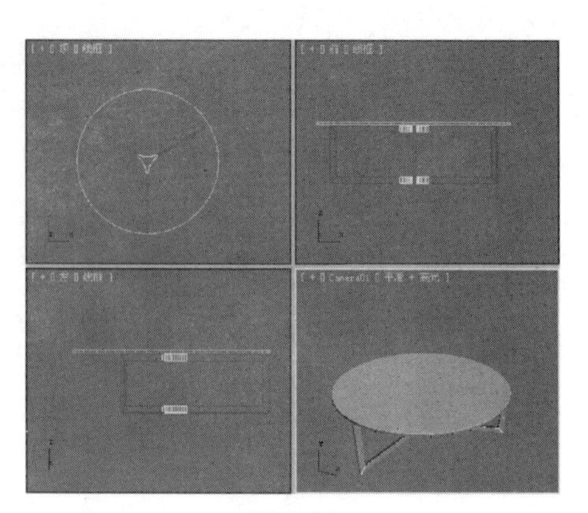

图 9.88

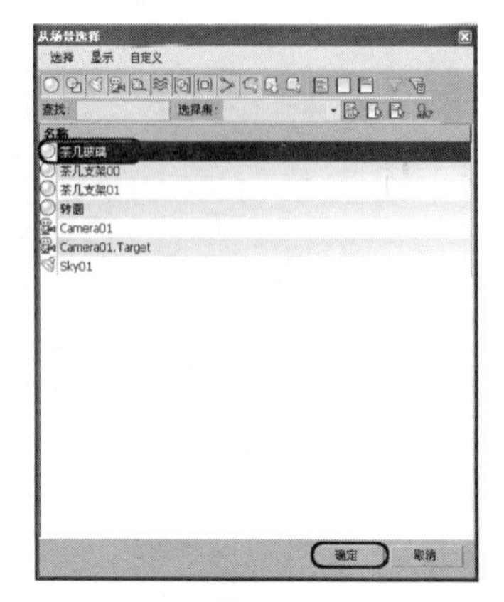

图 9.89

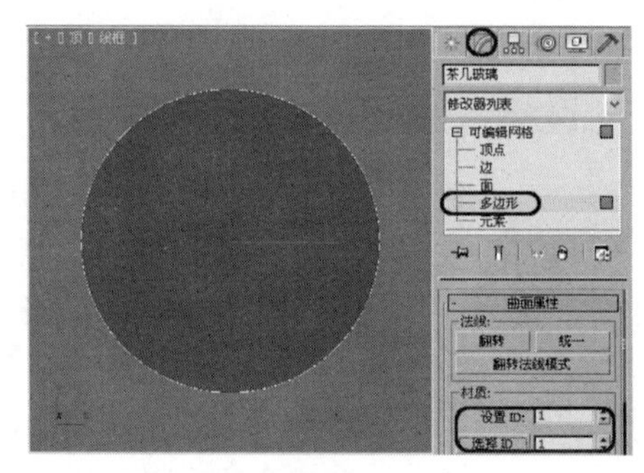

图 9.90

03 在菜单栏中选择【编辑】|【反选】命令，选择圆形边缘的多边形面，在【曲面属性】卷展栏中将它们的材质 ID 号设置为 2，然后关闭当前选择集，如图 9.91 所示。

04 在工具栏中单击【材质编辑器】按钮，打开【材质编辑器】窗口。激活第二个材质样本球，并将其命名“玻璃”，然后单击 Standard 材质类型按钮，在弹出的【材质/贴图浏览器】对话框中选择【多维/子对象】材质，单击【确定】按钮，然后将【材质数量】设置为 2，如图 9.92 所示。

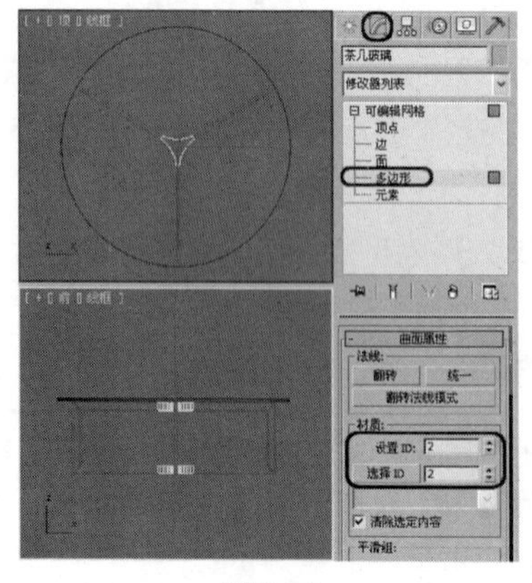

图 9.91

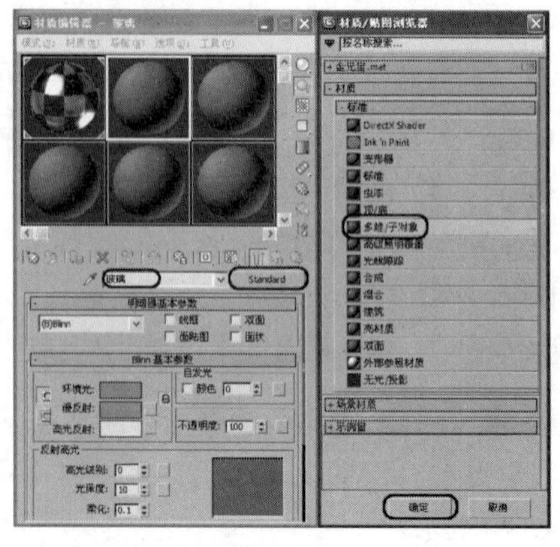

图 9.92

05 接下来进入 ID1 材质，并参照图 9.93 所示设置它的参数。在【明暗器基本参数】卷展栏中将阴影模式定义为 Blinn。在【Blinn 基本参数】卷展栏中将锁定的【环境光】和【漫反射】的 RGB 值设置为 192、204、204，将【反射高光】选项组中的【高光级别】和【光泽度】分别设置为 79 和 10，将【不透明度】设置为 40。展开【贴图】卷展栏，将【反射】通道中的【数量】设置为 20，单击其后的 None 按钮，在弹出的【材质/贴图浏览器】对话框中选择【平面镜】贴图，单击【确定】按钮。在【平面镜参数】卷展栏中选择【应用于带 ID 的面】复选框。单击 ID2 材质后的 None 按钮，进入 2 号材质层级，在【明暗器基本参数】卷展栏中将阴影模式定义为 Blinn。在【Blinn 基本参数】卷展栏中将锁定的【环境光】和【漫反射】的 RGB 值设置为 152、179、183，将【反射高光】选项组中的【高光级别】和【光泽度】分别设置为 43 和 10，将【不透明度】设置为 60。展开【贴图】卷展栏，将【反射】通道中的【数量】设置为 50，单击其后的 None 按钮，在弹出的【材质/贴图浏览器】对话框中选择【平面镜】贴图，单击【确定】按钮。在【平面镜参数】卷展栏中选择【应用于带 ID 的面】复选框。最后单击【转到父对象】按钮，返回父材质层级。并单击【将材质指定给选定对象】按钮，将当前材质指定给场景中的“玻璃”对象。

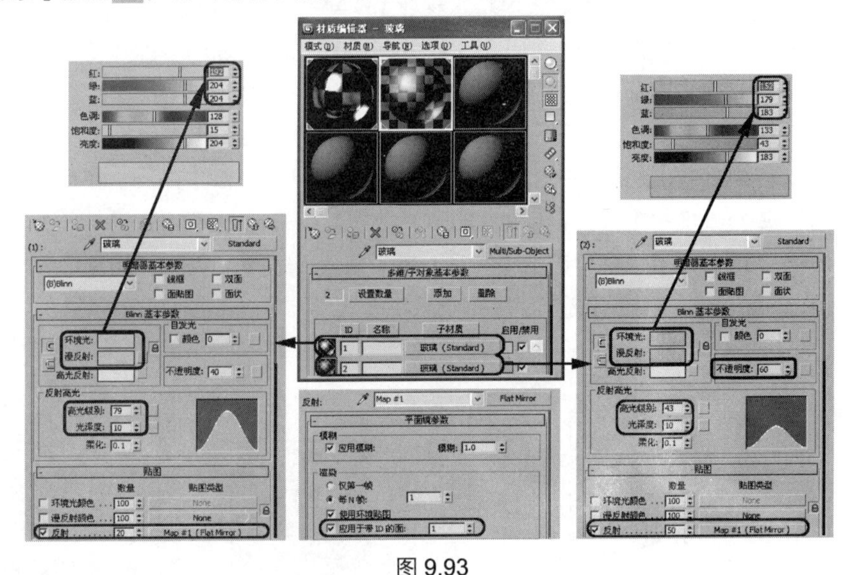

图 9.93

> **提示：** 该例指定材质后的场景文件为随书附带光盘中的 CDROM｜Scene｜Cha09｜室内玻璃的表现 OK.max 文件，读者可以打开该场景文件进行参考。

9.4.11　室内效果图中玻璃的表现

在制作室内效果图时，很多时候需要表现空间中窗户区域的效果，一幅好的效果图之所以逼真，关键在于细节的把握和表现。在该效果中，除了表现窗户和窗口外，还需要将玻璃及透过玻璃后室外的景色一并在图中表现出来。玻璃质感的表现除了表现出它的透明效果之外，还要表现出它的反射效果，这就需要调整【不透明度】参数，并为【反射】通道指定贴图，本例效果如图 9.94 所示。

01 打开随书附带光盘中的 CDROM｜Scene｜Cha09｜室内玻璃.max 场景文件，如图 9.95

所示，然后按【H】键，在弹出的【从场景选择】对话框中选择“窗户玻璃”、“窗户玻璃 01”、“窗户玻璃 02”和“窗户玻璃 03”对象，然后单击【确定】按钮，如图 9.96 所示。

图 9.94

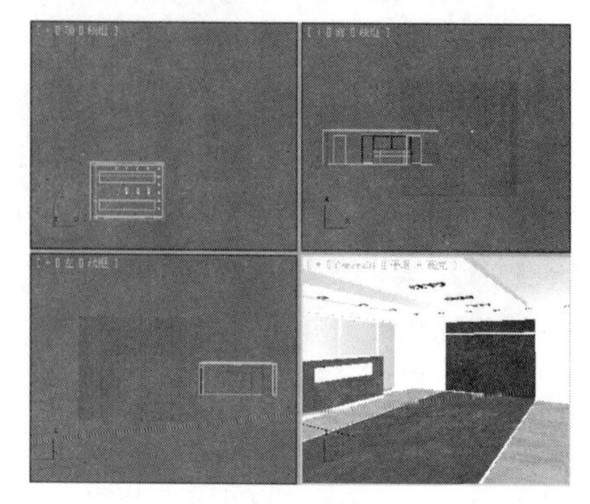

图 9.95

02 在工具栏中单击【材质编辑器】按钮，打开【材质编辑器】窗口。选择一个新的材质样本球，并将其命名为“玻璃”。在【明暗器基本参数】卷展栏中将阴影模式定义为 Blinn，在【Blinn 基本参数】卷展栏中将【环境光】和【漫反射】的 RGB 值设置为 239、241、255；将【反射高光】选项组中的【高光级别】、【光泽度】和【柔化】值分别设置为 100、73 和 0.6；将【自发光】选项组中的【颜色】设置为 20，将【不透明度】设置为 40。展开【贴图】卷展栏，单击【反射】通道后的 None 按钮，在弹出的【材质/贴图浏览器】对话框中选择【位图】贴图，单击【确定】按钮。再在弹出的对话框中打开随书附带光盘中的 CDROM | Map | Ref.jpg 文件，单击【打开】按钮，打开位图文件。进入位图贴图层级。单击【转到父对象】按钮，返回到父材质层级，单击【将材质指定给选定对象】按钮，将当前材质指定给场景中所选的对象，如图 9.97 所示。

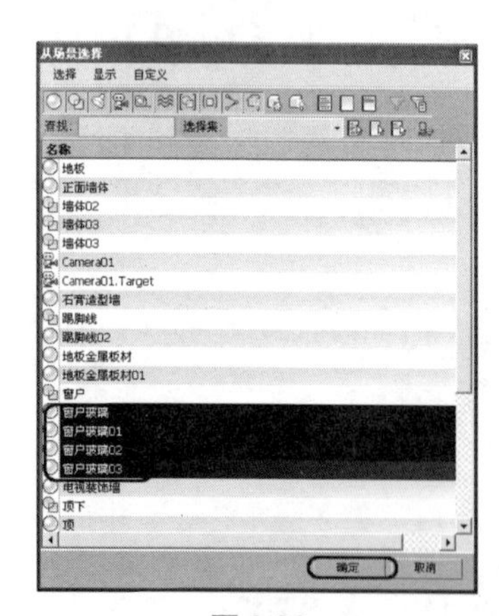

图 9.96

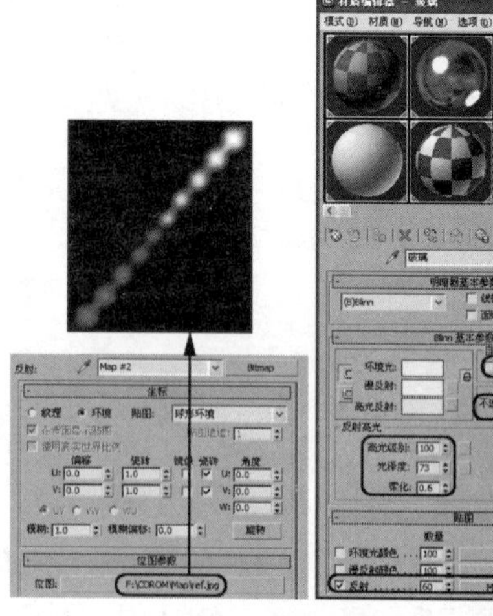

图 9.97

提示： 该例指定材质后的场景文件为随书附带光盘中的 CDROM | Scene | Cha09 | 室内玻璃 OK.max 文件，读者可以打开该场景文件进行参考。

9.4.12　室外效果图中玻璃的表现

室外效果图中玻璃的表现同前面两个练习中的玻璃设置存在着较大的区别，因为在设置室外玻璃时需要考虑到建筑后期的环境及效果的表现，建筑本身的庞大，以及建筑中众多的玻璃幕墙的反射是诸多需要考虑的因素之一。在如图 9.98 所示的效果中，主要以玻璃幕墙为主，在表现建筑的外观效果时，如果在 Photoshop 中添加幕墙的反射效果，是一件非常费时费力的事情；如果直接在玻璃材质的基础上设置反射效果，则在表现效果的基础上同时也会提高工作效率。正门上方的玻璃材质与其他玻璃对象的材质略有不同，前者的采样类型为“正方体”，而后者的采样类型为“球体”，选择合适的几何体有助于更好地预测渲染质量。

图 9.98

01 打开随书附带光盘中的 CDROM | Scene | Cha09 | 室外玻璃材质.max 场景文件，如图 9.99 所示，该场景是一个完成的建筑模型，但玻璃的材质还没有赋予。

02 按【H】键，在弹出的【从场景选择】对话框中选择“玻璃 3M”对象，然后单击【选择】按钮，如图 9.100 所示。

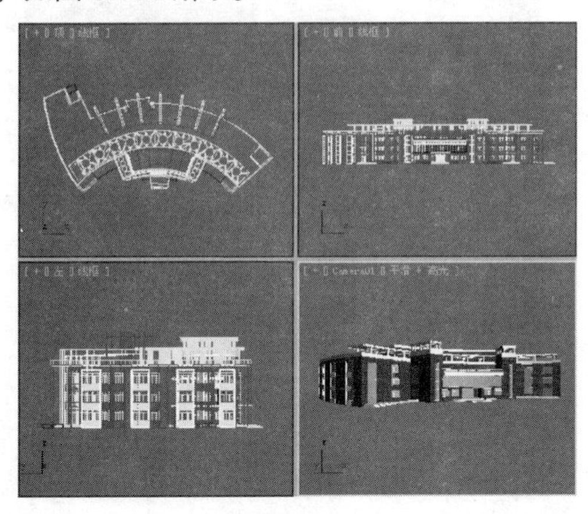

图 9.99

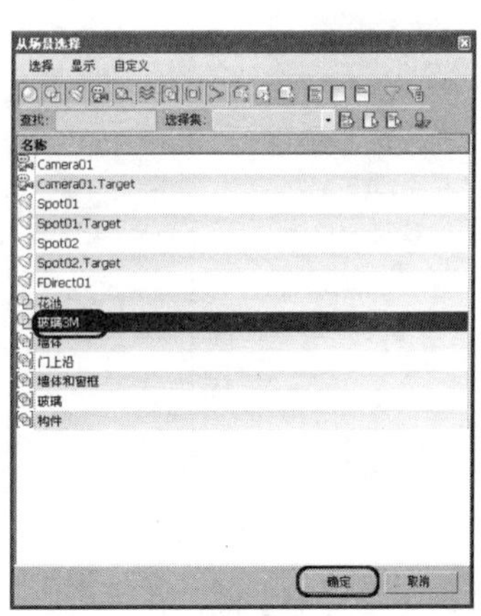

图 9.100

03 在工具栏中单击【材质编辑器】按钮，打开【材质编辑器】窗口。选择第一个材质样本球，并将其命名为“玻璃”。在【明暗器基本参数】卷展栏中将阴影模式定义为【各向异性】，在【各向异性基本参数】卷展栏中将【环境光】的 RGB 值设置为 7、0、1，将【漫反射】的 RGB 值设置为 1、4、0；将【反射高光】选项组中的【高光级别】和【光泽度】分别设置为 161 和 56，将【不透明度】设置为 30。展开【贴图】卷展栏，单击【漫反射颜色】通道后的 None 按钮，在弹出的【材质/贴图浏览器】对话框中选择【遮罩】贴图，单击【确定】按钮，如图 9.101 所示。

> 提示：【各项异性】模式用于控制高光部分的各项异性和形状。值为 0 时，高光形状呈椭圆形；值为 100 时，高光变形为极窄的条状。反光曲线示意图中的曲线用来表示各项异性的变化。
>
> 【遮罩】是使用一张贴图作为罩框，透过它来观看上面的材质效果，罩框图本身的明暗强度将决定透明的程度。

04 进入【遮罩】二级材质设置面板中，首先单击【贴图】通道后的 None 按钮，在弹出的【材质/贴图浏览器】对话框中选择【位图】贴图，单击【确定】按钮。再在弹出的对话框中打开随书附带光盘中的 CDROM | Map | GL007.jpg 文件，单击【打开】按钮，打开位图文件。设置完毕后，选择【转到父对象】按钮，返回【遮罩】层级。单周【遮罩】后的 None 按钮，在弹出的【材质/贴图浏览器】对话框中选择【位图】贴图，单击【确定】按钮。再在弹出的对话框中打开随书附带光盘中的 CDROM | Map | 玻璃网.jpg 文件，单击【打开】按钮，打开位图文件。进入位图贴图层级，并在【坐标】卷展栏中将【瓷砖】下的 U、V 分别设置为 12 和 2。设置完毕后，单击【转到父对象】按钮两次，退回父材质层级中。在【材质编辑器】窗口中单击【将材质指定给选定对象】按钮，将当前材质赋予视口中选择的对象，如图 9.102 所示。

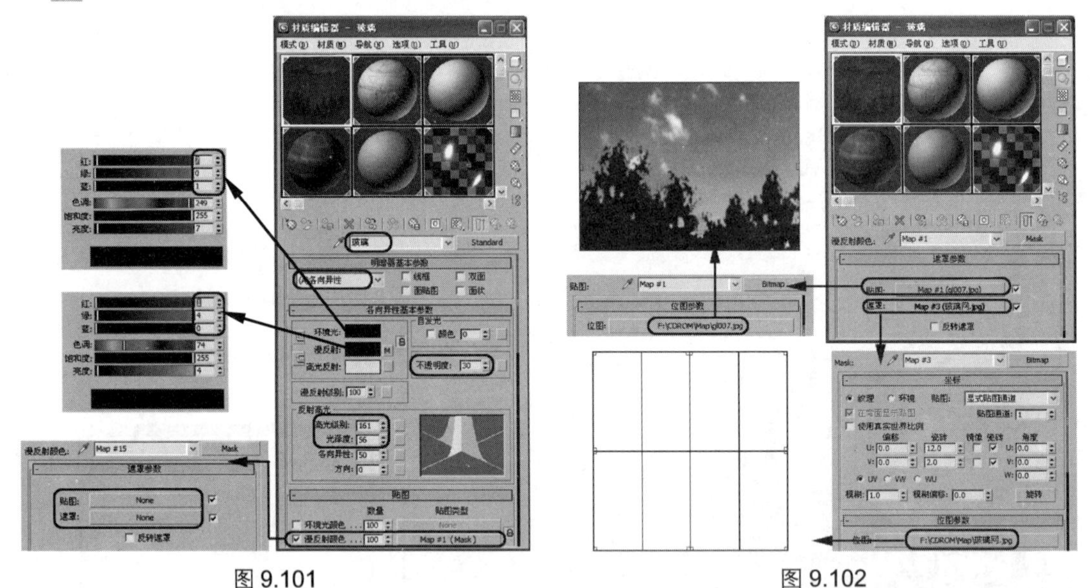

图 9.101　　图 9.102

05 再按【H】键，在弹出的【从场景选择】对话框中选择“玻璃”对象，然后单击【确定】按钮，如图 9.103 所示。

06 在工具栏中单击【材质编辑器】按钮，打开【材质编辑器】窗口。选择一个新的材质样本球，并将其命名为“玻璃 2”。在【明暗器基本参数】卷展栏中将阴影模式定义为【各向异性】。在【各向异性基本参数】卷展栏中将【环境光】的 RGB 值设置为 41、52、83，将【漫反射】的 RGB 值设置为 124、156、250。将【反射高光】选项组中的【高光级别】和【光泽度】分别设置为 139 和 48；将【不透明度】设置为 30。展开【贴图】卷展栏，单击【漫反射颜色】通道后的 None 按钮，在弹出的【材质/贴图浏览器】对话框中选择【位图】贴图，单击【确定】按钮，再在弹出的

对话框中打开随书附带光盘中的 CDROM | Map | GL007.jpg 文件，单击【打开】按钮，打开位图文件，如图 9.104 所示。

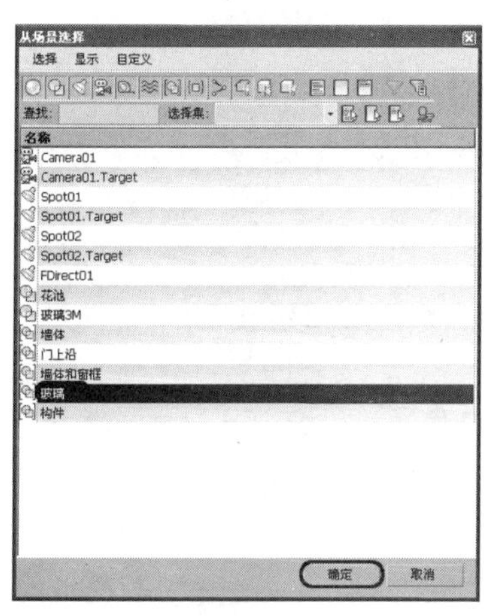

图 9.103

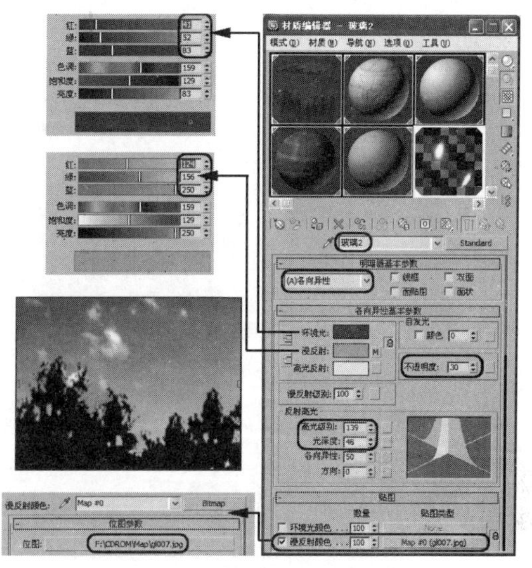

图 9.104

> 提示：该例指定材质后的场景文件为随书附带光盘中的 CDROM | Scene | Cha09 | 室外玻璃材质 OK.max 文件，读者可以打开该场景文件进行参考

9.4.13　多维次物体材质

本例将介绍多维次物体材质的制作方法，在为其指定材质前，首先设置它的 ID 面，然后再通过【多维/子对象】材质来表现路锥的效果。在为对象指定材质前，先设置它的 ID 面，在【材质编辑器】窗口中设置多维次物体的材质时，应与场景中对象的 ID 面相对应。最终的效果如图 9.105 所示。

图 9.105

01　打开随书附带光盘中的 CDROM | Scene | Cha09 | 多维次物体.max 文件，如图 9.106 所示。

02　在场景中选择“路锥 B01”对象，将其转换为【可编辑多边形】，并在修改器堆栈中定义当前选择集为【多边形】，在场景中选择如图 9.107 所示的多边形，并在【多边形：材质 ID】卷展栏中将【材质】选项组中的【设置 ID】设置为 1，如图 9.107 所示。

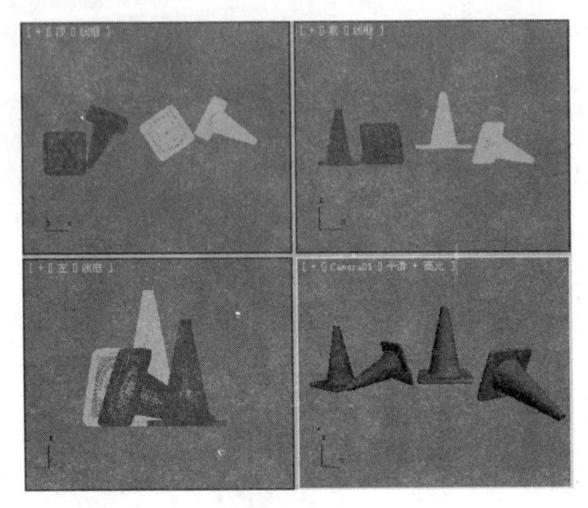

图 9.106

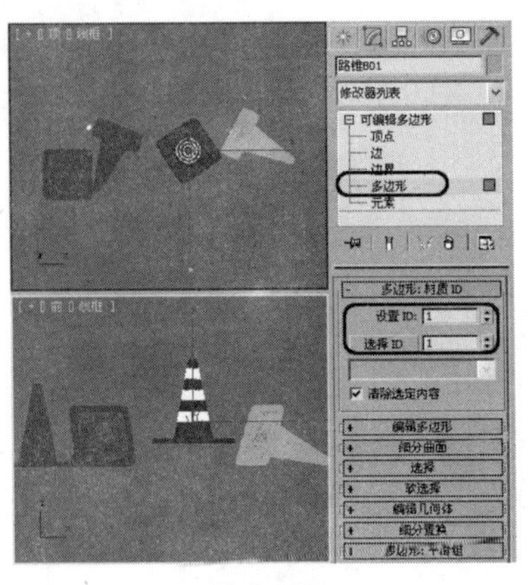

图 9.107

03 在菜单栏中选择【编辑】|【反选】命令，在场景中选择如图 9.108 所示的多边形，并在【多边形：材质 ID】卷展栏中将【材质】选项组中的【设置 ID】设置为 2，如图 9.108 所示。

04 在场景中选择“路锥 B02”对象，将其转换为【可编辑多边形】，并在修改器堆栈中定义当前选择集为【多边形】，在场景中选择如图 9.109 所示的多边形，并在【多边形：材质 ID】卷展栏中将【材质】选项组中的【设置 ID】设置为 1，如图 9.109 所示。

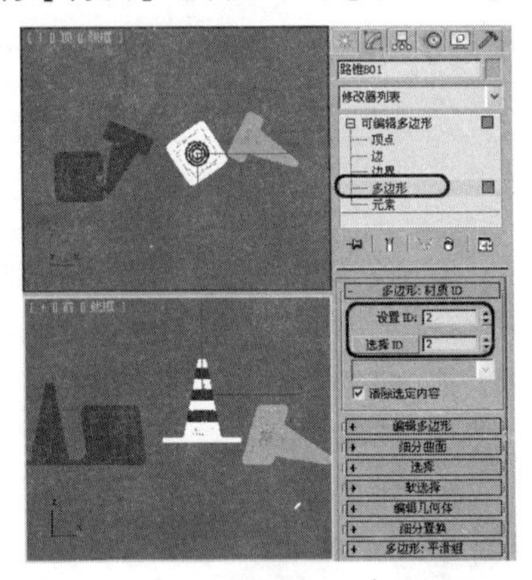

图 9.108

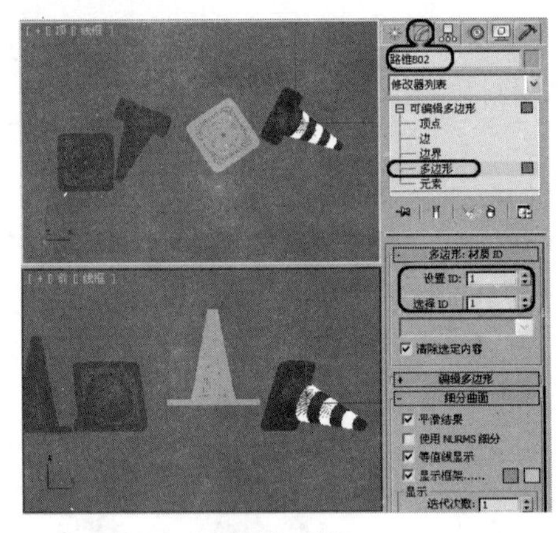

图 9.109

05 在菜单栏中选择【编辑】|【反选】命令，在场景中选择如图 9.110 所示的多边形，并在【多边形：材质 ID】卷展栏中将【材质】选项组中的【设置 ID】设置为 2，如图 9.110 所示。

06 按【H】键，在弹出的【从场景选择】对话框中选择“路锥 B01”和“路锥 B02”对象，然后单击【确定】按钮，如图 9.111 所示。

07 在工具栏中单击【材质编辑器】按钮，打开【材质编辑器】窗口。激活第二个材质样本球，单击材质名称栏右侧的 Standard 按钮，在弹出的【材质/贴图浏览器】对话框中选择【多维/子对象】材质，然后单击【确定】按钮，在【多维/子对象基本参数】卷展栏中单击【设置数量】按钮，在弹出的对话框中将【材质数量】设置为 2，单击【确定】按钮，如图 9.112 所示。

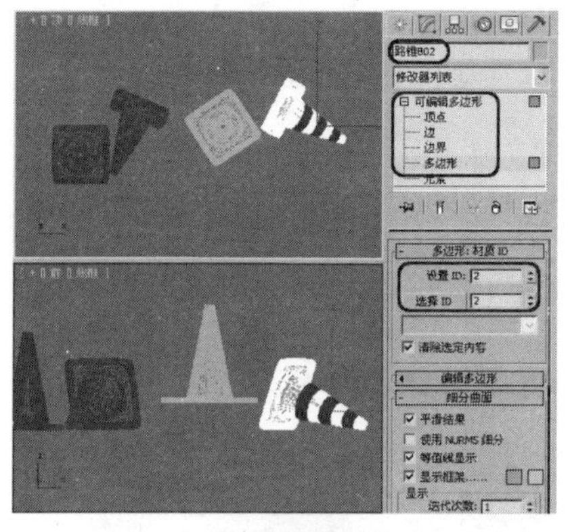

图 9.110

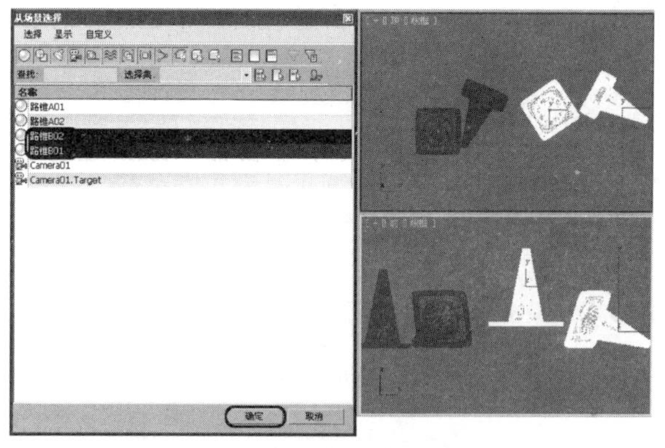

图 9.111

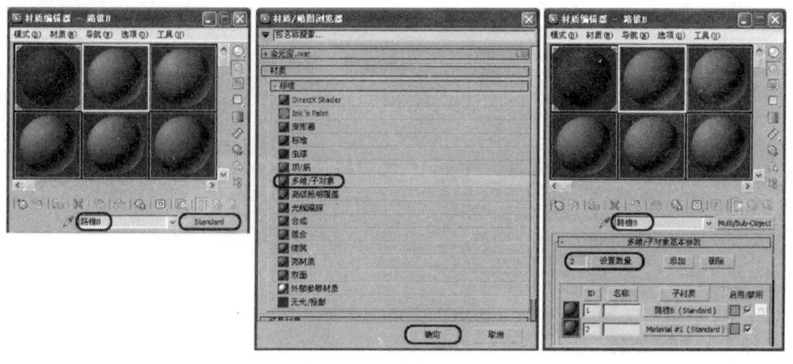

图 9.112

08 单击 1 号材质后面的材质按钮，进入该子级材质层级中。参照图 9.113 所示设置参数，在参数卷展栏中将明暗器阴影模式设置为 Blinn。在【Blinn 基本参数】卷展栏中将【环境光】和【漫反射】的 RGB 值设置为 255、0、0。单击【转到父对象】按钮，返回父材质层级。然后单击 2 号材质后面的材质按钮，进入该子级材质层级中，在参数卷展栏中将明暗模式设置为 Blinn。在【Blinn 基本参数】卷展栏中将【环境光】和【漫反射】的 RGB 值设置为 255、255、255。单击【转到父对象】按钮，返回父材质层级。单击【将材质指定给选定对象】按钮，将当前材质指定给场景中选择的对象。

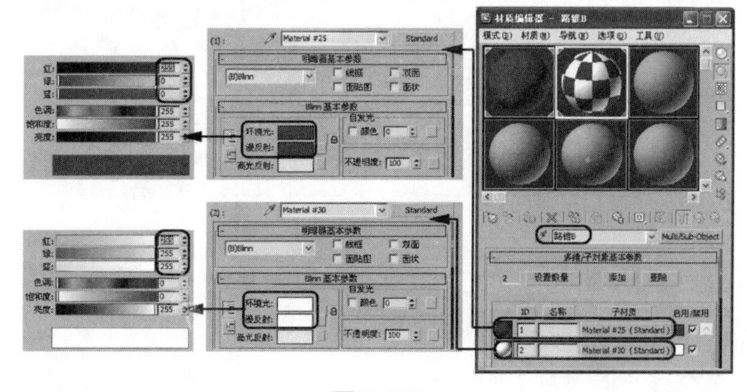

图 9.113

提示：该例指定材质后的场景文件为随书附带光盘中的 CDROM | Scene | Cha09 | 多维次物体 OK.max 文件，读者可以打开该场景文件进行参考。

9.4.14 双面材质——表里不一的包装

本例将介绍双面材质的制作方法，其效果如图 9.114 所示。双面材质可以在物体内外表面分别指定两种不同的材质，并且可以控制它们的透明程度。在图 9.114 中，包装的背面为白色材质，正面为蓝紫色材质，这是一种简单且典型的双面材质，在实际工作中经常会用到该制作方法。双面材质的设置非常简单，使用【环境光】和【漫反射】的 RGB 颜色设置物体的基本色，然后再利用【自发光】选项组中的【颜色】值来表现物体的质感。

01 打开随书附带光盘中的 CDROM | Scene | Cha09 | 双面材质.max 文件，如图 9.115 所示。然后按【Ctrl+A】组合键，选择场景中的所有对象。

图 9.114

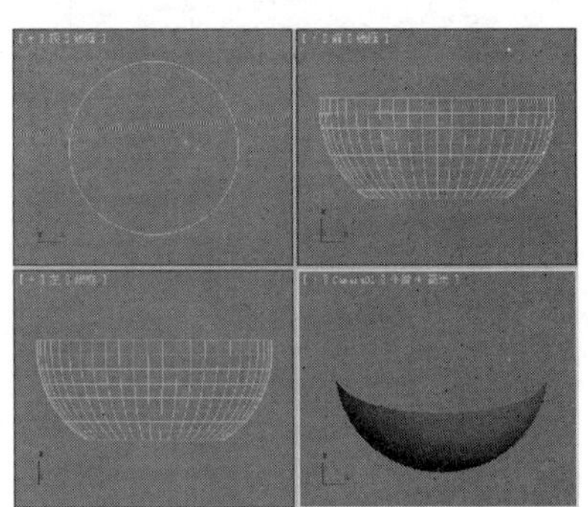

图 9.115

02 在工具栏中单击【材质编辑器】按钮，打开【材质编辑器】窗口，激活第一个材质样本球，并将其命名为“双面材质”，然后单击材质名称栏右侧的 Standard 按钮，在弹出的【材质/贴图浏览器】对话框中选择【双面】材质，然后单击【确定】按钮，如图 9.116 所示。

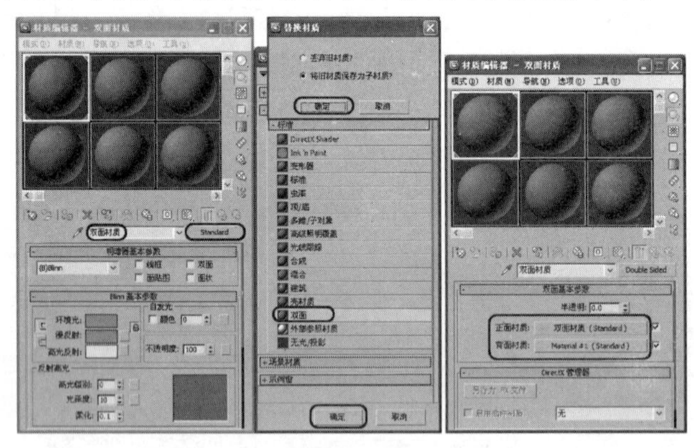

图 9.116

> **提示：**【正面材质】用于设置物体外表面材质。
>
> 【背面材质】用于设置物体内表面的材质。
>
> 【半透明】用来混合【正面材质】和【背面材质】，如果将【半透明】设置为 0，双面材质将一种材质在正面而另一种材质在背面。【半透明】值在 0~50 之间时，将使两边混合，直到值达到 50 为止。当值超过 50 时，混合背面材质多一些，其效果就像是反转了的材质设置。这种效果逐渐增强，直到【半透明】达到 100 时反置材质设置。

03　在【双面基本参数】卷展栏中单击【正面材质】后面的材质按钮，进入正面材质层级，按照如图 9.117 所示的参数进行设置。在【明暗器基本参数】卷展栏中将阴影模式定义为 Blinn。在【Blinn 基本参数】卷展栏中将锁定的【环境光】和【漫反射】的 RGB 值设置为 112、159、255；将【自发光】选项组中的【颜色】设置为 50。单击【转到父对象】按钮，返回父材质层级。单击【背面材质】右侧的条形材质按钮，进入背面材质层级。在【明暗器基本参数】卷展栏中将阴影模式定义为 Blinn。在【Blinn 基本参数】卷展栏中将锁定的【环境光】和【漫反射】的 RGB 值设置为 255、255、255；将【自发光】选项组中的【颜色】设置为 50。

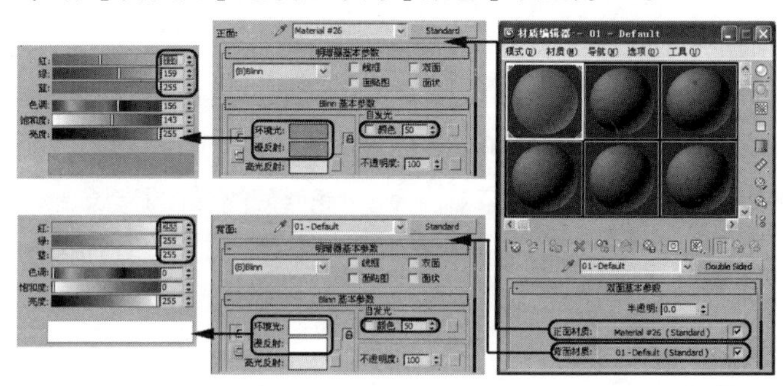

图 9.117

> 提示：该例指定材质后的场景文件为随书附带光盘中的 CDROM | Scene | Cha09 | 双面材质 OK.max 文件，读者可以打开该场景文件进行参考。

9.5　习题

一、填空题

1、(　　　) 材质是 3ds Max 的默认材质。

2、在【材质编辑器】窗口的【明暗器基本参数】卷展栏中，包括 (　　　)、(　　　)、(　　　) 和 (　　　) 4 种材质模式。

3、(　　　) 贴图用于模拟物体对于周围环境的反射和折射。

二、选择题

1、按 (　　) 键，将打开【材质编辑器】窗口。

A、A　　B、L　　C、M　　D、S

2、在制作底板线时，可以选择下面的 (　　) 来表现。

A、面　　B、不透明度　　C、贴图　　D、线框

3、3ds Max 的贴图按照用法、效果等可以分为 (　　) 大类。

A、2　　B、3　　C、6　　D、5

三、简答题

1、明暗器有哪些类型？各有什么特点？

2、简单介绍【光线跟踪】贴图的应用。

3、材质编辑器的核心内容是什么？

4、为不规则曲面赋予贴图坐标时应注意哪些问题？

第 10 章　灯光与摄影机

光存在于我们生活的每一个角度，太阳简单而有效地照亮着这个世界，也因为光的存在让我们时刻都感觉到生命与色彩的存在，你可以想象如果没有光，这个世界将会是一个什么样子。但是在 3ds Max 中，照明却不像现实世界中那样简单，很少有已经建立好的光源。

摄影机是三维世界中必不可少的工具，有效地使用摄影机对整个图像效果或动画的影响都非常大，摄影机的角度、焦距、视图，以及摄影机本身的移动对于任何动画设计来说都非常重要。

本章重点

- 灯光的基本用途与特点
- 建立标准光源
- 效果图中的阴影制作
- 如何创建摄影机
- 通过实例介绍灯光在效果图中的重要性

本章将介绍 3ds Max 2011 中的灯光与摄影机的应用，如何使用灯光与摄影机，使场景产生一种自然、和谐的效果，是本章的目的。

10.1　灯光的基本用途与特点

灯光在 3ds Max 场景制作中发挥着重要作用，本节将对灯光的用途进行介绍，并介绍相关的灯光设置方案。

10.1.1　灯光的基本用途与设置

光线是画面视觉信息与视觉造型的基础，没有光便无法体现物体的形状、质感和颜色。

为当前场景创建平射式的白色照明或使用系统的默认照明设置是一件非常容易的事情，然而，平射式的照明通常对当前场景中对象的特别之处或奇特的效果不会有任何帮助。如果调整场景的照明，使光线同当前的气氛或环境相配合，就可以强化场景的效果，使其更加真实地体现在我们的视野中。

有很多实例可以形象地说明灯光（照明）是如何影响环境与气氛的。诸如晚上一个人被汽车的前灯所照出的影子，当你站在这个人的后面时，这个被灯光所照射的人显得特别的神秘；如果你将打开的手电筒放在下巴处向上照射你的脸，那么通过镜子你可以观察到你的样子是那样的狰狞可怕。

另外灯光的颜色也可以对当前场景中的对象产生影响，比如黄色、红色和粉红色等一系列暖色调的颜色可以使画面产生一种温暖的感觉。图 10.1 所示为同一场景中冷色调与暖色调的不同表现比较。

图 10.1

10.1.2　基本三光源的设置

在 3ds Max 中进行照明，一般使用三光源照明方案和区域照明方案。

所谓的三光源照明设置从字面上就非常容易让人理解，就是在一个场景中使用 3 盏灯光来对物体产生照明效果。其实如果这样理解的话，并不完全正确。至于原因，先暂且不来讨论，首先我们来了解一下什么是三光源设置。

三光源设置也可以称为三点照明或三角形照明。同上面从字面上所理解的一样，它是使用 3 个光源来为当前场景中的对象提供照明的。如图 10.2 所示，在这个场景中，我们所使用的 3 个光源均为【目标聚光灯】，这 3 个灯光分别处于不同的位置，并且它们所起的作用也不相同。根据它们的作用不同，分别称其为主灯、补灯和背灯。

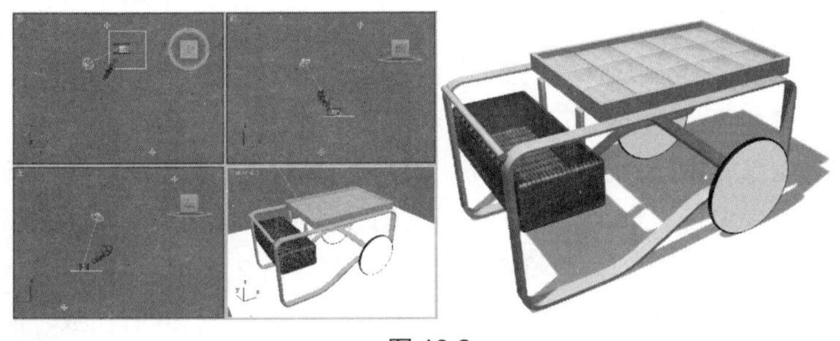

图 10.2

主光在这整个的场景设置中是最基本，但也是最亮、最重要的一个光源，它是用来照亮所创建的大部分场景的灯光，并且因为其决定了光线的主要方向，所以在使用中常常被设为在场景中投射阴影的主要光源，因此，对象也就产生了阴影。如果在设置制作中，想要当前对象的阴影小一些，可以将灯光的投射器调高一些，反之亦然。

另外需要注意的是，作为主灯，在场景中放置这个灯光的最好位置是物体正面的 3/4 处（也就是物体正面左边或右边的 45 度处）最佳。

在场景中，在主灯的反方向创建的灯光称为背光。这个照明灯光在设置时可以在当前对象的上方（高于当前场景对象），并且此光源的光照强度要等于或者小于主光。背光的主要作用是在制作中使对象从背景中脱离出来，变得更加突出，从而使得物体显示其轮廓，并且展现出场景的深度。

最后来介绍的第三光源，也称为辅光源，辅光的主要用途是用来控制场景中最亮区域和最暗区域间的对比度。应当注意的是，在设置中亮的辅光将产生平均的照明效果，而较暗的辅光则增加场景效果的对比度，使场景产生不稳定的感觉。一般情况下，辅光源放置的位置要靠近摄影机，这样以便产生平面光和柔和的照射效果。另外，也可以使用泛光灯作为辅光源应用于场景中，而泛光灯在系统中设置的基本目的就是作为一个辅光而存在的。在场景中远距离设置大量的不同颜色和低亮度的泛光灯是非常普通和常见的，这些泛光灯混合在模型中，将弥补主灯所照射不到的区域。

> **提示：** 在制作一个小型的或单独的为表现一个物体的场景时，可以采用上面所介绍的三光源设置，但是不要只局限于这 3 个灯光来对场景或对象进行照明，需要再添加其他类型的光源，并相应地调整其光照参数，以求制作出精美的效果。

有时一个大的场景不能有效地使用三光源照明，那么就要使用不同的方法来进行照明，当一个大区域分为几个小区域时，可以使用区域照明。这样每个小区域都会单独地被照明。可以根据重要性或相似性来选择区域，当一个区域被选择之后，可以使用基本三光源照明方法，但是，有时，区域照明并不能产生合适的气氛，这时就需要使用一个自由照明方案。

10.2　建立标准的光源

在学习灯光之前，先来认识一下有关灯光的类型，以及它们之间的不同用途。因为只有了解了当前软件中所包含的不同的灯光，以及它们之间所拥有的不同用途或功能，才能够准确、合理地应用它们。

10.2.1　3ds Max 的默认光源

当场景中没有设置光源时，3ds Max 2011 提供了一个默认的照明设置，以便有效地观看场景。默认光源为我们的工作提供了充足的照明，但它并不适于最后的渲染结果。

默认的光源是放在场景中对角线节点处的两盏泛光灯。假设场景的中心为坐标系的原点，则一盏泛光灯在上前方，另一盏泛光灯在下后方，如图 10.3 所示。

在 3ds Max 场景中，默认的灯光数量可以是 1，也可以是 2，并且可以将默认的灯光添加到当前场景中。当默认灯光被添加到场景中后，便可以同其他光源一样，对其参数、位置等进行调整。

下面讲解设置默认灯光的渲染数量并增加默认灯光到场景中的具体操作步骤：

01　在视图左上角右击，在弹出的菜单中选择【配置】命令，弹出【视口配置】对话框。

02　在【渲染方法】选项卡的【渲染选项】选项组中选择【默认照明】的选择，并选择【2 盏灯】单选按钮，如图 10.4 所示。

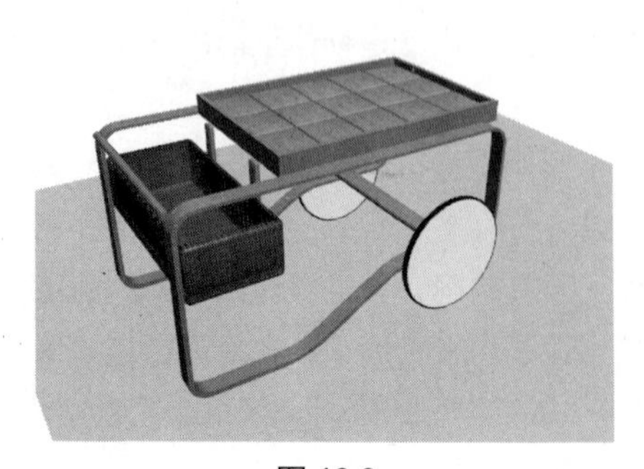

图 10.3

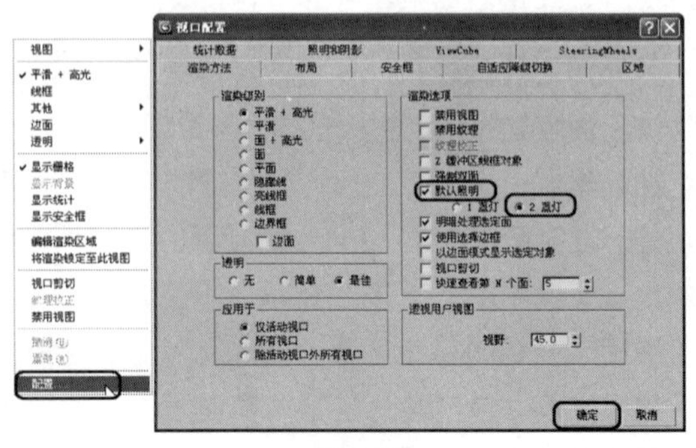

图 10.4

03 选择【创建】|【灯光】|【标准灯光】|【添加默认灯光到场景】命令，弹出【添加默认灯光到场景】对话框，在对话框中可以设置要增加到场景的默认灯光的名称和距离缩放值，如图 10.5 所示。

04 单击【确定】按钮，即可在场景中创建两个名为 DefaultKeyLight 和 DefaultFillLight 的泛光灯，如图 10.6 所示。

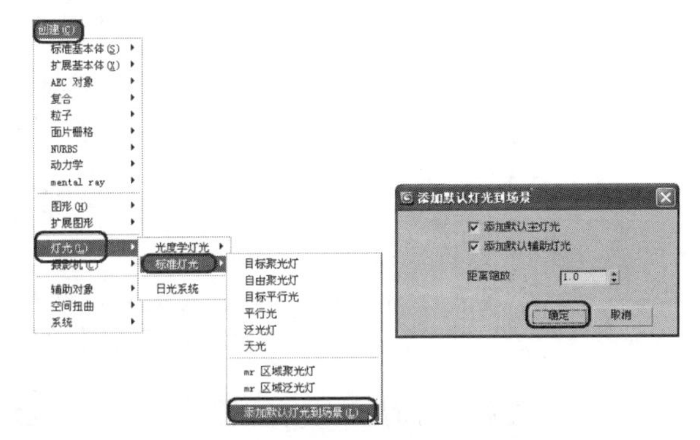

图 10.5

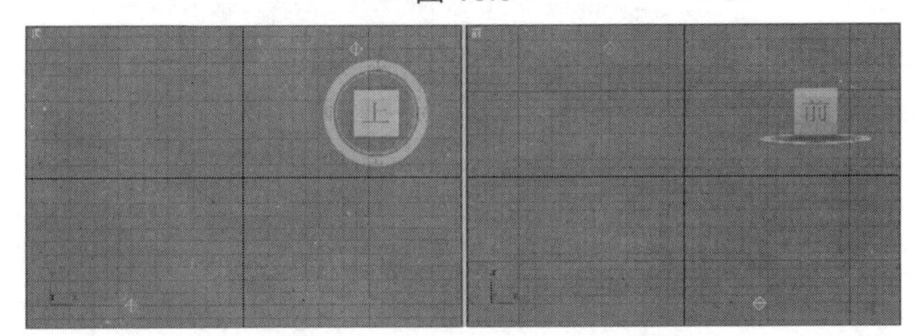

图 10.6

> **注意：** 当第一次在场景中添加光源时，3ds Max 关闭默认的光源，这样就可以看到我们所建立的灯光效果。只要场景中有灯光存在，无论它们是打开的，还是关闭的，默认的光源都将被关闭。当场景中所有的灯光都被删除时，默认的光源将自动恢复。

最后，单击【所有视图最大化显示】按钮，将所有视图以最大化的方式显示，此时设置的默认光源显示在场景中。

10.2.2　标准照明类型

在 3ds Max 中许多内置灯光类型几乎可以模拟自然界中的每一种光，同时也可以创建仅存于计算机图形学中的虚拟现实的光。3ds Max 包括 8 种不同标准灯光对象：【目标聚光灯】、【自由聚光灯】、【目标平行光】、【自由平行光】、【泛光灯】、【天光】、【区域泛光灯】和【区域聚光灯】，如图 10.7 所示，它们都是在三维场景中可以设置、放置和移动的有形光源。这些光源包含了一般光源的控制参数，这些参数决定了光照在环境中所起的作用。

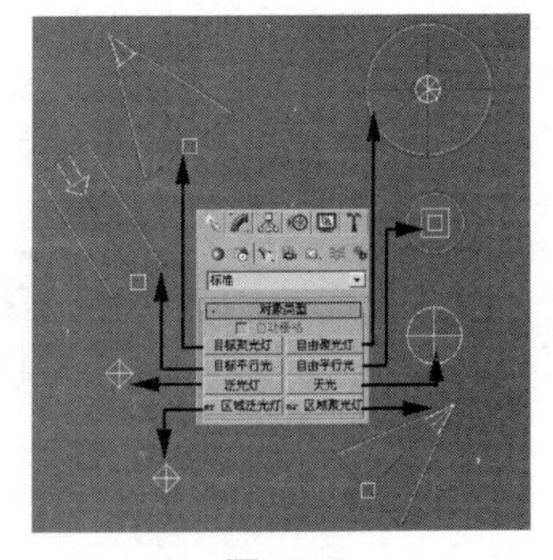

图 10.7

1. 泛光灯

【泛光灯】也称为点光源，类似于挂在线上而没有灯罩的灯。可以照亮所有面向它的对象，并且它的光不受任何网格对象的阻碍。

泛光灯的主要作用是作为辅光。在场景中远距离使用许多不同颜色的低亮度的泛光灯是非常普遍的。并且泛光灯具备阴影投射及其他功能，用户可以选择使用一个泛光灯来代替几个聚光灯或平行光灯。

由于是全方位照射，所以泛光灯的照明效果是非常容易预测的。这些灯光还有许多辅助用途，将泛光灯放在靠近网格的地方将产生明亮的高光；将泛光灯以一定的角度放置在网格后面或下面将创建微弱的闪光；将大量的灯光放置在屋顶灯孔对象的下方，就会产生柔和的灯光照射屋顶的效果。

> 注意：大家可能以为在制作室内效果图时，在房间中创建一盏泛光灯就可以产生亮度，从而像现实生活中那样，其实这个观点是不正确的，并且这也是不可能发生的。

2. 目标聚光灯

【目标聚光灯】是一个有方向的光源，它向其可以独立移动的目标点投射光。而目标只是聚光灯定位的辅助参考点，目标到光源之间的距离对亮度和衰减度没有影响。

目标聚光灯是 3ds Max 环境中最基本的光照工具，与泛光灯不同，它们的方向是可以控制的，而且它们的形状可以是方形或者圆形。

通常在场景制作中，目标聚光灯的使用率比其他类型的灯光要高，并且该灯光的使用比较灵活，所以用途也比较广泛。

3. 自由聚光灯

【自由聚光灯】具有目标聚光灯的所有功能，只是没有目标对象。

在使用该类型的灯光时，并不是通过放置一个目标来确定聚光灯光锥的位置，而是通过旋转自由聚光灯来对准它的目标对象。选择自由聚光灯而不是目标聚光灯的原因可能是个人爱好，或者是动画与其他几何体有关的灯光需要。

在制作一个场景时，有时需要保持它相对于另一个对象的位置不变。汽车的车前灯、聚光灯和矿工的头灯都是非常典型的，且有说明意义的实例，并且在这些情况下，都需要使用自由聚光灯。

4. 目标平行光

【目标平行光】可以产生平行的照射区域，它与目标聚光灯的唯一区别就是圆柱状的平行照射区域。它类似于传统的平行光与聚光灯的混合，同样也具有聚光区和散光区，产生的光束为圆柱形光柱，可用来模拟并制作太阳的照射，对于户外场景来说最为适用。

如果作为质量光源，它可以产生一个圆柱形光柱，可以用来模拟探照灯、激光光速等特殊效果。

> 提示：当创建并设置了灯光后，如果想让该灯光在渲染输出的效果中产生光芒效果，那么在菜单栏中选择【渲染】|【环境】命令，打开【环境和效果】窗口。
>
> 【环境和效果】窗口主要用于制作背景和大气特效，它是一个独立运行的浮动框，不影响其他操作的运行。
>
> 在【环境和效果】窗口中对场景中要产生光芒效果的灯光设置【体积光】特效，并设置参数即可。

5．自由平行光

【自由平行光】是一种可以发射平行光束的灯光。它同样也具有聚光区和散光区，但是与自由聚光灯一样没有目标控制点，这也是与目标平行的光唯一区别之处。自由聚光灯和自由平行光效果图的比较如图 10.8 所示。

自由聚光灯

目标平行光

图 10.8

6．天光

【天光】主要用来模拟日光，它可以用于不要求物理基础数据的所有条件下。

【天光】可以用做这个场景中的唯一灯光，它可以创建真实的天窗光所产生的柔和阴影。也可以与其他灯光结合使用，形成高光、尖锐的阴影。

在使用【天光】时，必须运行【光跟踪器】高级渲染器，这样，天空颜色的设置或者贴图的指定才起作用，如图 10.9 所示。

图 10.9

7．区域泛光灯

当使用mental ray 渲染器渲染场景时，区域泛光灯从球体或圆柱体区域发射光线，而不是从点光源发射光线。若使用默认的扫描线渲染器，区域泛光灯像其他标准的泛光灯一样发射光线。

> **注意：**在 3ds Max 中，由 MAXScript 脚本创建和支持区域泛光灯。 只有 mental ray 渲染器才可使用【区域灯光源参数】卷展栏中的参数。

> **提示：**区域灯光的渲染时间比点光源的渲染时间要长。 如果对创建快速测试（草图）渲染感兴趣，可以在【渲染设置】对话框的【公用参数】卷展栏中选择【区域/阴影视作点光源】复选框，以便加快渲染速度。

8. 区域聚光灯

当使用 mental ray 渲染器渲染场景时，区域聚光灯从矩形或碟形区域发射光线，而不是从点光源发射光线。若使用默认的扫描线渲染器，区域聚光灯像其他标准的聚光灯一样发射光线。

10.2.3 照明原则

灯光的设置方法会根据每个人的习惯不同而有很大的差别，这也是灯光布置难于掌握的原因之一。在进行室内照明时需要遵守以下几个原则：

- 不要将灯光设置得太多、太亮，使整个场景没有一点层次和变化，使渲染效果显得生硬。
- 不要随意设置灯光，应有目的地去放置每一盏灯，明确每一盏灯的控制对象是灯光布置中的首要因素。
- 每一次使用灯光都要有实际的使用价值，对于一些效果微弱、可有可无的灯光尽量不去使用。不要滥用排除和衰减功能，这会加大对灯光控制的难度。

另外，3ds Max 将它的照明建立在光源和表面之间夹角的基础上，而不是建立在两者之间距离的基础上。当一个灯光与一个平面成直角而且相距很远时，落在平面表面上的光线基本上是平等的，而且最终的照明效果是均匀的。如果同样的灯光放置得太近，那么接触表面光线的角度将会有很大变化，而且将会产生一个聚光区。所以说，必须让光源和表面成一定角度（以产生渐变效果），并且有一定的距离（减小聚光区）。

10.2.4 公共灯光参数控制

在 3ds Max 中的基本照明类型中，除了【天光】之外，所有灯光对象都共享一套控制参数，它们控制着灯光的最基本特征，包括【常规参数】、【强度/颜色/衰减】、【高级效果】、【阴影参数】和【阴影贴图参数】等卷展栏，如图 10.10 所示。

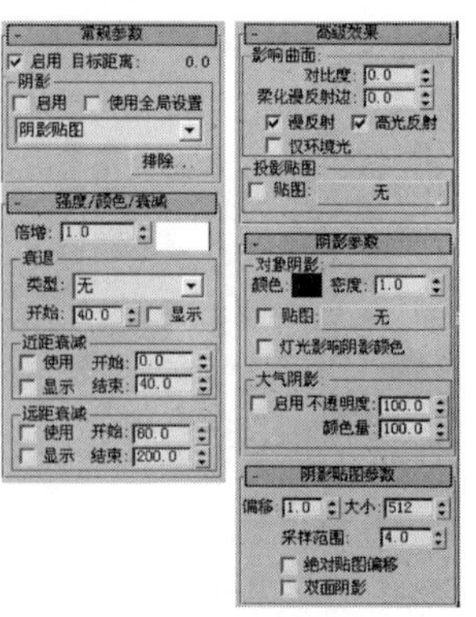

图 10.10

- 【常规参数】卷展栏中的参数控制灯光和阴影的开关，以及灯光的排除设置，其各选项的功能说明如下：
  - ✧ 【启用】：光源的开关选项，只有启用此复选框，灯光效果才能被应用到场景中。
  - ✧ 【阴影】选项组：控制灯光是否在对象上产生阴影，是否使用灯光的全局设置，是使用【阴影贴图】方式投射还是使用【光线跟踪阴影】方式。

    【启用】：阴影的开关选项，只有启用该复选框，阴影才能被渲染。

    【使用全局设置】：启用该复选框后，将把当前灯光的阴影参数应用到场景中所有投影功能的灯光上。

    【阴影类型】：用来选择阴影的类型，包括【高级光线跟踪】、【区域阴影】、【阴影贴图】、【mental ray 阴影贴图】和【光线跟踪阴影】5 种，如图 10.11 所示。

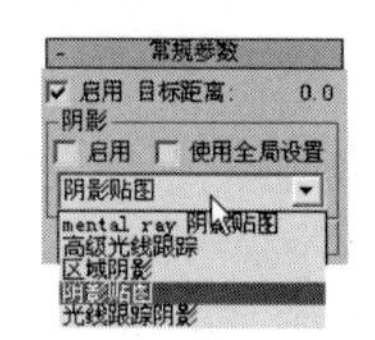

图 10.11

✧ 【排除】：单击此按钮，会弹出【排除/包含】对话框，如图 10.12 所示。允许指定物体不受灯光的照射影响，包括照明影响和阴影影响。

这 5 种阴影类型的优劣如表 10.1 所示。

表 10.1　阴影类型的优劣比较

阴影类型	优　势	劣　势
高级光线跟踪	· 支持透明和不透明贴图 · 与标准光线跟踪相比使用较少的内存 · 适合在包含众多灯光和面的复杂场景中使用	· 与阴影贴图相比计算速度较慢 · 不支持柔性阴影 · 对每一帧都进行处理
区域阴影	· 支持透明和不透明贴图 · 使用较少的内存 ·适合在包含众多灯光和面的复杂场景中使用 · 支持不同的格式	· 与阴影贴图相比较速度较慢 · 不支持柔性阴影
阴影贴图	· 能产生柔和的阴影 · 只对物体进行一次处理 · 计算速度比较快	· 使用较多的内存 · 不支持对象的透明和半透明贴图
光线跟踪阴影	· 适合透明和不透明贴图 · 只对物体进行一次处理	· 与阴影贴图相比使用较多的内存 · 不支持柔性阴影
mental ray 阴影贴图	· 使用 mental ray 渲染器可能比光线跟踪阴影更快	· 不如光线跟踪阴影精确

- 【强度/颜色/衰减】卷展栏中的参数控制灯光的强度、颜色和衰减，其各选项的功能说明如下：

✧ 【倍增】：对灯光的强度进行倍增控制，默认值为 1。如果设置为 2，则光的强度增加一倍。如果设置为负值，将产生吸收光线的效果。

✧ 颜色块：单击【倍增】 后面的颜色块，弹出【颜色选择器】对话框，用于设置灯光的颜色，与【材质编辑器】窗口中的【颜色选择器】对话框相同。

> **提示：**灯光的颜色部分依赖于生成该灯光的过程。例如，钨灯投射橘黄色的灯光，水银蒸汽灯投射冷色的浅蓝色灯光，太阳光为浅黄色。
>
> 灯光颜色也依赖于灯光通过的介质。例如，大气中的云染为天蓝色，脏玻璃可以将灯光染为浓烈的饱和色彩。
>
> 灯光颜色为加性色，灯光的主要颜色为红色、绿色和蓝色（RGB）。当与多种颜色混合在一起时，场景中总的灯光将变得更亮，并且逐渐变为白色，如图 10.13 所示。

✧ 【衰退】选项组：可以迅速衰减灯光。

【类型】：在【衰退】中有 3 种衰减选项。【无】表示不产生剧烈衰减。【倒数】表示以反向方式计算剧烈衰减，计算公式为 L（亮度）=RO/R，RO 为未使用灯光衰减的光源或使用了衰减的起点值，R 为照射距离。【平方反比】的计算公式为 L（亮度）=（RO/R）

2，这是真实世界中的灯光衰减计算公式，但它会使得场景变得过于黑暗。

【开始】：此选项定义了灯光不发生衰减的范围，只有在比【开始】更远的照射范围的灯光才开始发生衰减。

【显示】：显示灯光进行衰减的范围线框。

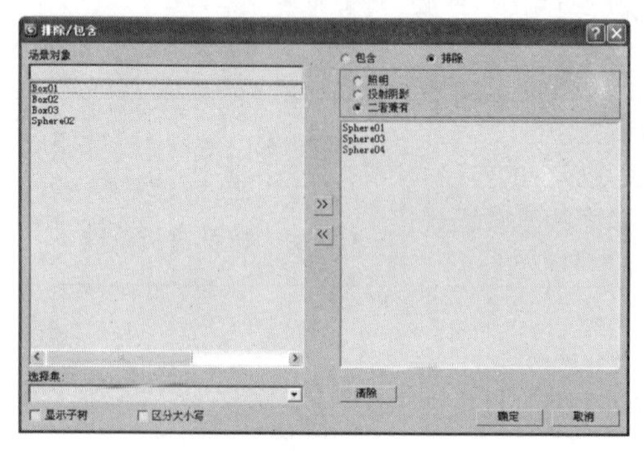

图 10.12

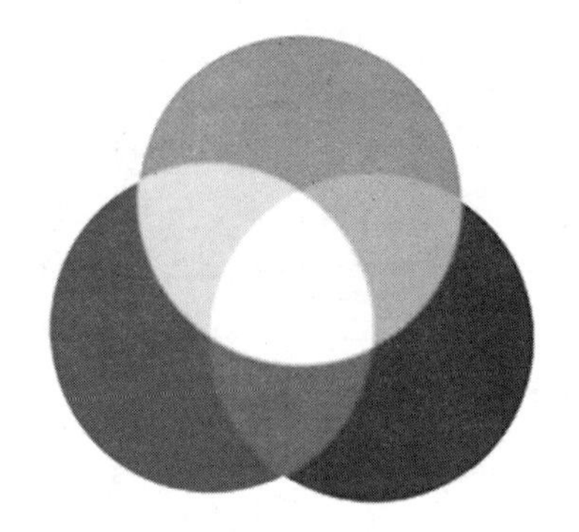

图 10.13

✧ 【近距衰减】选项组：近距离衰减用于设置灯光从开始衰减到衰减程度最强的区域。

【使用】：该复选框用来决定被选择的灯光是否使用它被指定的衰减范围。

【显示】：如果选择此复选框，在灯光的周围会出现代表灯光衰减开始和结束的圆圈。

【开始】：此选项定义了灯光不发生衰减的范围，只有在比【开始】更远的照射范围的灯光才开始发生衰减。

【结束】：设置灯光衰减结束的地方，也就是灯光停止照明的距离。在【开始】和【结束】之间的灯光按线性衰减。

✧ 【远距衰减】选项组：远距离衰减用于设置灯光从衰减开始到完全消失的区域。

【使用】：该复选框用来决定被选择的灯光是否使用它被指定的衰减范围。

【显示】：如果选择此复选框，在灯光的周围会出现代表灯光衰减开始和结束的圆圈。

【开始】：此选项定义了灯光不发生衰减的范围，只有在比【开始】更远的照射范围的灯光才开始发生衰减。

【结束】：设置灯光衰减结束的地方，也就是灯光停止照明的距离。在【开始】和【结束】之间的灯光按线性衰减。

> **提示：** 衰减是指灯光的强度将随着距离的加长而减弱的效果。3ds Max 中可以明确设置衰减值，该效果与现实世界的灯光不同，它可以使用户获得对灯光淡入或淡出方式的更直接控制，如图 10.14 所示。

> **注意：** 如果没有衰减，则当它远离光源时，将显示一个对象以使其变得更亮。这是因为该对象的大多数面的入射角更接近于 0 度。
>
> 有两组值控制对象的衰减。【远距衰减】设置在灯光减为 0 处的距离。【近距衰减】设置灯光【淡入】处的距离，这两个控件通过【使用】复选框切换启用和禁用。
>
> 当对于远距衰减设置【使用】复选框时，在其源处的灯光使用由其颜色和倍增控件指定的值。但从源到【开始】指定的距离处仍然保留该值，然后在【结束】指定的距离处该值减为 0。

- 【高级效果】卷展栏提供了灯光影响曲面方式的控件，也包括很多微调和投影灯的设置。
  - ✧ 【影响曲面】选项组：在【影响曲面】选项组中，对灯光效果的控制包括【对比度】和【柔化漫反射边】。

    【对比度】：光源照射在物体上，会以物体的表面形成高光区、过渡区、阴影区和反光。【对比度】控制物体高光区与过渡区之间的对比度。

    【柔化漫反射边】：柔化过渡区与阴影区表面之间的边缘，避免产生清晰的明暗分界。

    【漫反射】：漫反射区就是从对象表面的亮部到暗部的过渡区域。默认状态下，此复选框处于启用状态，这样光线才会对物体表面的漫反射产生影响。如果禁用此复选框，则灯光不会影响漫反射区域。

    【高光反射】：也就是高光区，是光源在对象表面上产生的光点。此复选框用来控制灯光是否影响对象的高光区域。默认状态下，此复选框为启用状态。如果禁用此复选框，灯光将不影响对象的高光区域。

    【仅环境光】：启用此复选框时，照射对象将反射环境光的颜色。默认状态下，禁用此复选框。

> **提示：** 使用【漫反射】和【高光反射】复选框可以分别对照射对象的过渡区和高光区域进行补光，而不影响对象其他区域的照明效果，常用来模仿一些特殊的光照效果。
>
> 现实世界中，几乎每一种光源都有一定的颜色偏向，在三维场景中创建一个有一定色彩偏差的光源，可以为场景创建一种基调，使整个场景更统一、和谐。

  - ✧ 【投影贴图】选项组：选择【贴图】复选框后，可以通过右侧的【无】按钮为灯光指定一个投影图像。它可以像投影机一样将图像投影到照射对象的表面。当使用一个黑白位图进行投影时，黑色将光线完全挡住，白色对光线没有影响，如图 10.15 所示。

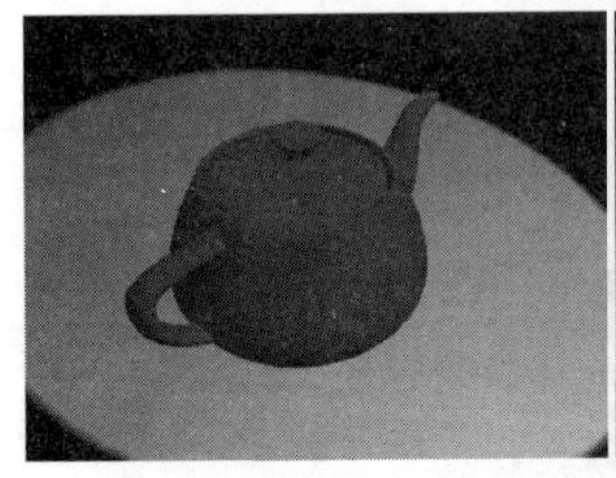
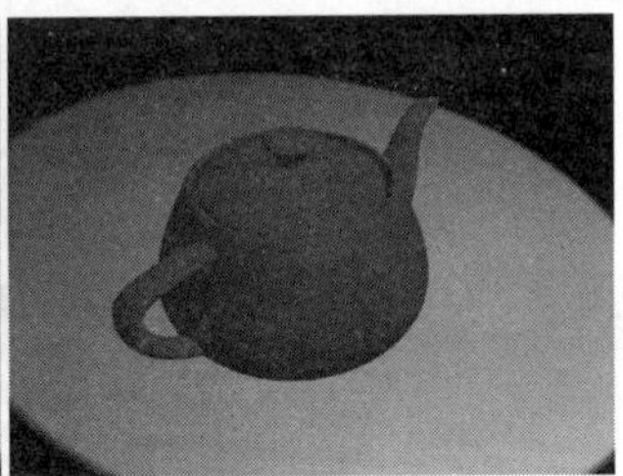

图 10.14

图 10.15

- 【阴影参数】卷展栏中的参数用于控制阴影的颜色、密度，以及是否使用贴图来代替颜色作为阴影，其各选项的功能说明如下：
  - ✧ 【颜色】：用于设置阴影的颜色。
  - ✧ 【密度】：可以设定一个数值，较大的数值产生一个粗糙、有明显的锯齿状边缘阴影；相反，阴影的边缘会变得比较平滑。
  - ✧ 【贴图】：使用此复选框可以对对象的阴影投射图像，但不影响阴影以外的区域。在处理透明对象的阴影时，可以将透明对象的贴图作为投射图像投射到阴影中，以创建更多的细节，使阴影更真实。

✧ 【灯光影响阴影颜色】：启用该复选框时，将混合灯光和阴影的颜色。

✧ 【大气阴影】选项组：控制允许大气效果投射的阴影。

【启用】：当灯光穿过大气时，大气投射阴影。

【不透明度】：调节大气阴影不透明度的百分比数值。

【颜色量】：调整大气的颜色和阴影颜色混合的百分比数值。

● 【阴影贴图参数】卷展栏中的参数主要对阴影的大小、采样范围及贴图偏移等选项进行控制，其各选项的功能说明如下：

✧ 【偏移】：此选项通常用来确定阴影贴图与投射阴影对象之间的精确性。偏移值越低，阴影与对象靠得越近，如图 10.16 左图所示；偏移值越高，阴影与对象离的越远，如图 10.16 右图所示。

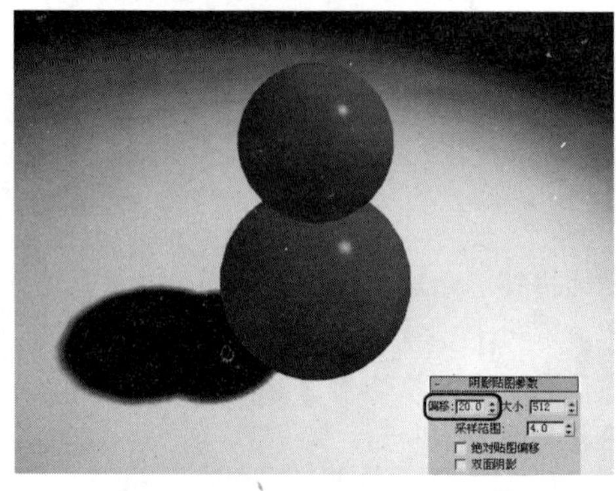
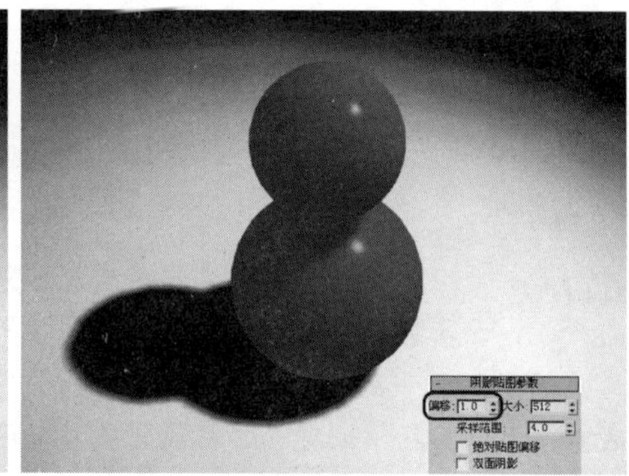

图 10.16

✧ 【大小】：此选项通常用来确定阴影贴图的大小，如果阴影面积较大，应提高此值，否则，阴影将会被像素化，边缘将会有锯齿，如图 10.17 左图所示此时的【大小】设置为 30。设定一个较高的大小值，可以优化阴影的质量，如图 10.17 右图所示，此时【大小】为 512，将两个图进行比较就会发现左图有锯齿。若该值较大，将会增加内存的占用，延长渲染的时间。

图 10.17

✧ 【采样范围】：设置阴影中边缘区域的模糊程度，值越高，阴影边界越模糊，值越低，阴影边界越清晰，【采样范围】的值在 0.01～50 之间。采样范围的原理就是在阴影边界周围的几个像素中取样，进行模糊处理，以便产生模糊的边界。因此，阴影边界的质量是由阴影贴图偏移、大小和取样范围共同决定的，如图 10.18 所示。

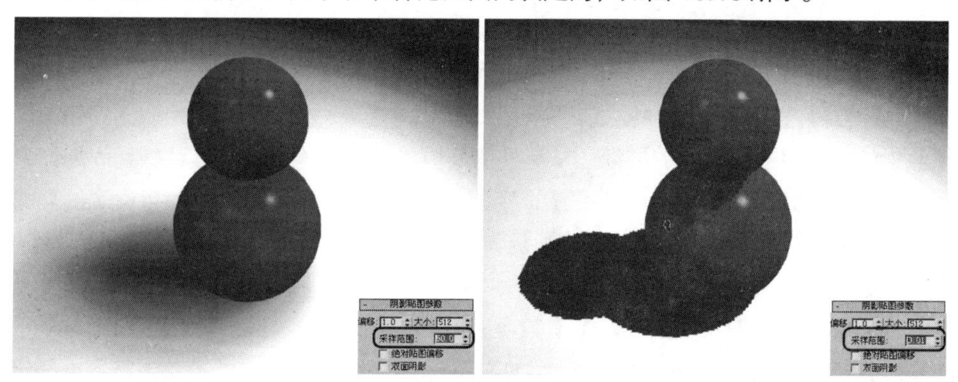

图 10.18

✧【绝对贴图偏移】：启用此复选框后，阴影贴图的偏移未标准化，但是该偏移在固定比例的基础上以 3ds Max 为单位表示。在设置动画时，无法更改该值。在场景范围大小的基础上，必须选择该值。当禁用此复选框之后，计算与场景其余部分相关的偏移，然后标准化为 1.0。这将提供任何大小场景的公用开始偏移值。如果场景范围更改，这个内部的标准化将从帧到帧改变。默认设置为禁用。

> **提示：** 在多数情况下，保持【绝对贴图偏移】为禁用状态都会获得极佳效果，这是因为偏移与场景大小实现了内部平衡。但是，在设置动画期间，如果移动对象可能导致场景范围（或如果取消隐藏对象等）有大的变化，标准化的偏移值可能不恰当，会引起阴影闪烁或消失。如果出现这种情况，则启用【绝对贴图偏移】复选框。必须将【偏移】控制设置为适合场景的值。凭经验而言，偏移值是灯光和目标对象之间的距离，按 100 进行分隔。

✧【双面阴影】：启用此复选框后，计算阴影时背面将不被忽略。从内部看到的对象不由外部的灯光照亮。禁用此复选框后，忽略背面，这样可使外部灯光照明室内对象。默认设置为启用。

10.3　效果图中阴影的使用

当用户创建了一个场景，在设置灯光时，只在几个特定的区域或对象附近创建几盏灯光，并不能使场景及渲染出的效果达到逼真或近似完美。因为现实中的实物对象在空间中总会阴影，桌子、椅子都会在灯光的照射下，或在柔和的室内光线的“衬托”下产生或明显或细微的阴影，如图 10.19 所示。并且在现实生活中，如果在室内只使用一种光源类型，那么整个空间的色调及气氛将会显得过于单调和冷清。

用户可以尝试过在一个室内空间中将主光源关闭，而打开两个辅光源（诸如台灯或壁灯之类的光源），在一定的距离中对两个光源所照射的空间区域进行观察，效果会怎样？有限的光源照射范围在室内逐渐地衰减，除去可以照亮一个特定的区域外，其他或较远的范围区域则因为当前灯光远近程度的不同而产生明亮或灰暗的照射效果。虽然也能够勉强地照亮一点四周的墙壁，但效果并不理想。

另外，在一个房间中的四周各放置几盏光线较为柔和的光源，在房间的中央和屋顶部位处再放置一个亮度并不是非常高，且光照较为柔和的光源，将其开启，并观察其效果。我们会发现，处于房间中心位置的光源在产生照射时，所投射到房间四周及角落处的光线将明显得低于其中心位置处的光照；而此时若再打开房间四周的“辅光源”，这些“辅光源”将会在场景中照亮墙壁的同时也会在主光源照射的空间中进行光照的接续，从而使房间中的光线错落有序，并且相互间的光源互补效果映入眼帘，可以使你产生一丝浪漫与温馨的感觉。但是无论怎样说，光源照射程度的衰减以及照射物体所产生的阴影是构成逼真效果的关键，场景的真实性与可信度是至关重要的。在 3ds Max 中，对于阴影的构成与设置通常在灯光参数设置面板中的【阴影参数】卷展栏中进行设置。

在 3ds Max 中，光源对象照射在它的有效照射范围或者散光区内面向其每一个对象的表面，也就是照射法线直接指向光源的每一个表面。这些光线通过表面传递，如果不要求产生投影，那么它将不会受到对象的阻碍，如图 10.20 所示。不产生阴影的光及所有泛光灯将穿越场景，并会使阴影区变亮。

图 10.19

图 10.20

虽然在制作过程中通过使用阴影来对当前场景中的对象进行投影可以产生逼真的效果，但是在这个前提下，却要为此付出非常大的代价。也就是说，当使用阴影和光线追踪阴影效果时，将非常耗费渲染时间，而【阴影贴图】除了要求一定的渲染时间外，还需要较多的内存。所以在设置灯光时（通常将主要投射阴影的光源类型设置为聚光灯）将聚光灯的散光区调整到所需的阴影大小，这样将节省两种类型阴影的渲染时间。

另外，当前在设置诸如卧室或客厅中的射灯光源时，同样也可以对当前所设置的光源对象进行投影设置，但是较为关键的一点是，不可以像设置其他投影光源那样对射灯光源进行创建，通常在设置射灯光源时，可以在每个灯孔中创建两个不同的光源类型：泛光灯和聚光灯。在这里，泛光灯所起的作用是照亮当前区域，可以启用【启用】与【使用全局设置】复选框，并设置阴影贴图及阴影大小参数。这样，渲染后的效果将不再“界限”分明，效果生硬，所得到的渲染效果将非常逼真。

10.4　创建摄影机对象

摄影机好比人的眼睛，创建场景对象、布置灯光，以及调整材质所创作的效果图都要通过这双眼睛来观察，如图 10.21 所示。通过对摄影机的调整可以决定视图中物体的位置和尺寸，影响场景对象的数量和创建方法。

在命令面板中单击【摄影机】按钮，便打开了【摄影机】命令面板，可以看到【目标】摄影机和【自由】摄影机两种类型。图 10.22 所示为两种摄影机在视图中的表现形式，在使用过程中，各自都存在优缺点。

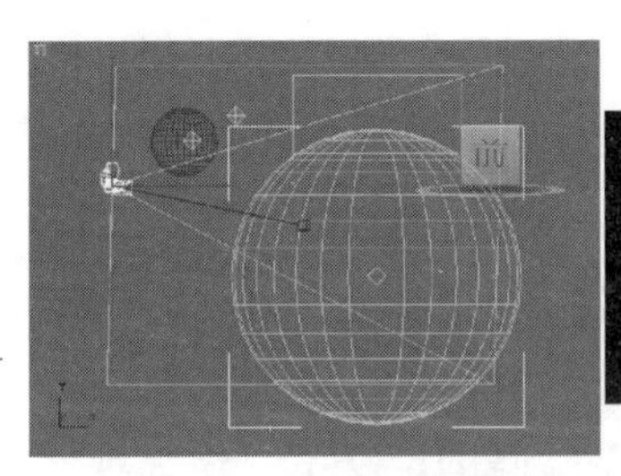

图 10.21

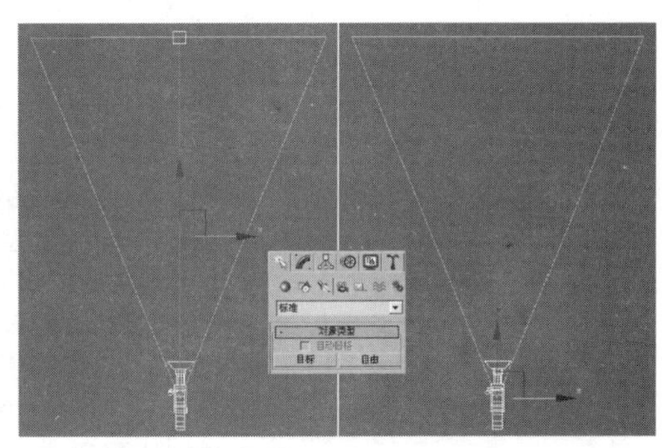

图 10.22

创建目标摄影机如同创建几何体一样，当我们进入【摄影机】命令面板选择了【目标】摄影机后，在【顶】视窗中要放置摄影机的位置单击并拖动鼠标至目标所在的位置，释放鼠标左键即可。

自由摄影机的创建更是简单，只要在【摄影机】命令面板中选择【自由】摄影机工具，然后在任意视口中单击即可。

目标摄影机包含两个对象：摄影机和摄影机目标。摄影机表示观察点，目标指的是你的视点。用户可以独立地变换摄影机和它的目标，但摄影机被限制为一直对着目标。对于一般的摄像工作，目标摄影机是理想的选择。摄影机和摄影机目标的可变换功能设置，以及移动摄影机视野具有最大的灵活性。

自由摄影机只包括摄影机对象。由于自由摄影机没有目标，它将沿自己的局部坐标系 Z 轴负方向的任意一段距离定义为它们的视点。因为自由摄影机没有对准的目标，所以比目标摄影机更难于设置和瞄准。自由摄影机在方向上不分上下，这正是自由摄影机的优点所在。自由摄影机不像目标摄影机那样因为要维持向上矢量，而受旋转约束因素的限制。自由摄影机最适于复杂的动画，在这些动画中自由摄影机被用来飞越有许多侧向摆动和垂直定向的场景。因为自由摄影机没有目标，所以它更容易沿着一条路径设置动画。

10.4.1　摄影机的参数控制

3ds Max 中的摄影机与现实中的相机类似，其调节参数就是通过模仿真实的相机来设定的，如图 10.23 所示。

- 【镜头】：设置摄影机的焦距长度，以 mm（毫米）为单位，镜头焦距的长短决定了镜头视角、视野和景深范围的大小，是摄影机调整的重要参数。

摄影机镜头分为标准镜头（又称常用镜头）、广角镜头（又称短焦镜头）和窄角镜头（又称长焦镜头）3 类。

  - ✧ 标准镜头：指镜头焦距在 40mm ~ 50mm 之间，3ds Max 默认设置为 43.456mm，即人眼的焦距，其观察效果接近于人眼的正常感觉，所以称为标准镜头。

  - ✧ 广角镜头：广角镜头的特点是景深大，视野宽，前、后景物大小对比鲜明，用于夸张现实生活中纵深方向上物与物之间的距离。适用于在一个场景中同时表现多个现象，如拍摄建筑物、室内效果等。
  - ✧ 窄角镜头：其特点是视野窄，只能看到场景正中心的对象，对象看起来离摄影机非常近，场景中的空间距离好像被压缩了一样，产生减弱画面的纵深和空间感。
- 【视野】：指通过某个镜头所能够看到的一部分场景或远景。【视野】参数定义了摄影机在场景中所看到的区域。【视野】参数的值是摄影机视锥的水平角，以【度】为单位。

> **注意：**【镜头】和【视野】是两个相互储存的参数，摄影机的拍摄范围通过这两个值来确定，这两个参数描述了同一个摄影机属性，所以改变了其中的一个值也就改变了另一个参数值。

- ↔ ↕ ⤢：这 3 个按钮分别代表水平、垂直和对角 3 种调节【视野】的方式，这 3 种方式不会影响摄影机的效果，一般使用【水平】方式。
- 【正交投影】：启用此复选框，摄影机视图就好像【用户】视图一样；禁用此复选框，摄影机视图就好像【透视】视图一样。
- 【备用镜头】选项组：可直接选择镜头参数，如图 10.24 所示。【备用镜头】与在【镜头】参数中输入数值设置镜头参数起到的作用相同。

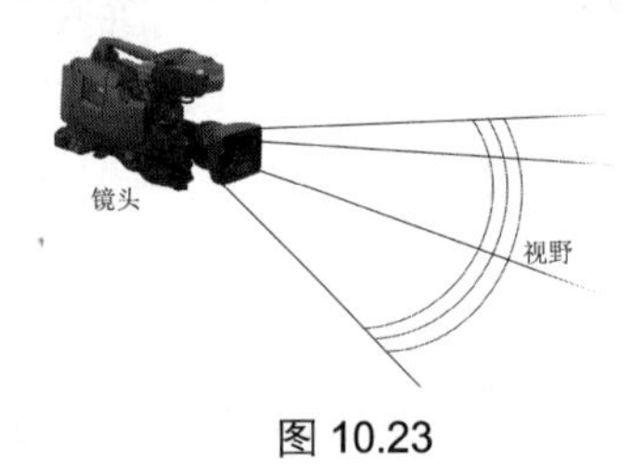

图 10.23

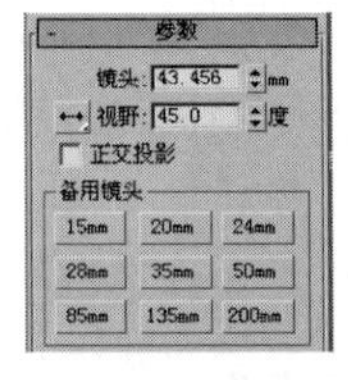

图 10.24

- 【类型】：用于选择摄影机的类型，包括【目标摄影机】和【自由摄影机】两种。在【修改】命令面板中，可以随时对当前选择的摄影机类型进行选择，而不必再重新创建摄影机。
- 【显示圆锥体】：显示一个角锥。摄影机视野的范围由视锥的范围决定，这个视锥只能显示在其他视图中，但是不能在摄影机视图中显示。
- 【显示地平线】：显示水平线。在摄影机视图中显示出一条黑灰色的水平线。
- 【环境范围】：设置环境大气的影响范围，通过下面的【近距范围】和【远距范围】参数来确定。
  - ✧ 【显示】：以线框的形式显示环境存在的范围。
  - ✧ 【近距范围/远距范围】：设置环境影响的近距距离和远距距离。
- 【剪切平面】：水平面是平行于摄影机镜头的平面，以红色交叉的矩形表示。
  - ✧ 【手动剪切】：启用此复选框，将使用下面的数值自行控制水平面的剪切。
  - ✧ 【近距剪切/远距剪切】：分别用来设置近距剪切平面与远距离剪切平面的距离。

剪切平面可以去除场景几何体的某个断面，使用户能看到几何体的内部。当要产生楼房、车辆、人等的剖面图或带切口的视图中，可以使用该选项。

10.4.2　摄影机对象的命名

当我们在视图中创建多个摄影机时，系统会以 Camera001、Camera002 等名称自动为摄影机命名。在制作一个大型场景时，如一个大型建筑效果图或复杂动画的表现，随着场景变得越来越复杂，要记住哪一个摄影机聚焦于哪一个镜头也变得越来越困难，这时如果按照其表现的角度或方位进行命名，如 Camera 正视、Camera 左视或 Camera 鸟瞰等，在进行视图切换的过程中就会减少失误，从而提高工作效率。

10.4.3　摄影机视图的切换

在一个场景中可以创建多个摄影机，激活任意一个视图，在视图标签上右击，在弹出的菜单中选择【摄影机】命令，在弹出的子菜单中选择想要使用的摄影机，如图 10.25 所示。这样该视图就变成当前摄影机视图了。

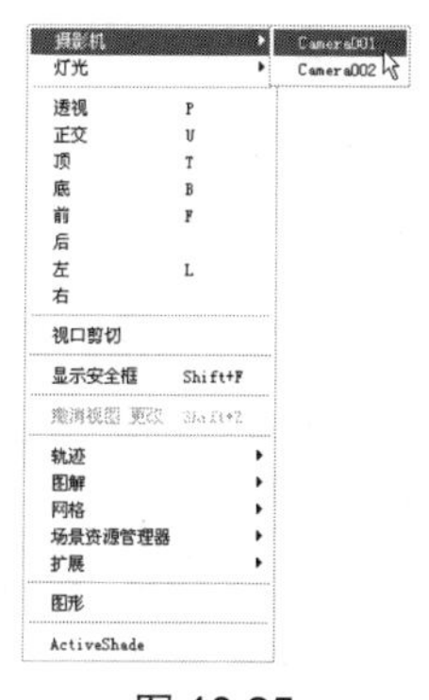

图 10.25

> 注意：如果场景中只有一个摄影机，按【C】键，那么这个摄影机将自动被选择，不会弹出【选择摄影机】对话框。

在一个多摄影机场景中，如果其中的一个摄影机被选择，那么按【C】键，会自动切换到该摄影机视图，不会弹出【选择摄影机】对话框；如果没有选择的摄影机，按【C】键，将会弹出【选择摄影机】对话框。

10.5　放置摄影机

创建摄影机后，通常需要将摄影机或其目标移到固定的位置。用户可以用各种变换为摄影机定位，但在很多情况下，在摄影机视图中的调节会简单一些。下面将分别讲述如何使用摄影机视图导航控制，以及如何变换摄影机。

10.5.1　使用摄影机视图导航控制

对于摄影机视图，系统在视图控制区提供了专门的导航工具，用来控制摄影机视图的各种属性，如图 10.26 所示。使用摄影机导航控制可以为用户提供许多控制功能和灵活性。

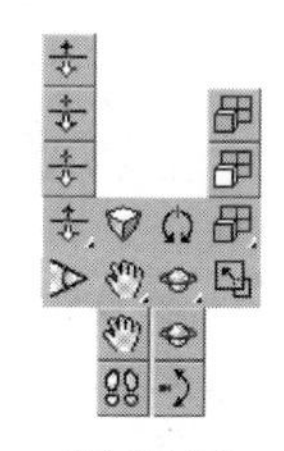

图 10.26

摄影机导航工具的功能说明如下所述：

- 【推拉摄影机】：沿视线移动摄影机的出发点，保持出发点与目标点之间连线的方向不变，使出发点在此线上滑动。这种方式不改变目标点的位置，只改变出发点的位置。
- 【推拉目标】：沿视线移动摄影机的目标点，保持出发点与目标点之间连线的方向不变，使目标点在此线上滑动。这种方式不会改变摄影机视图中的影像效果，但有可能使摄影机反向。
- 【推拉摄影机+目标】：沿视线同时移动摄影机的目标点与出发点，这种方式产生的效果与【推拉摄影机】相同，只是保证了摄影机本身形态不发生改变。

- 【透视】：以推拉出发点的方式来改变摄影机的【视野】镜头值，配合【Ctrl】键可以增加变化的幅度。
- 【视野】：固定摄影机的目标点与出发点，通过改变视野取景的大小来改变 FOV 镜头值，这是一种调节镜头效果的好方法。
- 【侧滚摄影机】：沿着垂直与视平面的方向旋转摄影机的角度。
- 【平移摄影机】：在平行于视平面的方向上同时平移摄影机的目标点与出发点，配合【Ctrl】键可以加速平移变化，配合【Shift】键可以锁定在垂直或水平方向上平移。
- 【环游摄影机】：固定摄影机的目标点，使出发点绕着它进行旋转观测，配合【Shift】键可以锁定在单方向上的旋转。
- 【摇移摄影机】：固定摄影机的出发点，使目标点进行旋转观测，配合【Shift】键可以锁定在单方向上的旋转。

10.5.2 变换摄影机

在 3ds Max 中，所有作用于对象（包括几何体、灯光和摄影机等）的位置、角度和比例的改变都被称为变换。摄影机及其目标的变换与场景中其他对象的变换非常相似，正如前面所提到的，许多摄影机视图导航命令能用在其局部坐标中变换摄影机来代替。

虽然摄影机导航工具能够很好地变换摄影机参数，但对于摄影机的全局定位而言，一般使用标准的变换工具更为适合。锁定轴向后，也可以像摄影机导航工具那样使用标准变换工具。摄影机导航工具与标准摄影机变换工具最主要的区别是，标准变换工具可以同时在两个轴上变换摄影机，而摄影机导航工具只允许沿一个轴进行变换。

> **注意：**在变换摄影机时不要缩放摄影机，缩放摄影机会使摄影机基本参数显示错误值。目标摄影机只能绕其局部 Z 轴旋转。绕其局部坐标 X 或 Y 轴旋转则没有效果。

自由摄影机不像目标摄影机那样受旋转限制。

10.6 上机练习

下面通过实例的制作巩固上面所学的基础知识。

10.6.1 真实的阴影

本例将介绍灯光效果阴影的制作方法，其效果如图 10.27 所示，通过咖啡杯的光影投射，使读者掌握效果图中阴影的设置。

在 3ds Max 中，所有不同的灯光对象都共享一套控制设置，它们控制着场景中所创建灯光的最基本特征，其中包括灯光的颜色、亮度、衰减度、阴影和射线追踪等。

图 10.27

通过本例的学习，用户可以学会灯光阴影的制作。学完本例后，用户应掌握灯光的基本创建方法及调整技巧，并能够掌握阴影的应用。

01 按【Ctrl+O】组合键，在弹出的对话框中选择随书附带光盘中的 CDROM｜Scene｜Cha10｜真实的阴影.max 文件，单击【打开】按钮，如图 10.28 所示，打开如图 10.29 所示的场景文件。

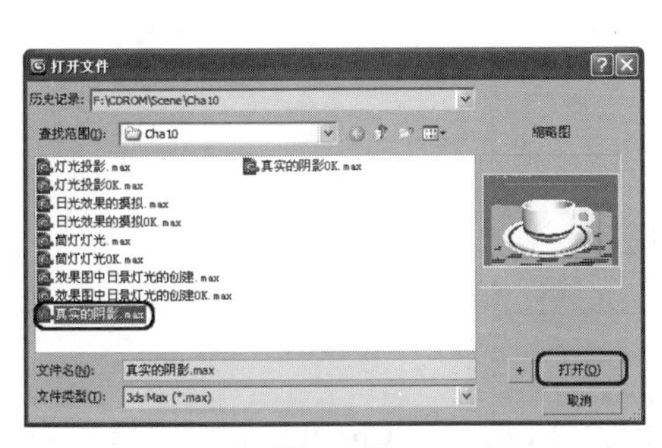

图 10.28

图 10.29

02 选择【创建】｜【灯光】｜【目标聚光灯】工具，在【顶】视图中创建聚光灯对象。单击【修改】按钮，切换到【修改】命令面板，选择【阴影】选项组中的【启用】复选框，将【阴影类型】定义为【光线跟踪阴影】；将【聚光灯参数】卷展栏中的【聚光区/光束】和【衰减区/区域】分别设置为 0.5 和 80；然后在场景中调整灯光的位置，如图 10.30 所示。

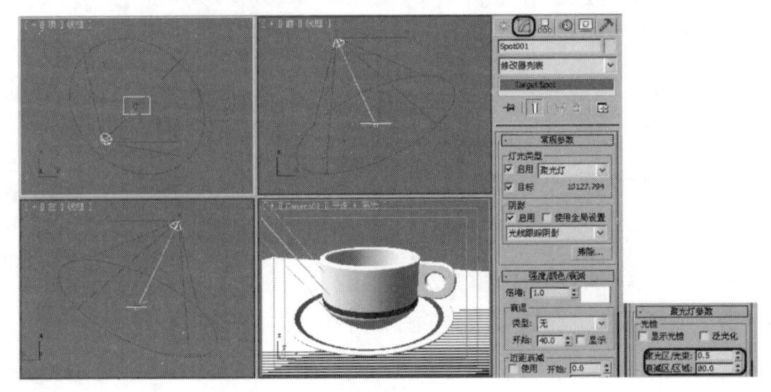

图 10.30

提示：【启用】复选框是阴影的开关选项，只有启用该复选框，阴影才能被渲染。

03 激活摄影机视图，按【F9】键对该视图进行渲染，效果如图 10.31 所示。

04 选择【创建】｜【灯光】｜【泛光灯】工具，在【顶】视图中创建一盏泛光灯，将【倍增】设置为 0.4，然后在其他视图中调整灯光的位置，如图 10.32 所示。

05 单击【修改】按钮，切换到【修改】命令面板，单击【常规参数】卷展栏中的【排除】按钮，在弹出的对话框中将“地面”包含该灯光的照射，单击【确定】按钮，如图 10.33 所示。

图 10.31

图 10.32

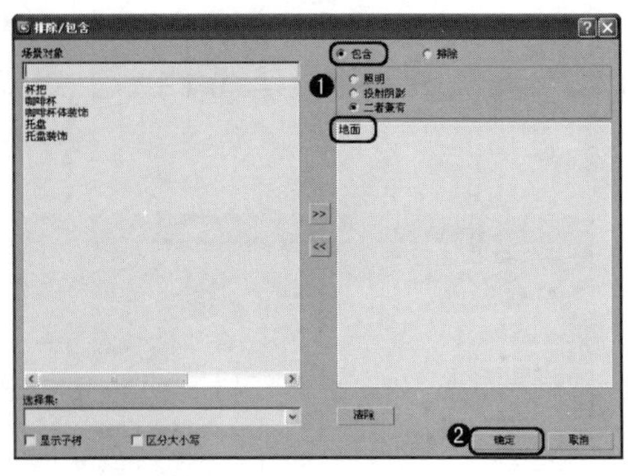

图 10.33

注意：该例场景分别为随书附带光盘中的 CDROM | Scene | Cha10 | 真实的阴影.max 和真实的阴影 OK.max 文件，读者可以分别打开相应的场景文件进行分析。

10.6.2 日光效果的模拟

本例将介绍日光效果的模拟，其效果如图 10.34 所示。通过为一套简单的室内效果图场景进行日光效果的模拟，使读者掌握效果图中灯光的模拟与设置。

图 10.34

通过本例的学习，用户可以学会系统默认灯光的设置与基本使用知识，包括两种不同类型灯光的综合使用。学完本例后，用户应掌握灯光的基本创建方法及调整技巧，并能够掌握区域阴影的应用。

01 按【Ctrl+O】组合键，在弹出的对话框中选择随书附带光盘中的 CDROM | Scene | Cha10 | 日光效果的模拟.max 文件，单击【打开】按钮，如图 10.35 所示，打开如图 10.36 所示的场景文件。

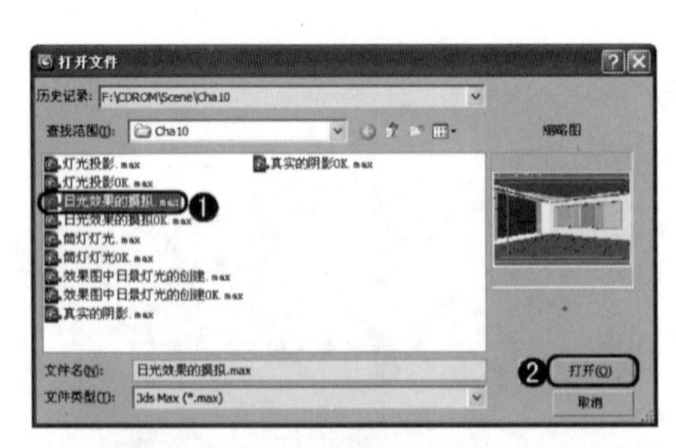

图 10.35

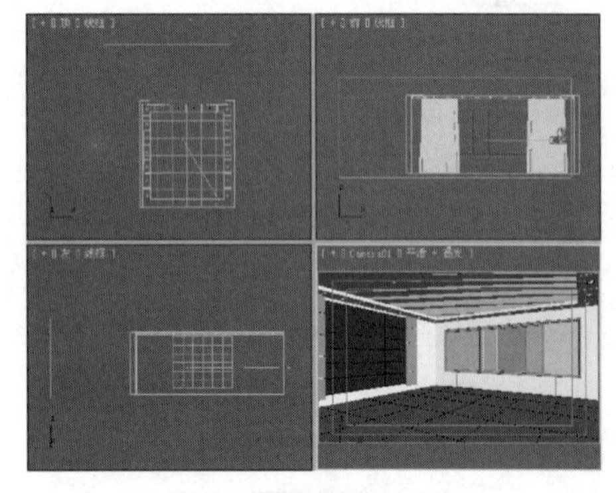

图 10.36

02 选择【创建】 | 【灯光】 | 【目标平行光】工具，在【顶】视图中创建平行光。单击【修改】按钮，切换到【修改】命令面板，选择【阴影】选项组中的【启用】复选框，将【阴

影类型】定义为【区域阴影】；在【强度/颜色/衰减】卷展栏中将【倍增】设置为 0.6；将【平行光参数】卷展栏中的【聚光区/光束】和【衰减区/区域】分别设置为 0.5 和 6000；将【阴影参数】卷展栏中的【密度】设置为 1.5，然后在场景中调整平行光的位置，如图 10.37 所示。

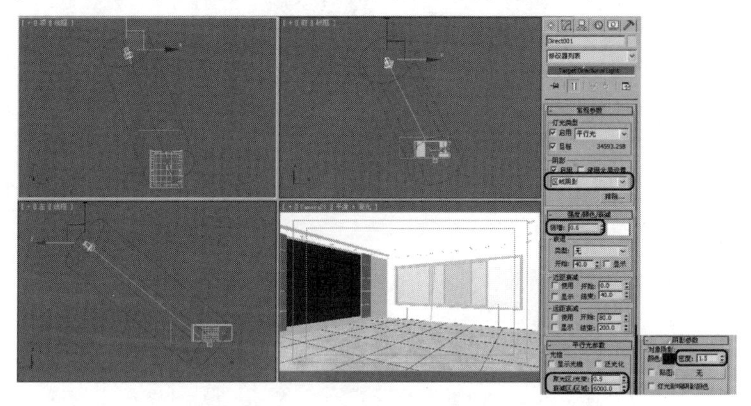

图 10.37

03　单击【常规参数】卷展栏中的【排除】按钮，在弹出的对话框中将场景中的“玻璃”对象排除该灯光的照射，单击【确定】按钮，如图 10.38 所示。

04　激活摄影机视图，按【F9】键对该视图进行渲染，效果如图 10.39 所示。

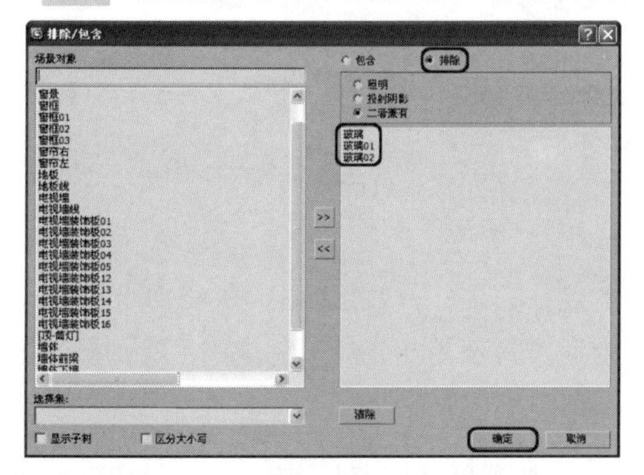

图 10.38

图 10.39

05　选择【创建】｜【灯光】｜【泛光灯】工具，在【顶】视图中创建泛光灯。单击【修改】按钮，切换到【修改】命令面板，在【强度/颜色/衰减】卷展栏中将【倍增】设置为 0.9，其余使用默认参数，然后在场景中调整泛光灯的位置，如图 10.40 所示。

06　激活摄影机视图，按【F9】键对该视图进行渲染，完成后的效果如图 10.41 所示。

07　选择泛光灯 001 对象，单击【选择并移动】按钮，并配合【Shift】键对该灯光进行复制，在弹出的对话框中选择【实例】单选按钮，单击【确定】按钮，然后在场景中对复制的灯光进行调整，如图 10.42 所示。

08　激活摄影机视图，按【F9】键对该视图进行渲染，最终效果如图 10.34 所示。

注意：该例场景分别为随书附带光盘中的 CDROM｜Scene｜Cha10｜日光效果的模拟.max 和日光效果的模拟 OK.max 文件，读者可以分别打开相应的场景文件进行分析。

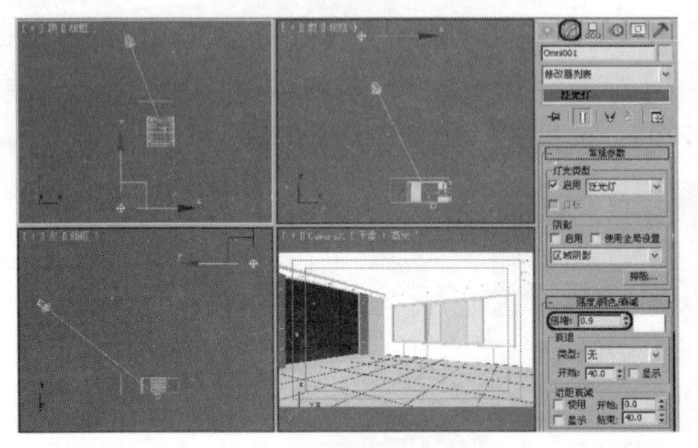

图 10.40

图 10.41

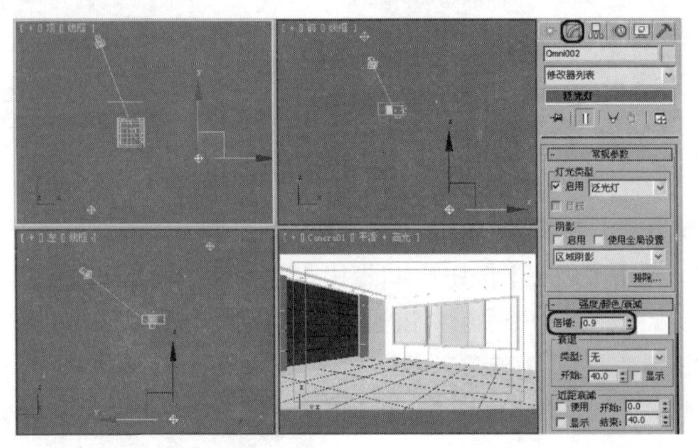

图 10.42

10.6.3 筒灯灯光

本例将介绍在室内效果图中筒灯灯光照射及投影的制作方法，其效果如图 10.43 所示。筒灯灯光照射及投影在室内效果图制作中比较常用，在制作上通常是使用泛光灯来完成的，恰到好处的筒灯灯光照射，可以使居室显得更加舒适、安逸。

01 按【Ctrl+O】组合键，在弹出的对话框中选择随书附带光盘中的 CDROM | Scene | Cha10 | 筒灯灯光.max 文件，单击【打开】按钮，如图 10.44 所示，打开如图 10.45 所示的场景文件。

图 10.43

图 10.44

02 选择【创建】 | 【灯光】 | 【泛光灯】工具，在【顶】视图中创建泛光灯，在【强度/颜色/衰减】卷展栏将【倍增】设置为 0.4，在【远距衰减】选项组中选择【使用】复选框，将【开

始】设置为 80，将【结束】设置为 120。在【高级效果】卷展栏中将【对比度】设置为 0，将【柔化漫反射边】设置为 90。然后接着在工具栏中【选择并移动】按钮，在场景中选择筒灯处的泛光灯，按住【Shift】键移动复制灯光，在弹出的对话框中选择【实例】复选框，单击【确定】按钮，复制泛光灯，如图 10.46 和图 10.47 所示。

> **注意：** 在灯光的设置过程中，经常需要渲染摄像机视图，以便观察设置后的灯光效果。虽然比较麻烦，但也是必须的。因为通过设置高光光滑显示的摄像机视图，可以显示灯光的照射，但是该图像与实际渲染的图像有一定的视觉差距，所以读者既要按步骤中的要求进行操作，同时也要养成这种习惯。

03　单击【创建】|【灯光】|【目标聚光灯】工具，在【左】视图中创建一盏目标聚光灯，调整其所在的位置，使其照射到墙上。在【强度/颜色/衰减】卷展栏中将【倍增】设置为 0.4，在【聚光灯参数】卷展栏中将【聚光区/光束】设置为 0.5，将【衰减区/区域】设置为 59.6，最后再对其进行复制，如图 10.48 所示。

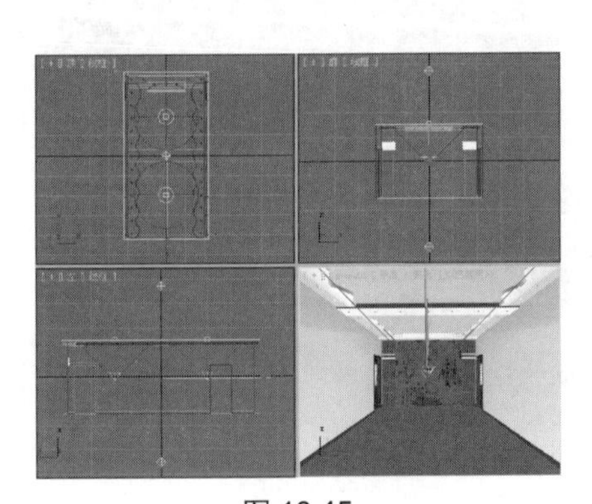

图 10.45

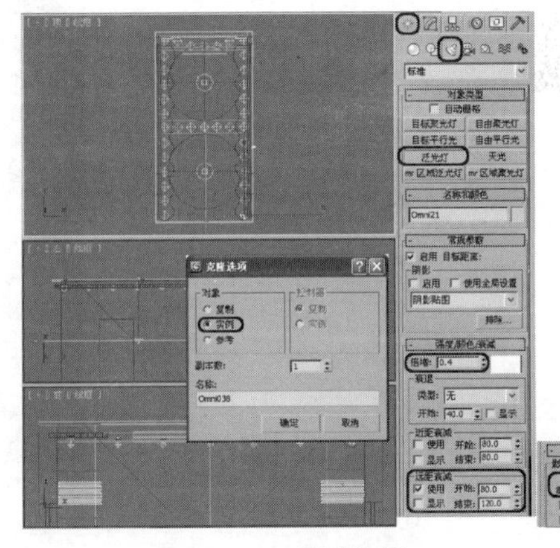

图 10.46

图 10.47

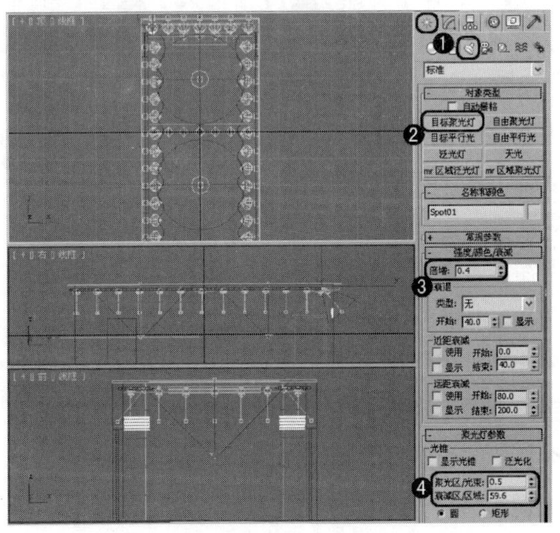

图 10.48

> 注意：该例场景分别为随书附带光盘中的 CDROM | Scene | Cha10 | 筒灯灯光.max 和筒灯灯光 OK.max 文件，读者可以分别打开相应的场景文件进行分析。

10.6.4 灯光投影

本例将介绍灯光投影的制作方法，其效果如图 10.49 所示。通过一个简单的目标平行光对象来模拟灯光透过植物照射到地面上的效果，所使用的参数分别在灯光参数面板及【材质编辑器】窗口中进行设置。

通过本例的学习，用户可以学会灯光投影的制作。学完本例后，用户应掌握灯光投影的表现技巧，并能够掌握基本灯光的应用。

01 打开随书附带光盘中的 CDROM | Scene | Cha10 | 灯光投影.max 文件，如图 10.50 所示。

图 10.49

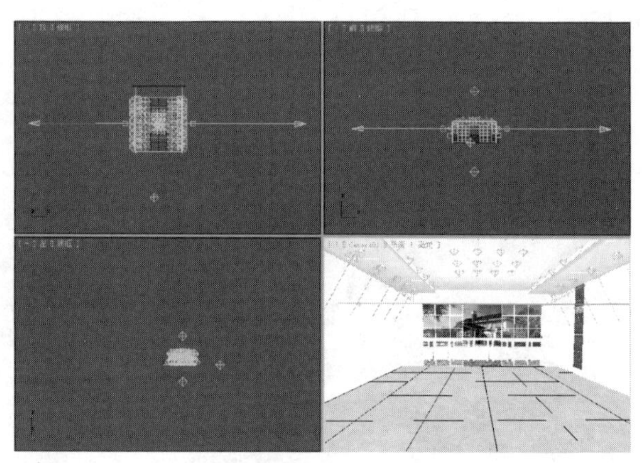

图 10.50

02 选择【创建】|【灯光】|【目标平行光】工具，在【顶】视图中创建目标平行光，在【常规参数】卷展栏中设置阴影模式为【光线跟踪阴影】；在【强度/颜色/衰减】卷展栏中将【倍增】设置为 0.5，将右侧颜色的 RGB 值设置为 201、201、201；在【平行光参数】卷展栏中将【聚光区/光束】设置为 0.5，将【衰减区/区域】设置为 5000；在【阴影参数】卷展栏中选择【贴图】复选框，单击右侧的按钮，在弹出的对话框中选择【位图】贴图，单击【确定】按钮。然后在弹出的对话框中选择随书附带光盘中的 CDROM | Map | SUMMER055.PSD 文件，单击【打开】按钮，然后在场景中调整灯光的位置，如图 10.51 所示。

03 按【M】键，打开【材质编辑器】窗口，选择一个新的材质样本球，在【阴影参数】卷展栏中选择位图的贴图路径，并将其拖动到新的材质样本球上，在弹出的对话框中选择【实例】单选按钮，单击【确定】按钮。然后在【位图参数】卷展栏中单击【查看图像】按钮，在弹出的对话框中裁剪图像，然后关闭该对话框。选择【应用】复选框，其效果如图 10.52 所示。

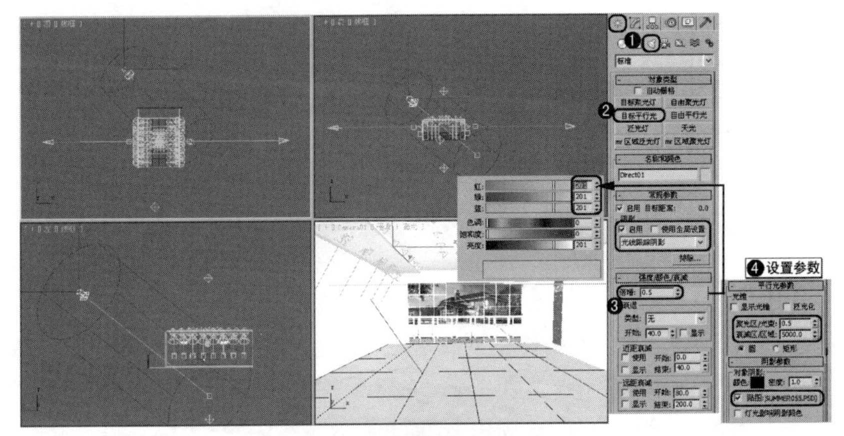

图 10.51

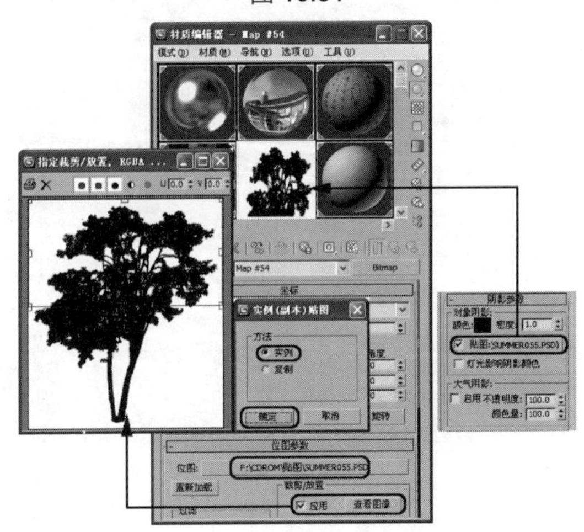

图 10.52

注意：该例场景分别为随书附带光盘中的 CDROM | Scene | Cha10 | 灯光投影.max 和筒灯灯光 OK.max 文件，读者可以分别打开相应的场景文件进行分析。

10.6.5　效果图中日景灯光的创建

本例将介绍建筑效果图中日景灯光的创建。在室外建筑中，日景灯光的创建非常简单，主要是通过一盏目标聚光灯和一盏天光来表现的，完成后的效果如图 10.53 所示，其建筑的后期效果如图 10.54 所示。`

图 10.53

图 10.54

01 按【Ctrl+O】组合键，在弹出的对话框中选择随书附带光盘中的 CDROM | Scene | Cha10 | 效果图中日景灯光的创建.max 文件，单击【打开】按钮，打开如图 10.55 所示的场景文件。

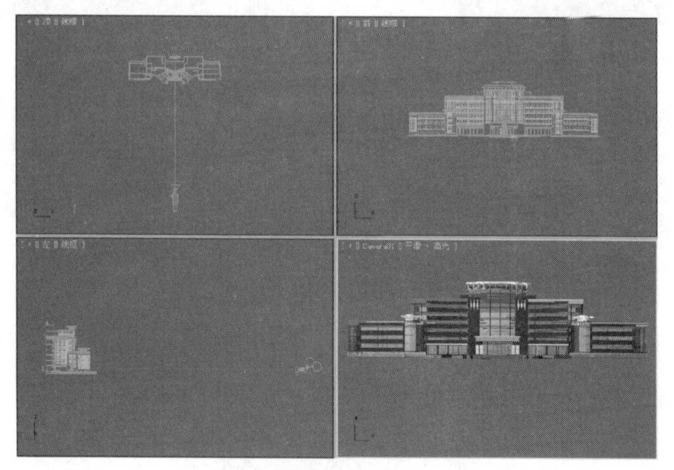

图 10.55

02 选择【创建】 |【灯光】 |【目标平行光】工具，在【顶】视图中创建目标平行光。在【常规参数】卷展栏中选择【阴影】选项组中的【启用】复选框，将【阴影类型】定义为【光线跟踪阴影】；在【平行光参数】卷展栏中将【聚光区/光束】设置为 2500，将【衰减区/区域】设置为 2502，如图 10.56 所示。

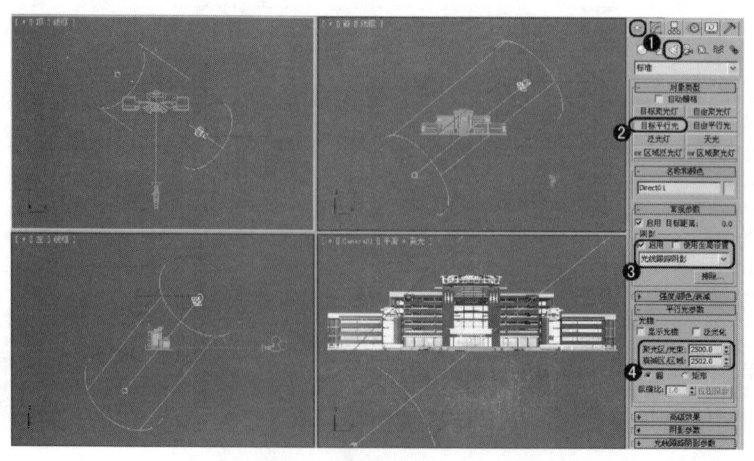

图 10.56

03　选择【创建】 |【灯光】 |【泛光灯】工具，在【顶】视图中创建泛光灯。在【强度/颜色/衰减】卷展栏中将【倍增】设置为 0.6，在场景中调整其位置，如图 10.57 所示。

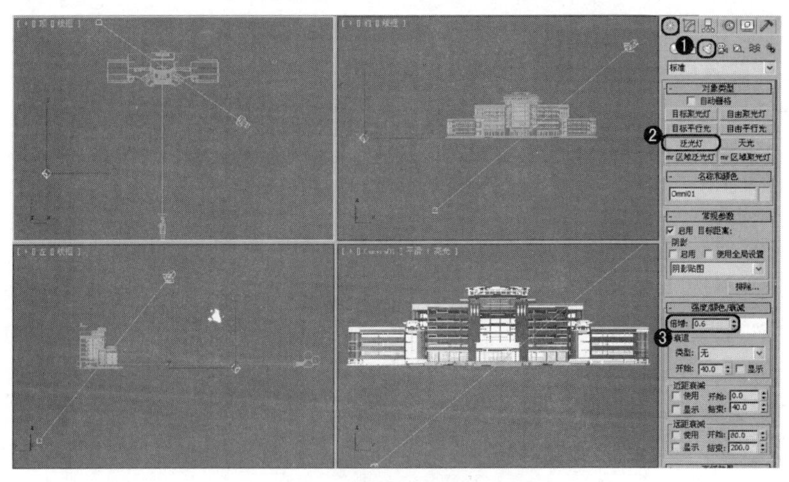

图 10.57

04　按【8】键，打开【环境和效果】窗口，将背景颜色设置为白色，如图 10.58 所示。

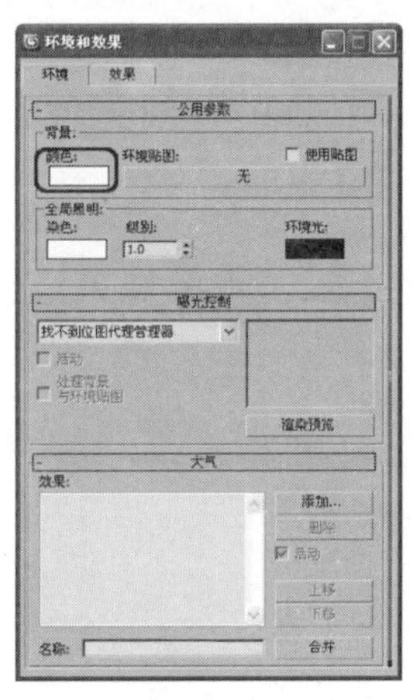

图 10.58

05　激活摄影机视图，按【F9】键对该视图进行渲染，然后将该场景进行保存即可。

> 注意：该例场景分别为随书附带光盘中的 CDROM | Scene | Cha10 | 效果图中日景灯光的创建.max 和效果图中日景灯光的创建 OK.max 文件，读者可以分别打开相应的场景文件进行分析。

10.7　习题

一、填空题

1、在大多数场景中最常用的两种类型灯光分别是（　　　）和（　　　）。

2、（　　　）发出的光线是平行的，可以模拟太阳等自然光源。

3、摄影机可以分为（　　）和（　　）两种，（　　）可以分别调整摄影机和目标点，

4、【目标聚光灯】是一个（　　）的光源，它可以独立移动目标点，而目标点只是聚光灯定位的辅助参考点。

5、衰减灯光的强度将随着（　　）的加长而产生（　　）的效果。

二、选择题

1、按（　）键，可以将当前视图切换为【透视】视图。

A、P　　B、T　　C、F　　D、M

2、（　）是一种向四周发射光线的光源，它没有方向的限制，一般用来模拟自然光。

A、目标聚光灯　　B、泛光灯　　C、目标平行光　　D、自由聚光灯

3、在设置场景中的灯光时，标准照明的布置方式是（　）。

A、一盏主体光、两盏辅助光、一盏背光灯

B、一盏主体光、两盏辅助光、两盏背光灯

C、一盏或两盏主体光、一盏辅助光、一盏背光灯

D、一盏主体光、一盏或两盏辅助光、一盏背光灯

三、简答题

1、如何表现阴影效果?

2、灯光的阴影类型包括哪几种类型？并分别对比它们之间的优劣。

3、简单介绍建立摄影机匹配点的操作方法。

四、操作题

练习为静态场景添加灯光。

第 11 章　渲染与特效

在渲染特效中，可以使用一些特殊的效果对场景进行加工和添色，来模拟现实中的视觉效果。用户可以快速地以交互形式添加各种特效，在最后阶段将这些效果进行渲染。

本章重点

- 了解 3ds Max 中的渲染输出
- 了解渲染特效
- 了解环境特效
- 通过实例了解渲染与特效

11.1　渲染

渲染在整个三维创作中是经常要做的一项工作。在前面所制作的材质与贴图、灯光及环境反射等效果，都是在经过渲染之后才能更好地表达出来。渲染是基于模型的材质和灯光位置，通过摄影机的角度利用计算机计算每一个像素着色位置的全过程。图 11.1 所示为视图中的显示效果和经过渲染后显示的效果。

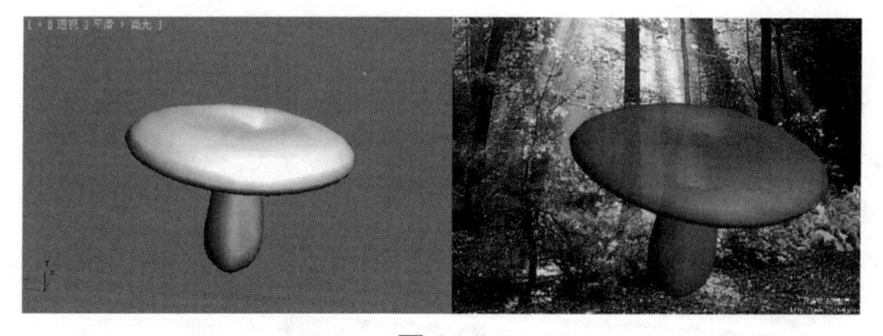

图 11.1

11.1.1　渲染输出

可以将图形文件或动画文件渲染并输出，根据需要存储为不同的格式。既可以作为后期处理的素材，也可以成为最终的作品。

在渲染输出之前，要先确定好将要输出的视图，渲染出的结果是建立在所选视图的基础之上的。选取方法是单击相应的视图，被选择的视图将以亮边显示。

> **提示：** 通常选择【透视】视图或【摄影机】视图来进行渲染。可先选择视图再渲染，也可以在【渲染设置】对话框中进行设置。

选择【渲染】|【渲染设置】命令，或者按【F10】键，也可单击工具栏上的【渲染设置】按钮，将弹出如图 11.2 所示的【渲染设置】对话框，在【公用参数】卷展栏有以下几个常用参数：

- 【时间输出】选项组用于确定所要渲染的帧的范围。
  - ✧ 选择【单帧】单选按钮，表示只渲染当前帧，并将结果以静态图像的形式输出。
  - ✧ 选择【活动时间段】单选按钮，表示可以渲染已经提前设置好时间长度的动画。系统默认的动画长度为 0～100 帧，若选择该单选按钮来进行渲染，就会渲染 100 帧的动画。这个时间长度可以自行更改。
  - ✧ 选择【范围】单选按钮，表示可以渲染指定起始帧和结束帧之间的帧，在前面的微调框中输入起始帧帧数，在后面的微调框中输入结束帧帧数。如输入 0 至 100，这样可以将 0～100 帧之间的动画进行渲染。
  - ✧ 选择【帧】单选按钮，表示可以从所有帧中选出一个或多个帧来渲染。在后面的文本框中输入所选帧的序号，单个帧之间以逗号隔开，多个连续的帧以短线隔开。如 1,3,5-12 表示渲染第 1、3 帧和 5～12 帧。

> **提示：** *在选择【活动时间段】单选按钮或【范围】单选按钮时，【每 N 帧】微调框的值可以调整。选择的数字是多少就表示在所选的范围内，每隔几帧进行一次渲染。*

- 【输出大小】选项组用于确定渲染输出的图像的大小及分辨率。在【宽度】微调框中可以设置图像的宽度值，在【高度】微调框中可以设置图像的高度值。右侧的 4 个按钮是系统根据【自定义】下拉列表框中的选项对应给出的常用图像尺寸值，可以直接单击进行选择。调整【图像纵横比】微调框中的数值可以更改图像尺寸的长宽比。
- 【选项】选项组用于确定进行渲染时的各个渲染选项，如视频颜色、位移和效果等，可同时选择一项或多项。
- 【渲染输出】选项组用于设置渲染输出时的文件格式。单击【文件】按钮，系统将弹出如图 11.3 所示的【渲染输出文件】对话框，选择输出路径，在【文件名】文本框中输入名称，在【保存类型】下拉列表框中选择想要保存的文件格式，然后单击【保存】按钮。

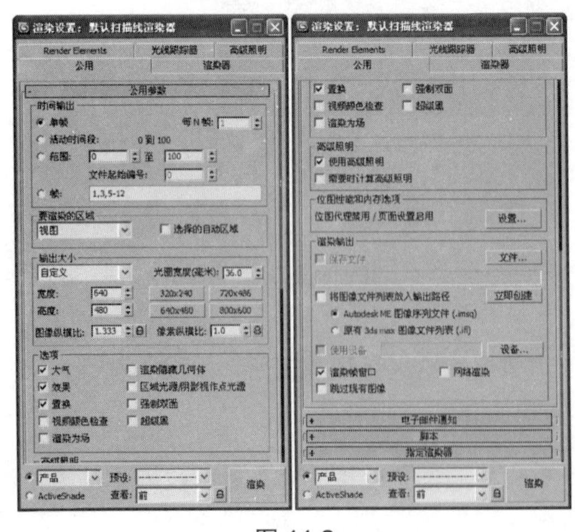

图 11.2

图 11.3

在【渲染设置】对话框底部的【查看】下拉列表框中可以指定渲染的视图。然后单击【渲染】按钮，进行渲染输出。

11.1.2　渲染到材质

贴图烘焙技术简单地说就是一种把 3ds Max 光照信息渲染成贴图的方式，再把烘焙后的贴图再贴回到场景中去的技术。这样，光照信息就变成了贴图，不需要 CPU 再去费时地进行计算，只需计算普通的贴图就可以了，所以速度极快。由于在烘焙前需要对场景进行渲染，所以贴图烘焙技术对于静帧来讲意义不大，这种技术主要应用于游戏和建筑漫游动画中，这种技术使光能传递计算应用到动画中成为可能，而且也能省去光能传递时动画抖动的麻烦。

下面通过一个简单的场景来学习材质烘焙的操作方法。本节在材质烘焙的场景中使用了天光照明，具体的设置这里就不介绍了，效果如图 11.4 所示。

01　在视图中选择需要烘焙材质的物体，如图 11.5 所示，选择【渲染】|【渲染到纹理】命令，此时系统将弹出如图 11.6 所示的【渲染到纹理】对话框，下面将结合本例对该对话框的主要选项进行介绍。

图 11.4

图 11.5

02　在【常规设置】卷展栏中，可以利用【输出】选项组为渲染后的材质文件指定存储位置，【渲染设置】选项组用于设置渲染参数。

【自动贴图】卷展栏中的【自动展开贴图】选项组用于设置平展贴图的参数，该设置将会使物体的 UV 坐标被自动平展开;【自动贴图大小】选项组用于设置贴图尺寸如何根据物体需要将映射的所有表面自动计算。

如果在物体已经编辑过或者想得到一个干净的场景，单击【烘焙材质】卷展栏中的【清除外壳材质】按钮，将会清除所有的自动平展 UV 修改器。

03　单击【常规设置】卷展栏中的【设置】按钮，系统将弹出【渲染设置】对话框，可以进行渲染参数调整。

04　【渲染到纹理】对话框中的【烘焙对象】卷展栏用于设置要进行材质烘焙的物体。在【名称】列表框中列出了被激活的物体，可以烘焙被选择的物体，也可以烘焙以前准备好的所有物体，如图 11.7 所示。

如果想烘焙个别的物体，则应选择【单个】单选按钮，如果想烘焙列表中的全部物体，则应选择【所有选定的】单选按钮。

注意：所要进行烘焙的物体必须至少被指定了一个贴图元素。

05 【输出】卷展栏用于设置烘焙材质时所要保存的各种贴图组件，如图 11.8 所示。单击【添加】按钮，系统会弹出【添加纹理元素】对话框，在列表框中选择一个或多个想要添加的贴图，凡是添加过的贴图下次将不会在这里显示，而在【输出】卷展栏中会列出来。本例中只选择了 LightingMap 贴图，如图 11.9 所示。单击【文件名和类型】文本框右侧的...按钮，系统会弹出保存文件的对话框，在这里可以更改所生成的贴图文件名和文件类型。

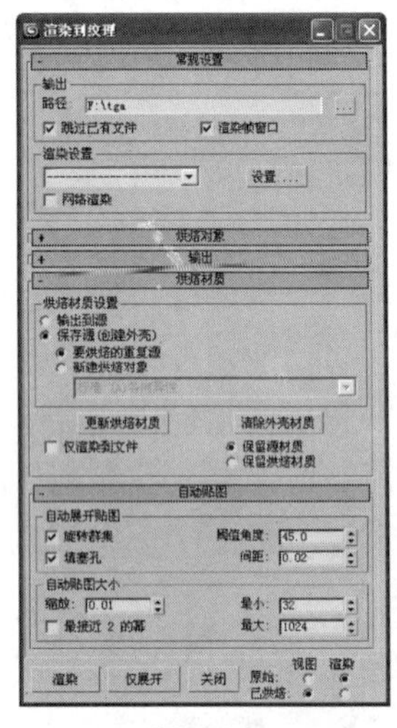

图 11.6

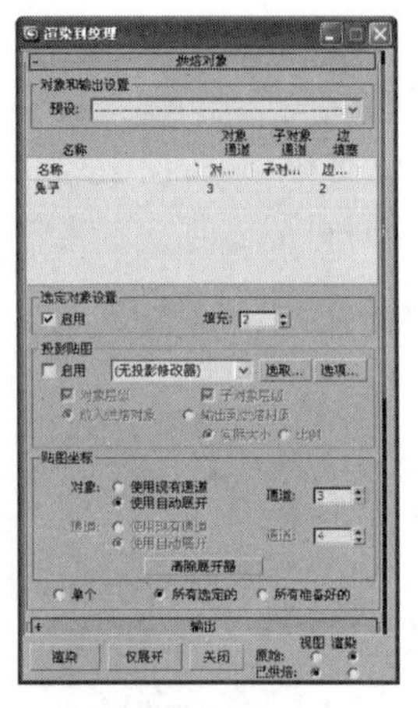

图 11.7

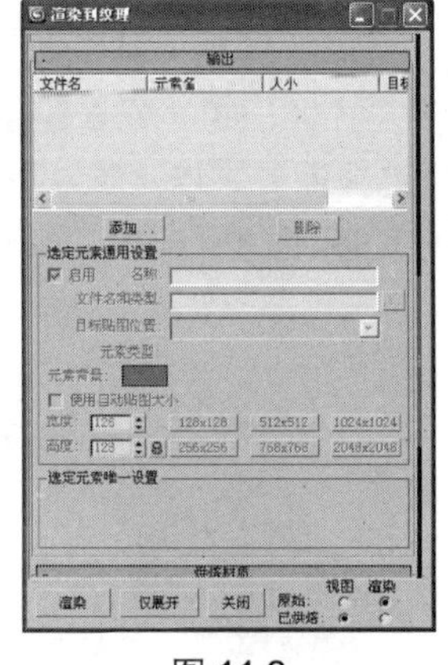

图 11.8

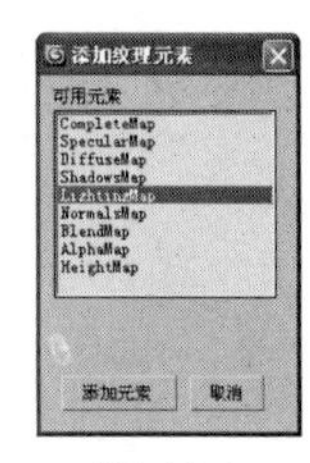

图 11.9

如果【使用自动贴图大小】复选框没有被选择，则还可以通过下面的【宽度】和【高度】微调框来调整各种贴图的尺寸。这样可以使场景中重要的物体生成更大和更细致的贴图，以及减小背景和边角物体贴图的尺寸。在【选定元素唯一设置】选项组中可以确定是否选择【阴影】、【启用直接光】和【启用间接光】。

06 单击如图 11.6 所示的【渲染到纹理】对话框下面的【渲染】按钮，在弹出的渲染窗口会看到被渲染出来的贴图。这时，该贴图已经被保存在前面设置好的路径中。

提示：当渲染到纹理过程开始以后，会在物体的修改器堆栈中添加一个自动平铺 UV 坐标的修改器——自动展平 UVW。指定方式的贴图就会作为与原物体分离的文件被渲染出来，如图 11.10 所示。

07 选择【渲染】|【材质编辑器】命令，或者按【M】键，系统会打开【材质编辑器】窗口，任意选择一个新的样本球，然后单击【获取材质】按钮，弹出【材质/贴图浏览器】对话框。在对话框的【场景材质】选项组中选择名为【01-Defauct [兔子]】的绿色样例球，然后双击该材质。

08 返回【材质编辑器】窗口，看到该材质是个【壳】类型的材质。它由一个原来指定给球体的原始材质和一个通过前面渲染贴图烘焙出来的材质组成，如图 11.11 所示。

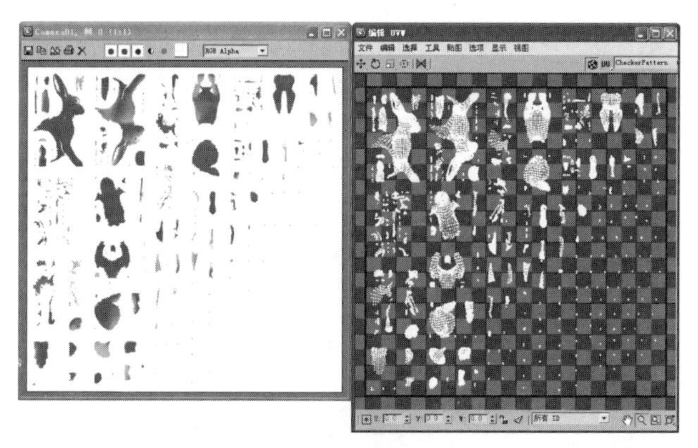

图 11.10

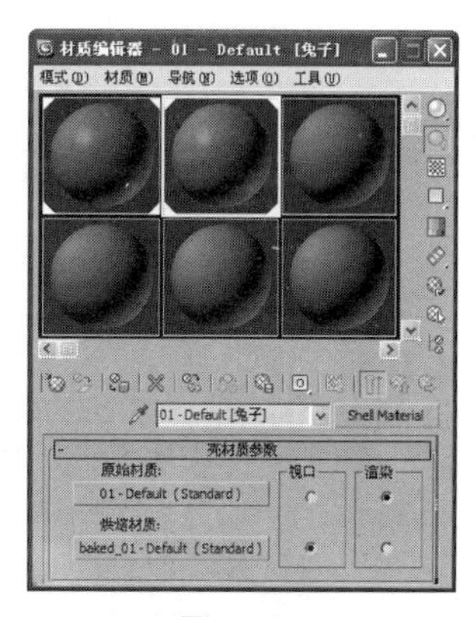

图 11.11

09　在【壳材质参数】卷展栏中，可以设置在视图中和在渲染时看到的是哪一种材质赋予给物体。默认时烘焙材质在视图中可见，原始材质被用于渲染。

提示：可以从场景中使用【从对象拾取材质】按钮直接将【壳】材质选择加入【材质编辑器】窗口中，并与其他材质一样进行编辑。

11.2　渲染特效

在渲染特效中，可以使用一些特殊效果对场景进行加工和添色，以模仿现实中的视觉效果。用户可以快速地以交互形式添加各种特效，在渲染的最后阶段将这些效果实现出来。在渲染特效中共有 9 种特效，分别是【Hair 和 Fur】、【镜头效果】、【模糊】、【亮度和对比度】、【色彩平衡】、【景深】、【文件输出】、【胶片颗粒】和【运动模糊】。这里仅介绍其中的两种常用特效。

11.2.1　景深特效

景深特效是指使画面表现出层次感，例如可以将次要的前景或背景画面进行模糊处理，以烘托主体画面。下面通过一个具体实例来创建一个景深特效。

01　打开一个需要进行景深特效处理的场景，如图 11.12 所示。

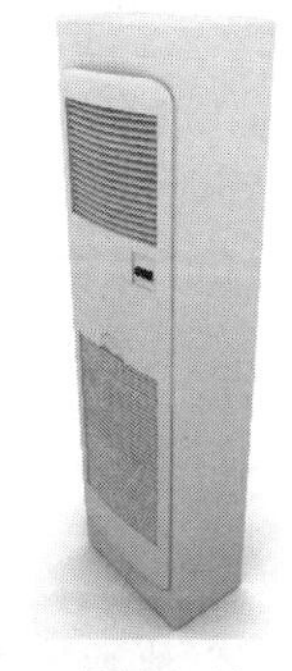

图 11.12

02　确定输入法状态为英文，按【8】键或选择【渲染】|【效果】命令，系统会打开如图 11.13 所示的【环境和效果】窗口，默认打开【效果】选项卡。在【效果】列表框中会显示已经选择的特效名称。在【预览】选项组中，【效果】后面的两个单选按钮用于确定将景深特效加到所有帧上还是当前帧上。单击【显示原状态】按钮，可以显示出加入特效以前的原始帧画面；单击【更新场景】按钮，将把加入了新特效的场景及时更新，显示出加了新特效后的场景；单击【更新效果】按钮，可以将加入了新特效后的效果及时更新。

提示：单击【合并】按钮，可以将其他文件中使用过的特效结合进来，原有的参数保留并可以进行修改，以提高工作效率。

03 单击对话框右侧的【添加】按钮，系统将弹出【添加效果】对话框，如图 11.14 所示。在列表框中列出了可以使用的特效名称。选择【景深】选项，然后单击【确定】按钮。

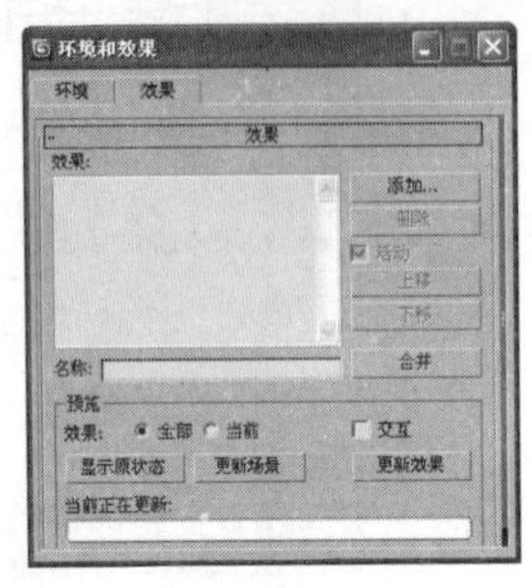

图 11.13

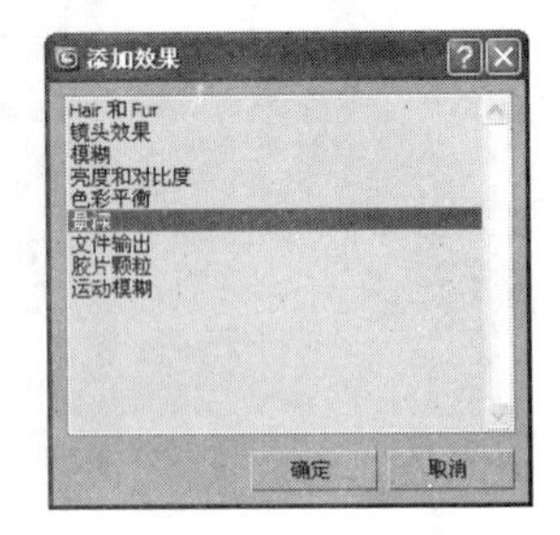

图 11.14

04 返回【环境和效果】窗口中，会发现窗口底部增加了一个【景深参数】卷展栏，用来对景深的各项参数进行设置，如图 11.15 所示。

- 【摄影机】选项组：用于设置哪些摄影机使用特效。
  - ✧ 【拾取摄影机】：单击该按钮，并在视图中单击准备设置特效的摄影机，可以选择多个摄影机。
  - ✧ 【移除】：如果想取消某个摄影机的特效，可以单击【移除】按钮将其移除。
- 【焦点】选项组：用于设置焦点位置。
  - ✧ 【拾取节点】：单击该按钮，并在视图中单击准备作为焦点的物体，可以选择多个物体。
  - ✧ 【移除】：如果想取消某个物体，可以单击【移除】按钮将其移除。
- 【焦点参数】选项组：用于对景深效果的焦点参数进行具体设置。
  - ✧ 【水平焦点损失】/【垂直焦点损失】：控制沿水平轴和垂直轴的虚化程度。
  - ✧ 【焦点范围】：用于设置焦点的范围。
  - ✧ 【焦点限制】：用于设置虚化处理的最大值。

> **提示：** 在【焦点】和【焦点参数】选项组中的两个【使用摄影机】单选按钮是指这两个选项组的参数设置可以采用摄影机设置的参数。

05 参数设置完成后，选择【渲染】|【渲染】命令，对场景进行渲染，效果如图 11.16 所示，根据与作为焦点的物体的距离远近，画面呈现出不同层次的模糊特效。

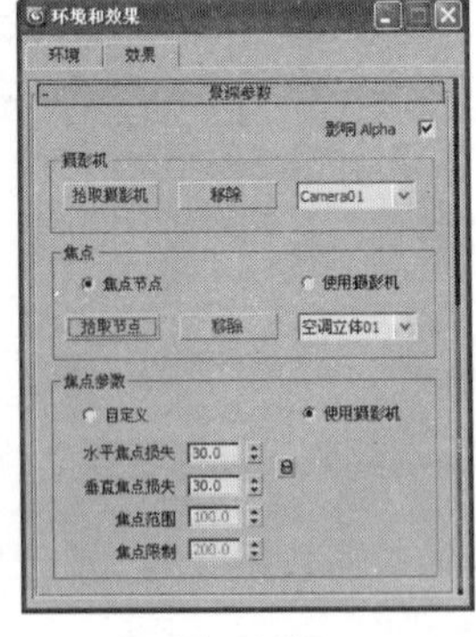

图 11.15

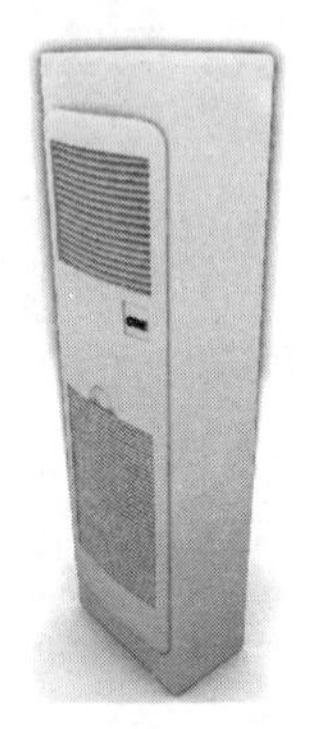

图 11.16

11.2.2　运动模糊特效

运动模糊特效是为了模拟在现实拍摄中，摄影机的快门因为跟不上高速度的运动而产生的模糊效果，以增加动画的真实感。在制作高速的动画效果时，如果不使用运动模糊特效，最终生成的动画可能会产生闪烁现象。

下面创建一架飞机的运动模糊特效，具体操作步骤如下：

01 打开一个需要进行运动模糊特效的场景，如图 11.17 所示。

图 11.17

02 在场景中选择需要模糊特效的坦克模型并右击，在弹出的菜单中选择【对象属性】命令，弹出【对象属性】对话框。选择【运动模糊】选项组中的【图像】单选按钮，单击【确定】按钮，如图 11.18 所示。

03 选择【渲染】|【效果】命令，打开【环境和效果】窗口，单击右侧的【添加】按钮，弹出【添加效果】对话框，选择【运动模糊】选项，如图 11.19 所示。

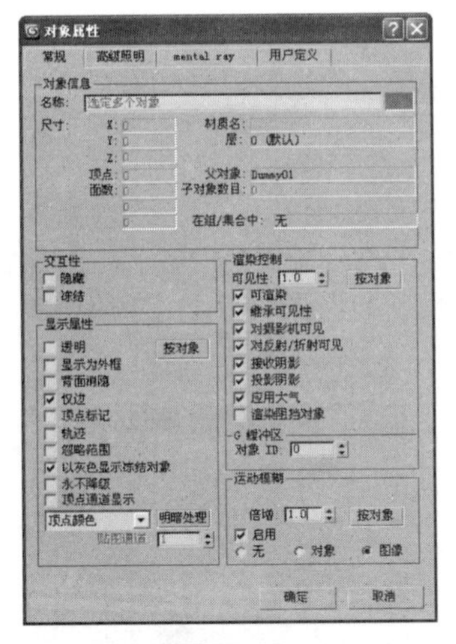

图 11.18

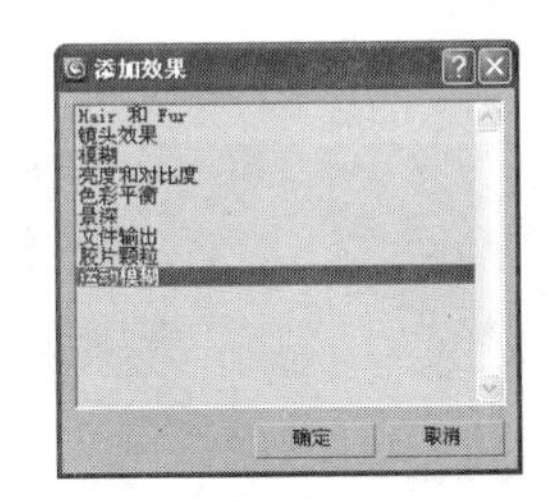

图 11.19

04 单击【确定】按钮，返回【环境和效果】窗口，会发现窗口底部增加了一个【运动模糊参数】卷展栏，如图 11.20 所示。

选择【处理透明】复选框后，透明物体后面的物体可以受运动模糊影响，否则将不对其进行运动模糊处理。【持续时间】微调框用于设置动画中帧与帧之间运动模糊的持续时间，这个数值越大，运动模糊的持续时间就越长，模糊效果就越强。

05 参数设置完成后，选择【渲染】|【渲染】命令，对场景进行渲染，效果如图 11.21 所示。运动模糊特效的使用使坦克产生动态模糊，给人一种高速运动的感觉。

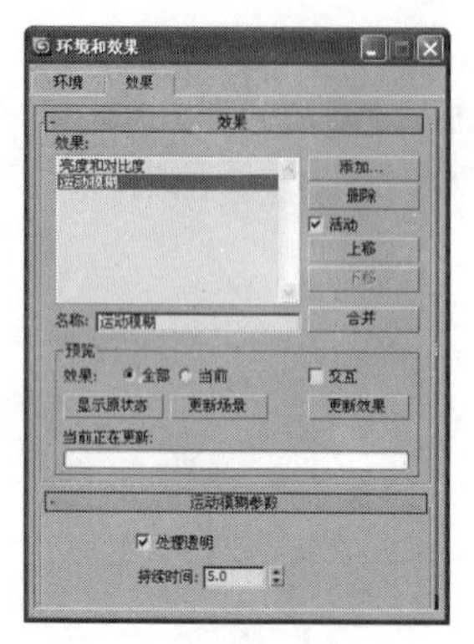

图 11.20

图 11.21

11.3　环境特效

在三维场景中，经常要用到一些特殊的环境效果，例如对背景的颜色和图片进行设置、对大气在现实中产生的各种效果进行设置等。这些效果的使用会大大增强作品的真实性，无疑会增加作品的魅力。下面将介绍这些环境特效的创建方法。

11.3.1　背景颜色设置

在渲染时使用的背景色是默认的黑色，但在渲染主体为深颜色的场景时，就需要适当更改背景颜色。具体操作步骤如下：

01 打开一个制作好的场景文件。

02 对场景进行渲染，得到如图 11.22 所示的效果。

03 选择【渲染】|【环境】命令，或者按【8】键，系统会打开如图 11.23 所示的【环境和效果】窗口。

图 11.22

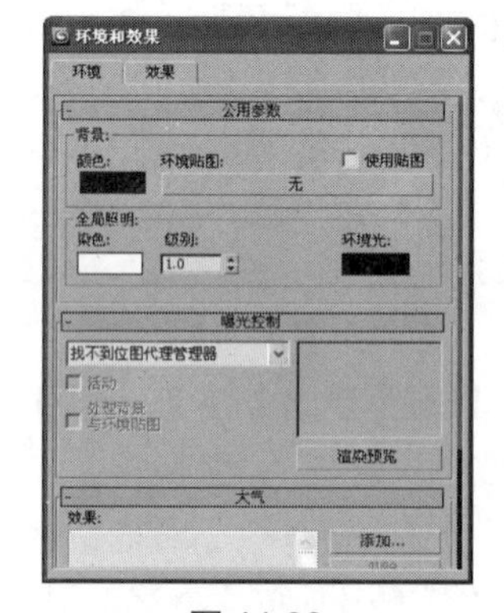

图 11.23

04 在【公用参数】卷展栏中可以设置渲染环境的一般属性。单击【背景】选项组中【颜色】下方的颜色块，系统会弹出【颜色选择器：背景色】对话框，如图 11.24 所示，根据需要选择一种颜色。

05 再次渲染，改变了背景色的效果如图 11.25 所示。

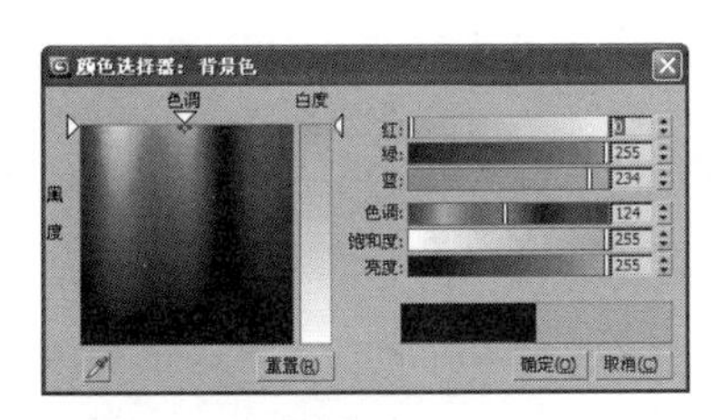

图 11.24

图 11.25

> **提示：**颜色的选择可以在左侧的选色区中单击选择；也可以在右侧的微调框内调整或输入数值，通过 RGB 3 种油墨的含量精确地选定颜色。

11.3.2　背景图像设置

在三维创作中，无论是静止的建筑效果图还是运动的三维动画片，除了主体的精细工作外，还要用一些图片来增加烘托效果。具体操作步骤如下：

01　打开要添加背景图像的场景。

02　选择【渲染】|【环境】命令，或者按【8】键，在打开的窗口中单击【背景】选项组下的【无】按钮，弹出【材质/贴图浏览器】对话框，双击【位图】贴图，然后再在弹出的对话框中选择一张贴图作为背景。

03　再次渲染场景，效果如图 11.26 所示。

图 11.26

> **提示：**选择了一幅图片作为背景图像后，在【环境】选项卡中的【使用贴图】复选框将同时被选择，表示将使用背景图片。如果此时取消选择【使用贴图】复选框，渲染时将不会显示出背景图像。

11.4　火焰效果

在三维动画中，火焰效果是为了烘托气氛经常要用到的效果之一。可以利用系统中提供的功能来设置各种与火焰有关的特效，如火焰、火炬、烟火、火球、星云和爆炸效果等。

01　要在场景中制作出一个燃烧的火焰效果，必须先创建一个辅助体。选择【创建】|【灯光】|【辅助对象】|【大气装置】工具。

02　系统弹出【对象类型】卷展栏，其中有 3 个按钮，分别决定了所要建立的燃烧设备的基本外形，有长方体、球体和圆柱体 3 种，单击这些按钮，系统都会弹出相应的卷展栏。

03　设置了相应的参数以后，可以在场景中的合适位置绘制出燃烧设备，并进行变形和缩放等调整，以适应周围的场景。

04 选择【渲染】|【效果】命令，打开【环境和效果】窗口，在【大气】卷展栏中单击【添加】按钮，在弹出的对话框中选择【火效果】选项，然后单击【确定】按钮，以添加火焰效果。

05 将火焰效果的设置指定给场景中的燃烧设备。在摄影机视图或【透视】视图中渲染场景。

下面来制作一个为火柴添加火焰效果的实例，具体操作步骤如下：

01 打开一个带有火柴造型的场景，如图 11.27 所示。

02 选择【创建】 |【辅助对象】 |【大气装置】|【球体 Gizmo】工具，然后在弹出的【球体 Gizmo 参数】卷展栏中选择【半球】复选框，目的是为了制作一个半球形的燃烧设备，如图 11.28 所示。

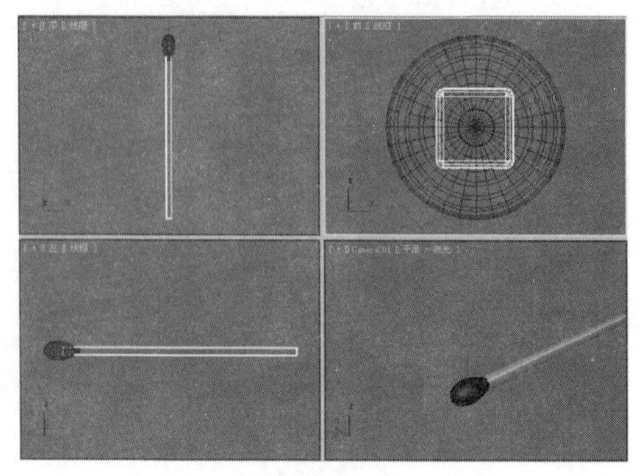

图 11.27

图 11.28

03 在【顶】视图中火柴的中心位置绘制出燃烧设备的半球形状，再单击工具栏中的【选择并非均匀缩放】按钮 ，对其进行不对称缩放，使将要产生的火焰为细高的形状，如图 11.29 所示。

04 选择【渲染】|【环境】命令，打开【环境和效果】窗口。在【大气】卷展栏中单击【添加】按钮，在弹出的【添加大气效果】对话框中选择【火效果】选项，单击【确定】按钮，返回【环境和效果】窗口，如图 11.30 所示。

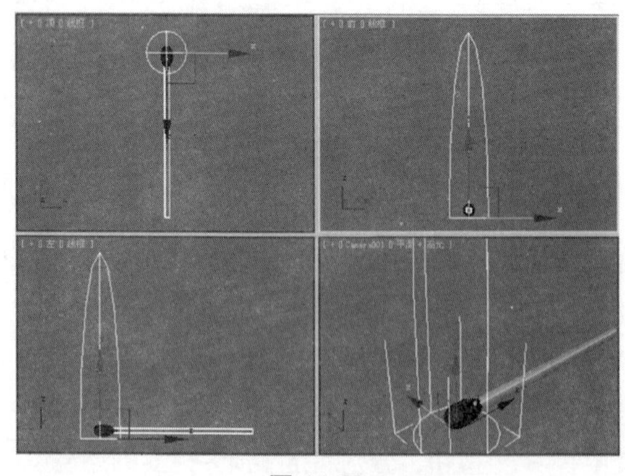

图 11.29

图 11.30

05 设置【火效果参数】卷展栏中的参数，如图 11.31 所示，在【Gizmo】选项组中单击【拾取 Gizmo】按钮，回到场景中选择已经绘制好的燃烧设备，其相对应的名称将显示在右边的下拉列表框中，如果有多个，可以多选。在【颜色】选项组中可以重新设置火焰的【内部颜色】、【外部颜色】和【烟雾颜色】的颜色，方法是单击各个色块，并进行修改。

06　在【图形】选项组中可以设置火焰的类型，选择【火舌】单选按钮，创建一个卷须状的火焰。在【特性】选项组中可以设置产生的火焰大小、密度、火焰细节和采样数。

07　激活摄影机视图或【透视】视图，单击【渲染产品】按钮进行快速渲染，得到效果如图 11.32 所示。

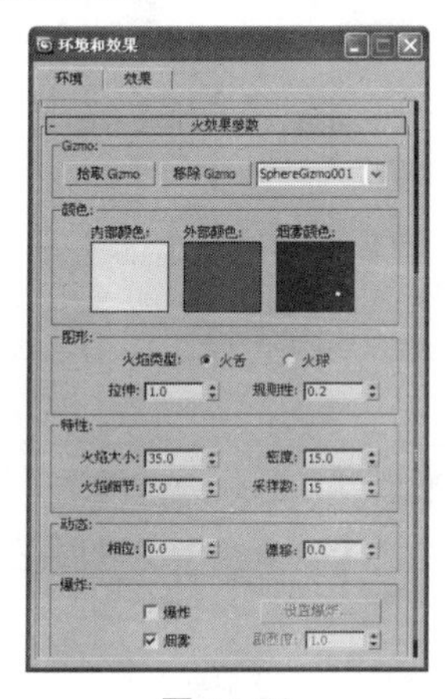

图 11.31

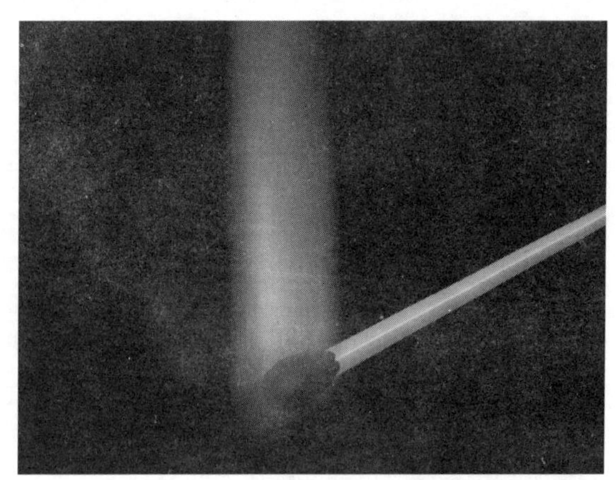

图 11.32

11.5　雾效果

在大气特效中，雾是制造氛围的一种方法。系统中提供的雾效功能可以用来制作出弥漫于空中的浓淡不一的雾气，也可以制作出在天空中飘浮的云彩。具体操作步骤如下：

01　重置一个新的场景，设置一张背景贴图，并创建摄影机，如图 11.33 所示。

02　选择【渲染】|【环境】命令，或者按【8】键，系统会打开【环境和效果】窗口，在【大气】选项组中单击【添加】按钮。

03　在系统弹出的【添加大气效果】窗口选择【雾】选项，单击【确定】按钮。

04　再次渲染，得到加了一层雾的场景效果，如图 11.34 所示。

05　返回【环境和效果】窗口，在【雾参数】卷展栏中选择【雾】选项组中的【分层】单选按钮，然后设置分层雾效的参数，就可以在场景中创建分层雾效，如图 11.35 所示。

图 11.33

图 11.34

图 11.35

11.6 体积雾

上述的雾效果在空间中形成的是大块、均匀的雾效。为了形成密度不等的雾效果，可以使用系统提供的体积雾效果，以形成四处飘散的、浓度不均匀的雾。

01 打开一个要添加体积雾效的场景。

02 在适当的角度创建一个摄影机，切换【透视】视图为摄影机视图，此时渲染效果如图 11.36 所示。

03 选择【渲染】|【环境】命令，或者按【8】键，系统会打开【环境和效果】窗口，在【大气】选项组中单击【添加】按钮。

04 在系统弹出的【添加大气效果】对话框中选择【体积雾】选项，单击【确定】按钮。

05 再次渲染，就可以得到加了一层四处飘动的雾的效果。

> 注意：体积雾效果只能在有造型的场景中使用。

体积雾效果的使用也像添加火焰效果一样，可以使用辅助物体来限制它的效果范围。

01 选择【创建】|【辅助对象】|【大气装置】工具，在【对象类型】卷展栏中选择一种形状来确定雾效的作用范围。

02 在视图中绘制出辅助物体，并对其进行适当调整，以确定雾的作用范围。

03 切换到【修改】命令面板，在【大气和效果】卷展栏中单击【添加】按钮，在弹出的【添加大气效果】对话框中选择【体积雾】选项，单击【确定】按钮。

04 返回【环境和效果】窗口，设置【体积雾参数】卷展栏中的参数。

05 参数设置完成后，单击【渲染产品】按钮进行快速渲染，图 11.36 所示为添加体积雾前后的效果对比。

图 11.36

11.7 体积光

体积光是一种比较特殊的光线，它的作用类似于灯光和雾的结合效果。利用它可以制作出各种光束、光斑和光芒等效果，而其他的灯光只能起照明作用。

01 打开一个要添加体积光的场景。

02 在场景中添加必要的照明灯光，在顶部创建一个聚光灯，并创建一个摄影机，切换【透视】视图为摄影机视图，渲染效果如图 11.37 所示。

03 选择【渲染】|【环境】命令，打开【环境和效果】窗口，在【大气】选项组中单击【添加】按钮，在弹出的【添加大气效果】对话框中选择【体积光】选项，单击【确定】按钮。

04 在【体积光参数】卷展栏的【灯光】选项组中单击【拾取灯光】按钮，并在视图中选择聚光灯。

05 在【体积】选项组中可以设置体积光的各项参数：【密度】的数值决定体积光的密度大小；【最大亮度】决定体积光的最大值比例；【最小亮度】决定体积光的最小值比例。

06 参数设置完以后，单击【渲染产品】按钮进行快速渲染，得到的最终效果如图 11.38 所示。从两个图的对比中可以看出，由于使用了体积光效果，聚光灯产生了光柱效果。

图 11.37

图 11.38

11.8　上机练习

下面通过几个实例的制作来巩固前面所学的基础内容。

11.8.1　文字体积光标版

本例将介绍文字体积光的制作方法，其效果如图 11.39 所示。通过将 3ds Max 中提供的体积光附加于聚光灯对象上来制作标版文字的效果，该效果可以产生有形的光束，常用来制作光芒放射的特效，非常具有真实感。

具体操作步骤如下：

01 按【Ctrl+O】组合键，在弹出的对话框中选择随书附带光盘中的 CDROM | Scene | Cha11 | 文字体积光标版.max 文件，如图 11.40 所示。单击【打开】按钮，打开如图 11.41 所示的场景文件。

图 11.39

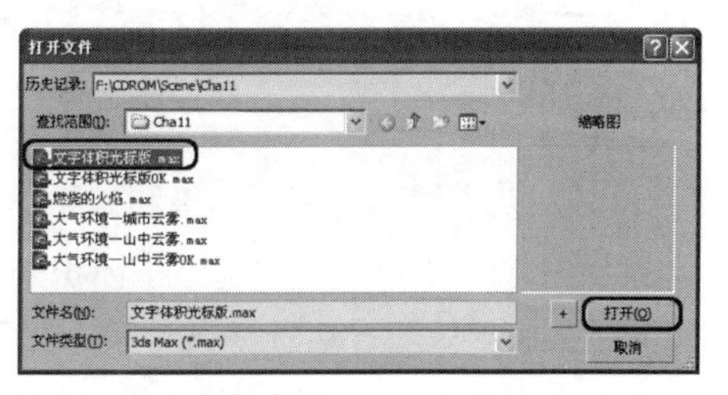

图 11.40

02 选择【创建】|【灯光】|【目标聚光灯】工具，在【顶】视图中创建聚光灯，如图 11.42 所示。

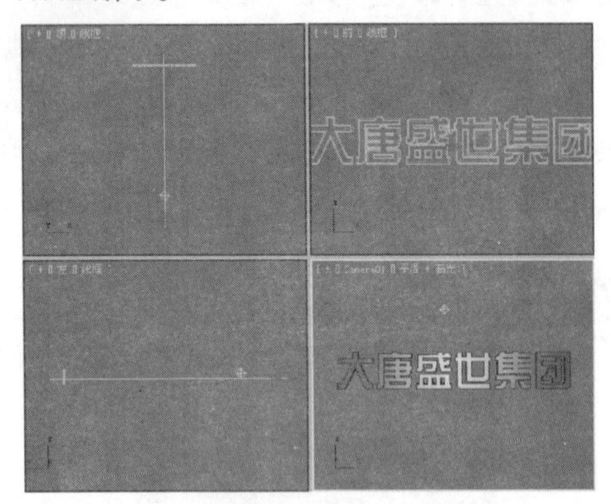
图 11.41

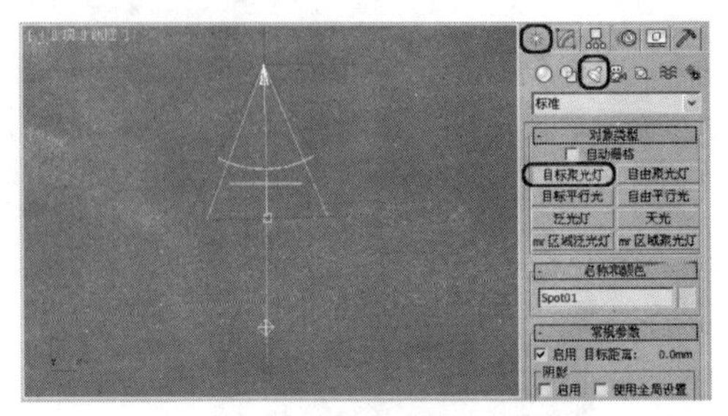
图 11.42

03 切换到【修改】命令面板，在【常规参数】卷展栏中将【目标】设置为 22073.164mm，并选择【阴影】选项组中的【启用】复选框；在【强度/颜色/衰减】卷展栏中将【倍增】设置为 2.85，将灯光颜色的 RGB 值设置为 255、248、230；在【远距衰减】选项组中选择【使用】复选框，将【开始】和【结束】分别设置为 15017 和 29000；在【聚光灯参数】卷展栏中将【聚光区/光束】和【衰减区/区域】分别设置为 17.7 和 23.5，选择【矩形】单选按钮，并将【纵横比】设置为 6.73，在场景中调整灯光的位置，如图 11.43 所示。

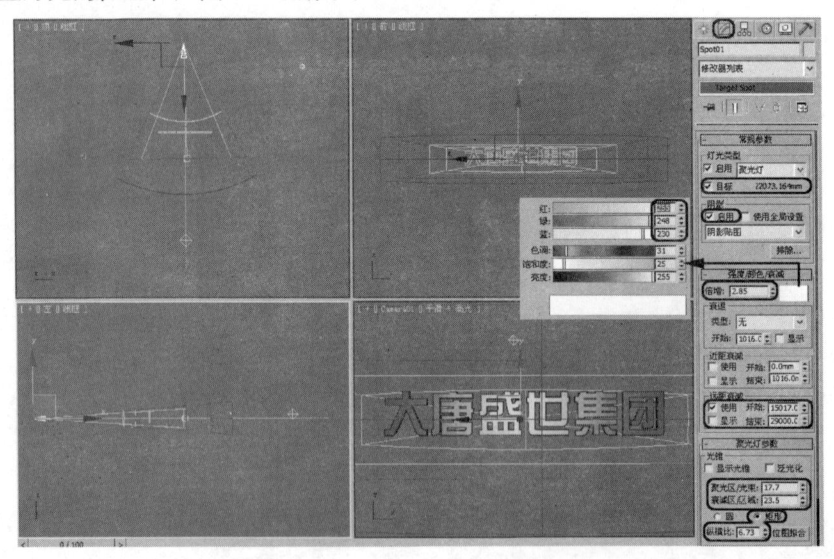
图 11.43

04 按【8】键，打开【环境和效果】窗口，在【大气】卷展栏中单击【添加】按钮。在弹出的【添加大气效果】对话框中选择【体积光】选项，单击【确定】按钮，如图 11.44 所示。

05 添加完体积光后选择该效果，即可出现【体积光参数】卷展栏，在【灯光】选项组中单击【拾取灯光】按钮，然后在场景中选择聚光灯对象；在【体积】选项组中将【雾颜色】色块的 RGB

设置为 255、246、228，将【衰减颜色】色块的 RGB 设置为 0、0、0，将【密度】设置为 0.6，选择【高】单选按钮，如图 11.45 所示。

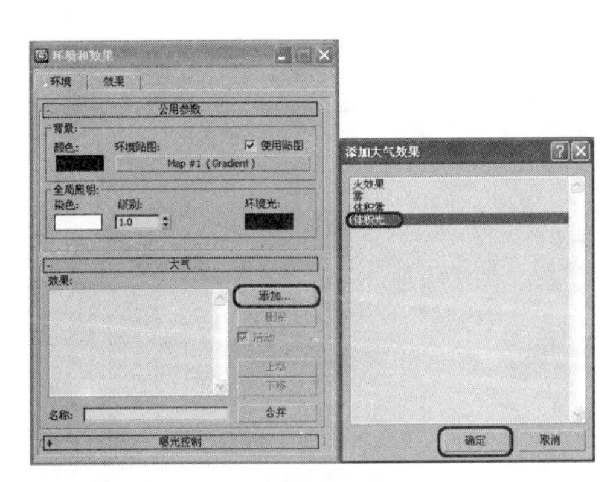

图 11.44

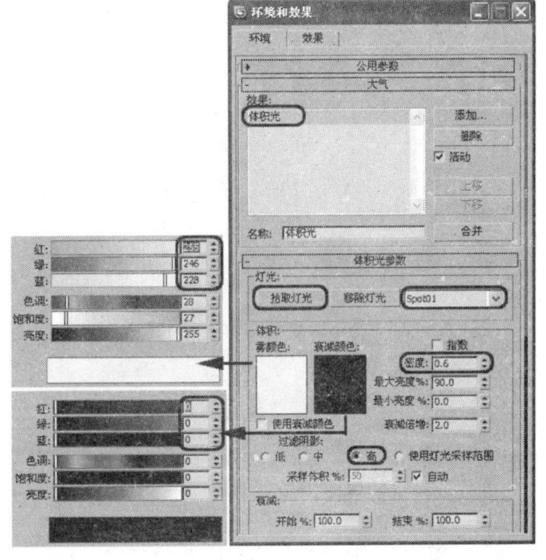

图 11.45

06 至此，文字体积光标版就制作完成了。对摄影机视图进行渲染，并保存场景文件。随书附带光盘中的 CDROM｜Scene｜Cha11｜文字体积光标版 OK.max 文件为制作完成后的场景文件，用户可参考该场景进行制作。

> **提示：** 渲染完成后的效果如果不是很理想，用户可以在 Photoshop 中对其进行亮度及对比度的调整。

11.8.2 燃烧的火焰

本例将讲解燃烧火焰的制作方法，效果如图 11.46 所示。火焰效果在动画制作中使用的频率是非常高的，比如燃烧的火炬，在表现文字特效时的火焰拖尾效果，以及烧着的木柴等，这些火焰大部分可以通过大气环境中的火焰效果来制作。

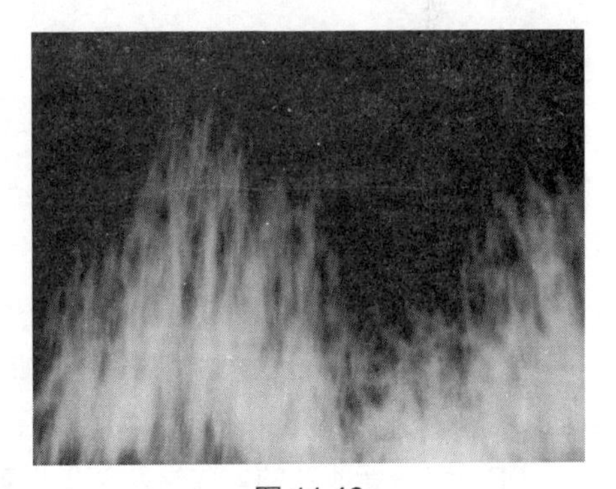

图 11.46

具体操作步骤如下：

01 激活【顶】视图，选【创建】｜【辅助对象】｜【大气装置】｜【球体 Gizmo】工具，在【顶】视图中创建一个球体线框。在【球体 Gizmo 参数】卷展栏中将【半径】设置为 256，选择【半球】复选框，如图 11.47 所示。

02 激活【前】视图，在工具栏中选择【选择并均匀缩放】按钮，右击，在弹出的对话框中将【绝对：局部】选项组中的 Z 设置为 295，如图 11.48 所示。

03 确定前面所创建的球体线框处于选择状态，选择【选择并移动】按钮工具，并配合【Shift】键，对线框进行复制，然后在视图中调整它们的大小和位置，如图 11.49 所示。

技巧：该步骤在原有火焰的基础上进行复制，这样可以使燃烧的火焰更加具有层次感，同时使渲染出的燃烧火焰效果更加猛烈。

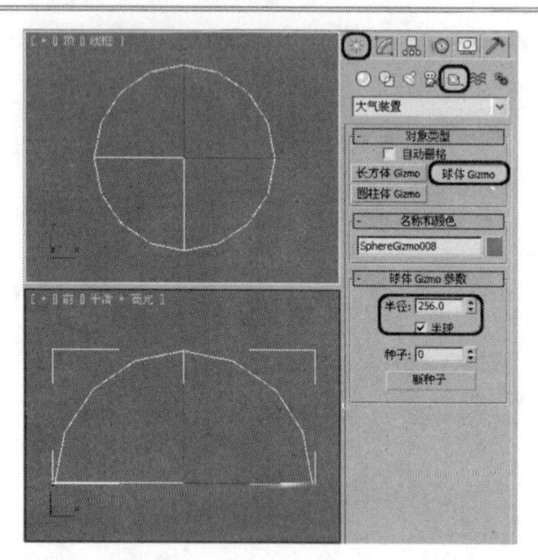
图 11.47

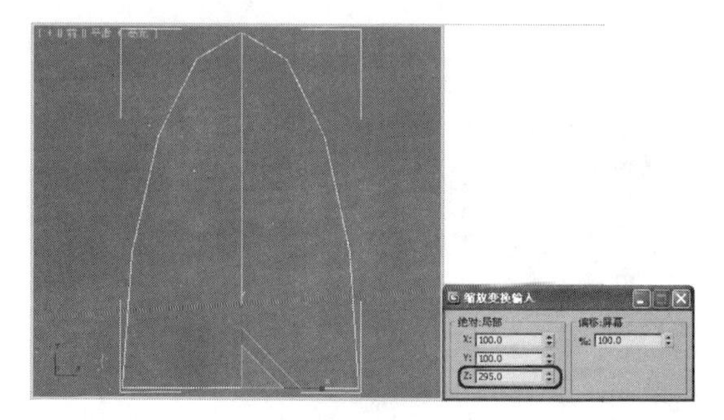
图 11.48

04 选择【创建】|【摄影机】|【目标】工具，在【顶】视图中创建一架摄影机。在【参数】卷展栏中将【镜头】设置为 24，将【视野】设置为 53.13，并在其他视图中调整摄影机的位置，然后按【C】键，将【透视】视图转换为摄影机视图，如图 11.50 所示。

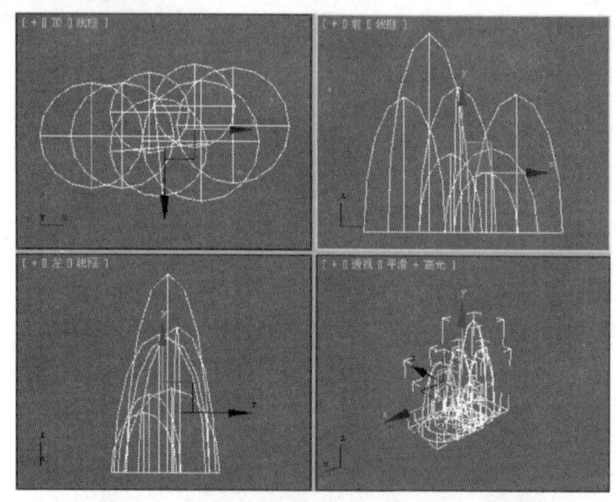
图 11.49

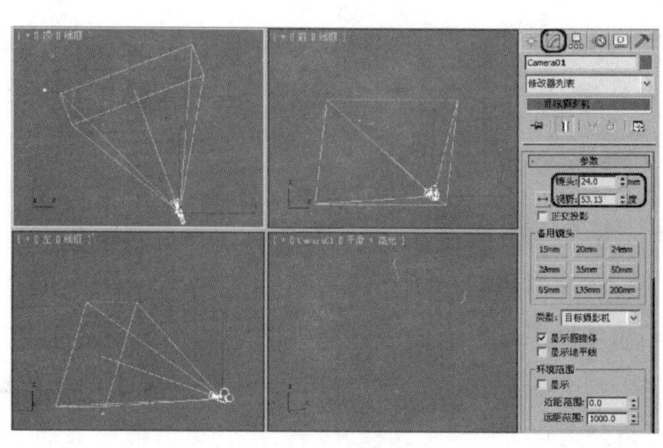
图 11.50

05 在菜单栏中选择【渲染】|【环境】命令，打开【环境和效果】窗口，在【大气】卷展栏中单击【添加】按钮，在弹出的【添加大气效果】对话框中选择【火效果】选项，单击【确定】按钮，添加一个火焰效果，如图 11.51 所示。

06 选择新添加的火效果，在【火效果参数】卷展栏中单击【拾取 Gizmo】按钮，按【H】键，弹出【从场景选择】对话框，在该对话框中选择“球体线框”对象，选择完成后单击【拾取】按钮；在【颜色】选项组中将【内部颜色】的 RGB 设置为 255、60、0；将【外部颜色】的 RGB 设置为 255、50、0。在【图形】选项组中选择【火舌】单选按钮，将【规则性】设置为 0；在【特性】选项组中将【火焰大小】、【密度】和【采样数】分别设置为 40、8 和 10；将【动态】选项组中的【相位】设置为 268，将【漂移】设置为 90，如图 11.52 所示。

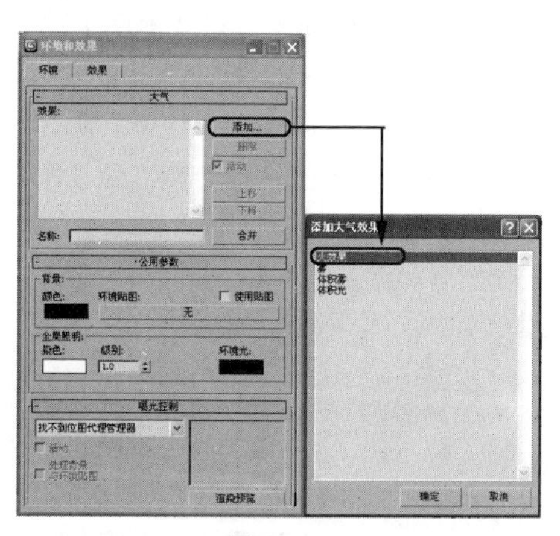

图 11.51

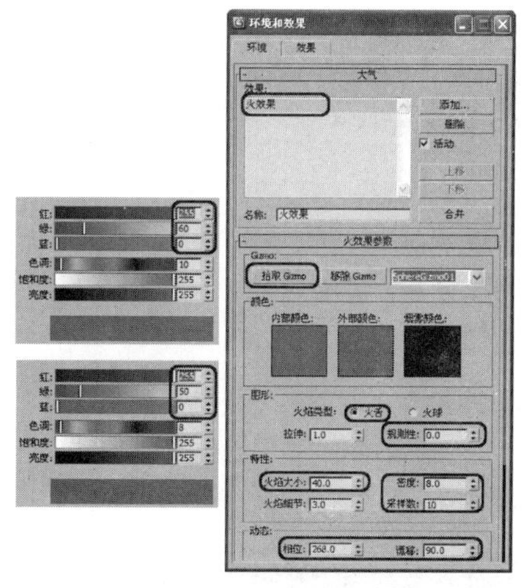

图 11.52

07 至此，燃烧的火焰效果就制作完成了。对摄影机视图进行渲染，并对场景进行保存。随书附带光盘中的 CDROM | Scene | Cha11 | 燃烧的火焰.max 文件为制作完成后的场景文件，用户可参考该场景进行制作。

11.8.3 大气环境——城市云雾

本例将介绍城市云雾效果的制作方法，如图 11.53 所示，通过【雾】效果来表现城市云雾效果。通过本例的学习，用户可以学会云雾效果的制作。

具体操作步骤如下：

01 激活【顶】视图，选择【创建】 | 【几何体】 | 【长方体】工具，然后在视图中创建一个【长度】和【宽度】分别为 200 和 280 的长方体，并将其命名为“背景”，如图 11.54 所示。

图 11.53

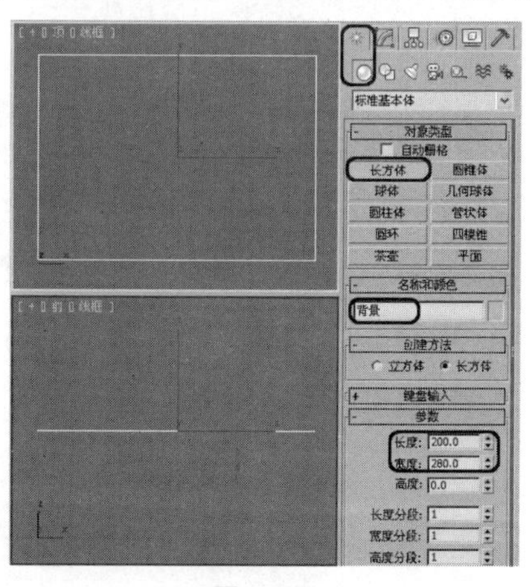

图 11.54

02 确定“背景”对象处于选中状态，激活【左】视图，利用工具栏中的【选择并旋转】和【角度捕捉切换】工具，将其沿 Z 轴旋转–45 度，效果如图 11.55 所示。

03 在工具栏中单击【材质编辑器】按钮，打开【材质编辑器】窗口，激活第一个样本球，在【Blinn 基本参数】卷展栏中将【自发光】选项组中的【颜色】设置为 30；在【贴图】卷展栏中单击【漫反射颜色】通道后面的 None 按钮，在弹出的【材质/贴图浏览器】对话框中选择【位图】贴图，单击【确定】按钮。在弹出的对话框中选择随书附带光盘中的 CDROM | Map | 城市云雾背景.jpg 文件，单击【将材质指定给选定对象】按钮，将设置好的材质指定给场景中的“背景”对象，如图 11.56 所示。

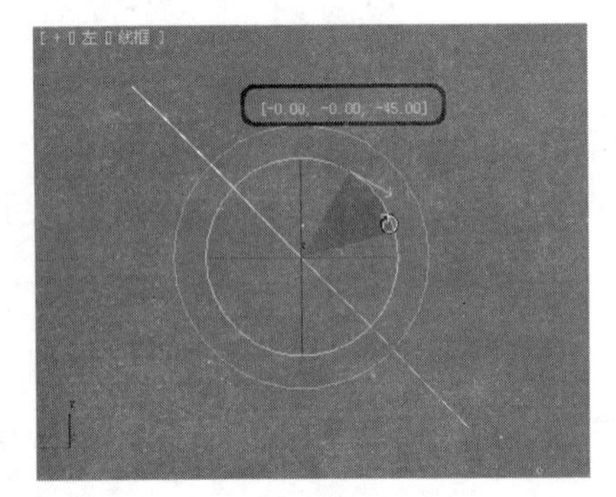

图 11.55

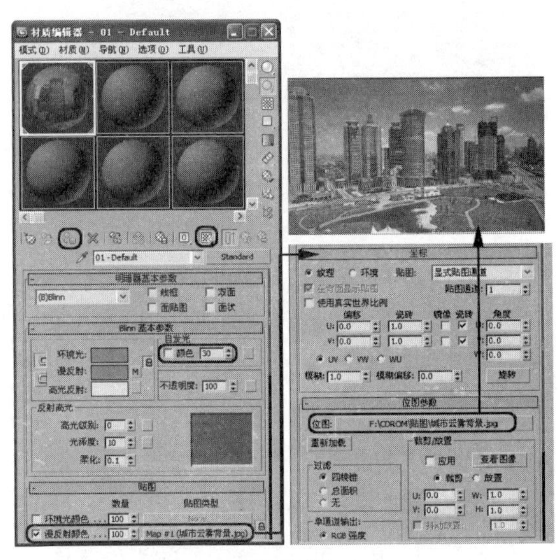

图 11.56

04 激活【顶】视图，选择【创建】|【摄影机】|【目标】工具，在【顶】视图中创建一架摄影机，将摄影机的【镜头】设置为 28.971，将【视野】设置为 45。激活【透视】视图，按【C】键，将该视图转换为摄影机视图，然后在其他视图中调整摄影机的位置，如图 11.57 所示。

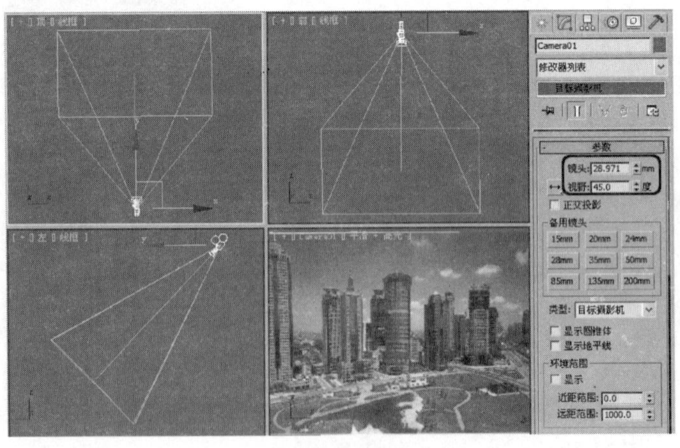

图 11.57

05 按【8】键，打开【环境和效果】窗口，在【大气】卷展栏中单击【添加】按钮，在弹出的对话框中选择【雾】选项，单击【确定】按钮，添加一个雾效果，如图 11.58 所示。

06 选择新添加的雾效果，在【雾参数】卷展栏中将【标准】选项组中的【远端%】设置为45，如图 11.59 所示。

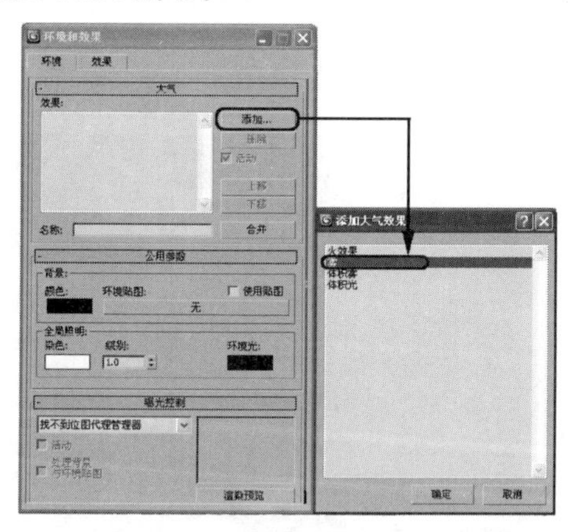

图 11.58

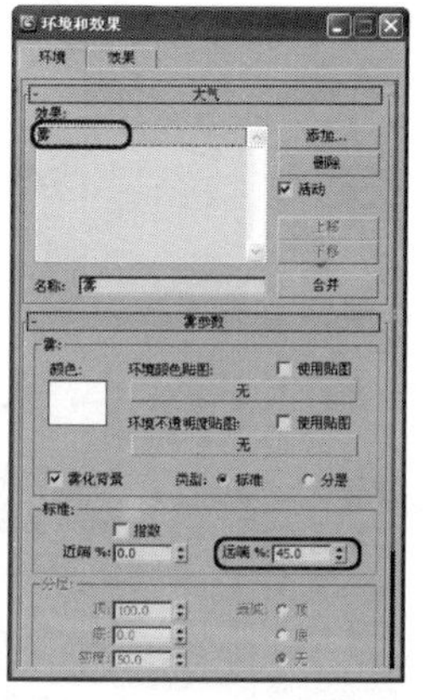

图 11.59

07 再次在【大气】卷展栏中单击【添加】按钮，在弹出的对话框中选择【雾】选项，单击【确定】按钮，添加一个雾效果。在【雾参数】卷展栏中选择【雾】选项组中的【分层】单选按钮，将【分层】选项组中的【顶】设置为 200，将【衰减】定义为【顶】，如图 11.60 所示。

08 再次在【大气】卷展栏中单击【添加】按钮，在弹出的对话框中选择【雾】选项，单击【确定】按钮，添加一个雾效果。在【雾参数】卷展栏中选择【雾】选项组中的【分层】单选按钮，将【分层】选项组中的【顶】和【密度】分别设置为 60 和 25，最后将【衰减】定义为【顶】，如图 11.61 所示。

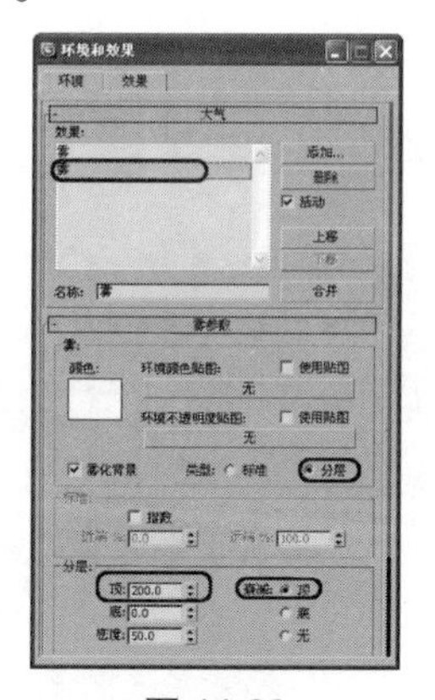

图 11.60

图 11.61

09 激活摄影机视图，对该视图进行渲染，效果如图 11.53 所示。

10 最后，将场景文件进行存储。随书附带光盘中的 CDROM｜Scene｜Cha11｜大气环境——城市云雾.max 文件为制作完成后的场景文件，用户可参考该场景进行制作。

11.8.4 大气环境——山中云雾

本例将介绍山中云雾效果的制作方法，完成后的效果如图 11.62 所示，通过使用大气装置线框和体积雾来制作雾效。

具体操作步骤如下：

01 按【Ctrl+O】组合键，在弹出的对话框中选择随书附带光盘中的 CDROM｜Scene｜Cha11｜大气环境——山中云雾.max 文件，单击【打开】按钮，打开该文件，如图 11.63 所示，在该场景的基础上进行体积雾的制作。

图 11.62

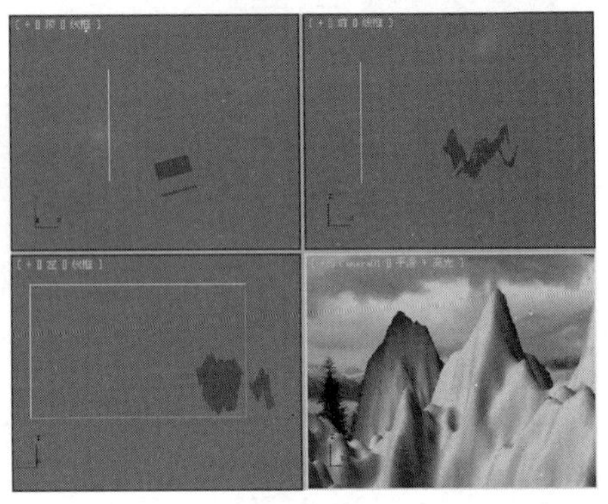

图 11.63

02 选择【创建】｜【辅助对象】｜【大气装置】｜【球体 Gizmo】工具，在【顶】视图中创建一个【半径】为 100 的球形线框，在【球体 Gizmo 参数】卷展栏中选择【半球】复选框，如图 11.64 所示。

03 确认球体线框处于选中状态，激活【前】视图，在工具栏中单击【选择并均匀缩放】按钮，在【前】视图中将其沿 Y 轴进行缩放，缩放的参数这里就不提供了，适合场景即可，如图 11.65 所示。

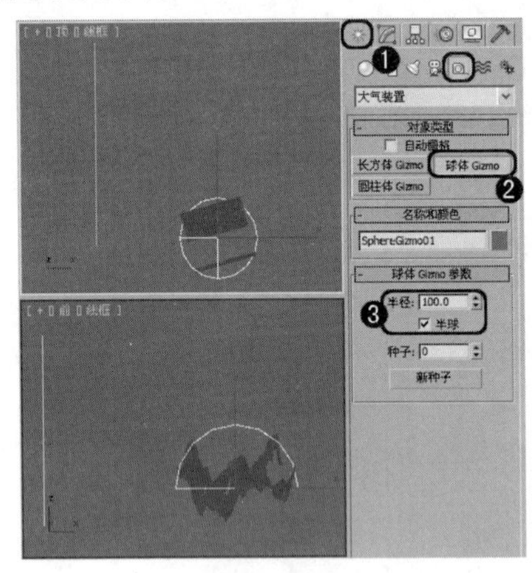

图 11.64

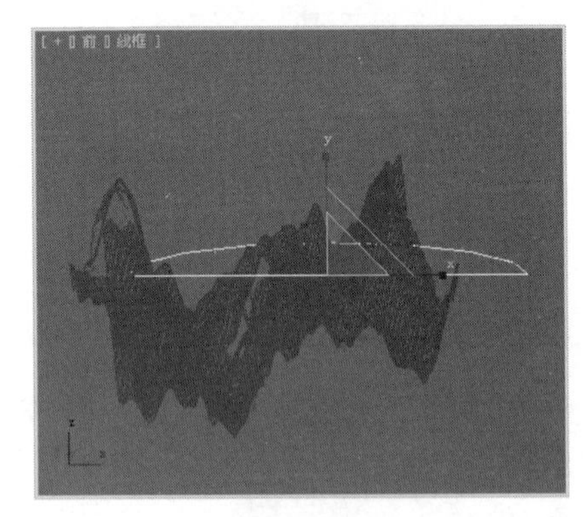

图 11.65

04 再创建几个不同参数的球形线框，然后使用【选择并均匀缩放】按钮分别在【顶】视图和【前】视图中对线框进行缩放，其效果如图 11.66 所示。

05 按【8】键，打开【环境和效果】窗口，在【大气】卷展栏中单击【添加】按钮，在弹出的对话框中选择【体积雾】选项，单击【确定】按钮，添加体积雾，如图 11.67 所示。

06 选择【体积雾】效果，在【体积雾参数】卷展栏中单击【拾取 Gizmo】按钮，按【H】键，弹出【拾取对象】对话框，在该对话框中选择 5 个球形线框名称，单击【拾取】按钮，如图 11.68 所示。

07 在 Gizmo 选项组中将【柔化 Gizmo 边缘】设置为 0.4；在【体积】选项组中将【密度】设置为 32，将【颜色】的 RGB 设置为 235、235、235；在【噪波】选项组中选择【分形】单选按钮，将【级别】设置为 4，如图 11.69 所示。

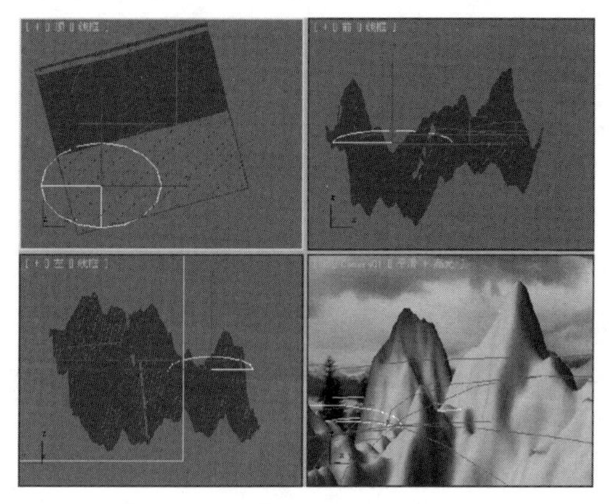

图 11.66

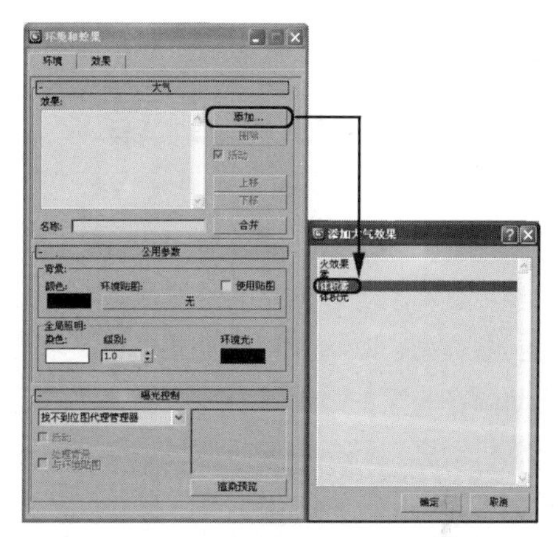

图 11.67

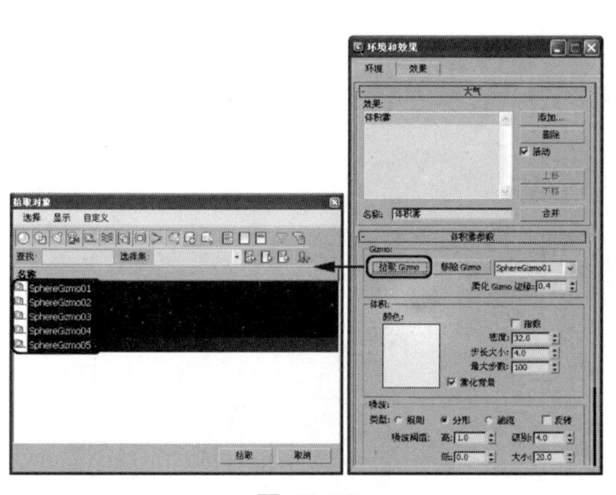

图 11.68

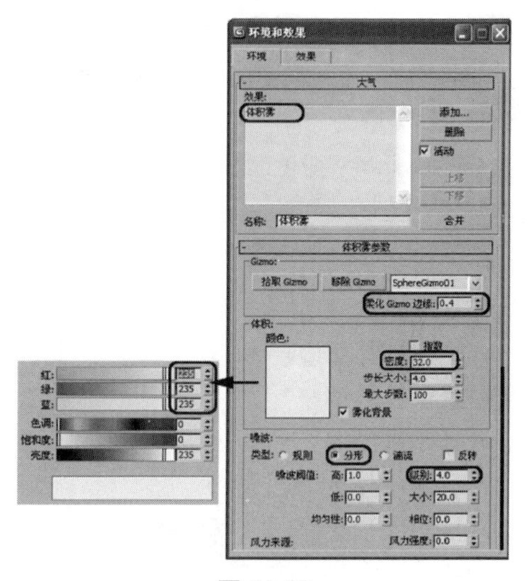

图 11.69

08 至此，山中云雾效果就制作完成了，单击【渲染】按钮即可得到如图 11.62 所示的效果。制作完成后将该场景文件进行保存，随书附带光盘中的 CDROM｜Scene｜Cha11｜大气环境——山中云雾 OK.max 文件为制作完成后的场景文件，用户可参考该场景进行制作。

11.9　习题

1、3ds Max 中共有哪几种渲染特效?

2、如何为场景指定环境背景?

3、火焰效果和体积雾效果的依附体是什么?

第 12 章　动画技术

学习基本动画原理是三维动画制作的理论基础，通过本章的学习，读者能够了解 3ds Max 的动画控制器类型，掌握关键帧动画的设置和修改方法，运用旋转控制器精确控制场景对象旋转角度。

动画在长期的发展过程中，其基本原理并未发生很大的变化，无论是早期手绘动画，还是现代的计算机动画，都是由若干张图片连续放映产生的，因此一部普通的动画片要绘制很多张图片，工作量相当繁重。通常主动画师只要绘制一些关键性图片（称为关键帧），关键帧之间的图片由其他动画助理人员来绘制。在三维计算机动画制作中，操作人员是主动画师，计算机是动画助理，只要设定关键帧，然后由计算机自动在关键帧之间生成连续的动画。关键帧动画是三维计算机动画制作中最基本的手段，在电影特技中，很多繁杂动画都是通过关键帧这种最传统的方法来完成的。计算机不仅能设定关键帧动画，还能制作表达式动画，表达式动画和轨迹动画有助于动画师控制动画效果，但表达式和轨迹动画也必须在关键帧动画的基础上才能发挥作用。

本章重点

- 了解关键帧的设置
- 动画原理
- 关键帧与插值技术
- 关键帧的调整
- 动画控制器

12.1　关键帧的设置

在 3ds Max 中，几乎所有的参数和修改器都可以设置动画，如移动、旋转和缩放，以及对象的各种创建参数修改命令，包括灯光颜色和贴图大小等。设置动画最简单的方法就是设置关键帧，只要激活【自动关键点】按钮，在某一帧改变对象状态，如移动对象至某一位置，改变对象某一参数，然后将时间滑块设置到另一帧，再次改变对象状态，这时在轨迹栏中会看到有两个关键帧出现，这表明关键帧已创建，在关键帧之间将出现动画，如图 12.1 所示。

关键帧的设置并不困难，但关键帧的调整则需要经验和耐心，再繁杂的动画（如跳舞），也可以通过关键帧来完成，问题在于设置关键帧仅仅是制作动画的开始，真正的任务在于对关键帧的调整。在讲述关键帧的调整方法之前，先来了解一下传统动画的动画原理，关键帧的调整表面上是对技术的掌握，实质是一种艺术创作的过程，动画原理正是这种艺术创作的经验总结。

图 12.1

12.2　动画原理

三维角色动画从某种意义上说，就是用计算机三维技术去制作动画片，其中所涉及的理论知识及技法完全来自于二维动画片。二维动画片的制作原理可归纳为以下几点：

- 预备和过头。
- 主动作挤压和伸展，以及次要动作。
- 挤压和伸展。
- 跟随动作和重叠动作。
- 运动保持。
- 运动层次。
- 动态线和运动轨迹。
- 超前情节和滞后情节。
- 夸张。

12.2.1　挤压和伸展

动画对象可分为刚体和柔体两种，一般角色动画中的对象都是柔体，柔体在受力运动时会发生形变，这种形变就是挤压和伸展。在所有动画教材中，都会有一个橡皮球在地板上反弹的范例，如图 12.2 和图 12.3 所示。在使动画挤压或伸展变形时，要遵循一个原则，即变形对象应保持体积不变。对于关节对象（如人体）而言，在运动受力时，关节会产生运动挤压和运动伸展，如跳远动作。

在 3ds Max 中【柔体】修改器可使角色动画自动产生挤压和伸展变形。

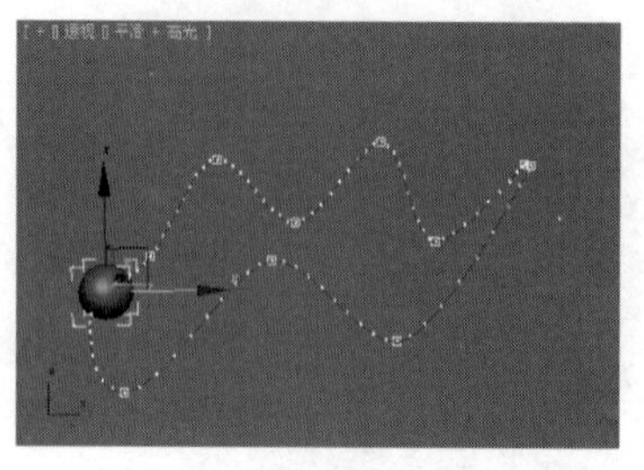

图 12.2

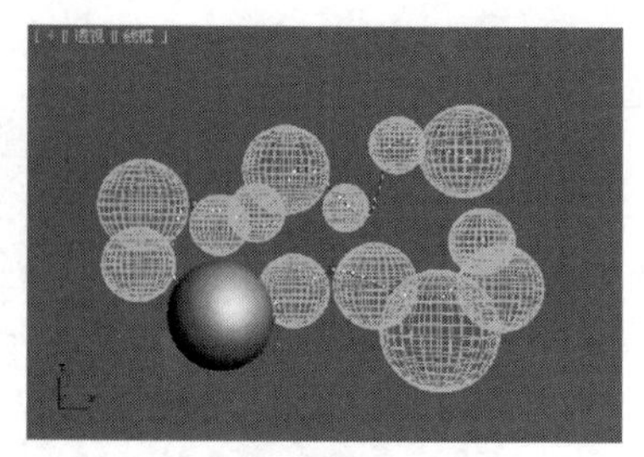

图 12.3

12.2.2　主要动作和次要动作

一个角色自然完整的动作，是由若干类型的动作组合而成的。从动作构成来看，复杂动作是由主要动作和次要动作构成的，主要动作是动画中最显著的动作，它决定了动画对象的运动趋势，是吸引观众注意力的运动，但如果角色只有主要动作而无次要动作，它的动作是不丰满的，会缺乏生气和个性，就好像一棵大树只有主干而没有枝叶。主要动作引导动作进行，由于主要动作的发生，导致了次要动作的出现，而次要动作又映托和补充主要动作。比如，老虎奔跑的动作，奔跑是主要动作。为了保持平衡，尾巴也在上下摆动，此时尾巴的摆动就是次要动作。人在行走时的方式与此相似，人的重心前行是主要动作，手臂前后摆动是次要动作。

如图 12.4 所示，篮球由上到地面再弹起是主要动作，球体在落地弹起的角度是次要动作。

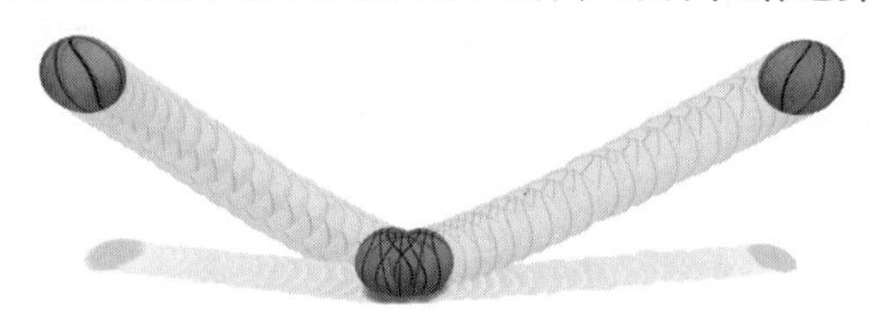

图 12.4

一个主要动作会引导若干个次要动作，“主”与“次”是相对的而不是绝对的，当主要动作将要结束时，次要动作发生并可能转化为下一个主要动作。此外，次要动作也是连接各主要动作的纽带，尤其是在主要动作保持不变的期间。

12.2.3　跟随动作和重叠动作

当动画对象的动作停止时，动画对象的某些部分会继续运动的现象称为跟随，例如一只小狗突然停止后，它的耳朵仍会摆个不停。跟随动作属于次要动作，在动画设置中，跟随动作对于表现柔体运动对象至关重要，如衣服、头发、斗篷等。

3ds Max 中的【柔体】修改器提供了追随动作的功能。

在连贯的动作中，动画对象各个部分的动作会彼此联系，各部分的动作不会同时发生或同时结束，运动经常交替和重叠。当一些运动尚未完全结束时，另一些动作已经开始，各动作之间存在一个时间差，这种动作交替发生和结束的现象称为重叠。重叠可以出现在各主要动作之间，或者主要动作与次要动作之间，也可以出现在各个不同角色或同一角色的各个部分之间，它有助于产生流畅自然的动画效果。

12.2.4　运动保持

在角色动画中，两个主要动作之间如果不是连续发生，就会出现运动保持。前一个动作结束，而后一个动作还未开始，这时角色对象会维持前一个动作结束时的状态。如果在此期间角色仍然一动不动，会产生呆板、生硬的机械活动，破坏活动进程的连续性。在现实生活中，生物体无时无刻不在运动，只是有时运动很微弱而已，在动画制作中，应捕捉这种现象并加以调整。即使在睡觉时，也会有运动变化，这在观看动画卡通片时能体会到这一点。所谓运动保持，是指动画对象应保持不断地运动，哪怕只是很小的运动，这是使角色有生气的技巧之一。次要动作的设置是运动保持的重要手段，比如说一个角色在聚精会神地观察一个新事物，此时角色主要动作停止，根据运动保持原理，应让头部左右运动，而且应不间断地眨眼，耳朵会随着头部运动而轻轻摇摆，这样就可以使角色栩栩如生。

对于无生命动画，如广告片头中的标识、字符等，因为是无生命动画对象，无须制作运动保持，但也应避免由于动画对象停止运动而出现“静帧”现象，解决方案是运动摄影机，或是一些衬景对象的运动，如流星、动态背景等，这种技巧在电影或广告片头中会经常看到。要切记，观众只对动的东西感兴趣，要吸引观众的注意力，就不要停下来。

12.2.5　运动层次

复杂动作由主要动作、次要动作、重叠动作和运动保持组合而成，这 4 种动作应如何下手呢?只要对动作逐一分解，按步骤来处理，就清楚了。方法之一就是引入运动层次概念。运动层次概念是指将场景动作分解为几层动作，好像是绘制油画要有好几个层次一样，如底色、透明底色、描绘层次和油画颜料。运动分层可以将复杂问题分析成容易处理的动作，在一个复杂动作的制作过程中，首先设置第一层动作的主要动作，然后添加第二层动作的次要动作，最后在各动作层次间进行调整，细微调整重叠动作和运动保持效果。例如，一个动画人物的行走，首先应设置其重心、手、脚的主要动作和辅助动作，这时人物的基本行走状态已经形成，然后再调整转头、眨眼等次要动作，最后调整各动作之间的重叠关系，使所有动作融为一体并赋予人物以鲜明的个性。面对复杂动画要遵循化整为零，一次只做一件事的设置原则。

12.2.6　动态线和运动轨迹

动画中角色的动作应鲜明、流畅，而这样的动作是由好的造型构成的，造型设计时应使角色全身保持统一的运动趋势，这样才能强化动势，这种明确的运动趋势可以用一条动态线来描绘。实际上，动态线正是角色身体躯干的变化曲线，它描绘了主要动作的变化趋势。

运动轨迹是指动画角色在空间移位的过程中所形成的轨迹，对于简单的动画来说，运动轨迹就是运动路径，如图 12.5 所示，其中重心轨迹反射躯体运动的总趋向，是代表该运动特征的线性，重心轨迹起伏变化最小，末端对象轨迹变化最大（如人的上肢和袋鼠的尾巴），因为末端对象要为平衡躯体而往复运动，运动轨迹曲线最能反应该运动的特征和趋势，也是了解运动最直观的方法。在角色动画中，运动轨迹可以帮助动画人员制作流畅、真实、生动的动画。

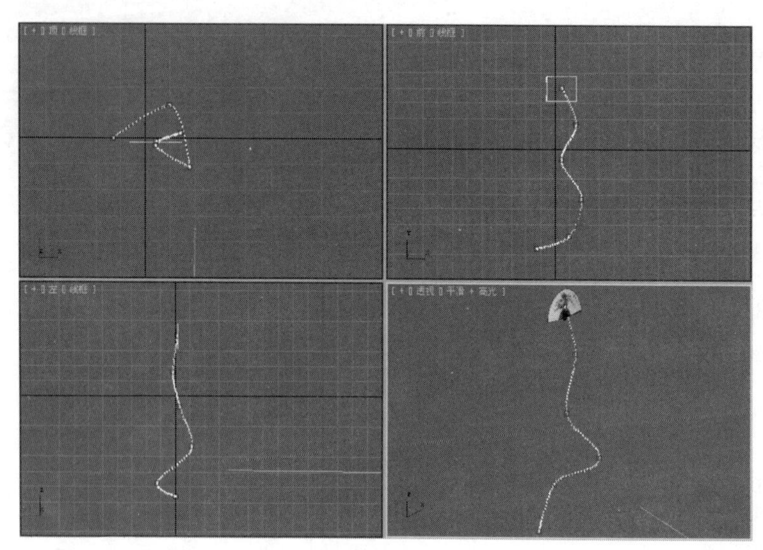

图 12.5

12.2.7 夸张

舞台就像是一个放大镜，出现在舞台上的人物、场景等都将被夸大以突出艺术魅力。动作也不例外，这一点可以在查理·卓别林的《大独裁者》(The Great Dictator)和吉姆·凯利的《变脸》(Mask)中清楚地看到。动画制作也是一种戏剧表现形式，快速的动作、戏剧化的情节，以及夸张的面部表情等，都是这种夸张的具体表现形式。夸张不但不会降低动画情节的真实性，反而会吸引观众的注意力，使动画更漫画化，更具幽默感和喜剧效果，这些正是观众所渴望的。

夸张要以真实动作为蓝本，必须先对现实中的动作特征加以研究，然后再将某些特征夸大。一个掌握夸张技巧的捷径是观摩动画片，从中可以看到很多夸张的经典范例。

12.2.8 超前情节和滞后情节

超前情节与滞后情节也是动画夸张的一种表现形式，这是对动画时间的高度夸张。超前情节是指在角色活动中，观众不知道角色活动的原因，这种情节安排可以使观众产生悬念和期待，如一只猫在追一只老鼠，突然猫调转方向逃走，当观众产生疑问时，镜头拉开，原来老鼠找到一只狗帮忙。滞后情节是指角色活动前，观众已经知道结果，这种情节使观众可以“预知”主角命运，角色会变得滑稽可笑，如角色在悬崖尽头继续前进，它毫无察觉脚下已经没有陆地，过了一会儿才发现自己的处境，面向观众无奈地挥挥手，然后突然坠落。情节的巧妙安排和时间的夸张技巧可以对观众产生积极影响，吸引他们的兴趣，这对动画视觉效果的成功而言至关重要，如图 12.6 所示。

动画原理是设置三维角色动画的依据，角色动作的调整，尤其是对关键帧的调整应遵循动画原理中的规律。

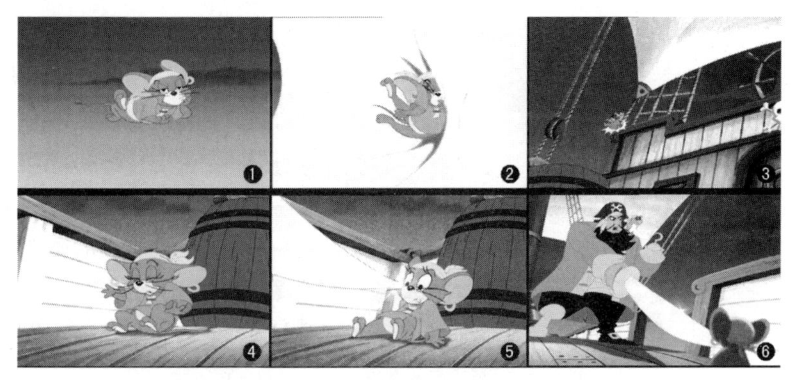

图 12.6

12.3　关键帧与差值技术

关键帧是传统卡通片中描绘主要运动的画面，在三维动画制作中，软件会使用主画面（关键帧）插值技术，根据已设置的关键帧（信息），自动在关键帧之间生成插入画面，在 3ds Max 中，关键帧之间的插值类型大致可分为两种：一种是线性插值，另一种是曲线插值。

线性插值是插值类型中最简单的插值计算方法，它只是在关键帧之间计算平均插值。这种插值技术只能在关键帧之间产生毫无变化的运动，比较适合机械运动，如图 12.7 所示。横轴代表时间帧，纵轴代表距离，在第 0 帧和第 100 帧分别设置关键帧，如果使用线性插值技术，则在两关键帧之间，汽车会匀速运动。

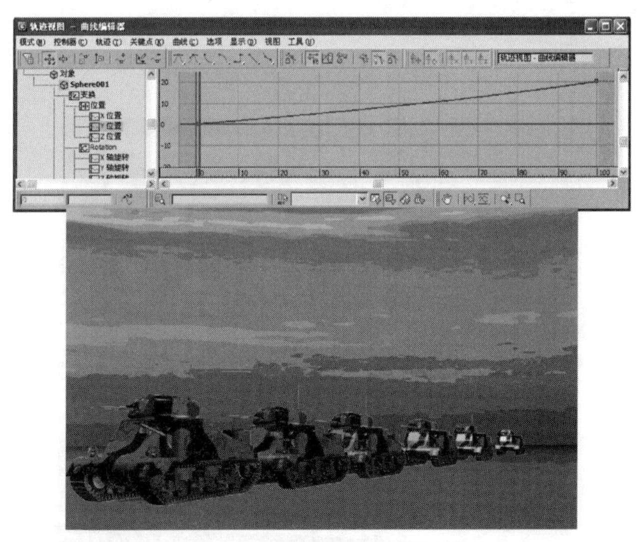

图 12.7

在图 12.7 中绿色的线标表示 *Y* 轴，蓝色的线表示 *Z* 轴，红色的线表示 *X* 轴，在图中只有 *Y* 轴发生变化说明汽车是在 *Y* 轴的基础上产生运动动画的。

曲线插值较线性插值而言更为灵活，可以根据时间变化，使运动的速度也随之改变。图 12.8 ~ 图 12.11 所示是曲线插值的 4 种标准形态，图 12.8 中的曲线先缓后急，两个关键帧之间不再是匀速运动，运动是先慢后快，代表车启动时的运动。图 12.9 中的曲线先急后缓，运动先快后慢，车由运动至停止。图 12.10 中的曲线在关键帧两端变化缓慢，在关键帧之间变化迅速，这是汽车由启动至停止的全过程。图 12.11 中的曲线变换先由急至缓，再由缓至急，汽车运动先由快至慢，再由慢至快。曲线插值可以改变运动速度，产生变速运动，角色动画中几乎所有的运动都是变速运动。由此可见曲线插值是动画制作中重要的插值技术，曲线插值中同样也包括线性插值，图 12.12 所示是一辆汽车遇红灯停车，再启动的总体运动曲线图。在曲线插值中，关键帧之间的插值是由关键帧的属性决定的。

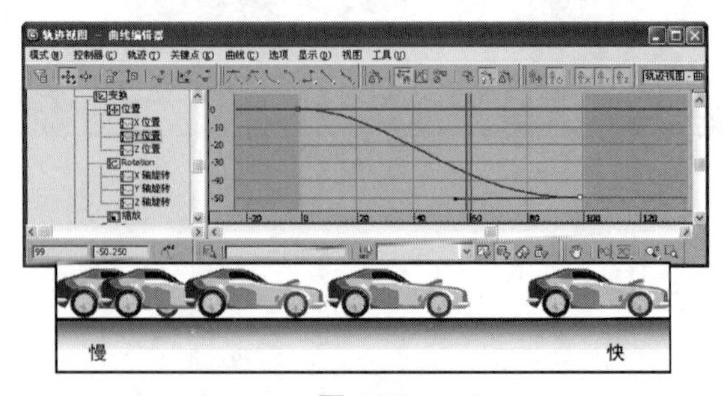

图 12.8

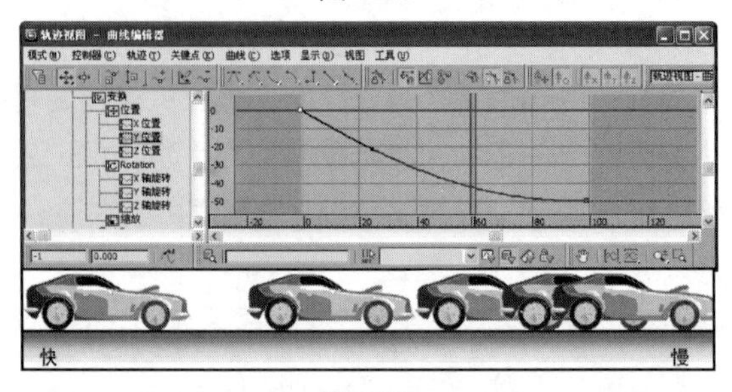

图 12.9

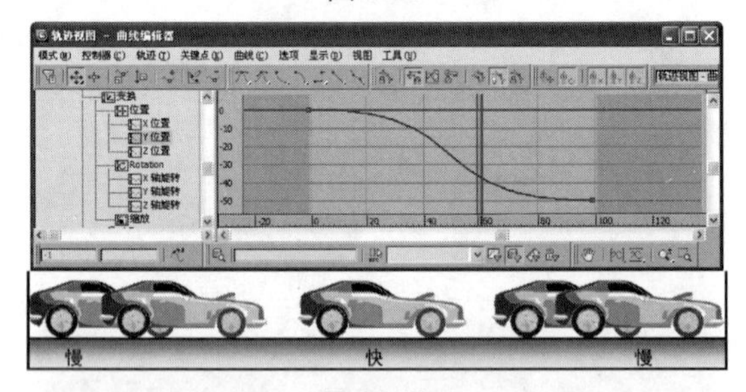

图 12.10

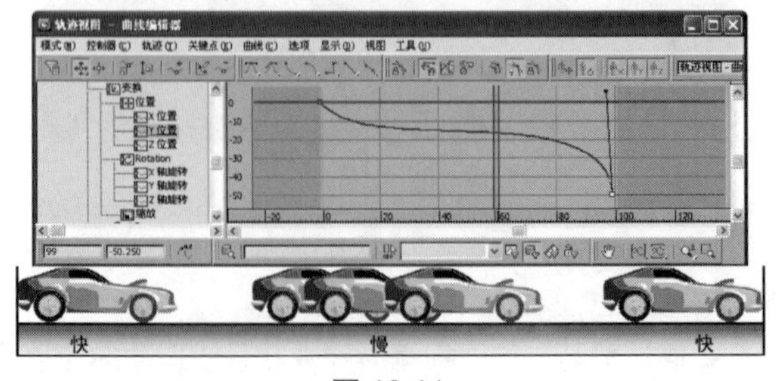

图 12.11

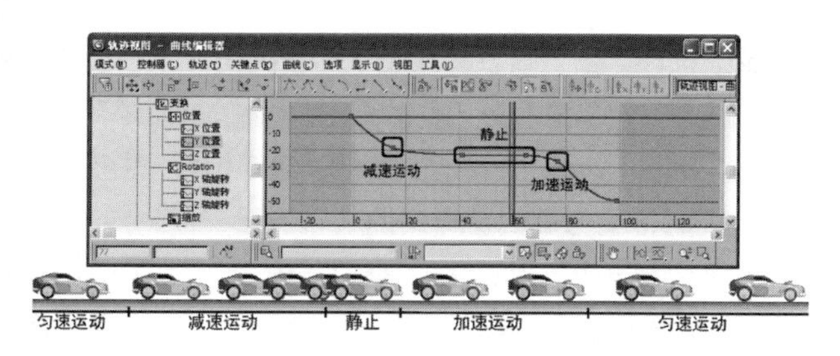

图 12.12

12.4　关键帧的调整

在 3ds Max 中，关键帧的设置和调整有 3 种途径，分别是【轨迹视图】窗口、【运动】命令面板和关键帧行，如图 12.13 所示。这 3 种调整途径可以对关键帧的属性、关键帧的位置和关键帧的状态进行设置。区别在于调整内容的侧重点不容，其中【轨迹视图】窗口是功能最强、最灵活的调整方法，利用它可以精确地控制关键帧，缺点是对运动轨迹的调整不够直观；【运动】命令面板的优点在于直观地对运动轨迹进行修改，尤其是对动画角色的重心和下肢体末端运动轨迹的调整，非常方便；关键帧行是最简单的调整方法，它主要用于配合视口调整关键帧的时间位置。调整关键帧属性时，需配合【运动】命令面板中的【参数】控制栏。

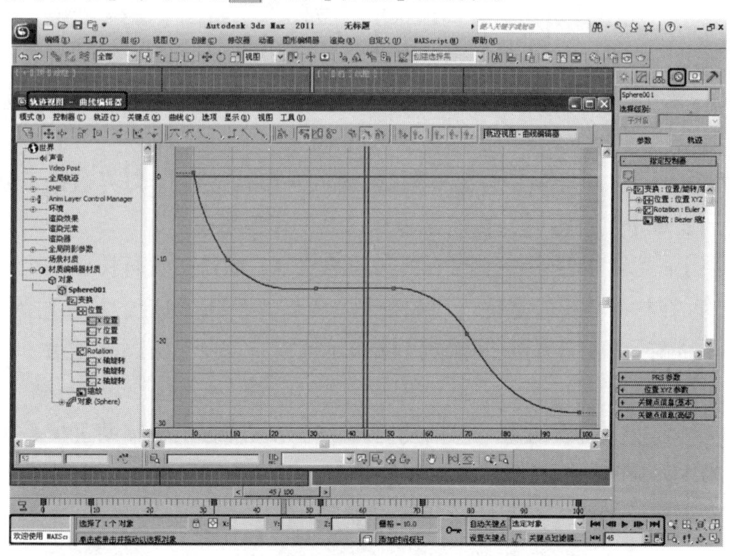

图 12.13

12.4.1　轨迹视图

3ds Max 提供了将场景对象的各种动画设置以曲线图表方式显示的功能。这种曲线图只有在【轨迹视图】窗口中才能被看到和修改，在【轨迹视图】窗口中所有被设置了动画的参数都可以进行修改。一般场景对象可以被设置为动画的内容包含 3 部分，即创建参数（如长、宽和高）、变换操作（如移动、旋转和缩放）和修改命令（如【弯曲】、【锥化】和 FFD 变形）。此外，其他所有可调参数都可以设置为动画，例如灯光、材质等。在【轨迹视图】窗口中，所有动画设置都可以找到，【轨迹视图】窗口是一种层级列表式设计。在工具栏中单击【曲线编辑器】按钮，即可打开【轨迹视图】窗口，如图 12.13 所示。

【轨迹视图】窗口共由 4 部分构成，顶部是工具栏，底部是视窗控制工具，左侧是项目窗口，右侧是编辑窗口，项目窗口中的各项与编辑窗口中的各轨迹都一一对应。项目窗口中的世界图标代表场景世界，其从属项目包括【声音】、Video Post、【全局轨迹】、Anim Layer Control Manager、【环境】、【渲染效果】、【渲染元素】、【渲染器】、【全局阴影参数】、【场景材质】、【材质编辑器材质】和【对象】，每个项目栏掌管不同的场景动画内容。

- 世界：位于整个层级树的根部，包含场景中所有关键帧的设置，用于全局的快速编辑操作，如清除所有的动画设置，对整个动画时间进行缩放等。
- 【声音】：可以设置和存储声音。
- 【全局轨迹】：用于存储动画设置和控制器。可以将其他轨迹的控制器复制，然后以实例属性粘贴进全局轨迹中改变控制器属性来影响有关联关系的轨迹。
- Video Post：可以为 3ds Max 后期合成中的各种物质效果（如镜头光晕、十字光芒等）设置动画。
- 【环境】：用来设置各种火焰，雾和体积光的动画。
- 【渲染效果】：其中的参数用于进行动画控制，例如光晕的尺寸和颜色。
- 【渲染元素】：用于显示作为分离渲染的独立图像，如在【渲染元素】中指定阴影 Alpha 通道作为独立的图像渲染通道，在这里就会显示出它们的名称。
- 【渲染器】：对渲染参数进行动画控制。例如，在【渲染设置】对话框中选择一种抗锯齿类型后，可以使用这个轨迹指定抗锯齿参数的动画。
- 【全局阴影参数】：对场景中灯光的阴影参数进行动画控制。灯光被指定阴影后，并且选择【使用全局设置】复选框时，在这里可以改变阴影参数。
- 【场景材质】：包含场景中使用的所有类型的材质。场景中没有材质指定时，这个项目中的显示是空的。在材质分支中选择一种材质后，调节其参数，对应的场景对象会实时进行更新。如果该材质目前列表在【材质编辑器】窗口示例窗中，也会被同时激活。但不是所有的材质都显示在示例窗中。
- 【对象】：对场景中所有对象（包括几何体、灯光、摄影机和辅助工具等）的动画参数进行控制。例如，创建参数、修改参数、材质参数、贴图参数和动画控制器参数等。对于不同类型的项目它们左侧的标志符号也不相同，如图 12.14 所示。

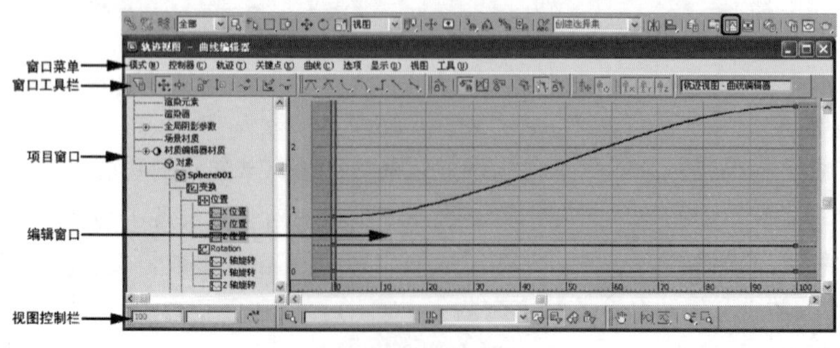

图 12.14

单击⊞图标，场景中所有对象都以列表的形式展现，其中包括移动、旋转和缩放等动画设置，以及创建参数动画设置、修改命令动画设置和控件变形动画设置等。如果在场景中已经设置了动画，在对应的项目轨迹编辑窗口中会有关键点显示出来，通过运动曲线可以更精确地控制各种动画的速度变化。除了可以改变关键帧的时间位置，增减关键帧的数量外，最重要的就是对关键帧属性的修改。

前面介绍过动画的效果取决于关键帧之间的插值技术，插值技术又可分为线性插值和曲线插值，对插值技术的控制就是对关键帧属性的控制，修改关键帧的属性就是修改插值的方法。关键帧的属性根据赋予控制器的不同而不同，一般默认的控制器是 Bezier 控制器。关键帧的属性大致分为：【平滑】、【线性】、【步幅】、【慢速】、【快速】、【自定义】和【平滑切线】，如图 12.15 所示。

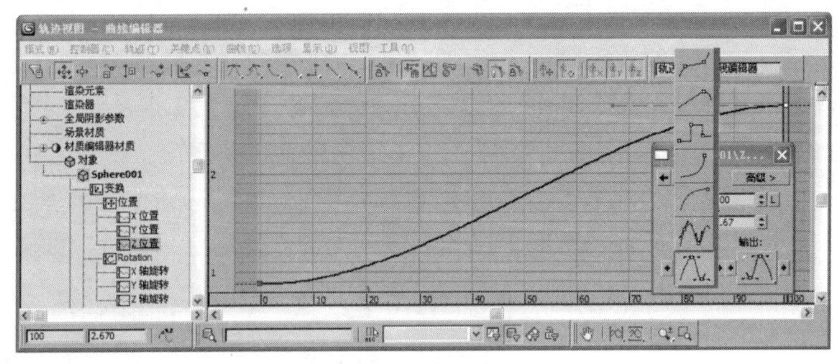

图 12.15

【输入】控制激活关键帧与前一关键帧之间的插值关系，这从运动曲线上可以看到。【输出】控制激活关键帧与后一帧之间的插值关系。

- 【平滑】属性的关键帧与其他关键帧之间产生平滑的插补，关键帧之间的运动曲线平滑、均匀，可以得到一个均匀平稳的运动结果，这是最基本的运动状态。
- 【线性】属性的关键帧与其他关键帧之间是线性均匀插值，产生的运动曲线是直线，动画将变得呆板、生硬，可应用于机械动画。
- 【步幅】属性的关键帧与其他关键帧之间是“跳跃式”插值，关键帧之间没有过渡，运动曲线呈接替式变化，钟表中的秒针运动就是跳跃运动。
- 【慢速】属性的关键帧与其他关键帧之间的插值不是均匀分布的，关键帧之间的运动不是匀速运动，距离【慢速】属性的关键帧越近，变化速度越慢。在运动状态改变或是运动范围达到极限时，都有减速阶段。对于角色动画，生物都会支配其肌肉和四肢去克服引力和惯性，并根据意志去运动。当角色人物跳跃时，身体重心的位置由预备、起跳、腾空、落地和缓冲 5 个关键帧构成，其中腾空关键帧的属性是【慢速】，因为此时向上的弹力与向下的重力相抵消，角色人物运动较慢，而起跳和落地则是力的突发和停顿，运动变速快，关键帧点的属性是【快速】，各插值之间的间距也大。
- 【快速】属性的关键帧使运动离该关键帧近时变化快，这与【慢速】属性的关键帧恰恰相反，快与慢是相对的，【快速】关键帧与【慢速】关键帧配合使用能够加速这种插值分布的不均衡性，使快的更快，慢的更慢。

- 【自定义】属性的关键帧允许用户自行调节运动曲线的形态，人为改变运动的变化速度是最灵活的关键帧属性。
- 【平滑切线】是显示设计用于减少泛光化，且不带可编辑控制柄的平滑插值类型。切线的倾斜度会自动应用到达下一个关键帧值的最直接路线。

12.4.2 设置关键帧动画

本节通过对扇子旋转动画的制作，讲解关键帧的设置。具体操作步骤如下：

01 重置一个新的场景文件，选择【创建】|【几何体】|【平面】工具，在【前】视图中创建平面，将其命名为“ 扇子”。在【参数】卷展栏中设置【长度】为 160，【宽度】为 200，设置【长度分段】为 1，【宽度分段】为 1，如图 12.16 所示。

02 按【M】键，打开【材质编辑器】窗口，选择一个新的材质样本球。在【明暗器基本参数】卷展栏中选择【双面】复选框。在【Blinn 基本参数】卷展栏中设置【自发光】选项组中的【颜色】为 100。在【贴图】卷展栏中单击【漫反射颜色】通道后的 None 按钮，在弹出的【材质/贴图浏览器】对话框中选择【位图】贴图，单击【确定】按钮，再在弹出的对话框中选择随书附带光盘中的 CDROM | Map | 扇子 01.jpg 文件，单击【打开】按钮，进入贴图层级面板，如图 12.17 所示。

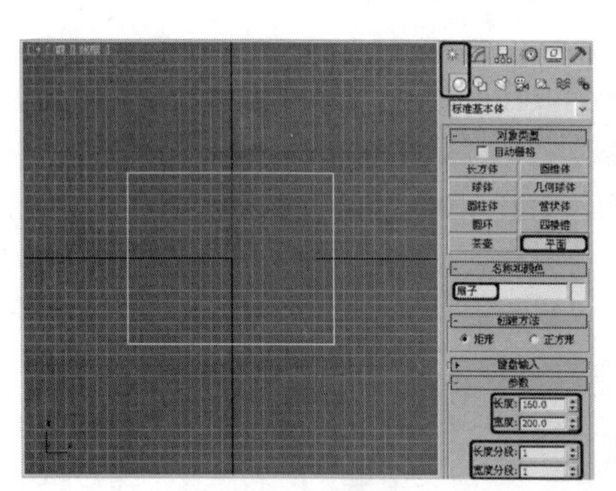

图 12.16

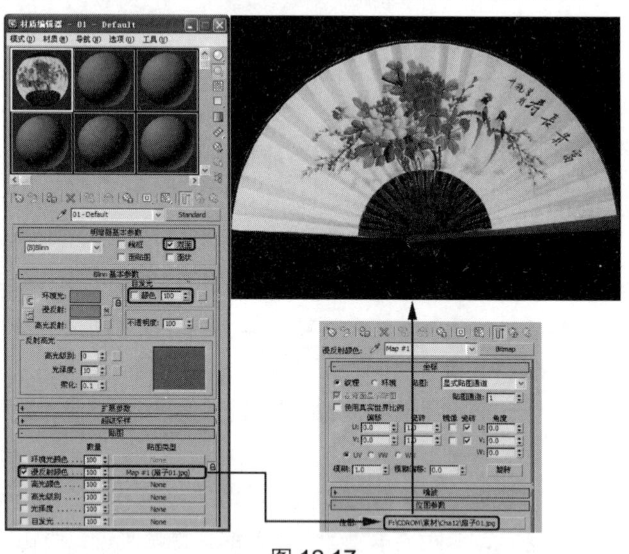

图 12.17

03 单击【转到父对象】按钮，返回主材质面板，在【贴图】卷展栏中单击【不透明度】通道后的 None 按钮，在弹出的【材质/贴图浏览器】对话框中选择【位图】贴图，单击【确定】按钮，再在弹出的对话框中选择随书附带光盘中的 CDROM | Map | 扇子 02.jpg 文件，单击【打开】按钮，进入贴图层级面板。单击【转到父对象】按钮，返回主材质面板，并单击【将材质指定给选定对象】按钮，将材质指定给场景中的平面，如图 12.18 所示。

04 缩放【前】视图，按下【自动关键点】按钮，如图 12.19 所示。

05 拖动时间滑块至 100 帧位置处，在【前】视图中调整扇子的位置，如图 12.20 所示。

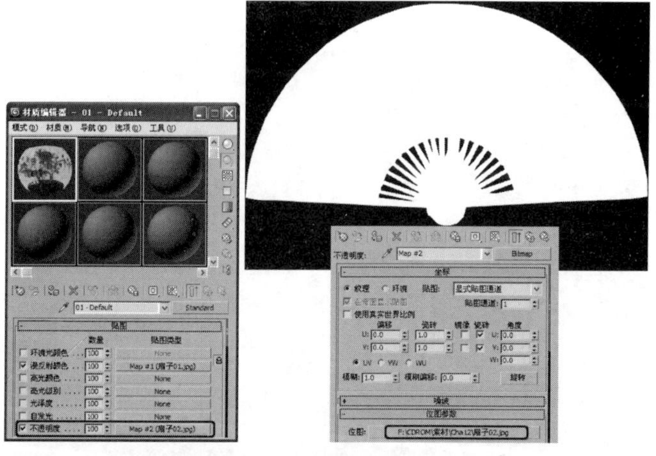

图 12.18

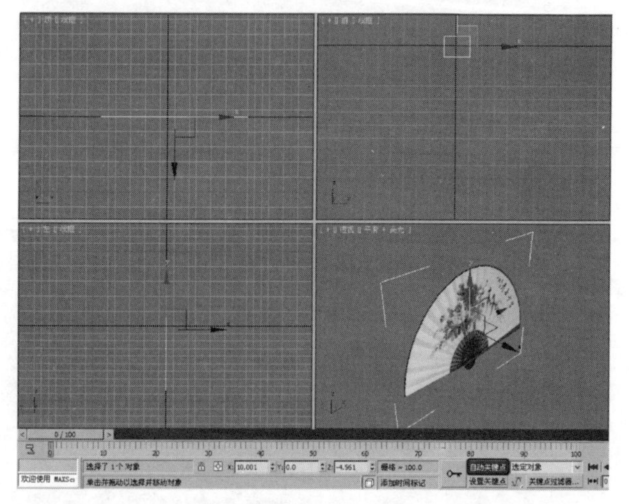

图 12.19

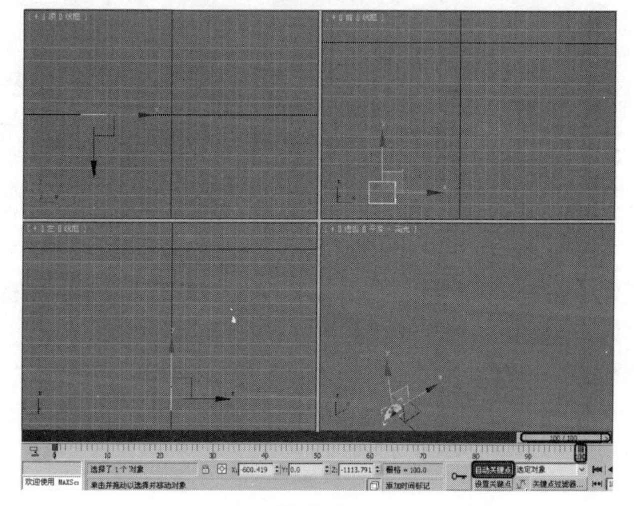

图 12.20

06 拖动时间滑块至第 20 帧位置处，并在场景中旋转扇子的角度，如图 12.21 所示。

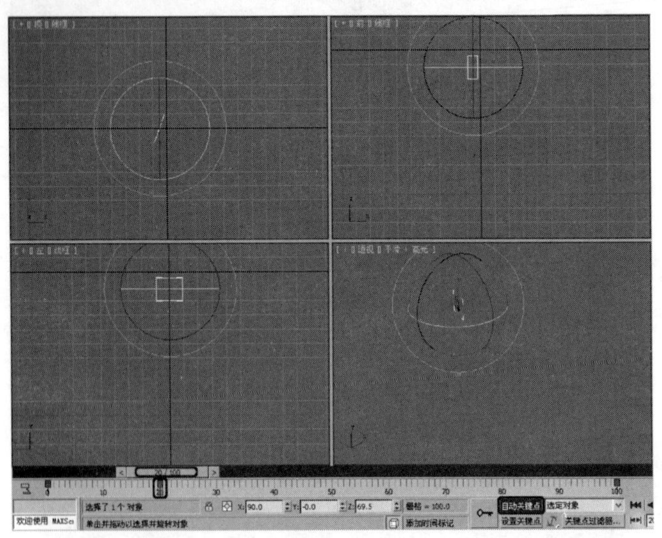

图 12.21

07 拖动时间滑块至第 40 帧位置处，并在场景中旋转扇子的角度，如图 12.22 所示，使用同样的方法创建扇子旋转的动画，这里可以根据自己的喜好进行设置。

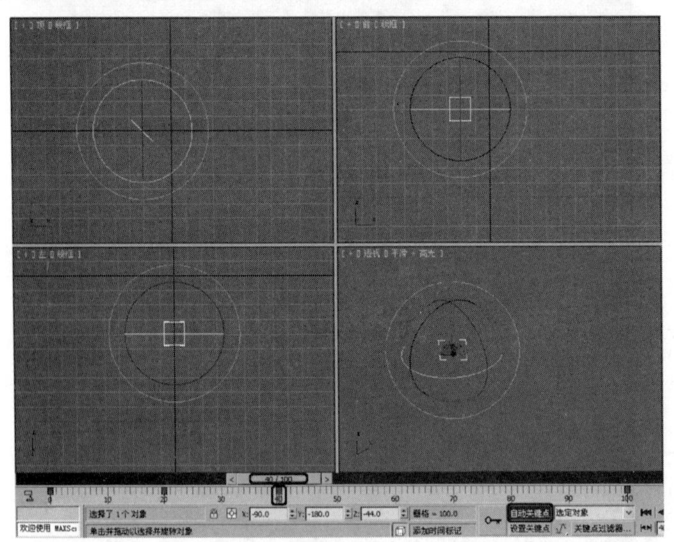

图 12.22

08 切换到【显示】命令面板，在【显示属性】卷展栏中选择【轨迹】复选框，通过拖动时间滑块到关键帧，调整轨迹的形状，如图 12.23 所示。调整好轨迹后，关闭【自动关键点】按钮。

09 在场景中复制扇子，再单击【自动关键点】按钮，调整扇子的运动轨迹，调整完成后关闭【自动关键点】按钮。在视图中创建一架摄影机，并调整其位置，将【透视】视图转换为摄影机视图，如图 12.24 所示。

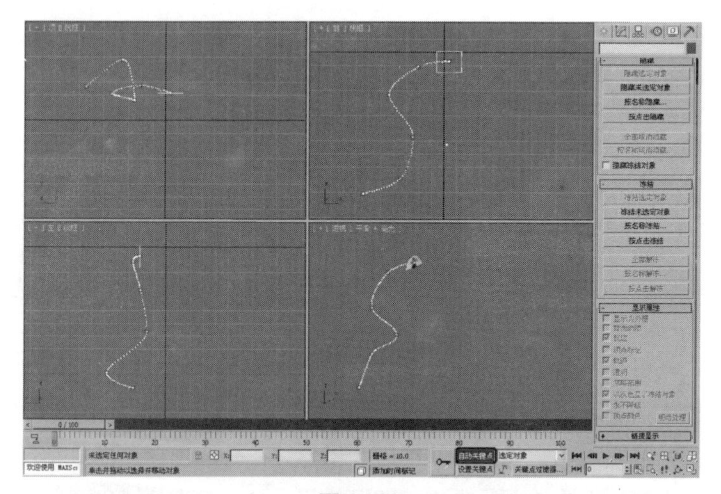

图 12.23

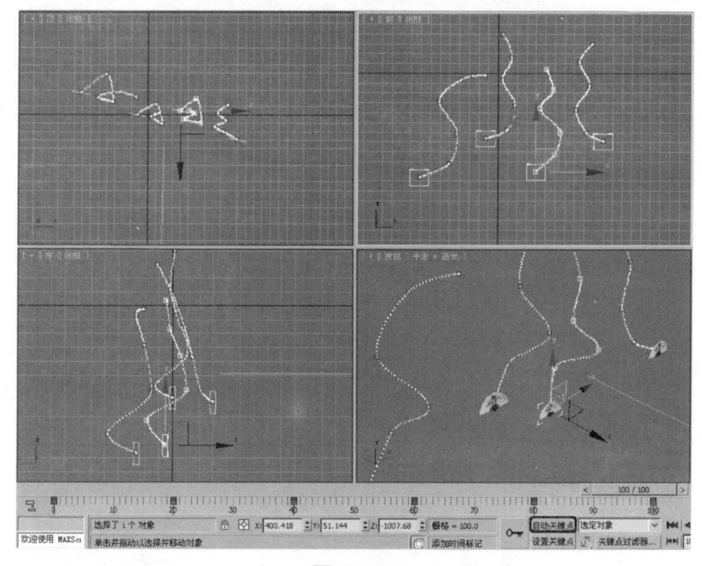

图 12.24

10　最后，可以将场景动画输出，这里就不详细介绍了。

12.5　动画控制器

3ds Max 对所有动画数据的控制都依赖于控制器，上一节对扇子动画的调整和处理就是利用 3ds Max 中默认的控制器完成的。一般情况下，默认的控制器就可以完成任务，但要想进一步精确地控制动画，必须熟练掌握和使用各种控制器。

控制器实际是一种处理数据的方法，按照控制器的应用可分为位置控制器、旋转控制器、缩放控制器和浮点控制器等，如图 12.25 所示。按照控制器的构成可分为单一参数控制器和复合参数控制器。按照控制器的控制方式可分为关键帧控制器和参数控制器。控制器种类较多，功能各异，这里只对一些主要的控制器加以说明。

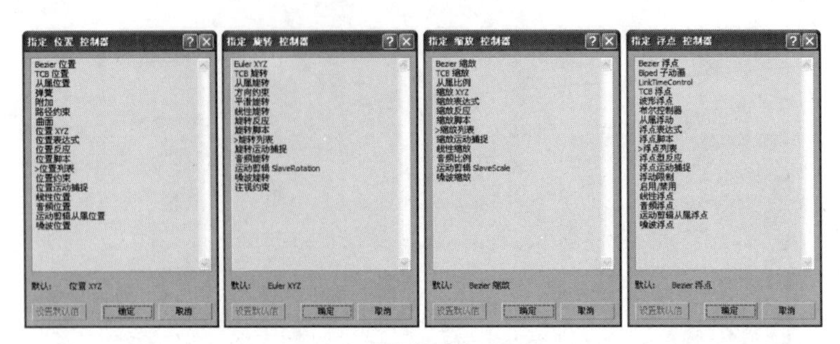

图 12.25

位置控制器主要是对场景对象的控件方位进行控制，3ds Max 默认的位置控制器是【位置 XYZ】控制器，【位置 XYZ】控制器指定 3 个关键点（每个轴一个）。

在 3ds Max 以前的版本中，必须手动编辑关键点才能创建出明确的轴关键点。不过，现在使用【自定义用户界面】对话框中的可用操作，即可使用设置关键点模式创建明确的轴关键点。

复合控制器根据复合方式的不同可分为分解型和添加型。分解型的复合控制器可以将复合的参数分解为多个单一量进行独立控制，每个单一量具有独立的轨迹可供调整，此类控制器包括【位置 XYZ】、Euler XYZ 等。添加型复合控制器可以组合多个控制器，使多个控制器的效果混合在一起，从而产生更丰富的动作变化，如图 12.26 所示（当指定【位置 Bezier】后，列表控制器将变成单一参数控制器，单一参数控制器是控制器层级类表中的最低层，它不可再细分）。

图 12.26

分解复合控制器，将各种分量划分为各个独立的轨迹进行单独处理，可以对动作有更强的控制能力。比如，单一的位置控制器 Bezier，只能将 *X*、*Y*、*Z* 三个轴向的数据值混合输出处理，修改 *X* 轴必然会影响 *Y* 轴和 *Z* 轴，不能单独修改 *X* 轴而不影响其他两轴，而分解型符合控制器可以将其分解为 *X*、*Y*、*Z* 三个独立的 Beizer 位置控制器，以便单独修改。

12.6 上机练习

文本标题的制作在片头动画中最为常见，如图 12.27 所示，在制作上也非常便于实现。在 3ds Max 中输入动画的主题文字，并设定字体类型后即可使用【挤出】或【倒角】修改器来完成标版字体的制作。但是这些效果千篇一律，没有什么特色和吸引人的地方，所以在这里将介绍一种新的表现方法。

图 12.27

通过本例的学习，读者应掌握【倒角】修改器状态下点的编辑修改、混合材质类型的设置与应用、渐变坡度贴图类型的设置、关键帧的编辑修改，以及【镜头效果光晕】滤镜的应用等。

12.6.1　创建文本标题

下面介绍一种新的制作标版文字的方法——分解文本标题。

01　启动 3ds Max 2011 后，首先在视口底端的动画控制区域中单击【时间配置】按钮，在弹出的对话框中将【动画】选项组中的【结束时间】设置为 250，单击【确定】按钮，使当前动画的时间长度为 250 帧，如图 12.28 所示。

02　选择【创建】|【图形】|【文本】工具，将【字体】定义为【方正黑体简体】，然后在【文本】输入栏中重新输入文字“环球时报”，在【前】视图中创建文字。在【名称和颜色】卷展栏中将当前对象重命名为“环球时报”，将【大小】设置为 100，如图 12.29 所示。

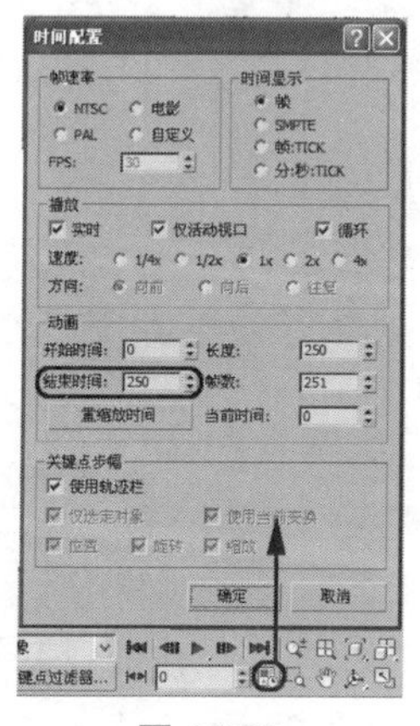

图 12.28

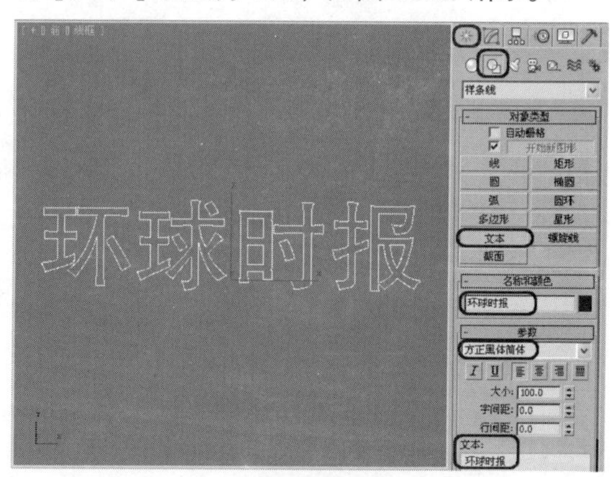

图 12.29

03　确定“环球时报”对象处于选中状态，按【Ctrl+V】组合键在弹出的【克隆选项】对话框中选择【复制】单选按钮，将【名称】设置为“环球时报 01”，单击【确定】按钮，如图 12.30 所示。

04 确定新复制的“环球时报 01”对象处于选中状态，切换至【修改】命令面板，在【修改器列表】下拉列表框中选择【编辑样条线】修改器，将当前的选择集定义为【样条线】，在【前】视图中选择“环”字，使其处于选中状态，单击【几何体】卷展栏中的【分离】按钮，在弹出的【分离】对话框中将新分解的对象命名为“环”，单击【确定】按钮，如图 12.31 所示。

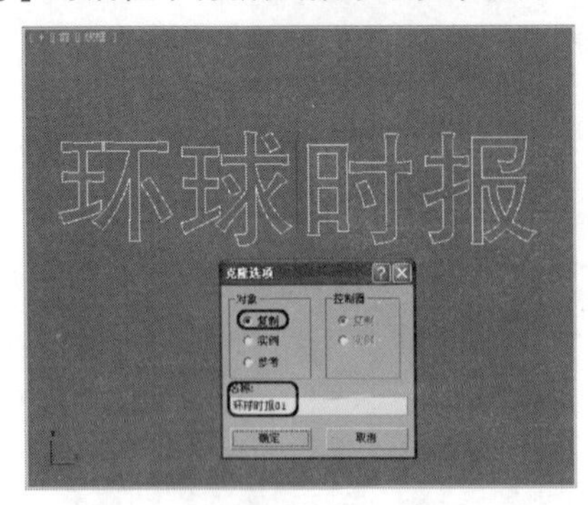
图 12.30

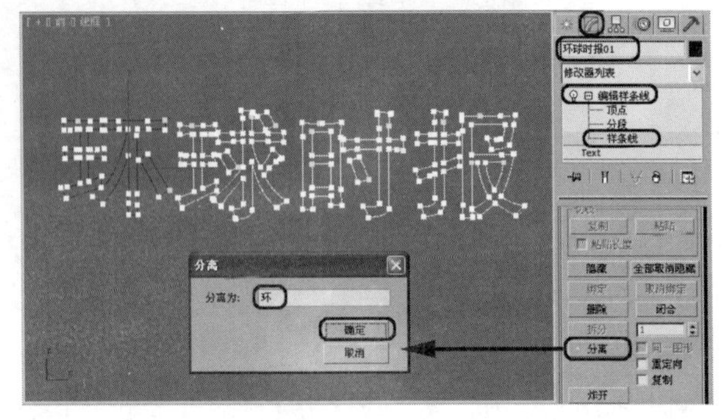
图 12.31

05 使用上面所介绍的方法将剩余的 3 个字逐步进行分解，并分别将其按照当前字进行命名。按【H】键，弹出【从场景选择】对话框，在该对话框中可以看到在场景中又新增加了“环”、“球”、“时”和“报”4 个文字，选择“环球时报 01”对象，按【Delete】键将其删除，如图 12.32 所示。

06 在【前】视图中分别选择分解后的“环”、“球”、“时”、“报”4 个字，在【渲染】卷展栏中选择【在渲染中启用】和【在视口中启用】复选框，并将【厚度】设置为 2，这样，这 4 个被分解开的文本对象在渲染时的效果就会为可见状态，并且可以随意地控制文本对象显示的粗细度，如图 12.33 所示。

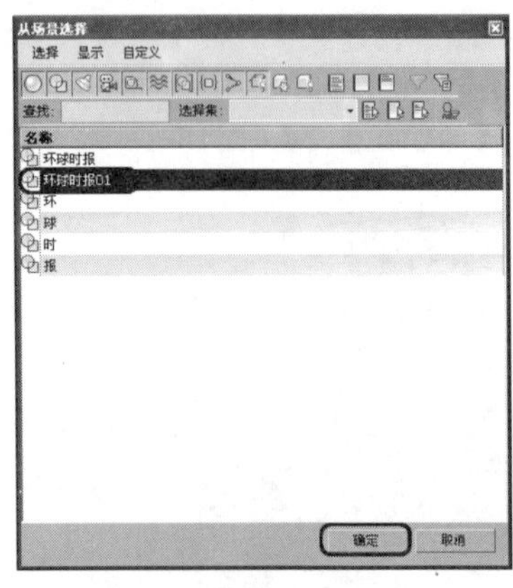
图 12.32

图 12.33

07 选择“环球时报”对象，然后切换至【修改】命令面板中，在【修改器列表】下拉列表框中选择【倒角】修改器，在【倒角值】卷展栏中将【级别 1】下的【高度】设置为 4，然后选择【级别 2】复选框，将【高度】和【轮廓】分别设置为 1 和−1，如图 12.34 所示。

08 关闭当前选择集，在【修改器列表】下拉列表框中选择【UVW 贴图】修改器，在【参数】卷展栏中单击【适配】按钮，如图 12.35 所示。

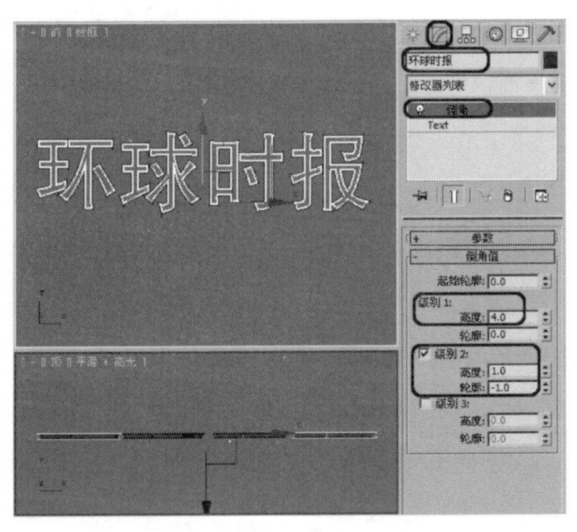

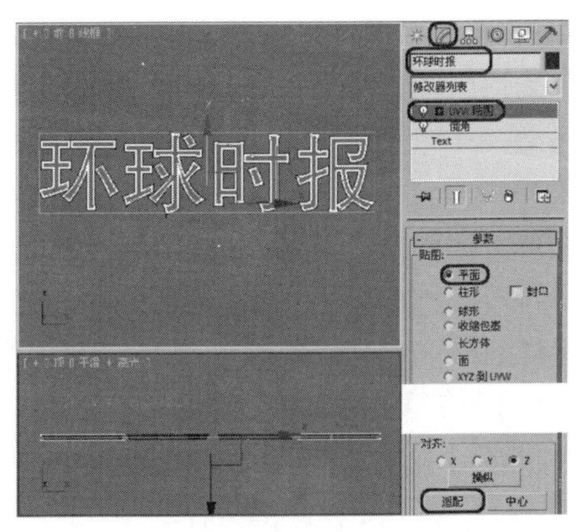

图 12.34　　　　图 12.35

12.6.2　文本标题材质的编辑

对于任何场景来说，无论真实与否，最关键的要素是几何体所使用的材质类型，其表面可能是有光泽的、暗淡的、反射的、透明的、半透明的，以及任何可能想到的其他表面性质。如果得到了合适的材质，则渲染出的图像可以达到令人惊叹不已的效果。下面介绍文本材质的设置。

01　按【M】键，打开【材质编辑器】窗口，选择一个新的材质样本球，将其命名为“环球时报”，将其材质类型设置为【混合】，如图 12.36 所示。

02　单击【材质 1】后的通道按钮，进入【材质 1】层级面板，在【Blinn 基本参数】卷展栏中将【环境光】的 RGB 值设置为 0、0、0；将【漫反射】的 RGB 值设置为 255、255、255；将【自发光】选项组中的【不透明度】设置为 0，将【反射高光】选项组中的【高光级别】和【光泽度】分别设置为 0 和 0，如图 12.37 所示。

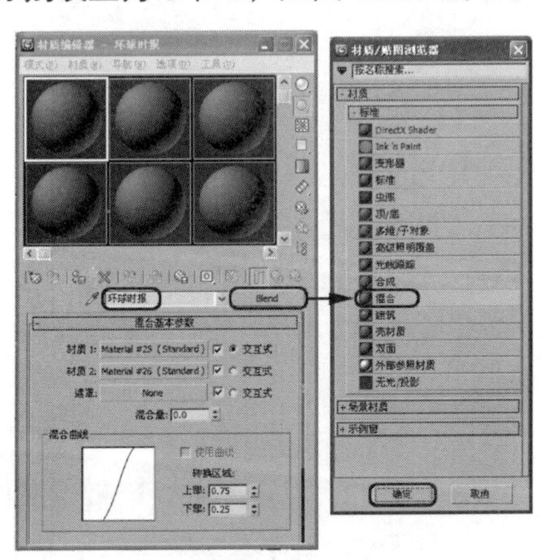

图 12.36

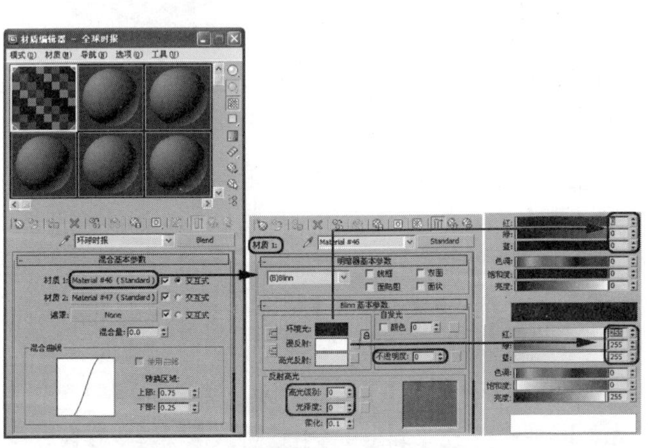

图 12.37

03　单击【材质 2】后的通道按钮，进入【材质 2】层级面板，在【明暗器基本参数】卷展栏中将类型设置为【多层】，在【多层基本参数】卷展栏中将【环境光】的 RGB 值设置为 0、0、0；将【漫反射】的 RGB 值设置为 53、130、255；将【自发光】选项组中的【颜色】设置为 30，将

【漫反射级别】设置为 60，将【粗糙度】设置为 100；在【第一高光反射层】选项组中将【级别】、【光泽度】、【各向异性】和【方向】分别设置为 71、78、40 和 145；在【第二高光反射层】选项组中将【颜色】的 RGB 值设置为 53、130、255，将【级别】和【光泽度】分别设置为 74 和 80，如图 12.38 所示。

04 在【贴图】卷展栏中单击【漫反射颜色】通道后面的 None 按钮，在弹出的对话框中选择【渐变】贴图，然后单击【确定】按钮，进入渐变材质设置面板中。在【渐变参数】卷展栏中将【颜色#1】的 RGB 值设置为 0、204、255；将【颜色 2】和【颜色 3】的 RGB 值均设置为 52、130、255，将【噪波】选项组中的【数量】和【大小】分别设置为 0.5 和 2，然后单击【转到父对象】按钮，返回【材质 2】的【贴图】卷展栏，单击【各向异性 1】通道后的 None 按钮，在弹出的对话框中选择【渐变】贴图，然后单击【确定】按钮，进入渐变材质设置面板中。在【渐变参数】卷展栏中将【颜色 1】的 RGB 值设置为 0、204、255；将【颜色 2】的 RGB 值设置为 126、229、255，如图 12.39 所示。

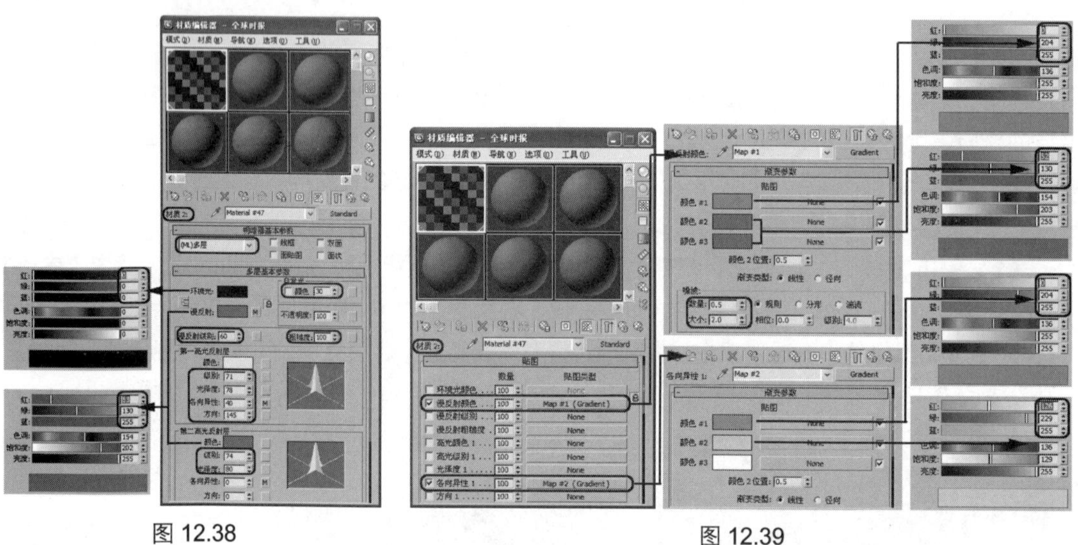

图 12.38　　　　图 12.39

05 设置完成后返回【材质 2】参数面板，将【各向异性 1】通道后的贴图以【复制】的方式拖动到【各向异性 2】后的贴图按钮上，然后将【凹凸】后的【数量】值设置为 10，然后单击后面的 None 按钮，在弹出的对话框中选择【噪波】贴图，单击【确定】按钮，进入噪波材质参数面板，在【噪波参数】卷展栏中将【噪波类型】设置为【分形】，将【大小】设置为 2，如图 12.40 所示。

06 返回【材质 2】参数面板，单击【反射】通道后面的 None 按钮，在弹出的对话框中选择【噪波】贴图，单击【确定】按钮，进入【噪波】参数设置面板。在【噪波参数】卷展栏中将【大小】设置为 20，返回【材质 2】参数面板，单击【折射】通道后面的 None 按钮，在弹出的对话框中选择【反射/折射】贴图，然后单击【确定】按钮，进入【反射/折射】贴图面板，使用默认参数即可，如图 12.41 所示。

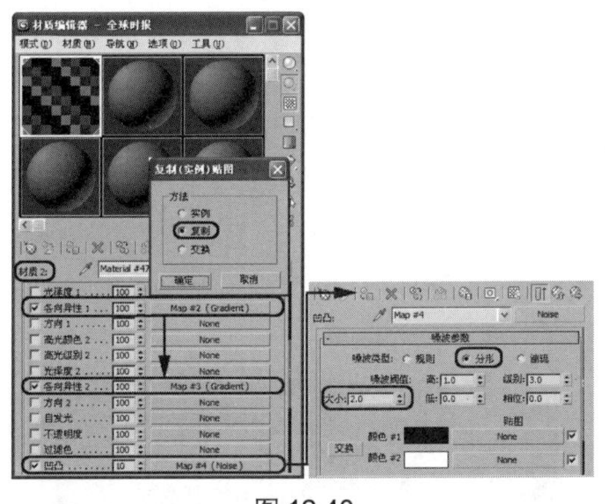

图 12.40

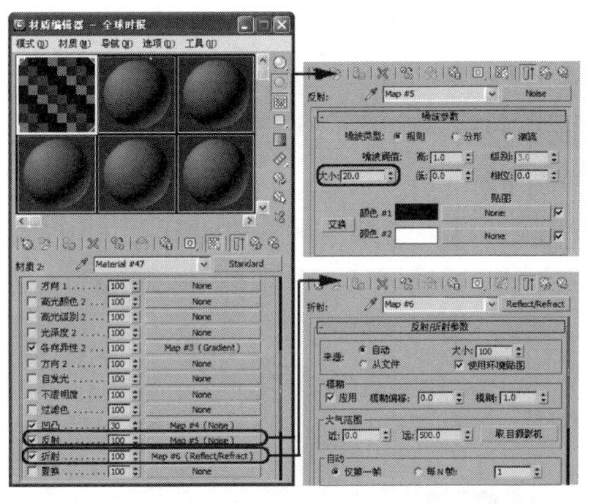

图 12.41

07 返回主级材质面板，单击【遮罩】通道后的 None 按钮，在弹出的对话框中选择【渐变坡度】贴图，然后单击【确定】按钮，进入渐变坡度贴图参数面板。在【渐变坡度参数】卷展栏中将中间色标的【位置】设置为 93，设置 RGB 值均为 0；在【位置】97 处添加一个色标，设置 RGB 值均为 255；将【噪波】选项组中的【数量】设置为 0.01；将噪波类型设置为【分形】，如图 12.42 所示。

08 按下视口底端的【自动关键点】按钮，将时间滑块拖至第 150 帧位置处，然后在【材质编辑器】窗口中将位置 93 处的色标移至位置 1 处，将位置 97 处的色标移至位置 2 处，关闭【自动关键点】按钮，如图 12.43 所示，将当前材质指定给场景中的“环球时报”对象。

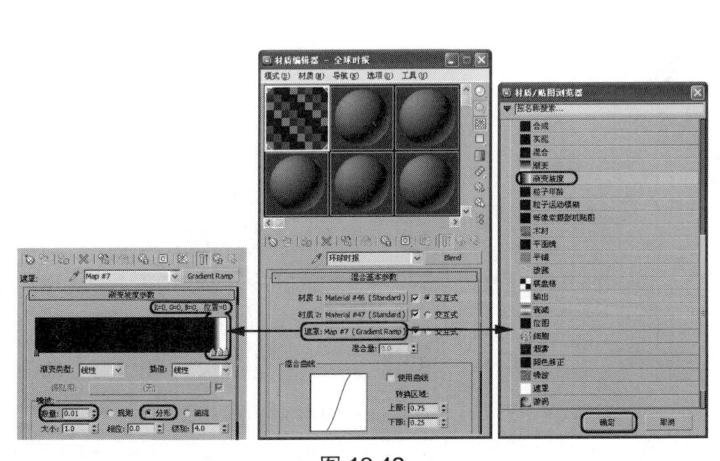

图 12.42

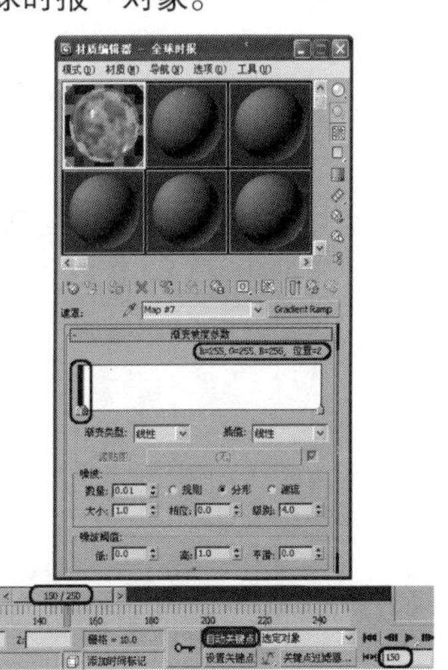

图 12.43

12.6.3 设置分解文本标题材质

将“环球时报”对象的材质纹理设置完成后，下面再来设置 4 个被分解后的“环”、“球”、“时”和“报”4 个字体对象的材质。

01 在【材质编辑器】窗口中选择一个新的材质样本球，将材质类型设置为【金属】，在【金属基本参数】卷展栏中将【环境光】的 RGB 值设置为 46、17、17，将【漫反射】的 RGB 值设置为 255、243、13，将【自发光】选项组中的【颜色】值设置为 60，将【反射高光】选项组中的【高光级别】和【光泽度】分别设置为 195 和 79，将当前材质分别指定给场景中的“环”、“球”、“时”和“报”对象，设置后的效果如图 12.44 和图 12.45 所示。

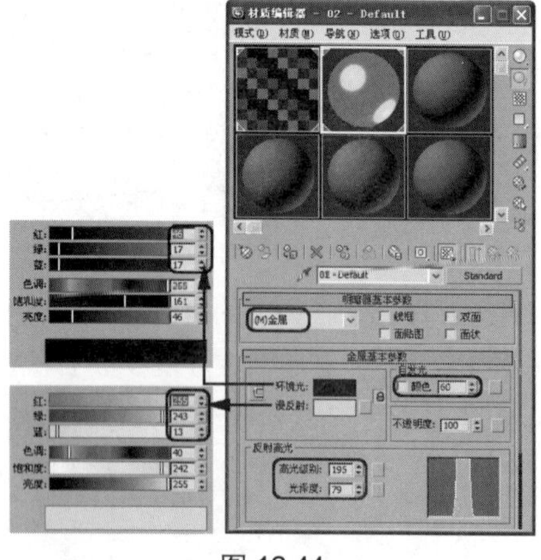

图 12.44

图 12.45

02 按【H】键，弹出【从场景选择】对话框，将场景中的对象全部选择，然后单击【确定】按钮，在菜单栏中选择【组】|【成组】命令，在弹出的对话框中将【组名】设置为“环球时报”，然后单击【确定】按钮，如图 12.46 和图 12.47 所示。

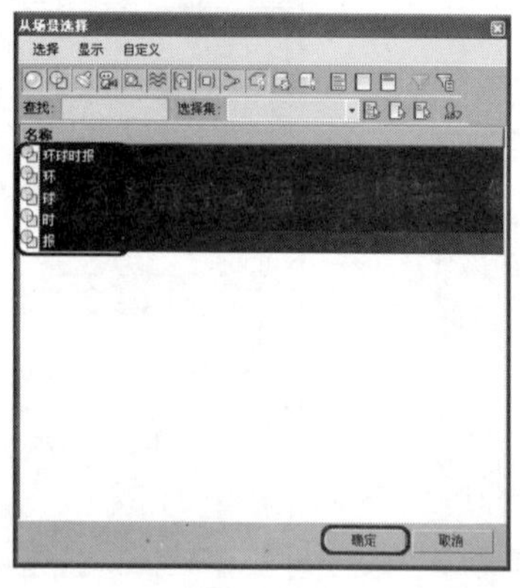

图 12.46

图 12.47

12.6.4 创建字母标题

下面将介绍字母标题的创建和编辑。

01 选择【创建】 |【图形】 |【文本】工具，将字体类型定义为 Trebuchet MS Bold Italic，将【大小】设置为 50，将【字间距】设置为 0.5，然后在【文本】文本框中输入 HuanQiu ShiBao，并将其命名为“标题”，如图 12.48 所示。

02 确定视图中的字母标题处于选中状态，按【Ctrl+V】组合键键，在弹出的【克隆选项】对话框中选择【复制】单选按钮，并将对象重新命名为“标题 01”，其他设置不变，单击【确定】按钮，创建对象，如图 12.49 所示。

图 12.48

图 12.49

03 确定“标题 01”对象处于选中状态，切换到【修改】命令面板，在【修改器列表】下拉列表框中选择【编辑样条线】修改器，将当前选择集定义为“样条线”，选择场景中的样条线，设置【轮廓】为 –0.8，如图 12.50 所示。

04 关闭当前选择集，在【修改器列表】下拉列表框中选择【挤出】修改器，在【参数】卷展栏中将【数量】设置为 5，如图 12.51 所示。

图 12.50

05 选择“标题”对象，切换到【修改】命令面板，在【修改器列表】下拉列表框中选择【挤出】修改器，将【参数】卷展栏中的【数量】设置为 5，如图 12.52 所示。

图 12.51

图 12.52

12.6.5 字母标题材质的编辑

将字母标题对象编辑完成后，下面再来设置字母标题对象的材质。

01 按【M】键，打开【材质编辑器】窗口，选择一个新的材质样本球，将其命名为“标题 01”，在【明暗器基本参数】卷展栏中将类型定义为【金属】，在【金属基本参数】卷展栏中将【环境光】的 RGB 值设置为 77、77、77，将【漫反射】的 RGB 值设置为 178、178、178，将【反射高光】选项组中的【高光级别】和【光泽度】设置为 75 和 51。在【贴图】卷展栏中单击【反射】通道后的 None 按钮，在弹出的对话框中选择【位图】贴图，然后单击【确定】按钮，打开随书光盘中的 CDROM｜Map｜Metals.jpg，进入位图参数设置面板，在【坐标】卷展栏中将【瓷砖】下的 U、V 值分别设置为 0.5 和 0.2，将当前材质指定给场景中的“标题 01”对象，如图 12.53 所示。

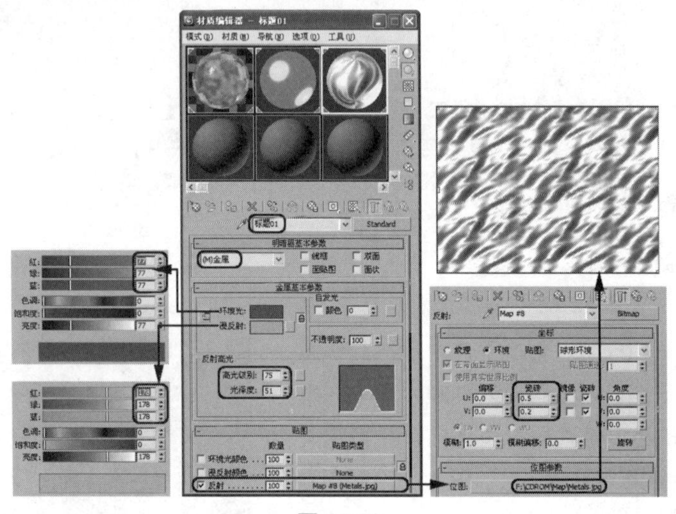

图 12.53

02 选择一个新的材质样本球，将其命名为“标题”，将材质类型设置为【混合】材质，在【混合基本参数】卷展栏中单击【材质 1】通道后的贴图按钮，进入【材质 1】贴图参数面板，在【Blinn 基本参数】卷展栏中将【环境光】的 RGB 值设置为 26、26、26；将【漫反射】的 RGB 值设置为 128、128、128；将【自发光】选项组中的【不透明度】设置为 0，在【反射高光】选项组中将【高光级别】和【光泽度】分别设置为 0 和 0，如图 12.54 所示。

03 返回主级材质面板，在【混合基本参数】卷展栏中单击【材质 2】通道后的贴图按钮，进入【材质 2】贴图参数面板，将明暗器基本类型设置为【金属】，在【金属基本参数】卷展栏中将【环境光】的 RGB 值设置为 16、40、46；将【漫反射】的 RGB 值设置为 11、152、0；将【不透明度】设置为 0，将【反射高光】选项组中的【高光级别】和【光泽度】分别设置为 118 和 75。在【贴图】卷展栏中将【凹凸】后的【数量】值设置为 20，然后单击后面的 None 按钮，在弹出的对话框中选择【噪波】贴图，单击【确定】按钮，进入噪波贴图设置面板。在【噪波参数】卷展栏中将【噪波类型】设置为【分形】，将【大小】设置为 0.5，设置完成后返回主级材质面板，如图 12.55 所示。

04 在【混合基本参数】卷展栏中单击【遮罩】通道后面的 None 按钮，在弹出的【材质/贴图浏览器】对话框中选择【渐变坡度】贴图，单击【确定】按钮，进入渐变坡度参数设置面板。在【渐变坡度参数】卷展栏中，将位置 93 处色标的 RGB 值均设置为 0；在位置 97 处加入一个色标，将 RGB 值均设置为 255，将【噪波】选项组中的【数量】设置为 0.01，将【噪波类型】定义为【分形】，如图 12.56 所示。

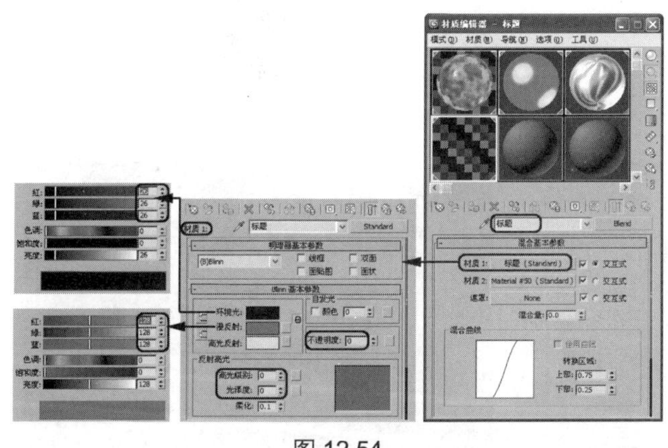
图 12.54

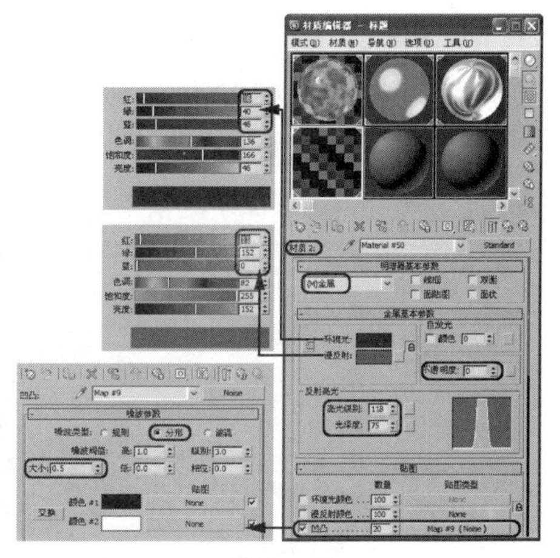
图 12.55

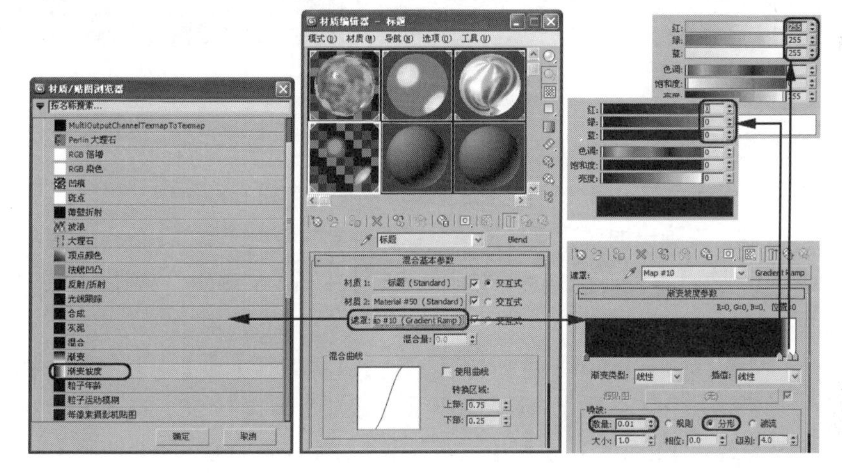
图 12.56

05　设置完毕后，按下视口底端的【自动关键点】按钮，然后将时间滑块拖动至第 150 帧位置处，将位置 93 处的色标移动至位置 1 处，将位置 97 处的色标移动至位置 2 处，如图 12.57 所示。设置完毕后，关闭【自动关键点】按钮。

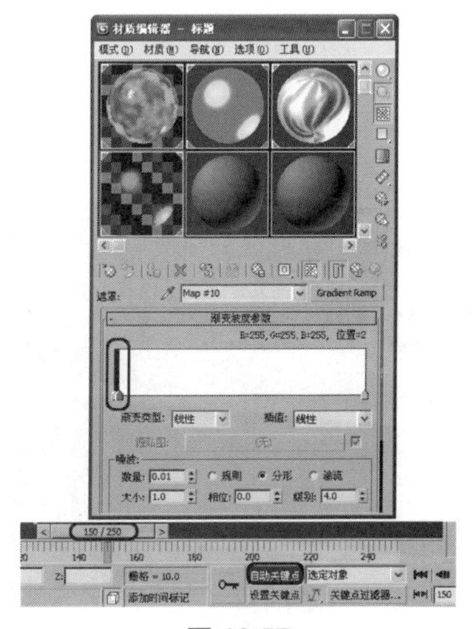
图 12.57

> **提示：** 字母标题材质的设置与文本标题材质的设置基本相似，所以，在设置时也可以相互进行参照。

06　在工具栏中单击【曲线编辑器】按钮，打开【轨迹视图】窗口，在左侧的列表框中展开【材质编辑器材质】选项，在【标题】选项下将【渐变坡度】下的关键帧移动至 95 帧处，如图 12.58 所示。

> **提示：** 该选项在【材质编辑器】窗口中显示为“渐变坡度”，在【轨迹视图 － 摄影表】窗口中显示为 Gradinent Ramp，在此特别说明。

07 关闭【轨迹视图】窗口，然后在【材质编辑器】窗口中单击【将材质指定给选定对象】按钮，将当前材质赋予场景中的“标题”对象，设置后的效果如图 12.59 所示。

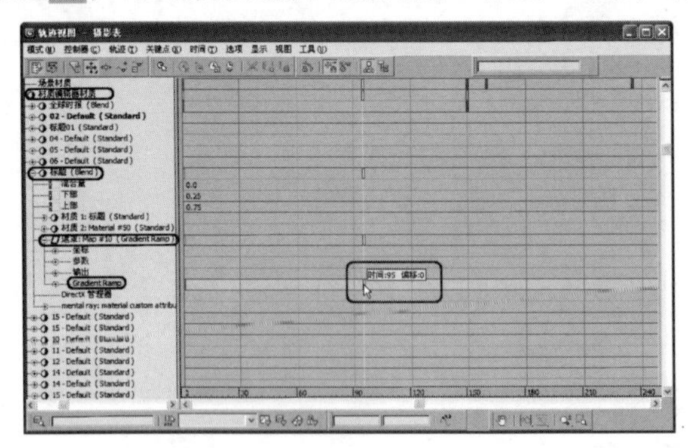

图 12.58

图 12.59

12.6.6 创建摄影机与灯光

在创建摄影机和灯光之前，首先将前面设置材质的两个字母标题编组。

01 按【H】键，在弹出的对话框选择两个标题对象的名称，单击【确定】按钮。然后在菜单栏中选择【组】|【成组】命令，在弹出的对话框中将【组名】设置为“标题”，单击【确定】按钮，如图 12.60 所示。

02 选择【创建】|【摄影机】|【目标】工具，在【顶】视图创建一架摄影机，切换到【修改】命令面板，在【参数】卷展栏中设置【镜头】为 43.456，选择【环境范围】选项组中的【显示】复选框，将【近距范围】和【远距范围】分别设置为 8 和 811，将【目标距离】设置为 580，在场景中调整摄影机的位置，如图 12.61 所示。

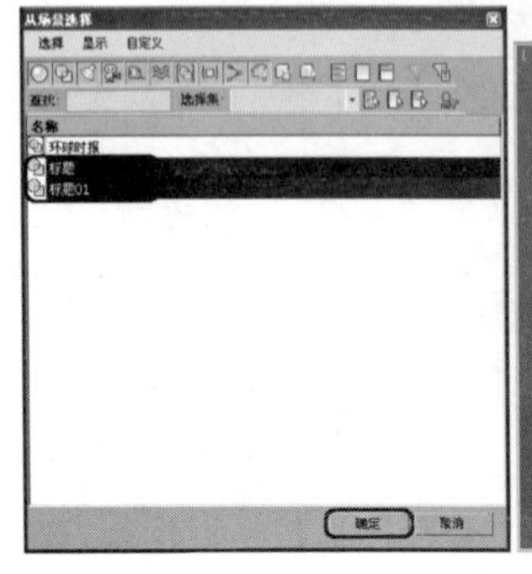

图 12.60

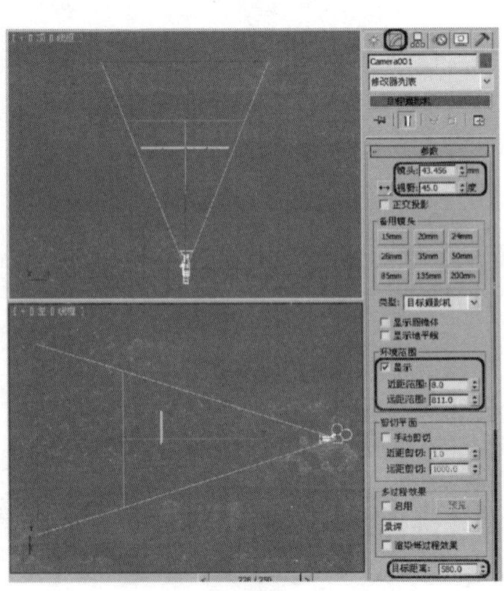
图 12.61

03 最后激活【透视】视图，按【C】键，将其转换为摄影机视图，按【Shift+F】组合键，打开摄影机视图中的安全框。

04 选择【创建】|【灯光】|【泛光灯】工具，在【顶】视图中创建一盏泛光灯，并在场景中调整其所在的位置，然后在【常规参数】卷展栏中单击【排除】按钮，在弹出的【排除/包含】对话框中将“标题”对象排除灯光的照射，如图 12.62 所示。

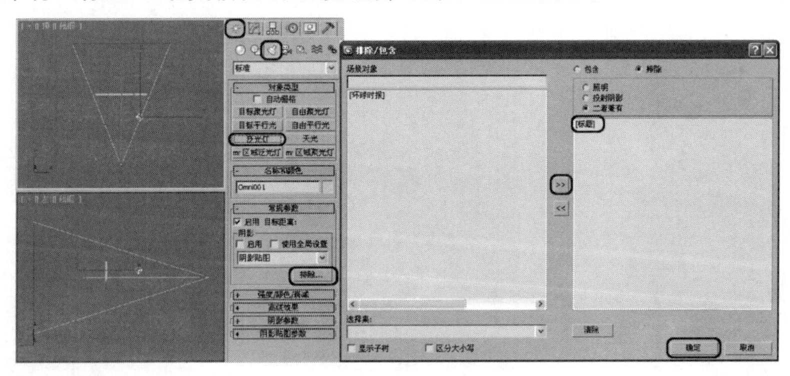

图 12.62

05 选择【创建】|【灯光】|【泛光灯】工具，在【顶】视图中创建一盏泛光灯，并在场景中调整其所在的位置，在【强度/颜色/衰减】卷展栏中将【倍增】设置为 0.5，如图 12.63 所示。

06 选择【创建】|【灯光】|【泛光灯】工具，在【顶】视图中创建一盏泛光灯，并在场景中调整其所在的位置，在【强度/颜色/衰减】卷展栏中将【倍增】值设置为 0.4，如图 12.64 所示。

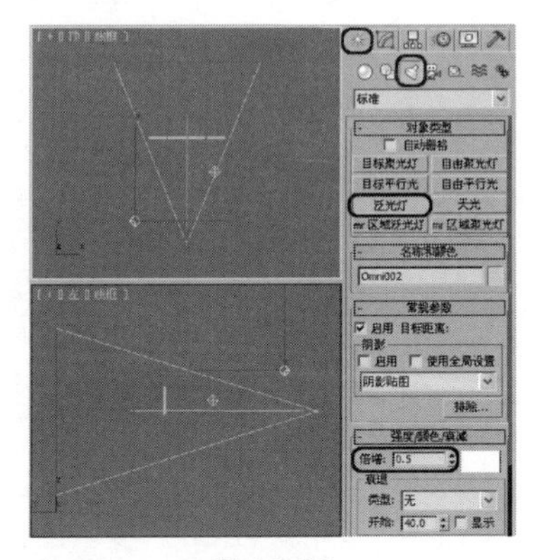

图 12.63

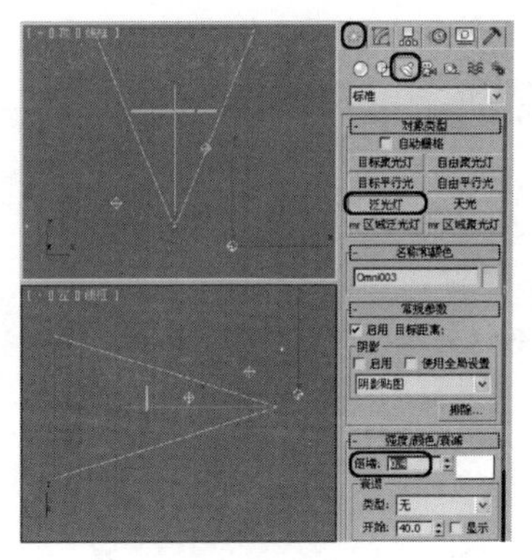

图 12.64

12.6.7　标题动画

在上面的练习中，分几个小节来介绍文本标题与字母的创建、材质的设置，以及灯光和摄像机的创建，所有这些都属于这个动画中主要的场景对象，在接下来的操作中将对它们进行动画设置。在这个过程中，将穿插着创建一些辅助对象并进行讲解，而这些辅助对象在这个动画中起到增加视觉效果的作用。

01 在场景中选择成组的“环球时报”对象，然后在工具栏中右击【选择并旋转】按钮，在弹出的对话框中将【偏移：屏幕】选项组中的 *Z* 轴设置为 90，如图 12.65 所示。

02 在工具栏中单击【选择并移动】按钮，确定当前作用轴为 *Y* 轴，然后将其移动到如图 12.66 所示的位置处。

03 在视图中选择成组的“标题”对象，并在工具栏中单击【选择并移动】按钮，确定当前作用轴为 *XY* 轴，然后将当前对象移动到如图 12.67 所示的位置处。

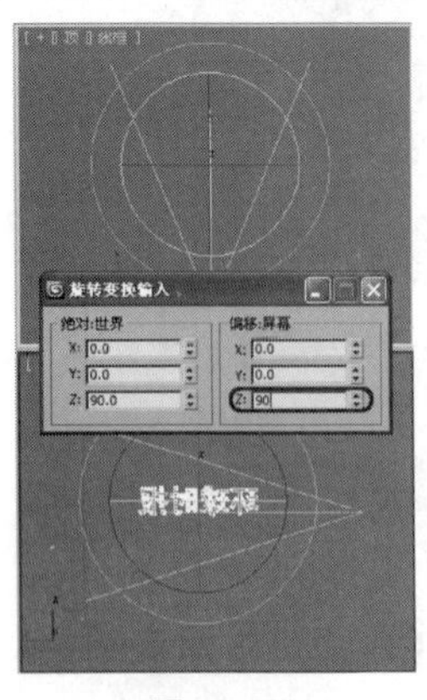

图 12.65

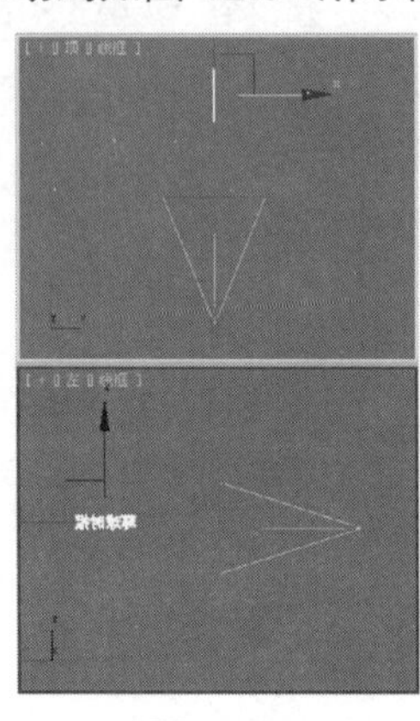

图 12.66

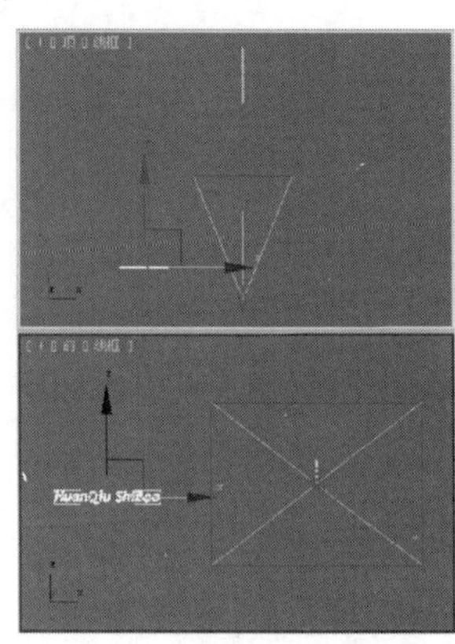

图 12.67

04 将视图底端的时间滑块拖动至第 90 帧位置处，然后按下【自动关键点】按钮，选择“标题”对象，并将其移动至原始位置处，效果如图 12.68 所示。

05 将时间滑块移动至第 80 帧位置处，然后单击【选择并旋转】按钮，将当前作用轴定义为 *Z* 轴，将“环球时报”对象旋转 90 度，使其正向于摄影机。单击【选择并移动】按钮，然后将其移动至该对象的原始位置处，效果如图 12.69 所示。

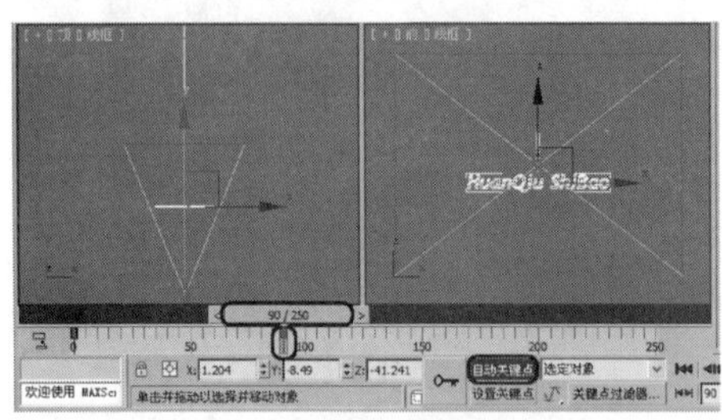

图 12.68

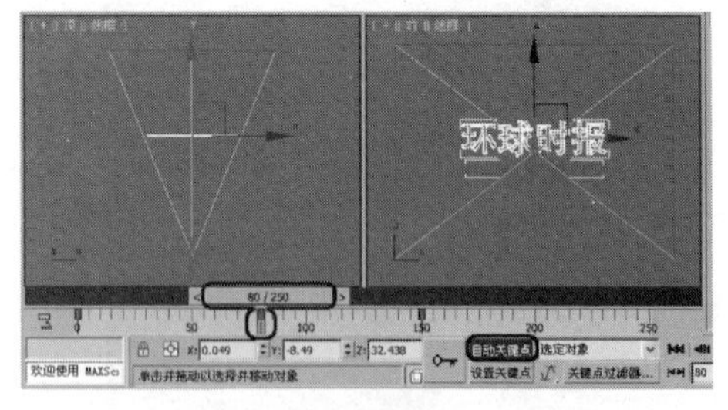

图 12.69

06 关闭【自动关键点】按钮。单击【曲线编辑器】按钮，然后在弹出的【轨迹视图】窗口中将【对象】选项的“环球时报”对象展开，然后选择【变换】下的【位置】和【旋转】在第 0 帧处的关键帧，并将其移动至第 30 帧位置处；在“标题”中选择【变换】下的【位置】在第 0 帧处的关键帧，并移动至第 30 帧处，如图 12.70 所示。

07 选择【创建】|【图形】|【线】工具，在【前】视图中绘制一条样条线，在【渲染】卷展栏中选择【在渲染中启用】和【在视口中启用】复选框，如图 12.71 所示。

08 在视图中选择创建的样条线对象，然后右击，在弹出的菜单中选择【对象属性】命令，在弹出的【对象属性】对话框中将【G 缓冲区】选项组中的【对象 ID】设置为 1，如图 12.72 所示。

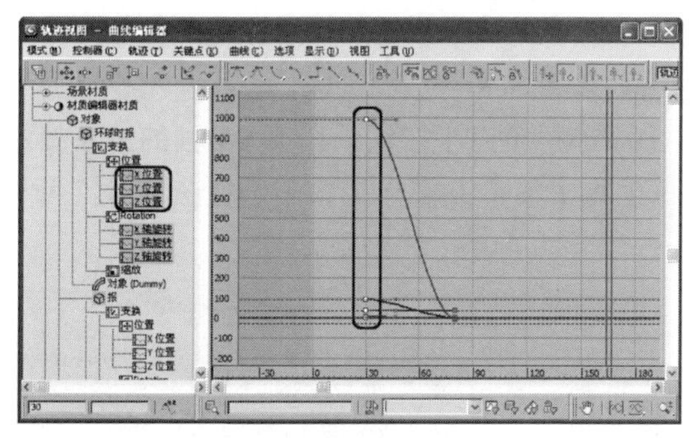

图 12.70

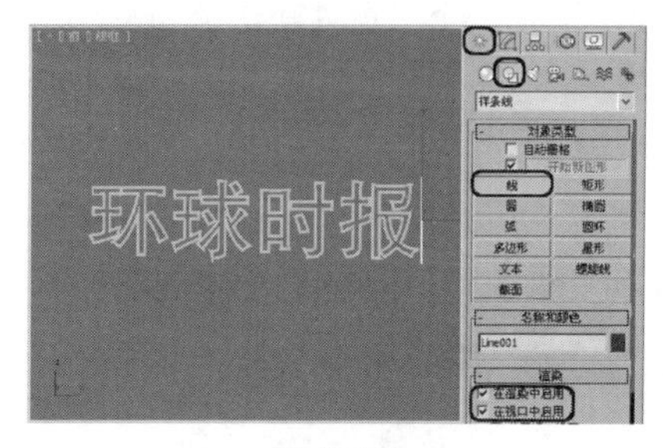

图 12.71

09　将时间滑块拖动至第 150 帧位置处，按下【自动关键点】按钮，在工具栏中单击【选择并移动】按钮，确定当前作用轴为 *X* 轴，然后在【前】视图中选择样条线对象，并沿 *X* 轴向左移动至“环”字的左侧边缘，关闭【自动关键点】按钮，效果如图 12.73 所示。

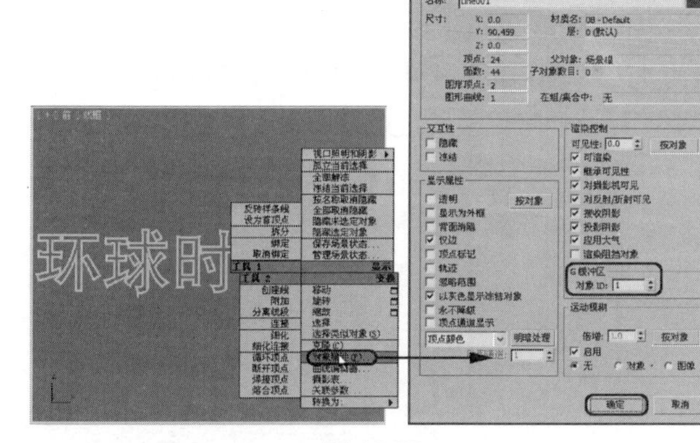

图 12.72

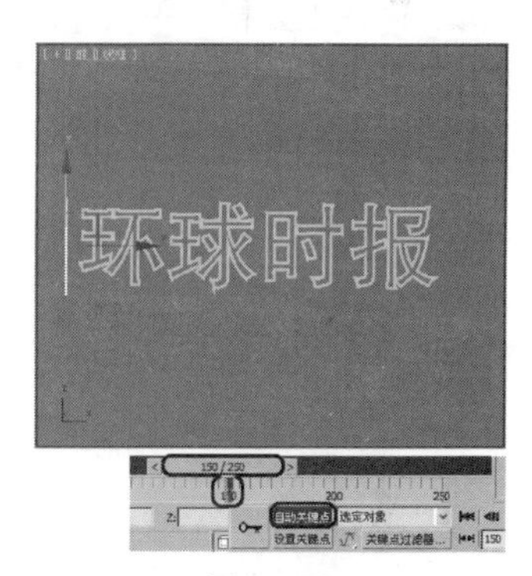

图 12.73

10　重新打开【轨迹视图】窗口，展开 Line001 选项下的【位置】选项，选择【位置】后的第 0 帧关键帧，并将其移动至第 95 帧位置处，效果如图 12.74 所示。

11　在【轨迹视图】窗口中，选择【模式】|【摄影表】命令，切换到【摄影表】窗口，如图 12.75 所示。

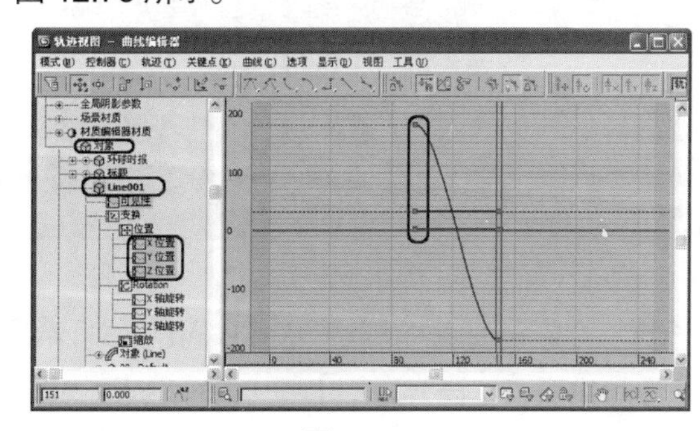

图 12.74

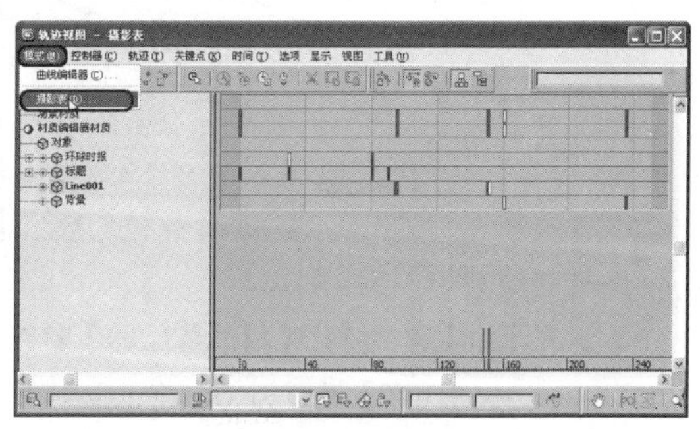

图 12.75

12 在左侧的列表框中选择 Line001，选择【轨迹】|【可见性轨迹】|【添加】命令，为 Line001 添加一个可见性轨迹，如图 12.76 所示。

13 选择【可见性】选项，在工具栏中单击【添加关键点】按钮，在第 94 帧的位置处添加一个关键点，并在关键点上右击，在弹出的对话框中将【值】设置为 0，表示在该帧时不可见，如图 12.77 所示。

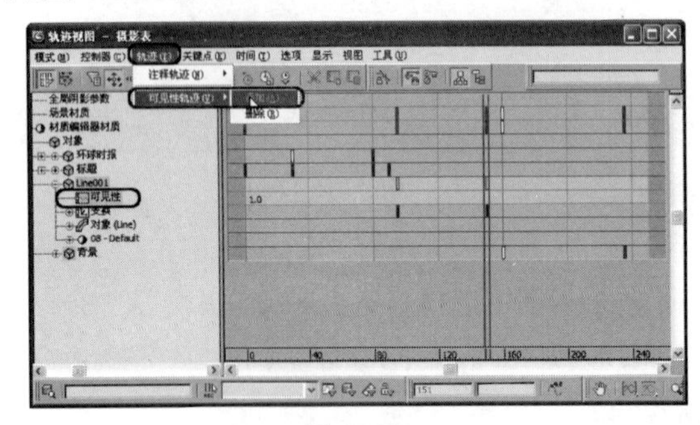

图 12.76

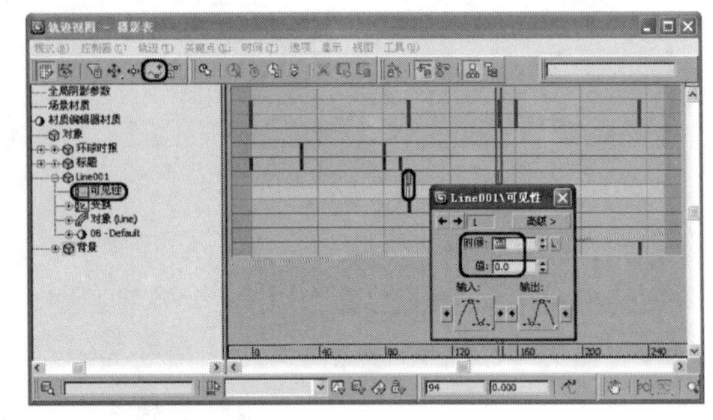

图 12.77

14 再在工具栏中弹出【添加关键点】按钮，在第 95 帧的位置处添加一个关键点，并在关键点上右击，在弹出的对话框中将【值】设置为 1，表示在该帧时可见，如图 12.78 所示。

15 使用同样的方法设置第 150 和第 151 帧处的可见性关键点，如图 12.79 所示。

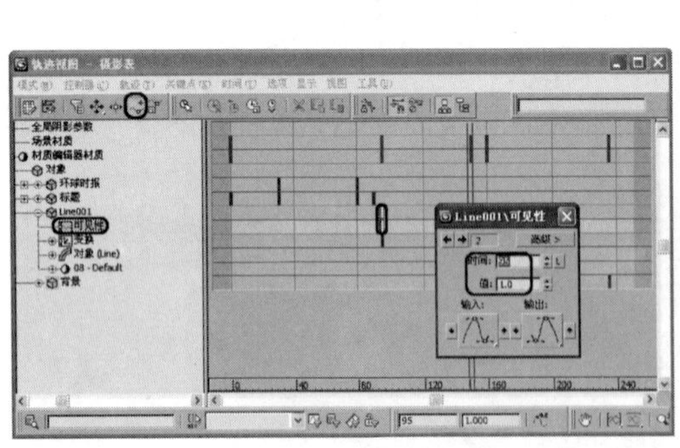

图 12.78

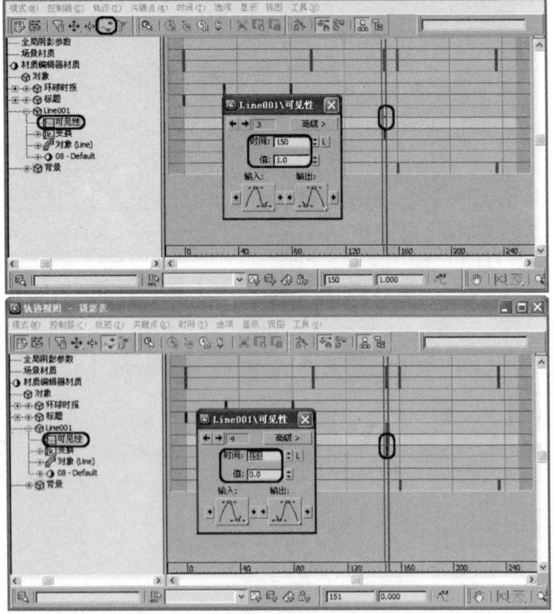

图 12.79

16 按【M】键，打开【材质编辑器】窗口，选择一个新的材质样本球，在【Blinn 基本参数】卷展栏中将【不透明度】设置为 0，将【反射高光】选项组中的【高光级别】和【光泽度】均设置为 0，将当前材质指定给场景中的 Line001 对象，如图 12.80 所示。

17 激活摄影机视图，然后在菜单栏中选择【渲染】|Video Post 命令，在弹出的窗口中单击工具栏中的【添加场景事件】按钮，在弹出的【添加场景事件】对话框中使用系统默认的设置，然后单击【确定】按钮，如图 12.81 所示。

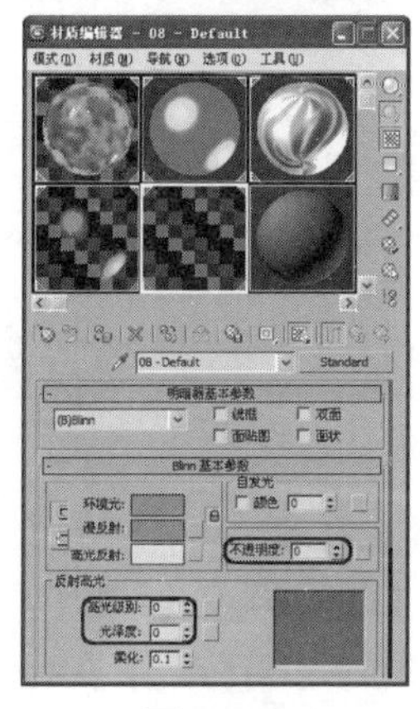

图 12.80

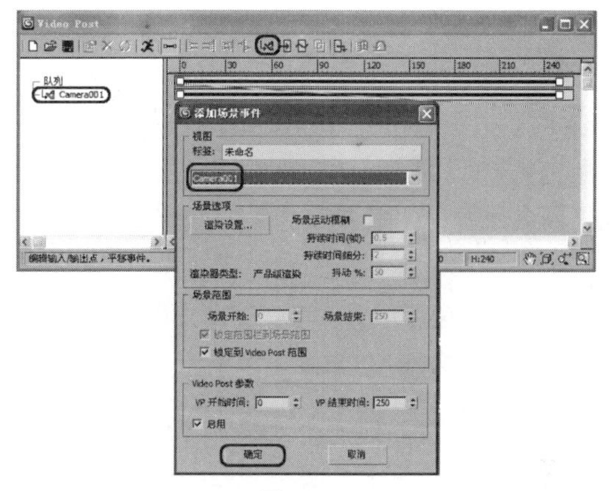

图 12.81

18 单击【添加图像过滤事件】按钮，在弹出的【添加图像过滤事件】对话框中选择【镜头效果光晕】选项，单击【确定】按钮，添加该特效滤镜，如图 12.82 所示。

19 双击【镜头效果光晕】选项，在弹出的【编辑过滤事件】对话框中单击【设置】按钮，在弹出的【镜头效果光晕】对话框中单击【预览】和【VP 队列】按钮，确定【源】选项组中的【对象 ID】为 1。选择【首选项】选项卡，在【效果】选项组中将【大小】设置为 6，选择【颜色】选项组中的【渐变】单选按钮；选择【噪波】选项卡，将【设置】选项组中的【运动】设置为 1，然后将【红】、【绿】、【蓝】3 个复选框全部选择，将【参数】选项组中的【大小】设置为 6，如图 12.83 所示。设置完毕后单击【确定】按钮，关闭【镜头效果光晕】对话框，然后将 Video Post 窗口最小化。

图 12.82

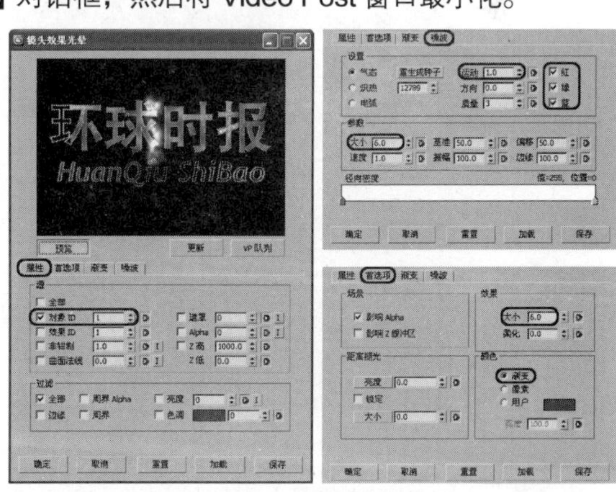

图 12.83

12.6.8 创建粒子系统

在下面的操作中将介绍粒子系统的创建和设置。

01 将时间滑块拖动至第 150 帧位置处，这样，场景中两个成组的对象将完成指定的动画轨迹，进入到标版定格状态，方便于下面的操作。

02 激活【左】视图，选择位于视图下方的“标题”对象，单击【对齐】按钮，并在视图中选择“环球时报”对象，在弹出的【对齐当前选择】对话框中选择【对齐位置】选项组中的【X 位置】复选框，将“标题”对象沿 X 轴与“环球时报”对象对齐，单击【确定】按钮，如图 12.84 所示。

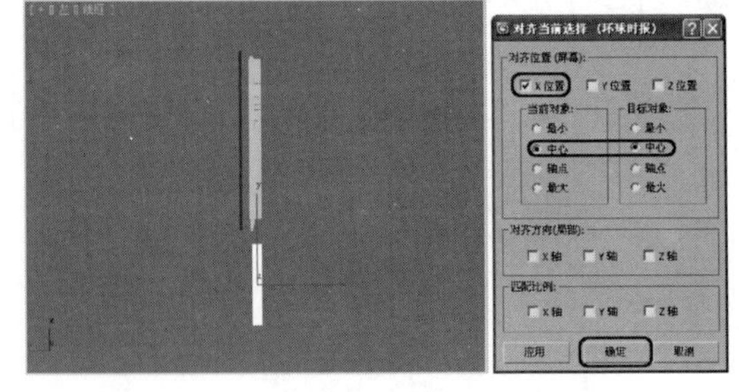

图 12.84

03 选择【创建】|【几何体】|【粒子系统】|【超级喷射】工具，在【左】视图中创建一个超级喷射对象。在【基本参数】卷展栏中将【轴偏离】下的【扩散】设置为 15，将【平面偏离】下的【扩散】设置为 180；在【显示图标】选项组中将【图标大小】设置为 45；在【视口显示】选项组中将【粒子数百分比】设置为 50%。在【粒子生成】卷展栏中将【粒子运动】选项组中的【速度】和【变化】分别设置为 8 和 5；在【粒子计时】选项组中将【发射开始】和【发射停止】分别设置为 30 和 150，将【显示时限】设置为 181，将【寿命】和【变化】分别设置为 25 和 5；在【粒子大小】选项组中将【大小】和【变化】分别设置为 15 和 15，将【增长耗时】和【衰减耗时】分别设置为 5 和 8。在【粒子类型】卷展栏中将【标准粒子】方式设置为【球体】；在【材质贴图和来源】选项组中设置【时间】为 60。在【旋转和碰撞】卷展栏中将【自旋时间】设置为 60。在【气泡运动】卷展栏中将【幅度】和【周期】分别设置为 10 和 42，如图 12.85 所示。

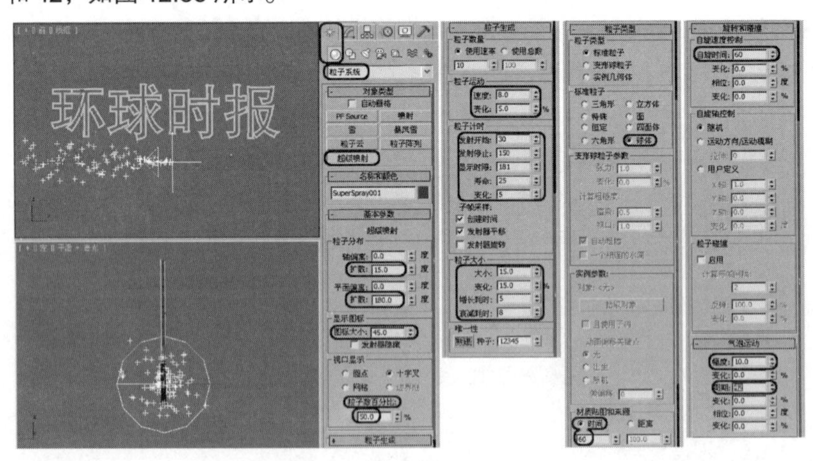

图 12.85

04 按【M】键，打开【材质编辑器】窗口，选择一个新的材质样本球，并将其命名为“粒子”，在【贴图】卷展栏中单击【漫反射颜色】通道后面的 None 按钮，在弹出的【材质/贴图浏览器】对话框中选择【粒子年龄】贴图，单击【确定】按钮。在粒子年龄材质设置面板中，将【粒子年龄参数】卷展栏中【颜色 1】的 RGB 值设置为 255、255、255，将【颜色 2】的 RGB 值设置为 255、247、25，将【颜色 3】的 RGB 色值设置为 255、0、0，如图 12.86 所示。

05　在【贴图】卷展栏中，单击【不透明度】右侧的 None 按钮，在弹出的【材质/贴图浏览器】对话框中选择【渐变】贴图，单击【确定】按钮，确定场景中的“粒子”对象处于选中状态，然后将当前材质指定给它。

06　激活【前】视图，选择“粒子”对象，并将其移动至“标题”对象左侧。将时间滑块拖动至第 170 帧位置处，按下【自动关键点】按钮，单击【选择并移动】按钮，确定当前作用轴为 X 轴，选择“粒子”对象并将其移动至“标题”对象的右侧。设置完毕后，关闭【自动关键点】按钮，如图 12.87 所示。

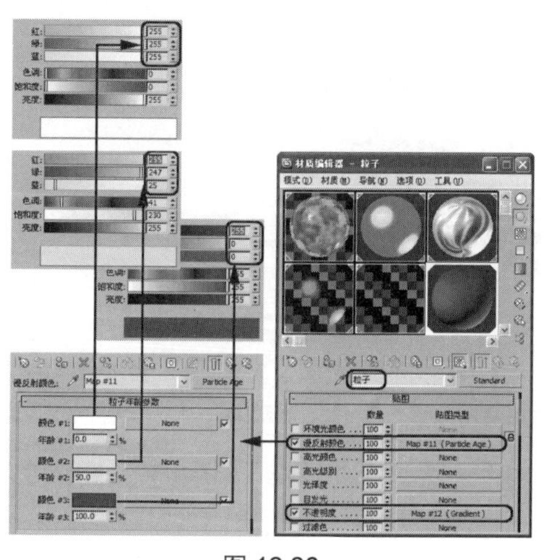

图 12.86

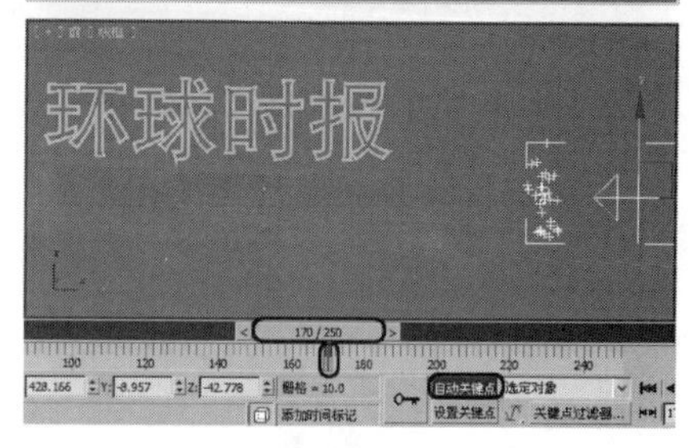

图 12.87

07　在工具栏中单击【曲线编辑器】按钮，在打开的【轨迹视图】窗口中展开【对象】选项，然后再展开 SuperSpray01 |【变换】|【位置】选项，将【位置】后的关键帧调整至第 80 帧位置处，如图 12.88 所示。

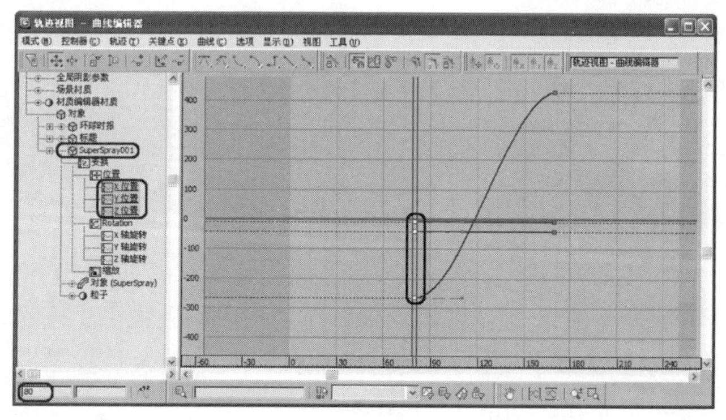

图 12.88

12.6.9　创建光斑

在前面的内容中，已为“标题”对象创建了一个粒子动画，该动画与“标题”对象的材质动画同步。在下面的操作中，将要创建两个光斑，其中一个为粒子动画前端处的十字光斑效果，另一个为“环球时报”对象上端的十字光斑对象。

01 拖动时间滑块至第 0 帧位置处，选择【创建】|【辅助对象】|【点】工具，在【前】视图中的粒子系统对象上创建点对象。

02 单击【对齐】按钮，并在视图中选择粒子对象，在弹出的【对齐当前选择】对话框中将【对齐位置】选项组中的【X】位置、【Y】位置和【Z】位置 3 个复选框全部选择，分别选择【当前对象】和【目标对象】选项组中的【中心】单选按钮，单击【确定】按钮，将视图中的点对象与粒子对象对齐，如图 12.89 所示。

图 12.89

> **提示：**这里的制作思路是点对象依附于粒子对象，并随着粒子对象的运动而运动，所以在下面的操作中，将对点对象与粒子对象进行链接。

03 确认所选择对象为 Point001，在工具栏中单击【选择并链接】按钮，然后在点对象上按下鼠标左键，拖动鼠标至 SuperSpray01 对象上，当光标顶部变色为白色时松开鼠标确定，如图 12.90 所示。

04 选择【创建】|【辅助对象】|【点】工具，在【前】视图中创建一个点对象，如图 12.91 所示。

图 12.90

图 12.91

05 将当前时间滑块拖动至第 210 帧位置处，按下【自动关键点】按钮，移动 Point002 的位置，设置完毕后关闭【自动关键点】按钮，如图 12.92 所示。

06 在工具栏中单击【曲线编辑器】按钮，在【轨迹视图】窗口中展开【对象】选项，然后再展开 Point002 |【变换】|【位置】选项，将【位置】后的关键帧调整至第 175 帧位置处，如图 12.93 所示。

07 选择【创建】|【几何体】|【长方体】工具，在【前】视图中创建一个长方体，将其命名为“背景”，在【参数】卷展栏中将【长度】、【宽度】和【高度】分别设置为 1500、2000 和 5，如图 12.94 所示。

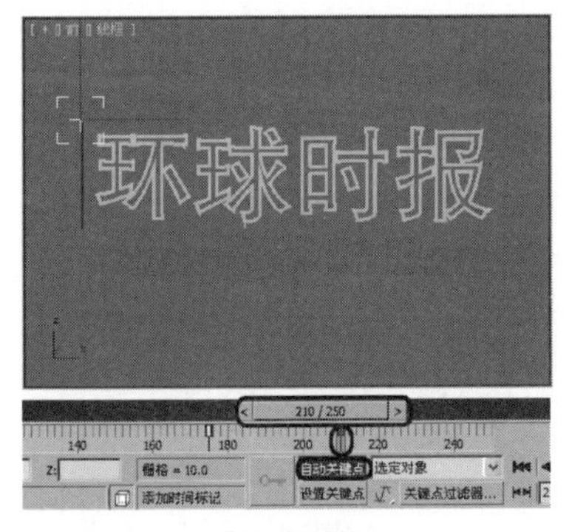

图 12.92

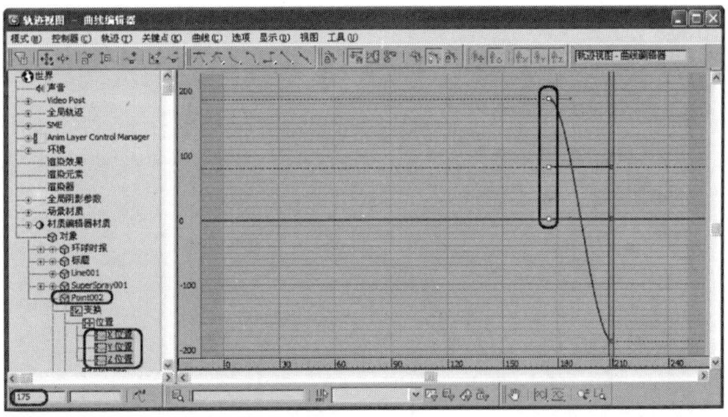

图 12.93

08　按【M】键，打开【材质编辑器】窗口，选择一个新的材质样本球，并将其命名为“背景”，在【Blinn 基本参数】卷展栏中设置【自发光】选项组中的【颜色】为 50，在【贴图】卷展栏中单击【漫反射颜色】通道后面的 None 按钮，在弹出的对话框中选择【位图】贴图，然后单击【确定】按钮。打开随书附带光盘中的 CDROM｜Map｜Space001.tif 文件，进入位图参数面板，在【坐标】卷展栏中将【偏移】下的 U、V 值分别设置为-0.1 和-0.03，将当前材质指定给场景中的“背景”对象，如图 12.95 所示。

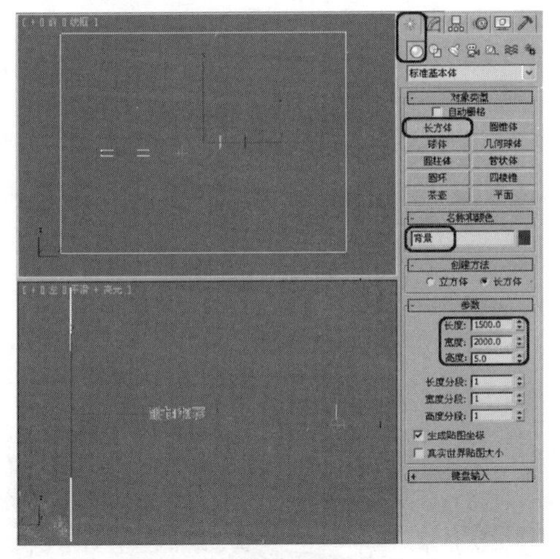

图 12.94

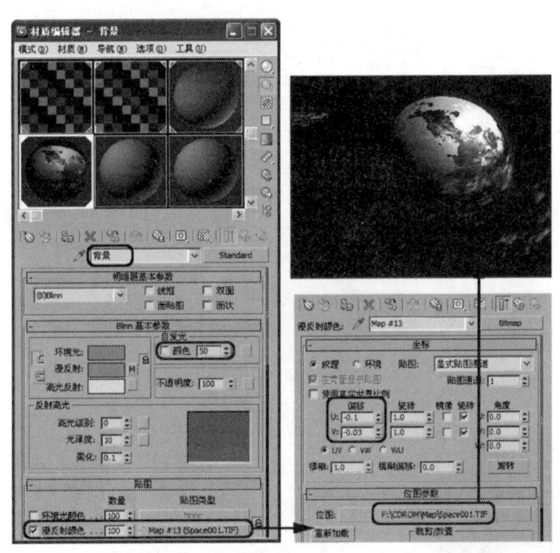

图 12.95

09　按下【自动关键点】按钮，将时间滑块拖动至第 235 帧位置处，在【材质编辑器】窗口中将【不透明度】设置为 0，然后关闭【自动关键点】按钮，如图 12.96 所示。

10　在工具栏中单击【曲线编辑器】按钮，在【轨迹视图】窗口中展开【对象】选项，然后再展开【背景】下的【扩展参数】选项，将【不透明度】后的关键帧调整至第 160 帧位置处，如图 12.97 所示。

11　关闭【轨迹视图】窗口，打开 Video Post 窗口，在工具栏中单击【添加图像过滤事件】按钮，弹出【添加图像过滤事件】对话框，选择【镜头效果光斑】为当前滤镜效果，然后在【标签】文本框中输入名称为 Point01，单击【确定】按钮，创建【镜头效果光斑】滤镜效果，如图 12.98 所示。

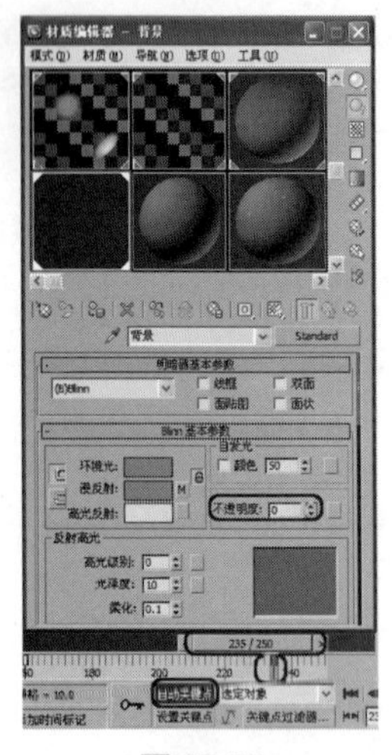

图 12.96

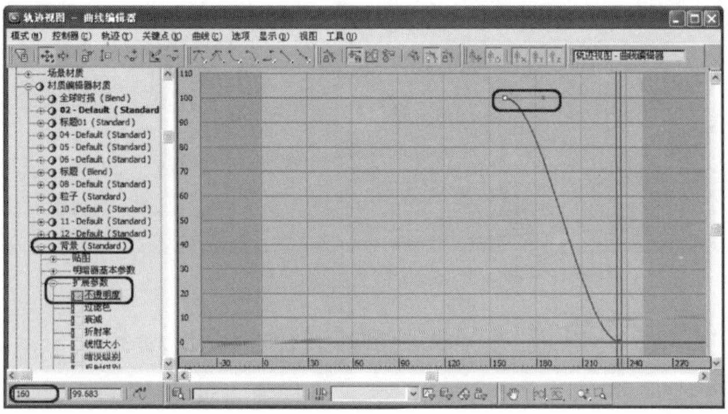

图 12.97

12 按照上面介绍的方法再次创建一个【镜头效果光斑】滤镜，并将其名称重新定义为 Point02，如图 12.99 所示。

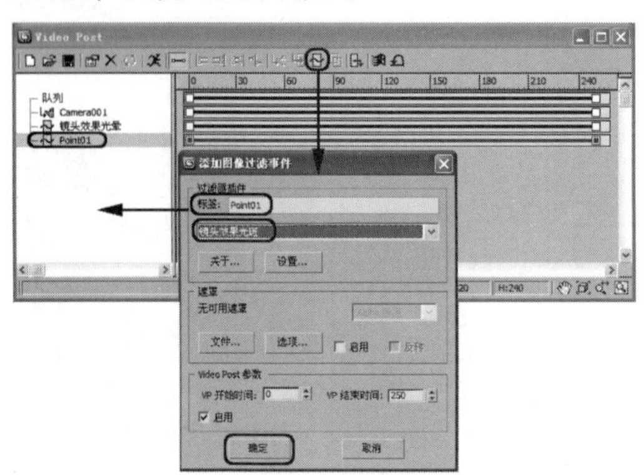

图 12.98

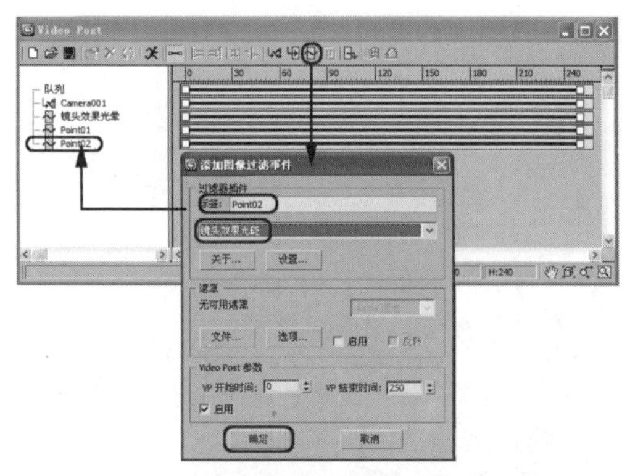

图 12.99

13 在列表框中双击 Point01 选项，在弹出的【编辑过滤事件】窗口中单击【设置】按钮，打开【镜头效果光斑】窗口，首先单击【预览】和【VP 队列】按钮，将【镜头光斑属性】选项组中的大小设置为 100，然后单击【节点源】按钮，并在弹出的对话框中选择 Point01 对象，并单击【确定】按钮选择对象，最后再单击预览窗口下的【更新】按钮。在【首选项】选项卡中将【渲染】下的【光晕】、【光环】和【星形】选项与【场景外】下的【光晕】和【光环】复选框启用，效果如图 12.100 所示。

图 12.100

14 选择【光晕】选项卡，将【大小】设置为 20，将【径向颜色】左侧色标的 RGB 值设置为 255、255、162，将第 2 个色标调整至位置 19 处，将 RGB 值设置为 174、172、155，在位置 36 处加入一个色标，并将 RGB 设置为 5、3、139，在位置 55 处加入一个色标，并将 RGB 值设置为 132、1、68，如图 12.101 所示。

15 选择【光环】选项卡，将【大小】设置为 5，然后在下方的渐变选项组中将【径向颜色】左侧色标的 RGB 值设置为 218、179、12，将最右侧色标的 RGB 值设置为 255、244、18；将【径向透明度】的第 2 个色标调整至位置 43 处，将色标 RGB 值设置 0、0、0；第 3 个色标调整至位置 49 处，将色标的 RGB 值设置 255、255、255；在位置 55 处添加一个色标，并将颜色的 RGB 值设置为 0、0、0，如图 12.102 所示。

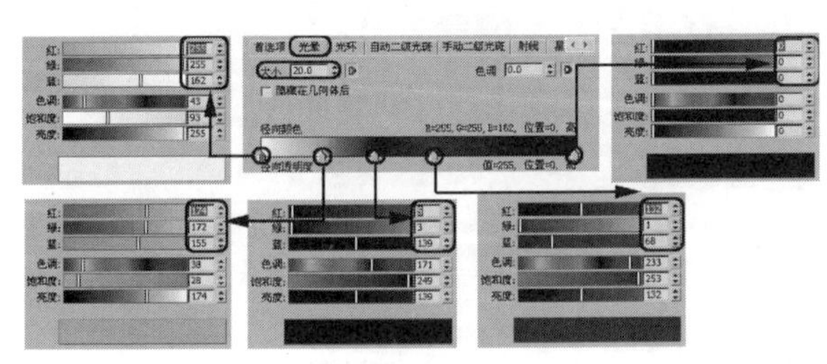

图 12.101

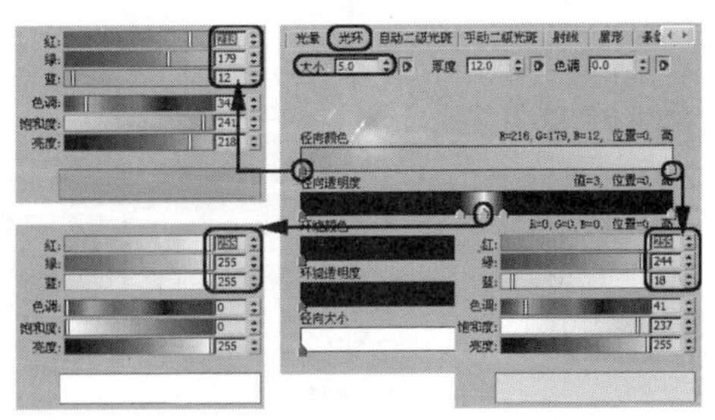

图 12.102

16 选择【星形】选项卡，将【大小】和【角度】分别设置为 20 和 0，将【数量】设置为 4，将【色调】、【锐化】和【锥化】分别设置为 100、8 和 0；在【径向颜色】的位置 30 处添加一个色标，并将其 RGB 值设置为 235、230、245，将最右侧色标的 RGB 值设置为 18、0、160，设置完成后单击【确定】按钮，如图 12.103 所示。

17 双击 Point02 选项，在弹出的【编辑过滤事件】窗口中单击【设置】按钮，在弹出的【镜头效果光斑】窗口中单击【预览】和【VP 队列】按钮，将【镜头光斑属性】选项组中的【大小】设置为 50，将【挤压】设置为 0；单击【节点源】按钮，在弹出的对话框的名称选择栏中选择 Point02 选项，单击【确定】按钮添加对象。选择【首选项】选项卡，将【渲染】下的复选框按照如图 12.104 所示进行选择。

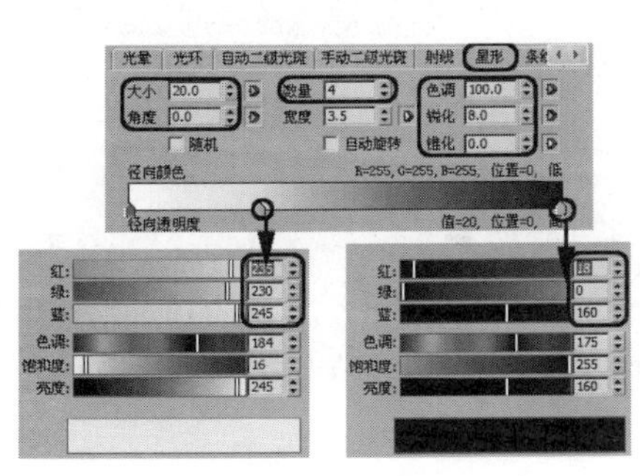

图 12.103

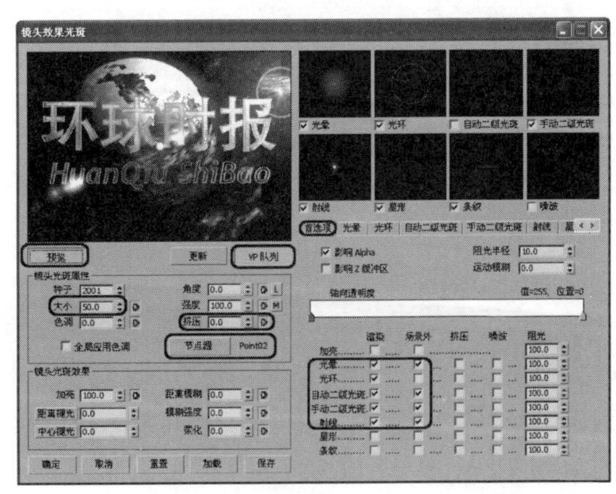

图 12.104

18 选择【光晕】选项卡，将【大小】设置为 95，然后在下方的渐变选项组中将【径向颜色】左侧色标的 RGB 值设置为 149、154、255；将第 2 个色标调整至位置 31 处，将 RGB 值设置为 202、142、102；在位置 54 处加入一个色标，并将 RGB 值设置为 192、120、72；在位置 73 处加入一个色标，并将 RGB 值设置为 180、98、32；将最右侧色标的 RGB 值设置为 174、15、15，将【径向透明度】左侧的 RGB 值设置为 213、213、213，在位置 7 处添加一个色标，并将 RGB 值设置为 143、143、143，将右侧的色标设置为 0、0、0，如图 12.105 所示。

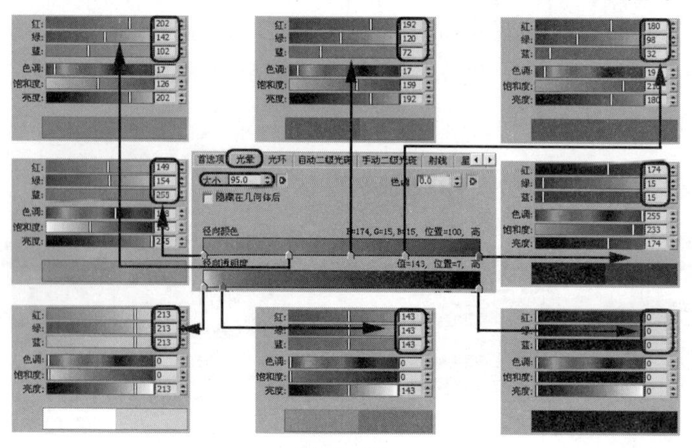

图 12.105

19 选择【光环】选项卡，将【大小】设置为 20，在【径向颜色】的位置 50 处添加一个色标，并将 RGB 值设置为 255、124、18；将【径向透明度】的将第 2 个色标调整至位置 35 处并将 RGB 设置为 168、168、168，如图 12.106 所示。

20 选择【自动二级光斑】选项卡，将【最小】设置为 2，将【最大】设置为 5；将【轴】设置为 0，然后将视口底端的时间滑块拖动至第 210 帧位置处，按下【自动关键点】按钮，并将【轴】设置为 5，关闭【自动关键点】按钮，最后将【数量】设置为 50，如图 12.107 所示。

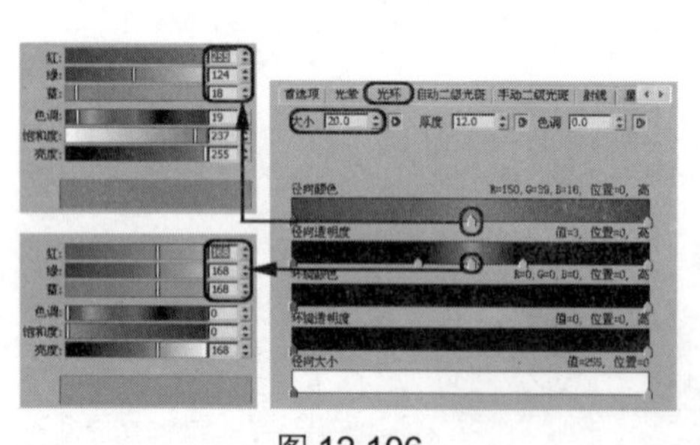

图 12.106

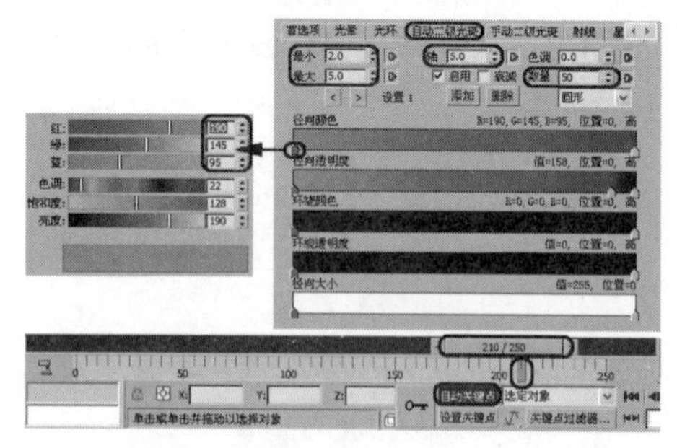

图 12.107

21 在工具栏中单击【曲线编辑器】按钮，打开【轨迹视图】窗口，选择 Video Post 选项，并展开 Point02 选项下的【自动二级光斑】选项，并在【设置 1】下选择【轴长度】选项，然后将该选项后的关键帧位置调整至 175 帧位置处，这样，当前所设置的光斑滤镜将在 175～210 帧位置处产生动画效果，如图 12.108 所示。

22　选择【手动二级光斑】选项卡，将【大小】设置为 60，然后将【平面】设置为 1500，最后单击 > 按钮，如图 12.109 所示。

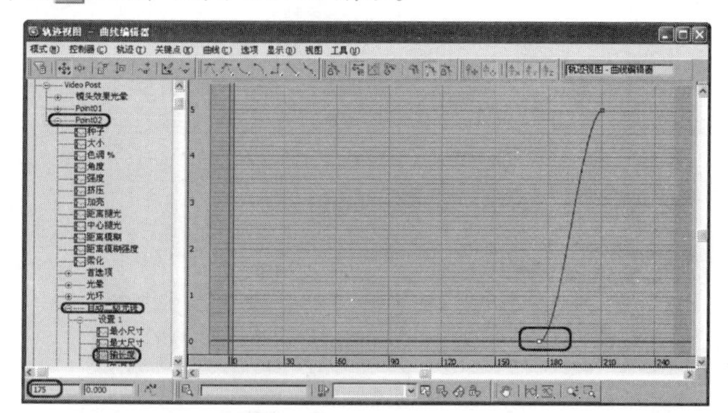
图 12.108

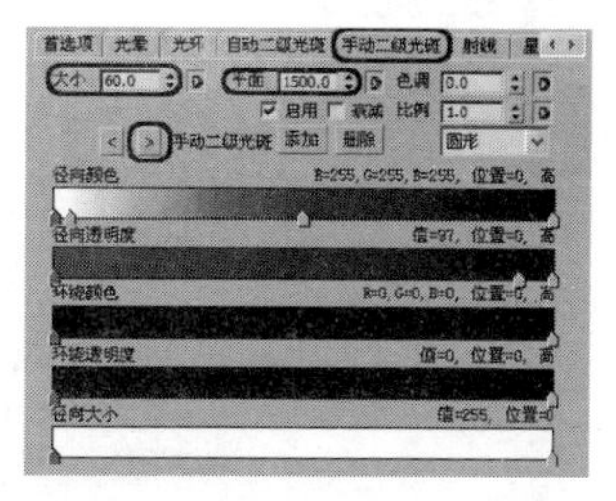
图 12.109

23　选择【射线】选项卡，将【大小】设置为 125，然后将【数量】设置为 175，将【锐化】设置为 10；将【径向颜色】右侧色标的 RGB 值设置为 93、80、10，设置完毕后单击【确定】按钮，关闭【镜头效果光斑】窗口，如图 12.110 所示。

> **提示：**二级光斑可以成组设计，即其中的参数只独立作用于一组二级光斑，这样可以设计几组形态、大小及颜色不同的二级光斑，将它们组合成更真实的光斑效果。

24　在 Video Post 窗口中调整 Point02 后面的时间线，将开始调至 180 帧处，将结束调至 210 帧处，如图 12.111 所示。

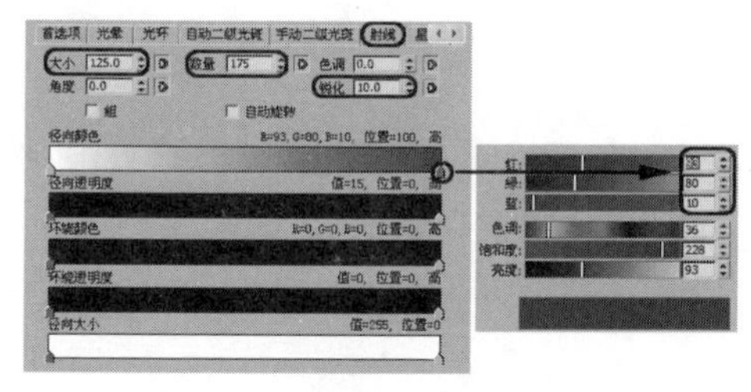
图 12.110

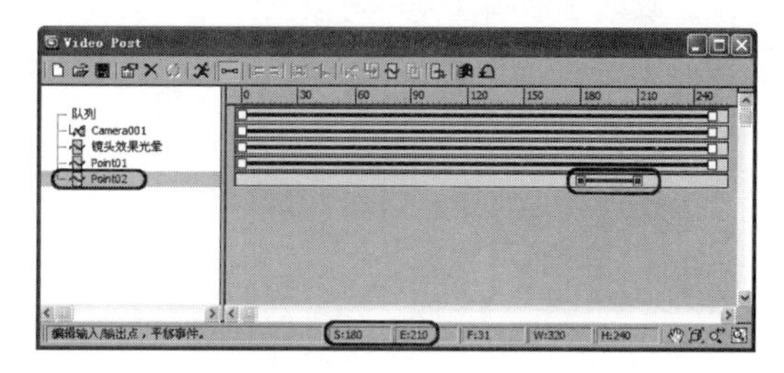
图 12.111

12.6.10　渲染输出

下面将介绍整个制作过程中的最后一个环节——渲染输出的设置。

01　单击【添加图像输出事件】按钮，在弹出的【编辑输出图像事件】对话框中单击【文件】按钮，然后在弹出的对话框中为当前输出动画文件命名，将保存类型定义为*.avi，单击【保存】按钮。在弹出的视频压缩对话框中将压缩程序定义为 Intel Indeo（R）Video R3.2，将压缩质量设置为 100，将【主帧比率】值设置为 0，单击【确定】按钮，返回【编辑输出图像事件】对话框，在该对话框中会出现前面所设置的文件及存放路径，最后单击【确定】按钮，返回 Video Post 窗口中，如图 12.112 所示。

02　单击【执行序列】按钮，对 0～250 帧进行动画渲染，在弹出的【执行 Video Post】对话框中，在【时间输出】选项组中选择【范围】单选按钮，将【输出大小】选项组中的【输出大小】设置为 320×240，单击【渲染】按钮进行渲染，如图 12.113 所示。

图 12.112

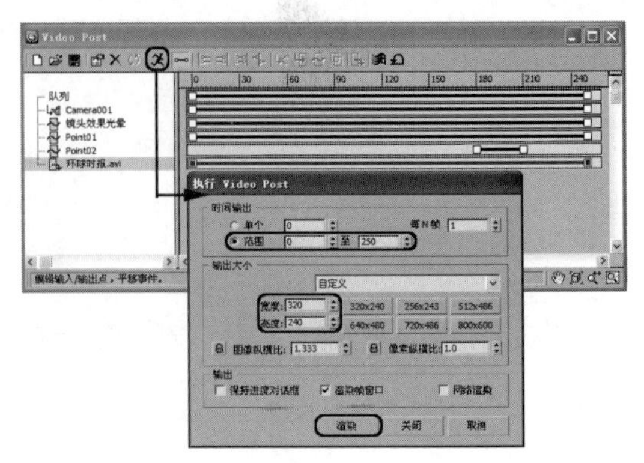

图 12.113

12.7 习题

1、一个动作要经过哪三个阶段?

2、结合看过的动画片，列举出两个以上超前情节和滞后情节的范例。

3、运动保持的概念是什么?

4、【运动】命令面板中的【PRS 参数】卷展栏的作用是什么?

5、【噪波】动画控制器可以制作出什么样的动画效果?

6、什么是注视约束?

第 13 章　角色动画基础

角色动画用来模拟结构、人体和动物的运动形态，这些复杂运动的共同点在于各个组成部分的运动具有关联性，仅进行单一物体的动画或者多个物体无关联的动画都无法完成角色动画。

这些复杂形体的各个组成部分间具有特殊的链接关系，这些链接关系将保证相互关联组成部分运动的关联性，从而形成一个有机的整体。3ds Max 以层级关系的形式来定义物体间的关联和运动方式，利用正向运动学与反向运动学来模拟复杂的运动效果，这些方法是创建复杂角色动画的基础。本章将重点介绍层级、正向运动学和反向运动学的概念和功能。

本章重点

- 角色动画中的层级面板
- 正向动力学
- 反向动力学

13.1　角色动画中的层级

将对象链接起来形成层级是制作动画的一种有力手段。通过将一个对象链接到另一个对象上建立一种父子层次关系，可以使应用到父对象的变换自动传递到子对象上。通过多个对象的链接可以创建复杂的层级结构。将对象链接成父子对象，可以创建复杂运动或者模拟关节结构。另外，为了利用正向运动学和反向运动学创建复杂的动画，必须将具有相互约束关系的物体链接在一起。

13.1.1　层级

将任何两个物体链接在一起，便产生了一对“父子”物体，用户对父物体的运动控制将会影响到子物体。如果将多个物体链接在一起，就形成了多个“父子”关系。然而“父子”关系是相对的，在这个链接中某个物体可能是子物体，在另一个链接中又可以作为父物体，即它既可以被链接到其他物体上，又可以链接着另外一个物体，这样就形成了非常复杂的层级关系，就像人类的族谱一样。如图 13.1 所示，其中的 Sphere001 没有父物体，是最高层次的物体；Sphere007 没有和任何物体建立链接关系。

在 3ds Max 2011 中，可以利用如下方法建立和管理层级：

- 创建链接关系：利用工具栏中的【选择并链接】按钮可以创建物体之间的链接关系。
- 取消链接关系：利用工具栏中的【断开当前选择链接】按钮可以取消链接关系。
- 使用【创建】|【系统】|【骨骼】工具可以创建骨骼层级，另外普通链接层级中的物体也可以转换为骨骼系统。

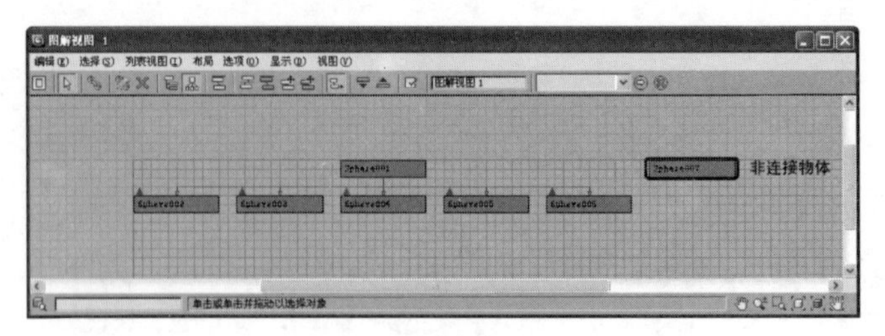

图 13.1

下面介绍如何创建普通物体间的层级关系，具体操作步骤如下：

01 重置场景，然后在视图中创建如图 13.2 所示的 4 个物体。

02 激活【透视】视图，然后单击【最大化视口切换】按钮将该视图最大化。

03 单击工具栏上的【选择并链接】按钮，单击选定左边的小球体，按下鼠标左键并拖动到大的球体上，当鼠标指针显示为图标时释放鼠标左键，效果如图 13.3 所示。随之该球体显示为被选择状态并马上恢复为未选择状态，表示链接成功。

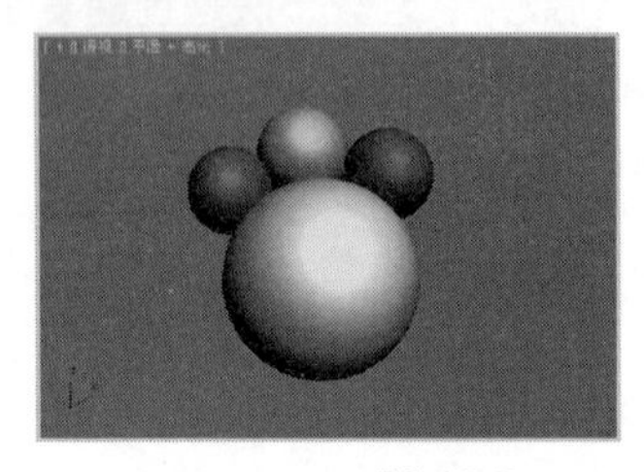

图 13.2　　图 13.3

> 提示：在连接物体时，先选择的物体将作为该连接的子物体，后选择的物体作为父物体。

04 按照同样的方法，将其他的小球体链接到大的球体上，这样就完成了 4 个物体父子关系的定义。

下面通过移动物体进一步体会层级关系的含义。

- 单击工具栏中的【选择并移动】按钮，选择视图中的父对象进行移动，其他的小球体将随之移动，如图 13.4 所示；移动其中的一个小球体，其他 3 个物体的位置将不发生变化，其效果如图 13.5 所示。

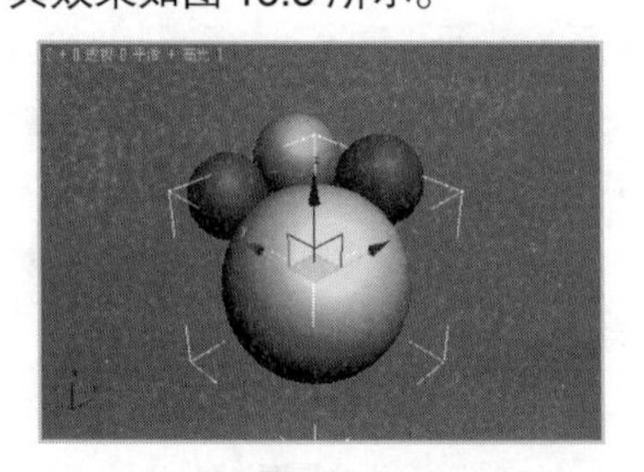

图 13.4

图 13.5

- 如果想断开物体之间的链接关系，选择需要断开链接的物体。单击工具栏中的【断开当前选择链接】按钮，系统将断开选择物体之间的链接。

> **提示：**当利用【断开当前选择链接】按钮断开链接时，系统将断开所选物体与父物体间的链接。如果该物体有子物体，系统将保持其与子物体间的链接。

13.1.2 【层级】命令面板

【层级】命令面板用来管理层级，如图 13.6 所示。【层级】命令面板中有 3 个选项卡：【轴】、IK 和【链接信息】。【轴】选项卡用来调整物体的轴心点，IK 选项卡用来管理方向运动学系统，【链接信息】选项卡用来在层级中设置运动的限制。

本节将重点介绍功能最简单的【轴】选项卡中的各个选项。

物体的轴心点不是物体的几何中心或质心，而是可以处于空间任何位置的人为定义的轴心，它作为自身坐标系统，不仅仅是一个点，实际上是一个可以自由变换的坐标系。物体的轴心点具有如下作用：

- 轴心点可以作为转换中心，因此可以方便地控制旋转及缩放的中心点。
- 设置修改器的中心位置。
- 为物体链接定义转换关系。
- 为 IK 定义结合位置。

利用【层级】命令面板【轴】选项卡中的【调整轴】卷展栏可以调整轴心点的位置、角度和比例。【移动/旋转/缩放】选项组提供了以下 3 个调整选项：

- 【仅影响轴】：仅对轴心点进行调整操作，该操作不会对物体产生影响。
- 【仅影响物体】：仅对物体进行调整操作，该操作不会对该物体的轴心点产生影响。
- 【仅影响层级】：仅对物体的子层级产生影响。

【对齐】选项组用来设置物体轴心点的对齐方式，当选择【仅影响轴】方式时，该选项组的选项如图 13.7 左图所示，当选择【仅影响对象】方式时，该选项组的选项如图 13.7 右图所示。

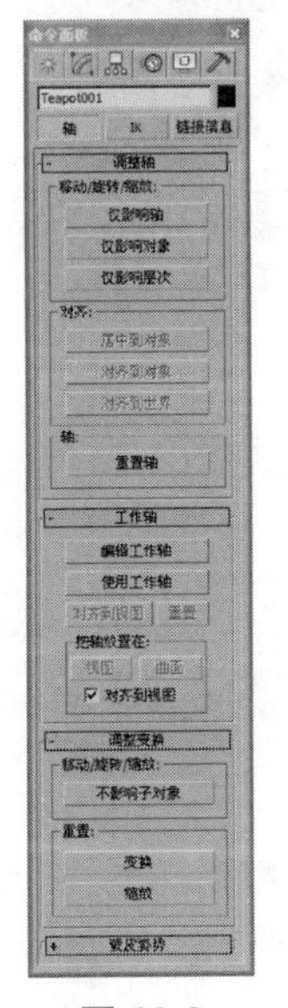

图 13.6

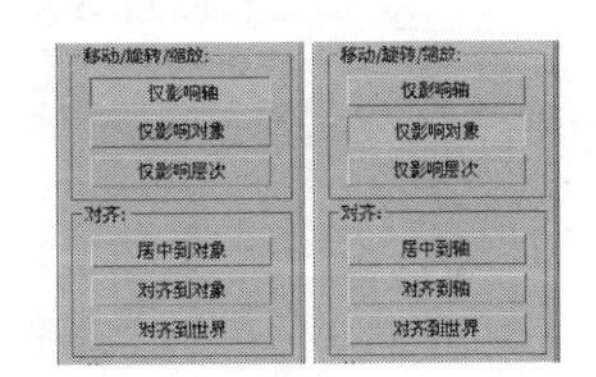

图 13.7

【轴】选项组只有一个【重置轴】按钮，单击该按钮用来将轴心点恢复到物体创建时的状态。

【调整变换】卷展栏用来在不影响子物体的情况下进行物体的调整操作，在【调整变换】卷展栏的【移动/旋转/缩放】选项组中仅有一个【不影响子对象】按钮，单击该按钮后，所进行的任何调整操作都不会影响子物体。

13.2 正向运动学

正向运动是指子物体集成父物体的运动规律，即在父物体运动时，子物体的运动跟随父物体运动，而子物体按自己的方式运动时，父物体不受影响。例如，可以利用正向运动模拟同步卫星的自转和绕地球公转的现象，将地球设置为父物体，地球的运动将被施加到其同步卫星上，而卫星自身的运动则不会影响地球。

一个父物体可以有许多子物体，而一个子物体只能有一个父物体，否则运动将不唯一。层级的默认操作管理方式即是正向运动学。

13.2.1 正向运动学中物体间的关系

当两个物体链接在一起之后，子物体的位置、旋转和缩放等变换都将取决于其父物体的相关变换，子物体与父物体组成的系统变换中心便是父物体的轴心点。

简单来说，链接后当移动、旋转或缩放父物体，子物体将随之变化相同的量；反之，移动、旋转或缩放子物体，则父物体不会变化。例如，将如图 13.8 所示的球体定义为茶壶对象的子物体，当对茶壶进行比例变换时（如图 13.9 所示，扩大 Z 轴向上的比例），球体也按照同样的参数进行变换；但对球体进行比例变换时（如图 13.10 所示，也为扩大 Z 轴向上的比例），茶壶将不受影响。

图 13.8

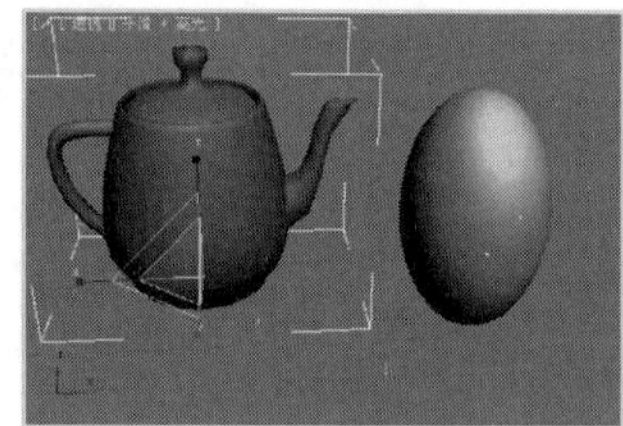

图 13.9

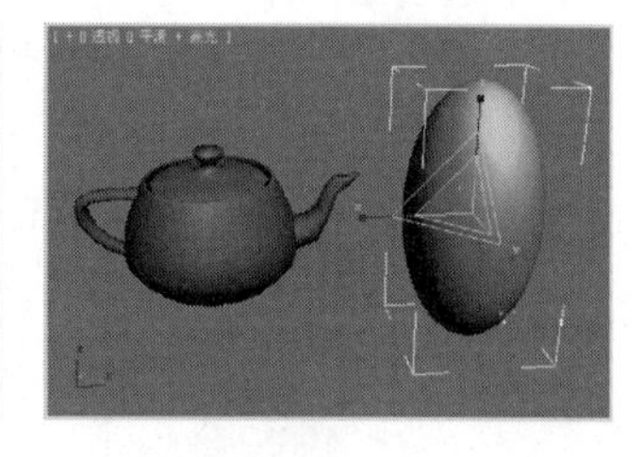

图 13.10

> 提示：针对系统提供的正向运动的层级关系，在动画制作过程中必须遵循由上至下的顺序。一般情况下，利用正向运动学创建动画按照物体层级由高到低的顺序调整，但是对于复杂的系统，高层级物体的运动向下传递至若干个层级时，其影响将很难预料。因此对于复杂的角色动画，推荐使用反向运动学系统。

13.2.2 正向动力学的实践

要利用 3ds Max 2011 的正向动力学功能制作动画，具体操作步骤如下：:

01 分析机构的组成结构及部件间的驱动关系，从而确定组成部分间的层级关系，并制订详细合理的链接方案。

> **提示：** 在进行建模和层级设置前，制订详尽的计划非常重要。正向运动学采用的驱动方式传递若干个层级，如果没有正确分析各级物体间的链接关系和运动驱动关系，很可能产生不可预料的效果。

02 组件建模，完成各个组件的建模，并将各个组件布置在机构运动的初始位置，并根据需要为各个物体设置合适的材质。

03 利用【选择并链接】按钮设置物体间的层级，根据需要调整物体的轴心点。

根据该动画的运动要求，利用各类变换功能进行动画的制作。

下面以一个螳螂为例制作正向动力学动画，如图 13.11 所示。

图 13.11

01 重置一个新的场景，打开随书附带光盘中的 CDROM｜Scene｜Cha13｜螳螂.max 文件，如图 13.2 所示。

02 在工具栏中单击【图解视图】按钮，在打开的【图解视图】窗口中单击【层次模式】按钮，并在窗口中调整各个模型的位置，如图 13.13 所示。

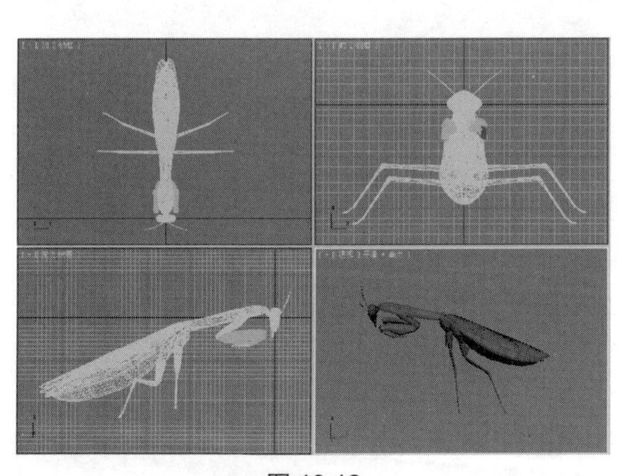

图 13.12

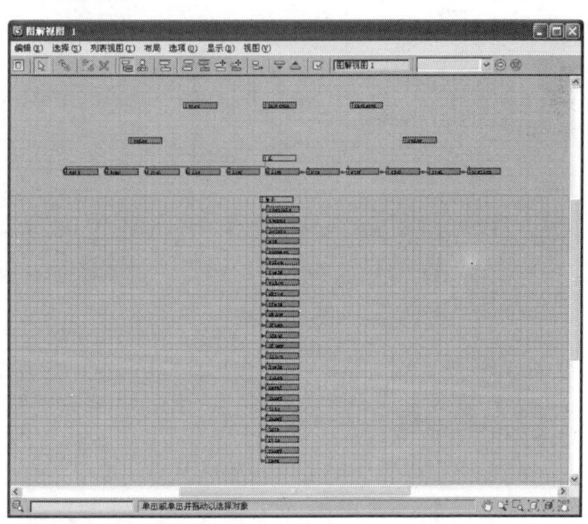

图 13.13

03 选择 eyes、lantenna 和 rantenna 对象，单击【图解视图】工具栏中的【连接】按钮，并将其拖动至“头”对象上，然后松开鼠标产生链接，如图 13.14 所示。

04 采用同样的方法，将头、lwing 和 rwing 对象链接到“身子”对象上，如图 13.15 所示。

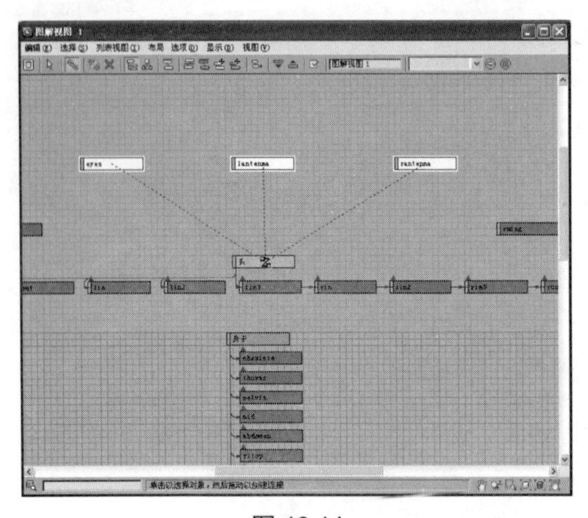

图 13.14

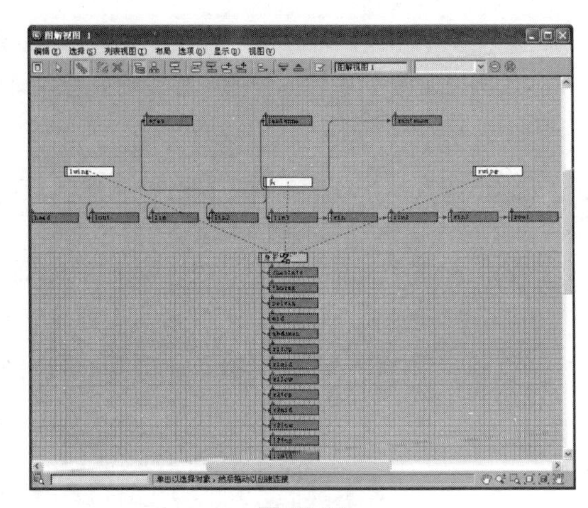

图 13.15

05 在场景中选择“身子”模型，按下【自动关键点】按钮，如图 13.16 所示。

06 将时间滑块拖动至 100 帧位置处，并在场景中移动“身子”对象创建移动动画，如图 13.17 所示。切换到【显示】命令面板，在【显示属性】卷展栏中选择【轨迹】复选框，以方便制作动画。

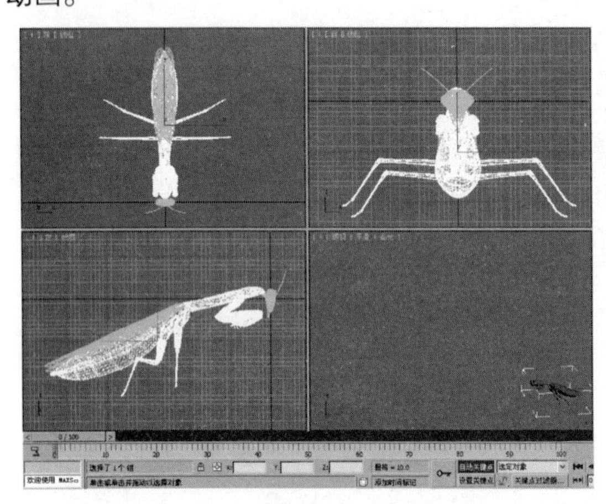

图 13.16

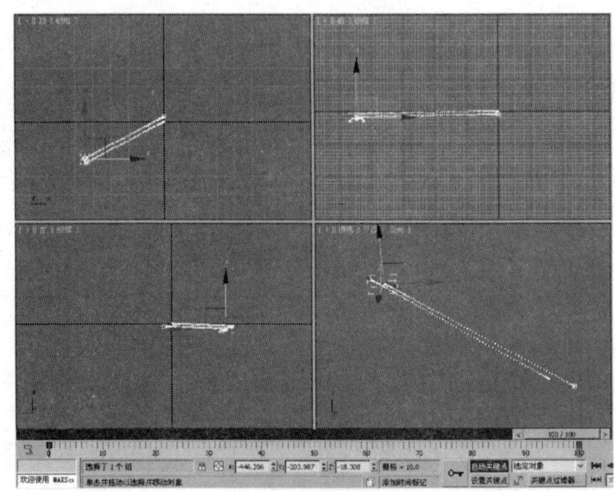

图 13.17

07 拖动时间滑块至 50 帧位置处，并在场景中调整“身子”对象的位置，如图 13.18 所示，关闭【自动关键点】按钮。

08 在场景中选择 lwing 和 rwing 对象，切换到【层级】命令面板，选择【轴】选项卡，在【调整轴】卷展栏中按下【仅影响轴】按钮，在【对齐】选项组中单击【对齐到对象】按钮，在视图中调整轴的位置，如图 13.19 所示。

09 再次单击【仅影响轴】按钮，拖动时间滑块至第 0 帧位置处，使用【选择并旋转】按钮，在【前】视图中调整 lwing 和 rwing 对象的角度，如图 13.20 所示。

10 按下【自动关键点】按钮，拖动时间滑块至第 20 帧处，并在场景中调整 lwing 和 rwing 对象的角度，如图 13.21 所示。

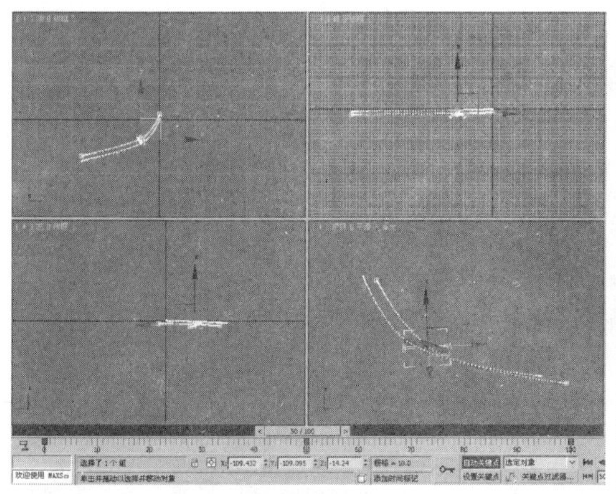
图 13.18

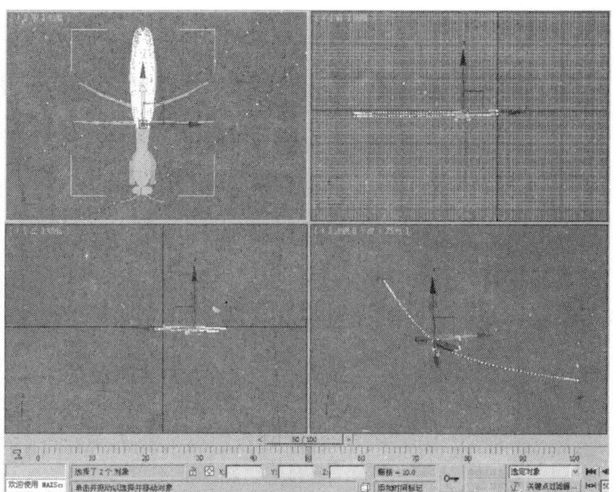
图 13.19

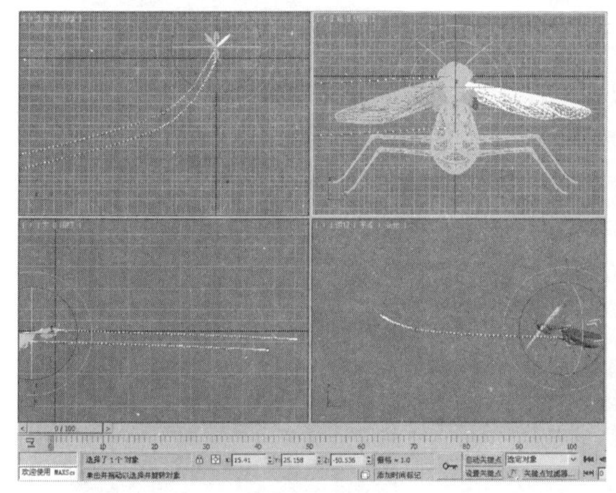
图 13.20

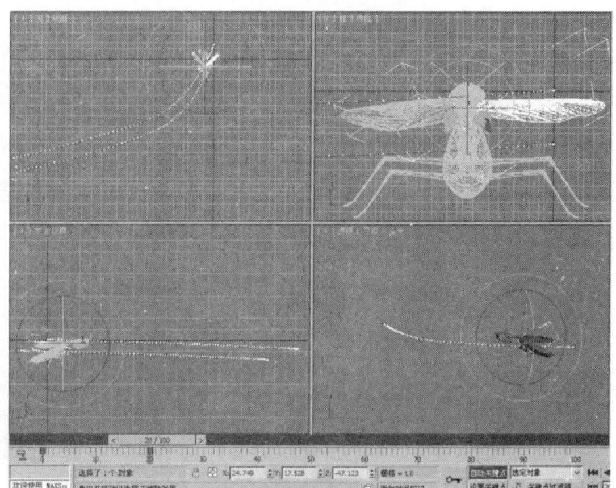
图 13.21

11 在场景中选择 lwing 和 rwing 对象，并调整它们的角度，这里就不详细介绍了，如图 13.22 所示，最后关闭【自动关键点】按钮。

12 在场景中创建一盏摄影机，渲染动画即可，如图 13.23 所示。

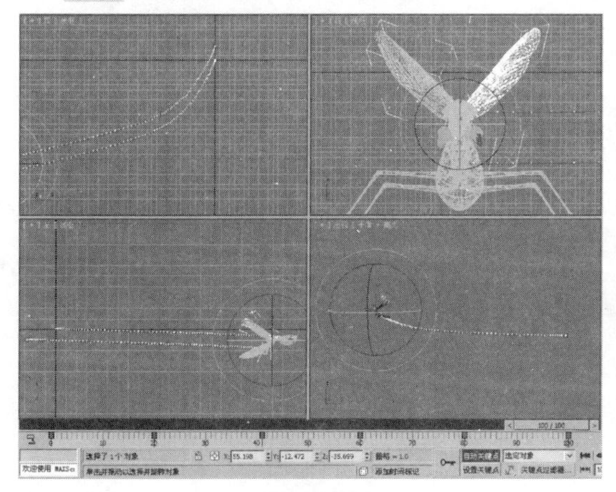
图 13.22

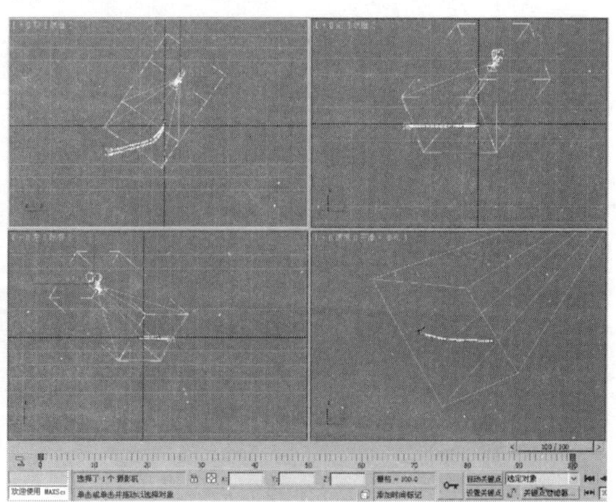
图 13.23

13.2.3 使用虚拟物体创建正向运动系统

选择【创建】|【辅助对象】|【标准】|【虚拟对象】工具，在视图区中拖动即可产生一个虚拟物体。虚拟物体可以参与层级的构建，也可以进行任何变换，但在渲染时是不可见的，因此其主要用途是辅助创建复杂的层级。

一般情况下，复杂的运动模式可以分解为两个或多个简单的运动模式（直线运动、圆周运动和往复运动等）。如果对一个物体同时施加两种运动方式，需要设置稠密的关键帧，并对每个关键帧进行物体变换，这样工作量很大；如果将物体作为虚拟物体的子物体，对子物体施加一种运动方式，然后对虚拟物体（父物体）施加另一种运动方式，这样便相当于对物体施加了两种运动。

> **提示：** 掌握运动的分解与叠加是进行复杂动画创作的基本功，例如，波动可以分解为往复运动和直线运动的叠加，子弹的轨迹可以分解为等速直线运动和自由落体运动的叠加等。

下面通过一个实例说明如何利用虚拟物体创建动画，本例将实现一个圆锥体的螺旋运动。

01 在绘图区中创建一个圆锥体，如图 13.24 所示。

02 切换到【层级】命令面板，选择圆锥体，再选择【轴】选项卡，在【调整轴】卷展栏中单击【仅影响轴】按钮。单击工具栏中的【选择并移动】按钮，选择圆锥体，并在 Y 轴负方向上将轴心点移动一定的距离，其效果如图 13.25 所示。

03 选择【创建】|【辅助对象】|【虚拟对象】工具，在视图中创建如图 13.26 所示的虚拟物体 Dummy001。

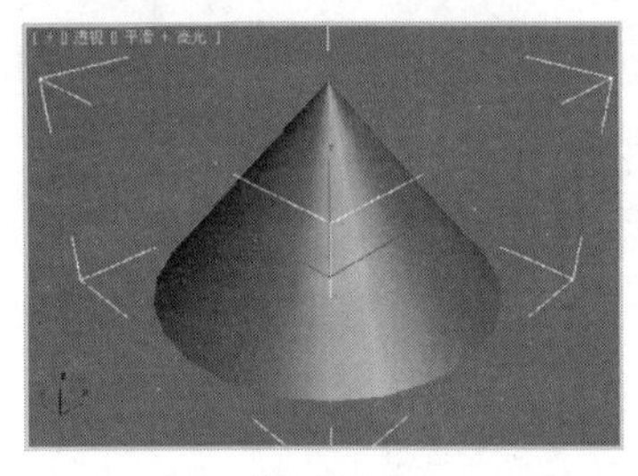
图 13.24

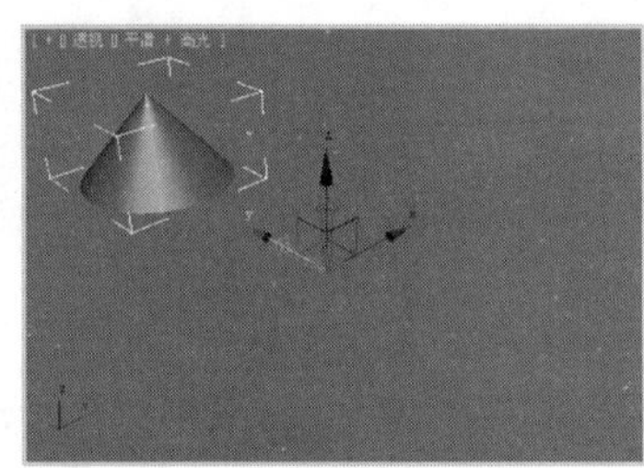
图 13.25

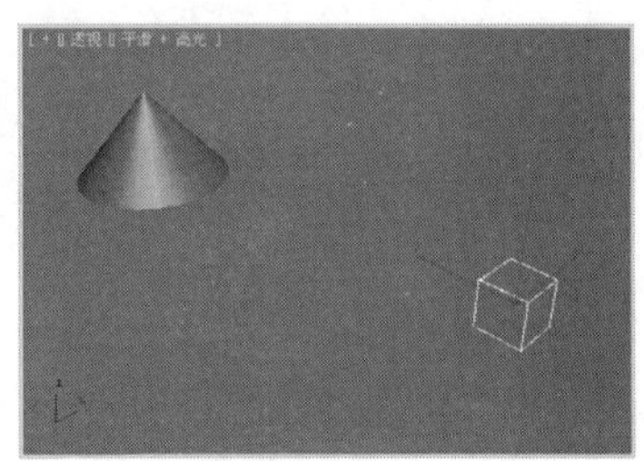
图 13.26

04 单击工具栏中的【选择并链接】按钮，选择圆锥体并将其与虚拟物体关联，如图 13.27 所示。

05 完成上述链接后的层级关系如图 13.28 所示。

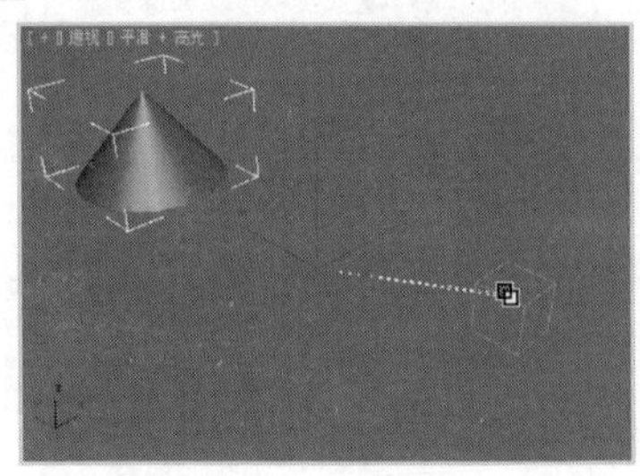
图 13.27

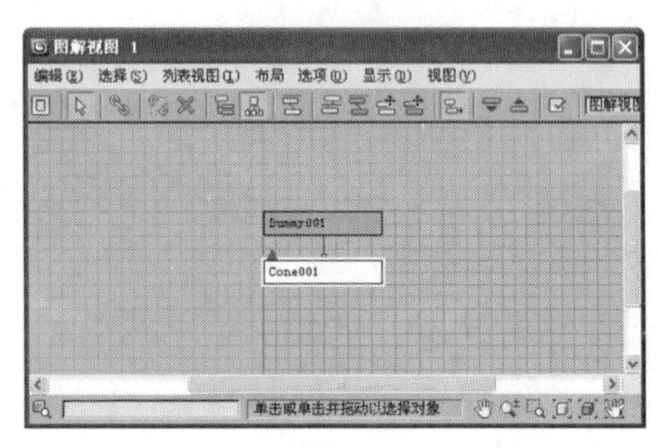

图 13.28

06 单击动画控制区中的【自动关键点】按钮，将时间滑块拖动到第 20 帧位置处，单击工具栏中的【选择并旋转】按钮，将圆锥体绕着其轴心点并绕着 *X* 轴旋转 180 度，如图 13.29 所示。

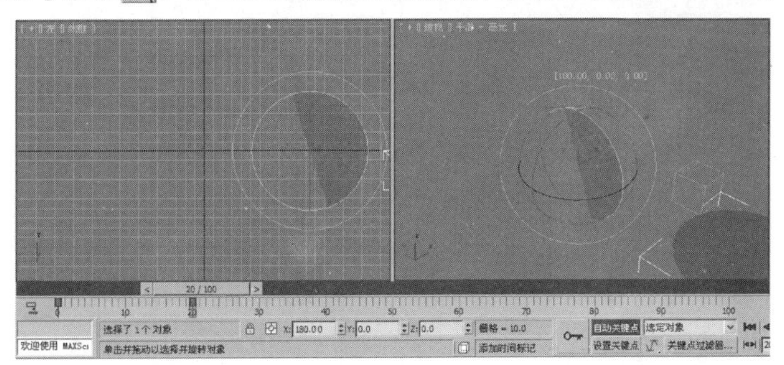

图 13.29

07 接着将时间滑块拖动到第 40 帧位置处，利用同样的方法将圆锥体绕着 *Y* 轴旋转 180 度，如图 13.30 所示。

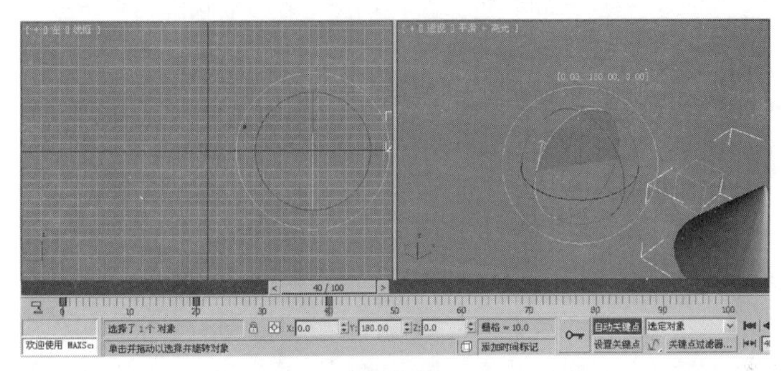

图 13.30

08 拖动时间滑块至第 60 帧位置处，在场景中旋转圆锥体，使其沿 *Z* 轴旋转 180 度，如图 13.31 所示。

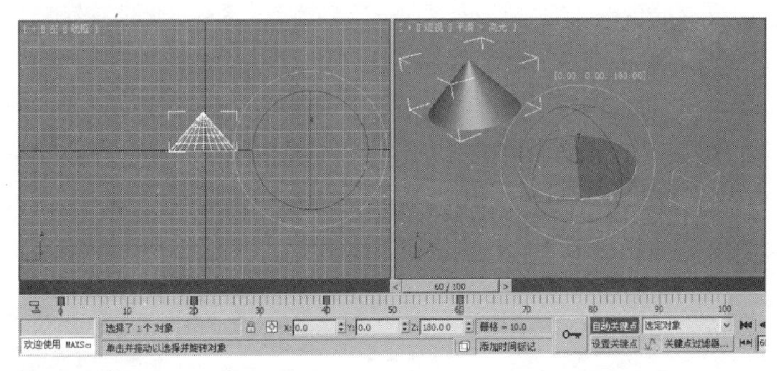

图 13.31

09 在场景中选择虚拟物体，拖动时间滑块至第 100 帧位置处，并在场景中沿 *Z* 轴旋转-360 度，如图 13.32 所示。

这样就制作出圆锥体在围绕自己轴心旋转的同时，还要围绕虚拟物体旋转的效果了。

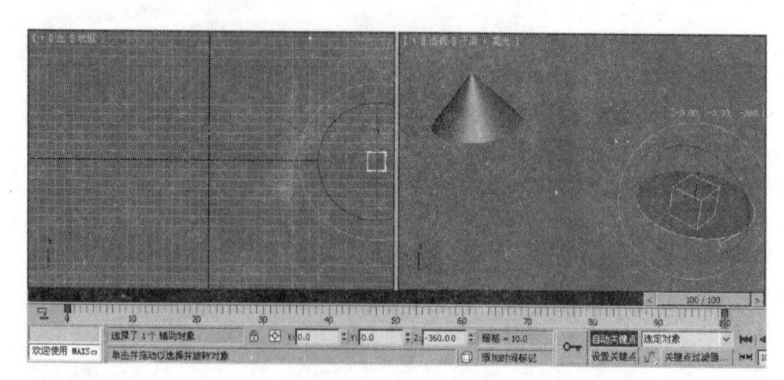

图 13.32

13.3 反向运动学

反向运动与正向运动相反，是父物体跟随子物体运动的系统。3ds Max 2011 提供了一套完善的反向运动系统（3D Inverse Kinematics，简称 IK），使用 IK 系统，可以通过移动层次链接中的单一物体带动整个层级系统完成复杂的运动。IK 系统在创建人物、动物或机械运动等角色动画时具有明显的优势。

另外，在创建角色动画时，常常将骨骼系统与 IK 系统结合运用。利用骨骼系统可以方便地创建具有复杂层级关系的人物、动物或机械结构；利用 IK 系统可以方便地进行关节的控制，创建灵活复杂的角色动画。

13.3.1 反向运动学的概念

反向运动学是一种与正向运动相反的运动学系统，它通过操纵层级中的子物体，从而影响整个层级中各个物体的运动方式。与正向运动相比较，IK 系统要花费一定的时间设置参数，同时需要用到几何学和运动学方面的知识。

利用反向运动学系统可以制作典型的人物行走动画。大致步骤为：创建人物的骨骼系统，调整人物的各关节以摆出所需的初始姿态，移动到下一个关键帧，通过调整关键帧确定该时刻的姿态，以此类推，根据需要进行后续各个关键帧的关节调整，系统将自动计算骨骼系统的运动参数，在各个关键帧间创建连贯的行走动画。

创建角色的骨骼系统是进行动画设置的首要任务，不同的骨骼间的链接关系和轴心点位置将影响反向运动学的运算结果。反向运动学系统对链接的要求更为严格，而且根据链接策略不同，其最终的 IK 计算结果也不同。

> **提示：**在 3ds Max 2011 中可以直接创建骨骼系统，也可以将具有层级关系的物体转换为骨骼系统。

下面介绍如何将具有链接关系的物体转化为骨骼系统，具体操作步骤如下：

01 首先创建 3 个球体，如图 13.33 所示，并将 Sphere001 作为 Sphere002 的父物体，将 Sphere002 作为 Sphere003 的父物体进行链接。

02 选择球体 Sphere003 作为 IK 链开始部分的物体，然后在菜单栏中选择【动画】|【IK 解算器】|【HI 解算器】命令。

03 此时在该物体与鼠标指针之间将出现一条灰色虚线，单击球体 Sphere001 作为 IK 链接部分的物体，生成 IK 系统。如果对其中的物体进行变换，其他 IK 系统中的物体将由 IK 解算器来计算其相应的运动规律，如图 13.34 所示。

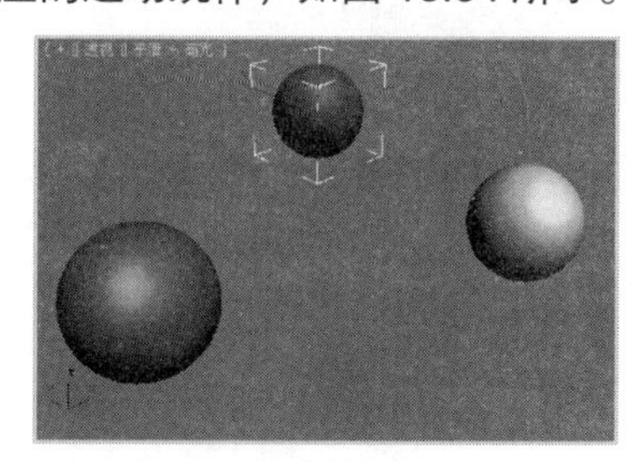

图 13.33

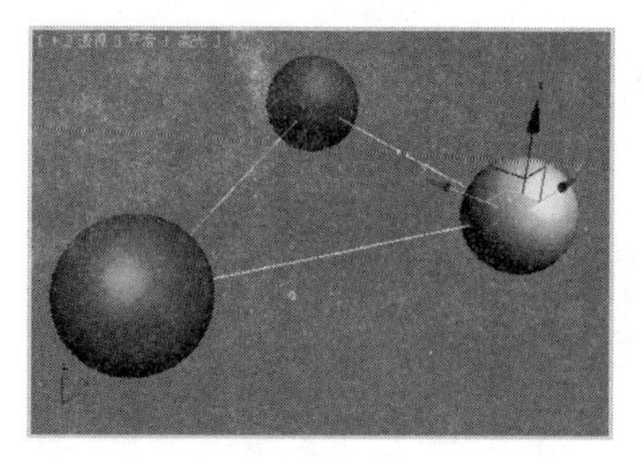

图 13.34

13.3.2 创建骨骼系统

在运用反向运动学系统进行角色动画创作时，通常需要创建 3ds Max 的骨骼系统，并为骨骼系统施加反向运动，然后再将带有动画的骨骼系统进行蒙皮处理，从而得到逼真的角色动画。骨骼系统是具有链接关系的骨骼物体层级结构。

> **提示：** 在 3ds Max 中，可以使用正向运动学也可以使用反向运动学的方法创建骨骼系统。

01 选择【创建】｜【系统】｜【骨骼】工具，在视图区中拖动鼠标即可产生骨骼物体，连续创建的骨骼物体将自动具有链接关系，并形成骨骼系统。每个骨骼物体都有自身的轴心点，用来作为旋转的中心。

> **提示：** 在视图中单击，以定义第 1 个骨骼物体的开始点。移动鼠标并再次单击，定义第 1 个骨骼的终止点，同时也是第 2 个骨骼物体的开始点，并且它还是两个骨骼物体的链接关节部位，继续移动鼠标并单击即可创建第 2 个骨骼。以此类推，即可创建彼此具有链接关系的骨骼系统。

02 在创建系列骨骼物体时，当骨骼物体数目达到要求后，右击即可结束骨骼物体的创建过程。此时系统将自动添加一个小的骨骼物体，它可以用来设置 IK 链。创建骨骼系统的过程如图 13.35 所示。

> **提示：** 创建一系列骨骼后，可以继续创建其上的分支骨骼，其方法是：在结束一个骨骼系统后，再次单击命令面板中的【骨骼】按钮，然后单击想要开始分支的骨骼物体，此时会产生一个新的骨骼分支，分支的起点为所选骨骼物体的终点，并自动作为该物体的子物体。

骨骼物体的参数卷展栏如图 13.36 所示，【骨骼对象】选项组中的 3 个参数用来控制骨骼物体的形体尺寸；【骨骼鳍】选项组用来控制骨骼物体的形状，选择【侧鳍】、【前鳍】和【后鳍】 3 个复选框后的骨骼物体如图 13.37 所示。

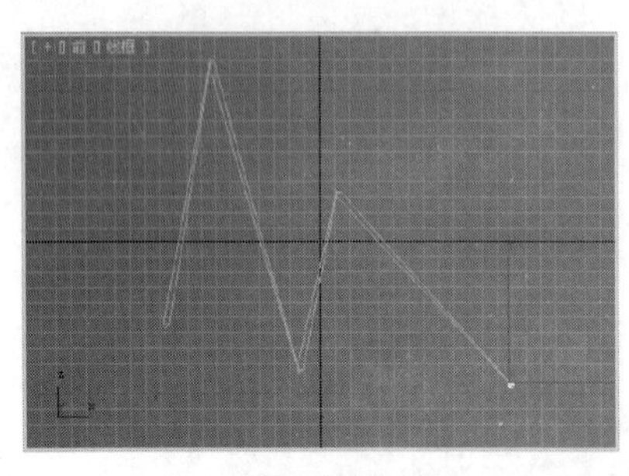

图 13.35

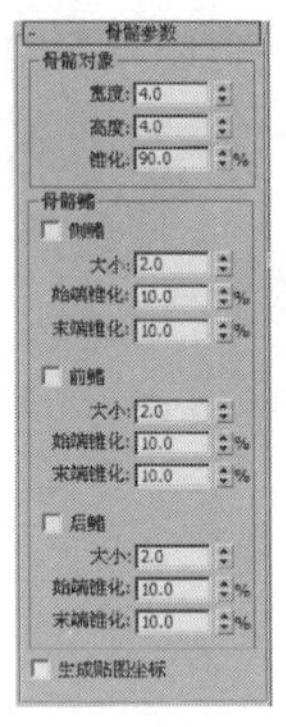

图 13.36

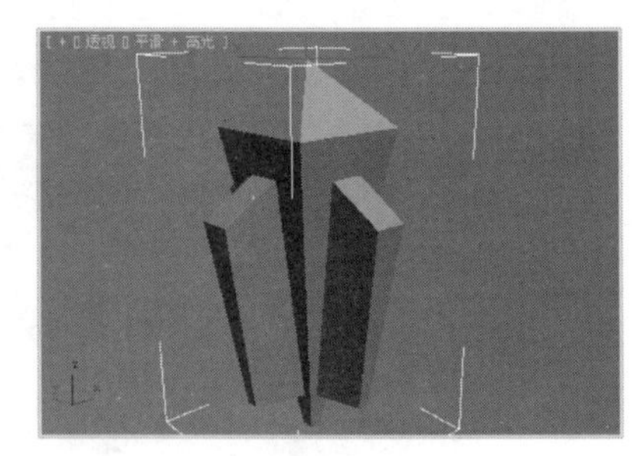

图 13.37

03 在系统默认的情况下，骨骼系统是不可渲染的。如果要对骨骼系统进行渲染，可以在选择的骨骼物体上右击，在弹出的菜单中选择【对象属性】命令，弹出【对象属性】对话框。在【常规】选项卡中选择【可渲染】复选框，如图 13.38 所示，这样骨骼物体就可以进行渲染了，其效果如图 13.39 所示。

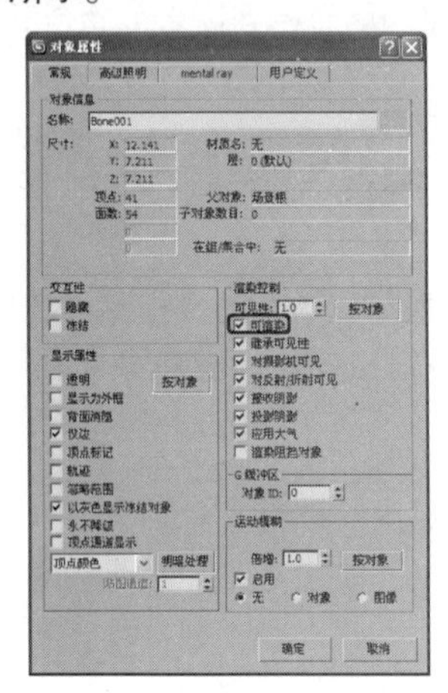

图 13.38

图 13.39

下面通过一个建立手臂的小实例来说明骨骼系统的创建方法，具体操作步骤如下：

01 选择【创建】|【系统】|【骨骼】工具，在【顶】视图中拖动鼠标创建如图 13.40 所示的彼此相连的两个骨骼物体，用来模拟大臂和小臂。

> **提示：** 完成小臂终点位置的确定后右击，系统将结束骨骼系统的创建，同时产生一个小的骨骼物体，这个物体可以用来进行 IK 链的设置，如果不需要也可以删除它。

通过设置图【骨骼参数】卷展栏中的参数可以控制骨骼的形状，并将骨骼物体设置为可渲染，其效果如图 13.41 所示。

02 再次单击【骨骼】按钮，在【骨骼参数】卷展栏中设置合适的参数。在【顶】视图中单击小臂下面的小骨骼，这样创建的骨骼物体将以该小骨骼为父物体，产生一个分支系统。拖动鼠标创建骨骼物体作为手掌，删除手掌下面的小骨骼物体，此时的骨骼物体如图 13.42 所示。

03 再次单击【骨骼】按钮，在【骨骼参数】卷展栏中设置合适的参数，创建如图 13.43 所示的小拇指骨骼系统。

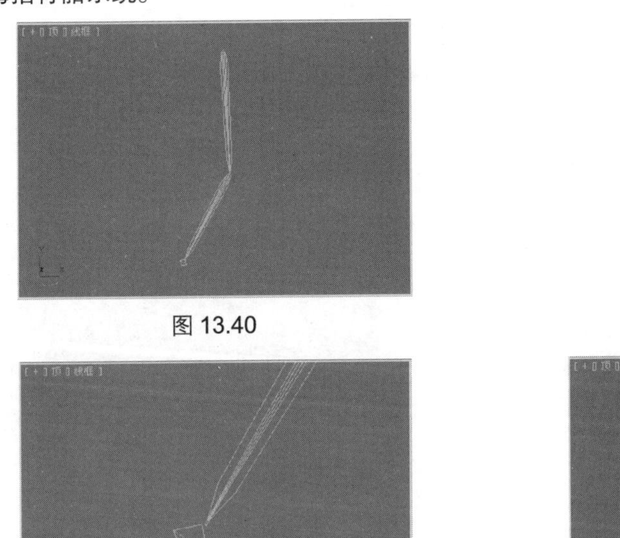

图 13.40

图 13.41

图 13.42

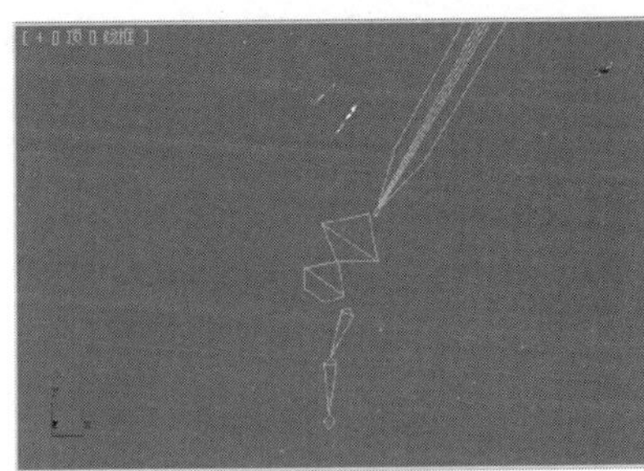

图 13.43

04 再次单击【骨骼】按钮，在【骨骼参数】卷展栏中设置合适的参数。创建如图 13.44 所示的 4 个手指的骨骼系统。将所有骨骼设置为可渲染，整个骨骼系统的渲染效果如图 13.45 所示。

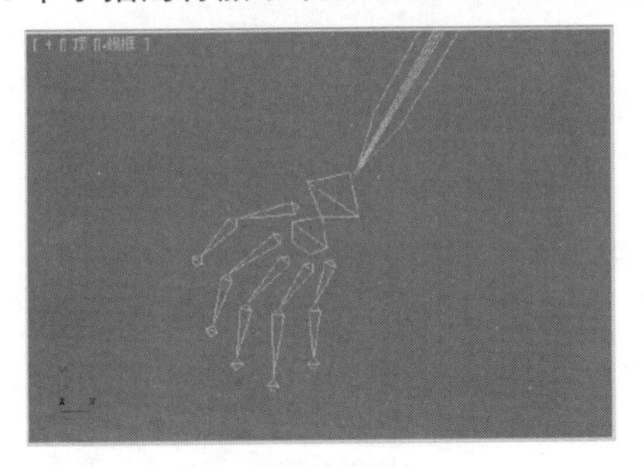

图 13.44

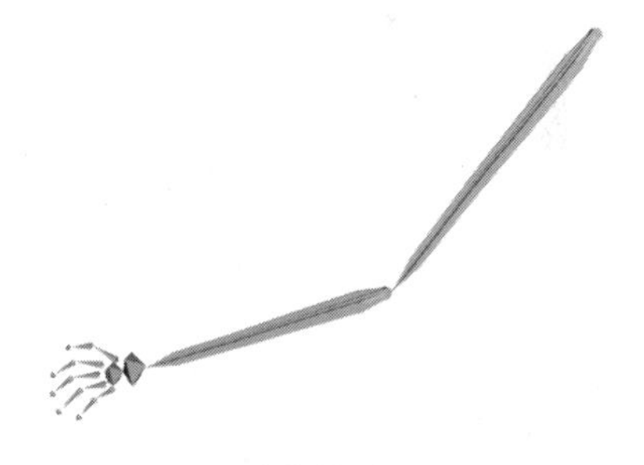

图 13.45

05 单击工具栏中的【图解视图】按钮，系统将打开【图解视图】窗口，如图 13.46 所示，从中可以清楚地了解目前整个骨骼系统的结构，可以看到大臂、小臂和手掌组成一个骨骼系统，其他的 5 个手指分别组成了各自的骨骼系统，手指和手掌之间没有链接关系，这是由于创建手指的第一个骨骼物体时没有以手掌作为父物体。

06 单击工具栏中的【选择并链接】按钮，选择大拇指的第一个骨骼物体，并将其链接到手掌上，如图 13.47 所示。利用同样的方法，按住【Ctrl】键依次选择其他 4 个手指的第一个骨骼物体，将其链接到手掌上，如图 13.48 所示。

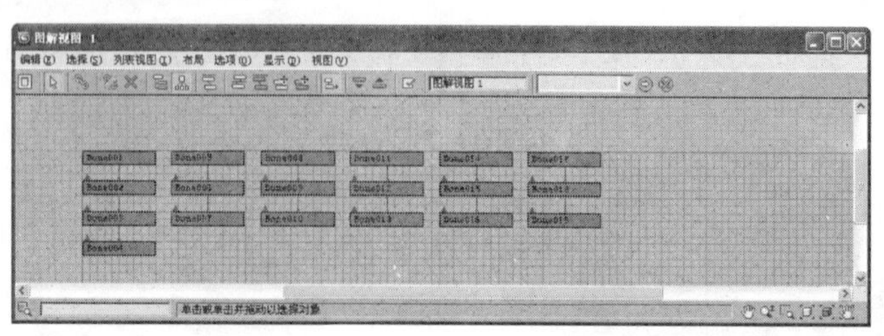

图 13.46

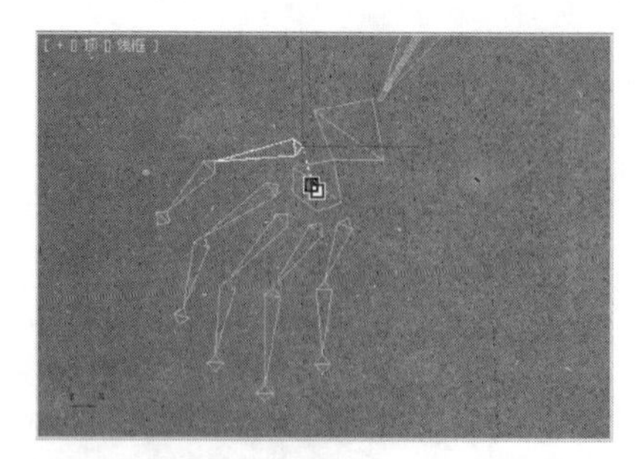

图 13.47

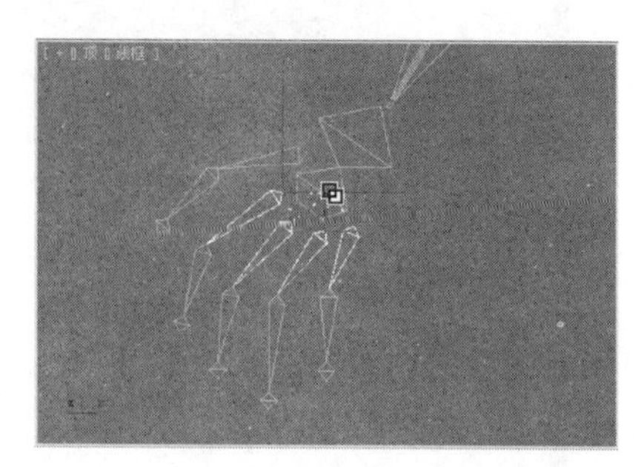

图 13.48

07 单击工具栏中的【图解视图】按钮，系统将打开如图 13.49 所示的【图解视图】窗口，此时可以看出所有的骨骼物体都处于一个层级结构中，大臂为小臂的父物体，小臂为手掌的父物体，手掌为手指的父物体。

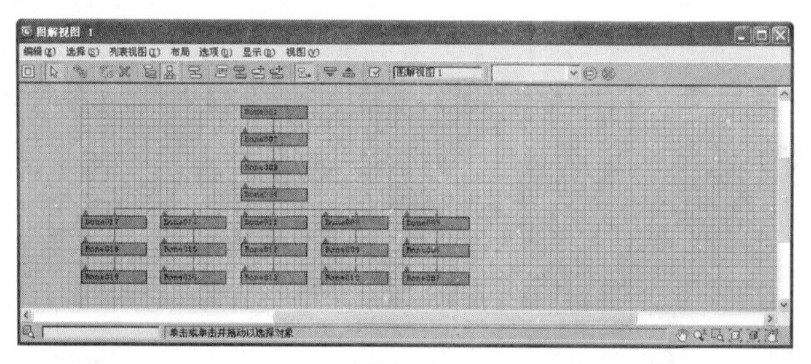

图 13.49

13.4 习题

一、简答题

1、在多关节动画制作中，反向运动学与正向运动学相比的优势有哪些?

2、如何创建普通物体间的层级关系?

二、操作题

使用运动捕捉引入一个动作并试着对其进行编辑。

第 14 章　空间扭曲与粒子系统

通过 3ds Max 中的空间扭曲和粒子系统，可以实现影视特技中更为壮观的爆炸、烟雾，以及数以万计的物体运动等效果，使原本场景逼真、角色动作复杂的三维动画变得更加精彩。

本章重点

- 认识空间扭曲工具
- 粒子系统的介绍
- 通过实例了解空间扭曲和粒子系统

14.1　空间扭曲工具

空间扭曲对象是一类在场景中影响其他物体的不可渲染对象，它们能够创建力场使其他对象发生变形，可以创建涟漪、波浪和强风等效果，如图 14.1 所示。不过空间扭曲改变的是场景空间，而修改器改变的是物体空间。

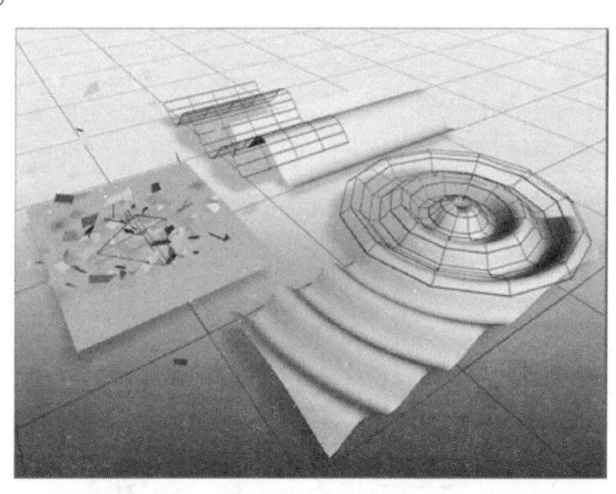

图 14.1

14.1.1　力工具

【力】中的空间扭曲用来影响粒子系统和动力学系统，它们全部可以和粒子一起使用，而且其中的一些工具还可以和动力学一起使用。

【力】面板中提供了 9 种不同类型的作用力，下面将分别对它们进行介绍。

1. 推力

【推力】空间扭曲用于为粒子系统或动力学系统增加一个推动力，如图 14.2 所示。对于两个不同的系统，影响也不同。

- 粒子系统：正向或负向应用均匀的单向力。正向力使物体向液压传动装置上的垫块方向移动。力没有宽度界限，其宽幅与力的方向垂直，使用【范围】选项可以对其进行限制。
- 动力学系统：提供与液压传动装置图标的垫块相背离的点力（也称点载荷）。负向力以相反的方向施加拉力。在动力学中，力的施加与用手指推动物体是相同的。

创建【推力】空间扭曲的操作步骤如下：

01 选择【创建】 |【空间扭曲】 |【力】|【推力】工具。

02 在视图中拖动鼠标并定义大小，推力空间扭曲显示为一个如图 14.3 所示的图形。

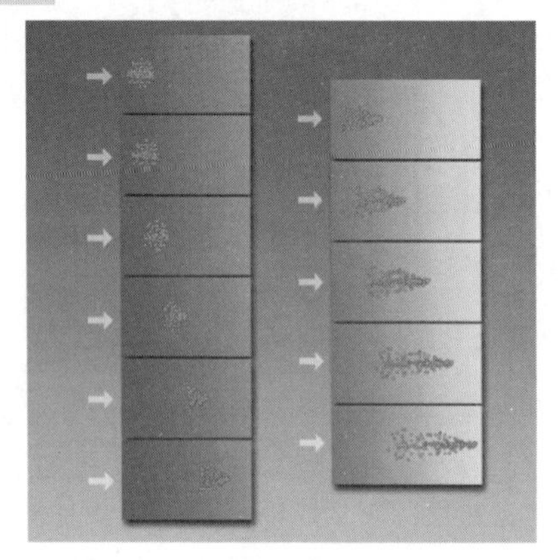

图 14.2

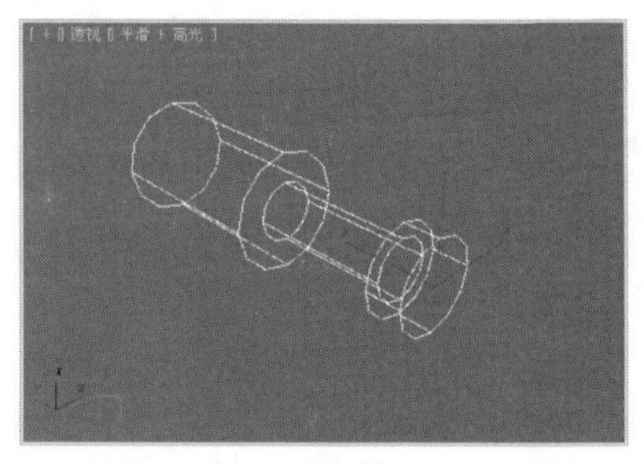

图 14.3

创建【推力】空间扭曲后，需要在【参数】卷展栏中对其进行调整，如图 14.4 所示。

2．马达

【马达】空间扭曲与【推力】的作用相似，但【马达】空间扭曲可以产生一种螺旋推力，像发动机一样旋转粒子，将粒子甩向旋转的方向，如图 14.5 所示。它可以分别作用于粒子系统和动力学系统。

【马达】空间扭曲的【参数】卷展栏如图 14.6 所示。

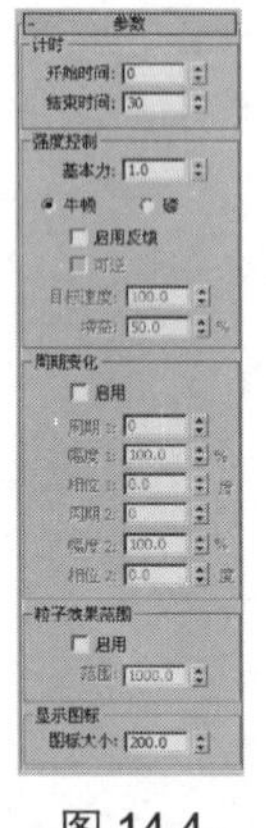

图 14.4

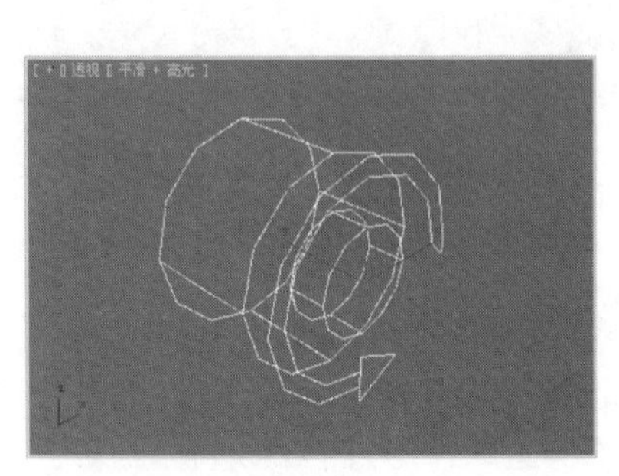

图 14.5

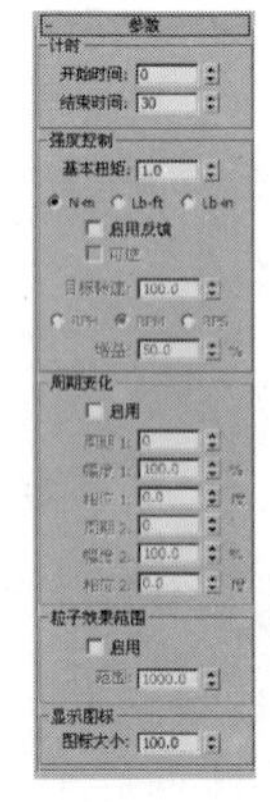

图 14.6

3. 漩涡

专用于粒子系统，可以模拟旋风、涡流等效果，如图 14.7 所示。

【漩涡】空间扭曲的【参数】卷展栏如图 14.8 所示。

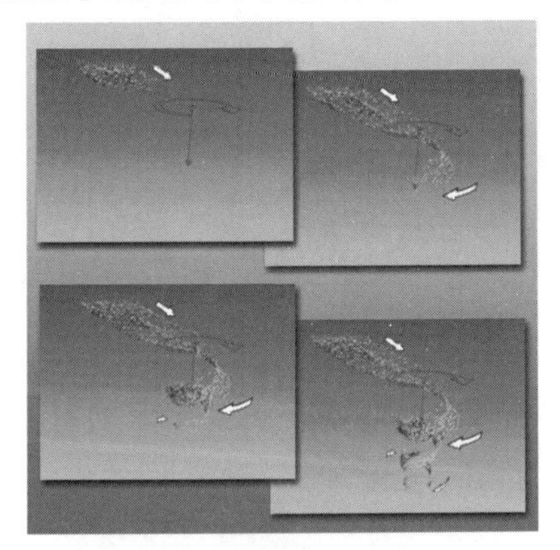

图 14.7

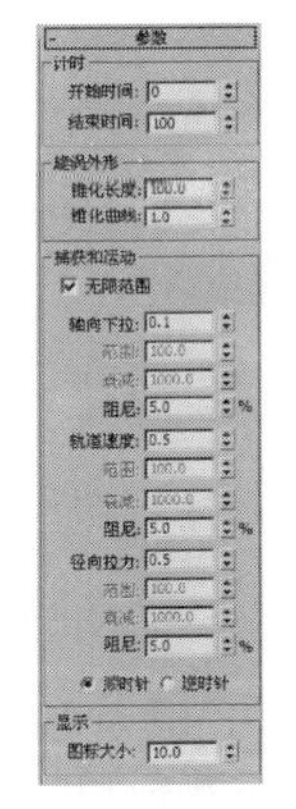

图 14.8

4. 阻力

【阻力】空间扭曲是一种在指定范围内按照指定量来降低粒子速率的粒子运动阻尼器。应用阻尼的方式可以是线性、球形或者柱形。阻力在模拟风阻或致密介质（如水）中的移动和力场的影响，以及其他类似的情景时非常有用，如图 14.9 所示。

【阻力】空间扭曲的【参数】卷展栏如图 14.10 所示。

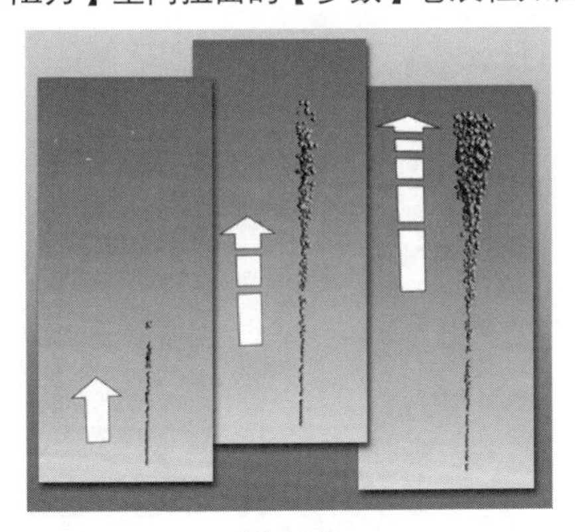

图 14.9

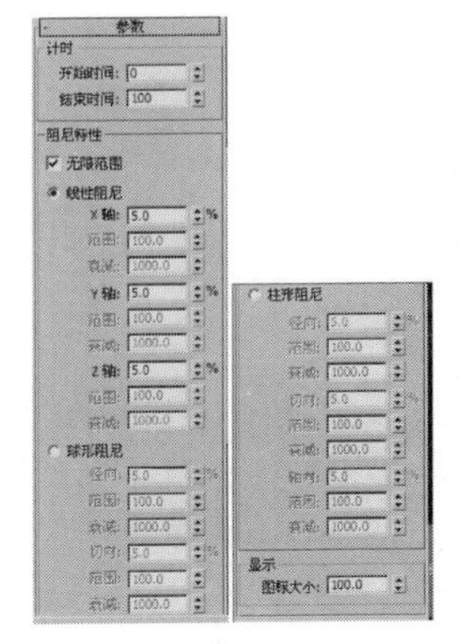

图 14.10

5. 粒子爆炸

【粒子爆炸】空间扭曲能够创建一种使粒子系统爆炸的冲击波，它有别于几何体爆炸的爆炸空间扭曲。

图 14.11 所示为创建的粒子爆炸，其【基本参数】卷展栏如图 14.12 所示。

6. 路径跟随

【路径跟随】空间扭曲指定粒子延着一条曲线路径流动，需要一条样条线作为路径。可以用来控制粒子运动的方向，例如表现山间的小溪，可以让水流顺着曲折的山麓流下。

【路径跟随】空间扭曲的【基本参数】卷展栏如图 14.13 所示。

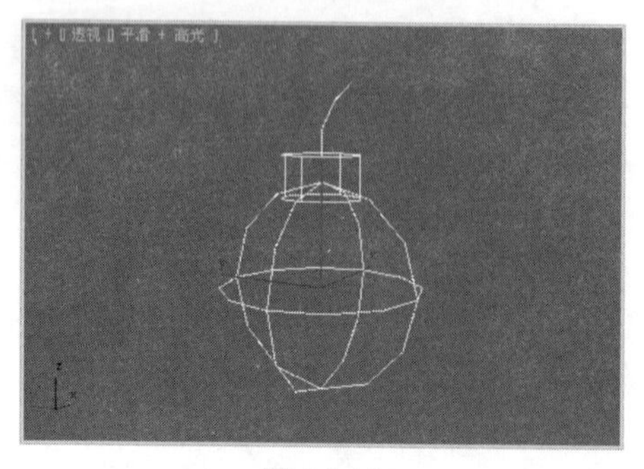

图 14.11

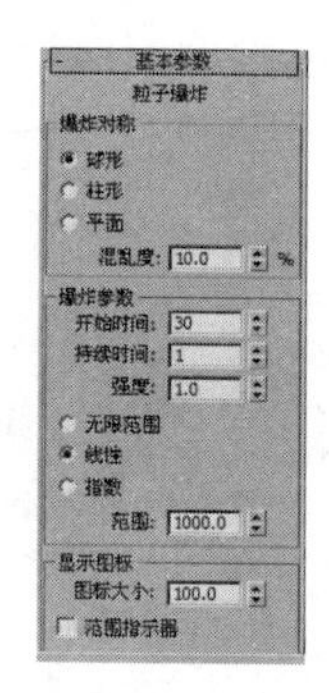

14.12

7．置换

【置换】空间扭曲以力场的形式推动和重塑对象的几何外形。位移对几何体（可变形对象）和粒子系统都会产生影响。使用【置换】空间扭曲有两种方法：

- 应用位图的灰度生成位移量。2D 图像的黑色区域不会发生位移，较白的区域会往外推进，从而使几何体发生 3D 位移。
- 通过设置位移的【强度】和【衰退】值直接应用位移。

【置换】空间扭曲的工作方式和【置换】修改器类似，只不过前者像所有空间扭曲那样，影响的是世界空间而不是对象空间。需要为少量对象创建详细的位移时，可以使用【置换】修改器。使用【置换】空间扭曲可以立刻使粒子系统、大量几何对象或者单独的对象相对其在世界空间中的位置发生位移。图 14.14 所示为置换效果。

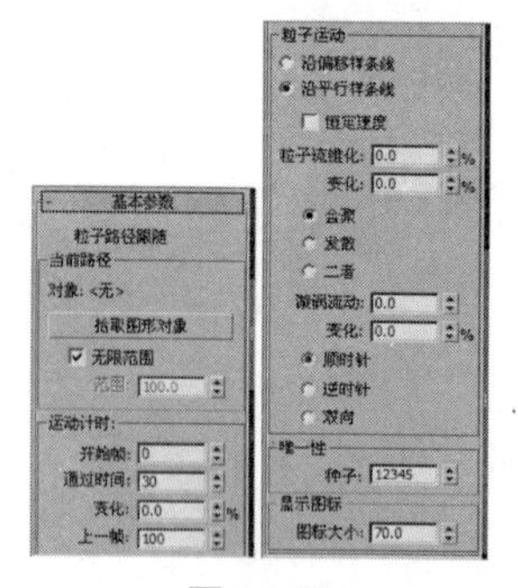

图 14.13

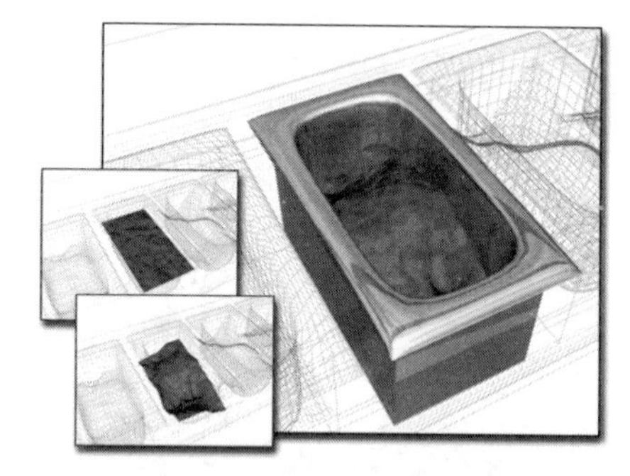

图 14.14

8．重力

【重力】空间扭曲可以在粒子系统所产生的粒子上对自然重力的效果进行模拟。重力具有方向性，沿重力箭头方向运动的粒子呈加速状，逆着箭头方向运动的粒子呈减速状。在球形重力下，运动朝向图标。重力也可以作为动力学模拟中的一种效果，如图 14.15 所示。

【重力】空间扭曲的【参数】卷展栏如图 14.16 所示。

9．风

【风】空间扭曲沿着指定的方向吹动粒子或对象，如图 14.17 所示，产生动态的风力和气流影响，常用于表现斜风细雨、纷飞的雪花，以及树叶在风中飞舞等特殊效果。

【风】空间扭曲的【参数】卷展栏如图 14.18 所示。

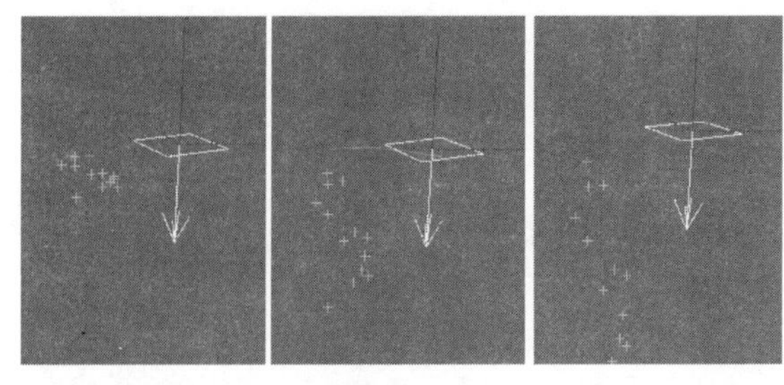

图 14.15

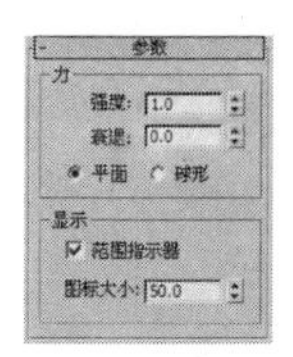

图 14.16

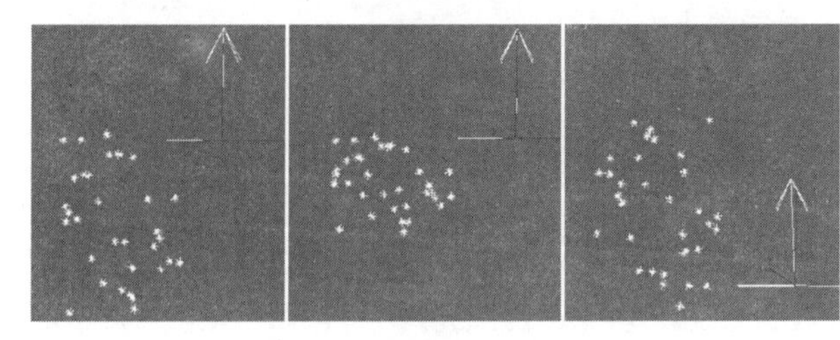

图 14.17

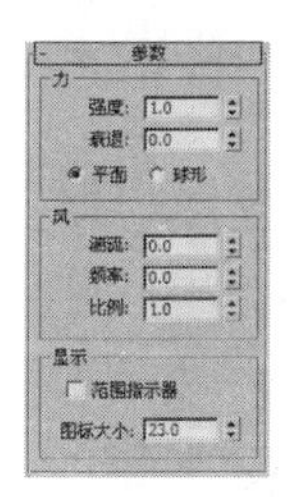

图 14.18

14.1.2　导向器工具

导向器主要用于使粒子系统或动力学系统受阻挡而产生向上的偏移。在 3ds Max 中，提供了 9 种不同类型的导向器工具，如图 14.19 所示。

1．全动力学导向

在视图中，创建【全动力学导向】空间扭曲，然后在【参数】卷展栏中进行设置，如图 14.20 所示。

2．全泛方向导向

【全泛方向导向】空间扭曲可以使用任何对象的表面作为粒子导向器和对粒子碰撞产生动态反应的表面，【全泛方向导向】空间扭曲的【参数】卷展栏如图 14.21 所示。

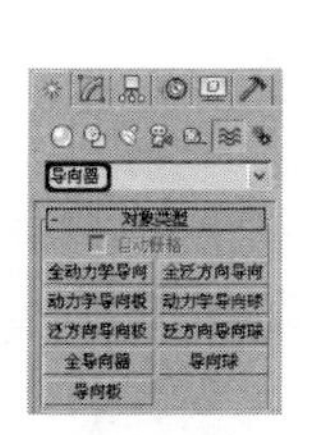

图 14.19

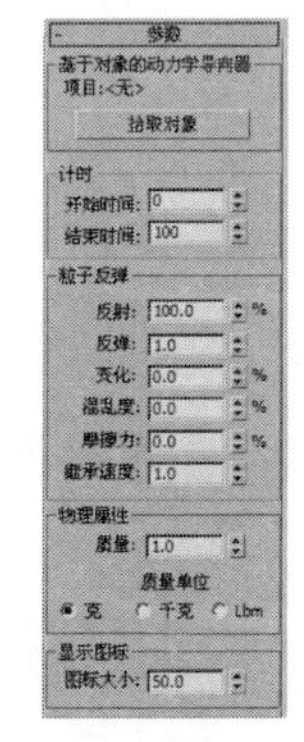

图 14.20

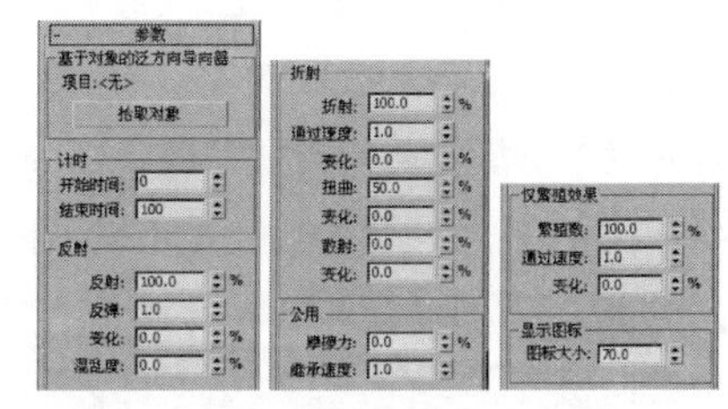

图 14.21

3．动力学导向板

【动力学导向板】是一种平面的导向器，它是一种特殊类型的空间扭曲，能够让粒子影响动力学状态下的对象。例如，如果想让一股粒子流撞击某个对象并打翻它，就好像消防水龙头的水流撞击堆起的箱子那样，就应该使用动力学导向板。【动力学导向板】空间扭曲的【参数】卷展栏如图 14.22 所示。

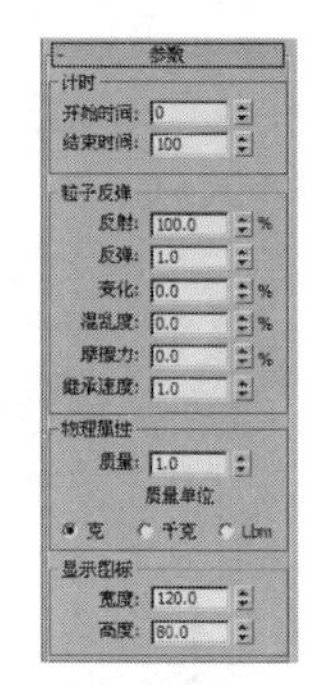

图 14.22

4．动力学导向球

【动力学导向球】空间扭曲是一种球形动力学导向器，其功能参数与【动力学导向板】相似，只不过它是球形的，而且【显示图标】选项组中的【半径】微调器指定的是图标的半径值。

5．泛方向导向板

【泛方向导向板】空间扭曲与【全泛方向导向】的功能相同，它是一种平面泛向导向板，扩展了导向板的功能。粒子碰撞后，可以产生折射和再生的效果，但不包含动力学属性的设置。

6．泛方向导向球

【泛方向导向球】与【全泛方向导向】空间扭曲相似，只是以球体方式进行阻拦，产生发散的粒子，唯一不同的参数是，在【显示图标】选项组中显示的是【半径】选项，而不是【长度】和【宽度】选项。

7．全导向器

【全导向器】空间扭曲允许任意指定一个三维物体作为导向板，起到阻挡流的作用。该工具使得粒子流的存在更为真实，它会在三维空间中受到各种物体的阻挡，而不必担心会穿透物体，如图 14.23 所示。

【全导向器】空间扭曲的【参数】卷展栏如图 14.24 所示。

图 14.23

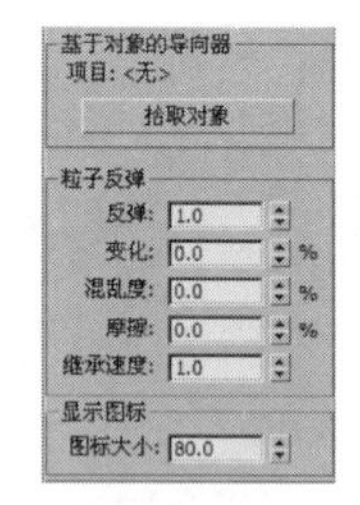

图 14.24

8．导向球

【导向球】空间扭曲起着球形粒子导向器的作用，其【基本参数】卷展栏如图 14.25 所示。它与【全导向器】空间扭曲的功能相似，不同的是在【显示图标】选项组中显示的是【直径】而不是【图标大小】。

9．导向板

【导向板】空间扭曲是阻挡粒子前进的挡板，当粒子碰到它时会沿着对角方向反弹出去，常用于表现雨水落在地面上溅开水花或是物体落地后摔成碎片的效果，如图 14.26 所示，也可以表现钢水落地后溅起火星的效果。其【参数】面板与【全导向器】的功能相似，这里就不再进行介绍了。

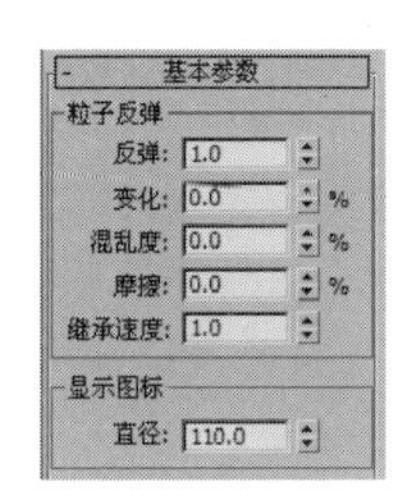

图 14.25

图 14.26

14.2 粒子系统

粒子系统是一个相对独立的造型系统，用来创建雨、雪、灰尘、泡沫、火花和气流等，它还可以将任何造型作为粒子，用来表现成群的蚂蚁、热带鱼，以及吹散的蒲公英等动画效果。粒子系统主要用于表现动态效果。与时间和速度的关系非常紧密，一般用于动画制作。

粒子系统在使用时要结合一些其他的制作功能。

- 对于粒子的材质，一般材质都适用。系统还提供了【粒子年龄】和【粒子运动模糊】两种贴图供粒子系统使用。
- 运动的粒子常常需要进行模糊处理，【对象模糊】和【场景模糊】对粒子系统非常适用，有些粒子系统自身拥有模糊设置参数，还可通过专用的粒子模糊贴图。
- 空间扭曲的概念在 3ds Max 中一分为三，对造型使用的空间扭曲工具已经与对粒子使用的空间扭曲工具分开了，粒子空间扭曲可以对粒子产生风力、引力、阻挡、爆炸和动力等多种影响。
- 配合 Effects 特效编辑器或者 Video Post 合成器，可以为粒子系统加入多种特技处理，使粒子发光、模糊、闪烁和燃烧等。

在 3ds Max 中，粒子系统常用来表现以下特殊效果：

- 雨雪。使用超级喷射和暴风雪粒子系统，可以创建各种雨景和雪景，它们优化了粒子的造型和翻转效果，加入风力影响可以制作出斜风细雨和狂风暴雪的景象。
- 泡沫。利用【气泡运动】卷展栏，可以创建各种气泡和水泡效果。
- 流水和龙卷风。使用【变形球粒子】卷展栏设置类型，可以产生密集的粒子群，加入【路径跟随】空间扭曲可以产生流淌的小溪和旋转的龙卷风。
- 爆炸和礼花。如果将一个三维造型作为发射器，粒子系统可以将它炸成碎片。加入特殊材质和 Effects 特效（或 VideoPost 合成特技）可以制作出美丽的礼花。
- 群体效果。新增的 4 种粒子系统都可以用三维造型作为粒子，因此可以表现出群体效果，例如人群、马队、飞蝗和乱箭等。

粒子系统除了自身特性外，它们还有一些共同的属性，分别如下：

- 【发射器】：用于发射粒子。所有的粒子都由它喷出，它的位置、面积和方向决定了粒子发射时的位置、面积和方向，在视图中显示为黄色时，不可以被渲染。

- 【计时】：控制粒子的时间参数，包括粒子产生和消失的时间。粒子存在的时间（寿命），粒子的流动速度和加速度。
- 【粒子参数】：控制粒子的尺寸和速度，不同的系统设置也不同。
- 【渲染特性】：控制粒子在视图中和渲染时分别表现出的形态。由于粒子不容易显示，所以通常以简单的点、线或交叉点来显示，而且数目也只用于操作观察之用，不用设置得过多。对于渲染效果，它会按真实指定的粒子类型和数目进行着色计算。

14.2.1 喷射粒子系统

【喷射】粒子系统用于粒子系统发射垂直的粒子流，粒子可以是四面体尖锥，也可以是四方形面片。用来表示下雨、水管喷水和喷泉等效果，也可以表现慧星拖尾效果。

这种粒子系统参数较少，易于控制，使用起来很方便，所有数值均可制作动画效果。

选择【创建】 |【几何体】 |【粒子系统】|【喷射】工具，然后在【顶】视图中创建喷射粒子系统，如图 14.27 所示。

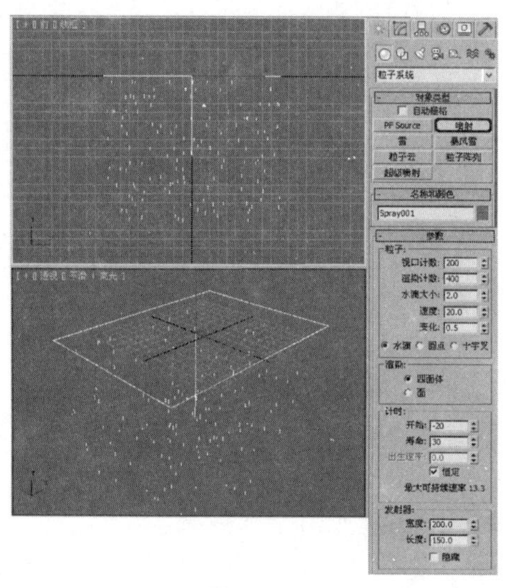

图 14.27

- 【粒子】选项组。
  - ✧ 【视口计数】：在给定帧处，视口中显示的最大粒子数。

> **提示**：将视口显示数量设置为少于渲染计数，可以提高视口的性能。

- 【渲染计数】：设置最后渲染时可以同时出现在一帧中粒子的最大数量，它与【计时】选项组中的参数组合使用。

  如果粒子数达到【渲染计数】中指定的值，粒子创建将暂停，直到有些粒子消亡。消亡了足够的粒子后，粒子创建将恢复，直到再次达到【渲染计数】值为止。
- 【水滴大小】：设置渲染时每个颗粒的大小。
- 【速度】：设置粒子从发射器流出时的初速度，它将保持匀速不变。只有增加了粒子空间扭曲，它才会发生变化。

- 【变化】：影响粒子的初速度和方向。该值越大，粒子喷射得越猛烈，喷洒的范围也越大。
- 【水滴、圆点、十字叉】：设置粒子在视图中的显示符号。水滴是一些类似雨滴的条纹，圆点是一些点，十字叉是一些小的加号。
- 【渲染】选项组。
  - ✧ 【四面体】：以四面体（尖三棱锥）作为粒子的外形进行渲染，常用于表现水滴。
  - ✧ 【面】：以正方形面片作为粒子外形进行渲染，常用于有贴图设置的粒子。
- 【计时】：计时参数控制发射粒子的【出生速率】。在【计时】选项组的底部显示的是最大可持续速率的行。此值基于【渲染计数】和每个粒子的寿命。为了保证准确，有如下公式：最大可持续速率 = 渲染计数/寿命 。

  因为一帧中的粒子数永远不会超过【渲染计数】中指定的值，如果【出生速率】超过了最高速率，系统将会用光所有粒子，并暂停生成粒子，直到有些粒子消亡，然后重新开始生成粒子，形成突发或喷射的粒子。
  - ✧ 【开始】：设置粒子从发射器喷出的帧号。可以是负值，表示在 0 帧以前已开始。
  - ✧ 【寿命】：设置每颗粒子从出现到消失所存在的帧数。
  - ✧ 【出生速率】：设置每一帧新粒子产生的数目。
  - ✧ 【恒定】：选择该复选框，【出生速率】将不可用，所用的出生速率等于最大可持续速率。取消选择该复选框后，【出生速率】将可用。默认设置为启用。禁用【恒定】复选框并不意味着出生速率自动改变，除非为【出生速率】参数设置了动画，否则，出生速率将保持恒定。
- 【发射器】选项组：指定粒子喷出的区域，同时决定喷出的范围和方向。发射器以黑色矩形框显示，不能被渲染，可以通过工具栏中的工具对它进行移动、缩放和旋转。
  - ✧ 【宽度】/【长度】：分别设置发射器的宽度和长度。在粒子数目确定的情况下，面积越大，粒子越稀疏。
  - ✧ 【隐藏】：选择该复选框，可以在视口中隐藏发射器。取消选择【隐藏】复选框后，在视口中将显示发射器，发射器不会被渲染。默认设置为禁用状态。

14.2.2　雪粒子系统

【雪】粒子系统与【喷射】几乎没有什么差别，只是粒子的形态可以是六角形面片，用于模拟雪花，而且增加了【翻滚】参数，控制每一片雪在落下的同时进行翻滚运动。【雪】粒子系统不仅可以用来模拟下雪，还可以将多维材质指定给它，产生五彩缤纷的碎片下落效果，常用来增添节日的喜庆气氛。如果将雪花向上发射，可以表现从火中升起的火星效果。

选择【创建】 | 【几何体】 | 【粒子系统】 | 【雪】工具，然后在视图中创建喷射粒子系统，其【参数】卷展栏如图 14.28 所示。

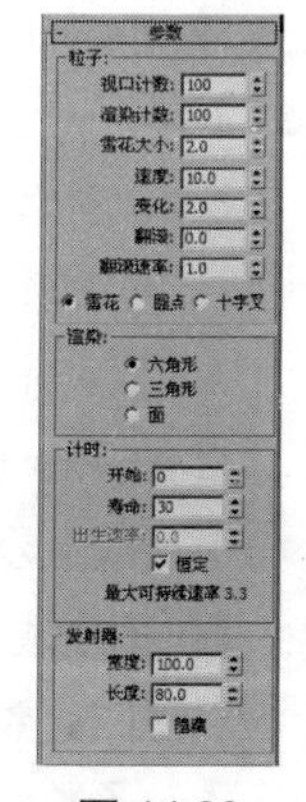

图 14.28

- 【粒子】选项组。
  - ✧ 【视口计数】：在给定帧处，视口中显示的最大粒子数。

提示：将视口显示数量设置为少于渲染计数，可以提高视口的性能。

✧ 【渲染计数】：一个帧在渲染时可以显示的最大粒子数。该选项与粒子系统的【计时】参数配合使用。

如果粒子数达到【渲染计数】中指定的值，粒子创建将暂停，直到有些粒子消亡。消亡了足够的粒子后，粒子创建将恢复，直到再次达到【渲染计数】值为止。

✧ 【雪花大小】：设置渲染时每个粒子的大小尺寸。

✧ 【速度】：设置粒子从发射器流出时的初速度，它将保持匀速不变，只有增加了粒子空间扭曲，它才会发生变化。

✧ 【变化】：改变粒子的初始速度和方向。该值越大，降雪的区域越广。

✧ 【翻滚】：雪花粒子的随机旋转量范围为 0～1。值为 0 时，雪花不旋转；值为 1 时，雪花旋转最多。每个粒子的旋转轴随机生成。

✧ 【翻滚速率】：雪片旋转的速度。该值越大，旋转越快。

✧ 【雪花】/【圆点】/【十字叉】：设置粒子在视图中的显示符号。雪花是一些星形的雪花，圆点是一些点，十字叉是一些小的加号。

- 【渲染】选项组。

  ✧ 【六角形】：以六角形面进行渲染，常用于表现雪花。

  ✧ 【三角形】：以三角形面进行渲染，三角形只有一个边是可以指定材质的面。

  ✧ 【面】：粒子渲染为正方形面，其宽度和高度等于【雪花大小】。

14.2.3　暴风雪粒子系统

【暴风雪】粒子系统用于从一个平面向外发射粒子流，与【雪】粒子系统相似，但功能更为复杂。从发射平面上产生的粒子在落下时不断地旋转、翻滚。它们可以是标准基本体、变形球粒子或替身几何体。暴风雪的名称并非强调它的猛烈，而是指它的功能强大，不仅可以用于普通雪景的制作，还可以表现火花迸射、气泡上升、开水沸腾、满天飞花和烟雾升腾等特殊效果。

1.【基本参数】卷展栏

选择【创建】 |【几何体】 |【粒子系统】|【暴风雪】工具，在视口中拖动以创建暴风雪发射器，其【基本参数】卷展栏如图 14.29 所示。

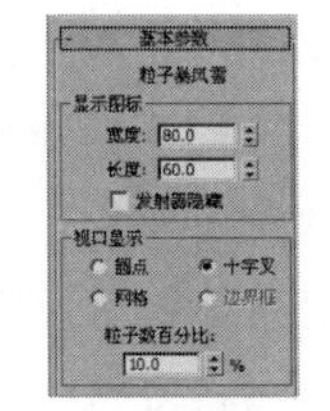

图 14.29

- 【显示图标】选项组。

  ✧ 【宽度】/【长度】：设置发射器平面的长宽值，即确定粒子发射覆盖的面积。

  ✧ 【发射器隐藏】：是否将发射器图标隐藏，发射器图标即使在屏幕上显示，也不会被渲染。

- 【视口显示】选项组：设置在视图中粒子以何种方式进行显示，这与最后的渲染效果无关。

2.【粒子生成】卷展栏

【粒子生成】卷展栏如图 14.30 所示。

- 【粒子数量】选项组。

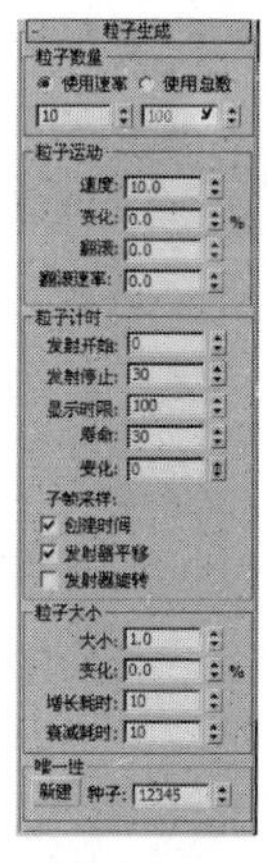

图 14.30

✧ 【使用速率】：其下的数值决定了每一帧粒子产生的数目。

✧ 【使用总数】：其下的数值决定了在整个生命系统中粒子产生的总数目。

- 【粒子运动】选项组。

✧ 【速度】：设置在生命周期内的粒子每一帧移动的距离。

✧ 【变化】：为每一个粒子发射的速度指定一个百分比变化量。

✧ 【翻滚】：设置粒子随机旋转的数量。

✧ 【翻滚速率】：设置粒子旋转的速度。

- 【粒子计时】选项组：用于设定粒子何时开始发射、何时停止发射，以及每个粒子的生存时间。

✧ 【发射开始】：设置粒子从哪一帧开始出现在场景中。

✧ 【发射停止】：设置粒子最后被发射出的帧号。

✧ 【显示时限】：设置到多少帧时，粒子将不显示在视图中，这不影响粒子的实际效果。

✧ 【寿命】：设置每个粒子诞生后的生存时间。

✧ 【变化】：设置每个粒子寿命的变化百分比值。

✧ 【子帧采样】：提供下面 3 个选项。用于避免粒子在普通帧计数下产生肿块而不能完全打散，先进的子帧采样功能提供更高的分辨率。

✧ 【创建时间】：在时间上增加偏移处理，以避免时间上的肿块堆集。

✧ 【发射器平移】：如果发射器本身在空间中有移动变化，可以避免产生移动中的肿块堆集。

✧ 【发射器旋转】：如果发射器在发射时自身进行旋转，选择该复选框可以避免肿块，并且产生平稳的螺旋效果。

- 【粒子大小】选项组。

✧ 【大小】：确定粒子的尺寸大小。

✧ 【变化】：设置每个可进行尺寸变化的粒子的尺寸变化百分比。

✧ 【增长耗时】：设置粒子从尺寸极小变化到尺寸正常所经历的时间。

✧ 【衰减耗时】：设置粒子从正常尺寸萎缩到消失的时间。

- 【唯一性】选项组。

✧ 【新建】：随机指定一个种子数。

✧ 【种子】：使用数值框指定种子数。

3.【粒子类型】卷展栏

【粒子类型】卷展栏如图 14.31 所示。

- 【粒子类型】选项组：提供 3 种粒子类型的选择方式。其下是 3 个粒子类型的各自分项目，只有当前选择类型的分项目才能变为有效控制，其余的以灰色显示。对每一个粒子阵列，只允许设置一种类型的粒子，但允许用户将多个粒子阵列绑定到同一个目标对象上，这样就可以产生不同类型的粒子了。

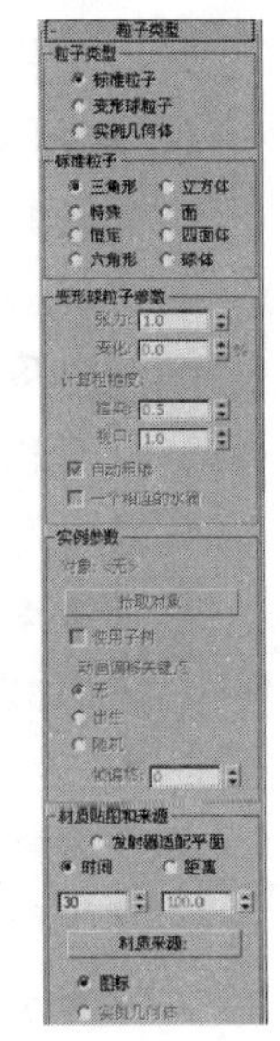

图 14.31

- 【标准粒子】：提供 8 种基本几何体作为粒子，它们分别为“三角形”、“立方体”、“特殊”、“面”、“恒定”、“四面体”、“六角形”和“球体”。
- 【变形球粒子参数】：使用变形球粒子。这些变形球粒子是粒子系统，其中单独的粒子以水滴或粒子流形式混合在一起。选择【变形球粒子】单选按钮后，即可对【变形球粒子参数】选项组中的参数进行设置。
  - ✧ 【张力】：控制粒子球的紧密程度。该值越高，粒子越小，越不易融合；该值越低，粒子越大，越粘滞，不易分离。
  - ✧ 【变化】：影响张力的变化值。
  - ✧ 【计算粗糙度】：粗糙度是指控制每个粒子的细腻程度，系统默认【自动粗糙】处理，以加快显示速度。
  - ✧ 【渲染】：设置最后渲染时的粗糙度。该值越低，粒子球越平滑，否则会变得有棱角。
  - ✧ 【视口】：设置显示时看到的粗糙程度，这里一般设置得较高，以保证屏幕的正常显示速度。
  - ✧ 【自动粗糙】：一般规则是将粗糙值设置为介于粒子大小的 1/4 ~ 1/2 之间。如果选择该复选框，会根据粒子大小自动设置渲染粗糙度，视口粗糙度会设置为渲染粗糙度的两倍。
  - ✧ 【一个相连的水滴】：如果取消选择该复选框（默认设置），将计算所有粒子；如果选择该复选框，将使用快捷算法，仅计算和显示彼此相连或邻近的粒子。
- 【实例参数】选项组：在【粒子类型】选项组中选择【实例几何体】单选按钮时，该选项组中的参数可用。这样，每个粒子作为对象、对象链接层次或组的实例生成。
  - ✧ 【对象】：显示所拾取对象的名称。
  - ✧ 【拾取对象】：单击该按钮，在视图中选择一个对象，可以将它作为一个粒子的源对象。
  - ✧ 【使用子树】：如果选择的对象有链接的子对象，选择该复选框，可以将子对象一起作为粒子的源对象。
  - ✧ 【动画偏移关键点】：其下的几个选项设置是针对带有动画设置的源对象的。如果源对象指定了动画，将会同时影响所有的粒子。
  - ✧ 【无】：不产生动画偏移。即每一帧场景中产生的所有粒子在这一帧都相同于源对象在这一帧时的动画效果。
  - ✧ 【出生】：第一个出生的粒子是粒子出生时源对象当前动画的实例。每个后续粒子将使用相同的开始时间设置动画。
  - ✧ 【随机】：根据下面的【帧偏移】文本框来设置起始动画帧的偏移数。当值为 0 时，与【无】的结果相同。否则，粒子的运动将根据【帧偏移】参数值产生随机偏移。
  - ✧ 【帧偏移】：指定从源对象的当前计时的偏移值。

● 【材质贴图和来源】选项组。

✧ 【发射器适配平面】：选择该单选按钮，将对发射平面进行贴图坐标的指定，贴图方向垂直于发射方向。

✧ 【时间】：指定从粒子出生开始完成粒子的一个贴图所需的帧数。

✧ 【距离】：指定从粒子出生开始完成粒子的一个贴图所需的距离。

✧ 【图标】：使用当前系统指定给粒子的图标颜色。

✧ 【实例几何体】：粒子使用为实例几何体指定的材质。仅当在【粒子类型】选项组中选择【实例几何体】单选按钮时，此单选按钮才可用。

4.【旋转和碰撞】卷展栏

主要用于对粒子自身的旋转角度进行设置，包括运动模糊效果和内部粒子碰撞。其卷展栏如图 14.32 所示。

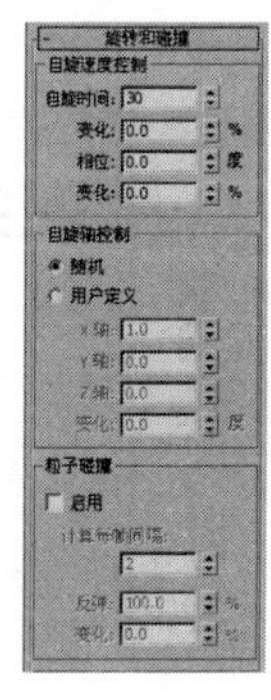

图 14.32

● 【自旋速度控制】选项组。

✧ 【自旋时间】：控制粒子自身旋转的节拍，即一个粒子进行一次自旋需要的时间。值越高，自旋越慢。当值为 0 时，不发生自旋。

✧ 【变化】：设置自旋时间变化的百分比值。

✧ 【相位】：设置粒子诞生时的旋转角度。它对碎片类型无意义，因为它们总是由 0 度开始分裂。

✧ 【变化】：设置相位变化的百分比值。

● 【自旋轴控制】选项组。

✧ 【随机】：随机为每个粒子指定自旋轴向。

✧ 【用户定义】：通过 3 个轴向文本框来自行设置粒子沿各轴向进行自旋的角度。

✧ 【变化】：设置 3 个轴向自旋设定的变化百分比值。

● 【粒子碰撞】选项组：使粒子内部之间产生相互的碰撞，并控制粒子之间如何碰撞。该选项要进行大量的计算，对机器的配置有一定要求。

✧ 【启用】：选择该复选框，计算时才会进行粒子碰撞的计算。

✧ 【计算每帧间隔】：设置粒子碰撞过程中每次渲染间隔的间隔数量。数值越高，模仿越准确，速度越慢。

✧ 【反弹】：设置碰撞后恢复速率的程度。

✧ 【变化】：设置粒子碰撞变化的百分比值。

14.2.4　粒子云粒子系统

【粒子云】粒子系统限制一个空间，在空间内部产生粒子效果。通常空间可以是球形、柱体或长方体，也可以是任意指定的分布对象，空间内的粒子可以是标准基本体、变形球粒子或替身几何体，常用来制作堆积的不规则群体。

1.【基本参数】卷展栏

【基本参数】卷展栏如图 14.33 所示。

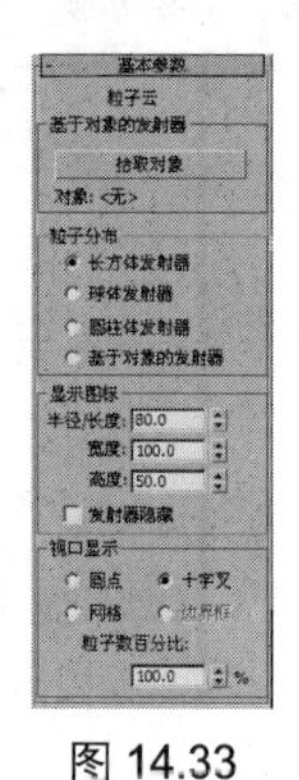

图 14.33

- 【基于对象的发射器】选项组。
  - ✧【拾取对象】：单击此按钮，然后选择要作为自定义发射器使用的可渲染网格对象。
  - ✧【对象】：显示所拾取对象的名称。
- 【粒子分布】选项组。
  - ✧【长方体发射器】：选择长方体形状的发射器。
  - ✧【球体发射器】：选择球体形状的发射器。
  - ✧【圆柱体发射器】：选择圆柱体形状的发射器。
  - ✧【基于对象的发射器】：选择【基于对象的发射器】选项组中所选的对象。
- 【显示图标】选项组。
  - ✧【半径/长度】：当使用长方体发射器时，它为长度设定；当使用球体发射器和圆柱体发射器时，它为半径设定。
  - ✧【宽度】：设置长方体的底面宽度。
  - ✧【高度】：设置长方体和柱体的高度。
  - ✧【发射器隐藏】：是否将发射器标志隐藏起来。
- 【视口显示】：与【暴风雪】粒子系统中相应的参数完全相同，请参见暴风雪相应的部分。

2.【粒子生成】卷展栏

【粒子生成】卷展栏如图 14.34 所示。

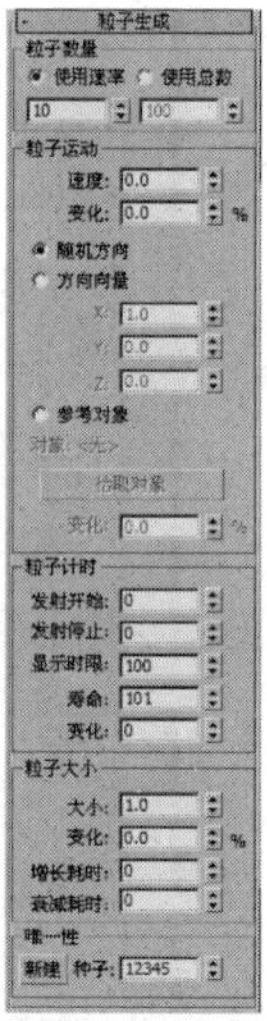

图 14.34

- 【粒子运动】选项组。
  - ✧【速度】：设置在生命周期内的粒子每一帧移动的距离。如果想要保持粒子在指定的发射器体积内，此值应设为 0。
  - ✧【变化】：设置每个粒子发射速度的百分比变化值。
  - ✧【随机方向】：随机指定每个粒子的方向。
  - ✧【方向向量】：通过 *X*、*Y*、*Z* 3 个值的指定，手动控制粒子的方向。
  - ✧【X、Y、Z】：显示粒子的方向向量。
  - ✧【参考对象】：以一个特殊指定对象的 *Z* 轴作为粒子方向。使用这种方式时，通过单击【拾取对象】按钮，可以在视图中选择作为参考对象的对象。
  - ✧【变化】：当使用【方向向量】或【参考对象】方式时，设置粒子方向的变化百分比值。

其余各参数与【暴风雪】粒子系统中相应的参数完全相同，可参见前面的相关内容。

3.【气泡运动】卷展栏

【气泡运动】卷展栏如图 14.35 所示。

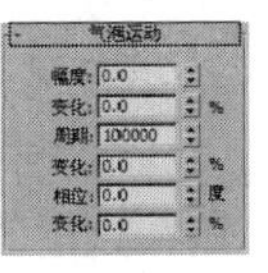
图 14.35

- 【幅度】：设置粒子因晃动而偏出其速度轨迹线的距离。
- 【变化】：设置每个粒子幅度变化的百分比值。
- 【周期】：设置一个粒子沿着波浪曲线完成一次晃动所需的时间，推荐值在 20～30 之间。
- 【变化】：设置每个粒子周期变化的百分比值。
- 【相位】：设置粒子在波浪曲线上最初的位置。
- 【变化】：设置每个粒子相位变化的百分比值。

卷展栏中的其他参数与【暴风雪】粒子系统中相应的参数完全相同，可参见前面的相关内容。

14.2.5　粒子阵列粒子系统

【粒子阵列】粒子系统拥有大量的控制参数，根据粒子类型的不同，可以表现出喷发、爆裂等特殊效果，可以很容易地将一个对象炸成带有厚度的碎片，这是电影特技中经常使用的功能，计算速度非常快。

1.【基本参数】卷展栏

用于建立和调整粒子系统的尺寸，并且指定分布对象，设置粒子在分布对象表面的分布情况，同时控制粒子系统图标和粒子在视图中的显示情况。【基本参数】卷展栏如图 14.36 所示。

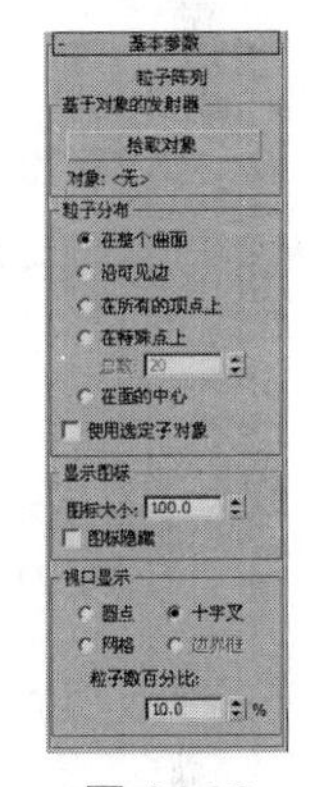
图 14.36

- 【基于对象的发射器】选项组：该选项组中的内容与【粒子云】粒子系统中相应参数完全相同，可参见前面的相关内容。
- 【粒子分布】选项组。
  - ✧ 【在整个曲面】：在整个发射器对象表面随机发射粒子。
  - ✧ 【沿可见边】：在发射器对象可见的边界上随机发射粒子。
  - ✧ 【在所有的项点上】：从发射器对象每个顶点上发射粒子。
  - ✧ 【在特殊点上】：指定从发射器对象所有项点中随机的若干个顶点上发射粒子，顶点的数目由下面的【总数】文本框决定。
  - ✧ 【在面的中心】：从每个三角面的中心发射粒子。
  - ✧ 【使用选定子对象】：使用网格对象和一定范围的面片对象作为发射器时，可以通过利用【编辑网格】等修改器，选择自身的子对象来发射粒子。
- 【显示图标】选项组。
  - ✧ 【图标大小】：设置系统图标在视图中显示的尺寸大小。
  - ✧ 【图标隐藏】：是否将系统图标隐藏。如果使用了分布对象，最好将系统图标隐藏。
- 【视口显示】选项组：与【暴风雪】粒子系统中相应的参数完全相同，请参见前面的相关内容。

2.【粒子生成】卷展栏

【粒子生成】卷展栏如图 14.37 所示。

- 【散度】：每一个粒子的发射方向相对于发射器表面法线的夹角，可以在一定范围内波动。该值越大，发射的粒子束越集中，反之则越分散。

其余参数与【暴风雪】粒子系统中相应的参数完全相同，请参见前面的相关内容。

3.【粒子类型】卷展栏

【粒子类型】卷展栏如图 14.38 所示。

- 【粒子类型】选项组：提供 4 个粒子类型选择方式，在此项目下是 4 个粒子类型各自的分项目，只有当前选择类型的分项目才能变为有效控制，其余的以灰色显示。对于每一个粒子阵列，只允许设置一种类型的粒子，但允许将多个粒子阵列绑定到同一个分布对象上，这样就可以产生不同类型的粒子了。
- 【对象碎片控制】选项组：用于将分布对象的表面炸裂，产生不规则的碎片。这只是产生一个新的粒子阵列，不会影响到分布对象。
  - ✧【厚度】：设置碎片的厚度。
  - ✧【所有面】：将分布对象所有的三角面分离，炸成碎片。
  - ✧【碎片数目】：对象破碎成不规则的碎片。下面的【最小值】文本框用于指定将出现的碎片的最小数目。计算碎块的方法可能会使产生的碎片数多于指定的碎片数。
  - ✧【平滑角度】：根据对象表面平滑度进行面的分裂，其下的【角度】文本框用来设定角度值。值越低，对象表面分裂越碎。
- 【材质贴图和来源】选项组：设置粒子碎片的材质和贴图情况，如图 14.39 所示。
  - ✧【时间】：指定从粒子出生开始完成粒子的一个贴图所需的帧数。
  - ✧【距离】：指定从粒子出生开始完成粒子的一个贴图所需的距离（以单位计）。
  - ✧【材质来源】：单击该按钮，更新粒子的材质。
  - ✧【图标】：使用当前系统指定给粒子的图标颜色。

> **提示：**【四面体】类型的粒子不受影响，它始终具有自身的贴图坐标。

  - ✧【拾取的发射器】：粒子系统使用分布对象指定的材质。
  - ✧【实例几何体】：使用粒子的替身几何体材质。

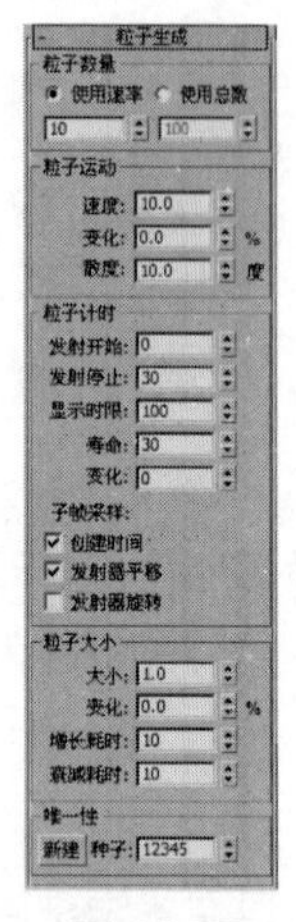

图 14.37

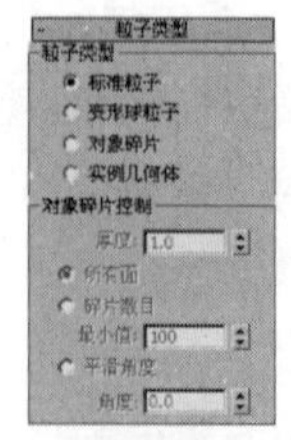

图 14.38

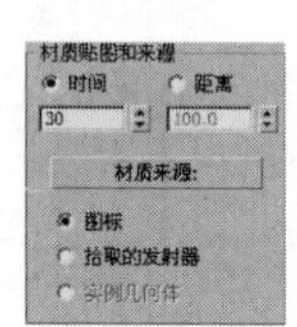

图 14.39

- 【碎片材质】选项组：为碎片粒子指定不同的材质 ID 号，以便在不同区域指定不同的材质，如图 14.40 所示。

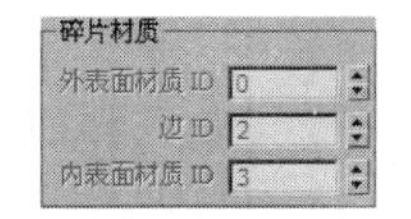

图 14.40

  ✧【外表面材质 ID】：指定为碎片的外表面指定的面 ID 编号。此文本框默认设置为 0，它不是有效的 ID 编号，从而会强制粒子碎片的外表面使用当前为关联面指定的材质。因此，如果已经为分布对象的外表面指定了多种子材质，这些材质将使用 ID 保留。如果需要一个特定的子材质，可以通过更改【外表面材质 ID】编号进行指定。

  ✧【边 ID】：指定为碎片的边指定的子材质 ID 编号。

  ✧【内表面材质 ID】：指定为碎片的内表面指定的子材质 ID 编号。

4.【旋转和碰撞】卷展栏

主要用于对粒子自身的旋转角度进行设置，也包括运动模糊效果和内部粒子碰撞。

- 【自旋轴控制】选项组。

  ✧【运动方向/运动模糊】：以粒子发散的方向作为其自身的旋转轴向，这种方式会产生放射状粒子流，其下的【拉伸】选项可用。

  ✧【拉伸】：沿粒子发散方向拉伸粒子的外形，此拉伸强度会依据粒子速度的不同而变化。

  ✧【对象运动继承】、【粒子繁殖】和【加载/保存预设】卷展栏中的内容与【暴风雪】粒子系统中相应的参数完全相同，可参见前面相关内容的介绍。

  ✧【气泡运动】卷展栏中的内容与【粒子云】粒子系统中相应的参数完全相同，可参见前面相关内容的介绍。

14.2.6　超级喷射粒子系统

【超级喷射】粒子系统从一个点向外发射粒子流，与【喷射】粒子系统相似，但功能更为复杂，它只能由一个出发点发射，产生线形或锥形的粒子群形态。在其他的参数控制上与【粒子阵列】粒子系统几乎相同，既可以发射标准基本体，也可以发射其他替代对象。通过参数控制可以实现喷射、拖尾、拉长、气泡晃动和自旋等多种特殊效果。常用来制作水管喷水、喷泉和瀑布等特效。

【超级喷射】粒子系统的【基本参数】卷展栏如图 14.41 所示。

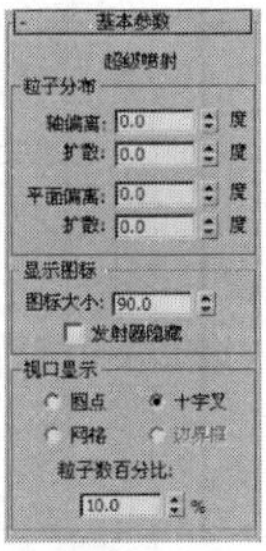

图 14.41

- 【粒子分布】选项组。

  ✧【轴偏离】：设置粒子与发射器中心 Z 轴的偏离角度，产生斜向的喷射效果。

  ✧【扩散】：设置在 Z 轴方向上粒子发射后散开的角度。

  ✧【平面偏离】：设置粒子在发射器平面上的偏离角度。

  ✧【扩散】：设置在发射器平面上粒子发射后散开的角度，产生空间的喷射。

- 【显示图标】选项组。

  ✧【图标大小】：设置发射器图标的大小尺寸，它对发射效果没有影响。

  ✧【发射器隐藏】：是否将发射器图标隐藏。发射器图标即使在屏幕上，也不会被渲染出来。

● 【视口显示】：设置在视图中粒子以何种方式进行显示，这与最后的渲染效果无关。

【粒子生成】、【粒子类型】、【对象运动继承】、【粒子繁殖】、【旋转和碰撞】和【气泡运动】卷展栏的内容可参见其他粒子系统的卷展栏，其功能大体相似。

【加载/保存预设】卷展栏中提供了以下预置参数：Bubbles（泡沫）、Fireworks（礼花）、Hose（水龙）、Shockwave（冲击波）、Trail（拖尾）、Welding Sparks（电焊火花）和 Default（默认）。

14.3 上机练习

前面几节介绍了粒子系统的基础内容，相信读者已经掌握了基本操作，下面再通过实例制作来巩固所学的内容。

14.3.1 粒子系统——飘雪

本例将介绍飘雪动画的制作方法，首先使用一幅雪景图像作为飘雪动画的背景图像，再使用【雪】粒子系统制作飘雪动画，制作完成后的静态效果如图 14.42 所示。

图 14.42

具体操作步骤如下：

01 启动 3ds Max 2011 软件，重置场景文件。在菜单栏中选择【渲染】|【环境】命令，打开【环境和效果】窗口，在【背景】选项组中单击【环境贴图】下面的【无】按钮，在弹出的【材质/贴图浏览器】对话框中选择【位图】贴图，单击【确定】按钮。再在弹出的对话框中选择随书附带光盘中的 CDROM | Map | 雪景.jpg 文件，单击【打开】按钮，如图 14.43 所示，然后关闭【环境和效果】对话框。

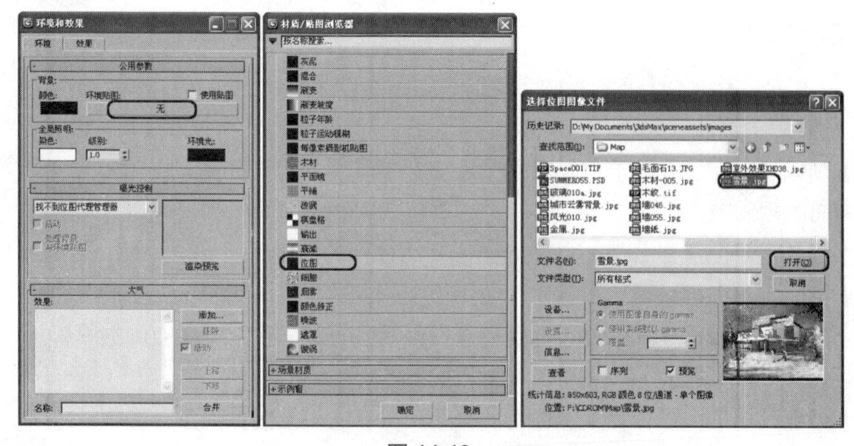

图 14.43

> **提示：**【环境和效果】窗口用于制作背景和大气效果，通过【环境和效果】窗口可以完成以下操作：
>
> - 制作静态或变化的单色背景。
> - 将图像或贴图作为背景。
> - 制作动态的环境光效果。
> - 通过各种大气外挂模块制作特殊的大气效果，包括火效果、雾、体积雾和体积光，也可以引入第三方厂商开发的其他大气模块。
>
> 可以直接将【材质编辑器】窗口中的一个样本球或贴图按钮上的贴图拖动到【环境和效果】窗口的贴图按钮上，在弹出的对话框中可以选择独立复制还是关联复制该贴图。如果要调整背景贴图的参数，可以首先打开【材质编辑器】窗口，将【环境和效果】窗口背景贴图上的贴图拖动到【材质编辑器】窗口中的一个空白样本球上，然后在【材质编辑器】窗口中调整背景贴图的参数。

02　在菜单栏中选择【视图】|【视口背景】|【视口背景】命令，在弹出的对话框中选择【背景源】选项组中的【使用环境背景】复选框，再选择【显示背景】复选框，将【视口】设置为【透视】，单击【确定】按钮，即可在【透视】视图中显示背景图像，如图 14.44 所示。

图 14.44

03　选择【创建】|【几何体】|【粒子系统】|【雪】工具，在【顶】视图中创建一个雪粒子系统。在【参数】卷展栏中设置【雪】粒子系统的参数，在【粒子】选项组中将【视口计数】和【渲染计数】分别设置为 1000 和 800，将【雪花大小】和【速度】分别设置为 2.5 和 8，将【变化】设置为 2；在【渲染】选项组中选择【面】单选按钮；在【计时】选项组中将【开始】和【寿命】分别设置为 – 100 和 100；将【发射器】选项组中的【宽度】和【长度】分别设置为 430 和 488，如图 14.45 所示。

04　在工具栏中单击【材质编辑器】按钮，打开【材质编辑器】窗口，选择第一个材质样本球，将其命名为“雪”。在【Blinn 基本参数】卷展栏中选择【自发光】选项组中的【颜色】复选框，然后将该颜色的 RGB 值设置为 196、196、196。展开【贴图】卷展栏，单击【不透明度】通道右侧的 None 按钮，在弹出的【材质/贴图浏览器】对话框中选择【渐变坡度】贴图，单击【确定】按钮，进入渐变坡度材质层级。在【渐变坡度参数】卷展栏中将【渐变类型】设置为【径向】，展开【输出】卷展栏，选择【反转】复选框，如图 14.46 所示。完成材质的设置后单击【将材质指定给选定对象】按钮，将其指定给场景中的粒子系统。

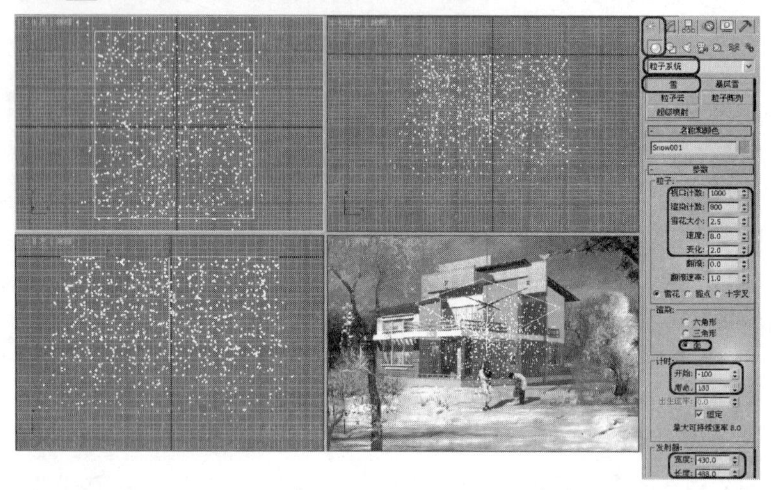

图 14.45

05 选择【创建】|【摄影机】|【目标】工具，在【顶】视图中创建一架目标摄影机。在【参数】卷展栏中将摄影机的【镜头】设置为 85mm，然后在视图中调整其位置，其效果如图 14.47 所示。

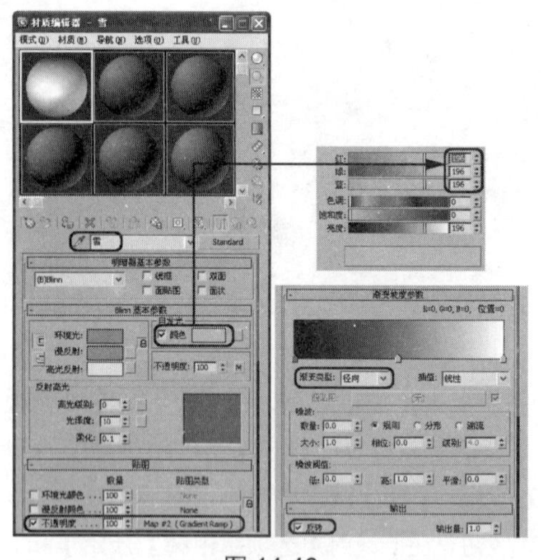

图 14.46

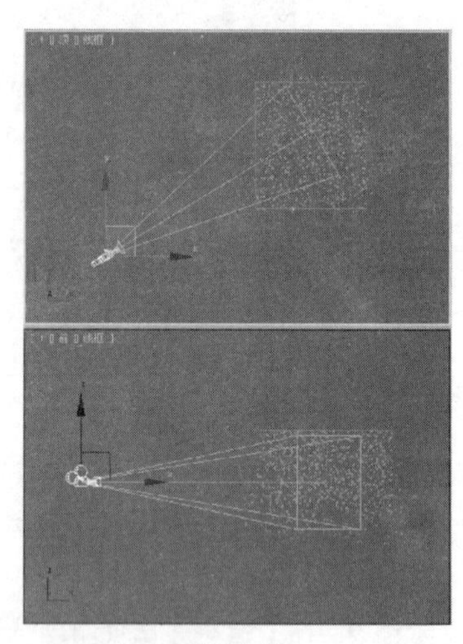

图 14.47

06 激活【透视】视图，按【C】键，将其转换为摄影机视图。

07 在工具栏中单击【渲染设置】按钮，打开【渲染设置】窗口，在【时间输出】选项组中选择【活动时间段】单选按钮，在【输出大小】选项组中单击【320×240】按钮，再单击【渲染输出】选项组中的【文件】按钮，进行动画文件的存储。在弹出的对话框中设置好文件的存储路径、名称及格式后，单击【保存】按钮，在弹出的【AVI 文件压缩】对话框中将【压缩器】类型设置为 Intel Indeo(R)Video R3.2，将【主帧比率】设置为 0，单击【确定】按钮，如图 14.48 所示。返回【渲染设置】窗口，单击【渲染】按钮，开始渲染动画。

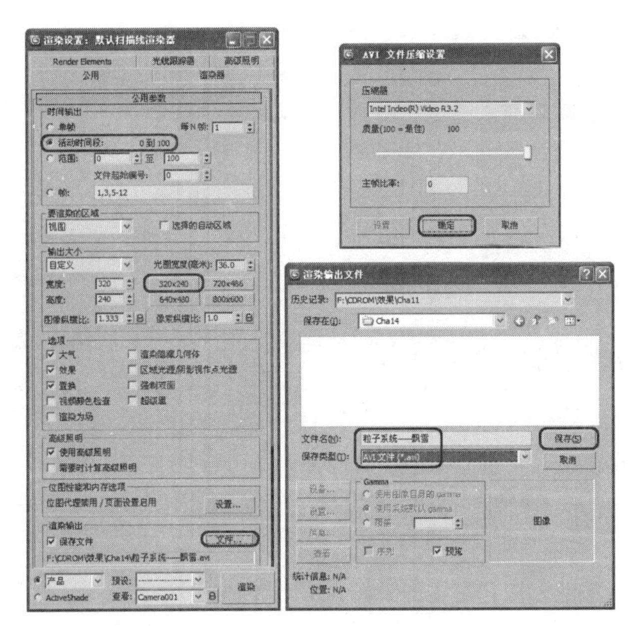

图 14.48

08　完成动画的渲染后，按照文件的存储路径和名称找到动画文件，即可打开它并进行播放，最后对场景文件进行保存。

14.3.2　喷射粒子——下雨

本例将介绍下雨效果的制作方法，效果如图 14.49 所示。该实例首先使用【喷射】粒子系统制作下雨效果，并通过为它设置图像运动模糊来产生雨雾效果。

图 14.49

01　新建一个场景文件，在菜单栏中选择【渲染】|【环境】命令，打开【环境和效果】窗口。在【公用参数】卷展栏中单击【背景】选项组中的【无】按钮，在弹出的【材质/贴图浏览器】中选择【位图】贴图，单击【确定】按钮。再在弹出的对话框中选择随书附带光盘中的 CDROM | Map | 雨景.jpg 文件，单击【打开】按钮，如图 14.50 所示。

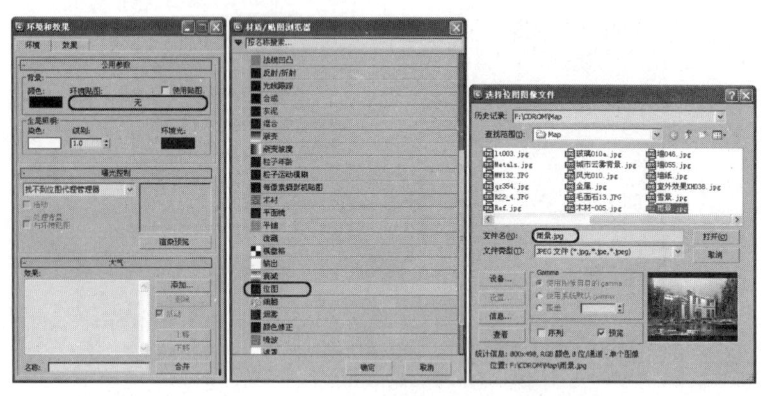

图 14.50

02 在菜单栏中选择【视图】|【视口背景】|【视口背景】命令，在弹出的对话框中选择【使用环境背景】和【显示背景】复选框，将【视口】设置为【透视】，然后单击【确定】按钮，如图 14.51 所示。

03 在【透视】视图的左上角右击，在弹出的菜单中选择【显示安全框】命令，或者按【Shift+F】组合键，为该视图添加安全框，效果如图 14.52 所示。

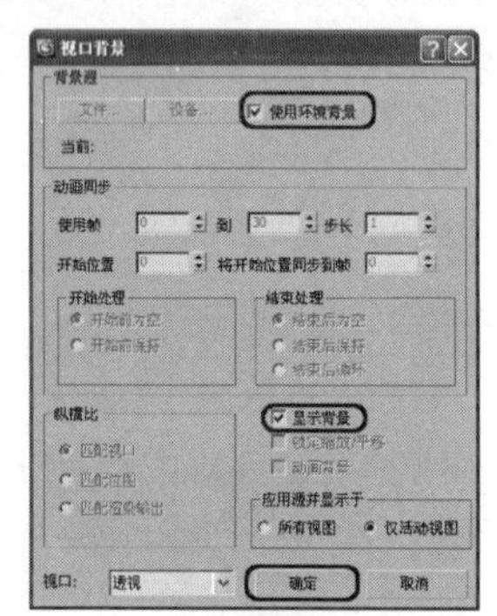

图 14.51

图 14.52

04 在工具栏中单击【渲染设置】按钮，打开【渲染设置】窗口，在【输出大小】选项组中，将【宽度】和【高度】分别设置为 700 和 438，如图 14.53 所示，然后关闭该对话框。

图 14.53

05 选择【创建】|【几何体】|【粒子系统】|【喷射】工具，在【顶】视图中创建一个【宽度】和【长度】分别为 800 和 500 的喷射粒子发射器。在【参数】卷展栏中将【粒子】选项组中的【视口计数】和【渲染计数】分别设置为 4000 和 40000，将【水滴大小】、【速度】和【变化】分别设置为 3、30 和 0.6，在【计时】选项组中将【开始】和【寿命】分别设置为-50 和 400，如图 14.54 所示。

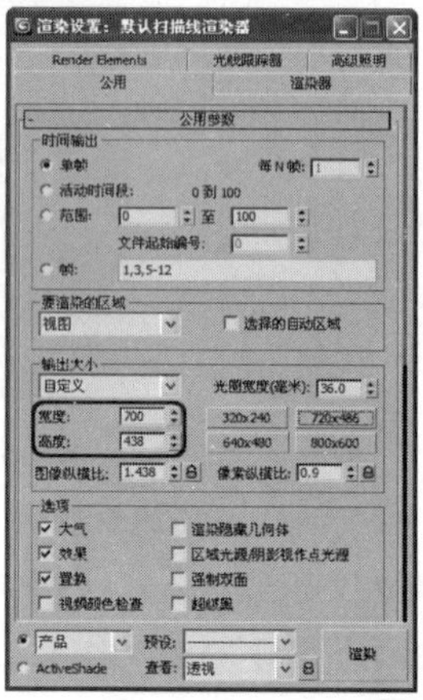

图 14.54

06　打开【材质编辑器】窗口，激活一个新的材质样本球，将其命名为“雨”，如图 14.55 所示。在【Blinn 基本参数】卷展栏中将【环境光】和【漫反射】的 RGB 值设置为 230、230、230；将【光泽度】设置为 0；选择【自发光】选项组中的【颜色】复选框，并将其【颜色】的 RGB 值设置为 240、240、240，将【不透明度】设置为 50。展开【扩展参数】卷展栏，选择【高级透明】选项组中【衰减】下的【外】单选按钮，并将【数量】设置为 100。完成设置后将该材质指定给场景中的喷射粒子系统。

07　选择【创建】 |【摄影机】 |【目标】工具，在【顶】视图中创建一架目标摄影机。在【参数】卷展栏中单击【备用镜头】选项组中的 28mm 按钮，将摄影机的【镜头】大小设置为 28mm。激活【透视】视图，按【C】键将该视图转换为摄影机视图，然后调整摄影机的位置，其效果如图 14.56 所示。

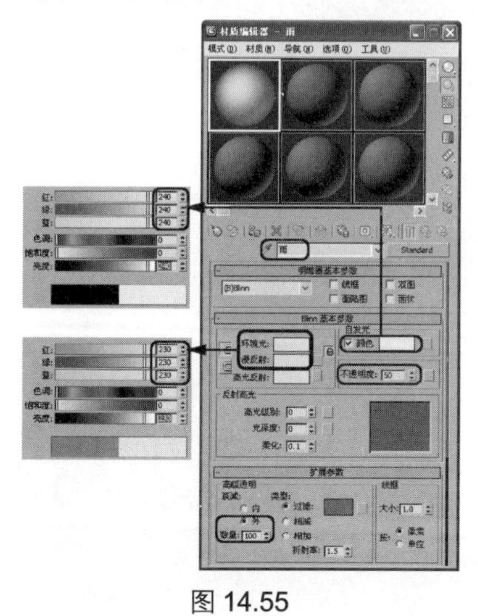

图 14.55

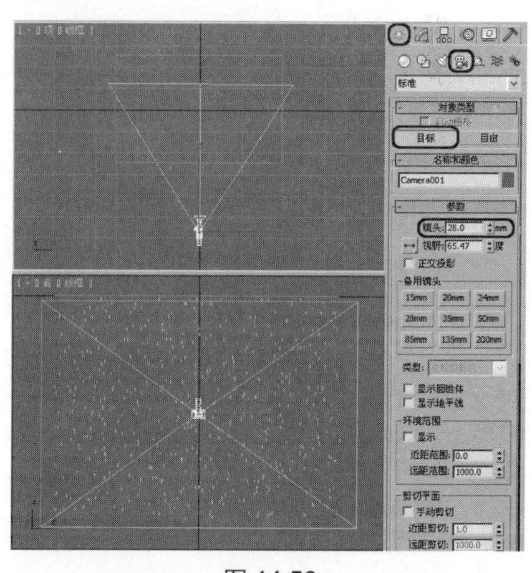

图 14.56

08　选择粒子系统并右击，在弹出的菜单中选择【对象属性】命令，弹出【对象属性】对话框，选择【运动模糊】选项组中的【图像】单选按钮，设置【倍增】为 1.8，单击【确定】按钮，为粒子添加图像运动模糊效果，如图 14.57 所示。

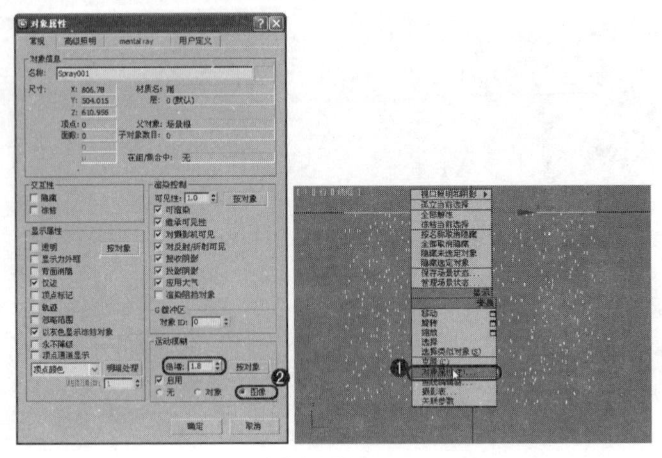

图 14.57

09 在工具栏中单击【渲染设置】按钮，打开【渲染设置】窗口，选择【时间输出】选项组中的【活动时间段】单选按钮，再单击【渲染输出】选项组中的【文件】按钮。在弹出的对话框中设置文件的名称、保存路径及格式，单击【保存】按钮，在弹出的【AVI 文件压缩】对话框使用默认设置，直接单击【确定】按钮，如图 14.58 所示，最后单击【渲染】按钮，进行渲染输出。

10 在完成制作后，选择应用程序 |【保存】命令对文件进行保存。

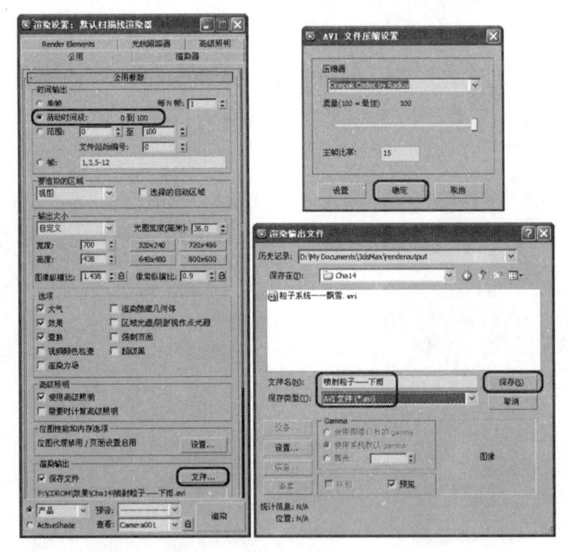

图 14.58

14.4 习题

1、空间扭曲工具包括哪几类?

2、如何创建并使用空间扭曲?

3、3ds Max 中提供了哪几类粒子系统?

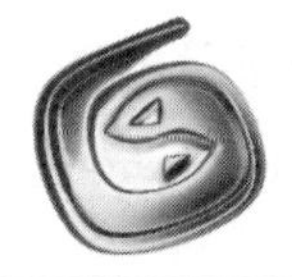

第 15 章　综合实例

本章将对前面章节中所介绍的基础内容进行一个总结，分别介绍了初级建模、高级建模和动画制作的方法，以巩固前面所学的基础知识，并介绍了在 Photoshop 软件中制作室内效果图的后期操作。

本章重点

- 创建三维文字
- 动画的制作
- 设计室内效果图

15.1　常用三维文字的制作

三维字体的制作首先利用文本工具创建出基本的文字造型，然后使用不同的修改器完成字体造型的制作。在制作过程中使用的都是比较常用的工具和方法，在让读者学会制作三维字体的同时也拓展自身的创作思路。

15.1.1　浮雕文字

本例将介绍一种简单实用的浮雕文字的制作方法，其效果如图 15.1 所示。首先使用【长方体】工具创建一个拥有足够细节的长方体，并为它施加【置换】修改器，然后选择文字图像作为影响物体的图像，产生浮雕效果。

图 15.1

01　选择【创建】|【几何体】|【长方体】工具，在【前】视图中创建一个【长度】、【宽度】和【高度】分别为 125、380 和 5，【长度分段】和【宽度分段】分别为 100 和 200 的长方体，并将其命名为“背板”，如图 15.2 所示。

02　切换到【修改】命令面板，在【修改器列表】下拉列表框中选择【置换】修改器。在【参数】卷展栏中将【强度】设置为 8，选择 【亮度中心】复选框，将【中心】设置为 0.5，在【图像】选项组中单击【位图】下的【无】按钮，在弹出的对话框中选择随书附带光盘中的 CDROM | Map | 金牌企业.tif 文件，如图 15.3 所示。

03　选择【创建】|【图形】|【矩形】工具，在【前】视图中沿凹凸字的边缘创建一个【长度】和【宽度】分别为 125 和 380 的矩形，并将其命名为“边框”，如图 15.4 所示。

04 切换到【修改】命令面板，在【修改器列表】下拉列表框中选择【编辑样条线】修改器，将当前选择集定义为【样条线】，在视图中选择样条曲线，在【几何体】卷展栏中将【轮廓】设置为 8，如图 15.5 所示。

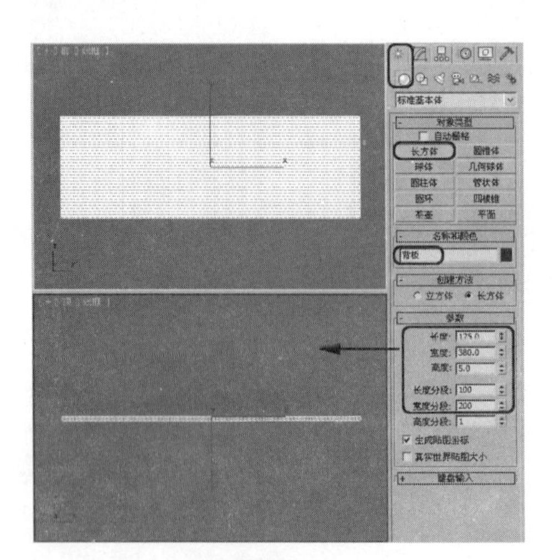

图 15.2

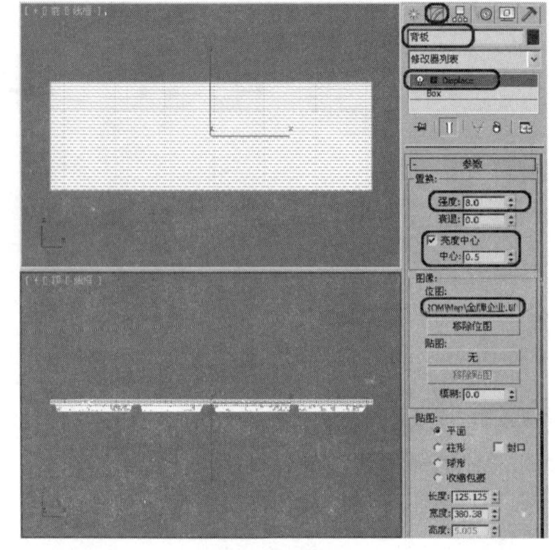

图 15.3

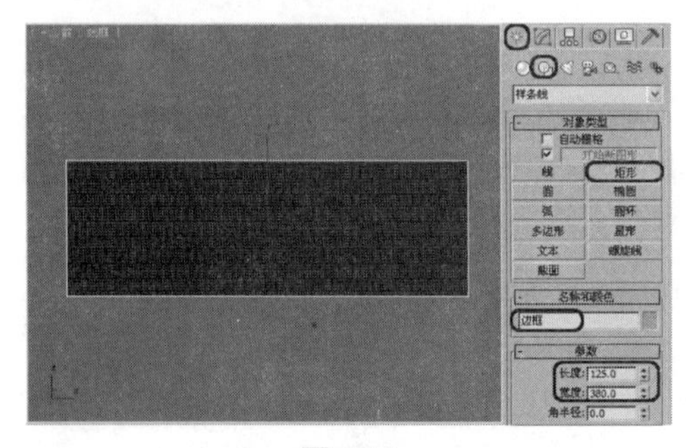

图 15.4

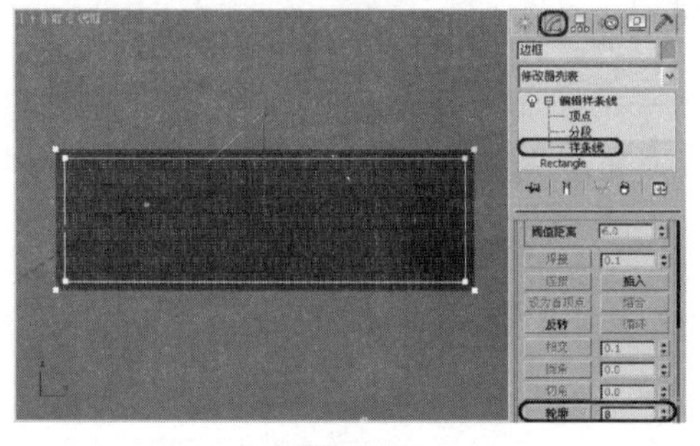

图 15.5

05 关闭当前选择集，在【修改器列表】下拉列表框中选择【倒角】修改器。在【倒角值】卷展栏中将【级别 1】下面的【高度】和【轮廓】均设置为 2，选择【级别 2】复选框，将其下的【高度】值设置为 5，选择【级别 3】复选框，将其下的【高度】和【轮廓】分别设置为 2 和–2，如图 15.6 所示。

06 在工具栏中单击【材质编辑器】按钮，打开【材质编辑器】窗口，为“背板”和“边框”对象设置材质。 在【明暗器基本参数】卷展栏中选择明暗器类型为【金属】，在【金属基本参数】卷展栏中设置【环境光】和【漫反射】的 RGB 均为 255、174、0，在【反射高光】选项组中设置【高光级别】和【光泽度】分别为 100 和 80。

07 在【贴图】卷展栏中单击【反射】通道后的 None 按钮，在弹出的【材质/贴图浏览器】对话框中双击【位图】贴图，再在弹出的对话框中选择随书附带光盘中的 CDROM｜Map｜Gold07.jpg 文件，单击【打开】按钮，进入贴图层级面板，使用默认的参数。单击【转到父对象】按钮，返回主材质面板，单击【将材质指定给选定对象】按钮，将材质指定给场景中创建的模型，如图 15.7 所示。

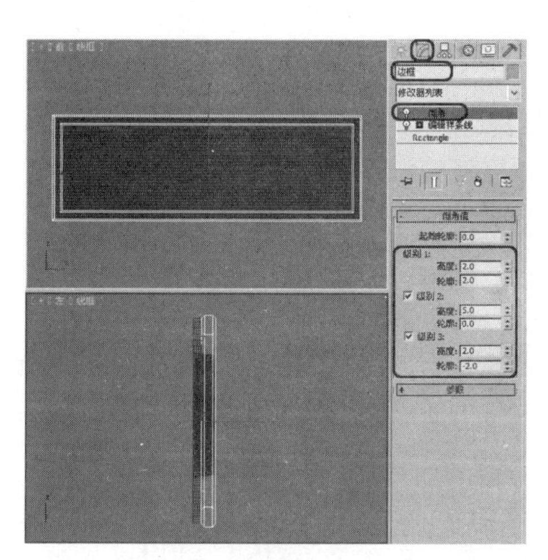

图 15.6

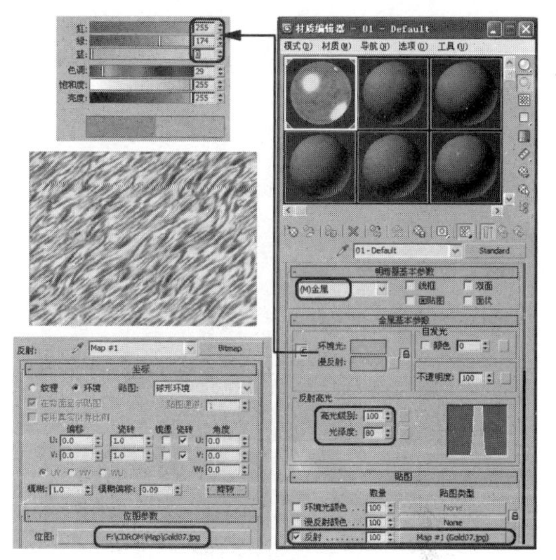

图 15.7

08 选择【创建】|【摄影机】|【目标】工具，在【顶】视图中创建一架摄影机，然后激活【透视】视图，按【C】键，将其转换为摄影机视图，如图 15.8 所示。

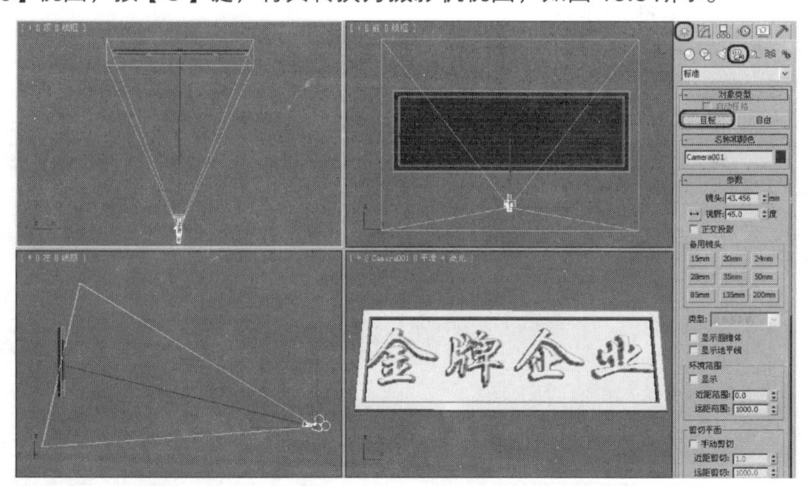

图 15.8

09 选择【创建】|【几何体】|【长方体】工具，在【前】视图中创建一个【长度】、【宽度】和【高度】分别为 900、1500 和 1，【长度分段】、【宽度分段】和【高度分段】分别为 1、1 和 1 的长方体，并将其命名为“挡板”，并在场景中调整模型的位置，如图 15.9 所示，设置模型的颜色为白色。

10 在工具栏中单击【渲染设置】按钮，在弹出的对话框中设置【宽度】为 1150，【高度】为 539，如图 15.10 所示。

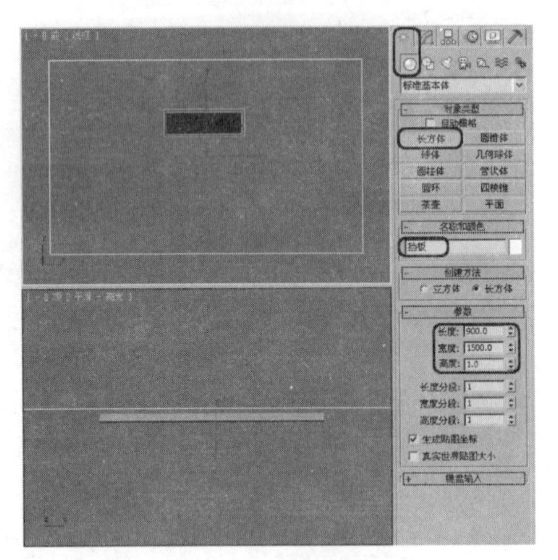

图 15.9

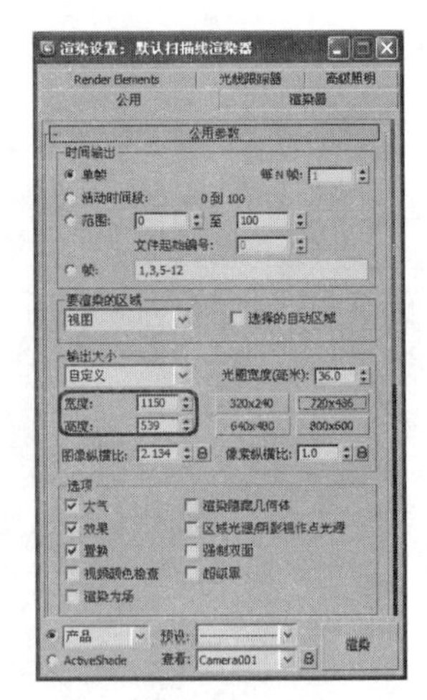

图 15.10

11 激活摄影机视图，按【Shift+F】组合键显示安全框。选择【创建】| 【灯光】| 【目标聚光灯】工具，在场景中创建目标聚光灯。在【常规参数】卷展栏中选择【启用】复选框，选择阴影模式为【光线跟踪阴影】，在【聚光灯参数】卷展栏中设置【聚光区/光束】和【衰减区/区域】的参数分别为 0.5 和 100，在【阴影参数】卷展栏中设置【对象阴影】选项组中【颜色】的 RGB 为 33、33、71，如图 15.11 所示。

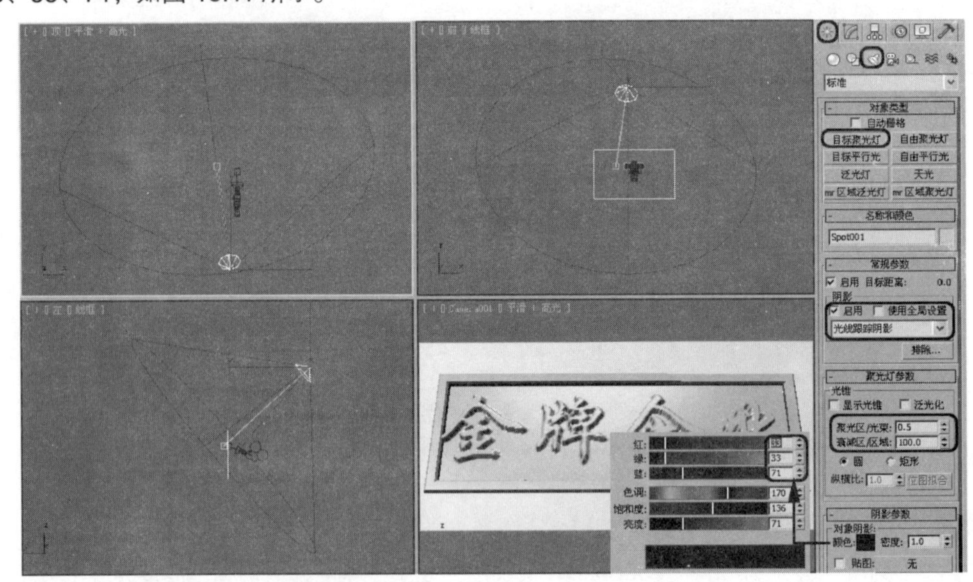

图 15.11

12 选择【泛光灯】工具，在【顶】视图中创建一盏泛光灯，并在场景中调整泛光灯的位置，切换到【修改】命令面板，在【强度/颜色/衰减】卷展栏中设置【倍增】为 0.5，如图 15.12 所示。

13 确定摄像机视图仍然处于激活状态，并按【F9】键对摄像机视图进行渲染，完成后的效果如图 15.1 所示。

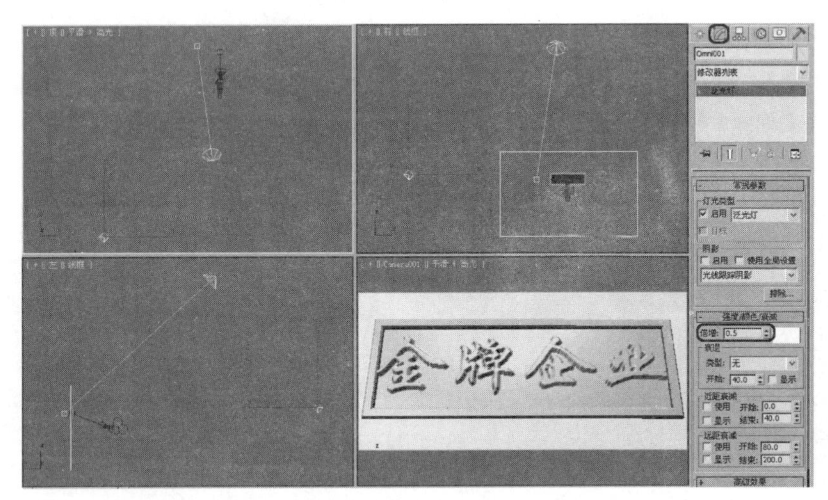

图 15.12

15.1.2　砂砾金文字

本例介绍砂砾金文字的制作方法，其效果如图 15.13 所示。首先使用前面所讲述的方法制作三维文字，其主要效果由质感来体现，再在“浮雕文字”制作的金属材质的基础上为【贴图】卷展栏中的【凹凸】通道添加【噪波】贴图即可。

图 15.13

01　选择【创建】|【图形】|【文本】工具，在【参数】卷展栏中【字体】下拉列表框中选择“隶书”选项，设置文本的【字间距】为 0.5，在【文本】文本框中输入“远大物流”，然后在【前】视图中单击创建文字，如图 15.14 所示。

02　切换到【修改】命令面板，在【修改器列表】下拉列表框中选择【倒角】修改器。在【倒角值】卷展栏中设置【起始轮廓】为 5，选择【级别 2】复选框，将【高度】设置为 10，然后选择【级别 3】复选框，将【高度】和【轮廓】分别设置为 2 和–2，如图 15.15 所示。

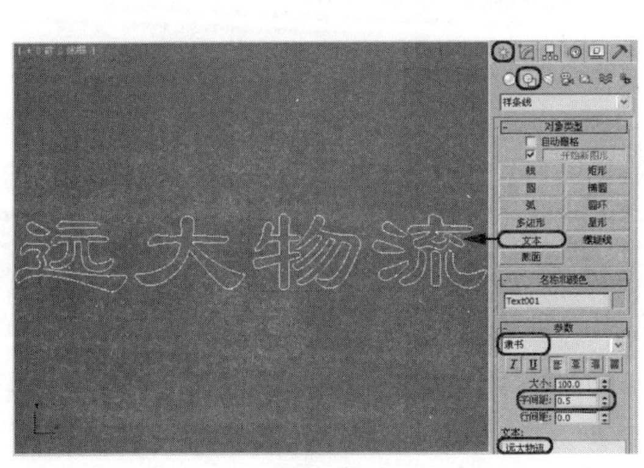

图 15.14

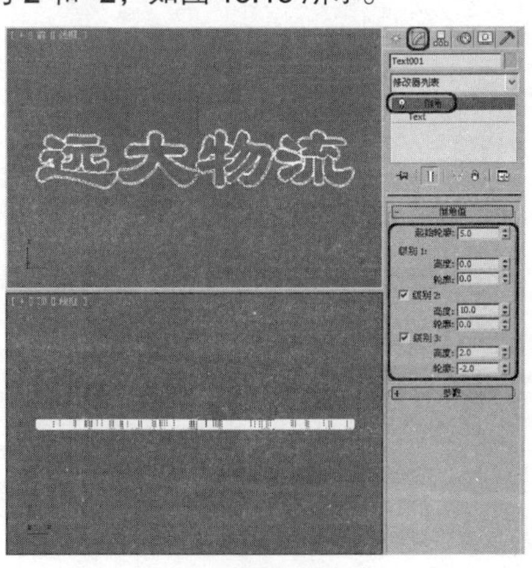

图 15.15

03 选择【创建】|【几何体】|【长方体】工具，在【前】视图中创建一个【长度】、【宽度】和【高度】分别为120、420和−1的长方体，然后将其命名为“背板”，如图15.16所示。

04 选择【创建】|【图形】|【矩形】工具，在【前】视图中绘制一个矩形，并将其命名为“边框”，在【参数】卷展栏中将【长度】和【宽度】分别设置为120和420，如图15.17所示。

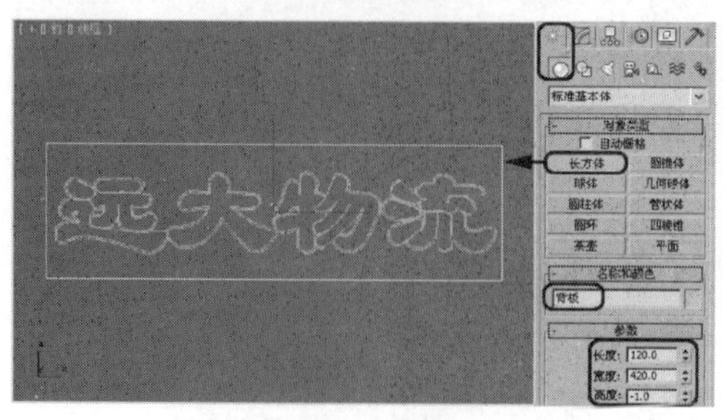
图 15.16

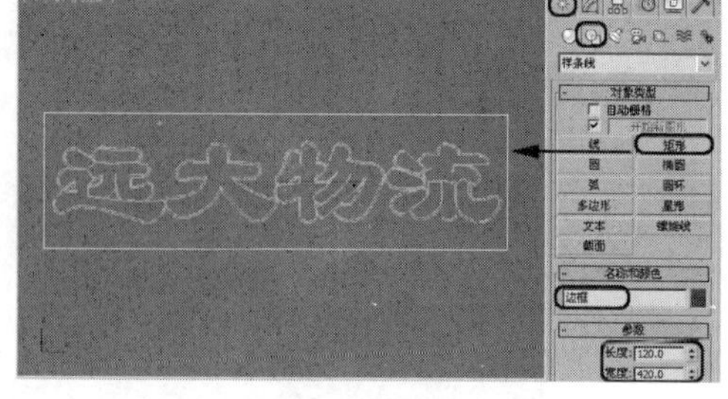
图 15.17

05 切换至【修改】命令面板，在【修改器列表】下拉列表框中选择【编辑样条线】修改器，将当前选择集定义为【样条线】，选择场景中的样条线对象，然后将【轮廓】设置为−12，如图15.18所示。

06 关闭当前选择集，在【修改器列表】下拉列表框中选择【倒角】修改器，在【倒角值】卷展栏中将【起始轮廓】设置为1.6，将【级别1】下的【高度】和【轮廓】分别设置为10和−0.8；选择【级别2】复选框，将【高度】和【轮廓】分别设置为0.5和−3.8，如图15.19所示。

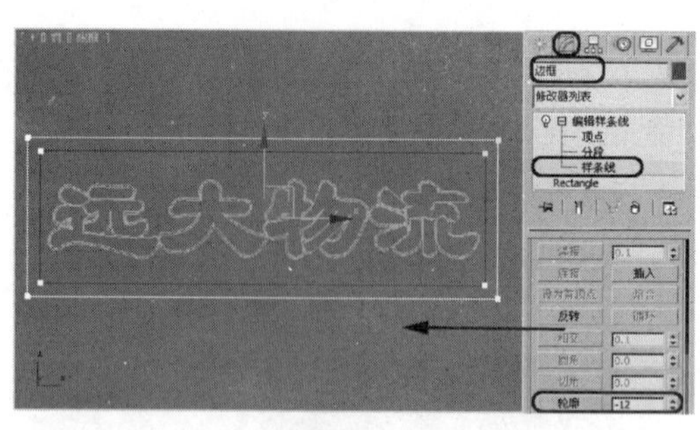
图 15.18

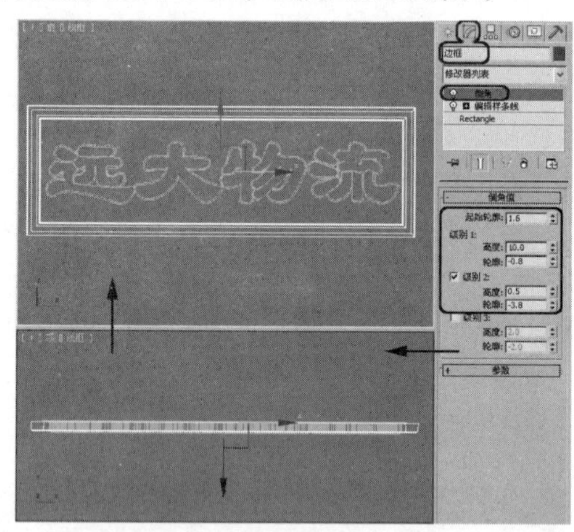
图 15.19

07 按【M】键，打开【材质编辑器】窗口，选择一个新的材质样本球，并将其命名为“边框”。在【明暗器基本参数】卷展栏中将类型定义为【金属】，在【金属基本参数】卷展栏中将【环境光】的RGB值设置为0、0、0，将【漫反射】的RGB值设置为255、240、5，在【反射高光】选项组中将【高光级别】和【光泽度】分别设置为100和80。在【贴图】卷展栏中选择【反射】复选框，然后单击后面的None按钮，在弹出的【材质/贴图浏览器】对话框中选择【位图】贴图，打开随书附带光盘中的CDROM | Map | Gold04.jpg文件，进入位图参数设置面板，使用默认参数，将当前材质指定给场景中的“边框”对象，如图15.20所示。

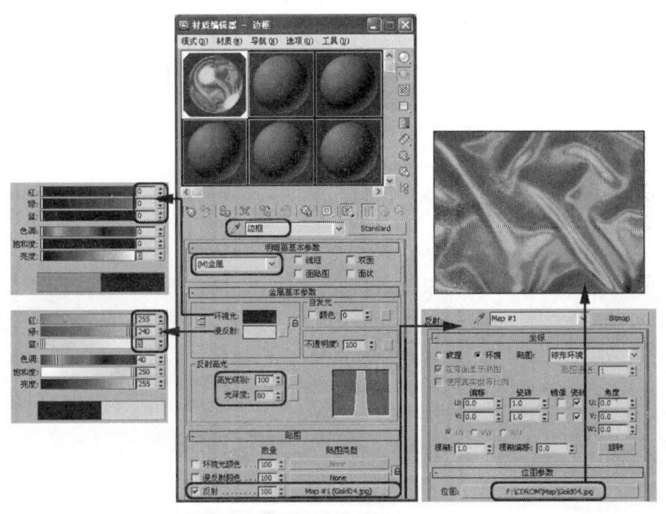

图 15.20

08　选择一个新的材质样本球，并将其命名为“背板”，在【明暗器基本参数】卷展栏中将类型定义为【金属】，在【金属基本参数】卷展栏中将【环境光】的 RGB 值设置为 0、0、0，将【漫反射】的 RGB 值设置为 255、240、5，在【反射高光】选项组中将【高光级别】和【光泽度】分别设置为 100 和 0。在【贴图】卷展栏中选择【凹凸】复选框，将【数量】设置为 120，然后单击后面的 None 按钮，在弹出的【材质/贴图浏览器】对话框中选择【位图】贴图，打开随书附带光盘中的 CDROM｜Map｜SAND.jpg 文件，进入位图参数设置面板，在【坐标】卷展栏中将【瓷砖】下的 U、V 值均设置为 1.2。然后返回主级材质面板，在【贴图】卷展栏中选择【反射】复选框，单击后面的 None 按钮，在弹出的【材质/贴图浏览器】对话框中选择【位图】贴图，打开随书附带光盘中的 CDROM｜Map｜Gold04.jpg 文件，进入位图参数设置面板，使用默认参数，将当前材质指定给场景中的“背板”对象，如图 15.21 所示。

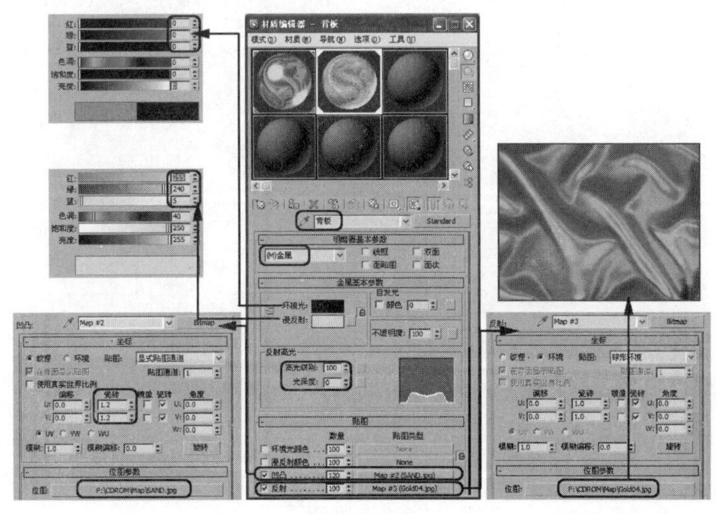

图 15.21

09 选择【创建】 |【几何体】 |【长方体】工具，在【前】视图中创建一个长方体，并将其命名为“墙壁”，在【参数】卷展栏中将【长度】、【宽度】和【高度】分别设置为 300、700 和 1，然后调整它的位置，如图 15.22 所示。

10 选择【创建】 |【摄影机】 |【目标】工具，在【顶】视图中创建一架摄影机，在【参数】卷展栏中将【镜头】设置为 43.456，然后调整它的位置。激活【透视】视图，按【C】键，将其转换为摄影机视图，如图 15.23 所示。

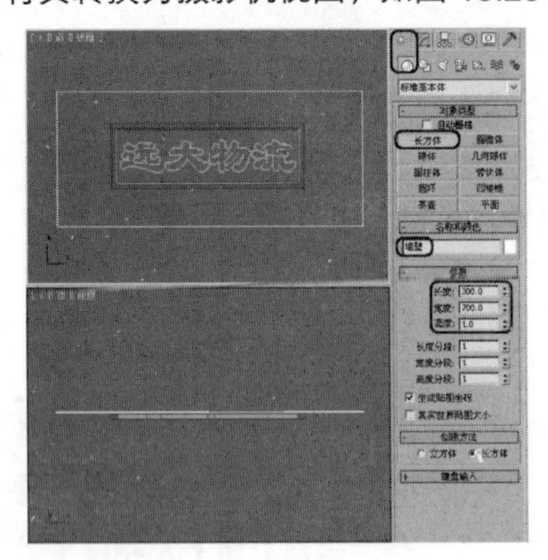

图 15.22

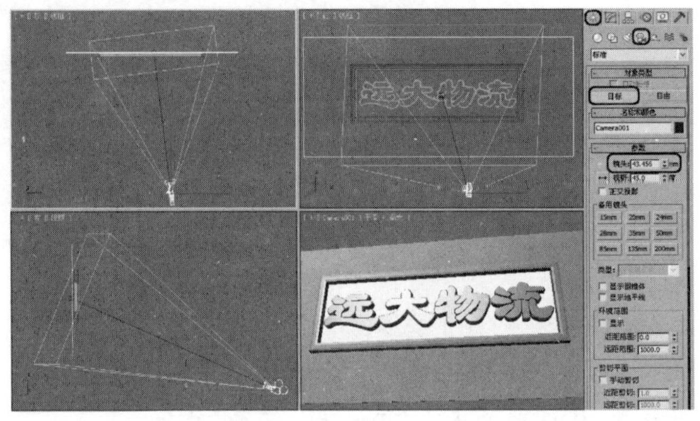

图 15.23

11 选择【创建】 |【灯光】 |【目标聚光灯】工具，在【顶】视图中创建一盏目标聚光灯，在【常规参数】卷展栏中选择【启用】复选框，然后将阴影类型设置为【光线跟踪阴影】，在【聚光灯参数】卷展栏中将【聚光区/光束】和【衰减区/区域】分别设置为 0.5 和 65，在【强度/颜色/衰减】卷展栏中将【倍增】值设置为 0.9，如图 15.24 所示。

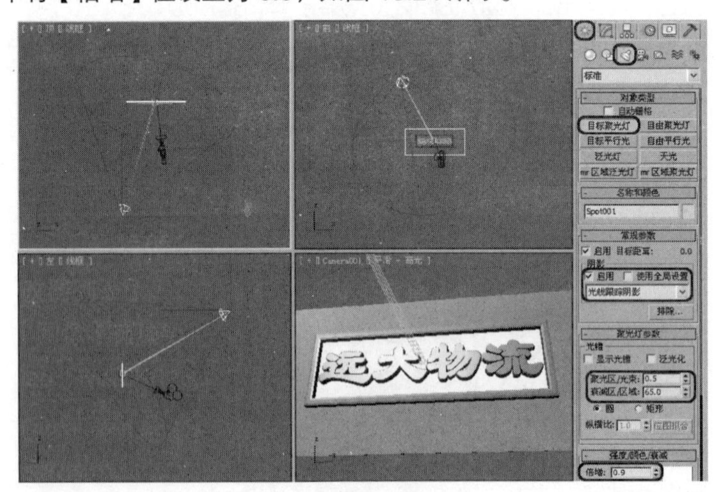

图 15.24

12 选择【创建】 |【灯光】 |【泛光灯】工具，在【顶】视图中创建一盏泛光灯，在【强度/颜色/衰减】卷展栏中将【倍增】设置为 0.3，如图 15.25 所示。

图 15.25

15.1.3 卷页字

本例将介绍字体逐渐展开效果的制作方法，效果如图 15.26 所示。首先利用文字工具制作一幅卷页字动画，并为这幅画指定【弯曲】修改器，通过记录修改器中心点的移动动作来产生最终的动画效果。

01 选择【创建】 |【图形】 |【文本】工具，在【参数】卷展栏中设置字体为“楷体_GB2312”，设置【大小】为 100，在【文本】文本框中输入“广源置业”，在【前】视图中单击创建文字，如图 15.27 所示。

图 15.26

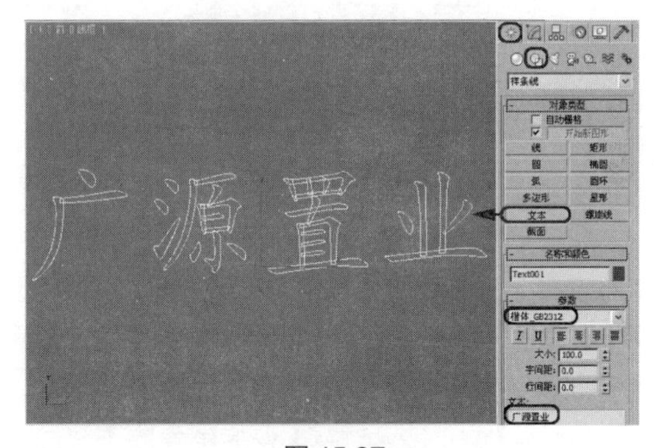

图 15.27

02 切换到【修改】命令面板，在【修改器列表】下拉列表框中选择【倒角】修改器，在【倒角值】卷展栏中设置【起始轮廓】为 3.5，将【级别 1】下的【高度】和【轮廓】分别设置为 2 和−1，如图 15.28 所示。

03 选择【创建】 |【几何体】 |【长方体】工具，在【前】视图中创建长方体，并将其命名为“背板”，在【参数】卷展栏中将【长度】、【宽度】和【高度】分别设置为 120、420 和−1，如图 15.29 所示。

04 选择【创建】 |【图形】 |【矩形】工具，在【前】视图中绘制一个矩形，并将其命名为“边框”，在【参数】卷展栏中将【长度】和【宽度】分别设置为 120 和 420，如图 15.30 所示。

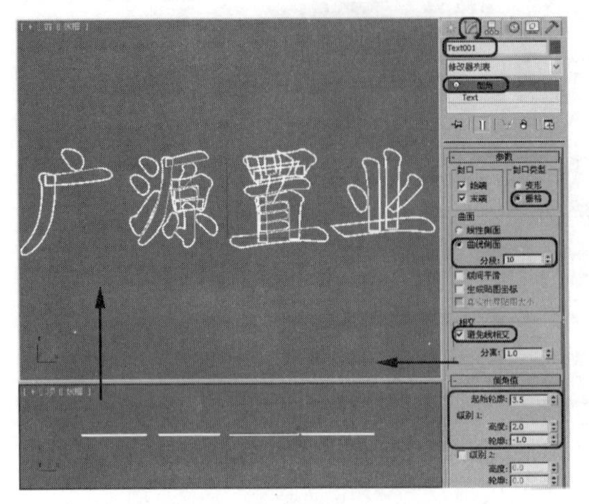

图 15.28

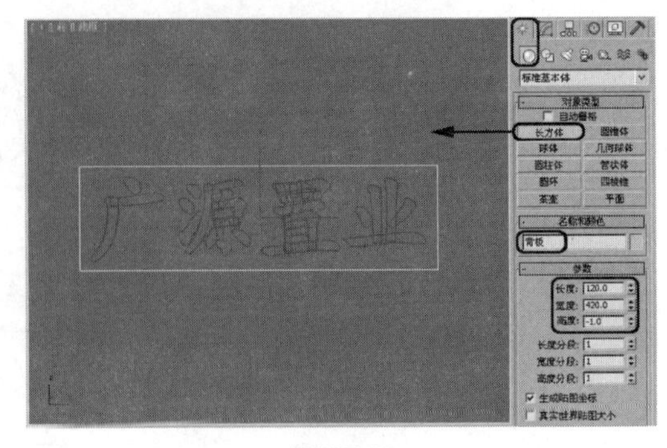

图 15.29

05 切换到【修改】命令面板，在【修改器列表】下拉列表框中选择【编辑样条线】修改器，将当前选择集定义为【样条线】，选择场景中的样条线，为其添加一个轮廓，将【轮廓】设置为–13，如图 15.31 所示。

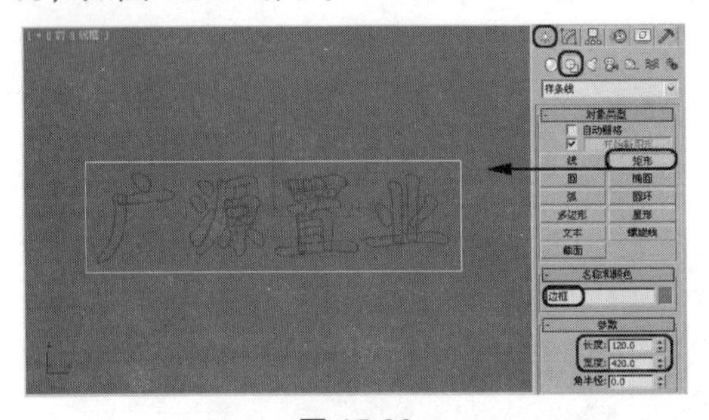

图 15.30

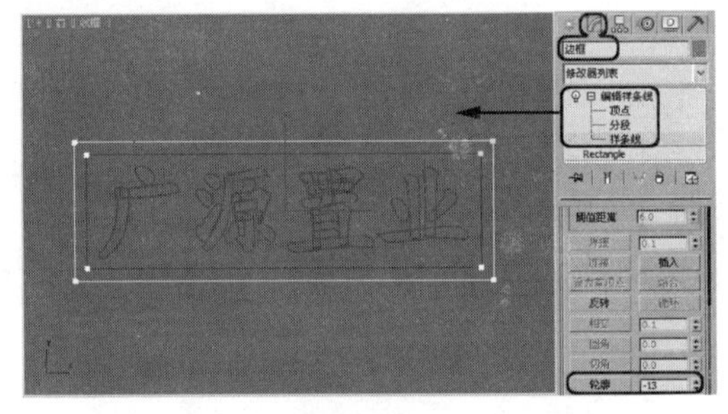

图 15.31

06 关闭当前选择集，在【修改器列表】下拉列表框中选择【倒角】修改器，在【倒角值】卷展栏中将【起始轮廓】设置为 1.6，将【级别 1】下的【高度】和【轮廓】分别设置为 10 和–0.8；选择【级别 2】复选框，将【高度】和【轮廓】设置分别为 0.5 和–3.8；在【参数】卷展栏中将【封口类型】定义为【栅格】，如图 15.32 所示。

07 按【M】键，打开【材质编辑器】窗口，选择第一个材质样本球，并将其命名为“边框”，在【明暗器基本参数】卷展栏中将类型设置为【金属】，在【金属基本参数】卷展栏中将【环境光】的 RGB 值设置为 0、0、0，将【漫反射】的 RGB 值设置为 255、240、5，将【反射高光】选项组中的【高光级别】和【光泽度】分别设置为 120 和 80。在【贴图】卷展栏中单击【反射】通道后的 None 按钮，在弹出的【材质/贴图浏览器】对话框中双击【位图】贴图，打开随书附带光盘中的 CDROM | Map | Gold04.jpg 文件，进入位图参数设置面板，在【输出】卷展栏中将【输出量】设置为 1.2，将当前材质指定给场景中的“边框”对象，如图 15.33 所示。

08 选择第一个材质样本球，并将其拖动至第二个样本球上进行复制，然后将其命名为“背板”，在【金属基本参数】卷展栏中将【漫反射】的 RGB 值设置为 255、164、5，如图 15.34 所示。

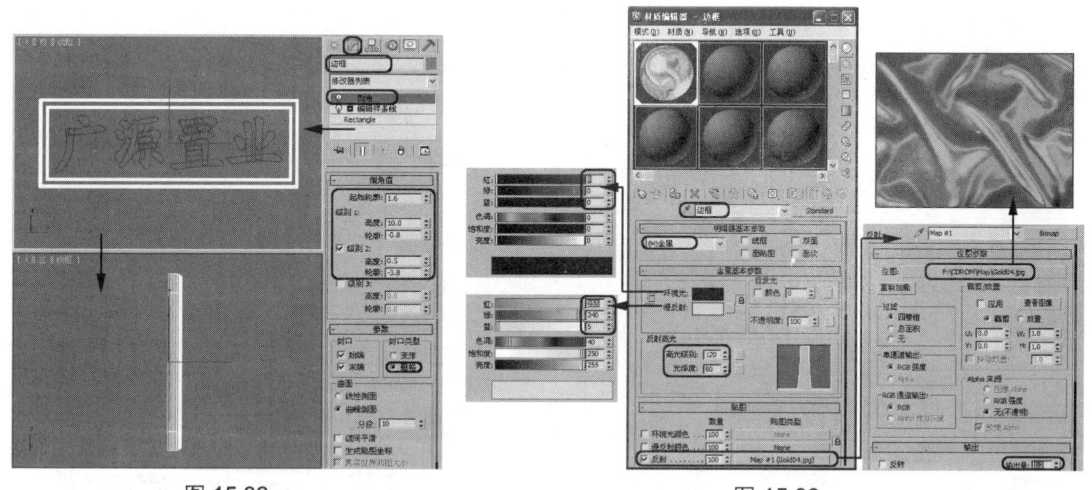

图 15.32 图 15.33

09 按【8】键，打开【环境和效果】窗口，单击【环境贴图】下的【无】按钮，在弹出的【材质/贴图浏览器】对话框中选择【渐变】贴图，如图 15.35 所示。

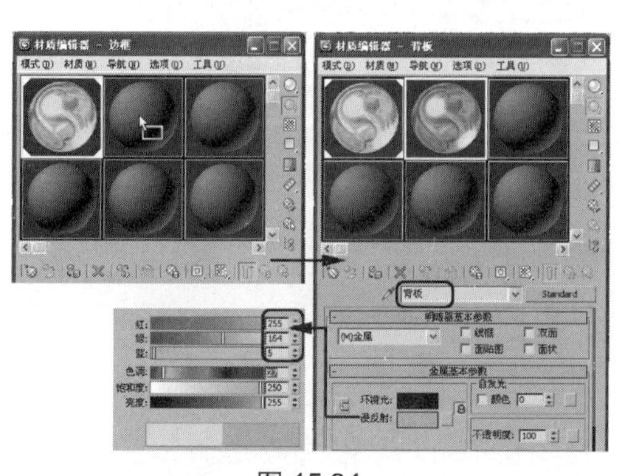

图 15.34

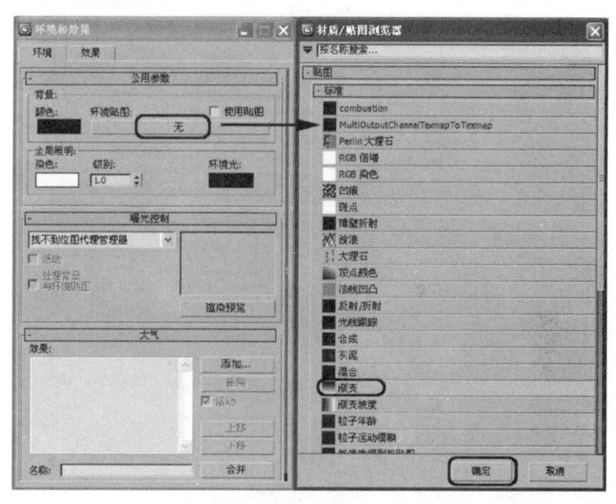

图 15.35

10 将【渐变】贴图拖动至材质编辑器中的第三个材质样本球上，并将其命名为“背景”，在弹出的对话框中选择【实例】单选按钮，然后单击【确定】按钮，如图 15.36 所示。

11 在【渐变参数】卷展栏中将【颜色 1】的 RGB 值设置为 255、255、0，将【颜色 2】的 RGB 值设置为 248、128、0，将【颜色 3】的 RGB 值设置为 205、25、0，将【颜色 2 位置】设置为 0.35，将【渐变类型】设置为【线性】。在【噪波】选项组中将【数量】设置为 0.2，将类型设置为【分形】，将【大小】设置为 1.8，如图 15.37 所示。

12 在【修改器列表】下拉列表框中选择【弯曲】修改器，并在【参数】卷展栏中将【弯曲】选项组中的【角度】设置为−660，选择【弯曲轴】选项组中的 *X* 单选按钮，并选择【限制】选项组中的【限制效果】复选框，最后将【上限】设置为 460，如图 15.38 所示。

13 打开并选择【弯曲】修改器下方的【中心】选择集，使用移动工具，在【前】视图中选择文字对象的中心控制轴，然后沿 *X* 轴向左移动，如图 15.39 所示。

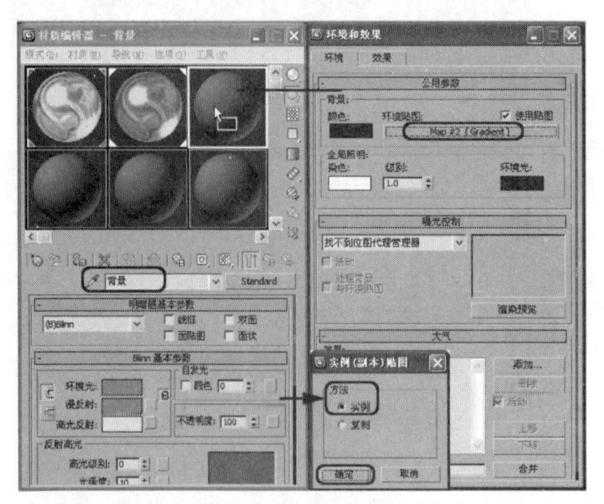

图 15.36

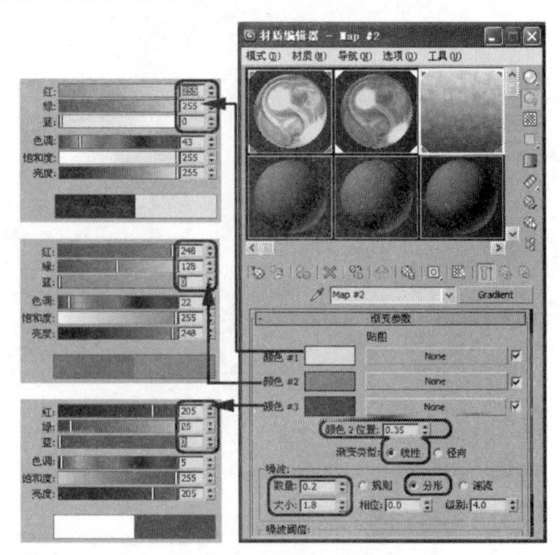

图 15.37

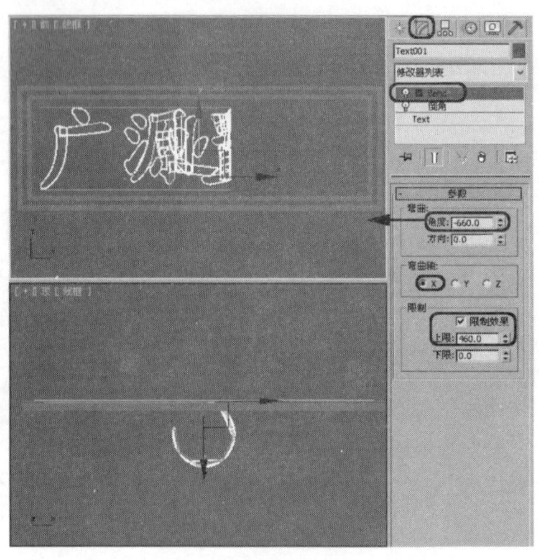

图 15.38

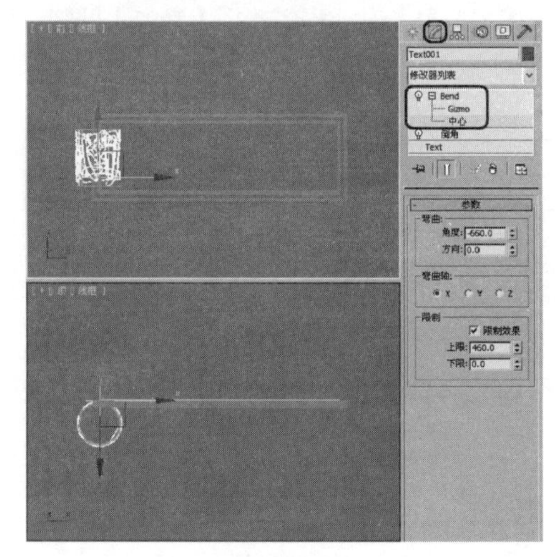

图 15.39

14 在视图底端单击【时间配置】按钮，在弹出的【时间配置】对话框中选择【帧速率】选项组中的 PAL 单选按钮，然后将【动画】选项组中的【结束时间】设置为 50，最后单击【确定】按钮，如图 15.40 所示。

15 在视图底端按下【自动关键点】按钮，并将时间滑块拖动至第 40 帧位置处。在【顶】视图中选择【弯曲】修改器的中心控制柄，然后将其沿 *X* 轴向右移动至场景的右侧，将卷曲的文字完全展开，如图 15.41 所示，最后关闭【自动关键点】按钮。

16 选择【创建】|【摄影机】|【目标】工具，在【顶】视图中创建一架摄影机，调整其所在的位置，然后激活【透视】视图，按【C】键，将其转换为摄影机视图，如图 15.42 所示。

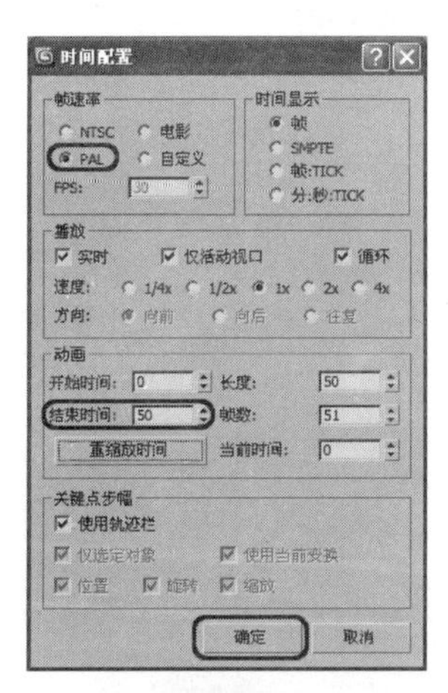

图 15.40

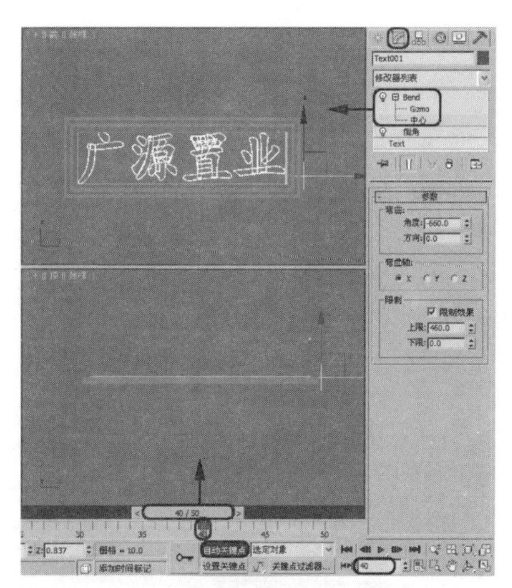

图 15.41

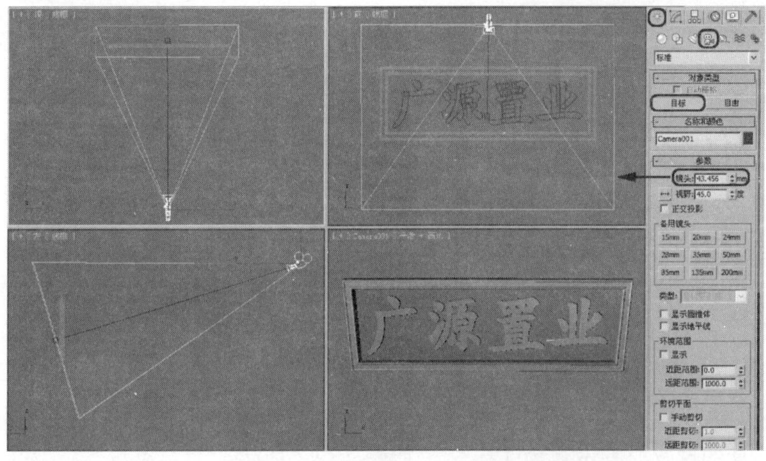

图 15.42

17 选择【创建】 |【灯光】 |【目标聚光灯】工具，在【前】视图中创建一盏目标聚光灯。在【常规参数】卷展栏中选择【启用】复选框，将阴影类型定义为【阴影贴图】，在【聚光灯参数】卷展栏中将【聚光区/光束】和【衰减区/区域】分别设置为 0.5 和 80，在【强度/颜色/衰减】卷展栏中设置阴影的 RGB 值为 180、180、180，如图 15.43 所示。

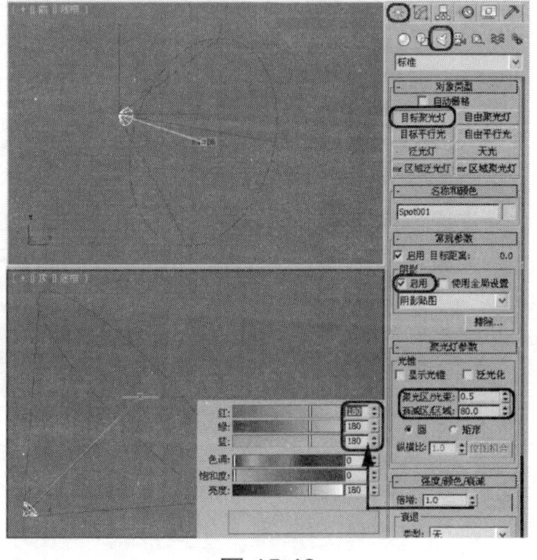

图 15.43

18 选择【创建】 |【灯光】 |【泛光灯】工具，在【前】视图中创建泛光灯，在【强度/颜色/衰减】卷展栏中将阴影颜色的 RGB 值设置为

80、80、80，并在场景中调整灯光所在的位置，如图 15.44 所示。

19 按【F10】键，打开【渲染设置】窗口，设置输出尺寸为 640×480，最后单击【渲染】按钮，并将场景保存，如图 15.45 所示。

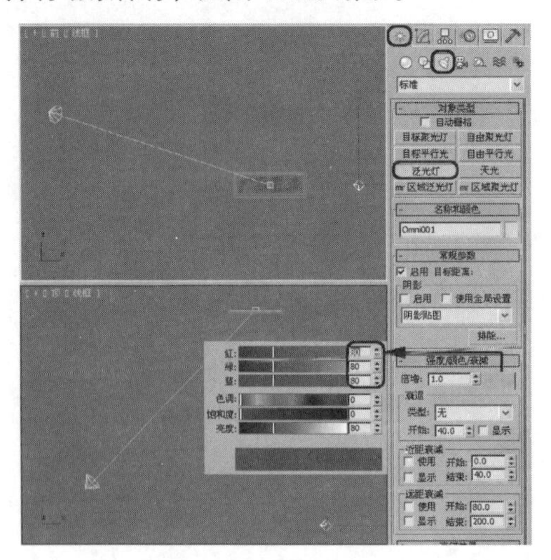

图 15.44

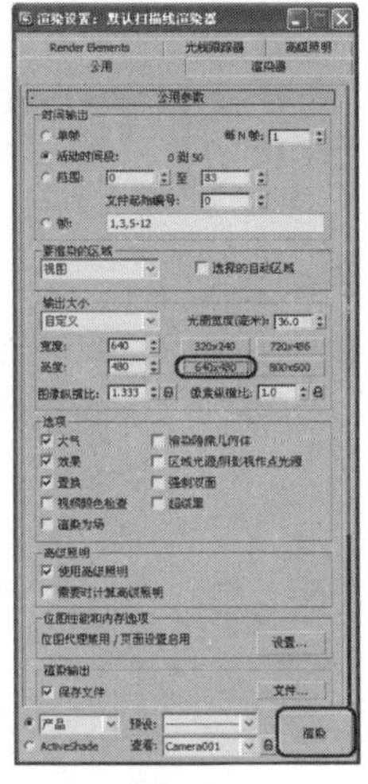

图 15.45

15.1.4 火焰崩裂字

本例将介绍火焰崩裂字的制作方法，其效果如 15.46 所示。在本例的制作过程中，镂空的文字是将文字图形与矩形嵌套在一起，由【倒角】修改器生成三维镂空模型制作而成的。文字爆炸的碎片由粒子系统产生，对一个文字替身进行了爆炸，炸裂的碎块使用镜头效果光晕过滤器进行了处理，以产生燃烧效果。

01 在视图底端的动画控制区域单击【时间配置】按钮，弹出【时间配置】对话框，在【帧速率】选项组中选择 PAL 单选按钮，将【动画】选项组中的【结束时间】设置为 125，然后单击【确定】按钮，将当前的动画时间设置为 125 帧，如图 15.47 所示。

图 15.46

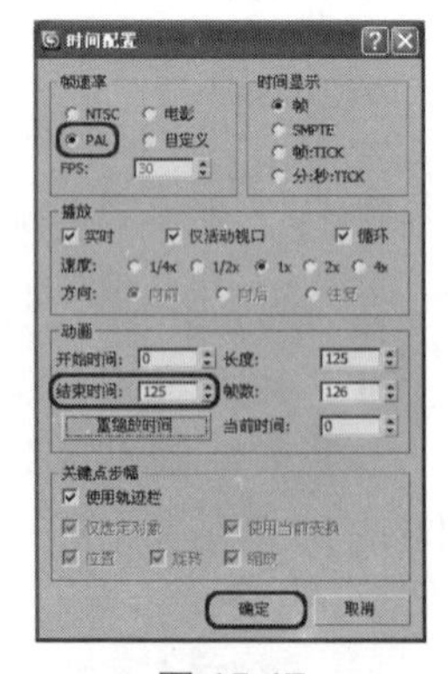

图 15.47

02 选择【创建】|【图形】|【文本】工具，在【参数】卷展栏的【字体】下拉列表框中将当前字体定义为“华文行楷”，使用默认的字号大小，在【文本】文本框中输入汉字“众力钢

铁”，然后在【前】视图中单击创建文本，并将其命名为“镂空”，如图 15.48 所示。

03　选择【矩形】工具，在【前】视图中创建一个【长度】、【宽度】和【角半径】分别为 110、380 和 5 的矩形，如图 15.49 所示。

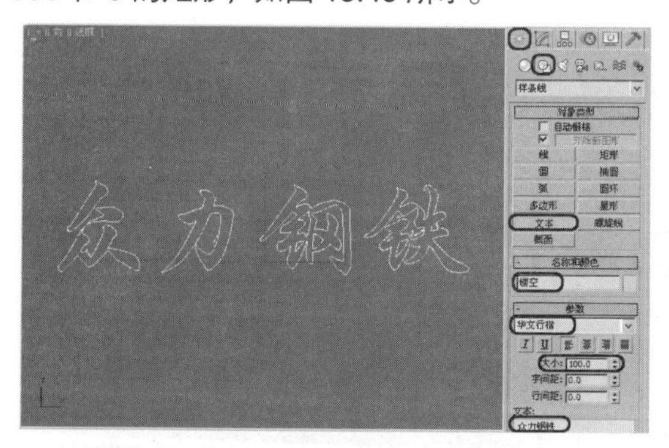

图 15.48

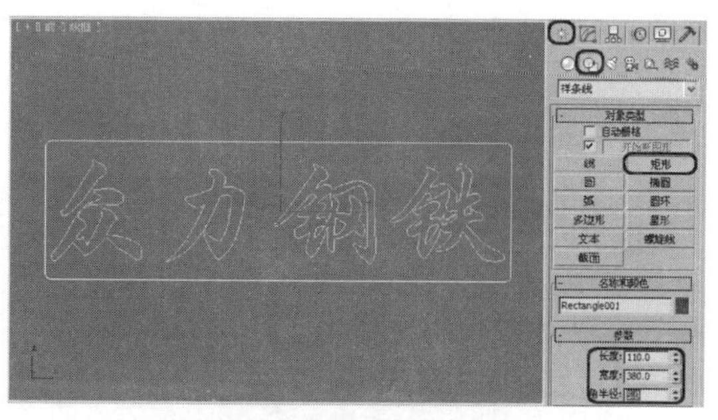

图 15.49

04　在视图中选择“镂空”对象，切换到【修改】命令面板，在【修改器列表】下拉列表框中选择【编辑样条线】修改器，在【几何体】卷展栏中单击【附加】按钮，最后在视图中选择矩形对象，将它们结合在一起，如图 15.50 所示。

05　将当前选择集定义为【顶点】，在场景中删除不需要的顶点，并适当地调整文本的形状，如图 15.51 所示。

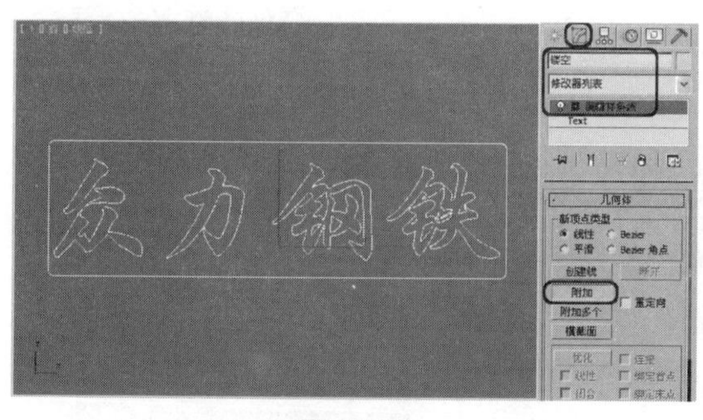

图 15.50

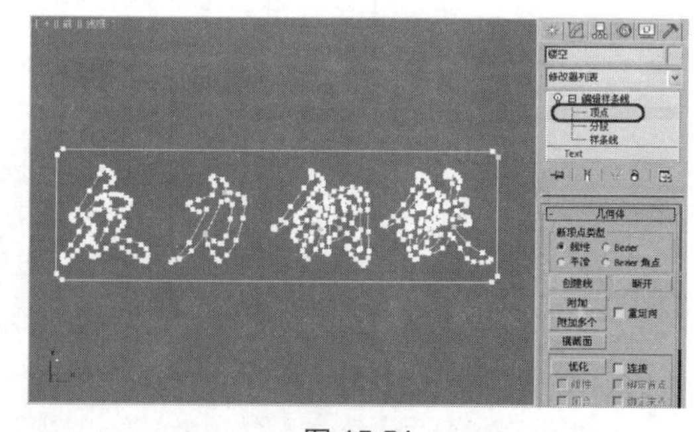

图 15.51

06　关闭选择集，在【修改器列表】下拉列表框中选择【倒角】修改器，在【倒角值】卷展栏中将【级别 1】下的【高度】设置为 15，选择【级别 2】复选框，将其下的【高度】和【轮廓】分别设置为 2 和−2，在【参数】卷展栏中选择【避免线相交】复选框，如图 15.52 所示。

07　在工具栏中单击【材质编辑器】按钮，打开【材质编辑器】窗口，选择第一个材质样本球，在【明暗器基本参数】卷展栏中设置明暗器类型为【金属】。在【金属基本参数】卷展栏中设置【环境光】的 RGB 值为 78、31、0，设置【漫反射】的 RGB 值为 255、192、17，设置【反射高光】选项组中的【高光级别】和【光泽度】分别为 100 和 80，如图 15.53 所示。

08　展开【贴图】卷展栏，单击【凹凸】通道后的 None 按钮，在弹出的【材质/贴图浏览器】对话框中选择【噪波】贴图，单击【确定】按钮，进入【凹凸】通道的贴图层级。在【坐标】卷展栏中将【瓷砖】下的 X、Y、Z 值分别设置为 4、4、4。在【噪波参数】卷展栏中设置【噪波类型】

为【湍流】，设置【大小】为 1。单击【转到父对象】按钮，返回父材质层级，在【贴图】卷展栏中单击【反射】通道后面的 None 按钮，在弹出的【材质/贴图浏览器】对话框中选择【位图】贴图，单击【确定】按钮，再在弹出的对话框中选择随书附带光盘中的 CDROM｜Map｜Gold04.jpg 贴图，单击【打开】按钮，进入位图层级面板，使用默认参数，单击【转到父对象】按钮，返回父材质层级。单击【将材质指定给选定对象】按钮，将材质指定给场景中的对象，如图 15.54 所示。

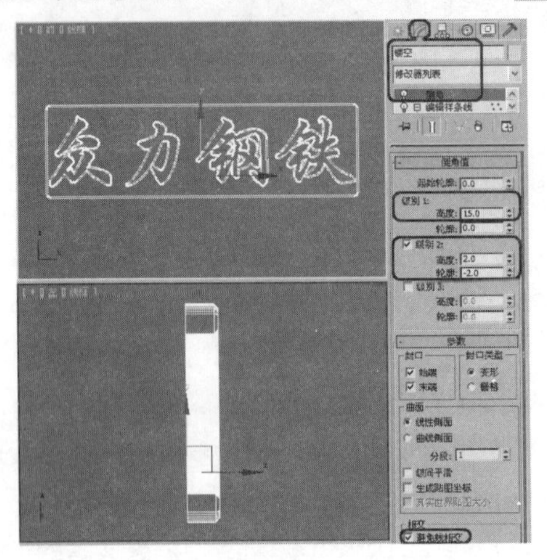

图 15.52

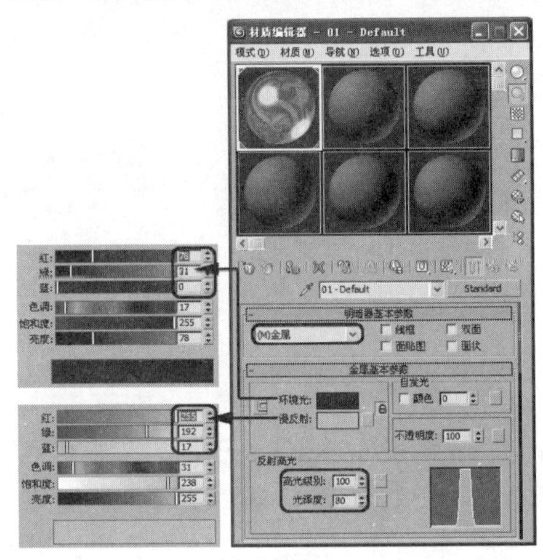

图 15.53

09 按【Ctrl+V】组合键对当前选择的“镂空”对象进行复制，在弹出的对话框中将当前复制的新对象重新命名为“遮挡”，选择【复制】单选按钮，然后单击【确定】按钮，如图 15.55 所示。

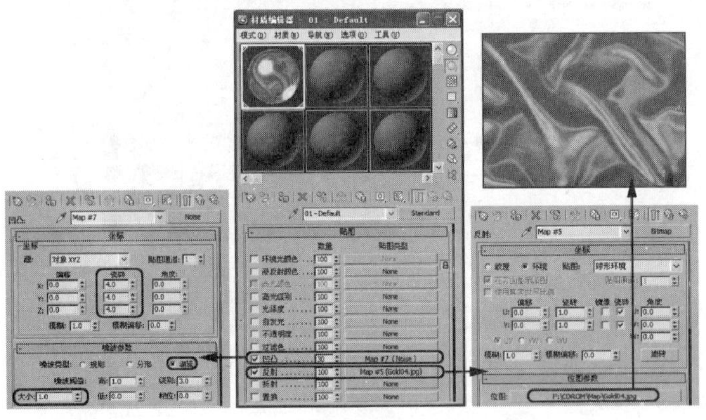

图 15.54

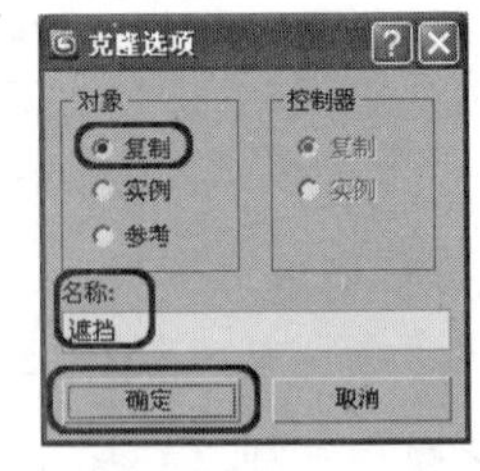

图 15.55

10 返回【编辑样条线】堆栈层，定义当前选择集为【样条线】，在视图中选择“镂空”字外侧的矩形样条曲线，按【Delete】键将其删除，然后关闭当前选择集，返回【倒角】堆栈层，得到实体文字，如图 15.56 所示。

11 确定“遮挡”对象处于选中状态，选择并进入【倒角】修改器，然后将【倒角值】卷展栏中【级别 1】选项组中的【高度】和【轮廓】均设置为 0，并取消选择【级别 2】复选框，效果如图 15.57 所示。

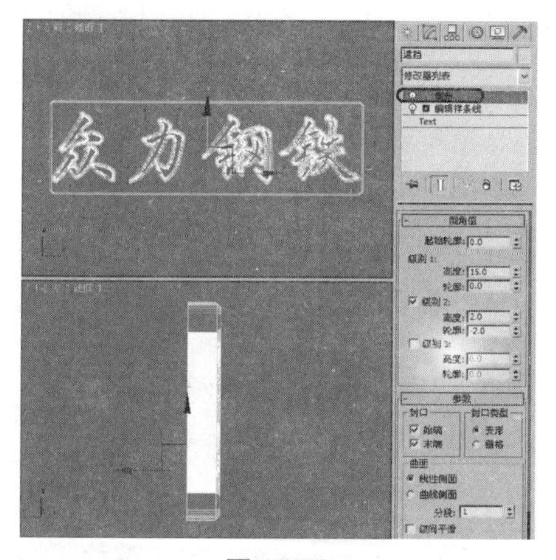

图 15.56

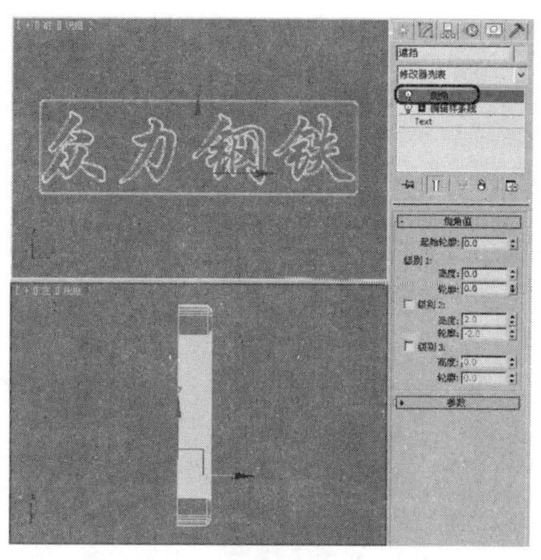

图 15.57

12 确定“遮挡”对象处于选中状态，按【Ctrl+V】组合键，在弹出的【克隆选项】对话框中将复制类型定义为【复制】，将新对象重新命名为“粒子”，最后单击【确定】按钮，如图 15.58 所示。

13 在场景中选择“遮挡”对象，在工具栏中单击【轨迹视图】按钮，打开【轨迹视图】窗口，选择【轨迹】|【可见性轨迹】|【添加】命令，为“遮挡”对象添加一个可视性轨迹控制器，如图 15.59 所示。

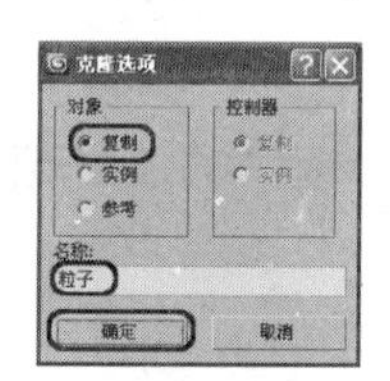

图 15.58

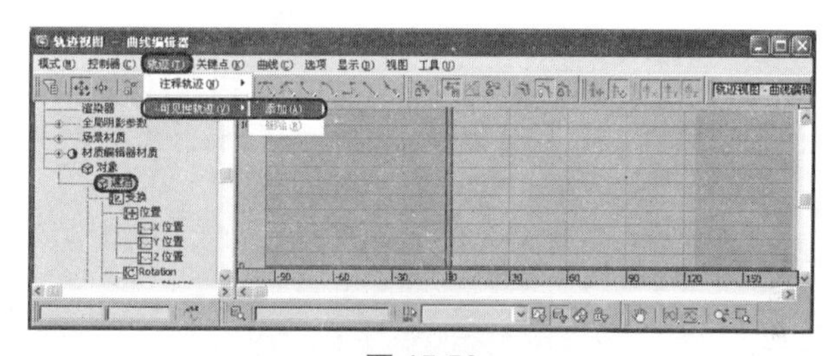

图 15.59

14 在【轨迹视图】窗口的工具栏中单击【添加关键点】按钮，在第 0 帧、第 10 帧和第 11 帧处各添加一个关键点，其中前两个关键点的值都是 1，表示物体可见。在添加完第 11 帧处的关键帧后，在【轨迹视图】窗口底部的数值输入框中输入 0，表示物体不可见，如图 15.60 所示。

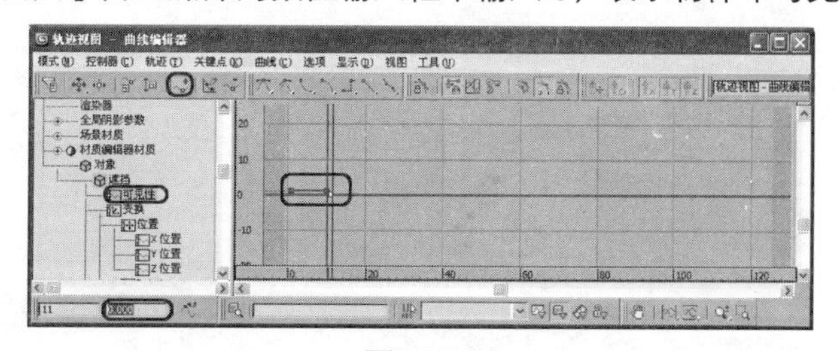

图 15.60

15 在场景中调整【透视】视图的角度，按【Ctrl+C】组合键创建摄影机，如图 15.61 所示。

16 选择【创建】|【几何体】|【粒子系统】|【粒子阵列】工具，在【顶】视图中创建一个粒子阵列系统，它的位置和大小不影响最后的效果，如图 15.62 所示。

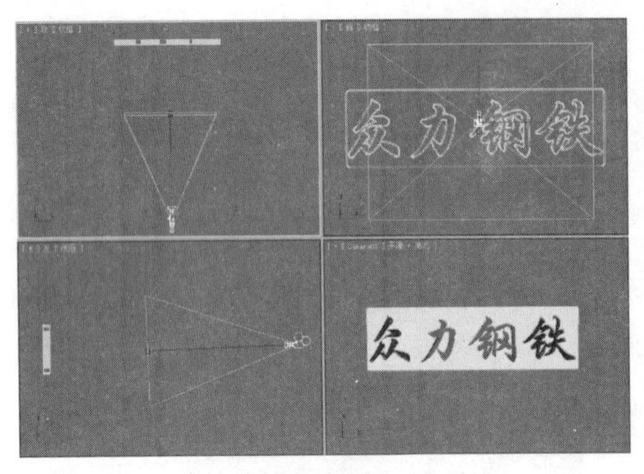

图 15.61

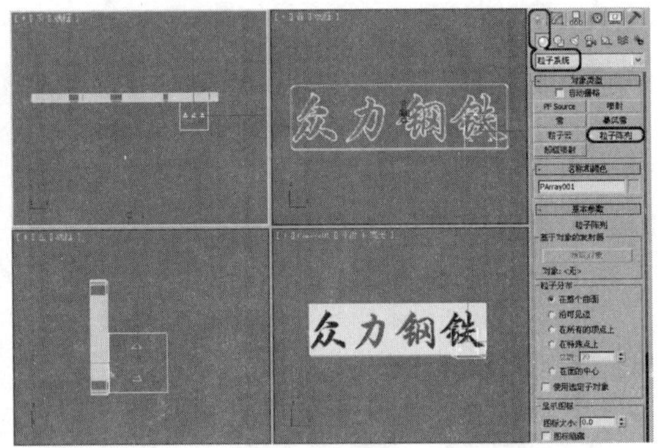

图 15.62

17 切换到【修改】命令面板，在【基本参数】卷展栏中单击【拾取对象】按钮，然后按【H】键，弹出【从场景选择】对话框，选择"粒子"对象，单击【拾取】按钮，将它作为粒子系统的替身，在【显示图标】选项组中将【图标大小】设置为 73，在【视口显示】选项组中选择【网格】单选按钮，这样在视图中会看到以网格物体显示的粒子碎块；在【粒子生成】卷展栏中将【速度】、【变化】和【散度】分别设置为 8、45%和 32 度。将【发射开始】、【显示时限】和【寿命】分别设置为 10、125 和 125，将【唯一性】选项组中的【种子】设置为 24567；展开【粒子类型】卷展栏，选择【对象碎片】单选按钮，将【对象碎片控制】选项组中的【厚度】设置为 8，选择【碎片数目】单选按钮，并将其最小值设置为 100；在【旋转和碰撞】卷展栏中将【自旋速度控制】选项组中的【自旋时间】设置为 40，将【变化】设置为 15%，如图 15.63 所示。

18 粒子系统设置完成后，在场景中选择"粒子"对象，将其中的【倒角】修改器删除，如图 15.64 所示。

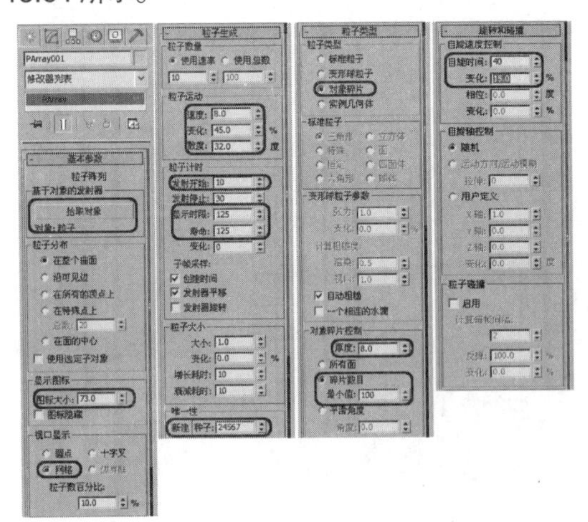

图 15.63

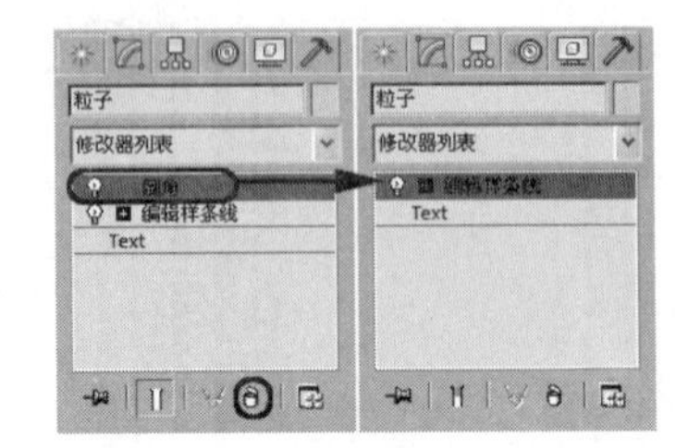

图 15.64

19 选择粒子系统并右击，在弹出的菜单中选择【对象属性】命令，在弹出的对话框中将【对象 ID】设置为 1，在【运动模糊】选项组中选择【图像】单选按钮，单击【确定】按钮，为粒子系统设置 ID 号和图像运动模糊，如图 15.65 所示。

20 选择【创建】 |【灯光】 |【目标聚光灯】工具，在场景中创建并调整目标聚光灯。切换到【修改】命令面板，在【常规参数】卷展栏中选择【启用】复选框，设置阴影模式为【阴影贴图】；在【强度/颜色/衰减】卷展栏中设置【倍增】为 2，设置其 RGB 值为 255、240、69，在【远距衰减】选项组中选择【使用】和【显示】复选框，分别设置【开始】和【结束】为 394 和 729；在【聚光灯参数】卷展栏中设置【聚光区/光束】为 15，【衰减区/区域】为 22，选择【矩形】单选按钮，设置【纵横比】为 3.52，如图 15.66 所示。

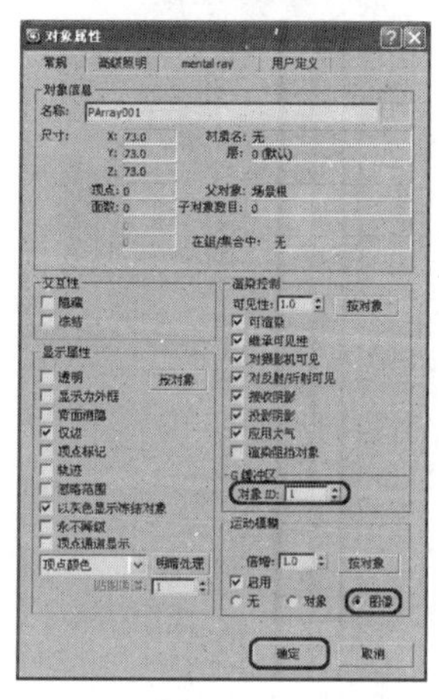
图 15.65

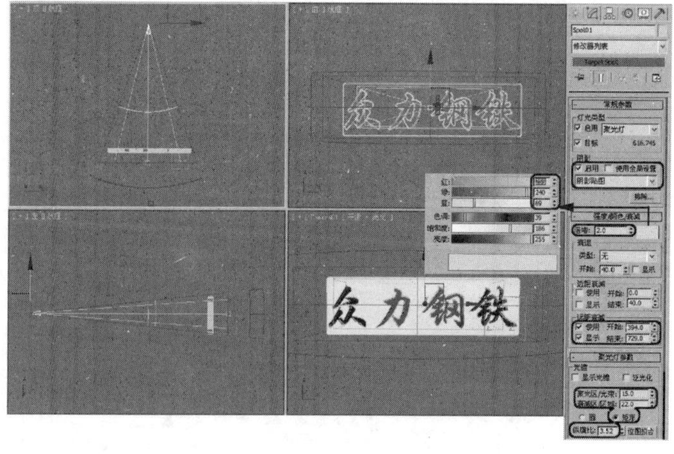

图 15.66

21 在目标聚光灯的【高级效果】卷展栏中选择【投影贴图】选项组中的【贴图】复选框，单击 None 按钮，在弹出的对话框中选择【噪波】贴图，单击【确定】按钮。按【M】键，在打开的【材质编辑器】窗口中将灯光投影贴图拖动到一个新的材质样本球上，在弹出的对话框中选择【实例】单选按钮；在【坐标】卷展栏中设置【模糊】为 15.5，【模糊偏移】为 5.4；在【噪波参数】卷展栏中设置【噪波类型】为【规则】，设置【大小】为 625，设置【颜色 1】的 RGB 为 255、48、0，设置【颜色 2】的 RGB 为 255、255、90，如图 15.67 所示。

22 按【8】键，打开【环境和效果】窗口，在【大气】卷展栏中单击【添加】按钮，在弹出的对话框中选择【体积光】选项，单击【确定】按钮，添加一个体积光。在【体积光参数】卷展栏中单击【拾取灯光】按钮，然后在场景中选择 Spot01 对象，将【雾颜色】的 RGB 值设置为 255、242、135，将【衰减倍增】设置为 0，如图 15.68 所示。

23 按下【自动关键点】按钮，拖动时间滑块至第 40 帧位置处，在场景中选择目标聚光灯，在【强度/颜色/衰减】卷展栏中设置【远距衰减】选项组中的【开始】为 480，【结束】为 900，如图 15.69 所示。

24 拖动时间滑块至第 65 帧位置处，在场景中选择目标聚光灯，在【强度/颜色/衰减】卷展栏中设置【远距衰减】选项组中的【开始】为 300，【结束】为 550，如图 15.70 所示。

25 拖动时间滑块至第 75 帧位置处，在场景中选择目标聚光灯，在【强度/颜色/衰减】卷展栏中设置【远距衰减】选项组中的【开始】为 0，【结束】为 0，如图 15.71 所示，关闭【自动关键点】按钮。

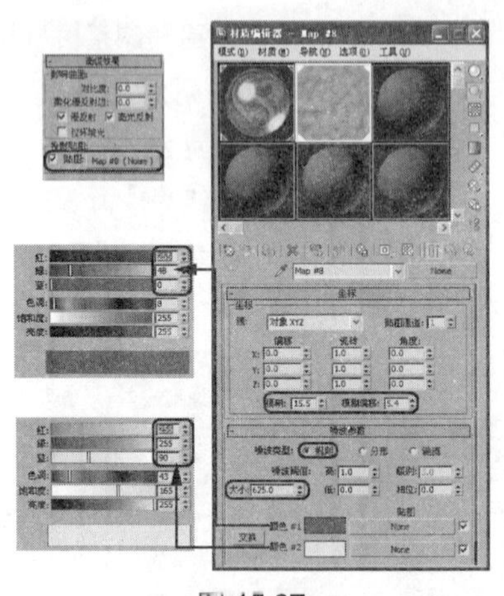

图 15.67

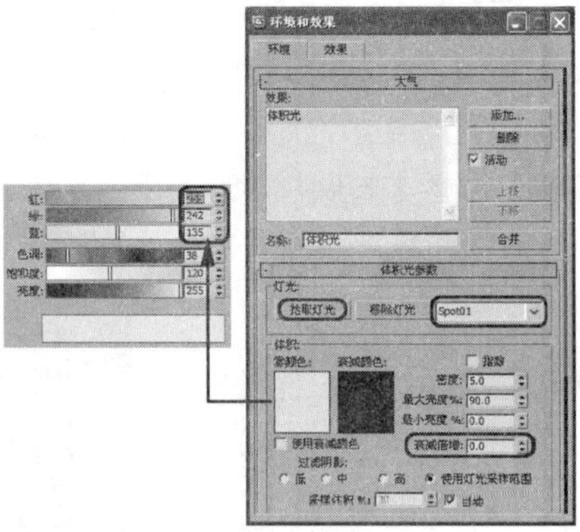

图 15.68

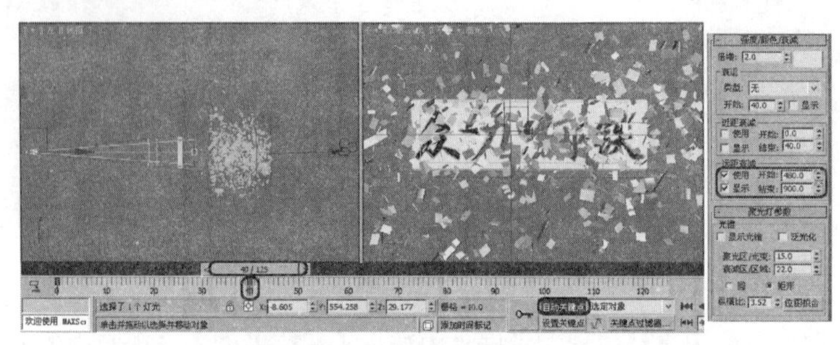

图 15.69

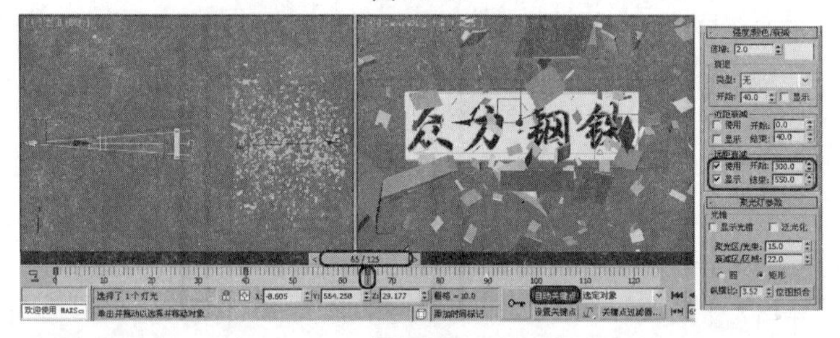

图 15.70

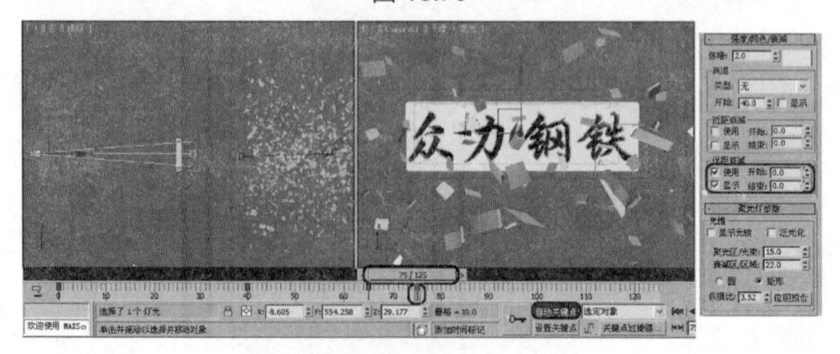

图 15.71

26 然后在场景中创建两盏用于基本照明的泛光灯，以调整灯光的位置，如图 15.72 所示。设置其颜色为黄色，设置【倍增】为 1。

27 选择【创建】 |【辅助对象】 |【球体 Gizmo】按钮，在【顶】视图中文字对象的后方位置处创建一个圆球线框，并将【半径】设置为 47，选择【半球】复选框，使当前所创建的圆球线框形成一个半球，如图 15.73 所示。

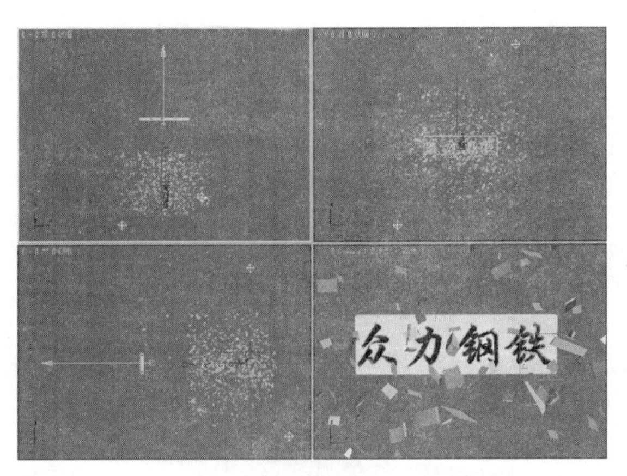

图 15.72

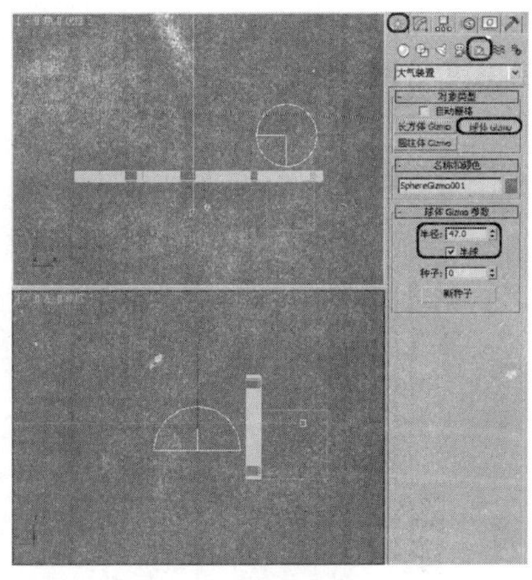
图 15.73

28 单击【选择并均匀缩放】按钮，在场景中缩放大气装置，并在场景中复制装置，如图 15.74 所示。

29 打开【环境和效果】窗口，在【大气】卷展栏中单击【添加】按钮，在弹出的对话框中选择【火效果】选项，单击【确定】按钮，添加一个火效果。在【火效果参数】卷展栏中单击【拾取 Gizmo】按钮，在场景中拾取球体 Gizmo，在【图形】选项组中选择【火舌】单选按钮，设置【规则性】为 0.3，在【特性】选项组中设置【火焰大小】为 18，【火焰细节】为 10，【密度】为 15，【采样数】为 20，如图 15.75 所示。

30 拖动时间滑块至第 125 帧位置处，按下【自动关键点】按钮，设置【火效果参数】卷展栏的【动态】选项组中的【相位】为 150，如图 15.76 所示，关闭【自动关键点】按钮。

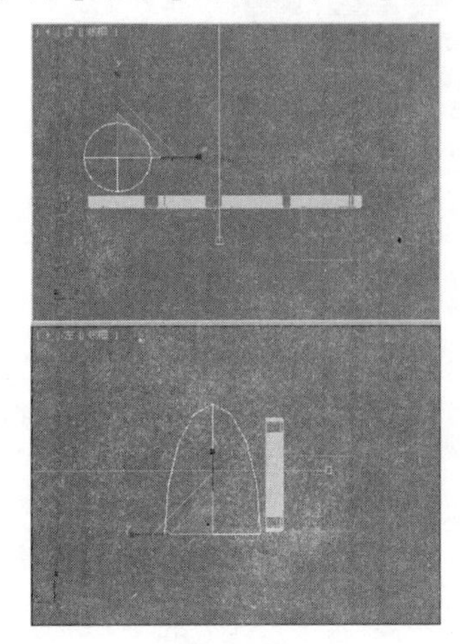
图 15.74

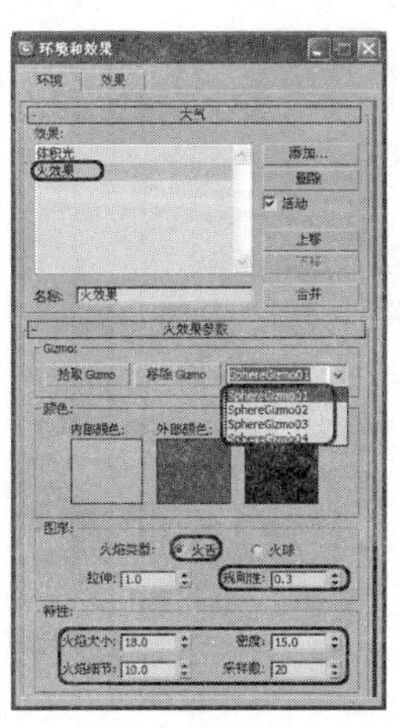
图 15.75

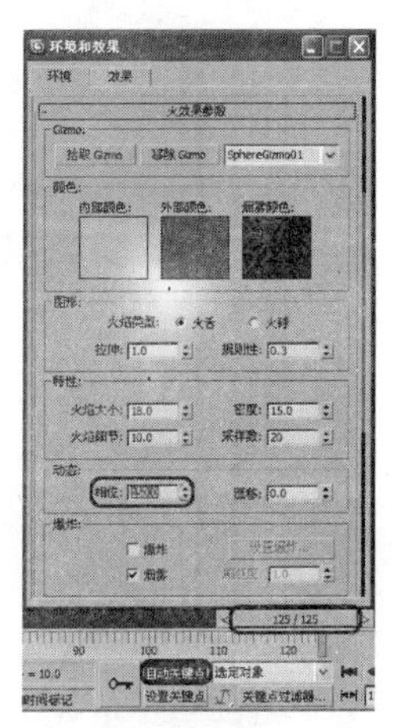
图 15.76

31 选择【渲染】|Video Post 命令，打开 Video Post 窗口，如图 15.65 所示，单击【带添加场景事件】按钮，在弹出的对话框中使用默认的参数，然后单击【确定】按钮，如图 15.77 所示。

32 单击【添加图过滤事件】按钮，为场景添加一个过滤器事件，在弹出的对话框中选择过滤器事件下拉列表中的【镜头效果光晕】过滤器，单击【确定】按钮，将它添加到序列窗口中，如图 15.78 所示。

图 15.77

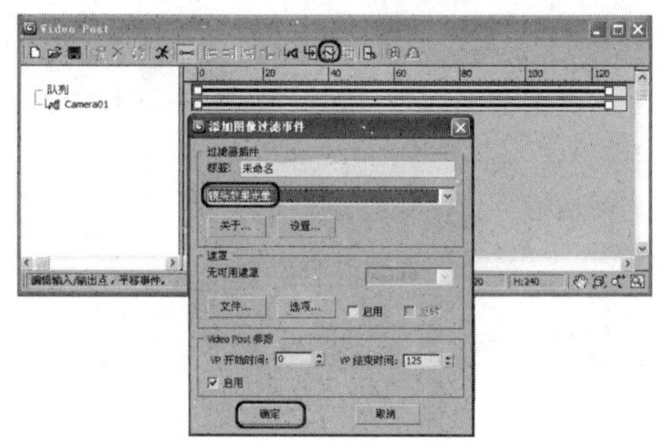

图 15.78

33 单击【添加图像输出事件】按钮，在弹出的对话框中单击【文件】按钮，设置文件输出的路径和名称，单击【保存】按钮。然后在弹出的【AVI 文件压缩设置】对话框中选择压缩器，设置【主帧比率】为 15，最后单击【确定】按钮，如图 15.79 所示。

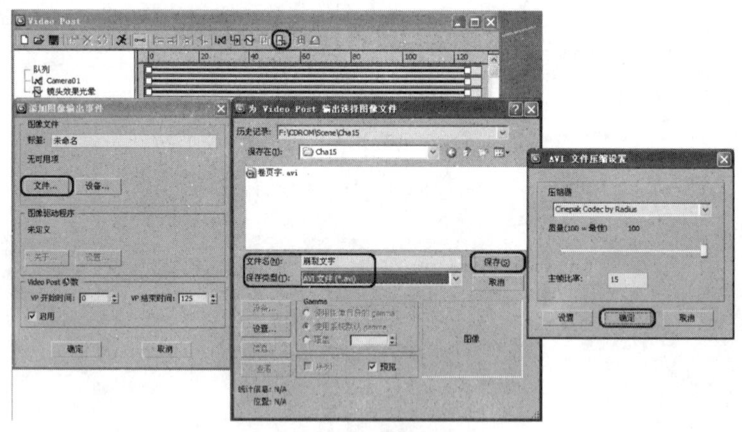

图 15.79

34 在序列窗口中双击【镜头效果光晕】选项，在弹出的对话框中单击【设置】按钮，如图 15.80 所示。

35 打开【镜头效果光晕】窗口，分别单击【预览】和【VP 队列】按钮，由于为粒子系统设置的值为 1 的 ID 号，所以它将自动产生发光效果。选择【首选项】选项卡，将【大小】设置为 2。在【颜色】选项组中选择【用户】单选按钮，将颜色的 RGB 值设置为 255、85、0，将【强度】设置为 10，如图 15.81 所示。

图 15.80

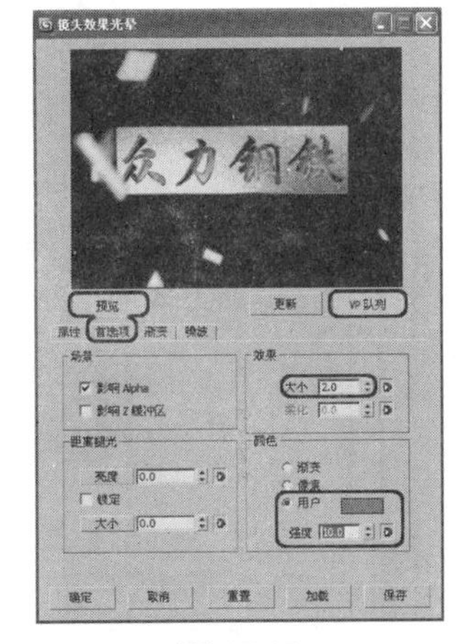

图 15.81

36 选择【噪波】选项卡，选择【电弧】单选按钮，将【运动】和【质量】分别设置为 0 和 10。选择【红】、【绿】和【蓝】3 个复选框。将【大小】和【速度】分别设置为 20 和 0.2，将【基准】设置为 65，如图 15.82 所示。

37 在 Video Post 窗口中单击【执行序列】按钮，在弹出的对话框中设置输出动画的大小，选择【范围】单选按钮，设置动画范围，如图 15.83 所示。

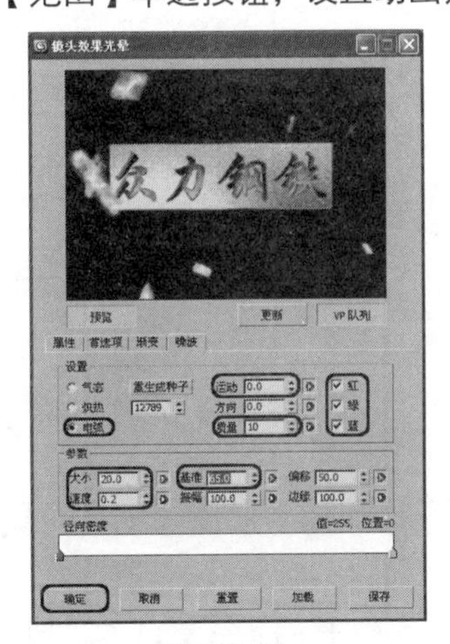

图 15.82

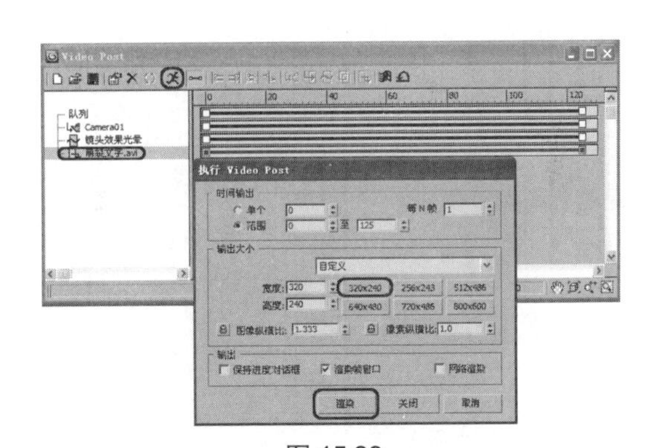

图 15.83

38 最后单击【渲染】按钮，即可进入动画的渲染过程。

39 完成制作后，选择【应用程序】|【保存】命令，对文件进行保存。

15.2　小河流水

本节将介绍小河流水的制作方法，首先创建模型，再分别对它们赋予材质，最后再设置材质动画和摄影机动画，完成后的效果如图 15.84 所示。

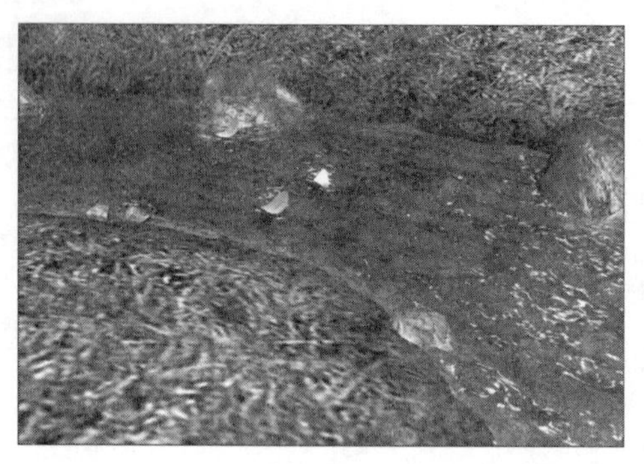

图 15.84

15.2.1 创建基本模型场景

通过对本节的学习，使读者掌握流水动画的制作、水流材质的设置、石头模型的制作，以及置换修改器的使用等。

01 选择【创建】|【几何体】|【面片栅格】|【四边形面片】工具，在【顶】视图中创建一个【长度】和【宽度】分别为 185 和 190 的方形面片，并将其命名为“陆地”。切换到【修改】命令面板，选择【修改器列表】下拉列表框中的【编辑面片】修改器，在【几何体】卷展栏中将【曲面】选项组中的【视图步数】和【渲染步数】分别设置为 100 和 10，并选择【显示内部边】复选框，如图 15.85 所示。

02 关闭当前选择集，在【修改器列表】下拉列表框中选择【编辑网格】修改器，将面片转换为网格物体，如图 15.86 所示。

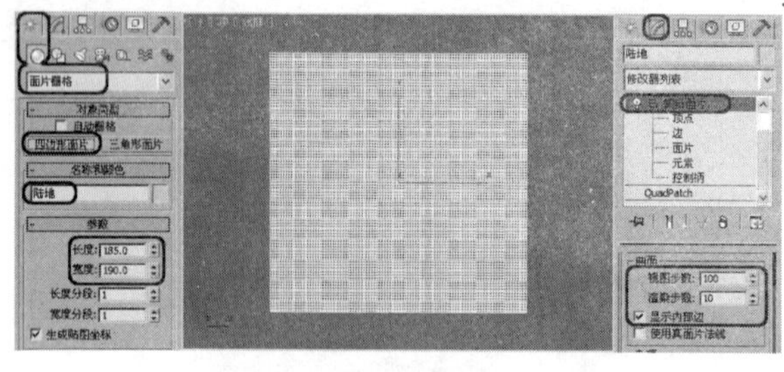

图 15.85

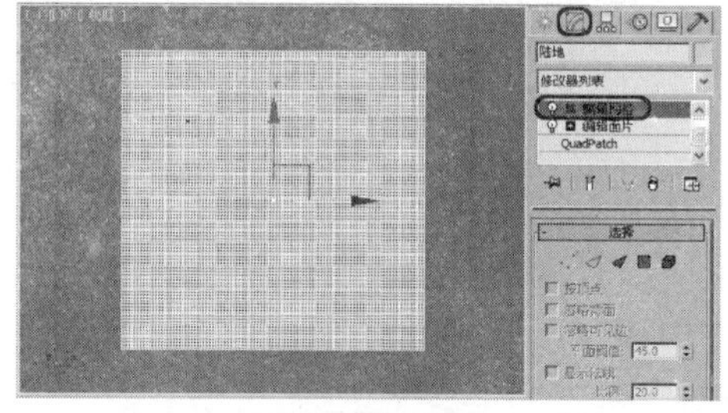

图 15.86

03 在【修改器列表】下拉列表框中选择【置换】修改器，在【参数】卷展栏中将【强度】设置为 12，单击【图像】选项组中【位图】下的【无】按钮，在弹出的对话框中选择随书附带光盘中的 CDROM | Map | MASK02.jpg 文件，然后单击【打开】按钮，如图 15.87 所示。

> **提示：** 文中所使用的【置换】修改器，在修改器下拉列表框中显示为【置换】，在修改器堆栈中显示为 Displace。

04 选择【创建】|【几何体】|【面片栅格】|【四边形面片】工具，在【顶】视图中创建一个面片，在【参数】卷展栏中将【长度】、【宽度】、【长度分段】和【宽度分段】分别设置为 350、23、6 和 1，并将其命名为“河流”。切换到【修改】命令面板，在【修改器列表】下拉列表框中选择【编辑面片】修改器，在【几何体】卷展栏中将【曲面】选项组中的【视图步数】和

【渲染步数】分别设置为 45 和 5，并选择【显示内部边】复选框，如图 15.88 所示。

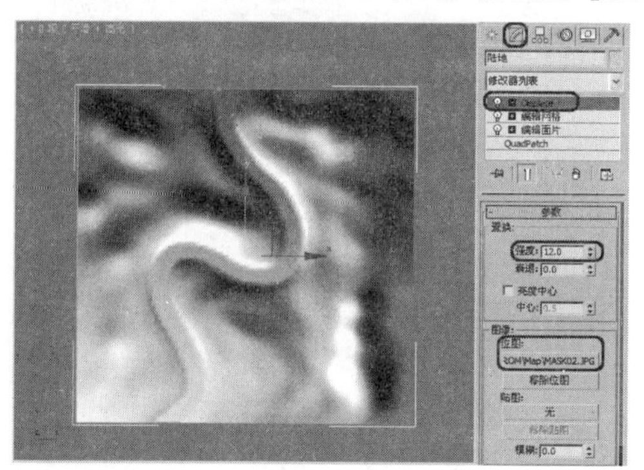
图 15.87

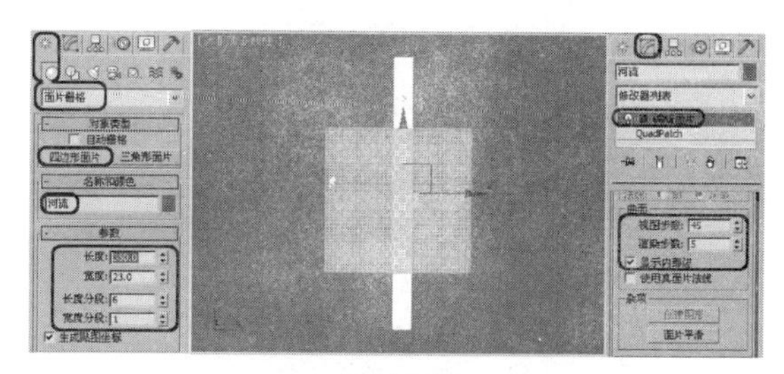
图 15.88

05 在【修改器列表】下拉列表框中选择【编辑网格】修改器，将面片转换为网格物体，如图 15.89 所示。

06 在【修改器列表】下拉列表框中选择【置换】修改器，在【参数】卷展栏中将【强度】设置为 1，然后单击【图像】选项组中【贴图】下面的【无】按钮，在弹出的【材质/贴图浏览器】对话框中选择【噪波】贴图，然后单击【确定】按钮，如图 15.90 所示。

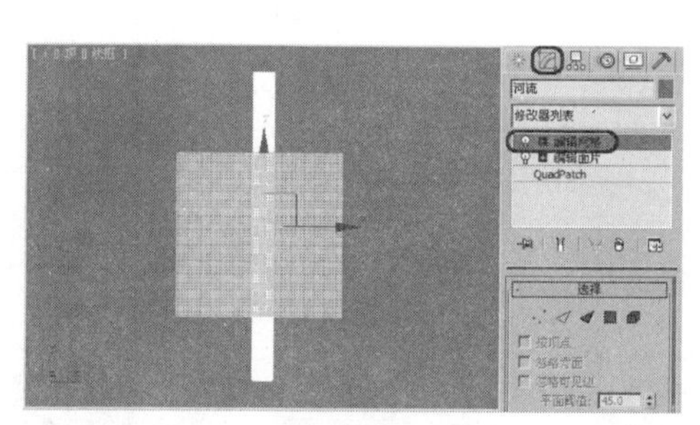
图 15.89

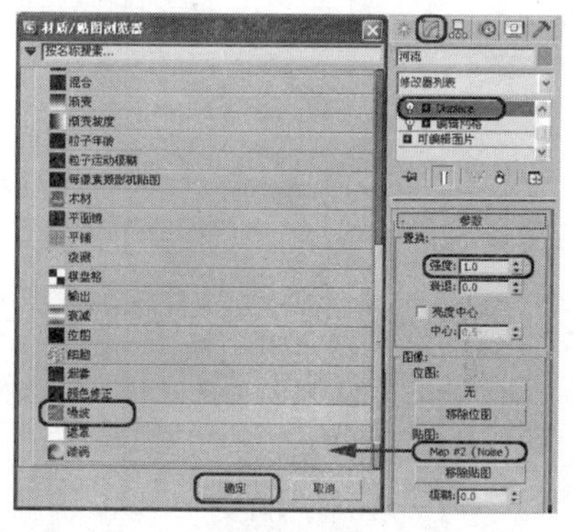
图 15.90

07 按【M】键，打开【材质编辑器】窗口，在【参数】卷展栏中将【图像】选项组中【贴图】下面的贴图按钮拖动至【材质编辑器】窗口中的一个样本球上，在弹出的对话框中选择【实例】单选按钮，然后单击【确定】按钮，如图 15.91 所示。

08 在【材质编辑器】窗口中将【噪波】参数卷展栏中的【噪波类型】设置为【分形】，将【大小】设置为 1，如图 15.92 所示。

09 选择【创建】 | 【图形】 | 【线】工具，在视图中绘制一个样条线作为路径，如图 15.93 所示。

10 在场景中激活“河流”对象，切换到【修改】命令面板，在【修改器列表】下拉列表框中选择【路径变形绑定（WSM）】修改器。在【参数】卷展栏中单击【拾取路径】按钮，在场景中选择线 Line01 对象，将【百分比】设置为 50，将【旋转】设置为 90，然后单击【转到路径】按钮，并将【路径变形轴】设置为 *Y* 轴，如图 15.94 所示。

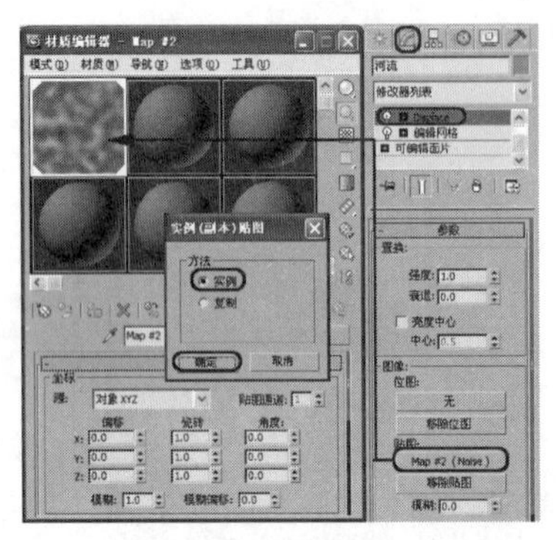

图 15.91

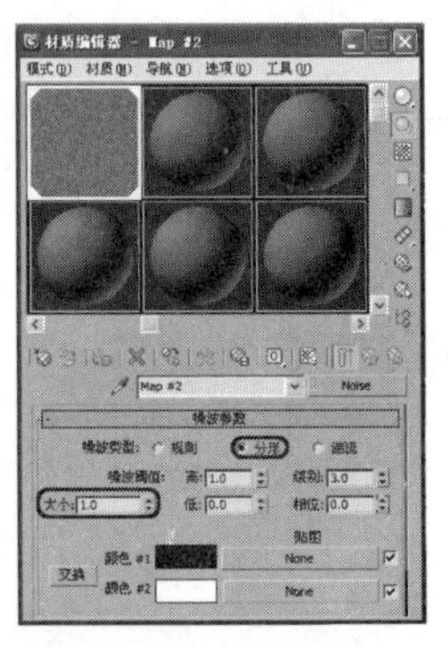

图 15.92

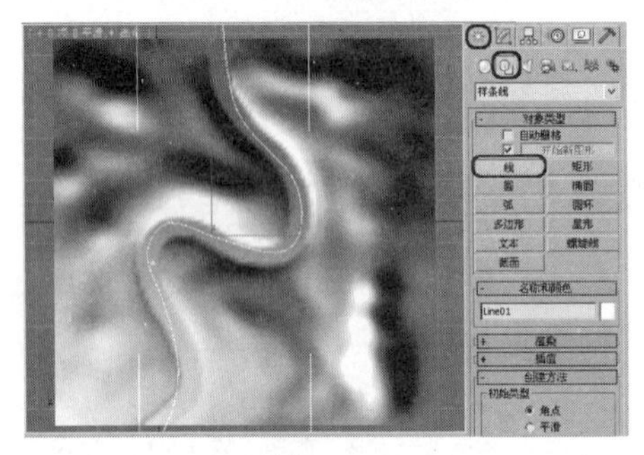

图 15.93

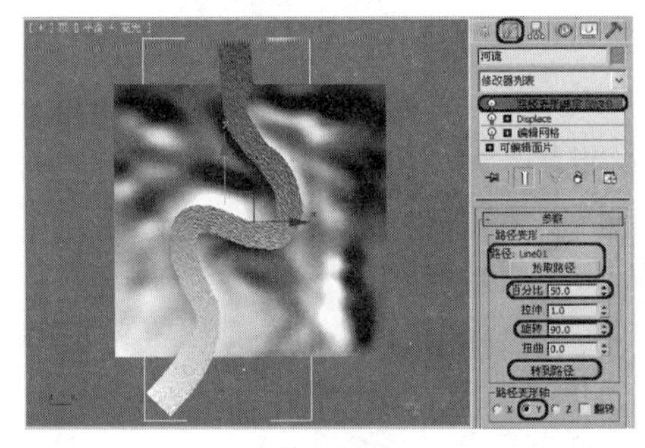

图 15.94

11 选择【创建】|【摄影机】|【目标】工具，在【顶】视图中创建一架摄影机，将【镜头】设置为 50，然后激活【透视】视图，按【C】键，将其转换为摄影机视图，如图 15.95 所示。

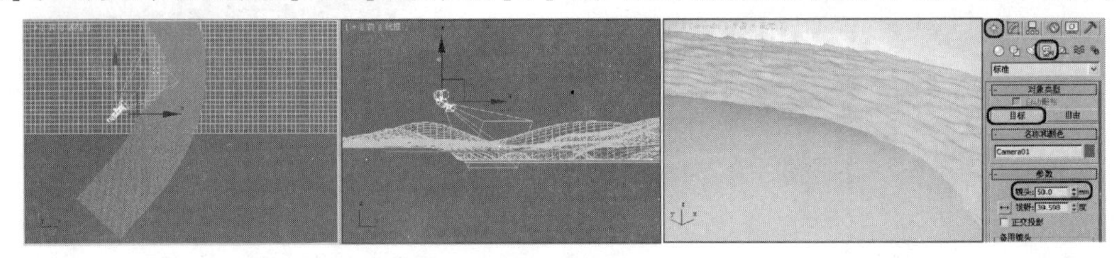

图 15.95

12 选择【创建】|【几何体】|【球体】工具，在【顶】视图中创建一个【半径】为 3 的球体，并将其命名为“石头 01”。切换到【修改】命令面板，在【修改器列表】下拉列表框中选择 FFD 3×3×3 修改器，并将当前选择集定义为【控制点】，然后调整它的位置，效果如图 15.96 所示。

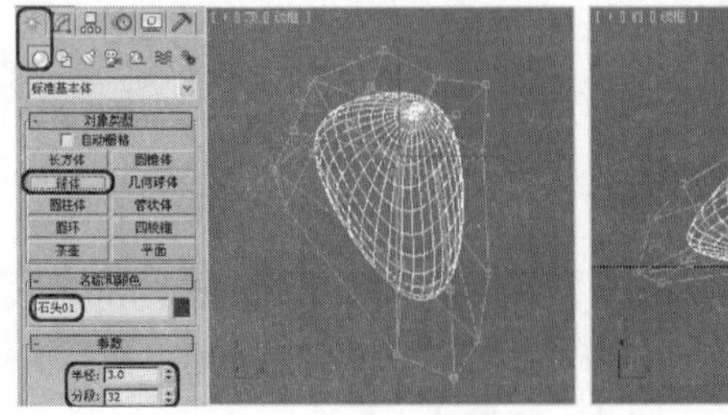

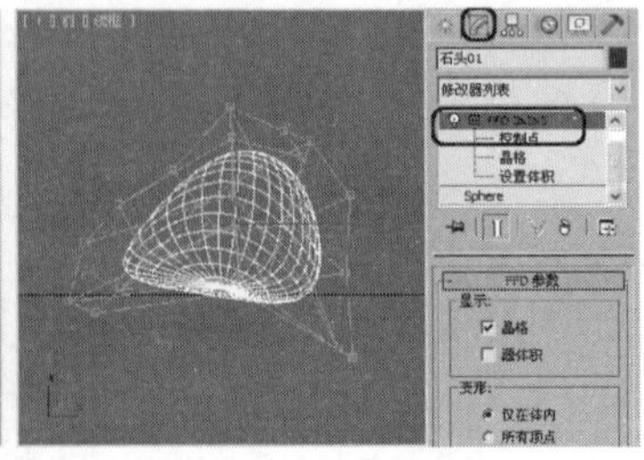

图 15.96

13 在【修改器列表】下拉列表框中选择【噪波】修改器，在【参数】卷展栏中将【噪波】选项组中的【种子】和【比例】分别设置为 2 和 25，选择【分形】复选框，将【粗糙度】和【迭代次数】分别设置为 0.2 和 6，将【强度】选项组中的 X、Y、Z 分别设置为 5、2 和 5，效果如图 15.97 所示。

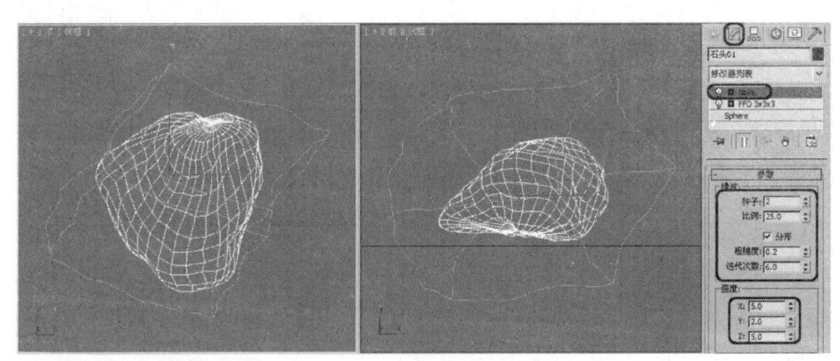

图 15.97

14 重复上述步骤，再创建几块石头，然后将制作好的石头自然地排布在河岸上，效果如图 15.98 所示。

15 在菜单栏中选择应用程序 |【导入】|【合并】命令，在弹出的【合并文件】对话框中打开随书附带光盘中的 CDROM | Scene | Cha15 | PETAL.max 文件，然后单击【打开】按钮，如图 15.99 所示。

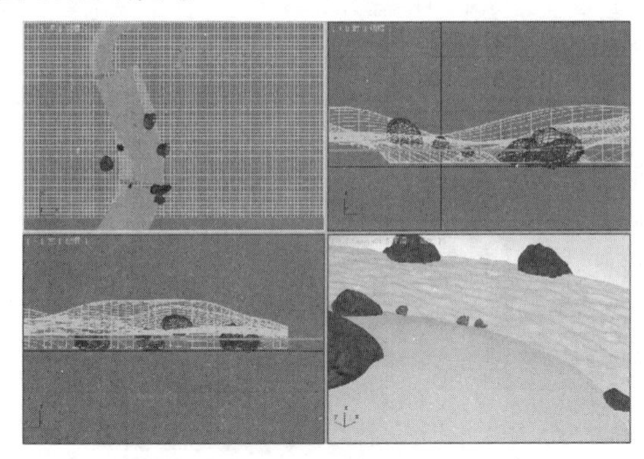

图 15.98

图 15.99

16 选择【创建】 |【图形】 |【线】工具，在【顶】视图中创建 3 条曲线作为花瓣流动的路径，如图 15.100 所示。

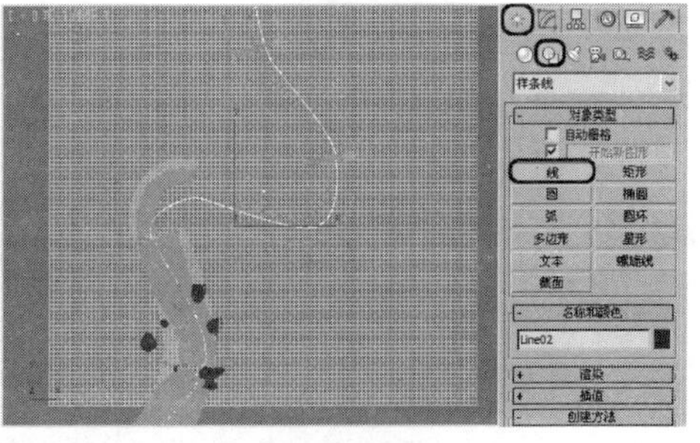

图 15.100

17 选择【创建】 |【几何体】 |【球体】工具，在【顶】视图中创建一个【半径】为 500 的球体，并将其命名为“天空”，然后将【半球】设置为 0.5，右击【选择并均匀缩放】按钮，在弹出的【缩放变换输入】对话框中将 Z 轴的缩放设置为 15，如图 15.101 所示。

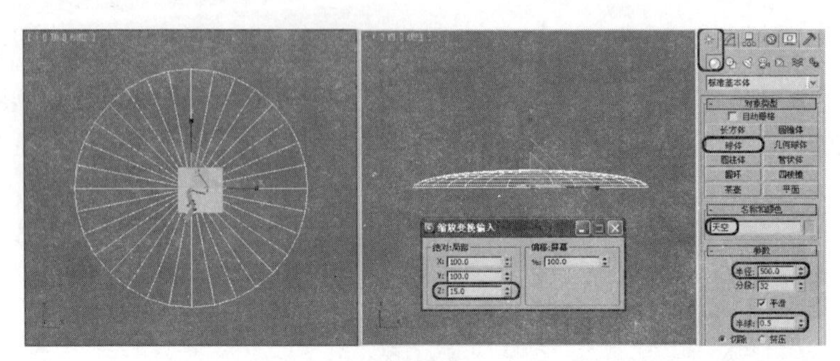

图 15.101

18 切换到【修改】命令面板，在【修改器列表】下拉列表框中选择【法线】修改器，在【参数】卷展栏中选择【翻转法线】复选框，将天空的法线翻转。

19 选择【创建】 |【灯光】 |【泛光灯】工具，在【顶】视图中创建 4 盏泛光灯，在【前】视图中调整灯的位置，选择“陆地”对象下面的泛光灯，将【强度/颜色/衰减】卷展栏中的【倍增】设为 0.3，如图 15.102 所示。

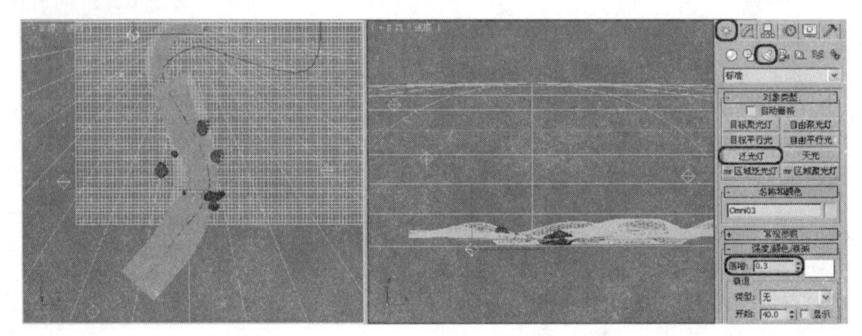

图 15.102

20 选择场景中的第二盏泛光灯，在【常规参数】卷展栏中选择【阴影】选项组中的【启用】复选框，单击【排除】按钮，在弹出的【排除/包含】对话框中将“河流”对象排除，使其不受该灯光的照射；在【强度/颜色/衰减】卷展栏中将【倍增】设置为 1，如图 15.103 所示。

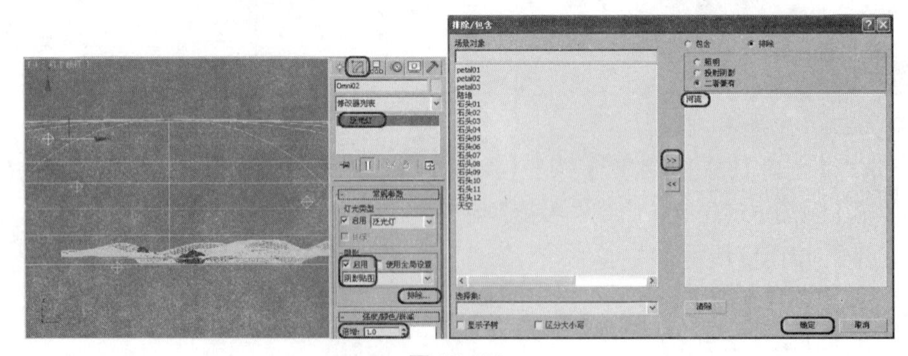

图 15.103

21 选择第 4 盏泛光灯，在【常规参数】卷展栏中单击【排除】按钮，在弹出的【排除/包含】对话框中将“陆地”对象排除，使其不受该灯光的照射；在【强度/颜色/衰减】卷展栏中将【倍增】设置为 0.8，如图 15.104 所示。

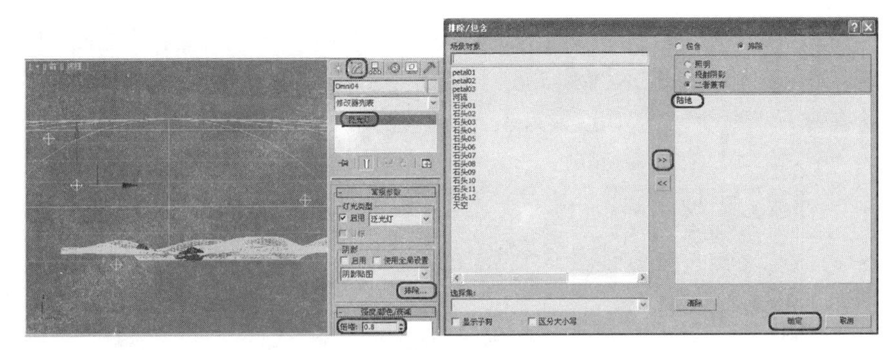

图 15.104

15.2.2 设置材质

模型创建完成后，下面进行材质的设置，材质就好像人的衣服，模型做得再好，材质若设置得不好，也不能说是一个成功的作品，所以说无论是动画还是效果图，材质的设置都是非常重要的。

01 在场景中选择“陆地”对象，单击工具栏中的【材质编辑器】按钮，打开【材质编辑器】窗口。选择一个新的材质样本球，将它命名为“陆地”，在【Blinn 基本参数】卷展栏中将【环境光】的 RGB 值设置为 72、59、44，将【漫反射】的 RGB 值设置为 101、90、77，将【反射高光】选项组中的【高光级别】和【光泽度】分别设置为 8 和 18，如图 15.105 所示。

02 展开【贴图】卷展栏，单击【漫反射颜色】通道后的 None 按钮，在弹出的【材质/贴图浏览器】对话框中选择【合成】贴图，单击【确定】按钮，然后再单击【转到父对象】按钮，返回父级面板。在【贴图】卷展栏中将【凹凸】的【数量】设置为 50，单击右侧的 None 按钮，在弹出的【材质/贴图浏览器】对话框中选择【噪波】贴图，单击【确定】按钮，在【噪波参数】卷展栏中将【噪波类型】设置为【规则】，将【大小】设置为 2，如图 15.106 所示。

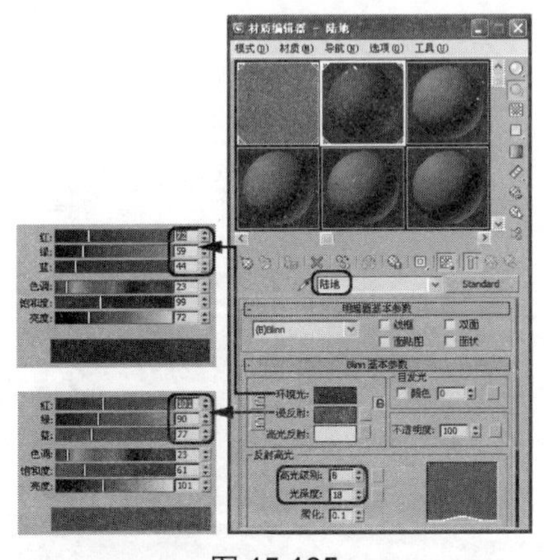

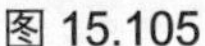

图 15.105

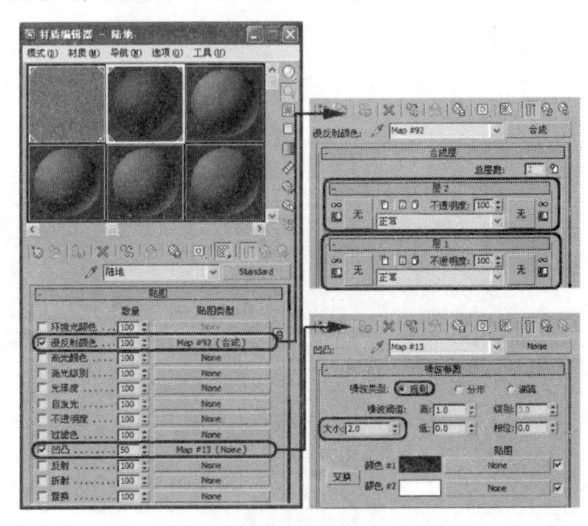

图 15.106

03 返回父级面板，在【贴图】卷展栏中单击【漫反射颜色】通道后面的 None 按钮，进入漫反射颜色层级面板，在【合成层】卷展栏中单击【层 1】左侧的【无】按钮，在弹出的【材质/贴图浏览器】对话框中选择【混合】贴图；在【混合参数】卷展栏中将【颜色 1】的 RGB 值设置为 255、255、255，将【颜色 2】的 RGB 值设置为 0、47、5，将【混合量】设置为 40，然后单击【颜色 1】右侧的 None 按钮，在弹出的【材质/贴图浏览器】对话框中选择【位图】贴图，单击【确定】按钮，选择随书附带光盘中的 CDROM｜Map｜STONES.jpg 文件，单击【打开】按钮，在【坐标】卷展栏中将【瓷砖】下的 U、V 值均设置为 6，如图 15.107 所示。

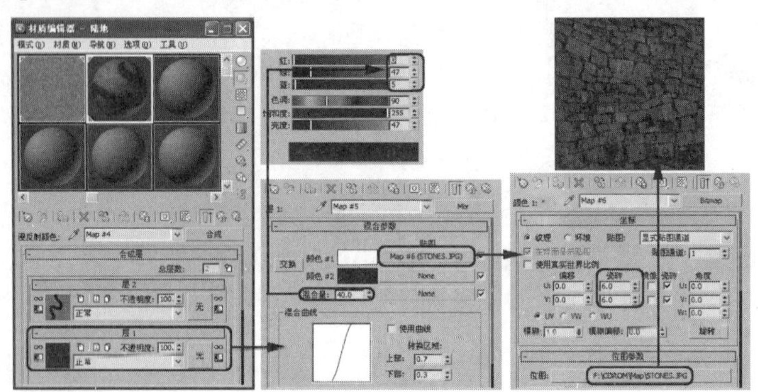

图 15.107

04 返回漫反射颜色层级面板，在【合成层】卷展栏中单击【层 2】左侧的【无】按钮，在弹出的【材质/贴图浏览器】对话框中选择【遮罩】贴图；在【遮罩参数】卷展栏中单击【贴图】右侧的 None 按钮，在弹出的【材质/贴图浏览器】对话框中选择【位图】贴图，单击【确定】按钮，打开随书附带光盘中的 CDROM｜Map｜Grass.jpg 文件，在【坐标】卷展栏中将【瓷砖】下的 U、V 值均设置为 8，返回【层 2】层级面板，在【遮罩参数】卷展栏中单击【遮罩】右侧的 None 按钮，在弹出的【材质/贴图浏览器】对话框中选择【位图】贴图，单击【确定】按钮，打开随书附带光盘中的 CDROM｜Map｜Mask03.jpg 文件，如图 15.108 所示，最后将该材质指定给场景中选择的对象。

05 在场景中选择“河流”对象，在【材质编辑器】窗口中选择第 3 个样本球，在【Blinn 基本参数】卷展栏中将【环境光】的 RGB 值设置为 44、55、68，将【漫反射】的 RGB 值设置为 194、207、235，将【高光反射】的 RGB 值设置为 255、255、255，将【不透明度】设置为 30，将【反射高光】选项组的【高光级别】和【光泽度】分别设置为 100 和 62，如图 15.109 所示。

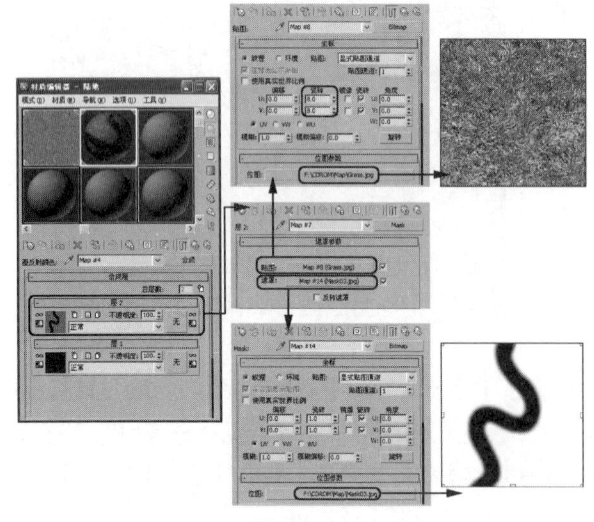

图 15.108

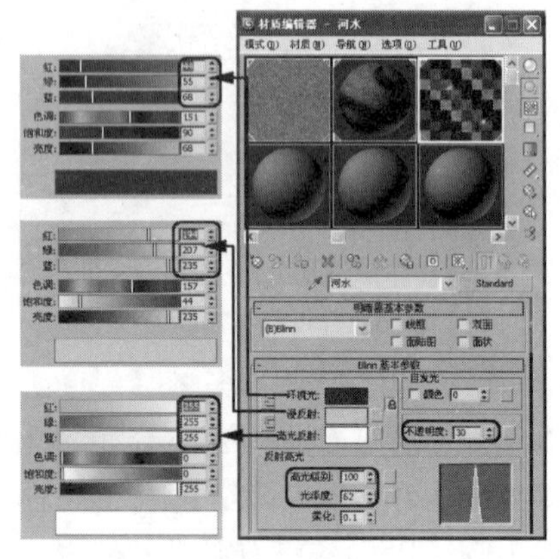

图 15.109

06 展开【贴图】卷展栏，单击【凹凸】右侧的 None 按钮，在弹出的【材质/贴图浏览器】对话框中选择【噪波】贴图，单击【确定】按钮。在【噪波参数】卷展栏中将【噪波类型】定义为【分形】，将【大小】设置为 0.03。在【坐标】卷展栏中选择【坐标】选项组中的【源】右侧下拉列表框中的【显式贴图通道】选项；返回父级面板，在【贴图】卷展栏中将【反射】的【数量】设置为 30，单击右侧的 None 按钮，在弹出的【材质/贴图浏览器】对话框中选择【光线跟踪】贴图，单击【确定】按钮，使用默认数值即可；返回父级面板，在【贴图】卷展栏中将【折射】的【数量】值设置为 40，单击右侧的 None 按钮，在弹出的【材质/贴图浏览器】对话框中选择【薄壁折射】贴图，单击【确定】按钮，在【薄壁折射参数】卷展栏中将【模糊】选项组中的【模糊】设置为 0.5，选择【渲染】选项组中的【每 N 帧】单选按钮，将【折射】选项组中的【厚度偏移】设置为 0.2，将【凹凸贴图效果】设置为 1.5，如图 15.110 所示。然后将当前材质指定给场景中选择的对象。

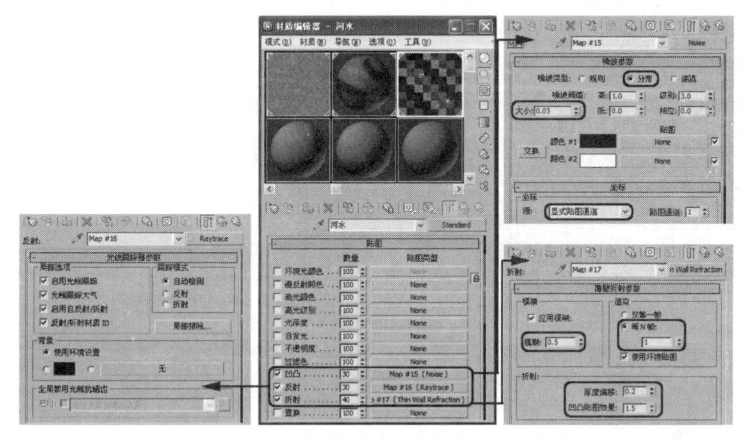

图 15.110

07 在场景中选择所有的石头对象，在【材质编辑器】窗口中选择一个新的材质样本球，并将其命名为“石头”，然后将材质类型定义为【顶/底】材质，在【顶/底基本参数】卷展栏中，选择【坐标】选项组中的【局部】复选框，将【混合】和【位置】分别设置为 25 和 85，单击【顶材质】右侧的材质按钮，进入顶材质层级面板。在【Blinn 基本参数】卷展栏中将【环境光】的 RGB 值设置为 0、0、0，将【漫反射】的 RGB 值设置为 137、128、255，将【反射高光】选项组中的【高光级别】和【光泽度】分别设置为 5 和 25。展开【贴图】卷展栏，单击【漫反射颜色】右侧的 None 按钮，在弹出的对话框中双击【位图】贴图，在弹出的对话框中选择随书附带光盘中的 CDROM | Map | Benedeti.jpg 文件，使用默认参数。返回父级面板，在【贴图】卷展栏中，将【凹凸】的【数量】值设置为 100，然后单击右侧的 None 按钮，在弹出的【材质/贴图浏览器】中选择【位图】贴图，单击【确定】按钮，打开随书附带光盘中的 CDROM | Map | Benedeti.jpg 文件，使用默认参数，如图 15.111 所示。

08 返回【顶/底基本参数】卷展栏，单击【底材质】右侧的材质按钮，进入底材质层级面板。在【Blinn 基本参数】卷展栏中将【环境光】的 RGB 值设置为 26、26、26，将【漫反射】的 RGB 值设置为 173、255、128，将【反射高光】选项组中的【高光级别】和【光泽度】分别设置为 45 和 40，如图 15.112 所示。

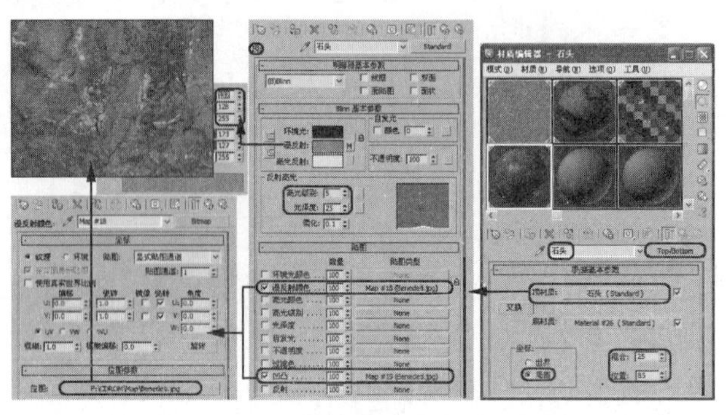
图 15.111

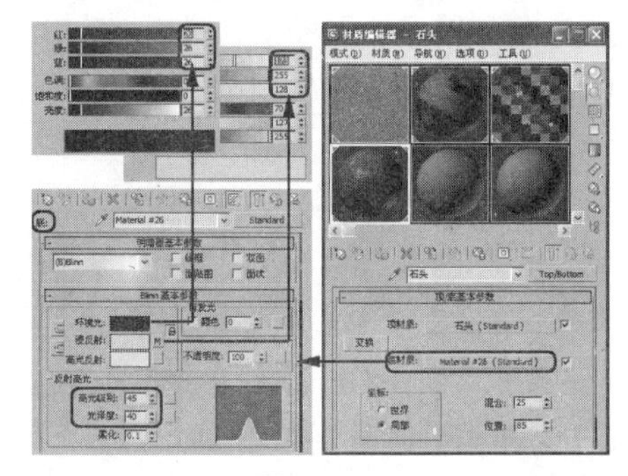
图 15.112

09 展开【贴图】卷展栏，单击【漫反射颜色】右侧的 None 按钮，在弹出的【材质/贴图浏览器】中选择【混合】贴图，单击【确定】按钮，进入混合层级面板。在【混合参数】卷展栏中将【颜色 1】的 RGB 值设置为 0、0、0，将【颜色 2】的 RGB 值设置为 35、33、32，将【混合量】设置为 45，然后单击【颜色 1】右侧的 None 按钮，在弹出的对话框中双击【位图】贴图，在弹出的对话框中选择随书附带光盘中的 CDROM | Map | Benedeti.jpg 文件，单击【打开】按钮，添加位图贴图，返回底材质层级面板，在【贴图】卷展栏中将【凹凸】的【数量】设置为 100，然后单击右侧的 None 按钮，弹出【材质/贴图浏览器】对话框，选择【位图】贴图，单击【确定】按钮，选择随书附带光盘中的 CDROM | Map | Benedeti.jpg 文件，单击【打开】按钮，添加位图贴图，如图 15.113 所示，将该材质指定给场景中选择的对象。

10 在场景中选择“花瓣”对象，在【材质编辑器】窗口中选择一个新的材质样本球，在【Blinn 基本参数】卷展栏中将【反射高光】选项组中的【高光级别】和【光泽度】分别设置为 5 和 0。展开【贴图】卷展栏，单击【漫反射颜色】右侧的 None 按钮，在弹出的【材质/贴图浏览器】中选择【位图】贴图，单击【确定】按钮，选择随书附带光盘中的 CDROM | Map | TH2.jpg 文件，单击【打开】按钮，添加位图贴图，如图 15.114 所示，将该材质指定给场景中的选择对象。

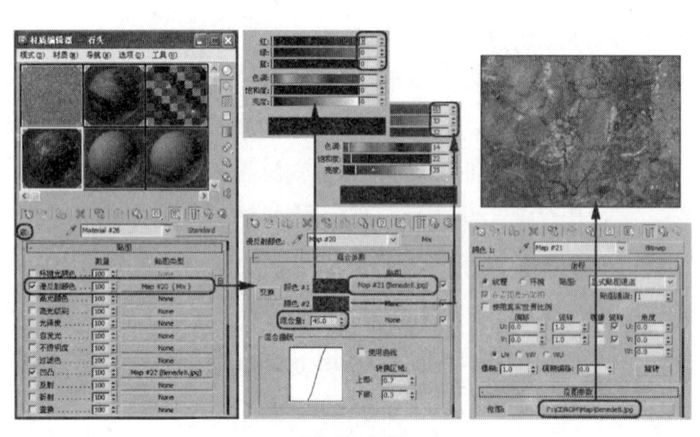
图 15.113

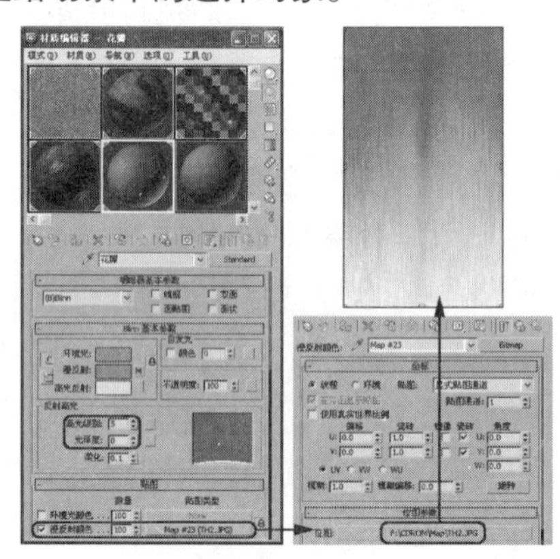
图 15.114

11 在场景中选择“天空”对象，在【材质编辑器】窗口中选择一个新的材质样本球。展开【贴图】卷展栏，单击【漫反射颜色】右侧的 None 按钮，在弹出的【材质/贴图浏览器】对话框中选择【位图】贴图，单击【确定】按钮，选择随书附带光盘中的 CDROM | Map | DUSKCLD1.jpg

文件，单击【打开】按钮，添加位图贴图，如图 15.115 所示，将该材质指定给场景中选择的对象。

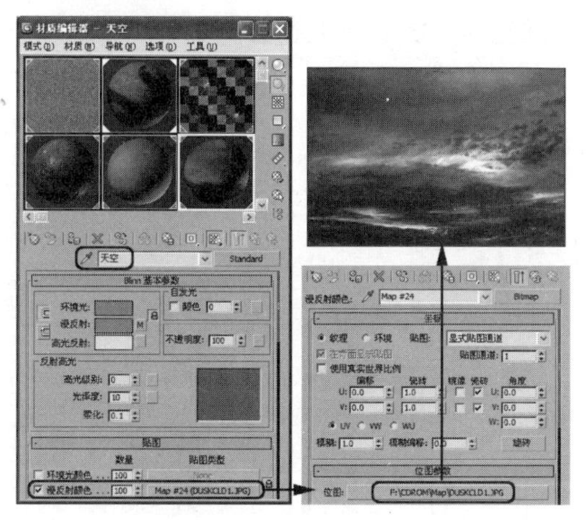

图 15.115

15.2.3 设置动画

模型和材质都制作完成后，下面开始设置动画。动画的设置包括材质动画的设置和摄影机动画的设置，在下面的操作中将详细进行设置。

01 按【M】键，打开【材质编辑器】窗口，选择第一个样本球，按下【自动关键点】按钮，并将时间滑块拖至 100 帧位置处，在【坐标】卷展栏中将 *Y* 轴的【偏移】设置为-20，在【噪波参数】卷展栏中将【相位】设置为 2，如图 15.116 所示。

02 在【材质编辑器】窗口中选择第 3 个材质样本球，单击【贴图】卷展栏中【凹凸】右侧的 None 按钮，进入噪波贴图面板，按下【自动关键点】按钮，将时间滑块拖至 100 帧位置处，然后在【坐标】卷展栏中将 *V* 方向的【偏移】设置为-20，在【噪波参数】卷展栏中将【相位】设置为 5，关闭【自动关键点】按钮，如图 15.117 所示。

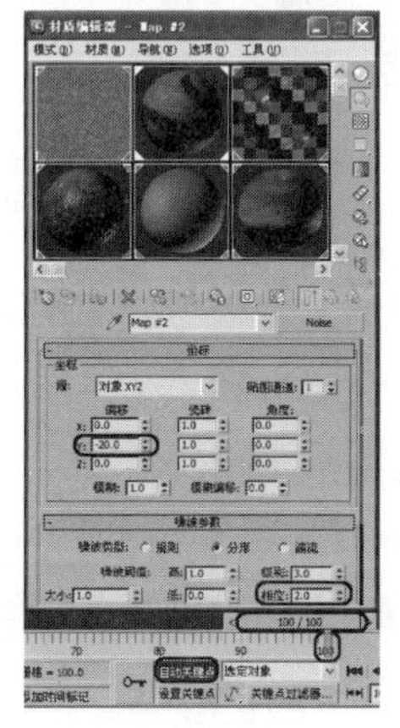

图 15.116

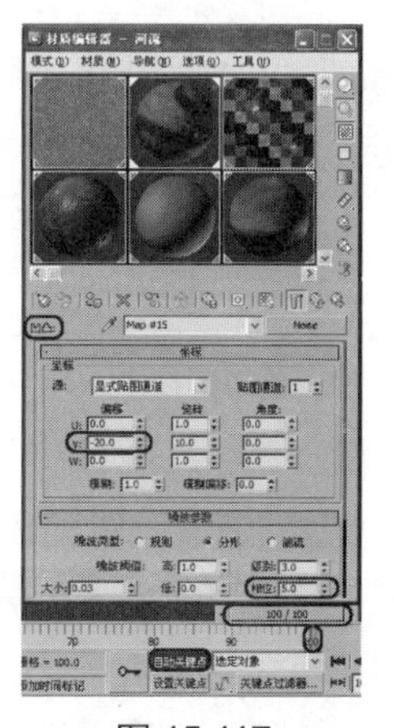

图 15.117

03 在场景中选择 petal01 对象，选择【运动】命令面板，在【指定控制器】卷展栏中选择【位置】选项，然后单击【指定控制器】按钮，在弹出的【指定位置控制器】对话框中选择【路径约束】控制器，然后单击【确定】按钮，如图 15.118 所示。

04 在【路径参数】卷展栏中单击【添加路径】按钮，然后在场景中选取 Line03 对象，将 petal01 的路径设为 Line03，如图 15.119 所示。

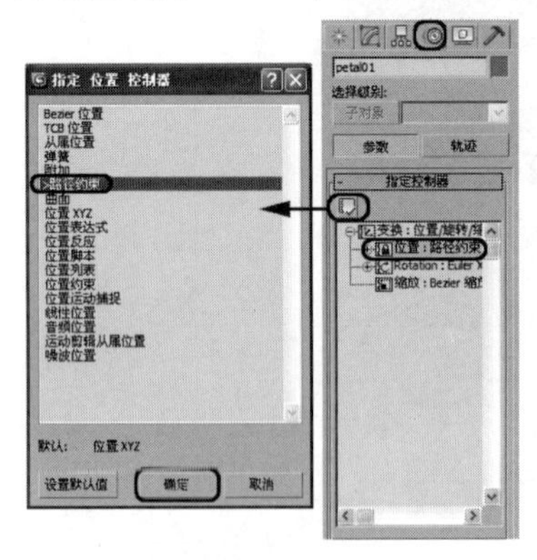

图 15.118

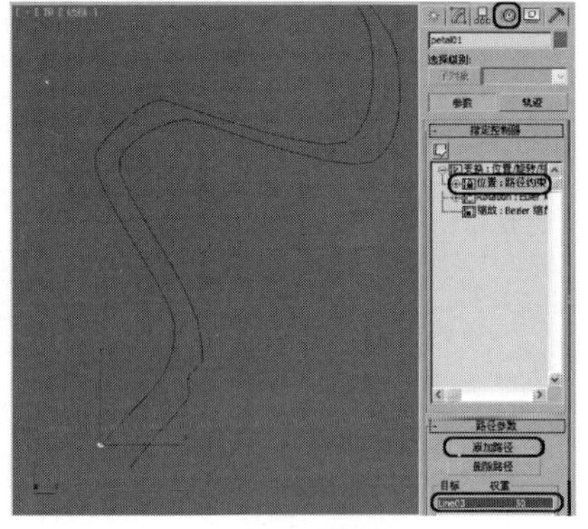

图 15.119

05 将时间帧滑块拖至第 0 帧处，将【路径参数】卷展栏中的【沿路径】设置为 80，然后将时间帧滑块调至第 100 帧处，按下【自动关键点】按钮，并将【沿路径】设置为 95，关闭【自动关键点】按钮，如图 15.120 和图 15.121 所示。

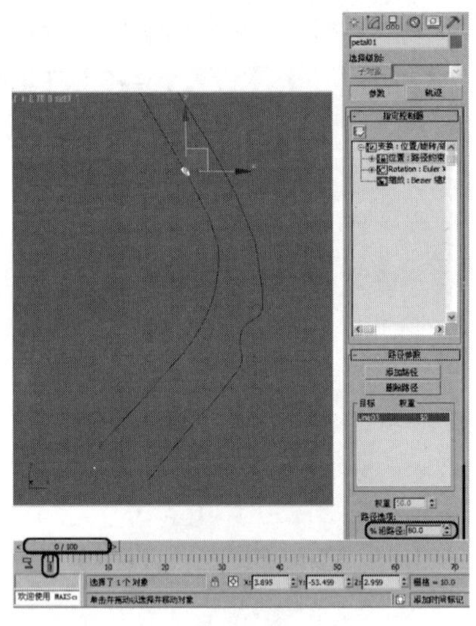

图 15.120

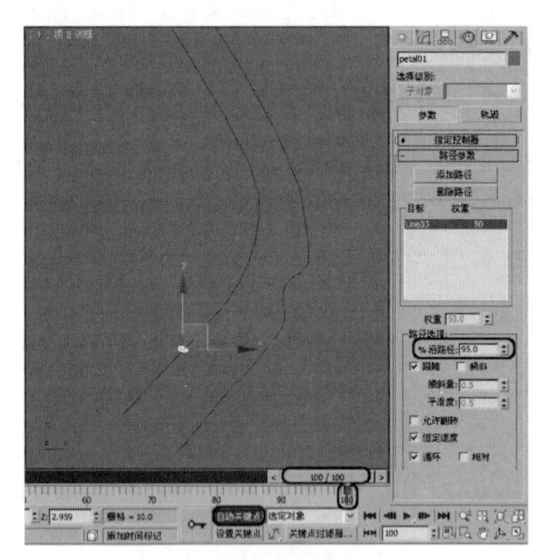

图 15.121

06 用同样的方法将 petal02 的路径设置为 Line04，将 petal03 的路径设置为 Line02，选择 petal02 对象，将时间帧滑块调至第 0 帧处，将【路径参数】卷展栏中的【沿路径】设置为 80。然后将时间帧滑块调至第 100 帧处，按下【自动关键点】按钮，并将【沿路径】设置为 94；选择 petal03 对象，将时间帧滑块调至第 0 帧处，将【路径参数】卷展栏中的【沿路径】设置为 75。然后将时间帧滑块调至第 100 帧处，按下【自动关键点】按钮，并将【沿路径】设置为 92。

07 在工具栏中单击【曲线编辑器】按钮，打开【轨迹视图】窗口，在左侧的项目窗口中单击【对象】左侧的“+”号，再单击 petal03 左侧的“+”号，在其下单击【变换】左侧的“+”号，选择展

开的 3 个变换项目中的 Rotation 选项，然后在菜单栏中选择【控制器】|【指定】命令，在弹出的【指定旋转控制器】对话框中选择 Euler XYZ 控制器，然后单击【确定】按钮，如图 15.122 所示。

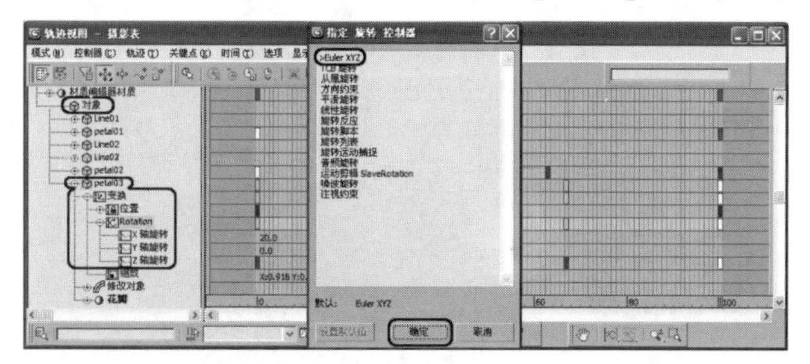

图 15.122

08　在【轨迹视图】窗口左侧的列表框中单击 Rotation 左侧的“+”号，然后在工具栏中单击【添加关键点】按钮，在【Z 轴旋转】选项右侧编辑窗口中的第 0、20、40、67、100 帧处添加关键帧，在关键点上右击，会弹出一个对话框，在【值】文本框中输入数值，如图 15.123 所示。

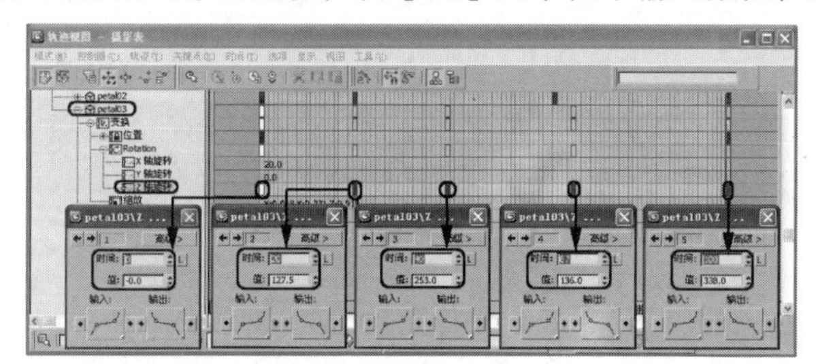

图 15.123

09　再在【轨迹视图】窗口中单击 petal01 左侧的“+”号，在其下单击【变换】左侧的“+”号，选择展开的 3 个变换项目中的 Rotation 选项，然后在菜单栏中选择【控制器】|【指定】命令，在弹出的【指定旋转控制器】对话框中选择 Euler XYZ 控制器，然后单击【确定】按钮。单击 Rotation 左侧的“+”号，然后在工具栏中单击【添加关键点】按钮，在【Z 轴旋转】选项右侧编辑窗口中的第 0、32、100 帧处添加关键帧，在关键点上右击，会弹出一个对话框，在【值】文体框中输入数值，如图 15.124 所示。

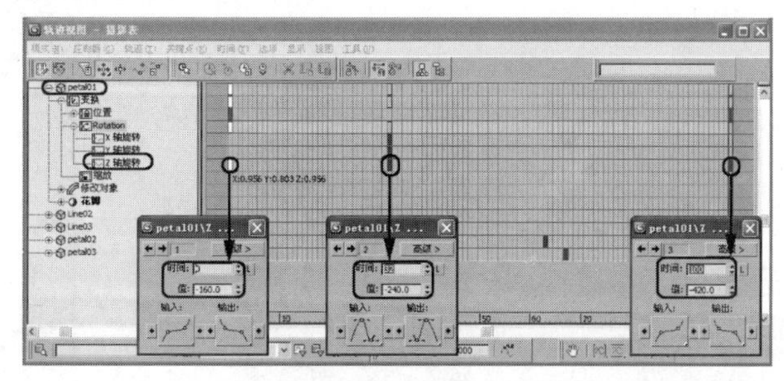

图 15.124

10　再在【轨迹视图】窗口中单击 petal02 左侧的“+”号，在其下单击【变换】左侧的“+”号，选择展开的 3 个变换项目中的 Rotation 选项，然后在菜单栏中选择【控制器】|【指定】命令，在弹出的【指定旋转控制器】对话框中选择 Euler XYZ 控制器，然后单击【确定】按钮。单击 Rotation

左侧的“+”号，然后在工具栏中单击【添加关键点】按钮，在【Z 轴旋转】选项右侧编辑窗口中的第 0、20、63、100 帧处添加关键帧，在关键点上右击，会弹出一个对话框，在【值】文本框中输入数值，如图 15.125 所示。

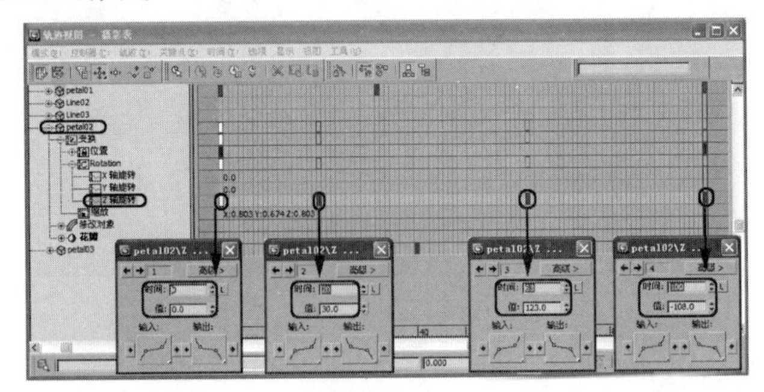

图 15.125

11 将时间滑块调至第 0 帧位置处，选择摄影机的目标点，调整摄影机的角度，如图 15.126 所示。

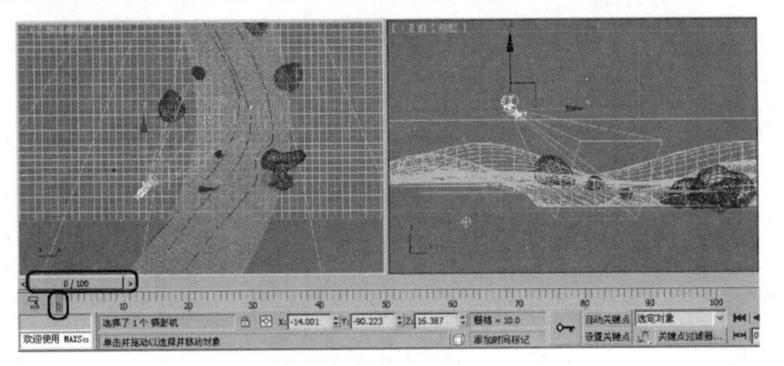

图 15.126

12 将时间滑块调至第 100 帧位置处，按下【自动关键点】按钮，选择摄影机的目标点，在【顶】视图中沿 Y 轴调整摄影机的角度，然后关闭【自动关键点】按钮，如图 15.127 所示。

13 按【F10】键，打开【渲染设置】窗口，选择【活动时间段】单选按钮，设置输出大小为 320×240，在【渲染输出】选项组中单击【文件】按钮，在弹出的【渲染输出文件】对话框中将输出格式定义为.avi 格式，并将其命名。最后单击【渲染】按钮开始渲染，如图 15.128 所示。

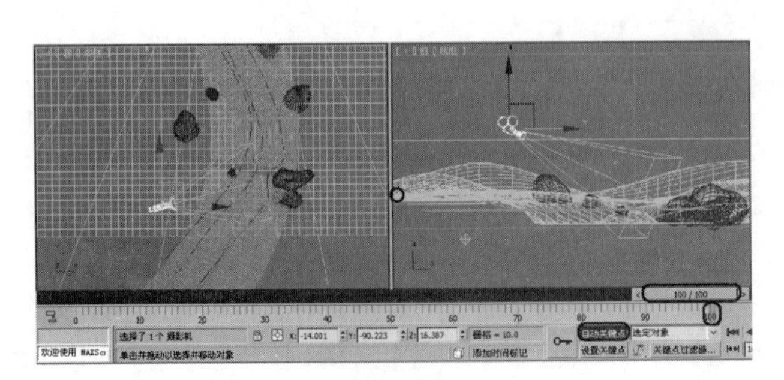

图 15.127

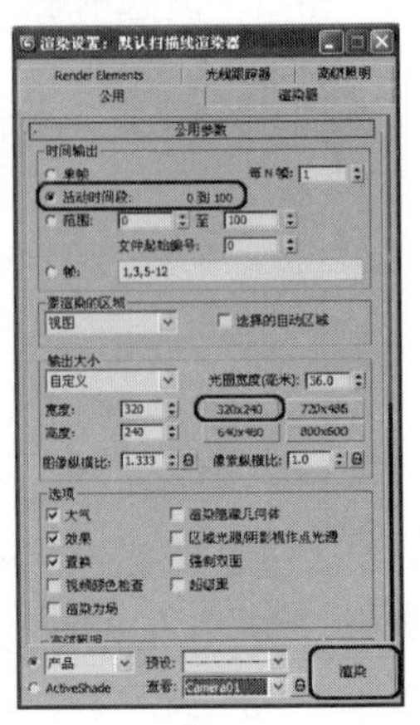

图 15.128

15.3　室内效果图设计

在本实例中，首先在 3ds Max 2011 软件中制作出室内框架，并为室内框架导入家具，再对场景模型进行渲染输出，最后将渲染输出的效果在 Photoshop 软件中进行修饰，完成后的效果如图 15.129 所示。

图 15.129

15.3.1　创建地板和地板线

在室内模型制作中首先创建地板，作为室内空间大小的参考，具体操作步骤如下：

01 启动 3ds Max 2011 软件，重置场景后，选择【创建】｜【几何体】｜【标准基本体】｜【长方体】工具，在【顶】视图中创建长方体并将其命名为“地板”，在【参数】卷展栏中设置【长度】为 8000，【宽度】为 7000，【高度】为 1，如图 15.130 所示。

02 在工具栏中单击【材质编辑器】按钮，打开【材质编辑器】窗口，选择一个新的材质样本球，并将其命名为“地面”，在【明暗器基本参数】卷展栏中设置阴影模式为 Phong。在【Phong 基本参数】卷展栏中单击按钮，取消对【环境光】和【漫反射】的锁定，设置【环境光】的 RGB 参数为 0、0、0，设置【漫反射】的 RGB 参数为 255、230、186，在【反射高光】选项组中设置【高光级别】和【光泽度】分别为 0 和 0，在【贴图】卷展栏中单击【漫反射颜色】通道后的 None 按钮，在弹出的【材质/贴图浏览器】对话框中选择【位图】贴图，单击【确定】按钮，再在弹出的对话框中选择随书附带光盘中的｜Map｜B0000570.jpg 文件，单击【打开】按钮，进入漫反射层级面板，在【坐标】卷展栏中设置【瓷砖】下的 U、V 值均为 6。在【位图参数】卷展栏中单击【查看图像】按钮，在弹出的【指定裁剪/放置】对话框中调整裁剪图片，关闭该对话框，然后选择【应用】复选框，如图 15.131 所示。

03 单击【转到父对象】按钮，返回父级材质层级，在【贴图】卷展栏中单击【反射】通道后的 None 按钮，在弹出的【材质/贴图浏览器】对话框中选择【平面镜】贴图，单击【确定】按钮，进入平面镜层级面板。在【平面镜参数】卷展栏中选择【应用于带 ID 的面】复选框，单击【转到父对象】按钮，返回父级材质层级，设置【反射】通道的【数量】为 15，并单击【将材质指定给选定对象】按钮，将材质指定给场景中的“地板”对象，如图 15.132 所示。

04 在场景中选择“地板”对象，按【Ctrl+V】组合键，在弹出的对话框中选择【复制】单选按钮，在【名称】文本框中输入“地板线”，单击【确定】按钮。选择“地板线”对象并切换到【修改】命令面板，在【参数】卷展栏中设置【高度】为 1.2，【长度分段】为 6，【宽度分段】为 6，【高度分段】为 1，如图 15.133 所示。

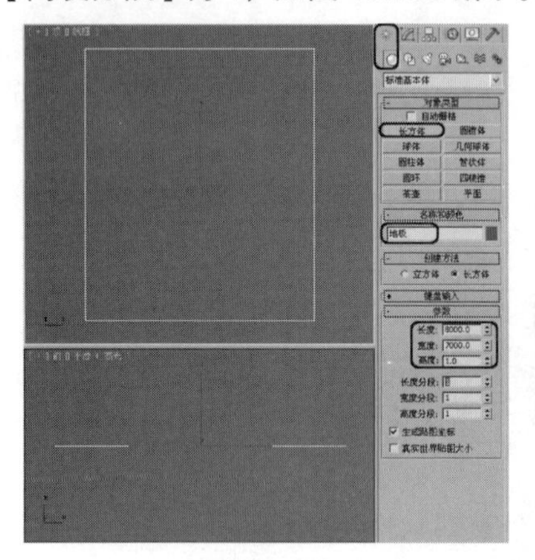

图 15.130

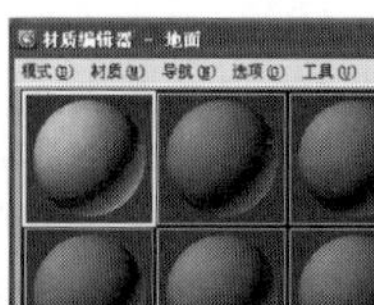

图 15.131

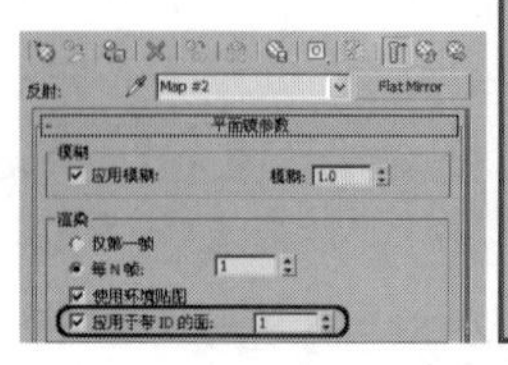

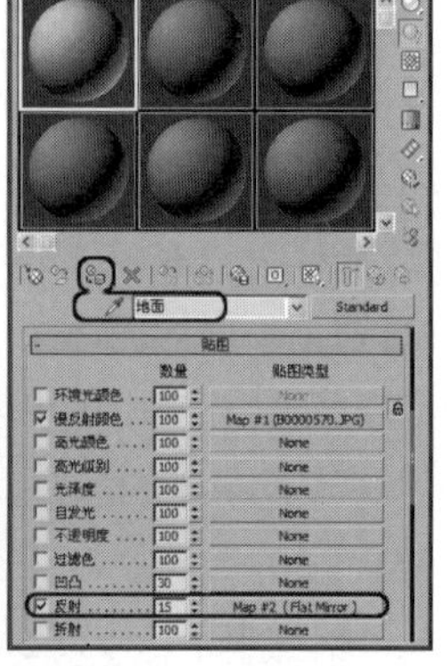

图 15.132

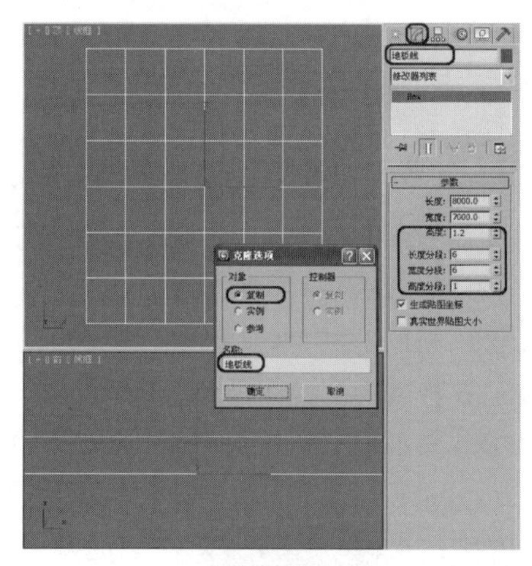

图 15.133

05 在工具栏中单击【材质编辑器】按钮，打开【材质编辑器】窗口，选择一个新的材质样本球，并将其命名为“地板线”，如图 15.134 所示。在【明暗器基本参数】卷展栏中选择【线框】复选框。在【Blinn 基本参数】卷展栏中设置【环境光】和【漫反射】的 RGB 值均为 0、0、0，设置【自发光】选项组中的【颜色】为 100。在【扩展参数】卷展栏中设置【线框】选项组中的【大小】为 0.3，单击【将材质指定给选定对象】按钮，将材质指定给场景中的“地板线”对象。

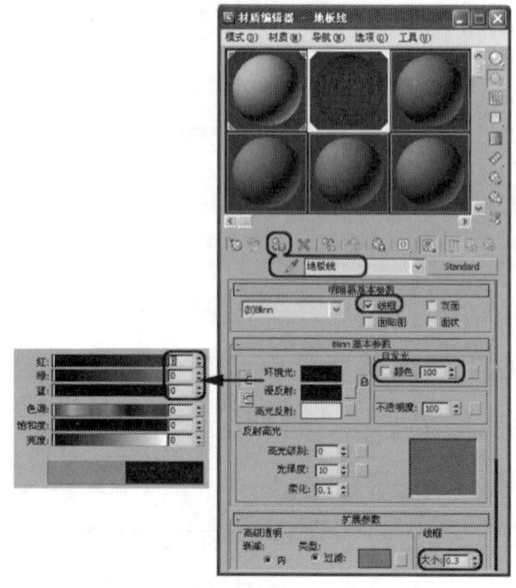

图 15.134

15.3.2 墙体的制作

下面在地板的基础上再为室内空间搭建墙体。

01 选择【创建】|【图形】|【样条线】|【矩形】工具，在【顶】视图中创建矩形，并将其命名为“墙体”。在【参数】卷展栏中设置【长度】为 8000，【宽度】为 7000，如图 15.135 所示。

02 切换到【修改】命令面板，在【修改器列表】下拉列表框中选择【编辑样条线】修改器，将当前选择集定义为【顶点】，在【几何体】卷展栏中单击【优化】按钮，在场景中如图 15.136 所示的位置添加控制点，然后关闭【优化】按钮。

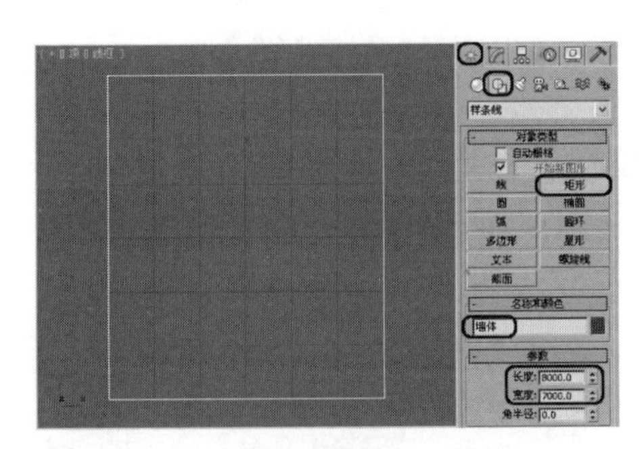

图 15.135

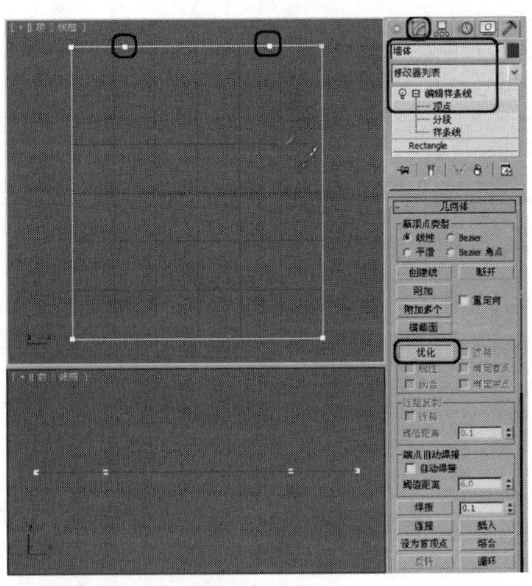

图 15.136

03 将当前选择集定义为【线段】，在场景中删除如图 15.137 所示的线段。

04 将当前选择集定义为【样条线】，在场景中选择样条线，在【几何体】卷展栏中设置【轮廓】为 –240，按【Enter】键确定设置轮廓，如图 15.138 所示。

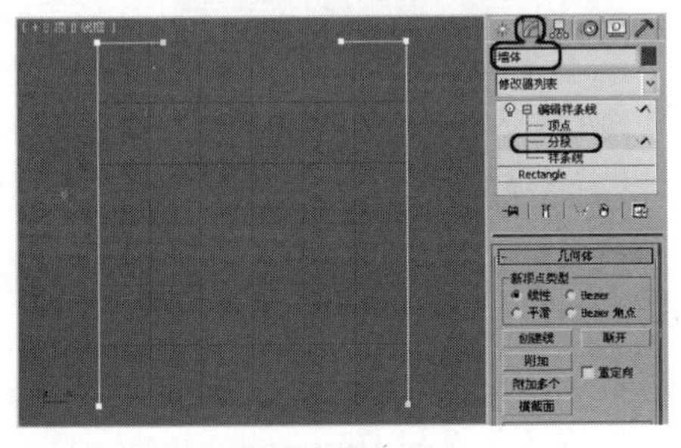

图 15.137

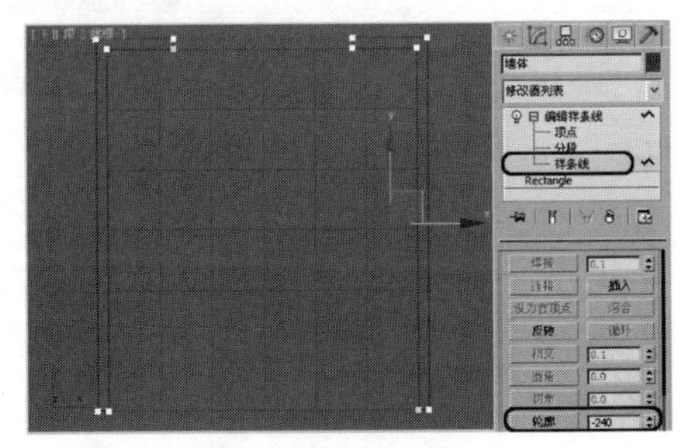

图 15.138

05 关闭选择集，在【修改器列表】下拉列表框中选择【挤出】修改器，在【参数】卷展栏中设置【数量】为 3300，如图 15.139 所示。

06 在场景中选择“墙体”对象，在工具栏中单击【对齐】按钮，在【左】视图中选择“地板”对象，在弹出的对话框中将【对齐位置（屏幕）】定义为【X 位置】和【Z 位置】，将【当前对象】定义为【轴点】，将【目标对象】定义为【轴点】，单击【应用】按钮，如图 15.140 所示。

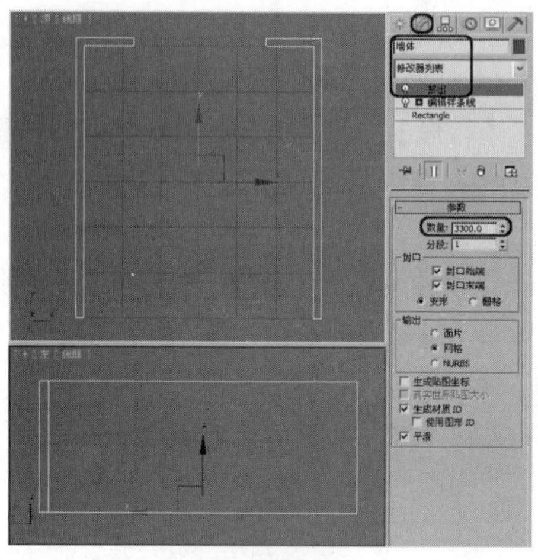

图 15.139

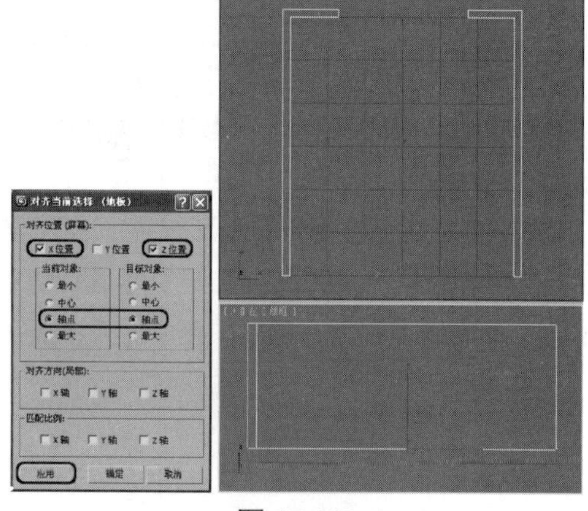

图 15.140

07 再将【对齐位置（屏幕）】定义为【Y 位置】，将【当前对象】定义为【最小】，将【目标对象】定义为【最大】，单击【确定】按钮，如图 15.141 所示。

08 选择【创建】｜【几何体】｜【长方体】工具，在【前】视图中创建长方体，并将其命名为“墙体前梁”，在【参数】卷展栏中设置【长度】为 500，【宽度】为 6000，【高度】为 240，设置【长度分段】为 1，【宽度分段】为 1，【高度分段】为 1，如图 15.142 所示。

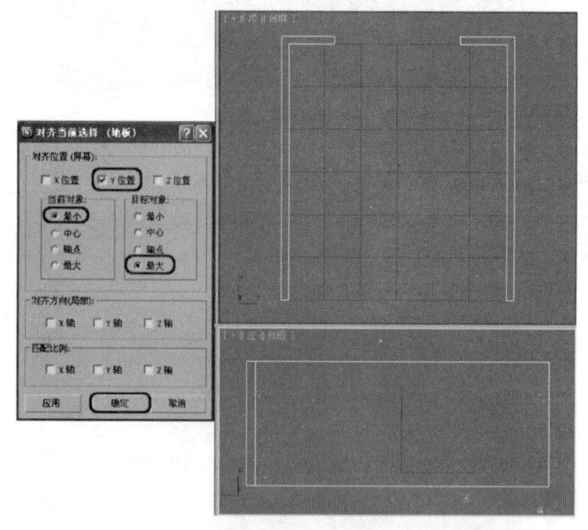

图 15.141

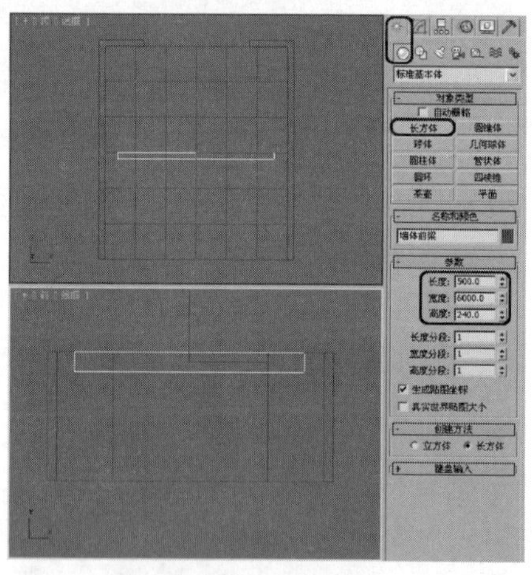

图 15.142

09 选择“墙体前梁”对象，在工具栏中选择【对齐】按钮，在【前】视图中选择“墙体”对象，在弹出的对话框中将【对齐位置（屏幕）】定义为【Y 位置】，将【当前对象】定义为【最大】，将【目标对象】定义为【最大】，单击【应用】按钮，如图 15.143 所示。

10 再将【对齐位置（屏幕）】定义为【Z 位置】，将【当前对象】定义为【最小】，将【目标对象】定义为【最小】，单击【应用】按钮，如图 15.144 所示。

11 再将【对齐位置（屏幕）】定义为【X 位置】，将【当前对象】定义为【中心】，将【目标对象】定义为【中心】，单击【确定】按钮，如图 15.145 所示。

12　调整“墙体前梁”对象的位置后，选择“墙体”对象，在场景中调整墙体的形状，如图 15.146 所示。

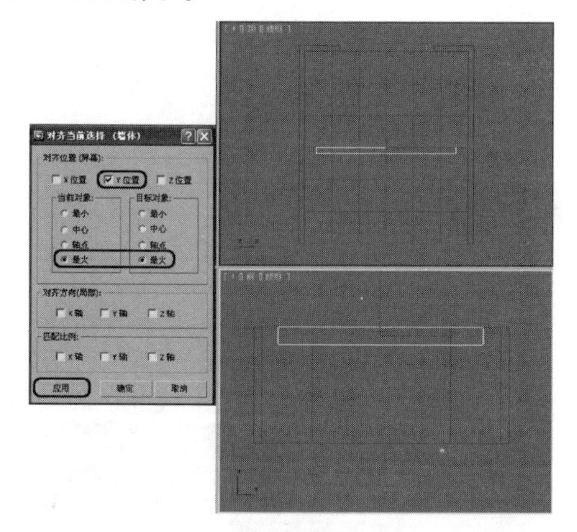

图 15.143

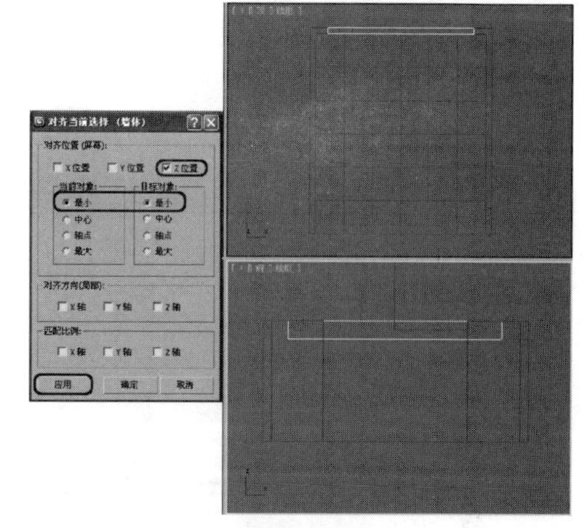

图 15.144

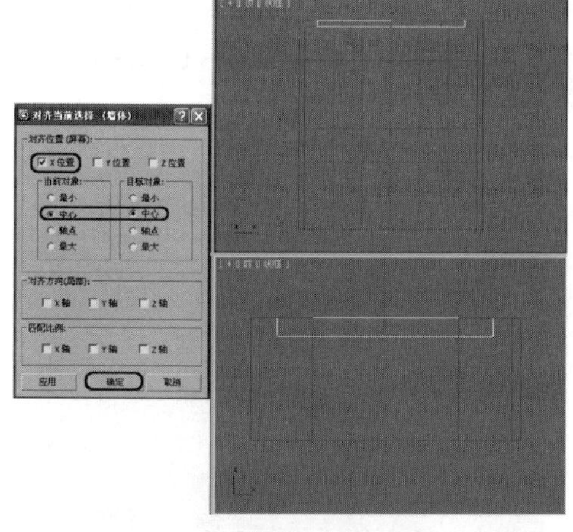

图 15.145

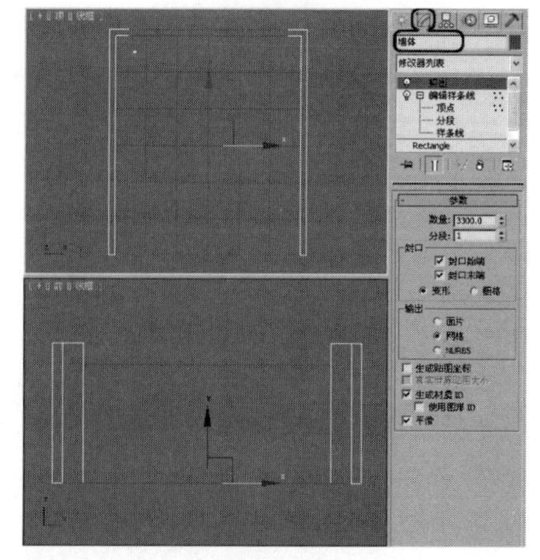

图 15.146

13　选择“墙体前梁”对象，单击【选择并移动】按钮，在【前】视图中按住【Shift】键沿 *Y* 轴向下移动复制对象，在弹出的对话框中设置名称为“墙体下墙”，单击【确定】按钮。切换到【修改】命令面板，在【参数】卷展栏中设置【长度】为 700，【宽度】为 6000，【高度】为 240，如图 15.147 所示。

14　在工具栏中单击【对齐】按钮，在【顶】视图中选择“地板线”对象，在弹出的对话框中将【对齐位置（屏幕）】定义为【Z 位置】，将【当前对象】定义为【最小】，将【目标对象】定义为【最大】，单击【确定】按钮，如图 15.148 所示。

15　在工具栏中单击【材质编辑器】按钮，打开【材质编辑器】窗口，选择一个新的材质样本球，并将其命名为“墙体”。在【明暗器基本参数】卷展栏中设置【阴影】模式为 Phong，在【Phong 基本参数】卷展栏中设置【环境色】和【漫反射】的 RGB 值均为 253、247、237，设置【自发光】选项组中的【颜色】为 30，在【反射高光】选项组中设置【高光级别】和【光泽度】均为 0，如图 15.149 所示。在场景中选择“墙体”、“墙体前梁”和“墙体下墙”对象，将“墙体”材质指定给场景中选择的对象。

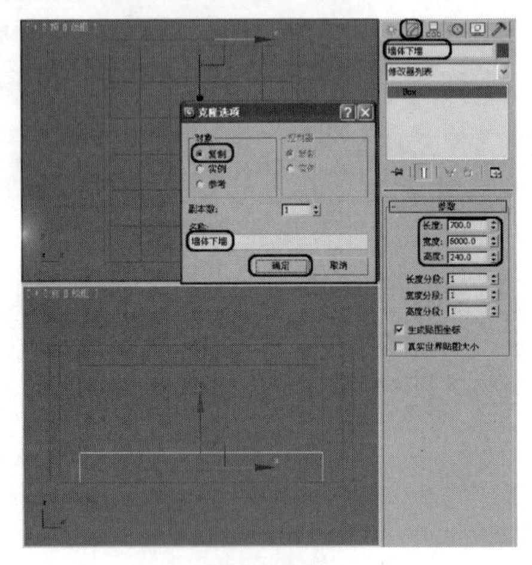

图 15.147

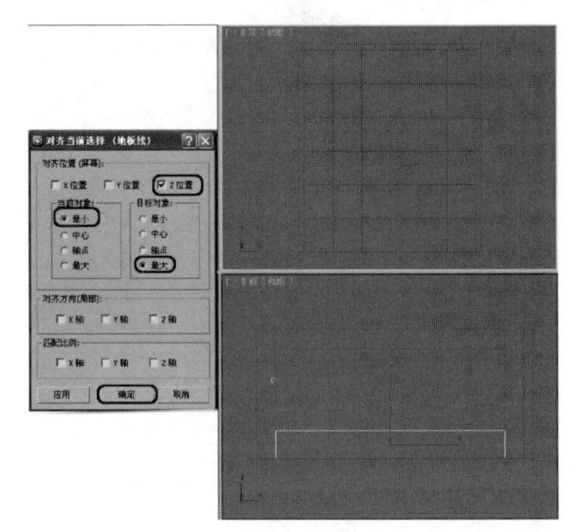

图 15.148

16 选择【创建】|【几何体】|【标准基本体】|【长方体】工具，在【左】视图中创建长方体，并将其命名为“电视墙”。在【参数】卷展栏中设置【长度】为 2750，【宽度】为 3200，【高度】为 5，在【顶】视图中调整模型至墙体的右侧，如图 15.150 所示。

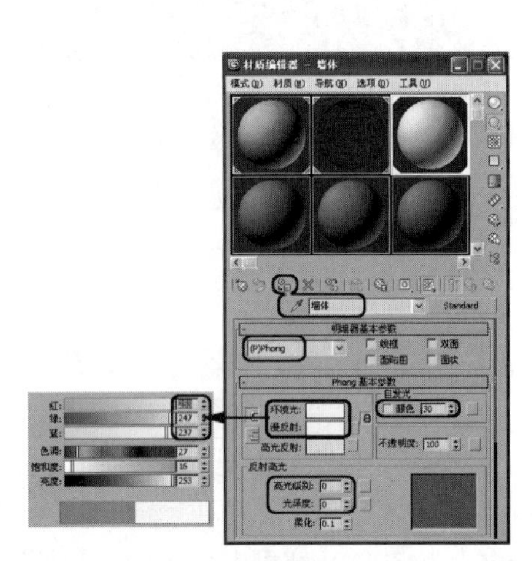

图 15.149

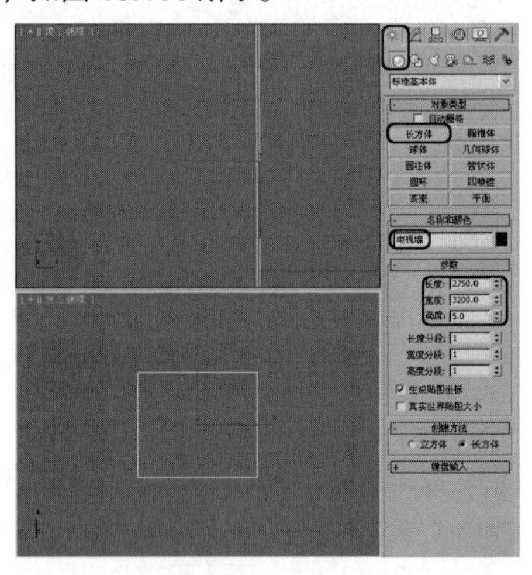

图 15.150

17 在工具栏中选择【材质编辑器】按钮，打开【材质编辑器】窗口，选择一个新的材质样本球，并将其命名为“电视墙”。在【明暗器基本参数】卷展栏中定义【阴影】模式为 Phong，在【Phong 基本参数】卷展栏中设置【环境光】和【漫反射】的 RGB 值均为 242、217、119。在【贴图】卷展栏中单击【反射】通道后面的 None 按钮，在弹出的【材质/贴图浏览器】对话框中选择【平面镜】贴图，单击【确定】按钮，进入反射层级面板。在【平面镜参数】卷展栏中选择【应用于带 ID 的面】复选框，单击【转到父对象】按钮，返回父级材质层级，再单击【将材质指定给选定对象】按钮，将材质指定给场景中的“电视墙”对象，如图 15.151 所示。

18 在场景中选择“电视墙”对象，按【Ctrl+V】组合键，在弹出的对话框中选择【复制】单选按钮，在【名称】文本框中输入“电视墙线”，单击【确定】按钮。切换到【修改】命令面板，在【参数】卷展栏中设置【高度】为 5.1，【长度分段】为 6，【宽度分段】为 6，如图 15.152 所示。然后打开【材质编辑器】窗口，选择“地板线”材质，将其指定给“电视墙线”对象。

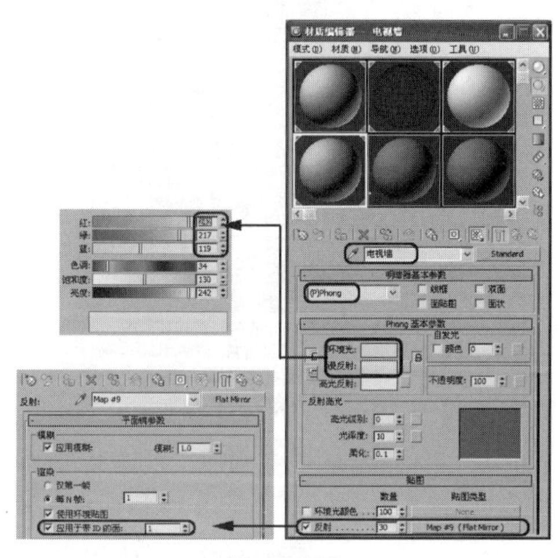

图 15.151

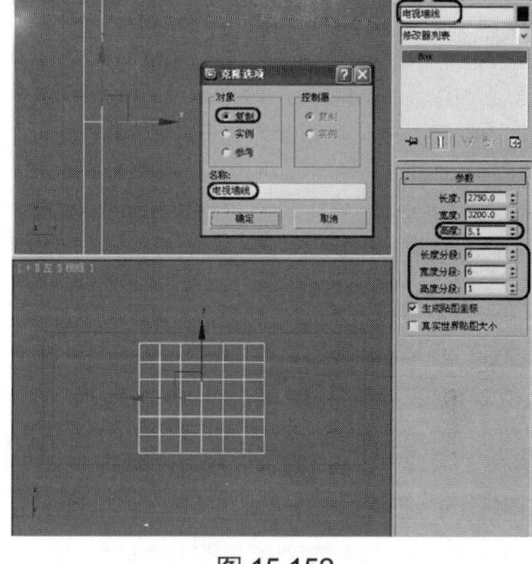

图 15.152

19 选择【创建】|【几何体】|【标准基本体】|【长方体】工具，在【左】视图中“电视墙”对象的右侧创建长方体，并将其命名为“电视墙装饰板 01”，在【参数】卷展栏中设置【长度】为 600，【宽度】为 600，【高度】为 70，然后再在【顶】视图中调整模型的位置，如图 15.153 所示。

20 在工具栏中单击【选择并移动】按钮，在【左】视图中沿 Y 轴移动复制对象，在弹出的对话框中选择【复制】单选按钮，设置【副本数】为 4，单击【确定】按钮，如图 15.154 所示。

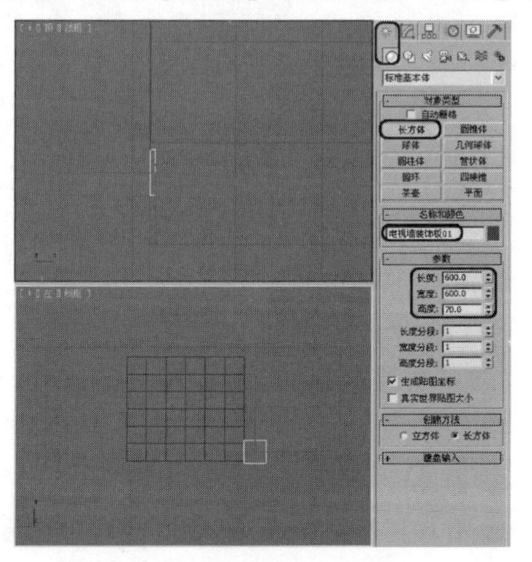

图 15.153

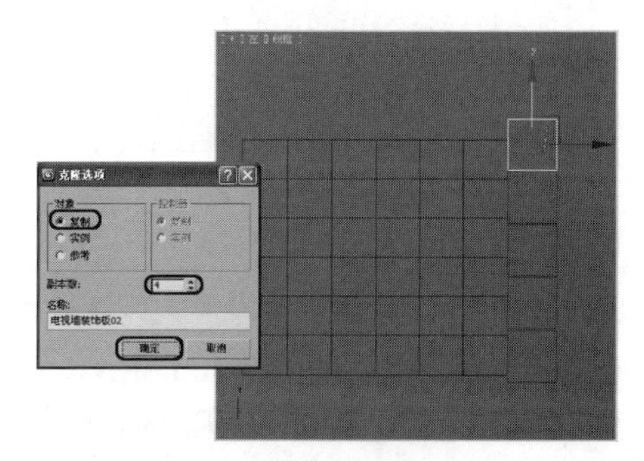

图 15.154

21 在【左】视图中移动复制“电视墙装饰板 01”对象，在弹出的对话框中选择【复制】单选按钮，单击【确定】按钮。切换到【修改】命令面板，在【参数】卷展栏中设置【长度】为 20，【宽度】为 630，【高度】为 110，如图 15.155 所示。

22 使用同样的方法移动复制小装饰板，并将小装饰板放置到第二个装饰板上，如图 15.156 所示。

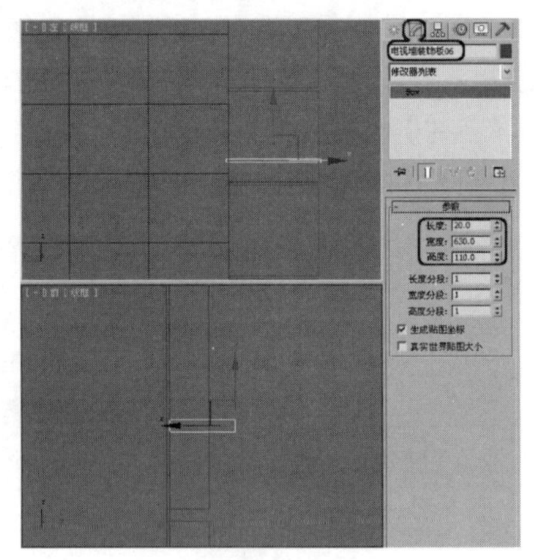

图 15.155

23 在工具栏中单击【材质编辑器】按钮，打开【材质编辑器】窗口，选择一个新的材质样本球，并将其命名为“反射白色乳胶”。在【明暗器基本参数】卷展栏中选择【阴影】模式为 Phong，在【Phong 基本参数】卷展栏中设置【环境光】、【漫反射】和【高光反射】的 RGB 值均为 255、255、255，在【反射高光】选项组中设置【高光级别】和【光泽度】分别为 25 和 32。在【贴图】卷展栏中单击【反射】通道后面的 None 按钮，在弹出的【材质/贴图浏览器】对话框中选择【平面镜】贴图，单击【确定】按钮，进入反射层级面板。在【平面镜参数】卷展栏中选择【应用带于 ID 的面】复选框，单击【转到父对象】按钮，返回父级材质层级，再单击【将材质指定给选定对象】按钮，将材质指定给场景中的“电视墙装饰板”对象，如图 15.157 所示。

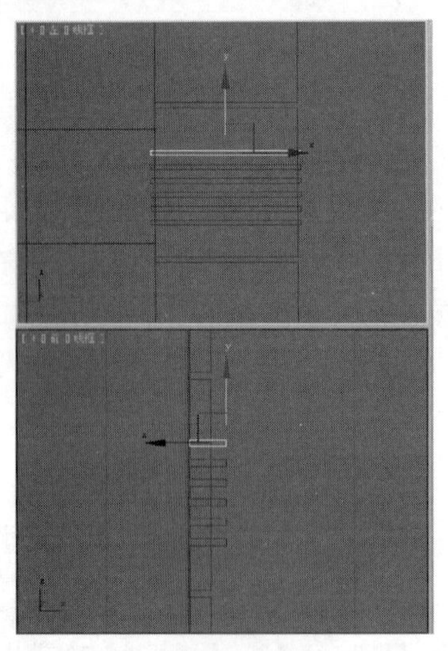

图 15.156

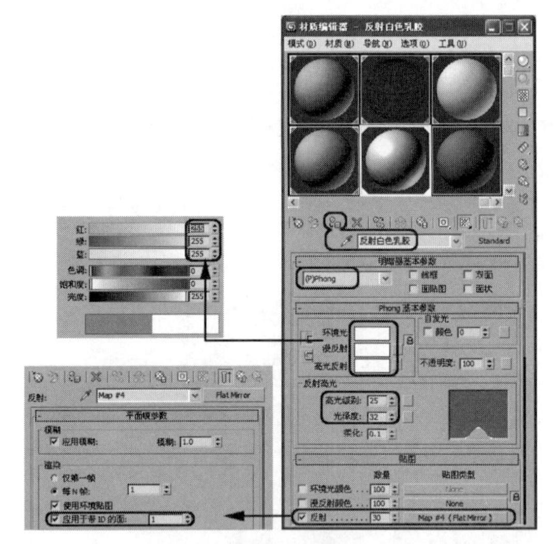

图 15.157

24 在场景中选择“电视墙装饰板”对象，单击【选择并移动】按钮，在【左】视图中按住【Shift】键，移动复制该对象至电视墙的另一侧，在弹出的对话框中选择【复制】单选按钮，然后单击【确定】按钮，如图 15.158 所示。

25 选择【创建】 |【几何体】 |【标准基本体】|【长方体】工具，在【左】视图中电视墙的位置创建长方体，并将其命名为“筒灯装饰横架”，在【参数】卷展栏中设置【长度】为 160，【宽度】为 3800，【高度】为 190，并在场景中调整模型的位置，如图 15.159 所示。然后为该模型指定“反射白色乳胶”材质。

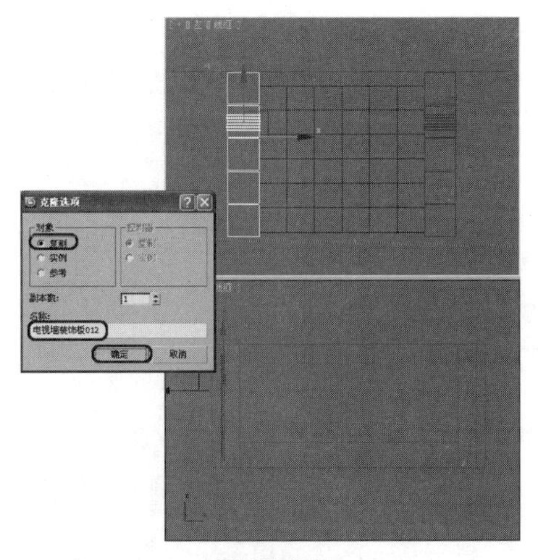

图 15.158

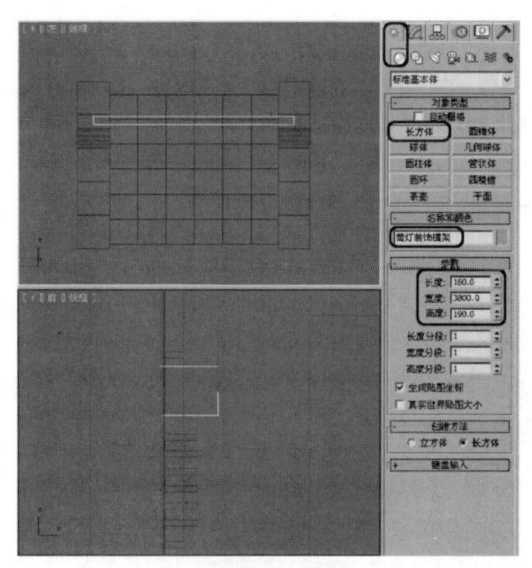

图 15.159

15.3.3　筒灯的制作

下面将介绍一个简单筒灯的制作方法，具体操作步骤如下：

01　选择【创建】｜【图形】｜【样条线】｜【圆环】工具，在【顶】视图中“筒灯装饰横架”位置处创建圆环，并将其命名为“筒灯灯罩”，在【参数】卷展栏中设置【半径 1】为 75，【半径 2】为 60，并在场景中调整圆环的位置，如图 15.160 所示。

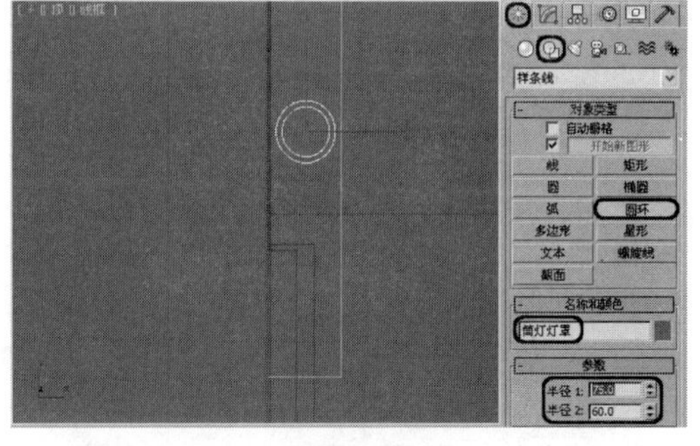

图 15.160

02　切换到【修改】命令面板，在【修改器列表】下拉列表框中选择【挤出】修改器，在【参数】卷展栏中设置【数量】为 58，并在【前】视图中调整模型至“筒灯装饰横架”对象下面，如图 15.161 所示。

03　在工具栏中单击【材质编辑器】按钮，打开【材质编辑器】窗口，选择一个新的材质样本球，并将其命名为“金属”。在【明暗器基本参数】卷展栏中设置阴影模式为【金属】。在【金属基本参数】卷展栏中设置【环境光】的 RGB 值为 0、0、0，设置【漫反射】的 RGB 值为 255、255、255，在【反射高光】选项组中设置【高光级别】和【光泽度】分别为 100 和 86。在【贴图】卷展栏中单击【反射】通道后面的 None 按钮，在弹出的【材质/贴图浏览器】对话框中双击【位图】贴图，打开随书附带光盘中的 CDROM｜Map｜HOUES.jpg 文件，单击【确定】按钮，进入漫反射贴图层级，在【坐标】卷展栏中设置【模糊偏移】为 0.094。单击【转到父对象】按钮，返回到父级材质层级，再单击【将材质指定给选定对象】按钮，将材质指定给场景中的“筒灯灯罩”，如图 15.162 所示。

04　选择【创建】｜【几何体】｜【扩展基本体】｜【切角圆柱体】工具，在【顶】视图中“筒灯灯罩”位置处创建切角圆柱体，并将其命名为“灯”，在【参数】卷展栏中设置【半径】

为 60,【高度】为 55,【圆角】为 5,【圆角分段】为 3，如图 15.163 所示。

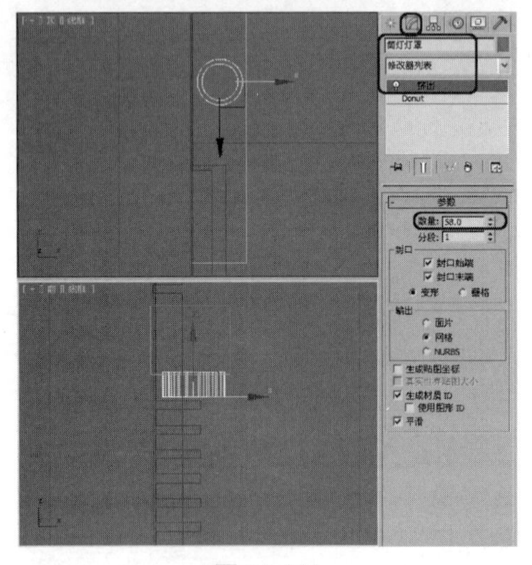

图 15.161

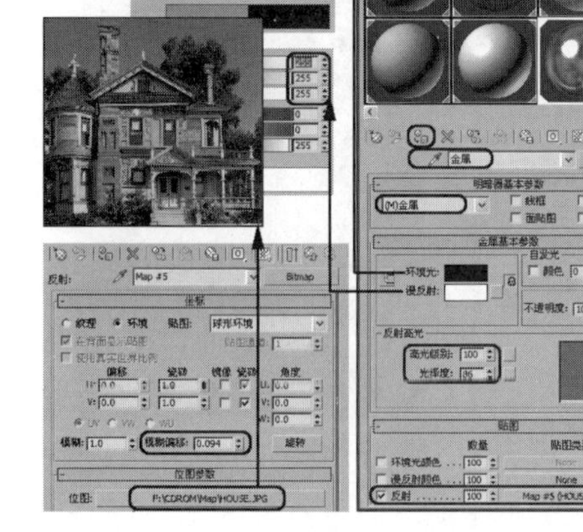

图 15.162

05 选择“灯”对象，切换到【修改】命令面板，在堆栈中右击 ChamferCyl 选项，在弹出的菜单中选择【可编辑网格】命令，将当前选择集定义为【多边形】，在场景中选择如图 15.164 所示的多边形，按【Delete】键，将选择的多边形删除。

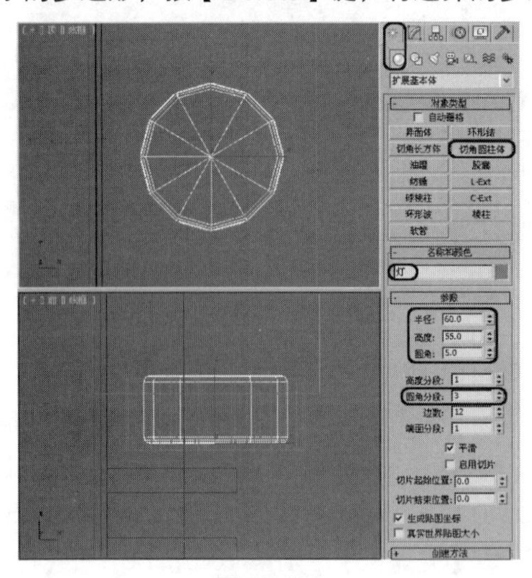

图 15.163

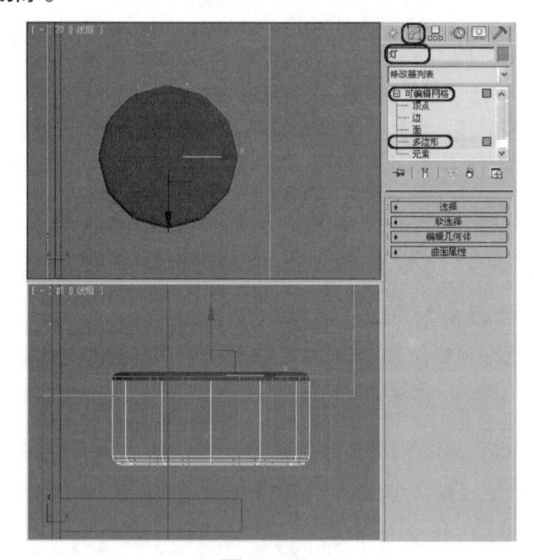

图 15.164

06 在工具栏中单击【材质编辑器】按钮，打开【材质编辑器】窗口，选择一个新的材质样本球，并将其命名为“灯”，如图 15.165 所示。在【Blinn 基本参数】卷展栏中设置【环境光】和【漫反射】的 RGB 值均为 255、255、255，设置【自发光】选项组中的【颜色】为 100，单击【将材质指定给选定对象】按钮，将材质指定给场景中的“灯”对象。

07 在场景中选择“筒灯灯罩”和“灯”对象，在菜单栏中选择【组】|【成组】命令，在弹出的对话框中将【组名】设置为“筒灯”，如图 15.166 所示。

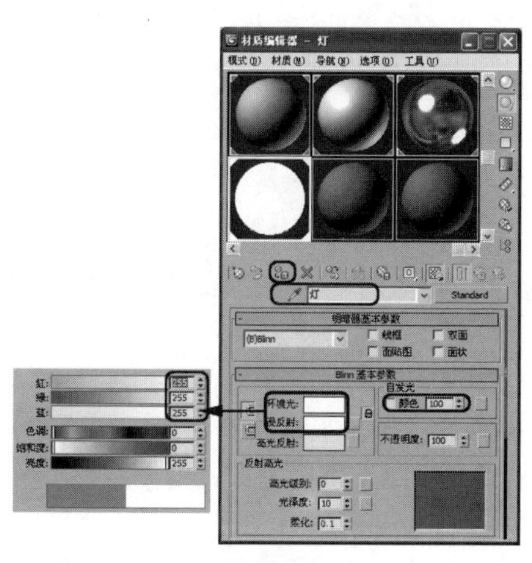

图 15.165

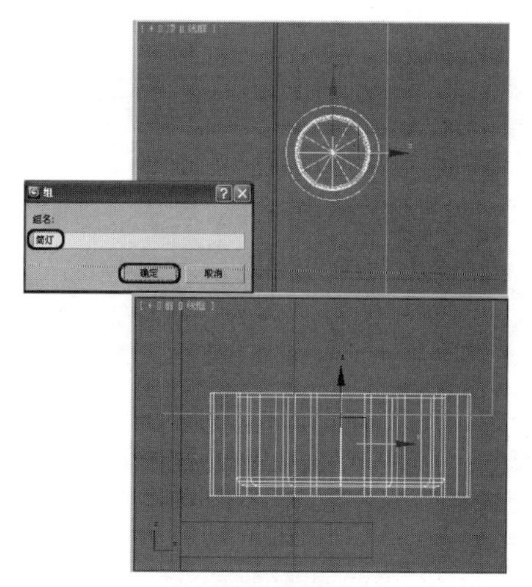

图 15.166

08 在【左】视图中利用【选择并移动】按钮，在场景中移动复制两个筒灯，并在场景中调整筒灯的位置，效果如图 15.167 所示。

09 在场景中选择所有的“筒灯”对象，在菜单栏中选择【组】|【成组】命令，在弹出的对话框中设置【组名】为“电视墙筒灯”，单击【确定】按钮，如图 15.168 所示。

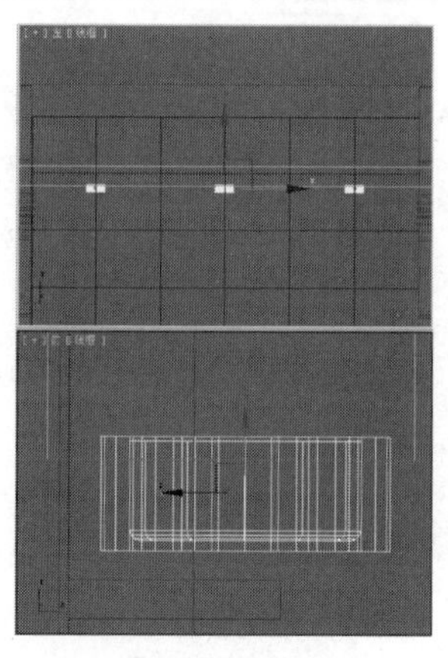

图 15.167

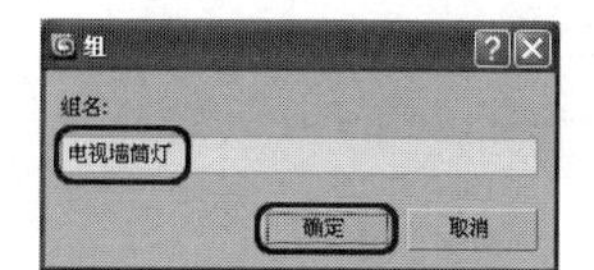

图 15.168

15.3.4　窗户的制作

下面在墙体中窗洞的位置创建窗户，具体操作步骤如下：

01 选择【创建】|【图形】|【样条线】|【矩形】工具，在【前】视图中的“墙体前梁”对象下面创建矩形，并将其命名为“窗框”，在【参数】卷展栏中设置【长度】为 2100，【宽度】为 6000，如图 15.169 所示。

02 切换到【修改】命令面板，在【修改器列表】下拉列表框中选择【编辑样条线】修改器，将当前选择集定义为【样条线】。在场景中选择样条线，在【几何体】卷展栏中设置【轮廓】为 80，按【Enter】键确定设置样条线轮廓，如图 15.170 所示。

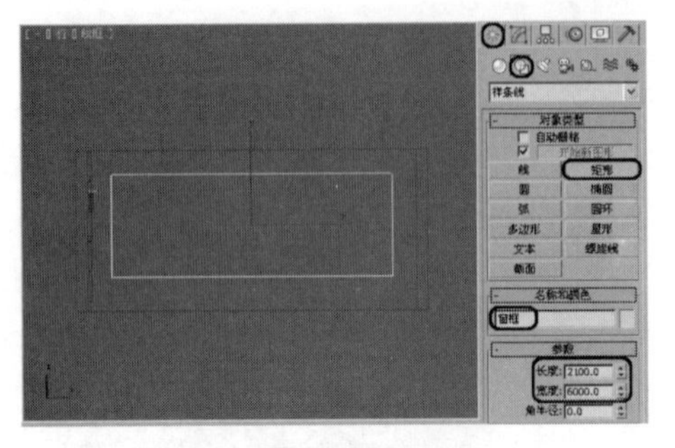
图 15.169

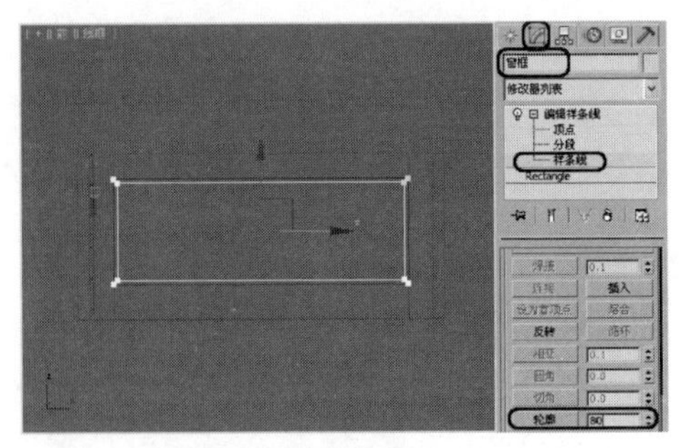
图 15.170

03 关闭选择集，在【修改器列表】下拉列表框中选择【倒角】修改器，在【倒角值】卷展栏中选择【级别 2】复选框，设置【高度】为 100，选择【级别 3】复选框，设置【高度】为 10、【轮廓】为−10，并在场景中调整“窗框”的位置，如图 15.171 所示。

04 选择【创建】| 【图形】| 【样条线】|【矩形】工具，在【前】视图的“窗框”对象中创建矩形，并将其命名为“窗框 01”，在【参数】卷展栏中设置【长度】为 1945，【宽度】为 2000，如图 15.172 所示。

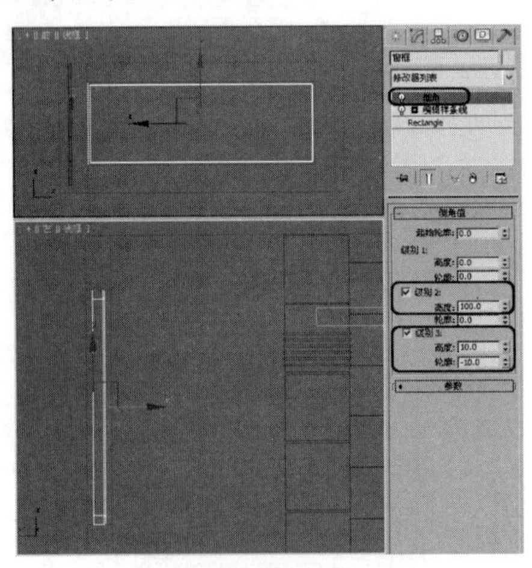
图 15.171

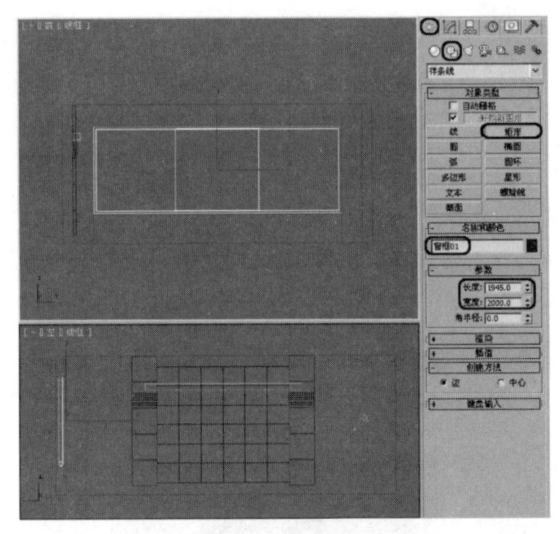
图 15.172

05 切换到【修改】命令面板，在【修改器列表】下拉列表框中选择【编辑样条线】修改器，将当前选择集定义为【样条线】。在场景中选择样条线，在【几何体】卷展栏中设置【轮廓】为 80，按【Enter】键确定设置样条线轮廓，如图 15.173 所示。

06 关闭选择集，在【修改器列表】下拉列表框中选择【倒角】修改器，在【倒角值】卷展栏中选择【级别 2】复选框，设置【高度】为 30，选择【级别 3】复选框，设置【高度】为 10，【轮廓】为−10，并在场景中调整“窗框 01”对象的位置，如图 15.174 所示。打开【材质编辑器】窗口，选择“金属”材质，将其指定给场景中的“窗框”和“窗框 01”对象。

07 选择【创建】| 【几何体】| 【标准基本体】|【长方体】工具，在【前】视图中“窗框 01”位置处创建长方体，并将其命名为“玻璃”，在【参数】卷展栏中设置【长度】为 1880，【宽度】为 1920，【高度】为 1，然后在场景中调整“玻璃”对象的位置，如图 15.175 所示。

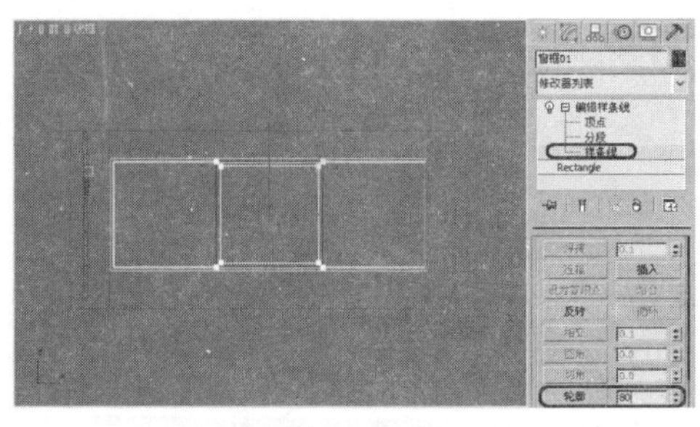

图 15.173

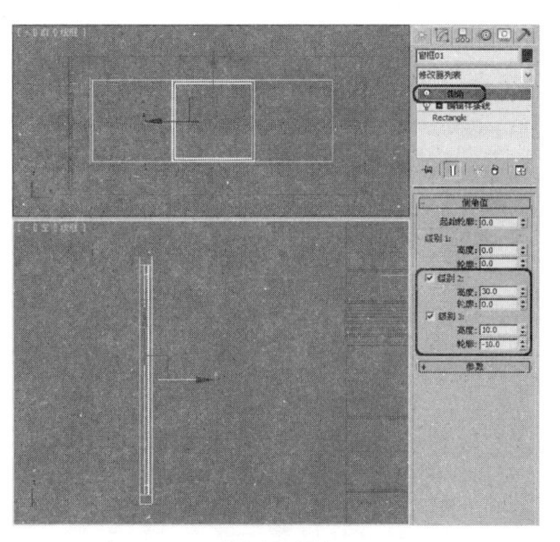

图 15.174

08 在工具栏中单击【材质编辑器】按钮，打开【材质编辑器】窗口，选择一个新的材质样本球，并将其命名为“玻璃”，如图 15.176 所示。在【明暗器基本参数】卷展栏中设置阴影模式为 Phong，并选择【双面】复选框。在【Phong 基本参数】卷展栏中设置【环境光】的 RGB 值为 0、0、0，设置【漫反射】的 RGB 值为 239、241、255，设置【不透明度】为 5，在【反射高光】选项组中设置【高光级别】和【光泽度】为 100 和 73。在【贴图】卷展栏中单击【反射】通道后面的 None 按钮，在弹出的【材质/贴图浏览器】对话框中双击【位图】贴图，在弹出的对话框中选择随书附带光盘中的 CDROM｜Map｜Ref.jpg 文件，单击【确定】按钮，进入反射层级面板。在【坐标】卷展栏中选择【环境】单选按钮，将【贴图】设置为【球形环境】，如图 15.176 所示。单击【转到父对象】按钮，返回父级材质层级，并单击【将材质指定给选定对象】按钮，将材质指定给场景中的“玻璃”对象。

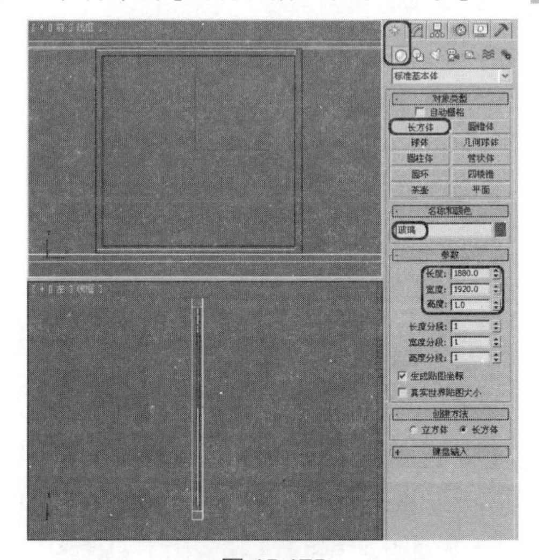

图 15.175

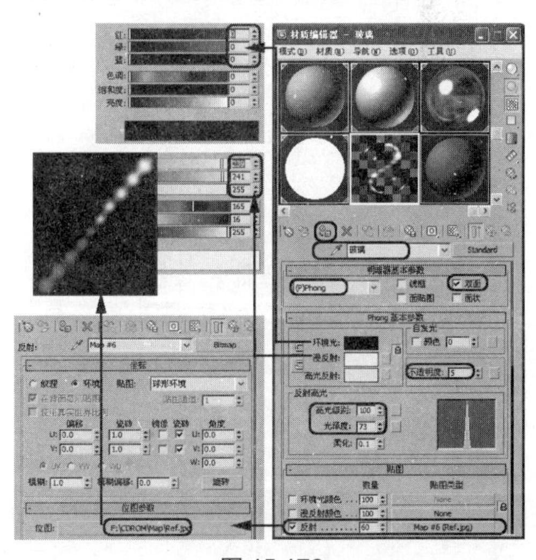

图 15.176

09 在【前】视图中选择“窗框 01”和“玻璃”对象，在工具栏中单击【选择并移动】按钮，在场景中移动复制两个“窗框”和“玻璃”对象，调整它们的位置，在【左】视图中使窗框与窗框之间错开，如图 15.177 所示。

10 在【前】视图中选择“地板”对象，在工具栏中单击【选择并移动】按钮，沿 Y 轴移动复制对象，在弹出的对话框中选择【实例】单选按钮，在【名称】文本框中输入“天花板主体”，单击【确定】按钮，如图 15.178 所示。打开【材质编辑器】窗口，选择“墙体”材质，将其指定给“天花板主体”对象。

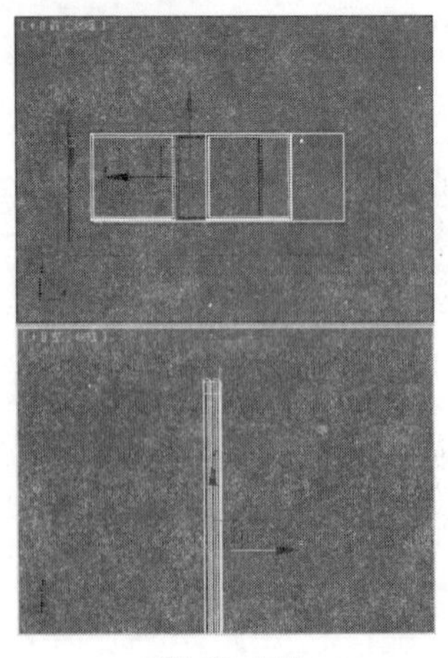

图 15.177

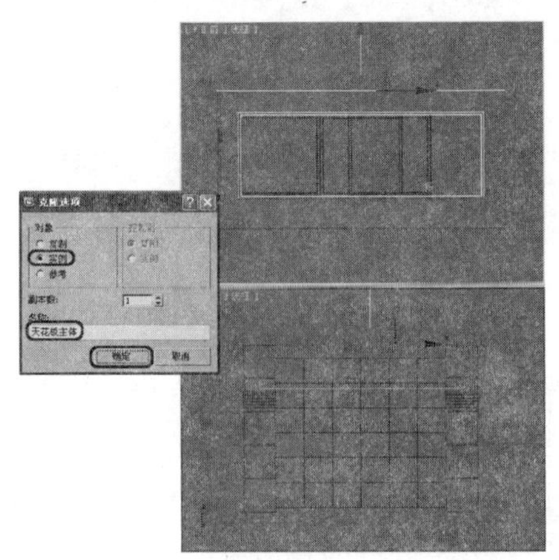

图 15.178

15.3.5 天花板和踢脚线的制作

01 选择【创建】|【图形】|【样条线】|【矩形】工具，在【顶】视图中创建矩形，并将其命名为“天花板顶饰”，在【参数】卷展栏中设置【长度】为 8000、【宽度】为 7000，如图 15.179 所示。

02 切换到【修改】命令面板，在【修改器列表】下拉列表框中选择【编辑样条线】修改器，将当前选择集定义为【样条线】。在场景中选择样条线，在【几何体】卷展栏中设置【轮廓】为 600，按【Enter】键确定设置轮廓，如图 15.180 所示。

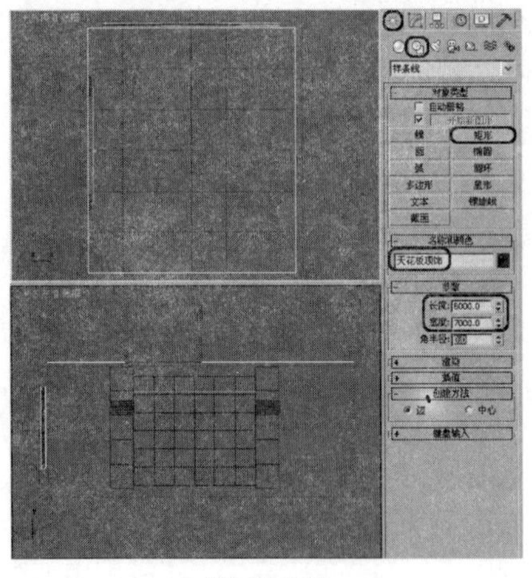

图 15.179

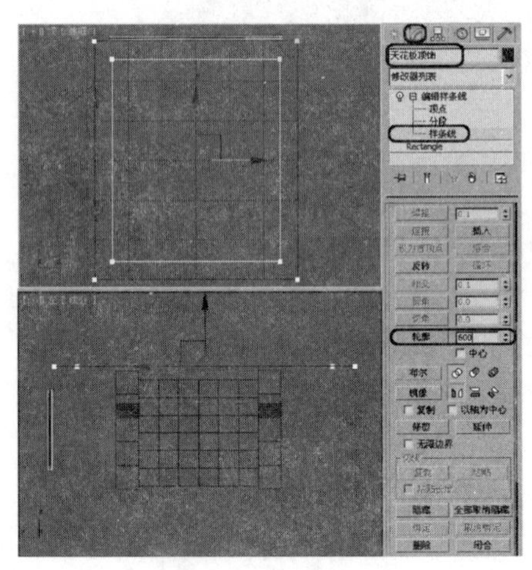

图 15.180

03 确定“天花板顶饰”对象处于选中状态，选择【创建】｜【图形】｜【样条线】｜【矩形】工具，取消选择【开始新图形】复选框，在【顶】视图中的“天花板顶饰”对象中创建矩形，在【参数】卷展栏中设置【长度】为 500，【宽度】为 30，如图 15.181 所示。

04 切换到【修改】命令面板，将当前选择集定义为【样条线】，在场景中按住【Shift】键，移动复制样条线，如图 15.182 所示。

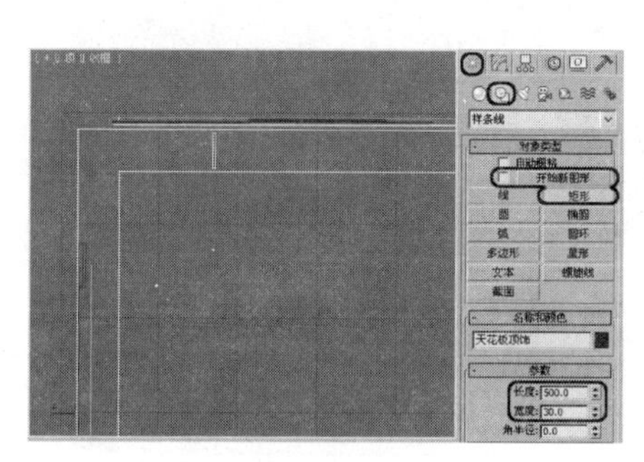

图 15.181

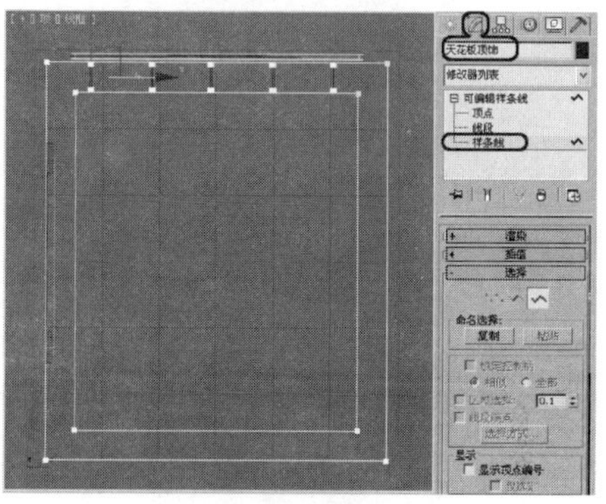

图 15.182

05 再在场景中使用旋转和移动工具复制出其他的小矩形效果，如图 15.183 所示。

06 关闭选择集，在【修改器列表】下拉列表框中选择【挤出】修改器，在【参数】卷展栏中设置【数量】为 100，并在场景中调整“天花板顶饰”对象至“天花板主体”对象的下方，如图 15.184 所示。

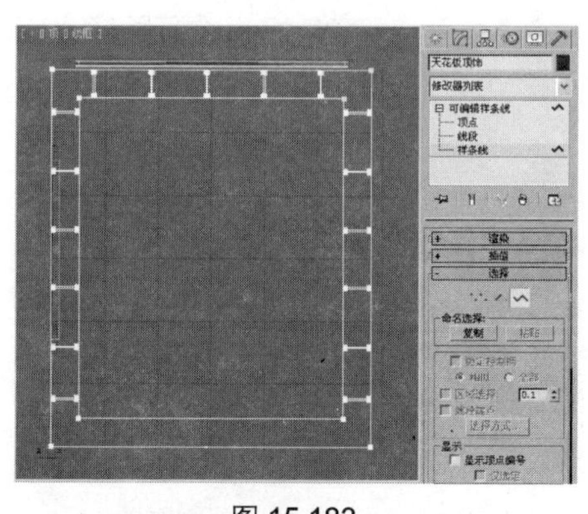

图 15.183

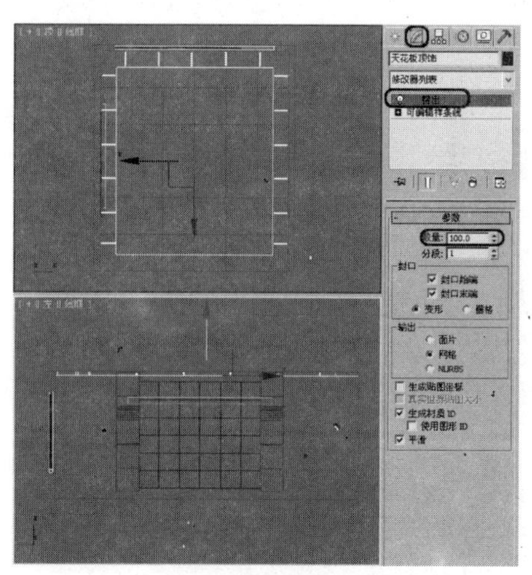

图 15.184

07 再在场景中复制筒灯，在弹出的对话框中设置【组名】为“顶–筒灯”，并调整筒灯的位置，如图 15.185 所示。

08 选择【创建】｜【图形】｜【样条线】｜【矩形】工具，在【顶】视图中创建矩形，并将其命名为“踢脚线”，在【参数】卷展栏中设置【长度】为 8000，【宽度】为 7000，如图 15.186 所示。

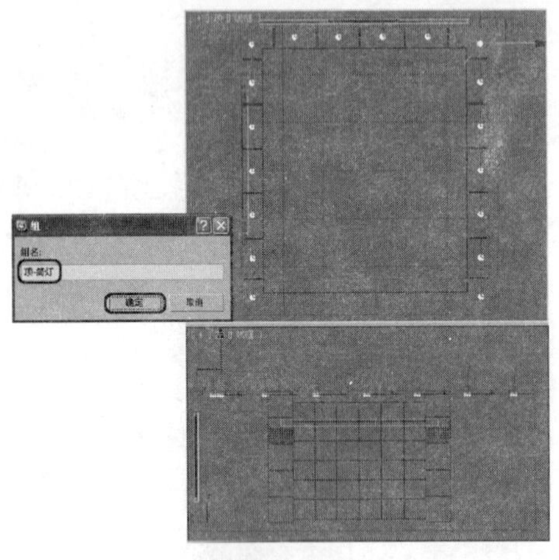

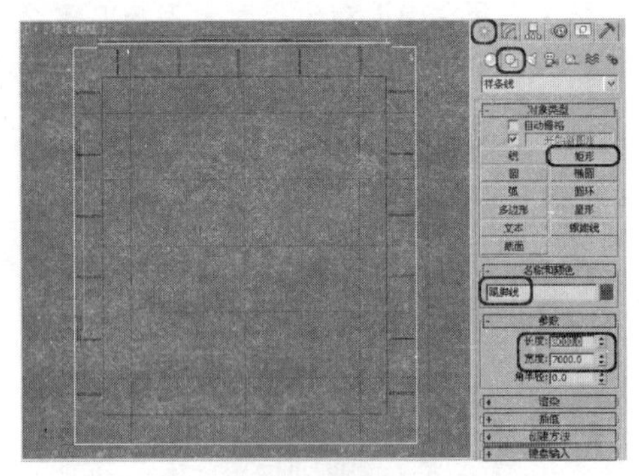

图 15.185　　　　图 15.186

09 切换到【修改】命令面板，在【修改器列表】下拉列表框中选择【编辑样条线】修改器，将当前选择集定义为【样条线】。在场景中选择样条线，在【几何体】卷展栏中设置【轮廓】为 50，按【Enter】键确定设置轮廓，如图 15.187 所示。

10 关闭选择集，在【修改器列表】下拉列表框中选择【挤出】修改器，在【参数】卷展栏中设置【数量】为 100，并在场景中调整“踢脚线”对象的位置，使其位于“地板”对象的上方，如图 15.188 所示。

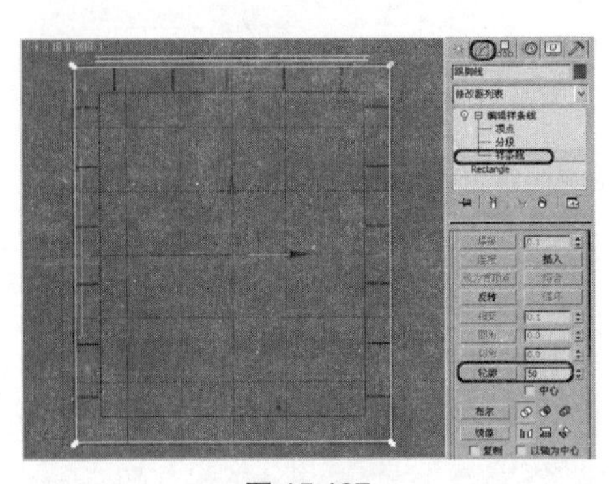

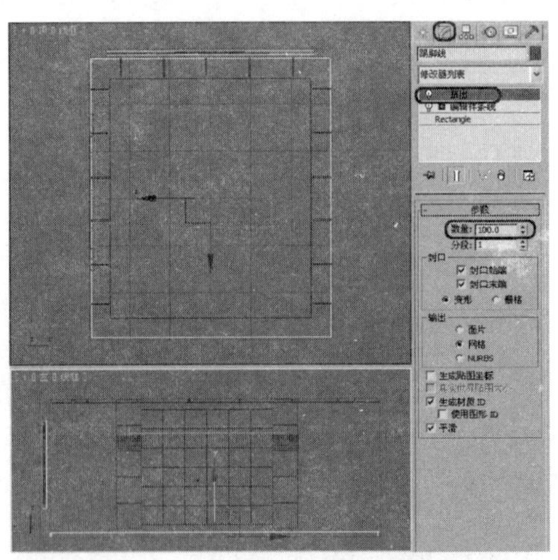

图 15.187　　　　图 15.188

15.3.6 创建摄影机并为场景合并家具

下面为场景合并家具，具体操作步骤如下：

01 为了方便观察场景效果，在场景中创建摄影机。选择【创建】｜【摄影机】｜【目标】工具，在【顶】视图中创建摄影机。在【参数】卷展栏中设置【镜头】为 15，并在其他视图中调整摄影机的位置。激活【透视】视图，按【C】键，将其转换为摄影机视图，如图 15.189 所示。

02 在菜单栏中选择应用程序｜【导入】｜【合并】命令，在弹出的对话框中选择随书附带光盘中的 CDROM｜Scene｜Cha15｜壁画.max 文件，单击【打开】按钮，再在弹出的对话框中单击【全部】按钮，单击【确定】按钮，将“壁画”对象合并到场景中，如图 15.190 所示。

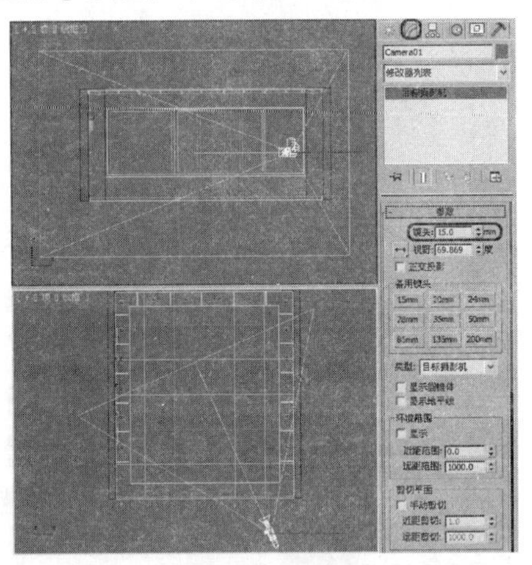

图 15.189

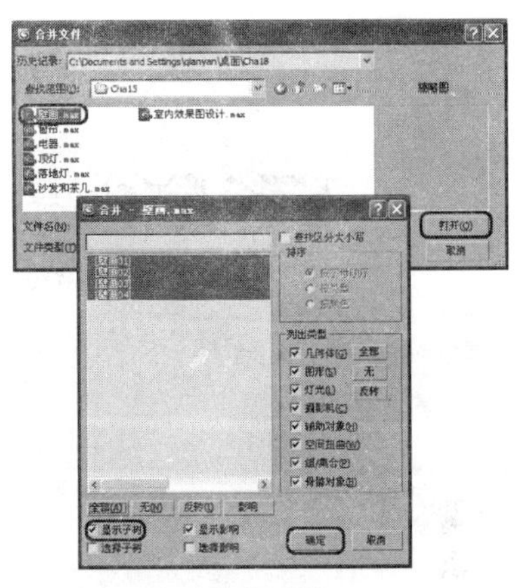

图 15.190

03 确定“壁画”对象处于选中状态，在工具栏中右击【选择并均匀缩放】按钮，在弹出的对话框中设置【偏移：屏幕】为 80%，在场景中缩放模型，如图 15.191 所示。

04 在场景中调整“壁画”对象的位置，如图 15.192 所示。

05 再使用同样的方法为场景合并其他模型，并在场景中调整模型的位置和大小，如图 15.193 所示。

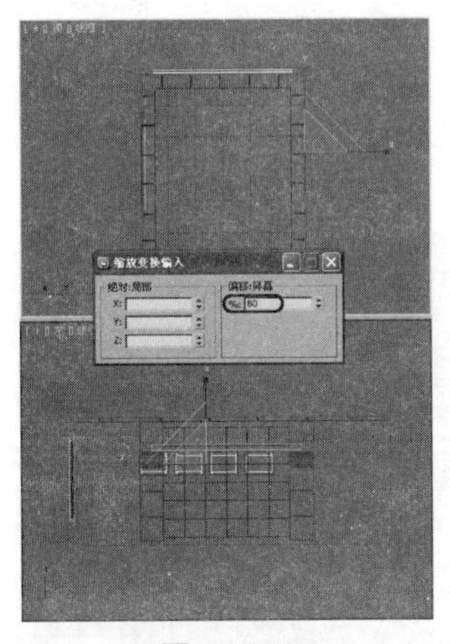

图 15.191

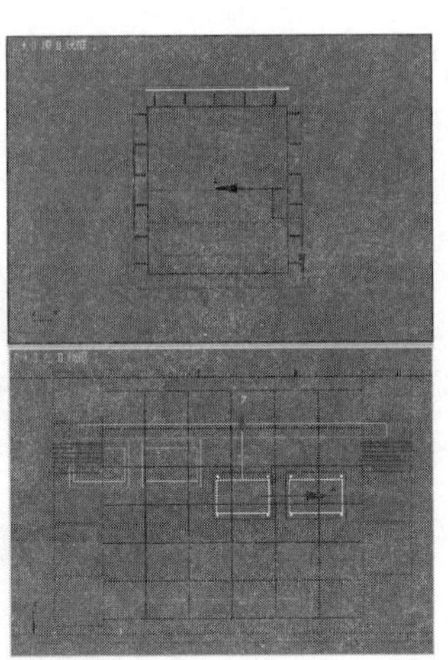

图 15.192

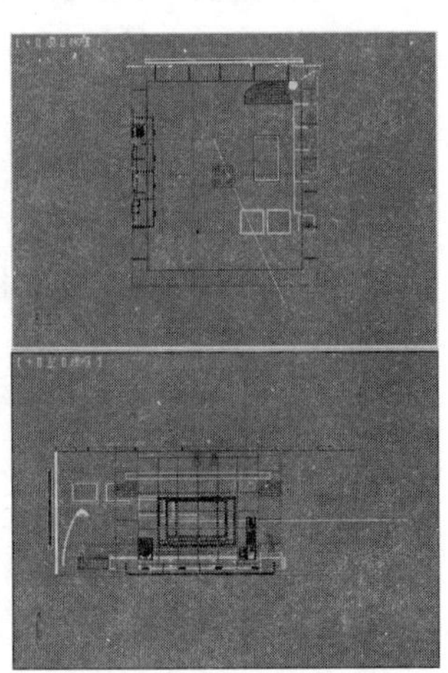

图 15.193

15.3.7 创建背景板

下面创建模拟室外景物的背景板，具体操作步骤如下：

01 选择【创建】｜【几何体】｜【标准基本体】｜【长方体】工具，在【前】视图中创建长方体，并在其他视图中调整模型的位置。切换到【修改】命令面板，在【参数】卷展栏中设置【长度】为 4217,【宽度】为 10000,【高度】为 0，并将其命名为“背景板”，如图 15.194 所示。

02 在工具栏中单击【材质编辑器】按钮，打开【材质编辑器】窗口，选择一个新的材质样本球，并将其命名为“背景”，如图 15.195 所示，在【Blinn 基本参数】卷展栏中设置【自发光】选项组中的【颜色】为 70。在【贴图】卷展栏中单击【漫反射颜色】通道后面的 None 按钮，在弹出的【材质/贴图浏览器】对话框中选择【位图】贴图，单击【确定】按钮，再在弹出的对话框中选择随书附带光盘中的 CDROM｜Map｜风光 010.jpg 文件，单击【打开】按钮，进入漫反射层级面板。单击【转到父对象】按钮，返回父级材质层级，再单击【将材质指定给选定对象】按钮，将材质指定给场景中的“背景板”对象。

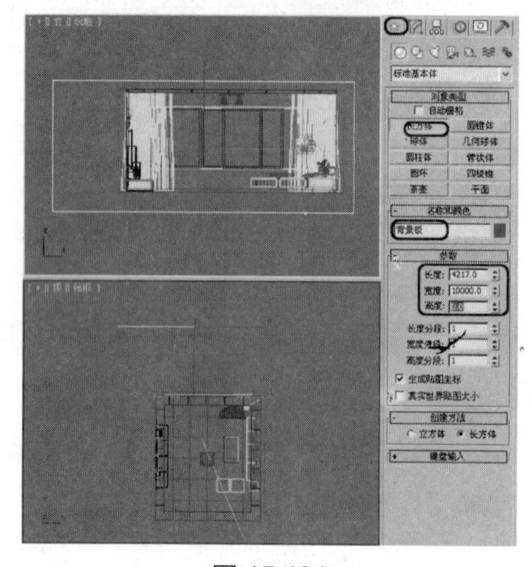

图 15.194

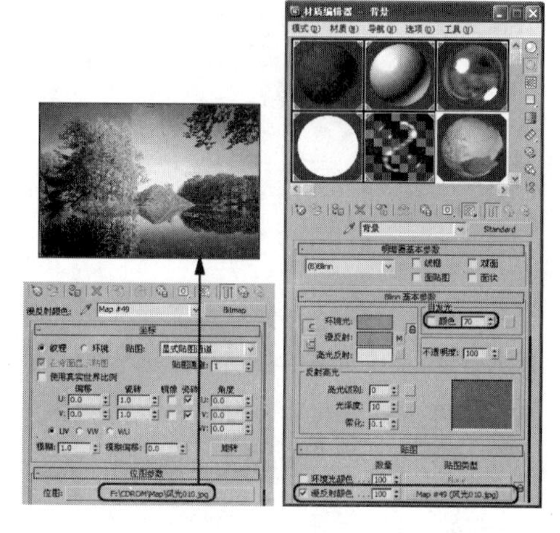

图 15.195

15.3.8 创建灯光

下面为场景创建灯光，具体操作步骤如下：

01 选择【创建】｜【灯光】｜【标准】｜【目标平行光】工具，在【左】视图中创建一盏目标平行光，并在其他视图中调整灯光的位置和角度。切换到【修改】命令面板，在【常规参数】卷展栏中选择【启用】复选框，设置【阴影】模式义为【阴影贴图】。在【平行光参数】卷展栏中设置【聚光区/光束】为 0.5,【衰减区/区域】为 6000；设置【强度/颜色/衰减】卷展栏中的【倍增】为 1，如图 15.196 所示。

02 在【常规参数】卷展栏中单击【排除】按钮，在弹出的对话框中排除如图 15.197 所示的对象，单击【确定】按钮。

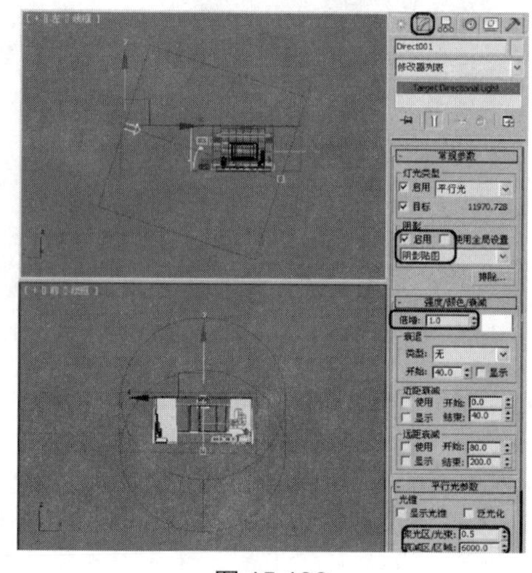

图 15.196

03 选择【创建】|【灯光】|【泛光灯】工具，在【顶】视图中创建泛光灯，并在其他视图中调整灯光在场景中的位置。切换到【修改】命令面板，在【强度/颜色/衰减】卷展栏中设置【倍增】为 0.5，如图 15.198 所示。

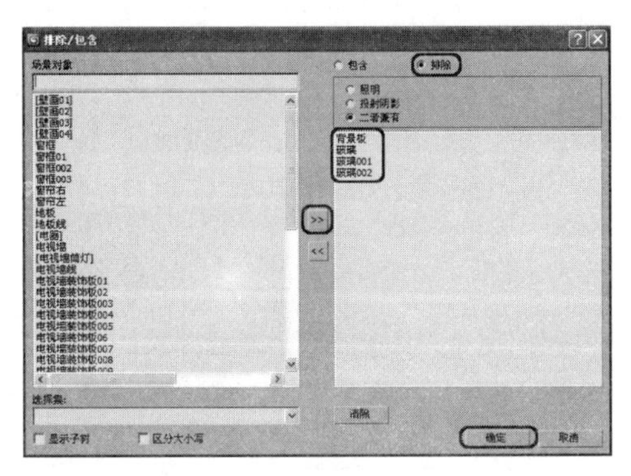

图 15.197

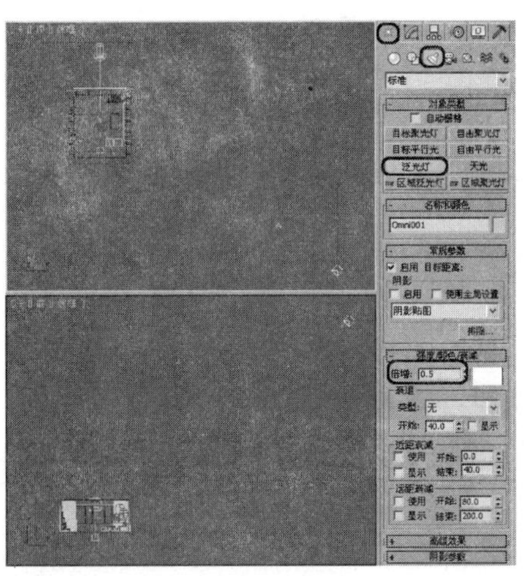

图 15.198

04 在场景中创建第二盏辅助灯光——泛光灯，并在场景中调整灯光的位置，在【强度/颜色/衰减】卷展栏中设置【倍增】为 0.5，如图 15.199 所示。

05 再在场景中创建一盏泛光灯，并在场景中调整灯光的位置，在【强度/颜色/衰减】卷展栏中设置【倍增】为 0.5，如图 15.200 所示。

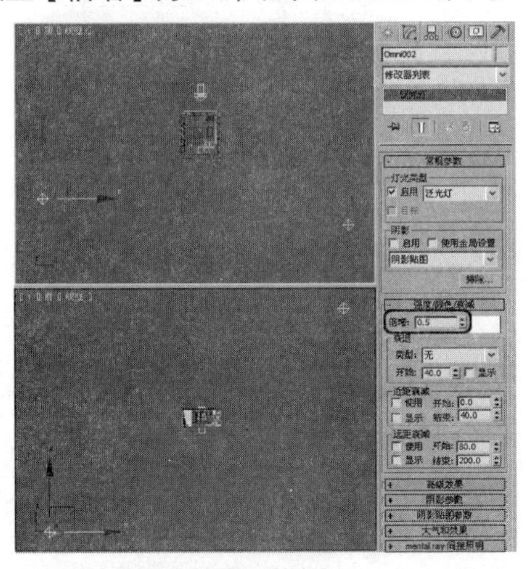

图 15.199

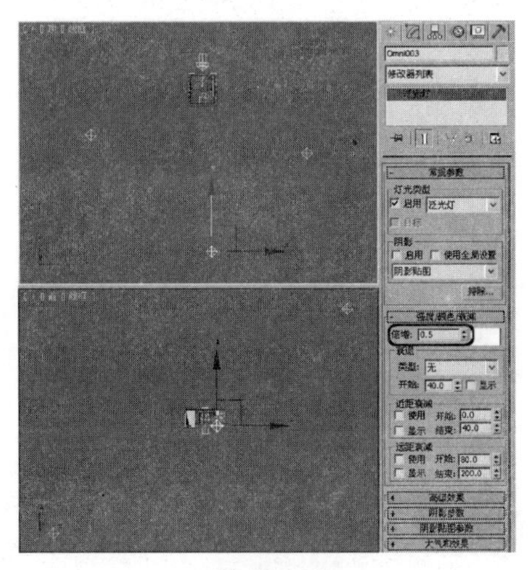

图 15.200

06 在泛光灯的【常规参数】卷展栏中单击【排除】按钮，在弹出的对话框中选择合并到场景中的“窗帘左”和“窗帘右”对象，并将其指定到右侧的列表中，然后选择【包含】单选按钮，单击【确定】按钮，如图 15.201 所示。

07 选择【创建】|【灯光】|【标准】|【天光】工具，在场景中创建天光，天光的位置对场景效果无任何影响，如图 15.202 所示。

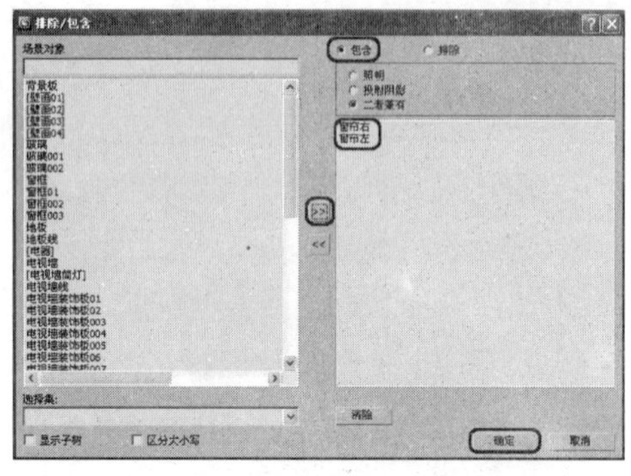

图 15.201

图 15.202

15.3.9 渲染输出

下面介绍对场景进行渲染输出的方法，具体操作步骤如下：

01 在菜单栏中选择【渲染】|【渲染设置】命令，打开【渲染设置】窗口。选择【高级照明】选项卡，设置模式为【光跟踪器】，设置【参数】卷展栏中的【过滤器大小】为 5，设置【反弹】为 1，如图 15.203 所示。

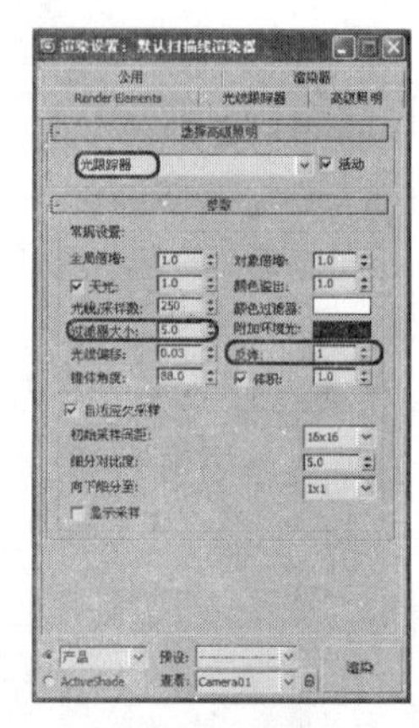

图 15.203

02 选择【公用】选项卡，在【输出大小】选项组中选择【35mm 1.66：1（电影）】选项，设置【宽度】和【高度】分别为 1536 和 921，渲染摄影机视图，如图 15.204 所示。

03 渲染出效果后单击【保存图像】按钮，在弹出的对话框中选择一个存储路径，并为文件命名，设置格式为 TIFF，单击【保存】按钮，如图 15.205 所示。

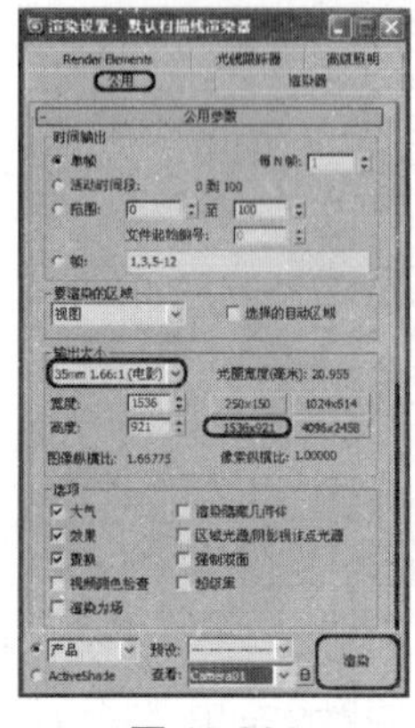

图 15.204

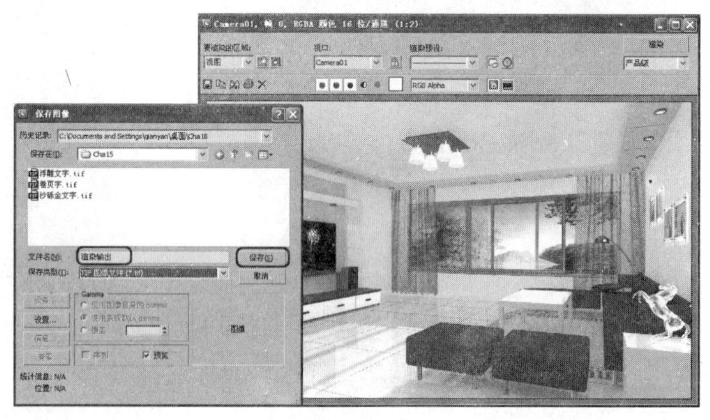

图 15.205

04 最后，将完成的场景进行保存。

15.3.10 后期处理

在 3ds Max 中渲染输出效果图后，下面将在 Photoshop 中为该室内效果图进行简单的修饰，具体操作步骤如下：

01　启动 Photoshop 软件，打开渲染输出的室内图片，如图 15.206 所示。

由于窗帘位置的问题，窗帘模型融入到了踢脚线中，下面将介绍解决这种问题的方法。

02　在工具箱中选择【多边形套索】工具，在工具栏中设置【羽化】为 1，在场景中选择窗帘融入到踢脚线中的区域，如图 15.207 所示。

图 15.206

图 15.207

03　创建选区后使用方向键移动选区到窗帘上，利用【移动】工具并按住【Alt】键，向下移动选区，复制图像，如图 15.208 所示。

04　打开随书附带光盘中的 DCROM｜Scene｜Cha15｜A-D-048.PSD 文件，在工具箱中选择【移动】工具，将其拖动到场景文件中，如图 15.209 所示。

图 15.208

图 15.209

05　将拖动到场景文件中的素材文件图层命名为“茶几上装饰”，在场景中按【Ctrl+T】组合键，打开自由变换控制框，在工具栏中单击【保持长宽比】按钮，锁定比例，设置 W 和 H 均为 20%，按【Enter】键确定自由变换，并在场景中调整素材的位置，如图 15.210 所示。

图 15.210

06　在【图层】面板中选择“茶几上装饰”图层，并将其拖动到【创建新图层】按钮上，复制图层副本，并将“茶几上装饰副本”图层放置到“茶几上装饰”图层的下方，设置其图层的【不透明度】为 20%。按【Ctrl+T】组合键，打开自由变换控制框，在工具栏中设置 H 为 –47%，如图 15.211 所示，按【Enter】键确定操作。

07 在工具箱中选择【多边形套索】工具，在场景中选择在茶几侧面的图像，并按【Delete】键将其删除，如图 15.212 所示，按【Ctrl+D】组合键，取消选区的选择。

图 15.211

图 15.212

08 打开随书附带光盘中的 CDROM｜Scene｜Cha15｜A-B-008.PSD 文件，如图 15.213 所示。在工具箱中选择【移动】工具，将其拖动到场景文件中。

09 将其所在的图层命名为“电视柜旁植物”，按【Ctrl+M】组合键，在弹出的对话框中为曲线添加控制点，设置【输出】为 196，【输入】为 137，单击【确定】按钮，如图 15.214 所示。

图 15.213

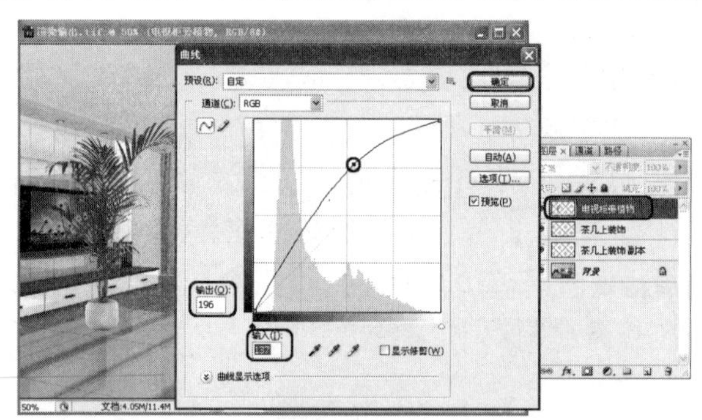

图 15.214

10 按【Ctrl+T】组合键，打开自由变换控制框，在工具栏中单击【保持长宽比】按钮，锁定比例，并设置 W 和 H 均为 52%，如图 15.215 所示。

11 在工具箱中选择【缩放】工具，将植物放大遮挡住电视柜区域，并使用【多边形套索】工具将遮挡住电视柜的花盆选取，按【Delete】键将其删除，如图 15.216 所示。按【Ctrl+D】组合键，取消选择选区。

12 在【图层】面板中选择“电视柜旁植物”图层，并将其拖动到【创建新图层】按钮上，复制得到“电视柜旁植物副本”图层。调整该图层至“电视柜旁植物”图层的下方，在场景中调整图像的位置后，设置图层的【不透明度】为 40%，使用【多边形套索】工具，在场景中将植物遮挡住音响的区域选取，并按【Delete】键删除，如图 15.217 所示。

图 15.215

图 15.216

13 使用【矩形选框】工具，在场景中将“电视柜旁植物副本”图层处于墙体的部分选取，按【Ctrl+U】组合键，弹出【色相/饱和度】对话框，设置【明度】为 – 100，如图 15.218 所示。

图 15.217

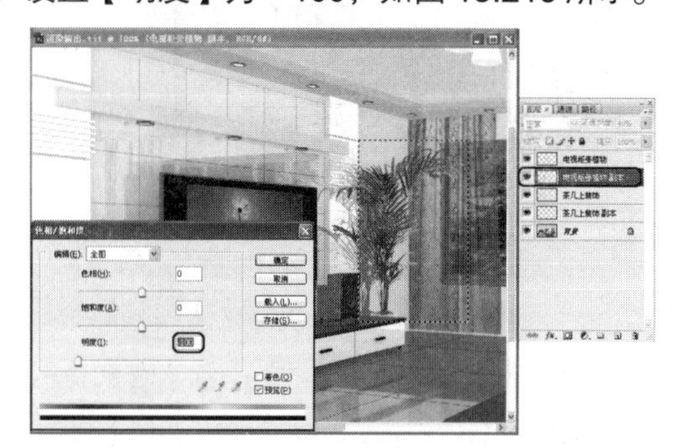

图 15.218

14 按【Ctrl+D】组合键，取消选择选区，并设置“电视柜旁植物副本”图层的【不透明度】为 20%，如图 15.219 所示。

15 选择“电视柜旁植物”图层，将其拖动到【创建新图层】按钮上，复制得到“电视柜旁植物副本 2”图层，按【Ctrl+T】组合键，打开自由变换控制框，在场景中调整植物副本的角度和位置，如图 15.220 所示。

图 15.219

图 15.220

16 设置“电视柜旁植物副本 2”图层的【不透明度】为 15%，如图 15.221 所示。

17 按【Ctrl+U】组合键，在弹出的对话框中设置【明度】为–100，单击【确定】按钮，如图 15.222 所示。

图 15.221

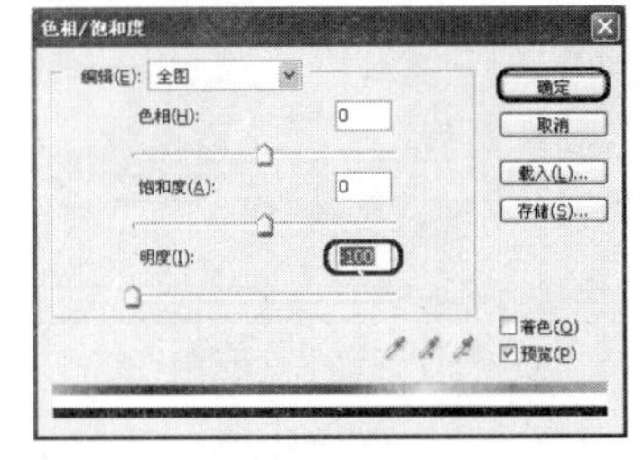

图 15.222

18 在工具箱中选择【多边形套索】工具，在场景中选择遮挡正面电视柜的植物区域，按【Delete】键，删除选区中的图像，如图 15.223 所示。按【Ctrl+D】组合键，取消选择选区。

图 15.223

19 打开随书附带光盘中的 CDROM | Scene | Cha15 | A-D-034.PSD 文件，如图 15.224 所示。在工具箱中选择【移动】工具，将其拖动到场景文件中。

20 将其所在的图层命名为“电视柜上花”，在场景中按【Ctrl+T】组合键，打开自由变换控制框，在工具栏中单击【保持长宽比】按钮，锁定比例，设置 W 和 H 均为 25%，如图 15.225 所示。按【Enter】键确定操作，并在场景中调整图像的位置。

图 15.224

图 15.225

21 在【图层】面板中调整“电视柜上花”图层的【不透明度】，使用【多边形套索】工具，在场景中选取并删除遮挡音响的图像，最后设置图像的【不透明度】为 100%，如图 15.226 所示。按【Ctrl+D】组合键，取消选择选区。

22 打开随书附带光盘中的 CDROM｜Scene｜Cha15｜A-D-006.PSD 文件，如图 15.227 所示。在工具箱中选择【移动】工具，将其拖动到场景文件中。

图 15.226

图 15.227

23 将其所在的图层命名为“电视柜上植物”，按【Ctrl+T】组合键，打开自由变换控制框，在工具栏中单击【保持长宽比】按钮，设置 W 和 H 均为 20%，如图 15.228 所示，按【Enter】键确定操作。

24 打开随书附带光盘中的 CDROM｜Scene｜Cha15｜A-A-005.PSD 文件，如图 15.229 所示。在工具箱中选择【移动】工具，将其拖动到场景文件中。

图 15.228

图 15.229

25 将其所在的图层命名为“近植物半”，按【Ctrl+T】组合键，打开自由变换控制框，在工具栏中单击【保持长宽比】按钮，设置 W 和 H 均为 76.2%，如图 15.230 所示。按【Enter】键确定操作。

26 在【图层】面板中选择“近植物半”图层，并将其图层拖动至【创建新图层】按钮上，复制得到“近植物半副本”图层。按【Ctrl+T】组合键，打开自由变换控制框，在工具栏中设置 W 为-65.3%，H 为 65.3%，如图 15.231 所示，按【Enter】键确定操作。

图 15.230

图 15.231

27 选择“近植物半副本”图层，将其拖动到【创建新图层】按钮 上，复制得到“近植物半副本 2”图层。按【Ctrl+T】组合键，打开自由变换控制框，在场景中调整图像的角度和位置，如图 15.232 所示。按【Enter】键确定操作，设置该图层的【不透明度】为 20%。

图 15.232

28 打开随书附带光盘中的 CDROM | Scene | Cha15 | G-032.PSD 文件，如图 15.233 所示。在工具箱中选择【移动】工具，将其拖动到场景文件中。

29 将素材所在的图层命名为“沙发上装饰”，按【Ctrl+T】组合键，打开自由变换控制框，在工具栏中单击【保持长宽比】按钮，设置 W 和 H 均为 24%。按【Enter】键确定其操作，并在场景中调整图像的位置，如图 15.234 所示。

图 15.233

图 15.234

30 使用【多边形套索】工具，在场景中选择较大的玩具熊，并使用【移动】工具，调整选区中图像的位置，如图 15.235 所示。

31 最后选择“背景”图层，按【Ctrl+M】组合键，在弹出的对话框中调整曲线的形状，并设置【输出】为 165,【输入】为 140，单击【确定】按钮，如图 15.236 所示。

图 15.235

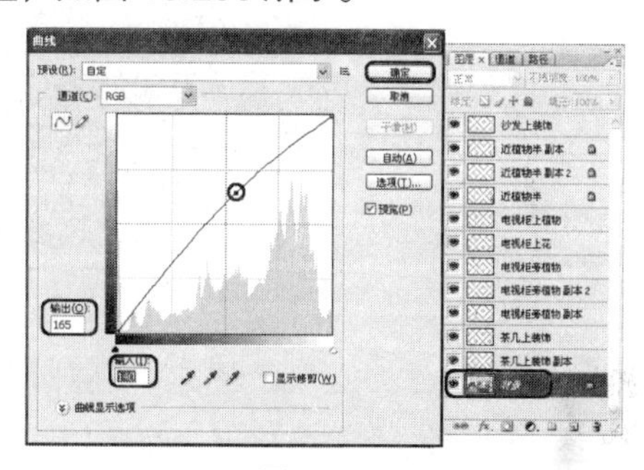

图 15.236

32 按【Alt+Ctrl+Shift+E】组合键，合并图层至“图层 1”图层中，调整“图层 1”图层的位置，如图 15.237 所示。

33 选择“图层 1”图层，在菜单栏中分别选择【图像】|【调整】|【自动色阶】、【自动对比度】和【自动颜色】命令，如图 15.238 所示，效果如图 15.239 所示。

图 15.237

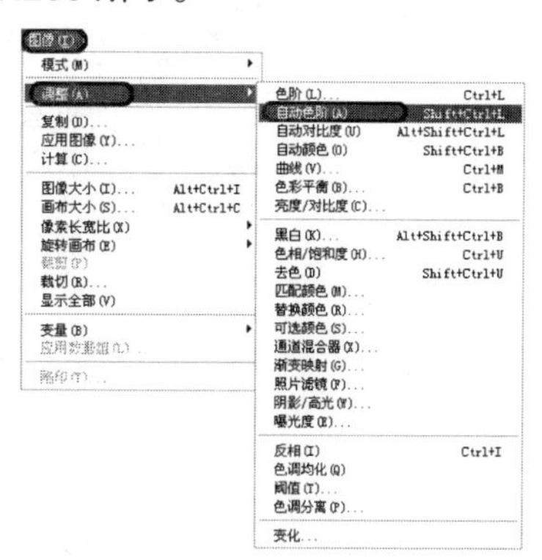

图 15.238

34 在菜单栏中选择【文件】|【存储为】命令，在弹出的对话框中选择一个存储路径，并为文件命名，将【格式】定义为 PSD，单击【保存】按钮，将场景文件进行存储，如图 15.240 所示。

图 15.239

图 15.240

35 存储场景后按【Ctrl+Shift+E】组合键，将图层合并为“背景”，如图 15.241 所示。

36 合并图层后，在菜单栏中选择【文件】|【存储为】命令，在弹出的对话框中选择一个存储路径，并为文件命名，再设置【格式】为 TIFF，单击【保存】按钮，将效果文件进行存储，如图 15.242 所示。

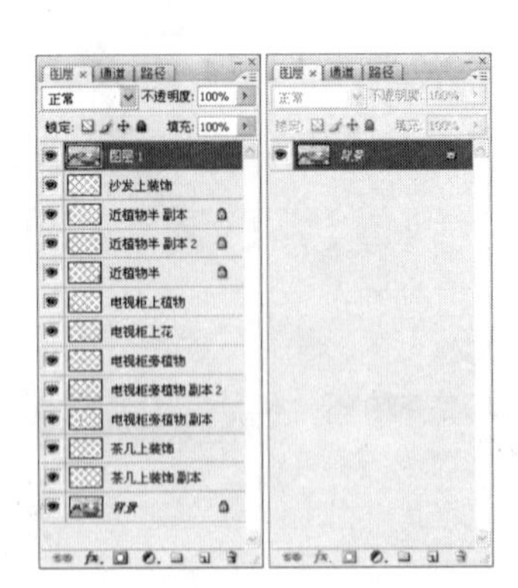

图 15.241

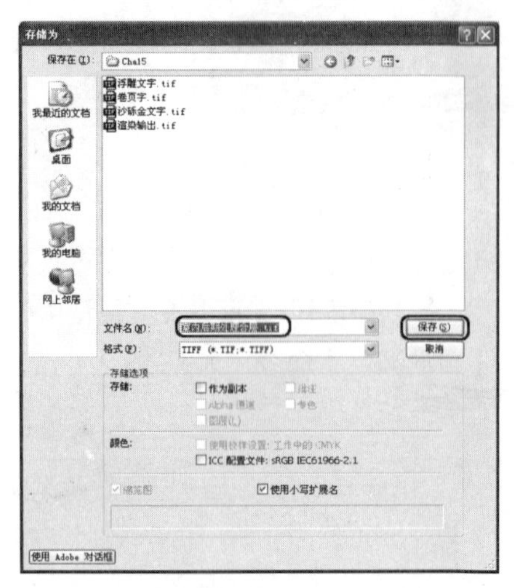

图 15.242